Integrales Logistikmanagement

Paul Schönsleben

Integrales Logistikmanagement

Operations und Supply Chain
Management innerhalb
des Unternehmens und
unternehmensübergreifend

8. Auflage

Prof. Dr. Paul Schönsleben
Professor Emeritus der ETH Zürich
Zürich, Schweiz

ISBN 978-3-662-60672-8   ISBN 978-3-662-60673-5   (eBook)
https://doi.org/10.1007/978-3-662-60673-5

Die Deutsche Nationalbibliothek verzeichnet diese Publikation in der Deutschen National-
bibliografie; detaillierte bibliografische Daten sind im Internet über http://dnb.d-nb.de abrufbar.

Springer Vieweg ist ein Imprint der eingetragenen Gesellschaft Springer-Verlag GmbH, DE und
ist ein Teil von Springer Nature.
Die Anschrift der Gesellschaft ist: Heidelberger Platz 3, 14197 Berlin, Germany

Vorwort zur achten Auflage

Mit grosser Freude kann ich die achte Auflage von *„Integrales Logistikmanagement – Operations und Supply Chain Management innerhalb des Unternehmens und unternehmensübergreifend"* freigeben. Die neuen Teilkapitel enthalten Themen, die mich in den letzten Jahren in der Forschung und in der praktischen Anwendung besonders beschäftigt haben:

- Das Integrale Logistikmanagement findet sowohl in der klassischen Industrie als auch in der Dienstleistung seine Anwendung. Ein neues Teilkapitel zeigt auf, wie in Produkt-Service-Systemen auf dem neuesten Stand der Technik materielle und immaterielle Güter *zusammen* das Angebot ausmachen, das die Nachfrage des Kunden genau treffen kann.

- Das Kapitel zur Standortplanung enthält neu eine Vorgehensweise, welche die bereits vorgestellte *integrierte* Gestaltung von Produktions-, Versand-, Einzelhandels-, Service- und Transportnetzwerken auf systematische Weise zu erarbeiten erlaubt.

- Das Kapitel über die Nachhaltigkeit in Supply Chains präsentiert neu einige Beispiele von Rahmenwerken, Standards und Indices, mit denen heute Firmen ihre Messung der sozialen und umweltbezogenen Leistung in ihrer Integration mit der ökonomischen Leistung praktisch aufzeigen.

- Das Kapitel über Produktfamilien und Einmalproduktion enthält ein neues Teilkapitel über die unterschiedlichen Arten der Kooperation zwischen den Abteilungen für F&E und für Engineering in Firmen mit einer «Engineer-to-order»-Produktionsumgebung.

- Zur langfristigen Bedarfsplanung sind manchmal die Wirkmechanismen wenig oder gar nicht bekannt, z.B. wenn Einflussfaktoren der Umsysteme eines Unternehmens auf eher unbekannte Weise eine Rolle spielen können. Dafür eignet sich die Szenariovorhersage, die auf der Szenarioplanung basiert. Das wird in einem neuen Teilkapitel zur Bedarfsplanung und Bedarfsvorhersage behandelt.

Sämtliche übrigen Kapitel wurden überarbeitet und wo immer möglich gestrafft, so dass der Umfang der achten Auflage im Vergleich mit der siebten Auflage leicht kürzer wurde. Der behandelte Stoff umfasst wie bisher die meisten Schlüsselbegriffe der fünf APICS CPIM Module, die im „CPIM exam content manual" aufgeführt sind, sowie des CSCP-Programms. Die interaktiven Elemente wurden neu gestaltet und können auf verschiedensten Endnutzergeräten laufen. Sie können sie von der Website www.intlogman.ethz.ch herunterladen. Parallel zu dieser Auflage veröffentliche ich unter www.opess.ethz.ch die mit WordPress aufgebaute sechste Auflage in Englisch: „Integral Logistics Management – Operations and Supply Chain Management Within and Across Companies". Sie enthält die interaktiven Elemente sowie eine Fallstudie zu einigen Kapiteln. CRC Press (Taylor & Francis Group) hat die bisherigen Auflagen in Buchform veröffentlicht. Sie können weiterhin die fünfte Auflage beziehen (ISBN 9781-4398-7823-1).

Nach meiner Emeritierung von der ETH Zürich bin ich nach wie vor als Präsident der A. Vogel-Gruppe tätig (www.avogel.com). Die Anforderungen an eine Supply Chain, die Frischpflanzen zu Heilmitteln und Nahrungsergänzungsmitteln verarbeitet und global vertreibt, werden immer höher und werden mir auch weiterhin in grossem Mass Einsicht in die praktischen Möglichkeiten und Grenzen des Integralen Logistikmanagements geben. Sie können mich weiterhin unter Paul.Schoensleben@ethz.ch erreichen.

Zürich, im Oktober 2019   Prof. Dr. Paul Schönsleben

Anmerkung: Das APICS Ausbildungsprogramm wird im deutschsprachigen Raum u.a. durch PRODUCTION MANAGEMENT INSTITUTE, Lena-Christ-Str. 50, D-82152 Planegg bei München, Tel. +49 89 857 61 46, Fax +49 89 859 58 38, www.pmi-m.de, vertreten.

Vorwort zur ersten Auflage

Die veränderte Umwelt eines Unternehmens verändert die Sicht auf Problemstellungen und Prioritäten im Unternehmen selbst. Das führt zu neuen Anforderungen an die Unternehmenslogistik und an die Planung & Steuerung der damit verbundenen Geschäftsprozesse.

Verstand man die Logistik einst als schieres Lagern und Transportieren, so bricht sich heute, gerade im Zuge der Reorganisation von Geschäftsprozessen, eine integrale Sicht auf die Unternehmenslogistik Bahn. Zwar müssen Lager und Transport wohl weiterhin betrieben werden. Doch werden sie eher als störende Faktoren empfunden und soweit als möglich reduziert. Der Fokus liegt heute auf demjenigen Teil der logistischen Kette, der Werte vermehrt. Diese Kette, von der Verkaufslogistik über die F&E-Logistik hin zur Produktions- und Beschaffungslogistik und – neuerdings – zur Entsorgungs-logistik, steht indessen als Ganzes zur Diskussion. Verbesserungen müssen auf dem umfassenden Geschäftsprozess erreicht werden. Zudem entstehen vermehrt Netzwerke von Firmen, die ein Produkt in Kooperation entwickeln und herstellen. Deren Logistiken müssen schnell und eng zusammenwirken. Auch dies erfordert ein integrales Logistikmanagement.

Die erwähnten Tendenzen betreffen nun nicht nur die Logistik des Güterflusses selbst, sondern auch dessen Planung & Steuerung. Der Begriff PPS für Produktionsplanung und -steuerung hat sich in der Realität längst zur Planung & Steuerung des ganzen Logistiknetzwerks ausgeweitet.

Sich wandelnde Bedürfnisse in der Praxis rufen oft auch nach neuen Theorien und Methoden, besonders dann, wenn die bisherigen den Praxisbezug verloren zu haben scheinen. Gerade dieser Eindruck entsteht häufig, wenn man die Szene in der Unternehmenslogistik betrachtet. Bei näherem Hinsehen zeigt sich zu oft, dass hinter Methoden und Verfahren, die mit neuen, klingenden Schlagworten verkauft werden, nur selten wirklich Neues steckt. Die Vermutung liegt dann nahe, dass der Versuch gescheitert ist, bestehendes Wissen an der sich laufend verändernden Praxis zu messen und – im Sinne eines kontinuierlichen Verbesserungsprozesses – zu erweitern und anzupassen. Gerade darin besteht aber die Herausforderung der Unternehmenslogistik.

Die eingesetzten Methoden und Verfahren in Planung & Steuerung sind interessanterweise nicht abhängig von der Zuordnung der Aufgaben und Kompetenzen in der Unternehmensorganisation. So ändern zum Beispiel die Verfahren zur Planung der Kapazitäten nicht, wenn die Steuerungsaufgaben durch eine zentrale Arbeitsvorbereitung oder aber dezentral in den Werkstätten ausgeführt werden. Ebenso sind die Algorithmen im Prinzip dieselben, ungeachtet davon, ob sie „von Hand" oder unterstützt von Software realisiert sind. Die Algorithmen in einer umfassenden ERP-Software sind auch dieselben wie die in einem lokal eingesetzten Leitstand. Hingegen ändern die Methoden und Verfahren sehr wohl in Abhängigkeit der unternehmerischen Ziele, die durch die Wahl der Logistik unterstützt werden sollen, also von Zielen in Bezug auf Qualität, Kosten, Lieferung oder verschiedene Aspekte von Flexibilität.

Das vorliegende Werk möchte die unterschiedlichen Charakteristiken, Aufgaben, Methoden und Verfahren zur Planung & Steuerung in der Unternehmenslogistik möglichst umfassend präsentieren. Die Entwicklung und der Wandel in der operationellen Führung zur Leistungs-erstellung im Unternehmen sollen dabei transparent werden. Das Werk begnügt sich allerdings nicht mit einer breiten, allgemeinen Behandlung der Thematik zu Lasten der Tiefe und der wissenschaftlichen Ausleuchtung des Gebietes. Gerade weil Logistik und Planung & Steuerung sich auf der operationell-dispositiven Ebene eines Unternehmens abspielen, ist Kompetenz auch im Detail durchaus notwendig. Wirksame Vorgaben auf der strategischen Ebene dürfen auf der operationellen Ebene nicht zu Widersprüchen führen.

Die Beratungs- und Softwareindustrie und weite Kreise in Aus- und Weiterbildung erzeugen heute dauernd Druck zur Novität – welche nicht mit Innovation zu verwechseln ist. Man sollte sich von derartigen Einflüssen – oft nur kurzlebige Modeerscheinungen –nicht irritieren lassen. Nach wie vor führt breites, detailliertes, methodisches und operationelles Wissen zu Kompetenz. Und nur diese erlaubt, die Geschäftsprozesse und Aufgaben an Personen im Unternehmen auf geeignete Weise zuzuordnen und diese Zuordnung bei sich ändernden Unternehmenszielen, Marktsituationen, Produktspektren und Mitarbeiterqualifikationen laufend anzupassen.

IT-unterstützte Planung & Steuerung besitzt heute auch in kleineren bis mittleren Unternehmen (KMU) einen hohen Stellenwert. Dies meistens zu Recht, lassen sich doch die grossen Daten-mengen öfters gar nicht anders in genügender Schnelligkeit bewältigen. Bei der detaillierten Dar-stellung von Methoden der Planung & Steuerung wird deswegen auch auf ihre mögliche IT-Unterstützung verwiesen. Grundlage dafür ist eine geeignete Darstellung in einem integrierten Referenzmodell für die operationell-dispositive Ebene von Unternehmen. Dieses Modell ist objektorientiert und wird in meinem Buch „Betriebsinformatik – Konzepte logistischer Abläufe", erschienen 1993 im Springer-Verlag, detailliert beschrieben und begründet.

Das vorliegende Werk versteht sich zum einen als Lehrbuch für Wirtschaftsingenieure, Wirtschaftsinformatiker, Betriebswirte und Ingenieure im Rahmen ihrer Ausbildung. Zum anderen wendet es sich zur Weiterbildung an Fachleute aus der betrieblichen Praxis in Industrie und Dienstleistung.

In das Buch sind auch Bestandteile eingeflossen, die aus dem Werk meines emeritierten Kollegen, Prof. Dr. Alfred Büchel, stammen, wofür ich ihm sehr zu Dank verpflichtet bin. Es betrifft dies vor allem sein Steckenpferd, nämlich die statistischen Methoden in der Planung & Steuerung. Diese kommen besonders zum Tragen in den Kapiteln 10, 11.3, 11.4 sowie 13.2.

Zahlreichen Kollegen aus der Wissenschaft im In- und Ausland sowie meinen direkten Kollegen, Prof. Büchel und Gastdozent Dipl. Ing. ETH Markus Bärtschi, danke ich für wertvolle Diskussionen und Anregungen. Für die Mitarbeit am Manuskript, vor allem für das kritische Hinterfragen, möchte ich allen ehemaligen und jetzigen wissenschaftlichen Mitarbeiterinnen und Mitarbeitern des Bereiches *Logistik- und Informationsmanagement* am Betriebswissenschaftli-chen Institut BWI der ETH Zürich herzlich danken. Es wären ihrer bereits zu viele, als dass ich sie hier einzeln aufzählen könnte. Es freut mich dagegen sehr, dass ich stattdessen im Text und im Literaturverzeichnis auf einige Doktorarbeiten und auf weitere ihrer wissenschaftlichen Werke verweisen kann. Für die unermüdliche Hilfe beim Erstellen und Korrigieren der Textvorlage danke ich den ebenfalls zahlreichen wissenschaftlichen Hilfskräften herzlich.

Zürich, im Februar 1998   Prof. Dr. Paul Schönsleben

Inhaltsübersicht

Inhaltsverzeichnis

Gewisse Unterkapitel sind fakultativ in dem Sinne, dass sie beim ersten Durchlesen nicht unbedingt bereits für das Verständnis des nachfolgenden Stoffes notwendig sind. Diese Unterkapitel sind durch einen (*) als solche identifiziert.

Detailliertes Inhaltsverzeichnis

Einführung

> Ein *Unternehmen* ist gemäss dem APICS Dictionary (15th ed., APICS, Chicago, 2016) ein Vorhaben, ein Wagnis, eine Initiative, eine Gesellschaft oder Firma mit einer definierten Mission.

In diesem Buch wird das Unternehmen als *Firma* im wirtschaftlichen Umfeld verstanden, und zwar als ein soziotechnisches System. Die Elemente sowie ihre Beziehungen sowohl im System als auch mit den Umsystemen sind komplexer Natur. Verschiedene Interessenten wirken mit unterschiedlichen Vorstellungen und Zielen auf das Unternehmen ein. Die Unternehmensführung ist damit eine komplexe Aufgabe. Die Abb. 1 zeigt drei Dimensionen unternehmerischer Tätigkeit. Ganzheitliche Unternehmensführung bedeutet, entlang dieser Dimensionen Führungssysteme aufzubauen, die simultan ineinandergreifen.

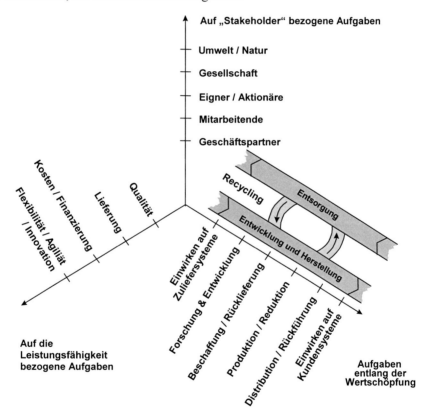

Abb. 1   Drei Dimensionen unternehmerischer Tätigkeit

Führungssysteme für Aufgaben *entlang der Wertschöpfungskette* wirken heute auf Kunden und vor allem auf Zulieferer ein und werden von ihnen ebenso beeinflusst. Eine solch enge Partnerschaft ist auch aus Sicht des umfassenden Produktlebenszyklus nötig. Die Produktrückführung von Kunden, Demontage, Recycling sowie Rückführung an die Lieferanten müssen als Teil der Wertschöpfung betrachtet und entsprechend bezahlt werden.

Auf *Anspruchshalter* (engl. *„stakeholder"*) bezogene Führungssysteme behandeln Geschäftspartner, Mitarbeitende und Eigner (Aktionäre). Diesen individuellen Anspruchshaltern stehen

© Springer-Verlag GmbH Deutschland, ein Teil von Springer Nature 2020
P. Schönsleben, *Integrales Logistikmanagement*,
https://doi.org/10.1007/978-3-662-60673-5_1

kollektive Anspruchshalter in Form der Gesellschaft gegenüber, d.h. des makroökonomischen Umsystems, in welches ein Unternehmen als Mikrokosmos eingebettet ist. „Umwelt" (Natur) erscheint hier personifiziert. In der Praxis manifestiert sich der Anspruch der Umwelt erst durch das Bewusstsein der anderen erwähnten Anspruchshalter.

Im Vordergrund der auf die *Leistungsfähigkeit* des Unternehmens bezogenen Führungssysteme stehen die erwartungsgemässe Qualität und Lieferung (engl. „delivery"), sowie die notwendigen Kosten und deren Finanzierung. Bei Flexibilität, Agilität und Innovation handelt es sich meistens um Potentiale, die sich erst mittelbar auf das Unternehmensergebnis auswirken, und zwar über die zukünftigen Leistungen in den drei anderen Bereichen. Auf die Leistungsfähigkeit bezogene Aufgaben beeinflussen sich auch gegenseitig und wirken als Querschnittaufgaben durch die Aufgaben entlang der Wertschöpfungskette und die „stakeholder"-bezogenen Aufgaben hindurch.

Das Integrale Logistikmanagement widmet sich besonders der *erwartungsgemässen Lieferung*, also Zielen wie Lieferbereitschaft, Liefertreue und kurze Durchlaufzeiten. Um die Ziele zu erreichen, muss es gelingen, die entsprechende Denkweise in allen Führungssystemen entlang der ganzen Wertschöpfung zu verhaften, und schliesslich auch unternehmensübergreifend. Integrales Logistikmanagement begleitet die Wertschöpfung über den ganzen Produktlebenszyklus, berücksichtigt aber ebenso die Wirkung auf die verschiedenen Anspruchshalter an das Unternehmen, besonders auf die Geschäftspartner.

Integrales Logistikmanagement stellt das *Umsetzen* von Ideen, Konzepten und Methoden in den Vordergrund, welche das Potential haben, die Effektivität und die Effizienz eines Unternehmens in der Leistungserstellung zu vergrössern. Patentrezepte, Schlagworte und vereinfachende Theorien haben hier wenig Chancen. Die Realität im täglichen Geschehen von Unternehmen in Industrie und Dienstleistung ist komplex und erfordert viel Fleiss (lat. „industria") in der Detailarbeit. Im Unterschied zu manchen strategischen Konzepten der Unternehmensführung wird hier der „Wahrheitsbeweis", d.h. der Nachweis der Wirksamkeit, schnell und messbar erbracht. Fehler ergeben rasch unzufriedene Kunden und Mitarbeitende und damit schlechte Geschäftsergebnisse. Diese Unmittelbarkeit und Messbarkeit lassen auch keine Zeit, Verantwortlichkeiten auf andere abzuwälzen.

Auf der anderen Seite bieten logistische Aufgaben eine Vielzahl von Lösungsmöglichkeiten. Gerade hier ist die Kreativität des Menschen, verbunden mit Durchhalte- und Durchsetzungsvermögen, besonders gefragt. Methoden der Planung und Steuerung in der Unternehmenslogistik und insbesondere auch IT-unterstützte Werkzeuge sind immer nur Hilfsmittel. Die Erfahrung zeigt zudem immer wieder, dass der Erfolg im Einsatz von Methoden und Werkzeugen stark von den Personen abhängt, die sie einsetzen.

Aufbau des Buches

Das Buch umfasst 4 Teile:

- Teil A (Kapitel 1 bis 3): Grundlagen, Strategien und Gestaltungsmöglichkeiten im Integralen Logistikmanagement
- Teil B (Kapitel 4 bis 9): Strategische und taktische Konzepte der Planung & Steuerung im Integralen Logistikmanagement

- Teil C (Kapitel 10 bis 17): Methoden der Planung & Steuerung in komplexen logistischen Systemen

- Teil D (Kapitel 18 bis 20): Überblick über weitere Führungssysteme in Unternehmen

Teil A behandelt das Integrale Logistikmanagement in seiner Einbettung in das unternehmerische Geschehen sowie die strategische Gestaltung von Supply Chains.

- Das Kapitel 1 behandelt das Integrale Logistikmanagement in seiner Einbettung in das unternehmerische Geschehen zur Entwicklung, zur Herstellung, zum Gebrauch und zur Entsorgung von Gütern. Geschäftsobjekte, Zielbereiche, Grundsätze, Analysen, Konzepte, Systemik und Systematik sowie Technologien zur Führung und Gestaltung von logistischen Systemen in und zwischen Unternehmen stehen dabei im Vordergrund.

- Das Kapitel 2 zur Gestaltung von Supply Chains stellt zuerst grundsätzliche Überlegungen zum „Make-or-buy" an. Es behandelt in der Folge Modelle, Chancen und Gefahren für verschiedene Arten von Partnerschaften zwischen rechtlich unabhängigen Firmen entlang der Supply Chain, sowie das Management von Supply Chain Risiken ganz allgemein.

- Das Kapitel 3, ebenfalls zur Gestaltung von Supply Chains, behandelt die Standortplanung mit der integrierten Bestimmung von Produktions-, Versand-, Service- und Transportnetzwerken sowie die Nachhaltigkeit im Supply Chain Management.

Teil B stellt die grundlegenden Konzepte und Aufgaben der Planung & Steuerung im Logistik-, Operations und Supply Chain Management sowie Software dafür vor.

- Das Kapitel 4 beginnt mit Methoden zur Geschäftsprozessanalyse, die für das systematische Vorgehen zur Gestaltung der Planung & Steuerung in Supply Chains wichtig und geeignet sind. Es entwickelt sodann eine Charakteristik zur Planung & Steuerung mit Merkmalen, die auf die Leistungskenngrössen zur Messung der Erreichung der unternehmerischen Ziele in Kapitel 1 zugeschnitten sind. Diese Charakteristik kann für jede Produktfamilie unterschiedlich sein.

- Schliesslich werden vier Konzepte zur Planung & Steuerung in Supply Chains in Abhängigkeit von dieser Charakteristik vorgestellt. Die Kapitel 5 bis 8 stellen die wesentlichen Geschäftsobjekte und Geschäftsprozesse für diese vier Konzepte vor.

  - Kapitel 5: Das MRPII- / ERP-Konzept
  - Kapitel 6: Das Lean-/Just-in-time-Konzept und die Wiederholproduktion
  - Kapitel 7: Das Konzept für Produktfamilien und Einmalproduktion
  - Kapitel 8: Das Konzept für die Prozessindustrie

  Die Kapitel 5 bis 8 präsentieren die Geschäftsmethoden im Überblick und im Zusammenhang mit der Charakteristik zur Planung & Steuerung. Die Geschäftsmethoden werden in zwei einfachen, jedoch wichtigen Fällen bereits detaillierter entwickelt, nämlich der Programmplanung im MRPII-/ERP-Konzept und der Wiederholproduktion im Lean-/Just-in-time-Konzept.

- Das Kapitel 9 schliesslich behandelt ERP- und SCM-Software für diese vier Konzepte sowie Erfolgsfaktoren für die Einführung dieser Art von Software.

Teil C behandelt die Methoden der Planung & Steuerung in komplexen logistischen Systemen detailliert. Das Referenzmodell in Abb. 2 (eingeführt in Kap. 5.1.4) vermittelt eine Übersicht über – vertikal – die Prozesse zur Planung & Steuerung, gegliedert nach ihren Fristigkeiten (lang-, mittel-, und kurzfristig) sowie – horizontal – alle Aufgaben der Planung & Steuerung. Die Prozesse und Aufgaben sind in einer zeitlich logischen Reihenfolge aufgeführt.

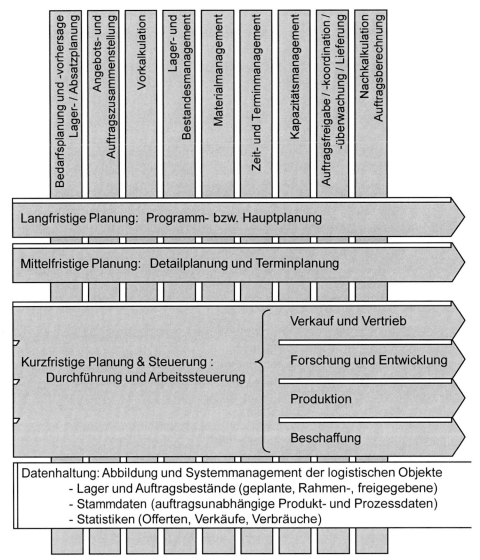

Abb. 2   Das Referenzmodell für Geschäftsprozesse und Aufgaben der Planung & Steuerung

- Die Kapitel 10 bis 17 behandeln die einzelnen Aufgaben der Reihe nach. Ausnahmen bilden die Angebots- und die (Kunden-)Auftragsbearbeitung (sie wird bereits im Kap. 5.2.1 teilweise besprochen und im Kap. 12.1 ergänzt) sowie die Vorkalkulation, die zusammen mit der Nachkalkulation in Kap. 16 behandelt wird:

  - Kapitel 10: Bedarfsplanung und Bedarfsvorhersage
  - Kapitel 11: Bestandsmanagement und stochastisches Materialmanagement

- Kapitel 12: Deterministisches Materialmanagement
- Kapitel 13: Zeit- und Terminmanagement
- Kapitel 14: Kapazitätsmanagement
- Kapitel 15: Auftragsfreigabe und Steuerung
- Kapitel 16: Vor- und Nachkalkulation und Prozesskostenrechnung
- Kapitel 17: Abbildung und Systemmanagement der logistischen Objekte

Jedes Kapitel nimmt in seiner Einleitung Bezug auf das obige Referenzmodell und zeigt die behandelte Aufgabe zusammen mit den Planungsfristigkeiten, für welche die Aufgabe besonders wichtig ist.

- Die Methoden in den Kapiteln 10 bis 17 liefern ein vertieftes Verständnis der Konzepte in den Kapiteln 5 bis 8. Sie umfassen alles, was zur Gestaltung von logistischen Systemen nötig ist, die sich nicht durch häufige Auftragswiederholung auszeichnen. Ihre detaillierte Behandlung liefert auch eine vertiefte methodische Grundlage für die bereits vorgestellten Verfahren zur Programmplanung und Kanban im Teil B. Viele dieser Methoden stammen aus dem MRPII-/ERP-Konzept. Sie sind jedoch auch für die Prozessindustrie sowie für variantenreiche Produktfamilien gültig, wobei sie natürlich auf die dort definierten, erweiterten Geschäftsobjekte zu beziehen sind.

Teil D gibt einen Überblick über weitere Führungssysteme in Unternehmen, mit denen das Integrale Logistikmanagement in enger Wechselwirkung steht. Dazu gehören die strategische Unternehmensführung, das Technologie- und Produktinnovationsmanagement, das Finanz- und Rechnungswesen, das Informations-, Wissens- und Know-how-Management, das System- und Projektmanagement. Teil D zeigt auch – und besonders – auf, warum und wo diese Wechselwirkung besteht. In jedem Fall handelt es sich bewusst um eine zusammenfassende Darstellung.

- *Kapitel 18:* Eine enge Wechselwirkung besteht zwischen dem Integralen Logistikmanagement und dem Umfassenden Qualitätsmanagement bzw. Six Sigma. Beide kümmern sich um die Erfüllung von konkreten Kundenwünschen und siedeln sich deshalb im Bereich der *operativen Umsetzung* im Unternehmen an. Gerade die japanischen Ansätze stellen jedoch eine Kombination von Konzepten aus beiden Führungssystemen in den Vordergrund. Das „Toyota Production System" z.B. kombiniert das Lean-/Just-in-Time-Konzept mit dem zum Qualitätsmanagement gehörenden Jidoka-Konzept.

- *Kapitel 19:* Systems Engineering und Projektmanagement sind mit dem Integralen Logistikmanagement ebenfalls stark verbunden. *Erstens* können die damit verbundenen Aufgaben in ihrer Gesamtheit als Management-Systeme verstanden werden. Der Entwurf und die laufende Verbesserung dieser Systeme muss mit den Methoden des Systems Engineering und Projektmanagements angegangen werden. *Zweitens* sind manche der Aufgaben einmaliger Natur („one-of-a-kind"), gerade in der Anlagenstandortplanung im Projektgeschäft oder bei kundenspezifischen Dienstleistungen (Produktion bzw. Beschaffung ohne Auftragswiederholung). *Drittens* gibt es Techniken, die beiden Gebieten gemeinsam sind. Dazu zählen Planungstechniken wie z.B. die „critical path method" CPM, Darstellungstechniken wie z.B. das Gantt-Diagramm oder Investitionsrechenverfahren wie z.B. die Payback- oder Kapitalwertmethode.

- *Kapitel 20:* Im Zusammenhang mit ERP- und SCM-Software-Systemen (siehe Kapitel 9) wird der Zusammenhang des Informationsmanagements mit dem Integralen Logistikmanagement besonders deutlich. Aus dem Informationsmanagement stammen Techniken und Methoden zur realitätsnahen Modellierung von Geschäftsprozessen sowie zur korrekten Abbildung der logistischen Geschäftsobjekte. Die dadurch mögliche geeignete Datenhaltung stellt die benötigten Daten über diese Objekte jederzeit detailliert und aktualisiert zur Verfügung.

Lesehinweise und zusätzliches Lehrmaterial

Hier noch einige Lesehinweise:

- Begriffe, die definiert werden, sind immer *kursiv* gedruckt, Die Definitionen selbst sind i. Allg. eingerahmt, oder aber in Tabellen, Listen oder Fussnoten aufgeführt.

- Die *Definition von Begriffen* kann auch als eingerückte Auflistung gegeben sein, wie in diesem Beispiel. Dies ist der Fall bei verschiedenen Ausprägungen desselben Merkmals.

- Wichtige Prinzipien, Praxisbeispiele, Merksätze und Vorgehensrezepte, die Schritte eines Verfahrens oder auch Lösungen für ausgewählte Szenarien und Übungen sind grau hinterlegt und oft mit einer Abbildungsunterschrift zur Referenzierung versehen.

- Einige Unterkapitel sind fakultativ in dem Sinne, dass sie beim ersten Durchlesen nicht unbedingt bereits für das Verständnis des nachfolgenden Stoffes notwendig sind. Diese Unterkapitel sind durch einen (*) als solche identifiziert.

- In gleichem Sinne fakultativ sind zusätzliche Definitionen von Begriffen im Fussnotenapparat. Sie wurden aus Gründen der Vollständigkeit oder zum Verständnis für Leser, die aus benachbarten Fachgebieten oder aus der Praxis kommen, hinzugefügt.

Im Text werden die folgenden Abkürzungen verwendet:

- „bspw." für „beispielsweise"
- „F&E" für „Forschung und Entwicklung"
- „ggf." für „gegebenenfalls"
- „Id." für „Identifikation" (z. B. Artikel-Id.)
- „o. Ä." für „oder Ähnliches"
- „sog." für „so genannt"
- „u. a." für „unter anderem"
- „u. U." für „unter Umständen"
- „vgl." für „vergleiche"

Interaktive Lehrelemente stehen unter www.intlogman.ethz.ch zur Verfügung.

Zusätzliches Lehrmaterial kann unter www.opess.ethz.ch abgerufen werden.

Bitte schreiben Sie eine Mail (Paul.Schoensleben@ethz.ch) für Fragen und Bemerkungen.

1 Logistik-, Operations und Supply Chain Management

Logistik-, Operations und Supply Chain Management beschäftigen sich mit der Führung der Systeme, welche die unternehmensinterne oder -übergreifende Leistung bestimmen, sowie der Planung & Steuerung der täglichen Abläufe dazu. Diese Aufgaben werden nach wie vor durch Menschen bewältigt, die intuitiv und aus der Erfahrung heraus kreativ zu handeln verstehen. Der Mensch hat einzigartige strategische und operationelle Führungsfähigkeiten, indem er unvollständiges Wissen zutreffend ergänzen und situativ flexibel reagieren kann. Steigen jedoch Komplexität, Häufigkeit und Schnelligkeit der Abläufe, dann ist die Intuition des Menschen bald einmal überfordert. Die Erfahrung kann dann auch in eine falsche Richtung weisen. In grossen Unternehmen und auf unternehmensübergreifenden Supply Chains sind zudem viele Menschen sowohl parallel als auch sequentiell in der Zeitachse an den Prozessen beteiligt. Diese Menschen unterscheiden sich alle in Erfahrungsschatz, Wissensstand und Intuition. Logistik-, Operations und Supply Chain Management stehen damit im Spannungsfeld der verschiedenen Anspruchshalter und von widersprüchlichen Zielen des Unternehmens bzw. der gesamten Supply Chain.

Hier kommt der wissenschaftliche Ansatz des Integralen Logistikmanagements ins Spiel. Nach der Einführung von grundlegenden Begriffen, Problemstellungen und Herausforderungen im Kap. 1.1 und der dabei behandelten Geschäftsobjekte im Kap. 1.2 wird das erwähnte Spannungsfeld im Kap. 1.3 aufgezeigt. Ein besonderes Augenmerk gilt dabei den verschiedenen Aspekten der Flexibilität als Potentiale für zukünftige Nutzen. Mit den Zielen und den Geschäftsobjekten des Unternehmens oder der Supply Chain werden im Kap. 1.4 geeignete Kenngrössen zur Leistungsmessung verbunden. Sie helfen, den Grad der Zielerreichung zu beurteilen und zugehörige Ursachen zu analysieren.

1.1 Wichtige Konzepte, Problemstellungen und Herausforderungen

Personen, die ein praktisches Problem zu lösen haben, suchen i. Allg. nicht nach Definitionen. Für ein Verständnis der Konzepte des Integralen Logistikmanagements sind klar definierte Begriffe jedoch notwendig: Erstens vermitteln sie ein Bild der behandelten Phänomene. Zweitens vermeiden sie Missverständnisse, die davon herrühren, dass Begriffe je nach persönlichem oder firmeninternem Gebrauch verschieden empfunden werden. Und drittens sind sie für den sauberen Aufbau eines Werkes mit Tiefgang notwendig. Jedoch dürfen Definitionen nicht die Freude und den Elan im Aufnehmen von Konzepten bremsen. Deshalb stehen die Problemstellungen und Herausforderungen im Vordergrund, mit denen diese Definitionen verbunden sind.

1.1.1 Grundlegende Begriffe aus der Arbeitswelt und dem Geschäftsleben

Bei der Gestaltung von Organisationen werden (zu) oft Begriffe gegeneinander ausgespielt, besonders die Begriffe *Aufgabe, Funktion* und *Prozess* bzw. *Aufgabenorientierung, Funktionsorientierung* und *Prozessorientierung*. Mit einem Griff in ein Herkunftswörterbuch, z.B. [DuHe14], sowie zu einem Wörterbuch für sinn- und sachverwandte Wörter, z.B. [DuSy19], kann man ablesen, was Menschen *normalerweise* unter diesen Begriffen verstehen. Auch wenn

© Springer-Verlag GmbH Deutschland, ein Teil von Springer Nature 2020
P. Schönsleben, *Integrales Logistikmanagement*,
https://doi.org/10.1007/978-3-662-60673-5_2

bestimmte Wissenschaften den Begriffen eine eigene Definition geben: ein Unternehmen orientiert sich am besten am Alltagsverständnis und verwendet *allgemeine* Definitionen.

Die Abb. 1.1.1.1 definiert Grundbegriffe aus der Arbeitswelt.

Begriff	Herkunft, Definition	Verwandte Begriffe
Arbeit	<u>alt</u>: Plage, Mühsal, schwere körperliche Anstrengung <u>neu</u>: zweckmässige Beschäftigung, berufliches Tätigsein <u>aber auch</u>: Ergebnis der Arbeit	
Aufgabe	Aufgeben = auftragen zu tun, erledigen lassen	Funktion, Auftrag, Arbeit, Pensum
Funktion	Tätigkeit, Wirksamkeit, Aufgabe, Verrichtung, Geltung	Aufgabe, Zweck
Auftrag	übertragene Aufgabe, Weisung, Bestellung (auftragen = eine Aufgabe geben)	Aufgabe, Weisung
Ablauf	Verlaufen = vor sich gehen Verlauf = Ablauf, Entwicklung	Vorgang
Vorgang	Vorgehen = nach vorne gehen, vorwärts gehen, sich ereignen	Ereignis, Ablauf
Prozess	Fortgang, Verlauf, Ablauf, Hergang, Entwicklung	Vorgang, Verfahren
Methode	planmässiges Vorgehen, nach festen Regeln oder Grundsätzen geordnetes Verfahren	Verfahren, Behandlung
Objekt	Gegenstand, auf den das Interesse, das Denken, das Handeln gerichtet ist	Ding, Gegenstand
Geschäft	Arbeit, Angelegenheit, Anordnung. <u>neu</u>: dieselben Begriffe, aber gezielt im Handelswesen, Vertrag	

Abb. 1.1.1.1   Grundbegriffe, die in der Arbeitswelt verwendet werden.

Die wichtige Erkenntnis ist, dass *Arbeit* sowohl Ablaufcharakter als auch Inhalts- oder Ergebnischarakter hat. Diese *Dualität* ist offenbar *grundsätzlicher Natur*. Der Inhalt der Arbeit, bzw. ihr Zweck oder ihr Ziel, wird gerne mit dem Begriff *Aufgabe* wiedergegeben. Der Begriff *Funktion* ist offenbar nicht weit vom Begriff *Aufgabe* entfernt. *Funktion* bezieht sich stärker auf das Ergebnis der Arbeit, *Aufgabe* mehr auf Inhalt und Zweck, wobei jeder Begriff den anderen einschliesst. Ein *Auftrag* entsteht beim Übertragen einer Aufgabe von einer Person auf eine andere.

Die Begriffe *Ablauf, Vorgang* und *Prozess* sind in etwa gleichbedeutend und stehen in *Dualität* zu den Begriffen *Aufgabe* und *Funktion*. Letztere kann man meistens als Folge oder als Netz von Teilaufgaben bzw. Teilfunktionen strukturieren und damit als Prozess empfinden. Umgekehrt kann man einen Prozess meistens derart auffassen, dass verschiedene Arbeiten in einem bestimmten Ablauf abgewickelt werden. Jede dieser Arbeiten kann auch als Aufgabe oder Funktion bzw. als Teil davon empfunden werden. Natürlich gibt es Aufgaben und Funktionen, die schliesslich „atomar" sind. Im Bereich der Unternehmensstrategie, aber auch in F&E findet man Aufgaben, die nicht oder nur schlecht auf diese Weise heruntergebrochen werden können.

Beachtenswert ist, dass der Begriff *Geschäft* auf den zentralen Begriff *Arbeit* zurückverweist, wobei heute offenbar eher die nach zivilrechtlichen Definitionen *handelbare* Arbeit gemeint ist, die in Verträgen zum Ausdruck kommt.

Abb. 1.1.1.2 zeigt zusätzliche Grundbegriffe aus dem Geschäftsleben. Die ersten vier Begriffe stammen vom Autor, da [DuHe14] keine bzw. keine genügend präzise Definition anbietet.

Begriff	Definition
Wert-schöpfung	1.) Eigenleistung des Unternehmens, einschliesslich Gemeinkosten. Ihr Komplement ist die zugekaufte Leistung. 2.) Wert (Nutzen) einer Entwicklung und Herstellung für den Kunden.
Geschäfts-prozess	Prozess einer Firma mit potentiell handelbarem Ergebnis, d.h. mit einer Wertschöpfung, die ein interner oder externer Kunde empfindet und wofür er zu bezahlen bereit ist.
Geschäfts-methode	eine wichtige Methode im Zusammenhang mit einem betrachteten Geschäft
Geschäfts-objekt	ein wichtiger Gegenstand oder Inhalt der Vorstellung im Zusammenhang mit einem betrachteten Geschäft
Gut	Besitz, der einen materiellen oder geistigen Wert darstellt (alt: „guot" = Gutes)
Güter	etwas Hergestelltes oder Produziertes (oder im Geschäftsleben Ge- oder Verkauftes)
Investitions-güter	Güter (z.B. Maschinen, Vorrichtungen, Fabriken o. Ä.), die man zur Herstellung eines anderen Guts nutzt (auch Kapitalgüter genannt)
Konsumgüter	Güter, die direkt ein Kundenbedürfnis erfüllen
Artikel	eine – allenfalls nummerierte – Einzelheit in einer Auflistung; aber auch: Ware, Gegenstand
Teil	etwas, was mit anderem zusammen ein Ganzes bildet bzw. ausmacht
Komponente	Bestandteil, Element eines Ganzen
Material	Gesamtheit von Hilfsmitteln, Gegenständen, Belegen, Nachweisen o. Ä., die bei einer bestimmten Arbeit oder für die Herstellung von etwas benützt oder benötigt werden
Produkt	etwas, was (aus bestimmten Stoffen hergestellt) das Ergebnis menschlicher Arbeit ist
Erzeugnis	etwas, was erzeugt wird, erzeugt worden ist; Produkt
Artefakt	Gegenstand, der seine Form durch menschliche Einwirkung erhielt
Service	Dienstleistung (auch synonym dazu gebraucht), Bedienung oder Betreuung

Abb. 1.1.1.2   Zusätzliche Grundbegriffe, die im Geschäftsleben verwendet werden.

Wertschöpfung hat je nach Standpunkt (Hersteller oder Kunde) eine unterschiedliche Bedeutung. Die traditionelle Sicht ist die des Herstellers. Aus dieser Perspektive ist bspw. ein Aufwand für die Haltung von Beständen an Lager oder in Arbeit stets wertvermehrend. Der Kunde aber erachtet solche Prozesse meistens nicht als wertvermehrend. Im Zuge der Kundenorientierung wird es immer wichtiger, sich auf dessen Standpunkt zu stellen.

Mit einem *Geschäftsprozess* verbunden ist ein eigenes Auftragswesen der auftragserfüllenden Organisationseinheit: Sie verantwortet und betreibt nicht bloss die Wertschöpfung selbst, sondern auch die notwendige Planung & Steuerung des zugehörigen Prozesses. *Geschäfts-methoden* – z.B. die Methoden der Auftragsabwicklung – beschreiben, wie Aufgaben erfüllt oder Funktionen im Unternehmen erreicht werden können. Bekannte *Geschäftsobjekte* sind z.B. Kunden, Mitarbeitende, Betriebsmittel, Produkte und – besonders – Aufträge.

Der Begriff *Material* wird im Unternehmen i. Allg. *nicht* synonym zu *Komponente* empfunden. Mit *Material* sind eher einfache Ausgangsstoffe wie z.B. Rohmaterial, oder aber Informationen wie Dokumente, Nachweise, Zertifikate o. Ä., gemeint, während mit *Komponente als Geschäftsobjekt* auch Zwischenprodukte bezeichnet werden.

Für die Belange dieses Buches sind die Unterschiede in der Bedeutung für die durch menschliche Einwirkung entstehenden Güter, also Produkt, Erzeugnis und Artefakt, sehr gering. Deshalb werden sie hier unter dem Begriff „Produkt" synonym verwendet.

Die Begriffe *Service* und *Dienstleistung* weisen auf den Nutzniesser oder Empfänger des Services hin, im Geschäftsumfeld Kunde genannt. In einem Unternehmen ist mit *Service* oft die Kundenbetreuung gemeint.

Unter *Kundendienst* oder *Kundenbetreuung* versteht man die Fähigkeit eines Unternehmens, Bedürfnisse, Anfragen und Wünsche anzusprechen ([APIC16]).

Eine *Dienstleistung* bzw. ein *Service im originären Sinn* ist ein Prozess, der sich an einem *Serviceobjekt* abspielt, d.h. einem Objekt des Kunden, das mit dem Erbringer der Dienstleistung zusammengebracht werden muss (oder umgekehrt), allenfalls zusammen mit zusätzlichem Kunden-Input.

In vielen Fällen ist das Objekt, also der Empfänger des Service, der Kunde selbst. In anderen Fällen geht es um technischen Support, Wartung und Instandhaltung von Maschinen oder Anlagen, sowie Dienstleistungen an Informationsprodukten, z.B. die Korrektur einer Software.

Eine *Serviceindustrie* ist gemäss [APIC16] im engsten Sinn eine Organisation, welche *Immaterielles* (engl. „intangibles") bereitstellt (z.B. medizinische oder rechtliche Beratung). Im weitesten Sinn sind es alle Organisationen mit Ausnahme von Landwirtschaft, Bergbau und Fabrikation. Sie schliesst den Detail- und Grosshandel ein, Transport und Betriebsmittel, Finanz, Versicherung und Grundstückhandel, Bau, Berufliche, persönliche und soziale Dienstleistungen, sowie örtliche, regionale und staatliche Regierungen und) und stellen auch *immaterielle Güter*, wie z.B. Information bereit.

Dieser Definition folgend würden Beispiele für die *klassische (bzw. konventionelle) Industrie* Organisationen in Landwirtschaft, Bergbau und Fabrikation umfassen. Unternehmen in diesem Sektor stellen meistens *materielle Güter* bzw. *Materielles* (engl. „tangibles") her.

[Levi81] hebt hervor, dass „eine Unterscheidung zwischen Firmen je nachdem, ob sie Services oder Güter vermarkten, nur von geringem Nutzen ist". Der Autor rät, dazu, die Begriffe zu wechseln und dafür von Immateriellem und Materiellem zu sprechen. Er betont, dass „jeder Immaterielles auf dem Markt verkauft, ungeachtet dessen, was in der Fabrik hergestellt wird". Natürlich können gemäss den oben aufgeführten Definitionen auch Güter, Produkte und Materialien materiell *oder* immateriell sein. Umgekehrt hebt der Autor hervor, dass oft „immaterielle Produkte materialisiert werden müssen. Hotels wickeln ihre Trinkgläser in frische Beutel oder Folien, legen um den WC-Sitz eine hygienische Papierschleife und formen das Endstück des WC-Papiers geschickt zu einem frisch aussehenden Pfeil". Das ist besonders wichtig, wenn der im Übrigen immaterielle Service zu einer umfangreicheren Dienstleistung gehört (z.B. zum Aufenthalt des Gastes im Hotel), und diese spezifische (Teil-) Dienstleistung bereits früher, d.h. vor der Nutzung des (gesamten) Service durch den Kunden erbracht wird.

1.1.2 Serviceorientierung in der klassischen Industrie, Produktorientierung in der Service-Industrie und das industrielle Produkt-Service-System

Wie [Levi81] feststellt, „unterscheiden sich materielle Güter, indem sie i. Allg. zu einem gewissen Grad direkt erfahren werden können – gesehen, berührt, geschmeckt, probiert und getestet". Jedoch ist die materielle Erfahrung gerade für Investitionsgüter nicht genügend. Wie Abb. 1.1.2.1 zeigt, ist der entscheidende Faktor zum Kauf eher eine ganzheitliche Erfahrung.

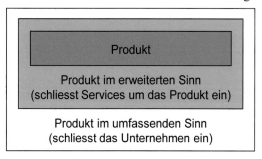

Abb. 1.1.2.1   Das Produkt in seiner ganzheitlichen Erfahrung

Ein *Produkt im erweiterten Sinn* ist ein (Haupt- oder Kern-)Produkt mit den zugehörigen Services, sofern beides vom Verbraucher als Einheit empfunden wird.

Bei Investitionsgütern sind zusätzliche Services immer öfter das eigentliche Verkaufsargument. Mit den zugehörigen Services könnten Installationsanweisungen, Benutzerhandbücher, Trainingsunterlagen, oder das Versprechen für zukünftige („after-sales") Kundendienste wie Wartung und Instandhaltung gemeint sein.

In Käufermärkten werden Individualisierung von Produkten auf die Bedürfnisse der Kunden und die personalisierte Produktion immer wichtiger. Insbesondere führt eine ETO („engineer-to-order") Produktionsumgebung zur Service-Orientierung und zu „value co-creation". Siehe dazu Kap. 7.4. Bei einem Produkt nach (ändernder) Kundenspezifikation (z.B. bei der "Haute couture" in der Modeindustrie), ist der Produktionsprozess durch wiederholte Phasen der Kunden-einwirkung gekennzeichnet. Die Anprobe des halbfertigen Kleides ist ein eigentlicher Service im originären Sinn, d.h. er braucht laufend intensiven Kontakt mit dem Nutzniesser des Service. Darüber hinaus erlaubt der Service, die Spezifikation des Produkts (des Kleids) abzuändern. Die Qualität solcher Services, also der Prozesse „um das Produkt herum", kann dann genauso wichtig oder sogar wichtiger als die die Qualität des Kernprodukts werden.

Ein *Produkt im umfassenden Sinn* schliesst das (Haupt- oder Kern-)Produkt, die zugehörigen Services und das Unternehmen selbst mit seinem Ruf und seiner Ausstrahlung mit ein.

In diesem Fall empfindet der Verbraucher alles zusammen als Einheit. Ein Beispiel dafür ist eine Versicherungsfirma, wenn sie vom *„total care"* spricht und damit meint, dass die Qualität des Unternehmens, also der Organisation als Ganzes beim Kunden eine Empfindung des um-fassenden Versorgtseins erwecken soll. Dieser „Alles-für-den-Kunden"-Prozess baut Vertrauen auf. Ruf und Ausstrahlung eines Unternehmens sind eine Folge der Meinung der Anspruchshalter eines Unternehmens, welche gemäss Abb. 1 in der Einführung Geschäftspartner, Mitarbeitende, Eigner / Aktionäre, die Gesellschaft, und die Umwelt / Natur einschliessen.

Neben der Notwendigkeit zur Serviceorientierung in der klassischen Industrie gibt es umgekehrt auch eine Notwendigkeit zur Produktorientierung in der Service-Industrie. Gemäss dem oben aus [Levi81] zitierten Beispiel aus dem Gastgewerbe „sollte die Materialisierung von Immateriellem am besten als eine Routinesache auf systematischer Basis erfolgen". Solche Hotels haben „die Lieferung (ihres Service-Versprechens) *industrialisiert*".

Wie in der klassischen Industrie bedeutet *Industrialisierung* von Services Standardisierung und Automation ihrer Erstellung. Kap. 7.3 beschreibt ein Beispiel aus der Versicherungsindustrie. Mittels eines Produktkonfigurators können (immaterielle) elementare Versicherungselemente (von den Versicherungsspezialisten Elementar*produkte* genannt) modular zu einer Menge von (immateriellen) Kombinaten und Kombinate zu (immateriellen) Verträgen zusammengesetzt werden. Ein weiteres Beispiel ist Catering: standardisierte Rezepte im Gastronomie-Bereich entsprechen weitgehend Rezepturen in der chemisch-pharmazeutischen Produktion.

Durch Industrialisierung können Komponenten von Services vorgängig erstellt werden. Dies gilt für Ersatzteile genauso wie für Hotelservices und Catering Die Kosten von solchen idealerweise modularen Komponenten eines umfassenden Service können sodann vorgängig berechnet werden. In diesem Kontext wird klar, warum ein *industrialisierter* Service, obwohl immateriell, oft als materiell empfunden wird (und darauf auch so Bezug genommen wird), z.B. im oben erwähnten Hotel- und Versicherungswesen. Industrialisierung von Services bringt Effizienzgewinn ohne Effektivitätsverlust. Auf diesem Gebiet lernt die Dienstleistungsbranche von der klassischen Produktion von materiellen Gütern. Dann kann die Erbringung des (Teil-)Services als "Produktion" von Immateriellem aufgefasst werden (manchmal auch *Serviceproduktion*) genannt. Das Ergebnis kann dann als ein (immaterielles) *Produkt* empfunden werden.

Manchmal liefert die Dienstleistungsindustrie letztlich Güter, die der Lieferung von klassischen materiellen Produkten entsprechen. Auch wenn die reine Ersatzteillieferung als Service empfunden wird, unterscheidet sie sich in nichts von einer Produktion von Standardprodukten, die zum Zweck der schnellen Lieferung auf Lager gehalten werden. Auch wenn die Lieferung eines Reisepasses als Service empfunden wird, unterscheidet sie sich heute prinzipiell in nichts (nicht einmal im Grad der Industrialisierung) von der Lieferung eines „make-to-order"-Produkts, für welches der Empfänger mit dem Auftrag seine persönlichen Daten als Input geben muss (inkl. das Foto seines Gesichts). Der Fokus des Kunden liegt in der Beschaffung eines Produkts und nicht im Erhalt einer Dienstleistung.

Das bedeutet, dass die sogenannte *IHIP-Charakteristik* von Services (Immaterialität; Heterogenität, d.h. Einmaligkeit von Serviceprozessen; Inseparabilität (oder Simultanität) von Erbringung und Verbrauch; und „Perishability" (d.h. Verderblichkeit, da nicht lagerfähig)), obwohl populär, sich für die praktische Anwendung in Service-orientierten Unternehmen nur begrenzt eignet. Gemäss [Hert13] „definiert IHIP keine Charakteristik, sondern nur Symptome".

Gemäss [MeRo10], charakterisiert sich ein *industrielles Produkt-Service-System IPSS* (oder IPS[2]) durch die integrierte und gegenseitig bestimmte Planung, Entwicklung, Erbringung und Gebrauch von Produkt- und Serviceanteilen, einschliesslich dessen innewohnenden Softwarekomponenten in Business-to-Business-Anwendungen, und bildet ein wissensintensives soziotechnisches System.

Ein IPSS fokussiert also auf Investitionsgüter wie Maschinen und Anlagen abzielen, die durch die klassische Industrie hergestellt, vertrieben und über längere Zeit genutzt werden. Kunden sind demnach Firmen (businesses) und nicht Einzelpersonen. Zudem legt diese Definition nahe, dass – obwohl der Service-Empfänger ein materielles Kern- oder Primärprodukt ist, es in einem IPSS keine „Add-on"-Services zu einem materiellen Produkt gibt. Um Wert für den Kunden zu kreieren und damit verkauft werden zu können, muss das Netzwerk des Endproduktherstellers (engl. „original equipment manufacturer" (OEM) und seiner Zulieferer die Services von Anfang an zusammen mit dem Kunden (Nutzniesser) konzipieren, so wie das auch die Abb. 1.1.2.2 zeigt. Dies ist der Gedanke hinter dem Begriff „*value co-creation*" (siehe hierzu auch [KaNi18]).

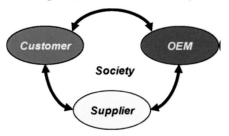

Abb. 1.1.2.2   Anspruchshalter des industriellen Produkt-Service-Systems (kopiert aus [MeRo10])

Industrielle Produkt-Service-Systeme haben insbesondere in der klassischen Industrie an Bedeutung gewonnen, seit Qualität und Kosten des Kernprodukts vieler OEM aus der Sicht der Kunden nahezu gleichwertig sind. Zusätzliche Leistungen im Bereich der Services sollten gerade in kompetitiven Märkten zur Unterscheidung der Angebote führen.

Produkt-Service-Systeme werden oft in produktorientierte, gebrauchsorientierte und ergebnisorientierte Produkt-Service-Systeme klassiert. Entlang dieser drei Kategorien steigt der Integrationsgrad des IPPS in den Kundenprozess. Die Abb. 1.1.2.3 ordnet mögliche Services in einem Industriellen Produkt-Service-System für Verpackungsmaschinen diesen Kategorien zu.

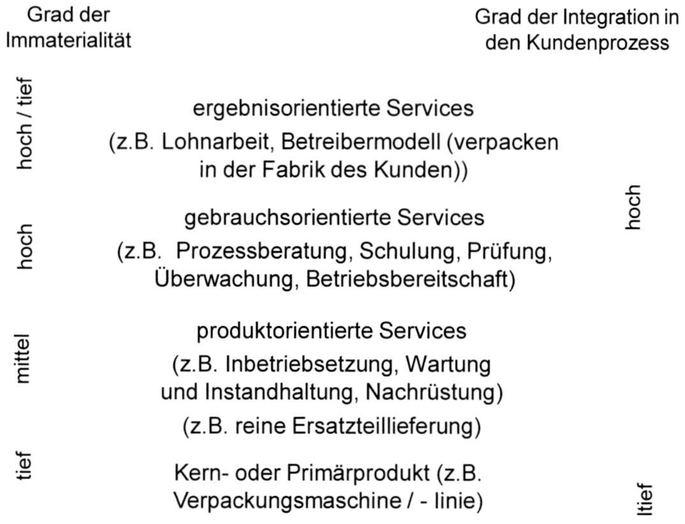

Grad der Immaterialität		Grad der Integration in den Kundenprozess

hoch / tief	ergebnisorientierte Services (z.B. Lohnarbeit, Betreibermodell (verpacken in der Fabrik des Kunden))	
hoch	gebrauchsorientierte Services (z.B. Prozessberatung, Schulung, Prüfung, Überwachung, Betriebsbereitschaft)	hoch
mittel	produktorientierte Services (z.B. Inbetriebsetzung, Wartung und Instandhaltung, Nachrüstung) (z.B. reine Ersatzteillieferung)	
tief	Kern- oder Primärprodukt (z.B. Verpackungsmaschine / - linie)	tief

Fig. 1.1.2.3   Kategorien von möglichen industriellen Services (vgl. [Lang09])

Einige produktorientierte Services sind von materieller Art. Als Beispiel unterscheidet sich eine reine Ersatzteillieferung ohne weitere Serviceleistung nicht von der Lieferung und Verrechnung irgendeines materiellen Gutes. Andere produktorientierte Services sind eher von immaterieller Art und werden meistens in Zeiteinheiten verrechnet, wobei auch (materielle) Verbrauchsmaterialien oder Komponenten verrechnet werden können. Als Beispiel dienen die Inbetriebsetzung der Maschine, Wartung und Instandhaltung sowie Nachrüstung und Erweiterung.

Gebrauchsorientierte Services sind i. Allg. immaterieller Art, z.B. Prozessberatung, Schulung, Prüfung, Überwachung, Nutzbarkeit und Betriebsbereitschaft der Maschine. Sie werden meistens in Zeiteinheiten oder nach einer in Prozenten gemessenen Leistungskenngrösse verrechnet.

Der Grad der Immaterialität für ergebnisorientierte Services kann je nach der Art des abgemachten Ergebnisses hoch oder tief sein. Bei Reinigungsdiensten kann das Ergebnis ein abgemachter Grad an Reinheit sein, also ein immaterielles Ergebnis. Hersteller von Fotokopiermaschinen stellen Maschine, Papier und Verbrauchsmaterial zur Verfügung. Als Ergebnis kann die Anzahl der erstellten Kopien gelten. Je nachdem, ob dabei die erstellte Fotokopie im Vordergrund steht oder das reine Faktum, das seine Kopie erstellt wurde, wird das Ergebnis als materiell oder immateriell empfunden. Bei industriellen Services ist der Fokus bei der *Lohnarbeit* (ein *externer* Hersteller führt nur eine oder mehrere Operationen im Fabrikationsprozess aus) oder beim *Betreibermodell* (der OEM liefert die Maschine nicht nur, sondern betreibt sie aufgrund eines Vertrages mit dem Kunden) auf den gefertigten Artikeln, deren Qualität der Kunde beurteilt und entsprechend bezahlt. Diese sind materieller Natur. Im Falle der Verpackungsmaschinen stellt der OEM dann auch Verpackungen her.

Fazit: die vielfach formulierte Unterscheidung „Produkt = materiell", „Service = immateriell" verschwimmt immer mehr. Was der Kunde schliesslich als Wertschöpfung wahrnimmt, ist eine Menge von materiellen und immateriellen Elementen, die als ein System zusammenwirken und ihm so den gewünschten Nutzen bringen. Dabei werden die Elemente und das Gesamtsystem je nach Fokus des Kunden von diesem als Produkt oder als Service empfunden.

1.1.3 Produktlebenszyklus, Logistik- und Operations Management, Synchronisation von Angebot und Nachfrage sowie die Rolle von Beständen

Produkte entstehen durch Bearbeitung von Gütern. Ihre Verwendung oder ihr Gebrauch führt schliesslich zum Verbrauch.

> Der *Verbrauch* eines Guts (durch den *Verbraucher*) bedeutet gemäss [DuHe14], das Verbrauchen (als Handlung), aber auch die verbrauchte Menge, Anzahl o. Ä. von etwas.

Güter muss man nach ihrem Verbrauch entsorgen. Sie unterliegen damit einem Lebenszyklus.

> Der *Produktlebenszyklus* (engl. *„product life cycle"*) besteht, vereinfacht gesagt, aus drei Phasen: 1.) *Entwicklung und Herstellung* (engl. *„design and manufacturing"*), 2.) *Gebrauch* (und schliesslich *Verbrauch*) und 3.) *Entsorgung*, welche mit dem *Recycling* verbunden sein kann[1].

---

[1]   Dies ist eine mögliche Definition des Begriffs. Er folgt der Definition des Begriffes *Lebenszyklus* im Duden, d.h. „periodischer Ablauf der Existenz von etwas". Siehe die Definition des Begriffs „Produktlebenszyklusmanagement" (PLM) im Kap. 17.5.1. sowie die andere mögliche Definition im Kap. 4.4.4.

Die Abb. 1.1.3.1 zeigt den Produktlebenszyklus: Entwicklung, Herstellung, Service und Entsorgung werden als wertschöpfende Prozesse[2] aufgefasst und mit einem Pfeil in Richtung der Wertschöpfung symbolisiert. Der Gebrauch ist selber auch ein Prozess, allerdings wertverzehrend.

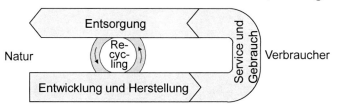

Abb. 1.1.3.1   Der Produktlebenszyklus

Bei einem materiellen Produkt beginnt der Lebenszyklus in der Natur und führt über *Entwicklung und Herstellung* zum Verbraucher. Ein verbrauchtes Produkt zieht die *Entsorgung* des Produkts oder dessen, was aus ihm durch das Verbrauchen entstanden ist, nach sich, allenfalls verbunden mit dem Recycling von Komponenten. I. Allg. Fall endet damit der Lebenszyklus wieder bei der Natur, indem Stoffe dorthin zurückgeführt werden.

Bei einem immateriellen Produkt beginnt der Lebenszyklus mit einem Sachverhalt, über den eine Aussage gemacht wird. Dieser Sachverhalt hängt letztlich auch mit Dingen aus der Natur zusammen, sei es mit einem Gegenstand oder zumindest über die Gedankenwelt des Menschen. Die Entsorgung endet damit, dass die Information gelöscht wird. Im weitesten Sinne wird sie dadurch in die Natur zurückgeführt.

Die Logistik hängt mit Produkten über ihren Lebenszyklus zusammen:

> *Logistik* ist die Organisation, die Planung und die Realisierung des Flusses und der Speicherung von Gütern, Daten und Steuerung[3] entlang des Produktlebenszyklus.
>
> *Logistikmanagement* ist die effektive und effiziente Führung der Logistik-Aktivitäten, um die Bedürfnisse der Kunden zu erfüllen.

Der englische Begriff *Operations Management* kommt der obigen Definition für Logistikmanagement sehr nahe.

> *„Operations"* ist gemäss [RuTa17] als eine Funktion oder ein System definiert, das einen Input in einen Output von höherem Wert transformiert.
>
> *Operations Management* ist gemäss [APIC16] die Planung, Terminplanung und Steuerung der Tätigkeiten, um den Input in Endprodukte und Dienstleistungen umzusetzen.

Operations Management steht auch für Konzepte von der Konstruktion bis zur Produktionsprozessentwicklung, Informatik, Qualitätsmanagement, Produktionsmanagement, Buchhaltung und anderen Funktionen, welche die „operations" betreffen. Gemäss [RuTa17] bezeichnet er den Entwurf und Betrieb von produktiven Systemen – also solchen, die Arbeit ausführen.

---

[2]   Auch die Entsorgung ist wertschöpfend. Ein Produkt hat nach seinem Verbrauch sogar einen negativen Wert, sobald für seine Entsorgung Geld aufgewendet werden muss, z.B. die Gebühr für die Müllabfuhr.

[3]   Zur Definition der Begriffe Güter-, Daten- und Steuerungsfluss siehe Kap. 4.1.3.

Es liegt nahe, auch die anderen Funktionen entlang der innerbetrieblichen *Wertschöpfungskette*, nämlich *Beschaffung*, *Produktion* sowie *Absatz,* aus der Sicht des Managements zu betrachten. Den *funktionalen* Begriffen liegen in der Literatur zwar klar verschiedene Definitionen zugrunde. Die Begriffe Beschaffungs*management*, Produktions*management* und Absatz*management* sind jedoch nicht immer formal definiert. Ihr praktischer Gebrauch unterscheidet sich immer weniger von der oben für Logistik- bzw. Operations *Management* gegebenen Definition. Dies erstaunt nicht, denn man kann erfolgreiche operationelle Führung nicht nur auf einen Teil der Wertschöpfung bezogen betreiben. Deshalb wird in der Folge davon ausgegangen, dass zwischen all diesen Management-Begriffen kein wesentlicher Unterschied bestehe. Siehe auch [GüTe16].

> *Wertschöpfungsmanagement* (engl. *„value-added management")* wäre wohl ein generalisierter Begriff für alle erwähnten Arten von Management.

Die Abb. 1.1.3.2 zeigt der Einordnung der erwähnten Begriffe in die Unternehmenswelt.

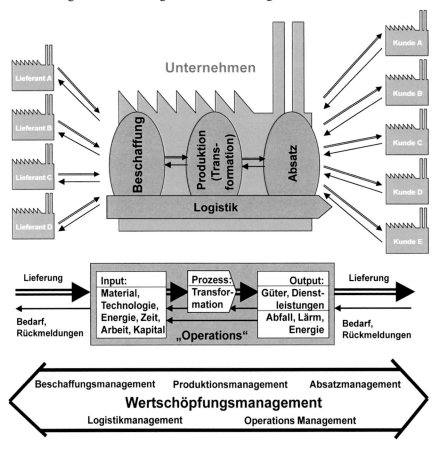

Abb. 1.1.3.2   Einordnung der Begriffe im Wertschöpfungsmanagement

Ein Grundproblem des Logistikmanagements ist die *zeitliche Synchronisation zwischen Angebot und Nachfrage*. Dazu einige Definitionen aus [APIC16]:

> *Angebot* ist die zum Gebrauch verfügbare Menge von Gütern.

Bedarf ist das Benötigte für ein bestimmtes Produkt oder eine bestimmte Komponente. Er kann aus einer beliebigen Quelle stammen, z. B. aus einem Kundenauftrag, einer Vorhersage, einem Bedarf einer anderen Fabrik, einer Zweigstelle für ein Ersatzteil oder um ein anderes Produkt herzustellen.

Die *Nachfrage* bzw. der *effektive Bedarf* besteht aus Kundenaufträgen, sowie oft aus Reservationen von Komponenten für die Produktion oder den Vertrieb.

Die *Bedarfsvorhersage* ist eine Abschätzung des zukünftigen Bedarfs. Ein Synonym dazu ist die Prognose des Bedarfs.

Arbeiten durchzuführen. Im Kontext der Logistik ist sie die benötigte Zeit vom Erkennen der Notwendigkeit eines Auftrags und dem Empfang der Güter.

Die *Kundentoleranzzeit* bzw. die *Nachfragedurchlaufzeit* ist die Zeitspanne, die der Kunde zwischen der Auftragserteilung und der Lieferung des Produkts bzw. der Erfüllung der Dienstleistung zulassen will oder kann.

Die *Lieferdurchlaufzeit* ist die benötigte Zeit, um einen Auftrag zu erhalten, zu erfüllen und auszuliefern, vom Zeitpunkt des Empfangs des Kundenauftrags bis zur Lieferung des Produkts bzw. der Erfüllung der Dienstleistung[4].

Die *Lieferpolitik* ist das Ziel des Unternehmens für die Zeit – nach Erhalt des Kundenauftrags – bis zur Auslieferung des Produkts.

In der Marktwirtschaft drückt der Verbraucher einen Bedarf durch Nachfrage aus. Ein Hersteller versucht darauf, diesen zu decken. Im Prinzip sind also Entwicklung und Herstellung nachfragegesteuert: Sie sollten erst beginnen, wenn das Bedürfnis gültig formuliert ist[5]. In der Praxis ist diese ideale Ausrichtung der Herstellung auf den Verbraucher oft nicht möglich. Einerseits kann die Lieferdurchlaufzeit länger als die Kundentoleranzzeit sein. Anschauliche Beispiele dafür sind Medikamente, Lebensmittel oder Werkzeuge. Andererseits werden in der Natur viele Ausgangsgüter zu einem Zeitpunkt erzeugt, der sich nicht mit dem des Verbrauchers vereinbaren lässt. Lebensmittel und Energie sind besonders anschauliche Beispiele dafür.

Eine grundsätzliche Rolle zur Lösung dieses Synchronisationsproblems spielt die Bevorratung.

Die *Lagerung* bzw. *Bevorratung* ist das Speichern von Gütern (z. B. Produkten oder Teilen) über die Zeit, um zeitliche Synchronisation zwischen Verbraucher einerseits und Entwicklung und Herstellung andererseits zu erreichen. *Lager*, genauer *Güterlager* bzw. *Güterspeicher*, oder auch *Lagerhaus* sind mögliche Bezeichnungen der Infrastruktur zur Bevorratung von Gütern.

Bestand (engl. *„inventory"*) wird durch Artikel gebildet, die sich physisch in irgendeiner Form im Unternehmen befinden. Bestand tritt auf als

* Lagerbestand bzw. Bestand an Lager, z.B. von Artikeln für die Produktion (z.B. Rohmaterial), für Kunden (Endprodukte, Ersatzteile) sowie für unterstützende Tätigkeiten (z.B. für Wartung, Reparaturen und den allgemeinen Betriebsverbrauch, MRO-Artikel).

---

[4]   *Lieferfrist, Lieferzeit* bzw. *Lieferzyklus* werden oft als Synonyme für die Lieferdurchlaufzeit verwendet.
[5]   In der Marktwirtschaft versucht der Hersteller, die Bedürfnisse des Verbrauchers zu manipulieren. Im Unterschied zur Planwirtschaft ist der Absatz aber erst gesichert, wenn der Verbraucher ein Produkt bestellt. Dann erst kann eine risikolose Herstellung beginnen. Im Übrigen bestimmt das Prinzip von Angebot und Nachfrage, ob der Kunde seine geforderte Lieferdurchlaufzeit durchsetzen kann.

- *Bestand* bzw. *Ware in Arbeit* (engl. *„work in process"*), also Güter, die sich in verschiedenen Zuständen der Fertigstellung in der Fabrik befinden.

- *Transportbestand* bzw. *Bestand im Transport*, also Güter, die sich zwischen zwei Standorten bewegen, und gemäss abgemachten *Incoterms* (eine Reihe von Regeln zur Auslegung handelsüblicher Vertragsformen im internationalen Warenhandel) dem Unternehmen gehören.

Mit Beständen auf genügend hoher Ebene der Wertschöpfung kann man der Kundentoleranzzeit gerecht werden. Bestände sind aber mit Nachteilen verbunden. Sie binden Kapital und brauchen Platz. Eine beschränkte *Lagerfähigkeit* (d.h. die Zeit, während der man einen Artikel am Lager halten kann, bis er unbrauchbar wird) setzt Güter dem Verderben, dem Veraltern, der Beschädigung oder der Zerstörung aus. Eine Bevorratung macht also nur Sinn, wenn die bevorrateten Güter nach einer genügend kurzen Zeit auch verbraucht werden. Um diese Nachteile zu minimieren, muss man deshalb Bestände auf den geeigneten Ebenen während der Entwicklung und Herstellung (und analog der Entsorgung) positionieren. Die Abb. 1.1.3.3 zeigt als Beispiel zwei Güterspeicher während der Entwicklung und Herstellung mit einem Sechseck als Symbol.

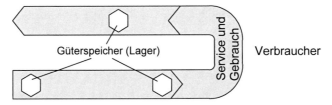

Abb. 1.1.3.3   Die Bevorratung von Gütern in der Logistik

Ein Lager entkoppelt die vor- und nachgelagerten Prozesse, und damit schliesslich die Nachfrage von der Herstellung oder Beschaffung. Aus dieser Sicht stammen die folgenden Definitionen:

Entkopplung ist der Prozess, um Unabhängigkeit zwischen Verbrauch und Herstellung oder Beschaffung zu erzeugen. *Entkopplungsbestand* ist der Begriff für die Bestandsmenge, die an einem Entkopplungspunkt gehalten wird ([APIC16]).

Entkopplungspunkte sind die Orte entlang des Wertschöpfungsprozesses, wo Bestände platziert werden, um unabhängige Teilprozesse oder organisatorische Einheiten zu erhalten ([APIC16]).

Entkopplungspunkte bilden einen Freiheitsgrad im Logistik- und Operations Management. Ihre Wahl ist eine strategische Entscheidung, welche die Lieferdurchlaufzeiten und die *Bestands-Investition*, d.h. die Geldmenge in allen Ebenen von Beständen, bestimmt ([APIC16]).

1.1.4 Supply Chain, Supply Chain Management und Integrales Logistik-management

Für Produkte einer gewissen Komplexität werden die Entwicklung und die Herstellung oft auf verschiedene Unternehmen oder organisatorische Einheiten eines Unternehmens aufgeteilt. Aus der Sicht eines einzelnen Herstellers gibt es dafür verschiedene Gründe, u.a.:

- *Qualität*: Technologien oder Prozesse werden nicht oder zu wenig *erfolgreich* beherrscht (Problem der *Effektivität*, d.h. des Erreichens des vorgegebenen Qualitätsstandards).

- *Kosten*: Gewisse Technologien oder Prozesse zur Herstellung können nicht *wirtschaftlich* umgesetzt werden (Problem der *Effizienz*, d.h. des wirklichen Outputs im Vergleich zum vorgegebenen oder Standard-Output bezogen auf den Mitteleinsatz).

- *Lieferung*: Gewisse Prozesse sind nicht schnell genug oder zeitlich zu instabil.

- *Flexibilität*: Die Bedürfnisse des Verbrauchers ändern zu schnell; die eigenen Kompetenzen oder Kapazitäten können nicht rechtzeitig angepasst werden.

Als Folge entsteht ein Netzwerk von Teil-Logistiken von Unternehmen, die an der Entwicklung und Herstellung beteiligt sind. Die einfachste Form ist eine Sequenz oder eine Kette. Nicht selten liegt eine Baumstruktur in Richtung eines zusammengebauten Produkts vor.

Ein *Logistiknetzwerk* ist die Zusammenfassung der Logistiken mehrerer organisatorischer Einheiten, d.h. Unternehmen oder Teile von Unternehmen, zu einer umfassenden Logistik. *Produktionsnetzwerk* bzw. *Produktionssystem* und *Beschaffungsnetzwerk* können aufgrund dieser Definitionen als Synonyme für ein Logistiknetzwerk betrachtet werden.

Der *Endkunde* eines Logistiknetzwerks ist der Verbraucher.

Die Abb. 1.1.4.1 zeigt drei organisatorische Einheiten, die ein Logistiknetzwerk bilden.

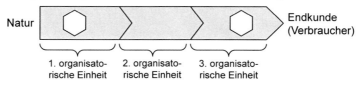

Abb. 1.1.4.1   Drei organisatorische Einheiten in einer Logistikkette

Besonders wichtig ist die Logistikkette zwischen zwei Güterlagern. In der Abb. 1.1.4.1 kann man die Logistik der 2. organisatorischen Einheit nicht isoliert betrachten. Sie wird durch die Logistik der 1. organisatorischen Einheit (nach ihrem Güterlager) und die Logistik der 3. Organisatorischen Einheit (vor ihrem Güterlager) direkt und ohne irgendeinen Puffer beeinflusst.

Aus der Sicht des Endkunden zählen auch die Versand- und Servicenetzwerke zur Wertschöpfung, denn erst mit der Lieferung und u.U. dem Service ist der Kundenauftrag erfüllt.

Ein *Versandnetzwerk* bzw. ein *Versandsystem* ist eine Gruppe von zusammenhängenden Anlagen – Produktion und eine bis mehrere Stufen von Lagerhäusern – welche Produktion, Lagerung, und Verbrauchstätigkeiten für Endprodukte und Ersatzteile miteinander verbinden ([APIC16]).

Ein *Servicenetzwerk* ist eine Gruppe von Anlagen, die miteinander in Beziehung stehen zur Erbringung von Dienstleistungen im Zusammenhang mit materiellen oder immateriellen Gütern.

Dies führt zu folgenden, heute gängigen, umfassenden und generalisierten Begriffen für alle erwähnten Arten von Netzwerken:

Eine *Supply Chain* ist das globale Netzwerk, um Produkte und Dienstleistungen zu liefern, und zwar vom Rohmaterial bis hin zu den Verbrauchern, über einen organisierten Fluss von Information, physischer Verteilung und Zahlung ([APIC16]). Im umfassenden Sinn schliesst die Definition der Supply Chain heute auch die Netzwerke zur Entsorgung und zum Recycling mit ein.

Eine *Supply Chain Community* ist die Menge aller Partner, welche die vollständige Supply Chain definieren (siehe [APIC16]). Sie bilden ein *„erweitertes Unternehmen"* (*„extended enterprise"*).

Bei Investitionsgütern treten Supply Chains nicht isoliert auf. Die Abb. 1.1.4.2 zeigt, wie bei Investitionsgütern *mehrdimensionale Supply Chains* entstehen.

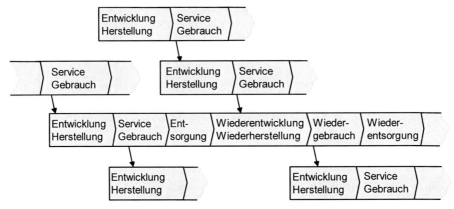

Abb. 1.1.4.2   Mehrdimensionale Supply Chains bei Investitionsgütern

Eine Dimension ist die *Mehrstufigkeit*. Der Verbraucher ist seinerseits Teil einer anderen Supply Chain. Diese kann wiederum ein Investitionsgut herstellen usw. Man stellt z. B. mit einer Werkzeugmaschine Produkte her, die als Werkzeuge oder Komponenten zur Herstellung von anderen Maschinen genutzt werden.

Eine andere Dimension ist der Produktlebenszyklus. Eine genauere Betrachtung zeigt, dass eine *Rückwärtslogistik*, d.h. eine Supply Chain für den Rückwärtsfluss des Produkts durch Rücksendungen, Demontage und Recycling, zu einem weiteren Lebenszyklus, über *Wiederentwicklung* und *Wiederherstellung* zum *Wiedergebrauch*, führen kann – ggf. als anderes Produkt.

Supply Chain Management (SCM) ist das Design, die Planung, die Ausführung, die Steuerung und Überwachung der Aktivitäten auf der Supply Chain. Deren Ziel ist es, Wert zu generieren, eine wettbewerbsfähige Infrastruktur aufzubauen, globale Supply Chains wirksam einzusetzen, Angebot mit Nachfrage zu synchronisieren und die Leistung global zu messen ([APIC16]).

Integrales Logistikmanagement bezeichnet das Management der *umfassenden* Supply Chain, also entlang des gesamten Produktlebenszyklus, innerhalb des Unternehmens und unternehmensübergreifend.

1.1.5   Die Rolle der Planung und Steuerung und das SCOR-Modell

Planung (im Unternehmen) ist der Prozess, der Ziele für die Organisation setzt und zu deren Erreichung verschiedene Wege zur Nutzung der Unternehmensressourcen wählt ([APIC16]).

Supply-Chain-Planung ist die Bestimmung einer Menge von Richtlinien und Verfahren, welche die Geschäftstätigkeit einer Supply Chain lenken. Das schliesst die Bestimmung von Absatzkanälen und ihre Bearbeitung ein, sowie die entsprechenden Mengen und Termine, Bestände sowie (Wieder-) Beschaffungs- und Produktionspolitiken. Die Planung erarbeitet die Parameter, innerhalb welcher die Supply Chain tätig sein wird ([APIC16]).

Supply-Chain-Planung möchte den richtigen Artikel in der richtigen Menge zur richtigen Zeit am richtigen Ort zum richtigen Preis im richtigen Zustand beim richtigen Kunden haben – und das jederzeit. Diese Aufgabe umfasst die gesamte Supply Chain. Ausgehend von der Gewichtung der unternehmerischen Ziele (siehe Kap. 1.3.1) umfasst die Supply-Chain-Planung eine Menge von Prinzipien, Methoden und Verfahren, um folgende Teilaufgaben auszuführen:

- Evaluieren der verschiedenen Möglichkeiten zum Vertrieb, zur Produktion und Beschaffung, welche ausgeschöpft werden können, um die vorgegebenen Ziele zu erreichen.

- Erstellen eines Programms in einem geeigneten Detaillierungsgrad, d.h. festlegen der absetzbaren Produkte sowie deren Menge und Termine. Ein solcher Plan wird periodisch aufgrund von sich verändernden internen oder externen Randbedingungen korrigiert.

- Erarbeiten und Realisieren des aus dem Programm ableitbaren Vertriebs-, Produktions- und Beschaffungsplanes. Dies erfolgt wieder im geeigneten Detaillierungsgrad und unter Berücksichtigung der Ziele und der Randbedingungen.

Planungsentscheidungen betreffen somit logistische Fragen wie: Wann, wie und in welchen Mengen werden Güter beschafft, produziert und vertrieben, werden Bestände zwischen Lagern, Fabriken und in der Supply Chain Community verschoben? Welche Dienstleistungen bzw. Services werden wann, wo und wie geleistet? Welches Personal und welche Betriebsmittel sind einzusetzen? Wann und wie werden Kunden und Niederlassungen beliefert?

Die geeignete *Informationslogistik* für diese Aufgabe kann man in einem System zur *„Planung & Steuerung"* zusammenfassen[6]. Während der Herstellungsphase im Produktlebenszyklus wird so ein System *PPS*, d.h. *Produktions-Planung und -Steuerung* genannt. *MPC, „manufacturing planning and control"* ist ein klassisches Kürzel dafür (siehe [VoBe18]). Der Begriff PPS führt manchmal zu Missverständnissen, da man unter einem PPS-System sowohl die organisatorische Aufgabe als auch die Software zu ihrer Stützung verstehen kann. Diese Bedeutungen werden zuweilen absichtlich vermischt. Aufgrund einer verfehlten Erwartungshaltung an die PPS-Software neigen dann Demagogen dazu, bei einem Misserfolg im Einsatz von PPS-Software das methodische Wissen um Planung & Steuerung als nutzlos zu deklarieren. Sie übersehen dabei, dass die Verantwortung für das Methodenverständnis und ihre praktische Anwendung in jedem Fall Sache der beteiligten Personen im Unternehmen ist. Das Kapitel 9 geht näher darauf ein.

Die Abb. 1.1.5.1 zeigt die Planung der umfassenden Supply Chain als laufende Synchronisation von Angebot und Nachfrage auf der Supply Chain. Die beteiligten organisatorischen Einheiten können eigenständige Unternehmen oder ein Profit- oder Cost-Center im Unternehmen sein.

Dabei stützt man sich auf die interne Kette, d.h. „source", „make" und „deliver", jeder der beteiligten organisatorischen Einheiten. Sämtliche Bedarfe und die Möglichkeiten zu deren Deckung werden netzwerkweit zusammengetragen und miteinander abgeglichen. Auf dieser Idee aufbauend, veröffentlichte der im Jahr 1996 gegründete „Supply Chain Council" (SCC) das SCOR-Modell. Siehe dazu auch www.supply-chain.org.

---

[6] „Steuerung" darf nicht im technischen Sinn als völlige Beherrschung des gesteuerten Prozesses interpretiert werden. Im betrieblichen Umfeld geht es um Regelung oder sogar nur um Koordination. Da der Begriff bekannt ist (z.B. „Produktionsplanung und -Steuerung"), soll er aber beibehalten werden.

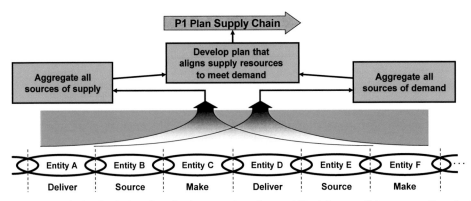

Abb. 1.1.5.1   Die laufende Synchronisation von Angebot und Nachfrage auf der ganzen Supply Chain

Das *SCOR-(„Supply Chain Operations Reference")Modell* ist ein Hilfsmittel zur Standardisierung von Prozessketten in und zwischen Unternehmen.

Die Abb. 1.1.5.2 zeigt die Ebene 1 des aktuellen SCOR-Modells.

Abb. 1.1.5.2   Das SCOR-Modell, Version 12.0, Level 1

Durch SCOR soll ein gemeinsames Verständnis der Abläufe in den verschiedenen an einer Supply Chain beteiligten Firmen erreicht werden. Die Abb. 1.1.5.3 zeigt die 6 Prozesskategorien und 32 Referenzprozesse, die durch das aktuelle SCOR-Modell auf Ebene 2 definiert werden.

1.2   Geschäftsobjekte

Wie schon Kap. 1.1 enthält auch dieses Teilkapitel viele Definitionen. Gerade den Fachleuten mögen viele der hier behandelten Geschäftsobjekte bereits bekannt sein. Um möglichst schnell zu den Kap. 1.3 und 1.4 vorzustossen, welche die unternehmerischen Herausforderungen behandeln, kann man dieses Teilkapitel im ersten Anlauf überfliegend lesen und später jederzeit auf Begriffe, die aus diesem Teilkapitel stammen, zurückgreifen. Die wichtigen Geschäftsobjekte werden nachfolgend prinzipiell, d.h. in ihrer Empfindung als gesamtes Objekt beschrieben.

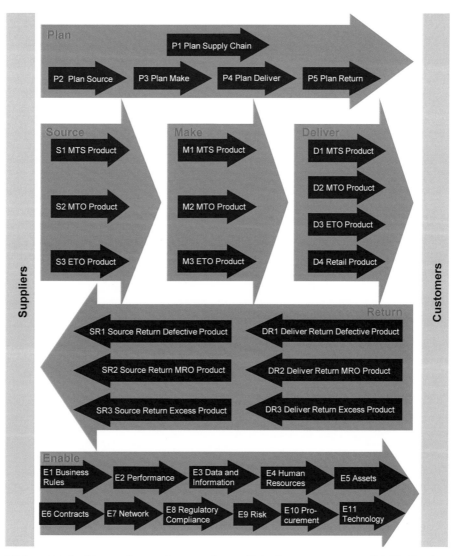

Abb. 1.1.5.3   Die in 6 Prozesskategorien gruppierten 32 Referenzprozesse von SCOR, Version 12.0, Level 2

1.2.1   Geschäftsobjekte mit Geschäftspartner- und Auftragsbezug

Ein Auftrag dient sowohl als juristisches als auch als ablauforganisatorisches Instrument in und zwischen Unternehmen. Die folgenden Geschäftsobjekte sind für die Definition eines Auftrags grundlegend.

Ein *Geschäftspartner* eines Unternehmens ist eine Verallgemeinerung für den *Kunden* (d.h. den Empfänger des Guts oder Services) oder den *Lieferanten* (d.h. den Verkäufer / Erbringer des Guts oder Services).

Ein *Termin* ist gemäss [DuHe14] ein festgesetzter Zeitpunkt (lat. *„terminus"*: Grenze), normalerweise ausgedrückt als Kombination von Datum und Uhrzeit.

> Ein *Fälligkeitstermin* ist ein Termin, auf welchen etwas festgesetzt („terminiert") ist, d.h. erwartet im vorgezeichneten, normalen oder logischen Ablauf der Ereignisse.
>
> Eine *Zeitperiode* ist ein Abschnitt in der Zeitachse. Der *Starttermin* kennzeichnet den Beginn, der *Endtermin* das Ende der Zeitperiode.

Ein Auftrag enthält sämtliche Informationen, die zur Planung & Steuerung des Güterflusses notwendig sind.

> Ein *Auftrag* ist ein komplexes Geschäftsobjekt. Zu seiner Existenz braucht es mindestens je einen *Geschäftspartner* (neben dem Unternehmen selbst) und einen *Termin*. Ein Auftrag äussert sich damit u.a. verbindlich und obligatorisch über die folgenden Gegebenheiten:
>
> - Wer die Geschäftspartner sind: Kunde und Lieferant.
> - Wann der Auftrag erteilt wird bzw. welches sein *Gültigkeitstermin* ist.
> - In welcher Zeitperiode der Auftrag abgewickelt wird (*Auftragsstarttermin* und *Auftragsendtermin* (das ist i. Allg. der *Auftragsfälligkeitstermin*)).

Je nach Zweck äussert sich ein Auftrag zudem mit einer Anzahl *Auftragspositionen* verbindlich über mindestens eine der folgenden Gegebenheiten:

> - Die Produkte (Identifikation, Menge und Termin), die hergestellt bzw. beschafft werden müssen.
> - Die Komponenten (Identifikation, Menge und Termin), die zum Verbrauch bzw. zum Einbau bereitgestellt werden müssen.
> - Die auszuführenden Arbeiten (wann und in welcher Reihenfolge). Dies schliesst auch Transporte, Prüfungen und dergleichen mehr ein.
> - Die Verbindung des Auftrags bzw. seiner Arbeiten mit anderen Aufträgen.

Diese Definitionen gelten für alle Auftragsarten, sowohl in der Industrie als auch in der Dienstleistung.

> Die *Auftragsart* klassifiziert den Auftrag nach den Geschäftspartnern.
>
> - Ein *Kunden-* bzw. ein *Verkaufsauftrag* ist ein Auftrag eines *externen Kunden* (d.h. welcher *nicht* Teil des Unternehmens ist), an das Unternehmen.
> - Ein *Beschaffungsauftrag* bzw. ein *Einkaufsauftrag* ist ein Auftrag des Unternehmens an einen *externen* Lieferanten.
> - Ein *Produktions-* bzw. ein *Fertigungs-* bzw. ein *Werkstattauftrag* ist ein *interner Auftrag*, d.h. ein Auftrag eines *internen Kunden* (d.h. eines Kunden, welcher Teil des Unternehmens ist) zur Herstellung eines Guts.
> - Ein *Gemeinkostenauftrag* ist ein *interner Auftrag*, z.B. für F&E, zur Herstellung von Artikeln (z.B. Werkzeuge), oder für Dienstleistungen, welche die Infrastruktur der Firma betreffen (z.B. Betriebsmittelwartung und Instandhaltung).

Ein Auftrag wird rechtsverbindlich über den Prozess der Auftragsbestätigung.

> *Auftragsbestätigung* nennt man gemäss [APIC16] den Prozess – und das Ergebnis – eine Lieferverpflichtung einzugehen, also auf die Frage zu antworten: „Wann können Sie wie viel

liefern?" (Im Englischen findet man übrigens den Begriff „order promising" für den Prozess und „order confirmation" für das Ergebnis der Auftragsbestätigung.)

Ein Auftrag durchläuft verschiedene Phasen oder Stati.

Der *Auftragsstatus* ist eine Lebensphase in der Abwicklung des Auftrags. Man unterscheidet

1. den Planungs- bzw. Angebotsstatus,
2. den Status der Auftragsbestätigung,
3. den Status der Durchführung und
4. den Status der Abrechnung (Kalkulation oder Faktur).

Während die Auftragsdaten im 1. Status Projektionen darstellen, sind sie im 2. und 3. zuerst Projektionen (z. B. Budgets oder Vorkalkulationen), die nach und nach durch echte Daten ersetzt werden. Im 4. Status finden sich die effektiven, dem konkreten Auftrag entsprechenden Daten, die durch irgendeine Art von Betriebsdatenerfassung erhoben wurden.

Die folgende Abb. 1.2.1.1 zeigt ein Beispiel eines einfachen Verkaufsauftrags. In diesem Fall geht es um ein Bestellformular eines Versandunternehmens. Es ist typisch für Verkaufsaufträge dieser Art in sämtlichen Bereichen des Handels und gilt sinngemäss auch für einfache Einkaufsaufträge.

Abb. 1.2.1.1   Beispiel eines einfachen Verkaufsauftrags eines Versandhauses, Status „Bestellung"

- Im oberen Teil, dem „Kopf", finden sich die Daten des Kunden (der Lieferant ist hier das Unternehmen). Das Gültigkeitsdatum ist in diesem Fall implizit als Eintreffdatum des Auftrags beim Lieferanten festgelegt.

- Im Hauptteil finden sich die einzelnen zu liefernden Artikel, d.h. ihre Identifikation und die Menge.

- Der „Fuss" enthält schliesslich die Lieferadresse.

Der Fälligkeitstermin wird hier implizit verstanden und lautet: „So bald wie möglich!". So kommt mit wenigen Daten ein praktikabler Auftrag zustande. Da die Artikel beim Lieferanten meistens am Lager liegen, dient der Auftrag zur Steuerung des Versands zum Kunden. Die Rechnung wird – nach erfolgter Lieferung – i. Allg. in derselben Struktur erstellt. Die Rechnungsinformationen entsprechen so meistens den Bestellungsinformationen. Abweichungen können z. B. verspätete Lieferungen oder Teillieferungen betreffen.

Die Abb. 1.2.1.2 zeigt einen etwas komplizierteren Fall. Es handelt sich um die Abrechnung einer Autoreparatur, also aus der Serviceindustrie. Diese Abrechnung ist ein Resultat eines vorgängig erfolgten Auftrags, der in der gleichen Struktur erteilt wurde: meistens mündlich, manchmal schriftlich.

auto huber

RECHNUNG   10637 00

Kennzeichen	ZH 25500	Kunden-Nr.	874136
Marke	CITROEN	Datum Empfang	30.08.93
Typ	CX 25	Beleg-Datum	08.09.93
Km	105,121	INFO-Code	05.jd.
Km alt	97,571	Telefon P	042/223883
Chassis-Nr.	01.02.88	Telefon G	01/2610800
	01NV1019		

FRAU
MUSTER VANESSA

DORFRING 7

6319 ALLENWINDEN

Pos.	Nummer		Text	Menge	Preis	Nettobetrag
01			ARBEIT			
02			******			
03	MECH	02	WARTUNGSDIENST 105'000 KM		220.00	220.00
06	MECH	02	FEDERKUGELN VORNE ERSETZEN		66.00	66.00
07	MECH	02	FEDERKUGELN VORNE PRÜFEN		22.00	22.00
08						
09	MECH	02	HANDBREMSE EINSTELLEN		55.00	55.00
10	260ZZ	02	BREMSENTEST AUF DEM BREMSPRÜFSTAND		27.50	27.50
11						
12	060		KLEIN/REINIGUNGSMAT.		23.45	23.45
14	003		ERSATZWAGEN	3	28.00 WF	84.00
24						
49			ERSATZTEILE			
50			***********			
51	C 95495251		ÖLFILTER	1	21.00	21.00
52	C 95624522		DIESELFILTER	1	47.00	47.00
53	9 99		LUFTFILTER	1	125.20	125.20
54	9 99		FEDERKUGEL VORNE	2	100.00	200.00
56	OMOCA		MOTORÖL CASTROL TXT	5.5	16.20	89.10
59						
60	WIDA		WIR DANKEN IHNEN BESTENS FÜR IHREN GESCHÄTZTEN AUFTRAG			

Subtotal 980.25	MWSt INKL. 7.6 %	Beschaffungsspesen	Total Fr. 980.25 30 TAGE NETTO

Abb. 1.2.1.2   Beispiel eines komplexen Verkaufsauftrags einer Autogarage, Status „Abrechnung"

- Der Kopfteil enthält das Auftragsdatum, die Daten des Lieferanten, diejenigen des Kunden, ergänzt durch ein charakteristisches Objekt, mit welchem die Dienstleistung in Beziehung steht, in diesem Fall mit einem Automobil. Da es sich bereits um eine Abrechnung handelt, steht zusätzlich noch das Rechnungsdatum.

- Im Hauptteil finden sich als Positionen zuerst die einzelnen Arbeiten. Ergänzt wird diese Liste durch Positionen für Material und Ersatzteile, die für bestimmte Arbeiten verwendet wurden. Diese Artikel sind entweder Lagerpositionen des Unternehmens oder wurden von diesem speziell für diesen Auftrag beschafft. Menge und Preis beziehen sich auf eine bestimmte Einheit, z.B. Stücke oder Stunden. Kommentarpositionen dienen in verschiedenen Fällen der Kommunikation zwischen Kunde und Lieferant.

- Im Schlussteil der Abrechnung finden sich abrechnungsspezifische Daten, wie das Rechnungstotal, die Zahlungsbedingungen sowie die steuerlichen Belastungen. Ähnliche Daten würde man auch im Falle eines Angebots bzw. einer Auftragsbestätigung finden, also den beiden Stati, die dieser Abrechnung allfällig vorgelagert sind.

1.2.2 Geschäftsobjekte mit Produktbezug

Gemäss [APIC16] erhalten folgende Begriffe eine spezielle Bedeutung (vgl. Kap. 1.1.1):

- Ein *Artikel als Geschäftsobjekt* (engl. *„item"*) ist irgend ein(e) hergestelle(s) oder gekaufte(s) Teil, Material, Zwischenprodukt, Baugruppe oder Produkt.

- Ein *Teil als Geschäftsobjekt* (engl. *„part"*) ist i. Allg. ein Artikel, der als Komponente gebraucht wird, aber keine Baugruppe, keine Mischung, kein Zwischenprodukt usw. ist.

- Eine *Komponente als Geschäftsobjekt* ist ein Rohmaterial, Teil, oder Zwischenprodukt, das in eine(n) höhere(n) Baugruppe, Stoff, Mischung, Artikel usw. eingeht.

Aus der Sicht eines Unternehmens umfasst der Begriff *Artikel* die folgenden *Artikelarten*, d.h. Arten von Gütern:

- Ein *Endprodukt* bzw. *Fertigfabrikat* geht i. Allg. in kein anderes Produkt mehr als Komponente ein.

- Ein *Zwischenprodukt* bzw. ein *Halbfabrikat* wird an Lager gehalten oder ist ein Zwischenzustand im Verlauf der Produktion. Es kann in übergeordnete Produkte eingebaut werden und ist damit auch eine Komponente.

- Eine *Baugruppe* ist ein Zwischenprodukt und besteht aus mindestens zwei Komponenten.

- Ein *Einzelteil* (oft einfach *Teil* genannt) wird entweder selbst produziert (*Eigenteil*) oder zugekauft (*Kaufteil*) und geht in übergeordnete Produkte ein. Ein Eigenteil wird aus *einer einzigen* Komponente produziert.

- *Rohmaterial* oder *Grundgut* gilt für das Unternehmen als unbearbeitetes Material oder Ausgangsgut für die Herstellung.

- Ein *Ersatzteil* ist eine Komponente, welche ohne Modifikation ein Teil oder eine Baugruppe ersetzen kann.

- Ein *MRO-Artikel* (engl. „maintenance, repair and operating supplies") ist ein spezielles Kaufteil für unterstützende Tätigkeiten im Unternehmen. Ein MRO-Artikel wird i. Allg. nicht als Komponente verbaut.

Die Mehrzahl der grundlegenden Beschreibungen (bzw. Attribute) aller dieser Arten von Artikeln sind gleich, z.B. die Identifikation, die Beschreibung, der Bestand an Lager, die Kosten und die Preise. Deshalb fasst man sie gerne im generalisierten Objekt *Artikel* zusammen. Die Abb. 1.2.2.1 zeigt die Spezialisierungen des *Artikels*.

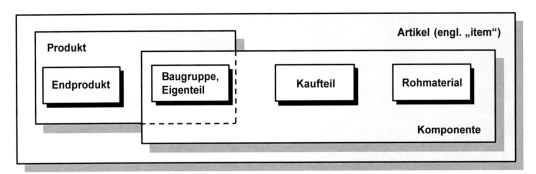

Abb. 1.2.2.1   Das Geschäftsobjekt *Artikel* als Generalisierung verschiedener Güterobjekte

Unter einer *Artikelfamilie* versteht man eine Menge von Artikeln mit ähnlichen Merkmalen (z. B. Form, Material) oder ähnlicher Funktion.

Man kann z. B. alle Schrauben zu einer Artikelfamilie zusammenfassen und als (zusammengesetztes) Geschäftsobjekt „Familie der Schrauben" empfinden.

Unter einer *Produktstruktur* versteht man die strukturierte Zusammensetzung des Produkts aus seinen Komponenten, im Sinne einer Bestandteilhierarchie.

Eine *Strukturstufe*, bzw. *Stufe* wird jedem Einzelteil oder jeder Baugruppe als Code zugeordnet und zeigt die relative Stufe an, auf welcher dieses Teil oder diese Baugruppe in der Produktstruktur gebraucht wird ([APIC16]).

Die Strukturstufe verhält sich umgekehrt zur relativen Tiefe der Komponente in der Produktstruktur. Ein Endprodukt hat i. Allg. die Strukturstufe 0. Dessen direkte Komponenten haben die Strukturstufe 1. Eine Komponente einer Baugruppe hat eine um 1 höhere Strukturstufe als die Baugruppe.

Eine *Konstruktionsstufe* ist eine Strukturstufe, die unter dem Gesichtspunkt der Konstruktion festgelegt wird.

Stückliste bzw. *Nomenklatur* sind andere Begriffe für die konvergierende Produktstruktur (im Unterschied zur divergierenden Produktstruktur, wo eher von *Rezepten* die Rede ist. Siehe dazu auch die Definition dieser Begriffe in Kap. 4.4.2).

Die *Einbaumenge* bzw. *Verbrauchsmenge* ist die Anzahl der Komponenten pro Masseinheit des direkt übergeordneten Produkts, in welches die Komponente eingebaut wird. Die *kumulierte Einbaumenge* jeder Komponente in das Endprodukt ist dann das Produkt der Einbaumengen entlang der Produktstruktur.

Die Abb. 1.2.2.2 zeigt als Beispiel eine Stückliste, d.h. eine konvergierende Produktstruktur mit zwei (Struktur-)Stufen.

Artikel 107421 ist das Endprodukt, bestehend aus den beiden Baugruppen 208921 und 218743. Jede Baugruppe hat zwei Komponenten. In Klammern ist die Einbaumenge erwähnt. Beispielhaft für die kumulierte Einbaumenge: Im Produkt 107421 gibt es $2 \cdot 3 = 6$ Komponenten 390716.

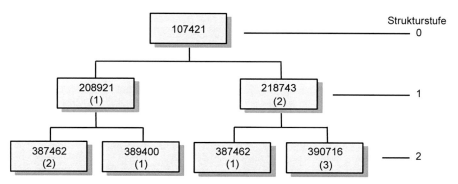

Abb. 1.2.2.2   Eine Produktstruktur (Stückliste) mit zwei Strukturstufen

Die *Dispositionsstufe*, besser bekannt in Englisch als *„low-level code"*, identifiziert die tiefste Stufe in irgendeiner Stückliste, auf welcher eine bestimmte Komponente erscheint ([APIC16]).

Die Dispositionsstufe wird i. Allg. durch ein Computerprogramm berechnet.

Unter einer *Produktfamilie* bzw. *Produktlinie* versteht man eine Menge von Produkten mit ähnlichen Merkmalen (z.B. Form, Material) oder ähnlicher Funktion, einer ähnlichen Produktstruktur mit einem hohen Prozentsatz an gleichen Komponenten oder Komponenten aus der gleichen Familie, und mit einem hohen Prozentsatz an gleichen Prozessen im Prozessplan.

Eine *Variante* bzw. eine *Produktvariante* ist ein spezifisches Produkt aus der Produktfamilie.

Eine *Option* ist eine Wahl – in vielen Fällen zwingend und aus einer begrenzten Auslese –, welche der Kunde oder das Unternehmen treffen muss, um das Endprodukt an die Kundenwünsche anzupassen (vgl. [APIC16]).

Kommunalität bzw. das *Gleichteileprinz[ip* ist eine Gegebenheit, bei welcher eine bestimmte Komponente in vielen Produkten verwendet wird (vgl. [APIC16]).

Produktfamilien werden bereits während der Produktentwicklung als solche entworfen und während ihres Lebenszyklus ggf. erweitert. Die Produktstruktur jeder Variante ist dabei verschieden, basiert aber gemäss Definition auf einem hohen Ausmass an Kommunalität.

1.2.3 Geschäftsobjekte mit Prozessbezug

Das Verständnis über die Zusammensetzung der Durchlaufzeit eines Auftrags ist grundlegend – speziell im Hinblick auf *kurze* Durchlaufzeiten. Als detailliertestes Geschäftsobjekt muss der Arbeitsgang betrachtet werden. Die Einflussgrössen auf diesen Baustein eines Geschäftsprozesses beeinflussen nämlich die Durchlaufzeit wesentlich.

Ein *Arbeitsgang* ist ein Prozessschritt, der zur Entwicklung und Herstellung eines Produkts nötig ist. Andere Bezeichnungen dafür sind *Operation, Arbeitsplanposition* oder *grundlegender Herstellungsschritt*. Beispiele sind „schneiden", „stanzen", „biegen" im industriellen Bereich, aber auch „bedienen", „pflegen", „beraten", „reparieren" im Dienstleistungsbereich.

Die *Bereitstellung* oder *Einrichtung* (engl. *„setup"*) ist die Arbeit, die nötig ist, um die Produktionsinfrastruktur (Maschine, Werkzeuge und andere Ressourcen) für den nächsten Auftrag auszuwechseln oder vorzubereiten.

Die *Arbeitsgangzeit* ist die notwendige Zeit, um einen bestimmten Arbeitsgang auszuführen. Im einfachsten Fall ist sie die Summe der Rüstzeit oder Bereitstellungszeit, d.h. der Zeit für die Bereitstellung, und der Bearbeitungszeit für die eigentliche Bearbeitung des Auftrags.

Die *Bearbeitungszeit* ist im einfachsten Fall das Produkt der Grösse des *Loses* (engl. nebst „*lot*" auch „*batch*", genannt), d.h. der Menge bzw. Anzahl der zusammen produzierten Einheiten, und der *Einzelzeit*, d.h. der gesamten Behandlungszeit für eine produzierte Masseinheit des Loses.

Werden die Einzelzeiten seriell nach der Rüstzeit eingeplant, lautet die einfachste Formel für die Arbeitsgangzeit gemäss Abb. 1.2.3.1:

Arbeitsgangzeit = Rüstzeit + Losgrösse · Einzelzeit

Abb. 1.2.3.1   Die einfachste Formel für die Arbeitsgangzeit

Die Arbeitsgangzeit kann sich auf geplante oder auf reale Herstellungsprozesse beziehen.

Die *Vorgabezeit* oder *Standardzeit* ist die geforderte Zeit zum Rüsten und Bearbeiten eines Arbeitsgangs. Sie nimmt eine durchschnittliche Effizienz im Einsatz von Personen und Produktionsinfrastruktur an. Man zieht sie als Basis zur Planung, für Erfolgsprämien und Zuordnung von Gemeinkosten heran.

Die *Ist-Zeit* ist die effektive Zeit zur Ausführung eines Arbeitsgangs in einem bestimmten Auftrag. Sie wird oft zur Nachkalkulation eines Auftrags auf der Basis von effektiven Kosten herangezogen.

Ein *Arbeits-* bzw. *Operationsplan* eines Produkts ist ein komplexes Objekt, nämlich die Liste von Arbeitsgängen, durch die das Produkt, ausgehend von seinen Komponenten, hergestellt wird. Er enthält Informationen über die involvierten Kapazitätsplätze (vgl. Kap. 1.2.4 und [APIC16]).

Der *Kritische Pfad* ist die Menge von Tätigkeiten oder Arbeitsgängen, welche im Netzwerk von Arbeitsgängen am längsten dauert. Diese Tätigkeiten haben i. Allg. eine sehr kleine Schlupfzeit, nahe bei oder gleich Null.

Die *Produktionsdurchlaufzeit* ist die gesamte Zeit zur Herstellung eines Produkts, ohne die Beschaffungsdurchlaufzeit auf unteren Stufen.

Die Produktionsdurchlaufzeit wird entlang des Kritischen Pfades gemessen und setzt sich aus den folgenden drei Kategorien von Zeiten zusammen:

- *Arbeitsgangzeit*

- *Arbeitsgangzwischenzeit* kann sowohl vor als auch nach einem Arbeitsgang anfallen. Es handelt sich um *Wartezeit*, d.h. die Zeit, während der ein Auftrag vor oder nach der Bearbeitung an der Arbeitsstation wartet, oder um *Transportzeit*.

- *Administrationszeit* ist die nötige Zeit, um einen Auftrag auszulösen und abzuschliessen.

Die aus diesen Kategorien berechnete Durchlaufzeit eines Auftrags ist nur ein wahrscheinlicher Wert, da er auf angenommenen Durchschnittswerten beruht – gerade für die Arbeitsgang-zwischenzeiten. Zum Vergleich: Die Zwischenzeiten hängen von der aktuellen Situation in der Produktion und deren physischer Organisation ab. In einer typischen Werkstattproduktion (siehe

Kap. 4.4.3) umfassen die Arbeitsgangzwischenzeiten und die administrativen Zeiten mehr als 80 % der Durchlaufzeit. Konsequenterweise sind diese dann bestimmend für die Durchlaufzeit.

Die Sequenz von Arbeitsgängen ist die einfachste und wichtigste Abfolge der Arbeitsgänge. Komplexere Abfolgen der Arbeitsgänge umfassen ein Netzwerk oder repetitive Sequenzen von Arbeitsgängen. Siehe dazu Kap. 14.1.1.

Die *Produktionsstruktur* eines Produkts ist die Zusammenfassung seiner Produktstruktur sowie den Arbeitsplänen des Produkts selbst sowie dessen Baugruppen und Einzelteilen.

Die Produktionsstruktur gibt ein gutes Bild davon, welche Gründe sinnvoll zur Zusammenfassung in eine Strukturstufe und damit zur Abgrenzung eines Zwischenprodukts gegenüber einer übergeordneten Strukturstufe führen.

Eine *Produktionsstufe* wird gemäss den in Abb. 1.2.3.2 aufgeführten Argumenten festgelegt.

Innerhalb einer Produktionsstufe erfolgt also keine Lagerung. Die für diese Produktionsstufe erforderlichen Komponenten werden entweder ab Lager oder aber direkt von der vorhergehenden Produktionsstufe bezogen.

- Der letzte Arbeitsgang führt zu einem *Produktmodul*, das heisst einem Zwischenprodukt, das als Komponente in verschiedene weitere Produkte eingebaut werden kann.
- Der letzte Arbeitsgang führt zu einem Zwischenprodukt, das gelagert werden soll.
- Die Arbeitsgänge sind um eine bestimmte Prozesstechnologie angelegt.
- Der letzte Arbeitsgang führt zu einem Zwischenzustand, der als Objekt oder Entität, d.h. als eigenständiges Ding oder eigenständiger Gegenstand, empfunden wird.

Abb. 1.2.3.2   Sinnvolle Gründe für die Zusammenfassung in eine Produktionsstufe und damit zur Abgrenzung eines Zwischenprodukts

---

Die *Beschaffungsdurchlaufzeit* ist gemäss [APIC16] die gesamte nötige Zeit, um einen Artikel einzukaufen. Dazu gehören die Zeit zur Auftragsvorbereitung und -freigabe, die Zeit des Lieferanten zur Auftragserfüllung, die Transportzeit und die Zeit zur Warenannahme, Prüfung und Einlagerung.

Beschaffungsfrist bzw. *Beschaffungszeit* sind Begriffe, welche oft als Synonyme für die Beschaffungsdurchlaufzeit verwendet werden.

Die *kumulierte Durchlaufzeit* oder „*Kritischer-Pfad*"-*Durchlaufzeit* ist die längste geplante Zeitspanne, um die in Frage stehende Tätigkeit zur Wertschöpfung zu vollenden. Dabei werden die Zeit zur Auslieferung an den Kunden, die Durchlaufzeit für alle Produktionsstufen, sowie die Beschaffungsdurchlaufzeit berücksichtigt.

Je nach Zusammenhang bezeichnet der Begriff *Durchlaufzeit* die kumulierte Durchlaufzeit, die notwendige Durchlaufzeit für eine Produktionsstufe oder die Beschaffungsdurchlaufzeit.

Der *Prozessplan* eines Produkts ist die gesamte Produktionsstruktur in der Zeitachse.

Der Prozessplan ist ein sehr komplexes Geschäftsobjekt und zeigt die kumulierte Durchlaufzeit zur Herstellung eines Produkts auf. Als Beispiel diene die Abb. 1.2.3.3 für ein Produkt P.

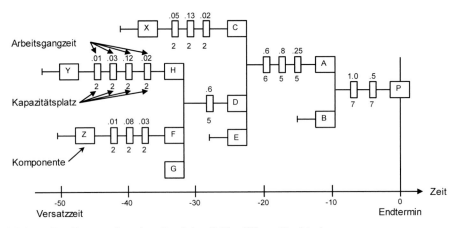

Abb. 1.2.3.3   Der Prozessplan eines Produkts P (detaillierte Struktur)

Der Prozessplan entspricht, wie die Produktstruktur, einem *Schema*, d.h. einer natürlichen Vorstellung oder Sicht der Mitarbeitenden im Zusammenhang mit der Auftragsabwicklung.

> Die *Vorlauf-* oder *Versatzzeit* (engl. *„lead-time offset")* ist die zeitliche Vorverschiebung eines Ressourcenbedarfs, relativ zum Endtermin eines Produkts, basierend auf seiner Durchlaufzeit.

Für jede Komponente kann man ihre Versatz- oder Vorlaufzeit bestimmen. Dafür muss der Anteil der Durchlaufzeit auf dem entsprechenden Ast der Produktionsstruktur berechnet werden. Über die Arbeitsgangzeit ist diese Zeit abhängig von der Losgrösse.

1.2.4   Geschäftsobjekte mit Ressourcenbezug

> Die *Mitarbeitenden* im Unternehmen sind alle an der Leistung eines Unternehmens direkt und indirekt beteiligten Menschen.
>
> Unter dem Begriff *Anlagen* (engl. *„facilities")* versteht man die physischen Produktionsanlagen, Versand- und Servicezentren, Büros und Laboratorien für F&E sowie die übrige damit verbundene Ausrüstung ([APIC16]).
>
> Der *Anlagenstandort* ist der physische Standort (z.B. eine Region, eine Stadt), wo die Anlagen stehen. Der verkürzte Begriff *Standort* wird im Folgenden synonym dazu gebraucht.
>
> Die *Produktionsinfrastruktur* umfasst die zur Entwicklung, Herstellung und Entsorgung eines Produkts verfügbaren *Produktionsanlagen*, d.h. die Fabriken mit ihren Arbeitsstationen sowie die übrigen Betriebsmittel.
>
> Eine *Arbeitsstation* (engl. *„workstation")* ist gemäss [APIC16] ein zugewiesener Ort, wo eine Person eine Arbeit ausführt. Es kann sich um eine Maschine oder eine Werkbank handeln.
>
> Als *Betriebsmittel* oder, synonym, *Produktionsausrüstung* zählen Maschinen, Apparate, Vorrichtungen und Werkzeuge.

Mitarbeitende und Produktionsinfrastruktur einer Firma bilden Kapazitätsplätze.

> Ein *Kapazitätsplatz* (engl. *„work center"* oder *„load center")* ist eine organisatorische Einheit innerhalb der gewählten Organisation der Produktionsinfrastruktur (siehe Kap. 4.4.3). Er umfasst

die Gesamtheit von Mitarbeitenden und Produktionsinfrastruktur, um eine Menge von Arbeit auszuführen, die durch eine übergreifende Planung & Steuerung nicht weiter unterteilt werden muss. Die interne Planung & Steuerung des Kapazitätsplatzes ist nicht nötig oder erfolgt unter Berücksichtigung der übergreifenden Vorgaben autonom.

Die *Kapazität* eines Kapazitätsplatzes ist sein Potential zum Ausstoss von Leistungen. Diese Menge wird jeweils auf eine Zeitperiode bezogen. Die Masseinheit wird *Kapazitätseinheit* genannt und ist meistens eine Zeiteinheit[7].

Die *Grundkapazität* ist die maximale Ausstoss-Kapazität. Sie wird bestimmt durch die Anzahl der Schichten, die Anzahl Mitarbeitender oder Maschinen und die theoretisch zur Verfügung stehende Kapazität pro Schicht. Die Grundkapazität kann von einer Woche auf die andere durch *vorhersehbare*, sich zeitlich überlappende Änderungen beeinflusst werden, z. B. durch Ferien, zusätzliche Schichten, Überstunden oder präventive Wartungsarbeiten.

Das *Kapazitätsprofil* eines Kapazitätsplatzes ist die Darstellung seiner Kapazität über die Zeitachse. Siehe Abb. 1.2.4.1.

Die wirtschaftliche Nutzung der Kapazitäten durch Arbeitsbelastung ist fundamental.

Die *Belastung* ist die Menge an – geplanter oder freigegebener – Arbeit für eine Anlage, einen Kapazitätsplatz oder einen Arbeitsgang für eine bestimmte Zeitspanne, gemessen in Kapazitätseinheiten.

Für die Bestimmung der Belastung muss man wie im Kap. 1.2.3 zuerst das detaillierte Objekt *Arbeitsgang* genauer betrachten.

Die *Belastung eines Arbeitsgangs* ist sein Arbeitsinhalt, gemessen in der Kapazitätseinheit des zum Arbeitsgang gehörenden Kapazitätsplatzes.

Die Begriffe *Rüstbelastung eines Arbeitsgangs*, *Bearbeitungsbelastung* und *Einzelbelastung eines Arbeitsgangs* sind in der Folge analog zu den Begriffen Rüstzeit usw. definiert, mit „Arbeitsinhalt" an Stelle von „Zeit". Die Formel für die Belastung eines Arbeitsgangs ergibt sich analog zu Abb. 1.2.3.1.

Die Belastung kann sich sowohl auf geplante als auch auf reale Herstellungsprozesse beziehen.

Eine *Belastungsvorgabe* ist der vorgegebene, wahrscheinliche Arbeitsinhalt.

Eine *effektive Belastung* ist der wirkliche Arbeitsinhalt, also der Verbrauch an Kapazität durch einen Arbeitsinhalt.

Dadurch sind die Begriffe *Belastungsvorgab*e bzw. *effektive Belastung eines Arbeitsgangs* definiert. Die weiteren Definitionen beziehen sich wieder auf den Kapazitätsplatz.

Die *Belastung eines Kapazitätsplatzes* (frz. „*charge*", engl. „*work load*") ist die Summe der Belastungen aller Arbeitsgänge von Aufträgen, die auf dem Kapazitätsplatz abgewickelt werden.

---

[7]   Man kann sich für die Kapazitätseinheit aber auch eine andere charakteristische Grösse vorstellen. Siehe dazu auch Kap. 16.4 über Prozesskostenrechnung.

Das *Belastungsprofil* eines Kapazitätsplatzes ist die Darstellung seiner Belastung und seiner Kapazität über die Zeitachse. Siehe Abb. 1.2.4.1.

Die *Auslastung (der Kapazität)* ist ein Mass dafür, wie intensiv eine Ressource gebraucht wird, um ein Gut oder eine Dienstleistung zu produzieren. Gewöhnlich ist sie definiert als das Verhältnis von effektiver Belastung zu Grundkapazität.

Die Abb. 1.2.4.1 zeigt das typische Bild für das Belastungsprofil, und zwar unter Annahme einer kontinuierlichen bzw. einer Rechteckverteilung innerhalb einer Zeitperiode. Das Belastungsprofil entspricht, wie die Produktstruktur und der Prozessplan, einem Schema, d.h. einer natürlichen Vorstellung oder Sicht der Mitarbeitenden für diesen Aspekt der Auftragsabwicklung[8].

Die Produktionsdurchlaufzeit nimmt keine Rücksicht auf die effektive Auslastung der Kapazitäten, die gerade die Wartezeiten stark verändern kann. Für die langfristige Planung ist die gemäss Kap. 1.2.3 berechnete Durchlaufzeit mit durchschnittlichen Arbeitsgangzeiten und Arbeitsgangzwischenzeiten meistens genügend genau. Je kurzfristiger die Planung, desto mehr muss die Auslastung für die Durchlaufzeit berücksichtigt werden.

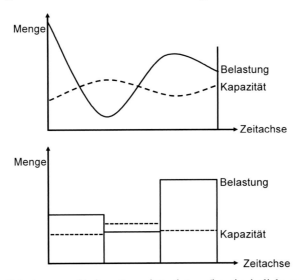

Abb. 1.2.4.1   Das Belastungsprofil eines Kapazitätsplatzes (kontinuierliche und Rechteckverteilung)

Für eine detailliertere Analyse des Belastungsprofils ist das Geschäftsobjekt *Kapazität* genauer zu behandeln.

Die *Effizienz des Kapazitätsplatzes* bzw. sein *Zeitgrad* ist ein Prozentsatz, nämlich die Beziehung „Belastungsvorgabe dividiert durch effektive Belastung" oder – äquivalent – „effektive produzierte Menge dividiert durch Vorgabemenge" (siehe [APIC16]), berechnet als Durchschnitt über alle ausgeführten Arbeitsgänge eines Kapazitätsplatzes.

---

[8]   Es ist auch üblich, das Kapazitätsprofil auf 100% zu normieren, d.h. als Waagrechte anzunehmen, und die Belastung in Prozenten davon auszudrücken.

Die *verplanbare Kapazität* entspricht dem erwarteten Output des Kapazitätsplatzes. Sie ist definiert als seine Grundkapazität mal seine Auslastung mal seine Effizienz.

Ein Beispiel für die Grundkapazität, die verfügbare und die verplanbare Kapazität wird in Abb. 14.1.1.1 angeführt; auch werden die Begriffe dort ausführlich erklärt. Aus obigen Definitionen ergeben sich jedoch bereits wichtige Aussagen für die Planung & Steuerung:

Eine einzuplanende *Belastungsvorgabe* sollte sich immer auf die *verplanbare Kapazität* beziehen. Zum Vergleich mit der *Belastungsvorgabe* sollte das Kapazitätsprofil die *Grundkapazität mal die Effizienz* darstellen.

1.2.5 Grobe Geschäftsobjekte

Um den Bedarf an Gütern und Kapazität *schnell* abschätzen zu können, kann man nicht auf den Detaillierungsgrad der letzten Schraube oder der kleinsten Arbeit gehen. Manchmal ist auch nur ein Teil der Daten notwendig. Dies ist aus folgenden Gründen so:

- Nur relativ wenig zugekaufte Güter, z. B. Rohmaterialien oder Halbfabrikate, sind teuer oder schwierig zu beschaffen (d.h. haben sehr lange Beschaffungsdurchlaufzeiten).

- Ein grosser Prozentsatz der Kapazitätsplätze ist nicht belastungskritisch, weil aus technischen Gründen eine Überkapazität gehalten wird (z. B. Ersatzmaschinen oder Spezialmaschinen, die nicht mit einer kleinen Kapazität erhältlich sind).

- Verschiedene Arbeitsgänge sind sehr kurz und beeinflussen die gesamte Belastung eines Kapazitätsplatzes nicht.

Des Weiteren kann es genügen, anstelle von einzelnen Artikeln bzw. Produkten die Artikelfamilie bzw. die Produktfamilie als Geschäftsobjekt zu behandeln. Analog lassen sich die folgenden, groben Geschäftsobjekte definieren.

Unter einer *Grobproduktstruktur* versteht man die strukturierte Zusammensetzung des Produkts aus seinen Komponenten, wobei sowohl Produkt als auch Komponenten eine Artikelfamilie bzw. Produktfamilie sein können. Bei einer konvergierenden Produktstruktur (siehe Kap. 4.4.2) braucht man dafür auch den Begriff *Grobstückliste*.

Ein *Grobkapazitätsplatz* umfasst eine Menge von Kapazitätsplätzen, die durch eine vergröberte Planung & Steuerung nicht weiter unterteilt werden muss.

Ein *Grobarbeitsgang* umfasst eine Gesamtheit von Arbeitsgängen, die durch eine vergröberte Planung & Steuerung nicht weiter unterteilt werden muss.

Ein *Grobarbeitsplan* eines Produkts bzw. einer Produktfamilie ist die Kette von GrobArbeitsgängen, durch die das Produkt bzw. die Produktfamilie ausgehend von seinen bzw. ihren Komponenten hergestellt wird.

Die *Grobproduktionsstruktur* eines Produkts bzw. einer Produktfamilie ist die Zusammenfassung der Grobproduktstruktur sowie der Grobarbeitspläne des Produkts bzw. der Produktfamilie selbst und der Baugruppen und Einzelteile.

Der *Grobprozessplan* eines Produkts ist die Grobproduktionsstruktur in der Zeitachse.

Eine mögliche Methode zur Ableitung eines Grobprozessplanes vom detaillierten Prozessplan umfasst drei Schritte:

1. Zuordnen der Artikel zu ihrer Artikelfamilie. Bestimmen der für die Grobproduktstruktur zu berücksichtigenden Artikelfamilien.

2. Bestimmen der für eine Grobproduktionsstruktur zu berücksichtigenden Grobkapazitäts-plätze sowie Zuordnen von Kapazitätsplätzen zu ihrem Grobkapazitätsplatz. Bestimmen einer Schranke für die Arbeitsgangzeit, unter welcher ein (Grob-)Arbeitsgang nicht berücksichtigt wird; Bestimmen eines Prozentsatzes für die Reduktion der Kapazität, um alle Belastungen aufgrund dieser kleinen Arbeitsgangzeiten einzubeziehen.

3. Bestimmen der Grobproduktstruktur (Grobstückliste) und des Grobarbeitsplans für jedes Produkt bzw. jede Produktfamilie, meistens durch Zusammenzug von mehreren Struktur-stufen in eine einzige.

Beispiel: Die nachfolgende Liste enthält Massnahmen, mit welchen man ausgehend vom detail-lierten Prozessplan in der Abb. 1.2.3.3 einen Grobprozessplan ableiten kann. Die Nummerierung bezieht sich dabei auf die obigen Schritte 1 und 2. Die Abb. 1.2.5.1 zeigt das Ergebnis.

1a.   Die zugekauften Komponenten X, Y, Z bilden eine einzige Artikelfamilie Y'.

1b.   Die Komponente E ist in einer vergröberten Struktur nicht zu berücksichtigen.

1c.   Die Komponenten G und B bilden eine einzige Artikelfamilie B'.

2a.   Der Kapazitätsplatz 6 ist in einer vergröberten Struktur nicht zu berücksichtigen.

2b.   Die Kapazitätsplätze 5 und 7 bilden einen einzigen Grob-Kapazitätsplatz 7'.

2c.   Alle Arbeitsgänge mit einer Arbeitsgangzeit von weniger als 0.1 (Stunden) werden für eine vergröberte Struktur nicht berücksichtigt.

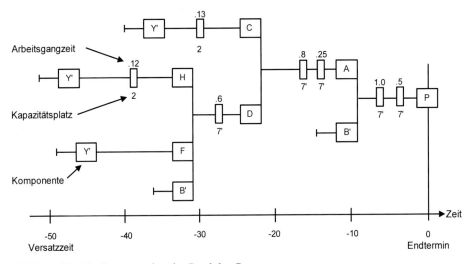

Abb. 1.2.5.1   Der Grobprozessplan des Produkts P

Im Grobprozessplan muss man die Arbeitsgangzwischenzeiten berücksichtigen, die durch das Weglassen von einzelnen Arbeitsgängen nicht mehr ersichtlich sind. Sonst wird die Durchlauf-zeitrechnung falsch. Jede (Grob-)Komponente erhält so die korrekte Versatzzeit im Verhältnis zum Endtermin des fertigen Produkts. Die Rüstbelastung (also für den losgrössenunabhängigen Anteil der Belastung) wird durch eine Norm-Losgrösse dividiert und der Belastung pro hergestellte Einheit zugeschlagen. Die Versatzzeit bezieht sich dann auf diese Losgrösse.

Eine *Ressourcenliste* ist eine Auflistung der benötigten Schlüsselressourcen (Komponenten und Kapazitäten), um eine Einheit eines bestimmten Produkts oder Produktfamilie herzustellen.

Ein *Produktbelastungsprofil* ist eine Ressourcenliste, bei welcher die Ressourcen mit einer Versatzzeit versehen sind.

I. Allg. handelt es sich hier um einstufige Grobstücklisten und einstufige Grobarbeitspläne.

Beispiel: Die Abb.1.2.5.2 zeigt ein Produktbelastungsprofil für das Beispiel in Abb.1.2.5.1 in zwei Varianten. Zu beachten ist die Reduktion auf eine Strukturstufe. Dazu müssen Versatz- oder Vorlaufzeiten für jeden Arbeitsgang definiert werden. In der zweiten Variante sind zudem alle Positionen zusammengefasst, die innerhalb von zehn Zeiteinheiten dieselbe Grobressource belasten. Dies reduziert die Komplexität des groben Geschäftsobjekts erneut.

In einigen Fällen kann man diese groben Geschäftsobjekte automatisch von den detaillierten ableiten. Eine *manuelle*, synchrone Modifikation von groben und detaillierten Geschäftsobjekten ist organisatorisch schwierig und teuer in der Handhabung. Deshalb besteht die Tendenz, die groben Geschäftsobjekte derart allgemein zu halten, dass sie durch Änderungen in den detaillierten Geschäftsobjekten nicht berührt werden.

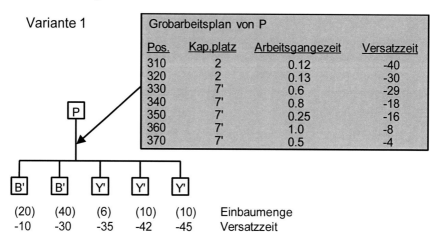

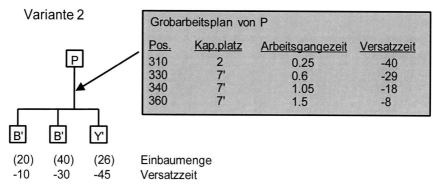

Abb.1.2.5.2   Das Produktbelastungsprofil, eine einstufige Grobstückliste und ein einstufiger Grobarbeitsplan

1.3   Strategien im unternehmerischen Kontext

Logistik-, Operations und Supply Chain Management können am besten als auf die Leistungs-fähigkeit bezogene Führungssysteme gemäss Abb. 1 in der Einführung aufgefasst werden. Eine besondere Aufmerksamkeit gilt dabei der Lieferung (engl. „delivery"), d.h. der Lieferfähigkeit, der Liefertreue und kurzen Durchlaufzeiten. Kein anderes Führungssystem im und zwischen Unternehmen konzentriert sich in diesem Ausmass auf die Lieferung. Es kümmert sich zudem darum, wie die verschiedenen Anspruchshalter (engl. „stakeholder") der Firma die Behandlung der Lieferung erfahren, in diesem Fall besonders die Geschäftspartner.

1.3.1   Unternehmerische Ziele im Unternehmen und in der Supply Chain

> Die *Leistung* (engl. *„performance") eines Unternehmens* bzw. *einer Supply Chain* umfasst das Erreichen von *unternehmerischen Zielen* in den Bereichen Qualität, Kosten, Lieferung und Flexibilität. [9]

Logistik-, Operations und Supply Chain Management haben einen teilweise signifikanten Einfluss auf unternehmerische Ziele in allen vier Bereichen. Unternehmerische Haupt- und Teilziele innerhalb dieser vier Bereiche können dabei wie in der Abb. 1.3.1.1 identifiziert werden.

- **Zielbereich Qualität:**
  - Hauptziel: Erreichen von erhöhten Anforderungen an die Produktqualität
  - Hauptziel: Erreichen von erhöhten Anforderungen an die Prozessqualität
  - Hauptziel: Erreichen von erhöhten Anforderungen an die Organisationsqualität
  - Teilziel: Hohe Transparenz von Produkt, Prozess und Organisation
- **Zielbereich Kosten:**
  - Hauptziel: Niedriges Nettoumlaufvermögen, insbes. Bestände an Lager, in Arbeit oder im Transport
  - Hauptziel: Hohe Auslastung der Kapazitäten
  - Hauptziel: Niedrige Kostensätze für die Administration
  - Teilziel: Genaue Kalkulations- und Abrechnungsgrundlagen
- **Zielbereich Lieferung:**
  - Hauptziel: Hoher Lieferbereitschaftsgrad bzw. kurze Lieferdurchlaufzeiten
  - Hauptziel: Hoher Liefertreuegrad
  - Hauptziel: Kurze Durchlaufzeiten im Güterfluss
  - Teilziel: Kurze Durchlaufzeiten im Daten- und Steuerungsfluss
- **Zielbereich Flexibilität:**
  - Hauptziel: Grosse Flexibilität, sich als Partner in Supply Chains einzubringen
  - Hauptziel: Grosse Flexibilität im Erreichen des Kundennutzens, z.B. durch Produkt- und Prozessinnovation (d.h. durch Innovationskraft)
  - Hauptziel: Grosse Flexibilität im Ressourceneinsatz

Abb. 1.3.1.1   Durch Logistik-, Operations und Supply Chain Management beeinflussbare unternehmerische Ziele

---

[9]   Leistung ist mehr als *Produktivität* (d.h. der Output der Produktion verglichen mit dem Input an Ressourcen, engl. „productivity"), für welche Qualität und Kosten gemessen werden, jedoch weniger als *Wettbewerbsfähigkeit* (engl. „competitiveness"), die auch das wirtschaftliche Umfeld umfasst.

Ziele des Bereichs Flexibilität erstreben die Stärkung der Leistungsfähigkeit in den anderen drei Zielbereichen. Sie sind deshalb *befähigerorientierte Ziele*, d.h. sie legen die Grundlage zum Erreichen der *ergebnisorientierten Ziele* in den Bereichen Qualität und Lieferung (d.h. der Effektivität) sowie Kosten (d.h. der Effizienz) in späteren Geschäftsperioden. Da sie in der laufenden Geschäftsperiode Investitionen darstellen und damit sowohl Geld kosten als auch Kapazitäten binden, ist die Menge an Massnahmen zum Erreichen von Flexibilitätszielen begrenzt.

Gemäss [Hieb02] umfasst die Leistung einer *unternehmensübergreifenden* Supply Chain zudem das Erreichen von unternehmerischen Zielen in den drei Zielbereichen: Zusammenarbeit in, Koordination und Veränderungsfähigkeit der Supply Chain. Die Abb. 1.3.1.2 zeigt die Ziele innerhalb jedes Zielbereichs, die alle dem Bereich Flexibilität zuzurechnen sind, und zwar wie folgt:

- **Zielbereich Zusammenarbeit in der Supply Chain:**
  - Hauptziel: einen hohen Grad von strategischer Angleichung auf der Supply Chain erreichen
  - Hauptziel: hoch integrierte Geschäftsprozesse erreichen, sowohl in der Planung als auch in der Durchführung
- **Zielbereich Koordination der Supply Chain:**
  - Hauptziel: einen nahtlosen Güter-, Daten- und Steuerungsfluss zwischen den Partnern auf der Supply Chain erreichen
  - Hauptziel: einen hohen Grad an Informationstransparenz erreichen
- **Zielbereich Veränderungsfähigkeit der Supply Chain:**
  - Hauptziel: grosse Flexibilität in der (Re-)Konfiguration von Supply Chains zur Empfindlichkeit für Kundenbedürfnisse erreichen

---

Abb. 1.3.1.2   Zielbereiche in der Leistung von *unternehmensübergreifenden* Supply Chains (gemäss [Hieb02])

1.3.2 Die Lösung widersprüchlicher unternehmerischer Ziele

Die Gewichtung der Zielbereiche sowie der einzelnen Ziele, sowohl im Unternehmen als auch auf der Supply Chain, wird in der Strategie festgelegt.

Eine *Unternehmensstrategie* bzw. *eine Supply-Chain-Strategie* äussert sich darüber, wie eine Firma bzw. eine Supply Chain sich in ihrem Umfeld verhält, und zwar in Bezug auf Produktsortiment, Lieferbereitschaftsgrad, Make-or-buy-Entscheide, Vertriebs- und Zulieferkanäle, Menschen und Partnerschaft, Organisationsentwicklung und finanziellen Zielen ([APIC16]).

Die *strategische Planung* ist der zugehörige Planungsprozess.

Das Ergebnis ist der *strategische Plan*, für das ganze Unternehmen der *Geschäftsplan*. Dieser widerspiegelt die Sicht des obersten Managements auf

- den Markt und die Marktteilnehmenden,
- die Produkt- und Servicepositionierung[10] im Marktsegment,

---

[10]   *Produkt-* bzw. *Servicepositionierung* ist im Marketing das Platzieren eines Produkts bzw. Services in einem Markt für eine spezifische Nische oder Funktion (vgl. [APIC16]).

- die Wettbewerbsvorteile und die Produkt-Alleinstellung[11],
- die Auftrags-Qualifikationskriterien und -Zuschlagskriterien[12],
- sowie die Art und Weise der Produktion und Beschaffung.

Diese Sicht ist beeinflusst durch die Umsysteme: durch volkswirtschaftliche Überlegungen (z. B. das Verhältnis von Angebot und Nachfrage), das wahrscheinliche Kundenverhalten gegenüber den Produkten (ob sie diese z. B. als Investitions- oder Verbrauchsgüter sehen), die Konkurrenzsituation, das Umfeld von möglichen Lieferanten, die Kosten der kurz- und langfristigen Finanzierung und die zu erwartenden wirtschaftlichen und politischen Trends.

Die konkrete *quantitative* Gewichtung ist eine unternehmerische Herausforderung. Es ist schwierig, die Ziele zu vergleichen. Dazu kann man z. B. versuchen, die Ziele ausserhalb des Bereichs „Kosten" in Geldwerte zu übersetzen.

Opportunität ist gemäss [DuFr15] die Zweckmässigkeit in der gegenwärtigen Situation. Als *Opportunitätskosten* wird gemäss [APIC16] im Unternehmen der mögliche Gewinn aus dem Kapitaleinsatz bezeichnet, der hätte erzielt werden können, wenn das Kapital für einen anderen Zweck als den jetzigen gebraucht worden wäre.

Opportunitätskosten entstehen dann, wenn die Nachfrage eines Kunden aus irgendeinem Grund nicht befriedigt werden kann. In diesem Fall wird das eingesetzte Kapital für etwas anderes gebraucht als für den möglichen Gewinn, der aus der Befriedigung der Nachfrage entstünde. Solche Kosten entstehen, wenn die unternehmerischen Ziele für die konkrete Nachfrage nicht zweckmässig gewogen worden sind.

Beispiel: Die Übersetzung des Ziels „Lieferbereitschaftsgrad" in Opportunitätskosten. Was kostet es, nicht lieferbereit zu sein? Denkbar ist ein Verlust:

1. der nicht lieferbaren Auftragsposition
2. des ganzen Auftrags, auch wenn andere Auftragspositionen lieferbereit wären
3. des Kunden, auch wenn andere Aufträge lieferbereit wären
4. der ganzen Kundschaft wegen des eingehandelten schlechten Rufes

Dieses Beispiel zeigt, wie schwierig Opportunitätskosten bestimmbar sind. Auch die Übersetzung der übrigen Nicht-Kostenziele führt zur gleichen Feststellung. Die Gewichtung der Ziele ist damit eindeutig eine unternehmerische Angelegenheit, und muss im Rahmen der normativen und strategischen Ausrichtung des Unternehmens erfolgen.

---

[11]   Ein *Wettbewerbsvorteil* ist ein Prozess, ein Patent, eine Managementphilosophie, ein System usw., das der Firma erlaubt, einen grösseren Marktanteil oder Gewinn zu erzielen, als es ohne diesen Vorteil erzielen würde. *Produkt-Alleinstellung* ist eine Strategie, um ein Produkt in Bezug auf mindestens ein Merkmal oder Ziel von der Konkurrenz als bestes oder einziges zu unterscheiden (vgl.[APIC16]).

[12]   *Auftrags-Qualifikationskriterien* (engl. „*order qualifiers*") muss ein Unternehmen aufweisen, um im Markt wettbewerbsfähig zu sein. Das bedeutet, dass es in allen vier Zielbereichen minimale Werte erreichen muss. *Auftrags-Zuschlagskriterien* (engl. „*order winners*") veranlassen den Kunden einer Firma dazu, sich für deren Produkte oder Dienstleistungen zu entscheiden. Sie können als Wettbewerbsvorteile oder Alleinstellungsmerkmale betrachtet werden, und fokussieren auf einen, selten auf zwei der vier Zielbereiche. *Order losers* sind Fähigkeiten, bei denen eine schlechte Leistung zum Verlust von Aufträgen führen kann (vgl. [APIC16]).

Im Unterschied zu den Zielen der Bereiche Kosten und Lieferung haben Logistik-, Operations und Supply Chain Management nur einen beschränkten Einfluss auf das Erreichen der Ziele in den Bereichen Qualität und Flexibilität.

- *Zielbereich Qualität:* Die Qualität der Produkte, der Prozesse und der Organisation wird zunächst durch die richtige Konstruktion und Prozessentwicklung sowie die Wahl der Produktionsinfrastruktur, der Mitarbeitenden und der Supply Chain Community bestimmt.

- *Zielbereich Flexibilität:* Die Flexibilität, sich als Partner in Supply Chains einzubringen, ist zunächst eine Frage der Unternehmenskultur. Das Potential zur Flexibilität im Erreichen des Kundennutzens entfaltet sich wohl zunächst durch die Konstruktion, die Produktionsprozessentwicklung und die Produktionsinfrastruktur. Flexibilität im Ressourceneinsatz entscheidet sich zuerst in der Qualifikation der Mitarbeitenden sowie in der Wahl der Produktionsinfrastruktur.

Das Kap. 1.7.1 enthält ein Szenario zu möglichen Verbesserungen im Erreichen der unternehmerischen Ziele in den verschiedenen Bereichen.

Anhand von möglichen Strategien zeigen die in Abb. 1.3.2.1 in Profile umgesetzten Beispiele, dass die vier Zielbereiche potentiell zu Konflikten führen. Bei den Kostenzielen treten sogar zielbereichsinnere Widersprüche auf: Wie später noch gezeigt werden wird, kann die Reduktion der Bestände und das gleichzeitige Erhöhen der Kapazitätsauslastung zu Zielkonflikten führen.

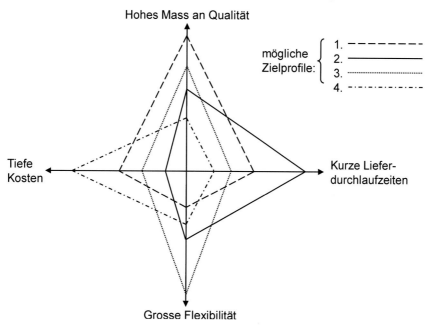

Abb. 1.3.2.1   Potentielle Widersprüchlichkeit der unternehmerischen Ziele

1. Ein hohes Mass an Produkt- oder Prozessqualität bedeutet potentiell hohe Kosten, lange Durchlaufzeit und repetierbare Abläufe. Die Flexibilität ist gering.

2. Je kürzer die Lieferdurchlaufzeit, desto höher die Kosten: Zum Erreichen kurzer Lieferdurchlaufzeiten muss man Lager oder Überkapazitäten halten. Kurze Durchlaufzeiten können zu Qualitätskosten und reduzierter Flexibilität (z.B. Vielfalt im Angebot) führen.

3. Eine grosse Flexibilität im Erreichen des Kundennutzens, z. B. durch Variantenvielfalt, führt entweder zu langen Lieferdurchlaufzeiten, da wenig an Lager bevorratet werden kann, oder führt wegen unverwertbaren Lagerbeständen an Varianten zu hohen Kosten.

4. Tiefe Kosten aufgrund hoher Auslastung der Kapazitäten und gleichzeitiger Vermeidung von Lagern führen zu langen Lieferdurchlaufzeiten, zu Qualitätskosten und zu reduzierter Flexibilität im Angebot.

Mit der Bestimmung der Opportunitätskosten wird implizit festgelegt, wie die unternehmerischen Ziele in den vier Bereichen gemäss Abb. 1.3.1.1 mit dem primären unternehmerischen Ziel zusammenhängen,

Das *primäre unternehmerische Ziel*, dessen Erreichung durch Logistik-, Operations und Supply Chain Management unterstützt werden soll, ist die Maximierung der Rentabilität des betriebsnotwendigen Kapitals.

Die *Rentabilität des betriebsnotwendigen Kapitals* („*return on net assets*") ist definiert als (Nettogewinn) / (Anlagevermögen + Nettoumlaufvermögen). Hier sollte man nur das *betriebsnotwendige* Anlagevermögen einbeziehen. Das *betriebsnotwendige Vermögen* wird durch die firmeneigenen Ressourcen gebildet, die für die produktiven Prozesse eingesetzt werden[13].

Der *Nettogewinn* verbleibt einer Firma nach Abzug von Kosten und Ausgaben. *Gewinn nach Steuern* wird auch *„bottom line"* genannt[14].

Das *Nettoumlaufvermögen* (Umlaufvermögen - kurzfristige Verbindlichkeiten) ist das Kapital, das im kurzfristigen operativen Geschäft gebunden ist. Es ist der Teil des betriebsnotwendigen Vermögens, der im normalen Geschäftszyklus in Geld umgewandelt werden kann, der jedoch langfristig finanziert ist[15].

Ein bestimmtes Ziel in den vier Bereichen fördert nicht immer das primäre unternehmerische Ziel. Das gilt nicht nur bei täglichen Entscheidungen sondern auch bei Supply-Chain-Initiativen.

Eine *Supply-Chain-Initiative (SCI)* ist ein Projekt bzw. eine Investition, um die Leistung einer Supply Chain zu verbessern.

Wenn sich z.B. eine Investition zur Durchlaufzeitverkürzung nicht in vermehrter Nachfrage oder einem grösseren Marktanteil niederschlägt, dann reduziert sich die Rentabilität statt sich zu erhöhen. Siehe dazu Kap. 1.7.2. Das Kap. 1.7.3 stellt eine Methode zur Beurteilung des wirtschaftlichen (Mehr-)Werts von Supply-Chain-Initiativen vor.

---

[13] Auf die Definition von Grundbegriffen aus dem Finanzwesen wie *Bilanz, Erfolgsrechnung, Bruttogewinn, Cash flow, Umlauf- und Anlagevermögen, kurzfristige und langfristige Verbindlichkeiten* und *Eigenkapital* wird hier verzichtet.

[14] Hat ein Unternehmen keine Schulden und damit keine Zinsausgaben, dann ist der „*net operational profit after tax*" *(NOPAT)* gleich dem Nettogewinn nach Steuern.

[15] Kurzfristige Verbindlichkeiten sind grösstenteils Kreditoren. Vom Umlaufvermögen sollte man streng genommen auch die Vorauszahlungen subtrahieren, sowie sämtliche liquiden Mittel, die nicht für das operative Geschäft notwendig sind.

1.3.3 Der Kundenauftragseindringungspunkt und die Koordination mit der Produkt- und Prozessentwicklung

Eine der Hauptaufgaben im Logistik-, Operations und Supply Chain Management ist die Lösung der widersprüchlichen Ziele: „Hoher Lieferbereitschaftsgrad" versus „niedrige Bestände an Lager und in Arbeit". Dieses Problem entspricht dem in Kap. 1.1.3 grundsätzlich beschriebenen Problem der zeitlichen Synchronisation zwischen Angebot und Nachfrage.

> Der *(Kunden-)Auftragseindringungspunkt* (engl. *„(customer) order penetration point" (OPP)*) entspricht jenem Punkt in der Zeitachse, an dem ein Produkt für einen bestimmten Kunden-auftrag gekennzeichnet wird. Stromabwärts von diesem Punkt ist das Produktionssystem durch den Kundenauftrag, stromaufwärts durch Vorhersagen und Pläne getrieben ([APIC16]).

Die Abb. 1.3.3.1 zeigt die Situation, angewandt auf den Prozessplan aus Abb. 1.2.3.3, reduziert auf die Produktstruktur in der Zeitachse. Die Herausforderung ist das Verhältnis der Kunden-toleranzzeit, die durch die Marktsituation gegeben ist, zur kumulierten Durchlaufzeit.

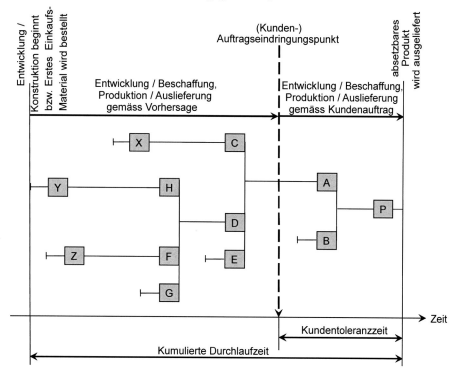

Abb. 1.3.3.1   Der (Kunden-)Auftragseindringungspunkt

Falls die Kundentoleranzzeit mindestens so lang ist wie die kumulierte Durchlaufzeit, muss erst konstruiert, beschafft, produziert oder ausgeliefert werden, wenn die Nachfrage in Form einer Kundenbestellung eintritt. Andernfalls müssen alle Güter (z.B. Halbfabrikate, Einzelteile, Rohmaterialien und Informationen), von denen aus das Endprodukt nicht innerhalb der Kundentoleranzzeit hergestellt und geliefert werden kann, auf Vorhersage bestellt werden. Ist die Kundentoleranzzeit Null, muss sogar das Endprodukt bestellt und allenfalls bevorratet werden, ehe die Nachfrage dazu bekannt ist. Der Auftragseindringungspunkt bestimmt deshalb eine Stufe in der Produktstruktur, wo eine Lagerung erfolgen muss.

> Als *Bevorratungsstufe* oder *Bevorratungsebene* wird diejenige Stufe in der Stückliste definiert, oberhalb der ein Produkt innerhalb der Kundentoleranzzeit, also gemäss der Nachfrage, konstruiert, beschafft, hergestellt oder ausgeliefert werden kann. Für Güter unterhalb und auf der Bevorratungsstufe kann also kein genauer Bedarf angegeben, sondern nur vorhergesagt werden.

Der Auftragseindringungspunkt ist daher mit Entkopplungspunkten verbunden, jeder mit seinem Entkopplungsbestand. Entkopplungspunkte in der Produktstruktur sind Artikel stromabwärts vom oder auf dem Auftragseindringungspunkt mit mindestens einer direkten Komponente stromaufwärts davon. Im Beispiel der Abb. 1.3.3.1 ist der Artikel A der einzige Entkopplungspunkt. Er liegt stromabwärts vom Auftragseindringungspunkt, und seine direkten Komponenten C, D und E liegen stromaufwärts vom Auftragseindringungspunkt. Der notwendige Bestand auf der Bevorratungsstufe (im Beispiel für den Artikel A) wird bestimmt durch die Abschätzung der Opportunitätskosten zufolge des geforderten Lieferbereitschaftsgrads.[16]

Die Abb. 1.3.3.1 weist bereits auf die Richtung von Supply-Chain-Initiativen hin. Etliche davon benötigen eine enge Koordination mit der Produkt- und Prozessentwicklung. Beispiele:

- Verkürzen der kumulierten Durchlaufzeit auf allen Stufen. So kann man die Bevorratungsstufe tiefer ansetzen und dadurch die Bestandshaltungskosten reduzieren. Kurze Durchlaufzeiten sind das Thema des Lean/Just-in-Time-Konzepts, behandelt in Kapitel 6.

- Ein *modulares Produktkonzept* beruht auf Standardisierung der Komponenten und Arbeitsgänge sowie auf Kommunalität und Bildung von Produktfamilien. Dabei werden Produktvarianten ausgehend von einem bereits im Marketing und in der Produktentwicklung definierten Konzept festgelegt.

- *Kundenanpassung* (engl. „*customization*") ist ein Konzept der Produktentwicklung, das auf den Kundenbedarf zugeschnittene Produkte erzeugt. Bei einer *späten Kundenanpassung* (engl. „*late customization*") zeichnen sich die Produktmodule bis auf eine hohe Ebene der Produktstruktur durch Kommunalität aus, so dass die Variantenvielfalt möglichst innerhalb der Kundentoleranzzeit erzeugt werden kann. Dies reduziert die Supply-Chain-Risiken von zu hohen Beständen und Ladenhütern auf dem Auftragseindringungspunkt oder stromaufwärts davon. Die Anzahl signifikant verschiedener *Prozess*varianten soll dabei klein gehalten werden. Siehe das variantenorientierte Konzept in Kapitel 7.

- *Verschiebung* (engl. „*postponement*") ist ein Ansatz in der Produktentwicklung. Er verlegt die Differenzierung der Produkte näher zum Kunden, indem Veränderungen der Identität, z.B. Montage („*finish-to-order*") oder Verpackung („*package to order*"), zum letztmöglichen Standort in der Supply Chain verschoben werden ([APIC16]). „Postponement" macht z.B. Sinn, wenn längere Transportstrecken vom Hersteller zum Kunden durch tieferwertige Halbfabrikate überwunden werden können. Effizientes „postponement" kann auch die Fähigkeit zu „late customization" unterstützen. Siehe dazu auch [SwLe03].

---

[16]   Der *Kundenauftragsentkopplungspunkt* (engl. „*customer oder decoupling point*" *(CODP)*) wird i. Allg. synonym zum (Kunden-)Auftragseindringungspunkt definiert. Da jeder Entkopplungspunkt mit einem Bestand verbunden ist (siehe die Definition in Kap. 1.1.3), ist er aber mit der Bevorratungsstufe identisch. Die Gleichsetzung mit dem Auftragseindringungspunkt trifft somit nur dann zu, wenn die Bevorratungsebene exakt auf dem Auftragseindringungspunkt liegt.

1.3.4 Der Zielbereich Flexibilität: Investitionen in befähigerorientierte Organisationen, Prozesse und Basistechnologien

Flexibilität bedeutet nach [DuFr15] Biegsamkeit, Anpassungsfähigkeit.

Dieser generelle Begriff wird in der Literatur des Logistik-, Operations und Supply Chain Managements unterschiedlich definiert und gebraucht. In jedem Fall geht es jedoch darum, mit entsprechenden Investitionen *proaktiv* gewisse Potentiale aufzubauen, um später Ziele in den Zielbereichen Qualität, Kosten und Lieferung besser erfüllen und so zukünftige Nutzen erzielen zu können. Die Aufstellung in Abb. 1.3.1.1 führt drei spezifische Arten von Flexibilität auf, die sich in diesem Zielbereich als wichtig gezeigt haben.

[APIC16] unterscheidet sechs Flexibilitätsarten: Mix-Flexibilität, Anordnungsumstellungsflexibilität, Veränderungsflexibilität, Mengenflexibilität, Umleitungsflexibilität, Materialflexibilität. Eine breite Aufstellung von Flexibilitätsarten findet man in [Gots06]. [WiMa07] führen die *Veränderungsfähigkeit* als generellen Begriff ein, dem andere Begriffe, z.B. die *Wandlungsfähigkeit* und auch derjenige der Flexibilität, als Spezialisierungen untergeordnet sind. Diese werden in Abb. 1.3.4.1 den verschiedenen Ebenen der Produkt- und Produktionssysteme innerhalb und im Umfeld einer Fabrik zugeordnet.

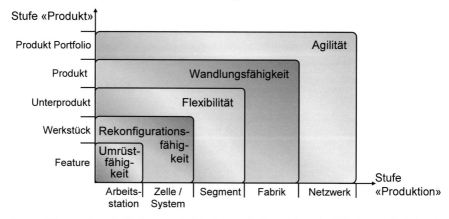

Abb. 1.3.4.1   Klassen der Veränderungsfähigkeit innerhalb und im Umfeld einer Fabrik (nach [WiMa07])

Zu den Aspekten der Flexibilität, die das Unternehmen, das Netzwerk oder die Supply Chain als Ganzes qualifizieren, gehören Adjektive wie schlank, agil und federnd (engl. *„resilient"*, siehe [Shef07]). Die Beispiele, die diese Begriffe begleiten, sind alle recht ähnlich und werden nun anhand des Begriffs der Agilität genauer besprochen.

Agilität bedeutet nach [DuHe14] Beweglichkeit, Geschäftigkeit. *Agile Produktion* (engl. *„agile manufacturing"*) heisst, Potentiale oder Spiel bzw. Spielraum am richtigen Ort zur richtigen Zeit in der richtigen Menge aufzubauen. *Agile Unternehmen* sind Unternehmen, welche die Grundsätze der agilen Produktion auf alle Bereiche im Unternehmen anwenden.

Der Käufermarkt verlangt zunehmend personalisierte Produktion auch bei Verbrauchsgütern. Das Produkt wird immer mehr in direkter Interaktion mit dem Verbraucher definiert. Gleichzeitig verschwinden klar identifizierbare Marktsegmente. Marken dienen zunehmend der Persönlichkeit des Verbrauchers, statt, wie bis anhin, eine Funktion zu liefern.

> *Agile Wettbewerber* (engl. *„agile competitors"*) [PrGo97] verstehen es, durch *proaktiven* Aufbau von Information, Wissen, Know-how und Kompetenz wettbewerbsfähig zu bleiben.

Agile Wettbewerber bauen Potentiale oder Spiel in der Supply Chain auf, die vom Endkunden im Moment möglicherweise nicht bezahlt werden. In der Zukunft erlauben diese Potentiale aber, Chancen wahrzunehmen oder Supply-Chain-Risiken (siehe Kap. 2.4) zu reduzieren. Beispiele:

- *Kurzfristig*: Aufbau einer parallelen Auftragsführung und laufenden Auftragskoordination in den Kaskaden einer Ziehlogistik (siehe Kap. 4.2.1). Aufbau von überlappenden Tätigkeiten in den Teilprozessen zur Koordination einer Schiebelogistik (siehe Kap. 4.2.2). Beides erlaubt schnelle Geschäftsprozesse von hoher Qualität.

- *Mittel- bis langfristig*: Aufbau von qualitativ flexibel einsetzbaren Mitarbeitenden durch Qualifikation und Koordination in Gruppen. Aufbau von qualitativ flexibel einsetzbarer Produktionsinfrastruktur. Beide Massnahmen ergeben Flexibilität im Ressourceneinsatz.

- *Mittelfristig*: Aufbau von Überkapazität oder quantitativ flexibel einsetzbarer Kapazität oder aber von Beständen, um ungeplante Nachfrage oder Bedarfsschwankungen mit kurzer Lieferdurchlaufzeit beantworten zu können. Bei der Herstellung von Investitionsgütern werden kapazitive Massnahmen bevorzugt, welche die Durchlaufzeit reduzieren.

- *Mittelfristig*: Aufbau von Kompetenz im proaktiven Service. Der Hersteller sammelt während des Services „Lebensdaten" über das Produkt. Durch Auswertung dieser Informationen kann er die Änderungen der Kundenanforderungen erkennen. So kann er dem Kunden ein Upgrade oder ein neues Produkt proaktiv vorschlagen, d.h. noch bevor der Kunde sich seines Bedürfnisses bewusst geworden ist. Dem Kunden wird dadurch eine Lösung verkauft und nicht ein einzelnes Produkt. Er fühlt sich umsorgt („total care").

- *Langfristig*: Aufbau von Know-how und Methoden zur Entwicklung und Herstellung von Produkten von grosser Variantenvielfalt. Das erlaubt Flexibilität im Erreichen des Kundennutzens. So kann man im entscheidenden Moment eine Kundenanfrage positiv beantworten, was die Angebotserfolgsquote und die Auftragserfolgsquote erhöht.

- *Langfristig*: Aufbau von Know-how in der Veränderungsfähigkeit der Supply Chain, z.B. ihrer Rekonfiguration. Je nach Produkt strukturieren sich Abteilungen um und arbeiten mit anderen Unternehmen zusammen. Dieses Know-how umfasst auch die Flexibilität, sich als Partner in Supply Chains einzubringen. Im entscheidenden Moment kann man damit kurzfristig Partner in einem virtuellen Unternehmen werden.

Agilität wird gestützt durch informationstechnologische Voraussetzungen zur weltweit laufenden Auftragskoordination. Dazu einige Beispiele:

- Ein *Protokoll*, d.h. eine Menge von Regeln zur Definition von Datenübermittlungsformaten: In der Flugzeug- oder Automobilherstellung stellen die Partner ihre Geschäftsobjekte standardisiert dar. Zur Übermittlung haben sie schon seit längerer Zeit spezielle Standards des EDI[17] entwickelt, u.a. IGES (später STEP) für die Zeichnungserstellung und Varianten des EDIFACT[18]- (z.B. Odette) für das Auftragswesen. Dazu kommen verschiedene

---

[17] *Electronic data interchange (EDI)* meint die Übermittlung von Dokumenten im Handel, z.B. Aufträge, Lieferscheine und Rechnungen, via Telekommunikation.

[18] *EDIFACT* (electronic data interchange for administration, commerce, and transport) ist ein Regelwerk der Vereinten Nationen für EDI. Darin werden alle Daten derart genormt, dass diese durch alle am Bestellungsaustausch interessierten Firmen im gleichen Format aufbereitet werden können.

Internet-Protokolle, z.B. das VoIP (Voice over Internet Protocol) oder File-Transfer Protokolle, und XML. Auch die *elektronische Unterschrift* gehört zu diesem Bereich.

- *E-commerce* für die Geschäftsabwicklung via elektronischen Transfers von Daten und Dokumenten: *E-mail*, *Internet*, *Intranet* (seine innerbetriebliche Entsprechung), *Extranet* (seine unternehmensübergreifende Entsprechung), sowie *elektronische „communities"*, d.h. Gemeinschaften von Personen, die ausschliesslich elektronisch kommunizieren.

- *Business-to-business commerce / business-to-consumer sales*: Geschäfte über das Internet zwischen Firmen oder mit Verbrauchern. Im Jeans- oder Schuhverkauf z.B. werden die Daten der Kunden vermessen und direkt an die Produktion übermittelt. Danach erhält der Kunde das fertige, massgeschneiderte Produkt. Eine Versicherungspolice „auf Mass" kann im Internet konfiguriert werden. Dazu gibt der Kunde Parameter ein, die er je nach Bedürfnis auch variieren kann. Siehe dazu auch [MaSc04].

- *Automatische Identifikation und Datenerfassung* umfasst Techniken, die Daten über Objekte erfassen und diese Daten ohne menschliche Einwirkung einem Computer zusenden. Beispiele dafür sind die RFID-Technik, Strichcodes und „badges". Siehe Kap. 15.3.4.

- *„Tracking and tracing"*: Transportunternehmen erlauben den Kunden, im „world wide web" den genauen Standort ihrer Paketsendungen zu verfolgen und rückzuverfolgen. Dahinter steckt eine globale Selbstidentifikation der Güter mittels einem darauf angebrachten Transponder (z.B. ein RFID Sensor).

- *ERP-* und *SCM-Software* bezeichnet Software für Informationssysteme in und zwischen Unternehmen. Siehe dazu die detaillierte Diskussion in Kap. 9.2. Im vorher erwähnten Beispiel für den proaktiven Service haben Automobilhersteller über die Wartungszentren Zugriff auf die Produkte- und Servicedatenbank ihrer Kunden.

- *Supply-Chain-Ereignismanagement (SCEM)*: Eine geeignete SCEM-Software erlaubt den Benutzern einer Anwendung, das Auftreten von Ereignissen auf der Supply Chain zu markieren, um in einer anderen Anwendung einen Alarm oder eine Aktion auszulösen. Damit kann man Geschäftsprozesse wie Beschaffung, Produktion und Lieferung überwachen. SCEM kann auch für sog. „Business Intelligence"-Anwendungen eingesetzt werden, z.B. bei unerwarteten Ereignissen. Eine andere Anwendung ist das Übermitteln von Auftragsdaten, die z.B. direkt zur Steuerung der Prozesse (z.B. von Maschinen) genutzt werden.

1.3.5 Befähigerorientierte Technologien hin zur personalisierten Produktion

Informationstechnologien (IT) werden – so das Postulat der im folgenden aufgeführten Konzepte – in der Zukunft die Produktionsprozesse zur Herstellung physischer Güter im Vergleich mit heute wesentlich intensiver durchdringen.

> In einem *Cyber-physischen System* arbeiten über ein Kommunikationsnetz IT-Einheiten zusammen, die ihrerseits physische (z.B. mechanische und elektronische) Objekte steuern.

In der Industrie geht dabei die Entwicklung immer mehr in die Richtung der völligen Vernetzung sämtlicher Maschinen eines Maschinenparks, auch unterschiedlicher Herkunft, sowohl innerhalb eines Unternehmens als auch unternehmensübergreifend. Die digitale Komponente soll dabei erlauben, die maschinelle Güterproduktion immer schneller den sich ändernden Bedürfnissen anpassen zu können. In der USA wurde als Weg dazu im Jahr 2014 das *Industrial Internet Consortium* (IIC) gegründet, in dem sich grosse Firmen zusammengeschlossen haben, um gemeinsame Standards zu erarbeiten.

Der Begriff *Industrie 4.0* wurde durch die Acatech in Deutschland im Jahr 2011 geprägt und postuliert eine eigentliche vierte industrielle Revolution, nach der Mechanisierung, der Elektrifizierung, und der Computerisierung.

Die Digitalisierung soll demnach viele bisherige Produktionstechnologien in disruptiver Weise ablösen, wie das z.B. durch die Digitalfotografie in kurzer Zeit geschah. Gleichzeitig soll die Individualisierung von Produkten auf die Bedürfnisse der Kunden zunehmen, ohne dass die Kosten signifikant steigen würden. Bausteine dafür sind u.a. intelligente Sensoren, das Internet der Dinge, Big Data und die additive Fertigung, die im Folgenden kurz vorgestellt werden.

Die Praxis zeigt hingegen, dass die Entwicklung insgesamt eher kontinuierlich vor sich geht. Allerdings gehen Firmen, die auf eine bestimmte Analogtechnologie bauen, wie damals Kodak und die Schweizerische Gretag im Fall der Analogfotografie, ein erhebliches Risiko ein. Das gilt heute z.B. für Firmen, die Produktlinien in der Analogtelefonie anbieten. Diese wird durch VoIP relativ schnell ersetzt werden. Ein anderes Gebiet ist der Offsetdruck: dieser wird dem Digitaldruck immer mehr weichen. Beim Digitaldruck entfallen alle Arbeitsschritte rund um das Erstellen der festen Druckvorlage, d.h. der Druckform. Der Herstellprozess wird damit wesentlich kürzer, und jeder Bogen kann erst noch anders bedruckt werden (Stichwort „personalisierte Drucke").

Ein *intelligenter Sensor* (engl. *Smart Sensor*) kann neben der eigentlichen Messung von Daten (d.h. der Aufgabe eines klassischen Sensors) diese auch verarbeiten und das Ergebnis in gewünschter Form zur Verfügung stellen.

Die „Intelligenz" wird dabei durch Kleinstcomputer, ein Ergebnis der Mikro- und Nanosystemtechnologie, realisiert. Auch hier kommen die Impulse von der Notwendigkeit der personalisierten Produktion. Ein Beispiel dafür sind Beschleunigungs-, Bewegungs- und Magnetfeldsensoren für die funktionelle Bewegungstherapie. Die Sensorik hilft die Bewegungswahrnehmung durch den Patienten zu verbessern. Das Ergebnis der Datenerfassung kann dann durch den Sensor verarbeitet und sofort in Bewegungsziele umgesetzt werden, die auf die Person abgestimmt sind und z.B. auf einem Spiegel sichtbar gemacht werden.

Das *Internet der Dinge* ist ein Netzwerk von materiellen oder immateriellen Gütern oder Objekten, die miteinander in Verbindung treten und Daten austauschen können. Ein eingebauter Computer identifiziert dabei jedes „Ding" und kann mit der Internet-Infrastruktur verkehren.

Als Sensor oder mit Hilfe von Sensoren soll das „Ding" nützliche Daten erfassen und dann selbständige an andere interessierte Objekte, z.B. Menschen oder Maschinen weitergeben, Als Beispiel kann man sich internetbasierte Gebäudeleitsysteme (z.B. Licht, Temperatur und Feuchtigkeit), die auf die individuellen Bewohner abgestimmt sind. Durch das Internet der Dinge, so das Postulat, sollen auch grosse Mengen von Daten aus entfernten Orten schnell zusammengebracht werden, was Big Data ermöglichen kann.

Big Data ist ein umfassender Begriff für Datenmengen, die aufgrund der Menge oder der Komplexität durch die konventionelle Datenverarbeitung nicht erfasst, gespeichert und verarbeitet werden können.

Der Begriff bezieht sich also relativ zur aktuell eingesetzten Technologie und scheint damit ebenso wie einige der bisherigen Begriffe eher ein Postulat als Realität zu sein. Er bezieht sich öfters auf „fortgeschrittene" Methoden zur Auswertung von Daten mit dem Ziel einer verbesserten Entscheidungsfindung, was zur Reduktion von Risiko oder Verbesserung der

Effizienz führen soll. Aus grossen Datenmengen möchte man mit statistischen Analysen bisher unbekannte Korrelationen und Trends feststellen, sowohl in physischen Systemen (z.B. Meteorologie, Umweltforschung) als auch in soziotechnischen Systemen (z.B. Unternehmen, Staatswesen). Der Datenschutz wird dabei schnell zum Thema.

Die *Additive Fertigung*, heute synonym zum Begriff *3D-Druck* gebraucht (obwohl dabei ja nicht gedruckt wird), ist ein mögliches Verfahren, um dreidimensionale Objekte herzustellen. Ein mit CAD-Software erstelltes 3D-Modell kann dabei über eine spezielle Software in schichtweisen Aufbau von Material (Kunststoff oder Metall) umgesetzt werden.

Ein erster Vorteil des Verfahrens liegt in der Effizienz und in der Schnelligkeit in der Herstellung des ersten Stücks eines Produktionsloses: der teure und langwierige Formenbau kann umgangen werden. Das macht das Verfahren besonders geeignet für den Prototypenbau. Konventionelle (z.B. abrasive) Verfahren können nach wie vor bei Serienprodukten günstiger sein, wenn sie nicht sowieso aus Qualitätsgründen eingesetzt werden müssen. Zweitens kann die Losgrösse Eins günstig hergestellt werden n. Völlig unterschiedliche 3D-Formen können nämlich in einem Behälter, d.h. mit einem Produktionsbatch hergestellt werden. Das macht das Verfahren besonders attraktiv für das Ersatzteilwesen. Vorausgesetzt ist hier wiederum eine genügende Qualität des Verfahrens. Die optimale Anordnung der Teile benötigt einen Algorithmus ähnlich zur Zuschnittoptimierung im 2D-Fall, z.B. beim Blechzuschnitt mit einer Laserschneidmaschine. Für umfassende Informationen siehe www.additively.com. Die Herstellung auch von Spielzeug im privaten Bereich unterstreicht das Potential des 3D-Drucks für die personalisierte Produktion.

Die *Personalisierte Medikation* ist ein patientengenaues Konzept, das sowohl die Medikamente als auch den Dispensationsprozess umfasst.

Dies ist ein wichtiges Postulat im Gesundheitswesen der Zukunft. Verschiedene Informationstechnologien müssen dabei die Prozesse intensiv durchdringen. Bei festen Formen (z.B. Tabletten) geht es z.B. um das automatische Herunterbrechen der Blister in Einzeldosen und das Verpacken der Einzeldosen gemäss Patientenrezeptur zur zeitgenauen Lieferung zum Patienten, mit „tracking and tracing" unterwegs. Bei flüssigen Formen geht es um die automatische und patientengenaue Herstellung von flüssigen Medikamenten (z.B. bei Krebs) und ebenfalls zeitgenaue Lieferung zum Patienten, falls nötig mit einer adäquaten *Kühlkette*, d.h. das durchgängige System der Kühlung beim Transport zwischen Hersteller und Verbraucher. „Last but not least": Mit 3D-Druck möchte man in Zukunft biomedizinische Fasern erzeugen, um die Dispensationsgeräte für Medikamente genau auf den Patienten abzustimmen.

1.4 Leistungsmessung

Eine *Leistungskenngrösse* (das kann auch eine Leistungskenn*zahl* sein) ist eine bestimmte Eigenschaft, welche zur Abschätzung der betreffenden Leistung gemessen werden soll.

Ein *System zur Messung der Leistung* sammelt, misst und vergleicht eine Messung mit einem Standard für eine bestimmte Kenngrösse.

Die *Messung der Leistungskenngrösse* (bzw. *Leistungsmessung*, engl. *„performance measurement"*) ist der aktuelle Messwert der Kenngrösse ([APIC16]).

Geeignete Kenngrössen für die Leistung sollten sinnvollerweise das Erreichen oder Verfehlen der unternehmerischen Ziele gemäss Abb. 1.3.1.1 anzeigen.

> Eine *Logistische Leistungskenngrösse* analysiert den Einfluss der Logistik auf ein unternehmerisches Ziel in den vier Bereichen Qualität, Kosten, Lieferung und Flexibilität.

Logistische Leistungskenngrössen werden z.B. in [OdLa93], [Foga09] oder [Gron94], sowie auch nachfolgend beschrieben. Wenn immer möglich, ist eine logistische Leistungskenngrösse der Betrachtungsgegenstand eines der einzelnen Ziele eines Zielbereiches selbst. Sie ist jeweils auf ein logistisches Objekt bezogen und wird damit zu einem Attribut dieses Objekts, manchmal sogar zu einem eigenständigen logistischen Objekt.

> *Globale Leistungskenngrössen* sind Kenngrössen, welche zur Messung der gesamten Leistung eines Unternehmens oder einer Supply Chain herangezogen werden können (z.B. Cash flow, Durchsatz, Auslastung, Bestände).
>
> *Lokale Leistungskenngrössen* sind Kenngrössen, welche auf eine einzelne Ressource oder einen einzelnen Prozess bezogen sind, und gewöhnlich einen kleinen Einfluss auf globale Kenngrössen haben (z.B. Volumenrabatt auf einen Artikel, Einlagerungszeit, Auslastung eines Lagerplatzes).

In der Folge wird eine ausgewogene Menge von *globalen* Kenngrössen *aus der Sicht der Logistik* vorgestellt. Diese Ausgewogenheit ist auch eine der Forderungen des „*balanced scorecards*", eines Ansatzes, der auf die Einseitigkeit von Leistungsmessungen aus dem Finanzbereich hinweist, die sich (zu) oft nur auf das primäre unternehmerische Ziel der Rentabilität beziehen (siehe dazu [KaNo92] sowie das Kap. 1.3.2). Eine systematische Ableitung der ausgewogenen Menge von Leistungskenngrössen aus der Unternehmensstrategie ist in [Schn07] zu finden. Zusammen mit Leistungskenngrössen aus anderen Unternehmensbereichen, z.B. Finanzwesen, Marketing, F&E, bilden die vorgestellten logistischen Leistungskenngrössen auch eine vollständige Menge von Grössen zur Messung und damit einen Ausgangspunkt zur Verbesserung der Leistung eines Unternehmens (engl. „performance improvement").

1.4.1 Grundsätzliches zur Messung, Aussagekraft und Umsetzbarkeit von logistischen Leistungskenngrössen

Die *Messung von logistischen Leistungskenngrössen* erweist sich in der Praxis als unterschiedlich schwierig und bedeutet meist ein Zählen gewisser Sachverhalte. Ausser bei lokalen Kenngrössen mag es nicht einfach sein, diese Sachverhalte mit möglichst kleinem Aufwand zu erfassen. Zudem ist die Integration und Verdichtung von lokalen zu globalen Leistungskenngrössen, eventuell über mehrere Stufen, oftmals recht schwierig.

Die folgenden Aussagen fassen wichtige Probleme bezüglich Aussagekraft und Umsetzbarkeit von Leistungskenngrössen in praktische Massnahmen zusammen. Die Probleme sind typisch für jedes Qualitätsmesssystem und zum Teil auch aus Kostenrechnungssystemen bekannt.

- *Zu allgemeine Leistungskenngrössen:* Einfach messbare Leistungskenngrössen sind oft von derart allgemeiner und qualitativer Aussagekraft, dass keine direkt darauf bezogenen Massnahmen abgeleitet werden können, ohne zusätzliche, nicht gemessene und implizite Annahmen zu treffen. Ein Beispiel dafür ist die Leistungskenngrösse *Kundenzufriedenheit*.

- *Kein umfassendes Messverfahren:* Einfach umsetzbare Leistungskenngrössen sind oft nicht direkt messbar. Sie setzen vielmehr verschiedene, ggf. komplizierte oder ungenaue Messungen voraus. Diese werden dann mit nicht gemessenen, ja impliziten Verfahren zusammengesetzt und münden so in die gewünschte Leistungskenngrösse. Beispiele dafür sind Flexibilitätspotentiale.

- *Verfälschung der Prozesse:* Jede Messung greift in den zu messenden Prozess ein. Der Eingriff kann so gross sein, dass der Prozess sich anders verhalten würde, wenn die Messung nicht stattfinden würde.

- *Aussagekraft einer Leistungskenngrösse:* Der absolute Wert einer Leistungskenngrösse sagt als solches wenig aus. Erst das wiederholte Vergleichen von Messungen derselben Leistungskenngrössen über die Zeitachse kann diese zu einem Instrument des kontinuierlichen Verbesserungsprozesses machen.

- *Vergleichbarkeit der Leistungskenngrössen:* Das Benchmarking mit anderen Firmen, gerade in derselben Supply Chain, ist nur dann aussagekräftig, wenn die Messung dort auf der genau gleichen Grundlage erfolgt. In der Praxis findet man jeweils verschiedene *Bezugsobjekte*, d.h. Objekte, auf die eine bestimmte Leistungskenngrösse bezogen werden kann. Als Beispiel diene der *Lieferbereitschaftsgrad* (siehe Kap. 1.4.4): Er kann auf Auftragspositionen oder auf Artikel bezogen sein. Seine Messung kann in Mengeneinheiten oder in Werteinheiten erfolgen. Vor Vergleichen ist deshalb immer zu prüfen, wie die Leistungskenngrösse in einem Unternehmen genau definiert ist.

Es empfiehlt sich also, den Nutzen aus einer möglichen Umsetzung der Messung mit dem Aufwand der Messung zu vergleichen. In der Praxis haben sich einige wenige und einfach messbare Leistungskenngrössen bewährt. Die Mitarbeitenden müssen dann die Messung über eine Vielzahl von Massnahmen umsetzen, die nicht direkt aus der Messung herleitbar sind.

1.4.2 Leistungskenngrössen im Zielbereich Qualität

Leistungen im Logistik-, Operations und Supply Chain Management können einen – zwar eher geringen – Einfluss auf Kenngrössen im Zielbereich Qualität haben, z.B. auf Ausschussfaktoren und Reklamationsquoten aller Art. Die Ursachen können vielfältig und schwierig zu ermitteln sein. Sie können auch in einer ungenügenden Qualität der Information liegen.

Reklamationsquote und Ausschussfaktor in Abb. 1.4.2.1 und Abb. 1.4.2.2 stehen in enger Beziehung. Im Falle der Reklamation könnten Ursachen entdeckt werden, die bei rechtzeitigem Bemerken zu Ausschuss geführt hätten. Ausschuss könnte eine Reklamation beim Lieferanten zur Folge haben. Der Ausbeutefaktor ist komplementär zum Ausschussfaktor. Für ein gegebenes Bezugsobjekt ist die Summe von Ausbeute- und Ausschussfaktor gleich 1.

Kenngrösse	Ausschussfaktor bzw. Ausbeutefaktor
Definition	Anzahl zurückgewiesene bzw. akzeptierte Sachverhalte / Anzahl Sachverhalte
Messgrund	Ein grosser Ausschussfaktor bedeutet ungenügende Qualität und führt zu Opportunitätskosten
Bezugsobjekt	a) Prozess, b) Komponente, c) Teillogistik (z. B. Produktion)
Zu messender Fakt	Für a): Artikelnachfrage oder Auftragsposition Für b) und c): Auftragsposition oder Auftrag

Abb. 1.4.2.1   Die Leistungskenngrössen *Ausschussfaktor* und *Ausbeutefaktor* (engl. „yield factor")

Kenngrösse	Reklamationsquote
Definition	Anzahl zurückgewiesene Sachverhalte / Anzahl Sachverhalte
Messgrund	Eine grosse Reklamationsquote bedeutet ungenügende Qualität und führt zu Opportunitätskosten
Bezugsobjekt	a) Artikel, b) Geschäftspartner, c) Teillogistik (z. B. Verkauf)
Zu messender Fakt	Für a): Artikelnachfrage oder Auftragsposition Für b) und c): Auftragsposition oder Auftrag

Abb. 1.4.2.2   Die Leistungskenngrösse *Reklamationsquote*

1.4.3 Leistungskenngrössen im Zielbereich Kosen

Der Einfluss des Logistik-, Operations und Supply Chain Managements auf den Zielbereich Kosten ist bedeutend. Die Leistungskenngrössen in Abb. 1.4.3.1 bis Abb. 1.4.3.4 sind direkt Betrachtungsgegenstand der betreffenden Ziele. Für die einzelnen Begriffe, Definitionen und Begründungen siehe Kap. 1.2.1, 1.2.3 und 1.2.4.

Kenngrösse	Lagerbestandsumschlag
Definition	(Jährliche) Kosten der Bestandsabgänge / (mittlerer Lagerbestand)
Messgrund	Die Bestandshaltungskosten steigen mit einem zunehmenden mittleren Lagerbestand bzw. einem abnehmenden Lagerbestandsumschlag
Bezugsobjekt	a) Artikel und Artikelgruppe, b) Zeitperiode
Zu messender Fakt	(Jährliche) Bestandsabgänge und mittlerer Lagerbestand (z. B. zu Standardkosten)

Abb. 1.4.3.1   Die Leistungskenngrösse *Lagerbestandsumschlag*

Kenngrösse	Auftragsbestandsumschlag
Definition	Auftragsumsatz / (mittlerer Auftragsbestand in Arbeit)
Messgrund	Die Produktionsinfrastrukturkosten steigen mit dem Auftragsbestand in Arbeit und einem tiefen Auftragsbestandsumschlag
Bezugsobjekt	a) Kapazitätsplatz, b) Zeitperiode, c) Zusammenfassungen davon
Zu messender Fakt	Auftragsumsatz und Auftragsbestand in Arbeit (z. B. zu Einstandskosten)

Abb. 1.4.3.2   Die Leistungskenngrösse *Auftragsbestandsumschlag*

Kenngrösse	Effizienz des Kapazitätsplatzes (Zeitgrad) (engl. „work center efficiency")
Definition	Belastungsvorgabe / effektive Belastung = effektiv produzierte Menge / Vorgabemenge
Messgrund	Eine hohe Effizienz des Kapazitätsplatzes führt tendenziell zu tieferen Kosten durch bessere Nutzung der Investitionskosten
Bezugsobjekt	a) Kapazitätsplatz, b) Zeitperiode, c) Zusammenfassungen davon
Zu messender Fakt	Belastung in Produktionsaufträgen (Vorgabe und effektive, für Rüsten und Durchführung)

Abb. 1.4.3.3   Die Leistungskenngrösse *Effizienz des Kapazitätsplatzes* (*Zeitgrad*)

Kenngrösse	Auslastung der Kapazität (engl. „capacity utilization")
Definition	Effektive Belastung / Grundkapazität = Belastungsvorgabe / Effizienz / Grundkapazität
Messgrund	Eine hohe Auslastung der Kapazitäten führt tendenziell zu tieferen Kosten durch bessere Nutzung der Investitionskosten
Bezugsobjekt	a) Kapazitätsplatz, b) Zeitperiode, c) Zusammenfassungen davon
Zu messender Fakt	Belastung in Produktionsaufträgen (Vorgabe und effektive, für Rüsten und Durchführung), Kapazitäten

Abb. 1.4.3.4   Die Leistungskenngrösse *Auslastung der Kapazität*

Weitere Leistungskenngrössen betreffen Administrationskosten für Einkauf, Verkauf, Arbeitsvorbereitung usw. Sie sind alle von der Art in Abb. 1.4.3.5.

Kenngrösse	Kostensatz für die Administration (z.B. Einkauf)
Definition	Kosten für die Administration / Umsatz
Messgrund	Die administrativen Kosten sind möglichst tief zu halten
Bezugsobjekt	a) Organisatorische Einheit, b) Zeitperiode
Zu messender Fakt	Umsatz der Organisationseinheit, Kosten der Organisationseinheit für Administration

Abb. 1.4.3.5   Die Leistungskenngrösse *Kostensatz für die Administration*

1.4.4 Leistungskenngrössen im Zielbereich Lieferung

Da der Zielbereich Lieferung direkt im Einflussbereich des Logistik-, Operations und Supply Chain Managements liegt, sind passende Leistungskenngrössen hier sehr wichtig. Die Leistungskenngrössen in Abb. 1.4.4.1 und Abb. 1.4.4.2 sind direkt Betrachtungsgegenstand der Ziele.

Kenngrösse	Lieferbereitschaftsgrad
Definition	Anzahl auf verlangten Liefertermin vollständig gelieferte Fakten / Anzahl bestellter Fakten
Messgrund	Ein zu tiefer Lieferbereitschaftsgrad führt zu Opportunitätskosten und, je nach Vertrag, zu Strafkosten
Bezugsobjekt	a) Artikel, b) Geschäftspartner, c) Teillogistik (z.B. Verkauf)
Zu messender Fakt	Für a): Artikelnachfrage oder Auftragsposition Für b) und c): Auftragsposition oder Auftrag

Abb. 1.4.4.1   Die Leistungskenngrösse *Lieferbereitschaftsgrad*, bzw. *OTIF („on-time and in-full")*

Kenngrösse	Liefertreuegrad
Definition	Anzahl auf bestätigten Termin vollständig gelieferte Fakten / Anzahl bestätigter Fakten
Messgrund	Ein zu tiefer Liefertreuegrad führt zu Opportunitätskosten und, je nach Vertrag, zu Strafkosten
Bezugsobjekt	a) Artikel, b) Geschäftspartner, c) Teillogistik (z.B. Verkauf)
Zu messender Fakt	Für a): Artikelnachfrage oder Auftragsposition Für b) und c): Auftragsposition oder Auftrag

Abb. 1.4.4.2   Die Leistungskenngrösse *Liefertreuegrad*

Die Leistungskenngrössen in Abb. 1.4.4.3 bis Abb. 1.4.4.8 hängen mit der Durchlaufzeit zusammen. Für die Begriffe, Definitionen und Begründungen siehe Kap. 1.2.1, 1.2.3, 1.2.4.

Kenngrösse	Losgrösse
Definition	Durchschnittliche Bestellmenge eines Auftrags
Messgrund	Ein grosses Los führt tendenziell zu einer längeren Durchlaufzeit
Bezugsobjekt	a) Prozess, b) Produkt
Zu messender Fakt	Bestellmenge der Auftragsposition

Abb. 1.4.4.3   Die Leistungskenngrösse *Losgrösse*

Kenngrösse	Auslastung der Kapazität (engl. „capacity utilization") (= Auslastung der verfügbaren Kapazität des Kapazitätsplatzes)
Definition	Effektive Belastung / Grundkapazität = Belastungsvorgabe / Effizienz / Grundkapazität
Messgrund	Eine hohe Auslastung der Kapazitäten führt tendenziell zu einer längeren Durchlaufzeit
Bezugsobjekt	a) Kapazitätsplatz, b) Zeitperiode, c) Zusammenfassungen davon
Zu messender Fakt	Belastung in Produktionsaufträgen (Vorgabe und effektive, für Rüsten und Durchführung), Kapazitäten

Abb. 1.4.4.4   Die Leistungskenngrösse *Auslastung der Kapazität*

Kenngrösse	Wertschöpfungsgrad der Durchlaufzeit
Definition	Wertschöpfender Anteil der Durchlaufzeit / Durchlaufzeit
Messgrund	Nicht wertschöpfende Anteile der Durchlaufzeit sind zu reduzieren
Bezugsobjekt	a) Prozess und Produkt, b) Geschäftspartner, c) Teillogistik (z.B. Produktion)
Zu messender Fakt	Wertschöpfende (z.B. Arbeitsgangzeiten) und nicht wertschöpfende Anteile (z.B. Arbeitsgangzwischenzeiten, Administrationszeit) der Durchlaufzeit

Abb. 1.4.4.5   Die Leistungskenngrösse *Wertschöpfungsgrad der Durchlaufzeit*

Kenngrösse	Varianz der Arbeitsinhalte
Definition	Standardabweichung der Arbeitsgangzeiten
Messgrund	Ein hoher Grad an Disharmonie der Arbeitsinhalte führt tendenziell zu einer längeren Durchlaufzeit
Bezugsobjekt	a) Mitarbeitende und Produktionsinfrastruktur, organisatorische Einheiten, b) Zeitperiode, c) Produkt, d) Auftrag
Zu messender Fakt	Effektive Arbeitsgangzeiten je Bezugsobjekt oder einer Kombination dieser Objekte

Abb. 1.4.4.6   Die Leistungskenngrösse *Varianz der Arbeitsinhalte*

Schliesslich noch zwei Leistungskenngrössen in Figure 1.4.4.7 and Figure 1.4.4.8 für den Daten- und Steuerungsfluss.

Kenngrösse	Reaktionszeitanteil
Definition	Bearbeitungsdauer bis zur Auftragsvorbestätigung / gesamte Durchlaufzeit
Messgrund	Eine lange Reaktionszeit führt zu einer längeren Durchlaufzeit, jedoch auch zu Opportunitätskosten
Bezugsobjekt	a) Auftrag, b) Geschäftspartner, c) Teillogistik (z.B. Verkauf)
Zu messender Fakt	Bearbeitungsdauer bis zur Auftragsvorbestätigung

Abb. 1.4.4.7   Die Leistungskenngrösse *Reaktionszeitanteil*

Kenngrösse	Dispositionszeitanteil
Definition	Bearbeitungsdauer von der Auftragsvorbestätigung bis zur Auftragsbestätigung / gesamte Durchlaufzeit
Messgrund	Eine lange Dispositionszeit führt zu einer längeren Durchlaufzeit
Bezugsobjekt	a) Auftrag, b) Geschäftspartner, c) Teillogistik (z.B. Verkauf)
Zu messender Fakt	Bearbeitungsdauer von der Auftragsvorbestätigung bis zur Auftragsbestätigung

Abb. 1.4.4.8   Die Leistungskenngrösse *Dispositionszeitanteil*

Weitere Leistungskenngrössen sind z.B. die benötigte Zeit zur Produktentwicklung oder der Wartungszeitanteil der Produktionsinfrastruktur.

Das SCOR-Modell führt die folgenden Leistungskenngrössen im Bereich Lieferung. Die erste betrifft das Ziel „hoher Lieferbereitschaftsgrad", die zweite das Ziel „kurze Durchlaufzeiten".

- *„Perfect order fulfillment"*: Der Prozentsatz von Aufträgen, welche die Lieferleistung mit vollständiger und richtiger Dokumentation und ohne Lieferschäden erfüllen. Die Leistung umfasst die (Kunden-)termingenaue Lieferung aller Teile, Mengen und Dokumentation.

- *„Order fulfillment cycle time"*: Die durchschnittliche Durchlaufzeit zur Erfüllung der Kundenaufträge, die dauerhaft erreicht wird. Für jeden einzelnen Auftrag startet diese Zeit mit dem Zeitpunkt des Auftragseingangs und endet mit der Abnahme des Auftrags durch den Kunden.

1.4.5   Leistungskenngrössen im Zielbereich Flexibilität

Beispiele für Leistungskenngrössen im Zielbereich Flexibilität sind die Erfolgsquoten in Abb. 1.4.5.1 und Abb. 1.4.5.2.

Kenngrösse	Angebotserfolgsquote
Definition	Anzahl erstellter Angebotspositionen / Anzahl Angbotsanfragepositionen
Messgrund	Eine grosse Angebotserfolgsquote zeigt eine hohe Flexibilität im Eingehen auf den Kundennutzen
Bezugsobjekt	a) Artikel, b) Geschäftspartner, c) Teillogistik (z.B. Verkauf)
Zu messender Fakt	Für a): Artikel in Angebotsposition oder Angebotsposition Für b) und c): Angebotsposition oder Angebot Dasselbe für Angebotsanfragen und ihre Positionen

Abb. 1.4.5.1   Die Leistungskenngrösse *Angebotserfolgsquote*

Kenngrösse	Auftragserfolgsquote
Definition	Anzahl erhaltener Auftragspositionen / Anzahl Angebotspositionen
Messgrund	Eine grosse Auftragserfolgsquote zeigt eine hohe Flexibilität im Erreichen des Kundennutzens
Bezugsobjekt	a) Artikel, b) Geschäftspartner, c) Teillogistik (z.B. Verkauf)
Zu messender Fakt	Für a): Artikelnachfrage oder Auftragsposition Für b) und c): Auftragsposition oder Auftrag Dasselbe für Angebotspositionen und Angebote

Abb. 1.4.5.2   Die Leistungskenngrösse *Auftragserfolgsquote*

Die Leistungskenngrössen in Abb. 1.4.5.3 und Abb. 1.4.5.4 messen eher die Vergangenheit. Für das Festlegen der Potentiale muss man darüber hinaus Annahmen treffen.

Kenngrösse	Qualifikationsbreite
Definition	Anzahl verschiedener Arbeitsgänge, die durch eine Person bzw. eine Produktionsinfrastruktur bearbeitbar sind
Messgrund	Die Qualifikationsbreite erhöht das Potential für die Flexibilität im Ressourceneinsatz
Bezugsobjekt	a) Mitarbeitende und Produktionsinfrastruktur, b) organisatorische Einheiten
Zu messender Fakt	Verschiedene ausgeführte Arbeitsgänge je Bezugsobjekt oder Kombinationen dieser Objekte

Abb. 1.4.5.3   Die Leistungskenngrösse *Qualifikationsbreite*

Kenngrösse	Einsatzvarianz
Definition	Kurzfristig mögliche prozentuale Abweichung von der durchschnittlichen Kapazität einer Person bzw. einer Produktionsinfrastruktur
Messgrund	Die Einsatzvarianz erhöht das Potential für die Flexibilität im Ressourceneinsatz
Bezugsobjekt	a) Mitarbeitende und Produktionsinfrastruktur, b) organisatorische Einheiten
Zu messender Fakt	Effektive Belastung in der Zeitachse je Bezugsobjekt oder Kombinationen dieser Objekte

Abb. 1.4.5.4   Die Leistungskenngrösse *Einsatzvarianz*

Das SCOR-Modell führt die folgenden Leistungskenngrössen im Bereich Flexibilität.

- *Upside supply chain flexibility*: Die Anzahl Tage, die erforderlich ist, um eine ungeplante, dauerhafte Erhöhung der Liefermengen um 20% zu erreichen. Der neue Beschäftigungsgrad muss dabei ohne signifikante Erhöhung der Kosten pro Einheit erreicht werden.

- *Upside supply chain adaptability*: Die maximale dauerhafte prozentuale Erhöhung der Liefermengen, welche in 30 Tagen erreicht werden kann. Der neue Beschäftigungsgrad muss dabei ohne signifikante Erhöhung der Kosten pro Einheit erreicht werden.

- *Downside supply chain adaptability*: Die mengenmässige Reduktion der fest bestellten Menge 30 Tage vor Lieferung ohne Bestände oder Strafkosten.

- *Overall value at risk (VaR)*: Die Summe der Eintrittswahrscheinlichkeit von Risiko-Ereignissen in allen Funktionen der Supply Chain.

Als Leistungskenngrössen, die auf die Flexibilität hinweisen, sich als Partner in Supply Chains einzubringen, könnte man sich die Folgenden vorstellen (siehe dazu auch [HuMe97, S.100]).

- Die Reduktion des Anteils an der Wertschöpfung in den verschiedenen Supply Chains.

- Die Anzahl der Partner in einer Supply Chain Community und der darüber abgewickelte Umsatz.

Zusätzliche Leistungskenngrössen im Bereich Flexibilität messen den Grad des Erreichens jedes der *befähigerorientierten* Ziele in Abb. 1.3.1.2. Da es sich jedoch um qualitative Ziele handelt, kann man den Grad des Erreichens i. Allg. nicht berechnen. Meistens bestimmt man einen Wert zwischen „ungenügend" und „ausgezeichnet". Siehe dazu [Hieb02].

1.4.6   Leistungskenngrössen für das primäre unternehmerische Ziel

In. Kap. 1.3.2 wurde die Rentabilität des betriebsnotwendigen Kapitals als das *primäre* unternehmerische Ziel genannt. Zur Leistungsmessung dienen die Kenngrössen in Abb. 1.4.6.1 und Abb. 1.4.6.2.

Kenngrösse	Kapitalbindungsdauer (Cash-to-cash cycle time)
Definition	Dauer, in der das für eine Investition benötigte Kapital gebunden ist, bis die mit Hilfe der Investition erwirtschafteten Gewinne in Form von Einnahmen in die Kasse des Unternehmens zurückfliessen
Messgrund	Feststellen, wie effektiv das Vermögen eingesetzt wird, um den Cash flow zu verbessern
Bezugsobjekt	a) Artikel, b) Auftrag
Zu messender Fakt	(Anzahl Tage * Bestand (an Lager, in Arbeit und im Transport)) + (Anzahl Tage * offene Debitoren) - (Anzahl Tage * offene Kreditoren)

Abb. 1.4.6.1   Die Leistungskenngrösse *Kapitalbindungsdauer*

Kenngrösse	Rentabilität des betriebsnotwendigen Kapitals ("return on net assets" RONA)
Definition	Ein Mass der finanziellen Leistungsfähigkeit, welches die Nutzung des Vermögens einberechnet
Messgrund	Feststellen, wie das primäre unternehmerische Ziel erreicht wird
Bezugsobjekt	a) Auftrag, b) Zeitperiode
Zu messender Fakt	(Nettogewinn) / (Anlagevermögen + Nettoumlaufvermögen)

Abb. 1.4.6.2   Die Leistungskenngrösse *Rentabilität des betriebsnotwendigen Kapitals*

1.5   Zusammenfassung

Das Kapitel definiert grundlegende Begriffe wie Produkt, Komponente und Produktlebenszyklus. Eine Supply Chain ist das globale Netzwerk, um Dienstleistungen zu erbringen und Produkte zu liefern, und zwar vom Rohmaterial bis hin zu den Verbrauchern, zur Entsorgung und zum Recycling. Supply Chain Management (SCM) ist das Design, die Planung, die Ausführung, die Steuerung und die Überwachung der Aktivitäten auf der weltweiten Supply Chain. Ziel ist es, Wert zu generieren, eine wettbewerbsfähige Infrastruktur aufzubauen, Supply Chains wirksam einzusetzen, Angebot mit Nachfrage zu synchronisieren und die Leistung global zu messen. SCM wird entlang des gesamten Produktlebenszyklus angewandt, in und zwischen Unternehmen.

Geschäftsobjekte entsprechen der natürlichen Vorstellung der beteiligten Personen. Mehrere Objekte sind von relativ einfacher Natur, wie Geschäftspartner, Termin, Zeitperiode, Artikel, Produkt und Produktfamilie. Daneben existieren mehrere recht komplexe Objekte. Dazu gehört der Auftrag, sodann die Objekte *Produktstruktur, Arbeitsplan, Prozessplan* und *Belastungsprofil*. Als weitere Objekte sind *Arbeitsgang, Produktionsinfrastruktur, Kapazitätsplatz, Kapazität* und *Belastung des Kapazitätsplatzes* eingeführt. Durch eine Reduktion des Detaillierungsgrades kann man grobe Geschäftsobjekte ableiten, um gewisse Aufgaben vereinfacht abzuwickeln.

Logistik-, Operations und Supply Chain Management haben starken Einfluss auf unternehmerische Ziele wie den Lieferbereitschaftsgrad, den Liefertreuegrad und die Kosten. Die grundsätzlich bestehenden Zielkonflikte muss man über Opportunitätskosten und zudem mit dem primären unternehmerischen Ziel, der Rentabilität des betriebsnotwendigen Kapitals, abgleichen. Wichtige Befähiger für effektive Supply Chains sind die Ziele im Bereich Flexibilität und Agilität, da sie die Grundlage für zukünftige Nutzen legen. Agile Unternehmen verstehen es, durch *proaktiven* Aufbau von Wissen und Kompetenz wettbewerbsfähig zu bleiben. Sie setzen zeitlich, örtlich und quantitativ passende Potentiale sowie befähigerorientierte Technologien hin zur personalisierten Produktion in der geeigneten Fristigkeit wettbewerbsentscheidend ein.

Mit den unternehmerischen Zielen und den Geschäftsobjekten sind geeignete Leistungskenngrössen verbunden. Eine solche misst den Zielerreichungsgrad in den vier Bereichen Qualität, Kosten, Lieferung und Flexibilität. Beispiele sind Bestandsumschlag, Auslastung, Lieferbereitschaftsgrad und Liefertreuegrad. Die Grössen können auf verschiedene Geschäftsobjekte bezogen sein.

1.6   Schlüsselbegriffe

1.7   Szenarien und Übungen

1.7.1   Verbesserungen im Erfüllen der unternehmerischen Ziele

Das Kap. 1.3.1 stellte die unternehmerischen Ziele in den Bereichen Qualität, Kosten, Lieferung und Flexibilität vor. Ihre Firma produziert ein einziges Produkt, ausgehend von leicht beschaffbaren Komponenten, mit vier Arbeitsgängen und der Losgrösse 5. Folgende Probleme treten auf:

- Sie schaffen die notwendigen Qualitätsanforderungen nicht, was sich in häufigen Rücksendungen der gelieferten Produkte äussert.

- Bei hoher Nachfrage geraten Sie regelmässig in Lieferschwierigkeiten. Neben der mangelhaften Qualität – was zu häufiger Nacharbeit führt – liegt dies hauptsächlich an der schlechten Koordination zwischen den einzelnen produzierenden Abteilungen und dem Verkauf. Darüber hinaus zeigen sich Probleme am ersten Arbeitsplatz, welcher zu langsam produziert. Zudem kommt der innerbetriebliche Transport nicht nach. In anderen Bereichen sind eher zu viele Leute beschäftigt, vor allem im Vertrieb sowie in der Qualitätssicherung.

- Die Nachfrage schwankt Ihrem Empfinden nach stark. Sie haben aber keine genauen Zahlen darüber. Sie wissen auch nicht, ob Sie aus den Absatzzahlen vergangener Perioden auf die Zukunft schliessen dürfen.

Diskutieren Sie, welche Massnahmen Sie zur Verbesserung in jedem Zielbereich treffen könnten. Überlegen Sie, welches Investitionsvolumen jede Massnahme nach sich zieht und in welcher Reihenfolge Sie die Massnahmen realisieren möchten.

1.7.2   Die unternehmerischen Ziele und der ROI

Die folgende Übung entstand als Folge eines Gedankenaustausches mit Prof. Dr. Peter Mertens (siehe z.B. [Mert13]), wofür ich ihm herzlich danken möchte..

Im Verlauf der Opportunitätskostenüberlegung in Kap. 1.3.2 wurde erwähnt, dass ein bestimmtes Ziel in den vier Zielbereichen (Qualität, Kosten, Lieferung und Flexibilität) nicht immer das *primäre* unternehmerische Ziel stützt, welches man z.B. mit einem maximalen „return on investment" (ROI) anstreben kann. Wenn z.B. Investitionen zur Reduktion der Durchlaufzeit keine erhöhte Nachfrage oder vergrösserten Marktanteil zur Folge haben, dann reduziert sich der ROI, anstatt sich zu erhöhen.

Können Sie diesen Gedanken genauer zeigen, indem Sie das Ziel „kurze Durchlaufzeit im Güterfluss" mit Faktoren des ROI in Beziehung bringen? Den ROI kann man wie folgt ausdrücken:

ROI	= Gewinn / Investition oder Vermögen
	= (Erlös - Kosten) / (Umlaufvermögen + Anlagevermögen).

Eine mögliche Lösung berücksichtigt folgende Überlegung: Die Reduktion der Durchlaufzeit *kann* die nachstehenden Konsequenzen haben:

- Sie kann die Anzahl der Kundenaufträge und damit den Erlös erhöhen.
- Sie setzt die Elimination von Engpässen voraus. Diese kann wiederum die folgenden Konsequenzen haben:
  - Sie erfordert i. Allg. Investitionen, welche das Anlagevermögen und damit die Kapitalkosten erhöhen.
  - Sie kann die Bestände an Ware in Arbeit reduzieren, dies vermindert das Umlaufvermögen und damit die Kapitalkosten.

Man muss genau nachrechnen, ob die Erhöhung des Erlöses nicht durch die Kostenerhöhung mehr als kompensiert wird (unter Berücksichtigung der Erhöhung und Verminderung der Kapitalkosten gemäss obiger Überlegung). Da das Gesamtvermögen im Nenner der Division vorkommt, sinkt der ROI auch, wenn das Gesamtvermögen sich bei gleichbleibendem Erlös erhöht.

Wenden Sie nun eine ähnliche Argumentation an, um die Beziehung zwischen den folgenden Leistungskenngrössen in Kap. 1.4 (welche je einem unterschiedlichen Ziel in den Zielbereichen des Kap. 1.3.1 entsprechen) und den Faktoren des ROI herauszuarbeiten:

- Ausschussquote (Ziel: Erreichen einer erhöhten Produktqualität)
- Bestandsumschlag (Ziel: niedrige Bestände)
- Auslastung der Kapazität (Ziel: hohe Auslastung der Kapazität)
- Lieferbereitschaftsgrad (Ziel: hoher Lieferbereitschaftsgrad)
- Liefertreuegrad (Ziel: hoher Liefertreuegrad)

1.7.3 Beurteilen des wirtschaftlichen Mehrwerts (EVA) von Supply-Chain-Initiativen

Supply Chain manager haben oft Mühe, auf Vorstandsebene den quantitativen Nutzen ihrer Entscheidungen zu kommunizieren, der über die Optimierung des Servicegrads und eine Kostenreduktion hinausgeht. Umgekehrt haben Finanzverantwortliche Probleme bei der Einschätzung der Auswirkung von *Supply-Chain-Initiativen* (SCI) auf den Unternehmenswert. Zur Kalkulation des wirtschaftlichen Mehrwerts (engl. „economic value added", EVA) solcher Projekte muss man zahlreiche Annahmen treffen. Aus diesem Grund ziehen Investitionsentscheidungen im Rahmen von SCI ein gewisses Risiko nach sich.

Der *wirtschaftliche Mehrwert (EVA)* ist eine Kennzahl, um Unternehmenswert darzustellen. EVA ist positiv, d.h. es wird ein Wert geschaffen, wenn eine Investitionsaktivität zu einem höheren operativen Nettogewinn nach Steuern (engl. „net operating profit after tax", NOPAT) führt als die gewichteten durchschnittlichen Kapitalkosten (WACC) des investierten Kapitals.

Mit anderen Worten, Wertzuwachs wird nur generiert, wenn die Investition einen höheren Profit verspricht als Aktionäre ihn mit alternativen Investitionen am Markt erzielen könnten. Die Formel lautet somit:

EVA = NOPAT – WACC * Wert des Anlage- und Umlaufvermögens

Die Herausforderung liegt darin, Transparenz in Bezug auf die Vorteile und Risiken von verschiedenen Supply-Chain-Strukturen sowie SCIs zur Effizienzsteigerung der Supply Chain zu erzeugen (hauptsächlich durch Bestandsreduktion und Verringerung der Durchlaufzeit), und zwar mit den Begriffen von finanziellen Variablen wie EVA.

Die *Supply-Chain-Wertbeitrag*-Methode (engl. „supply chain value contribution method", SCVC) ist ein Werkzeug, um Transparenz über Ursachen und Auswirkungen von SCIs auf die Leistung der Supply Chain sowie die Nutzung des Umlaufvermögens zu schaffen..

Siehe dazu [Schn10]. Die integrierte Betrachtungsweise der SCVC-Methode verknüpft die Sichtweise der Logistik- und Finanzmanager. Dies führt zur geforderten gemeinsamen Sprache zur Beurteilung des Beitrags der SCI zum Unternehmenswert. Somit können Investitionsentscheidungen auf einer fundierteren Basis getroffen und Risiken gemindert werden. Die Hauptelemente dieser Methode sind die Anwendung des SCOR-Modells und die spezifisch herausgearbeiteten Zusammenhänge zwischen bestimmten Supply-Chain-Ereignissen und den verschiedenen Elementen des Nettoumlaufvermögens. Die Abb. 1.7.3.1 veranschaulicht diese Beziehungen in einer „make-to-stock" Produktionsumgebung.

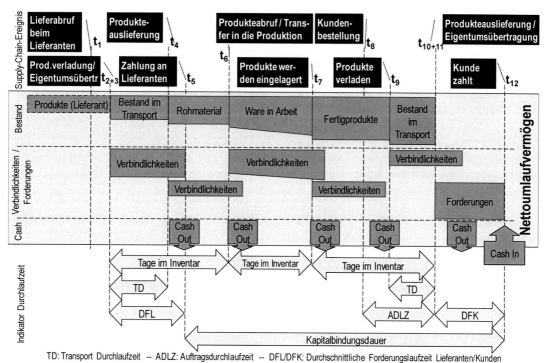

Abb. 1.7.3.1   Ausgewählte Supply-Chain-Ereignisse und ihre Beziehung zum Nettoumlaufvermögen

Der obere Teil der Abbildung zeigt Supply-Chain-Ereignisse mit einem direkten Zusammenhang zum Nettoumlaufvermögen, dargestellt im mittleren Teil der Abbildung, sowie wichtige Messgrössen des Logistik- und Finanzmanagements im unteren Teil. Die horizontale Achse repräsentiert den Zeitablauf, dem der Fluss von Material, Information und Geld folgt. Die vertikale Achse ist für den mittleren Teil wichtig und stellt den Wert des Materials und den Betrag der unbezahlten erhaltenen oder versandten Rechnungen sowie der Zahlungsein- und -ausgänge dar.

Der gesamte Bestand, egal ob im Transport, in Arbeit oder an Lager, erscheint in der Bilanz, bewertet zu Vollkosten. Dies hat zwei wichtige Konsequenzen. Erstens: Wenn Kosten reduziert werden, so sinkt der Wert um denselben Betrag. Zweitens: Da die Bilanz eine Momentaufnahme der Vermögens- und Kapitalsituation des Unternehmens darstellt, befindet sich in der gesamten Supply Chain Material, welches als Inventar in der entsprechenden Phase erscheint. Je kürzer die Supply Chain, desto weniger Material akkumuliert sich im Bestandskonto. In Abb. 1.7.3.1 repräsentiert die Höhe des Rechtecks des Bestands die Ist-Materialkosten bis zu dieser bestimmten Stufe. Die Breite steht für die Dauer (d.h. die Durchlaufzeit), die das Material (durchschnittlich) in einer bestimmten Stufe der Supply Chain verbleibt. Die Fläche der Rechtecke entspricht dem Wert des jeweiligen Bestands, der in der Bilanz erscheint. Durch Kostenreduktion verringert sich die Höhe der Rechtecke, durch Durchlaufzeitreduktion deren Breite, mit dem Ergebnis einer kleineren Fläche und somit kleinerem Wert der jeweiligen Bestandsposition. Sowohl Kosten- wie Durchlaufzeitreduktion verringern das Ausmass des gebundenen Kapitals.

Eine ähnliche Logik kann bei Kreditoren und Debitoren angewendet werden. Die Breite dieser Boxen stellt die Zahlungsziele dar oder, als Leistungskenngrösse, die Laufzeit der Forderungen. Deren Höhe steht für den Betrag der entsprechenden Rechnungen (Debitoren und Kreditoren). Ein- und Auszahlungen von Geld haben keine „Durchlaufzeit", beeinflussen aber die Höhe der flüssigen Mittel in der Bilanz. Abb. 1.7.3.1 zeigt jedoch die Liquidität nicht. Da Produktionsprozesse als „black box" betrachtet werden, stellt die Abbildung dieses Element als Trapez und nicht als Rechteck dar. Dies stellt die wertsteigernden Aktivitäten in dieser Phase dar, deren anfallende Kosten in den Verbindlichkeiten erscheinen. In einer detaillierteren Analyse könnten diese Aspekte berücksichtigt werden.

Man kann jede Supply Chain entsprechend als ganzheitliche Darstellung der operationellen Supply-Chain-Effizienz und der daraus resultierende Nutzung des Umlaufvermögens abbilden. Verwendet man diese Visualisierung, um die Leistung einer veränderten Supply Chain darzustellen, die sich aus einer Supply-Chain-Initiative ergibt, wird es möglich, deren Beitrag zum Unternehmenswert, basierend auf EVA, zu berechnen. Dies wird möglich durch das Eintragen der entsprechenden Analysedaten in die Struktur, wie sie in Abb. 1.7.3.2 abgebildet ist.

Die Daten in dieser Abbildung basieren auf einem Szenario aus [Schn10]. Zusammengefasst beschreibt jenes Beispiel-Szenario eine SCI, in der ein Logistikdienstleister beschaffungs- und bestandsbezogene Management-Aufgaben übernimmt. Aus der Sicht der Logistik erhöht diese SCI die Zuverlässigkeit des Liefer- bzw. Lagerhaltungsprozesses aufgrund kürzerer Durchlaufzeiten bzw. tieferer Kosten pro Produkt. Aufgrund geringerer Rücklaufquoten und höherer Produktverfügbarkeit nimmt die Anzahl der verkauften Produkte und somit der Umsatz um $22'980 zu. Der höhere Absatz bedeutet zusätzliche Kosten in der Supply Chain von $4'589 sowie höhere Steuern von $5'517. Vom finanziellen Standpunkt aus gesehen ist der operative Nettogewinn nach Steuern (NOPAT) überproportional höher ($12'874).

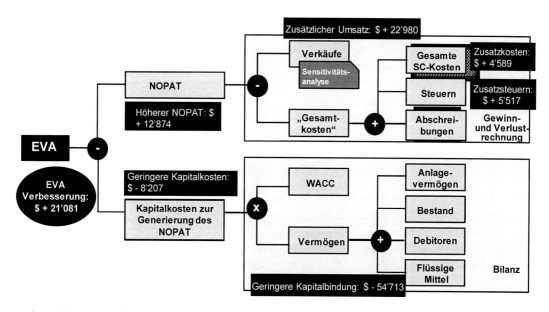

Abb. 1.7.3.2   Beispielhafte Darstellung einer SCI in der Form des EVA (wirtschaftlicher Mehrwert)

Zusätzlich zur Gewinn- und Verlustrechnung integriert EVA Veränderungen in der Bilanz. Die oben beschriebene logistische Leistungssteigerung beeinflusst das Nettoumlaufvermögen in zwei Dimensionen. Kürzere Durchlaufzeiten reduzieren die Cash-to-Cash Cycle Time (Kapitalbindungsdauer), welche die Zeit repräsentiert, während der das Kapital als Material in der Supply Chain gebunden ist. Da zudem die Kosten pro Produkt in verschiedenen Phasen der Supply Chain reduziert werden konnten, wurde der Wert des Materials in den entsprechenden Bestandskonti ebenfalls reduziert. Diese Beziehungen sind sichtbar in Abb. 1.7.3.1. Beide Effekte haben eine geringere Kapitalbindung von $54'713 zur Folge. Nach der Multiplikation der durchschnittlichen Kapitalkosten (WACC) der Firma von 15% machen dieser Wert und die Veränderung des NOPAT den EVA-Beitrag der SCI von $21'081 aus.

Betrachten Sie das folgende Szenario: Ein zentrales Verteilzentrum (zVZ) in der Schweiz möchte berechnen, ob der Wechsel des Transportmodus zum regionalen Verteilzentrum (rVZ) im Süden Norwegens sinnvoll ist. Momentan wird der Transport von Lastwagen durchgeführt, um eine kurze Transportdurchlaufzeit (3 Tage) zu erzielen. Der Schifftransport würde 7 Tage betragen, wäre aber günstiger. Das Eigentumsrecht wird direkt bei Ankunft im rVZ übertragen. Der betroffene mittlere Bestandswert im zVZ beträgt $300'000 im Fertigproduktlager, plus durchschnittlich $25'000 Bestand im Transport mit Lastwagen. Der mittlere Bestand im Transport würde sich durch den Wechsel zum Schifftransport verdoppeln. Gleichzeitig würden sich die jährlichen Transportkosten von $20'000 auf $15'000 verringern, mit Zahlungsbedingungen von 60 Tagen für jedes Frachtunternehmen. Die Kapitalkosten (WACC) betragen 8%.

Wie wirkt sich eine Änderung des Transportmodus auf den NOPAT und den wirtschaftlichen Mehrwert (EVA) aus? Schliessen Sie zur Begründung eine Sensitivitätsanalyse ein, da die Initialwerte der Variablen in der Praxis abweichen können. Tipp: Da die Supply-Chain-Wertbeitrag-(SCVC-)Methode nur die Veränderungen des EVA bezüglich eines Basisszenarios betrachtet, muss man nur Werte betrachten, die sich in den beiden Szenarien unterscheiden. Lösung:

- NOPAT: +$5'000 (gleichbleibende Verkaufszahlen – $5'000 geringere Transportkosten)
- Durchschnittlicher Wert der Verbindlichkeiten: von $3'333 ($20'000 / 12 Monate * 2 Monate Zahlungsfrist) auf $2'500
- Kapitalbindung: +$25'833 ($25'000 höherer Durchschnitt des Bestands im Transport plus $833 niedrigere Verbindlichkeiten)
- EVA Änderung: $5'000 - $25'833 * 8% (WACC) = +$2'933

Ansatz für Sensitivitätsanalyse: 1.) Verkaufszahlen können einbrechen, bedingt durch die längeren Auftragsdurchlaufzeiten. 2.) Höhere/niedrigere WACC.

1.7.4   Grobe Geschäftsobjekte

Legen Sie den Prozessplan, den Grobprozessplan, sowie ein mögliches Belastungsprofil für das folgende Produkt P fest. Wo nicht anders angegeben, sind die Operationen für jedes (Zwischen-)Produkt dieselben wie in Abb. 1.2.3.3. Die Durchlaufzeit jeder Stufe sowie für den Zukauf beträgt 10 Zeiteinheiten.

- P wird ausgehend von je einer Komponente A und B produziert.
- A wird ausgehend von einer Komponente C produziert.
- B wird ausgehend von je einer Komponente X und Y produziert, mit denselben Operationen wie für die Produktion von C.
- C wird ausgehend von je einer Komponente X und Z produziert.
- X, Y und Z sind zugekaufte Komponenten.

Wenden Sie die präsentierte Technik aus Kap. 1.2.5 an, indem Sie dieselben Regeln befolgen, wie sie im Beispiel gezeigt wurden. Nehmen Sie jedoch an, dass die Komponenten C und B zur einzigen Produktfamilie B' gehören.

Lösungen:

a) Prozessplan:

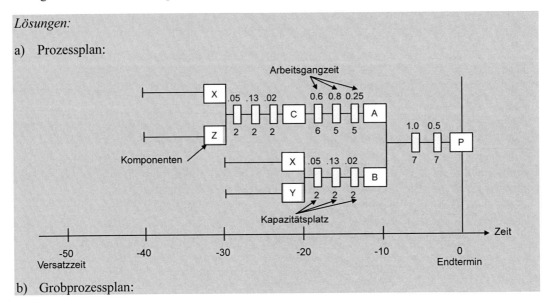

b) Grobprozessplan:

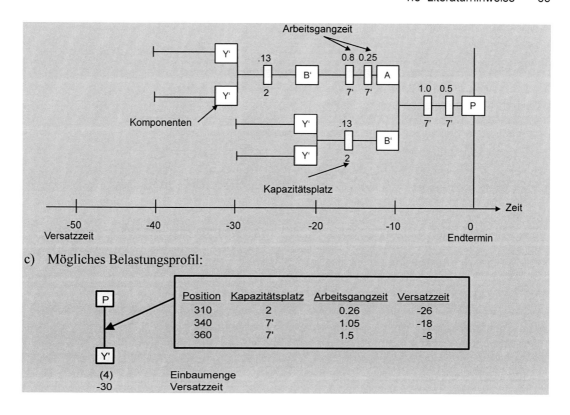

c) Mögliches Belastungsprofil:

1.8   Literaturhinweise

APIC16   Pittman, P. et al., APICS Dictionary, 15. Auflage, APICS, Chicago, IL, 2016

DuBe18   Duden 10, „Das Bedeutungswörterbuch", 5. Auflage, Bibliographisches Institut, Mannheim, 2018

DuFr15   Duden 05, „Das Fremdwörterbuch", 11. Auflage, Bibliographisches Institut, Mannheim, 2015

DuHe14   Duden 07, „Das Herkunftswörterbuch", 5. Auflage, Bibliographisches Institut, Mannheim, 2014

DuSy19   Duden 08, „Das Synonymwörterbuch", 7. Auflage, Bibliographisches Institut, Berlin, 2019

Gots06   Gottschalk, L., „Flexibilitätsprofile — Analyse und Konfiguration von Strategien zur Kapazitätsanpassung in der industriellen Produktion", Dissertation ETH Zürich, Nr.16333, Zürich, 2006

Gron94   Gronau, N., „Führungsinformationssysteme für das Management der Produktion", Oldenbourg, München, 1994

GüTe16   Günther, O., Tempelmeier, H., „Produktion und Logistik", 12. Auflage, Books on Demand, Berlin, 2016

Foga09   Fogarty, D. W., „Production Inventory Management", 3rd Edition, South Western Publishing, 2009

Hert13   Hertz, P., „Industrial field service network planning", Diss. ETH Zürich, 2013

Hieb02   Hieber, R., „Supply Chain Management. A Collaborative Performance
            Measurement Approach", vdf-Verlag, Zürich 2002

HuMe97   McHugh, P., Merli, G., Wheeler, W. A., „Beyond Business Process
            Reengineering - Towards the Holonic Enterprise", John Wiley & Sons, 1997

KaNi18   Kaihara T., Nishino, N. et al., Value creation in production: Reconsideration from
            interdisciplinary approaches. CIRP Annals, 2018; 67(2), p. 791-813

KaNo92   Kaplan, R., Norton, D., „The Balanced Scorecard — Measures That Drive
            Performance", Harvard Business Review, Jan. / Feb. 1992, S. 71-79

Lang09   Lange, I., Leistungsmessung industrieller Dienstleistungen, Diss ETH Zürich,
            2009

Levi81   Levitt, T., „Marketing intangible products and product intangibles", Cornell Hotel
            and Restaurant Administration Quarterly, 1981, 22.2: 37-44

MaSc04   Manecke, N., Schönsleben, P., „Cost and benefit of Internet-based support of
            business processes", Int. Journal of Prod. Economics, Vol 87, 2004, S. 213-229

MeRo10   Meier, H., Roy, R., Seliger, G., „Industrial product-service systems—IPS 2",
            CIRP Annals-Manufacturing Technology; 2010, 59.2: 607-627

Mert13   Mertens, P., „Integrierte Informationsverarbeitung Band 1 — Operative Systeme
            in der Industrie", 18. Auflage, Gabler, Wiesbaden, 2013

OdLa93   Oden, H. W., Langenwalter, G. A., Lucier, R. A., „Handbook of Material &
            Capacity Requirements Planning", McGraw Hill, New York, 1993

PrGo97   Preiss, K., Goldman, S. L., Nagel, R. N., „Cooperate to Compete — Building
            Agile Business Relationships", Van Nostrand Rheinhold, New York, 1997

RuTa17   Russell, R.S., Taylor III B.W., „Operations and Supply Chain Management", 9th
            Edition, John Wiley & Sons, 2017

Schn07   Schnetzler, M.J., Sennheiser, A., Schönsleben, P., „A decomposition-based
            approach for the development of a supply chain strategy", International Journal of
            Production Economics, Vol. 105 (2007), Nr. 1, pp. 21-42

Schn10   Schneider, O., „Adding Enterprise Value: Mitigating Investment Decision Risks
            by Assessing the Economic Value of Supply Chain Initiatives", Zürich, vdf, 2010

Shef07   Sheffi, Y., „The Resilient Enterprise: Overcoming Vulnerability for Competitive
            Advantage", The MIT Press, Cambridge MA, 2007

SwLe03   Swaminathan, J.M., Lee, H., „Design for Postponement", in Kok, A.G., Graves,
            S.C., „Handbooks in Operations Research & Management Science", Vol. 11,
            Elsevier, 2003

VoBe18   Jacobs, R., Berry, W., Whybark, D.C., Vollmann, T.E., „Manufacturing Planning
            and Control for Supply Chain Management — The CPIM Reference", 2nd
            Edition, McGraw-Hill, NY, 2018

WiMa07   Wiendahl, H-P., ElMaraghy, H.A., et al, „Changeable Manufacturing — Classifi-
            cation, Design, and Operation", Annals of the CIRP, Vol. 56/2, 2007, pp 783-796

2 Supply Chain Design: Geschäftsbeziehungen und Risiken

Zur Entwicklung und Herstellung von Produkten einer gewissen Komplexität wird die Wertschöpfung auf verschiedene Unternehmen oder organisatorische Einheiten eines Unternehmens verteilt, welche zusammen die Supply Chain bilden. Erst so kommen die notwendigen Kompetenzen zur qualitativ hochstehenden, schnellen und wirtschaftlichen Wertschöpfung zusammen.

> Unter *Supply Chain Design* versteht man die Bestimmung der Struktur der Supply Chain. Gestaltungsentscheide schliessen die Auswahl der Partner, Standort und Kapazität der Lagerhäuser und Produktionsanlagen, die Produkte, die Arten des Transports und die unterstützenden Informationssysteme ein (siehe [APIC16]).

Das Kap. 2.1 liefert verschiedene Denkweisen und erste Werkzeuge zum Supply Chain Design. Es geht darum, warum und wie sich Unternehmen grundsätzlich bilden und in ihren Grenzen nach aussen und im inneren Aufbau verändern und wie man sich im weltweiten Handel in Supply Chains in Bezug auf Zölle verhalten soll. All diese Faktoren müssen in eine Abschätzung der Gesamtkosten der Eigentümerschaft einfliessen.

Kap. 2.2 behandelt die strategische Beschaffung, sowie Kriterien und Gestaltungsmöglichkeiten für die Beziehung mit und die Auswahl von Lieferanten.

Das Kap. 2.3 behandelt die Gestaltung einer intensiven Zusammenarbeit mit Lieferanten, die nötig wird, wenn nicht die Konkurrenz des Unternehmens mit seinen Lieferanten im Vordergrund steht, sondern vielmehr eine ganze Supply Chain in Konkurrenz mit einer anderen Supply Chain um die Gunst des *End*kunden steht.

Das Kap. 2.4 widmet sich dem Risikomanagement von Supply Chains.

2.1 Eigentümerschaft und Handel in einer Supply Chain

Die Abb. 2.1.0.1 zeigt einen möglichen strategischen Prozess zur grundsätzlichen Gestaltung der Supply Chain. Die Erarbeitung der Analyse des Makro-Umfelds (siehe auch Kap. 10.4.3), der Produkt- und Marktstrategie, der Wettbewerbsanalyse sowie die darauf folgende Phase der Produktentwicklung in F&E wird hier nicht weiter besprochen. Zur Bedarfsanalyse erarbeitet man für jedes Produkt und jeden Markt eine Bedarfsvorhersage (siehe Kap. 10) sowie eine grobe Planung der Art und Menge der notwendigen Ressourcen zur Deckung des Bedarfs (Kap. 5.2).

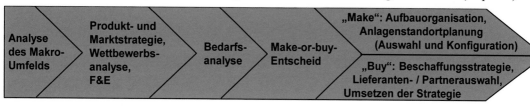

Abb. 2.1.0.1 Strategischer Prozess zur Gestaltung der Supply Chain

© Springer-Verlag GmbH Deutschland, ein Teil von Springer Nature 2020
P. Schönsleben, *Integrales Logistikmanagement*,
https://doi.org/10.1007/978-3-662-60673-5_3

Im Supply Chain Design geht es dann darum, welche organisatorischen Einheiten für die Deckung des Bedarfs zuständig sein werden, und welche Faktoren man für eine effektive und effiziente Wertschöpfung bereits jetzt berücksichtigen muss, im Fall des „Make"- und auch des „Buy"- Prozesses.

2.1.1 Der Make-or-buy-Entscheid — Transaktionskosten als Ursachen für die Bildung von Unternehmen

Ein *Make-or-buy-Entscheid* ist ein Entscheid über Outsourcing oder Insourcing.

Unter *Outsourcing* versteht man die Übergabe von Teilen des Wertschöpfungsprozesses an ein anderes Unternehmen. Unter *Insourcing* versteht man die Bildung oder Erweiterung von Unternehmen durch Übernahme von Teilen des Wertschöpfungsprozesses in das Unternehmen.

Wann kommt es zur Auflösung oder Redimensionierung eines Unternehmens durch Outsourcing? Mit Blick auf die unternehmerische Ziele in Kap. 1.3.1 geschieht dies immer dann, wenn ein Produkt bzw. ein Teil davon durch Beschaffung von Dritten insgesamt qualitativ besser, billiger, schneller, zuverlässiger und flexibler hergestellt werden kann, als innerhalb der eigenen, hierarchisch kontrollierten Organisation. Ist das Gegenteil der Fall, kommt es zur Bildung oder zur Erweiterung von Unternehmen durch Insourcing.

Im Folgenden sei angenommen, dass der Markt dieselbe Qualität eines Produkts herstellen kann wie das eigene Unternehmen. Entscheidend zur Bildung eines Unternehmens oder einer Firma sind nach dem Nobelpreisträger Ronald H. Coase in diesem Fall die Transaktionskosten [Coas93 (dieser grundlegende Artikel stammt eigentlich aus dem Jahre 1937)]. Zum *Transaktionskostenansatz* siehe auch [Pico82].

Unter einem *Transaktionsprozess* versteht man die Übertragung des Guts vom Verkäufer zum Käufer. *Transaktionskosten* bzw. *Markttransaktionskosten* für ein Gut sind die Kosten des Produktionsfaktors Organisation. Sie umfassen alle Kosten für den Transaktionsprozess, die durch den Markt nicht in einem Preis festgelegt werden.

Transaktionskosten entstehen also, wenn durch den Preis nicht alle nötigen Informationen über ein Gut ausgedrückt werden, z.B. aufgrund von Unvermögen, Opportunismus, Unsicherheit oder Marktverzerrungen. Transaktionskosten sind somit Kosten für Information und umfassen folgende Kostenarten:

- *Such- und Anbahnungskosten* umfassen z.B. die Kosten der Suche und Beschaffung von Informationen über potentielle Geschäftspartner und deren Konditionen.

- *Vereinbarungskosten* umfassen z.B. die eigentlichen Verhandlungs- und Entscheidungskosten, Rechtsberatung und Gebühren.

- *Steuerungs- und Kontrollkosten* umfassen den Aufwand der Auftragskoordination zur Einhaltung von Qualität, Menge, Kosten und Termin sowie allfällige Anpassungskosten bei Änderungen dieser Auftragsziele. Hinzu kommen Kosten zur Einhaltung der übrigen Abmachungen, z.B. für Patentschutz, Lizenz- und Geheimhaltungsvereinbarungen.

Transaktionskosten sind vergleichbar mit Reibungsverlusten in den Beziehungen in einer Supply Chain, beeinflusst durch Faktoren der Art „Spezifität" und „Risiko" (Unsicherheit). Siehe dazu auch [Port04a] und [Port04b]. In der folgenden Aufstellung sind zu jedem Faktor Beispiele angeführt, die für einen *Buy-Entscheid* bzw. für das Outsourcing sprechen, sowie auch Beispiele, die für einen *Make-Entscheid* bzw. für das Insourcing sprechen.

Ein erster Faktor ist die *Spezifität von Produkt und Prozessen oder Standort*:

- Outsourcing: Produkt und Prozess sind nicht spezifisch. Zur Entwicklung und Herstellung gibt es schon etliche Anbieter auf dem Markt. Diese Unternehmen verfügen bereits über Spezialisten und spezifische Infrastruktur. Transporte bilden zudem kein Problem.

- Insourcing: Spezifische Investitionen in die Produktionsinfrastruktur und die Qualifikation der Mitarbeitenden sowie die Notwendigkeit der räumlichen Nähe des Zulieferers erhöhen die Transaktionskosten. Dafür eröffnet die Spezifität der Produkte eine bessere Produktdifferenzierung und damit einen Ausbau von Marke und Marktanteil.

Einen zweiten Faktor bilden die *Komplexität von Produkt und Prozessen* und *„Time-to-product"* *(bzw. Lieferdurchlaufzeit)*:

- Outsourcing: Die Projekte sind zu komplex oder zu umfangreich, um sie mit den Fähigkeiten und Kapazitäten des eigenen Personals genügend schnell abzuwickeln. Vor diesem Problem stehen oft kleinere Unternehmen bei Kundenauftragsspezifischen Aufgaben in der Wertschöpfung.

- Insourcing: Die Auftragskoordination und Kontrolle wird aufwendiger und schwieriger. Die Gefahr für ein opportunistisches Verhalten des Lieferanten wächst.

Einen dritten Faktor bilden *Kernkompetenzen*, ein *hoher Innovationsgrad bei Produkt und Prozess* sowie *„Time-to-market" (Zeit zur Produktinnovation)*:

- Outsourcing: Qualitativ hochstehende Produkte bedingen schwieriger beherrschbare Technologien. Neue Technologien müssen in immer kürzerer Zeit in marktfähige Produkte umgesetzt werden. Für gewisse Kompetenzen scheint der Bezug von Dritten unkritisch, auch wenn das vorhandene Know-how dann u.U. verloren gehen könnte. Man möchte zudem den Zugang zum Know-how eines anderen Unternehmens.

- Insourcing: Vorsprung im Know-how durch die Entwicklung von Kernkompetenzen und das Erzielen von Innovation sind für das Fortbestehen des Unternehmens entscheidend. Hohes Prozess-Know-how erlaubt kurze Durchlaufzeiten und Flexibilität. Der weitere Bezug von Dritten bedeutet ein zu grosses Risiko und zieht hohe Kontrollkosten nach sich.

Einen vierten Faktor bilden *Kapitalbedarf* und *Kostenstruktur*:

- Outsourcing: Der Kapitalbedarf für das Aufbauen und Halten des Know-hows in der Firma ist nicht verkraftbar. Spezialisten liegen ausserhalb der Lohnstruktur oder passen nicht zur Kultur. Ihre spezifischen Fähigkeiten kann man nicht auslasten. Dasselbe gilt für die Infrastruktur.

- Insourcing: Das Unternehmen weist eine günstige Grösse und Struktur auf, damit eine eigene Entwicklung und Herstellung Vorteile bringt. Der Kapitalbedarf ist verkraftbar.

Einen fünften Faktor bilden *Vertrauens-* und *Stabilitätsmangel*:

- Outsourcing: Die Firma ist abhängig von wenigen oder sogar einzelnen Personen. So kann sich keine tragfähige, eigene Kultur im betroffenen Bereich entwickeln. Auch kann keine Abhilfe durch z.B. einen Verbund mit mehreren gleichgesinnten Unternehmen geschaffen werden.

- Insourcing: Informationsdefizite oder häufiger Wechsel in den partnerschaftlichen Beziehungen in der Supply Chain erhöhen die Transaktionskosten. Sind die Beziehungen zu den entscheidenden Personen stabil? Bleibt die Qualität auf einem bestimmten Niveau? Behält der Lieferant seinen Kundenfokus und seine Anwenderorientierung bei? Gibt der Lieferant seine *Lernkurve*, d.h. seine Verbesserungsrate aufgrund einer häufig wiederholten Transaktion, über einen reduzierten Preis weiter?

Zudem kann Outsourcing in folgendem Kontext erzwungen werden:

- *Gegengeschäfte:* Konzerne können mit ihren verschiedenen Töchtern sowohl potentielle Kunden als auch Lieferanten eines Herstellers sein. Möchte ein Unternehmen sie als Kunden gewinnen, so kann es im Gegenzug gezwungen werden, für gewisse Komponenten einen Lieferanten zu akzeptieren, obwohl es diese selber herstellen könnte.

- *Protektionismus:* Gewisse Märkte entziehen sich den Gesetzen der freien Marktwirtschaft. Politische Entscheide zwingen Hersteller, zwecks Marktzugang, mit Unternehmen in einem Land Joint Ventures einzugehen. Solche Kooperationen betreffen dann Teile der Supply Chain, die der Hersteller auch selbst abwickeln könnte.

Die konsequente Evaluation aller Argumente hilft einer Firma, die *optimale Wertschöpfungstiefe* im Unternehmen festzulegen.

- *Vertikale Integration* ist der Grad, zu welchem eine Firma entschieden hat, mehrere Wertschöpfungsstufen vom Rohmaterial bis zum Verkauf des Produkts an den Endkunden selber herzustellen ([APIC16]).

- *Rückwärts-* bzw. *Vorwärtsintegration* ist der Prozess des Beschaffens oder Haltens von Elementen des Produktionszyklus und des Verkaufskanals, rückwärts zum Rohmateriallieferanten bzw. vorwärts zum Endkunden ([APIC16]).

Natürlich gibt es auch innerhalb eines Unternehmens Reibungsverluste.

Interne Transaktionskosten sind alle Kosten zur Abwicklung von unternehmensinternen Transaktionen zwischen den betroffenen Organisationseinheiten. Das sind alle Kosten, die nicht auftreten würden, wenn eine einzige Person alles selbst abwickeln könnte. Interne Transaktionskosten entstehen aus Mangel an gegenseitiger Information, aufgrund von z.B. Unvermögen, Opportunismus, Unsicherheit oder divergierenden Interessen.

Interne Transaktionskosten sind damit Kosten für Information[1]. Sie umfassen analoge Kostenarten zu den Markttransaktionskosten. Es sind Kosten zum Aufbau und zur laufenden Koordination der Mitarbeitenden, Steuerungs- und Kontrollkosten, Flexibilitätskosten sowie Kosten für die Durchlaufzeit.

---

[1]   Nebst internen Transaktionskosten gibt es noch die sog. „*agency*"-Kosten, d.h. Kosten, um die Interessen des Inhabers mit denen der leitenden Entscheidungsträger abzustimmen.

Eine passende Organisation kann die unternehmensinterne Zusammenarbeit entscheidend stützen, besonders dann, wenn die Anlagenstandorte weit voneinander entfernt oder für verschiedene Produktfamilien oder Dienstleistungen zuständig sind. Folgende unterschiedliche Organistionsformen sind möglich:

- *Profit Center* in einer *dezentralen* bzw. *produktfokussierten Organisation:* In der reinen Form plant und handelt ein Profit Center wie ein selbstständiges Sub-Unternehmen. Es trägt umfassende Verantwortung. Es verfügt auch über die Kompetenz, Aufträge von anderen organisatorischen Einheiten des Unternehmens anzunehmen oder abzulehnen.

- *Cost Center* in einer *zentralen* bzw. *prozessfokussierten Organisation:* In der reinen Form erhält ein Cost Center klar formulierte Aufträge bezüglich Fälligkeitstermin, Art und Menge der Produkte. Die oft komplexen und kapitalintensiven Prozesse werden von einer zentralen auftragsführenden Stelle angestossen. Das Cost Center hat dann die Aufgabe, die Qualitätsvorgaben, die geforderte Menge und den Fälligkeitstermin einzuhalten. Verantwortung dafür trägt es aber keine, da es weder seine eigenen Ressourcen (z.B. Personal und Produktionsinfrastruktur) noch von aussen beschaffte Ressourcen (z.B. Informationen, Halbfabrikate und Rohmaterial) bewirtschaftet.

- Eine *teilautonome Organisationseinheit* ist in eine unternehmensweite Strategie eingebunden. Bspw. muss sie gewisse Aufträge von anderen organisatorischen Einheiten des Unternehmens oder einer zentralen Stelle akzeptieren, oder gewisse Komponenten von daher beziehen. Hingegen ist sie autonom, was ihre Auftragsführung angeht. Sie handelt Fälligkeitstermine, Art und Menge der Güter mit ihren Kunden und Lieferanten aus und realisiert die Auftragsabwicklung in eigener Regie. Auf der strategischen Ebene des Unternehmens sind somit Rahmenbedingungen gesetzt, innerhalb welcher Handlungsfreiheit besteht. Abhängig von den Rahmenbedingungen verhält sich eine teilautonome Organisationseinheit eher wie ein Profit Center oder wie ein Cost Center. Diese Form ist deshalb selten über lange Zeit stabil.

Die internen Transaktionskosten sind insbesondere von den beteiligten Personen abhängig. Die Aufmerksamkeit gilt daher dem Faktor Mensch. Siehe dazu auch [Ulic11]. Hierbei sind zwei Fehler erwähnenswert, welche den Unternehmen aufgrund allzu menschlicher Eigenschaften gerne unterlaufen:

- *Königreiche in Abteilungen oder Meisterbereichen:* Dezentrale Organisationseinheiten übernehmen Kompetenzen, ohne die notwendige Verantwortung wahrzunehmen. So bestimmen sie z.B. Auftragsfälligkeitstermine autonom, ohne die übergeordneten Interessen der ganzen Supply Chain zu berücksichtigen. Solche Königreiche entstehen auch dann, wenn man die dezentralen Organisationseinheiten an isolierten Zielsetzungen misst, wie z.B. an der Auslastung ihrer Kapazität.

- *Zentralistische Königreiche:* Zentrale Führungsbereiche delegieren Verantwortung an dezentrale Organisationseinheiten, ohne ihnen die notwendigen Kompetenzen zu erteilen. So übertragen bspw. Holding-Gesellschaften die Kosten- und Ertragsverantwortung an einzelne Tochterfirmen. Sie behalten sich aber das Recht vor, zu entscheiden, bei wem diese einkaufen und an wen diese liefern dürfen.

2.1.2   Globaler Handel — Zollorientierte Supply Chain durch Berücksichtigung von Value-Content-Bestimmungen

Firmen sind heute einerseits dem globalen Wettbewerb und damit einem hohen Kostendruck ausgesetzt. Andererseits ermöglicht dies Einsparpotentiale. Aus Sicht einer lokalen Wirtschaft ist dies nicht immer vorteilhaft, da mit der Auslagerung von Wertschöpfung auch Arbeitsplätze verloren gehen und sich negative Auswirkungen auf das Bruttoinlandprodukt ergeben können. Daher wird auf politischer Ebene versucht, multinationale Firmen an die lokale Wirtschaft zu binden, ohne jedoch die Handelsströme zwischen Volkswirtschaften zu unterbinden. Mögliche Instrumente dazu sind Freihandelszonen und -abkommen in Kombination mit Herkunftsregeln.

Ein *Zolltarif* ist gemäss [APIC16] eine offizielle Auflistung von Gebühren und Abgaben, welche ein Land auf Importe und Exporte erhebt.

Eine *Freihandelszone (FHZ)* resultiert aus einem *Freihandelsabkommen (FHA)*. Sie bildet eine Art begünstigte Handelszone, in welcher der freie Handel unter den Mitgliedern garantiert ist, jedoch jedes Land seinen eigenen Aussenzolltarif gegen Nicht-Mitgliedsstaaten erheben kann.

FHZ sollen den Handel zwischen Mitgliedstaaten anregen und somit lokale Unternehmen und Wirtschaften unterstützen. Zwei der bekanntesten FHZ sind die Europäische Union (EU) und die Nordamerikanische Freihandelszone (NAFTA – dieses Abkommen ist daran, durch USMCA ersetzt zu werden). Siehe dazu Abb. 2.1.2.1 und [LiLi07].

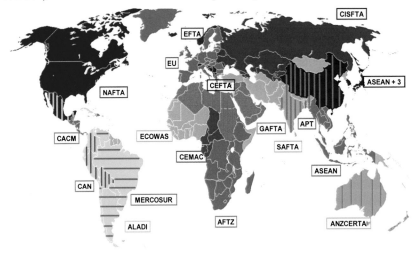

Abb. 2.1.2.1   Einige der bedeutendsten Freihandelszonen (FHZ)

Haben Mitgliedstaaten einer FHZ keinen gemeinsamen Aussenzolltarif, so können Unternehmen ihre Güter im Land der FHZ mit dem niedrigsten Tarif einführen. Güter können dann innerhalb der FHZ ohne zusätzliche Zollgebühren zum endgültigen Bestimmungsort versandt werden. Daraus resultieren Umverteilungseffekte, da die Verlagerung von Handelsströmen die Zoll-einnahmen in das Land mit dem niedrigsten Aussenzolltarif innerhalb der FHZ umleitet. Um diesen Effekt zu reduzieren, werden Herkunftsregeln eingesetzt.

Herkunftsregeln (engl. *„Rules of Origin" RoO*) definieren den notwendigen Anteil eines Produkts an lokaler Wertschöpfung, um als lokal klassifiziert zu werden und damit innerhalb der

FHZ zollfrei gehandelt werden zu können. Darüber hinaus werden RoO eingesetzt, um Unternehmen aus Nicht-Mitgliedstaaten zu veranlassen, ihre Wertschöpfungsaktivitäten in die FHZ zu verlagern, um von der bevorzugten Zollbehandlung zu profitieren.

Für die Anerkennung eines Gutes als „lokal" gibt es zwei Varianten. Erstens kann das Gut „gänzlich gewonnen oder produziert" werden, d.h. es wurde gänzlich angebaut, geerntet, dem Boden des Mitgliedslandes entnommen oder aus solchen Produkte hergestellt. Diese Variante der RoO wird hier nicht weiter ausgeführt. Zweitens kann das Gut eine „erhebliche lokale Veränderung" erfahren haben. Dieses Kriterium ist für das globale SCM wichtig. Es hat drei Aspekte, welche in Verbindung oder unabhängig voneinander zum Einsatz kommen können (siehe dazu auch [EsSu05]):

- *„Value content"* (VC_{FHZ}): Der „value content" definiert für eine bestimmte FHZ den minimalen Prozentsatz an lokaler Wertschöpfung, der für die Klassifizierung des Produktes als lokal vorausgesetzt ist.

- *„Change in tariff heading"* (CTH): Dieses Kriterium ist erfüllt sobald das importierte Gut in einer Art und Weise verarbeitet worden ist, dass sich der Tarifcode des harmonisierten Systems (HS) ändert.

- *Technische Anforderungen* (TECH): Dieses Kriterium definiert eine Liste mit Prozessen und/oder Inputs, die innerhalb der FHZ entweder nicht umgesetzt werden dürfen oder umgesetzt werden müssen.

Welche Auswirkungen haben FHZs und RoO auf das globale SCM? Eine *Chance* ergibt sich wenn ein Unternehmen die FHZ Bedingungen erfüllt und somit zollfrei innerhalb des Wirtschaftsraumes handeln darf. In den meisten Fällen setzt dies einen Anteil an Wertschöpfung (VC_{FHZ}) innerhalb des Binnenmarktes voraus. Zur Illustration dient das folgende Beispiel: Eine Herstellerfirma für Lastwagen produziert entweder ihre Trucks P (Tarifcode HS8701.20) vollständig innerhalb der EU oder produziert Halbfabrikate S von P in der EU und montiert diese zu einem kompletten Truck in der NAFTA. In beiden Fällen liefert die Firma die fertigen Produkte zu ihren Kunden in die NAFTA Mitgliedstaaten USA, Mexiko, und Kanada. Wenn der „value content" eines Produkts P, $VC_{P,FHZ}$, oder eines Halbfabrikats S, $VC_{S,FHZ}$, geringer als VC_{FHZ} ist, steht das herstellende Unternehmen der Zolltarifsituation in Abb. 2.1.2.2 gegenüber.

		FHA	VC_{FHZ}	nach		
				Kanada	Mexiko	USA
von	EU	kein FHA	n.a.	6.1 %	n.a.	4.0 %
	EU	EC - Mexiko	50 %	n.a.	30.0 %	n.a.
	Kanada	NAFTA	62.5 %	n.a.	30.0 %	4.0 %
	Mexiko	NAFTA	62.5 %	6.1 %	n.a.	4.0 %
	USA	NAFTA	62.5 %	6.1 %	30.0 %	n.a.

Abb. 2.1.2.2   Tarife für den Code HS8701.20 für Warenlieferungen von einem Land zum anderen, wenn kein Freihandelsabkommen besteht, oder wenn $VC_{P,FHZ} < VC_{FHZ}$ oder $VC_{S,FHZ} < VC_{FHZ}$ (n.a. = „nicht anwendbar")

Die Zolltarife, die sich abhängig von den Produkttypen erheblich unterscheiden können, haben u. U. einen massgeblichen Einfluss auf die Gestaltung der kostenoptimalen Supply Chain. Die Abb. 2.1.2.3 zeigt eine Fallunterscheidung für die VC_{FHZ} Grenzwerterfüllung in einer vereinfachten aber immer noch realistischen Supply-Chain-Struktur eines Lastwagenherstellers.

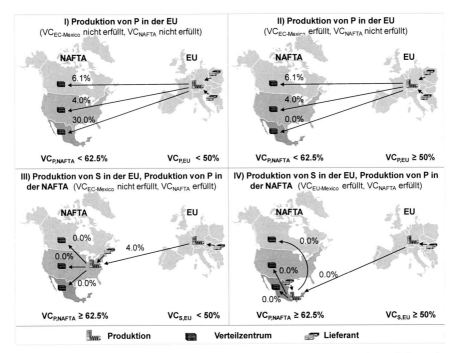

Abb. 2.1.2.3   Verschiedene Gestaltungsoptionen der Supply Chain bezüglich der Erfüllung des „value content" (VC_{FHZ})

Der Lastwagenhersteller kann entweder P vollständig in der EU produzieren (Szenarien I, II) oder den VC_{NAFTA} Grenzwert einhalten, indem er Teile der Produktion von P in die NAFTA verlagert (Szenarien III, IV) und die Wertschöpfung in der EU auf Halbfabrikate beschränkt. Um den Einfluss von Zollgebühren hervorzuheben, vernachlässigt dieses Beispiel die Beschaffungs-, Produktions-, und Transportkosten sowie die Absatzmenge des Zielmarktes.

- In Szenario I produziert der Hersteller alle Trucks P in der EU und verschickt die fertigen Produkte in die Zielmärkte Kanada, USA, und Mexiko. Aufgrund der Beschaffung aus Nicht-EU-Mitgliedern und ohne Wertschöpfungsaktivitäten in der NAFTA können weder der Grenzwert $VC_{EC\text{-}Mexico}$ (50%), noch der Grenzwert VC_{NAFTA} (62.5%) eingehalten werden. Betrachtet man nur die Zollgebühren, so wäre die beste Lösung ein Direktversand von P an den Endkunden unter Inkaufnahme des Einfuhrzolls des jeweiligen Landes.

- In Szenario II kann der Hersteller den Grenzwert $VC_{EC\text{-}Mexico}$ (50%) erfüllen, indem er mindestens 50% der Wertschöpfung von P in der EU vollzieht. Er kann somit die zollfreie Einfuhr in Mexiko beanspruchen.

- Szenario III ist möglich, wenn sich der Hersteller dazu entschliesst, nur Halbfabrikate S in der EU zu produzieren, die Endprodukte P jedoch in der NAFTA (Prinzip „completely knocked down" oder „semi knocked down"). Das ist sinnvoll, sobald der „value content" der Trucks P ($VC_{P,NAFTA}$) innerhalb der NAFTA den Grenzwert VC_{NAFTA} (62.5%) erreicht. Für die Halbfabrikate S sei in Szenario III der $VC_{S,EU}$ kleiner als $VC_{EC\text{-}Mexico}$. Dann ist es am besten, die Halbfabrikate S in die USA einzuführen (da hier die niedrigsten Zollgebühren für die Einfuhr in die NAFTA anfallen), diese in den USA in das Endprodukt P zu montieren, und an die Kunden in den USA, Kanada, und Mexiko zu liefern.

- In Szenario IV verteilt der Hersteller seine Wertschöpfungsaktivitäten für Halbfabrikate S und Endprodukte P so, dass sowohl $VC_{S,EU} \geq VC_{EC\text{-}Mexico}$ als auch $VC_{P,NAFTA} \geq VC_{NAFTA}$ erfüllt sind. Betrachtet man nur die Zollgebühren, wäre die Montage von P in Mexiko und die anschliessende Belieferung der Zielmärkte aus Mexiko das optimale Szenario.

Eine zollorientierte Supply Chain zieht erhebliche *Gefahren* nach sich. Diese bestehen darin, dass sich die Grundlagen des Entscheidungsprozesses, nämlich der „value content" eines Produkts, die Berechnungsmethode des VC_{FHZ}, und sogar TECH schnell ändern, und auch der Grad des CTH zunehmen kann (siehe [PlFi10]). Sobald ein Unternehmen langfristige Investitionen in Standorte und Beschaffungsentscheidungen basierend auf einem optimalen Zollgebühren-Szenario gemacht hat, könnte es plötzlich an eine lokale Supply Chain gebunden sein (Szenario III, IV). Wegen der relativ hohen Beschaffungskosten könnte es dann nicht mehr in der Lage sein, sich gegen globale Wettbewerber (Szenario I, II) zu behaupten. Die folgenden drei Szenarien wurden aus einer Vielzahl von Möglichkeiten ausgewählt, in denen veränderte Bedingungen Probleme mit der Erfüllung von VCFHZ zur Folge haben.

- *Szenario „Lieferantenausfall":* Wenn sich eine Firma zur lokalen Beschaffung entschliesst, um den VC_{FHZ} zu erfüllen, kann ein Ausfall eines lokalen Zulieferers für die Zollgebühren kritisch sein. Gibt es nämlich keinen lokalen Ersatz, so muss die Firma auf eine globale Beschaffungsstrategie wechseln. Dies würde aber die Anzahl an lokalen Materialien verringern und so den $VC_{P,FHZ}$ des Produktes reduzieren.

- *Szenario „zunehmende Kapazitätsauslastung":* Ein Problem kann entstehen, sobald eine zunehmende Kapazitätsauslastung (ein an sich sehr gewünschter Effekt) die Gesamtkosten pro Produkt P reduziert. Dies kann z.B. vorkommen, wenn fixe Herstellkosten auf eine grössere Anzahl von Endprodukten verteilt werden. Sinkende Gesamtkosten können dann eine Reduktion von $VC_{P,FHZ}$ verursachen.

- *Szenario „Erhöhung des value content (VCFHZ) durch die Regierung":* Eine Erhöhung kann dazu führen, dass die RoO-Bedingungen nicht mehr erfüllt werden. Die Bedeutung dieses Szenarios wird anhand des Trends von VC_{FHZ} in der NAFTA Region für Kleinwagen (NAFTA, Artikel 403) ersichtlich. am 1. Jan. 1994 lag der VC_{NAFTA} bei 50%. Er stieg am 1. Jan. 1998 auf 56%, und am 1. Jan. 2002 auf 62.5% [Cana19].

Das Beispiel zeigt, dass der mögliche Nutzen einer zollorientierten Supply-Chain-Struktur gross sein kann. Trotzdem müssen Unternehmen, die solche Vorteile ausnutzen wollen, sich über die zugrundeliegenden Risiken im Klaren sein. Diese Risiken müssen vor den Investitionsentscheidungen bewertet sein.

2.1.3 Total Cost of Ownership in einer globalen Supply Chain

„Total Cost of Ownership" (TCO) ist ein Konzept zur Analyse von Beschaffungskosten, das sowohl für den Make-or-buy-Entscheid als auch für den Entscheid zwischen potentiellen Lieferanten herangezogen wird.

> Die *Gesamtkosten der Eigentümerschaft* (engl. *„total cost of ownership"*, TCO) eines Systems zur Lieferung eines Guts ist die Summe aller Kosten, die mit sämtlichen Aktivitäten des Versorgungsstroms verbunden sind.

Die wichtigste Erkenntnis für Supply Chain Manager ist das Verständnis, dass der Kaufpreis einen kleinen Teil der TCO ausmachen kann (siehe [APIC16]). Im Kern zielt das Konzept darauf ab, Entscheide nicht nur auf Grundlage des Kaufpreises eines Beschaffungsguts zu treffen, sondern sämtliche Kosten einzubeziehen, die im Zusammenhang mit dem Erwerb eines Guts stehen ([Ellr93]). Zusätzlich zum Kaufpreis setzen sich die TCO eines zu beschaffenden Guts aus verschiedenen Kostenelementen zusammen, die zur Übersichtlichkeit gemäss Abb. 2.1.3.1 in vier Kategorien unterteilt werden.

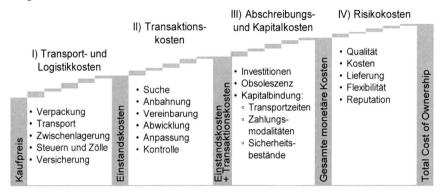

Abb. 2.1.3.1   Zusammensetzung der Total Cost of Ownership

- Die Kategorie *I) Transport- und Logistikkosten* umfasst die Kostenelemente Verpackung, Transport, Zwischenlagerung, Steuern und Zölle und Versicherung.

- Der Begriff *Einstandskosten* bezeichnet üblicherweise die Summe des Kaufpreises und der Transport- und Logistikkosten.

- Die Kategorie *II) Transaktionskosten* umfasst die Kosten für die unternehmensinternen Aufwände zur Organisation der Abnehmer-Lieferanten-Beziehung. Sie fallen für die Prozesse der Suche, Anbahnung, Vereinbarung, Abwicklung, Anpassung und Kontrolle an.

- Die Kategorie *III) Abschreibungs- und Kapitalkosten* umfasst zum einen die Kostenelemente Investitionen und Obsoleszenz, zum anderen die Kosten für gebundenes Kapital aufgrund der Transportzeiten, Zahlungsmodalitäten und Sicherheitsbestände.

- Die *gesamten monetären Kosten* bezeichnen die Summe der Einstands-, der Transaktions- und der Abschreibungs- und Kapitalkosten.

- Die Kategorie *IV) Risikokosten* berücksichtigt Risiken betreffend der unternehmerischen Zielbereiche Qualität, Kosten, Lieferung, Flexibilität und Reputation.

Die Relevanz der Kostenelemente wird anhand der Ergebnisse einer Umfrage mit 178 Schweizer Unternehmen aus dem Jahr 2010, vorwiegend aus der Maschinen-, Elektro- und Metallindustrie, gemäss Abb. 2.1.3.2 aufgezeigt.

Die Untersuchung der Kosten in den vier Kategorien zeigt, dass sämtliche Transaktionskosten sowie die Kostenelemente Transport und Kapitalbindung aufgrund von Sicherheitsbeständen und Risiko unzureichender Qualität von den befragten Unternehmen qualitativ hoch bewertet werden. Quantitative Einschätzungen resultieren in gesamten Zusatzkosten für die in Abb. 2.1.3.1 erwähnten vier Kategorien von durchschnittlich 24.6% des Kaufpreises des Guts bei der Beschaffung aus Niedriglohnländern (siehe dazu [Brem10]).

Die Abb. 2.1.3.3 zeigt die Methode zur unternehmensspezifischen Analyse der TCO, so wie sie in [Brem10] entwickelt wird.

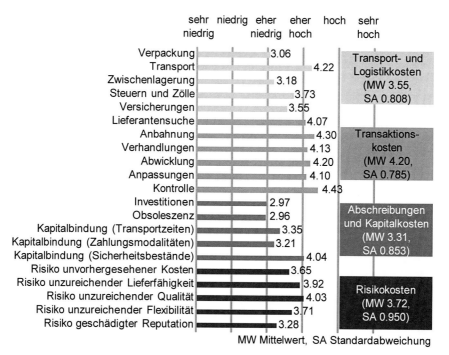

Abb. 2.1.3.2   Relevanz der Kostenelemente

Es folgen Beispiele von Berechnungsfunktionen.

1.) Kostenelement „Frachtkosten":

- Kostenkategorie I, Transport- und Logistikkosten.
- Gehört zu den variable Kosten, berechnet pro Stück
- p_1: Betrag, p_2: Wechselkurs
- Berechnungsfunktion: $f_1 = p_1 * p_2$

2.) Kostenelement „Reisekosten":

- Kostenkategorie II, Transaktionskosten.
- Gehört zu den fixen Kosten, berechnet für PM, d.h. die geschätzte Projektmenge von zu produzierenden / beschaffenden Gütern
- p_1: Anzahl Personen, p_2: Aufenthaltskosten, p_3: Flugkosten
- Berechnungsfunktion: $f_2 = p_1 * (p_2 + p_3) / PM$

Generische Kostentypen fassen in der Methode diejenigen Kostenelemente zusammen, welche die gleiche Anzahl und Art an Parametern sowie Berechnungsfunktionen aufweisen. Die Berechnungsfunktion bestimmt die Zuordnung zu einer der monetären Beurteilungsdimensionen (variable Kosten, fixe Kosten und Risikokosten). Von den generischen Kostenelementen werden mit einer einfachen Vorgehensweise spezifische Kostenelemente abgeleitet und zu einem gesamthaften, individuellen TCO-Modell zusammengestellt. Neben der monetären Betrachtung wird die Methode ergänzt mit nicht monetären Beurteilungskriterien in den Beurteilungsdimensionen Lieferdurchlaufzeit und Personalaufwand sowie mit makroökonomischen und qualitativen Kriterien. Die Kombination monetärer und nicht monetärer Beurteilungskriterien schafft eine umfassende und transparente Datenbasis, auf deren Grundlage komplexe Beschaffungsentscheide nachhaltig getroffen werden können. Die speziellen Anforderungen der globalen Beschaffung hinsichtlich langer Lieferdurchlaufzeiten, dynamischer Einflussfaktoren und Supply-Chain-Risiken sowie deren Implikation auf die Profitabilität von Beschaffungsprojekten werden in der Methode eingehend berücksichtigt.

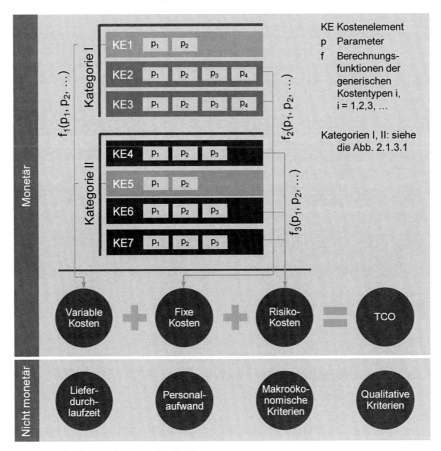

Abb. 2.1.3.3   Methode zur Analyse der TCO

2.2   Strategische Beschaffung

Mitte der 1970er Jahre erfolgte in vielen Bereichen der Wirtschaft aufgrund des Gesetzes von Angebot und Nachfrage ein Wechsel von Anbietermärkten zu Käufermärkten. Das hatte grosse Konsequenzen für das Beschaffungs- bzw. Supply Management, besonders auf die Zusammenarbeitsstrategien. In diesem Teilkapitel wird – nach einem Überblick – die Beschaffung über den traditionellen Marktplatz der Kunden-Lieferanten-Partnerschaft gegenüber gestellt. Sodann werden strategische Beschaffungsportfolios und Methoden zur strategischen Lieferantenauswahl vorgestellt. Den Abschluss macht das Supplier Relationship Management und dort besonders das E-Procurement.

2.2.1 Überblick über die strategische Beschaffung

Beschaffungsstrategien in Supply Chains unterscheiden sich von solchen in einfachen Handelsbeziehungen darin, dass der Hersteller versucht, eine *Lieferantenstruktur* zu realisieren, die der Produktstruktur (siehe Abb. 1.2.2.2) folgt. Aus der Sicht des Endproduktherstellers sind die Lieferanten dementsprechend in Stufen angeordnet (engl. „tiers"). Die Abb. 2.2.1.1 zeigt dazu ein Beispiel für ein Endprodukt A.

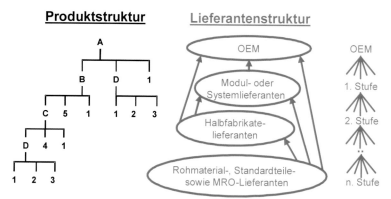

Abb. 2.2.1.1   Beschaffungsstrategie in einer Supply Chain: Die Lieferantenstruktur folgt der Produktstruktur

- Der *Endprodukthersteller* (engl. oft *OEM, „original equipment manufacturer"* genannt) stellt die Endprodukte her (im Beispiel das Produkt A) und vertreibt sie an die Verbraucher.

- *Modul-* oder *Systemlieferanten* bzw. *Lieferanten 1. Stufe* sind für mehrere Strukturstufen verantwortlich, die zusammen eine endmontagefähige Baugruppe ergeben, und liefern diese direkt aufs Montageband des Endproduktherstellers. Im Automobilbau kann sich dies z.B. um den kompletten Inhalt der Türen oder um Armaturen handeln. Im Beispiel der Abb. 2.2.1.1 kann die Baugruppe B ein solches Modul oder System darstellen[2].

- *Halbfabrikatelieferanten* bzw. *Lieferanten 2. Stufe* liefern einfachere Artikel sowohl an den OEM als auch an die Systemlieferanten. In Abb. 2.2.1.1 kann die Baugruppe D ein solches Halbfabrikat darstellen.

- *Rohmaterial-, Standardteile- und MRO-Lieferanten* liefern diese Artikel sowohl an den OEM als auch an die System- und Halbfabrikatelieferanten. In Abb. 2.2.1.1 können das die Artikel 1, 2, 3, 4 und 5 sein.

Beschaffungsstrategien in der Supply Chain sind i. Allg. unterschiedlich für jede dieser Stufen von Lieferanten. Die beteiligten Unternehmen eines solchen „Kanals der Distribution"[3] stehen

---

[2]   Modullieferanten liefern Komponenten, die zum grossen Teil vom Abnehmer entwickelt worden sind; Systemlieferanten zeichnen sich durch hohe eigene Entwicklungsleistungen aus.

[3]   Ein *Kanal der Distribution* ist eine Reihe von Firmen oder Individuen, die am Fluss von Gütern und Dienstleistungen teilhaben, vom Rohmaterial und Produzenten bis hin zum Endkunden oder Verbraucher ([APIC16]). Ein *Distributionskanal* ist der Weg, den Produkte entlang des Kanals der Distribution nehmen (vgl. [APIC16]).

je in einem Kunden-Lieferanten-Verhältnis. Mit Ausnahme des Endkunden ist jeder Kunde in der Supply Chain auch selbst wieder ein Lieferant.

Die Beschaffungsstrategien unterscheiden sich auch abhängig von der logistischen Charakteristik der Güter, die vom Lieferanten zum Kunden übergehen. Zu dieser Charakteristik zählen u.a. folgende Merkmale.

- *Direktes Material* wird direkt zur Herstellung eines Produkts bzw. zur Durchführung eines Auftrags beschafft. Typischerweise gehören dazu die Komponenten, eine Unterlage, ein Beleg, ein Nachweis oder Ähnliches; im erweiterten Sinne aber auch externe Arbeitsgänge. Als Faustregel gilt: Als direkt wird alles Material betrachtet, das nicht beschafft würde, wenn man nicht für einen bestimmten Auftrag produzieren oder verkaufen würde[4].

- *Indirektes Material* umfasst alles Material, das nicht unter das direkte Material fällt. Dazu gehört alles Material, das zur Aufrechterhaltung der Leistung eines Unternehmens beschafft werden muss, z.B. die Büroartikel, aber auch die MRO-Artikel.

- *Standardmaterial* umfasst z.B. Norm- oder Standardartikel. Solche Artikel sind i. Allg. von einer genügenden Anzahl Lieferanten zu erhalten. Zum *Spezialmaterial* zählen z.B. kundenspezifisch Halbfabrikate oder Einzelteile.

- Bedarfsmuster: Artikel haben eine *kontinuierliche Nachfrage*, falls in jeder Beobachtungsperiode ungefähr die gleiche Nachfrage auftritt. Artikel haben eine *sporadische* oder *hoch volatile Nachfrage*, falls viele Beobachtungsperioden ohne oder mit sehr kleiner Nachfrage und einige wenige mit dafür grosser, z.B. zehnfacher Nachfrage auftreten, und zwar ohne erkennbare Regularität.

Die folgende Liste stellt einige der oft genannten klassischen Beschaffungsstrategien vor. Sie können auch in Kombination auftreten.

„Multiple sourcing" bezeichnet die Suche nach möglichst vielen Quellen für eine bestimmte Leistung. Diese Strategie senkt das Risiko einer zu grossen Abhängigkeit von einem anderen Unternehmen. Sie ist u.a. gebräuchlich bei einer traditionellen marktorientierten Beziehung.

„Single sourcing" bezeichnet die Suche nach möglichst einer einzigen Quelle für eine bestimmte Leistung, z.B. ein *Single-source-Lieferant*, d.h. ein einziger Lieferant pro Artikel oder Artikelfamilie. Diese Strategie senkt die Transaktionskosten und beschleunigt die Auftragsabwicklung. Sie drängt sich auf, sobald kurze Durchlaufzeiten wichtig werden.

„Dual sourcing" sieht zwei Lieferanten je Artikel bzw. je Artikelfamilie vor. Diese Strategie kann das Risiko von Produktionsausfällen bei Lieferschwierigkeiten senken, unter Beibehaltung der meisten Vorteile des „single sourcing".

„Sole sourcing" bezeichnet den Zustand, wenn die Lieferung eines Produkts nur durch einen einzigen Lieferanten erfolgen kann. I. Allg. verhindern Barrieren wie z.B. Patente, dass andere Lieferanten das Produkt anbieten können.

Bei einem Modul- oder Systemlieferanten spricht man auch von *„modular sourcing"* oder *„system sourcing"*. Für den Abnehmer hat das den Vorteil, dass er keine Vielzahl Teile und Komponenten von untereinander nicht in Kontakt stehenden Lieferanten zusammenfügen muss.

---

[4]   Was in der Folge über direktes Material gesagt wird, gilt auch – insbesondere bei Dienstleistungen – für extern zu beschaffende Kapazität, die zur Herstellung eines Produkts bzw. zur Durchführung eines Auftrags nötig ist.

Die Aufgabe der technischen Koordination und Beschaffung der notwendigen Komponenten übernimmt der Modul- oder Systemlieferant.

„Global sourcing" bezeichnet die Suche nach der weltweit besten Quelle für eine bestimmte Leistung. Eine solche Strategie mag z.B. bei Produkten und Prozessen mit Hochtechnologie notwendig sein.

„Local sourcing" bezeichnet die Suche nach lokalen Quellen für eine bestimmte Leistung. Diese Strategie mag bei intensiver Zusammenarbeit nötig sein, wenn sie persönliche Zusammenkünfte oder grössere Transporte bedingt.

2.2.2 Die traditionelle marktorientierte Beziehung im Vergleich zur Kunden-Lieferanten-Partnerschaft

Die traditionelle *marktorientierte Beziehung* ist definiert durch das Gesetz von Angebot und Nachfrage. Die Wahl des Lieferanten erfolgt aufgrund des günstigsten Preises. Kostenreduktionen können durch gegenseitiges Ausspielen der Lieferanten erreicht werden.

Eine marktorientierte Beziehung ist von geringer Intensität in der unternehmerischen Zusammenarbeit. Ihre Dauer ist im Prinzip unbestimmt, faktisch aber kurzfristig angelegt: Das Zuliefernetzwerk ist darauf ausgerichtet, jede Beziehung sofort durch eine andere ersetzen zu können. Bezogen auf die unternehmerischen Ziele in Abb. 1.3.1.1 erwachsen zwischen dem Hersteller als Abnehmer und seinen Zulieferern die Strategien gemäss Abb. 2.2.2.1.

- Zielbereich Qualität:
  - Der Lieferant ist für die Einhaltung der Qualitätsspezifikation des Kunden verantwortlich.
  - Der Kunde ist für die Abnahme verantwortlich und muss die Einhaltung der Qualitätsspezifikation prüfen.
- Zielbereich Kosten:
  - Die Wahl des Lieferanten in der Supply Chain erfolgt bei genügender Qualität primär über den tieferen Preis, gemäss dem Gesetz von Angebot und Nachfrage.
- Zielbereich Lieferung:
  - Der Kunde erteilt einen Auftrag mit gewünschtem Produkt, Menge und Termin.
  - Sicherheitsbestände sind nötig, um Lieferschwierigkeiten aufzufangen.
- Zielbereich Flexibilität:
  - Man strebt „multiple sourcing" an. Damit kann man Bedarfsschwankungen besser auffangen und sich gegen Abhängigkeiten von einzelnen Lieferanten besser absichern.
  - Falls die Transaktionskosten zu gross werden, trifft man einen Make-Entscheid.
- Unternehmerische Zusammenarbeit auf der Supply Chain:
  - Ausgehend von Rohmaterial und standardisierten Einzelteilen ist es der Kunde, der sämtliche Produkte und Prozesse auf der Supply Chain entwickelt.
  - Der Kunde delegiert die Herstellung von Halbfabrikaten, oder auch Teile des Herstellungsprozesses, an Lieferanten. Er kontrolliert besonders die Qualität der ersten Lieferungen.

Abb. 2.2.2.1   Zielbereichsstrategien für die traditionelle marktorientierte Beziehung

Zusammengefasst erfolgt die Abstimmung von Angebot und Nachfrage über Preis- und Qualitätsargumente, also über die Produktivität im engeren Sinn. Bei hohen Reibungsverlusten tendiert der Kunde zum Insourcing. So erklärt sich auch der Trend zu grossen Firmen bis hin zu Multis, der in der Vergangenheit beherrschend war.

Eine marktorientierte Beziehung hat tendenziell folgende Supply-Chain-Risiken, die insgesamt kleiner sein müssen als das Risiko einer zu grossen Abhängigkeit von einem Lieferanten:

- Relativ hohe Bestellvorgangskosten, bedingt durch den grossen Aufwand in der häufigen Informationsbeschaffung und Verhandlung zur Auftragsvergabe. Die Lieferantenauswahl muss damit in kurzer Zeit, aufgrund weniger Kriterien getroffen werden können.

- Bei Spezialmaterial können beim Wechsel des Lieferanten signifikante Anpassungskosten auf Seiten des Abnehmers entstehen, z.B. für die Änderung von Produktions- oder Logistikprozessen. Deshalb sollte man wenn möglich nur Standardmaterial über den Marktplatz beschaffen.

- In einem Käufermarkt können die Lieferanten den Zwang zu tieferen Preisen auffangen, indem sie ihrerseits die Kosten stark reduzieren, z.B. durch eine verminderte Qualität, lange Lieferdurchlaufzeiten und einen tiefen Liefertreuegrad. Dies kann sich auf den Lieferbereitschaftsgrad des Abnehmers auswirken. Deshalb kann der Abnehmer, obwohl dominant, die Preise nicht zu tief drücken.

Die *Kunden-Lieferanten-Partnerschaft* ist eine strategische und langfristig angelegte Integration der Lieferanten – bei gleichzeitiger Reduktion ihrer Anzahl – zu Gunsten einer schnellen und unproblematischen operationellen Auftragsabwicklung. Die Wahl des Lieferanten erfolgt über die Betrachtung der Gesamtkosten (engl. „total cost of ownership").

Der Begriff steht für eine Annäherung von Angebot und Nachfrage, die nicht nur über Preis und Qualität geschieht. Denn vom Lieferanten nicht eingehaltene Ziele führen auch beim Hersteller zu Opportunitätskosten, wenn er seinerseits nicht an seinen Kunden liefern kann. Bezogen auf die unternehmerischen Ziele, erwachsen zwischen dem Hersteller als Abnehmer und seinen Zulieferern die Strategien gemäss Abb. 2.2.2.2.

Eine Kunden-Lieferanten-Partnerschaft führt in der kurzfristigen Auftragsabwicklung zur Elimination oder Reduktion von Reibungsverlusten aufgrund von Beschaffungsverhandlungen oder Eingangskontrollen. Damit können viele Vorteile der unternehmensinternen Produktion in Bezug auf eine schnelle Durchlaufzeit übernommen werden. Eine solche Zusammenarbeit erfordert viel Vorarbeit. Deshalb können nur wenige dieser Beziehungen gepflegt werden. Sie müssen langfristig ausgelegt sein, sind jedoch von relativ geringer Intensität in der *unternehmerischen* Zusammenarbeit. Sie können damit immer wieder auf ihre Gültigkeit hin überprüft werden.

Qualitätsziele werden über die Zertifizierung der Lieferanten erreicht, Kostenziele durch den Abschluss von Rahmenverträgen über eine ganze Artikelfamilie oder Materialgruppe.

Ein *zertifizierter Lieferant* ist ein Status, der einem Lieferanten verliehen wird, der dauerhaft ein Mindestniveau an Qualität, so wie auch andere Ziele im Bereich Kosten und Lieferung, erreicht.

Ein *(Artikel-)Familienvertrag* (engl. „(item-)family contract") ist ein Beschaffungsauftrag für eine ganze Familie von Artikeln oder eine Materialgruppe mit dem Zweck, Preisvorteile und eine kontinuierliche Lieferung zu erhalten. (Vgl. [APIC16]) für beide Definitionen).

• **Zielbereich Qualität:**	
	• Der Lieferant erreicht ein Mindestniveau an Qualität (Selbstbewertung, externe Zertifizierung). Sachmängel werden sofort korrigiert.
	• Zur Beurteilung der Qualität des Lieferanten hat der Kunde Zugang zu dessen Produktionsstätten. Beide Parteien verbessern gemeinsam die Qualität.

• **Zielbereich Kosten:**	
	• Durch „single sourcing" erreicht man grössere Geschäftsvolumen und damit tiefere Einstandspreise.
	• (Langfristige) Rahmenaufträge ermöglichen die Reduktion der Zwischenlager.
	• Die Wahl des Lieferanten erfolgt über die Gesamtkosten („total cost of ownership"), d.h. unter Einbezug der Opportunitätskosten.

• **Zielbereich Lieferung:**	
	• (Langfristige) Rahmenaufträge ermöglichen die Reduktion der gesamten Durchlaufzeit (Lieferant und Kunde).
	• Lieferungen auf Abruf direkt in die Produktionsstätten des Herstellers. Bevorzugte Behandlung seitens des Lieferanten bei Engpässen, Eilaufträgen und Sonderwünschen.

• **Zielbereich Flexibilität:**	
	• Bei einer abnehmerdominierten Beziehung garantiert der Käufermarkt die Robustheit der Beziehung: Die Transaktionskosten sind klein, ein Ersatz-Lieferant kann relativ leicht aufgebaut werden (Buy-Entscheid).
	• Eine lieferantendominierte Beziehung kann die Folge eines „sole sourcing"-Zustands sein. Eine stabile, langfristige Beziehung ist gerade in diesem Fall für den Abnehmer sehr wichtig.

• **Unternehmerische Zusammenarbeit auf der Supply Chain:**	
	• Anforderungen an zuzuliefernde Produkte und Prozesse werden gemeinsam definiert.
	• Der Lieferant wird für jede (Weiter-)Entwicklung konsultiert.

Abb. 2.2.2.2   Zielbereichsstrategien für die Kunden-Lieferanten-Partnerschaft

Die Kunden-Lieferanten-Partnerschaft hat tendenziell folgende Supply-Chain-Risiken, die insgesamt kleiner sein müssen als die erwähnten Vorteile.

- Die Abhängigkeit vom einem Lieferanten kann sich als zu stark erweisen (Lieferausfälle, mangelnde Flexibilität bei Bedarfsschwankungen, Veränderungen der Eigentümerschaft beim Lieferanten). Falls kein „sole sourcing"-Zustand vorliegt, kann man u.U. zum „dual sourcing" wechseln, was zu einem erhöhten Preis pro Einheit führen kann.

- Die Langfristigkeit der Beziehung und die anfallenden Kosten beim Wechsel des Lieferanten können dazu führen, dass die Preisentwicklung auf dem Markt zu wenig nachvollzogen wird. Die Beziehung muss deshalb nach genügend langer Zeit auf ihre Gültigkeit überprüft und allenfalls neu verhandelt werden.

- Eine abnehmerdominierte Beziehung kann unerwartet in eine lieferantendominierte Beziehung übergehen, bzw. der Käufermarkt in einen Verkäufermarkt. Dies ist z.B. bei Systemlieferanten der Fall, wenn sie die technologische Führerschaft übernehmen, aber auch in der Rohmaterialbeschaffung, aufgrund eines ungünstigen Naturereignisses oder auch von spekulativer Manipulation. Die Beziehung muss dann neu verhandelt werden.

2.2.3 Strategische Beschaffungsportfolios

Im Beschaffungswesen haben sich Material- und Lieferantenportfolios als Werkzeuge zur Klassierung von Strategien eingebürgert. Siehe dazu z.B. [Alar02], [Kral77], [Kral88], [Bens99]. Durch eine einfache Visualisierung sollen Objekte bzw. Lieferanten, die für die Beschaffung „wichtig" oder mit Risiken behaftet sind, von „weniger wichtigen" oder solchen mit weniger Beschaffungsrisiken unterschieden werden. Daraus möchte man Beschaffungsstrategien und Handlungsempfehlungen für Organisation und IT ableiten.

Heute beschaffen die Unternehmen bei einem Lieferanten selten einzelne Artikel, sondern vielmehr ganze Artikelfamilien oder sogar noch umfassendere Material- oder Dispositionsgruppen. Dies ist nicht nur für teure oder umsatzstarke Artikel (A-Artikel – siehe Abb. 11.2.2.1), sondern gerade auch für billige Artikel oder umsatzschwache Artikel (C-Artikel) der Fall.

Damit verschiebt sich das Materialportfolio immer mehr zu einem Material*gruppen*portfolio. Auf dieser Ebene sind nun aber nur wenige Gruppen von indirektem Material, z.B. Büromaterial, „weniger wichtig". Da i. Allg. mit wenigen oder nur einem Lieferanten pro Materialgruppe zusammengearbeitet wird, sind zudem *alle* Materialgruppen auch mit gewissen Beschaffungsrisiken verbunden. Das klassische Materialportfolio gibt somit in solchen Fällen oft zu wenig her. Das *Lieferantenportfolio* wird dann prioritär. Die Abb. 2.2.3.1 zeigt eine Möglichkeit dafür.

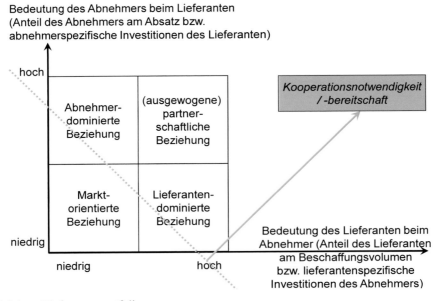

Abb. 2.2.3.1   Lieferantenportfolio

Dieses Lieferantenportfolio beschreibt das Mass der gegenseitigen Abhängigkeit von Abnehmer und Lieferant. Mit der Abhängigkeit reift i. Allg. auch die Einsicht, dass ein gewisses Mass an Kooperation notwendig ist und damit meistens auch die Kooperationsbereitschaft.

- Über eine *marktorientierte Beziehung*, d.h. über den traditionellen Marktplatz, werden Güter oder Kapazitäten beschafft, die sowohl in den Augen des Abnehmers als auch jenen des Lieferanten als unbedeutend empfunden werden. Beide Seiten können ohne grosse Konsequenzen den Geschäftspartner wechseln. Siehe dazu das Kap. 2.2.2.

- Über eine *abnehmerdominierte Beziehung* werden Güter oder Kapazitäten beschafft, die in den Augen des Lieferanten – nicht aber in jenen des Abnehmers – als bedeutend empfunden werden, oder wenn der Lieferant einseitig Investitionen irgendeiner Art vornehmen muss, die nur auf den einen Abnehmer bezogen sind, z.B. in abnehmerspezifische Vorrichtungen, IT-Plattformen, Konsignationslager, Know-how über kundenspezifisch Abläufe und Geschäftspraktiken. Eine solche Beziehung ist deshalb langfristig auszulegen. Damit muss ein gewisses Mass an – nicht unbedingt ausgewogener – Kunden-Lieferanten-Partnerschaft vorliegen. Siehe dazu das Kap. 2.2.2.

- Über eine *lieferantendominierte Beziehung* werden Güter oder Kapazitäten beschafft. Dabei liegt sinngemäss umgekehrte Einseitigkeit vor.

- Über eine *(ausgewogene) partnerschaftliche Beziehung* werden Güter oder Kapazitäten beschafft, die sowohl in den Augen des Abnehmers als auch jenen des Lieferanten als bedeutend empfunden werden. Beide Parteien investieren in erheblichem und gegenseitig nachweisbarem Mass in diese nur auf den jeweiligen Geschäftspartner bezogene Beziehung. Eine solche Beziehung ist in jedem Fall langfristig und meistens auch auf intensive Kooperation auszulegen. Siehe dazu das Kap. 2.3.

Die Abb. 2.2.3.2 zeigt, dass – abhängig von der logistischen Charakteristik der zu beschaffenden Materialgruppe – zwischen ein- und denselben Geschäftspartnern eine unterschiedliche Positionierung im Lieferantenportfolio vorkommen kann, verbunden mit entsprechenden Beschaffungsstrategien.

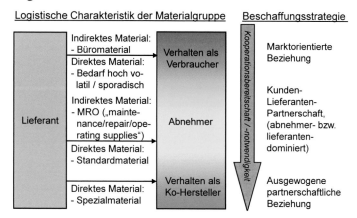

Abb. 2.2.3.2   Beschaffungsstrategien für Materialgruppen in Abhängigkeit von ihrer logistischen Charakteristik

- Die Beschaffung von indirektem Material erfolgt im Fall von Büromaterial wohl meistens über eine marktorientierte Beziehung. Der Abnehmer verhält sich dann wie jeder Verbraucher: Er folgt dem klassischen Gesetz von Angebot und Nachfrage. Er wird versuchen, durch Bündelung des Bedarfs eine Position der Stärke zu erzielen. Wenn solches Material ein sporadisches Bedarfsmuster zeigt, muss man für dessen operative Beschaffung speziell günstige und schnelle, sog. bedarfsträger-orientierte Lösungen finden (siehe dazu Kap. 2.2.5 unter „buy-side"-Lösungen).

- Dasselbe kann im Fall von MRO-Artikeln gesagt werden. Allerdings ist hier der Abnehmer bereits auf qualitativ hoch stehende und rechtzeitige Lieferungen angewiesen, wenn er nicht *seinen* Kunden gegenüber an Leistung verlieren möchte. Für solche

Materialgruppen wird man eine längerfristige Beziehung anstreben, und zwar je nach den Gegebenheiten eine abnehmer- oder eine lieferantendominierte Beziehung.

- Für die Beschaffung von direktem Material gilt im Fall von Standardmaterial weitgehend dasselbe, was für die MRO-Artikel gesagt wurde. Die Erfahrung zeigt, dass Lieferanten durchaus bereit sind, eine abnehmerdominierte Beziehung einzugehen. Z.B. können Lieferanten für Materialgruppen von C-Artikeln (wie Schrauben, Muttern usw.) wegen der grossen Liefervolumen für ein umfassendes Sortiment in effiziente Lieferlogistiken wie Kanban oder VMI („vendor managed inventory") investieren. Gerade im Falle einer lieferantendominierten Beziehung sind für einen Abnehmer langfristige Beziehungen wichtig. Eine lieferantendominierte Beziehung kann z.B. im Falle der Nutzung von Patenten oder proprietären Technologien des Lieferanten oder bei grossen Lieferanten von Elektronikbauteilen vorkommen.

- Im Fall von Spezialmaterial, wie z.B. spezifischen Halbfabrikaten (HF) oder Einzelteilen steht oft auch die gemeinsame Produktinnovation im Vordergrund. Als Beispiel dienen Montagegruppen von Systemlieferanten. Hier wählen die Geschäftspartner am besten eine (ausgewogene) partnerschaftliche Beziehung.

- Weist direktes Material eine hoch volatile oder sporadische Nachfrage auf, muss der Abnehmer u.U. sogar bei einer sonst etablierten abnehmerdominierten Beziehung einen Teil der Nachfrage, allenfalls sogar die ganze Nachfrage, über eine marktorientierte Beziehung beschaffen. Dies geschieht oft mit Hilfe eines oder mehrerer Broker. Der Abnehmer ist hier de facto in keiner starken Position.

Die Behandlung von Materialgruppen anstelle einzelner Artikel wird auch *Materialgruppenmanagement* genannt. Die Zuteilung der Beschaffungsobjekte in Materialgruppen, die Beurteilung der Lieferanten im Lieferantenportfolio und das Festlegen der Beschaffungsstrategie für die Materialgruppen ist fehleranfällig. Zur *Reduktion* solcher *Risiken* sollten man Aufgaben i. Allg. als ein Team unter Beteiligung von Personen aus F&E, der Logistik, der Produktion, der strategischen und operative Beschaffung sowie der Qualitätssicherung vornehmen.

2.2.4 Strategische Lieferantenauswahl

Nach Festlegung der Beschaffungsstrategie möchte man geeignete Lieferanten finden. Der entsprechende Prozess heisst Beschaffungsmarktforschung.

> Die *Beschaffungsmarktforschung* ist die systematische Gewinnung von Informationen für ein zu beschaffendes Objekt. Sie umfasst die Marktanalyse, die Identifikation von potentiellen Lieferanten und die Angebotsanfrage.

Beschaffungsmarktforschung führt zu Transaktionskosten, und zwar Such- und Anbahnungskosten (in Kap. 2.1.1 an erster Stelle erwähnt). Sie erfolgt

- entweder laufend, z.B. zur Aktualisierung oder Ergänzung von vorhandenen Marktinformationen,

- oder aufgrund eines besonderen Ereignisses, z.B. von Rohstoffverknappung, des Konkurses eines bisherigen Lieferanten, der Einführung eines neuen Produkts, neuer Gesetze oder Sparmassnahmen.

Anschliessend geht es darum, die Lieferanten zu beurteilen und auszuwählen. Dazu muss man die Angebote analysieren und vergleichen. Sodann sind Verhandlungen, allenfalls auch Nachverhandlungen zu führen und Entscheide zu fällen. Der entsprechende Aufwand gehört zu den Vereinbarungskosten.

Die *Lieferantenbeurteilung* ist ein Verfahren, um einerseits die generelle und anderseits die auf das zu beschaffende Objekt bezogene Leistung eines Lieferanten zu beurteilen.

In der Praxis gibt es dazu verschiedene Verfahren. Siehe dazu auch [Wagn03] oder [DoBu03]. Eine Möglichkeit ist, die Leistung eines Lieferanten wie die Leistung des eigenen Unternehmens zu messen, d.h. das Erreichen von Zielen in den Bereichen Qualität, Kosten, Lieferung und Flexibilität (vgl. dazu die Abb. 1.3.1.1). Eine eigene Rubrik bewertet zudem die generelle unternehmerische Zusammenarbeit mit dem potentiellen Lieferanten. Die Abb. 2.2.4.1 führt mögliche Bewertungskriterien für jeden Zielbereich auf.

- **Zielbereich Qualität:**

  - Vorhandene Qualitätsinfrastruktur, -richtlinien und -aufzeichnungen, Qualitätszertifizierungen, Qualifikation des Personals, KVP-Programme.

  - Produkt und Prozess: Patente und Lizenzen, Beherrschung der Produkt- und Prozesstechnologien, Systemlieferant, Ergebnisse von Erstmusterprüfungen.

  - Organisation: Service (Verkaufs- und technische Unterstützung, Behandlung von Beanstandungen, Kulanz).

  - „Triple bottom line": *Ethische Standards* (nach dem „supplier code of conduct" (SCOC), sowie Umwelt (Standards, Ökobilanz, Emissionsnachweis, Standort und Transport, Verpackung),

- **Zielbereich Kosten:**

  - Preise pro Einheit, Bezugsnebenkosten, Abnahme-, Liefer- und Zahlungsbedingungen. Laufende Suche nach Reduktion der Kosten.

  - Wechselkursstabilität, Inflation im Beschaffungsland.

- **Zielbereich Lieferung:**

  - Lieferbereitschaftsgrad, Liefertreuegrad, kurze Durchlaufzeiten im Güter-, Daten- und Steuerungsfluss, Transport- und Anlieferungsbedingungen.

  - Eignung für logistische Konzepte (z.B. Rahmenaufträge und Lieferungen auf Abruf, „vendor managed inventory" VMI, „Just-in-Time", „Just-in-Sequence»).

- **Zielbereich Flexibilität:**

  - Kundennutzen: Produktinnovationskraft, Integration von externem Know-how, Fähigkeit für Sonderanfertigungen und zur gemeinsamen Produktinnovation.

  - Ressourceneinsatz: Technologie- und Produktionsinfrastruktur, Umgang mit schwankenden Bestellmengen.

- **Unternehmerische Zusammenarbeit auf der Supply Chain:**

  - Bedeutung des Abnehmers beim Lieferanten und umgekehrt, Standortnähe.

  - Information über Unternehmensentwicklung (z.B. Geschäftsverlauf, wirtschaftliche Stabilität, Produktpalette, Organisation, internationale Unterstützung).

  - Reduktion der Gesamtkosten (z.B. Weitergabe von Kosteneinsparungen an den Kunden, gemeinsame Wertanalysen, Transparenz bei Preisänderungen).

Abb. 2.2.4.1   Bewertungskriterien für die Lieferantenbeurteilung

---

Die *Lieferantenauswahl* ist das Festlegen des Lieferanten bzw. mehrerer Lieferanten. Sie erfolgt über eine Vorauswahl und allenfalls eine Nachverhandlung.

Eine *Vorauswahl* der besten Lieferanten erfolgt i. Allg. durch eine Nutzwertanalyse. Dabei werden zuerst die Kriterien nach der Bedeutung beim Abnehmer gewichtet, sodann der Erfüllungsgrad der einzelnen Kriterien durch den jeweiligen Lieferanten. Der Erfüllungsgrad kann dabei ein absoluter Wert sein (*„Scoring"(Punktestand)-Verfahren*) oder ein relativer Wert im Vergleich zu einem maximal möglichen Wert (*„Gap"(Lücken)-Verfahren*).

„Triple bottom line"-Argumente (siehe Kap. 3.3) werden meistens separat, als Randbedingungen bewertet. Mit den besten Lieferanten wird in vielen Fällen eine Nachverhandlung geführt, um z.B. die definitiven Preise oder andere Bedingungen festzulegen. So kann der Erfüllungsgrad einiger Kriterien allenfalls nochmals ändern. Schliesslich erhält der Lieferant mit dem höchsten Gesamtwert (allenfalls mehrere Lieferanten mit den höchsten Werten) den Zuschlag.

Beschaffungsmarktforschung, Lieferantenbeurteilung und Lieferantenevaluation können heute in vielen Fällen mit Informationstechnologie gestützt werden. Dabei können die Transaktionskosten vor allem im Falle von „global sourcing" entscheidend gesenkt werden. Siehe dazu das nächste Teilkapitel.

Die Abb. 2.2.4.2 zeigt als Beispiel das Score- und das Gap-Verfahren mit zwei Lieferanten und einer begrenzten Menge an Kriterien.

Kriterium	Bedeutung beim Abnehmer 1=tief,2=mittel,4=hoch	Erfüllungsgrad 1=tief, 2=mittel, 4=hoch	
		Lieferant A	Lieferant B
Produkttechnologie	4	2	4
Prozesstechnologie	2	4	2
Einstandspreis und Nebenkosten	2	2	1
Liefer- und Zahlungsbedingungen	1	2	4
Lieferbereitschaftsgrad und -treue	4	2	4
Kurze Durchlaufzeiten im Güterfluss	2	4	2
Fähigkeit für Sonderanfertigungen	1	4	2
Fähigkeit für gemeinsame F&E	2	2	4
Wirtschaftliche Stabilität	4	4	2
Bedeutung des Abnehmers eher tief	2	4	1
Internationale Unterstützung	2	4	2
Score (Punktzahl)	Max. = 104 (= 26*4)	78	70
100% - Gap (Lücke)	Max. = 100%	75 %	67 %

Abb. 2.2.4.2   Lieferantenevaluation: Score-/Gap-Verfahren mit 2 Lieferanten

Die Bewertung nach Kriterien wie in Abb. 2.2.4.1 ist keine Garantie, sondern eine Hilfe. Die Auswahl von Lieferanten bleibt jedoch mit (Rest-)Risiken verbunden. Dazu zählen folgende:

- Die Nutzwertanalyse liefert keinen eindeutigen Entscheid. Eine Sensitivitätsanalyse kann hier allenfalls Klarheit schaffen. Siehe dazu auch die Abb. 3.2.1.12 und den zugehörigen Text.

- Der Evaluationsaufwand erfolgt aufgrund der falschen Kriterien. Teamarbeit kann hier helfen (Vier-Augen-Prinzip). Sinnvollerweise werden zudem bei niedriger Bedeutung des

Lieferanten beim Abnehmer weniger Kriterien einbezogen als bei hoher Bedeutung des Lieferanten (Stichwort Einfaktorenvergleich versus Mehrfaktorenvergleich).

- Verhältnisse beim Lieferanten können sich verändern, besonders beim Weggang von Schlüsselpersonen.

- Bei einer absehbaren lieferantendominierten Beziehung oder bei einem absehbaren „sole sourcing"-Zustand wird bereits die Lieferantenauswahl zu einem grösseren Aufwand führen. Persönliche Beziehungen sind hier von allem Anfang an wichtig.

2.2.5 Grundlagen des Supplier Relationship Management und der E-Procurement-Lösungen

> *Supplier Relationship Management* ist gemäss [APIC16] ein ganzheitlicher Ansatz zum Management der Interaktion eines Unternehmens mit den Organisationen, welche Güter und Dienstleistungen liefern, die das Unternehmen verbraucht.

Das Ziel von SRM ist die erhöhte Effizienz der Prozesse zwischen dem Unternehmen und seinen Lieferanten. Zum Einsatz kommen Technologien, Richtlinien und Verfahren, die den Beschaffungsprozess unterstützen. Im Vordergrund stehen IT-Plattformen und *SRM-Software* zur Automatisierung der Prozesse von der Einholung von Angeboten und Rahmenaufträgen bis zur Zahlung und Leistungsbewertung des Lieferanten. Des Weiteren geht es darum, Informationen über zu liefernde Produkte und Prozesse so früh wie möglich auszutauschen. Unter den Begriff SRM-Software fallen auch E-Procurement-Lösungen.

> Unter dem Begriff *E-Procurement* werden elektronische Beschaffungslösungen – besonders internetbasierte – verstanden.

In Abhängigkeit von der institutionellen Trägerschaft der Anwendung können die E-Procurement-Anwendungen gemäss Abb. 2.2.5.1 in verschiedene Kategorien eingeteilt werden (siehe auch [Alar02], [AlHi01], [BeHa00]).

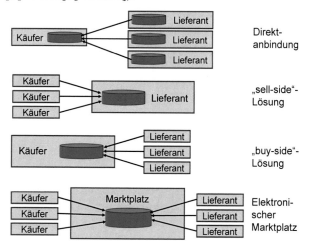

Abb. 2.2.5.1   Einteilung von E-Procurement-Lösungen (das Zylinder-Symbol steht für die elektronische Beschaffungslösung oder Handelsplattform)

- Eine *Direktanbindung* verbindet bestehende elektronische Beschaffungslösungen von Abnehmern und Anbietern. Im Zuge der Einführung von MRPII-/ERP-Software wurde die Beziehung zu den Geschäftspartnern durch moderne IT-basierte Systeme neu gestaltet. Bei klassischen EDI-Lösungen, die z.B. Standards wie EDIFACT nutzten, ging es besonders um eine Verbesserung des Daten- und Informationsaustausches mit den strategischen Partnern in der Supply Chain. EDI kann somit als eine frühe Form des E-Procurement bezeichnet werden. Heute haben sich auch die internetbasierten Lösungen etabliert, nicht zuletzt durch Nutzung der *XML* („extensive markup language") Technologie.

- Bei *„Sell-side"-Lösungen* oder *„shop-systems"* offeriert ein Anbieter den Zugang zu einem Katalog seiner Produkte und Bestellmöglichkeiten über das Web. Dieses Szenario ist auch typisch für die B2C-Applikationen im Konsumgüterbereich (z.B. amazon.com, dell.com). Für den industriellen Einkäufer haben diese Applikationen allerdings nur einen begrenzten Nutzen, da sie keinen einheitlichen Zugang zu den Angeboten verschiedener Anbieter liefern. Will der Einkäufer alle potentiellen Lieferanten in die Entscheidung mit einbeziehen, muss er sich jedes Mal mit zahlreichen Verkäufer-Websites vertraut machen.

- Für eine *„buy-side"-Lösung* wird beim Abnehmer eine Standardsoftware, z.B. Ariba, installiert. Die Einkaufsabteilung stellt mittels dieser Software einen einheitlichen Katalog mit Produkten verschiedener Anbieter zusammen, woraus die Mitarbeiter des Abnehmers dann die Produkte direkt auswählen und über eine Schnittstelle zur ERP-Software bestellen. Interne Vorgänge, wie das Einholen einer Genehmigung von Kostenstellenverantwortlichen, werden ebenfalls über das System abgewickelt. Diese Software-Systeme vereinfachen somit die internen organisatorischen Abläufe im Unternehmen und vermeiden Einzelbestellungen bei Lieferanten, die nicht zum normalen Lieferantenpool gehören. Das verringert die Transaktionskosten, die eigentlichen Beschaffungskosten bleiben jedoch im Wesentlichen unverändert, abgesehen von Rabatten, die durch die stärkere Konzentration auf wenige Lieferanten erzielt werden. Da die Erstellung der Kataloge arbeitsintensiv und die notwendige IT-Umgebung vergleichsweise anspruchsvoll ist, sind solche Lösungen eher für mittlere bis grössere Unternehmen praktikabel.

- Ein *elektronischer Marktplatz* führt eine vergleichsweise grosse Zahl von Teilnehmern zusammen und erreicht eine erhöhte Transparenz ohne Zeitverzögerung für das gesamte Publikum. Insofern ermöglicht er einen Schritt hin zu optimalen Marktgegebenheiten. Siehe dazu auch [Gull02].

Aktuell unterscheidet man elektronische Marktplätze zum Ersten nach der institutionellen Trägerschaft:

- Ein *abhängiger Marktplatz* wird durch eine einzige oder einige Firmen finanziert und bestimmt. Er ist somit entweder unter den „buy-side"- oder den „sell side"-Lösungen einzuordnen.

- Ein *neutraler, d.h. unabhängiger Marktplatz* wird durch einen unabhängigen Anbieter („third party" im Sinne von „neutral") bereitgestellt, welcher die Informationen auch aggregieren und aufbereiten kann. Er kann den Marktplatz zudem mit weiteren Dienstleistungen versehen.

- Ein *Konsortialmarktplatz* wird durch ein Konsortium von Firmen gebildet und kann jede der obigen Formen annehmen.

Zum Zweiten unterscheidet man nach dem Öffnungsgrad:

- Ein *öffentlicher Marktplatz* steht grundsätzlich jedem Unternehmen offen und ist ohne den Einsatz von proprietärer Software zugänglich. Oft reicht eine gültige Email-Adresse zur Anmeldung.

- Ein *privater Marktplatz* oder ein *„private trading exchange"* *(PTX)* ist nicht für jedes Unternehmen zugänglich. Die Teilnahme an einem solchen Marktplatz ist an Bedingungen geknüpft, z.B. die Zugehörigkeit zu einem bestimmten Verband. In anderen Fällen tauschen gewisse Unternehmen (wie z.B. Partner in einer Supply Chain) Daten, wie Vorhersagen, aus oder kooperieren in einer anderen Form (z.B. im Bereich Produktentwicklung, Projektplanung und -abwicklung).

- Oft finden sich bei elektronischen Marktplätzen Mischformen, die sowohl über offene als auch geschlossene Bereiche verfügen.

Zum Dritten unterscheidet man im Investitionsgüterbereich die Reichweite:

- Ein *horizontaler Marktplatz* bietet Produkte und Dienstleistungen an, die einen weiten Bereich von Branchen abdecken. Bekannte Beispiele für horizontale Marktplätze sind die Plattformen alibaba.com oder wlw.com, die die branchenübergreifende Suche nach Lieferanten, Produkten oder Dienstleistungen ermöglichen.

- Ein *vertikaler Marktplatz* ist branchenspezifisch. Hier kommen Unternehmen derselben Branche zusammen um Geschäfte abzuwickeln, zur Kommunikation oder um branchenspezifische Informationen abzurufen. Beispiele für vertikale Marktplätze sind chemnet.com (Chemie), efresh.com (Nahrungsmittel), supplyon.com und VWGroupSupply.com (Automobil-Industrie) oder MFG.com (Mechanische Industrie).

2.3 Das Gestalten einer partnerschaftlichen Beziehung

Gemäss Abb. 2.2.3.1 basiert eine partnerschaftliche Beziehung auf einer erheblichen und gegenseitig nachweisbaren Investition – durch Kunde oder Lieferant, bei einer ausgewogenen Partnerschaft durch beide Parteien – in diese nur auf den jeweiligen Geschäftspartner bezogene Beziehung. Dies kann z.B. bei Produkten und Dienstleistungen der Fall sein, die auf den Verbraucher zugeschnitten sein müssen, oder wenn die gemeinsame Produktinnovation im Vordergrund steht, z.B. bei Systemlieferanten.

Dieses Teilkapitel bespricht zuerst die Zielbereichsstrategien für eine intensive Kooperation in einer partnerschaftlichen Beziehung. In der Folge wird ein Rahmenwerk vorgeschlagen, in dem die verschiedenen Aufgaben, Methoden und Techniken der Gestaltung einer partnerschaftlichen Beziehung auf allen Ebenen der beteiligten Unternehmen zusammengefasst werden können. Ein letzter Abschnitt widmet sich den virtuellen Unternehmen.

2.3.1 Zielbereichsstrategien für eine intensive Zusammenarbeit

Eine partnerschaftliche Beziehung ist in jedem Fall langfristig auszulegen. Im Unterschied zu den abnehmer- oder lieferantendominierten Beziehungen kann die Intensität der Kooperation bei einer *ausgewogenen* partnerschaftlichen Beziehung wesentlich grösser sein. Bei erfolgreichen Partnerschaften steht ein *befähigerorientiertes* Ziel aus dem Bereich Flexibilität im Vordergrund. Wir schlagen vor, den sonst nur auf Personen oder Gruppen bezogenen Begriff Sozialkompetenz auf ein Unternehmen als Ganzes zu übertragen. Dies scheint sinnvoll aufgrund der Definition eines Unternehmens als *sozio*technisches System (siehe die Einleitung zu Kapitel 19).

> Die *Sozialkompetenz eines Unternehmens* umfasst die Flexibilität, sich als Partner in Supply Chains einzubringen und Partner in eine Supply Chain einzubinden.

Ein grosses Mass an Sozialkompetenz wird dabei besonders vom führenden Partner in der Supply Chain gefordert. Für etliche Unternehmen mag der Erwerb dieser Kompetenz eine Verhaltensänderung bedeuten: Wie bei der sozialen Kompetenz von Individuen muss man in gleichgewichtigen Verhältnissen zuerst das „Sich-Einbringen" beherrschen, will man glaubwürdig – also ohne Zwang – andere als Partner einbinden.

Bezogen auf die unternehmerischen Ziele erwachsen zwischen dem Hersteller als Abnehmer und seinen Zulieferern die Strategien gemäss Abb. 2.3.1.1. Sie sind in Ergänzung zu den Strategien in Abb. 2.2.2.2 zu sehen.

- **Zielbereich Qualität:**
  - Jeder Partner *fühlt sich mitverantwortlich* für die Zufriedenheit des Endkunden.
  - Qualitätsanforderungen werden gemeinsam entwickelt und verbessert.

- **Zielbereich Kosten:**
  - Alle Vorteile der Kunden-Lieferanten-Partnerschaft werden beibehalten. Dies führt zu tendenziell tieferen Transaktionskosten.
  - Der Austausch von Methoden und Know-how zwischen den Partnern reduziert die Kosten.
  - Jeder Partner ist in seiner Kernkompetenz aktiv. Dies ergibt den besten Ertrag der eingesetzten Ressourcen (inkl. Zeit).
  - „Modular" oder „system sourcing" führt zu weniger Bestellvorgängen, da statt vieler Artikel nur wenige Module oder Systeme beschafft werden müssen.

- **Zielbereich Lieferung:**
  - Die Logistik muss für alle Partner dieselbe sein (gleiche operationelle Abläufe, Dokumente usw.).
  - Die Planungs- und Steuerungssysteme werden verbunden, z.B. durch EDI.
  - Die Wahl der Partner erfolgt über die Geschwindigkeit („speed"), d.h. ihren Beitrag zu kurzen Durchlaufzeiten.
  - „Local sourcing" erhöht das Tempo und reduziert Leerläufe aufgrund von Missverständnissen.

- **Zielbereich Flexibilität:**
  - Anregungen zur Produktentwicklung kommen von allen Partnern.
  - Kunde und Lieferant investieren in beträchtlichem Ausmass in die partnerschaftliche Beziehung. In einem Käufermarkt ist ein Wechsel des Lieferanten möglich, aber mit einem entsprechenden Aufwand verbunden.

- **Unternehmerische Zusammenarbeit auf der Supply Chain:**
  - Alle Partner sind von Anfang an sowohl in die Produkt- und Prozessentwicklung als auch in die Planung & Steuerung miteinbezogen.
  - Reibungsverluste während der Beschaffung werden eliminiert oder reduziert. Im Prinzip werden die Vorteile einer Profit Center-Organisation auf selbstständige Unternehmen übertragen.

Abb. 2.3.1.1   Zielbereichsstrategien für eine intensive Zusammenarbeit in der partnerschaftlichen Beziehung

Besonders in einem Käufermarkt setzt sich die Forderung nach kurzen Produktinnovationszeiten („time-to-market") durch. Eine unternehmensübergreifende Produkt- und Prozessentwicklung mit Partnern kann sich hier als vorteilhaft erweisen. Wenn Produktentwicklungen immer kostspieliger werden, kann so das unternehmerische Risiko besser verteilt werden. Kurze Durchlaufzeiten für F&E und Herstellung erfordern eine intensive Zusammenarbeit mit den Partnern – und zwar über alle Stufen der Supply Chain (vgl. [Fish97]). Das eröffnet den Partnern viele Einblicke in die beteiligten Firmen. Absolute Voraussetzung dazu ist der langfristige Aufbau von Vertrauen.

Die Abb. 2.3.1.2 fasst die Aufgaben, in die sowohl Lieferant als auch Abnehmer investieren, in Bereiche zusammen, nämlich Supply-Chain-Struktur, Supply-Chain-Organisation und zugehörige Informationstechnologie.

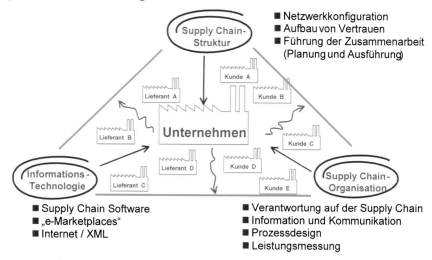

Abb. 2.3.1.2   Aufgaben und Investitionsbereiche für eine intensive Zusammenarbeit in der partnerschaftlichen Beziehung

Um die Anforderungen zu unterstützen, wurde sog. SCM-Software entwickelt. Siehe dazu das Kap. 9.2.4. Grundlegend sind die Einrichtung guter Kommunikationswege sowohl technischer (Telefon, Fax, ISDN, EDI, Internet, Transponder (z.B. ein RFID Sensor)) wie persönlicher Art (regelmässige Meetings auf allen Hierarchiestufen).

Eine intensive Zusammenarbeit in der partnerschaftlichen Beziehung hat tendenziell folgende Supply-Chain-Risiken – zusätzlich zu denjenigen bei der Kunden-Lieferanten-Partnerschaft (siehe Kap. 2.2.2) –, die insgesamt kleiner sein müssen als die erwähnten Vorteile.

- Missbrauch der Kenntnisse aus der Zusammenarbeit mit Partnern zu Geschäftsbeziehungen mit deren Konkurrenten.

- Investitionen durch Partner, die aufgrund zu kurzer Kooperation nicht rentabilisiert werden können.

- Die Abhängigkeit von einem System- oder Modullieferanten kann sich wegen der engen Bindung als zu stark erweisen, ohne dass man „dual sourcing" in Betracht ziehen kann.

- „Local sourcing" kann erhöhte Preise, suboptimale Produktqualität und mangelnde quantitative Flexibilität an Kapazität zur Folge haben.

2.3.2   Das ALP-Modell („Advanced Logistics Partnership"), ein Grundgerüst zur Umsetzung einer intensiven Zusammenarbeit in der Supply Chain

Eine partnerschaftliche Beziehung zeichnet sich durch ihre Langfristigkeit aus. Die Stabilität und – besonders bei einer ausgewogenen Beziehung – auch die Intensität der Zusammenarbeit sind nur dann gewährleistet, wenn jeder Partner eine „win-win"-Situation empfindet. Das Streben danach ist das Leitprinzip bei der Umsetzung einer Partnerschaft. Dieses Leitprinzip wurde im nachfolgend zusammengefassten *ALP-Modell, „advanced logistic partnership"* konkretisiert[5]. Es handelt sich dabei um ein Grundgerüst, welches die Interaktionen zwischen Lieferanten und Kunden auf drei Führungsebenen erfasst:

- *Oberste Führungsebene:* Vertrauensbildung und prinzipielle rechtliche Verhältnisse
- *Mittlere Führungsebene:* Erarbeitung von Prozessen zur unternehmensübergreifenden Zusammenarbeit in der Supply Chain
- *Operationelle Führungsebene*: Auftragsabwicklung

ALP unterscheidet zudem drei Phasen in der Beziehung zwischen Lieferanten und Kunden:

- Die *Absichtsphase:* Wahl der potentiellen Partner
- Die *Definitionsphase:* Lösungssuche und Entscheid
- Die *Ausführungsphase:* Betrieb und laufende Verbesserung

Die Abb. 2.3.2.1 zeigt die neun Felder, die sich aus dieser Strukturierung ergeben. Darin eingezeichnet ist der grobe Ablauf für die Umsetzung einer Partnerschaft zwischen Firmen.

Die oberste Führungsebene macht Vorgaben für die mittlere, und diese ihrerseits Vorgaben für die operationelle Führungsebene. Da die Zusammenarbeit auf allen Ebenen eine Schlüsselbedingung für die Partnerschaft bildet, ist der frühe Einbezug sämtlicher beteiligter Personen wichtig. Nur so entsteht innerhalb eines Unternehmens jener Konsens und Teamgeist, der für unternehmensübergreifende Zusammenarbeit notwendig ist. Damit beeinflussen die operationelle und die mittlere Führungsebene auch die oberste, was durch die schmaleren Pfeile angedeutet ist. Die grösseren Buchstaben in den Feldern entlang der Achse von links oben nach rechts unten zeigen an, dass dort die Hauptarbeit geleistet wird. Die Felder rechts oben und links unten enthalten Aufgaben, die man in der Praxis am meisten vernachlässigt.

Das Hauptaugenmerk in der neueren Diskussion einer intensiven Zusammenarbeit in der Supply Chain hat sich auf die vier dunkler unterlegten Felder im neunfeldrigen Grundgerüst der Abb. 2.3.2.1 verschoben. Durch die integrierte Sichtweise und Fokussierung auf alle Geschäftsprozesse in der Supply Chain möchte man die eigene Planung und Ausführung mit denjenigen der Lieferanten und der Kunden koordinieren, um das Optimum der gesamten Supply Chain zu erzielen. Alle Aufgaben sind auf das untere rechte, am dunkelsten unterlegte Feld in der Abb. 2.3.2.1 ausgerichtet, also das gemeinsame Abwickeln der Aufträge in der Supply Chain. Denn dort findet die Wertschöpfung statt, welche den Endkunden interessiert. Auch SCM-Software betrifft übrigens meistens nur dieses neunte Feld. Eine adäquate und effiziente IT-Stützung der unternehmensübergreifenden Auftragsabwicklung ist eine, wenn auch nicht hinreichende, so doch notwendige Voraussetzung für den Erfolg des Supply Chain Management.

---

[5]   Das ALP-Modell wurde am BWI Betriebswissenschaftlichen Zentrum der ETH Zürich zusammen mit mehreren Unternehmen entwickelt. Siehe dazu [AlFr95].

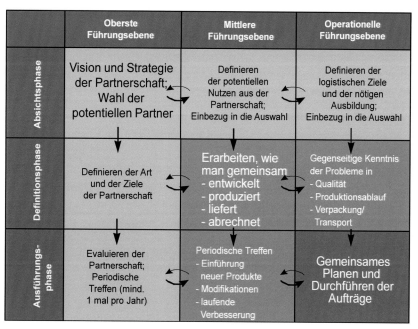

	Oberste Führungsebene	Mittlere Führungsebene	Operationelle Führungsebene
Absichtsphase	Vision und Strategie der Partnerschaft; Wahl der potentiellen Partner	Definieren der potentiellen Nutzen aus der Partnerschaft; Einbezug in die Auswahl	Definieren der logistischen Ziele und der nötigen Ausbildung; Einbezug in die Auswahl
Definitionsphase	Definieren der Art und der Ziele der Partnerschaft	Erarbeiten, wie man gemeinsam - entwickelt - produziert - liefert - abrechnet	Gegenseitige Kenntnis der Probleme in - Qualität - Produktionsablauf - Verpackung/ Transport
Ausführungs- phase	Evaluieren der Partnerschaft; Periodische Treffen (mind. 1 mal pro Jahr)	Periodische Treffen - Einführung neuer Produkte - Modifikationen - laufende Verbesserung	Gemeinsames Planen und Durchführen der Aufträge

Abb. 2.3.2.1   Das ALP-Modell: ein Grundgerüst für die Umsetzung einer intensiven Zusammenarbeit in der Supply Chain

2.3.3 Oberste Führungsebene: Vertrauensbildung und prinzipielle Verhältnisse

Die Wahl der potentiellen Partner richtet sich grundsätzlich danach, ob ein Partner die geforderten Ziele erfüllen kann. Diese Ziele müssen genügend klar formuliert sein, um Abweichungen der Ergebnisse von den vertraglichen Abmachungen in den Griff zu bekommen. Für eine langfristige und intensive Zusammenarbeit in einer Supply Chain haben sich jedoch die *vertrauensbildenden Massnahmen* gemäss Abb. 2.3.3.1 als Voraussetzung erwiesen.

Bereits diese unvollständige Liste zeigt auf, welches Mass an Sozialkompetenz von jedem Partner auf der Supply Chain gefordert ist. Allerdings entspricht gerade das *Ausnützen* der Stärke in der eigenen Verhandlungsposition der traditionellen Einkäufermentalität. Viele Lieferantenbeziehungen, die unter dem Begriff Partnerschaft laufen, verdienen diesen Namen wohl nicht. Die Positionierung der Lieferanten im Lieferantenportfolio macht diese Tatsache, die für die aktuelle Geschäftstätigkeit durchaus richtig sein kann, in vielen Fällen deutlich. Siehe dazu auch [Hand95], [WaEg10]. Ist aber die Bedeutung von Lieferant und Abnehmer gegenseitig hoch, dann wird nur die *ausgewogene* partnerschaftliche Beziehung zur Wettbewerbsfähigkeit der ganzen Supply Chain führen. Personen aus dem Beschaffungswesen müssen sich dann zu Supply Chain-Managern weiterentwickeln. Ebenso können Personen aus Verkauf, Produktion und Logistik sich das nötige Wissen aus der Beschaffung und den anderen Bereichen aneignen und sich so erfolgreich zu Supply Chain-Managern entwickeln.

Im eigenen Unternehmen die Voraussetzungen schaffen.

- Mentalität für eine gemeinsame „win-win"-Situation
- Offenheit für Vorschläge von internen und externen Mitarbeitenden
- Orientierung hin zu Abläufen und wertschöpfenden Aufgaben
- Delegation, Teamarbeit usw.

Gewicht nach Möglichkeit auf lokale Netzwerke legen („local sourcing").

- Die lokale Nähe beeinflusst nicht nur die Logistik vorteilhaft (Tempo, Transport- und Lagerkosten), sondern besonders die menschlichen Beziehungen.
- Die beteiligten Personen sprechen dieselbe Muttersprache und sehen sich womöglich auch ausserhalb der geschäftlichen Beziehungen. Solche informellen Kontakte sind oft mitentscheidend für erfolgreiche Netzwerke.
- Sind lokal keine „world class supplier" ansässig, und können keine solchen dazu gebracht werden, sich lokal anzusiedeln, so ist es manchmal vorteilhaft, einen regionalen Lieferanten zu einem „world class local supplier" zu schulen.

Nichtausnützen der Stärken in der eigenen Verhandlungsposition.

- Sämtliche Absichten müssen offen auf den Tisch gelegt werden.
- Die Ziele der Zusammenarbeit sollen für alle klar formuliert sein. Mögliche Ziele sind z.B. die führende Position in einem bestimmten Marktsegment oder ein bestimmtes Absatzvolumen auf einer Artikelgruppe.
- Primär ist die ganze Supply Chain im Wettbewerb mit einer konkurrierenden Supply Chain um die Gunst des Verbrauchers. Die Konkurrenz zwischen Abnehmer und Lieferant innerhalb der Supply Chain hat sekundäre Wichtigkeit. Die optimale Wertschöpfungstiefe für einen Partner in der Supply Chain ist nicht unbedingt auch optimal für die *ganze* Supply Chain.
- Es empfiehlt sich, den Gewinn aus Kostenreduktion oder Ertragssteigerung gleichmässig zu verteilen, da es primär die Partnerschaft als solche ist, die zum Erfolg führt, und weniger der Beitrag eines Partners. Eine ausgewogene „win-win"-Situation für alle beteiligten Unternehmen ist eine Voraussetzung für eine langfristige und intensive Zusammenarbeit.

Abb. 2.3.3.1   Vertrauensbildende Massnahmen bei partnerschaftlichen Beziehungen

2.3.4   Mittlere Führungsebene: Erarbeitung von kooperativen Prozessen in der Supply Chain

Auf der mittleren Führungsebene geht es um die Erarbeitung von kooperativen Prozessen, um die Ziele gemäss Abb. 2.3.1.1 zu erreichen.

Ein *kooperativer Prozess* zeichnet sich durch Zusammenarbeit in der Supply Chain aus.

Die Abb. 2.3.4.1 zeigt Prozesse in der Supply Chain, und zwar bezogen auf die Sicht einer wertschöpfenden Einheit, z.B. ein Unternehmen. Zur Optimierung der *umfassenden* Supply Chain müssen die Prozesse zusammen mit den Partnern erarbeitet werden, also der Kundenkette – den Kunden und deren Kunden – sowie der Lieferantenkette – den Lieferanten und deren Lieferanten.

- Supply Chain Design umfasst die Auswahl der Partner des Netzwerks und die Standortplanung. Die Definition von Controlling-Prozessen in der Supply Chain dient der Prüfung des Erfüllungsgrads des postulierten Nutzens. Solche Prozesse können Kenngrössen erarbeiten, so wie sie beispielhaft im Kap. 1.4 eingeführt wurden. Sowohl das Design als auch das Controlling der Supply Chain sind Prozesse, welche die nachfolgenden Planungs- und Ausführungsprozesse auf ihrer ganzen Länge strategisch *bestimmen*.

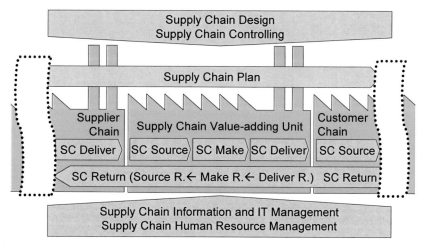

Abb. 2.3.4.1   Kooperative Prozesse in der Supply Chain

- Mit „SC Plan" sind Prozesse zur umfassenden Planung der Nachfrage und der Ressourcen auf dem Netzwerk gemeint, insbesondere der langfristigen. Letztlich gehören dazu auch Prozesse zur gemeinsamen Abrechnung. „SC Source", „SC Make", „SC Deliver" und „SC Return" beschreiben die spezifischen Planungs- und Ausführungsaufgaben in den wertschöpfenden Einheiten. Dazu gehört auch die Einwirkung in die je anschliessenden Bereiche in der Supply Chain, auf der Seite des Netzes sowohl der Lieferanten als auch der Kunden. Vgl. dazu auch das bekannte SCOR-Modell (siehe Kap. 1.1.5).

- Netzwerkweit integrierte Prozesse im Bereich der IT-Unterstützung bilden einen weiteren Schlüssel für erfolgreiche Supply Chains. Grundlegend ist zudem die nötige Ausbildung der Mitarbeitenden auf allen Ebenen, bezogen sowohl auf die fachliche als auch auf die soziale Kompetenz. Beide Kategorien von Prozessen sind Support-Prozesse, welche die aus der Sicht des Verbrauchers wertschöpfenden Planungs- und Ausführungsprozesse auf ihrer ganzen Länge bestimmen.

Die Abb. 2.3.4.2 zeigt am Beispiel des „concurrent engineering" bzw. der partizipativen Entwicklung, wie die gestiegenen Anforderungen an die Geschwindigkeit der kooperativen Prozesse zu besonderen Herausforderungen führen.

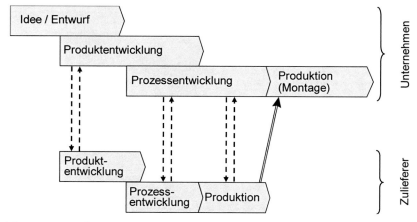

Abb. 2.3.4.2   Kooperative Prozesse im „concurrent engineering"

„Early supplier (or customer) involvement" heisst, Lieferanten (bzw. Kunden) früh in die Produktgestaltung einzubinden. Ihre Expertise und Einsicht und ihr Wissen führen schneller zu besseren Entwürfen, die man einfacher herstellen und in Produkte mit hoher Qualität überführen kann ([APIC16]).

Gerade Zulieferer müssen die logistischen Prozesse zur zeitlich abgestimmten Entwicklung, Produktion und Lieferung von Komponenten kennen. Dabei kommt der Durchgängigkeit der Planungs- und Steuerungssysteme eine Schlüsselbedeutung zu. Alle notwendigen Informationen müssen zwischen den Partnern frei austauschbar sein. Siehe dazu auch die Abb. 2.3.1.1.

Ein Beispiel für erfolgreiches „concurrent engineering" ist die Firma Boeing in Seattle, USA. Seit langer Zeit arbeitet sie mit Partnern im pazifischen Raum zusammen, insbesondere in Japan. Diese stellen z.B. den grössten Teil des Rumpfes her. Die Zusammenarbeit erfolgte explizit im Hinblick auf den asiatischen Markt. Potentielle Abnehmer sind Fluggesellschaften, die zum grossen Teil den Staatswesen gehören. Für die Entscheidungsträger ist dann ausschlaggebend, dass ein Teil der Wertschöpfung im eigenen Land erfolgen kann. Die bei der B747 gepflegte Zusammenarbeit konnte daraufhin zur erfolgreichen und wirtschaftlichen Herstellung der B777 genutzt werden. Dieses Flugzeugmuster wurde von allem Anfang an entsprechend den Prinzipien des „concurrent engineering" konzipiert.

Mit Sicht auf eine langfristige „win-win"-Zusammenarbeit sollen sowohl die Prozesse als auch alle übrigen Abmachungen in Verträgen festgelegt werden, die sich über die Punkte in der Abb. 2.3.4.3 äussern:

- *Grundlegendes:* Dauer, Vorgehen bei Auflösung, Vertraulichkeit und Geheimhaltung, Gerichtsstand.
- *Qualität:* Spezifikation der Produkte und Prozesse[6], Qualitätsmanagement und Behandlung bei Abweichungen.
- *Kosten:* Aufteilung der Investitionen in Anlagen und Kommunikationssysteme.
- *Lieferung:* Lieferprozedur (normal und dringend), Losgrössen und Verpackungen, Verantwortung und Kostenverteilung für Lager.
- *Flexibilität:* Leistungsindikatoren und Verbesserungsziele für Qualität, Kosten und Lieferung.
- *Unternehmerische Zusammenarbeit:* Projektmanagement für neue Produkt- und Produktionstechnologien, Urheber- und Eigentumsrechte, Haftung und Gewährleistung.

Abb. 2.3.4.3   Inhalt von Verträgen für eine partnerschaftliche Beziehung

Zur Lieferantenauswahl sind die Schritte und die Bewertungskriterien für die Lieferantenbeurteilung gemäss Abb. 2.2.4.1 erneut nützlich. Die Lieferantenauswahl erfolgt oft stufenweise:

- Eine erste Ausschreibung kann sich zunächst auf die Erarbeitung eines Pflichtenhefts sowie der Regeln zur detaillierten Zusammenarbeit beziehen. Siehe dazu das Kap. 2.3.4. Das Ergebnis wird Grundlage für die Verträge in den weiteren Ausschreibungen.

---

[6]   Eine *Spezifikation* ist eine klare, vollständige und genaue Angabe über die technischen Anforderungen an ein Material, ein Produkt oder eine Dienstleistung, sowie über die Prozedur zur Bestimmung, ob die Anforderungen erfüllt sind ([APIC16]).

- Eine nächste Ausschreibung kann sich auf die Entwicklung und den Bau eines Prototyps bzw. die Erstabwicklung einer Dienstleistung beziehen. Gerade für Dienstleistungsprodukte oder bei der Softwareproduktion kann so nicht nur die inhaltliche Machbarkeit, sondern auch die Validität der erarbeiteten Regeln und Verträge überprüft werden.

- Im Falle von repetitiven Dienstleistungen oder für die Serienproduktion von materiellen Gütern erfolgt u.U. ein erneutes Auswahlverfahren. Dabei wird nicht automatisch der Lieferant ausgewählt, der für das Prototyping zuständig war.

2.3.5 Operationelle Führungsebene: Zusammenarbeit in der Auftragsabwicklung — vermeiden des Bullwhip-Effekts

Zur Erfüllung der Ziele der Zusammenarbeit ist nebst der Verknüpfung der Planungs- und Steuerungssysteme ein enger Kontakt zwischen den beteiligten Personen notwendig.

> *„Collaborative planning, forecasting, and replenishment"* (CPFR) ist ein Prozess, bei welchem die Partner der Supply Chain gemeinsam die Schlüsseltätigkeiten von der Herstellung der Rohmaterialien bis zu den Endprodukten planen. Das betrifft die Geschäftsplanung, die Vorhersage, sowie alle nötigen Operationen, um Rohmaterialien und Endprodukte nachzufüllen ([APIC16]).

Möglichst viel Verantwortung und Kompetenzen für gut geschulte unternehmensübergreifende Teams sind typisch für eine gut funktionierende Supply Chain. Solche Teams kennen gegenseitig die Probleme bezüglich Qualität, Produktionsablauf sowie Lieferung und sorgen für die kontinuierliche Verbesserung der Auftragsabwicklung im Sinne einer lernenden Organisation[7]. Hinzu kommen Techniken zur unternehmensübergreifenden Einsichtnahme in und Veränderung von Daten. Beispiele dafür sind (siehe dazu [APIC16]):

- *Verkäufergeführter Bestand (VMI, „vendor managed inventory")* bzw. *lieferantengeführter Bestand (SMI, „supplier managed inventory")*: Der Lieferant hat Zugriff auf die Bestandsdaten des Kunden und ist verantwortlich für die Führung der Bestände, so wie sie vom Kunden gefordert werden. Das schliesst die rechtzeitige Nachfüllung sowie die Entfernung von beschädigten oder zeitlich abgelaufenen Gütern ein. Der Verkäufer erhält eine Quittung für den nachgefüllten Bestand und stellt entsprechend Rechnung.

- *Kontinuierliche Nachfüllung (CRP, „continuous replenishment planning")*: Der Lieferant wird täglich über die effektiven Verkäufe oder Lieferungen informiert und verpflichtet sich dafür zur Nachfüllung ohne Lieferausfall und ohne Nachfüllauftrag.

Die Einführung solcher Prozesse führt zu einer Reduktion der Kosten sowie zu einer Verbesserung der Geschwindigkeit und des Lagerbestandsumschlags.

Das System zur Planung & Steuerung der Auftragsabwicklung umfasst die Aufgaben gemäss Abb. 2.3.5.1. Die Systemik und Systematik zur Planung & Steuerung in einer Supply Chain ist Gegenstand der weiteren Kapitel. Deshalb werden die hier verwendeten Begriffe nicht genauer definiert oder vertieft.

---

[7] Eine *lernende Organisation* ist „eine Gruppe von Menschen, welche eine fortlaufende, erweiterte Lernfähigkeit in die Firmenstruktur hinein gewebt haben" (vgl. [APIC16]). Jedes Mitglied der Gruppe ist in die Problemidentifikation und die Lösungsfindung involviert.

Lang- und mittelfristige Planung:
- System von Rahmenaufträgen für Entwicklung und Herstellung, bezogen auf Produkte, oder „nur" bezogen auf zu reservierende Kapazitäten an Produktionsinfrastruktur und Mitarbeitenden.

  Vorgehen:
- rollende Planung und Lieferanten-Terminplanung
- laufende Präzisierung mit kürzerer Fristigkeit

Kurzfristige Planung & Steuerung:
- System von *kurzfristigen Rahmenaufträgen* für in der lang- und mittelfristigen Planung reservierte Produkte, oder aber für die reservierte Kapazität, nun bezogen auf konkrete Produkte oder Prozesse.

  Vorgehen:
- schneller Daten- und Steuerungsfluss
- Abrufaufträge und Lieferterminpläne für eine Lieferung direkt in die Produktion
- im Extremfall auch Lieferung aufgrund eines ungeplanten Bedarfs.

Abb. 2.3.5.1   Aufgaben von Planung & Steuerung für eine partnerschaftliche Beziehung

Ein besonderes Augenmerk im Supply Chain Management gilt der Vermeidung des Bullwhip-Effekts (auch Forrester-Effekt genannt).

Der *Bullwhip-* oder *Peitschenhieb-Effekt* beschreibt ein extremes Schwanken der Bestände am Anfang einer Versorgungskette bei gleichzeitig kleiner oder keiner Änderung des Kundenbedarfs. Grosser Lieferrückstand wechselt sich zudem mit grossem Überbestand ab.

Beobachtungen zeigen, dass die Veränderung von Bestand und Auftragsmengen entlang der Supply Chain vom Kunden zu den verschiedenen Ebenen von Lieferanten zunimmt. Zudem ist der Effekt umso stärker, je länger die Durchlaufzeiten für Güter-, Daten- und Steuerfluss sind. Siehe dazu auch [Forr58], [LePa97] und [SiKa19]. Abb. 2.3.5.2 zeigt den Effekt.

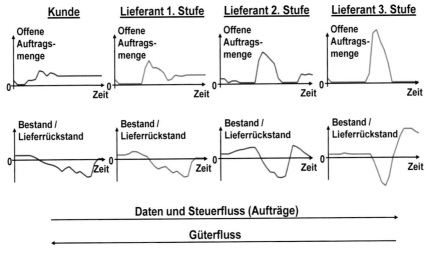

Abb. 2.3.5.2   Offene Auftragsmengen und Bestand / Rückstand in einer Supply Chain: der Bullwhip- oder Forrester-Effekt

Ein berühmtes Beispiel ist der Bedarf für Pampers®-Windeln, der durch Procter&Gamble analysiert und publiziert wurde. Der Bullwhip-Effekt gründet vor allem auf zeitlich verzögerten und durch die effektiven Aufträge verzerrter Information in der Supply Chain über den eigentlichen Kundenbedarf. Der Effekt kann durch eine Anpassung der Produktionsdurchlaufzeit vermieden werden (siehe dazu [SöLö03]), gestützt auf einen schnellen Informationsaustausch über den Verbrauch bzw. Bedarf am Verkaufspunkt.

Unter dem Begriff *Verkaufspunkt* (engl. *„point of sale" (POS)*) versteht man die Bestandsentnahme und Erfassung der Verkaufsdaten zum Zeitpunkt und am Ort des Verkaufs, i. Allg. mit Strichcodes („bar-codes") oder magnetischen Medien und Ausrüstungen ([APIC16]).

In der Vertriebssteuerung steht der Begriff *„quick response program" (QRP)* für ein Informationssystem, das Verkäufe beim Detaillisten entlang der Vertriebskette mit den Produktions- und Versandplänen verbindet. Am Verkaufspunkt werden elektronische Erfassung und Übermittlung eingesetzt. Ggf. wird direkt von der Produktion zum Detaillisten geliefert ([APIC16]).

Ein entsprechendes Informationssystem kann unter den Partnern in einer Supply Chain die Bedarfsinformation vom Endkunden bis zum ersten Glied in der Kette übermitteln. Alle Partner im Netzwerk können dann ihre Kapazitäten sofort den aktuellen Bedarfszahlen anpassen und damit grössere Bestandsschwankungen vermeiden. Die Praxis zeigt, dass solche Informationen nur in einem Netzwerk ausgetauscht werden, in dem volles Vertrauen herrscht.

2.3.6 Ein Beispiel aus der praktischen Anwendung

Agie-Charmilles SA, ein weltweit tätiger Schweizer Hightech-Werkzeugmaschinenhersteller (www.agie-charmilles.com), wollte eine intensive partnerschaftliche Beziehung mit Zulieferern wichtiger Baugruppen einführen. Ziel war es, die Anzahl der Geschäftspartner zu reduzieren und gleichzeitig die Qualität zu erhöhen, die Kosten stabil zu halten, zuverlässig beliefert zu werden und flexiblere Liefermengen und Lieferzeitpunkte zu schaffen. Vor allem aber wollte die Firma Bedingungen schaffen, die es ihr erlaubten, sich auf ihre Kernkompetenzen in der Entwicklung und Montage der Produkte zu konzentrieren.

Die Zulieferer unterschieden sich im Grad der Unabhängigkeit und der Wertschöpfungstiefe. Zum Beispiel waren die Leiterplattenhersteller reine Subunternehmer, die einzelne Arbeitsgänge ausführten: Der Werkzeugmaschinenhersteller übernahm nicht nur die Entwicklung und Konstruktion der Leiterplatten sondern stellte auch das Produktionsmaterial zur Verfügung. Die Hersteller der Blechumfassungen der Werkbänke zur Bearbeitung der Werkstücke kauften ihr Material zwar selbst ein, hatten aber keine Entwicklungsabteilung. Im Vordergrund standen lokale Zulieferer, meist kleinere Firmen mit ca. 50 Mitarbeitern sowie einzelne Abteilungen mittelgrosser Firmen. Im Folgenden werden die massgeblichen Phasen des Projektes skizziert.

Absichtsphase:

Das Management führte mehrere Gespräche mit der Firmenleitung jedes Zulieferers. Zu einigen Treffen wurden Mitarbeiter involvierter Abteilungen und Werkstätten hinzugezogen. Das „win-win"-Prinzip wurde betont. Für den Zulieferer ergab sich durch die Übernahme zusätzlicher Kompetenzen ein strategischer Wettbewerbsvorteil. Selbstverständlich stand es jedem Zulieferer frei, sich nicht zu beteiligen, er musste jedoch dann damit rechnen, den Kunden an einen Mitbewerber zu verlieren, der zu einer Kooperation bereit war.

Der Leiterplattenhersteller sollte eine eigene Einkaufsabteilung aufbauen sowie eine Qualität von praktisch 100 % erreichen und gleichzeitig Liefermengen und Kundentoleranzzeiten einhalten. Schritte zum Erreichen dieser Ziele wurden detailliert geplant. Der Werkzeugmaschinenhersteller versprach umfassende Hilfe beim Know-how-Transfer in diesen Gebieten.

Ziel beim Hersteller der Blechverkleidungen war der Aufbau einer F&E-Abteilung mit „time to market"-Prioritäten, die mit denen des Werkzeugmaschinenherstellers übereinstimmten. Die Voraussetzungen im Hinblick auf Qualität, Kosten und Auslieferung wurden näher bestimmt.

Man traf sich viermal im Jahr um Strategien und Ziele zu überprüfen. Einmal jährlich trafen sich die Geschäftsleitungen der Firmen, um den Fortschritt zu kontrollieren. Als der Produktionsleiter des Werkzeugmaschinenherstellers, der das Projekt stark vorangetrieben hatte, die Firma verliess, führte dies zu ernsthaften Schwierigkeiten. Die Zulieferer hegten starke Zweifel an der Fortführung des Projekts. Die Lage beruhigte sich erst, nachdem ein Nachfolger des Produktionsleiters benannt worden war, der bekanntermassen ein Verfechter der gewählten Strategie war. Schnell wurde offensichtlich, dass eine solch anspruchsvolle Art der Zusammenarbeit auf der operationellen Ebene nicht von selbst funktioniert – ständige Bestätigung von Seiten des Managements der beteiligten Firmen ist unerlässlich.

Definitionsphase:

In dieser Phase werden Produkte und Prozesse entwickelt und eingeführt. Hier wird deutlich, ob vertrauensbildende Massnahmen nur pro forma eingeleitet wurden oder ob sie gegriffen haben. Wir beschreiben die einzelnen Schritte beispielhaft anhand je eines bestimmten Herstellers von Leiterplatten und von Blechumfassungen.

Der *Blechverkleidungsfabrikant* bestand auf einer Mindestverkaufsmenge, die im Voraus für den Zeitraum von mehreren Jahren festgesetzt werden sollte. Dadurch erhoffte er sich einen gewissen Grad an Sicherheit angesichts einer grossen Investition in CAD. Der Werkzeugmaschinenhersteller war nicht dazu bereit, da dies nicht seiner Sicht der ausgewogenen Partnerschaft entsprach. Er argumentierte, er gehe auch ein Risiko ein, dass nämlich der Zulieferer das durch die Kooperation mit ihm erhaltene Wissen missbrauchen könnte, um mit seinen Wettbewerbern ins Geschäft zu kommen. Schliesslich musste der Plan einer engen Zusammenarbeit aufgegeben werden. Der Zulieferer hatte mit diesem Ergebnis gerechnet. Dies stellte kein Problem dar, da das Geschäft mit dem Werkzeugmaschinenhersteller nur 4 % seines Umsatzes ausmachte und sein Hauptgeschäft florierte. Der Werkzeugmaschinenhersteller fand schnell andere Blechverkleidungsfabrikanten, mit denen er die Partnerschaft zufriedenstellend umsetzen konnte.

Der *Leiterplattenhersteller* sah in der Forderung, eine eigene Einkaufsabteilung zu schaffen, eine gute Gelegenheit, Kompetenzen in diesem Bereich aufzubauen. Obwohl – oder vielleicht gerade weil – 80 % seines Umsatzes auf den Werkzeugmaschinenhersteller entfiel, liess er sich von dem Argument überzeugen, dass er das neue Know-how in Zukunft auch im Geschäft mit anderen Kunden nutzen könne. Schliesslich machte das Geschäft mit dem Werkzeugmaschinenhersteller nur noch 20 % seines Umsatzes aus, was den Erfolg dieser Strategie für den Zulieferer zeigt. Die erforderliche Investition in nur indirekt produktive Mitarbeiter war jedoch nicht ohne Risiko. Während der gesamten Definitionsphase besuchten sich Mitarbeiter der beiden Firmen gegenseitig, um die Prozesse der verteilten Produktion, Beschaffung, Auslieferung und Kalkulation und die damit verbundenen Probleme besser zu verstehen. Dies führte beim Lieferanten zu einer kompletten Neugestaltung der Abläufe und des Layouts der Produktions-Infrastruktur. Aber auch der Werkzeugmaschinenhersteller musste einige seiner Abläufe modifizieren.

Ausführungsphase:

Zur Planung und Durchführung der Aufträge des Maschinenherstellers an den Leiterplattenhersteller wählte man ein *Lieferanten-Terminplanungs*-System, d.h. ein System von lang-, mittel- und kurzfristigen Rahmenaufträgen sowie Abrufaufträgen mit Mengen und Zeitspannen. Mit dieser Methode war der Zulieferer nicht vertraut gewesen. Er stellte aber schnell fest, dass es ihm nur durch verbesserte Planung beider Seiten möglich sein würde, die jetzt verlangten, drastisch reduzierten Lieferdurchlaufzeiten einzuhalten. Nur so konnte der Lieferant seinerseits die notwendigen elektronischen Komponenten von seinem eigenen Zulieferer rechtzeitig beschaffen. Ein solches System zur kontinuierlichen Planung von immer präziseren Rahmen- und Abrufaufträgen verlangte erhebliche Investitionen in eine schnelle und effiziente Kommunikationstechnik seitens der Firma und ihrem Zulieferer.

Im Beispiel bestellt der Werkzeugmaschinenhersteller die *genau* benötigte Menge nur für den nächsten Monat, und zwar mit einem kurzfristigen Rahmenauftrag. Die genauen Zeitpunkte der einzelnen Abrufaufträge während des nächsten Monats ergeben sich in diesem Fall durch ein Kanban-Steuerprinzip. Während des Monatszeitraums entsteht der Bedarf unvorhersagbar, so dass der Zulieferer die gesamte Menge des kurzfristigen Rahmenauftrags am Anfang des Monats zur Verfügung haben muss, da die Firma keine genauen Daten für die wahrscheinliche Lieferung angegeben hat.

2.3.7 Das virtuelle Unternehmen und andere Formen der Koordination von Unternehmen

Gibt es Möglichkeiten für zeitlich beschränkte und dennoch intensive Formen der Zusammenarbeit? Zum Beispiel im Hinblick auf Einmalproduktion oder eine Dienstleistung, die für einen Kunden eine spezifische Problemlösung bedeutet? Eine mögliche Antwort bildet das virtuelle Unternehmen. Siehe dazu auch [DaMa93] oder [GoNa94].

Das Adjektiv *virtuell* bedeutet gemäss [DuFr15] „der Kraft oder Möglichkeit nach vorhanden". Bezogen auf die Unternehmenswelt heisst dies, dass eine Firma als solche auftritt, obwohl sie juristisch gesehen keine ist.

Mit dem Konzept der Virtualität möchte man ein kurzfristig formuliertes individuelles Bedürfnis eines Kunden erfüllen. Dafür schliessen sich mehrere Partner mit gewissen Abteilungen ihres Unternehmens zusammen. Gegenüber dem Endkunden treten sie dabei wie ein einziges Unternehmen auf, trennen sich aber später wieder. Dieselben Unternehmen schliessen sich dann mit anderen Unternehmen zu einem neuen virtuellen Unternehmen zusammen.

Ein *„virtuelles Unternehmen"* ist eine kurzfristige Kooperationsform rechtlich unabhängiger Partner in einem langfristig angelegten Netzwerk von potentiellen Geschäftspartnern verschiedenster Art. Die Partner kooperieren auf der Basis einer gemeinsamen Wertvorstellung und wirken gegenüber Dritten wie ein einziges Unternehmen. Jeder Partner ist dabei auf seinen Kernkompetenzen tätig. Die Auswahl der Partner erfolgt aufgrund ihrer Innovationskraft und ihrer Flexibilität, sich als Partner in Supply Chains einzubringen.

Die Stärke virtueller Unternehmen liegt in ihrer Fähigkeit, sich sehr schnell zu bilden. In der Praxis müssen sich damit die Partner vorher kennen. Die Abb. 2.3.7.1 zeigt das Konzept dazu.

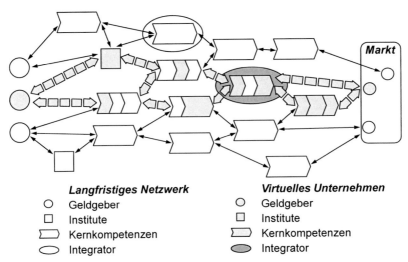

Abb. 2.3.7.1   Das virtuelle Unternehmen und das zugrunde liegende langfristige Netzwerk von
potentiellen Partnern (entnommen aus [Brue98])

Die potentiellen Partner des virtuellen Unternehmens streben eine Interessengemeinschaft in
Form eines *langfristig* bestehenden Netzwerkes an (in Abb. 2.3.7.1 durch die dünnen Pfeile
angedeutet), so dass jeder Partner Wettbewerbsvorteile erzielt. Allfällige Hemmnisse einer
Zusammenarbeit müssen in dieser Phase ausgeräumt werden, um zwischen den einzelnen
Netzwerkteilnehmern ein Vertrauensverhältnis aufzubauen. Dies erfordert die Einrichtung guter
Kommunikationswege sowohl technischer wie auch persönlicher Art. Bei Entwicklungs-
zusammenarbeit sind Vertragsvereinbarungen u. U. sinnvoll.

Bezogen auf die unternehmerischen Ziele erwachsen zwischen den Partnern in einem virtuellen
Unternehmen die Strategien gemäss Abb. 2.3.7.2. Sie sind in Ergänzung zu den Strategien in
Abb. 2.3.1.1 zu sehen.

Von den unternehmerischen Zielen her besonders angesprochen ist hier die Flexibilität. Zur
schnellen Bildung eines virtuellen Unternehmens müssen die Unternehmensgrenzen aller
potentiellen Partner bereits offen sein. Voraussetzung dazu ist wiederum der langfristige Aufbau
von Vertrauen. Oft gilt die Regel, dass im Netzwerk Konkurrenz ausgeschlossen ist.

Die schnelle Bildung von Netzwerken erfordert einen Broker. Dieser kann gerade bei Einmalproduktion oft auch als Zentrum für die Auftragsabwicklung dienen, d.h. für die Planung &
Steuerung. Sind sehr kurze Durchlaufzeiten gefordert, dann wird die Planungsautonomie der
beteiligten Firmen reduziert werden müssen. Entscheidend ist dabei der Grad an Flexibilität, sich
in die unternehmerischen Ziele des virtuellen Unternehmens einzubringen.

Ein virtuelles Unternehmen hat tendenziell folgende Supply-Chain-Risiken – zusätzlich zu
denjenigen bei der intensiven Zusammenarbeit in der partnerschaftlichen Beziehung (siehe Kap.
2.3.1) –, die insgesamt kleiner sein müssen als die erwähnten Vorteile.

- Fehlende Konkurrenz an potentiellen Partnern im Netzwerk, was dazu führt, dass gewisse
  Aufträge nicht angenommen werden können.

- Rechtliche Probleme (Gewinn- / Verlustverteilung, Urheber- und Eigentumsrechte).

- Ein zu kleines Geschäftsvolumen, um den langfristigen Aufwand zu rechtfertigen.

• Zielbereich Qualität:
• Jeder Partner ist auch *Ko-Unternehmer,* d.h. er trägt die unternehmerischen Risiken auf der ganzen Supply Chain mit. Er ist damit *umfassend* mitverantwortlich für die Zufriedenheit des Endkunden.   • Man entwickelt gemeinsam die Verhaltensregeln, Strukturen und Prozesse für das virtuelle Unternehmen und das Netzwerk von potentiellen Partnern.
• Zielbereich Kosten:
• Alle Vorteile der intensiven Zusammenarbeit in einer partnerschaftlichen Beziehung werden beibehalten. Dies führt zu möglichst tiefen Kosten.
• Zielbereich Lieferung:

• Die Supply Chain für einen konkreten Auftrag wird schnell gebildet.
   • Gleiche operationelle Abläufe, Dokumente, usw. sind Voraussetzung.
   • Gleiche Informationssysteme erlauben einen während der gesamten Produktentwicklung und Herstellung maximalen Informationsaustausch.

• Zielbereich Flexibilität:
• Die Wahl der Partner erfolgt über 1.) ihre Flexibilität, sich als Partner in Supply Chains einzubringen, 2.) ihre *Innovationskraft,* d.h. ihre Flexibilität im Erreichen des Kundennutzens durch Produkt- und Prozessinnovation und 3.) das Mass an gemeinsamen Wertvorstellungen.
• Unternehmerische Zusammenarbeit auf der Supply Chain:
• Alle potentiellen Partner bilden ein langfristig ausgelegtes Netzwerk. Reibungsverluste aufgrund von Beschaffungsverhandlungen werden so eliminiert oder reduziert. Ein Partner hat die Rolle eines Brokers, um das virtuelle Unternehmen für eine konkrete Nachfrage zusammenzusetzen.   • Alle Partner besorgen die Produkt- und Prozessentwicklung sowie die Planung & Steuerung von Anfang an zusammen. Sie sind gemeinsam am Erfolg oder Misserfolg beteiligt.

Abb. 2.3.7.2   Zielbereichsstrategien für ein virtuelles Unternehmen

Um das Risiko des fehlenden Geschäftsvolumens zu verkleinern, müssen alle Partner versuchen, Kundenbedürfnisse vorwegzunehmen. Diese von agilen Unternehmen verlangte Eigenschaft erfordert, dass man sich mit dem aktuellen Gebrauch von Produkten auseinandersetzt, um daraus proaktiv Vorschläge für den Einsatz von neuen Produkten zu erarbeiten, auf die der Kunde von selbst noch gar nicht gekommen ist. Siehe dazu Kap. 1.3.3.

Nebst den behandelten Formen gibt es viele weitere, die zum Teil einen eigenen Begriff erhalten haben. Die folgende Aufstellung setzt einige davon in Relation zu den behandelten Strategien und Verhaltensformen, insbesondere zum virtuellen Unternehmen. Siehe dazu auch [MeFa95].

- *Konsortium:* Konsortien wirken eher horizontal, indem sie Teillose eines Auftrags bearbeiten, einander aber nicht im Sinne einer Supply Chain beliefern. Ein Beispiel ist die ARGE (Arbeitsgemeinschaft) im Bauwesen. Banken können für die Emission von Wertpapieren ein Konsortium bilden. Auch *Lieferanten-Partnerschaften,* bei welchen mehrere Zuliefererbetriebe als ein Lieferant auftreten, können ein Konsortium bilden.

- Die *Strategische Allianz* ist eher auf bestimmte Geschäftsfelder und somit auf gleiche oder ähnliche Kompetenzen konzentriert. Des Weiteren besteht sie zusätzlich zum eigentlichen Kerngeschäft, während das virtuelle Unternehmen gerade die Kernkompetenzen betrifft.

- Ein *Konzern* zeichnet sich durch Beherrschungsverträge aus. Diese sind in einem virtuellen Unternehmen nicht nötig. Einzelne Konzerngesellschaften können aber durchaus als Partner an einem virtuellen Unternehmen teilnehmen.

- *Joint Ventures* bedeuten Neugründungen und finanzielle Beteiligungen. Diese sind in einem virtuellen Unternehmen nicht nötig.

- *„Keiretsu"* stellt eine japanische Kooperationsform dar, bei der die Unternehmen rechtlich und wirtschaftlich weitgehend selbstständig bleiben, obwohl sie auf vielfältige Weise miteinander verwoben sind. Der Unterschied zum virtuellen Unternehmen besteht darin, dass man in der japanischen Variante eine feste Mitgliedschaft voraussetzt.

- *Virtuelle Service-Kooperationen* wenden das Prinzip des virtuellen Unternehmens auf die strukturelle Aufstellung von weltweit tätigen Maschinen- und Anlagebauern zum Management von industriellen Dienstleistungen an. Siehe dazu [Hart04].

2.4   Supply-Chain-Risikomanagement

Seit einigen Jahren geht der Trend im Supply Chain Management erstens in Richtung Fragmentierung der Wertschöpfung. Dabei werden die einzelnen Schritte der Wertschöpfung global platziert, d.h. dort, wo die jeweiligen Fertigkeiten am günstigsten zu haben sind. Dieses Vorgehen ist mit einer erhöhten Anzahl von Transporten verbunden. Zweitens geht der Trend in Richtung der Anwendung der Prinzipien des Lean/Just-in-Time-Konzepts, verbunden mit einer anhaltenden Reduktion der Zahl der Lieferanten, der Bestände und der Kapazität. Beide Trends führen zu einer erhöhten Verletzlichkeit des Güter- und Informationsflusses.

Aufgrund des anhaltenden Käufermarkts, besonders für Investitionsprodukte, kann man – ebenfalls seit Jahren – eine zunehmende Fragmentierung der Nachfrage in zahlreiche Produktvarianten und Neuprodukte feststellen, oft verbunden mit einer sinkenden Kundenloyalität. Gefahren sind auch mit der zunehmenden Verknappung von kritischen Rohstoffen, mit unberechenbaren Kapitalmärkten sowie Naturkatastrophen und Terrorismus verbunden.

Diese Ursachen führen zu einer Zunahme von unerwarteten Störungen in Supply Chains, z.B. bei Lieferantenausfällen, grösseren Schwankungen der Nachfrage oder ungeeigneter Planung. Da gleichzeitig in den wohlhabenden Ländern die Ansprüche und die Erwartungen an das reibungslose Funktionieren der Supply Chains steigen, können solche Störungen zu grossen finanziellen Verlusten für Unternehmen führen.

> *Supply-Chain-Risiken* sind potenzielle Störungen in der Supply Chain, welche durch systeminhärente oder externe Ursachen hervorgerufen werden und eine negative Abweichung von den Zielen der Supply Chain zur Folge haben.

Siehe dazu auch [Zieg07], [JuPe03] oder [WaBo08]. Die Ursachen lassen sich nach dem SCOR-Modell strukturieren, und zwar auf den Stufen Netzwerk, Haupt- und Teilprozesse. Wirkungen sind negative Abweichungen von Unternehmenszielen in den Bereichen Qualität, Lieferzuverlässigkeit, Lieferdurchlaufzeit, Flexibilität, operationelle Kosten und Investitionen ins Umlauf- und Anlagevermögen. Dies schlägt sich schnell in den Unternehmenskennzahlen wie z.B. EVA („economic value added") oder EBIT („earnings before interest and taxes") nieder.

> *Supply-Chain-Risikomanagement (SCRM)* ist ein methodisches Vorgehen, um mit Supply-Chain-Risiken fertig zu werden.

In [Cran03] findet sich ein grundsätzliches Vorgehen zum SCRM, in [NoJa04] ein eher prozess- und werkzeugorientiertes Vorgehen. Die Abb. 2.4.0.1 zeigt die Bausteine eines einfachen und für KMU geeigneten, methodischen Vorgehens, das beide Aspekte umfasst. Diese und die folgenden Darstellungen sind aus [Zieg07] entnommen.

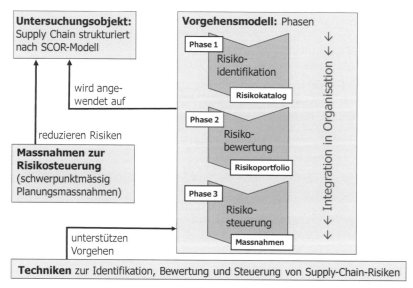

Abb. 2.4.0.1   Supply-Chain-Risikomanagement: Bausteine der Methodik

Das Kernstück der Methodik bildet das Vorgehensmodell mit den drei Phasen Risiko-identifikation, -bewertung und -steuerung. Die folgenden Teilkapitel stellen diese drei Phasen je mit ihren Ergebnissen vor und besprechen Techniken dazu. Das Vorgehensmodell schliesst auch Massnahmen zur erfolgreichen Integration des SCRM in die Organisation des Unternehmens ein.

2.4.1   Identifikation von Supply-Chain-Risiken

Die Abb. 2.4.1.1 zeigt den Prozess zur Identifikation von Supply-Chain-Risiken.

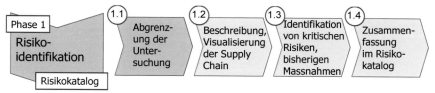

Abb. 2.4.1.1   Prozess zur Identifikation von Supply-Chain-Risiken

Die Praxis zeigt, dass man nur verhältnismässig wenige Supply Chains betrachten kann. Die Abgrenzung der Untersuchung hat zum Zweck, den Aufwand nicht am falschen Ort zu treffen. Die Abgrenzung geschieht z.B. mit Hilfe eines Supply-Chain-Portfolios.

> Ein *Supply-Chain-Portfolio* beschreibt sämtliche Supply Chains des Unternehmens anhand von Kriterien, wie z.B. Endprodukt, Kunden oder Lieferanten.

Die Abb. 2.4.1.2 zeigt ein Supply-Chain-Portfolio, das für das Supply-Chain-Risikomanagement geeignet ist, mit den beiden Achsen *Verletzlichkeit* und *Strategische Bedeutung* der jeweiligen Supply Chain.

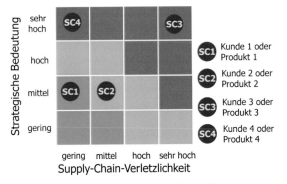

Abb. 2.4.1.2   Supply-Chain-Portfolio, geeignet für das Risikomanagement

In diesem Beispiel muss der Supply Chain SC1 aus der Sicht des Risikomanagements keine Aufmerksamkeit geschenkt werden. Die Supply Chain SC3 muss hingegen eine hohe Aufmerksamkeit erhalten, da sie sowohl als strategisch sehr bedeutend als auch sehr verletzlich eingeschätzt wird.

Die ausgewählten Supply Chains werden sodann mit dem SCOR-Modell abgebildet (zur Definition siehe das Kap. 1.1.5). Dies schafft Transparenz, wie die Abb. 2.4.1.3 grundsätzlich zeigt.

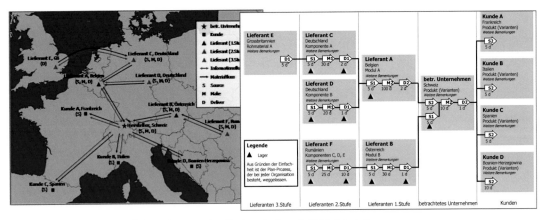

Abb. 2.4.1.3   Die Abbildung der Supply Chain mit dem SCOR-Modell

Der Schritt *Identifikation von kritischen Risiken und bisherige Massnahmen* hat zum Zweck, einen Katalog von Supply-Chain-Risiken zusammenzustellen.

> Ein *Supply-Chain-Risikokatalog* ist eine Aufstellung von relevanten Risiken in den ausgewählten Supply Chains, z.B. strukturiert gemäss Abb. 2.4.1.4.

ID	Risiko	Risikoursachen	Risikowirkungen	Bisherige Massnahmen
K1	Kunden – ungenaue Planung	unerwartete Schwankungen in der Nachfrage von Produktvarianten	ungenaue Absatzdaten →schlechte Supply Chain Planung → …	Erhöhung des Sicherheitsbestands an Endprodukten
L1	Lieferant C – Make – Ausfall	Ausfall von Produktionsmaschinen; Anlagen sind irreparabel zerstört	Lieferant C fällt mehrere Monate aus → … → Supply Chain verliert Marktanteile	keine

Abb. 2.4.1.4   Supply-Chain-Risikokatalog

Zur Erarbeitung des Katalogs empfehlen sich Risiko-Checklisten, strukturiert nach SCOR-Prozessen und den Bereichen der Unternehmensziele. Solche Listen halten systematisch dazu an, keine Risiken zu vergessen.

2.4.2 Bewertung von Supply-Chain-Risiken

Die Abb. 2.4.2.1 zeigt den Prozess zur Bewertung von Supply-Chain-Risiken.

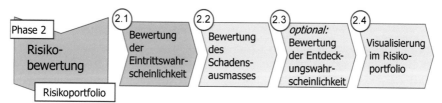

Abb. 2.4.2.1   Prozess zur Identifikation von Supply-Chain-Risiken

Die in der Folge vorgestellten Werkzeuge stammen schwerpunktmässig aus dem Bereich Produktentwicklung und Produktionsmanagement. Sie wurden auf den Einsatz im Supply Chain Management angepasst.

Die Bewertung der Eintrittswahrscheinlichkeit kann qualitativ oder quantitativ erfolgen. Zur qualitativen Bewertung eignet sich eine Supply-Chain-Fehlermöglichkeits- und Einflussanalyse (FMEA), beispielhaft gezeigt in Abb. 2.4.2.2. Sie basiert direkt auf dem Risikokatalog, ist effizient und liefert brauchbare Ergebnisse.

Skala - Eintrittswahrscheinlichkeit	
1-2	sehr selten (alle paar Jahre)
3-4	selten (jährlich)
5-6	manchmal (halbjährlich)
7-8	häufig (monatlich)
9-10	sehr häufig (wöchentlich)

Abb. 2.4.2.2   Supply-Chain-FMEA zur qualitativen Bewertung der Eintrittswahrscheinlichkeit von Supply-Chain-Risiken

Zur quantitativen Bewertung kann man eine Fehlerbaumanalyse (FTA, „fault tree analysis") hinzuziehen, beispielhaft gezeigt in Abb. 2.4.2.3. Sie schafft bei einem hohen Aufwand ein vertieftes Verständnis für die Ursachen. Für weitere Techniken siehe auch das Kap. 18.2.4.

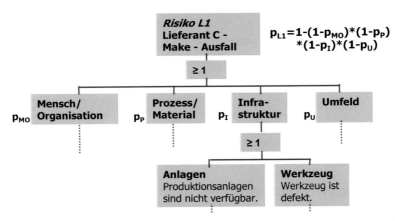

Abb. 2.4.2.3   Fehlerbaumanalyse (FTA) zur quantitativen Bewertung der Eintrittswahrscheinlichkeit von Supply-Chain-Risiken

Die Bewertung des Schadensausmasses kann ebenfalls qualitativ oder quantitativ erfolgen. Zur qualitativen Bewertung eignet sich erneut eine Supply-Chain-Fehlermöglichkeits- und Einflussanalyse (FMEA), beispielhaft gezeigt in Abb. 2.4.2.4. Unterstützt durch eine Ereignisbaumanalyse (ETA, „event tree analysis") ist sie effizient und liefert brauchbare Ergebnisse. Zur quantitativen Bewertung kann man z.B. einen Betriebsunterbrechungswert berechnen, dessen hauptsächliche Komponenten die Abb. 2.4.2.5 beispielhaft zeigt. Die Erfahrung zeigt hier, dass das Ergebnis sehr stark von einem oder zwei Parametern abhängt, deren Werte – ähnlich wie in den qualitativen Verfahren – in der Praxis nur ungenau bestimmt werden können.

Die Entdeckungswahrscheinlichkeit wird weniger häufig bewertet. Siehe dazu [Zieg07].

Skala - Schadensausmass	
1-2	geringe Auswirkungen auf Kosten / Investitionen
3-4	grosse Auswirkungen auf Kosten / Investitionen
5-6	Verlust von Deckungsbeitrag
7-8	Verlust von Aufträgen und Kunden
9-10	schwerer Imageschaden

Abb. 2.4.2.4   Supply-Chain-FMEA zur qualitativen Bewertung des Schadensausmasses von Supply-Chain-Risiken

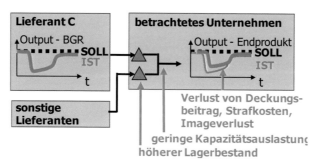

Abb. 2.4.2.5   Betriebsunterbrechungswert zur quantitativen Bewertung des Schadensausmasses von Supply-Chain-Risiken

In der Praxis kann man nur verhältnismässig wenige Risiken betrachten, muss diese aber in der nötigen Tiefe behandeln. Die Risiko-Bewertung hat zum Zweck, den Aufwand nicht am falschen Ort zu treffen. Die Verdichtung der Analyse führt zu einem Supply-Chain-Risiko-Portfolio.

Das *Supply-Chain-Risikoportfolio* zeigt die Supply-Chain-Risiken in den beiden Achsen *Eintrittswahrscheinlichkeit* und *Schadensausmass* gemäss Abb. 2.4.2.6.

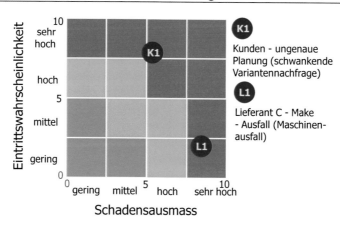

Abb. 2.4.2.6   Supply-Chain-Risiko-Portfolio

In diesem Beispiel werden sowohl das Risiko K1 als auch das Risiko L1 eine hohe Aufmerksamkeit erhalten müssen. Das Risiko K1 hat eine hohe Eintrittswahrscheinlichkeit und gleichzeitig ein mittleres Schadensausmass. Das Risiko L1 hat zwar eine geringe Eintritts-wahrscheinlichkeit, dafür aber ein sehr hohes Schadensausmass.

2.4.3   Steuerung von Supply-Chain-Risiken

Die Abb. 2.4.3.1 zeigt den Prozess zur Steuerung von Supply-Chain-Risiken.

Mögliche Massnahmen zur Steuerung des Risikos sind abhängig von der Positionierung des Risikos im Risiko-Portfolio.

- Risiken mit hoher Eintrittswahrscheinlichkeit erfordern ursachenbezogene Massnahmen zur Reduktion des Risikos, z.B. eine robustere Planung und flexibleres Design der Supply Chain, u.a. „postponement", kooperative Prozesse intern und mit Zulieferern.

Abb. 2.4.3.1   Prozess zur Identifikation von Supply-Chain-Risiken

- Risiken mit hohem Schadensausmass erfordern wirkungsbezogene Massnahmen zur Reduktion bzw. Überwälzung des Risikos. Dazu gehören u.a. Notfallpläne (Stichwort *„Business continuity and resilience planning“* BCRP, d.h. ein Konzept, welches die internen und externen Gefahren für das Unternehmen, sowie Wiederherstellung der Leistungsfähigkeit aufzeigt), Flexibilität durch Supply-Chain-Ereignismanagement (SCEM) oder durch *Risiko-Pooling* durch Hersteller und Händler in Form der Zusammenlegung von Beständen für Produktfamilien mit hoher *Vielfalt der Nachfrage*, oder Redundanz (d.h. durch Alternativ-Lieferanten, höhere Kapazität oder Bestände).

Die Erfahrung in der Praxis zeigt, dass Konzepte wie die erwähnten erst nützlich sind, wenn sie in konkreten Fällen mit Inhalt gefüllt werden. Die Abb. 2.4.3.2 zeigt deshalb mögliche Suchfelder und Massnahmen im Fall des Supply-Chain-Risikos K1 aus der Abb. 2.4.2.6, namentlich die ungenaue Planung aufgrund einer schwankenden Variantennachfrage.

Risiko K1 (schwankende Variantennachfrage)		strategisch	taktisch	operativ
ursachenbezogen	vermeiden	**Planung** szenarienbasierte Absatz- und Bedarfsprognose gemeinsam mit Kunden		
	reduzieren	**Flexibilität** wandlungsfähige Produktionsanlagen	**Planung** Verschiebung der Nachfrage auf vorrätige Produkte	**Flexibilität** temporärer Austausch von Produktionsmitarbeitern mit anderen Unternehmen verschiedener Branchen
wirkungsbezogen	reduzieren		**Redundanz** Sicherheitsbestände	
	teilen, überwälzen			

Abb. 2.4.3.2   Massnahmen-Suchfelder für ein beispielhaftes Supply-Chain-Risiko

Da die Eintrittswahrscheinlichkeit von K1 sehr hoch ist, stehen ursachenbezogene Massnahmen im Vordergrund. Im konkreten Fall handelt es sich um Planungsmassnahmen[8]. Da ein mittleres Schadensausmass vorliegt, kommen auch wirkungsbezogene Massnahmen ins Spiel, hier nebst Massnahmen der Planung solche der Flexibilität (siehe auch Kap. 1.3.3) und Redundanz.

Die Analyse der möglichen Handlungsoptionen umfasst eine Kosten-Nutzen-Betrachtung. Diese kann durch eine Neubewertung aller Risiken mit der Supply-Chain-FMEA erfolgen, aber auch mit einer Nutzwert-Analyse oder einer Investitionsrechnung. Die Praxis zeigt hier, dass Planungsmassnahmen i. Allg. günstiger sind als Massnahmen zur Erhöhung der Flexibilität und

---

[8]   Ein Szenario in der Absatz- und Bedarfsprognose umfasst ein bestimmtes Spektrum von Varianten sowie eine Eintrittswahrscheinlichkeit. Die gewichtete Vereinigung aller Szenarien führt zu einer robusteren Planung der Varianten als bisher.

diese wiederum günstiger als Massnahmen zur Erhöhung der Redundanz. Umgekehrt sind oft gerade Redundanz-Massnahmen schnell einführbar.

Entscheidung, Implementation und Überwachung umfassen schliesslich eine Auflistung der ausgewählten Massnahmen, je mit ihrem Einführungsplan. Sowohl die Platzierung der Risiken im Risikokatalog als auch die Auswahl der zu betrachtenden Supply Chains müssen sodann rollierend aktualisiert werden.

2.5   Zusammenfassung

Das Abschätzen der Transaktionskosten führt zum Make-or-buy-Entscheid. Ein Buy-Entscheid führt zum Outsourcing: Teile der Supply Chain werden an andere Unternehmen übertragen. Ein Make-Entscheid führt zum Insourcing, wobei es verschiedene Möglichkeiten zur internen Organisation gibt. Bei globalen Supply Chains fliessen in den Make-or-buy-Entscheid auch die Beurteilung der steuerlichen Situation sowie der Total Cost of Ownership ein.

Für die Geschäftsbeziehungen mit Lieferanten beschreiben Konzepte wie „multiple sourcing", „single sourcing" usw. nur einen Aspekt. Die zu beschaffenden Objekte werden in Material-gruppen aufgeteilt. Das Lieferantenportfolio unterscheidet eine marktorientierte, eine abnehmer-dominierte, eine lieferantendominierte und eine (ausgewogene) partnerschaftliche Beziehung. Aufgrund ihrer logistischen Charakteristik legt man für die Materialgruppen sinnvolle Lieferantenbeziehungen fest. Als mögliche Geschäftsbeziehungen werden der traditionelle Marktplatz, die Kunden-Lieferanten-Partnerschaft, die intensive Zusammenarbeit in einer partnerschaftlichen Beziehung sowie das virtuelle Unternehmen vorgestellt. In allen Fällen werden die Zielbereichsstrategien und die Supply-Chain-Risiken besprochen, die zwischen dem Hersteller als Abnehmer und seinen Zulieferern erwachsen.

Die Lieferantenauswahl erfolgt über die Beschaffungsmarktforschung, die Lieferanten-beurteilung und die eigentliche Auswahl. Etliche Schritte besonders der Suche, Anbahnung und der Vereinbarungen können heute durch Supplier Relationship Management, vor allem durch E-Procurement unterstützt werden, z.B. mit „sell-side"- oder „buy-side"-Lösungen sowie horizontalen und vertikalen Marktplätzen. Gerade bei partnerschaftlichen Beziehungen kann es mehrere Ausschreibungen geben, eine erste für das Pflichtenheft und die Regeln der Zusammen-arbeit, eine zweite für das Prototyping und eine dritte für die repetitiven Beschaffungen.

Das vorgeschlagene ALP-Modell („advanced logistic partnership") ist dabei ein Grundgerüst zur Umsetzung einer intensiven Zusammenarbeit in der Supply Chain. Notwendige Aufgaben, Methoden und Techniken auf allen Stufen der beteiligten Unternehmen werden zusammen mit einem Beispiel aus der praktischen Anwendung vorgestellt.

Supply-Chain-Risikomanagement ist ein methodisches Vorgehen, um mit Supply-Chain-Risiken fertig zu werden. Das Kernstück der Methodik bildet das Vorgehensmodell mit den drei Phasen Identifikation, Bewertung und Steuerung von Supply-Chain-Risiken.

2.6   Schlüsselbegriffe

advanced logistic partnership
ALP, 94
Bullwhip-Effekt, 100
cost center, 71
CPFR (collaborative
planning, forecasting, and
replenishment), 99
CRP (continuous replenish-
ment planning), 99
Direktes Material, 80
Einstandskosten, 76
Elektronischer Marktplatz, 90
E-Procurement, 89
Freihandelsabkommen
(FHA), 72
global sourcing, 81
Horizontaler e-Marktplatz, 91
Indirektes Material, 80
Insourcing, 68

Kontinuierliche Nachfüllung,
99
Kunden-Lieferanten-
Partnerschaft, 82
local sourcing, 81
Make-or-buy-Entscheid, 68
multiple sourcing, 80
Outsourcing, 68
Peitschenhieb-Effekt, 100
private trading exchange
(PTX), 91
Produktfokussierte
Organisation, 71
profit center, 71
Prozessfokussierte
Organisation, 71
quick response program QRP,
101
Rückwärtsintegration, 70
Rules of Origin (RoO), 72

single sourcing, 80
sole sourcing, 80
Sozialkompetenz eines
Unternehmens, 92
Supplier Relationship
Management (SRM), 89
Supply Chain Design, 67
Supply-Chain-Risiko, 106
Supply-Chain-
Risikomanagement, 107
total cost of ownership TCO,
75
Transaktionskosten, 68
Verkäufergeführter Bestand,
99
Verkaufspunkt, 101
Vertikaler e-Marktplatz, 91
Virtuelles Unternehmen, 103
Vorwärtsintegration, 70
Zolltarif, 72

2.7   Szenarien und Übungen

2.7.1   Advanced Logistics Partnership (ALP)

a) Abb. 2.3.3.1 stellte Argumente für die Gewichtung von lokalen Netzwerken (Local Sourcing mit lokalen „world class"-Lieferanten) als Merkmal des ALP-Modells vor. Kennen Sie Unternehmen (auch in der Dienstleistungsbranche), welche diesem Prinzip folgen? Führen Sie eine Internet-Recherche durch und finden Sie heraus, ob diese Unternehmen den Sachverhalt des Local Sourcing auf ihren Websites ansprechen.

b) Eine Supply Chain verarbeitet eine bestimmte Holzart mit besonderen Eigenschaften, die nur in einer bestimmten Gegend wächst. Sie schliesst die folgenden Unternehmen ein: 1.) ein Sägewerk mit verschiedenen Waldeigentümern als potentielle Zulieferer, 2.) ein Hobelwerk und 3.) eine Firma, welche die Oberflächenbehandlung und den Vertrieb besorgt. Wie würden Sie aus der Sicht des Hobelwerks die folgenden Risiken bei der Bildung der Supply Chain von vornherein berücksichtigen:

b1) Es besteht das Risiko, dass das Sägewerk von einer Papierfabrik aufgekauft wird, welche die gesamte Produktion für den eigenen Bedarf benötigt (Hinweis: Vergleichen Sie die Situation mit der Argumentation in Kap. 2.2.2 und Kap. 2.3.1).

b2) Starke Stürme können einen Grossteil der Waldbestände zerstören, was die Marktpreise für diese Holzart stark ansteigen liesse. (Hinweis: Vergleichen Sie die Situation mit der

Argumentation in Abb. 2.3.3.1 über die „vertrauensbildenden Massnahmen bei partner-schaftlichen Beziehungen").

2.7.2 Beurteilen von Geschäftsbeziehungen auf der Supply Chain

Sie erhalten die Aufgabe, eine Supply Chain der Holz- und Möbelbranche zu analysieren. Die IGEA AG ist ein in der Möbelindustrie tätiges Unternehmen, das vor allem durch das Cash-and-carry-Prinzip bekannt und erfolgreich wurde. Ausschlaggebend für das Projekt zur Formung einer Supply Chain war der enorme Kostendruck, dem sich das IGEA-Management ausgesetzt sah. Interne Verbesserungsmassnahmen versprachen nur noch ein marginales Kosten-einsparungspotenzial freizusetzen und die Preise der Lieferanten der IGEA konnten nicht mehr weiter gesenkt werden, ohne Gefahr zu laufen, einige Lieferanten zu verlieren, was bedeuten könnte, dass einige Produkte aus dem Programm genommen werden müssten.

Die Manager von IGEA haben eine von Ihnen veröffentliche Studie über Kosteneinsparung durch unternehmensübergreifendes Supply Chain Management gelesen und sie versprechen sich damit, die nötigen Einsparungen zu erreichen, um gegen ihren Hauptkonkurrenten INFERNIO AG bestehen zu können. IGEA übernimmt somit die Projektführung bzw. die Integrator-Rolle. Aufgrund seiner dominanten Marktstellung war es IGEA möglich, ihre Hauptlieferanten samt einigen angegliederten Unterlieferanten zu diesem Schritt zu bewegen.

Die jeweiligen Verflechtungen lassen sich aus Abb. 2.7.2.1 erkennen. Dabei sind die jeweiligen grau markierten Unternehmen in den nachfolgend beschriebenen Projektverbund integriert. Es handelt sich gegenwärtig um die folgenden fünf Unternehmen:

- Kahlschlag AG
- Splitterspan AG
- Holzboden AG
- Regalbau AG
- IGEA AG

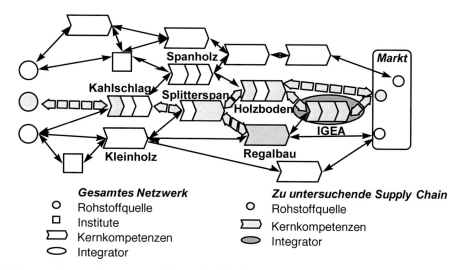

Abb. 2.7.2.1   Supply Chain in der Holz- und Möbelindustrie (vgl. Abb. 2.3.7.1)

Bei den nachfolgenden Analysen und Betrachtungen dürfen jedoch die anderen bestehenden Beziehungen nicht in Vergessenheit geraten, da es u. U. als sinnvoll erachtet werden kann, noch weitere Unternehmen in diesen Projektverbund mit aufzunehmen oder ggf. bestehende Geschäftsverbindungen aufzuheben (bspw. Kleinholz AG, Spanholz AG und weitere mögliche Unternehmungen).

Im Folgenden werden nun einige der Geschäftsbeziehungen näher beschrieben, um Ansatzpunkte für zukünftige Verbesserungen zu identifizieren:

- *Geschäftsbeziehung Kahlschlag AG – Splitterspan AG:* Die Kahlschlag AG mit Sitz in Finnland ist bekannt für ihr forsches Auftreten bei ihrem Kunden, der Splitterspan AG. Die Lieferverträge sind jeweils auf eine kurze Zeitdauer ausgerichtet, was zu ständig neuen zähen Verhandlungen führt. Die Splitterspan AG ist aber aufgrund der ausgezeichneten Qualität des angelieferten Materials gezwungen, diese Beziehung fortzuführen. Immer häufiger treten jedoch Lieferverzögerungen auf, die sich sogar auf die Lieferbereitschaft der Splitterspan AG auswirken. Der Einkaufsleiter der Firma Splitterspan hat schon mehrmals stundenlange Sitzungen mit ihrem Holzlieferanten abgehalten, um eine Verbesserung zu erreichen. Die Kahlschlag AG lässt sich jedoch nicht in die Karten schauen. Der Forstleiter lässt nur ungern Besuche zu und Einblicke in die langfristige Produkt- und Kapazitätsplanung sind so gut wie nicht erhältlich. Die Kahlschlag AG wurde wiederholt dazu aufgefordert, Lösungskonzepte zur Behebung der anstehenden Probleme zu erarbeiten, doch bis heute sind solche Dokumente nicht vorhanden.

- *Geschäftsbeziehung Splitterspan AG – Holzboden AG:* Die Beziehung zwischen der Splitterspan AG und der Holzboden AG ist sehr angespannt. Es bestehen erhebliche Defizite in der Liefertreue beim Unterlieferanten der hochwertigen Holzbretter. Dies wirkt sich auch auf die Lieferbereitschaft der Holzboden AG selbst aus. Deshalb ist die Holzboden AG oft gezwungen, zusätzlich von einem anderen Lieferanten (Spanholz AG) diese Produkte zu beziehen, was wiederum mit erheblichen Mehrkosten und -aufwand verbunden ist. Das angespannte Verhältnis des Chefeinkäufers von Holzboden zur Geschäftsleitung von Splitterspan ist ebenfalls ein Faktor. Aufgrund des sehr hohen Einkaufsvolumens konnte bis jetzt noch kein gleichwertiger Ersatzlieferant gefunden werden. Weiter hat die Holzboden AG durch die hohen Abnahmemengen eine derartig starke Marktstellung inne, dass sie oft selbst den Preis diktieren kann. Natürlich macht sie auch schon über mehrere Jahre rege von diesem Vorteil Gebrauch. Die abgeschlossenen Rahmenverträge mit Laufzeiten bis zu 5 Jahren beinhalten daher eine jährliche Preisreduktion von 2,5 %, begründet mit der prognostizierten Produktivitätssteigerung und der Lernkurve auf Seiten des Lieferanten. Dies ist ein weiterer Grund dafür, dass das Spanplattenwerk Splitterspan nicht gerne mit der Holzboden AG zusammenarbeitet.

- *Geschäftsbeziehung Splitterspan AG – Regalbau AG*: Die Geschäftsbeziehung zwischen der Regalbau AG und der Splitterspan AG ist durch eine sehr freundschaftliche und konstruktive Partnerschaft gekennzeichnet. Da die Regalbau AG einer der wichtigsten Kunden der Splitterspan AG ist, wird sehr prompt und unkompliziert auf Sonderwünsche eingegangen. Die Beziehung ist sogar schon soweit fortgeschritten, dass bei der monatlichen Produktionsleitersitzung teilweise ein Einkäufer der Regalbau AG teilnimmt, um über Prognosen und Trends in den Absatzmärkten zu berichten. Die Lieferverträge sind über eine Periode von ein bis zwei Jahren abgeschlossen. Schwierigkeiten ergeben sich aber bei der operativen Auftragsabwicklung. Bestellungen werden per Fax, per Post oder auch noch per Telefon erteilt, so dass viele redundante Daten vorliegen, und niemand so richtig weiss, welche Zahlen nun die korrekten sind. Positiv unterstützt wird diese Beziehung durch die geografische Nähe (ca. 20 km) der beiden Werke.

- *Geschäftsbeziehung Regalbau AG – IGEA AG:* Die IGEA AG ist bekannt für ihre sehr grosse Investitionsbereitschaft für neue Technologien. So wurde z.B. schon ein EDI-System zwischen den Hauptlieferanten und der IGEA AG aufgebaut. Sobald eine bestimmte Menge eines Produkts an der Kasse bezahlt bzw. aus dem Lager abgebucht wird, erfolgt automatisch eine Bestellung beim entsprechenden Lieferanten. Die Bestellmenge wird von der vereinbarten Rahmenvertragsabnahmemenge abgebucht. Auch bei der Lieferantenauswahl werden sehr hohe Anforderungen gestellt. Einerseits müssen die Lieferanten in das Umweltkonzept der IGEA passen, andererseits müssen hohe Qualitätsstandards erfüllt werden. Die Regalbau AG hat diese ersten Hürden übersprungen, zeigt aber erhebliche Probleme, die geforderten Mengen zu erfüllen bzw. den starken Schwankungen der Abrufmengen zu folgen. Die Folgen sind beträchtliche Ertragseinbussen auf Seiten der Regalbau AG, die sich in Form von Überstunden und Sonderschichten sowie in enormen Lagerbeständen bemerkbar machen. Es kam schon zu sehr hitzigen Diskussionen und gegenseitigen Schuldzuweisungen beider Parteien. Aufgrund der unvorhersehbaren Schwankungen ist nun eine Task-Force eingesetzt worden, um die Ursachen genauer zu untersuchen. Trotz der häufig aufgetretenen Lieferengpässen wird wegen der ausgezeichneten Qualität und der positiven Kooperation bei neuen Projekten eine Fortführung der Geschäftsbeziehung von Seiten der IGEA AG angestrebt.

- *Geschäftsbeziehung Holzboden AG – IGEA AG:* Die Holzboden AG und die IGEA AG verfügen über ein gemeinsames Informationsaustauschprogramm. Aufgrund der geringen Schwankungen und der stabilen Absatzentwicklung bei diesen eher höherwertigen Produkten, laufen der Austausch von Prognoseinformationen und die Planung optimal. Werbeaktionen werden gemeinsam geplant und abgestimmt, wobei die dafür notwendigen Kosten bzw. zusätzliche Erträge geteilt werden. Da aber im Produktspektrum der IGEA AG für solche hochwertigen Produkte nur ein geringer Bedarf vorgesehen ist, beruht die Zusammenarbeit mehr oder minder auf kurzfristigen Produkt- bzw. Projektzweckgemeinschaften. Die Holzboden AG ist deswegen auch sehr aktiv auf den internationalen Märkten und aufgrund ihrer Flexibilität sehr als Geschäftspartner geschätzt.

- *Weitere Beziehungen, die während der Startphase des Projekts noch nicht mit einbezogen worden sind („weisse" Unternehmen):* Die Kleinholz AG und die Spanholz AG sind erst seit kurzem Mitglied im Supply Chain-Konglomerat der IGEA. Sie beliefert teilweise das Spanplattenwerk Splitterspan AG bzw. die Holzboden AG, aber es sind auch Bestrebungen vorhanden, die eine Direktanlieferung der Regalbau AG vorsehen. Das Ganze wurde von der IGEA initiiert, die ihre Integrator-Rolle im gesamten Netzwerk ausbauen will.

Ihre Aufgabe: Positionieren Sie die erwähnten fünf Geschäftsbeziehungen und tragen Sie das Ergebnis in das Portfolio in Abb. 2.7.2.2 ein.

Beurteilen Sie auch die möglichen Entwicklungschancen und -strategien der einzelnen Unternehmen innerhalb dieser Supply Chain und geben Sie einen Trend in Form eines Pfeils an, welcher die zukünftige Marschrichtung des Unternehmens beschreiben könnte. Begründen Sie auf ca. einer Seite die einzelnen Positionen und die dazugehörigen Trends der Kunden-Lieferanten Geschäftsbeziehungen. Schliessen Sie in diese Überlegungen auch mögliche zukünftige Beziehungen mit der Kleinholz AG und der Spanholz AG ein.

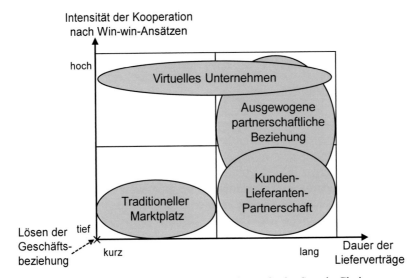

Abb. 2.7.2.2   Einordnung der Beziehungen zwischen Firmen in der Supply Chain

2.8   Literaturhinweise

Alar02   Alard, R., „Internetbasiertes Beschaffungsmanagement direkter Güter — Konzept zur Gestaltung der Beschaffung durch Nutzung internetbasierter Technologien", Dissertation ETH Zürich, Nr.14772, Zürich, 2002

AlFr95   Alberti, G., Frigo-Mosca, F., „Advanced Logistic Partnership: an Agile Concept for Equitable Relationships between Buyers and Suppliers", Proceedings of the 1995 World Symposium of Integrated Manufacturing, APICS, Auckland, 1995, S.31–35, auf Deutsch in io-management Zeitschrift, Zürich, Nr.1/2, 1995

AlHi01   Alard, R., Hieber, R., „Electronic Procurement Solutions for Direct Materials", 2001, International Conference on Industrial Logistics 2001. 9.-12. Juli, 2001, Okinawa, Japan

APIC16   Pittman, P. et al., APICS Dictionary, 15. Auflage, APICS, Chicago, IL, 2016

BeHa00   Berrymann, K., Harrington, L.F., Layton-Rodin, D., Rerolle, V., „Electronic commerce: Three emerging strategies", The McKinsey Quarterly, 2000, Number 3 Strategy, S. 129-136

Bens99   Bensaou, M., „Portfolios of Buyer-Supplier Relationships", MIT Sloan Management Review, Nr. 40, pp. 36-44, Cambridge, 1999

Brem10   Bremen, P., „Total Cost of Ownership — Kostenanalyse bei der globalen Beschaffung direkter Güter in produzierenden Unternehmen", Dissertation ETH Zürich, Nr. 19378, Zürich, 2010

Brue98   Brütsch, D., et al., „Building up a Virtual Organization", in Schönsleben, P., Büchel, A., „Organizing the Extended Enterprise", Chapman & Hall, London, 1998

Cana19   Canadian Border Service Agency, „Trilateral Customs Guide through NAFTA",
          http://publications.gc.ca/collections/collection_2017/asfc-cbsa/PS38-83-2015-
          eng.pdf, accessed August 2019

Coas93   Coase, R. H., „The Nature of the Firm", in: Williamson, O., Winter, S. „The
          Nature of the Firm - Origins, Evolution, and Development", Oxford University
          Press, S. 18 ff., 1993

Cran03   Cranfield University School of Management, „Understanding Supply Chain Risk:
          A Self-Assessment Workbook", Department for Transport, Cranfield, GB, 2003

DaHe05   Davis, M., Heineke, J., „Operations Management — Integrating Manufacturing
          and Services", 5th Edition, McGraw Hill, 2005

DaMa93   Davidow, W. H., Malone, M. S., „The Virtual Corporation", Harper Collins, New
          York, 1993

DoBu03   Dobler, D. W., Burt, D. N., Starling, S., „World Class Supply Management", 7th
          Edition, McGraw-Hill, New York, 2003

DuFr15   Duden 05, „Das Fremdwörterbuch", 11. Auflage, Bibliographisches Institut,
          Mannheim, 2015

Ellr93   Ellram, L. M., „A framework for total cost of ownership", The International
          Journal of Logistics Management, Nr. 4, S. 49-60, 1993

EsSu05   Estevadeordal A., Suominen K., „Multilateralism and Regionalism. The New
          Interface - Chapter V - Rules of Origin", United Nations Conference on Trade
          and Development, 2005, pp. 50–78

Fish97   Fisher, M. L., „What Is the Right Supply Chain for Your Product?", Harvard
          Business Review, March-April 1997, S. 105-116

Forr58   Forrester, J.W., „Industrial Dynamics: A Major Breakthrough for Decision
          Makers", Harvard Business Review, 36(4), 1958, S. 37-66

GoNa94   Goldman, S. L., Nagel, R. N., Preiss, K., „Agile Competitors and Virtual
          Organizations, Strategies for Enriching the Customer", John Wiley & Sons, 1994

Gull02   Gulledge, T.R., „B2B eMarketplaces and Small- and Medium-Sized Enterprises",
          Computers in Industry, 49 (2002), pp. 47–58

Hand95   Handy, Ch., „Trust and the Virtual Organization - How Do You Manage People
          You Don't See?", Harvard Business Review, 5/6 1995, S. 40-50

Hart04   Hartel, I., „Virtuelle Servicekooperationen — Management von Dienstleistungen
          in der Investitionsgüterindustrie", BWI-Reihe Forschungsberichte für die
          Unternehmenspraxis, vdf Hochschulverlag an der ETH Zürich, 2004

JuPe03   Jüttner, U., Peck, H., Christopher, M., „Supply Chain Risk Management —
          Outlining an Agenda for Future Research", International Journal of Logistics:
          Research and Applications, Vol. 6, No. 4, pp 197-210, 2003

Kral77   Kraljic, P., „Neue Wege im Beschaffungsmarketing", Manager Magazin Nr. 7, S.
          72-80, 1977

Kral88   Kraljic, P., „Zukunftsorientierte Beschaffungs - und Versorgungsstrategie als
          Element der Unternehmensstrategie", In: Henzler, H.A. (Hrsg.): „Handbuch
          Strategische Führung", S. 477-497, Gabler, Wiesbaden, 1988

LePa97	Lee, H.L., Padmanabhan, V., Whang, S., „Information distortion in a supply chain: the bullwhip effect", Management Science 43 (4), 1997, S. 546-558.
LiLi07	Li, Y., Lim, A., Rodrigues, B., „Global sourcing using local content tariff rules", IIE Transactions, Vol. 39, No. 5, 2007, pp. 425-437
MeFa95	Mertens, P., Faisst, W., „Virtuelle Unternehmen, eine Organisationsstruktur der Zukunft", Festschrift Universität Erlangen, Deutschland, 1995
NoJa04	Norrman, A., Jansson, U., „Ericsson's proactive supply chain Risk management approach after a serious sub-supplier accident", International Journal of Physical Distribution and Logistics Management, Vol. 34, No. 5, pp 434-456, 2004
OeNa10	Oehmen, J., DeNardo, M., Schönsleben, P., Boutellier, R., „Supplier code of conduct — state-of-the-art and customisation in the electronics industry", Production Planning & Control, Vol. 21, No 7, 2010, S. 664-679
Pico82	Picot, A., „Transaktionskostenansatz in der Organisationstheorie: Stand der Diskussion und Aussagewert", Die Betriebswirtschaft, 42. Jahrgang, S. 267–284, 1982
PlFi10	Plehn, J. F., Finke, G. R., Sproedt, A., „Tariff oriented Supply Chain Management: Implications of trade agreements on strategic decisions", Proceedings of the 21. POMS Conference, May 7-10, 2010
Port04a	Porter, M., „Competitive Strategy: Techniques for Analyzing Industries and Competitors", Simon & Schuster Verlag, 2004
Port04b	Porter, M., „Competitive Advantage", Simon & Schuster Verlag, 2004
SiKa19	Simchi-Levi, D., Kaminsky, P., Simchi-Levi, E., „Designing and Managing the Supply Chain. Concepts, Strategies, and Case Studies", 4th Edition, Irwin McGraw-Hill, 2019
SöLö03	Schönsleben, P., Lödding, H., Nienhaus, J., „Verstärkung des Bullwhip-Effekts durch konstante Plan-Durchlaufzeiten — Wie Lieferketten mit einer Bestandsregelung Nachfrageschwankungen in den Griff bekommen", PPS Management (2003) 1, pp. 41-45
Ulic11	Ulich, E., „Arbeitspsychologie", 7. Auflage, vdf Hochschulverlag an der ETH Zürich, 2011
WaBo08	Wagner, S. M., Bode, C., „An empirical examination of supply chain performance along several risk dimensions", Journal of Business Logistics, Vol. 29, No. 1, 2008, pp. 307-325
WaEg10	Wagner, S. M., Eggert, A., Lindemann, E., „Creating and appropriating value in collaborative relationships", Journal of Business Resarch, Vol. 63, No. 8, 2010, pp. 840-848
Wagn03	Wagner, S.M., „Management der Lieferantenbasis", in: Boutellier R., Wagner, S.M., Wehrli, H.P. (Hrsg.), „Handbuch Beschaffung", München Hanser, S. 691-731, (2003)
Zieg07	Ziegenbein, A., „Supply Chain Risiken — Identifikation, Bewertung und Steuerung", vdf Hochschulverlag an der ETH Zürich, 2007

3 Supply Chain Design: Standortplanung und Nachhaltigkeit

> Die *Standortplanung* (engl. „(facility) location planning") ist die Planung der Standorte für die eigenen Anlagen.

Die Standortplanung ist eine strategische Aufgabe und eng mit einem Make-Entscheid verbunden. Die ersten Schritte der Standortplanung machen manchmal den Make-or-buy-Entscheid (siehe Kap. 2.1.1) überhaupt erst möglich. Standortentscheide muss man auch periodisch überdenken. Gerade im Zeichen der Globalisierung entschliessen sich Unternehmen, ihre Standortstrategie neu auszurichten. Für Hersteller von Investitionsgütern sind die Gründe dafür u.a.:

- Die Globalisierung der bearbeiteten Marktsegmente erfordert die Präsenz vor Ort mit Produktions- und Versandstätten, z.B. wegen behördlichen Auflagen oder auch durch die Kunden verlangt.

- Eintritt in neue Marktsegmente: Der Aufbau einer Produktionsstätte oder eines *Verteilzentrums*, d.h. eines Lagerhauses mit (begrenztem) Bestand an Endprodukten und/oder Dienstleistungs-Artikeln ist nötig.

- „Kostendruck" durch den Markt und Fokussierung auf Kernfähigkeiten und Kerngeschäfte. Damit werden einzelne Schritte der Wertschöpfung an Orte mit spezifischem Know-how oder tieferen Kosten verlagert.

- Zunehmende Bedeutung des Faktors „Zeit" in Entwicklung, Herstellung und Service zum Erreichen von kurzen Lieferfristen in entfernten Märkten. Die dezentrale Adaption von Produkten und Dienstleistungen durch lokale Fertigstellung kann eine Antwort sein.

- Nachteile des aktuellen Standorts (Personal, Finanzen, Recht, Exporthilfe, Steuern, Patentwesen, Kundenbasis, Mentalität, Gewerkschaften).

Diese Gründe verändern sich laufend aufgrund der Veränderung gerade des globalen Umfelds. Die Standortplanung ist jedoch eine langfristige Aufgabe. Fehler können erstens i. Allg. nicht schnell korrigiert werden und zweitens teuer zu stehen kommen. Die Abb. 3.0.0.1 zeigt die Dynamik des Problems anhand einer Umfrage in der mittelständischen Maschinen- und Elektroindustrie in Deutschland. Die Studie untersuchte die Gründe der Unternehmen sowohl für Verlagerungen (engl. „offshoring") als auch Rückverlagerungen (engl. „backshoring") von Produktionsaktivitäten (meistens aus Osteuropa oder Fernost) zwischen 1999 und 2012 (siehe [Frau12]). Diese Statistik zeigt die Wichtigkeit einer systematischen Standortplanung.

Das Kap. 3.1 behandelt die strategischen Entscheidungen bei unternehmensinterner Wertschöpfung. Hier geht es vor allem um die Anlagenstandortplanung in Produktions-, Versand- und Servicenetzwerken. Das schliesst auch die geeigneten Transportnetzwerke ein.

Das Kap. 3.2 präsentiert mögliche Gestaltungen, Standortfaktoren und Kriterien zur Standortauswahl, sodann die Standortkonfiguration, d.h. die Zuteilung von Produkten und Dienstleistungen zu einem Standort. Die Lösungsverfahren sind qualitativer oder quantitativer Natur.

Das Kap. 3.3 schliesslich zeigt die aktuelle Herausforderung der nachhaltigen Gestaltung einer Supply Chain mit Sicht auf die sog. „triple bottom line" auf.

© Springer-Verlag GmbH Deutschland, ein Teil von Springer Nature 2020
P. Schönsleben, *Integrales Logistikmanagement*,
https://doi.org/10.1007/978-3-662-60673-5_4

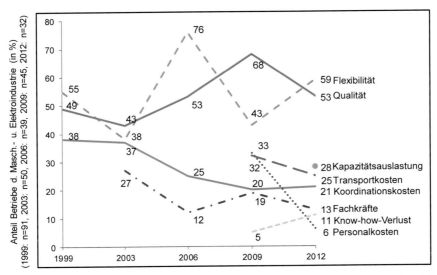

Abb. 3.0.0.1   Gründe für Rückverlagerungen von Produktionsaktivitäten (Daten aus [Frau12] und früheren Publikationen von Fraunhofer ISI, Karlsruhe)

3.1   Gestaltungsmöglichkeiten für integrierte Produktions-, Versand- und Servicenetzwerke

Auf der strategischen Ebene geht es darum, dass das Wertschöpfungsnetzwerk des Verkäufers die Anforderungen des Verbrauchers erfüllt. Das ist so für jede Art von Produkt oder Service, sei es für Verbrauchsgüter wie z.B. Möbel, oder für Investitionsgüter wie z.B. Werkzeugmaschinen. Die Abb. 3.1.0.1 zeigt die typischen Phasen des Produktlebenszyklus auf der Verbraucherseite sowie das klassische Herunterbrechen der Wertschöpfung des Verkäufers in die sich ergänzenden Prozesse.

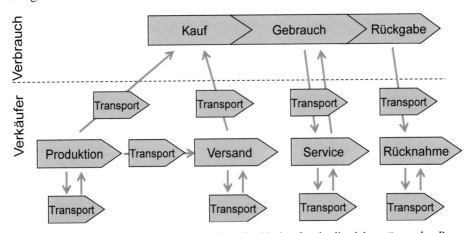

Abb. 3.1.0.1   Herunterbrechen der Wertschöpfung des Verkäufers in die sich ergänzenden Prozesse in Funktion der Phasen des Produktlebenszyklus beim Verbraucher.

Nach der Entwicklung wird ein Produkt beim Verkäufer oder dessen Zulieferer hergestellt. Eine Anzahl Transportprozesse verbinden die verschiedenen Schritte der Wertschöpfung während dieser Phase des Produktlebenszyklus. Danach wird das Produkt entweder direkt zum Kunden transportiert, oder aber zum Versandnetzwerk, welches schliesslich den Verbraucher über eine Menge von Stufen und Lagerhäusern beliefert. Ein dezentraler Vertrieb kann auch ein eigenes oder beauftragtes Einzelhandelsnetzwerk einschliessen. Während der Gebrauchsphase wird das Produkt, dann „Serviceobjekt" genannt, durch ein Servicenetzwerk gewartet. Dafür holen eigene oder beauftragte Transportnetzwerke das Serviceobjekt beim Kunden oder einer Sammelstelle ab und bringen es später wieder dahin. Wenn das Produkt aufgebraucht ist, wird ein geeignetes Netzwerk dieses vom Kunden zurücknehmen. Da ein Servicenetzwerk i. Allg. auch Produkte zurücknehmen kann, braucht es dafür im Prinzip kein separates Netzwerk.

Das geeignete Konzept kann für jede Produktlinie oder -familie unterschiedlich sein. Dabei muss man von Anfang an steuerliche Aspekte berücksichtigen (siehe Kap. 2.1.2). Die Betrachtung muss sodann integriert erfolgen: Eine Gestaltungskombination des Produktions-, Versand-, Service- und Transportnetzwerks muss für das Produkt und das anvisierte Kundensegment sowohl geeignet sein als auch zusammen passen. Ab Kap. 3.1.2 folgt die Darstellung weitgehend derjenigen in [ScRa15].

3.1.1 Gestaltungsmöglichkeiten für Produktionsnetzwerke

In einem ersten Ansatz kann man zwei grundlegende Arten von Produktionsnetzwerken unterscheiden:

> Bei einer *zentralen Produktion* wird ein bestimmtes Produkt nur an einem Standort bzw. durch eine Kette von einem einzigen Standort je Arbeitsgang hergestellt. Bei einer *dezentralen Produktion* werden bestimmte Arbeitsgänge eines Produkts oder das ganze Produkt an mehreren Standorten hergestellt.

Die Abb. 3.1.1.1 zeigt ein einfaches Beispiel.

Fig. 3.1.1.1   Zentrale versus dezentrale Produktion: ein Beispiel

An einem Produkt mit vier Arbeitsgängen (bzw. Produktionsstufen) und nachfolgendem Versand zeigt die Abb. 3.1.1.1 die zentrale Produktion (offensichtlich für den weltweiten Markt) und die dezentrale Produktion (eher für den lokalen oder regionalen Markt). Für die Entscheidung zentral / dezentral gibt es *Merkmale für die Gestaltung von Produktionsnetzwerken*. Dazu zählen die

- *Volatilität der Nachfrage*: *Artikel haben kontinuierliche Nachfrage*, falls sie in jeder Beobachtungsperiode ungefähr gleich auftritt. *Artikel haben blockweise* oder *hoch volatile Nachfrage*, falls viele Perioden ohne oder mit sehr kleiner und einige wenige mit dafür grosser, z.B. zehnfacher Nachfrage auftreten, und zwar ohne erkennbare Regularität.

- *Supply-Chain-Verletzlichkeit*: Ungeplante Ereignisse können eine Supply Chain unterbrechen, entweder innerhalb der Supply Chain Community oder im makroökonomischen Umfeld.

- *Skaleneffekte* („economies of scale"), d.h. Effekte, bei welchen grössere Produktionsvolumen die Kosten pro Einheit reduzieren, weil die Fixkosten auf eine grössere Menge verteilt werden können, sowie *Verbundeffekte* („economies of scope"), d.h. wenn unterschiedliche Produkte in einer wandlungsfähigen Fabrik zu tieferen Kosten produziert werden können als wenn jedes Produkt in einer eigenen Fabrik hergestellt würde.

- Anforderung an *gleichbleibende Prozessqualität*: Können die Kundenbedürfnisse trotz variierender Prozessqualität erfüllt werden?

Die Beobachtung ergibt, dass diese vier Merkmale in einem hohen Grad korrelieren: Zentrale Produktion ist vorteilhaft für hohe Skalen- oder Verbundeffekte und für hohe Anforderungen an gleichbleibende Prozessqualität. Dezentrale Produktion ist vorteilhaft für hohe Volatilität der Nachfrage und im Falle einer hohen Supply-Chain-Verletzlichkeit.

Weitere Merkmale für die Gestaltung von Produktionsnetzwerken:

- *Kundennähe*: Um ein Produkt zu verkaufen, kann es nötig sein, den Standort für die Wertschöpfung nahe bei den Kunden zu wählen.

- *Marktspezifität der Produkte*: Die Anpassung der Produkte ist wegen Marktvorgaben nötig, z.B. Stromspannung, elektrische Stecker, Verpackung und Dokumentation, aber auch für das Erscheinungsbild der Produkte im weitesten Sinn.

- *Kundentoleranzzeit*, definiert in Kap. 1.1.3.

- *Wertdichte*, d.h. Produktwert oder Artikelkosten pro Kubikmeter bzw. Kilogramm: Transportkosten haben im Vergleich grössere Konsequenzen bei tiefer Wertdichte, als wenn diese hoch ist.

Auch diese vier Merkmale korrelieren in einem hohen Grad: Bei einer hohen Kundentoleranzzeit oder einer hohen Wertdichte tendiert man zur zentralen Produktion. Wenn eine hohe Kundennähe oder hohe Marktspezifität gefragt sind, dann ist die dezentrale Produktion vorteilhafter.

Hingegen stehen sich die beiden Gruppen von Merkmalen leider oft entgegen. Dafür gibt es viele Beispiele:

- Hoch spezialisierter Apparatebau, bei denen aber Stromspannung, elektrische Stecker, Verpackung und Dokumentation angepasst werden müssen: hohe Skaleneffekte (spricht für zentrale Produktion), jedoch auch hohe Marktspezifität der Produkte (spricht für dezentrale Produktion).

- Backwaren mit einem Markenversprechen in Bezug auf Qualität: hohe Anforderung an gleichbleibende Prozessqualität (spricht für zentrale Produktion), jedoch auch tiefe Wertdichte (spricht für dezentrale Produktion).

- Hochwertige Komponenten mit verschiedenen Varianten (z.B. elektronische Chips, Motoren, Pumpen, Einspritzpumpen): hohe Wertdichte (spricht für zentrale Produktion), jedoch auch hohe Volatilität der Nachfrage und hohe Supply-Chain-Verletzlichkeit (spricht für dezentrale Produktion).

- Wichtige Rohmaterialien (z.B. Stahl), verderbliche Nahrungsmittel: tiefe Marktspezifität (spricht für zentrale Produktion), jedoch auch hohe Supply-Chain-Verletzlichkeit (spricht für dezentrale Produktion).

Ein Unternehmen muss sich hier für eine Gestaltung festlegen. Manchmal gibt es dabei Unterschiede für jede Produktfamilie. Das Portfolio in Abb. 3.1.1.2 ist an eine Idee aus [AbKl06, S.170] angelehnt. Es zeigt neben den zwei klassischen Gestaltungen (die beiden Sektoren im eindimensionalen Raum in Abb. 3.1.1.1, d.h. zentrale bzw. dezentrale Produktion) zwei gemischte Gestaltungen. Die vier Gestaltungsmöglichkeiten liegen in vier Sektoren in einem zweidimensionalen Raum, aufgespannt durch die Dimensionen, welche den beiden sich entgegen stehenden Gruppen von Merkmalen entsprechen.

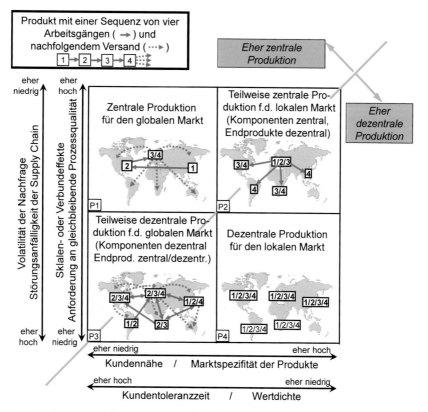

Abb. 3.1.1.2   Merkmale und Gestaltungsmöglichkeiten von Produktionsnetzwerken

Der Sektor P1 beschreibt die zentrale Produktion für den globalen Markt. Diese Möglichkeit ist vorteilhaft bei starken Skalen- oder Verbundeffekten, zudem auch dann, wenn fest eingespielte Partnerschaften für die Wertschöpfung der verschiedenen Produktionsstufen Vorteile bringen. Auf diese Weise ist es auch eher möglich, immer gleichbleibende Prozessqualität zu erbringen, was vor allem zur Validierung von Produktionsprozessen (Stichwort GMP, „good manufacturing practices") wichtig ist. Dabei kommt es im Wesentlichen nicht darauf an, ob die Wertschöpfung über eine unternehmensinterne oder aber über eine unternehmensübergreifende Supply Chain erfolgt. Der Versand erfolgt vom Standort aus, der die letzte Produktionsstufe bzw. den letzten Arbeitsgang herstellt. Notwendig dafür sind in jedem Fall eine hohe Wertdichte sowie eine eher hohe Kundentoleranzzeit und eine niedrige Störungsanfälligkeit der (einzigen) Supply Chain. Die Produkte sind tendenziell Standardprodukte. Beispiele sind Standard-Elektronikbauteile, Flüssigkristallanzeigen (engl. „liquid cristal displays", LCD), Consumer Electronics, Chemie- und Pharmaprodukte, Feinchemikalien sowie Grossflugzeuge, Standardmaschinen und -anlagen.

Der gegenüberliegende Sektor P4 beschreibt die dezentrale Produktion für den lokalen Markt. Diese Möglichkeit ist vorteilhaft, wenn eine hohe Kundennähe gefordert ist bzw. wenn die Produkte für den lokalen Markt angepasst werden müssen, sowie wenn die Kundentoleranzzeit und die Wertdichte sehr niedrig sind. Die Supply Chain darf zudem von Skalen- oder Verbund-effekten nur wenig abhängig sein. Qualitative Unterschiede müssen allenfalls in Kauf genommen werden. Beispiele dafür sind Haushaltsgeräte, Baustoffe (Kies, Zement) sowie mit Dienst-leistungen verbundene Produkte, z.B. Kleider, die *während des* Herstellprozesses laufend auf das Objekt angepasst werden müssen.

Der dazwischen liegende Sektor P2 beschreibt die teilweise zentrale Produktion für den lokalen Markt. Werden wichtige Halbfabrikate zentral produziert und die letzten Wertschöpfungsschritte dezentral durchgeführt, dann können wichtige Skalen- oder Verbundeffekte ausgenutzt werden, bei gleichzeitiger Marktnähe. Beispiele sind Strategien zur lokalen Endproduktion bei allen Gütern, wie z.B. späte Kundenanpassung (engl. „late customization") oder Verschiebung (engl. „postponement", siehe Kap. 1.3.3).

Der dazwischen liegende Sektor P3 beschreibt die teilweise dezentrale Produktion für den globalen Markt. Werden dieselben Halbfabrikate und/oder Endprodukte an verschiedenen Standorten hergestellt, und können sie auf verschiedenen Produktionsstufen nach anderen Standorten verschoben sowie global vertrieben werden, dann bringt dies Vorteile im Falle einer volatilen Nachfrage. Störungsanfällige Supply Chains werden damit entschärft, indem die Kapazitäten im Netzwerk gleichmässiger ausgelastet werden oder einander gar ersetzen können. Dies ist jedoch nur bei Standardprodukten mit hoher Wertdichte und einer genügend hohen Kundentoleranzzeit sinnvoll, wie z.B. für Komponenten oder Endprodukte im Bereich Automotive, für verderbliche Nahrungsmittel oder wichtige Rohmaterialien (z.B. Stahl).

Natürlich gibt es Mischformen von Produktionsnetzwerken, die zwischen diesen vier Gestaltungsformen liegen. Das ist besonders dann der Fall, wenn die Ausprägungen der Merkmale in der Abszisse bzw. der Ordinate der Abb. 3.1.1.2 nicht signifikant ausgeprägt sind.

Firmenbeispiele: Wenn Merkmale zur Gestaltung von Produktionsnetzwerken ändern, sollte man eine Veränderung der Netzwerke in Betracht ziehen. Die finanziellen Investitionen setzen der Veränderungsfähigkeit oft schnell Grenzen.

Z.B. sind heute die Zementproduktionskosten steigend, aufgrund steigender Kosten für sowohl Energie als auch CO_2 Emissionen (siehe hier die Diskussion zur „triple bottom line" in Kap. 3.3). Als Konsequenz steigt die Wertdichte, so dass die zentrale Produktion mehr und mehr eine Option wird (d.h. Möglichkeit P3 anstelle der traditionellen Möglichkeit P4). Aber das erfordert neue Zementwerke, sowie zusätzliche Transport-Infrastruktur für die Versorgung mit Roh-material und den Versand des Zements. Als Beispiel eröffnete Holcim, eine Schweizer Zement-herstellerin, ihre neue Produktionsanlage in Ste. Genevieve, Missouri, in 2009, mit ihren eigenen Hafen und Verladeanlagen zum Mississippi. Die Produktionskosten und damit die Wertdichte stiegen an, weil die neue Fabrik die CO_2-Emissionen signifikant reduzieren sollte. Gleichzeitig erlaubt das Wasserweg-Netzwerk den Transport zu zehn der zwanzig grössten Städte in den USA zu tieferen Kosten als zuvor. Somit wurde ein zentraleres Produktionskonzept möglich.

Die steigende Volatilität der Nachfrage macht es nötig, je zwei Motorenvarianten dezentral je an zwei Produktionsstandorten herzustellen (Möglichkeit P3), statt jede Variante nur an einem Standort (Möglichkeit P1). Auch wenn dies beträchtliche Investitionen in die Ausrüstung nach sich zieht, ist das Ergebnis eine stark verbesserte Auslastung der Kapazitäten. Als Beispiel produziert Daimler, ein Deutscher Automobilbauer, seine Vier- und Sechszylinder-Motoren sowohl in den USA als auch in Deutschland. Der Nutzen aus der Flexibilität zur Erfüllung volatiler Nachfrage ist höher als die zusätzlichen Kosten für die doppelten Werkzeuge und Einrichtungen sowie für den Transport von fertigen Motoren zwischen USA und Deutschland.

Die zunehmende Notwendigkeit der Nutzung von Skaleneffekten aufgrund grosser Konkurrenz zwang die Firma Hilti aus Liechtenstein, ihre Produktion von Bohrmaschinen zu zentralisieren, trotz der Strategie „die Verkaufsstelle ist die Baustelle". Heute wird jeder Bohrmaschinentyp an genau einem Standort produziert (Möglichkeit P1). Jeder Standort hält spezifische Technologie-kompetenzen. Viele Befestigungsartikel (Verbrauchsprodukte) werden jedoch weiterhin in verschiedenen Fabriken hergestellt, möglichst in der Nähe der lokalen Märkte (Möglichkeit P4), wobei man Halbfabrikate, welche teure oder wichtige Technologien benötigen, zentral produziert (Möglichkeit P2).

3.1.2 Gestaltungsmöglichkeiten für Versandnetzwerke

Analog zu den Produktionsnetzwerken kann man in einem ersten Ansatz zwei grundlegende Arten zwei grundlegende Arten von Versandnetzwerken zur Lieferung einer Kundenbestellung unterscheiden.

> Bei einem *zentralen Versand* liefert man die Kundenbestellung für ein bestimmtes Produkt direkt aus der Produktion oder aus einem oder wenigen zentralen Lagerhäusern des Herstellers. Bei einem *dezentralen Versand* lagert man ein bestimmtes Produkt in mehreren dezentralen Lager-häusern oder bei (auch unabhängigen) Verteilern und liefert die Kundenbestellung von dort aus.

Die Vorteile eines zentralen Versands, direkt vom zentralen Lager bzw. der Produktionsstätte des Herstellers zum Kunden, liegen auf der Hand: eine grössere Auswahl an Produkten (die z.T. sogar auf Bestellung des Kunden hergestellt werden können, d.h. „assemble-to-order", „make-to-order" oder sogar „engineer-to-order"), eine höhere Verfügbarkeit sowie tiefere Gesamtkosten für Bestände, Anlagen und Handhabung.

Auch die Vorteile eines dezentralen Versands sind leicht einsehbar: Kürzere Liefer-durchlaufzeiten, eine effizientere Möglichkeit zur Produktrückgabe (z.B. beim Einzelhändler). Dazu kommen etwas tiefere Transportkosten: erstens kann man das dezentrale Lagerhaus, das ja näher beim Kunden liegt, kostengünstig bedienen, z.B. mit grossen Transporteinheiten und Komplettladungen (engl. „(full) truckload" ((F)TL); zweitens kann man eine Kundenbestellung mit mehreren Artikeln im dezentralen Lagerhaus in eine einzige Lieferung bündeln. Schliesslich ist die Auftragsverfolgung nur zwischen dem dezentralen Lagerhaus und dem Kunden notwendig; entsteht der Auftrag direkt im Laden, kann sie sogar unnötig sein. Zusammen mit dem nötigen Informationsaustausch zwischen Hersteller und dezentralen Lagerhäusern ist der Gesamtaufwand für Informationssysteme i. Allg. kleiner als für eine Echtzeit-Auftrags-verfolgung zwischen Hersteller und Kunden.

Die folgenden *Merkmale für die Gestaltung von Versandnetzwerken* erweisen sich als wichtig:

- *Volatilität der Nachfrage*: definiert wie in Kap. 3.1.1.
- *Vielfalt der Nachfrage*: Hohe Variantenvielfalt heisst, dass die Kunden viele unterschiedliche Produkte nachfragen. Für solche Produkte ist meistens auch die Volatilität der Nachfrage hoch.
- *Wertdichte* (der Produkt-Lieferung): definiert wie in Kap. 3.1.1.
- *Kundentoleranzzeit*, definiert wie in Kap. 1.1.3. Beim globalen Versand umfasst die Lieferzeit auch die Zeit zur Verzollung, was den zentralen Versand benachteiligen kann.

Diese Merkmale korrelieren in einem recht hohen Grad: Zentraler Versand ist i. Allg. vorteilhaft für Produkte mit hoher Wertdichte, hoher Variantenvielfalt, hoher Volatilität sowie hoher Kundentoleranzzeit. Liegen die Werte umgekehrt, dann tendiert man zum dezentralen Versand.

Zwei weitere Merkmale für die Gestaltung von Versandnetzwerken, die nicht mit den obigen Merkmalen, jedoch unter sich korrelieren, sind:

- *Notwendigkeit zur effizienten Rückgabe über dasselbe Netzwerk*: Ist es wichtig, dass der Kunde Waren auf effiziente Weise über dasselbe Versandnetzwerk zurückgeben und das Netzwerk diese Rückgaben auf effiziente Weise handhaben kann (Stichwort: Rückwärtslogistik)?
- Der *Grad der Kundenbeteiligung beim Abholen*: In welchem Ausmass ist der Kunde bereit und fähig, die Produkte abzuholen?

Bei hoher Notwendigkeit zur effizienten Rückgabe von Produkten über dasselbe Netzwerk, sowie wenn der Kunde sowohl bereit als auch fähig zum Abholen der Produkte ist, sind unterschiedliche Formen von dezentralem Versand vorteilhaft.

Wie bei den Produktionsnetzwerken stehen sich die beiden Gruppen von Merkmalen oft entgegen. Auch hierzu gibt es Beispiele:

- Der Versand von vielen eher billigen Artikeln, wie schweren oder voluminösen Artikeln (z.B. Getränke), frischen Artikeln (z.B. Blumen), Express-Artikeln (z.B. Medikamenten) oder schnell drehenden Artikeln an den Ort des Verbrauchs in Firmen (z.B. C-Teile-Sortimente wie Schrauben, Muttern etc.): niedrige Wertdichte (spricht für dezentralen Versand), jedoch auch eher niedriger Grad der Kundenbeteiligung beim Abholen (spricht für zentralen Versand).

- Der Versand von Fahrzeugen oder On-line-Bestellungen: hohe Vielfalt bzw. Volatilität der Nachfrage (spricht für zentralen Versand), jedoch auch ein gewisser Grad der Kundenbeteiligung beim Abholen, solange die Abholstelle nicht zu weit weg ist (spricht für dezentralen Versand).

Auch hier muss sich ein Unternehmen für eine Gestaltung festlegen. Manchmal gibt es dabei Unterschiede für jede Produktfamilie. Beliefert zudem ein Unternehmen unterschiedliche Kundensegmente, dann wird es auch gleichzeitig verschiedene Wege oder Kanäle für den Versand nutzen müssen. Die Kanäle bzw. Verteilzentren müssen dabei nicht im Besitz des Herstellers sein. Ein zusätzlich notwendiger Kanal zieht i. Allg. auch zusätzliche Kosten nach sich. Zudem können sich bestehende Kanäle im Laufe der Zeit wandeln. Z.B. erweitern Poststellen ihr Angebot hin zu Läden „um die Ecke", oder umgekehrt können Verkaufsstellen auch ein reduziertes Angebot einer klassischen Poststelle umfassen.

In Anlehnung an eine Idee aus [Chop03] zeigt das Portfolio in Abb. 3.1.2.1 zusätzlich zu den klassischen Gestaltungen (zentraler bzw. dezentraler Versand) zwei gemischte Gestaltungen. Die vier Gestaltungsmöglichkeiten liegen in vier Sektoren in einem zweidimensionalen Raum, aufgespannt durch die Dimensionen, welche den beiden Gruppen von Merkmalen entsprechen.

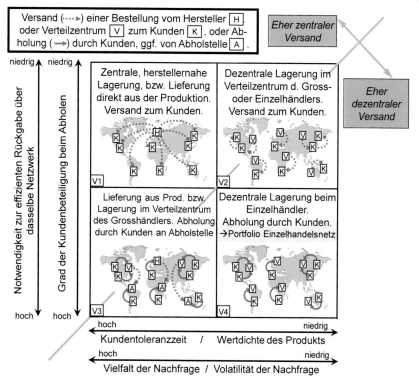

Abb. 3.1.2.1   Merkmale und Gestaltungsmöglichkeiten von Versandnetzwerken

Der Sektor V1 beschreibt die zentrale Lagerung in der Nähe des Herstellers oder – bei „make-to-order" – Lieferung direkt aus der Produktion, mit Versand zum Kunden bzw. zu seiner Abladestelle. Diese Möglichkeit ist vorteilhaft bei Produkten mit hoher Wertdichte und hoher Volatilität der Nachfrage. Wegen der i. Allg. langen Transportwege toleriert der Kunde bei einer solchen Charakteristik meistens auch einige Zeit bis zur Lieferung. Diese Gestaltung erlaubt eine grosse Auswahl an Produkten, einen hohen Lieferbereitschaftsgrad sowie eher tiefe Bestands-, Anlage- und Handhabungskosten. Dem gegenüber stehen hohe Transportkosten, hohe Kosten bei einer etwaigen Rückgabe und ein hoher Aufwand für Informationssysteme, einerseits zur Übermittlung der Bestellungen von der Verkaufsstelle und andererseits zur Auftragsverfolgung während der Lieferung. Dies ist die klassische Gestaltung für den Versand von Investitionsgütern, wie Maschinen, ebenso für den *Streckenhandel* (engl. *„drop shipping"*), d.h. die Direktlieferung vom Hersteller an den Kunden des Bestellers (meistens eines Gross- oder Einzelhändlers). Im letzteren Fall kann der Besteller (z.B. ein Ersatzteil- oder Internethändler) seine Bestandshaltungskosten vermeiden, muss aber einen Aufwand für die Integration seines Informationssystems mit dem des Herstellers in Kauf nehmen. Er kann auch die Qualität des gelieferten Produkts nicht selber kontrollieren.

Der gegenüberliegende Sektor V4 beschreibt die dezentrale Lagerung beim Einzelhändler mit Abholung durch Kunden. Diese Gestaltungsmöglichkeit eignet sich bei Bereitschaft und

Fähigkeit des Kunden, die gewünschten Produkte, auch von verschiedenen Herstellern, abzuholen. Er hat dafür i. Allg. eine recht grosse zeitliche Flexibilität. Vorgängig möchte oder muss der Kunde auch selber die Kommissionierung vornehmen. Diese Gestaltungsmöglichkeit ist transparent, benötigt eher einfache Informationssysteme zur Bestell- und Lieferverfolgung der Produkte und erlaubt ebenfalls die Rückgabe von Produkten oder Verpackungsmaterial. Sie benötigt allerdings, wie in der Abbildung betont, ein geeignetes Einzelhandelsnetz. Siehe dazu das Kap. 3.1.3, besonders die Abb. 3.1.3.2 und die entsprechenden Beispiele.

Der dazwischen liegende Sektor V2 beschreibt die dezentrale Lagerung im Verteilzentrum des Gross- oder Einzelhändlers mit Versand zum Kunden bzw. zu seiner Abladestelle. Dies ist für den Kunden die bequemste Gestaltungsmöglichkeit. Sie erfordert aber eine eher tiefe Volatilität der Nachfrage sowie die Anwesenheit des Kunden an der Abladestelle. Sonst sind hohe Transportkosten, auch wegen unregelmässiger Touren, die Folge. Das Problem einer optimalen Touren- bzw. *Routenplanung* fällt oft sowieso an, gerade für die Effizienz bei der Lieferung „auf der letzten Meile" (engl. „last mile delivery") oder „noch am Tag der Bestellung" (engl. „same day delivery"). Mit verschliessbaren Abladeboxen (ähnlich zu Postfächern) ist die Anwesenheit des Kunden nicht immer nötig. Die Lagerung beim Grosshändler kommt mit kleineren Beständen als ein entsprechendes Einzelhändler-Netzwerk aus, erlaubt aber i. Allg. keine Lieferung am Tag der Bestellung. Sofern die Abladestelle dafür eingerichtet ist, können auch Rückgaben von Waren erfolgen (z.B. leere Flaschen auf der Milchtour). Meistens muss die Rückgabe jedoch über ein anderes Netz erfolgen (z.B. über das Netz der Poststellen). Diese Lösung eignet sich für die Lieferung von schweren Artikeln wie z.B. Getränke, von frischen Artikeln, wie z.B. Blumen, von Express-Artikeln, wie z.B. Medikamente, oder von schnell drehenden Artikeln, z.B. C-Teile-Sortimente (Schrauben, Muttern etc.), an den Ort des Verbrauchs in Firmen. Die Bestände bei der Kundenfirma können dabei auch als *Konsignationslager* geführt werden.

Der dazwischen liegende Sektor V3 beschreibt die Lieferung direkt aus der Produktion bzw. Lagerung im Verteilzentrum des Grosshändlers, mit Versand zur Abholstelle. Diese Möglichkeit der Gestaltung kann man wählen, wenn der Kunde zur Abholung bereit und fähig ist und dafür von erheblich tieferen Transportkosten profitieren kann. Beispiele sind der Versand von Fahrzeugen oder on-line-Bestellungen („click and collect"). Der Anspruch an die begleitenden Informationssysteme ist dafür höher als beim Versand zum Kunden. Wenn hohe Kosten für die Abholstelle anfallen, neigt diese Lösung zudem zur Unrentabilität. Abholstellen sollte man somit mit vorhandenen Verteilzentren für andere Produkte oder Servicezentren kombinieren können (z.B. einer Autogarage oder einer Ladenkette wie Coop oder 7eleven). In diesem Fall sind sie auch für eine allfällige Rückgabe von Produkten oder Verpackungsmaterial geeignet. Die Lagerung im Verteilzentrum des Grosshändlers verkürzt die Lieferdurchlaufzeiten. Dafür reduziert sich entweder die Auswahl an Produkten und deren Verfügbarkeit oder es steigen die Bestandskosten. Die Kosten für Anlagen und Handhabung steigen wegen der Kosten des Verteil-zentrums ohnehin an. Verteilzentren, auch solche direkt bei der Fabrik, können selber auch Abholstelle sein. Als Beispiel dient die Abholung von Autos ab Werk.

Firmenbeispiele: Ändern die charakteristischen Merkmale, so sollte man auch eine Änderung des Versandkonzepts in Betracht ziehen. Im Beispiel von Holcim (siehe Kap. 3.1.1) wurde nicht nur rein zentraleres Produktionskonzept sondern auch ein zentraleres Versandkonzept möglich. Dezentrale Lagerung für die Basisnachfrage auf allgemeinen Produkten in sog. „Terminals" ist immer noch Teil des Versandkonzepts von Holcim im mittleren Westen der USA (d.h. Sektoren V4 oder V2 in Abb. 3.1.2.1), bis hinunter zum Golf von Mexiko. Speziell für Produkte mit volatiler Nachfrage nutzt Holcim jedoch jetzt eher Konzepte mit *zentralerer* Lagerung (Sektor V3, wobei die „Terminals" als Abholstellen dienen, oder sogar V1).

Bei Hilti wird dezentrale im Verteilzentrum des Grosshändlers oder Einzelhändlers gelagert (d.h. Sektor V2) und darauf folgend auf die Baustelle geliefert, um die Lieferdurchlaufzeiten zum Kunden („letzte Meile") kurz zu halten. Auch wenn die Bestände und das damit verbundene Umlaufvermögen hoch sind, ist die Verfügbarkeit der Produkte wichtiger, um die Nachfrage des Kunden so schnell wie möglich erfüllen zu können.

Weitere Zusammenhänge, die für eine integrierte Bestimmung der Gestaltungsmöglichkeiten in Betracht gezogen werden sollten: Die vier Gestaltungsmöglichkeiten können nicht unabhängig von der Gestaltung des Produktionsnetzwerks gewählt werden. *Für die auf den globalen Markt ausgerichtete Produktion* (Sektoren P1 und P3 der Abb. 3.1.1.2) kommen alle vier Gestaltungsmöglichkeiten für das *globale* Versandnetzwerk in Frage. Bei dezentraler Lagerung braucht es dafür eine geeignete Versandnetzwerkstruktur mit u.U. mehreren Strukturstufen (siehe Kap. 3.1.3). *Für die auf den lokalen Markt ausgerichtete Produktion* (Sektoren P2 und P4 der Abb. 3.1.1.2) kommen *aus globaler Sicht* nur die beiden Sektoren V2 und V4 in Abb. 3.1.2.1 in Frage, d.h. der dezentralen Lagerung. *Aus lokaler Sicht* kann man natürlich die Lagerung in der Nähe des (lokalen) Herstellers als „zentral" auffassen. In diesem Fall kommen alle vier Gestaltungsmöglichkeiten in Frage, aber *ausschliesslich für das lokale* Versandnetzwerk.

3.1.3 Netzwerkstruktur für den dezentralen Versand und Gestaltungs- möglichkeiten für Einzelhandelsnetze

Wählt man eine Gestaltung als dezentrales Versandnetzwerk (Sektor V4 in Abb. 3.1.2.1), so muss man als nächstes dessen Struktur festlegen.

> Die *Versandnetzwerkstruktur* definiert die geplanten Kanäle der Verteilung von Gütern, z.B. beschrieben durch Abb. 3.1.3.1.

Die Versandnetzwerkstruktur umfasst also erstens die Anzahl der *Strukturstufen*, bzw. *Stufen* (engl. *„echelon"*), z.B. eine *„multi echelon"*-Struktur mit vier Stufen: 1. zentrales Güterlager, 2. regionales Verteilzentrum, 3. Grosshändler bzw. Verteiler, und 4. Einzelhändler. Zweitens umfasst sie die Anzahl Lagerhäuser je Stufe, drittens die geografischen Standorte der Lager- häuser und viertens das Liefergebiet jedes Lagerhauses.

Damit entsteht ein geografisch verzweigtes Versandnetzwerk, wobei in jeder Stufe Komplett- ladungen homogener Güter in kleinere, mehr für den Verbrauch geeignete Einheiten aufgebrochen werden können (engl. „break-bulk", [APIC16]). Für die Transparenz von *Beständen an Lager* und im Transport entlang des ganzen Netzwerks braucht man ein Informationssystem. Distanzen werden dabei heute immer mehr über ein geografisches Informationssystem (GIS) bestimmt, wofür es für viele Länder kommerzielle Software gibt.

Je tiefer die Kundentoleranzzeit, desto grösser wird die Anzahl der dezentralen Lagerhäuser, und desto kleiner wird das Liefergebiet jedes Lagerhauses. Verkaufsstellen (engl. *„point of sale"*, POS) von materiellen Gütern müssen an günstigen Lagen nahe zum Verbraucher liegen. Knackpunkt in der Auswahl von möglichen neuen Standorten eines Einzelhandelsnetzes ist daher die Vorhersage der Anzahl potentieller Kunden.

Für die Gestaltung von *Einzelhandelsnetzen* kann man im ersten Ansatz *Verkaufsstellen mit einer eher kleinen Menge an vor Ort, d.h. an der Verkaufsstelle verfügbaren Waren von solchen mit einer eher grossen Menge* unterscheiden. Die Menge kann sich dabei auf die Anzahl der verschiedenen Artikel beziehen und/oder auf die Menge je Artikel. Für diesen Ansatz sind folgende *Merkmale zur Gestaltung von Einzelhandelsnetzen* wichtig:

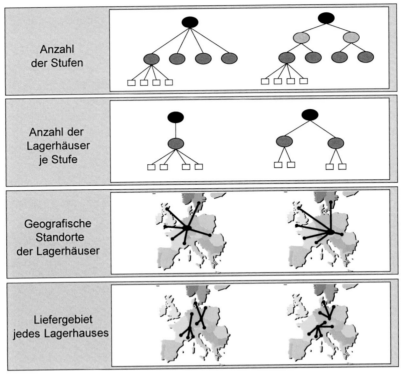

Abb. 3.1.3.1   Dezentraler Versand – Entscheidungsvariablen bei der Gestaltung der Versandnetzwerkstruktur (nach [Stic04])

- *Verfügbare Zeit zum Einkaufen und gleichzeitig Kapazität eines verfügbaren Transportmittels des Kunden*: Für Privatverbraucher *(B2C)* hat ein Auto dabei eine hohe Kapazität. Zu Fuss oder mit einem Fahrrad ist die Transportkapazität im Vergleich dazu niedrig. Steht gerade nur wenig Zeit zur Verfügung, oder steht gerade das Auto nicht zur Verfügung, dann kann nur ein Einkauf in der Nähe sowie von beschränkter Grösse und beschränktem Gewicht in Frage kommen. Für Geschäftseinkäufe *(B2B)* hat – je nach Geschäft – z.B. ein Lastwagen eine hohe Kapazität. Mit einem Kleinauto kann man dann nur Artikel von beschränkter Grösse und beschränktem Gewicht einkaufen.

- *Vielfalt der Nachfrage*: wie in Kap. 3.1.2 definiert.

- *Notwendiges geografisches Einzugsgebiet für das angebotene Sortiment*: Dieses Merkmal schätzt die Grösse des Einzugsgebiets ab, in dem es eine „genügende" Anzahl Kunden gibt, zu welchen das angebotene Sortiment in Bezug auf Qualität und Preis der Produkte passt. Diese Abschätzung erfolgt unter Berücksichtigung von Kaufkraft, verfügbarer Zeit und wählbaren Transportmitteln. „Genügend" heisst, dass die Häufigkeit der Einkäufe, multipliziert mit dem durchschnittlichen Umsatz pro Einkauf den Mindestumsatz pro Zeiteinheit ergibt, der zum rentablen Betrieb der Verkaufsstelle erforderlich ist.

Abhängig von diesen Merkmalen zeigt das Portfolio in Abb. 3.1.3.2 Gestaltungsmöglichkeiten für Einzelhandelsnetze mit eher kleiner oder grosser Menge an vor Ort verfügbaren Waren.

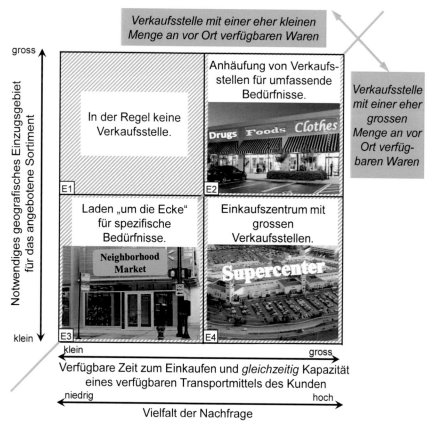

Abb. 3.1.3.2   Portfolio für die Gestaltung von Einzelhandelsnetzen

Der Sektor E1 beschreibt die Situation mit in der Regel keiner Verkaufsstelle, da das erforderliche geografische Einzugsgebiet zum rentablen Betrieb einer Verkaufsstelle zu gross ist. Die geplante Gestaltung des Versandnetzwerks (d.h. Sektor D4 in Abb. 3.1.2.1) ist so nicht realistisch und muss deshalb aufgegeben werden. Das wiederum kann Änderungen in der Versandnetzwerkstruktur nach sich ziehen. Der Kunde, falls er nicht an einen Mitbewerber abgegeben wird, muss eine Bestellung platzieren, die direkt aus der Produktion oder aus einem Verteilzentrum geliefert wird, allenfalls auch zu einer Abholstelle (z.B. postlagernd). Siehe dazu die Sektoren oben oder links im Portfolio in der Abb. 3.1.2.1. Dies ist für die meisten Geschäftseinkäufe der Fall.

Der gegenüberliegende Sektor E4 beschreibt das Einkaufszentrum mit grossen Verkaufsstellen. Auf diesen teuren Verkaufsflächen kann ein erweitertes Sortiment angeboten werden. Dadurch erhöht sich die Anzahl der Kunden, so dass sich dieses höhere Sortiment genügend schnell umschlägt und damit die Volatilität der Nachfrage niedrig bleibt. Dieser Gestaltungsmöglichkeit entsprechen z.B. die grossen Supermärkte der Privatverbraucher, oder aber der Abholgrosshandel (engl. „cash and carry wholesale") für Geschäftseinkäufe. Für ein eigentliches Einkaufserlebnis ist auch ein Wettbewerb der Anbieter erwünscht. Weisen solche Zentren ein thematisches Angebot auf, z.B. Kleider oder Wohnungseinrichtung, dann fassen sie möglichst viele konkurrierende Anbieter unter einem Dach zusammen. Da wegen der zu transportierenden Menge oder Grösse sowieso Autos nötig sind, stehen solche Zentren ausserhalb der Wohnquartiere, an Standorten, die mit dem Auto gut erreichbar sind.

Der Sektor E2 dazwischen beschreibt die Anhäufung von Verkaufsstellen für umfassende Bedürfnisse. Eine solche steht in wenig dicht besiedelten Gegenden und ist für die meisten potentiellen Kunden nur mit einem Auto erreichbar. Hier stehen mehrere spezialisierte Verkaufsstellen, weitgehend ohne überlappendes Angebot. Zusammen genommen ergibt sich ein Angebot für die umfassenden Bedürfnisse von möglichst vielen Kunden, die diese Anhäufung von Verkaufsstellen erreichen können.

Der Sektor E3 dazwischen beschreibt den Laden „um die Ecke". Im Vergleich mit Einkaufszentren bietet diese Lösung für den Kunden mehr Komfort, der aber mit höheren Transportkosten, oft auch höheren Anlage- und Handhabungkosten erkauft werden muss. Das Produktsortiment umfasst Artikel für spezifische Bedürfnisse. Bei Privatverbrauchern geht es oft um Lebensmittel oder Artikel für eine spezifische Kundengruppe. Bei Geschäftseinkäufen geht es z.B. um häufig verbrauchte Ersatzteile von bekannten Autotypen. Im Fall von Lebensmitteln können das z.B. die grundlegenden täglichen Bedürfnisse sein. Sie werden durch Einzelhändler gedeckt, deren Laden man zu Fuss oder mit dem Fahrrad erreichen kann. Für diese Gestaltungsmöglichkeit braucht es eine entsprechende Menge an potentiellen Kunden mit entsprechender Kaufkraft, die in der nächsten Umgebung des Ladens wohnen oder arbeiten. Sie kann z.B. für gewisse Quartiere in Städten oder Stätten mit hoher Frequenz spezifischer Personengruppen (z.B. in Schulen oder Sportstätten) gewählt werden. Die Bestandskosten können durch eine effiziente, meistens IT-gestützte Nachfülllogistik klein gehalten werden. Ein Bespiel dafür sind Apotheken, die für bestimmte Medikamente nur eine Einheit am Lager halten, deren Verbrauch durch Sensoren festgestellt und sofort an das Verteilzentrum übermittelt wird. Eine schnelle Logistik sorgt dafür, dass die Nachfüllung innert weniger Stunden garantiert werden kann.

Firmenbeispiele: Die Kunden von Holcim (siehe das angeführte Beispiel in Kap. 3.1.1 und 3.1.2) wirken recht nahe bei den Holcim-„Terminals" (Sektor E3 in Abb. 3.1.3.2). In der Zementindustrie ist es vorteilhaft, Kunden, die weit weg von solchen „Terminals" sind (Sektor E1), Mitbewerbern zu überlassen.

In Branchen wie z.B. im Lebensmitteleinzelhandel, im Möbel- oder Kleiderverkauf kann man feststellen, dass grosse Einzelhandelsketten wie Walmart oder die Schweizerische Migros über Verkaufsstellen verschiedener Grösse und mit verschiedenem Sortiment verfügen. In Ballungsgebieten nutzen sie beide Gestaltungen E4 und E3 in einem Gebiet überdeckend, je mit unterschiedlich grossen Läden und Produktsortimenten. Solche Ketten sind sich bewusst, dass viele Kunden aus Transportmitteln mit unterschiedlicher Reichweite und Kapazität auswählen können, und je nach verfügbarer Zeit und persönlicher Stimmung auch auswählen werden.

Die vorgenannte Firma Hilti besitzt ihre ganze Versandnetzwerkstruktur. Ihre Marktorganisationen sind die Grossisten, welche ein oder mehrere Lagerhäuser besitzen. De facto wirken die Verkäufer auf der Baustelle wie Einzelhändler. Sie sind in engem Kontakt mit potentiellen Kunden und liefern direkt auf die Baustellen (Sektor V2 in Abb. 3.1.2.1). Damit gibt es keine Notwendigkeit für "Hilti-Verkaufspunkte" oder die Partnerschaft mit einer Dritt-Einzelhandelskette. Dennoch ändert sich die Versandnetzwerkstruktur von Hilti. Aktuell sollte ein VMI-(„vendor managed inventory"-)Konzept ein effizienteres Bestandsmanagement auf den verschiedenen Strukturstufen ergeben.

3.1.4 Gestaltungsmöglichkeiten für Servicenetzwerke

Eine Dienstleistung im originären Sinn kann man auch als *Prozess in direkten Kontakt mit dem Serviceobjekt* auffassen (vgl. die Definitonen im Kap. 1.1.1). Aufgrund der technischen Entwicklung und der Industrialisierung entstanden die folgenden zwei Arten von (Teil-)Prozessen, für welche der Kontakt mit dem Objekt am selben Ort nicht mehr in gleichem Mass nötig ist.

- Als *Prozess mit indirektem Objektkontakt* zählen Services, die Reservationen oder Aufträge entgegennehmen, z.B. in Reisebüros, Autovermietungen und Versandhäusern. Dazu zählen aber auch Dienstleistungen, die Informationen liefern und damit die eigentlichen Produkte und Serviceleistungen unterstützen, sowohl vor als auch nach dem Verkauf, z.B. in Call Centers oder Hotlines. Da die Lieferkosten der Information sich für verschiedene Standorte nicht stark unterscheiden, können solche Standorte im Prinzip irgendwo rund um den Erdball aufgebaut werden, wo die Produktionskosten – bei vorausgesetzter Qualität – minimal sind.

- Als *Prozess ohne Objektkontakt* zählen oft Teilprozesse der gesamten Dienstleistung, die der klassischen Produktion ähnlich sind und z.B. aus Gründen der Wirtschaftlichkeit (Skalen- sowie Verbundeffekte) oder Schwierigkeit an einem zentralen Ort ausgeführt werden müssen. Zu solchen Prozessen zählen die „back-offices" bei Banken (z.B. im Hypothekar- oder Kreditvergabegeschäft), Versicherungen (z.B. bei Policen, die spezielle Risiken abdecken) oder Kreditkartenabrechnungsfirmen. Die Lieferkosten spielen keine Rolle, sobald die Güter digital übermittelt werden können. Solche Zentren können, Qualität vorausgesetzt, im Prinzip irgendwo auf der Welt angesiedelt sein. Zu solchen Prozessen zählen aber auch die blosse Lieferung von Ersatzteilen, oder Tätigkeiten in zentralen Kommissonierlagern, z.B. bei Catering-Betrieben, oder entlang der Versandnetzwerkstruktur von materiellen Gütern; in diesen Fällen geht es nicht nur um die Produktionskosten, sondern auch um die Lieferzeiten und -kosten, so dass diese Standorte nicht an beliebigen Orten aufgebaut werden können. Auf diese Weise entstehen u.U. mehrstufige Servicenetzwerke, deren einzelne Standorte durch die Definition des gesamten Prozesses, der die Dienstleistung bildet, miteinander verknüpft sind.

Für Netzwerke von *Services im originären Sinn* kann man in einem ersten Ansatz analog zu den Produktions- und Versandnetzwerken zwei grundlegende Arten unterscheiden:

> Bei einem *zentralen Service* erbringt man eine bestimmte Dienstleistung direkt in einem oder wenigen zentralen *Servicezentren*. Bei einem *dezentralen Service* erbringt man die Dienstleistung in oder ausgehend von mehreren Servicezentren, je möglichst nahe am Kunden.

Die Vorteile und Nachteile des zentralen Services gegenüber dem dezentralen Service zeigen sich in ähnlicher Weise wie die Vor- und Nachteile des zentralen Versands gegenüber dem dezentralen Versand. Nur muss man grundsätzlich von der Übergabe des Objekts an den Dienstleister ausgehen – allenfalls auch am Standort des Objekts –, und zwar als ersten, für die Effektivität kritischen Teilprozess des Services. Die wichtigen *Merkmale für die Gestaltung von Servicenetzwerken* im Prinzip sind dieselben wie für die Versandnetzwerke. Die folgenden Merkmale ändern jedoch ihre Bedeutung:

- Die Wertdichte des Produkts wird zum *Mobilitätskostenverhältnis des Services*, d.h. die Kosten für die Mobilität des Dienstleisters (um Personen, Ausrüstung und Material (z.B. Ersatzteile) zum Objekt zu bringen) im Verhältnis zu den Kosten für die Mobilität des Objekts. Zu den letzteren zählen die Kosten für den Transport des Objekts (i. Allg.

abhängig von Grösse und Gewicht) sowie für die Transportvorbereitung am Ort des Objekts. Im Fall der Totalrevision oder Nachrüstung (engl. „retrofit") einer Maschine oder Anlage zählen dazu auch der Abbau und der spätere Wiederaufbau. Bei Personen-Objekten geht es um den subjektiven Wert des Komfortverlusts, z.B. bei einer Verlegung vom Wohnort in ein Spital.

- Der Grad der Kundenbeteiligung beim Abholen wird zum Grad der *Kundenbeteiligung beim Bringen und Abholen*: In welchem Ausmass ist der Kunde bereit und fähig, das Objekt zu bringen und abzuholen?

- Die Notwendigkeit zur effizienten Rückgabe wird zur *Notwendigkeit zur wiederholten Übergabe des Serviceobjektes*. Gewisse Objekte müssen immer wieder beim selben Dienstleister behandelt werden, z.B. Autos in der Garage, oder Patienten beim Hausarzt.

Wie bei den Produktions- und Versandnetzwerken stehen sich die beiden Gruppen von Merkmalen oft entgegen. Auch hierzu gibt es Beispiele:

- Die klassische Wartung und Instandhaltung sowie Betreibermodelle vor Ort, Versicherungsleistungen, die einfache Pflege zuhause, medizinische Dienstleistungen durch Hausärzte, die Ausbildung durch Hauslehrer: niedriges Mobilitätskostenverhältnis des Services (spricht für dezentralen Service), jedoch auch eher niedriger Grad der Kundenbeteiligung beim Bringen und Abholen (spricht für zentralen Service).

- Grossreparaturen von Werkzeugen und Apparaten, klassische Schulen mit Sammel-transporten von Schülern, Gruppenreisen: hohes Mobilitätskostenverhältnis des Services (spricht für zentralen Service), jedoch auch ein hoher Grad der Kundenbeteiligung beim Bringen und Abholen bei genügend naher Abholstelle (spricht für dezentralen Service).

Wieder muss sich ein Unternehmen hier für eine Gestaltung strategisch festlegen. Das Portfolio in der Abb. 3.1.4.1 zeigt zusätzlich zu den beiden klassischen Gestaltungen (zentraler bzw. dezentraler Service) zwei gemischte Gestaltungen. Die vier Gestaltungsmöglichkeiten liegen in vier Sektoren in einem zweidimensionalen Raum, aufgespannt durch die Dimensionen, welche den beiden sich entgegenstehenden Gruppen von Merkmalen entsprechen.

Der Sektor S1 beschreibt den zentralen Service beim Hersteller oder spezialisierten Dienstleister, mit Holen und späterem (d.h. nach Erbringung des Services) Bringen des Objekts von bzw. zu seinem Standort durch den Dienstleister. Diese Möglichkeit ist bei Services mit hohem Mobilitätskostenverhältnis und hoher Volatilität der Nachfrage vorteilhaft. In diesem Fall wird der Kunde meistens auch bereit sein, i. Allg. längere Transportwege und auch eine längere Zeit bis zur Lieferung bzw. Ausführung des Services zu tolerieren. Diese Gestaltung erlaubt eine grosse Auswahl an Services und einen hohen Lieferbereitschaftsgrad sowie relativ tiefe Anlage- und Handhabungskosten. Dem gegenüber stehen allerdings hohe Transportkosten, oft mit aufwendiger Vorbereitung und speziellen Transportmitteln. Dazu kommt ein eher hoher Aufwand für Informationssysteme, einerseits zur Übermittlung der Bestellungen von der Service-Verkaufsstelle und andererseits zur Auftragsverfolgung während der Erbringung des Services. Der Standort des Objekts vor und nach dem Service muss dabei nicht derselbe sein, und auch nicht demjenigen des Bestellers (z.B. eines Händlers von Gebrauchtmaschinen) entsprechen. Dann muss man aber einen noch höheren Aufwand für die erwähnten Informations-systeme in Kauf nehmen. Dies ist die klassische Gestaltung für die umfassende Revision und Modernisierung von Kapitalgütern (meistens beim Hersteller des Guts, z.B. Maschinen, Flug- und Fahrzeuge), für die Lohnarbeit, ebenso für grosse Operationen im Gesundheitswesen in spezialisierten Kliniken.

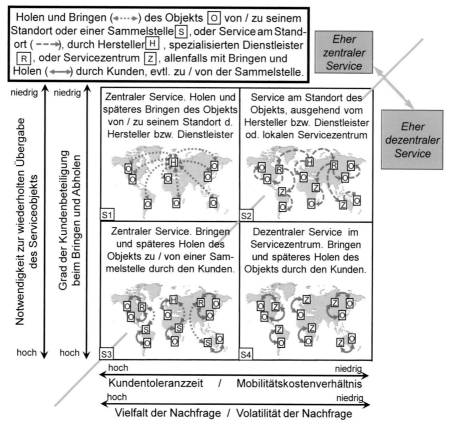

Abb. 3.1.4.1   Merkmale und Gestaltungsmöglichkeiten von Servicenetzwerken für Dienstleistungen in direktem Kontakt mit dem Objekt

Der gegenüberliegende Sektor S4 beschreibt den dezentralen Service im Servicezentrum, mit Bringen und späterem (d.h. nach Serviceerbringung) Holen des Objekts durch den Kunden. Diese Gestaltungsmöglichkeit eignet sich bei Bereitschaft und Fähigkeit des Kunden, das Objekt zum Servicezentrum zu bringen und wieder zu holen. Zuvor möchte oder muss der Kunde auch die Terminierung des Services vornehmen – allenfalls gleich mehrerer. Die Möglichkeit ist transparent, benötigt eher einfache Informationssysteme zur Bestell- und Ausführungsverfolgung der Services und erlaubt eine wiederholte Übergabe desselben Serviceobjekts. Beispiele hierzu sind die einfache Reparatur von Artikeln des täglichen Bedarfs, z.B. von Fahrzeugen, Schuhen, Geräten, sowie einfache Dienstleistungen an Personen, z.B. beim Coiffeur, in Banken, in der Arztpraxis oder im Kindergarten.

Der dazwischen liegende Sektor S2 beschreibt den Service ausgehend vom Hersteller bzw. spezifischen Dienstleister oder vom lokalen Servicezentrum, mit Erbringung des Services am Standort des Objekts. Dies ist für den Kunden die bequemste Gestaltungsmöglichkeit. Sie erfordert aber eine eher tiefe Volatilität der Nachfrage sowie die Zugänglichkeit zum Objekt zum abgemachten Zeitpunkt. Sonst sind hohe Bereitschaftskosten und – wegen vergeblicher Fahrten – noch höhere als die sowieso schon hohen Transportkosten die Folge. Oft fällt auch das Problem einer optimalen Touren- bzw. *Routenplanung* an. Der Service wird ausgehend vom lokalen Zentrum erbracht. Für selten durchgeführte oder schwierige Services kann es besser sein, wenn ein spezialisierter Dienstleister oder sogar der Hersteller eingesetzt werden. Beispiele dafür sind die klassische Wartung und Instandhaltung sowie Betreibermodelle vor Ort, aber auch für Versicherungsleistungen, für einfache Pflege zuhause, medizinische Dienstleistungen durch Hausärzte oder die Ausbildung durch Hauslehrer.

Der dazwischen liegende Sektor S3 beschreibt den zentralen Service beim Hersteller oder Service im grösseren Servicezentrum, mit Bringen und späterem (d.h. nach Serviceerbringung) Holen des Objekts zu / von einer Sammelstelle durch den Kunden. Diese Gestaltungsmöglichkeit kann man wählen, wenn der Kunde zum Bringen und Holen des Objekts bereit und fähig ist und dafür von erheblich tieferen Transportkosten profitieren kann. Beispiele sind die grössere Reparatur von Werkzeugen und Apparaten oder der Betrieb von klassischen Schulen (Stichwort: Sammeltransporte von Schülern) oder Gruppenreisen. Der Anspruch an die begleitenden Informationssysteme ist dafür nochmals höher als für die Gestaltung S1. Wenn signifikante Kosten für die Sammelstelle anfallen, neigt diese Lösung zudem zur Unrentabilität. Sammelstellen für Sachobjekte sollte man also mit vorhandenen Servicezentren oder mit Verteilzentren für Produkte kombinieren können (z.B. einem Verkaufsladen). Solche Sammelstellen erlauben auch eine wiederholte Übergabe desselben Serviceobjekts. Sammelstellen im Schulwesen oder Tourismus kann man z.B. mit einer Haltestelle des öffentlichen Verkehrs kombinieren. Der Service im grösseren Servicezentrum verkürzt die Transportzeiten. Dafür reduziert sich entweder die Auswahl an Services und deren Verfügbarkeit oder es steigen die Bereitschaftskosten. Die Kosten für Anlagen und Handhabung steigen wegen der Kosten des Servicezentrums ohnehin an. Diese Lösung bietet sich an, wenn die Objekte sich in gewissen Regionen anhäufen. Grössere Servicezentren und der spezifische Dienstleister können selber auch Sammelstelle sein. Als Beispiel dient die Notfallaufnahme in einem Spital.

Analog zur Netzwerkstruktur für den dezentralen Versand und zu Gestaltungsmöglichkeiten für Einzelhandelsnetze benötigen dezentrale Servicekonzepte (Sektoren S2, S3 und S4) eine geeignete, allenfalls „multi echelon"-Struktur und ein Netz von Dienstleistern, Servicezentren oder Sammelstellen. Deren Ähnlichkeit zu den in Abb. 3.1.3.2 gezeigten Formen von Einzelhandelsnetzwerken ist gross.

Firmenbeispiele: Die vorgenannte Firma Hilti besitzt lokale Service- und Reparaturzentren als Teil der verschiedenen Verkaufsorganisationen. Die Kundentoleranzzeit ist sehr klein, ebenso der Grad der Kundenbeteiligung beim Bringen und Abholen. Aufgrund des Direktversandkonzepts sind die Verkaufsberater nahe beim Kunden. Im Falle eines Schadens z.B. einer Bohrmaschine, liefert das Hilti-Flottenmanagement schnell Ersatz und nimmt gleichzeitig das defekte Gerät zurück. Somit ist S2 die bevorzugte Gestaltungsmöglichkeit.

Die vorerwähnten grossen Einzelhandelsketten wie Walmart oder Migros bieten Sammelstellen direkt an ihren grösseren Verkaufsstellen an. Manchmal gibt es sogar einen Servicestelle am Platz (Möglichkeit S4). Häufiger nutzen sie jedoch das Transportnetzwerk, das die Produkte über die verschiedenen Stufen ihrer Versandnetzwerkstruktur, um defekte Teile zu einem grösseren Servicezentrum oder zum Hersteller zu transportieren (Möglichkeit S3).

Weitere Zusammenhänge, die für eine integrierte Bestimmung der Gestaltungsmöglichkeiten in Betracht gezogen werden sollten: Durch geschicktes Redesign einer komplexen Dienstleistung können Teile davon allenfalls eine mehr dezentrale Charakteristik annehmen. Z.B. kann die umfassende Revision beim Hersteller einer Maschine als Abfolge von vereinfachten Servicevarianten beim Betreiber oder in einem lokalen Servicezentrum durchgeführt werden, ohne das gewünschte Ziel der Revision zu verfehlen. Vorgängig zu diesen einfacheren Services werden über das Versandnetzwerk die nötigen Ersatzteile geliefert. Des Weiteren ist der Grad der Dezentralisierung von Services i. Allg. mindestens so gross wie der Grad der Dezentralisierung des Versands. Tatsächlich wäre es für den Kunden wenig einsichtig, warum er für die Wartung und Instandhaltung eines Produkts einen längeren Weg akzeptieren sollte als für die Lieferung. So kann eine Verkaufsstelle kann oft auch als Sammelstelle genutzt werden, manchmal sogar als lokales Servicezentrum.

Falls ein Service einen Bezug zu einem vorher hergestellten Produkt hat (z.B. die klassische Wartung und Instandhaltung von Maschinen oder Anlagen), dann können die vier hier erwähnten Gestaltungsmöglichkeiten nicht unabhängig von der Gestaltung des Produktionsnetzwerks gewählt werden. *Für die auf den globalen Markt ausgerichtete Produktion* (Sektoren P1 und P3 der Abb. 3.1.1.2) kommen alle vier Gestaltungsmöglichkeiten für das *globale* Servicenetzwerk in Frage. *Für die auf den lokalen Markt ausgerichtete Produktion* (Sektoren P2 und P4 der Abb. 3.1.1.2) kommen *aus globaler Sicht* nur die beiden Sektoren S2 und S4 in Abb. 3.1.4.1 in Frage. *Aus lokaler Sicht* kann man natürlich den Service beim (lokalen) Hersteller als „zentral" auffassen. In diesem Fall kommen alle vier Gestaltungsmöglichkeiten in Frage, aber *ausschliesslich für das lokale* Servicenetzwerk.

3.1.5   Gestaltungsmöglichkeiten für Transportnetzwerke

Ein Produktions-, Versand- oder Servicenetzwerk für physische Produkte muss i. Allg. in engem Zusammenhang mit den Möglichkeiten zum Transport der Waren gestaltet werden. Für jedes *Transportmittel*, z.B. Lastwagen, Eisenbahnwagen, Schiff oder Flugzeug, muss dabei die seinem *Transportmodus*, d.h. Strasse, Schiene, Wasser oder Luft entsprechende Infrastruktur, vorhanden sein, also ein Netz von Verkehrswegen mit den nötigen Drehkreuzen, d.h. Ladestationen, Bahnhöfen, Häfen oder Flughäfen.

In einem Transportnetzwerk können unabhängige Transportgesellschaften oder Carrier zum Einsatz kommen. Ein *Third-party-logistics-(3PL-)Anbieter* stellt Dienstleistungen zur Produktlieferung bereit. Er kann auch zusätzliche Supply-Chain-Expertise anbieten ([APIC16]). Solche Dienstleistungen umfassen die klassischen Services wie Transport, Umschlag und Lagerung, aber darüber hinaus auch Sekundärverpackung, das Hinzufügen eines Beipackzettels, einfachere Montage- oder Reparaturarbeiten, Annahme von Produktrückgaben. [1]

Wieder kann man in einem ersten Ansatz zwei grundlegende Arten von Transportnetzwerken unterscheiden.

Bei einem *direkten Transport* transportiert man zwischen zwei Standorten ohne Wechsel des *primären Transportmittels*, d.h. des Transportmittels, in das die Ladeeinheiten direkt verladen werden. Ein selbständiges Fahren eines Lastwagens auf einen Zug (sog. *„rollende Landstrasse"*) oder eine Fähre im Sinne eines sekundären Transportmittels gilt dabei immer noch als direkter Transport, also nicht als Wechsel des Transportmodus.

Bei einem *indirekten Transport* nutzt man zwischen zwei Standorten verschiedene primäre Transportmittel. Für die einzelnen Transportabschnitte kann man so einerseits individuelle

---

[1] *First-party-logistics-(1PL-)Anbieter* sind interne Abteilungen von produzierenden Unternehmen oder lokale Transporteure. *Second-party-logistics-(2PL-)Anbieter* übernehmen als externe Anbieter für produzierende Unternehmen Funktionen wie Transport, Umschlag und Lagerung. *Fourth-party-logistics-(4PL-)Anbieter* sind 3PL-Anbieter ohne eigene Infrastruktur, aber mit Kompetenz zur Integration der 3PL-Aufgaben über die ganze Supply Chain.

Stärken der Transportmittel nutzen und deren Auslastung erhöhen. Andererseits muss man den Aufwand und die Zeit für den Umschlag der Ladeeinheiten von einem Transportmittel auf ein anderes (allenfalls auch mit Wechsel des Transportmodus) an den *Umschlagstellen*, d.h. an auf die Funktion „Umschlag" reduzierten Verteilzentren, in Kauf nehmen.

Die folgenden *Merkmale* haben sich *für die Gestaltung von Transportnetzwerken* als wichtig gezeigt:

- *Grösse bzw. Gewicht* der Lieferung in Kilogramm bzw. Kubikmeter: In welchem Verhältnis stehen die geeigneten Transportmittel dazu?

- *Möglichkeit zur Nutzung eines vorhandenen Transportnetzwerks*: Kann die Lieferung einem Transportmittel mitgegeben werden, das sowieso Lieferungen zwischen den zwei Standorten durchführt und dessen Kapazität nicht voll ausgelastet ist? Hier können auch Transportmittel, die nach bekannten Fahrplänen verkehren, einbezogen werden.

Die Beobachtung in der Praxis ergibt, dass diese zwei Merkmale in einem recht hohen Grad korrelieren: Grosse Ausmasse bzw. hohes Gewicht oder die hohe Möglichkeit zur Nutzung eines vorhandenen Transportnetzwerks sprechen eher für einen direkten Transport. Liegen die Werte umgekehrt, dann ist der indirekte Transport vorteilhaft. Beides gilt unabhängig von der Wertdichte. Z.B. werden Schaumstoff aufgrund des Volumens oder Kies aufgrund des Gewichts eher direkt transportiert, während Diamanten gerade aufgrund ihres kleinen Volumens und Gewichts indirekt transportiert werden, wenn z.B. grosse Distanzen mit dem Flugzeug zu überwinden sind.

Zwei weitere Merkmale für die Gestaltung von Transportnetzwerken, die nicht mit den obigen Merkmalen, jedoch unter sich korrelieren, sind:

- *Notwendigkeit zum zusammengelegten Transport:* Inwieweit soll die Lieferung zusammen mit Produkten anderer Hersteller oder mit Serviceobjekten anderer Dienstleister erfolgen? Inwieweit müssen mehrere Produkte oder Teile davon für ihre Rückgabe gleichzeitig an verschiedene Hersteller übergeben werden? Inwieweit müssen mehrere Serviceobjekte oder Teile davon für ihre Übergabe gleichzeitig an verschiedene Dienstleister übergeben werden?

- *Kundentoleranzzeit*, definiert wie in Kap. 1.1.3.

Bei einer eher hohen Notwendigkeit zum zusammengelegten Transport oder einer eher hohen Kundentoleranzzeit sind unterschiedliche Formen von indirektem Transport vorteilhaft.

Wie bei den Produktions-, Versand- und Servicenetzwerken stehen sich die beiden Gruppen von Merkmalen oft entgegen. Auch hierzu gibt es Beispiele:

- Transporte von sehr hochwertigen Gütern (z.B. Geld, Edelsteine, Edelmetalle) oder Expresstransporte (z.B. bei Ersatzteilen): Grösse bzw. Gewicht der Lieferung niedrig (spricht für indirekten Transport), jedoch auch niedrige Kundentoleranzzeit (spricht für direkten Transport).

- Regelmässige Belieferungen von Verkaufsstellen durch einen Grossverteiler, on-line Bestellungen, die an Abholstellen geliefert werden sollen, oder regelmässige Transporte von Personengruppen zu Veranstaltungen an bestimmten Standorten: Grösse bzw. Gewicht der Lieferung hoch (spricht für direkten Transport), jedoch auch ein hohe Notwendigkeit zum zusammengelegten Transport (spricht für indirekten Transport).

Wieder muss sich ein Unternehmen hier für eine Gestaltung strategisch festlegen. Das Portfolio in der Abb. 3.1.5.1 zeigt neben den zwei klassischen Gestaltungen (direkter bzw. indirekter Transport) zwei gemischte Gestaltungen für den Transport zwischen zwei Standorten S1 und S2. Die vier Möglichkeiten liegen in vier Sektoren in einem zweidimensionalen Raum, aufgespannt durch die Dimensionen, welche den beiden sich entgegenstehenden Gruppen von Merkmalen entsprechen.

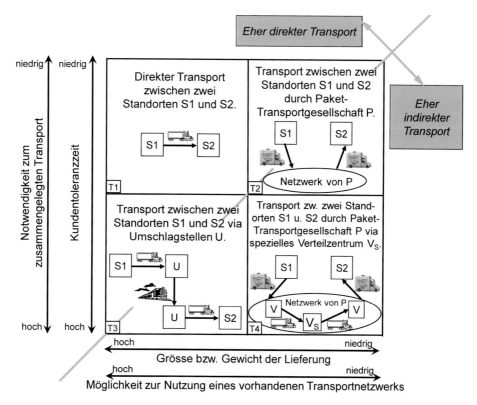

Abb. 3.1.5.1   Merkmale und Gestaltungsmöglichkeiten von Transportnetzwerken

Der Sektor T1 beschreibt den direkten Transport zwischen zwei Standorten. Diese Gestaltungs-möglichkeit ist vorteilhaft, wenn zwischen zwei Standorten (z.B. zwischen dem Lager des Herstellers und einer Abholstelle) eine sog. *Komplettladungs-Losgrösse* (engl. *„(full) truckload lot"*), d.h. eine Lieferung mit minimaler Grösse oder minimalem Gewicht transportiert werden soll, die für den Tarif für ein volles Transportmittel genügt. Das führt zu günstigen Transport-kosten. Man kann Transportmittel der eigenen Flotte oder solche von sog. *Komplettladungs-Transportgesellschaften* (engl. *„truckload (TL), or full truckload (FTL) carriers"*), d.h. Transportgesellschaften, die volle Transportmittel berechnen, einsetzen.

Eine Herausforderung bildet die *Lieferung „auf der letzten Meile"* (engl. *„last mile delivery"*) bei Versandnetzwerken: der Verteiler liefert Produkte selber an verschiedene Kunden über eine Tour aus, anstelle eine Paket-Transportgesellschaft zu nutzen. Weil die Lieferwagen zumindest auf einem Teil der Tour „LTL carriers" („less than truckload") gleichen, sind die Transportkosten entsprechend hoch. Dem gegenüber steht – wenn die Distanz zwischen dem Lager des Verteilers und dem Kunden klein sowie die *Tourenplanung* effektiv ist – eine sehr kurze Lieferzeit, wie sie durch eine Paket-Transportgesellschaft i. Allg. nicht erreicht werden kann. Beispiele dafür sind

Artikel des täglichen Bedarfs an Lebensmitteln oder die Lieferung von Medikamenten an Apotheken. Bei Erbringung des Services am Standort des Objekts (z.B. die Wartung und Reparatur von eingebauten Geräten) muss der Dienstleister ein ähnliches Problem der optimalen Touren- bzw. *Routenplanung* lösen.

Der gegenüberliegende Sektor T4 beschreibt den Transport zwischen zwei Standorten durch eine Paket-Transportgesellschaft über ein spezielles Verteilzentrum. Gerade 3PL-Anbieter können in bestimmten Verteilzentren über die notwendige Infrastruktur für Dienstleistungen verfügen, die über das klassische Transportwesen hinausgehen, wie z.B. für die Vereinigung von Gütern während des Transports (engl. *„in-transit merge"*, d.h. das Zusammenführen von Produkten verschiedener Hersteller bzw. Serviceobjekten verschiedener Dienstleister). Der Kunde erhält statt mehreren nur eine Lieferung, wodurch sich seine Kosten für Transport, Warenannahme und Zusammenführung reduzieren. Dafür dauert der Umweg über das spezielle Verteilzentrum etwas länger, und dort fallen zusätzliche Kosten für die Arbeitsgänge zur Zusammenführung an. Ein Beispiel dafür ist die Lieferung von Computern, neu oder nach einer Reparatur, die aus Systemkomponenten verschiedener Hersteller zusammengeführt werden (z.B. Prozessor der Marke x und Bildschirm der Marke y).

Der dazwischen liegende Sektor T2 beschreibt den Transport zwischen zwei Standorten durch eine Paket-Transportgesellschaft. Diese Möglichkeit wird gewählt, wenn Grösse oder Gewicht der Lieferung zu klein bzw. tief sind, um einen spezifischen Transport für diese Lieferung zu rechtfertigen. Die Paket-Transportgesellschaft hilft dabei, weitere Versender zu sammeln und so die Abrechnung des vollen Transportmittels auf eine breitere Kundenbasis zu verteilen. Solche Paket-Transportgesellschaften können auf ihr eigenes, für den Kunden nicht transparentes Netz an Umschlagstellen zurückgreifen. Je nach der Art der Güter und den spezifischen Anforderungen an den Transport kann es auch spezialisierte Gesellschaften geben, z.B. für Transporte von sehr hochwertigen Gütern (z.B. Geld, Edelsteine, oder Edelmetalle), oder für Express-Transporte bei einer sehr kurzen Kundentoleranzzeit (z.B. für Ersatzteile).

Der dazwischen liegende Sektor T3 beschreibt den Transport zwischen zwei Standorten via Umschlagstellen. Diese Möglichkeit kann gewählt werden, wenn ein Auftrag mehrere Produkte verschiedener Hersteller bzw. Serviceobjekte verschiedener Dienstleister umfasst, die ohne Zwischenlagerung geliefert werden sollen, oder wenn ein Auftrag einem Transport mitgegeben werden soll, der den Zielstandort sowieso anfährt. „Cross-docking"-Prinzipien, die auf schnellen Durchlauf durch eine Umschlagstelle ausgelegt sind, sind dabei aus Kundensicht von zentraler Wichtigkeit. Diese Gestaltungsmöglichkeit führt zu besser ausgelasteten „LTL carriers" auf der ganzen Strecke. Allenfalls kann man sogar „TL carriers" nutzen. Dagegen steht eine tendenziell längere Lieferzeit aufgrund des Umwegs über die Umschlagstellen, sowie eine komplexe Planung der *Ladungsbildung* und der „cross docking"-Operationen. Beispiele sind regelmässige Belieferungen einzelner Verkaufsstellen durch einen Grossverteiler, sodann on-line-Bestellungen, die an Abholstellen geliefert werden sollen, oder regelmässige Transporte von Personengruppen zu Veranstaltungen an bestimmten Standorten.

Die vier Gestaltungsmöglichkeiten des Transportnetzwerks können im Prinzip für jede der vier Gestaltungsmöglichkeiten von Produktionsnetzwerken in Abb. 3.1.1.2 zum Transport zwischen zwei Arbeitsgängen gewählt werden. Dasselbe gilt für Versandnetzwerke in Abb. 3.1.2.1 zur Lieferung direkt aus der Produktion oder einem Lager zu einem Kunden bzw. seiner Abladestelle oder zu einer Abholstelle. Dasselbe gilt für die Rückgabe von Produkten, sowie wenn der Transport statt zum Endkunden, d.h. zum Verbraucher, „nur" zum Lager der nächsten Struktur-stufe der Versandnetzwerkstruktur erfolgt, z.B. vom Hersteller zum Verteilzentrum des

Grosshändlers oder von einem zentralen Verteilzentrum zum Lager eines Einzelhändlers – siehe auch Kap. 3.1.3. Und dasselbe gilt für Servicenetzwerke in Abb. 3.1.4.1 zur Übergabe des Serviceobjekts oder Teilen davon an verschiedene Hersteller oder Dienstleister, oder zur Lieferung des Objekts oder Teilen davon nach erbrachtem Service zurück zum Standort, oder zum Transport des Dienstleisters und seiner Infrastruktur näher zum Objekt.

Firmenbeispiele: Die vorerwähnte Firma Hilti bevorzugt die Möglichkeit T3 für den Transport zwischen Fabrik und Lagerhäusern in den lokalen Märkten. Dies, weil wegen des hohen Gewichts der Lieferung bestehende Transportnetzwerke genutzt werden können. Wenn das Liefervolumen einer Fabrik gross genug und damit die Notwendigkeit zum zusammengelegten Transport von verschiedenen Fabriken klein ist, dann wird direkt zwischen der Fabrik und einem lokalen Markt transportiert (Möglichkeit T1). Für den Transport vom lokalen Lagerhaus zur Baustelle wird mit Hilti's bekannten roten Kombiwagen direkt transportiert (Möglichkeit T1).

De facto validiert die mögliche Gestaltung des Transportnetzwerks die gewählte Gestaltung des Versand- oder Produktionsnetzwerks. Sollte das Transportnetzwerk vom letzten Produktions- bzw. Lagerungsstandort zum Kunden nämlich keine effiziente Gestaltung zulassen, für welche die Lieferzeit kleiner oder gleich der Kundentoleranzzeit wird, dann kann offenbar ein Konkurrent auf dem Markt das Kundenbedürfnis besser befriedigen. Möchte man den Kunden trotzdem bedienen, dann heisst das, dass das Versandnetzwerk, u. U. sogar das Produktions- netzwerk überdacht werden muss. Z.B. überlässt die Firma Holcim aus freien Stücken einen Kunden einem Konkurrenten, sobald sie keine Chance hat, mit ihrem aktuellen Produktions-, Versand- und Transportnetzwerk die Kundentoleranzzeit zu erreichen. Wie jedoch das Beispiel des Produktionswerks in Ste. Genevieve (Missouri) zeigt, können langfristige Investitionen in die Transportinfrastruktur die Situation ändern. Mit der Erweiterung des Panama-Kanals überlegt Holcim, ob oder ob nicht der Zement für die Westküste der USA ebenfalls von diesem Produktionswerk versandt werden soll. Ähnlich überlegt Holcim, ob mit dem neuen Gotthard- Basistunnel der Zement für Norditalien von den Produktionswerken in der Nördlichen Schweiz geliefert werden soll anstatt ihn lokal zu produzieren, sobald ein existierender Steinbruch ausgebeutet sein wird und anstelle nach einem neuen Steinbruch in Norditalien zu suchen.

Nicht jede Tätigkeit entlang der Supply Chain kann man klar der Produktion, dem Versand oder dem Service zuordnen. Gewisse Tätigkeiten wie z.B. eine Sekundärverpackung, das Hinzufügen eines Beipackzettels oder die Montage eines lokalen Steckers bei elektrischen Geräten können sowohl in einer Fabrik als auch in einem geeigneten Verteilzentrum durchgeführt werden. Gewisse Dienstleistungen wie z.B. eine Reinigung oder ein Aufladen einer Batterie können an einer Abholstelle abgewickelt werden. Andere Dienstleistungen, wie z.B. die Vorproduktion von Catering-Produkten, kann in einem Produktionsstandort mit anschliessendem Versand erbringen. Ein Versand- oder Servicenetzwerk kann sich damit potentiell durchaus zu einem Produktions- netzwerk entwickeln. Wie für viele andere Firmen gilt dies auch für Holcim, wo die lokalen „Terminals" nicht die nur Elemente der Versand- oder Servicenetzwerkstruktur sind sondern auch höherstufige Fertigprodukte wie z.B. Beton für lokale Kunden herstellen können.

3.1.6   Integration der Portfolios

Eine geeignete Gestaltung des Wertschöpfungsnetzwerks ist für die Kundenzufriedenheit entscheidend, die Qualität des Produkts bzw. des Service vorausgesetzt. Die Abb. 3.1.6.1 zeigt, wie Netzwerke für Produktion, Versand, Einzelhandel (falls nötig) und verschiedene Transportnetzwerke zusammenpassen müssen, um das Ziel eines zufriedenen Kunden zu erreichen.

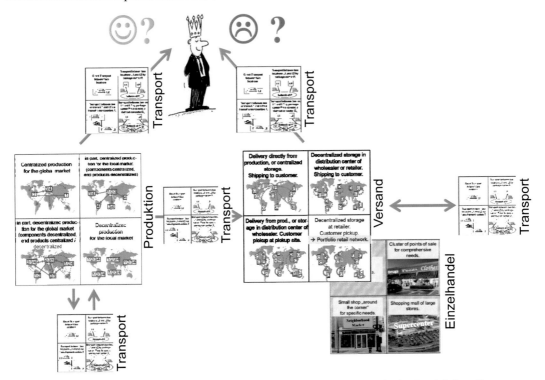

Abb. 3.1.6.1   Zusammenhang zwischen den und Integration der Netzwerke für Produktion, Transport, Versand und Einzelhandel

Es gibt Zusammenhänge, die für eine integrierte Bestimmung der Gestaltungsmöglichkeiten in Betracht gezogen werden sollten. Nachfolgend einige Beispiele:

Da die Kundentoleranzzeit ein Merkmal für die Gestaltung von sowohl Transportnetzwerken (siehe Abb. 3.1.5.1) als auch Produktions-, Versand-, und Servicenetzwerken (siehe Abb. 3.1.1.2, bzw. Abb. 3.1.2.1, bzw. Abb. 3.1.4.1) ist, ergeben sich für eine Integration der Netzwerke auf natürliche Weise nahe liegende Kombinationen. Dies ist der Fall, wenn die Kundentoleranzzeit in beiden Portfolios niedrig oder in beiden Portfolios hoch ist. Im Fall des Versandnetzwerks (siehe Abb. 3.1.2.1) heisst dies:

- *Dezentraler Versand* wird bevorzugt mit dem direkten Transport kombiniert, mit Sicht auf eine möglichst kurze Lieferzeit; und

- *Zentraler Versand* wird bevorzugt mit dem indirekten Transport, d.h. via Umschlagstellen, kombiniert, da ja kurze Lieferzeiten dann nicht im Vordergrund stehen und dafür besser ausgelastete Transportmittel auf der ganzen Strecke zu tieferen Transportkosten führen.

Aber auch die beiden anderen Kombinationen kommen durchaus vor.

- Wenn der zentrale Versand mit dem direkten Transport kombiniert von Vorteil sein sollte, dann liegt z.B. eine hohe Vielfalt bzw. Volatilität der Nachfrage vor. Die wegen der zentralen Lagerung reduzierten Lagerhaltungskosten wiegen hier den Nachteil einer verlängerten Lieferzeit auf. Oder man kann wegen der hohen Wertdichte des Produkts sowieso genügend schnelle Transportmittel wählen.

- Wenn der dezentrale Versand mit dem indirekten Transport kombiniert von Vorteil sein sollte, dann wiegen für den Kunden z.B. die reduzierbaren Transportkosten oder die Bequemlichkeit des zusammen gelegten Transports (Stichwort „in-transit merge" – der Kunde erhält nur eine (Gesamt-)Lieferung) den Nachteil einer verlängerten Lieferzeit auf.

3.2 Standortauswahl und Standortkonfiguration

Die Abb. 3.2.0.1 zeigt den Unterschied der beiden Begriffe Standortauswahl und Standortkonfiguration.

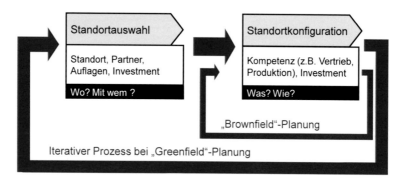

Abb. 3.2.0.1 Standortauswahl und Standortkonfiguration

> Mit *Standortauswahl* wird die Auswahl von neuen Standorten bezeichnet, auch im Falle der Verlagerung eines bestehenden Standorts an einen neuen.

Die Standortauswahl ist Teil einer sog. *„Greenfield"-Planung*, also einer Planung mit möglichst wenigen vorgegebenen Randbedingungen. Mit einer Standortauswahl sind Investitionen in grundlegende Infrastrukturen sowie der Aufbau von allfälligen unternehmerischen Partnerschaften (z.B. bei Joint Ventures) verbunden. Behördliche Auflagen spielen oft eine grosse Rolle.

> Mit *Standortkonfiguration* wird die Zuteilung von Produkten zu einem bestehenden Standort bezeichnet. Die Zuteilung erfolgt für jedes neue Produkt bzw. jede neue Dienstleistung und kann periodisch überprüft werden. Ein bestimmtes Produkt bzw. eine bestimmte Dienstleistung kann nicht nur im Vertrieb sondern auch in der Produktion mehreren Standorten zugeteilt werden.

Die Standortkonfiguration ist Teil einer sog. *„Brownfield"-Planung*, d.h. einer Planung mit vorgegebenen Standorten und u.U. auch anderen Randbedingungen. Mit einer Standortkonfiguration sind wieder Investitionen verbunden, diesmal in Personal, Maschinen sowie zum

Aufbau von Lieferantenbeziehungen. Behördliche Auflagen spielen dabei ebenfalls eine grosse Rolle.

Damit ist die Ausgangssituation und die Zielvorstellung für Standort*auswahl* und -*konfiguration* nicht dieselbe. Unterschiedliche Verfahren sind die Folge.

- Eine Standortauswahl wird oft mit Kriterienkatalogen, z.B. morphologischen Schemata, und einer darauf folgenden meistens eher qualitativen Bewertung angegangen.

- Bei der Standortkonfiguration können zudem geeignete Verfahren der *mathematischen Programmierung* zum Einsatz kommen, z.B. die Lineare oder Nichtlineare Programmierung oder Heuristiken.

3.2.1 Standortauswahl mit qualitativen Verfahren

Zuerst geht es um die Standortauswahl für ein *Produktionsnetzwerk*. Anstelle einer rein theoretischen Behandlung wird nachfolgend ein konkreter Fall besprochen, nämlich die Evaluation eines Joint Venture in China durch ein im Anlagenbau tätiges europäisches Unternehmen.

Die Standortauswahl wird am besten als ein Projekt konzipiert, mit den damit verbundenen Aufgaben der Projektinitialisierung, dem Projektmanagement und der Projektdurchführung. Die Abb. 3.2.1.1 zeigt die Phasen im erwähnten konkreten Fall. Insbesondere fällt im konkreten Fall der lange Zeitraum für die Standortauswahl auf. Die Evaluation nahm fast 2 Jahre in Anspruch.

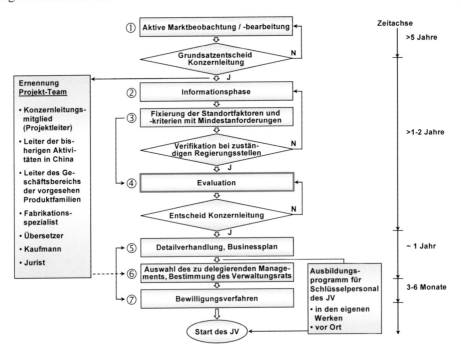

Abb. 3.2.1.1   Beispiel der Vorgehensphasen zur Standortauswahl und zur Evaluation eines Joint Venture-Partners in China.

In der Praxis gibt es viele erfolgskritische *Standortfaktoren*, mit ihren jeweiligen Kriterien. Für eine ganzheitliche Sicht ist ein vollständiger Satz von Faktoren mit einzelnen Kriterien notwendig. Die Bewertung des Erfüllungsgrads der Kriterien ist dann abhängig von der im konkreten Fall gewählten Strategie. Die Abb. 3.2.1.2 zeigt die in diesem Fall betrachteten Faktoren. Neben vier Faktoren, die für den eigentlichen Standort bedeutsam sind, werden drei Faktoren aufgeführt, die sich auf den ins Auge gefassten Joint Venture-Partner beziehen. Die einzelnen Kriterien dieser drei Faktoren charakterisieren implizit auch – wenn auch nicht nur – den Standort des Partners.

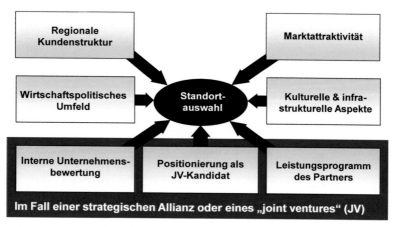

Abb. 3.2.1.2   Betrachtete Standortfaktoren

Um möglichst effektiv und gleichzeitig effizient vorzugehen, werden zwar möglichst viele Standorte in Betracht gezogen, diese aber durch eine geeignete Sequenz der betrachteten Standortfaktoren möglichst schnell auf wenige Kandidaten reduziert. Die Abb. 3.2.1.3 zeigt eine mögliche Vorgehensweise.

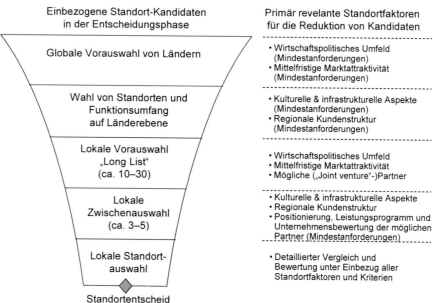

Abb. 3.2.1.3   Systematische Reduktion der möglichen Standorte / Partner

Dieser Trichter wurde in Anlehnung an eine Idee in [AbKl06] aufgebaut. Die Standortfaktoren sind der Reihe nach ihrer Eignung zur systematischen Reduktion von Standorten aufgeführt. Nachfolgend wird die letzte Stufe gemäss Abb. 3.2.1.3 behandelt. Die Abbildungen zeigen die Kriterien je Standortfaktor, die im konkreten Fall der Evaluation eines Joint- Venture-Partners in China durch ein im Anlagenbau tätiges europäisches Unternehmen herangezogen wurden, und zwar in der Reihenfolge gemäss Abb. 3.2.1.2. Jedes Kriterium wurde bewertet. Natürlich ist der angegebene Wertebereich exemplarisch, kann also in einem anderen Fall andere Werte umfassen.

Die Abb. 3.2.1.4 zeigt die Kriterien des Standortfaktors „Wirtschaftpolitisches Umfeld".

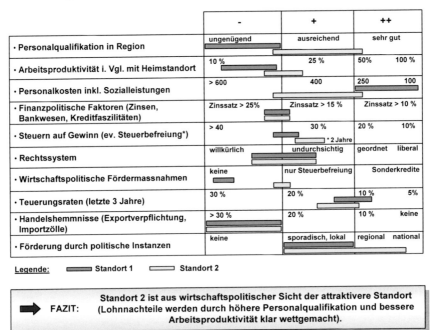

Abb. 3.2.1.4   Evaluation eines JV-Kandidaten in China: Kriterien des Standortfaktors „Wirtschaftpolitisches Umfeld"

Als weiteres Kriterium zum Standortfaktor „Wirtschaftpolitisches Umfeld" kann z.B. auch die politische Stabilität (Unruhen, Korruption, Streik) herangezogen werden.

Die Abb. 3.2.1.5 zeigt die Kriterien des Standortfaktors „Kulturelle und infrastrukturelle Aspekte".

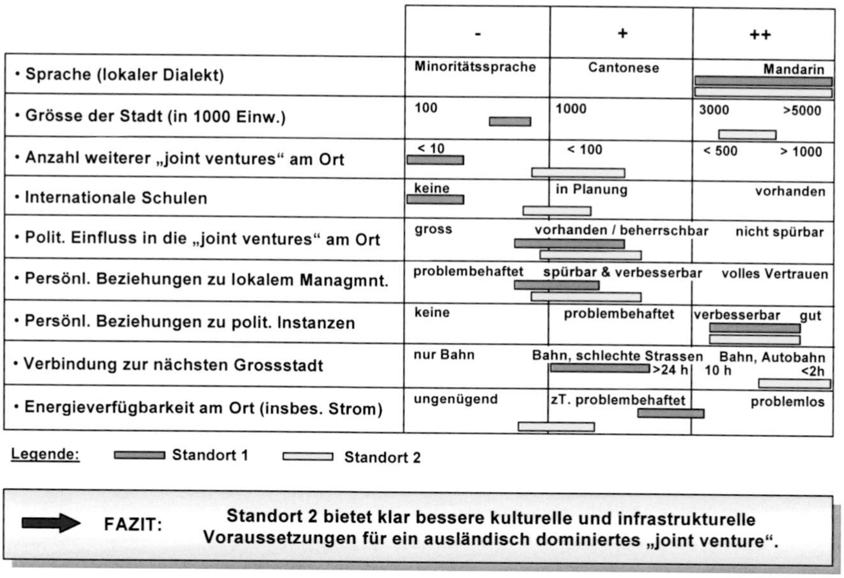

-
+
++
• Sprache (lokaler Dialekt)
Minoritätssprache
Cantonese
Mandarin
• Grösse der Stadt (in 1000 Einw.)
100
1000
3000
>5000
• Anzahl weiterer „joint ventures" am Ort
< 10
< 100
< 500
> 1000
• Internationale Schulen
keine
in Planung
vorhanden
• Polit. Einfluss in die „joint ventures" am Ort
gross
vorhanden / beherrschbar
nicht spürbar
• Persönl. Beziehungen zu lokalem Managmnt.
problembehaftet
spürbar & verbesserbar
volles Vertrauen
• Persönl. Beziehungen zu polit. Instanzen
keine
problembehaftet
verbesserbar
gut
• Verbindung zur nächsten Grossstadt
nur Bahn
Bahn, schlechte Strassen
>24 h
Bahn, Autobahn
10 h
<2h
• Energieverfügbarkeit am Ort (insbes. Strom)
ungenügend
zT. problembehaftet
problemlos
Legende:
Standort 1
Standort 2
FAZIT:
Standort 2 bietet klar bessere kulturelle und infrastrukturelle Voraussetzungen für ein ausländisch dominiertes „joint venture".

Abb. 3.2.1.5 Evaluation eines JV-Kandidaten in China: Kriterien des Standortfaktors „Kulturelle und infrastrukturelle Aspekte"

Als weitere Kriterien zum Standortfaktor „Kulturelle und infrastrukturelle Aspekte" können auch die Arbeitsmoral, die Verfügbarkeit und das Know-how von Arbeitskräften sowie die Infrastruktur bezüglich Wasser oder Telekommunikation herangezogen werden.

Die Abb. 3.2.1.6 zeigt die Kriterien des Standortfaktors „Regionale Kundenstruktur".

-
+
++
• Kundentypen
lokale staatliche
nationale staatliche
nat./internat. & JV
• Finanzielles Potential
klein
mittelmässig
gross
• Wachstumspotential
klein
> 5 % p.a.
>10% p.a.
>20% p.a.
• Trend zur Bildung v. JV / Zusammenschlüssen
klein
latent
ausgeprägt
• Ertragslage (aktuell & kurzfristig)
ungenügend
break even
positiv
• Staatliche Einflüsse
restriktiv
vorhanden
klein
Legende:
Standort 1
Standort 2
FAZIT:
Für den lokalen Wachstumsmarkt ist Standort 1 tendenziell besser positioniert als Standort 2.

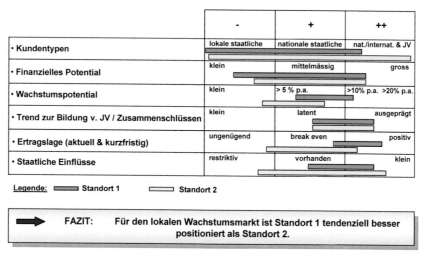

Abb. 3.2.1.6 Evaluation eines JV-Kandidaten in China: Kriterien des Standortfaktors „Regionale Kundenstruktur"

Als weitere Kriterien zum Standortfaktor „Regionale Kundenstruktur" können auch der Prozentsatz der Kunden in der Region, die bereits von der Heim-Basis aus beliefert werden, die

Marktmacht, die Kaufkraft, das Kaufverhalten sowie die spezifischen Produkt- und Lieferzeitanforderungen der Kunden herangezogen werden.

Die Abb. 3.2.1.7 zeigt die Kriterien des Standortfaktors „Mittelfristige Marktattraktivität".

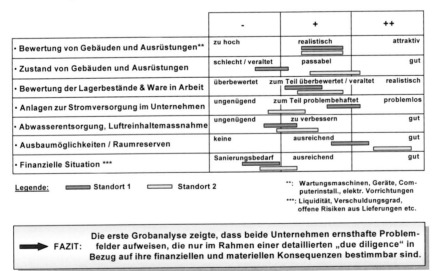

	-	+	++
• Marktgrösse (China lokal) in Mio. US $	> 20	> 100	> 200 > 300
• Exportpotential Maschinen/Anlagen (Mio.US $)	> 10	> 50	> 100 > 200
• Wachstumsrate Zukunft lokal	0 %	> 10 %	> 15 % > 20 %
• Durchsetzung neuer Technologien	klein	denkbar	wahrscheinlich
• Exportpotential der Kunden	klein	denkbar	wahrscheinlich

Legende: ▭ Standort 1   ▭ Standort 2

➡ FAZIT: Mittel- und langfristig ist der Markt am Standort 1 etwas attraktiver.

Abb. 3.2.1.7   Evaluation eines JV-Kandidaten in China: Kriterien des Standortfaktors „Mittelfristige Marktattraktivität"

Als weitere Kriterien zum Standortfaktor „Mittelfristige Marktattraktivität" können auch die erwartete Marktstellung, die Herkunft der Konkurrenten (evtl. von zuhause), die Marktsegmente, das eigene Exportpotential für Erzeugnisse (Transport, Zoll, etc.) oder mögliche Substitutionsprodukte durch Konkurrenten herangezogen werden.

Die Abb. 3.2.1.8 zeigt die Kriterien des Standortfaktors „Interne Unternehmensbewertung".

	-	+	++
• Bewertung von Gebäuden und Ausrüstungen**	zu hoch	realistisch	attraktiv
• Zustand von Gebäuden und Ausrüstungen	schlecht / veraltet	passabel	gut
• Bewertung der Lagerbestände & Ware in Arbeit	überbewertet	zum Teil überbewertet / veraltet	realistisch
• Anlagen zur Stromversorgung im Unternehmen	ungenügend	zum Teil problembehaftet	problemlos
• Abwasserentsorgung, Luftreinhaltemassnahme	ungenügend	zu verbessern	gut
• Ausbaumöglichkeiten / Raumreserven	keine	ausreichend	gut
• Finanzielle Situation ***	Sanierungsbedarf	ausreichend	gut

Legende: ▭ Standort 1   ▭ Standort 2

**: Wartungsmaschinen, Geräte, Computerinstall., elektr. Vorrichtungen
***: Liquidität, Verschuldungsgrad, offene Risiken aus Lieferungen etc.

➡ FAZIT: Die erste Grobanalyse zeigte, dass beide Unternehmen ernsthafte Problemfelder aufweisen, die nur im Rahmen einer detaillierten „due diligence" in Bezug auf ihre finanziellen und materiellen Konsequenzen bestimmbar sind.

Abb. 3.2.1.8   Evaluation eines JV-Kandidaten in China: Kriterien des Standortfaktors „Interne Unternehmensbewertung"

Die Abb. 3.2.1.9 zeigt die Kriterien des Standortfaktors „Generelle Positionierung als JV-Kandidat".

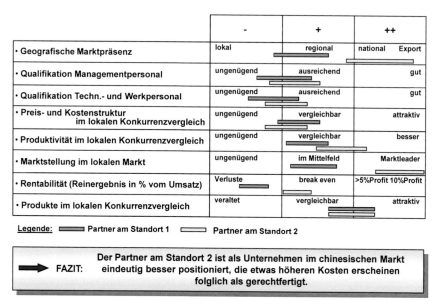

Abb. 3.2.1.9   Evaluation eines JV-Kandidaten in China: Kriterien des Standortfaktors „Generelle Positionierung als JV-Kandidat"

Als weitere Kriterien zum Standortfaktor „Generelle Positionierung als JV-Kandidat" können auch die lokale Präsenz (Produktion/Verkauf/Service), das Innovationsverhalten und die strategische Ausrichtung herangezogen werden.

Die Abb. 3.2.1.10 zeigt die Kriterien des Standortfaktors „Leistungsprogramm des potentiellen Partners".

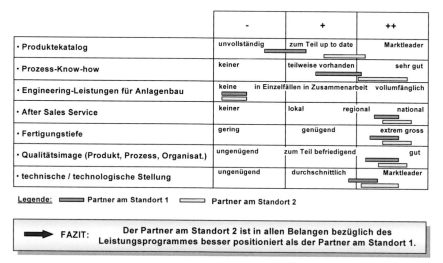

Abb. 3.2.1.10   Evaluation eines JV-Kandidaten in China: Kriterien des Standortfaktors „Leistungsprogramm des potentiellen Partners"

Als weitere Kriterien zum Standortfaktor „Leistungsprogramm des potentiellen Partners" kann man auch das spezifische Prozess-Know-how in den Bereichen Verkauf und Vertrieb, F&E, Produktion und Installation heranziehen.

Zur Bewertung von Standorten wird oft eine Kosten-Nutzen-Analyse erstellt. Ein einfaches, eher qualitatives Werkzeug dafür ist z.B. die Nutzwertanalyse.

> Die *Nutzwertanalyse* (engl. *„factor-rating system"*, siehe z.B. [DaHe05, S. 382]) ist eine Entscheidungstechnik zur Bewertung von mehreren möglichen Lösungen für ein Problem, das man mit Faktoren oder Merkmalen charakterisieren kann.

Die Abb. 3.2.1.11 zeigt das Ergebnis einer groben Nutzwertanalyse in Form einer grafischen Zusammenfassung der bewerteten Kriterien, wie sie im konkreten Fall angewendet wurde.

Das Ergebnis kann nun auf qualitative Weise bestimmt werden. Die grafische Darstellung in Abb. 3.2.1.11 ist dabei eine Hilfe. Ausgehend von der Bewertung der einzelnen Ausprägungen der Kriterien in den Abb. 3.2.1.4 bis 3.2.1.10 wird zuerst eine einfache grafische Durchschnittbildung bzw. Interpolation verwendet, um die Positionierungen in der Abb. 3.2.1.11 zu bestimmen. Da die Werte für Standort 2 zur grossen Mehrheit über denen von Standort 1 liegen, und auch in den beiden Fällen, wo sich für Standort 1 eine bessere Bewertung ergibt, diese nur unwesentlich über den Werten für Standort 2 liegen, wird man sich für Standort 2 als den besseren Standort entscheiden, was im konkreten Fall auch geschah.

	Positionierung		
	-	+	++
· Wirtschaftspolitisches Umfeld			
· Positionierung d. Unternehmens als JV-Kand.			
· Kulturelle / infrastrukturelle Aspekte			
· Interne Unternehmensbewertung			
· Leistungsprogramm			
· Kundenstruktur			
· Mittelfristige Marktattraktivität			

Legende: ▬▬▬ Standort 1 bzw. Partner am Standort 1   ▭▭ Standort 2 bzw. Partner am Standort 2

Abb. 3.2.1.11   Ergebnis der Nutzwertanalyse

I. Allg. ist aber in der letzten Phase eine Quantifizierung der Ausprägungen sowie eine Gewichtung sowohl der einzelnen Kriterien innerhalb eines Standortfaktors als auch der Standortfaktoren unter sich notwendig, um die Standorte miteinander vergleichen zu können. Anstelle der mehr qualitativen Bewertung der Ausprägungen (von Minus über Plus zu Doppelplus) wird der Erfüllungsgrad z.B. als Prozentsatz im Vergleich zur maximalen Erfüllung des Kriteriums bestimmt. Seien nun

- n die Anzahl der Standorte,
- m_i die Anzahl der Kriterien pro Standort i, $1 \leq i \leq n$,
- $E_{i,j}$ der Erfüllungsgrad des Kriteriums (i,j) des Standortfaktors i, $1 \leq j \leq m_i$, $1 \leq i \leq n$,
- $G_{i,j}$ die zugehörige Gewichtung des Kriteriums (i,j), $1 \leq j \leq m_i$, $1 \leq i \leq n$,

- G_i die Gewichtung des Standortfaktors i, $1 \leq i \leq n$.

Die Formel für den Nutzwert N jedes Standorts und damit die Rangierung der Standorte ergibt sich dann gemäss Abb. 3.2.1.12. Um in der Rangierung der Standorte sicher zu gehen, ist über die Bestimmung der Nutzwerte hinaus auch eine Sensitivitätsanalyse der Bewertung nötig.

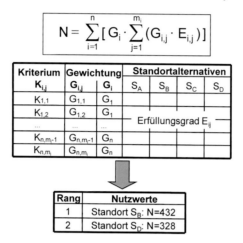

$$N = \sum_{i=1}^{n} [G_i \cdot \sum_{j=1}^{m_i} (G_{i,j} \cdot E_{i,j})]$$

Abb. 3.2.1.12   Nutzwertanalyse mit Erfüllungsgraden und Gewichtungen

Eine *Sensitivitätsanalyse* bestimmt die Abweichung eines Ergebnisses bei einer Variation der Inputvariablen.

Um im Nutzwert nahe beieinander liegende Standorte zu identifizieren, muss man sowohl die Erfüllungsgrade als auch die Gewichtungen variieren.

Die Quantifizierung von Ausprägungen kann auch durch Kosten bzw. Investitionen angegeben werden, die mit den Standorten verbunden sind (z.B. für die Kriterien des Standortfaktors „Interne Unternehmensbewertung" – siehe Abb. 3.2.1.8). Zur Diskontierung der Kosten bzw. Investitionen in der Zeitachse kann man die üblichen Investitionsrechenverfahren anwenden, z.B. die Kapitalwertmethode (engl. „*net present value*", NPV) (siehe Abb. 19.2.5.3).

Zur Standortauswahl sowohl für Versand- als auch Servicenetzwerke dienen ebenfalls Standortfaktoren mit Kriterienkatalogen.

- Für Versand- oder Serviceprozesse in direktem Kontakt mit dem Kunden bzw. dem Objekt stehen Kriterien wie Verkehrslage (Fussgänger, Autos und öffentlicher Verkehr), Bevölkerungsdichte, Familiengrösse und -einkommen im Vordergrund. Siehe dazu die Diskussion zur Abb. 3.1.3.2.

- Für Versand- oder Serviceprozesse in indirektem Kontakt mit dem Kunden bzw. dem Objekt kommen oft auch Faktoren wie die Verfügbarkeit von kostengünstigem und zeitlich flexibel belastbarem Temporärpersonal hinzu. Als Beispiel haben Fluggesellschaften Call-Centers in Kapstadt oder Dublin, weil dort viele gut ausgebildete und mehrsprachige Austauschstudenten zur Verfügung stehen, die für Teilzeitjobs dieser Art günstig und qualifiziert sind.

- Für Versand- oder Serviceprozesse ohne Kunden- bzw. Objektkontakt hingegen sind die Standortfaktoren und Kriterien im Prinzip dieselben, die oben für die Produktionsnetzwerke besprochen wurden.

Die Bewertung verschiedener Optionen für die Standortauswahl kann mit qualitativen Verfahren wie oben für die Produktionsnetzwerke vorgenommen werden. Manchmal werden dafür auch quantitative Verfahren beigezogen, wie z.B. die lineare Programmierung.

3.2.2   Standortauswahl und Standortkonfiguration mit Linearer Programmierung

Die wohl anspruchsvollste Gestaltungsform eines Produktionsnetzwerks gemäss Abb. 3.1.1.2 ist die *teilweise dezentrale Produktion für den globalen Markt*. Für diesen Fall ist gerade die Aufgabe der Standortkonfiguration schwierig zu lösen. Aber auch für die anderen Fälle ist sie nicht einfach zu lösen. Es geht um die Festlegung eines optimalen globalen Produktionsplans: Welche Produkte und – angesichts von Kapazitätsgrenzen – wieviel von welchem Produkt werden für welche Märkte auf welchen Stufen an welchen Standorten gefertigt? Eine ähnliche Fragestellung kann sich auch in einem *dezentralen Vertrieb* sowie bei einem *dezentralen Service* ergeben: Welche Kunden werden von welchen Versand- und Servicestandorten bedient?

Sehr viele Einflussvariablen führen bald zu einem komplexen Problem. Eine Entscheidungsfindung kann – mit oft vereinfachten Modellannahmen – durch die Lineare Programmierung (LP) unterstützt werden.

Bei der *Linearen Programmierung (LP)* geht es um die Lösung eines Problems, das in Abb. 3.2.2.1 definiert wird.

Die Lösung dieses Problems kann bei zwei Entscheidungsvariablen auf einfache Weise grafisch erfolgen. Bei mehreren Variablen empfiehlt sich ein Algorithmus, z.B. der Simplex-Algorithmus. Die Komplexität der Aufgabe erhöht sich mit steigenden Werten für die Anzahl der Variablen (n) und die Anzahl der Nebenbedingungen (m). Die Rechenzeit allerdings steigt nicht polynomial mit n und m: Der Simplex-Algorithmus ist ein sog. „NP hard"-Algorithmus. Bei hohen Werten für n und m bildet auch die Beschaffung der Daten ein Problem.

Es sind eher grössere Unternehmen, welche diese quantitative Methode in der Praxis anwenden.

1. Zielfunktion: $Z = max!$

2. Entscheidungsvariablen x_i, $1 \leq i \leq n$

3. Nebenbedingungen als Restriktionen für x_i
   Summenschreibweise:

$$Z = \sum_{i=1}^{n} c_i x_i = max!$$

$$\sum_{i=1}^{n} A_{ij} x_i \leq b_j \qquad , 1 \leq j \leq m$$

$$x_i \geq 0 \qquad , 1 \leq i \leq n$$

Abb. 3.2.2.1   Problemformulierung mit Linearer Programmierung: Maximiere die Zielfunktion Z und ermittle x unter Beachtung der Nebenbedingungen

- Die Automobilfirma Daimler berechnet mit einer Software mit dem Namen „network analyzer" u.a. die Frage, welche Produkte an welchen Standorten gefertigt werden sollen. Zum Einsatz kommt dort die gemischt-ganzzahlige lineare Programmierung (MILP). Nebenbedingungen sind z.B. die Vorgaben des Marktes, die zu erfüllen sind, sowie die zu beachtenden Kapazitätsgrenzen. In die Zielfunktion gehen u.a. die Produktionskosten an den Standorten sowie die Transportkosten von den Standorten zu den Märkten ein.

- Die Zementfirma Holcim nutzt MILP für die Standortwahl ihrer Werke in ähnlicher Weise. Eine besondere Anwendung galt z.B. dem Fall, in dem ein Werk aufgrund ausgebeuteter Rohmaterialien geschlossen werden musste und es um die Frage ging, ob die bisherigen Werke die benötigten Mengen liefern konnten. Den erhöhten Transportkosten standen in der Optimierung die Fixkosten zur Errichtung eines neuen Werkes sowie die unterschiedlichen Produktionskosten in den bisherigen Werken gegenüber.

Seit einigen Jahren liefert MS-Excel einen „Solver", mit dem ein LP-Problem mit (im laufenden Release) 200 Variablen gelöst werden kann.

Ein Wort zur Vorsicht: Eine grundsätzliche Problematik besteht darin, dass laufend neue Strassen und neue Ballungszentren gebaut werden. Zudem können wichtige Kunden umziehen oder die wirtschaftspolitische Situation kann sich ändern. Jeder einmal gewählte Standort kann sich dann als suboptimal erweisen. Sind die hohen Erstellungs- oder Einrichtungskosten noch nicht abgeschrieben, so kann die Anlage jedoch nicht einfach den neuen Daten angepasst, sprich an einen neuen Standort verlegt oder neu eingerichtet werden. Einfache, robuste Verfahren müssen damit *auf lange Sicht* gegenüber komplizierten Optimierungsalgorithmen (z.B. auch die Nichtlineare Programmierung oder Heuristiken) nicht von Vorneherein im Nachteil sein.

3.3   Nachhaltige Supply Chains

In der zweiten Hälfte des 20. Jahrhunderts berücksichtigten Unternehmen trotz ihres stetigen Wandels und Wachstums Umweltschutzaspekte in ihren Geschäftsentscheidungen nur in begrenztem Umfang. Die Gesetzgebung wie auch die Bedürfnisse der direkten Teilhaber wurden mit einbezogen, öffentliche und gesellschaftliche Interessen jedoch eher vernachlässigt, wenn dadurch die Wettbewerbsfähigkeit oder Profitabilität der Unternehmen nicht gefördert wurde. Treibende Kräfte des Wachstums von Supply Chains waren Ziele wie Kostensenkung, Qualität, Lieferzuverlässigkeit und später Flexibilität. Diese Entwicklung hatte einen grossen Einfluss auf die Verteilung des heutigen CO_2-Fussabdrucks der Industriesektoren. Abbildung 3.3.0.1 zeigt die Wirtschaftssektoren und deren spezifische CO_2-Bilanz. Produktion und Transport sind für mehr als die Hälfte der weltweiten CO_2-Emissionen verantwortlich.

Da Supply Chains aus Netzwerken von Akteuren und wertschöpfenden Prozessen bestehen, stellt das Supply Chain Management eine wichtige Management-Perspektive für die Unterstützung einer nachhaltigen Entwicklung dar.

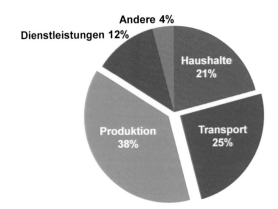

Abb. 3.3.0.1   Anteile an globalen CO_2-Emissionen nach Sektor, 2005 (gesamte direkte und indirekte CO_2-Emissionen 21 Gt CO_2) Vgl. [IEA08]

Nachhaltigkeit und nachhaltige Entwicklung können definiert werden als die Erfüllung heutiger Bedürfnisse, ohne die Möglichkeiten zukünftiger Generationen zu gefährden, ihre eigenen Bedürfnisse zu befriedigen (siehe [UN87], auch als „Brundtland-Report" bekannt).

Das Kap. 3.3.1 behandelt die historische Entwicklung des Konzepts der Nachhaltigkeit vom Standpunkt der Industrie. Die Kap. 3.3.2 bzw. 3.3.3 beschreiben die Geschäftsbedingungen und die ökonomischen Faktoren, welche ein gesellschaftliches bzw. umweltorientiertes Engagement fördern. Das Kap. 3.3.4 zeigt Beispiele möglicher Verbesserungen in der Industrie.

3.3.1   Die Transformation des Konzeptes der Nachhaltigkeit in Bezug auf die „Triple Bottom Line"

Die sog. *„triple bottom line"* (TBL) bezieht sich auf ein Konzept mit dem Bestreben, den Erfolg eines Unternehmens nicht nur ökonomisch zu messen, sondern auch in Bezug auf ökologische und gesellschaftliche Aspekte, zur „Vollkostenrechnung" (vgl. z.B. [GRI02]).

Die jährliche Leistung eines Unternehmens in diesen drei Bereichen kann der Öffentlichkeit dargelegt und hinsichtlich der Auswirkungen auf die Umgebung bewertet werden. Abbildung 3.3.1.1 illustriert dieses Konzept mit den drei Bereichen, die mitunter auch als die „drei Säulen der Nachhaltigkeit" bezeichnet werden.

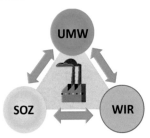

Abb. 3.3.1.1   Das Konzept der Triple Bottom Line basiert auf den drei Säulen der Nachhaltigkeit – namentlich Ökonomie, Gesellschaft und Umwelt, die mit den Unternehmen in Wechselwirkung stehen (vgl. [ScVo10])

Aus industrieller Sicht können die drei Säulen wie folgt definiert werden:

- Umweltbezogene Aspekte (UMW) beziehen sich auf die Natur, welche als ein geschlossenes System mit endlichen Ressourcen und begrenzt regenerativen Fähigkeiten (z.B. für Treibhausgase) als Basis jeglicher Geschäftstätigkeit gesehen werden kann.

- Soziale Aspekte (SOZ) beziehen sich auf die Gesellschaft, repräsentiert durch staatliche Organisationen, Nicht-Regierungs-Organisationen (NRO), Individuen, sowie Angestellte und Kunden.

- Wirtschaftliche Aspekte (WIR) beziehen sich auf Abläufe und Entwicklungen, die für die Wettbewerbsfähigkeit der produzierenden Industrie und für ihre strategischen sowie operationellen Geschäftspraktiken von Bedeutung sind.

Diese drei Aspekte interagieren und beeinflussen sich gegenseitig. Je nach gegebener Relevanz der jeweiligen Aspekte veränderte sich mit der Zeit ihr Einfluss auf die Industrie. Jede geschäftliche Aktivität, jedes Unternehmen, jede produzierende Industrie, Lieferkette und Volkswirtschaft sind in der einen oder anderen Weise abhängig von der Verfügbarkeit von (den oftmals begrenzten) Ressourcen. Die Wettbewerbsfähigkeit von Unternehmen wird entsprechend von den drei Säulen der nachhaltigen Entwicklung beeinflusst. Leistungs-indikatoren wie Qualität, Kosten, Lieferzuverlässigkeit und Flexibilität bleiben zweifelsohne relevant. Ihre Bedeutung muss jedoch überprüft werden, da die Bedingungen, unter welchen die Betriebe arbeiten, auf eine nachhaltige Entwicklung abzielen.

Aus Sicht der produzierenden Industrie geht der Paradigmenwechsel mit dem Wandel und der Interaktion der einzelnen Aspekte der Nachhaltigkeit einher. Abbildung 3.3.1.2 (siehe [ScVo10]) veranschaulicht diesen Wandel auf einer Zeitachse mit ausgewählten Ereignissen und Entwicklungen. In der Abbildung illustriert ein wachsender Kreis die relative Relevanz eines Aspektes der Nachhaltigkeit. Die wachsenden Pfeile zeigen den zunehmenden Einfluss und die Wirkungsrichtung an.

In den letzten 50 Jahren beeinflussten verschiedene Ereignisse die wirtschaftlichen Rahmen-bedingungen. Diese können zwar mithilfe der drei Aspekte der Nachhaltigkeit kategorisiert werden, jedoch ist diese Kategorisierung aufgrund ihrer Interdependenzen eher „weich": Einige der genannten Aspekte könnten auch in eine der anderen Kategorien eingeordnet werden.

In den 1960er Jahren erreichte die Umweltbelastung merkliche Auswirkungen auf die Gesellschaft. In einigen Regionen begannen Umweltbewegungen. So reglementierte bspw. der Clean Air Act in England die Emissionen aus Öfen, da der Kohlerauch aus Haushalten und Industrie das Leben negativ beeinflusste. Die Ölkrise in den 1970ern lenkte weltweit die Aufmerksamkeit auf die Ölabhängigkeit und bewirkte Verbesserungen der Energieeffizienz in der Industrie. Zudem erkannte man die Toxizität von Abfällen und Chemikalien zur Produktion von Gütern und Lebensmitteln und lancierte Richtlinien mit Auswirkungen auf die Geschäfts-bedingungen von Unternehmen: so z.B. die Richtlinie über Klassifizierung, Verpackung und Kennzeichnung von gefährlichen Substanzen oder die Richtlinie über Abfallbeseitigung und Prävention von gesundheitsschädigenden Auswirkungen durch Sammlung, Transport, Lagerung und Entsorgung von Abfall. Das wachsende öffentliche Interesse führte u.a. zu der Gründung der US-amerikanischen Umweltschutzbehörde (US Environmental Protection Agency). Die vom sog. Club of Rome in Auftrag gegebene Studie „Die Grenzen des Wachstums" („Limits to Growth") zeigte das fundamentale Problem der Diskrepanz zwischen dem wachsenden Bedürfnis nach Ressourcen und ihrer Knappheit auf.

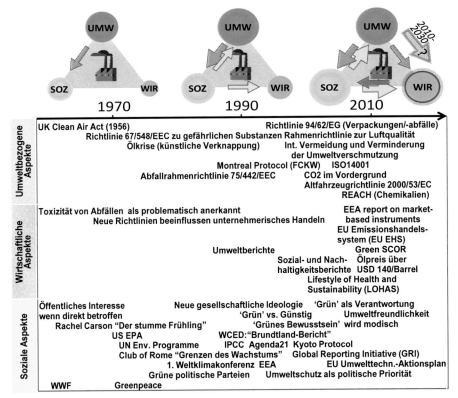

Abb. 3.3.1.2   Unternehmen werden von den drei Säulen beeinflusst: Der Paradigmenwechsel entspricht der Entwicklung der Aspekte der Nachhaltigkeit und deren Interaktion [ScVo10]

In den 1980ern erreichten „grüne Parteien" Durchbrüche. Der Umweltschutz bekam eine höhere Priorität in der politischen Tagesordnung. Die Interaktion zwischen Regierungs- und Nichtregierungsorganisationen, Anspruchshaltern aus der Gesellschaft und industriellen Unternehmen nahm zu. Aufkommende Bestimmungen und Verbote beeinflussten die Geschäftsbedingungen weiter. Das Montreal-Protokoll mit dem Ziel des stufenweisen Rückzugs ozonvermindernder Substanzen, wie Fluorchlorkohlenwasserstoffe (FCKW) wurde zu einem Beispiel eines erfolgreichen internationalen Vertrages, in dessen Folge einige Unternehmen gesetzesbedingt Änderungen an Produktionsprozessen und Produkten vornehmen mussten. Firmen integrierten Umweltberichte in die Jahresberichte, was später die Basis für Nachhaltigkeitsberichte werden sollte. Die Europäische Umweltagentur, als Pendant zur US-Umweltschutzbehörde, wurde 1990 gegründet. Im Jahre 1997 wurde die Global Reporting Initiative gegründet, welche seitdem Nachhaltigkeitsstandards für Organisationen entwickelt. Im selben Jahr wurde das Kyoto Protokoll aufgesetzt, in welchem sich teilnehmende Länder darauf einigten, ihre Treibhausgasemissionen um einen bestimmten Faktor zu reduzieren. Das Kyoto Protokoll lässt verschiedenste Mechanismen zu, um seine Zielsetzung zu erreichen, wie z.B. den Emissionshandel (z.B. das 2005 eingeführte EU Emissionshandelssystem (EU EHS)) oder auch die Clean Development Mechanismen.

Im Jahr 2004 wurde der Umweltmanagement-Standard ISO14000 als Erweiterung des Qualitätsmanagement-Standards ISO 9000 veröffentlicht. Wirtschaftliche Veränderungen waren bspw. der steigende Ölpreis (mit einem Höchstwert von über 140 US$/Barrel im Jahre 2008) auf der Einkaufsseite und der Trend zu den sog. Lifestyle of Health and Sustainability (LOHAS) auf der Nachfrageseite. Aus Sicht der Behörden bleiben die Förderung von ökologischem Bewusstsein und Innovation in diesem Bereich hoch relevante Themen. Ausgehend von jüngsten Entwicklungen scheinen Unternehmen auf den wachsenden umweltpolitischen Druck reagieren zu müssen: dieser geht von der Öffentlichkeit (staatliche Organisationen, NRO, Kunden) sowie der Umwelt selbst aus, da etliche ressourcenschädigende Aktivitäten, wie z.B. die konventionelle Ölproduktion, mittel- und langfristig nicht länger tragbar sein werden.

Für weiterführende Lektüre vgl. [Pack60], [Cars02], [Mead77], [UN87], sowie Webseiten, z.B. www.eea.europa.eu, www.epa.gov.

3.3.2 Wirtschaftliche Chancen für gesellschaftliches Engagement

Ein im Vergleich zur „triple bottom line" eingeschränkter Ansatz heisst „double bottom line". Im Bereich Umwelt gibt es zwar Überschneidungen zwischen den zwei Begriffen. Die Sichtweise ist aber nicht immer dieselbe.

Der Begriff *„double bottom line"* thematisiert die Leistung des Unternehmens oder der Supply Chain in der (positiven) Einwirkung auf die Gesellschaft.

Einige Unternehmen verstehen unter diesem Begriff einen Marketing-Ansatz, indem durch Spenden und Geschenke die Entwicklung einer Gemeinschaft gefördert werden soll, die im Umfeld des Unternehmens lebt oder von den Emissionen des Unternehmens betroffen ist. Dieses Vorgehen kann für ein Unternehmen geeignet sein, das sich durch den damit erkauften Ruf seine Kundenbasis vergrössern oder beibehalten kann. Falls damit von einer schlechten Behandlung der Mitarbeitenden oder einer Minderheit der Anwohner abgelenkt werden soll, so ist darunter nichts anderes zu sehen, als wenn ein Verkäufer mit Schmiergeld seine Absichten durchsetzen will.

In jedem Fall kann man dieses Verständnis als Nebeneffekt der Geschäftstätigkeit betrachten. Denn eigentlich sollten die Kunden mit der Kerntätigkeit des Unternehmens gewonnen werden, mit seinen Produkten und Dienstleistungen. Gesellschaftliches Engagement in der *primären* Geschäftstätigkeit, d.h. der Herstellung, dem Vertrieb und der Entsorgung von Produkten oder Services bedeutet vielmehr, ethische Standards einzuhalten.

Unter *ethischen Standards* versteht man eine Menge von Leitlinien für einwandfreies Verhalten von Berufsleuten (engl. *„code of conduct" (CoC)*).

Diese Standards kann man in verschiedene Gruppen zusammenfassen. Die Abb. 3.3.2.1 führt unternehmens*interne*, die Abb. 3.3.2.2 unternehmens*externe* ethische Standards auf. Sie sind aus [OeNa10] entnommen.

Es reicht jedoch nicht aus, solche Leitlinien im eigenen Unternehmen zu entwerfen und umzusetzen. Die ethischen Standards müssen auch durch die Unternehmen stromaufwärts in der Supply Chain eingehalten werden. Gerade in Niedriglohnländern ist dies nicht von selbst so, wie die Beispiele aus der jüngeren Vergangenheit zeigen. Z.B. die Rohmaterialien aus Bürgerkriegsgebieten im Kongo oder in Westafrika, das Kohlenminenunglück in Dongfeng oder die Probleme des Spielzeugherstellers Mattel mit toxischen Stoffen.

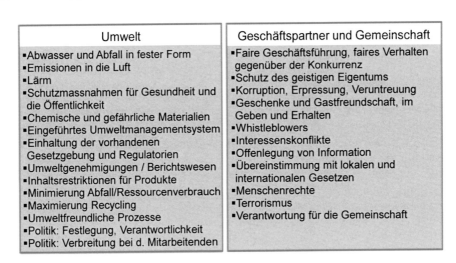

Arbeit	Gesundheit und Sicherheit
▪Zwangsarbeit ▪Kinderarbeit ▪Jugendlichenarbeit ▪Diskriminierung ▪Schikanierung und unmenschliche Behandlung ▪Respekt und Würde ▪Versammlungsfreiheit ▪Arbeitsstunden, Ruhezeiten und Pausen ▪Minimallöhne und Zusatzleistungen ▪Kompensation von Überzeit ▪Schriftliche Anstellungsbedingungen ▪Privatsphäre des Angestellten	▪Notfälle: Bereitschaft und Reaktion ▪Arbeitsunfälle und Krankheit ▪Maschinensicherung und Arbeitsplatzsicherheit ▪Eingeführtes Sicherheits- managementsystem ▪Sanitäre Infrastruktur (inkl. Trinkwasser) ▪Essenszubereitung und Lagerung ▪Industrielle Hygiene und gesunde Arbeitsumgebung ▪Produktsicherheit ▪Einhaltung der lokalen Gesetze bezüglich Gesundheit und Sicherheit

Fig. 3.3.2.1   Gruppen von unternehmens*internen* ethischen Standards

Umwelt	Geschäftspartner und Gemeinschaft
▪Abwasser und Abfall in fester Form ▪Emissionen in die Luft ▪Lärm ▪Schutzmassnahmen für Gesundheit und die Öffentlichkeit ▪Chemische und gefährliche Materialien ▪Eingeführtes Umweltmanagementsystem ▪Einhaltung der vorhandenen Gesetzgebung und Regulatorien ▪Umweltgenehmigungen / Berichtswesen ▪Inhaltsrestriktionen für Produkte ▪Minimierung Abfall/Ressourcenverbrauch ▪Maximierung Recycling ▪Umweltfreundliche Prozesse ▪Politik: Festlegung, Verantwortlichkeit ▪Politik: Verbreitung bei d. Mitarbeitenden	▪Faire Geschäftsführung, faires Verhalten gegenüber der Konkurrenz ▪Schutz des geistigen Eigentums ▪Korruption, Erpressung, Veruntreuung ▪Geschenke und Gastfreundschaft, im Geben und Erhalten ▪Whistleblowers ▪Interessenskonflikte ▪Offenlegung von Information ▪Übereinstimmung mit lokalen und internationalen Gesetzen ▪Menschenrechte ▪Terrorismus ▪Verantwortung für die Gemeinschaft

Fig. 3.3.2.2   Gruppen von unternehmens*externen* ethischen Standards

Ein *„supplier code of conduct" (SCoC)* ist das Vorgeben eines ethischen Standards an die direkten Zulieferer.

Ein *Einhaltungszertifikat* ist die Zusicherung des Lieferanten, die Vorgaben für die gelieferten Produkte und Services einzuhalten (engl. „compliance").

Ein SCoC enthält neben den vier erwähnten Gruppen noch eine fünfte Gruppe von Standards, die Aspekte im Einhalten der Vorgaben der Käuferfirma beschreibt. Ein wichtiger Aspekt, der gerne vergessen gehen kann, ist die Vorschrift, dass die betreffenden SCoC auch den Lieferanten des Zulieferers als Vorschrift gegeben wird, also weiter stromaufwärts in der Supply Chain.

3.3.3 Wirtschaftliche Chancen für Umweltengagement

Während sich die Gesetzgebung verändert und Firmen vermehrt dazu drängt, ein *ökologisch verantwortliches Geschäft* zu betreiben, zeigen Forschung und Praxis Massnahmen auf, die gleichzeitig die ökologische sowie die ökonomische Leistungsfähigkeit verbessern können. In der täglichen Praxis bleibt es jedoch eine Herausforderung zu erkennen, wo ertragreiches

Verbesserungspotential zur Erhöhung der Umweltleistung und der Energieeffizienz besteht. Einerseits ist Energie (in 2010 noch) relativ preiswert. In der konventionellen verarbeitenden Industrie haben Energiekosten nur einen Anteil von zwei bis drei Prozent an den Betriebskosten. Andererseits sind die Chancen und Risiken bei Investitionsentscheidungen, welche z.B. aus Vorschriften, Kosten und Märkten ausgehen können, nur schwer einschätzbar. Die Kernkompetenzen und Prioritäten der meisten Unternehmen liegen in anderen Gebieten als den Energiesparmassnahmen. Die entsprechende Fachkenntnis von ausserhalb einzukaufen ist ebenfalls mit Kosten verbunden. Diese Situation unterscheidet sich für energieintensive Industrien wie z.B. den Herstellern von Chemikalien und Petrochemikalien, Eisen und Stahl, Zement, Papier- und Zellstoffen.

Energieintensive Industrien (EII) umfassen Unternehmen, in denen Energiekosten einen grossen Teil der Betriebskosten ausmachen (bis zu 60%) und damit einen wesentlichen Faktor der Wettbewerbsfähigkeit darstellen.

Da die verwendeten Brennstoffe im Normalfall fossile Energieträger sind, emittieren EII eine beträchtliche Menge CO_2, was sie anfällig für Regulierungen hinsichtlich des CO_2-Fussabdrucks macht. In der Vergangenheit erzielten EII wesentliche Fortschritte. Das folgende Beispiel aus der Zementherstellung kann zur Veranschaulichung herangezogen werden: Diese Branche benötigt eine beträchtliche Menge Energie für das Kalkbrennen (der chemische Umwandlungsprozess von Kalkstein zu Zementklinker, einem Grundbestandteil von Zement). Der Brennstoff alleine verursacht bis zu 30-40% der totalen Betriebskosten. Gleichzeitig erzeugt die chemische Reaktion CO_2 als Nebenprodukt (weltweit ist die Zementindustrie für über 5% der menschenverursachten CO_2-Emissionen verantwortlich). Die Abb. 3.3.3.1 zeigt die vorgenommenen Massnahmen, um sowohl Kosten als auch CO_2 zu reduzieren.

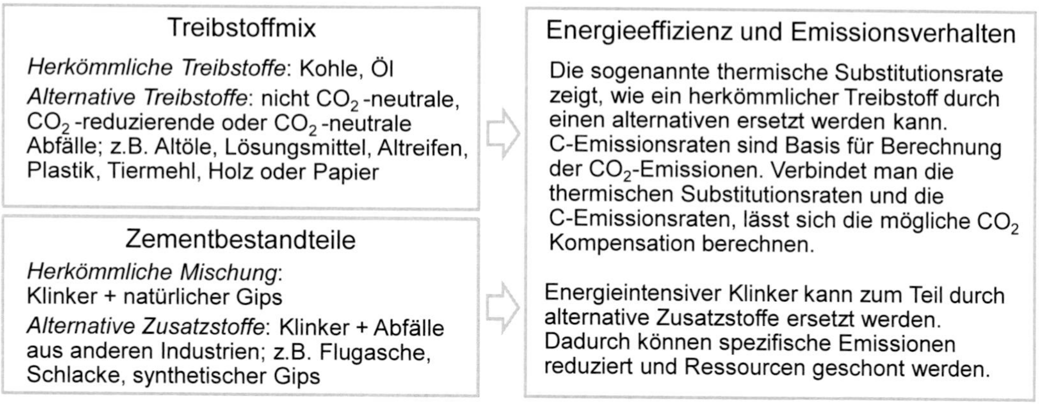

Abb. 3.3.3.1 Ein Beispiel für die Verwendung alternativer Brenn- und Rohstoffe, um CO_2-Emissionen und den Bedarf an fossilen Brennstoffen in der Zementindustrie zu reduzieren [ScVo10]

Durch die Nutzung von Nebenprodukten und Abfällen aus anderen Industrien kann man sowohl die Menge an benötigten fossilen Brennstoffen als auch die zur Zementherstellung benötigte Menge Klinker reduzieren. Dieser Ansatz, „co-processing" genannt, bietet gute Möglichkeiten, die Herausforderungen in der Zementindustrie anzugehen. Die Nutzung von Abfall (als Brennstoff) in der Verbrennung kann aber zu toxischen Emissionen führen und die Mehrproduktion von Abfall fördern. Lebenszyklusbetrachtungen und Verschmutzungsprävention sind bei der Entscheidungsfindung, ob Massnahmen angemessen sind oder nicht, zu berücksichtigen, was aufgrund komplexer Wirtschafts- und Unternehmensabläufe ein anspruchsvolles Unterfangen ist.

Die Situation für Unternehmen kann generell durch zwei Optionen dargestellt werden (mit entsprechend vielen Zwischenstufen in der realen Anwendung). Unternehmen können sich entweder zu proaktivem, umweltbewusstem Handeln verpflichten, wie Abb. 3.3.3.2 zeigt (hellgraue Felder), oder eine eher reaktive Haltung einnehmen (dunkelgraue Felder). Für beide Optionen bestehen sowohl Chancen als auch Risiken.

Chancen	Risiken
▪Kompetenz mit knappen Ressourcen und entsprechenden Investitionen umzugehen ▪Ressourcenproduktivität steigern und Kosten durch rechtzeitiges Optimieren senken ▪Strategische Beziehungen zu NRO und staatlichen Organisationen aufbauen ▪Internationale Standards und Regularien erfüllen ▪Neue Kunden- und Geschäftsbeziehungen durch Nachfrage nach umweltbewussten Produkten ▪Von finanziellen Fördermassnahmen profitieren ▪Vorreiterrolle in der Industrie	▪Inkonsistente und sich ändernde Gesetze und Standards ▪Hohe finanzielle Ausgaben und interne Aufwände ▪Mangel an Unterstützung durch Politik und Gesetzgebung (z.B. bei der Internalisierung von externen Kosten) ▪Vergrösserte Abhängigkeit v. Supply Chain Partnern ▪Wettbewerbsnachteil gegenüber umweltverschmutzenden Unternehmen
▪Wettbewerbsfähigkeit durch Fokus auf Kernkompetenz stärken ▪Kurzfristige/ konservative Ertragsoptimierung ▪Schonung der Unternehmensressourcen indem nur auf obligatorische Regularien/ Gesetze reagiert wird	▪Anfälligkeit gegenüber Veränderungen in Regulation/ Märkten/ Verursacherprinzip ▪Niedriges Bewusstsein→ Verpassen von Möglichkeiten ▪Komplexe Umweltschutzgesetzgebung führt zu ökonomischer Unsicherheit ▪Umweltverschmutzerimage, Angriffe v. NRO/Medien ▪Mitarbeiterunzufriedenheit wegen Mangel an Umweltbewusstsein und Verantwortung ▪Anfälligkeit für Energie-/ Materiallieferengpässe

Abb. 3.3.3.2   Auswahl an Chancen und Risiken, die ein proaktives Umweltengagement dem reaktiven vorziehen. Übernommen aus [ScVo10]

Bei einem proaktiven Umweltengagement ist der Faktor Mensch sehr wichtig. Unternehmensintern kann man das Bewusstsein der Angestellten wecken und die Fähigkeit fördern, mit Herausforderungen und sich ändernden Umweltbedingungen umzugehen. Des Weiteren kann man strategische Beziehungen mit Akteuren von staatlichen Organisationen und NRO sowie neuen umweltbewussten Kunden entwickeln. Zudem kann proaktives Umweltengagement die Produktivität steigern und dabei helfen, internationale Standards zu erfüllen, was in weiteren Einsparungen münden kann. Aktives Handeln erhöht die Planungssicherheit und senkt die Abhängigkeit von volatilen Marktpreisen.

Eine reaktive Rolle einzunehmen kann kurz- und mittelfristig vorteilhaft sein. Die Fokussierung auf Kernkompetenzen stärkt die Wettbewerbsfähigkeit, da man Investitionen in umweltfreundliche Technologien auf später verschiebt, wenn diese „reif" und zuverlässig sind („keine Experimente"). Ressourcen der Firma werden nur eingesetzt, wenn dies wegen behördlichen Anordnungen unabdingbar ist, was eine konservative Budgetierung ermöglicht.

Proaktives Handeln birgt Risiken, die im Vergleich zu konkurrierenden, umweltbelastenden Unternehmen (mittelfristig) eventuell zum Wettbewerbsnachteil führen. So können bspw. Investitionen in eine Technologie, die eine bestimmte Art Verschmutzung reduziert, aber nicht von der Gesetzgebung gefordert wird, zu Zusatzkosten führen. Erfüllte Standards in einer Region entsprechen vielleicht nicht jenen anderer Regionen, was Wissenstransfer verhindert. Wenn ein Unternehmen sich „grünen" Produkten und Praktiken verpflichtet und diese vermarktet, erhält eine Nicht-Einhaltung der Partner in der Supply Chain ein grösseres Gewicht. Zudem sind Zulieferer u. U. schwerer zu ersetzen ('gefangener-Käufer-Situation'). Die erkannten Risiken sind eher externer Natur, weil integrierte Lösungsansätze potentiell eine höhere Abhängigkeit in den vielfältigen Geschäftsbedingungen mit sich bringen.

Die Risiken einer reaktiven Position im Umweltschutz schliessen bei unvorhergesehenen Entwicklungen auch eine mögliche Anfälligkeit der Firma auf Vorschriften, Marktentwicklung und Verursacherprinzip ein. Ohne vorbeugende Massnahmen (z.B. erhöhte Effizienz oder alternative Rohstoffe) ist die Anfälligkeit auf Preissprünge und Versorgungsengpässe höher. Mangelndes Bewusstsein der Angestellten kann zu Versäumnissen bei kostensparenden Möglichkeiten führen und intern kann die Zufriedenheit unter dem Mangel an ökologischem Verantwortungsbewusstsein leiden. In Bezug auf das Ansehen eines Unternehmens führen das Image eines „Umweltverschmutzers" sowie negative Berichte in den Medien und von NRO längerfristig zu Nachteilen.

Die vorliegende Analyse betrifft eher Unternehmen der OECD Länder. Viele der erwähnten Risiken und Chancen sind aber ebenso auf andere Regionen anwendbar. Umweltschutz-richtlinien verändern sich und werden mit dem Wachstum des Wohlstands wichtiger. Die Relevanz dieser ökonomischen Treiber mag für nahezu alle Branchen dieselbe sein (wobei EII besonders betroffen sind). Deshalb ist die Suche nach neuen Lösungsansätzen ein essentieller Schritt in Richtung langfristiger Wettbewerbsfähigkeit. Auch muss man frühere Denkansätze neu auf ihre Anwendbarkeit hin bewerten. Obwohl sie in der Vergangenheit vielleicht nicht akzeptiert wurden, könnten sie unter den veränderten wirtschaftlichen Bedingungen lohnend geworden sein. Für weiterführende Lektüre vgl. [Sriv07].

3.3.4 Energiemanagement-Konzepte und Massnahmen für eine verbesserte Umweltleistung

Wie bereits weiter oben erläutert, hat ein produzierendes Unternehmen verschiedene Möglich-keiten, um nachhaltig zu wirtschaften. Grundlage dafür ist das *Energiemanagement*, das auf verschiedenen Ebenen der Firma ansetzt.

Gemäss [Pato01], findet *Energiemanagement* Anwendung auf Ressourcen, auf die Beschaffung, Umformung und Nutzung von Energie. Es umfasst das Überwachen, Messen, Aufzeichnen, Analysieren, kritische Untersuchen, Steuern und Umleiten von Energie- und Materialflüssen durch das System, sodass zum Erreichen erstrebenswerter Ziele ein möglichst geringer Aufwand nötig ist.

Energiemanagement ist eine unterstützende Massnahme zur Steigerung der Energieeffizienz. Dessen Integration in das Produktionsmanagement erlaubt die Umsetzung von weiteren Verbesserungen in Produktionssystemen (vgl. Abb. 3.3.4.1). Folgende Aktivitäten des Energie-managements helfen, mögliche Verbesserungspotentiale in der Produktion zu erkennen (siehe [BuVo11]).

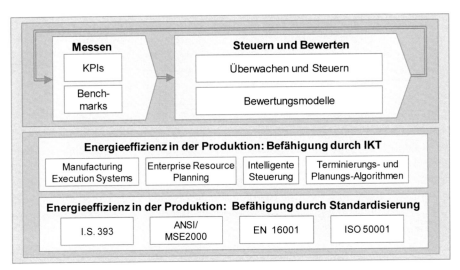

Abb. 3.3.4.1   Energiemanagement in Produktionssystemen [BuVo11]

Erstens, *energiebewusste Produktionsprozesse:* Ein effektives Energiekontrollsystem kann Informationen von Leistungs- und prozessinternen Messungen auswerten. Dieses Kontrollsystem umfasst Konzepte und Methoden, die die Bewertung, Steuerung und Verbesserung von Energieeffizienz im Produktionsprozess ermöglichen.

- Entwickeln von geeigneten und standardisierten Energieeffizienz-Kennzahlen auf Maschinen-, Prozess- und Unternehmensebene.

- Integration von neuen Sensor- und prozessinternen Messtechnologien in bestehende Überwachungs- und Kontrollmechanismen zur Stützung von Entscheidungen des Produktionsmanagements.

- Entwickeln von Benchmarks und Energieprofilen für die Effizienz von Maschinen und Einrichtungen. Standardisierte Leistungskenngrössen zur Energieeffizienz sind die Basis dafür.

Zweitens, die *Integration von Energieeffizienz in Produktionsinformationssystemen*: Entwickeln eines Rahmenwerks, das Energieeffizienz in der Produktionsplanung und -steuerung organisiert und optimiert; Umsetzung in z.B. „enterprise resource planning" (ERP), „manufacturing execution system" (MES) und „distributed control systems" (DCS).

- Informations- und Kommunikationstechnologien (IKT) sowie Standardisierung können bedeutende Wegbereiter für die Unterstützung von Messungen, Kontrolle und Verbesserung der Energieeffizienz sein, da Software bei der Visualisierung und Simulation der Energieeffizienz helfen kann.

- Energie-Leistungs-Auswertung in Echtzeit erleichtert effektive Geschäftsentscheidungen, basierend auf präzisen und rechtzeitigen Informationen. Auf Energieeffizienz ausgelegte MES- und ERP-Systeme und -Simulationen können die benötigten Informationen liefern.

Auch wenn Verbesserungspotentiale erkannt sind, kann es Barrieren zur Umsetzung geben. Beispiele: Entscheidungen, die auf Rückzahlungsperioden statt internen Zinsrechnungen basieren, unrealistisch hohe Diskontsätze, schwer messbare Komponenten von Energiekosten (wie Transaktions- oder Überwachungskosten) sowie begrenztes Kapital oder eine niedrige

Management-Priorität für Energieeffizienz. Der Faktor Mensch kann ein Hindernis darstellen. Begrenzte Vernunft, Prinzipal-Agent Probleme und subjektives Risiko sind Hürden für Energie-effizienz-Verbesserungsmassnahmen (siehe [BuVo11]).

Im Folgenden werden beispielhaft Ansätze für Verbesserungen aufgezeigt, die unter dem Überbegriff „Industrielle Symbiose" klassifiziert werden können.

Industrielle Symbiose ist definiert als ein Lösungsansatz für Unternehmen, bei dem ein Nebenprodukt (oder Abfall) eines Unternehmens als Rohstoff eines anderen Unternehmens dient. Vgl. z.B. [ChLi08].

Die Abb. 3.3.4.2 illustriert das Hauptziel der industriellen Symbiose, nämlich die Implementierung von Kreisläufen, die Materialverbrauch und Energieverschwendung reduzieren. Bereits Abb. 3.3.3.1 zeigte ein Beispiel, wie man Abfallmenge und Kosten reduzieren kann. Um zu einer potentiellen Option für ein breiteres Spektrum an Unternehmen zu werden, müssen die alternativen Materialien bestimmte Kriterien erfüllen und schliesslich weniger kostspielig sein als verfügbare Rohstoffe. Neben der Anpassung der Prozesse müssen auch die Risiken aus Abbildung 3.3.3.2 berücksichtigt werden.

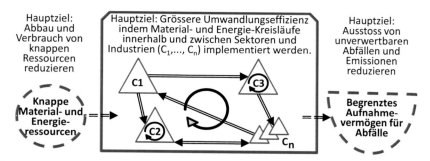

Abb. 3.3.4.2   Hauptziele der industriellen Symbiose. Angelehnt an [KoMa04]

Im Folgenden werden beispielhaft einige Massnahmen aus dem Bereich der industriellen Symbiose vorgestellt (basierend auf [ScVo10]).

Erstens, die *gesteigerte Nutzung von Abfällen:* Die Industrie ist verstärkt an Zugang zu Neben-produkten interessiert, die vorher als Abfälle betrachtet wurden. Vorverarbeitung, Transport, Lagerung und eine effiziente Nutzung von alternativen Brennstoffen ermöglichen es, verstärkt knappe Ressourcen und fossile Brennstoffe zu ersetzen.

- Produktionsprozesse müssen hinsichtlich Produktqualität, Energieeffizienz und Emissionen der Verwendung alternativer Rohstoffe gerecht werden.

- Aufzeichnung und Integration der möglichen Material- und Energieflüsse und die effiziente Erkennung der bestmöglichen (ökonomisch wie ökologisch) Wieder-verwendung sind gefordert.

- Die Komplexität der Märkte muss auf verschiedenen Ebenen reduziert werden, um Quellen und Senken von geeigneten Nebenprodukten auszumachen.

Zweitens, das *Ausnutzen von Mittel- und Niedrigtemperaturabwärme, d.h. die Wärme um und unter 150°C:* Die in diesem Bereich verfügbare Wärmemenge ist signifikant. Im Gegensatz zu aktuellen Lösungsansätzen ist eine Analyse in Betrieben verschiedener Branchen erforderlich.

- Eine angemessene Methode für Betriebs-, Industrie- sowie die branchenübergreifende Analyse muss entwickelt werden, um Potentiale der Wärmeausnutzung zu erkennen.

- Möglichkeiten für Zusammenarbeit sind zu untersuchen und vielversprechende Partnerschaften zwischen Wärmequellen und -senken zu erkennen, um Technologien auf die Wärmeausbeutung sowie den Wärmetransport und -austausch anzuwenden und von Synergien zu profitieren.

Drittens, das *Netzwerk für alternative Brennstoffe und Ressourcen:* Dieser Ansatz ähnelt dem Konzept der Öko-Industrieparks, in welchen nahegelegene Betriebe ihre Nebenprodukte, Energie, Informationen und Kapazitäten teilen und nutzen, um die Gesamteffizienz und -produktivität zu erhöhen. Die Planung eines Industrieparks führte selten zu realen ökologischen und ökonomischen Vorteilen. Dieser Ansatz zielt auf die Förderung der vorhandenen Unternehmen ab, indem Informationen und Nebenprodukte verteilt und vertrieben werden sollen.

- Neue Erkenntnisse über die Zusammenarbeit von Anbietern und Nutzern von alternativen Brenn- und Rohstoffen sind erforderlich, um branchenübergreifend mehr über das Ausmass und die Verwendbarkeit von Nebenprodukten zu erlernen.

- Industrieübergreifende, integrierte Prozessketten sollten in einem Netzwerk industrieller Partner gebildet werden, um die Verfügbarkeit der alternativen Stoffe zu erhöhen. Dem Risiko der Abhängigkeit muss dabei Beachtung geschenkt werden.

- Mit einem entsprechenden Bewusstsein von Mitarbeitern sollten Materialien als standardisierte Rohstoffe zur angemessenen Wiederverwendung gebracht werden, auch wenn der heutige Markt von Abfallprodukten eher örtlich begrenzt ist.

3.3.5 Die Messung der Umweltleistung

Ökoeffizienz ist der Vergleich der ökonomischen Leistung mit der ökologischen Leistung.

Der Vergleich kann z.B. als Quotient oder über eine (z.B. lineare) Nutzenfunktion ausgedrückt werden. Das Kap. 1.4 behandelte Kenngrössen für die ökonomische Leistungsmessung. In [Pleh13] finden sich zahlreiche Kenngrössen zur ökologischen Leistungsmessung. Zum Vergleich müssen beide Gruppen von Leistungskenngrössen in einer geeigneten Einheit gemessen bzw. aus gemessenen Zwischen-Kenngrössen abgeleitet, gewichtet und über eine Formel schlussendlich in einen skalaren Wert überführt werden. Aus der Menge der möglichen ökologischen Kenngrössen wählt [Pleh13] dabei als „Spitzenkenngrössen" die folgenden:

- HH – „Human Health", Masseinheit „Disability Adjusted Life Years", DALY.

- ED – „Ecosystem Diversity" (Ökosystemdiversität), Masseinheit „Potentially Disappeared Fraction of Species", PDF

- RA – „Resource Availability" (z.B. Energie, Wasser), Masseinheit Geld

- UBP06 – Umweltbewertungspunkte (eine Methode der Schweizerischen Regierung)

- CO_2e – CO_2-„equivalent"(Äquivalent), Masseinheit Tonnen

Die Abb. 3.3.5.1 zeigt diese fünf Kenngrössen in einem integrierten Modell.

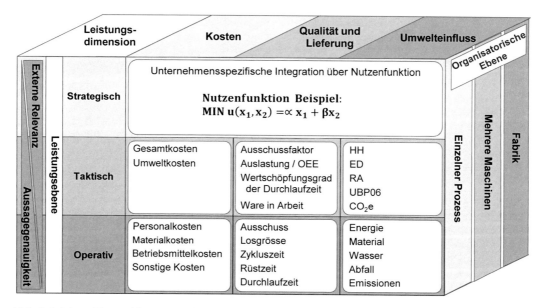

Abb. 3.3.5.1   Kennzahlensystem für die Leistungsdimensionen Kosten, Qualität & Lieferung und Umwelteinfluss (modifiziert aus [Pleh13])

Die ökonomischen Kenngrössen werden dabei nach den Zielbereichen der unternehmerischen Leistungsfähigkeit gemäss Abb. 1.3.1.1 gruppiert. Die eigentliche Messung der Kenngrössen erfolgt dabei auf der operativen Ebene. Die Messresultate werden dann mit einer geeigneten Formel in die Kenngrössen auf der taktischen Ebene überführt, welche für den Vergleich der Ökoeffizienz herangezogen werden. Der Vergleich selbst, in der Abbildung auf der strategischen Ebene aufgeführt, wird durch eine Nutzenfunktion ausgedrückt, wobei x_1 die ökologische Kenngrösse und x_2 die ökonomische bezeichnet.

Die Ökoeffizienz kann man für jeden Arbeitsgang bzw. jedes Herstellverfahren messen, wobei neben der Maschine auch das eingesetzte Material berücksichtigt wird. Einerseits interessiert nun die Ökoeffizienz auch auf der Ebene einer Maschinengruppe oder der ganzen Fabrik. Andererseits ist von Interesse, alle Arbeitsgänge und Komponenten einzubeziehen (d.h. zu summieren), die zu einem Produkt führen, und mit einem alternativen Herstellprozess zu vergleichen, der zu einem in der Funktion äquivalenten Produkt führt. Der Vorteil eines ökologisch günstigeren Materials kann z.B. durch ökologisch ungünstigere Arbeitsgänge mehr als zunichte gemacht werden, und umgekehrt.

3.3.6   Die Dimensionen Gesellschaft und Umwelt in der industriellen Praxis

Das Bewusstsein verschiedener Anspruchshalter für „Triple-Bottom-Line (TBL)"-Denken und entsprechendes Handeln wird deutlich, wenn man den zunehmenden Aufwand von multi-nationalen Unternehmen in Bezug auf Corporate Social Responsibility (CSR) betrachtet. Nachhaltigkeitsberichte können auch missbraucht werden, um eine Firma „grünzuwaschen". Um das zu vermeiden, braucht es im Berichtswesen Transparenz, Vollständigkeit, Relevanz und Nachprüfbarkeit. Siehe dazu auch [SuRi16].

Ein aktuelles Beispiel aus der industriellen Praxis für die oben erwähnte Methode der „Vollkostenrechnung", ist das „Integrated profit and loss statement (IPL)" von LafargeHolcim [Holc14], einem der globalen Marktführer in der Baumaterialindustrie (Zement, Beton, Aggregate und Asphalt). LafargeHolcim ist für mehr als 10 Jahre im Dow Jones Sustainability Index aufgeführt. Das Ziel dieses Index ist, die finanziellen Ergebnisse von „best-in-class"-Firmen weltweit zu verfolgen. Geprüft werden dabei ökonomische, Umwelt- und gesellschaftliche Kriterien mit einem Fokus auf langfristigen Wert für die Anspruchshalter. Das IPL von LafargeHolcim wurde das erste Mal im Jahr 2014 mit einem Aufwand zur quantitativen Messung der TBL. Die Abb. 3.3.6.1 zeigt das IPL als Wasserfalldarstellung. Diese führt die verschiedenen Indikatoren auf, welche zum TBL beitragen.

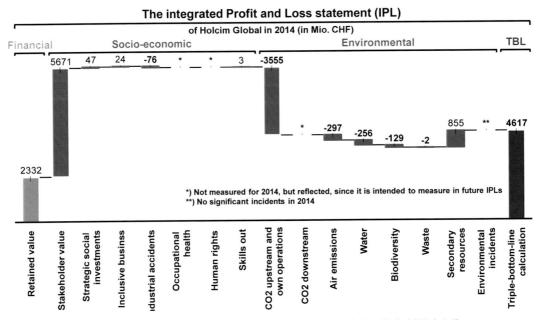

Abb. 1.3.6.1. Das „Integrated profit and loss statement (IPL)" von Holcim Global [Holc14].

In [Holc14] erwähnt LafargeHolcim, dass TBL genutzt werden kann, um Chancen über die Erfüllung von Anforderungen hinaus zu prüfen, wobei mit Anforderungen die Standards der Unternehmensführung, der Gesellschaft und der Umwelt gemeint sind. Im Grunde genommen betont das IPL das Ziel, andauernd nach Nachhaltigkeit zu streben und den Fortschritt über die Zeit zu messen. Darüber hinaus kann IPL bereits genutzt werden, um „zu identifizieren, wo die Investition von 1 Dollar die grösste gesellschaftliche Rendite bringt".

3.4   Zusammenfassung

Bei einem Make-Entscheid geht es in der Folge darum, Anlagenstandorte zu planen. Merkmale für die Gestaltung von eher zentralen oder eher dezentralen Produktionsnetzwerken sind die Wertdichte, die Kundennähe und -toleranzzeit, die Marktspezifität der Produkte, die Volatilität der Nachfrage, die Störungsanfälligkeit, Skalen- und Verbundeffekte. Merkmale für die Gestaltung von Versand- und Servicenetzwerken sind das Volumen und die Volatilität der

Nachfrage, die Variantenvielfalt, die Kundentoleranzzeit, die Wertdichte des Produkts (im Falle von Services die Wertdichte des Services) sowie die Abholbereitschaft und -fähigkeit des Kunden (im Falle von Services die Bewegungsbereitschaft bzw. -fähigkeit des Objekts durch den Kunden). Für die Auswahl von neuen Standorten werden sieben mögliche Standortfaktoren (davon drei für die Suche nach einem Joint Venture-Partner) mit je 5 bis 10 Kriterien je Faktor sowie eine Vorgehensweise zur systematischen Reduktion der möglichen Standorte vorgestellt. Standorte bei Versand- und Servicenetzwerken werden nach dem Grad des Kundenkontakts bestimmt. Ist nur indirekter oder sogar kein Kundenkontakt nötig (z.B. bei „back-offices"), so unterscheiden sich die Standortkriterien nur wenig von denen eines Produktionsstandorts. Zur Auswahl von neuen Standorten wird oft die Nutzwertanalyse beigezogen. Zur Standort-konfiguration, d.h. zur Zuteilung von Produkten oder Dienstleistungen an einen bestehenden Standort kann die Lineare Programmierung herangezogen werden.

Das Konzept der „triple bottom line" basiert auf den drei Säulen der Nachhaltigkeit – namentlich Ökonomie, Gesellschaft und Umwelt, die mit den Unternehmen in Wechselwirkung stehen. Gerade energieintensive Unternehmen kümmern sich vermehrt um die Verbesserung ihrer Energieeffizienz. Dies führt zu einem eigentlichen Energiemanagement. Als Lösungsansatz dafür wird die industrielle Symbiose diskutiert.

3.5 Schlüsselbegriffe

3.6 Szenarien und Übungen

3.6.1 Standortkonfiguration mit Linearer Programmierung

Ein an einem einzigen Standort ansässiger Hersteller von Bügelmaschinen, die Bügler AG, vertreibt in zwei Regionen zwei verschiedene Produkte. Jährlich wird auf Basis von prognosti-zierten Absatzzahlen die Grobkapazitätsplanung vorgenommen. Weiterhin wird auch die für das Marketing wichtige Fragestellung beantwortet, wieviel von welchem Produkt auf welchen

Märkten bei gegebener Kapazitätssituation zur Maximierung des Deckungsbeitrags angeboten werden sollte. Während die Nachfrage des Neuprodukts P1 in Markt M2 stark zunimmt, befindet sich das Vorgängerprodukt P2 in der Sättigungs- bzw. Auslaufphase. Die angenommenen Marktbedarfe spiegeln hierbei die maximal absetzbaren Stückzahlen wider. Die Deckungsbeiträge der einzelnen Märkte unterscheiden sich aufgrund unterschiedlicher Kosten- und Preisstrukturen zum Teil erheblich. Näheres entnehmen Sie bitte unten stehender Abb. 3.6.1.1:

Inputdaten	Produkt P1	Produkt P2
Deckungsbeitrag Markt M1	80	70
Deckungsbeitrag Markt M2	70	40
Maximalbedarf Markt M1	1000	3000
Maximalbedarf Markt M2	5000	2000
Kapazitätsbedarf in Stunden	4.00	2.40
Gesamtkapazität	15000	

Abb. 3.6.1.1   Inputdaten für das Planungsproblem bei Bügler AG

Die Bügler AG benötigt zur Herstellung von Produkt P1 4 Stunden, für Produkt P2 2.4 Stunden. Die Gesamtkapazität eines Jahres entspricht 15000 Stunden. Beantworten Sie die folgenden Fragen:

1. Wieviele P1 und wieviele P2 sollen auf den beiden Märkten zur Maximierung des Deckungsbeitrags angeboten werden?

2. Eine Beratungsfirma offeriert durch Einführung von Lean-/Just-in-time-Konzepten (JiT) eine Steigerung des Deckungsbeitrags um 5% und einen geringeren Kapazitätsbedarf für P1 von 60 Minuten und für P2 von 24 Minuten. Wieviel darf die Einführung des JiT-Konzepts höchstens kosten und wie verbessert sich die Unternehmenssituation?

3. Das Marketing beschliesst ausserdem zur vermehrten Marktpenetration von P1 und zur Gewinnmaximierung den Auslauf von P2 zu intensivieren. Dazu soll der Absatz von P2 in Markt 1 auf 4000 ansteigen, während für den Markt 2 ein kompletter Rückzug geplant wird. Welches sind die Vor- und Nachteile dieser Strategie?

Gehen Sie hierzu folgendermassen vor:

A) Festlegung der Entscheidungsvariablen. Mögliche Lösung:

$X\_P_i\_M_j$, $1 \leq j \leq 2$, $1 \leq i \leq 2$ steht für die Anzahl der Produkte P_i, die nach dem Markt M_j geliefert werden.

B) Formulierung der Zielfunktion. Mögliche Lösung: Deckungsbeitrag = max!

= (DB_P1_M1 · X_P1_M1) + (DB_P1_M2 · X_P1_M2) + (DB_P2_M1 · X_P2_M1) + (DB_P2_M2 · X_P2_M2)

Die Abb. 3.6.1.2 zeigt die Funktionsweise des „Solvers" in MS-Excel für die bisher erwähnten Lösungsschritte.

1. Öffnen Sie ein **.xls-sheet**.
2. Bestimmen Sie Felder für die **Entscheidungsvariablen**, die sog. veränderbaren Zellen. Sie können bis zu 200 veränderbare Zellen definieren.
3. Geben Sie in einem Feld die **Zielfunktion** ein, dies ist die sog. **Zielzelle**. Die Zielfunktion bezieht sich direkt auf die veränderbaren Zellen.

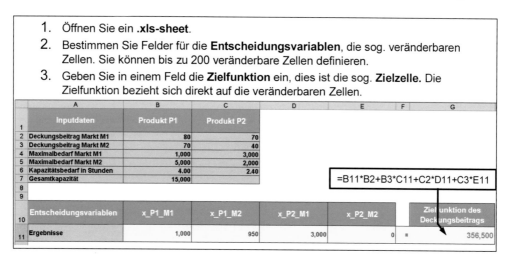

Abb. 3.6.1.2   „Solver"-Funktion in MS-Excel, Teil 1

Formulierung aller Nebenbedingungen

a) Maximale Deckung der Marktnachfragen

- X_P1_M1 ≤ Maximalbedarf für Produkt P1 auf Markt M1 = 1000
- X_P1_M2 ≤ Maximalbedarf für Produkt P1 auf Markt M2 = 5000
- X_P2_M1 ≤ Maximalbedarf für Produkt P2 auf Markt M1 = 3000
- X_P2_M2 ≤ Maximalbedarf für Produkt P2 auf Markt M2 = 2000

b) Begrenzte Gesamtkapazität

- X_P1_M1 · Kapazitätsbedarf$_{P1}$ + X_P1_M2 · Kapazitätsbedarf$_{P1}$ + X_P2_M1 · Kapazitätsbedarf$_{P2}$ + X_P2_M2 · Kapazitätsbedarf$_{P2}$ ≤ Gesamtkapazität

c) Nichtnegativitätsbedingungen

- X_P1_M1 ≥ 0
- X_P1_M2 ≥ 0
- X_P2_M1 ≥ 0
- X_P2_M2 ≥ 0

Die Abb. 3.6.1.3 zeigt die Funktionsweise des „Solvers" in MS-Excel für die Formulierung der Nebenbedingungen.

In der Abb. 3.6.1.3 wurden die Ungleichungs-Operatoren der Nebenbedingungen nur als Text zur Klarheit der Leserführung eingegeben. Die Abb. 3.6.1.4 zeigt die Eingabe der Variablen, der Zielfunktion und Nebenbedingungen im eigentlichen „Solver"-Bereich von MS-Excel.

4. Geben Sie in einem Feld die **Funktion der Nebenbedingungen** ein, welche Bezug auf die veränderbaren Zellen nimmt. Im angrenzenden Feld geben Sie den **max./min. restriktiven Wert** dieser **Nebenbedingung** an.

5. Wiederholen Sie Schritt 4 für jede Nebenbedingung, inkl. der **Nichtnegativitätsbedingungen** der Entscheidungsvariablen.

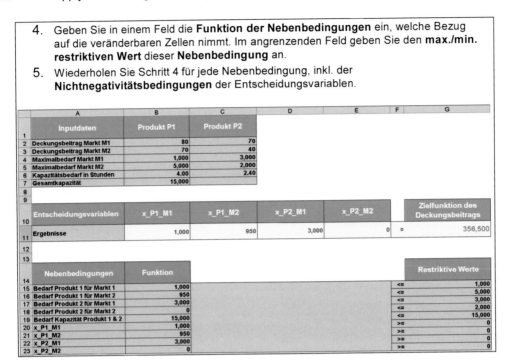

Abb. 3.6.1.3   „Solver"-Funktion in MS-Excel, Teil 2

Lösung der Aufgaben

Aufgabe 1):

- Klicken Sie auf den Button „Solve" (siehe Abb. 3.6.1.4), um die Resultate anzuzeigen. Haben Sie alles richtig eingegeben, dann sollte sich wie in der Abb. 3.6.1.2 der maximal erreichbare Deckungsbeitrag auf 356.500€ belaufen.

Aufgabe 2), Einführung von JiT:

- Gehen Sie vom Basisfall aus Aufgabe 1) aus – durch Kopie auf ein neues Excel-Sheet – und verändern Sie die entsprechenden Daten.

- Durch die höheren Deckungsbeiträge und geringeren Kapazitätsbedarfe können der gesamte Deckungsbeitrag und die Lieferbereitschaft von P1 erhöht werden.

- Wenn Sie alles in richtiger Weise bestimmt haben, dann können Sie die maximalen Kosten für die Einführung des JiT-Konzepts als Deckungsbeitragsdifferenz: 451.500€ - 356.500€ = 94.900€ bestimmen.

Aufgabe 3), zusätzliche Marketing-Massnahme:

- Gehen Sie vom Basisfall aus Aufgabe 2) (JiT) aus – durch Kopie auf ein neues Excel-Sheet – und verändern Sie die entsprechenden Daten.

- Durch den intensivierten Auslauf von Produkt P2 kann der Gesamtdeckungsbeitrag weiter gesteigert werden, und zwar auf 476.000€. Die Lieferbereitschaft von P1 sinkt jedoch im Vergleich, da die vorhandenen Kapazitäten das Produkt P2 für Markt M1 produzieren.

Somit muss erwogen werden, inwieweit der Anstieg in der Stückzahl von P1 stattfindet und inwieweit allenfalls P1 das Produkt P2 substituieren wird.

6. Klicken Sie im Menü **Extras** (engl. Tools) auf *Solver*. Wird der Befehl „Solver" im Menü „Extras" nicht angezeigt, so muss er über „Add Ins..." installiert werden.

7. Füllen Sie die entsprechenden **Angaben in die erscheinende Maske ein**: Veränderbare Zellen bzw. Entscheidungsvariablen (Changing Cells), Zielzelle (Target Cell), Nebenbedingungen (Subject to the Constraints), Funktion der NB (Cell Reference), Max./min. Wert (Constraint).

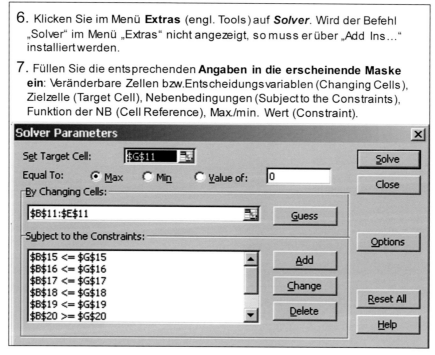

Abb. 3.6.1.4   „Solver"-Funktion in MS-Excel, Teil 3

3.7   Literaturhinweise

AbKl06   Abele, E., Kluge, J., Näher, U. (Hrsg.), „Handbuch Globale Produktion", Hanser, München, 2006

APIC16   Pittman, P. et al., APICS Dictionary, 15. Auflage, APICS, Chicago, IL, 2016

BuVo11   Bunse, K., Vodicka, M., Schönsleben, P., Brühlhart, M., Ernst, F., „Integrating energy efficiency performance in production management - gap analysis between industrial needs and scientific literature", Journal of Cleaner Production, 19 (6), 667-679, 2011

Chop03   Chopra, S., „Designing the distribution network in a supply chain", Transportation Research: Part E: Vol. 39, No. 2, pp.123–140, 2003

Cars02   Carson, R., „Silent Spring", 40th Edition, Houghton Mifflin, Boston, 2002

ChLi08   Chertow, M., Lifset, R., „Industrial symbiosis", 2008, https://editors.eol.org/eoearth/wiki/Industrial_symbiosis, accessed August 2019

Frau12   Fraunhofer ISI, „Modernisierung der Produktion — Globale Produktion von einer starken Heimatbasis aus", Fraunhofer Institut für System- und Innovations-forschung, Karlsruhe, 2012

GRI02   Global Reporting Initiative, „Sustainability Reporting Guidelines", Boston, 2002, www.globalreporting.org

IEA08   IEA, „Worldwide Trends in Energy Use and Efficiency: Key Insights from IEA Indicator Analysis", Paris, 2008, https://webstore.iea.org/worldwide-trends-in-energy-use-and-efficiency, accessed August 2019

Holc14   Holcim. Integrated Profit & Loss Statement 2014, Available online. URL http://www.holcim.com/uploads/CORP/Holcim_IPL_Final2.pdf. accessed 5 November 2015

KoMa04   Korhonen, J., von Malmborg, F., Strachan, P. A., Ehrenfeld, J. R., „Management and policy aspects of industrial ecology: an emerging research agenda", Business Strategy and the Environment 13, no. 5: 289–305, 2004

Mead77   Meadows, D. H., „The limits to growth: A report for the Club of Rome's project on the predicament of mankind", 2nd Edition, Universe Books, New York, 1977

Pack60   Packard, V., „The Waste Makers", Van Rees Press, New York, 1960

Pato01   Paton, B., „Efficiency gains within firms under voluntary environmental initiatives", Journal of Cleaner Production, 9 (2), 167–178, 2001

Pleh13   Plehn, J., „Ein Leistungsmesssystem zur integrierten Bewertung der Ökoeffizienz von Produktionsunternehmen — Reduktion der Unsicherheit bei der Kennzahlenauswahl und -interpretation", Dissertation ETH Zürich, Nr. 21225, Zürich, 2013

ScRa15   Schönsleben, P., Radke, A., Plehn, J., Finke, G., Hertz, P., „Toward the integrated determination of a strategic production network design, distribution network design, service network design, and transport network design for manufacturers of physical products", ETH e-collection, 2015, http://dx.doi.org/10.3929/ethz-a-010423875

ScVo10   Schönsleben, P., Vodicka, M., Bunse, K., Ernst, F. O., „The changing concept of sustainability and economic opportunities for energy-intensive industries", CIRP Annals - Manufacturing Technology 59, no. 1: 477–480, 2010

Sriv07   Srivastava, S. K., „Green supply-chain management: A state-of-the-art literature review", International Journal of Management Reviews 9, no. 1: 53–80, 2007

Stic04   Stich, V., „Industrielle Logistik", 8th Edition, Wissenschaftsverlag Mainz, 2004

SuRi16   Sutherland, J, Richter, J.S., et.al., „The Role of Manufacturing in Affecting the Social Dimension of Sustainability", CIRP Annals, 65/2, pp. 1-24, 2016

UN87   UN Report of the World Commission on Environment and Development, „Our Common Future", Annex to General Assembly Document A/42/427, 1987

4 Geschäftsprozessanalyse und Konzepte zur Planung & Steuerung

Jede Führungsaufgabe und -tätigkeit soll sich an den unternehmerischen Zielen orientieren. Kapitel 1 zeigte auf, wie und in welchem Grad das Logistik, Operations und Supply Chain Management sowie die Planung & Steuerung der dazu gehörigen täglichen Abläufe zum Erfüllen der Ziele beitragen können.

Mit den unternehmerischen Zielen sind geeignete Leistungskenngrössen verbunden (siehe Kap. 1.4). Sie helfen, den Grad der Zielerreichung zu beurteilen und erste Ursachen zu analysieren. Dieses Kapitel präsentiert ein systematisches Vorgehen zur weiterführenden Analyse von Geschäftsprozessen und zur Gestaltung von Systemen zur Planung & Steuerung in Supply Chains. Die Abb. 4.0.0.1 gibt dafür einen Überblick.

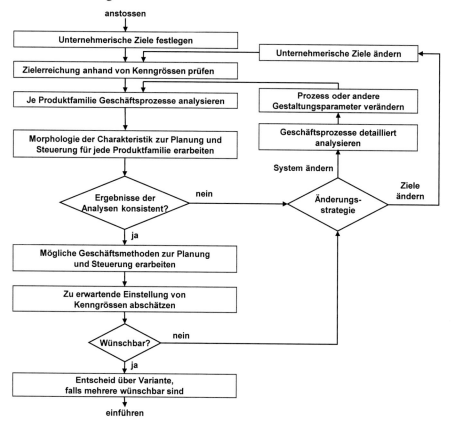

Abb. 4.0.0.1   Vorgehen zur Analyse von Geschäftsprozessen und zur Gestaltung von Systemen zur Planung & Steuerung in Supply Chains

Nach dem Anstoss des Vorgehens muss die Unternehmensleitung die gültigen unternehmerischen Ziele festlegen. Grundlage für jede Verbesserung der Wirtschaftlichkeit des Unternehmens ist sodann eine Analyse der Ist-Situation. In der Folge werden einige Analysemethoden vorgestellt, die in der Logistik eine Bedeutung haben und verschiedene Aspekte der Situation beleuchten.

© Springer-Verlag GmbH Deutschland, ein Teil von Springer Nature 2020
P. Schönsleben, *Integrales Logistikmanagement*,
https://doi.org/10.1007/978-3-662-60673-5_5

- Logistik-, Operations und Supply Chain Management haben die Geschäftsprozesse innerhalb eines Unternehmens und unternehmensübergreifend zum Gegenstand. Die ersten beiden Teilkapitel behandeln grundsätzliches Wissen über das Prozessmanagement.

- Als nächstes folgt die Geschäftsprozessanalyse. Diese Prozesse sowie die weiteren Analysen und die Gestaltung werden meistens je Produktfamilie erarbeitet. Mögliche Analysemethoden werden im Kap. 4.3 vorgestellt. Vorerst wird eine eher grobe Darstellung benötigt, z.B. in der Form des Stellenorientierten Ablaufdiagramms.

- Das Kap. 4.4 erarbeitet charakteristische Merkmale zur Planung & Steuerung in Supply Chains. Ihre Ausprägungen können je Produktfamilie, manchmal sogar je Produkt sowie stromaufwärts und stromabwärts von Entkopplungspunkten verschieden sein. Sie hängen mit den übergeordneten unternehmerischen Zielen zusammen und müssen mit Blick darauf festgelegt werden. Eine solche Charakteristik erlaubt u.a. Rückschlüsse auf Inkonsistenzen mit den durch Prozessanalyse festgestellten Geschäftsprozessen.

- Das Kap. 4.5 stellt grundlegende Konzepte in Abhängigkeit der charakteristischen Merkmale vor. Hier muss sich eine Firma in einer Auswahl von verschiedenen Produktionstypen und Konzepten zur Planung & Steuerung positionieren.

Die Ergebnisse der verschiedenen Analysen werden nun auf Konsistenz geprüft, sowohl gegenseitig als auch mit den unternehmerischen Zielen und angenommenen bzw. wünschbaren Ergebnissen. Ist die allseitige Konsistenz nicht gegeben, muss man das System oder die Ziele ändern:

- Eine Änderung des Systems erfordert zuerst detaillierte Prozessanalysen, z.B. mit Layouts der Produktionsinfrastruktur oder Prozessplänen. Solche Techniken sind Gegenstand von Kap. 4.3. In einem Gestaltungsschritt werden sodann Änderungen am Prozess oder an Gestaltungsparametern (z.B. Produktionsinfrastruktur, Qualifikation der Mitarbeitenden, Produktevielfaltskonzept, Beziehungen zu Geschäftspartnern) vorgenommen.

- Eine Änderung der unternehmerischen Ziele ist dann nötig, wenn die aktuelle Wahl zu grosse Widersprüche umfasst (siehe Kap. 1.3.1).

- In beiden Fällen muss man gewisse Analyseschritte u.U. erneut durchlaufen.

Sind die Ergebnisse kohärent, so kann man in einem Gestaltungsschritt mögliche Geschäftsprozesse und -methoden zur Planung & Steuerung erarbeiten. Prinzipielle Möglichkeiten dafür sowie deren Abhängigkeit von den Analyseergebnissen sind Gegenstand der Kapitel 5 bis 8. Die Kapitel 10 bis 15 stellen detaillierte Methoden vor.

Nach der Auswahl von konkreten Planungs- und Steuerungsverfahren kann man versuchen, die nun zu erwartende Einstellung der Leistungskenngrössen abzuschätzen. Die Ergebnisse werden wiederum auf Wünschbarkeit überprüft. Verläuft die Prüfung negativ, so muss wieder das System oder die unternehmerischen Ziele geändert werden (siehe oben).

Verläuft die Prüfung positiv, dann kann man u.U. zwischen verschiedenen Möglichkeiten entscheiden. Die Varianten entstehen dabei z.B. aufgrund einer unterschiedlichen Sicht über die Produktfamilien. In anderen Fällen gibt es unterschiedliche Verfahren zur Planung & Steuerung.

Das vorgeschlagene Vorgehen sagt als solches nichts aus über die Projektorganisation. Logistische Systeme funktionieren nur zufriedenstellend, wenn die ausführenden Menschen sie möglichst umfassend verstehen (wollen). Daher ist es nur von Vorteil, diese wo immer möglich zu Beteiligten zu machen.

4.1   Elemente des Geschäftsprozessmanagements

Effektive und effiziente Geschäftsprozesse bilden einen Schlüsselfaktor für die Leistung eines Unternehmens. Siehe dazu z.B. [Dave93], [HaCh06], und [Oest03]. Die Gestaltung von Geschäftsprozessen ist deshalb Gegenstand der Kapitel 4.1 und 4.2.

4.1.1   Begriffe um das Geschäftsprozess-Engineering

Im Zusammenhang mit dem Engineering von Geschäftsprozessen stehen die folgenden Begriffe gemäss Abb. 4.1.1.1. Vgl. auch die Definitionen in Kap. 1.1.1.

Begriff	Herkunft, Definition	Verwandte Begriffe
Zustand	Art und Weise des Bestehens (zustehen = zugehören, gebühren)	Beschaffenheit, Status, Stand
Ereignis	ereignen = altdeutsch „eräugnen", sich zeigen, geschehen	Vorgang
Kernkompetenz	Wesentliche Fähigkeit oder entscheidendes Können	
Kernprozess	Prozess, für welchen eine Firma wettbewerbsentscheidende Kompetenz besitzt.	
Logistisches System	umfasst logistische Aufgaben, Funktionen, Methoden, Prozesse, Zustände, Flüsse sowie das Ereignis zu seinem Anstoss. Hat eine eigene Auftrags- und Prozessführung.	

Abb. 4.1.1.1   Begriffe zum Thema „Geschäftsprozess-Engineering und -Management"

Zum Begriffspaar „Zustand" und „Ereignis": Jede Aufgabe bzw. jeder Teilprozess bezeichnet einen *Aktionszustand* im gesamten Prozess, in dem sich das dabei behandelte Gut (Material oder Information) befindet. Zwischen zwei Aufgaben oder Teilprozessen erfolgt ein Prozessübergang. Falls die Fortsetzung der Bearbeitung nicht sofort erfolgt, mündet der Übergang vorerst in einen *Wartezustand*. Als Beispiel für einen solchen Speicher kann man sich einen Puffer oder einen Postkorb im Büro vorstellen. Das *Ereignis* ist dann ein spezieller Prozess, bei dem ein Mensch oder ein Sensor einen Wartezustand feststellt bzw. gemäss der Herkunft des Wortes (siehe Abb. 4.1.1.1) *„eräugt"* und darauf den nächsten Prozess bzw. die nächste Aufgabe anstösst.

Es ist i. Allg. leichter, *Kernkompetenzen* im Unternehmen zu orten, als aus diesen die *Kernprozesse* abzuleiten. Eine Kernkompetenz kann z.B. als Funktion in verschiedenen Geschäftsprozessen vorkommen, ohne dass diese in ihrer Gesamtheit Kernprozesse sein müssen oder die anderen Funktionen dieser Geschäftsprozesse Kernkompetenzen aufweisen. Es ist tatsächlich nicht immer einfach, wichtigere von weniger wichtigen Geschäftsprozessen zu unterscheiden.

Ein *logistisches System* gleicht einem selbstständig verantwortlichen Lieferanten.

4.1.2   Das Auftragswesen und die Darstellung von Prozessen

Der Auftrag ist das Leitinstrument und sein Ablauf der Steuerungsfluss der Logistik, sowohl zwischen als auch innerhalb von Firmen. Die Form des Auftrags spielt keine Rolle. Das kann ein detailliertes Auftragspapier sein, oder ein einfacher Pendelbeleg (z.B. ein Kanban).

Ein solcher Auftragsablauf ist vergleichbar mit einem Güterzug, der zusammengestellt wird und sich dann entlang einer bestimmten Route bewegt. Nach und nach werden ihm Güter oder

Informationen angehängt. Er hält bei gewissen Bahnhöfen an und veranlasst, dass andere Züge starten, Güter oder Informationen zu liefern. Er gibt Güter und Informationen an weitergehende Züge ab, bevor er schliesslich zum Stillstand kommt. Ein Beobachter kann sich nun in die Lokomotive des Auftragszugs setzen und das Geschehen um ihn herum beobachten. Von dieser Warte aus wurde MEDILS, eine „Method for Description of Integrated Logistics Systems" entwickelt, einer Weiterentwicklung des klassischen Flussdiagramms, welches zum besseren Verständnis von Abläufen eingeführt wurde und die Flüsse, Aufgaben, Wartezustände, Speicher usw. zeigt. Die Abb. 4.1.2.1 führt die im Folgenden verwendeten MEDILS-Symbole ein:

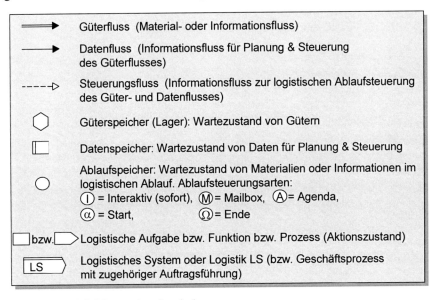

Abb. 4.1.2.1   MEDILS: Verwendete Symbole

- Der Doppelpfeil stellt den *Güterfluss* dar. Im industriellen Sektor sind Güter hauptsächlich materieller Art. Es können aber auch Informationen sein, die zu einem Produkt von Anfang an gehören, z.B. eine Zeichnung, ein Pflichtenheft usw. Im Dienstleistungsbereich sind die Güter oft immaterieller Natur. Im Bank- oder Versicherungswesen bspw. bestehen sie oft aus Information.

- Ein einfacher Pfeil meint den *Datenfluss* zur Planung & Steuerung, also den Informationsfluss zur administrativen, planerischen und dispositiven Logistik. Daten beschreiben Eigenschaften von Gütern in geeigneter Weise. Jeder Güterfluss wirkt selbstbeschreibend, also auch als Datenfluss, der nicht separat gezeichnet wird.

- Ein gepunkteter Pfeil bezeichnet den *Steuerungsfluss*. Er besteht aus Information und behandelt die Ablaufsteuerung des Güter- und Datenflusses. Jeder Güter- oder Datenfluss wirkt auch als Steuerungsfluss, der jedoch nicht separat gezeichnet wird.

- Ein Sechseck steht für einen *Güterspeicher*. Je nach Art des Guts handelt es sich um ein Lager, einen Informationsspeicher usw. Ein Objekt im Speicher steht für ein bestimmtes Gut und ist damit ein Wartezustand im Güterfluss. Es kann in diesem Zustand im Prinzip über eine unbestimmte Zeit im Speicher gehalten werden.

- Ein links mit einer Doppellinie begrenztes und rechts offenes Rechteck steht für einen *Datenspeicher*. Ein Objekt dieses Speichers steht für eine bestimmte Menge von Daten (z.B. einen Auftrag) und ist ein Wartezustand im Datenfluss. Es kann in diesem Zustand über eine unbestimmte Zeit im Speicher gehalten werden. Das Objekt kann im Symbol genauer beschrieben werden.

- Ein Kreis steht für einen *Ablaufspeicher*, einen Wartezustand im logistischen Ablauf. Im Fluss von Daten oder immateriellen Gütern (Informationen) kann man sich darunter einen Postkorb vorstellen. Ein Objekt ist dann der Briefumschlag mit darauf geschriebener Steuerungsinformation, während sich die Daten im Inneren des Umschlags befinden. Im Fluss von materiellen Gütern kann man sich darunter ein Puffer- oder Durchgangslager denken. Ein Objekt kommt dann einer Kiste mit darauf geschriebener Steuerungsinformation gleich, während sich die Güter im Inneren der Kiste befinden.

Ein Ablaufspeicher entspricht einer Warteschlange von Aufgaben, die zur Bearbeitung anstehen. Der Anstoss zur Abarbeitung eines Objekts erfolgt durch ein Ereignis: Ein Sensor, z.B. das Auge eines Menschen, stellt einen Wartezustand fest und ortet z.B. einen Briefumschlag im Postkorb. Das Ereignis gehört somit implizit zu einem Ablaufspeicher.

- Das Rechteck steht für eine *logistische Aufgabe* (engl. „task"), die im Rechteck so genau wie nötig beschrieben wird. Steht die Wirkung der Aufgabe im Vordergrund, dann steht es für eine Funktion. Ist das planmässige Vorgehen wichtiger, dann steht das Rechteck für eine Methode. Liegt der Schwerpunkt beim Weg, d.h. bei der Durchführung der Arbeit, so setzt man anstelle des Rechtecks den bekannten Wertschöpfungspfeil, der für einen Prozess steht. Eine Aufgabe bzw. ein Prozess kann „atomar" sein oder Unteraufgaben bzw. Teilprozesse zusammenfassen, die durch Flüsse über Zustände verbunden sind.

- Der gepfeilte Kasten steht für ein *logistisches System (LS)* in Richtung der Zeitachse. Es fasst logistische Aufgaben, Zustände, Flüsse sowie Teillogistiken zusammen. Die obere Doppellinie zeigt die eigene Auftrags- bzw. Prozessführung an. Im Vergleich mit dem einfachen Wertschöpfungskettenpfeil umfasst ein logistisches System also nicht nur den Prozess als solchen, sondern auch den Ablaufspeicher zu seinem Anstoss.

Durch Verknüpfen der Symbole werden logistische Abläufe abgebildet. Die Abb. 4.1.2.2 zeigt die MEDILS-Verknüpfungsarten und die dabei geltenden Abmachungen.

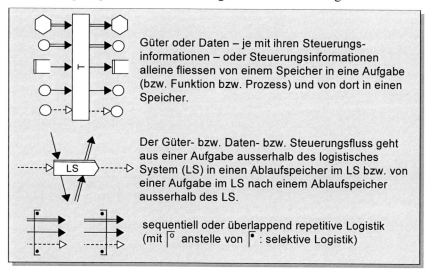

Abb. 4.1.2.2   MEDILS: Verknüpfung der Symbole

- Güter oder Daten, je mit ihren Steuerungsinformationen, oder Steuerungsinformationen allein fliessen von einem Speicher in eine Aufgabe oder eine Funktion T bzw. einen Prozess P. Durch das Ausführen der Aufgabe oder Funktion bzw. des Prozesses werden sie eventuell verändert und danach in andere Speicher überführt. Mehrere in eine Aufgabe hineinführende Flüsse werden zu Beginn der Aufgabe koordiniert. Je nach Kontext werden im Sinne einer „Und"-Beziehung verwandte Flüsse zusammengeführt. Im Sinne des „Einschliessenden Oder„ bzw. des „Ausschliessenden Oder" zu trennende Flüsse werden separat behandelt. Analoges gilt für die aus einer Aufgabe hinausführenden Flüsse.

- Der Güter-, Daten- oder Steuerungsfluss geht aus einer Aufgabe ausserhalb des logistischen Systems (LS) in einen Ablaufspeicher im LS, bzw. von einer Aufgabe im LS nach einem Ablaufspeicher ausserhalb des LS. Als Vergleich werden Güter oder Informationen des Auftragszugs eines logistischen Systems auf einen Überführungszug umgeladen und dem Auftragszug eines anderen logistischen Systems zugeführt. Dies geschieht z.B., wenn die Produktion dem Vertrieb einen fertigen Kundenproduktionsauftrag übergibt.

- Eckige Klammern stehen für sequentielles oder überlappendes Wiederholen einer (Teil-) Logistik, so oft es die Situation verlangt. Man setzt voraus, dass die in die Klammer führenden Flüsse von derselben Art sind wie die aus ihr herausführenden. Der Klammerinhalt kann auch selektiv, d.h. unter Bedingungen, zur Ausführung gelangen.

4.2   Push und Pull in der Gestaltung von Geschäftsprozessen

4.2.1   Die Ziehlogistik (Pull-Logistik)

Prozessübergänge entstehen, wenn mehrere, organisatorisch unabhängige Menschen oder Gruppen von Menschen an einem Geschäftsprozesses beteiligt sind. I. Allg. muss ein Geschäftsprozess für eine komplizierte Wertschöpfung in mehrere Teilprozesse aufgeteilt werden. Kritisch sind dann die Zustände der Güter zwischen diesen Teilprozessen und – vor allem – das Ereignis („Eräugnis", siehe Abb. 4.1.1.1), das einen Wartezustand, d.h. den momentanen Stillstand, feststellt. Es kommt nun darauf an, zwei Teilprozesse so zu verbinden, dass nicht eine Schnittstelle, sondern vielmehr eine *Nahtstelle* entsteht, die garantiert, dass die beiden Teilprozesse zeitlich nicht auseinander gerissen werden, sondern unmittelbar nacheinander ablaufen.

Abb. 4.2.1.1 hebt die Tatsache hervor, dass die Logistik des Kunden während der ganzen Zeit aktiv bleibt. Der Kunde beobachtet die Auftragserfüllung, da er das bestellte Gut zur Erfüllung seiner eigenen Aufgaben (in der Entwicklung und Herstellung) oder zum Verbrauch benötigt.

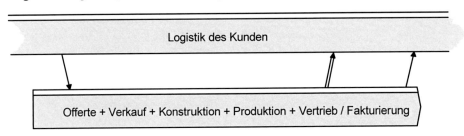

Abb. 4.2.1.1   Geschäftsprozess zur Auftragsakquisition und -erfüllung im Unternehmen

Wie soll der gesamte Geschäftsprozess in Teilprozessen organisiert werden, sobald die Anzahl Personen, die zur Auftragsakquisition und -erfüllung nötig ist, das Mass für eine einzige Gruppe überschreitet? Die Erfahrung zeigt, dass jeder Übergang zwischen Teilprozessen kritisch ist. Darum kommt der Gestaltung der Nahtstelle entscheidendes Gewicht zu.

Abb. 4.2.1.2 zeigt eine erste, häufig anzutreffende Lösung. Im konkreten Fall stammt sie aus einem mittelgrossen Industrie-Unternehmen der Metallbranche. Der Übergang ist gegeben durch die Art und Weise, wie zwischen den beteiligten Personen oder Gruppen von Personen ein Auftrag formuliert wird oder zustande kommt.

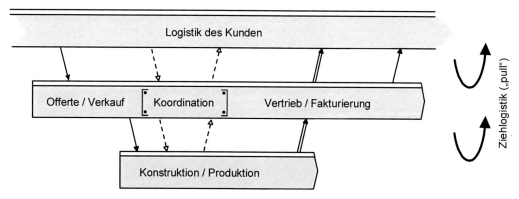

Abb. 4.2.1.2   Nahtstelle zwischen Teilprozessen: das Modell „Kunden-Lieferanten-Beziehung mit internem Auftrag" und die Ziehlogistik

Konstruktion / Produktion werden hier als eigener Geschäftsprozess verstanden, da der Verkauf einen *internen* Auftrag an Konstruktion / Produktion formuliert. Der Verkauf ist dabei der interne Kunde, Konstruktion / Produktion der interne Lieferant. Der Verkauf bleibt aber während der ganzen Konstruktions- und Produktionszeit dem Kunden gegenüber verantwortlich, dass der Auftrag erfüllt wird. Unter laufender Koordination, d.h. dem Austausch von steuernden Informationen, wird schliesslich der Auftrag erfüllt. Der jeweilige Kunde, ob intern oder extern, erteilt einen Auftrag und „zieht" die Logistik derart, dass die geforderten Güter schliesslich aus den beauftragten Logistiken zur Auslieferung gelangen. Er bleibt – zumindest potentiell – während der ganzen Lieferdurchlaufzeit koordinierend bzw. überwachend tätig.

Damit entsteht das *Kaskadenmodell* mit seiner *Ziehlogistik* bzw. *Pull-Logistik*: Die Wertschöpfung erfolgt auf Nachfrage des Endkunden oder als Ersatz von verbrauchten Artikeln. Typisch dafür ist, dass mehrere Auftragswesen parallel bestehen, d.h. mehrere Personen parallel die Wertschöpfung regeln. Im Hinblick auf einen hohen Liefertreuegrad „ziehen" Kunden durch laufende Koordination mit Lieferanten den Auftrag in der Kaskade nach oben.

Mit dieser Logistik ist garantiert, dass nichts vergessen wird. Die mehrfach parallele Auftrags-führung ist in sich natürlich nicht wertschöpfend. Aus Sicht der Schlanken Produktion im engen Sinn mag sie sogar Verschwendung darstellen. Aus Sicht der Agilität ist aber dieser Schlupf nötig, um in einem solchen Modell eine effektive Logistik betreiben zu können. Die Nahtstelle im Kaskadenmodell entsteht hauptsächlich durch die Formulierung des Auftrags. Kunde und Lieferant müssen jeweils zu einer Übereinstimmung kommen. Dieses Verhandeln bedeutet zwar Schlupf, und damit „unnötigen" Aufwand, bewirkt aber dafür einen effizienten Prozessdurchlauf.

4.2.2　Die Schiebelogistik (Push-Logistik)

Eine alternative Lösung für die Gestaltung des Geschäftsprozesses in Abb. 4.2.1.1 ist eine einfache Sequenz von Teilprozessen gemäss Abb. 4.2.2.1.

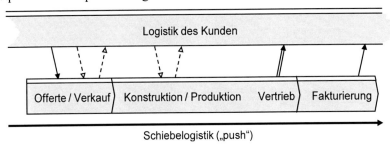

Abb. 4.2.2.1　Nahtstelle zwischen Teilprozessen: das Modell „Einfache Sequenz"

Dieses Modell „Einfache Sequenz" ist üblich und effektiv, solange die Auftragsführung nicht wechselt, sondern in den Händen derselben Person bleibt. Diese Person bleibt dann verantwortlicher Lieferant für alle Teilprozesse. Sie steuert damit die ausführenden organisatorischen Einheiten „zentral", eine nach der andern. So entsteht das Modell einer Schiebelogistik.

> In einer *Schiebelogistik* bzw. *Push-Logistik* wird ein Auftrag aufgrund eines vorgegebenen Plans in Richtung der Wertschöpfung geschoben, ohne dass ein Kunde direkt darauf Einfluss nehmen oder bereits feststehen muss.

Wünscht man eine *dezentrale* Steuerung durch die ausführenden organisatorischen Einheiten selbst, so ist das Modell „Einfache Sequenz" kaum anwendbar. *Erstens* wird nichts darüber gesagt, wie die Zustände zwischen den Teilprozessen „eräugnet" werden, so dass der nächste Teilprozess auch wirklich startet. Zwischen den Teilprozessen muss das Auftragswesen irgendwie von einer bearbeitenden Stelle an die nächste geschoben werden. Die abschiebende Stelle wird sich nicht weiter um die Auftragserfüllung kümmern. Die Verantwortung liegt nun bei der organisatorischen Einheit, die den nächsten Teilprozess betreibt. *Zweitens* muss der externe Kunde im konkreten Beispiel zuerst mit dem Verkaufswesen in Kontakt stehen und später mit dem Konstruktions- und Produktionswesen. Man kann aber nicht voraussetzen, dass der Kunde weiss, wann dieser Übergang stattfindet. Missverständnisse sind vorprogrammiert. Aus diesen Gründen wird das Modell „Einfache Sequenz" – obwohl „lean" –scheitern. Abb. 4.2.2.2 zeigt, dass erst die sorgfältige Gestaltung des Übergangs zwischen den Teilprozessen als *Nahtstelle* ein unterbruchloses Fortsetzen des Auftragserfüllungsprozesses nach der Schiebelogistik erlaubt.

Das konkrete Beispiel in der Abbildung stammt aus einem Beratungsunternehmen. Früher sprachen Verkäufer mit den Kunden oft Dinge ab, welche die leistungserbringenden Einheiten schliesslich nicht erfüllen konnten, was sich negativ auf die Kundenzufriedenheit auswirkte. Man kam überein, dass sowohl in der Vertragsverhandlung als auch beim Vertragsabschluss selbst mindestens eine Person der Gruppe dabei sein und mitverhandeln muss, welche die eigentliche Dienstleistung auch erbringt. Eine solche Organisation stellt sicher, dass nichts verkauft wird, was nicht geleistet werden kann. Umgekehrt verpflichtet sich die leistungserbringende Einheit frühzeitig für die Aufgabe und tritt gleichzeitig mit dem Kunden in direkten Kontakt.

Bei einer Schiebelogistik ist die Überlappung der beiden Teilprozesse entscheidend, d.h. dass der nächste Teilprozess parallel zum auslaufenden Teilprozess startet. Die Naht wird realisiert, indem Personen der organisatorischen Einheit des vorangehenden Teilprozesses mindestens die letzte Aufgabe zusammen mit Personen der organisatorischen Einheit des startenden Teilprozesses betreiben. Diese übernehmen dadurch von jenen die Prozessführung, d.h. die Verantwortung als Lieferant bezüglich Qualität, Kosten, Lieferung und Flexibilität. Gleichzeitig kennt der Kunde seinen „neuen" Geschäftspartner, um mit ihm die Erfüllung des Auftrags zu koordinieren.

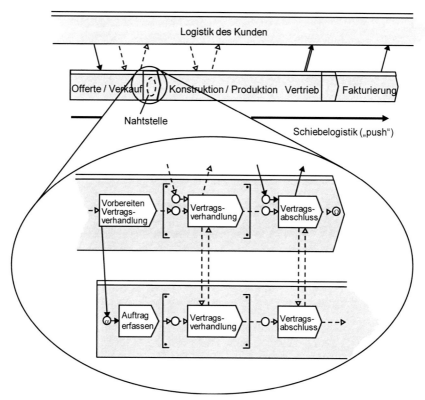

Abb. 4.2.2.2   Nahtstelle zwischen Teilprozessen: das Modell „Partnerschaftliche Beziehung mit überlappenden Teilprozessen zur Auftragsübergabe"

In diesem Modell wirken die organisatorischen Einheiten der Teilprozesse nicht wie Kunden und Lieferanten. Sie stehen vielmehr in einer Partnerschaft. Der überlappende Anteil der Teilprozesse ist hier der Schlupf. Gewisse Teilaufgaben werden durch mehr Personen durchgeführt, als für die Aufgabe effektiv nötig wären. Gerade diese Redundanz stellt aber die Übergabe des Auftrags von der einen organisatorischen Einheit des Unternehmens an die nächste sicher bzw. vernäht die beiden Teilprozesse miteinander. Darauf kommt es im effektiven Prozessdurchlauf an.

Man darf die Modelle „Kunden-Lieferanten-Beziehung mit internem Auftrag" (Abb. 4.2.1.2) und „Partnerschaftliche Beziehung mit überlappenden Teilprozessen zur Auftragsübergabe" (Abb. 4.2.2.2) nicht gegeneinander ausspielen. Sowohl das Kaskadenmodell mit seiner Ziehlogistik als auch das flache Modell mit seiner Schiebelogistik haben ihre Berechtigung. Für den schnellen, unterbruchlosen Durchzug von komplexen Wertschöpfungsprozessen muss man an den Prozessübergängen sowieso genug Schlupf, d.h. nicht wertschöpfende Tätigkeit einbauen.

Je mehr die Mitarbeitenden „längere" Prozesse qualifiziert führen können, desto schneller und billiger werden diese Prozesse, weil dann die nötigen Schlupfzeiten bzw. redundanten Arbeiten

zur Verknüpfung der Teilprozesse nicht anfallen. Dagegen steht der Aufwand für die Qualifikation der Mitarbeitenden und ihre Koordination in der Gruppe. Daraus folgt eine Gestaltungs-
richtlinie für die Aufbauorganisation. Ein Aufteilen in kürzere Teilprozesse kann zum Erreichen
einer Qualitätsanforderung nötig sein. Sobald mehrere Menschen die Kompetenzen zur Bearbeitung mehrerer zusammenhängender Teilprozesse aufweisen, ist es im Hinblick auf die Reduktion
der Nahtstellen richtig, aus diesen kürzeren Teilprozessen einen einzigen längeren Prozess zu
machen und die Personen in einer Gruppe zusammenzufassen. Siehe dazu auch [Ulic11].

4.2.3   Die zeitliche Synchronisation zwischen Verbrauch und Herstellung mit Bestandssteuerungsprozessen

Das Kap 1.1.2 stellte die zeitliche Synchronisation zwischen Angebot und Nachfrage als ein
Grundproblem der Logistik vor. Güterlager dienen zur Bevorratung im Fall von zu langsamer
oder zu früher Herstellung bzw. Beschaffung. Die Abb. 4.2.3.1 zeigt die MEDILS-Schreibweise
für eine Logistik mit Bevorratung. In Abhängigkeit der Sichtweise bzw. des Auftragstyps (siehe
Kap. 4.4.4.1) ergeben sich die folgenden Fälle von Bestandssteuerungsprozessen:

Abb. 4.2.3.1   Verschiedene Bestandssteuerungsprozesse zur zeitlichen Synchronisation zwischen
Verbrauch und Herstellung / Beschaffung

1. Die Herstellung bzw. Beschaffung erfolgt aufgrund der Nachfrage des Kunden. Eine
   Lagerung erfolgt nur bei zu frühem Auftragseingang.

2. Die Herstellung bzw. Beschaffung erfolgt auf Basis einer Prognose, ohne dass dafür
   bereits ein Verbraucher feststeht und ohne dass ein spezifischer Verbrauch ersetzt werden
   muss. Die Produkte liegen dann eine unbestimmte Zeit im Lager, bis ein Verbraucher sie
   benötigt. Dann können sie unmittelbar geliefert werden.

3. Eine Nachfrage wird ab Lager geliefert. Die entnommenen Artikel werden sodann durch
   Lagernachfüllung ersetzt. Die nachgefüllten Produkte bleiben für eine unbestimmte Zeit
   im Lager.

Von einer Ziehlogistik kann nur im Fall 1 und 3 gesprochen werden. Der Fall 2 wird, solange
der Kunde nicht feststeht, meistens mit einer Schiebelogistik gelöst. In jedem Fall wird jedoch
klar, dass eine Lagerhaltung nur dann Sinn hat, wenn die bevorrateten Güter nach einer genügend
kurzen Zeit auch verbraucht werden. Die Abb. 4.2.3.2 wiederholt das Beispiel aus den obigen
Teilkapiteln. Neu eingeführt wird die Bestandssteuerung für Endprodukte mit der Sichtweise
gemäss Fall 3, d.h. „Lagernachfüllung nach Verbrauch".

Der Teilprozess „Konstruktion" fehlt hier: es geht ja um den Verkauf von bereits hergestellten
und gelagerten Produkten.

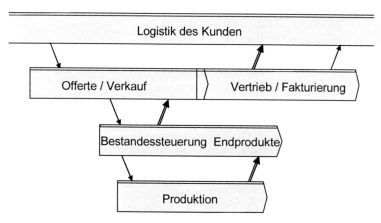

Abb. 4.2.3.2   Ziehlogistik mit Bevorratung: Auftragsabwicklung mit Lager für Endprodukte

4.3   Wichtige Analysetechniken im Geschäftsprozess-Engineering

Geschäftsprozess-Engineering ist die Lehre von der Gestaltung und Verbesserung der Geschäftsprozesse.

Der Begriff „Engineering" unterstreicht, dass es sich um einen ingenieurwissenschaftlichen Ansatz handelt. Das zeigt sich durch die Betonung des konstruktiven Aspekts sowie von Methoden, Modellen und Techniken.

Grundlage für jede Änderung ist eine Analyse der Prozesse im und zwischen Unternehmen und ihre Darstellung mit einer Prozesslandkarte.

Die *Prozesslandkarte* ist ein Diagramm des Flusses eines Produktions- oder Serviceprozesses durch ein Produktionssystem. Standardisierte Symbole bezeichnen dabei die verschiedenen Aspekte des Prozesses.

In der Folge untersucht man die Abläufe im Hinblick auf ihren Erfolg (Effektivität) und ihre Wirtschaftlichkeit (Effizienz). Diese Analyse ergibt, wie jede Systemanalyse, Randbedingungen und erste Ideen zur Gestaltung bzw. Verbesserung der Prozesse.

Verschiedene Techniken zur Prozessanalyse erlauben verschiedene Sichtweisen auf die logistischen Sachverhalte. Jede dieser Techniken hat einen unterschiedlichen Charakter in Bezug auf die Art der Erhebung (z.B. Befragung von Experten oder Betroffenen, Auftragsverfolgung). Dies kann die Ergebnisse beeinflussen. Redundante Feststellungen aus verschiedenen Verfahren sind dann durchaus erwünscht, erhöhen sie doch die Sicherheit der Aussagen.

In der Folge werden einfache und oft angewandte Techniken vorgestellt. Man kann sie zur Beschreibung jeder absetzbaren Leistung einsetzen (Dienstleistung oder Produkt bzw. Produktfamilie), je im sinnvollen Detaillierungsgrad. Wenn möglich, werden die Ergebnisse bereits hier ergänzt mit Angaben über 1.) die Durchlaufzeit des Prozesses, 2.) die Häufigkeit und Periodizität seines Vorkommens und 3.) die Zustände, die den Prozess und die Teil- bzw. zuliefernden Prozesse anstossen.

4.3.1   Stellenorientiertes Ablaufdiagramm

Das *stellenorientierte Ablaufdiagramm* zeigt einen Prozess mit seinen Teilprozessen, Tätigkeiten oder Aufgaben 1.) im Ablauf der Zeit (horizontale Achse) und 2.) in seiner Einbettung in die Aufbauorganisation (vertikale Achse).

In der Praxis gibt es verschiedene Möglichkeiten zum Aufzeichnen eines stellenorientierten Ablaufdiagramms. Sie richten sich nach der üblichen Darstellung der Prozesse im Umfeld eines Unternehmens. Es liegt nahe, eine MEDILS-basierte Methode zu wählen (siehe Kap. 4.1.3). Die Konstrukte gemäss Kap. 4.2 werden dabei sinnvoll in das Diagramm eingebettet.

Für die Ziehlogistik im Kap. 4.2.1 kann die Kaskadierung unverändert übernommen werden, da mit der vertikalen Kaskade zwingend der Übergang zu einer anderen Organisationseinheit verbunden ist. Abb. 4.3.1.1 zeigt die Abb. 4.2.1.2 in einem stellenorientierten Ablaufdiagramm.

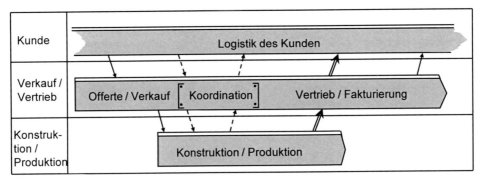

Abb. 4.3.1.1   Ziehlogistik („pull"): Stellenorientiertes Ablaufdiagramm

Für die Schiebelogistik im Kap. 4.2.2 müsste man die Teilprozesse sinnvollerweise in die Vertikale verschieben, sobald die Organisationseinheit ändert. Eine senkrechte Verbindung stellt die Verknüpfung beim Modell „einfache Sequenz" her. Das Modell „Partnerschaftliche Beziehung mit überlappenden Teilprozessen" weist hingegen zwei senkrechte Verbindungen auf. Die Abb. 4.3.1.2 zeigt das Beispiel der Abb. 4.2.2.1 in einem stellenorientierten Ablaufdiagramm.

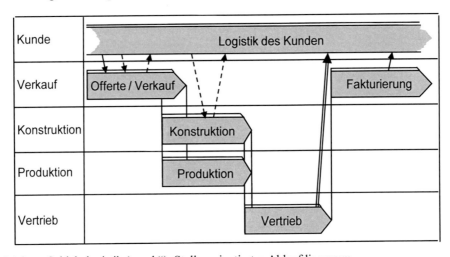

Abb. 4.3.1.2   Schiebelogistik („push"): Stellenorientiertes Ablaufdiagramm

Der Übergang vom Verkauf zur Konstruktion/Produktion ist dabei als überlappender Teilprozess dargestellt, derjenige zur Fakturierung als einfache Sequenz. Parallele Teilprozesse werden für verschiedene an Konstruktion und Produktion beteiligte Organisationseinheiten aufgezeigt.

Das stellenorientierte Ablaufdiagramm eignet sich, um einen formalen Ablauf zusammen mit den betroffenen Personen zu analysieren und aufzuzeichnen, z.B. während Interviews oder Brainstormings. Prozesse, Tätigkeiten, Aufgaben oder Funktionen, je mit ihren zu- und abgehenden Flüssen und deren Quellen oder Senken, können so identifiziert und eingezeichnet werden. Die Ergebnisse verschiedener Interviews kann man in der richtigen Reihenfolge verknüpfen und in eine einzige Darstellung integrieren. Die Mitarbeitenden finden sich in solchen Diagrammen i. Allg. zurecht, weil sie sich in der Aufbauorganisation wieder finden. Iterativ können nun die Ergebnisse zusammen verifiziert und verbessert werden. Die Mitarbeitenden können feststellen, ob sie den betreffenden Teilprozess so ausführen und ob die eingezeichneten Güter-, Daten- und Steuerungsflüsse stimmen.

Als Nachteil ist zu erwähnen, dass das stellenorientierte Diagramm nicht mit der Realität übereinstimmen muss, solange es aufgrund von Interviews und dem Know-how des Ingenieurs erstellt wurde, der die Analyse führte. Deshalb sind zusätzliche Analysen „vor Ort" nötig. Zudem spiegelt sich in komplexer Auftragsablauf in einem komplexen Ablaufdiagramm wider, indem z.B. sehr viele Organisationseinheiten eingezeichnet werden müssen oder eine gleiche Organisationseinheit sehr oft am Ablauf beteiligt ist.

Das stellenorientierte Ablaufdiagramm ist übrigens schon sehr alt (siehe z.B. [Grul28, Abb. 156, 157], über die „Arbeitsteilung im Geschäftsbetriebe").

4.3.2 Herstellungs- und Serviceprozesse im unternehmensinternen und unternehmensübergreifenden Layout

Ein *Herstellungsprozess* ist die Serie von Arbeitsgängen, um Rohmaterial oder Halbfabrikate in einen „fertigeren" Zustand zu transformieren.

Ein *Serviceprozess* ist die Serie von Arbeitsgängen zur Bedienung oder Betreuung eines Kunden.

Das *Layout* zeigt die „Geographie" von am Herstellungs- oder Serviceprozess beteiligten Ressourcen im Unternehmen oder unternehmensübergreifend auf.

Ein Layout kann z.B. die unternehmensübergreifende „Geographie" behandeln, ein anderer die unternehmensinterne. Der aktuelle Ablauf eines Auftrags wird dann in das Layout eingezeichnet. Daraus kann man intuitiv bereits die durch die Ressourcen gesetzten Grenzen begreifen und Potentiale zur Verbesserung erahnen. Nach einer Veränderung der Layouts wird der neue Prozess wieder eingezeichnet. „Neu" kann dann mit „alt" verglichen werden. Abb. 4.3.2.1 zeigt ein Beispiel eines unternehmensinternen Layouts.

Unternehmensübergreifende Layouts werden meistens als Landkarten dargestellt, auf denen die Standorte herausgehoben sind. Der Ablauf eines Auftrags wird durch Pfeile eingezeichnet, welche die Standorte verbinden.

Service blueprint ist eine Technik, die für die Analyse von Serviceprozessen zum Einsatz kommt. Dabei wird in der Regel zwischen Aktivitäten des Kunden, Aktivitäten des Dienstleisters, die für den Kunden sichtbar sind, und Aktivitäten des Dienstleisters, die für den Kunden nicht sichtbar sind, unterschieden. Besondere Interaktionslinien zeigen die Form der Kundeneinbindung.

Darüber hinaus kann die Technik mittels spezieller Symbole auf häufig auftretende Fehlerquellen und wichtige Entscheidungen im Dienstleistungsprozess hinweisen. Vgl. auch die Definition in [APIC16].

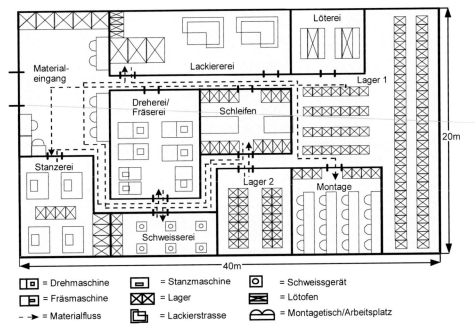

Abb. 4.3.2.1   Unternehmensinternes Layout mit beispielhaftem Prozessablauf

Die Abb. 4.3.2.2 zeigt einen „Collaborative (Service) Blueprint" gemäss [Hart04]. Dieser bietet sich besonderes dann an, wenn die Dienstleistungserbringung auf mehrere Unternehmen bzw. Kooperationspartner verteilt ist. Eine Entwicklung, die insbesondere im Service des Maschinen- und Anlagenbaus verstärkt zu erkennen ist.

Die horizontale Achse zeigt den zeitlichen Ablauf der Leistungserbringung. Auf der vertikalen Achse werden die Teilprozesse den beteiligten Unternehmen, den so genannten Leistungs- trägern, zugeordnet. Die Pfeile zwischen den einzelnen Aktivitäten stellen die Informationsflüsse dar. Dies schafft Transparenz über die Aufgabenverteilung zwischen den am Dienstleistungs- prozess beteiligten Unternehmen und deren Ressourcenbedarf.

4.3.3 Detaillierte Analyse und Zeitstudie von Prozessen

Eine *Zeitstudie* ist eine Darstellung der genauen zeitlichen Abfolge der Arbeitsgänge eines Prozesses.

Eine Zeitstudie kann nötig werden, um Verbesserungs- oder Optimierungspotentiale zu erkennen. Sie gehört zu den typischen Arbeiten eines Betriebsingenieurs. Zur Zeitmessung wird oft eine Stoppuhr eingesetzt, um Standard- bzw. Vorgabezeiten festzulegen. Diese werden auch zur Planung der Kapazitäten benötigt (siehe dazu auch das Kapitel 13).

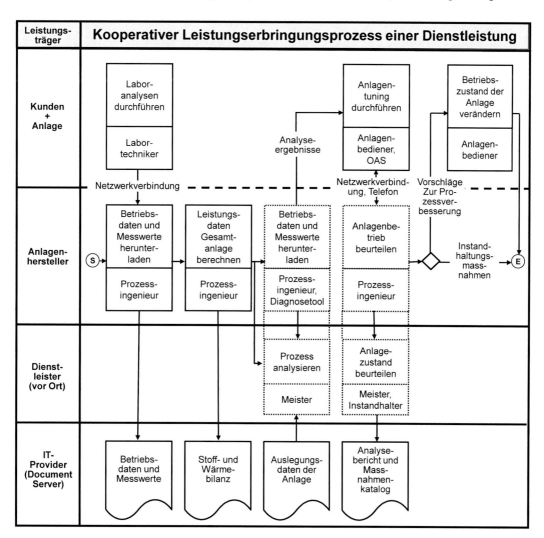

Abb. 4.3.2.2   Beispiel eines als „Collaborative-Service Blueprint" dargestellten
Dienstleistungsprozesses gemäss [Hart04]

Eine Zeitstudie wird mit einer geeigneten Analysetechnik zur detaillierten Prozessanalyse festgehalten. Das Ergebnis einer Verbesserung des Prozesses kann mit der gleichen Technik festgehalten werden.

„Basic process analysis" ist eine detaillierte Analyse des Durchlauf- oder Prozessplans vor Ort, die, Arbeitsgang für Arbeitsgang, die genauen Anteile der Durchlaufzeit begründet.

Die Abb. 4.3.3.1 eine beispielhaft eine „basic process analysis" für einen Rahmenbau. Die Form entstammt [Shin89], gehört also zu den Techniken des „Toyota Production Systems". Aus didaktischen Gründen wurde die Anzahl der Kolonnen auf die wichtigsten beschränkt.

(Zeichnung des Teils)				Arb.plan-Id.:		451		Losgrösse:	20	
				Teilename:		Transmission		Teile Id.:	ABC-123	
				Material:		AC-2				
				Prüfer:		Schmitt		Prüfdatum:	15.01.2004	
Men-ge	Dis-tanz	Zeit	Sym-bol	Prozess (Ort)	Opera-tor	Ma-schine	Art der Lagerung	Arbeitsbedingungen, Entwicklungen, etc.		
		2 Tage	▼	Lagerhaus 1						
60	40 m		⬇			Trans-porter				
		3 h	▼	Stanzen			Palette auf Boden			
		20 s	●	Stanzen	Opera-tor	Stanz-automat		20 % defekte Teile		
		20 Min.	✹	Stanzen			Palette auf Boden			
	25 m		⬇			Trans-porter				
			●	Drehen		Drehma-schine				

✹ = Losgrössenbedingte Wartezeit   ⬇ = Transport
● = Prozess   ▼ = Wartezeit   ■ = Kontrolle

Abb. 4.3.3.1   Beispiel für eine „basic process analysis"

Mit einem solchen Werkzeug kann man auch die Angaben aus den gröberen Werkzeugen durch eine Aufnahme „vor Ort" verifizieren. Praktisch heisst dies, einen Auftrag in seinem Daten- und Güterfluss physisch zu verfolgen. Gleichzeitig kann man Informationen über den Ablauf von den bearbeitenden Personen erfragen. Durch einen Vergleich dieser Informationen lässt sich gleichzeitig Aufschluss über den Grad der Prozessbeherrschung durch die Mitarbeitenden gewinnen.

Die Technik der „basic process analysis" wurde vor allem in den USA weiter entwickelt, zu dem, was heute als „value stream mapping" bekannt ist.

> Der *Wertstrom* umfasst die Prozesse der Gestaltung, Produktion und Lieferung eines Gutes oder Services für den Markt. Er kann durch eine einzige Firma oder ein Netzwerk von mehreren Firmen kontrolliert sein ([APIC16]).
>
> *Wertstromanalyse* (engl. *„value stream mapping"*), stellt den Güter- und Datenfluss eines Auftrags für ein Produkt oder eine Dienstleistung dar, und zwar sowohl die wertschöpfenden als auch nicht wertschöpfenden Schritte.

Die Abb. 4.3.3.2 zeigt beispielhaft die Wertstromanalyse eines grösseren Hypothekargeschäfts mit normaler Priorität mit dem Wertschöpfungsgrad der Durchlaufzeit dieses Vorgangs.

- Die wertschöpfenden Tätigkeiten sind die Beschaffung aller relevanten Daten, die Analyse im Front-Office, die bei grösseren Geschäften nötige Analyse im Back-Office, gefolgt von der Freigabe sowie schliesslich der Verarbeitung im Front-Office (d.h. der Bereitstellung aller Dokumente und Formulare).

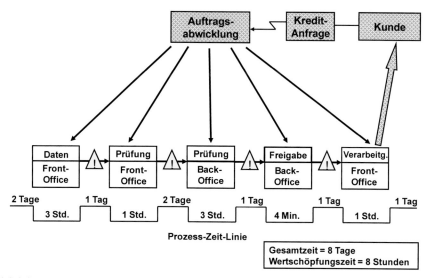

Abb. 4.3.3.2   Wertstromanalyse (engl. „value-stream mapping")

- Die nicht wertschöpfenden Tätigkeiten sind zusammen mit ihrer Dauer auf dem oberen Teil der charakteristischen *Prozesszeitlinie* aufgezeigt. Ihnen wird in der Folge spezielle Aufmerksamkeit geschenkt – so wie dies durch das Dreiecksymbol angezeigt ist. Wie auch bei der „basic process analysis" möchte man *vermeidbare* nicht wertschöpfenden Tätigkeiten herausfinden, und damit auf mögliche Verschwendung hinweisen.

4.4   Charakteristische Merkmale zur Planung & Steuerung in Supply Chains

4.4.1   Prinzip und Gültigkeit einer Charakteristik zur Planung & Steuerung

Jedes Unternehmen, das seine Ziele erfüllen will, kommt letztlich nicht um eine individuelle Logistik herum. Man darf jedoch annehmen, dass gemeinsame Prinzipien über ganze Unternehmens-Branchen existieren. Über ein morphologisches Schema versucht man, die Gewichtung der unternehmerischen Ziele in eine geeignete Logistik umzusetzen.

Die *Charakteristik zur Planung & Steuerung* in der Supply Chain ist die Menge aller Ausprägungen, d.h. eine Ausprägung je *Merkmal im morphologischen Schema*. Sie bezieht sich auf ein Produkt bzw. eine Produktfamilie.

Jedes Produkt bzw. jede Produktfamilie, sowohl stromaufwärts als auch stromabwärts von Entkopplungspunkten, kann eine unterschiedliche Charakteristik zur Planung & Steuerung aufweisen. Ein solches Schema ist bei [Hack89] oder [LuEv01] zu finden. Für die nachfolgende Darstellung wurden ähnliche Merkmale und Ausprägungen verwendet. Doch wurden auch wichtige Änderungen und Ergänzungen berücksichtigt, z.B. im Hinblick auf die unternehmensübergreifende Zusammenarbeit, die Einmalproduktion und die Prozessindustrie. Die insgesamt 18 Merkmale werden in drei Gruppen unterteilt, nämlich die Merkmale

- bezogen auf den Verbraucher und das Produkt bzw. die Produktfamilie,
- bezogen auf die Logistik- und Produktionsressourcen,
- sowie bezogen auf den Produktions- bzw. den Beschaffungsauftrag.

In der Folge werden jedes Merkmal mit seinen Ausprägungen beschrieben und Begriffe definiert. Insgesamt sind die Merkmale zwar voneinander unabhängig. Einzelne Ausprägungen können aber durchaus in Beziehung zueinander stehen: Eine Ausprägung eines Merkmals kann z.B. eine bestimmte Ausprägung eines anderen Merkmals zur Folge haben oder diese ausschliessen. Es mag auch Fälle geben, wo diese Abhängigkeit wiederum nicht gegeben ist. Die Gesamtheit aller Merkmale und Ausprägungen weist somit Redundanzen auf. Diese sind durchaus erwünscht, kann doch so bis zu einem gewissen Grad eine Plausibilitätsprüfung vorgenommen werden.

Die logistische Analyse erarbeitet eine Charakteristik zur Planung & Steuerung für jedes Produkt bzw. jede Produktfamilie. Für jedes Unternehmen in der Supply Chain wird dabei eine unternehmensinterne Analyse durchgeführt.

Die Wahl der Ausprägung für jedes Merkmal liegt oft im Bereich der Einschätzung, der Vermutungen oder sogar des gefühlsmässigen Empfindens einer Situation. Solche Entscheide sind Sache der Gesamtführung. Die operationelle Führung muss darauf beharren, dass sich die Unternehmensleitung hier festlegt. Diese braucht dabei die fachliche Beratung der operationellen Führung, um sich über mögliche Konsequenzen der Wahl (der einen oder anderen Ausprägung der Merkmale) klar zu werden. Dass Personen, die über eine gute Erfahrung in der operationellen Führung verfügen, in der Gesamtführung von Vorteil sind, liegt dabei auf der Hand.

Die Ergebnisse dieser Analyse kann man wie folgt verwenden:

1. Der Vergleich der Ergebnisse in der Supply Chain zeigt potentielle Probleme für eine effiziente Logistik auf:

- *Innerhalb des Unternehmens:* Sind die Charakteristiken für die Produktfamilien zu verschieden, werden unterschiedliche Geschäftsmethoden und Verfahren zur Planung & Steuerung zur Anwendung kommen. Die Koexistenz von Verfahren ist i. Allg. schwierig zu führen und kann die Effizienz der Logistik beeinträchtigen.
- *Unternehmensübergreifend:* Gemäss Kap. 2.2.3 und Kap. 2.2.4 sollen auf einer Supply Chain nach Möglichkeit gleiche Logistik- und Informationssysteme zum Einsatz gelangen. Damit sollte die Charakteristik zur Planung & Steuerung auf der ganzen Logistikkette möglichst gleich sein. Andernfalls ist Ineffizienz zu erwarten.

2. Ist die Charakteristik festgelegt, erlaubt sie bereits weitgehend ein Urteil über geeignete Geschäftsmethoden und Verfahren der Planung & Steuerung.

Aus der Charakteristik werden in den folgenden Kapiteln Geschäftsmethoden und Verfahren der Planung & Steuerung abgeleitet. Sie haben alle ihre Vor- und Nachteile sowie Grenzen in der Anwendung. Sie können damit nicht für alle Arten von Geschäftsprozessen eingesetzt werden. Dies kann zu Unvereinbarkeiten mit den durch Prozessanalyse festgestellten Geschäftsprozessen führen. In der Folge müssten dann entweder inkompatible Geschäftsprozesse geändert oder aber die unternehmerischen Ziele anders festgelegt werden. Eine derartige Rückkoppelung erlaubt auch die Prüfung der Kohärenz von Zielen mit den tatsächlich festgestellten Geschäftsprozessen.

Wenn daher in einem bestimmten Unternehmen die Planung & Steuerung einer veralteten Philosophie folgt, so ist dies oft deshalb der Fall, weil versäumt wurde, die Gewichtung der Ziele neu vorzunehmen. Aufgrund einer geänderten Charakteristik zur Planung & Steuerung hätte man rechtzeitig den Einsatz anderer Geschäftsmethoden und Verfahren zur Planung & Steuerung beschliessen können.

3. Die Merkmale der Charakteristik können auch als Einflussgrössen auf die logistischen Leistungskenngrössen verstanden werden.

Verschiedene Charakteristiken können von vornherein zu unterschiedlichen Werten der Leistungskenngrössen führen. Für einen effektiven Vergleich der Leistungskenngrössen von Unternehmen müssen deshalb die Merkmale der Charakteristik mitberücksichtigt werden. Eine Methode zum systematischen Vergleich wird z.B. in [FIR97b] beschrieben.

4.4.2 Sechs Merkmale bezogen auf den Kunden und den Artikel, das Produkt bzw. die Produktfamilie

Die Abb. 4.4.2.1 zeigt die erste Gruppe der Merkmale.

Merkmalsbezug: Kunde und Artikel / Produkt bzw. Produktfamilie				
Merkmal ➡	**Ausprägungen**			
Tiefe der Pro-duktstruktur ➡	viele Strukturstufen	einige Strukturstufen		1-stufige Produktion
Ausrichtung der Produkt-struktur ➡	▲ konvergierend	▲ Kombination ▼ obere/untere Strukturstufen		▼ divergierend
Frequenz der Kunden-nachfrage ➡	einmalig	blockweise (sporadisch)	regulär	gleichmässig (kontinuierlich)
Produkte-vielfalts-konzept ➡	nach (ändern-der) Kunden-spezifikation	Produktfamilie mit Varianten-reichtum	Produktfamilie	Standard-produkt mit Optionen	Einzel- bzw. Standard-produkt
Kosten pro Einheit ➡	billig		teuer	
Transportier-barkeit ➡	Nicht transportierbar	transportierbar	tragbar	digital übermittelbar

Abb. 4.4.2.1   Wichtige Merkmale und mögliche Ausprägungen bezogen auf den Verbraucher und das Produkt bzw. die Produktfamilie

Die *Tiefe der Produktstruktur* ist definiert als die Anzahl der Strukturstufen innerhalb der gesamten Supply Chain für das betrachtete Produkt, also ggf. unternehmensübergreifend.

Produktstruktur und Strukturstufe werden im Kap. 1.2.2 definiert. Die Tiefe der Produktstruktur ist vom Produkt abhängig. Eine tiefe Produktstruktur ist erfahrungsgemäss auch „breit": In jeder Strukturstufe gelangen viele Komponenten zum Einbau. Solche komplexen Produkte ziehen dabei i. Allg. auch ein grosses Mass an Komplexität zur Planung & Steuerung nach sich. Die Tiefe der Produktstruktur ist damit ein Mass für die Komplexität der Planung & Steuerung in der Supply Chain. Siehe dazu auch [Albe95]. Diese Komplexität gilt auch für die Planung &

Steuerung innerhalb eines jeden an der Supply Chain beteiligten Unternehmens. Siehe dazu das Merkmal *Tiefe der Produktstruktur im Unternehmen* im Kap 4.4.3.

Die *Ausrichtung der Produktstruktur* sagt aus, ob durch *einen einzigen* Herstellungsprozess aus *verschiedenen* Komponenten *ein bestimmtes* Produkt entsteht (Symbol ▲, konvergierende Produktstruktur), oder ob aus *einer bestimmten* Komponente durch *einen einzigen* Herstellungsprozess *verschiedene* Produkte entstehen (Symbol ▼, divergierende Produktstruktur).

- Die *konvergierende Produktstruktur* steht oft als Synonym für *Stückgutproduktion* oder *Diskrete Produktion*, d.h. die Produktion von klar getrennten Artikeln wie Maschinen oder Apparaten. Man spricht dabei auch von *Zusammenbauorientierung*. Das auf dem Boden stehende Dreieck symbolisiert eine *Baumstruktur* als Produktstruktur, so wie sie in Abb. 1.2.2.2 vorkommt.

- Die *divergierende Produktstruktur* steht oft als Synonym für *Kuppelprodukte* im Zusammenhang mit insbesondere der kontinuierlichen Produktion (siehe Kap. 4.4.3). Typische Beispiele sind die Chemie oder die Mineralöl-Produktion, also aus der Prozessindustrie, wo aus der Verarbeitung eines Grundstoffs im *selben* Prozess mehrere Wirkstoffe und auch Abfallprodukte entstehen können. Bei Lebensmitteln können Abfallprodukte entstehen, die durch geeignetes Recycling wieder als Grundstoff in eine erneute Produktion eingehen (z.B. Bruchschokolade). Das auf der Spitze stehende Dreieck symbolisiert eine *umgekehrte Baumstruktur* als Produktstruktur. Wichtig: Die divergierende Produktstruktur darf *nicht* mit der Mehrfachverwendung einer Komponente in verschiedenen Produkten verwechselt werden.

- „▲ auf ▼": Damit meint man ein Produkt mit divergierender Produktstruktur auf unteren Strukturstufen und konvergierender Produktstruktur auf oberen Strukturstufen. Ein Beispiel dafür sind pharmazeutische Produkte: Die (untere) chemische Stufe hat eine divergierende Produktstruktur, die (obere) pharmazeutische Stufe jedoch eine konvergierende. Ein anderes Beispiel sind Produkte aus Blechtafeln: Aus der Blechtafel entstehen gleichzeitig viele Zwischenprodukte, z.B. durch Stanzen oder Laserschneiden, die nachher in viele Endprodukte eingehen.

Übrigens: Das Festlegen von Ausprägungen dieses Merkmals entspricht genau einem Teil der so genannten VAT-Analyse (dem „VA-Teil"):

Die *VAT-Analyse* bestimmt den generellen Fluss von Teilen und Produkten vom Rohmaterial zu den Endprodukten. Eine V-Struktur entspricht der divergierenden Produktstruktur (der Buchstabe V hat dabei dieselbe Form wie das Symbol ▼). Eine A-Struktur entspricht der konvergierenden Produktstruktur (der Buchstabe A hat ja dieselbe Form wie das Symbol ▲). Eine T-Struktur besteht aus vielen ähnlichen Endprodukten, die aus gemeinsamen Baugruppen, Unterbaugruppen und Teilen zusammengesetzt werden. Siehe dazu das Merkmal *Produktevielfaltskonzept* weiter unten.

- Bemerkung zu „▼ auf ▲": Damit wird manchmal ein Endprodukt mit Varianten bezeichnet – und damit die zuvor erwähnte T-Struktur adressiert. In den unteren Strukturstufen werden Halbfabrikate als Module zusammengesetzt. In der Montage baut man aus den Halbfabrikaten viele Varianten von Endprodukten zusammen. Ein Beispiel dafür sind Automobile. Da die Endmontage jedoch eindeutig auf einer zusammenbauorientierten, konvergierenden Produktstruktur beruht, dürfte sie nicht durch das umgekehrte Dreieck dargestellt werden. Aus einem bestimmten Halbfabrikat entstehen durch die Verarbeitung *nicht* mehrere Produkte wie aus einem Grundstoff. Wenn, dann wird das Symbol in diesem Fall zu Unrecht angewandt. Als separates Merkmal zur Beschreibung der Variantenstruktur dient das Produktevielfaltskonzept. Siehe weiter unten.

Die Frequenz der Kundennachfrage definiert, wie oft innerhalb gleich langer Beobachtungsperioden die Nachfrage der Gesamtheit der (internen oder externen) Kunden auf das Produkt bzw. die Produktfamilie erfolgt. Die Nachfrage ist

---

- *einmalig*, falls sie nur in einer Beobachtungsperiode auftritt.

- *blockweise*, *sporadisch* oder *hoch volatil*, falls viele Beobachtungsperioden ohne oder mit sehr kleiner Nachfrage und einige wenige mit dafür grosser, z.B. zehnfacher Nachfrage auftreten, und zwar ohne erkennbare Regularität.

- *regulär*, falls sie für jede Beobachtungsperiode nach einer bestimmten Regel berechnet werden kann.

- *gleichmässig* oder *kontinuierlich*, falls in jeder Beobachtungsperiode (z.B. täglich) ungefähr die gleiche Nachfragemenge auftritt.

Dieses Merkmal bestimmt in der Folge die Möglichkeiten in der Wiederholfrequenz der zugehörigen Produktions- und Beschaffungsaufträge. Davon wiederum hängen die grundsätzlichen Geschäftsmethoden und Verfahren zur Planung & Steuerung ab.

Bei der Wahl von längeren Beobachtungsperioden kann sich die Frequenz der Kundennachfrage verändern, und zwar in Richtung der Ausprägungen nach rechts, d.h. in Richtung gleichmässiger Nachfrage. Die Schwankung der Nachfrage innerhalb der Beobachtungsperiode ist in diesem Fall aber unbekannt. Für die Planung & Steuerung muss dann angenommen werden, dass die gesamte Nachfrage bereits zu Beginn der Beobachtungsperiode erfolgen kann.

Das *Produktevielfaltskonzept* legt fest, nach welcher Strategie die Endprodukte entwickelt und dem Kunden angeboten werden. Ggf. gibt es ein unterschiedliches Produktevielfaltskonzept für Halbfabrikate.

Auf Kundenwünsche kann man durch das Produktevielfaltskonzept in verschiedenen Graden der *Variantenorientierung* eingehen:

- *Einzel-* bzw. *Standardprodukt*: Darunter versteht man ein Produkt, das dem Kunden „isoliert" angeboten wird, d.h. ohne expliziten Bezug zu anderen Produkten im Sortiment. Es sind Produkte „ab Stange", Standardmenüs. Solche Produkte besitzen eine vollständige und eigene Produktstruktur.

- *Standardprodukt mit Optionen*: Hier ist die Produktvielfalt klein. Eine Variante ist z.B. ein Zusatz zum selben Grundprodukt. Jede Variante hat ihre eigene Produktstruktur, die neben derjenigen des Einzelprodukts steht. Beispiele für solche Produkte sind Maschinen.

- *Produktfamilie*: Vgl. dazu die Definition in Kap. 1.2.2. Dieses Produktevielfaltskonzept ist vergleichbar mit der Kombination von verschiedenen Vorspeisen, Hauptspeisen und Desserts zu einem individuellen Menü. Beispiele industrieller Produkte sind Apparate und Werkzeuge.

- *Produktfamilie mit Variantenreichtum*: Die Anzahl der herstellbaren verschiedenen Produkte der Produktfamilie liegt in den Tausenden und kann in die Millionen gehen. Die

Herstellung erfolgt ausgehend von Rohmaterialien oder Komponenten mit einem grundsätzlich gleichen Prozess, wobei die Produktevielfalt durch CNC-Maschinen oder den Menschen selbst erreicht wird. Die Darstellung ihrer Produktstruktur erfordert eine generische Struktur, um Probleme der Datenredundanz einerseits sowie den administrativen Aufwand zur Auftragsdefinition und zur Wartung der Produktstruktur andererseits zu überwinden. Dieses Konzept ist vergleichbar mit dem Prêt-à-porter in der Modebranche. Beispiele für solche Produktfamilien sind Automobile, Fahrstühle, Apparate und Maschinen mit sehr variabler Spezifikation, komplexe Möbel oder Versicherungsverträge.

- *Produkt nach (ändernder) Kundenspezifikation*: Hier erfolgt zumindest ein Teil der Entwicklung und Konstruktion während der Lieferdurchlaufzeit, je nach Spezifikation des Verbrauchers. Das Produkt besitzt meistens eine Analogie zu einem „Mutterprodukt", z.B. zu einem bereits ausgelieferten Produkt. Entsprechend werden Produktstruktur und Prozessplan – in Analogie zur bestehenden „Mutterversion" – abgeleitet und angepasst. Dieses Konzept ist vergleichbar mit der Haute Couture, d.h. einer „nach Mass" auf einen einzelnen Kunden zugeschnittenen Kreation. Beispiele dafür finden sich im Anlagenbau, z.B. Hausfassaden oder Raffinerien.

Ein Untermerkmal zu dieser Ausprägung bildet der *Änderungsgrad der Kundenaufträge*. In gewissen Fällen verändern Kunden auch nach Produktionsbeginn ihre Aufträge derart, dass die Produkt- und Prozess-Struktur betroffen wird.

Das Erarbeiten der Ausprägungen des Merkmals *Produktevielfaltskonzept* kann als ein genaueres Analysieren der T-Struktur innerhalb der VAT-Analyse aufgefasst werden.

Die *T-Analyse* beschreibt die Produktevielfalt, indem die Länge des Querbalkens des T qualitativ für die Anzahl der Produktvarianten steht.

Die Abb. 4.4.2.2 zeigt die Idee der T-Analyse.

Produktevielfaltskonzept				
Produkt nach (ändernder) Kundenspezifikation	Produktfamilie mit Variantenreichtum	Produktfamilie	Standardprodukt mit Optionen	Einzel- bzw. Standardprodukt

T-Analyse	⊤	⊤	T	T	I

Abb. 4.4.2.2   Die T-Analyse innerhalb der VAT-Analyse und ihr Zusammenhang zum Produktevielfaltskonzept

Das Produktevielfaltskonzept steht im Zusammenhang mit anderen Merkmalen (siehe dazu das Kap. 4.4.5). In der Regel wächst die Komplexität der Planung & Steuerung mit der Zahl der hergestellten Produkte. Sie ist aber nicht von der Zahl der Varianten, sondern von der Anzahl von Produktfamilien mit verschiedenen Charakteristiken abhängig. Aus der Definition einer Produktfamilie folgt sofort, dass diese durch eine einzige Charakteristik beschrieben werden kann. Die Planung & Steuerung wird jedoch umso komplizierter, je mehr Varietät das Produktevielfaltskonzept aufweist und je öfter Kundenspezifikationen ändern.

> Die *Kosten pro Einheit* bzw. *Einheitskosten* eines Artikels sind die gesamten Kosten, um eine Masseinheit (z.B. ein Stück, einen Liter, ein Kilo) des Artikels zu produzieren oder zu beschaffen. Sie schliessen Arbeitskosten, Materialkosten und Gemeinkosten ein.

- Ein *teurer Artikel* ist ein Artikel mit relativ hohen Einheitskosten verglichen mit den Einheitskosten eines *billigen Artikels.*

  Für viele wichtige Entscheidungen im Logistik- bzw. Operations Management ist eine grobe Unterscheidung zwischen billigen und teuren Artikeln ausreichend. Eine genauere Unterscheidung erhält man jedoch über eine ABC-Klassifikation bezogen auf die Umsätze. Siehe dazu Kap. 11.2.2.

> Die *Transportierbarkeit* eines Artikels ist eigentlich eine Aussage über die Grösse bzw. das Gewicht pro Masseinheit. Steht der Artikel für eine Dienstleistung, so bezieht sich die Transportierbarkeit auf das Objekt, an dem die Dienstleistung ausgeführt wird.

- Ein *nicht transportierbarer Artikel* ist ein Artikel mit einer Grösse oder einem Gewicht, die keinen Transport zulassen. Das sind Artikel oder Objekte mit z.B. mehr als 50 m^3 Grösse oder einem Gewicht von mehr als 200 Tonnen pro Masseinheit. Als Beispiel kann der Bau oder die Wartung von Grossanlagen dienen.

- Ein *transportierbarer Artikel* ist ein Artikel mit einer Grösse oder einem Gewicht, die einen Transport mit technischen Hilfsmitteln zulassen, z.B. mit Hubstapler, Lastkraftwagen, Flugzeugen, oder auch durch mehrere Menschen.

- Ein *tragbarer Artikel* ist ein Artikel mit einer Grösse oder einem Gewicht, die einen (längeren) Transport durch die Kraft eines Menschen zulassen. Das sind Artikel oder Objekte mit z.B. weniger als 0.01 m^3 Grösse oder einem Gewicht von weniger als 15 kg pro Masseinheit. Dazu gehören z.B. Sendungen, die durch einen Kurier ausgetragen werden.

- Ein *digital übermittelbarer Artikel* ist ein Artikel, der sich über ein digitales Kommunikationsprotokoll übertragen, d.h. transportieren lässt. Solche immateriellen Güter haben die Grösse oder das Gewicht Null.

Die Division der Einheitskosten durch die Grösse bzw. das Gewicht des Objekts führt zum Begriff der *Wertdichte*, d.h. dem Produktwert pro Kilogramm bzw. Kubikmeter. Digital übermittelbare Artikel haben eine Wertdichte, die gegen unendlich geht. Die Wertdichte spielt eine zentrale Rolle in der Gestaltung von Supply Chains. Siehe dazu auch Kap. 3.1.1 und [Senn04]. Eine Herausforderung stellen z.B. billige Dienstleistungen dar, die an nicht transportierbaren Objekten verrichtet werden sollen. Dazu gehört der Service von Anlagen, die weltweit installiert sind. In der Gestaltung solcher Dienstleistungen ist gerade der Anteil wichtig, der digital übermittelbar ist.

4.4.3   Fünf Merkmale bezogen auf die Logistik- und Produktionsressourcen

Die Abb. 4.4.3.1 zeigt die zweite Gruppe der Merkmale.

> Die *Produktionsumgebung* oder *Herstellungsumgebung* bezieht sich darauf, ob eine Firma, eine Fabrik, ein Produkt oder eine Dienstleistung organisiert ist, um Aufträge ausgehend von einem bestimmten (Kunden-)Auftragseindringungspunkt zu erfüllen. Diese Organisation schliesst Methoden und Techniken zur Planung & Steuerung der Entwicklung, Beschaffung, Herstellung und Lieferung ein.

Merkmalsbezug: Logistik- und Produktionsressourcen					
Merkmal ➡	**Ausprägungen**				
Produktions-umgebung ➡	„engineer-to-order"	„make-to-or-der"	„assemble-to-order" (aus-gehend von Einzelteilen)	„assemble-to-order" (aus-gehend von Baugruppen)	„make-to-stock"
Tiefe der Pro-duktstruktur im Unternehmen ➡	viele Strukturstufen		wenige Strukturstufen	1-stufige Produktion	Handel, (inkl. externe Produktion)
Anlagenlayout ➡	Fixpositions-layout für die Baustellen-, Projekt- oder Insel-produktion	Prozesslayout für die Werkstatt-produktion	Produktlayout für die einzelstück-orientierte Linien-produktion	Produktlayout für die hochvolumige Linien-produktion	Produktlayout für die kontinuierliche Produktion
Flexibles Potential der Kapazitäten ➡	für viele verschiedene Prozesse einsetzbar		für wenige verschiedene Prozesse einsetzbar		für einen einzigen Prozess einsetzbar
(Quantitativ) flexible Kapazitäten ➡	in der Zeitachse nicht flexibel		in der Zeitachse wenig flexibel		in der Zeitachse flexibel

Abb. 4.4.3.1   Wichtige Merkmale und mögliche Ausprägungen bezogen auf die Logistik- und Produktionsressourcen

Dieses Merkmal ist eng verbunden mit dem (Kunden-)Auftragseindringungspunkt (engl. „(customer) order penetration point" OPP) sowie der Bevorratungsstufe (siehe Abb. 1.3.3.1):

- *„Make-to-stock"* bedeutet Bevorratung auf der Ebene der Endprodukte. Vom *Endproduktlager* aus wird Kundenauftragsspezifisch ausgeliefert.

  Ein *Kommissionierlager* ist eine Spezialität im logistischen Fluss und stellt einen Zwischenstatus zwischen der eigentlichen Lagerung und der Verwendung dar. Hier zieht man alle Artikel bzw. Produkte zusammen, die durch einen bestimmten Produktions- bzw. Verkaufsauftrag verbraucht werden sollen. Sie lagern dort bis zu ihrem endgültigen Verbrauch in der Produktion oder in Form der Lieferung an den Kunden. Siehe dazu Kap. 15.4.1.

- *„Assemble-to-order"* bzw. *„finish-to-order"* bedeutet Bevorratung auf der Ebene der Baugruppen oder Einzelteile. Ausgehend vom *Baugruppenlager* oder vom *Einzelteillager* (d.h. vom Eigenteillager bzw. *Kaufteillager*) wird Kundenauftragsspezifisch vormontiert und montiert.

  „Package-to-order" bezeichnet eine Umgebung, bei welcher ein Gut innerhalb der Kundentoleranzzeit verpackt werden kann. Der Artikel selbst ist derselbe für alle Kunden. Hingegen bestimmt (erst) die Verpackung das Endprodukt.

- *„Make-to-order"* bedeutet Bevorratung auf der Ebene des Rohmaterials oder direkten Zukauf von Material nach Kundenauftrag beim Lieferanten. Vom *Rohmateriallager* bzw. von der Beschaffung nach Kundenauftrag aus wird Kundenauftragsspezifisch produziert. In jedem Fall geht man von einer abgeschlossenen Konstruktion und Produktionsprozess-entwicklung aus. Man kann damit von einer Bevorratung auf der Ebene der Produkt- und Prozessentwicklung sprechen.

In einem *Konsignationslager* oder *verkäufereigener Bestand (VOI, „vendor owned inventory")* führt man Artikel, die rechtlich noch dem Lieferanten gehören, physisch aber bereits im Hause sind[1].

- *„Engineer-to-order"* bedeutet „keine Bevorratung" zumindest für Teile des Kundenauftrags. Diese müssen vor der Beschaffung und Produktion noch die Entwicklungs- oder die Engineering-Abteilung durchlaufen.

> Die *Tiefe der Produktstruktur im Unternehmen* ist definiert als die Anzahl der Strukturstufen innerhalb des betrachteten Unternehmens.

Dieses Merkmal beschreibt, wie stark die Logistikressourcen des Unternehmens nach innen und nach aussen wirken müssen. Bezogen auf die Supply Chain innerhalb eines Unternehmen ergeben sich folgende Möglichkeiten:

- Bei einem *Handelsunternehmen* ist die Anzahl der Strukturstufen und damit die Tiefe der Produktstruktur Null. Als Handelsunternehmen gelten auch solche, die eine Supply Chain lediglich führen und administrieren, die entsprechenden Produktionsprozesse jedoch an Dritte vergeben. Eigentlich liegt dahinter aber ein einstufiger Prozessplan mit lauter externen Arbeitsgängen.

- Reine *Montageunternehmen* oder *Hersteller von Einzelteilen* haben eine meistens einstufige Produktion mit vorwiegendem Fremdbezug.

- *Zuliefererbetriebe* können Vormontagen oder Einzelteile herstellen oder einzelne Arbeitsgänge ausführen (z.B. die Oberflächenbehandlung). Auch bei ihnen ist eine einstufige Produktion häufig. Sie sind jedoch gezwungen, sich nach späteren Herstellern in der Supply Chain auszurichten. Manchmal wirken sie als Systemlieferanten.

- Je mehr Strukturstufen ein Unternehmen selber herstellt (Make-Entscheid), desto weniger Komponenten bezieht es von Dritten – und desto mehr steigt die Tiefe der Produktstruktur für es selbst.

Dieses Merkmal ist im Zusammenhang mit dem Merkmal *Tiefe der Produktstruktur der gesamten Supply Chain* in Kap. 4.4.2 zu sehen. Je kleiner die Tiefe der Produktstruktur im Unternehmen im Vergleich zu derjenigen der gesamten Supply Chain ist, desto mehr ist das Unternehmen in eine unternehmensübergreifende Supply Chain eingebunden. Ein kleines Verhältnis vergrössert also den Umfang der nötigen Zusammenarbeit. Eine tiefe Produktstruktur der gesamten Supply Chain ist erfahrungsgemäss auch „breit" in dem Sinne, dass in jeder Strukturstufe viele Komponenten zum Einbau gelangen. Dies erweitert die Aufgaben der Beschaffung.

Bei grosser Tiefe der Produktionsstruktur mag nun ein Unternehmen versuchen, durch Auslagerung von Strukturstufen an Dritte die Komplexität derselben zu reduzieren (Buy-Entscheid). Wohl sinkt dann die Komplexität innerbetrieblich. In der gesamten Supply Chain – und dies ist allein massgebend – sinkt sie hingegen nicht. Jedes Unternehmen muss also zur Beherrschung der gesamten Komplexität beitragen. Das Outsourcing muss damit durch kleinere Transaktionskosten begründet sein (siehe dazu Kap. 2.1.1). Generell gilt: Das Outsourcing ersetzt – mittels der damit einhergehenden Kaskadierung – lange Schiebelogistiken durch Ziehlogistiken.

---

[1]   Eine *Konsignation* ist der Prozess, der zu einem Konsignationslager führt.

Dadurch werden mehr Personen in die Planung & Steuerung einbezogen. Diese sind dann alle näher an ihrem Teilprozess, was die Güte der Planung & Steuerung verbessern kann.

> Das *Anlagenlayout* beschreibt die physische Organisation der Produktionsinfrastruktur, d.h. die räumliche Anordnung und Zusammenfassung der Betriebsmittel in Kapazitätsplätze, den Grad der Arbeitsteilung der Mitarbeitenden sowie die Art des Ablaufes der Aufträge durch die Kapazitätsplätze.

- *Fixpositionslayout* für die *Baustellen-, Projekt- oder Inselproduktion:* Hier finden alle Arbeitsgänge zur Herstellung eines Produkts auf dem gleichen Kapazitätsplatz statt. Auf diesem arbeiten auch alle Personen. Alle Betriebsmittel werden ihm zugeführt oder befinden sich schon dort. Gegen aussen kann die Summe aller Arbeitsgänge wie ein grober Arbeitsgang wirken. Auf der Baustelle wird weitgehend autonom durch die Mitarbeitenden gesteuert. Typische Beispiele für Baustellen- oder Projektproduktion sind der Fabrik- und Anlagenbau, der Schiffs-, Grossflugzeug- und Spezialfahrzeugbau, eine Automobil-Reparaturstätte, der Service an einem Tisch in einem Restaurant, oder der Operationssaal in einem Spital. Beispiele für Inselproduktion sind der Prototypenbau[2] oder die Produktion von spezifischen Produktfamilien, besonders mit Gruppentechnologie[3].

- *Prozesslayout* (auch *Werkstattlayout* oder funktionales Layout genannt) für die *Werkstattproduktion:* Hier fasst man gleichartige Betriebsmittel räumlich zusammen. Auf diesem Kapazitätsplatz wird nur ein Arbeitsgang durchgeführt, meistens durch eine Person (Arbeitsteilung). Das Produkt geht von Werkstatt zu Werkstatt in ungerichteter Reihenfolge, d.h. so, wie es der zugehörige Prozessplan anzeigt. Der Prozessplan führt dazu alle Arbeitsgänge einzeln auf. Bestimmte Personen besorgen die Durchsteuerung. Typische Beispiele sind die Produktion mechanischer und elektrischer Apparate, die Elektronik-, die Möbel- oder pharmazeutische Produktion, aber auch Röntgen und andere spezielle Analyse-Dienste in einem Spital, oder die klassische Ausbildung.

- *Produktlayout* für die *einzelstückorientierte Linienproduktion:* Hier bewegt sich das Produkt durch alle Arbeitsstationen, die entlang dem Prozess, d.h. der Folge von Arbeitsgängen zur Herstellung einer Produktfamilie angeordnet sind. Dabei kann man auch, in Abhängigkeit vom Produkt, einige Arbeitsstationen oder Arbeitsgänge auslassen. I. Allg. produziert eine solche Linie verschiedene Varianten einer Produktfamilie in eher kleineren Losgrössen oder eine grosse Anzahl verschiedener Varianten in Einzelstücken (Losgrösse „1"), oft mit hoher Wertschöpfung für jede produzierte Einheit. Die Linie produziert in Abhängigkeit von der Nachfrage. Je weniger Varianten produziert werden, desto mehr kann die Terminplanung und Steuerung durch Produktionsraten[4] erfolgen. Rüstzeiten zwischen den Losen sind – wenn überhaupt nötig – sehr kurz. Sämtliche nötigen Betriebsmittel befinden sich entlang der Linie. Ihr sind auch die Mitarbeitenden

---

[2]   *Prototypenbau* ist die Produktion einer bestimmten Menge, um die Herstellbarkeit, die Kundenakzeptanz und andere Anforderungen zu prüfen, bevor mit der eigentlichen Produktion begonnen wird.

[3]   *Gruppentechnologie* identifiziert Produktfamilien über einem hohen Prozentsatz an gleichen Prozessen im Prozessplan und sorgt für ihre effiziente Produktion. Gruppentechnologie erleichtert die zellulare Produktion.

[4]   Eine *Produktionsrate* ist der Gang der Produktion, ausgedrückt in einfachen Mengenangaben pro Zeitperiode, z.B. ein Tag, eine Woche oder ein Monat. *Ratenbasierte Terminplanung* heisst dann die Terminplanung und Steuerung mit Produktionsraten.

als Gruppe zugeordnet. Idealerweise können Arbeitende verschiedene aufeinander-folgende Arbeitsgänge des Prozesses ausführen, wobei sie sich entlang der Linie bewegen[5]. Die Summe der Arbeitsgänge wirkt nach aussen wie ein Grobarbeitsgang. Wenn die Arbeitenden in *Gruppenproduktion* organisiert sind, so wird innerhalb der Gruppe weitgehend durch die Teilnehmenden selbst gesteuert. Manchmal sind die Büros sowohl für Produktionsplanung und -steuerung als auch für Produkt- und Prozess-entwicklung nahe bei der Linie anzutreffen. Typische Beispiele sind der Zusammenbau von Autos, Katamaranen, Motoren und Achsen, Maschinen, Personalcomputern und – seit kurzem – von Flugzeugen (z.B. die Boeing 717-200). Weitere Beispiele sind eine moderne Cafeteria-Linie oder Büroadministration[6].

- *Produktlayout* für die *hochvolumige Linienproduktion:* Hier finden wir dieselbe Anord-nung wie in der einzelstückorientierten Linienproduktion. I. Allg. sind jedoch die Arbeits-gänge detaillierter. Ganze Folgen von Arbeitsgängen werden direkt nacheinander aus-geführt. Manchmal ist der Verlauf des Prozesses rhythmisch, er folgt einem strikten Zeit-plan. Die Arbeitsstationen bilden eine Kette oder ein Netzwerk mit fixen, spezifisch ge-planten Anlagen, manchmal mit Förderbändern oder Rohren verbunden. I. Allg. stellt eine solche Produktionslinie nur wenige verschiedene Produkte her, wenn immer möglich in grossen Losen von diskreten Einheiten (Stücken) oder Nicht-Stückmengen (z.B. Flüssig-keiten) her. Die Linie produziert also in grossen Mengen, jedoch bleibt der Materialfluss diskontinuierlich. Rüstzeiten zwischen den Losen für verschiedene Produkte sind typisch sehr hoch, z.B. wegen Reinigung oder grösserer Umrüstung der Produktionseinrichtung. Die Produktionsanlage ist auf sehr kleine Stückkosten ausgelegt. Typische Beispiele sind die Produktion von Lebensmitteln, allgemeinen Chemikalien sowie von Transporten.

- *Produktlayout* für die *kontinuierliche Produktion* ist eine extreme Form der Linien-produktion, nämlich eine losgrössenlose Produktion, bei welcher der Produktefluss im Prinzip nie angehalten wird. Der Prozess wird in der Praxis nur angehalten, wenn die Transportinfrastruktur es erfordert oder Ressourcen nicht verfügbar sind (vgl. [APIC16]). Auf einer solchen Produktionslinie wird im i. Allg. ein Massenprodukt wie Zucker, Petroleum und andere Flüssigkeiten, Pulver und andere Grundstoffe hergestellt.

Die drei zuletzt erwähnten Arten des Anlagenlayouts zeichnen sich durch eine spezielle räumliche Anordnung aus:

> Eine *Linie* ist gemäss [APIC16] ein spezifischer physischer Raum für die Herstellung eines Produkts, der durch eine gerade Linie repräsentiert werden kann. In der Praxis kann es sich dabei um eine Folge von Einrichtungen handeln, welche durch Systeme von Förderbändern oder Rohren verbunden sind.

Die Arbeitsstationen sind dabei entlang des Prozesses angeordnet, also der Reihenfolge von Arbeitsgängen entsprechend, welche nötige sind, um das Produkt oder eine Produktfamilie

---

[5] *Prozessflussproduktion* bezeichnet den Fall, wo die Warteschlangenzeit praktisch eliminiert werden, indem die Bewegung des Produkts in den Arbeitsgang der Ressource integriert ist, welche die Arbeit verrichtet (vgl. [APIC16]).

[6] *Misch-Modell-Produktion* (engl. *„mixed-model production")* ist ein der Einzelstückorientierten Linienproduktion ähnlicher Begriff. Er bedeutet, dass die Fabrik nahezu den Mix von verschiedenen Produkten herstellt, die am selben Tag auch verkauft werden (siehe dazu auch [Foga09]).

herzustellen. Eine Linie im Kontext der Produktion wird oft auch *Fliessband* oder *Montagelinie* genannt (speziell im Fall der einzelstückorientierten Linienproduktion) oder aber auch *Produktionslinie* (speziell im Fall der hochvolumigen Linienproduktion)[7]. In der Praxis kann die Linie irgendeine Form oder Konfiguration haben, z.B. gerade, U-förmig oder L-förmig (vgl. Kap. 6.2.2).

Vom Begriff *Linie*, gebraucht für diese spezielle räumliche Anordnung, stammt auch der Begriff *Linienproduktion*. Für die hochvolumige Linienproduktion oder die Kontinuierliche Produktion wird manchmal der Begriff *Fliessproduktion* verwendet, im Englischen der Begriff *„flow shop"*.

Das Anlagenlayout kann abhängig von der Strukturstufe unterschiedlich sein, z.B. für die Montage und die Teilefertigung. Ein untergeordnetes Merkmal dazu ist der *Strukturierungsgrad des Prozessplans*. Dieser sagt aus, in wie viele Arbeitsgänge der Prozessplan einer Strukturstufe aufgeteilt wird. I. Allg. haben Baustellen- und Insel- bzw. Gruppenproduktion einen eher kleinen Strukturierungsgrad, da wesentlich gröbere Arbeitsgänge definiert werden.

> Das *Flexible Potential der Kapazitäten* legt fest, ob die Kapazitäten für verschiedene oder nur für ganz bestimmte Prozesse einsetzbar sind.

Das flexible Potential der Kapazitäten eines Herstellers setzt sich zusammen aus dem flexiblen Potential der Mitarbeitenden und der Produktionsinfrastruktur. Dieses Merkmal prägt die Möglichkeiten eines Unternehmens im Zielbereich Flexibilität: Ist eine breite Qualifikation der Mitarbeitenden erreicht und eine breit einsetzbare Produktionsinfrastruktur vorhanden, so ist die Flexibilität im Ressourceneinsatz gross. Auch ist erst dann die Voraussetzung für ein breites Produktsortiment und damit für Flexibilität im Erreichen des Kundennutzens gegeben.

In der Praxis kann man das Merkmal in Untermerkmale unterteilen, sobald verschiedene Arten von Kapazität qualitativ unterschiedlich flexibel sind. Im Vordergrund steht dabei die Unterscheidung des *flexiblen (Potential des) Personals* vom *flexiblen Potential der Produktionsinfrastruktur*. Dem flexiblen Personal ist dabei eine grosse Aufmerksamkeit zu schenken (im Englischen wird dafür der Begriff *„job enlargement"* gebraucht). Einerseits kann sie in viel höherem Mass erreicht werden als bei der Produktionsinfrastruktur. Andererseits stellen die Mitarbeitenden im Unterschied zur Produktionsinfrastruktur nicht nur einen Produktionsfaktor dar, sondern bilden viel mehr noch eine Gruppe von Anspruchshaltern (engl. „stakeholder").

> Das Merkmal *(Quantitativ) flexible Kapazitäten* beschreibt die Flexibilität im Einsatz der Kapazitäten in der Zeitachse.

Die Flexibilität im Einsatz der Kapazitäten in der Zeitachse ist für die Zielbereiche Lieferung und Kosten von grosser Bedeutung. In der Folge wird dies sogar ein entscheidendes Merkmal für die Wahl von Verfahren zur Planung & Steuerung sein, besonders im Kapazitätsmanagement.

---

[7]   Eine *dedizierte Linie* ist eine Produktionslinie, welche permanent konfiguriert wurde, um klar definierte Teile herzustellen, Stück für Stück, von Arbeitsstation zu Arbeitsstation (vgl. [APIC16]). Sie ist damit eine einfache Art von einzelstückorientierter Linienproduktion.

Es kann nötig sein, das Merkmal in Untermerkmale zu unterteilen, sobald verschiedene Arten von Kapazität quantitativ unterschiedlich flexibel sind. Im Vordergrund steht dabei die Unterscheidung des *Quantitativ flexiblen Personals* von der *Quantitativ flexiblen Produktionsinfrastruktur*.

Die Möglichkeiten zum Erzielen von quantitativer Flexibilität sind beim Menschen umfassender als bei Maschinen. Quantitative Flexibilität bei Maschinen kann man eigentlich nur durch Halten von Überkapazitäten erreichen. Der Mensch hingegen kann seinen Einsatz bis zu einem gewissen Grad der Auslastung anpassen.

Haben zudem Kapazitäten eine über den angestammten Kapazitätsplatz hinausgehendes flexibles Potential (sind sie auch für Prozesse ausserhalb des angestammten Kapazitätsplatzes einsetzbar), dann kann dies ihre Flexibilität im Einsatz in der Zeitachse vergrössern: Ist es z.B. möglich, Personen von einem Kapazitätsplatz auf einen zweiten zu verschieben, so kommt dies einer Flexibilität im Einsatz der Mitarbeiter auf beiden Kapazitätsplätzen gleich. Entsprechend der Auslastung in den Bereichen kann dann der Einsatz der Mitarbeitenden flexibel erfolgen.

4.4.4 Sieben Merkmale bezogen auf den Produktions- bzw. Beschaffungsauftrag

Die Abb. 4.4.4.1 zeigt die dritte Gruppe der Merkmale.

Merkmalsbezug: Produktions- bzw. Beschaffungsauftrag			
Merkmal ⇥	**Ausprägungen**		
Auslösungs-grund / (Auftragstyp) ⇥	Nachfrage / (Kunden-produktions- bzw. -beschaffungsauftrag)	Prognose / (Vorhersage-auftrag)	Verbrauch / (Lagernachfüll-auftrag)
Wiederhol-frequenz des Auftrags ⇥	Produktion / Beschaffung ohne Auftrags-wiederholung	Produktion / Beschaffung mit seltener Auftrags-wiederholung	Produktion / Beschaffung mit häufiger Auftrags-wiederholung
Flexibilität des Auftragsfällig-keitstermins ⇥	keine Flexibilität (fester Liefertermin)	wenig flexibel	flexibel
Art der Lang-fristaufträge ⇥	keine	Rahmenaufträge Kapazität	Rahmenaufträge Güter
(Auftrags-) Losgrösse ⇥	1 (Einzelstück-produktion / -beschaffung)	Einzelstück- oder Kleinserien-produktion / -beschaffung	Serien-produktion / -beschaffung	Produktion / Beschaffung ohne Lose
Herkunfts-nachweis ⇥	nicht nötig	Los / Batch / Charge	Position in Charge
Schleifen in der Auftrags-struktur ⇥	Produktstruktur ohne Schleifen und gerichtetes Netzwerk von Arbeits-gängen	Produktstruktur mit Schleifen oder ungerichtetes Netzwerk von Arbeitsgängen	

Abb. 4.4.4.1   Wichtige Merkmale und mögliche Ausprägungen bezogen auf den Produktions- bzw. den Beschaffungsauftrag

---

Der *Auslösungsgrund des Auftrags* beschreibt die Ursache des Bedarfs. Der *Auftragstyp* kennzeichnet dann die Ursache des Bedarfs, der zum Auftrag geführt hat.

- *Auftragsauslösung nach Nachfrage* und *Kundenproduktionsauftrag* bzw. *Kundenbeschaffungsauftrag:* Es liegt ein Kundenauftrag vor. Entweder handelt es sich um einen klassischen Einzelauftrag, z.B. für ein Automobil, oder aber um einen Rahmenauftrag, z.B. für die Herstellung einer elektronischen Komponente. Im letzteren Fall können zeitlich versetzt mehrere Kundenproduktionsaufträge folgen, die gemäss den Liefervereinbarungen ausgelöst werden. Man spricht auch von *nachfragegesteuertem Materialmanagement*, unter Einsatz von Ziehlogistik.

- *Auftragsauslösung nach Prognose* und *Vorhersageauftrag:* Es liegt eine Abschätzung des zukünftigen Bedarfs vor, z.B. für eine Werkzeugmaschine. Die zugehörigen Kundenaufträge sind noch nicht eingetroffen. Zur Deckung der Vorhersage löst man einen Produktions- bzw. Beschaffungsauftrag aus. Man spricht auch von *vorhersagegesteuertem Materialmanagement*, unter Einsatz von Schiebelogistik.

- *Auftragsauslösung nach Verbrauch* und *(Lager-)Nachfüllauftrag:* Eine Kundennachfrage auf ein am Lager befindliches Produkt ist erfolgt, z.B. im Detailhandel. Man reagiert auf diese Nachfrage, indem das Lager wieder aufgefüllt wird. Genau gesehen trifft man also die Vorhersage, dass sich in der Zukunft wieder ein Bedarf in der Höhe des Lagernachfüllauftrags einstellen wird. Man spricht auch von *verbrauchsgesteuertem Materialmanagement*, unter Einsatz von Ziehlogistik.

Vergleiche diese Definitionen auch mit Abb. 4.2.3.1. Übrigens: Für Endprodukte, Halbfabrikate und Rohmaterial kann der Auftragsauslösegrund verschieden sein. Er hängt vom (Kunden-) Auftragseindringungspunkt ab.

Die *Wiederholfrequenz des Auftrags* sagt aus, wie oft in einem genügend langen Zeitraum ein Auftrag für dasselbe physische Produkt wieder erteilt wird.

- *Produktion ohne* bzw. *Beschaffung ohne Auftragswiederholung* bedeutet, dass ein Auftrag für das gleiche physische Produkt praktisch nicht mehr erteilt werden wird.

- *Produktion mit seltener* bzw. *Beschaffung mit seltener Auftragswiederholung* bedeutet, dass ein Auftrag für das gleiche physische Produkt mit einer gewissen Wahrscheinlichkeit wieder erteilt werden wird.

- *Produktion mit häufiger* bzw. *Beschaffung mit häufiger Auftragswiederholung* bedeutet, dass ein Auftrag für das gleiche physische Produkt sehr oft erteilt wird.

Zur Beachtung: Das Adjektiv *physisch* soll hier verdeutlichen, dass sich dieses Merkmal auf die Ebene Produkt und nicht Produktfamilie bezieht. Wenn also z.B. ein Auftrag – verglichen mit einem anderen Auftrag – ein physisch unterschiedliches Produkt derselben Produktfamilie produziert, so wird das *nicht* als Produktion mit Auftragswiederholung betrachtet.

Die *Flexibilität des Auftragsfälligkeitstermins* gibt an, ob der (interne oder externe) Kunde flexibel ist in Bezug auf den von ihm vorgegebenen Fälligkeitstermin der Lieferung.

Die Flexibilität des Auftragsfälligkeitstermins ist von grosser Bedeutung für die Verfahren in der Planung & Steuerung, insbesondere im Hinblick auf den Zielbereich Lieferung. Im Hinblick auf den Zielbereich Kosten ist sie im Zusammenhang mit quantitativ flexiblen Personal und quantitativ flexibler Produktionsinfrastruktur sowie der Bestände an Lager und in Arbeit zu sehen.

Das Merkmal *Art der Langfristaufträge* bezeichnet die Art, wie in der Supply Chain langfristig geplant wird.

Ein *Rahmenauftrag* ist dabei eine langfristige Vereinbarung einer grösseren Anzahl von Lieferungen.

Eine *Mindestabnahmemenge* legt für einen Rahmenauftrag eine minimale Abnahmemenge während eines bestimmten Zeitraumes fest.

Langfristaufträge liegen im beiderseitigen Interesse. Für den Kunden geht es dabei um günstigere Konditionen und einen höheren Lieferbereitschaftsgrad des Lieferanten. Der Lieferant wiederum hat eine Mindestabnahmemenge und eine bessere Planbarkeit seiner Herstellung im Auge.

Man unterscheidet folgende Ausprägungen, die i. Allg. mit den Ausprägungen der Merkmale *Frequenz der Kundennachfrage* sowie *Produktevarietätskonzept* aus Abb. 4.4.2.1 korrelieren:

- *Rahmenaufträge auf Güter* bedeutet, dass in der Supply Chain langfristig verbindliche Vereinbarungen über Produkte und deren Komponenten vereinbart werden. Dazu ist eine sichere Absatzmöglichkeit erforderlich, die z.B. bei gleichmässiger Kundennachfrage gewährleistet ist. Ist die Mindestabnahmemenge Null, handelt es sich nur um eine Vorhersage. Ist diese einigermassen zuverlässig, so können die Partner in der Supply Chain ihre eigene Produktion besser planen als ohne die Vorhersage. Vorhersagen werden z.B. bei sporadischer Kundennachfrage zur langfristigen Planung eingesetzt.

- *Rahmenaufträge auf Kapazitäten* bedeutet, dass in der Supply Chain langfristig verbindliche Vereinbarungen über zu reservierende Kapazitäten vereinbart werden. Diese kann sich z.B. auf eine Produktfamilie beziehen, für die eine zumindest reguläre Kunden-nachfrage gewährleistet ist und der ein im wesentlichen gleicher Herstellungsprozess zugrunde liegt. Kurzfristig werden dann die Produkte bestellt, die mit der reservierten Kapazität konkret innerhalb der Lieferdurchlaufzeit hergestellt werden sollen. Ist die Mindestabnahmemenge Null, dann gilt die gleiche Bemerkung wie oben.

- *„keine"* bedeutet, dass in der Supply Chain weder Rahmenaufträge noch Vorhersagen gemacht werden (z.B. bei einmaliger Nachfrage).

Die *Losgrösse* ist die *Bestellmenge* oder *Auftragsmenge* eines Artikels im Auftrag (und umgekehrt).

- *Einzelstückproduktion* bzw. *-beschaffung* oder *Losgrösse 1* bedeutet, dass mit dem Auftrag nur eine Einheit des Produkts hergestellt bzw. beschafft wird. Ungenauere, jedoch üblichere Synonyme sind *Einzelproduktion* bzw. *-beschaffung*.

- *Kleinserienproduktion* bzw. *Kleinserienbeschaffung* bedeutet, dass mit dem Auftrag nur wenige Einheiten des Produkts hergestellt bzw. beschafft werden.

- *Serienproduktion* bzw. *Serienbeschaffung* heisst, dass mit dem Auftrag viele Einheiten des Produkts hergestellt bzw. beschafft werden.

- *Produktion ohne Lose* bzw. *Beschaffung ohne Lose* bedeutet, dass mit dem Auftrag keine Losgrösse verbunden ist. Vielmehr wird nach Eröffnung des Auftrags produziert und beschafft, bis ein ausdrücklicher Auftrags-Stopp erteilt wird. *Losgrössenlose Produktion* bzw. *losgrössenlose Beschaffung* sind Synonyme dafür.

Die Ausprägungen des Merkmals *Losgrösse* müssen übrigens *nicht* mit denjenigen in den nahen Kolonnen des Merkmals *Wiederholfrequenz des Auftrags* zusammenhängen. Als Beispiel findet man des Öfteren eine Einzelstückproduktion mit häufiger Auftragswiederholung (z.B. im Werkzeugmaschinenbau). Umgekehrt kann es durchaus eine Einmalproduktion genau *einer Serie während des ganzen Produktlebenszyklus*[8] geben (z.B. ein chemischer Wirkstoff, der aus Kostengründen nur einmal im Produktlebenszyklus hergestellt wird oder eine spezielle Komponente, deren Beschaffung sehr aufwendig ist).

> Ein *Herkunftsnachweis* ist der Nachweis über die Produktion und Beschaffung eines Produkts, insbesondere über die darin verwendeten Komponenten.

Das Erstellen eines Herkunftsnachweises ist aufgrund gesetzlicher Regelungen, aber auch schon wegen der Haftung und der Rückrufproblematik des Öfteren nötig. Dazu werden Lose, Batches oder Chargen verwaltet.

- Eine *Charge* ist eine Anzahl bzw. Menge von zusammen produzierten oder beschafften Gütern, die zum Zweck und aus der Sicht eines Herkunftsnachweises nicht voneinander unterscheidbar sind.

- Eine *Position in der Charge* zählt dabei die einzelnen Einheiten der Charge der Reihe nach durch.

I. Allg. kompliziert die Forderung nach einem Herkunftsnachweis die Planung & Steuerung erheblich. Nichtsdestoweniger spielt der Herkunftsnachweis eine besonders wichtige Rolle in der Prozessindustrie. Siehe dazu Kapitel 8.

> Unter *Schleifen in der Auftragsstruktur* versteht man eine Situation in der Ressourcenplanung, bei der Geschäftsobjekte eine unbestimmte Anzahl von Malen berücksichtigt werden müssen.

- Unter einer *Produktstruktur mit Schleifen* versteht man eine Situation, bei der ein Produkt seine eigene Komponente ist, entweder direkt oder über Zwischenprodukte. Solche Produktstrukturen spielen wieder eine wichtige Rolle in der Prozessindustrie, wo durch die Produktion Stoffe entstehen, die wieder genutzt werden, z.B. Bruchschokolade oder Energie.

- Unter einem *ungerichteten Netzwerk von Arbeitsgängen* versteht man eine Abfolge von Arbeitsgängen, bei der Sequenzen von Arbeitsgängen innerhalb des Netzwerks wiederholt werden können. Solche Arbeitspläne kommen in der Präzisionsindustrie vor, wo einzelne Arbeitsgänge solange wiederholt werden, bis die notwendige Güte erreicht ist. Sie spielen auch eine wichtige Rolle in der Prozessindustrie, wo ein Mischprozess so lange wiederholt werden kann, bis eine genügend gute Homogenität des Produkts erreicht ist.

- Bei einer *Produktstruktur ohne Schleifen* sowie bei einem *gerichteten Netzwerk von Arbeitsgängen* treten die oben beschriebenen Effekte nicht auf

---

[8] Hier wird eine zweite Definition des Begriffs *Produktlebenszyklus* gebraucht: die (Markt-)Phasen, durch welche ein neues Produkt vom Beginn bis zum Ende hindurch geht, nämlich Einführung, Wachstum, Reife, Sättigung, Niedergang ([APIC16]). Siehe Kap. 1.1.3 für die erste Definition.

Die Planung von Schleifen in der Auftragsstruktur ist relativ kompliziert. Siehe dazu Kap. 8.1.3, 8.3.3 und 13.4.4.

4.4.5 Wichtige Beziehungen zwischen charakteristischen Merkmalen

In einigen Fällen gibt es eine Beziehung in Form einer positiven Korrelation zwischen den charakteristischen Merkmalen. Zum Beispiel ist das Merkmal *Anlagenlayout* gemäss Abb. 4.4.5.1 eng mit anderen Merkmalen verbunden:

Merkmalsbezug: Logistik- und Produktionsressourcen					
Merkmal ➡	**Ausprägungen**				
Anlagenlayout ➡	Fixpositions-layout für die Baustellen-, Projekt- oder Insel-produktion	Prozesslayout für die Werkstatt-produktion	Produktlay-out für die einzelstück orientierte Linien-produktion	Produktlayout für die hochvolumige Linien-produktion	Produktlayout für die Kontinuierliche Produktion
Merkmalsbezug: Verbraucher und Produkt bzw. Produktfamilie					
Merkmal ➡	**Ausprägungen**				
Ausrichtung der Produkt-struktur ➡	▲ konvergierend			▲Kombination ▼obere/untere Strukturstufen	▼ divergierend
Merkmalsbezug: Produktions- bzw. Beschaffungsauftrag					
Merkmal ➡	**Ausprägungen**				
(Auftrags-) Losgrösse ➡	1 (Einzelstück-produktion / -beschaffung)	Einzelstück- oder Kleinserien-produktion / -beschaffung		Serien-produktion / -beschaffung	Produktion / Beschaffung ohne Lose

Abb. 4.4.5.1   Zusammenhang der Merkmale Anlagenlayout, Ausrichtung der Produktstruktur und (Auftrags-)Losgrösse[9]

Die Abbildung zeigt, dass in *einer ersten Näherung* die verschiedenen Ausprägungen der Merkmale in den entsprechenden Kolonnen zusammen auftreten. Zum Beispiel:

- Baustellenproduktion, Werkstattproduktion und einzelstückorientierte Linienproduktion treten tendenziell zusammen auf mit einer konvergierenden Produktstruktur und Einzelstück- oder Kleinserienproduktion / -beschaffung.

- Hochvolumige Linienproduktion und kontinuierliche Produktion treten tendenziell zusammen auf mit einer Kombination von konvergierender Produktstruktur auf oberen Stufen und einer divergierenden Produktstruktur auf unteren Stufen oder einer voll divergierenden Produktstruktur, sowie mit serien- oder losgrössenloser Produktion oder Beschaffung.

Die Beobachtungen gelten auch in umgekehrter Richtung. Die Korrelation hat zur Folge, dass man in den folgenden Abbildungen des Kap. 4.5 anstelle des Merkmals *Anlagenlayout* auch eines der beiden Merkmale *Ausrichtung der Produktstruktur* oder *(Auftrags-)Losgrösse* setzen könnte.

---

[9]   Die horizontale Verteilung der Ausprägungen im morphologischen Schema wurde für das Aufzeigen der Korrelation der Merkmale vorgenommen.

Eine weitere Beobachtung: Das Merkmal *Produktevielfaltskonzept* ist gemäss Abb. 4.4.5.2 eng mit anderen Merkmalen verbunden:

Merkmalsbezug: Verbraucher und Produkt bzw. Produktfamilie					
Merkmal	➠	**Ausprägungen**			
Produkte-vielfalts-konzept	➠	nach (ändern-der) Kunden-spezifikation	Produktfamilie mit Varianten-reichtum	Produkt-familie	Standard-produkt mit Optionen	Einzel- bzw. Standard-produkt

Merkmalsbezug: Logistik- und Produktionsressourcen					
Merkmal	➠	**Ausprägungen**			
Produktions-umgebung	➠	„engineer-to-order"	„make-to-order"	„assemble-to-order" (aus-gehend von Einzelteilen)	„assemble-to-order" (aus-gehend von Baugruppen)	„make-to-stock"

Merkmalsbezug: Produktions- bzw. Beschaffungsauftrag			
Merkmal	➠	**Ausprägungen**	
Wiederhol-frequenz des Auftrags	➠	Produktion / Beschaffung ohne Auftragswiederholung	Produktion / Beschaffung mit seltener Auftrags-wiederholung	Produktion / Beschaffung mit häufiger Auftrags-wiederholung

Abb. 4.4.5.2   Zusammenhang der Merkmale Produktevielfaltskonzept, Produktionsumgebung und Wiederholfrequenz des Auftrags

Die Abbildung zeigt, dass in *einer ersten Näherung* die verschiedenen Ausprägungen der Merkmale in den entsprechenden Kolonnen zusammen auftreten. Zum Beispiel:

- *Produktevielfaltskonzept* versus *Produktionsumgebung*: Ein Produktevielfaltskonzept nach Kundenspezifikation (z.B. im Anlagenbau) bedeutet, dass zumindest Teile des Kundenauftrags vor der Beschaffung oder Produktion noch die Entwicklungsabteilung durchlaufen müssen („engineer-to-order"). Produkte einer Familie mit Variantenreichtum werden i. Allg. ab Rohmaterial bzw. ab speziell für den Kundenauftrag zugekauftem Material produziert („make-to-order"). Die Variation eines Konzepts *Produktfamilie* mit beschränkter Variantenvielfalt ergibt sich i. Allg. in der Montage („assemble-to-order"). Standardprodukte werden auf der Ebene Endprodukte gelagert („make-to-stock").

- *Produktevielfaltskonzept* versus *Wiederholfrequenz des Auftrags*: Einmalproduktion ist i. Allg. typisch für ein Produktevielfaltskonzept nach Kundenspezifikation oder für Produktfamilien mit Variantenreichtum. Produktion mit seltener Auftragswiederholung trifft man bei Produktfamilien. Produktion mit häufiger Auftragswiederholung ist die Regel bei Einzel- oder Standardprodukten, auch bei wenigen Varianten.

Diese Beobachtung hat zur Folge, dass man in den folgenden Abbildungen des Kap. 4.5 anstelle des Merkmals *Produktevielfaltskonzept* auch eines der beiden Merkmale *Produktionsumgebung* oder *Wiederholfrequenz des Auftrags* setzen könnte.

Die Abb. 4.4.5.3 betrachtet das Merkmal *Frequenz der Kundennachfrage* aus Abb. 4.4.2.1 (Merkmalsbezug *Verbraucher und Produkt bzw. Produktfamilie*) im Vergleich mit dem

Merkmal *Wiederholfrequenz des Auftrags*. Interessanterweise müssen die Werte der beiden Merkmale in gleichen Kolonnen nicht immer übereinstimmen.

Merkmalsbezug: Verbraucher und Produkt bzw. Produktfamilie				
Merkmal ➡	**Ausprägungen**			
Frequenz der Kundennachfrage ➡	einmalig	blockweise (sporadisch)	regulär	gleichmässig (kontinuierlich)
Merkmalsbezug: Produktions- bzw. Beschaffungsauftrag				
Merkmal ➡	**Ausprägungen**			
Wiederholfrequenz des Auftrags ➡	Produktion / Beschaffung ohne Auftragswiederholung	Produktion / Beschaffung mit seltener Auftragswiederholung		Produktion / Beschaffung mit häufiger Auftragswiederholung

Abb. 4.4.5.3   Die Werte der beiden Merkmale *Frequenz der Kundennachfrage* und *Wiederholfrequenz des Auftrags* müssen nicht immer übereinstimmen

Tatsächlich kann man die Beschaffung bzw. Produktion von der Nachfrage aufgrund der möglichen Bevorratung entkoppeln:

- Ein Lager kann eine sporadische Frequenz der Kundennachfrage bis zu einem gewissen Grad abfedern, so dass häufiger produziert bzw. beschafft werden kann. So kann man z.B. versuchen, im Laufe des ganzen Jahres ein Produkt im Voraus herzustellen, welches hauptsächlich anlässlich eines jährlich stattfindenden Feiertags nachgefragt wird. Damit können die Kapazitäten gleichmässiger ausgelastet werden. Auf der anderen Seite der Waagschale entstehen dafür Bestandshaltungskosten.

- Umgekehrt kann man bei gleichmässiger Nachfrage ebenfalls vom Lager liefern und den Verbrauch durch seltenere Aufträge mit grossem Los wieder nachfüllen. Dieses Vorgehen mag sogar unabwendbar sein, sowohl aus technischen Gründen (wenn z.B. – wie in der Prozessindustrie – gewisse Produktionsanlagen nur die Herstellung einer bestimmte Losgrösse zulassen) als auch aus wirtschaftlichen Gründen (wenn z.B. – wie in der Beschaffung typisch – die Bestellung zu kleiner Mengen keinen Sinn macht, da die Transportkosten – im Fall der Produktion auch die Rüstkosten – im Verhältnis zu den Stückkosten der kleinen Menge viel zu gross sind).

Meistens ist jedoch der Zusammenhang übereinander liegender Ausprägungen gegeben: Einmalige Nachfrage tritt zusammen mit Einmalproduktion bzw. Einmalbeschaffung auf, sporadische Nachfrage zusammen mit Produktion bzw. Beschaffung mit seltener Auftragswiederholung, gleichmässige Nachfrage zusammen mit Produktion bzw. Beschaffung mit häufiger Auftragswiederholung. Je schneller die Produktlebenszyklen werden, desto mehr muss man versuchen, durch geeignete Massnahmen die Wiederholfrequenz der Produktions- bzw. Beschaffungsaufträge der Frequenz der Kundennachfrage anzupassen.

In gleicher Weise muss die Wahl der möglichen Konzepte zur Planung & Steuerung (siehe Kap. 4.5.3) sowie der Verfahren und Techniken des Materialmanagements (siehe Kap. 5.3.2) zuerst von der Frequenz der Kundennachfrage her vorgenommen werden. Über eine allenfalls mögliche Auswahl aus mehreren Konzepten bzw. Techniken entscheidet dann die gewählte Wiederholfrequenz des Produktions- und Beschaffungsauftrags.

4.4.6   Merkmale für unternehmensübergreifende Logistik in Supply Chains

Die Kooperation zwischen allen Partnern ist eine Schlüsselvoraussetzung für eine effektive Supply Chain (siehe dazu die Kap. 2.2 und 2.3). Deshalb schliessen die charakteristischen Merkmale einer Supply Chain verschiedene Aspekte der Kooperation ein. Das in [Hieb02] vorgeschlagene morphologische Schema umfasst drei Gruppen von Merkmalen, welche eng mit dem ALP („advanced logistics partnership")-Modell in Kap. 2.3 verknüpft sind.

Die Abb. 4.4.6.1 zeigt *Merkmale in Bezug auf Zusammenarbeit in der Supply Chain*. Diese beschreiben den Grad und die Art der Partnerschaft zwischen den Unternehmen im Netzwerk auf hoher Ebene sowie die grundsätzliche Verpflichtung auf eine gemeinsame Netzwerkstrategie.

Merkmalsbezug: Zusammenarbeit in der Supply Chain				
Merkmal	➤	**Ausprägungen**		
Ausrichtung auf Netzwerkstrategie und -interessen	➤	gemeinsame Netzwerkstrategie	gemeinsame Netzwerk-interessen	auseinander-gehende Netzwerk-interessen
Orientierung der Geschäftsbeziehungen	➤	Kooperations-orientiert	opportunistisch	wettbewerbs-orientiert
Gegenseitige Notwendigkeit im Netzwerk	➤	gross, „sole sourcing" / „single sourcing"	„multiple sourcing"	klein, in hohem Grad ersetzbar
Gegenseitiges Vertrauen und Offenheit	➤	hoch		niedrig
Geschäftskultur der Netzwerkpartner	➤	homogen / ähnlich	in Grösse, Struktur, Verkaufsvolumen vergleichbar	heterogen / hochgradig verschieden
Ausgleich der Machtverhältnisse	➤	hohe Abhängigkeit / hierarchisch	ausgeglichen / heterarchisch	

Zunehmende Komplexität in der Zusammenarbeit in der Supply Chain

Abb. 4.4.6.1   Wichtige Merkmale, mögliche Ausprägungen und zunehmende Komplexität in der Zusammenarbeit in der Supply Chain[10]

In den linken Kolonnen der Ausprägungen finden sich die Werte, die auf einen bereits erfolgten Aufwand in der strategischen Zusammenarbeit oder eine bereits in der Sache gemeinsame Ausrichtung hinweisen. In den rechten Kolonnen der Ausprägungen finden sich die Werte, die auf eine zunehmende Komplexität in der gemeinsamen operationellen Wertschöpfung hinweisen.

Die Abb. 4.4.6.2 stellt *Merkmale in Bezug auf die Koordination der Supply Chain* auf. Diese beschreiben die Art des täglichen Betriebs aufgrund von gemeinsamen unternehmensübergreifenden Prozessen und Methoden.

---

[10]   Die horizontale Verteilung der Ausprägungen im morphologischen Schema zeigt deren Bezug zum zunehmenden Grad gemäss dem angegebenen Kriterium an.

Merkmalsbezug: Koordination der Supply Chain					
Merkmal	➟	**Ausprägungen**			
Intensität des Informations-austauschs	➟	beschränkt rein auf die Auftrags-abwicklung	Austausch von Bedarfs-vorhersagen	gemeinsame Auftrags-verfolgung	Austausch von Kapazitäts- und Lager-beständen	nach Bedarf der Pla-nungs- und Steuerungs-prozesse
Verknüpfung / Verzahnung der Logistik-prozesse	➟	keine, reine Auftrags-erfüllung	integrale Abwicklung, (z.B. Konsig-nationslager)	„vendor managed inventory"	gemeinsame Auftragsplanung im Netzwerk	integrale Planung und Abwicklung im Netzwerk
Autonomie der Planungs-entscheide	➟	heterarchisch, lokal unabhängig, autonom		lokal, gemäss zentralen Richtlinien	hierarchisch, geführt durch zentrale Stelle	
Verbrauchs-schwankung (Ausführung)	➟	gering / stabiler Verbrauch	variabel im Verlauf der Zeit	variabel in der Menge	grosse Variabilität über Zeit und in Menge	
Formali-sierungsgrad (Rahmen-verträge)	➟	keiner (reguläre Beschaffungs-aufträge)	Rahmenaufträge für Kapazitäten		Rahmenaufträge für Güter	
Grad der Kom-munikation zwischen den versch. Stufen und Kanälen	➟	einzelner Kontakt für die Geschäfts-transaktion	regelmässige „Netzwerk"-Treffen (z.B., Lieferanten-tage)	zentrale Koordinations-stelle (z.B. Supply Chain Manager)	Vielzahl von Kontakten zwischen verschiedenen Stufen und Kanälen	
Einsatz von Informations-systeme (IT)	➟	IT-Einsatz rein zur Unterstützung der internen Geschäfts-prozesse	IT-Einsatz zur Unter-stützung der Auftrags-abwicklung im Netzwerk (z.B. EDI)		IT-Einsatz zur Unter-stützung der integralen Planung und Abwicklung (SCM-Software)	

Zunehmende Komplexität in der Koordination der Supply Chain

Abb. 4.4.6.2   Wichtige Merkmale, mögliche Ausprägungen und zunehmende Komplexität in der Koordination der Supply Chain

Die Abb. 4.4.6.3 zeigt *Merkmale in Bezug auf die Zusammensetzung der Supply Chain*. Sie beschreiben die Modellierung der bestehenden Geschäftsbeziehungen zwischen den Einheiten im Netzwerk sowie ihre Aufstellung, d.h. die physische Struktur, die Beziehungen entlang der Zeitachse sowie die juristischen Beziehungen. Die Ausprägungen dieser Merkmale bestimmen die Veränderungsfähigkeit der Supply Chain in einem grossen Ausmass.

Wie dies bereits in den Abb. 4.4.2.1, 4.4.3.1 und 4.4.4.1 der Fall war, sind die Merkmale als Ganzes weitgehend unabhängig voneinander. Einzelne Werte können jedoch in Beziehung zu Werten anderer Merkmale stehen.

[Hieb02] gibt eine detaillierte Definition all dieser Merkmale. Einige davon sind elementar verständlich, andere haben eine spezifische Bedeutung. In jedem Fall ist es wichtig, dass diese morphologischen Schemata gegenseitig diskutiert werden – einschliesslich der exakten Definition jedes Merkmals. Sie sollten vervollständigt und mit allen Partnern, die eine Supply-Chain-Initiative (SCI) starten wollen, in Übereinstimmung gebracht werden. Dies kann schliesslich in einer gemeinsamen Leistungsmessung auf dem gesamten Netzwerk enden. Dies kann der erste Schritt hin zu einem gemeinsamen Verständnis des Netzwerks und zu einem tieferen Verständnis der Wechselwirkung zwischen den Einheiten im Netzwerk sein.

Merkmalsbezug: Zusammensetzung der Supply Chain			
Merkmal ⇢	**Ausprägungen**		
Mehrstufiges Netzwerk (Tiefe des Netzwerkes) ⇢	2 Wertschöpfungsstufen	3-5 Wertschöpfungsstufen	> 5 Wertschöpfungsstufen
Mehrkanal- Netzwerk (Breite des Netzwerks) ⇢	1-2 Logistikkanäle	3-5 Logistikkanäle	> 5 Logistikkanäle
Verknüpfung der Netzwerkpartner ⇢	einfache Beziehungen, Segmentierung		komplexe Beziehungen, Verzweigungen
Geografische Ausbreitung des Netzwerks ⇢	lokal · regional	national	global
Zeithorizont der Geschäftsbeziehungen ⇢	kurzfristig, weniger als ein Jahr	mittelfristig, 1-3 Jahre	langfristig, > 3 Jahre
Ökonomische und rechtliche Geschäftsbeteiligungen (finanziell. Unabhängigkeit) ⇢	unabhängige Geschäftspartner	Allianzen, Joint Ventures	Konzern

Zunehmende Komplexität in der Zusammensetzung der Supply Chain

Abb. 4.4.6.3   Wichtige Merkmale, mögliche Ausprägungen und zunehmende Komplexität in der Zusammensetzung der Supply Chain

Öfters ist eine Supply Chain bereits in Funktion, wenn diese morphologischen Schemata zur Anwendung kommen. In diesem Fall können sie helfen, die Ziele im Netzwerk zu erreichen. Sie können auch hilfreich sein, wenn es darum geht, einen Partner in der Supply Chain zu ersetzen.

4.5   Branchen, Produktionstypen und Konzepte zur Planung & Steuerung

4.5.1   Branchen in Abhängigkeit von charakteristischen Merkmalen

Die *Branche* ist der Wirtschafts- oder Geschäftszweig eines Unternehmens.

Die verschiedenen Branchen sind bspw. in Listen von statistischen Ämtern der Ministerien für Volkswirtschaft definiert. Typische industrielle Branchen sind die chemische Industrie, die Kunststoffindustrie, die Elektronik- und Elektroindustrie, die Flug- und Fahrzeugindustrie, die Maschinen- und Metallindustrie, die Uhrenindustrie, die Papierindustrie, die Textilindustrie. Typische Branchen in der Dienstleistung sind Banken, Versicherungen, die Beratung und Informatik-Software, Treuhand und private Verwaltungen und die Pflege (von Personen und Sachen).

Ein nahe liegender Ansatz ist die Suche nach von der Branche abhängigen Konzepten.

> Ein *Branchenmodell* zur Planung & Steuerung fasst für eine bestimmte Branche geeignete Konzepte zusammen, d.h. passende Typen von Geschäftsprozessen und -methoden.

Die Branche steht tatsächlich in einem Zusammenhang mit vielen der charakteristischen Merkmale zur Planung & Steuerung. Die entsprechenden Geschäftsmethoden sind jedoch häufig oft noch zu allgemein, um für eine spezifische Branche auf Anhieb ideal zu sein. Deshalb wird manchmal vorgeschlagen, über jene Konzepte hinaus Branchenmodelle zu entwickeln.

Die Abb. 4.5.1.1 zeigt verschiedene Branchen in ihrer Abhängigkeit von den beiden charakteristischen Merkmalen *Anlagenlayout* aus Abb. 4.4.3.1 (Merkmalsbezug: Logistik- und Produktionsressourcen) und *Produktevielfaltskonzept* Abb. 4.4.2.1 (Merkmalsbezug: Verbraucher und Produkt bzw. Produktfamilie).

Anlagenlayout		Produktevielfaltskonzept				
		nach (ändernder) Kunden spezifikation	Produkt-familie mit Varianten-reichtum	Produkt-familie	Standard-produkt mit Optionen	Einzel- bzw. Standard produkt
	Fixpositionslayout für die Baustellen-, Projekt- oder Inselproduktion	Anlagenbau ⟶				
		Software ⟶				
		Schiffsbau, Grossflugzeugbau ⟶				
	Prozesslayout für die Werkstatt produktion	Werkzeuge, Versicherungen, klassische Ausbildung ⟶				
		Krankenhauspflege, Pharmazie, Spezialitätenchemie ⟶				
		Apparatebau, Elektrobau, Elektronik, Möbel ⟶				
	Produktlayout für die einzelstückorientierte Linienproduktion	Automobile, Flugzeuge, Boote ⟶				
		Maschinen, Personalcomputer ⟶				
		Moderne Büroadministration, Banken, Tourismus ⟶				
	Produktlayout für die hochvolumige Linienproduktion	Allgemeine Chemie, Zeitungen, Transportwesen ⟶				
		Gummi, Kunststoff ⟶				
		Lebensmittel, Getränke ⟶				
	Produktlayout für die kontinuierliche Produktion	Brauerei, Zucker ⟶				
		Holz, Papier ⟶				
		Öl, Stahl ⟶				

Abb. 4.5.1.1   Unterschiedliche Branchen in ihrer Abhängigkeit von den beiden Merkmalen *Anlagenlayout* und *Produktevielfaltskonzept*

In der Abbildung kann man Folgendes beobachten:

- Die Branchen können in erster Näherung ohne weiteres entlang des Merkmals Anlagenlayout eingeordnet werden. Der Zusammenhang ist hier also klar gegeben.

- Verschiedene Branchen, besonders die Prozessindustrie (die eher (Grund-)Stoffe als „Dinge" herstellt, wie einige sagen würden), können entlang der Werte des Merkmals Produktevielfaltskonzept recht klar unterschieden werden. In allen Branchen kann man aber auch Ausprägungen von Produkt nach (ändernder) Kundenspezifikation bis hin zu Standardprodukt feststellen – mit einigen Ausnahmen. Eine ist der Anlagenbau, der Schiffsbau, der Grossflugzeugbau und die Softwareherstellung: keine Beispiele in der rechten oberen Ecke der Matrix. Die andere Ausnahme ist die Produktion von Gummi, Kunststoff, Lebensmitteln, Getränke, Brauerei, Zucker, Holz, Papier, Öl, Stahl: keine

Beispiele in der linken unteren Ecke der Matrix. Der Zusammenhang ist hier also etwas weniger klar gegeben als im Falle des Merkmals Anlagenlayout.

Das Merkmal *Produktevielfaltskonzept* ist also in einem weiten Bereich unabhängig vom Merkmal *Anlagenlayout* (ebenfalls vom Volumen, verstanden als Losgrösse)[11]. Diese wichtige Beobachtung führt zur Matrix. Die folgenden Beispiele unterstützen diese Beobachtung:

- Eine Firma produziert Standardmaschinen. Dies geschieht mit häufiger Auftrags-wiederholung, jedoch in Einzelstückproduktion, nach Kundenauftrag oder manchmal auch im Voraus (da es sich um eine Standardmaschine handelt, ist das Lagerrisiko klein: sie wird früher oder später verkauft werden können). Dies ist die „fast-obere" rechte Ecke der Matrix: Werkstatt- oder einzelstückorientierte Linienproduktion.

- Eine andere Firma produziert Standardschrauben. Dies geschieht mit häufiger Auftragswiederholung, jedoch mit grossen Losen. Dies ist die untere rechte Ecke der Matrix (da man sich sogar losgrössenlose Produktion vorstellen kann): Hochvolumige Linienproduktion oder kontinuierliche Produktion.

- Eine weitere Firma aus der Chemiebranche produziert eine Serie einer spezifischen aktiven Substanz, und zwar nur einmal während des gesamten Produktlebenszyklus; dies wegen hoher Rüst- und Bestellvorgangskosten. Dies ist die „fast-untere" linke Ecke der Matrix: Hochvolumige Linienproduktion.

- Wieder eine andere Firma produziert eine Anlage als Einzelstück und nur einmal, nach Kundenspezifikation. Dies ist die obere linke Ecke der Matrix: Baustellen- oder Projektproduktion.

4.5.2 Produktionstypen

Ein *Produktionstyp* umfasst eine Anzahl von Produktionsprozesstechnologien und -methoden, welche für das Logistikmanagement und speziell für die Planung & Steuerung wichtig sind.

In der Praxis ist das Verständnis der verschiedenen Werte des Merkmals *Anlagenlayout* in Abb. 4.4.3.1, also

- Fixpositionslayout für die Baustellen-, Projekt- oder Inselproduktion,
- Prozesslayout für die Werkstattproduktion,
- Produktlayout für die einzelstückorientierte Linienproduktion,
- Produktlayout für die hochvolumige Linienproduktion,
- Produktlayout für die kontinuierliche Produktion,

nicht auf die physische Organisation der Produktionsinfrastruktur oder das Prozessdesign beschränkt. Vom Gesichtspunkt der System-Eigenschaften her werden sie darüber hinaus oft auch als Produktionstypen betrachtet.

Im Verlauf der letzten Jahre haben sich nun zusätzliche Begriffe etabliert, die meistens aus dem angelsächsischen Sprachraum stammen. Jeder von ihnen steht dabei für eine spezifische Produktionsprozesstechnologie und -methodik.

---

[11]   Eine Abhängigkeit existiert – wie erwähnt – in der oberen rechten Ecke und in der unteren linken Ecke, also den leeren Flecken in der Matrix der Abbildung.

- *Batch-Produktion* ist gemäss [Foga09] (Seite 700) die Produktion oder Beschaffung einer i. Allg. grossen Vielfalt von Standardprodukten oder Varianten einer Produktfamilie, welche in Losen (engl. „*batches*") auf Kundenauftrag oder Lager produziert werden. Aufgrund der Losbildung ist präzise Terminplanung und Dimensionierung der Lose auf Komponentenebene wesentlich.

- *Massenproduktion* ist gemäss [APIC16] Produktion in grossen Mengen, gekennzeichnet durch Spezialisierung von Einrichtung und Arbeit.

- *Wiederholproduktion* (engl. „*repetitive manufacturing*") ist gemäss [APIC16] „die wiederholte Produktion derselben diskreten Produkte oder Produktfamilien. Methoden der Wiederholproduktion minimieren Rüstzeiten, Bestände und Lager sowie Durchlaufzeiten durch Einsatz von Montagelinien oder Fliessbändern, Produktionslinien oder Fertigungszellen. Produktionsaufträge sind nicht länger notwendig; die Produktionssteuerung basiert auf Produktionsraten. (*Fliesssteuerung*) Es handelt sich um Standardprodukte oder solche, die aus Modulen zusammengesetzt sind. Das Prinzip der Wiederholung ist *keine* Funktion von Tempo oder Volumen".

- *Einmalproduktion* bzw. *Einmalbeschaffung* (engl. „*one-of-a-kind production*") ist die Produktion bzw. Beschaffung eines Produkts gemäss dem Konzept „engineer-to-order", seltener „make-to-order", i. Allg. aufgrund einer Kundenspezifikation, oft als Ableitung aus einem früheren Kundenauftrag.

- „*Mass customization*" heisst ein Produktions- bzw. Beschaffungsprinzip, das auf den Kundenbedarf zugeschnittene Produkte zu Kosten der Massenproduktion postuliert. Gemäss [APIC16] geht es um „die Konzipierung eines hochvolumigen Produkts mit grosser Vielfalt derart, dass ein Kunde eine spezifische Ausführung aus einer grossen Anzahl von möglichen Endprodukten auswählen kann. Gleichzeitig sind die Herstellungskosten tief, aufgrund der grossen Anzahl hergestellter Produkte". Da „mass customization" einige Eigenschaften der Wiederholproduktion hat, insbesondere in Bezug auf das Anlagenlayout, hat man diesen Produktionstyp als *hochvolumige Wiederholproduktion mit grosser Variantenvielfalt* bezeichnet [PtSc03]. In diesem Zusammenhang meint jedoch „hochvolumig" entweder „grosse Anzahl von Aufträgen" oder „grosse Wertschöpfung je produzierte Einheit", jedoch *nicht* (!) „Grosserie" bzw. „grosse Auftragslose". Es handelt sich um Wiederholproduktion auf Ebene Produktfamilie, aber *nicht* auf der Ebene Produkt: Jede hergestellte Produkteinheit ist i. Allg., obwohl von derselben Familie, physisch unterschiedlich.

  Deshalb können für diejenigen Aspekte der Planung & Steuerung, welche sich auf die *Produktfamilie als Ganzes* beziehen, Techniken der Wiederholproduktion eingesetzt werden, jedoch *nicht* (!) für diejenigen Aspekte der Planung & Steuerung, welche sich auf eine *spezifische Produktvariante* beziehen. Insbesondere ist ein spezifischer Produktionsauftrag für jedes hergestellte Produkt nötig. Dieser schliesst die Konfiguration der vom Kunden bestellten Variante aus einer vordefinierten Produktfamilie mit Variantenreichtum, mit ihren spezifischen Komponenten und Arbeitsgängen ein, allenfalls mit Auslassungen oder Einfügungen von Positionen. Des Weiteren können lange Durchlaufzeiten den vermehrten Einsatz eher von Projektmanagement-Techniken als von produktionsratenbasierten Steuerungstechniken nach sich ziehen.

Leider können all diese zusätzlichen Produktionstypen nicht einfach in eine Reihe von Werten eines Merkmals gebracht werden. In der Praxis überlappen sie einander ebenso, wie es einige der erwähnten Werte des Merkmals *Anlagenlayouts*, von den System-Eigenschaften her gesehen, tun. Glücklicherweise können jedoch – wie aus der Abb. 4.5.2.1 hervorgeht – alle diese zusätzlichen Produktionstypen in ihrer Abhängigkeit derselben charakteristischen Merkmale wie bereits in Abb. 4.5.1.1 gezeigt werden, also *Anlagenlayout* und *Produktevielfaltskonzept*.

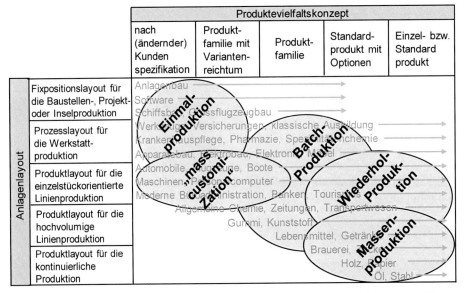

Abb. 4.5.2.1   Die verschiedenen Werte des Merkmals *Anlagenlayout*, von den System-Eigenschaften her gesehen, als Produktionstypen, zusammen mit anderen Produktionstypen

4.5.3 Konzepte zur Planung & Steuerung

Ein *Konzept zur Planung & Steuerung* fasst bestimmte Typen von Geschäftsprozessen und Geschäftsmethoden zusammen.

In den letzten Jahrzehnten wurden unterschiedliche Konzepte zur Planung & Steuerung in Supply Chains in einem bestimmten Umfeld in der Praxis entwickelt und stellen bis zu einem gewissen Grad ein Branchenmodell dar. Einige stammen aus „starken" Branchen, wie dem Automobil- und Maschinenbau. Sie wurden systematisiert und haben ein Markenzeichen erhalten.

- Aus dem Nordamerika der späten 1960er Jahre stammt das *MRPII-Konzept („manu-facturing resource planning")*[12]. Siehe dazu [Wigh95] oder [VoBe18]. Das MRPII-Konzept stammt aus Branchen mit klar *konvergierenden Produktstrukturen*, z.B. Gross-maschinenbau, Automobil- und Flugzeugbau. Die dreistufige Fristigkeit der Geschäfts-prozesse der Planung & Steuerung gehört zu den Grundgedanken des bereits früh über die Belange der Produktion hinausgehenden MRPII-Konzeptes. In der Absicht, alle Bereiche eines Unternehmens zu umfassen, wurde dieses Konzept zum *ERP-Konzept („enterprise resources planning")* weiterentwickelt. Siehe dazu das Kapitel 5.

- Das japanische *Just-in-time-Konzept*, heute auch als Lean/JiT (*Schlanke Produktion*, engl. „*lean production")* bekannt, hat das Ziel, den Güterfluss zu verbessern. In den späten 1970er Jahre als scharfer Gegensatz zum MRPII-Konzept vermarktet, hat sich das Lean-

---

[12]   Wichtig: Das MRPII-Konzept darf nicht mit dem MRP-Verfahren („material requirements planning") verwechselt werden. Siehe dazu Kap. 5.3.2 und Kapitel 12.

/JiT-Konzept schliesslich als allgemein gültig und grundlegend für die Planung & Steuerung auch im ERP gezeigt, sobald der Zielbereich *Lieferung* im Unternehmen Priorität erhält. Das oft mit Lean/JiT verbundene Kanban-Verfahren hingegen ist – wie auch andere einfachen Techniken der Wiederholproduktion – nur für Standardprodukte oder Produktfamilien mit wenigen Varianten anwendbar. Das Lean-/JiT-Konzept und alle diese einfachen Techniken bilden eine wichtige *Erweiterung* zum MRPII-Konzept und dessen Techniken. Siehe dazu das Kapitel 6.

Die im MRPII- / ERP-Konzept detailliert entwickelten Vorstellungen über Zusammenhänge im Ressourcenmanagement bleiben grundsätzlich auch für die nachfolgenden Erweiterungen gültig. Diese Erweiterungen unterscheiden sich vom klassischen MRPII- / ERP-Konzept hauptsächlich in der Abbildung der logistischen Objekte und dementsprechend in der Auftragszusammenstellung, -abwicklung und -koordination in allen Fristigkeiten.

- Aus dem Europa der späten 1970er Jahre stammt das *variantenorientierte Konzept*. Dieses wurden im Zusammenhang mit dem Produktevielfaltskonzept *Produktfamilie* sowie dem Produktionstyp *Einmalproduktion* und der *Produktion ohne Auftragswiederholung* entwickelt. Es ist ebenfalls eine notwendige *Erweiterung* zu den bisherigen Konzepten. Siehe dazu das Kapitel 7. Abhängig vom Produktevielfaltskonzept erscheinen verschiedene Merkmale der Planung & Steuerung oft miteinander. Siehe dazu auch Abb. 4.4.5.2.

- Aus Nordamerika, diesmal der späten 1980er Jahre, stammt das *prozessor-orientierte Konzept* für die Prozessindustrie. Diese *Erweiterungen* sind noch nicht durchgehend systematisiert: sie laufen z.B. unter dem englischen Begriff „process flow scheduling". Sie behandeln insbesondere die *divergierenden Produktstrukturen*, ein Phänomen, auf das die bisherigen Konzepte nicht grundsätzlich eingegangen sind. Siehe dazu das Kapitel 8.

Die Abb. 4.5.3.1 fasst die Konzepte zusammen. Interessanterweise können sie wieder in ihrer Abhängigkeit derselben charakteristischen Merkmale wie bereits in Abb. 4.5.1.1 gezeigt werden, also *Anlagenlayout* und *Produktevielfaltskonzept*. Der Anwendungsbereich des grundlegenden MRPII-Konzepts und der dieses erweiternden Konzepte ist durch die Flächen angezeigt.

Ein grober Vergleich der Abb. 4.5.3.1 mit der Abb. 4.5.1.1 zeigt, dass die verschiedenen Konzepte zur Planung & Steuerung – in einer *ersten Näherung* – für die Produktionstypen in der folgenden Weise eingesetzt werden können:

- Das grundlegende MRPII- / ERP-Konzept kann gut bei der Batch-Produktion zum Einsatz kommen und bei allen Anlagenlayouts mit Ausnahme der kontinuierlichen Produktion.

- Das Lean-/Just-in-time-Konzept kann für nahezu alle Produktionstypen eingesetzt werden. Es ist eine Voraussetzung für „mass customization" und für Wiederholproduktion. Jedoch können einfache Techniken der Wiederholproduktion, wie z.B. Kanban, die oft mit dem Lean-/JiT-Konzept verbunden werden, nur für Standardprodukte oder Produktfamilien mit wenigen Varianten eingesetzt werden.

- Das variantenorientierte Konzept kann für die Batch-Produktion und alle Anlagenlayouts eingesetzt werden, die für Einzelstückproduktion, allenfalls für Kleinserienproduktion, ausgelegt sind. Es ist Voraussetzung für Einmalproduktion und „mass customization".

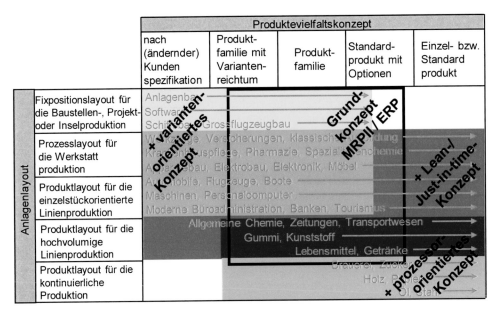

Abb. 4.5.3.1   Unterschiedliche Konzepte zur Planung & Steuerung in Abhängigkeit der charakteristischen Merkmale *Anlagenlayout* und *Produktevielfaltskonzept*

- Das prozessor-orientierte Konzept kann für die kontinuierliche (oder diskontinuierliche) hochvolumige Linienproduktion zum Einsatz kommen, speziell für die Massenproduktion.

Übrigens werden die Prozesskategorien des SCOR-Modells u.a. entlang des Merkmals *Produktionsumgebung* unterschieden (siehe dazu die Abb. 1.1.5.3 und die Definition in Kap. 4.4.3). Gemäss Abb. 4.4.5.2 stehen die beiden Merkmale *Produktionsumgebung* und *Produktevielfaltskonzept* in enger Korrelation. Damit ist für das SCOR-Modell dasselbe charakteristische Merkmal formgebend, nach dem hier die verschiedenen Konzepte zur Planung & Steuerung unterschieden werden.

4.5.4   Die Auswahl eines geeigneten Branchenmodells, Produktionstyps und Konzepts zur Planung & Steuerung

Wie die Abbildungen in den vorherigen Teilkapiteln zeigen, steht die Branche in Industrie oder Dienstleistung mit verschiedenen charakteristischen Merkmalen der Planung & Steuerung in Beziehung. *Anlagenlayout* und *Produktevielfaltskonzept* zeigen sich damit als die wichtigsten Merkmale aus Sicht der pragmatischen Entwicklung von Konzepten zur Planung & Steuerung.

> Ein *Branchenmodell* zur Planung & Steuerung fasst für eine bestimmte Branche geeignete Konzepte zusammen, d.h. passende Typen von Geschäftsprozessen und -methoden.

Gibt es solche Branchenmodelle? Als Beispiel diene die ABB Turbo Systems AG in der Nähe von Zürich in der Schweiz (www.abb.com/turbocharging). Die Firma produziert Turbolader für Schiffsmotoren und zwar jede einzelne Einheit gemäss Kundenauftrag. Ein Turbolader ist de facto eine Maschine mit grosser Wertschöpfung. Die ABB stellt viele Produktionsstufen selbst her. Die Anwendung eines einzigen Produktionstyps oder eines einzigen Konzepts zur Planung & Steuerung würde zu Problemen in vielen Bereichen des Betriebs führen. Das Hauptgeschäft ist der Verkauf von auf Kundenbedarf zugeschnittenen Maschinen mit sehr vielen Varianten. Der geeignete Produktionstyp ist die Einmal-Produktion und – vom Gesichtspunkt der System-Eigenschaften her – eine einzelstückorientierte Linienproduktion. Das variantenorientierte Konzept muss damit für Planung & Steuerung eingesetzt werden.

Viele Komponenten und Halbfabrikate sind unabhängig von der Produktvariante und können für einen weiten Bereich der Wertschöpfungskette unabhängig von jedem Kundenauftrag hergestellt werden, also *„make-to-stock"* mit häufiger Auftragswiederholung. Der geeignete Produktionstyp ist die Batchproduktion oder – wieder vom Gesichtspunkt der System-Eigenschaften her gesehen – die Werkstattproduktion. Das geeignete Konzept zur Planung & Steuerung kann hier eine einfache Pull-Logistik (nachfüllen nach Verbrauch) sein, welches oben unter dem Lean-/Just-in-time-Konzept aufgeführt ist.

Das Ersatzteilwesen schliesslich wird als ebenso wichtig wie das Hauptgeschäft bezeichnet und das zu Recht. Hier sind einige charakteristische Merkmale wichtig, z.B. das Zurückverfolgen der Geschichte der Maschinenkonfiguration bis zu derjenigen, die für den Original-Produktionsauftrag gewählt wurde. Die Verfügbarkeit der Ersatzteile ist im Vordergrund des Interesses. Die Ersatzteile sind oft nur eine Strukturstufe über den Komponenten und Halbfabrikaten für das Hauptgeschäft. Aber im Gegensatz zu den Letzteren ist der Verbrauch von Ersatzteilen sporadisch bzw. blockweise. Damit kann keine einfache „pull"-Logistik zur Planung & Steuerung zum Einsatz kommen. MRP oder das zeitperiodenbezogene (engl. „time phased") Bestellbestandverfahren aus dem MRPII-Konzept, basierend auf geeigneten Vorhersagetechniken, können hier eingesetzt werden. Wieder sind Werkstattproduktion sowie Kleinserienproduktion die geeigneten Produktionstypen.

Dieses Beispiel zeigt klar, dass nicht einfach ein Branchenmodell mit spezifischen Produktionstyp und einem spezifischen Konzept zur Planung & Steuerung identifiziert werden kann. I. Allg. kommen in ein und derselben Firma verschiedene Produktionstypen und Konzepte zur Planung & Steuerung gleichzeitig zum Einsatz. Umgekehrt ist ein spezifischer Produktionstyp oder ein spezifisches Konzept zur Planung & Steuerung i. Allg. in mehreren Branchen einsetzbar. Das ist einer der Gründe, warum Forscher und Berufsleute die Standardisierung dieser Produkttypen und Konzepte zur Planung & Steuerung mehr im Vordergrund haben als die Branchenmodelle. Natürlich kann es für eine bestimmte Branche hilfreich sein, einige der Begriffe anzupassen, so dass sie dem allgemeinen Gebrauch in dieser Branche entsprechen. Dies gilt ebenso für die Weiterentwicklung der verallgemeinerten Techniken für Planung & Steuerung im Hinblick auf spezifischen Bedarf und spezifische Terminologie dieser bestimmten Branche.

Das Kapitel 9 wird eine ähnliche Diskussion in Bezug auf MRPII- und ERP-Software aufzeigen. Im Moment scheint es keine einfache Software zu geben, die alle verschiedenen Arten von Produktionstypen oder Konzepten zur Planung & Steuerung abdeckt. Zudem kann das einfache Nachbestellen oder Nachfüllen nach Verbrauch für die Komponenten durch eine einfache Kanban-Technik gesteuert werden. (Siehe dazu das Kap. 6.3). Diese hat in den Augen vieler Fachleute nichts mit Software zu tun. Wie es schon für die zugrunde liegenden Produktionstypen und Konzepte zur Planung & Steuerung der Fall ist, kann eine spezifische MRPII- bzw. ERP-Software – wie z.B. SAP R/3 – i. Allg. in verschiedenen Branchen eingesetzt werden. Auch in diesem Fall gibt es spezifische Branchenpakete – z.B. in der Möbelproduktion – wo spezifische Techniken in einer auf den Branchenbedarf zugeschnittenen Weise implementiert sind, wobei Terminologie und grafische Darstellungen gebraucht werden, die den gewohnten Geschäftsobjekten dieser Branche entsprechen.

4.6   Zusammenfassung

Grundsätzliche Elemente des Prozessmanagements basieren auf den Begriffen Arbeit, Aufgabe, Funktion und Prozess. Das Ereignis ist ein spezieller Prozess, mit dem Zustände eines behandelten Guts festgestellt werden. Ein logistisches System umfasst einen Prozess und das ihn anstossende Auftragswesen. Zusammen mit Geschäftsprozessen bilden logistische Systeme den Fokus der Betrachtung. Miteinander vernetzt oder integriert, ergeben die Geschäftsprozesse charakteristische Erkennungsmuster. Die Schiebelogistik wird dabei von der Ziehlogistik unterschieden. Die Synchronisation zwischen Hersteller und Verbraucher wird über Bestandssteuerungsprozesse realisiert. Im Netz von Kunden-, Produktions- und Beschaffungsaufträgen sind Lager und Durchlaufzeiten die klassischen Gestaltungsmöglichkeiten der Logistik.

Instrumente der logistischen Analyse bilden sodann Geschäftsprozessanalysen in verschiedenem Detaillierungsgrad. Stellenorientierte Ablaufdiagramme sind schon sehr alt und entsprechen dem natürlichen Vorstellungsvermögen der beteiligen Personen. Layouts der Produktionsinfrastruktur helfen, Randbedingungen und Möglichkeiten visuell zu erfassen. Die detaillierte Analyse des Durchlauf- oder Prozessplans („basic process analysis") schliesslich dient dem genauen Erfassen der Fakten und damit zur Relativierung der Vorstellung der beteiligten Personen.

Die logistische Analyse erarbeitet eine eigene Charakteristik für die Planung & Steuerung jedes Produkts bzw. jeder Produktfamilie. Je Unternehmen der Supply Chain muss eine unternehmensinterne Analyse durchgeführt werden, die dann in einem anschliessenden Vergleich Aufschluss über Verbesserungspotentiale aufdecken kann. Der Vergleich der Ergebnisse innerhalb des Unternehmens und unternehmensübergreifend zeigt potentielle Probleme für eine effiziente Logistik auf, sowohl innerhalb des Unternehmens als auch auf der ganzen Supply Chain.

Ist die Charakteristik festgelegt, erlaubt sie bereits weitgehend ein Urteil über einzusetzende Geschäftsmethoden und Verfahren der Planung & Steuerung. Die Merkmale der Charakteristik können auch als Einflussgrössen auf die logistischen Leistungskenngrössen verstanden werden. Sechs Merkmale bezogen auf den Verbraucher und das Produkt bzw. die Produktfamilie werden besprochen sowie fünf Merkmale bezogen auf die Logistik- und Produktionsressourcen und sieben Merkmale bezogen auf den Produktions- bzw. den Beschaffungsauftrag.

Über drei morphologische Schemata, welche die Merkmale der unternehmensübergreifenden Logistik in einer Supply Chain beschreiben, kann man einen Überblick über den laufenden Status und die spezifische Art der Supply Chain erhalten sowie Einsichten über geeignete unternehmensübergreifende Konzepte und Methoden gewinnen.

Grundlegende Konzepte in Logistikmanagement kann man auf einer zweidimensionalen Matrix auftragen: Das Anlagenlayout und das Produktevielfaltskonzept. Als erstes Beispiel können die Branchen in Abhängigkeit von diesen zwei Merkmalen gezeigt werden. Als zweites Beispiel, und als Erweiterung zu den Produktionstypen, die bereits durch die Werte des Merkmals *Anlagenlayout* definiert sind, können zusätzliche Produktionstypen – Massenproduktion, Wiederholproduktion, „mass customization" und Einmalproduktion – durch das Hinzufügen der durch das Merkmal Produktevielfaltskonzept aufgespannten Dimension positioniert werden. Als drittes Beispiel können vier verschiedene Konzepte zur Planung & Steuerung in dieser Matrix positioniert werden, wobei jedes verschiedene Arten von Geschäftsprozessen und -methoden zur Planung und Abwicklung von Aufträgen umfasst: das grundlegende MRPII- / ERP-Konzept sowie – als Erweiterungen – das Lean-/Just-in-time-Konzept, das variantenorientierte Konzept und das prozessor-orientierte Konzept.

4.7   Schlüsselbegriffe

4.8   Szenarien und Übungen

4.8.1   Konzepte zur Planung und Steuerung innerhalb eines Unternehmens

a) Abb. 4.5.3.1 fasst unterschiedliche Konzepte zur Planung und Steuerung in Abhängigkeit der charakteristischen Merkmale *Anlagenlayout* und *Produktevielfaltskonzept* zusammen. Versuchen Sie mit Hilfe des Internets drei verschiedene Unternehmen mit deren Produkten oder Produktfamilien zu finden, für welche je 1.) das Lean-/Just-in-time-Konzept, 2.) ein variantenorientiertes Konzept und 3.) ein prozessorientiertes Konzept für die Planung und Steuerung angemessen sind. Versuchen Sie dabei aufgrund der Merkmale Anlagenlayout und Produktvielfaltskonzept zu argumentieren.

b) Zu welcher Branche gehören die drei unter a) gefundenen Firmen gemäss Abb. 4.5.1.1? Welchen bzw. welche der in Abb. 4.5.2.1 gezeigten Produktionstypen implementiert das Unternehmen für seine Produkte oder Produktfamilien? Versuchen Sie im Vergleich mit der Diskussion in Kap. 4.5.4 zu entscheiden, ob diese Unternehmen gleichzeitig mehrere Produktionstypen und Konzepte zur Planung und Steuerung zur Anwendung bringen.

Präsentieren Sie Ihre Ergebnisse in einer Gruppendiskussion.

4.8.2   Synchronisation zwischen Verbrauch und Herstellung mit Bestandssteuerungsprozessen

Abb. 4.2.3.1 stellte das Prinzip der Bevorratung mit verschiedenen Bestandssteuerungsprozessen zur zeitlichen Synchronisation zwischen Angebot und Nachfrage vor. Gebrauchen Sie diese Art von Ablaufdiagrammen, um die Entkopplung der Beschaffung bzw. Produktion von der Nachfrage für die beiden Beispiele, welche in Abb. 4.4.5.3. betrachtet wurden, abzubilden, und zwar um:

1. im Laufe eines ganzen Jahres ein Produkt im Voraus herzustellen, welches hauptsächlich anlässlich eines Feiertages nachgefragt wird.
2. grosse Lose herzustellen, trotz gleichmässiger Nachfrage, wobei vom Lager geliefert wird.

4.8.3   Detaillierte Analyse eines Durchlauf- oder Prozessplans (Basic Process Analysis) und Herstellungsprozesse im unternehmens- internen Layout

In der Abb. 4.8.3.1 finden Sie das Layout der Pedalwerke AG, eines Unternehmens, das Fahr-räder herstellt.

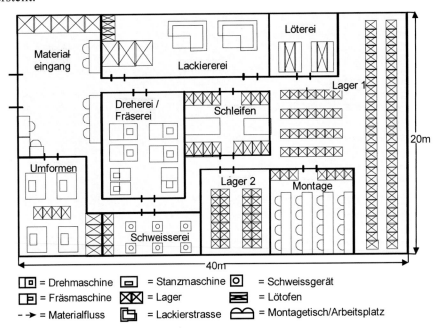

Abb. 4.8.3.1   Unternehmensinternes Layout

Tragen Sie anhand der „basic process analysis" (Abb. 4.8.3.2.) die Wege aller Teile eines Aluminiumrahmens in das Layout ein.

Lösung:

Vergleichen Sie das Ergebnis mit der Abb. 4.3.2.1.

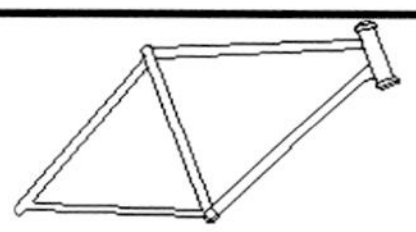

				Prozess-Id.	451		Losgrösse	20
				Bezeichnung	Rahmen		Teile-Id.	ABC-123
				Material	AC-2			
				Prüfer	Schmitt		Prüfdatum	15.06.2015
An-zahl	Dis-tanz	Zeit	Symbol	Prozess (Ort)	Operator	Maschine	Art der Lage-rung	Arbeitsbedingungen, Entwicklungen etc.
60 Fas-sungen		5 Tage	▼	Lager 1				
	40 m		⬇		Transporteur			
		3 h	▼	Stanzerei			Palette auf Boden	Keine 100 % Kontrolle; 20 % Teile defekt
		20 s	●	Stanzerei	Operator	Stanz-maschine		Werkzeugwechsel dauert 40 min.
		20 min	✱	Stanzerei			Palette	
	25 m		⬇		Transporteur			
		3 h	▼	Fräserei				
		20 min	●	Fräserei	Operator	Fräs-maschine		
		20 min	✱	Fräserei				
	20 m		⬇		Transporteur			
		16 h	▼	Lager 2				
		2 min	●	Lager 2				
		20 min	✱	Lager 2				
20 Rah-men	5 m		⬇		Transporteur			
		20 s	●	Schleiferei	Operator			
		20 min	✱	Schleiferei			Schab-lone	
	20 m		⬇		Transporteur			
		2 h	▼	Schweiss.				
		10 min	●	Schweiss.	Schweisser	Schweiss-gerät		
		3.5 h	✱	Schweiss.	Schweisser			
		2 min	■	Schweiss.				Stichprobenweise Kontr. Schweissnähte
	30 m		⬇		Transporteur			
		3 min	●	Waschen				
		1 min	■					Kontrolle, ob Rahmen sauber
		20 min	✱	Waschen				
		3 h	▼	Lackiererei	Lackierer			
		30 min	●	Lackiererei	Lackierer	Ofen		
		6 h	✱					
	30 m		⬇		Transporteur			
		3 h	▼	Montage				
		10 min	●	Montage				

✱ = Losgrössenbedingte Wartezeit   ⬇ = Transport
● = Prozess   ▼ = Wartezeit   ■ = Kontrolle

Abb. 4.8.3.2   „Basic process analysis" für einen Aluminiumrahmen

4.9   Literaturhinweise

Albe95   Alberti, G., „Erarbeitung von optimalen Produktionsinfrastrukturen und Planungs- und Steuerungssystemen", Diss. ETH Zürich, Nr. 11841, Zürich, 1996

APIC16   Pittman, P. et al., APICS Dictionary, 15. Auflage, APICS, Chicago, IL, 2016

Dave93   Davenport, T., „Process Innovation — Reengineering Work Through Information Technology", Harvard Business School Press, 1993

DuHe14   Duden 07, „Das Herkunftswörterbuch", 5. Auflage, Bibliographisches Institut, 2014

FIR97b   Forschungsinstitut für Rationalisierung FIR, „Logistik-Richtwerte für den zwischenbetrieblichen Vergleich", Eigenverlag, Aachen, 1. Auflage, 1997

Foga09   Fogarty, D. W., „Production Inventory Management", 3rd Edition, South Western Publishing, 2009

Grul28   Grull, W., „Die Organisation von Fabrikbetrieben", Gloeckners Handelsbücherei Bd. 11/12, 3. Auflage, Gloeckner, Leipzig, 1928

Hack89   Hackstein, R., „Produktionsplanung und -steuerung (PPS) — Ein Handbuch für die Praxis", 2. Auflage, Düsseldorf, 1989

HaCh06   Hammer, M., Champy, J., „Reengineering the Corporation — A Manifesto for Business Revolution", Harper Paperbacks, Cambridge, MA, 2006

Hart04   Hartel, I., „Virtuelle Servicekooperationen — Management von Dienstleistungen in der Investitionsgüterindustrie", BWI-Reihe Forschungsberichte für die Unternehmenspraxis, vdf Hochschulverlag an der ETH Zürich, 2004

Hieb02   Hieber, R., „Supply Chain Management. A Collaborative Performance Measurement Approach", vdf-Verlag, Zürich 2002

LuEv01   Luczak, H., Eversheim, W., „Produktionsplanung und -steuerung — Grundlagen, Anwendungen und Konzepte", 2. Auflage, Springer-Verlag, Berlin, 2001

Oest03   Oesterle, H., „Business Engineering — Prozess- und Systementwicklung", 2. Auflage, Springer, Berlin, 2003

PtSc03   Ptak, Carol A., Schragenheim, E., „ERP: Tools, Techniques, and Applications for Integrating the Supply Chains", 2nd Edition, CRC/St.Lucie Press, 2003

Senn04   Sennheiser, A., „Determinant based selection of benchmarking partners and logistics performance indicators", Diss. ETH Zürich, Nr. 15650, Zürich, 2004

Shin89   Shingo, S., „A study of the Toyota Production System from an Industrial Engineering Viewpoint", Revised Edition, Productivity Press, Stanford, Massachusetts, 1989

Ulic11   Ulich, E., „Arbeitspsychologie", 7. Auflage, vdf Hochschulverlag an der ETH Zürich, 2011

VoBe18   Jacobs, R., Berry, W., Whybark, D.C., Vollmann, T.E., „Manufacturing Planning and Control for Supply Chain Management — The CPIM Reference", 2nd Edition, McGraw-Hill, NY, 2018

Wigh95   Wight, O. W., „MRPII: Unlocking Americas Productivity Potential", Revised Edition, Oliver Wight Publications, 1995

5 Geschäftsprozesse und -methoden des MRPII- / ERP-Konzepts

Nach der Vorstellung der unterschiedlichen Konzepte zur Planung & Steuerung in Kap. 4.5 behandelt dieses Kapitel das MRPII- / ERP-Konzept als erstes und grundlegendes Konzept.

> *ERP („enterprise resources planning")* ist gemäss [APIC16] ein Rahmenwerk zur Organisation, Definition und Standardisierung der Geschäftsprozesse, um die Organisation derart zu planen und zu steuern, dass sie ihr internes Wissen zum Verfolgen externer Vorteile nutzen kann.

Über das weiter unten definierte MRPII-Konzept oder andere Konzepte zur Planung & Steuerung hinaus umfasst das ERP-Konzept das ganze Finanz- und Rechnungswesen sowie das Personalmanagement. Diese beiden Themen werden in diesem Buch jedoch nur am Rande behandelt.

Kap. 5.1 definiert die verschiedenen Aufgaben innerhalb der direkt wertschöpfenden Prozesse, also in Beschaffung, Herstellung, und Vertrieb. Daraufhin wird ein Referenzmodell für Geschäftsprozesse und Aufgaben in Planung & Steuerung hergeleitet. Aus diesem Modell ergibt sich auch der Aufbau der Kapitel im Teil C.

Kap. 5.2 zeigt Geschäftsobjekte und Geschäftsmethoden für den Geschäftsprozess der langfristigen Planung. Eine langfristige Planung ist für langfristige Geschäftsbeziehungen in der Supply Chain ein grundsätzliches Erfordernis. Sie wird meistens als Grobplanung durchgeführt.

Kap. 5.3 präsentiert einen Überblick über die Geschäftsmethoden zur mittel- und kurzfristigen Planung & Steuerung, und zwar in den Bereichen Distribution, Produktion und Verkauf. Sie sind Gegenstand von vertieften Betrachtungen in den nachfolgenden Kapiteln.

Kap. 5.4 behandelt die Geschäftsmethoden zur Planung & Steuerung der F&E.

5.1 Geschäftsprozesse und Aufgaben in der Planung & Steuerung

5.1.1 Das MRPII-Konzept und seine Planungshierarchie

> Das *MRPII-Konzept („manufacturing resource planning")*[1] umfasst eine Menge von Prozessen, Methoden und Techniken zur effektiven Planung aller Ressourcen eines produzierenden Unternehmens. Vgl. auch [APIC16].

Entwicklung und Herstellung müssen oft lange vor der Kundennachfrage geplant werden. Demzufolge ist ein typisches Merkmal des MRPII-Konzepts die *dreistufige Planung nach Fristigkeit* gemäss Abb. 5.1.1.1.

---

[1]   Wichtig: Das MRPII-Konzept darf nicht mit dem MRP-Verfahren („material requirements planning") verwechselt werden. Siehe dazu Kap. 5.3.2 und Kapitel 12.

© Springer-Verlag GmbH Deutschland, ein Teil von Springer Nature 2020
P. Schönsleben, *Integrales Logistikmanagement*,
https://doi.org/10.1007/978-3-662-60673-5_6

Abb. 5.1.1.1   Geschäftsprozesse im Logistikmanagement eines Unternehmens: Gliederung nach Fristigkeit mit Datenhaltung

Das Ziel der *langfristigen Planung* ist erstens die Abschätzung der gesamten Nachfrage an Produkten bzw. Prozessen, die von aussen an das Unternehmen oder an die Supply Chain herangetragen wird, und zweitens die Ableitung und Sicherstellung der zur Erfüllung der Nachfrage nötigen Ressourcen – Personen, Produktionsinfrastruktur oder Zulieferungen von Dritten.

- *Programmplanung* oder *Hauptplanung* sind andere Begriffe für die langfristige Planung. Sie betonen, dass mit dieser Planung wesentliche Eckpfeiler für die Logistik festgelegt sind. Für die kurzfristigeren Planungen ergeben sich somit Randbedingungen und Einschränkungen.

Das Ziel der *mittelfristigen Planung* ist die Präzisierung der Nachfrage in der Zeitachse und die Abstimmung des Bedarfs an Ressourcen mit den wahrscheinlich verfügbaren Ressourcen in der Zeitachse. Die in der langfristigen Planung getroffenen Abmachungen zur Sicherstellung des Bedarfs an Ressourcen sind daraufhin ebenfalls zu präzisieren bzw. zu korrigieren.

- *Detailplanung und Terminplanung* ist ein anderer Begriff für die mittelfristige Planung. Er hebt den grösseren Detaillierungsgrad der Mittelfristplanung hervor. Oft sind nur einzelne Bereiche der Produktion – in der Industrie z.B. Montage oder Teilefertigung – und der Beschaffung involviert. Aber auch die Bereiche Konstruktion und Produktionsprozessentwicklung – insbesondere für Kundenproduktionsaufträge – kommen in Frage.

Die kurzfristige Planung & Steuerung betrifft die eigentliche Abwicklung von Aufträgen. In diesen Zeithorizont fällt auch die kapitalintensive Investition in zugekaufte Güter sowie die Wertschöpfung aus der Sicht des Kunden.

- *Durchführung und Arbeitssteuerung* ist ein anderer Begriff für die kurzfristige Planung & Steuerung. Während der Durchführung liefert das System eine Rückkoppelung auf die es steuernden Personen. Die Steuerung erfolgt de facto im Sinne einer Koordination durch alle beteiligten Menschen gemeinsam. Mit Sicht auf das Unternehmen als ein soziotechnisches System wäre eher „Regelung" oder „*Koordination*" der zutreffende Begriff.

Die langfristige und die mittelfristige Planung werden zyklisch oder periodisch überprüft, um sie der sich verändernden Einschätzung der Nachfrage anzupassen. Dabei sollte jede Planung bereichsgerecht durchgeführt werden. Die kurzfristige Planung sollte enger Anlehnung an den eigentlichen Güterfluss erfolgen (z.B. im Vertrieb, in F&E, in der Produktion (Werkstatt), im Einkauf). Die drei Planungsfristigkeiten legen nahe, die entsprechenden Aufgaben auf verschiedene Personen zu verteilen. Dadurch wird der Planungsprozess aus verschiedenen Blickwinkeln überprüft, was zur Qualität und Realisierbarkeit der Planung beitragen kann.

Die verschiedenen Planungsfristigkeiten sind nicht bei jeder Art von Supply Chains gleich wichtig und gleich ausgeprägt vorhanden. Obwohl die Aufgaben grundsätzlich die gleichen sind, verändern sich ihr Gehalt und damit die Geschäftsprozesse. Zudem ist der Detaillierungsgrad der Planung von der Planungsfristigkeit zu unterscheiden.

> Eine *Grobplanung* bezieht sich auf grobe Geschäftsobjekte. Eine *detaillierte (Objekt-)Planung* bezieht sich auf detaillierte Geschäftsobjekte.

Die Grobplanung dient z.B. zum schnellen Bestimmen der Beschaffungssituation von kritischen Artikelfamilien. Eine Grobplanung ist unverzichtbar bei sehr vielen zu planenden Aufträgen. Sie erlaubt auch das schnelle Durchrechnen von verschiedenen Varianten in der Programmplanung.

I. Allg. steigt der Detaillierungsgrad der Planung mit abnehmender Fristigkeit. Grobplanung kommt meistens bei der langfristigen Planung zum Zuge, detaillierte (Objekt-)Planung bei der kurzfristigen. Dem muss aber nicht so sein. Zumindest Teile der kurzfristigen Planung kann man als Grobplanung erledigen. So kann im Verkauf durch die Betrachtung der Auslastung von Grobkapazitätsplätzen und durch die Verfügbarkeitsprüfung auf Rohmaterial-Artikelfamilien rasch über die Annahme eines Kundenproduktionsauftrags entschieden werden. Umgekehrt wird die langfristige Planung in der Prozessindustrie oft als detaillierte (Objekt-)Planung durchgeführt[2].

Grobe und detaillierte Geschäftsobjekte sind ebenfalls Objekte in der Datenhaltung. Siehe dazu Kap. 1.2, besonders Kap. 1.2.5 sowie Kapitel 17.

> Die *Datenhaltung* sorgt dafür, dass die benötigten Daten über Objekte jederzeit detailliert und aktualisiert zur Verfügung stehen.

5.1.2 Teilprozesse und Aufgaben in der lang- und mittelfristigen Planung

Die Abb. 5.1.2.1 zeigt Ablauf und Aufgaben der *langfristigen Planung* in der MEDILS-Form. Nachfolgend die noch nicht eingeführten Definitionen (für die Definition der MEDILS-Symbole siehe Kap. 4.1.3.). Während die Definitionen der Aufgaben nachfolgend angegeben werden, sind die Methoden und Techniken der Programmplanung in Kap. 5.2 beschrieben.

> Die *Angebotsbearbeitung* geht von einer Angebotsanfrage eines Kunden aus und legt den Lieferumfang (Arbeit bzw. Produkt bzw. Produktfamilie, Menge und Fälligkeitstermin) fest. Für Details siehe Kap. 5.2.1.

---

[2]   Der Begriff Feinplanung wird in der Folge nicht verwendet. In der Praxis wird dieser Begriff sowohl auf die kurzfristige Planung als auch auf die detaillierte (Objekt-) Planung angewendet. Dies hat schon zu vielen Missverständnissen geführt.

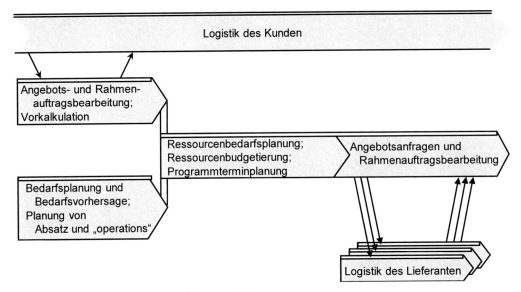

Abb. 5.1.2.1   Planung langfristig: Haupt- oder Programmplanung

Ein *Kundenrahmenauftrag* hält den Lieferumfang an den Kunden fest. Er kann durch grobe Geschäftsobjekte beschrieben werden, also Produktfamilien oder Grobkapazitätsplätze. Der Auftragsfälligkeitstermin ist dann ggf. nur als Zeitperiode definiert. Für Details siehe Kap. 5.2.1.

Bedarfsvorhersage wurde schon im Kap. 1.1.3 definiert. Sie ist eine Abschätzung des zukünftigen Bedarfs. *Bedarfsplanung* verbindet Bedarfsvorhersage und Urteilsvermögen, um Bedarf für Produkte und Services entlang der Supply Chain abzuschätzen (vgl. (APIC16]). Für Details siehe Kap. 5.2.1 und Kapitel 10.

Die *Planung von Absatz und Operationen* (engl. *„sales & operations planning"*) ist gemäss [APIC16] ein Prozess, der alle Pläne für das Geschäft (Marketing, Entwicklung, Absatz, Produktion, Beschaffung und Finanz) in eine einzige integrierte Menge von Plänen zusammenbringt. Der Prozess wird z.B. einmal im Monat durchgeführt und wird durch das Management auf einer *aggregierten* (Produktfamilien-)Ebene überprüft. Für Details siehe Kap. 5.2.2.

Ressourcenbedarfsplanung bzw. *Ressourcenplanung* (engl. *„resource requirements planning"*) berechnet den Bedarf an Komponenten und Kapazitäten (Personen und Infrastruktur), ausgehend vom Produktionsplan, i. Allg. entlang der Zeitachse aufgeteilt, über eine Explosion der Produktstrukturen (auch *Stücklistenexplosion* genannt) und Arbeitspläne. Es handelt sich um eine *Bruttobedarfsrechnung*: Bestände an Lager oder an offenen Aufträgen werden nicht berücksichtigt. (Für Details siehe Kap. 5.2.2.)

Der Output der Ressourcenbedarfsplanung umfasst insbesondere auch einen der *Beschaffungsplan für Komponenten und Material*.

Die *Ressourcenbudgetierung* berechnet das Beschaffungs- oder Materialbudget, das Kapazitätsbudget (direkte und Gemeinkosten) und das Budget der übrigen Gemeinkosten. (Für Details siehe Kap. 5.2.2.)

Die Programmplanung rechnet also die Mengen an Ressourcen, welche im langfristigen Planungshorizont verbraucht werden sollen.

Der *Planungshorizont* ist die zur Planung einbezogene Zeitperiode der Zukunft.

Der Planungshorizont muss mindestens die kumulierte Durchlaufzeit zur Herstellung alle Mengen im Programm-Terminplan bzw. Haupt-Terminplan (engl. „master schedule", MS) umfassen. Das schliesst die Produktion, die Beschaffung aller Komponenten sowie die kundenspezifisch Entwicklung und Konstruktion ein.

Programm-Terminplanung oder *Haupt-Terminplanung* (engl. *„master scheduling"*) bedeutet die Erstellung eines Planes, mit dem *spezifische* Produkte oder Dienstleistungen innerhalb *spezifischer* Zeitperioden produziert werden sollen.

Für Details siehe Kap. 5.2.3. Ein wichtiger Output der Programm-Terminplanung ist der Programm- bzw. Haupt-Produktionsterminplan (engl. *„master production schedule"*, MPS), die disaggregierte Version eines Produktionsplans, ausgedrückt in spezifischen Produkten, Konfigurationen, Mengen und Terminen. Dieser wiederum ist der Input für die Grobkapazitätsplanung.

Angebotsanfragen und Rahmenauftragsbearbeitung umfasst das Platzieren des Beschaffungsplans für direkt absetzbare Produkte, für Komponenten und Material sowie des Bedarfs an externen Kapazitäten bei Zulieferern in der Supply Chain. Dazu gehören die Lieferantenauswahl, das Einholen der Angebote und die Bearbeitung der Lieferantenrahmenaufträge.

Siehe Kap. 5.2.4. In der Datenhaltung bildet jeder Rahmenauftrag ein Geschäftsobjekt der Klasse *Auftrag* (siehe Kap. 1.2.1). Ist die Mindestabnahmemenge im Rahmenauftrag null, so handelt es sich um eine blosse Vorhersage.

Die Abb. 5.1.2.2 zeigt Ablauf und Aufgaben der *mittelfristigen Planung* in MEDILS-Form. Die einzelnen Teilprozesse und Aufgaben sind denen der langfristigen Planung ähnlich. Die Präzisierung betrifft das genauere Festlegen von Angeboten und Rahmenaufträgen sowie der Terminpläne, besonders des *Produktionsterminplans* und des *Einkaufsterminplans*, d.h. des Plans, welcher die Produktion – bzw. den Einkauf – ermächtigt, bestimmte Mengen von spezifischen Produkten herzustellen – bzw. zu beschaffen (vgl. [APIC16]).

Die *detaillierte Ressourcenbedarfsplanung* berechnet den detaillierten Bedarf an Material, Komponenten und Kapazitäten (Personen und Infrastruktur), entlang der Zeitachse aufgeteilt, ausgehend vom Programm- bzw. Haupt-Produktionsterminplan (engl. „master production schedule" MPS; die disaggregierte Version des Produktionsplans), entlang der Zeitachse aufgeteilt, über eine Explosion der *detaillierten* Produktstrukturen und Arbeitspläne. Es handelt sich um eine *Nettobedarfsrechnung*: Allfällige Bestände an Lager oder an offenen Aufträgen werden berücksichtigt. Dabei werden Auftragsvorschläge für F&E, Produktion und Beschaffung, zur Deckung des Bedarfs erarbeitet.

Ein *Auftragsvorschlag* bzw. ein *geplanter Auftrag* äussert sich über das zu produzierende bzw. zu beschaffende Gut, die Bestellmenge, den spätesten (annehmbaren) Endtermin, sowie den – oft implizit gegeben – frühesten (annehmbaren) Starttermin.

Mit den Auftragsvorschlägen kann nun auch die Präzisierung der Rahmenauftragsplanung vorgenommen werden.

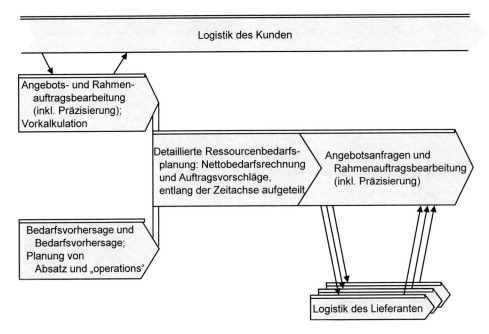

Abb. 5.1.2.2   Planung mittelfristig: Detailplanung und Terminplanung

5.1.3   Teilprozesse und Aufgaben der kurzfristigen Planung & Steuerung

Die Abb. 5.1.3.1 zeigt Teilprozesse und Aufgaben der *kurzfristigen Planung & Steuerung* bzw. Durchführung und Arbeitssteuerung in MEDILS-Form.

Gezeigt ist hier nur eine Produktionsstufe in der Supply Chain. Sie wird durch den Verkauf, die Produktion oder die Beschaffung eines internen oder externen Kunden beauftragt. Die Produktionsstufe beauftragt ihrerseits zuliefernde Stellen, entweder Komponentenlager oder Hersteller einer tieferen Produktionsstufe. Der zweite Teilprozess kann dabei wiederholt ablaufen. Für einen Produktionsauftrag als Beispiel muss man zuerst alle Komponenten beschaffen und daraufhin alle Arbeitsgänge ausführen. Die Auftragsfreigabe kann dann für jeden Teilprozess separat oder auch für alles auf einmal erfolgen. Auch die Auftragskoordination kann wiederholt nötig sein (gestrichelte Pfeile in Abb. 5.1.3.1).

Auftragszusammenstellung geht von einem Auftragsvorschlag aus der mittelfristigen Planung oder von einer Bestellung eines externen oder internen Kunden aus und legt den Lieferumfang (Arbeit bzw. Produkt bzw. Produktfamilie, Menge und Fälligkeitstermin) fest.

Eine Bestellung wird dabei mit einem allfällig bestehenden Angebot oder Rahmenauftrag verglichen. Bei einem F&E-Auftrag besteht die Auftragszusammenstellung in der *Planung des Release-Umfangs*. Das ist ein Teil des Versionenwesens (engl. „engineering change control"). Siehe dazu Kap. 5.4.

Die *detaillierte Ressourcenbedarfsrechnung* berechnet erstens für einen ungeplanten Auftrag, ggf. über eine Explosion der Produktstrukturen und Arbeitspläne (siehe Kap. 1.2.2 und 1.2.3), den detaillierten Bedarf an Ressourcen, d.h. an Produkten, Material, Komponenten und Kapazitäten (Personen und Infrastruktur), entlang der Zeitachse aufgeteilt. Zweitens prüft sie –

für ungeplante und geplante Aufträge – die *Verfügbarkeit* der Ressourcen, d.h. ob der Bedarf gedeckt ist; wenn nötig werden Auftragsvorschläge zur Bedarfsdeckung erarbeitet.

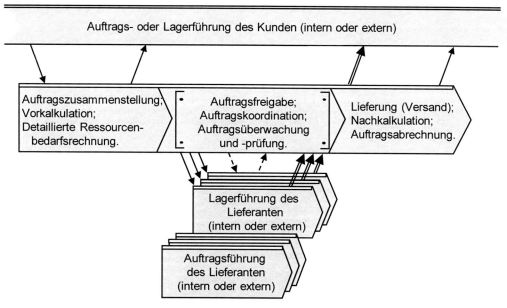

Abb. 5.1.3.1   Planung & Steuerung kurzfristig: Durchführung und Arbeitssteuerung

Falls Ressourcen nicht rechtzeitig verfügbar sind, wird die Durchlaufzeit verlängert. Hier können Verfahren wie „available-to-promise" (ATP) oder „capable-to-promise" (CTP) nützlich sein. Siehe dazu das Kap. 5.3.5.

Auftragsfreigabe umfasst den Entscheid, dass vorgeschlagene oder durch eine übergeordnete Logistik veranlasste Aufträge tatsächlich auch ausgeführt werden. Dabei werden die gesamten administrativen Unterlagen erstellt, welche zur Auftragsbestätigung, zur Auftragsdurchführung (z.B. zur Produktion) oder zum Verkehr mit den Zulieferern nötig sind. Ebenso werden die notwendigen Transportmittel bereitgestellt.

Ein *freigegebener Auftrag* ist ein Produktions- bzw. Einkaufsauftrag, dessen Produktion bzw. Beschaffung läuft, im Gegensatz zu einem geplanten Auftrag.

Auftragskoordination stimmt den Auftrag in seiner Vernetzung mit anderen Aufträgen ab. So kann ein Kundenauftrag z.B. einen Entwicklungsauftrag und mehrere Stufen von Produktions- und Beschaffungsaufträgen nach sich ziehen. Dies sind dann weitere kurzfristige Prozesse der Art der Abb. 5.1.3.1, angeordnet in einer mehrstufigen Ziehlogistik. Ein einfaches Beispiel dafür zeigt die Abb. 4.2.1.2. Im Normalfall sind mehrere Stufen und auch pro Stufe mehrere parallele Teilprozesse zu koordinieren.

Auftragsüberwachung und *-prüfung*: Dazu gehört die *Fortschrittskontrolle*, d.h. das Überwachen (engl. „monitoring") der planmässigen Durchführung aller Arbeiten bezüglich Menge und Liefertreue. (Im Falle von grossen Abweichungen wird eventuell eine Neuberechnung des restlichen Prozessplanes nötig). Dazu gehört auch die *Qualitätsprüfung*, d.h. die Prüfung der eingehenden Güter aus der Produktion und der Beschaffung auf ihre Qualität. Dies ist mitunter ein umfangreicher Prozess aufgrund eines spezifischen Qualitätsprüfplanes.

In der Datenhaltung bilden sämtliche Arten von Aufträgen je ein Geschäftsobjekt der Klasse *Auftrag* (siehe Kap. 1.2.1).

Für die *Lieferung* bzw. den *Versand* werden die Produkte aus dem Lager ausgefasst (Kommissionierung) und versandbereit gemacht, die notwendigen Transportmittel und Begleitpapiere zur Verfügung gestellt und die Zustellungen ausgeführt.

In der *Nachkalkulation* werden schliesslich die Daten aus der Betriebsdatenerfassung (d.h. vor allem Ressourcenverbräuche) ausgewertet.

Die *Auftragsabrechnung* übermittelt die Ergebnisse der Kostenrechnung dem Kunden (z.B. in Form einer Rechnung) und verändert in der Datenhaltung ggf. Vorgabewerte für die Geschäftsobjekte.

5.1.4 Das Referenzmodell für Prozesse und Aufgaben in der Planung & Steuerung

Die Abb. 5.1.4.1 vermittelt eine Übersicht der Konzepte der letzten Teilkapitel. Sie zeigt die Beziehung zwischen den Planungsprozessen nach ihren Fristigkeiten. Diese Art der Darstellung ist typisch für Studienmaterial, welches das MRPII- / ERP-Konzept behandelt.[3]

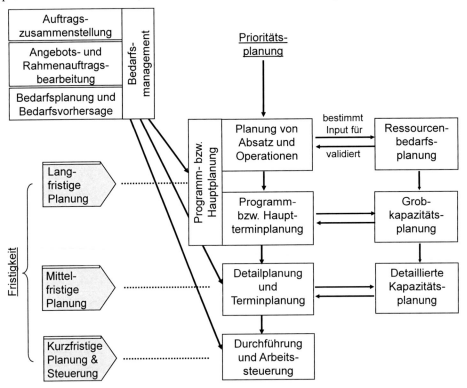

Abb. 5.1.4.1   Planungs- und Steuerungsprozesse in der Produktion nach ihren Fristigkeiten im MRPII-Konzept

---

[3]   *Prioritätsplanung* ist die Funktion zur Bestimmung, welches Material wann nötig ist (vgl. [APIC16]).

Die Abb. 5.1.4.2 vermittelt eine Übersicht über – vertikal – die Prozesse zur Planung & Steuerung im Logistikmanagement, gegliedert nach ihren Fristigkeiten sowie – horizontal – alle Aufgaben der Planung & Steuerung. Die Prozesse und Aufgaben sind in einer zeitlich logischen Reihenfolge aufgeführt, wie sie aus den Abb. 5.1.2.1, Abb. 5.1.2.2 und Abb. 5.1.3.1 hervorgehen.

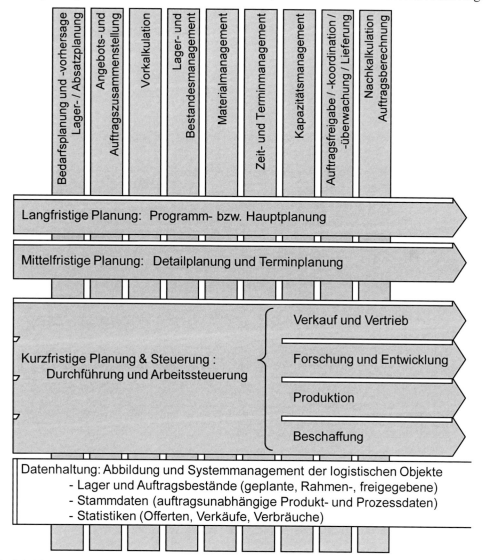

Abb. 5.1.4.2   Das Referenzmodell für Geschäftsprozesse und Aufgaben der Planung & Steuerung

Eine so geraffte Form der Prozessdarstellung erlaubt die Aufgaben der Planung & Steuerung als *Querschnittaufgaben* aufzufassen. Obwohl Abweichungen vorkommen, sind die Querschnittsaufgaben in allen Fristigkeiten und Auftragsarten, in denen sie auftreten, im Prinzip ähnlich ausgebildet. Eine bestimmte Aufgabe braucht jedoch nicht in jeder Fristigkeit und jedem Geschäftsprozess vorzukommen. Man benötigt während ihrer Durchführung auch nicht jedes logistische Objekt in der Datenhaltung. Das Referenzmodell kennzeichnet sowohl die Elemente eines Systems zur Planung & Steuerung als auch die verschiedenen Möglichkeiten zur Bildung von Teilsystemen, entweder entlang der Geschäftsprozesse oder entlang gleicher Aufgaben.

Bedarfsvorhersage, Lager- und Absatzplanung, Angebotsbearbeitung und Auftragszusammenstellung sowie Vorkalkulation entsprechen den Definitionen in Kap. 5.1.2 und Kap. 5.1.3. Des Weiteren wurde die Ressourcenbedarfsplanung in dieser Abbildung in die drei klassischen Aufgaben der Planung & Steuerung unterteilt.

> *1. Materialmanagement* soll die zur Deckung der Nachfrage notwendigen Güter (z.B. Endprodukte, Halbfabrikate, Einzelteile, Rohmaterial und Informationen) kostengünstig und termingerecht zur Verfügung stellen.
>
> *2. Zeit- und Terminmanagement* sowie *3. Kapazitätsmanagement* sollen die notwendige Kapazität zur Deckung der durch die Aufträge auftretenden Belastung der Personen und der Produktionsinfrastruktur kostengünstig und termingerecht sicherstellen.

Die Aufteilung rührt daher, dass für Güter in der Zeitachse meistens ein Vorrat bestehen kann (mit Ausnahmen in der kontinuierlichen Produktion, siehe Kapitel 8), bei Zeit und Kapazität ist dies jedoch i. Allg. nicht möglich (siehe dazu das Ende des Kap. 5.3.3). Unterschiedliche Geschäftsmethoden für diese Ressourcen sind die natürliche Konsequenz.

Traditionelle, aus dem industriellen Rechnungswesen stammende und etwas einschränkende Begriffe für die oben eingeführten Bezeichnungen sind:

> * *Materialwirtschaft* für Materialmanagement (engl. „*materials management*")[4]
> * *Zeitwirtschaft* für Zeitmanagement (engl. „*time management*")
> * *Terminplanung und -rechnung* für Terminmanagement (engl. „*scheduling*")
> * *Kapazitätswirtschaft* für Kapazitätsmanagement (engl. „*capacity management*").

Der Begriff „management" deutet auf die Erweiterung von der reinen Kostensicht auf die umfassendere Aufgabe der Leistung hin (siehe dazu das Kap. 1.3.1). Eigentlich wäre *Gütermanagement* anstelle von Materialmanagement der bessere Begriff, da durch diese Aufgabe Endprodukte ebenfalls behandelt werden[5]. Materialmanagement ist jedoch der allgemein verwendete Begriff.

> *Lagermanagement* umfasst die Aufgaben rund um das Lagern von Gütern und das Besorgen der Bestandstransaktionen, z.B. das Liefern von gelagerten Gütern an verbrauchende Stellen oder die Warenannahme.
>
> *Bestandsmanagement* (engl. „*inventory management*") plant und steuert die Bestände im Unternehmen. Dazu zählen sämtliche Aufgaben der Bestandssteuerung innerhalb der Supply Chain[6].
>
> *Bestandssteuerung* umfasst die Tätigkeiten und Verfahren, um Bestände auf einem gewünschten Niveau zu halten, z.B. gemäss Abb. 4.2.3.2.

---

[4] Einige Werke, z.B. [ArCh16], verwenden „*materials management*" im weiten Sinn, wie das Integrale Logistikmanagement. In diesem Buch wird der Begriff. Materialmanagement jedoch im engen Sinn, also „nur" bezogen auf Güter und Material verwendet. *Materialbewirtschaftung* ist ein weiterer Begriff für Materialwirtschaft. Er stellt mehr die Abläufe in den Vordergrund. Vgl. dazu [Webe18])

[5] Im Rechnungswesen bezieht sich der Begriff Materialrechnung eher auf die zugekauften oder die Ausgangsmaterialien einer Produktion, nicht aber auf Zwischen- und Endprodukte. Siehe dazu auch den Unterschied der beiden Begriffe *Material* und *Komponente* im Kap. 1.1.1.

[6] Einige Werke, z.B. [Bern99], verwenden den Begriff Bestandsmanagement (engl. „inventory management") im weiten Sinn, so wie das Integrale Logistikmanagement. In diesem Buch wird der Begriff Bestandsmanagement jedoch im engen Sinn, also „nur" bezogen auf Güter und Material verwendet.

In der Abb. 5.1.4.2 erscheint der Lager- und Bestandsführungsprozess selbst nicht explizit. Dafür wurde die Aufgabe *Lager- und Bestandsmanagement* in diesen Prozessen definiert. In der Datenhaltung bilden sämtliche Bestände an Lager und in Arbeit ebenfalls je ein Geschäftsobjekt. Je nach Detaillierungsgrad des Bestandsmanagements kann es dem Geschäftsobjekt *Artikel* zugeordnet sein (siehe Kap. 1.2.2) oder ähnlich wie das Geschäftsobjekt *Auftrag* aufgebaut sein (siehe Kap. 1.2.1). Für die Datenhaltung führt die Abb. 5.1.4.2 noch zwei weitere Begriffe ein:

Unter dem Begriff *Stammdaten* werden die Daten von sämtlichen auftragsunabhängigen Geschäftsobjekten gemäss Kap. 1.2 zusammengefasst.

Unter dem Begriff *Statistiken* werden geeignet zusammengefasste Verbrauchsdaten sowie Daten über Angebots- und Verkaufstätigkeit verstanden.

Aus gewissen Statistikdaten können u.a. auch Werte von Leistungskenngrössen in Kap. 1.4 hergeleitet werden. Als Beispiel siehe Kap. 11.2. Für die ausführlichere Beschreibung der Stammdaten siehe Kapitel 17.

Auftragsfreigabe, -koordination, -kontrolle und Lieferung entsprechen den Definitionen in Kap. 5.1.3. Auf das in der Abb. 5.1.4.2 definierte Referenzmodell der Planung & Steuerung wird in der genaueren Behandlung der Geschäftsprozesse und -methoden immer wieder Bezug genommen. Für die detaillierte Behandlung der einzelnen Aufgaben in Planung & Steuerung in den Kapiteln 10 bis 17 dient die Abb. 5.1.4.2 zudem als einführende Positionierung.

5.1.5 Über MRPII hinaus: DRPII, integriertes Ressourcenmanagement und die „Theory of Constraints"

Die Vertriebsplanung ist ein Bestandteil des ERP-Konzepts, der über MRPII hinaus geht.

Die *Vertriebsplanung* umfasst die Planungstätigkeiten, die mit Standorten, Transport, Lagerhausführung, Beständen, Umgang mit Material, Verpackung, Auftragsverarbeitung, Datenverarbeitung und Kommunikationsnetzwerken zur Vertriebsunterstützung zu tun haben (nach [APIC16], mit einer veränderten Reihenfolge der Aufgaben).

Die Vertriebsplanung legt die oft mehrstufige Versandnetzwerkstruktur fest (siehe Kap. 3.1.3). Das Bestandsmanagement in dieser Kette kann im Prinzip ähnlich wie dasjenige der Kette vom Rohmaterial über die verschiedenen Strukturstufen hin zum Endprodukt gehandhabt werden. Eine zentrale Aufgabe der Vertriebsplanung ist das Ressourcenmanagement im Versandsystem, insbesondere das Bestandsmanagement.

Vertriebsbestand ist i. Allg. Bestand an Endprodukten und Ersatzteilen, welcher sich im Versandsystem, also in Güterlagern oder Versandzentren und im Transit zwischen solchen und dem Verbraucher befindet ([APIC16]). *Pipelinebestand* ist ein synonym gebrauchter Begriff dazu[7].

Distribution resource planning (DRPII) ist die Vertriebsplanung in Bezug auf die Schlüsselressourcen in einem Versandsystem: Lagerhausplatz, Arbeitskräfte, Geld, Lastwagen, Frachtwagen usw. ([APIC16]).

---

[7]   Im Vergleich dazu steht der Begriff *Transportbestand* nur für Bestand, der sich im Transit zwischen Standorten befindet.

Der Begriff *DRPII* entstand als Erweiterung des Begriffs *DRP* (*distribution requirements planning*, siehe Kap. 12.2.1), der für ein deterministisches Verfahren des Vertriebsbestandsmanagements steht. Er wurde in analoger Weise gebildet, wie der Begriff *MRPII* als Erweiterung des MRP-Verfahrens. Die Techniken des Vertriebsbestandsmanagements unterscheiden sich im Wesentlichen *nicht* vom Bestandsmanagement in Produktion und Beschaffung. Sie werden deshalb *nicht* in einem eigenen Kapitel behandelt werden. Der Vertriebssteuerung hingegen ist ein eigenes Unterkapitel gewidmet, nämlich Kap. 15.4. Dort werden auch wesentliche *Ergebnisse* der Vertriebsplanung beschrieben, wie z.B. die Tourenplanung.

Ressourcenmanagement ist gemäss [APIC16] die effektive Identifikation, Planung, Terminplanung, Durchführung und Steuerung *aller* organisatorischen Ressourcen, um ein Gut oder eine Dienstleistung herzustellen. *Integriertes Ressourcenmanagement* wird synonym dazu gebraucht.

Die Reihenfolge der drei klassischen Aufgaben Materialmanagement, Zeit- und Terminmanagement sowie Kapazitätsmanagement gemäss Abb. 5.1.4.2 ist heute eher didaktisch von Bedeutung. Sie ist dadurch begründet, dass es sich beim – ursprünglichen – MRPII-Konzept um eine *Material-dominierte* Terminplanung handelt. In Abb. 5.1.4.1 kommt dies durch die Aufgaben in der Kolonne *Prioritätsplanung* zum Ausdruck. Im klassischen MRPII-Konzept kommt der Arbeitsplan nicht vor. Es gibt es einzig die Vorlaufzeit, die jedem Artikel als Attribut hinzugefügt ist. Diese Ansicht kam auch der früher sehr beschränkten Rechenkapazität von Computern entgegen, denn allein der Planungslauf für das Materialmanagement (der sog. „MRP-run") brauchte früher bei einer grösseren Firma ein ganzes Wochenende. Der Planungslauf für das Zeit- und Terminmanagement sowie das Kapazitätsmanagement (der sog. „CRP-run") brauchte nochmals gleich viel Zeit. Er musste darum separat vom Materialmanagement betrieben werden können.

Werden Kapazitäten wichtiger, muss man jedoch alle Aufgaben integriert als Ressourcenmanagement betreiben, zeitlich parallel in Abhängigkeit voneinander. Dies ist bei allen neueren Konzepten, sowohl dem Lean-/Just-in-time-Konzept als auch dem varianten- und dem prozessorientierten Konzept sowie in der „advanced planning and scheduling"-(APS-)Software der Fall. Die Rechenleistung ist zudem kein Hindernis mehr. Andere Gründe für das Umdenken hin zum (integrierten) Ressourcenmanagement sind die verstärkte Berücksichtigung von Durchsatz und Engpässen, und – schliesslich und umfassender – die „theory of constraints".

Durchsatz ist die Rate, mit welcher das (Produktions-)System einen gewünschten Output generiert. Die Rate wird bezogen auf eine Zeiteinheit ausgedrückt (vgl. [APIC16]).

Ein *Engpass* bzw. eine *Engpasskapazität* ist ein Kapazitätsplatz, bei welchem der Kapazitätsbedarf grösser als die verfügbare Kapazität ist (vgl. [APIC16]).

Eine hohe Auslastung der Kapazität führt tendenziell zu tiefen Kosten (sieh dazu Abb. 1.4.3.4). Jedoch können ausgelastete Kapazitäten gleichzeitig zu Engpässen führen. Wenn sie aus irgendeinem Grunde nicht arbeiten können, reduzieren sie unmittelbar den Durchsatz des Unternehmens und damit seine Leistung, seinen Output. Effektives *Engpassmanagement* (u.a. auch der TOC-Ansatz) schlägt deshalb vor,

- eine Engpasskapazität auch während Pausen und mit grösstmöglicher Überzeit zu betreiben. Sie soll darüber hinaus mit Lagern gepuffert werden, und zwar vor und nach dem Kapazitätsplatz. Dies erlaubt einerseits maximale Auslastung des Engpasses, da er nicht auf verspätet eintreffendes Material warten muss. Gibt es andererseits eine Ausfallzeit (z.B. eine Panne) auf der Engpasskapazität, so schlägt dies nicht unmittelbar auf den

Lieferbereitschaftsgrad durch. Auch können durch zusätzlichen administrativen Aufwand am Engpass verschiedene Kundenaufträge auf dasselbe Gut zusammengefasst werden, was die Losgrössen erhöht, damit den Rüstzeitanteil auf der Maschine und somit die Belastung reduziert.

- auf Nicht-Engpass-Kapazitäten nur dann zu arbeiten, wenn wirklich Kundenaufträge vorliegen, also nicht „auf Reserve" zu produzieren. Dies hält die Ware in Arbeit möglichst klein. Die Auslastung wird nämlich durch zu frühes Freigeben von Arbeiten nicht besser, da der Kapazitätsplatz einfach später nicht arbeiten wird. Dafür steht dann Ware herum, die nicht sofort weiter benötigt wird und Lagerhaltungskosten verursacht.

> Die „*theory of constraints*" *(TOC)* ist ein Ansatz zum integrierten Ressourcenmanagement, der sich an den Engpässen oder „bottlenecks" eines logistischen Systems orientiert, oder – allgemeiner gesagt – an den Faktoren, die den Durchsatz durch das System begrenzen oder einschränken.

Die TOC wurde in den 1980er Jahren und frühen 1990er Jahre in Nordamerika propagiert. Siehe dazu [GoCo14]. Der Grundgedanke fasst das Planungsproblem im Logistikmanagement als einen durch (Un-)Gleichungen (engl. „constraints") beschränkten Lösungsraum auf.

> Ein „*constraint*", zu Deutsch eine *Beschränkung*, ist irgendein Element oder Faktor, der ein System daran hindert, eine höhere Leistung im Hinblick auf sein Ziel zu erbringen ([APIC16]).

Ein solcher Zwang wird z.B. durch eine beschränkte Kapazität, einen Kundenbedarf (Menge und Fälligkeitstermin) oder die Verfügbarkeit eines Materials gebildet. Es kann sich auch um ein Management-Problem handeln.

Die Vorstellung des durch „constraints" beschränkten Lösungsraums stammt aus dem „operations research", das auch Algorithmen zur Lösung bereitstellt. Das Problem sind oft weniger die Algorithmen als vielmehr der beschränkte Lösungsraum selbst, der keine vernünftigen Lösungen zulässt. Die TOC versucht nun, den Lösungsraum sukzessive und gezielt gemäss den in Abb. 5.1.5.1 gezeigten *fünf fokussierenden Schritten* auszunutzen und zu erweitern. Ein dazu passendes Verfahren zur Produktionssteuerung ist das „*Drum-Buffer-Rope*"-Verfahren. Siehe dazu Kap. 14.3.3.[8]

1. Identifiziere den grössten „constraint" (d.h. eine Ungleichung, die den Lösungsraum ungebührlich einschränkt). Dabei kann es sich z.B. um einen Engpass handeln.
2. Nutze den „constraint" aus: Zum Beispiel sollte eine Engpasskapazität auch während Pausen durch sich abwechselnde Teams ausgelastet werden, so dass die Kapazität nie ungenutzt bleibt.
3. Ordne alles dem „constraint" unter: Zum Beispiel ist die gute Auslastung von Nicht-Engpasskapazitäten von sekundärer Wichtigkeit.
4. Erhöhe den „constraint": Stelle z.B. gezielt mehr Kapazität zur Verfügung.
5. Gehe zum ersten Schritt, d.h. zur nächsten Iteration.

Abb. 5.1.5.1   Die fünf fokussierenden Schritte gemäss dem „theory-of-constraints"-Ansatz (TOC)

---

[8]   Drum-Buffer-Rope ist ein Ansatz zur Steuerung einer synchronisierten Produktion. *Synchronisierte Produktion* ist eine Philosophie des Produktionsmanagements, die eine kohärente Menge von Prinzipien und Verfahren einschliesst, welche das umfassende Ziel des Systems unterstützen (vgl. [APIC16]).

5.2   Programm- oder Hauptplanung — Langfristige Planung

Dieses Teilkapitel behandelt den langfristigen Geschäftsprozess in der Planung & Steuerung, also die langfristige Planung oder Hauptplanung, detailliert. Das geschieht einerseits wegen der Wichtigkeit der langfristigen Planung – gerade aufgrund ihrer Fristigkeit. Andererseits können die in der Abb. 5.1.4.2 dargestellten Aufgaben in der Planung & Steuerung in der langfristigen Planung in ihrem Zusammenwirken gezeigt werden, ohne dass eine nicht elementar zugängliche Methodik verwendet werden müsste. Das Teilkapitel enthält detaillierte Information über die verschiedenen Aufgaben gemäss Abb. 5.1.2.1.

5.2.1   Bedarfsmanagement

Bedarfsmanagement (engl. *„demand management"*) ist gemäss [APIC16] die Aufgabe, die gesamte Nachfrage für Güter und Dienstleistungen auf dem Markt zu erkennen.

Gemäss Abb. 5.1.4.1 umfasst diese Aufgabe u.a. die folgenden Teilaufgaben und -prozesse der lang-, mittel- und kurzfristigen Planung aus Kap. 5.1:

- Angebots- und Rahmenauftragsbearbeitung
- Bedarfsplanung und Bedarfsvorhersage
- Auftragseingabe und -zusammenstellung

Ein *Kundenauftrag* ist ein sog. deterministischer Primärbedarf: Menge, Fälligkeitstermin sowie übrige sachliche Ausprägungen sind vollständig bekannt.

Der *(Kunden-)Auftragsdienst* umfasst den Empfang sowie die Eingabe[9], Zusammenstellung und Bestätigung von Aufträgen von Kunden, Verteilzentren sowie anderen Werken[10].

Der Kundenauftragsdienst ist auch verantwortlich für Auskünfte zuhanden des Kunden während der Lieferdurchlaufzeit sowie den Kontakt mit der Programm-Terminplanung, z.B. die Verfügbarkeit von Produkten betreffend. Ein wichtiger Faktor zur Bestimmung der Termine von Kunden-Primärbedarfen ist die Versandnetzwerkstruktur des Unternehmens (siehe Kap. 4.1.4).

Dem Status der erfolgten Auftragsbestätigung eines Kundenauftrags gehen – gerade im Falle von Investitionsgütern – verschieden lang dauernde Angebotsstati voraus.

Ein *Kundenangebot* ist eine Aussage über den Preis, die Verkaufsbedingungen und die Beschreibung von Gütern oder Dienstleistungen gegenüber einem Kunden, die ihm als Antwort auf seine Angebotsanfrage gegeben wird.

Die Angebotsstati dauern verschieden lang. Dabei werden die Bedarfe nach und nach immer genauer festgelegt. In diesem Falle sind die entsprechenden Bedarfe nicht unbedingt definitiv, aber sie sind doch für die Planung der Produktion und der Beschaffung zu berücksichtigen. Ein Angebot zieht eine gewisse Wahrscheinlichkeit nach sich, dass der Auftrag später auch wirklich in der bereits vorliegenden Form erteilt wird. Die wohl einfachste Methode zur Berücksichtigung von Angeboten besteht darin, die Bedarfe mit ihrer Erfolgswahrscheinlichkeit zu multiplizieren.

---

[9]   Die *Auftragseingabe* ist die Übersetzung des Kundenauftrags in die Sprache des Anbieters.
[10]   *Zwischenwerksaufträge* sind Aufträge von anderen Werken innerhalb desselben Unternehmens.

> Die *Auftragserfolgswahrscheinlichkeit* wertet den durch das Kundenangebot definierten Bedarf ab. Nur die so reduzierten Bedarfe werden als Primärbedarfe für das Ressourcenmanagement eingeplant.

Bei diesem simplen Verfahren ist die laufende Anpassung der Auftragserfolgswahrscheinlichkeit an die realen Verhältnisse, z.B. durch laufende Messung der Auftragserfolgsquote, mit abnehmender Planungsfristigkeit sehr wichtig. Die Angebote müssen zudem genügend früh bestätigt oder aber wieder entfernt werden, um bei Beschaffungsengpässen den definitiv einzuplanenden Kundenaufträgen Platz zu machen. Das Angebot ist damit um einen *Verfalltermin* zu ergänzen, ab welchem der zugesagte Liefertermin ohne weiteres nach hinten verschoben oder aber das Angebot als inaktiv bezeichnet werden kann. Eine solche Funktion kann in einem Software-System automatisiert werden.

Bei *Engpässen* in Beschaffung oder Produktion ist eine zuverlässige Lieferterminangabe für ein neu einzuplanendes Angebot ein Problem. Wenn viele weitere Angebote eingeplant sind, ist der Endtermin, der durch das Einplanen des neuen Angebots in begrenzte Ressourcen ermittelt wurde, nur ein wahrscheinlicher Termin. Er muss dann ergänzt werden, z.B. durch einen maximalen Endtermin, der sich so errechnet, als wenn alle Angebote oder ein grosser Anteil davon realisiert würden. Dafür werden die Bedarfsanteile der Angebote, welche bei der angenommenen Auftragserfolgswahrscheinlichkeit nicht berücksichtigt wurden, zusammengezählt und in das Ressourcenmanagement, vor allem der Kapazitäten, einbezogen. Die Durchlaufzeit der notwendigen, aber nicht disponiblen Komponenten ergibt den „maximalen" Endtermin für das neue Angebot. Während in einer detaillierten Planung dieses hier nur rudimentär beschriebene Verfahren einen grossen Rechenaufwand nach sich zieht, ist es in einer Grobplanung oft geeignet und im Aufwand vertretbar.

> Ein Kundenangebot führt oft zu einem *Kundenrahmenauftrag*, der langfristig eine Mindestabnahmemenge und eine maximale Abnahmemenge während eines bestimmten Zeitraumes festlegt.

Ist die Mindestabnahmemenge Null, dann handelt es sich um eine blosse Vorhersage.

- Die *unsicheren Mengenanteile* eines Rahmenauftrags können nun ähnlich wie bei Angeboten behandelt werden, d.h. durch laufende Präzisierung ihrer Erfolgswahrscheinlichkeit bei abnehmender Fristigkeit. In der kurzfristigen Planung bestellt man mit kurzfristigen Rahmenaufträgen eine bestimmte Menge während eines festgelegten Zeitraumes, lässt aber offen, wann und in welcher Stückelung dieser Bedarf durch Abrufaufträge abgerufen wird.

- Für die *unsicheren Termine* liegen meistens zusätzliche Informationen vor. Diese zeigen z.B. an, welche Menge in der Zukunft abgerufen werden wird, versehen mit einem prozentualen Abweichungsfaktor. Mit diesen Angaben kann man die Teilbedarfe in der Zeitachse verteilt ansetzen werden. Auch hier gilt es, die Bedarfsstückelung laufend der Realität oder zumindest den Präzisierungen seitens des Kunden anzugleichen. Für genauere Angaben zu Rahmenaufträgen siehe Kap. 5.2.4.

> Die *Bedarfsvorhersage* ist gemäss Kap. 1.1.3 eine Abschätzung des zukünftigen Bedarfs.

Sobald Artikel stromaufwärts vom (Kunden-)Auftragseindringungspunkt produziert oder beschafft werden müssen, ist eine Bedarfsvorhersage nötig (siehe Kap. 4.4.3). Die Notwendigkeit zur Bedarfsvorhersage variiert im Zeitverlauf sowie in Abhängigkeit von der Branche, vom

Markt und vom Produkt. Beispiele von Käufermärkten mit einer grossen Vorhersage-notwendigkeit sind der Konsumgüterhandel oder die Versorgung mit Komponenten für eine Dienstleistung oder ein Investitionsgut. Bevor ein Kunde einen definitiven Auftrag platziert, müssen z.B. bereits Einzelteile einer Maschine oder Rahmenwerke, die Datendefinitionen und Softwareprogramme enthalten, produziert oder beschafft werden.

Zu den Techniken zur Bedarfsvorhersage gehören solche, die auf Ermessen und Intuition basieren, aber auch einige sehr komplizierte Techniken. Kapitel 10 stellt Eine Anzahl von ihnen vor.

5.2.2 Planung von Absatz und Operationen sowie Ressourcenbedarfsplanung

Die Planung von Absatz und Operationen (engl. „sales & operations planning", für die Definition siehe Kap. 5.1.2) ist ein Ansatz zur taktischen Planung einer Firma bzw. einer Supply Chain.

Die *taktische Planung* ist der Prozess, der eine Menge von bereichsbezogenen, *taktischen Plänen* entwickelt, z.B. den Absatz-, den Bestands-, oder den Produktionsplan (vgl. [APIC16]).

Ein *Absatzplan* ist gemäss [APIC16] eine zeitperioden-bezogene Aussage der erwarteten Kundenbestellungen in der Zukunft (und zwar Verkäufe, nicht Lieferungen), für jede Produktfamilie oder jeden Artikel.

Ein Absatzplan ist mehr als nur eine Vorhersage. Er spiegelt die Verpflichtung des Verkaufsmanagements wider, welche von Vorhersagen abhängig sein kann. Er wird in Bruttoeinnahmen auf einer aggregierten Ebene ausgedrückt.

Ein *Produktionsplan* ist gemäss [APIC16] der abgestimmte Plan, der besagt, welcher Output (Produkte, Menge und Termine) – von einer übergeordneten Ebene her gesehen – hergestellt werden soll. *Produktionsplanung* ist der Prozess zur Entwicklung des Produktionsplans.

Ein Produktionsplan wird i. Allg. in monatlichen Raten für jede Produktfamilie ausgedrückt. Der Plan kann in verschiedenen Masseinheiten ausgedrückt werden: Stück, Tonnen, Standardzeit, Anzahl Mitarbeitende usw.

Analog ist ein *Beschaffungsplan für direkt absetzbare Produkte* der gegenseitig abgestimmte Plan, der angibt, welche Produktfamilien oder Produkte zugekauft werden sollen, die zum direkten Absatz bestimmt sind. Diese beschafften Artikel werden also weder im Unternehmen selbst verbraucht noch als Komponenten in die herzustellenden Produkte eingebaut.

Ein Absatzplan spiegelt i. Allg. keine gleichmässige Nachfrage wider. Im Gegensatz dazu haben die Kapazitäten (Mitarbeitende und Produktionsinfrastruktur) die Tendenz zur Verfügbarkeit in gleichmässigen Raten. Wenn nun das Nachfragemuster nicht umstrukturiert werden kann – z.B. indem man Preisreduktionen anbietet oder die Fälligkeitstermine der Lieferungen ändert, dann gibt es im Prinzip die folgenden zwei Herstellstrategien[11] (oder eine Kombination von beiden):

- Quantitativ flexible Kapazitäten, um diese mit den Nachfrageschwankungen in Übereinstimmung zu bringen.

---

[11]   Eine *Herstellstrategie* ist eine langfristige Aussage über die Definition und den Einsatz von Ressourcen zur Herstellung von Gütern.

- Lagerung der Produkte, um den Spitzenbedarf abzudecken, während mit gleichmässiger Rate produziert wird.

Die erste dieser beiden Optionen zieht sog. Kosten für den Wechsel des Produktionsrhythmus nach sich. Das können Kosten für Überzeit oder Unterzeit sein, für mehr Einrichtungen und Betriebsmittel, für Teilzeitpersonal, für Einarbeitung und Entlassung von Personal, für Vergabe nach aussen oder Abmachungen für gemeinsame Nutzung von Infrastruktur. Siehe dazu die detaillierte Diskussion in Kap. 14.2.3.

Die zweite Option zieht – wie bereits in Kap. 1.1.3 besprochen – Bestandshaltungskosten nach sich, insbesondere Finanzierungskosten oder Kapitalkosten, Lagerinfrastrukturkosten und Entwertungsrisiko. Siehe dazu die detaillierte Diskussion in Kap. 11.4.1.

Eine *Bestandspolitik* ist eine Aussage über die Ziele und das Vorgehen des Unternehmens in Bezug auf das Management der Bestände.

Die Bestandspolitik drückt bspw. den Grad aus, mit welchem der einen oder anderen der obigen Optionen nachgelebt wird.

Ein *Bestandsplan* setzt ein gewünschtes Niveau an gelagerten Artikeln – meistens an Endprodukten, gemäss einer Bestandspolitik.

Den Produktionsplan kann man nun vom Absatzplan über den gewünschten Bestandsplan erhalten. Dasselbe gilt auch umgekehrt: ein gewünschter Produktionsplan zieht einen entsprechenden Bestandsplan nach sich. Wenn man die Bestandspolitik verändert, erhält man einen unterschiedlichen Produktionsplan sowie den entsprechenden Bestandsplan (bzw. umgekehrt).

Auf das Erstellen des Produktionsplans folgt der Prozess der *Ressourcenbedarfsplanung* (engl. *„resource requirements planning"*, RRP). Ressourcenbedarfe werden für jede Produktfamilie im Produktionsplan durch einfache Explosion der Produktstrukturen (Stücklisten) für Komponentenbedarf (abhängiger Bedarf) und der Arbeitspläne für Kapazitätsbedarf berechnet. Dafür werden Ressourcenlisten oder Produktbelastungsprofile eingesetzt (siehe dazu Abb. 1.2.5.2).

Werden die so erhaltenen Bruttobedarfe für jeden zugekauften Artikel mit den Einstandspreisen gewogen, erhält man eine Näherung, die als Einkaufsbudget dienen kann. Analog gilt dies auch für den Bedarf an den übrigen Ressourcen. Dadurch ergeben sich für den durch den Primärbedarf abgedeckten Planungshorizont:

- der Komponentenbedarf (ein Güterbedarf), der Beschaffungsplan für Komponenten und Material und das Komponenten- oder Materialeinkaufsbudget
- der Kapazitätsbedarf und das Kapazitätsbudget (direkte und Gemeinkosten)
- das Budget der übrigen Gemeinkosten

Bei einer Grobplanung ergibt die Planung von Absatz und Operationen einen *aggregierten Plan*, der also eher auf aggregierten Informationen (groben Geschäftsobjekten wie Produktfamilien, Grobproduktstrukturen sowie *aggregierten Vorhersagen und Bedarfen* (d.h. Vorhersagen und Bedarfe auf Produktfamilien) usw.) als auf detaillierter Produktinformation basiert.

Gerade bei Grobplanung eignet sich die langfristige Planung zur Simulation und zur „Was-wenn"-Analyse von verschiedenen Varianten von Produktionsplänen[12]. Dazu simuliert die Unternehmensleitung (bzw. ein Team, das sich um die Koordination der Supply Chain kümmert) z.B. in einer Halbtagessitzung verschiedene mögliche Entwicklungen des Bedarfs und untersucht die Konsequenzen auf die Realisierung der Produktion und Beschaffung in der Supply Chain. Wegen der nicht berücksichtigten Komponenten bzw. Arbeitsgänge werden diese Budgets durch Multiplikation mit Erfahrungswerten auf ein zu erwartendes Budget aufgerechnet. Eine der so berechneten Varianten wird beschlossen und freigegeben.

Die notwendigen Massnahmen zur Erfüllung dieses Produktionsplanes werden zeitgerecht in Gang gesetzt. Für die Kapazitäten können rechtzeitig Rahmenaufträge zur externen Produktion sowie Aufträge zum Kauf neuer Maschinen und Gebäude oder für Akquisitionen von Personen veranlasst werden. Für zu beschaffende Güter bzw. Kapazitäten kann man Rahmenaufträge mit Lieferanten vereinbaren oder bereits vorliegende Vereinbarungen ergänzen.

Die Abb. 5.2.2.1 zeigt einen typischen Algorithmus, der innerhalb der Planung von Absatz und Operationen zum Einsatz kommt, um den Produktionsplan und den Beschaffungsplan für direkt absetzbare Produkte zu bestimmen. Er folgt den Ideen des integrierten Ressourcenmanagement, da alle Ressourcen simultan geplant werden.

1. *Absatzplan*: Bestimmen der Vorhersage- oder Nachfragemuster
2. *Produktionsplan, Beschaffungsplan für absetzbare Produkte und Bestandsplan*: Bestimme die Bestandspolitik in Abhängigkeit von den Kosten für den Wechsel des Produktionsrhythmus sowie von den Bestandshaltungskosten. Bestimme die gewünschten Niveaus an Lagerbeständen und berechne den entsprechenden Produktionsplan (bzw. Beschaffungsplan für absetzbare Produkte) oder umgekehrt.
3. *Ressourcenbedarfsrechnung und Ressourcenbudget*: Berechne das Beschaffungsbudget für Komponenten und Material, das Kapazitätsbudget sowie das Budget der Gemeinkosten. Berücksichtige Makrokosten aufgrund des Wechsels des Produktionsrhythmus sowie der Bestände.
4. Vergleiche die Budgetzahlen mit den tatsächlichen Möglichkeiten zur Realisierung und beginne eventuell neu mit Schritt 1, 2, 3, je nach zu bildender Variation.

Abb. 5.2.2.1   Iterative Hauptplanung: ein integriertes Ressourcenmanagement

Wie oben erwähnt, handelt es sich meistens um grobe Geschäftsobjekte im Sinne von Kap. 1.2.5. Somit sind verschiedene Iterationen schnell durchrechenbar. Eine solche Ressourcenplanung wird regelmässig wiederholt (rollende Planung), und zwar für den gesamten Planungshorizont.

Eine gewisse Vorstellung einer solchen iterativen Haupt- oder Programmplanung gibt das in den Abb. 5.2.2.2 bis Abb. 5.2.2.4 gezeigte Beispiel. Anhand von als von Vorhersagen angegebenen Absatzzahlen interessiert man sich für den optimalen Produktionsplan. Durch Rechnen von verschiedenen Varianten möchte man die Folgen verschiedener Herstellstrategien berechnen. Von den in Abb. 5.2.2.1 beschriebenen Schritten werden also nur die Schritte 2 und 3 iteriert.

---

[12]   Eine *Simulation* ist eine modellbasierten Behandlung von verschiedenen Bedingungen, die in der realen Leistung eines System vorkommen können. Eine *„Was-wenn"-Analyse* (engl. *„what-if analysis"*) ist die Evaluation der Konsequenzen von alternativen Strategien, z.B. von Änderungen von Vorhersagen, Bestandsniveau oder Produktionsplänen.

| Monat | Absatz | | Produktion | | Lager |
	monatlich	kumuliert	monatlich	kumuliert	am Mo-natsende
Dezember					200
Januar	500	500	1000	1000	700
Februar	600	1100	1000	2000	1100
März	600	1700	1000	3000	1500
April	800	2500	1000	4000	1700
Mai	900	3400	1000	5000	1800
Juni	1000	4400	1000	6000	1800
Juli	600	5000	1000	7000	2200
August	400	5400	1000	8000	2800
September	600	6000	1000	9000	3200
Oktober	600	6600	1000	10000	3600
November	1800	8400	1000	11000	2800
Dezember	3000	11400	1000	12000	800

Abb. 5.2.2.2   Plan 1: Produktionsplan mit konstantem Niveau

| Monat | Absatz | | Produktion | | Lager |
	monatlich	kumuliert	monatlich	kumuliert	am Mo-natsende
Dezember					200
Januar	500	500	600	600	300
Februar	600	1100	600	1200	300
März	600	1700	600	1800	300
April	800	2500	900	2700	400
Mai	900	3400	900	3600	400
Juni	1000	4400	900	4500	300
Juli	600	5000	600	5100	300
August	400	5400	600	5700	500
September	600	6000	600	6300	500
Oktober	600	6600	1900	8200	1800
November	1800	8400	1900	10100	1900
Dezember	3000	11400	1900	12000	800

Abb. 5.2.2.3   Plan 2: Produktionsplan mit viermaligem Wechseln des Produktionsrhythmus pro Jahr

Eine ausgeprägt saisonales Nachfragemuster wie im erwähnten Beispiel liegt bspw. bei Spielsachen oder Schokolade vor. Soll man nun eine gleichmässige Produktion wählen, dabei aber Lagerbestände akzeptieren, oder soll man eher in Funktion der Bedarfe produzieren, dabei aber Kosten für das Wechseln des Produktionsrhythmus in Kauf nehmen? Damit sind nicht etwa Mikrokosten wie z.B. Maschinenrüstkosten gemeint, sondern vielmehr Makrokosten wie z.B. das Verändern des Personalbestands oder des Maschinenparks. Im Beispiel sollen drei Pläne berechnet werden:

1. Beibehalten des Produktionsrhythmus während des ganzen Jahres.

2. Häufiges Verändern des Produktionsrhythmus, in diesem Fall viermal pro Jahr.

3. Versuch, einen optimalen Kompromiss zwischen den Plänen 1 und 2 zu finden.

Die drei Varianten werden budgetmässig miteinander verglichen, unter Annahme der folgenden Kostensätze:

- Anzahl der notwendigen Stunden zur Herstellung einer Einheit: 100
- Kosten pro Stunde: € 100.-
- Bestandshaltungskosten: 20 % des gelagerten Wertes
- Kosten für Wechsel des Produktionsrhythmus: € 800'000.-, mindestens einmal pro Jahr, entsprechend dem neuen Absatzplan

Monat	Absatz		Produktion		Lager
	monatlich	kumuliert	monatlich	kumuliert	am Mo-natsende
Dezember					200
Januar	500	500	800	800	500
Februar	600	1100	800	1600	700
März	600	1700	800	2400	900
April	800	2500	800	3200	900
Mai	900	3400	800	4000	800
Juni	1000	4400	800	4800	600
Juli	600	5000	1200	6000	1200
August	400	5400	1200	7200	2000
September	600	6000	1200	8400	2600
Oktober	600	6600	1200	9600	3200
November	1800	8400	1200	10800	2600
Dezember	3000	11400	1200	12000	800

Abb. 5.2.2.4   Plan 3: Produktionsplan mit zweimaligem Wechseln des Produktionsrhythmus pro Jahr

Die dritte Lösung hat gemäss Abb. 5.2.2.5 die tiefsten Gesamtkosten.

	durchschnittl. Lagerbestand (in Std.)	durchschnittl. Lagerbestand (in tsd €)	Lager-kosten (in tsd €)	Anzahl Wechsel des Produktions-rhythmus	Kosten für Wechsel	Gesamt-kosten
Plan 1	200000	20000	4000	1	800	4800
Plan 2	65000	6500	1300	4	3200	4500
Plan 3	140000	14000	2800	2	1600	4400

Abb. 5.2.2.5   Vergleich der drei Produktionspläne

5.2.3 Programm- bzw. Haupt-Terminplanung und Grobkapazitätsplanung

Die Planung von Absatz und Operationen berücksichtigt meistens Produktfamilien, das heisst eine aggregierte Ebene von Information. Es besteht jedoch ein Bedürfnis nach präziserer Information mit Blick auf einzelne Produkte.

> *Programm-Terminplanung* oder *Haupt-Terminplanung* (engl. „*master scheduling*") heisst der betreffende Planungsprozesses auf der Ebene der einzelnen Produkte einer Produktfamilie[13].

---

[13] *Terminplanung* ist der Prozess zur Erstellung eines Terminplans, wie. z.B. eines Programm-, Versand-, Produktions- oder Einkaufsterminplans (vgl. [APIC16]). Der *Programm-Terminplan* bzw. *Haupt-Terminplan* (engl. „*master schedule*", MS) ist das Ergebnis der Programm-Terminplanung.

Das wichtigste Ergebnis der Programm- bzw. Haupt-Terminplanung ist der Programm-Produktionsterminplan bzw. Haupt-Produktionsterminplan.

> Der *Programm- bzw. Haupt-Produktionsterminplan* (engl. *„master production schedule"*, *MPS*) ist die disaggregierte Version eines Produktionsplans, ausgedrückt in spezifischen Produkten, Zusammenstellungen, Mengen u. Terminen.

Die Abb. 5.2.3.1 zeigt ein Beispiel eines solchen Plans in seiner Ableitung von einem Produktionsplan (hier nur für die ersten Monate eines Jahres gezeigt).

Wie die Abbildung zeigt, ist der Programm-Produktionsterminplan nicht nur detaillierter in Bezug auf individuelle Produkte anstelle von Produktfamilien, sondern auch in Bezug auf die Länge der Perioden, während welcher Mengen zusammengezogen werden. Er ist deshalb ein Bindeglied zwischen dem Produktionsplan, der relativ nahe zum Absatzplan steht, und dem, was die Fabriken schliesslich herstellen werden. Der Programm-Produktionsterminplan wird damit zum Input für alle kürzerfristigen Planungen.

Produktfamilie / Monat	Jan.	Feb.	März	April
...				
P	100	100	150	120
...				

Produkt / Woche	1	2	3	4	Total
P_1	25	25			50
P_2			25	5	30
P_3				20	20
Total	25	25	25	25	100

Abb. 5.2.3.1   Der Programm-Produktionsterminplan als disaggregierte Version des Produktionsplans (z.B. einer Produktfamilie P mit Produkten P_1, P_2, P_3)

> Der *vorgegebene feste Planungszeitraum* (engl. *„planning time fence"*) entspricht gemäss [APIC16] dem Zeitpunkt im Planungshorizont der Programmterminplanung, welcher die Grenze bezeichnet, innerhalb der eine Änderung des Plans die Lieferungen an die Kunden, die Terminpläne der Komponenten, die Kapazitätspläne und die Kosten nachteilig betreffen kann[14].

---

[14]   Einen *festen Zeitraum* (engl. *„time fence"*) kann man i. Allg. als eine Leitlinie verstehen, um Änderungen in den operationellen Abläufen zu begrenzen. Im Gegensatz dazu wird der Begriff *hedge* im Logistik- und Operations Management ähnlich wie der Sicherheitsbestand gebraucht, um Unsicherheiten wie Preiserhöhungen oder Streiks vorzubeugen. Ein „hedge" wird ausserhalb einer Zeithecke geplant, so dass – falls es nicht benötigt wird – es rechtzeitig nach hinten versetzt werden kann, bevor Ressourcen zur Produktion oder Beschaffung freigegeben würden (vgl. [APIC16]).

Geplante Aufträge ausserhalb dieses Planungszeitraums können durch die Planungslogik einer Software automatisch geändert werden. Innerhalb des Zeitraums muss der *Programm-Terminplaner* (d.h. die für die Verwaltung des Programm-Terminplans für ausgewählte Artikel zuständige Person) Änderungen manuell vornehmen.

Die Erstellung eines Programm-Produktionsterminplans umfasst verschiedene Aufgaben:

Erste Aufgabe: *Auswahl der Artikel im Programm-Terminplan*, d.h. der Artikel, die der Programm-Terminplaner, nicht der Computer, behandelt. Falls im Beispiel der Abb. 5.2.3.1 der Unterschied der Produkte der Familie P von drei verschiedenen Varianten einer Baugruppe her-rühren, die hier V_1, V_2, V_3 genannt werden, und die Lieferdurchlaufzeit die Montage auf Kunden-auftrag erlaubt, dann ist der (Kunden-)Auftragseindringungspunkt am besten auf der Stufe dieser Komponenten zu wählen. Die Endprodukte P_1, P_2, P_3 werden dann gemäss Kundenauftrag hergestellt, und zwar über einen sog. Endmontage-Terminplan (engl. „final assembly schedule" (FAS), siehe dazu Kap. 7.1.5). Falls die Einbaumenge für jede Variante 2 beträgt, dann zeigt die Abb. 5.2.3.2 den entsprechenden Programm-Produktionsterminplan zum Produktionsplan.

Baugruppe \ Woche	1	2	3	4	Total	in %
V_1	50	50			100	50
V_2			50	10	60	30
V_3				40	40	20
Total	50	50	50	50	200	100

Abb. 5.2.3.2   Der Programm-Produktionsterminplan auf der Ebene der Baugruppen V_1, V_2, V_3

Zweite Aufgabe: *Herunterbrechen der Menge im Produktionsplan von einer Produktfamilie auf jedes Produkt der Familie.* Oft ist der exakte Prozentsatz zur Splittung des Bedarfs auf Ebene Produktfamilie in die Bedarfe der einzelnen Produkte oder Varianten nicht bekannt. Um diese Unsicherheit abzudecken, wird der *Optionsprozentsatz*, d.h. der Prozentsatz für jede Variante erhöht (siehe dazu Kap. 10.5.3). Das Vorgehen ergibt eine Überplanung, einen Sicherheitsbedarf. Die Abb. 5.2.3.3 zeigt eine Überplanung im Programm-Produktionsterminplan unter der Annahme einer Unsicherheit von 20%.

Baugruppe \ Woche	1	2	3	4	Total	in %
V_1	60	60			120	50
V_2			60	12	72	30
V_3				48	48	20
Total	60	60	60	60	240	100

Abb. 5.2.3.3   Der Programm-Produktionsterminplan auf der Ebene der Baugruppen V_1, V_2, V_3, einschliesslich Überplanung aufgrund von Unsicherheit im Anteil der Varianten während der ersten vier Wochen

Der Effekt dieses Sicherheitsbedarfs ist schliesslich ein Sicherheits- oder Reservebestand für den gesamten abzudeckenden Planungshorizont (siehe die detaillierte Diskussion in Kap. 10.5.4). Der Sicherheitsbedarf muss zu Beginn des Planungshorizonts eingeplant werden. Wenn die

Vorhersage einen grossen Bedarf in einer der darauf folgenden Perioden anzeigt, dann kann der zusätzliche Sicherheitsbedarf für die entsprechende Planungsperiode eingeplant werden. Die Abb. 5.2.3.4 zeigt die erste Überplanung im Januar. Eine zusätzliche Überplanung ist für März vorgesehen, aber nur für den Anteil, der nicht schon im Januar als Überplanung figuriert.

Produktfamilie \ Monat	Jan.	Feb.	März	April
P	100	100	150	120
..				

Baugruppe \ Monat	Jan.	Feb.	März	April
V_1	100+20	100	150+10	120
V_2	60+12	60	90+ 6	72
V_3	40+ 8	40	60+ 4	48
Total	200+40	200	300+20	240

Abb. 5.2.3.4   Der Programm-Produktionsterminplan auf der Ebene der Baugruppen V_1, V_2, V_3, einschliesslich Sicherheitsbedarf aufgrund von Unsicherheit im Anteil der Varianten während des Planungshorizonts

Der Sicherheitsbestand im System entspricht für den Rest der Planungsperiode dem Sicherheitsbestand für den maximalen Bedarf je Monat. Aufgrund der generellen Unsicherheit im System ist es i. Allg. leichter, den gesamten Sicherheitsbestand zu Beginn der Planungsperiode einzuplanen. Ein konzertierter Endmontage-Terminplan (siehe Kap. 7.1.5) hält den Lieferbereitschaftsgrad auf 100%, also mit einem Verbrauch an Baugruppen innerhalb des Sicherheitsbestands. (Für Details siehe das Kap. 7.2, das auch zeigt, dass diese Art Programm-Terminplanung nur gültig bleibt, solange die Anzahl der zu planenden Varianten im Programm-Produktionsterminplan wesentlich kleiner ist als der Gesamtbedarf für die Produktfamilie. Ist dies nicht der Fall, dann muss der (Kunden-) Auftragseindringungspunkt weiter stromaufwärts gesetzt werden.)

<u>Dritte Aufgabe:</u> *Überprüfung der Durchführbarkeit des Programm-Produktionsterminplans* (MPS) durch die Grobkapazitätsplanung.

Grobkapazitätsplanung (engl. *„rough-cut capacity planning" (RCCP))* ist gemäss [APIC16] der Prozess des Herunterbrechens des Programm-Produktionsplans in *Kapazitätsbedarf*, d.h. Kapazität von (Schlüssel-) Ressourcen zur Herstellung des gewünschten Outputs in jeder Periode. Für jede Schlüsselressource wird gewöhnlich im Sinne der Durchführbarkeit geprüft, ob die Kapazität verfügbar ist.

Aufgrund des höheren Grades an Detaillierung der Planung ergibt die Grobkapazitätsplanung präzisere Informationen über die einzusetzenden Kapazitätsplätze und die Kapazitäten als die Ressourcenbedarfsplanung. Sie erlaubt demzufolge eine detailliertere Überprüfung der Durchführbarkeit des Produktionsplans. Die Abb. 5.2.3.5 zeigt die (durchschnittliche) Belastung durch den Programm-Produktionsterminplan im Vergleich mit der wöchentlichen (durchschnittlichen) Kapazität eines Kapazitätsplatzes, hier Kap. A genannt.

Baugruppe \ Woche	1	2	3	4	Belastung. je Einheit	durchschn. Belstg./ Kapazität
V_1	60	60			0.75	
V_2			60	12	0.6	
V_3				48	0.5	
Belastung (in h) (=Kapazitätsbedarf)	45	45	36	31.2		39.3
Kapazität (in h)	40	40	40	40		40
Über-(+) / Unter-(-)kapazität (in h)	-5	-5	+4	+8.8		+0.7

Abb. 5.2.3.5   Grobkapazitätsplanung auf der Ebene der Baugruppen V_1, V_2, V_3: Belastung und Kapazität des Kapazitätsplatzes Kap. A

Für den Abgleich der Belastung mit der Kapazität gibt es folgende Strategien:

- Mit der *„chase"-Produktionsmethode* möchte man stabile Bestandsniveaus erreichen, d.h. der Belastung entsprechen. Dafür sind – wie im Fall der Abb. 5.2.3.5 – *(quantitativ) flexible Kapazitäten* nötig.

- Mit der *„level"-Produktionsmethode* möchte man einen *nivellierten Terminplan* (d.h. einen Haupt-Produktionsterminplan mit einer möglichst gleichmässigen Belastung) erreichen, also der Kapazität entsprechen. Das kann bis *Linearität* gehen, d.h. der Produktion einer konstanten Menge (bzw. des Verbrauchs einer konstanten Menge an Ressourcen) je Zeitperiode (z.B. täglich). Die Abb. 5.2.3.6 zeigt eine mögliche Lösung.

Baugruppe \ Woche	1	2	3	4	Belastung je Einheit	durchschn. Belstg./ Kapazität
V_1	54	54	12		0.75	
V_2			50	22	0.6	
V_3				48	0.5	
Belastung (in h) (=Kapazitätsbedarf)	40.5	40.5	39	37.2		39.3
Kapazität (in h)	40	40	40	40		40
Über-(+) / Unter-(-)kapazität (in h)	-0.5	-0.5	+1	+2.8		+0.7

Abb. 5.2.3.6   Grobkapazitätsplanung auf der Ebene der Baugruppen V_1, V_2, V_3: Belastung und Kapazität des Kapazitätsplatzes Kap. A, mit Belastungsnivellierung

- Die *hybride Produktionsmethode* ist eine Mischform der „chase"- und „level"- Produktionsmethode.

- Es handelt sich um einen *übertriebenen Haupt*-Produktionsterminplan: Die Mengen sind grösser, als die Möglichkeiten zur Produktion, so wie sie durch die Kapazitäten und die Materialverfügbarkeit gegeben sind. Der Haupt-Produktionsterminplan (MPS) muss modifiziert werden.

Die Abb. 5.2.3.6 zeigt die Belastungsnivellierung als eine zeitaufwendige Prozedur, auch nur schon für *einen* Kapazitätsplatz. Algorithmen zur Planung in die begrenzte Kapazität, oft aus dem „operations research" (z.B. lineare Programmierung) kämen hier zum Einsatz. Meistens liegt jedoch kein Sinn darin, viel Aufwand in eine genauere Berechnung zu investieren, da der Grad der Unsicherheit sowohl im (meistens vorhersage-basierten) Produktionsplan als auch im Herunterbrechen von der Ebene Produktfamilie auf die Ebene der einzelnen Produkte so gross ist. Wenn es sich, wie in unserem Beispiel, um eine Unsicherheit von 20% in der Verteilung des Bedarfs auf Ebene Familie auf die einzelnen Produkte oder Baugruppen handelt, dann scheint eine Abweichung von 10% von der durchschnittlichen Kapazität (wie in der Abb. 5.2.3.5) genügend genau zu sein. Dagegen steigt mit steigender Vielfalt des Produktkonzepts die Wichtigkeit von Investitionen in (Quantitativ) flexible Kapazitäten.

In komplizierteren Fällen muss man den Programm-Produktionsterminplan den Produktionsplan in einzelne Produktions- oder Beschaffungslose aufteilen. Unter diesen Umständen ist wie in der mittelfristigen Planung eine Nettobedarfsrechnung in der Zeitachse anstelle einer blossen Bruttobedarfsrechnung notwendig. Ein Beispiel dafür ist die langfristige Planung mit dem ausdrücklichen Ziel einer hohen Auslastung der Kapazitäten, besonders in der Prozessindustrie. Hierbei scheint die Grobkapazitätsplanung eine gute Lösung zu sein:

- Schnelle Rechnung von alternativen Auftragsmengen oder Unterteilung in Teilaufträge mit verschobenen Endterminen ist möglich.

- Die Anzahl der Planungsvariablen, gerade der Kapazitätsplätze, ist klein. Manchmal kann der ganze Plan auf einem grossen Bildschirm angezeigt werden. Dies unterstützt in ausgezeichneter Weise die menschliche Fähigkeit, situationsbezogene Entscheide intuitiv, sogar mit unvollständiger und unpräziser Information, zu fällen. Solche intuitiven Entscheide berücksichtigen eine Anzahl nicht-quantifizierbarer Faktoren und implizites Wissen. Dies ist sehr wichtig in zukunftsbasierten Vorhersageverfahren. Wissen über die Entwicklung einer Vorhersage kann die Bewertung von Planungsergebnissen beeinflussen, besonders die Interpretation von Überlast und Unterlast von Kapazitäten.

Siehe Kap. 14.4 für eine detaillierte Beschreibung der Techniken zur Grobkapazitätsplanung.

5.2.4 Lieferantenterminplanung: Rahmenauftragsbearbeitung, -freigabe und -koordination

Ein Ziel des Ressourcenmanagements in der langfristigen Planung, also im Rahmen der Programmplanung, ist das Vorbereiten der Kanäle für die spätere Beschaffung. Im Falle von Gütern geht es darum, diejenigen Lieferanten zu evaluieren, welche bezüglich Menge, Qualität und Lieferung die gestellten Anforderungen des Unternehmens erfüllen können. In dieser Phase soll auch das notwendige Einkaufsbudget festgelegt werden.

Die Erfahrungen der letzten Jahre — insbesondere in Verbindung mit der Forderung nach verkürzten Lieferdurchlaufzeiten unter Beibehaltung tiefer Beschaffungskosten — haben gezeigt, dass für eine effiziente Logistik ein Unternehmen mit seinen Lieferanten enger zusammenarbeiten muss.

Lieferantenterminplanung ist ein Rahmenauftragsansatz, der im Folgenden aus der Sicht des Unternehmens als Kunde vorgestellt wird (sie hat auch für das Unternehmen in seiner umgekehrten Rolle, nämlich als Zulieferer in der Supply Chain, eine entsprechende Bedeutung).

Ein Lieferant muss Einblick in die Programmplanung des Unternehmens erhalten, um seinerseits seine eigene Programmplanung so zu gestalten, dass kurze Lieferdurchlaufzeiten überhaupt erst möglich werden. Dieser Informationsaustausch ist eine Vertrauenssache und kann weder mit beliebigen noch mit sehr vielen Lieferanten praktiziert werden. (Siehe dazu Kap. 2.2.2.)

Die berechneten Bruttobedarfe aus dem Ressourcenmanagement sind immerhin Vorhersagen, die als Rahmenaufträge bei den Lieferanten platziert werden können. Ein *Rahmenauftrag* ist demnach in nicht verbindlichen Fällen eine reine Absichtserklärung („letter of intent"). Eine Mindestabnahmemenge während einer geplanten Zeitperiode, verbunden mit einer maximale Menge, erhöhen die Verbindlichkeit und damit auch die Planungssicherheit.

In der mittelfristigen Planung werden die Einkaufsrahmenaufträge nach und nach präzisiert. Die Beschaffungsmengen pro Periode der mittelfristigen Planung (z.B. für in drei Monaten, für den übernächsten Monat, für den nächsten Monat) werden mit abnehmender Abweichungsbreite laufend vom Unternehmen zuhanden seines Lieferanten angegeben. Ab einem bestimmten Moment wird aus dem z.B. auf den nächsten Monat festgelegten Teil des Rahmenauftrags ein kurzfristiger Rahmenauftrag.

> Bei einem *kurzfristigen Rahmenauftrag* ist zuerst nur die Menge festgelegt. Das Unternehmen bestimmt die Fälligkeitstermine für Teilaufträge nach und nach durch ein geeignetes Verfahren der Durchführung und Arbeitssteuerung.
>
> Bei einem *Abrufauftrag* werden Teile eines (kurzfristigen) Rahmenauftrags freigegeben bzw. autorisiert, damit der Hersteller liefern oder produzieren kann. Dabei wird die maximale Menge, bspw. pro Woche oder pro Tag, angegeben.
>
> Der *Lieferterminplan* ist die (gemeinsam) festgelegte der Zeit oder Rate der eigentlichen Güterlieferung. Er kann vom Unternehmen sogar produktionssynchron verlangt werden, z.B. vom Systemlieferanten auf das Montageband eines Automobilherstellers oder Maschinenbauers.

Die Abb. 5.2.4.1 zeigt beispielhaft ein solches System von Rahmen- und Abrufaufträgen, die sich überlappen.

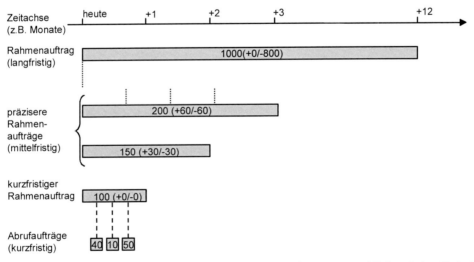

Abb. 5.2.4.1   Systematik von Rahmen- und Abrufaufträgen mit Mengen und Zeitperioden (Beispiel)

Der Gedanke ist hier, dass sowohl der langfristige Rahmenauftrag wie auch die mittelfristigen, präziseren Rahmenaufträge rollierend auf den neuesten Stand gebracht werden. Im gewählten Beispiel ist der Rollierungszyklus jeweils ein Monat. Die Rahmenaufträge werden dabei mit einer Plus-/Minus-Abweichung versehen. Die jeden Monat erfolgende Fortschreibung der Rahmenaufträge darf dabei den früheren Abmachungen bzw. den Bandbreiten der Abweichungen nicht widersprechen.

Die Bedarfsmenge für den nächsten Monat wird im vorliegenden Fall präzise angegeben, d.h. es wird ein kurzfristiger Rahmenauftrag formuliert. Der Lieferterminplan während des nächsten Monats ergibt sich aufgrund eines Abrufsteuerungsprinzips, z.B. mit dem Kanban-Verfahren. Die Bedarfe fallen dann zufällig im Verlaufe der monatlichen Zeitperiode an. Werden keine präziseren Angaben für die wahrscheinlichen Lieferzeitpunkte gegeben, so bleibt den Zulieferern nichts anderes übrig, als die gesamte Abrufmenge des kurzfristigen Rahmenauftrags zu Beginn des Monatsintervalls bereitzuhalten. Eine Präzisierung von kurzfristigen Rahmenaufträgen könnte zusätzlich Bedarfsmaxima für Abrufaufträge während Teilen des Monats festlegen.

Ein solches System von laufend präzisierten Rahmen- und Abrufaufträgen bedingt eine Investition in Logistik und Planung & Steuerung zwischen einem Unternehmen und seinen Lieferanten. Dieser Aufwand kann wirtschaftlich nicht mit allzu vielen Lieferanten betrieben werden. Von grossem Vorteil – in vielen Fällen sogar Bedingung – sind hier auch schnelle und effiziente Kommunikationsmethoden, insbesondere zum Austausch und zur laufenden Präzisierung der Planungsdaten. In manchen Fällen kann ein Lieferant sogar auf die Datenbank des Unternehmens zugreifen, und umgekehrt kann das Unternehmen den Planungs- und Durchführungsstand der Beschaffungsaufträge des Lieferanten überprüfen. (Siehe dazu auch das Kap. 2.3.5.)

5.3   Einführung in die Detailplanung und Durchführung

Dieses Unterkapitel gibt einen kurzen Überblick über logistische Geschäftsmethoden zur Planung & Steuerung in der Detailplanung und Terminplanung sowie über die Durchführung und Arbeitssteuerung in Distribution, Produktion und Beschaffung. Es werden wesentliche Überlegungen aufgezeigt, die zu verschiedenen Methoden und Verfahren führen, um die in der Abb. 5.1.4.2 vorgestellten Aufgaben zu lösen. Die Methoden und Verfahren selbst sind dann Gegenstand vertiefender Kapitel.

5.3.1   Grundsätzliches zu Konzepten des Materialmanagements

Materialmanagement soll die zur Deckung der Nachfrage nötigen Güter kostengünstig und termingerecht bereitstellen. Die Ziele sind dabei für Supply Chains in Industrie und Dienstleistung durchaus vergleichbar. Sie lauten (siehe auch Kap 1.3.1):

- Vermeiden von Liefer- oder Produktionsunterbrüchen infolge von Fehlbeständen
- Möglichst geringe Kosten für die Administration der Produktion und der extern beschafften Güter
- Möglichst kleine Bestandshaltungskosten wegen allenfalls zu früh oder gar unnötig beschaffter Güter

Diese Probleme sind umso besser lösbar, je genauer man über Bestände an Lager und an offenen Aufträgen bzw. Bestellungen und deren Fälligkeitstermine informiert ist. Noch wichtiger ist allerdings, dass die Bedarfe so genau wie möglich bekannt sind. Hierfür gibt es zwei Klassierungsmöglichkeiten.

Die *Klassierung des Bedarfs nach seiner Genauigkeit* ist wie folgt definiert:

Deterministischer Bedarf liegt stromabwärts vom (Kunden-)Auftragseindringungspunkt.

Stochastischer Bedarf liegt stromaufwärts vom (Kunden-)Auftragseindringungspunkt.

Die Klassierung der ermittelten Bedarfe nach ihrer Genauigkeit hängt also vom der Lage des (Kunden-)Auftragseindringungspunkts, also von dem in dem Abb. 1.3.3.1 gezeigten Verhältnis der Kundentoleranzzeit zur kumulierten Durchlaufzeit, ab. Entsprechend werden in den folgenden Kapiteln zwei Klassen von Methoden und Verfahren zum Materialmanagement behandelt.

Deterministisches Materialmanagement umfasst eine Menge von deterministischen Methoden und Verfahren. Diese gehen im Prinzip von einer Nachfrage aus und berechnen daraus die notwendigen Bedarfe an Ressourcen aufgrund von gegebenen Verhältnissen.

Stochastisches Materialmanagement umfasst eine Menge von stochastischen Methoden und Verfahren. Diese nutzen eine Vorhersage zur Abschätzung des zukünftigen Bedarfs und berücksichtigen die Vorhersagefehler durch Einbau von Sicherheiten im Ressourcenbedarf.

Die *Klassierung des Bedarfs nach seiner Beziehung* ist wie folgt definiert:

Unabhängiger Bedarf oder *Primärbedarf* ist ein Bedarf, welcher keine Beziehung zum Bedarf eines anderen Artikels hat.

Abhängiger Bedarf oder *Sekundärbedarf* ist ein Bedarf, der einen direkten Bezug zum Bedarf eines anderen Artikels hat oder von diesem Bedarf abgeleitet werden kann (vgl. [APIC16]).

Unabhängig ist unternehmensexterner Bedarf, also (Kunden-)Bedarf an Endprodukten oder Ersatzteilen, aber auch Eigenbedarf, z.B. an Büromaterial. Abhängig ist z.B. Bedarf an Baugruppen, Halbfabrikaten, Komponenten, Rohmaterial. Hilfsmaterial ist zum Teil abhängig und zum Teil unabhängig.

Zum stochastischen Materialmanagement gehört übrigens noch eine wichtige Unterklasse:

Quasideterministisches Materialmanagement nutzt für die Bestimmung des Primärbedarfs stochastische Methoden, für die Bestimmung des Sekundärbedarfs jedoch deterministische Methoden und Verfahren, z.B. die Stücklistenauflösung.

Für den Bedarf versucht man in der Praxis - wenn immer möglich – das quasideterministische Materialmanagement zu vermeiden und rein stochastisches Materialmanagement anzuwenden. Dabei spielt der Lieferbereitschaftsgrad eine entscheidende Rolle.

Der *Lieferbereitschaftsgrad* ist derjenige Prozentsatz der Nachfrage, welcher durch verfügbare Bestände gedeckt werden soll.

Dies ist die Definition gemäss Abb. 1.4.4.1, wobei die Artikelnachfrage gemessen wird.

Ein *Lieferausfall* oder *Lagerausfall* (engl. *„stockout"*) ist ein Fehlen von Material, Komponenten oder Endprodukten, die benötigt werden.

Ein *Lieferrückstand* (engl. *„backorder"*) ist ein nicht erfüllter Kundenauftrag, eine sofort fällige oder bereits verfallene Nachfrage auf einen Artikel, dessen Bestand zur Deckung der Nachfrage ungenügend ist.

Die *Lieferausfallmenge* ist das *Ausmass* der Nachfrage, also die Menge, die bei einem Lieferausfall nicht gedeckt werden kann.

Die *Lieferausfallrate* oder *Lieferrückstandsrate* ist der zu 100 % komplementäre Prozentsatz zum Lieferbereitschaftsgrad.

Der *kumulierte Lieferbereitschaftsgrad* ist die Wahrscheinlichkeit, dass mehrere verschiedene Artikel bei Bedarf gleichzeitig verfügbar sind.

Ist der Lieferbereitschaftsgrad für eine Komponente nicht sehr nahe bei 100 %, dann wird die Wahrscheinlichkeit, mehrere Artikel eines Produkts gleichzeitig aus dem Lager entnehmen zu können, sehr klein werden. Will man z.B. für einen Montageauftrag zehn Komponenten miteinander aus dem Lager nehmen, so ist bei einem Lieferbereitschaftsgrad von 95 % der kumulierte Lieferbereitschaftsgrad nur 60 % ($\approx 0.95^{10}$), was i. Allg. ungenügend ist. Die Abb. 5.3.1.1 zeigt diese Erscheinung.

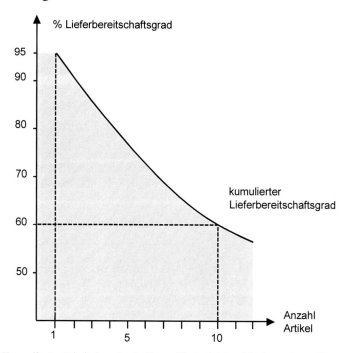

Abb. 5.3.1.1   Kumulierter Lieferbereitschaftsgrad bei gleichzeitig benötigten Komponenten

Komplexe Produkte wie Maschinen oder Apparate bestehen nun recht häufig aus sehr vielen Komponenten. In diesen Fällen muss man zur Vermeidung von Planungsfehlern für jede Komponente einen hohen Lieferbereitschaftsgrad garantieren. Sowohl die Techniken als auch die Ausgestaltung des Materialmanagements hängen von der Charakteristik der Planung & Steuerung ab.

5.3.2   Überblick über Techniken des Materialmanagements

Die Abb. 5.3.2.1 und 5.3.2.2 unterscheiden die bekannten Techniken zur Detailplanung im Materialmanagement. Zuerst klassiert Abb. 5.3.2.1 die Planungstechniken gemäss den charakteristischen Merkmalen *Frequenz der Kundennachfrage* und *Einheitskosten* des Artikels (wie in Abb. 4.4.2.1 definiert).

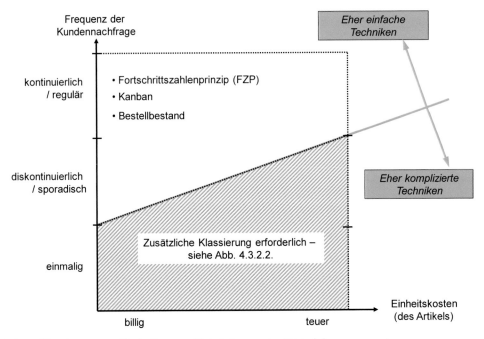

Abb. 5.3.2.1   Klassierung von Techniken zur Detailplanung im Materialmanagement

> *Bedarf an billigen Artikeln* (mit Ausnahme von einmaligem Bedarf) sowie *Bedarf an teuren Artikeln mit kontinuierlichem oder regulärem Bedarfsmuster* wird durch stochastische Methoden bestimmt.

- I. Allg. setzt man Vorhersagetechniken ein, die analytisch oder intuitiv den zukünftigen Bedarf bestimmen. Aus dieser Sicht ist die Bedarfsvorhersage ein Verfahren zur stochastischen Primärbedarfsermittlung und gehört so im weiteren Sinne auch zum stochastischen Materialmanagement. Nach erfolgter Bedarfsvohersage können verschiedene stochastische Planungstechniken eingesetzt werden, die alle relativ einfach sind. In einer ersten Übersicht werden sie weiter unten beschrieben.

- Abhängiger Bedarf wird als unabhängig behandelt, das heisst ohne die mögliche Ableitung aus übergeordnetem Bedarf in Betracht zu ziehen.

- Für billige Artikel hat ein sehr hoher Lieferbereitschaftsgrad Priorität. Dies gilt besonders dann, wenn der Artikel in einer Stückliste mit vielen Komponenten vorkommt (siehe den vorher in Abb. 5.3.1.1 erwähnten Sachverhalt). Tiefe Lagerbestände sind – aufgrund der kleinen Bestandshaltungskosten – von nachgelagerter Wichtigkeit.

- Für teure Artikel haben kurze Durchlaufzeiten im Güterfluss, das heisst hohes Tempo in den wertschöpfenden und administrativen Prozessen Priorität. Ein einfacher Daten- und

Steuerungsfluss ist also erforderlich. Bestände sind trotzdem möglich: Das kontinuierliche bzw. reguläre Nachfragemuster garantiert einen zukünftigen Bedarf (bei Endprodukten einen Kundenauftrag[15]) innerhalb kurzer Zeit. Wegen der hohen Einheitskosten sollten die Bestände jedoch tief sein, was i. Allg. kleine Losgrössen bedingt.

Für alle anderen Arten von Nachfrage, d.h. bei *einmaliger Nachfrage* oder bei teuren Gütern mit *sporadischer Nachfrage*, zeigt die Abb. 5.3.2.2 eine zusätzliche Klassierung von Planungstechniken, diesmal gemäss der Genauigkeit des Bedarfs und seiner Beziehung zu anderen Bedarfen (siehe die Definitionen weiter oben).

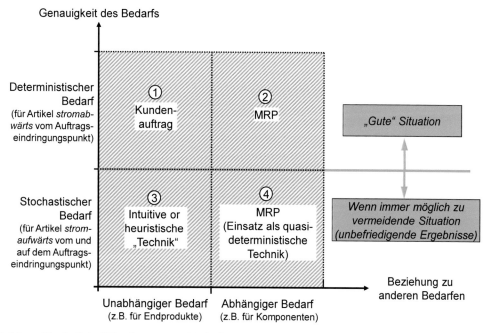

Abb. 5.3.2.2   Zusätzliche Klassierung von Techniken zur Detailplanung im Materialmanagement bei einmaliger Nachfrage oder bei teuren Gütern mit sporadischer Nachfrage

1. *Deterministischer, unabhängiger Bedarf* kann gemäss der Nachfrage beschafft werden, d.h. gemäss dem Kundenauftrag.

- Aus dieser Sicht ist die Kundenauftrags- und Kundenrahmenauftragsbearbeitung ein *Verfahren zur deterministischen Primärbedarfsermittlung* und gehört damit im weiteren Sinne ebenfalls zum deterministischen Materialmanagement.

2. *Deterministischer, abhängiger Bedarf* kann ausgehend vom übergeordneten, unabhängigen Bedarf berechnet werden.

---

[15]   Stromabwärts vom Auftragseindringungspunkt kann der Kundenauftrag auch spezifische Merkmale aufweisen, die zu einem „nach Mass" gefertigten Produkt führen (Stichworte „mass customization" und „late customization"). Für dieses „nach Mass" gefertigte Produkt liegt i. Allg. ein sporadischer Bedarf vor, während für die zugrunde liegende Produktfamilie ein kontinuierlicher Bedarf vorliegen kann.

- Der zugehörige Algorithmus ist eine *Stücklistenauflösung*, d.h. die Auflösung der Produktstruktur in ihre Komponenten.

- Diese Art der Bedarfsrechnung ist eine relativ komplizierte Prozedur. Wegen der Priorität von sowohl hohem Liefertreuegrad als auch tiefen oder gar keinen Beständen ist dieser Aufwand gerechtfertigt.

Die Planungstechniken für Artikel stromabwärts vom Auftragseindringungspunkt mit einmaliger Nachfrage oder – bei teuren Artikeln – mit sporadischem Nachfragemuster sind nicht schwierig, auch wenn sie relativ kompliziert sind. Stromaufwärts vom Auftragseindringungspunkt jedoch führt die Planung von solchen Artikeln i. Allg. zu unbefriedigenden Ergebnissen:

---

3. *Stochastischer unabhängiger Bedarf* wird mehr oder weniger intuitiv bestimmt.

- Da die Nachfrage ein sproadisches Muster aufweist, sind Vorhersagetechniken i. Allg. ungenau und erfordern ein grosses Mass an zusätzlicher Intuition. Die eingesetzte „Technik" des Materialmanagements ist oft eine manuelle, sehr persönliche Heuristik, manchmal risikobehaftet. Geschäfte, die zu einer solchen Situation führen, sollten deshalb, wenn immer möglich, vermieden werden.

---

4. *Stochastischer, abhängiger Bedarf* wird quasideterministisch hergeleitet.

- Der Primärbedarf wird also mit Bedarfsvorhersage bestimmt. Die Berechnung des abhängigen Bedarfs erfolgt dann ausgehend vom Primärbedarf über eine Stücklistenauflösung. Man spricht in diesem Fall von einer *quasideterministischen Stücklistenauflösung*.

- Wegen der Notwendigkeit einer Vorhersage für dieses Nachfragemuster muss ein beträchtliches Risiko in Kauf genommen werden: Entweder entsteht ein Risiko für einen tiefen Lieferbereitschaftsgrad oder hohe Bestandshaltungskosten, z.B. aufgrund von Kapitalkosten oder des Entwertungsrisikos wegen technischem Veralten oder Verderblichkeit. Daraus folgt, dass jede Technik des Materialmanagements, die diesen Fall behandelt, zwangsläufig unbefriedigende Ergebnisse liefern wird. Wieder sollten deshalb Geschäfte, die zu einer solchen Situation führen, wenn immer möglich, vermieden werden. Leider sind solche Geschäfte jedoch für viele Unternehmen Tatsache.

- Interessanterweise sind – gerade wegen der abhängigen Natur der Bedarfe – die Wertschöpfungsprozesse unter der Kontrolle des Unternehmens. Eine tiefgreifende Analyse dieser Prozesse kann zu geeigneten Änderungen führen, welche vermehrt Artikel stromabwärts vom Auftragseindringungspunkt oder solche mit einem kontinuierlicheren Nachfragemuster zur Folge haben, beides wünschbare Situationen. Siehe dazu das Just-in-time-/Lean-Konzept in Kapitel 6.

Vorhersageverfahren werden in Kapitel 10 vorgestellt. Alle erwähnten Planungstechniken werden in anderen Kapiteln im Detail erklärt. Als Übersicht werden sie hier kurz beschrieben:

- *Kanban* heisst ein einfaches, jedoch mit Investitionen ans Anlagekapital verbundenes Verfahren des stochastischen Materialmanagements, das zudem ein genügend gleichmässiges Bedarfsmuster voraussetzt. Kleine Pufferlager halten eine maximale Anzahl von Standardbehältern mit je einer fixen Anzahl von Artikeln. Die Kanban-Karte ist ein Mittel, um die Behälterinhalte zu identifizieren und um den Auftrag freizugeben. Die Auftragslosgrösse entspricht einem oder mehreren leeren Behälter, welche entweder direkt durch Werkstattmitarbeiter dem Lieferanten zugesandt oder aber durch einen Mitarbeiter des Lieferanten abgeholt werden. Der Lieferant führt den (Lagernachfüll-)Auftrag aus und liefert direkt in den Puffer. Der Kanban-Kreis ist geschlossen. Eine der Aufgaben der lang- und mittelfristigen Planung ist die Bestimmung der Art und Anzahl der Kanban-Karten für jeden Kanban-Kreis. Siehe dazu Kap. 6.3 über Kanban.

- Auch das *Fortschrittszahlenprinzip* (FZP) ist ein einfaches Verfahren. Es zählt im Wesentlichen die Anzahl der Zwischenprodukte an bestimmten Zählpunkten und vergleicht die so gemessene Menge mit dem geplanten Güterfluss. Dies geschieht durch einfaches Übereinanderlegen der zwei Fortschrittszahlenkurven – der geplanten und der effektiven Kurve. Darauf versucht man, die effektive Kurve näher zur geplanten Kurve zu bringen, indem man den Herstellungsprozess bremst oder beschleunigt. Siehe dazu Kap. 6.4.

- Das (stochastische) *Bestellbestandverfahren* vergleicht den Lagerbestand – zuzüglich die offenen Aufträge (Bestellungen) und ggf. abzüglich der Reservierungen – mit einem Bestellbestand (dem sog. „Bestellpunkt"). Falls die auf diese Weise berechnete Menge nicht grösser ist als der Bestellbestand, so macht das System Vorschläge zur Wiederbeschaffung. Solche Auftragsvorschläge können dann in der Folge freigegeben werden. Der Bestellbestand entspricht i. Allg. dem durchschnittlichen Bedarf (eine Vorhersage!) während der Durchlaufzeit. Zum Auffangen von Vorhersagefehlern wird ein Sicherheitsbestand bestimmt. Durch Vergleich der Bestellvorgangskosten und der Rüstkosten mit den Bestandshaltungskosten wird eine „optimale" Bestellmenge oder Losgrösse bestimmt. Siehe dazu Kapitel 11.

- Das (deterministische) *MRP-Verfahren* (engl. *„material requirements planning")*[16] berechnet ausgehend von übergeordneten Primärbedarfen über eine Stücklistenauflösung Sekundärbedarfe, fasst sie durch bestimmte Losgrössenbildungspolitiken zusammen und plant sie termingerecht zur Beschaffung. Im deterministischen Fall kann der Sicherheitsbestand für die Komponenten sehr klein gewählt werden, ein allfälliges Lager wird minimal werden. Im quasideterministischen Fall ist der Sicherheitsbestand für die Komponenten durch den Sicherheitsbedarf auf der Ebene des Primärbedarfs bestimmt. Das Resultat des MRP-Verfahrens sind Auftragsvorschläge und die notwendigen Informationen zur Kontrolle der Bearbeitung dieser Vorschläge. Siehe dazu Kapitel 12.

Im Kap. 6.5.2 wird eine Strategie zur Wahl eines dieser Verfahren sowie ein Einführungsvorgehen vorgestellt.

5.3.3 Grundsätzliches zu Konzepten des Termin- und Kapazitätsmanagements

Für das Zeit- und Terminmanagement und Kapazitätsmanagement spielt die Natur der Firma im Prinzip keine Rolle: Industrielle und dienstleistende Unternehmen stehen im Wesentlichen vor der gleichen Problemstellung. Dabei müssen die folgenden Fragen beantwortet werden:

- Wie können die einzelnen Tätigkeiten eines Auftragsablaufes zeitlich richtig synchronisiert werden?

---

[16] Wichtig: Das MRP-Verfahren darf nicht mit dem MRPII-Konzept („manufacturing resource planning") verwechselt werden.

- Welches sind die Kapazitäten, die zur Realisierung der Programmplanung bereitgestellt werden müssen?

- Wo und wann müssen Spezialschichten oder Überzeiten (bzw. Kurz- bzw. Teilzeitarbeit) angeordnet werden? Welche Arbeiten und ganzen Aufträge sollen infolge Überlast (bzw. Unterlast) an Unterakkordanten weitergegeben (bzw. von ihnen zurückgeholt) werden?

- Wo kann man den Produktionsrhythmus ins Gleichgewicht bringen? Können Kurzarbeit auf der einen Seite und Überzeit auf der anderen Seite ausgeglichen werden?

- Wann und wo soll man Kapazitäten oder Aufträge verschieben? Zum Beispiel von einer Werkstatt, einer Produktionslinie, einer Bürogruppe, einem Team usw. in eine andere?

- Kann man die Durchlaufzeiten und die Anzahl der Aufträge in Arbeit reduzieren?

Die Ziele der Aufgabe *„Zeit- und Terminmanagement"* und *„Kapazitätsmanagement"* sind ähnlich gelagert wie diejenigen der Aufgabe *„Materialmanagement"* (vgl. Kap. 1.3.1):

1. Hoher Lieferbereitschaftsgrad, kurze Lieferdurchlaufzeiten, hoher Liefertreuegrad und gleichzeitig Anpassung an die Kundenwünsche.

2. Geringe Kapitalbindung, d.h. minimale Bestände an Ware in Arbeit. Optimieren der Wartezeiten.

3. Rationeller Gebrauch der vorhandenen Kapazitäten durch gute und gleichmässige Auslastung. Vorhersehen von „bottlenecks" oder Engpässen.

4. Flexibilität und Anpassungsfähigkeit der Kapazitäten an geänderte Gegebenheiten.

5. Minimale fixe Kosten in der Produktionsadministration und in der Produktion selbst.

Zur Beantwortung der Fragen sind eine Menge von Daten zu berücksichtigen, die von verschiedenen offenen oder geplanten Aufträgen her stammen. Eine IT-unterstützte Behandlung dieses Problems drängt sich in vielen Fällen auf. Das Planungsproblem ist zusätzlich kompliziert, weil verschiedene der obigen Ziele gegenläufig sind, z.B. das erste und das dritte.

Die Abb. 5.3.3.1 zeigt beispielhaft die Konsequenzen bei Nichtplanung der Kapazitäten. Es handelt sich dabei um einen „Teufelskreis" von Aktionen (lat. „circulus viciosus"). Als Beispiel kann man unten rechts beginnen, „vermehrte Anzahl Aufträge in der Fabrik".

1. Falls die Anzahl der Kundenaufträge sich erhöht, steigt, auch die Anzahl der in der Produktion freigegebenen Aufträge und damit die Belastung der Kapazitäten.

2. Falls die Anzahl der Aufträge die Kapazität überschreitet, werden sich vor den Kapazitäten Warteschlangen bilden.

3. Als Konsequenz warten die Aufträge: Ihre Durchlaufzeiten wachsen. Die Aufträge können nicht termingerecht erledigt werden, d.h. nicht innerhalb der Kundentoleranzzeit.

4. Die geplanten Durchlaufzeiten (insbesondere die Arbeitsgangzwischenzeiten) werden verlängert, um eine realitätsnähere Planung zu erhalten.

5. Als Folge werden die Aufträge früher freigegeben, was wiederum eine zusätzliche Belastung in Form von freigegebenen Aufträgen nach sich zieht: Das „Spiel" beginnt bei Punkt 1.

Im diesem Fall könnte man durch Vergrössern der Kapazität aus dem „Teufelskreis" ausbrechen.

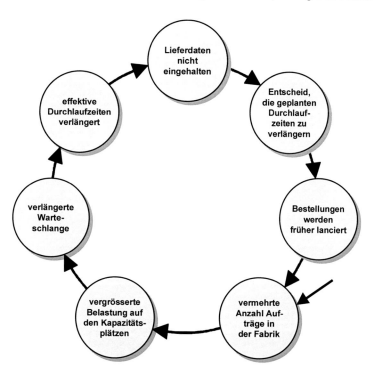

Abb. 5.3.3.1   Der „Teufelskreis", der durch Verlängerung der geplanten Durchlaufzeit aufgrund von Kapazitätsengpässen entsteht (Quelle: [IBM75])

Absicht des Zeit- und Terminmanagements sowie des Kapazitätsmanagements ist letztlich der *Abgleich der Belastung*, die durch die Aufträge entsteht, *mit der Kapazität*, die zu deren Bearbeitung zur Verfügung steht. Die Abb. 5.3.3.2 zeigt im oberen Bild eine sich zufällig einstellende Situation im Laufe der Zeitachse ohne Planung und im unteren Bild eine idealisierte Vorstellung des möglichen Planungsresultates.

Das zu lösende Problem ist im Wesentlichen in jeder Planungsfristigkeit das gleiche. Die Massnahmen für die Kapazitätsplanung – z.B. zusätzliche Kapazitäten zur Verfügung zu stellen – sind jedoch bei der Programmplanung ganz anders zu treffen als bei der Detailplanung und Terminplanung.

- In der langfristigen Planung können zusätzliche Produktionsmittel beschafft werden, seien es Betriebsmittel oder Personen. Ebenso können umfangreiche Abmachungen für die Auswärtsvergabe getroffen werden. Oder das Ganze umgekehrt, falls Kapazitäten zu reduzieren sind.

- In der mittelfristigen Planung hingegen wird man versuchen, durch Ansetzen von Überzeit oder Expressvergabe nach aussen wenigstens eine gewisse Elastizität der Kapazitäten zu erreichen. Grosse Fehler in der langfristigen Planung der Kapazitäten können allerdings in der mittelfristigen Planung nicht mehr korrigiert werden, sondern ziehen Lieferverspätungen nach sich.

Kapazitäten sind Potentialfaktoren. Kann Kapazität bevorratet werden? Man meint manchmal, dass dies durch vorzeitige Produktion und damit durch Bestände erreicht werden kann. Diese Bestände können jedoch nicht wieder in Kapazität zurückverwandelt werden. Deshalb muss man sehr sicher sein, dass nur Artikel vorzeitig produziert werden, die innerhalb einer vernünftigen

Zeitspanne auch verbraucht werden. Es gibt Techniken des Kapazitätsmanagements, welche dieses Vorgehen taktisch wählen, z.B. Korma. In anderen Fällen kann die vorzeitige Produktion um „Kapazität zu bevorraten" jedoch einfach ein Ausdruck der „just-in-case"-Mentalität sein. Als Ergebnis werden die falschen Artikel produziert und die Kapazität ist schliesslich verloren.

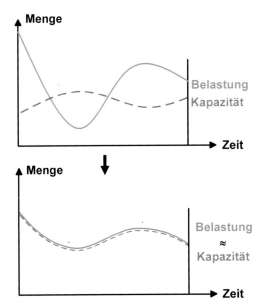

Abb. 5.3.3.2   Zielvorstellung des Zeit- und Terminmanagements und des Kapazitätsmanagements: Abgleich von Belastung und Kapazität

Beschränkt „bevorratbar" sind Personenkapazitäten, und zwar dann, wenn ihre Präsenz in der Zeitachse etwas flexibilisiert werden kann. Als Annahme habe ein Mitarbeiter an einem bestimmten Tag nur 5 Stunden statt 8 Stunden zu arbeiten. Falls er bereit ist nach Hause zu gehen und dafür die 3 Stunden an einem anderen Tag zu investieren, wenn Überlast herrscht, dann könnte man sagen, dass 3 Stunden Kapazität bevorratet würden. Insgesamt gesehen ist diese Art Vorgehen durchaus üblich, aber sehr begrenzt im Vergleich zur gesamten Kapazität. Zudem muss eine Firma i. Allg. ihre Mitarbeitenden für diese quantitative Flexibilität bezahlen.

Kapazität kann also i. Allg. nicht effektiv bevorratet werden. Daraus ergibt sich die Schwierigkeit, gleichzeitig in zwei Dimensionen zu planen: Belastung / Kapazität (Mengenachse in Abb. 5.3.3.2) und Termine (Zeitachse) sind *miteinander* zu planen.

5.3.4 Überblick über Techniken des Termin- und Kapazitätsmanagements

Je nachdem, welche unternehmerischen Ziele gemäss Kap. 1.3.1 im Vordergrund stehen, unterscheiden sich nun die charakteristischen Merkmale zur Planung & Steuerung gemäss Abb. 4.4.3.1 und Abb. 4.4.4.1.

- Steht Flexibilität im Ressourceneinsatz im Vordergrund, so ist das *Flexible Potential der Kapazitäten* (des Personals und der Produktionsinfrastruktur) unbedingt notwendig.

- Ist eine hohe Auslastung gefordert, dann sind *(quantitativ) flexible Kapazitäten* nicht gegeben. Dies betrifft insbesondere die Produktionsinfrastruktur.

- Sind ein hoher Lieferbereitschaftsgrad und Liefertreuegrad gefordert, so ist die Flexibilität des Auftragsfälligkeitstermins des Produktions- oder Beschaffungsauftrags nicht gegeben.

Ist flexibles Potential der Kapazitäten gegeben, d.h. sind Kapazitäten auch für Prozesse ausserhalb des angestammten Kapazitätsplatzes einsetzbar, dann kann dies ihre quantitative Flexibilität, d.h. die zeitliche Flexibilität im Einsatz, vergrössern. Wenn bspw. Personen von einem Kapazitätsplatz auf einen zweiten verschoben werden können, so ist es, wie wenn auf beiden Kapazitätsplätzen quantitative Flexibilität im Einsatz der Mitarbeitenden gegeben wäre.

Es gibt verschiedene Techniken für das Termin- und Kapazitätsmanagement. Sie können in zwei Klassen gruppiert werden Diese Klassen entstehen aufgrund der beiden Planungsdimensionen in Abb. 5.3.3.2:

- *Planung in die unbegrenzte Kapazität* meint die Berechnung der Belastung auf den Kapazitätsplätzen nach Zeitperioden, zuerst ohne die Kapazität zu berücksichtigen. Das Ziel der Planung in die unbegrenzte Kapazität ist primär das Einhalten von Terminen aus der Terminrechnung, wobei man versucht, die Schwankungen der Belastungen (der Kapazitätsbedarfe) zu beherrschen. Planung in die unbegrenzte Kapazität ist angebracht, sobald dem Einhalten von Auftragsfälligkeitsterminen Priorität *vor* einer hohen Kapazitätsauslastung gegeben werden muss, z.B. in der Kundenauftragsproduktion oder in der Werkstattproduktion. Die Planungstechniken sind eher einfach.

- *Planung in die begrenzte Kapazität* berücksichtigt die Kapazität als gegeben und erlaubt keine Überlast. Um Überlast zu vermeiden, ändert der Planer Start- oder Endtermine. Ziel einer Planung in die begrenzte Kapazität ist primär das Ausnutzen der verfügbaren Kapazitäten im Laufe der Zeitachse, wobei man versucht, die Verspätungen der Aufträge in Grenzen zu halten. Planung in die begrenzte Kapazität ist angebracht, sobald die begrenzte Kapazität das Hauptproblem darstellt, z.B. in der Prozessindustrie oder in der Auftragssteuerung auf der Durchführungsebene, wenn z.B. die Aufträge umterminiert werden müssen. Die Planungstechniken sind eher kompliziert.

Zusätzlich zu den *zwei Klassen* fasst die Abb. 5.3.4.1 Techniken für das Termin- und Kapazitätsmanagement in *neun Sektoren* zusammen, in Abhängigkeit der (quantitativ) flexiblen Kapazitäten und der Flexibilität des Auftragsfälligkeitstermins. Diese Techniken können in Bezug auf ihre gesamte Kapazitätsplanungsflexibilität verglichen werden.

> Die *gesamte Kapazitätsplanungsflexibilität* ist die „Summe" der quantitativen Flexibilität entlang der Zeitachse und der Flexibilität des Auftragsfälligkeitstermins.

- Zu beachten ist, dass keine Technik in den drei Sektoren oben rechts eingetragen ist. Hier ist die gesamte Kapazitätsplanungsflexibilität gross genug, um jeden Auftrag zu jeder Zeit akzeptieren und ausführen zu können. Dies ist natürlich aus der Sicht der Kapazitätsplanung sehr willkommen, wird aber gewöhnlich zu teuer sein (Überkapazität).

- Auffällig sind die vielen Techniken in den drei Sektoren in der Diagonale von links oben nach rechts unten. Hier gibt es *genügend* gesamte Kapazitätsplanungsflexibilität, um einem Computeralgorithmus zu erlauben, sämtliche Aufträge ohne Intervention des Planers einzuplanen. Zuletzt wird der Computer ungewöhnliche Situationen dem Planer so selektiv wie möglich in Form von Listen oder Tabellen darstellen, worauf der Planer mit geeigneten Planungsmassnahmen eingreift – z.B. täglich oder wöchentlich.

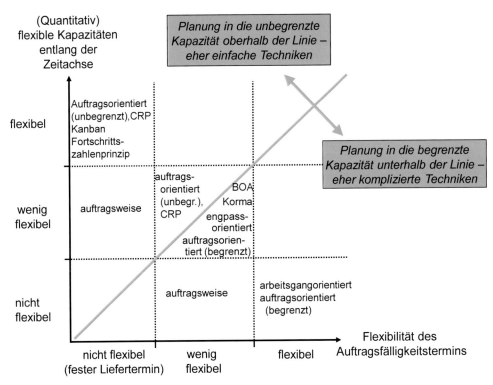

Abb. 5.3.4.1 Klassen und mögliche Techniken für das Kapazitätsmanagement in Abhängigkeit der Flexibilität der Kapazitäten und des Auftragsfälligkeitstermins

- In den beiden Sektoren unten links, wo keine Flexibilität in der einen Achse und nur wenig Flexibilität in der anderen Achse vorhanden ist, gibt es nur *wenig* gesamte Kapazitätsplanungsflexibilität. Deshalb wird die Planung auftragsweise, d.h. Auftrag für Auftrag, einzeln durchgeführt. Jeder neue Auftrag wird einzeln in die bereits geplanten Aufträge integriert. Der Planer muss im Extremfall nach jedem Arbeitsgang eingreifen und Planungs-Eckwerte verändern (den Endtermin oder die Kapazität). Bereits eingeplante Aufträge müssen ggf. umgeplant werden. Diese Prozedur ist i. Allg. sehr zeitaufwendig und deshalb nur für Aufträge mit einer beachtlichen Wertschöpfung wirtschaftlich.

- Im linken unteren Sektor ist keine Technik eingezeichnet. Hier gibt es keine Flexibilität, weder der Kapazität noch des Fälligkeitstermins. Folglich kann der geforderte Ausgleich nicht stattfinden und das Planungsproblem ist nicht lösbar.

Es folgt ein Überblick über die Techniken zur Planung in die unbegrenzte Kapazität. In vielen Fällen ist die Planung in die unbegrenzte Kapazität die Methode, die am besten geeignet ist. In vielen Unternehmen ist es nämlich möglich, die Kapazitäten der Mitarbeitenden innerhalb eines Tages um mehr als 50 % zu verändern.

- Die *auftragsorientierte Planung in die unbegrenzte Kapazität* hat als primäres Ziel einen hohen Liefertreuegrad, also das Einhalten des Fälligkeitstermins von Produktions- oder Beschaffungsaufträgen. Dafür werden oft absichtlich Überkapazitäten gehalten. Nach einer Terminierung über die Gesamtheit der Aufträge bildet jeder terminierte Arbeitsgang eine Belastung auf dem angegebenen Kapazitätsplatz und in der Zeitperiode seines

Starttermins. Die Summe aller dieser Belastungen wird je Zeitperiode mit der verfügbaren Kapazität verglichen. Daraus entstehen Belastungsprofile mit Überlast bzw. Unterlast pro Kapazitätsplatz und Zeitperiode. Anschliessend versucht man, die Kapazität der Belastung anzugleichen. Für diese Technik zur Planung in die unbegrenzte Kapazität findet man im angelsächsischen Sprachgebrauch auch den Begriff *"capacity requirements planning" (CRP)*, insbesondere im Zusammenhang mit Software für das Kapazitätsmanagement. Es gibt zudem einige Variationen dieser Technik. Siehe dazu das Kap. 14.2.

- *Kanban* und *Fortschrittszahlenprinzip* wurden bereits im Kap. 5.3.2 eingeführt. Diese beiden einfachen Techniken des Materialmanagements dienen gleichzeitig als einfache Techniken des Kapazitätsmanagements. Auftragssteuerung mit der Kanban-Technik ist eine Form von Planung in die unbegrenzte Kapazität. Sie setzt sehr hohe Flexibilität der Kapazität in der kürzesten Frist voraus. Siehe dazu Kap. 6.3 und 6.4.

- *Auftragsweise Planung in die unbegrenzte Kapazität* (Auftrag für Auftrag, einzeln, bei inflexiblen Auftragsendterminen): Für Betriebe mit einer kleinen Anzahl von Aufträgen mit grosser Wertschöpfung, z.B. in der Produktion von Spezialmaschinen, erfolgt die Planung nach der Einlastung jedes neuen Auftrags, oft sogar nach jedem neuen Arbeitsgang. Sobald eine Überlast entdeckt wird, werden alle Kapazitätsplätze überprüft. Kapazität, und – in Ausnahmefällen – auch der Zeitpunkt der Belastung, werden angepasst, bis ein zulässiger Plan erreicht wird. Siehe dazu das Kap. 14.2.4.

Hier ein Überblick über die Techniken zur Planung in die begrenzte Kapazität.

- Die *arbeitsgangorientierte Planung in die begrenzte Kapazität* möchte die durchschnittliche Verspätung der Produktionsaufträge minimieren. Die einzelnen Arbeitsgänge werden – ausgehend vom durch die Durchlaufterminierung bestimmten Starttermin – Zeitperiode nach Zeitperiode eingeplant. Für ein Maximum an Auftragsdurchsatz müssen sinnvolle Prioritätsregeln für die Reihenfolge der Einplanung der Arbeitsgänge gefunden werden. Man beobachtet und regelt die Warteschlangen vor den Kapazitätsplätzen. Diese Art der Planung liefert für die nächsten Tage und Wochen die die *Ablaufsimulation*, d.h. ein eigentliches Arbeitsprogramm für die Werkstatt. Siehe dazu das Kap. 14.3.1.

- Die *auftragsorientierte Planung in die begrenzte Kapazität* erreicht je nach konkretem Verfahren eine maximale Auslastung der Kapazitäten oder aber eine termingerechte Realisierung eines Maximums von Aufträgen bei tiefem Bestand an Ware in Arbeit. Aufträge werden als Ganzes, einer nach dem anderen, in die Zeitperioden eingeplant. Das Ziel ist dabei, durch Prioritätsregeln so viele Aufträge wie möglich einzuplanen. Die Aufträge, welche dabei durch einen Algorithmus mit dem Computer nicht eingeplant werden können, werden dem Planer zur besonderen Behandlung übergeben, der z.B. die Auftragsendtermine verändern kann. Siehe dazu das Kap. 14.3.2.

- Da Engpässe den Durchsatz durch ein Produktionssystem bestimmen, plant die *engpassorientierte Planung* Aufträge um die Engpasskapazitäten herum. Sie folgt dem Ansatz der „theory of constraints" (TOC). Das *„Drum-Buffer-Rope"-Verfahren* ist ein Beispiel. Die Kapazitätsplätze, welche die Engpässe beliefern, werden in der Rate geplant, welche der Engpass verarbeiten kann. Ein Pufferbestand sollte vor dem Engpass eingeplant werden, und ein anderer nach dem Engpass. Die Kapazitätsplätze, welche durch die Engpässe beliefert werden, werden durch den Engpass gesteuert. Siehe dazu das Kap. 14.3.3.

- Die *belastungsorientierte Auftragsfreigabe (BOA)* hat – bei *Planung in die begrenzte Kapazität* – eine hohe Auslastung als *primäres Ziel*. *Sekundäre Ziele* wie tiefe Bestände in Arbeit, kurze Durchlaufzeiten im Güterfluss und hoher Liefertreuegrad sind aber gleichbedeutend. BOA möchte im Wesentlichen die Belastung der tatsächlich verfügbaren Kapazität anpassen. Dank einer geschickten Heuristik kann der Abgleich der Belastung mit der Kapazität auf eine Zeitperiode beschränkt werden. Siehe das Kap. 15.1.2.

- Die *kapazitätsorientierte Materialbewirtschaftung* (Korma) spielt Ware in Arbeit flexibel gegen beschränkte Kapazität und Durchlaufzeiten für Kundenproduktionsaufträge aus. Korma nutzt kurzfristig verfügbare, aber i. Allg. voll ausgelastete Kapazitäten, indem Lagernachfüllaufträge früher als benötigt freigegeben werden. Korma folgt damit einer natürlichen Logik des Produktionsmanagements, wie sie manche mittelgrosse Firmen praktisch implementiert, wenn sie die Lagernachfüllaufträge als zeitlich flexible „Füller"-Belastung betrachten. Allerdings muss man der verbesserten Auslastung der Kapazität den erhöhtem Bestand an Ware in Arbeit gegenüberstellen. Siehe dazu das Kap. 15.1.3.

- *Auftragsweise Planung in die begrenzte Kapazität* (Auftrag für Auftrag, einzeln) kann praktisch als identisch zur auftragsweisen Planung in die unbegrenzte Kapazität betrachtet werden, mit mehr Freiheit in der Zeitachse.

All diese Techniken und Verfahren kommen unabhängig von der betrieblich-organisatorischen Implementation von Planung & Steuerung zum Einsatz, und damit auch in Softwarepaketen aller Art (ERP-Software oder elektronische Leitstände, Simulationssoftware usw.). In ein- und derselben Firma kann in der kurzfristigen Planung durchaus ein anderes Verfahren zum Einsatz kommen als in der langfristigen Planung.

5.3.5 „Available-to-promise" und „Capable-to-promise"

In der kurzfristigen Planung von Kundenaufträgen (siehe dazu Abb. 5.1.3.1) muss die Ressourcenbedarfsrechnung die Frage beantworten, ob eine bestimmte Menge eines Produkts zu einem bestimmten Termin verfügbar ist. Der Weg dazu ist die vorausschauende Simulation mit den Verfahren „Available-to-promise" oder „Capable-to-promise", die einige der in Kap. 5.3 besprochenen Techniken der Detailplanung nutzen. Dieser Weg ist sogar notwendig, wenn Kundenaufträge nicht durch lang- oder mittelfristige Bedarfsvorhersagen abgedeckt sind. Erst nach der Deckung aller Ressourcenbedarfe, u.U. durch neu geplante Aufträge, sind die verfügbaren Termine bekannt, was dann zur Bestätigung und zur Freigabe des Kundenauftrags führen kann.

Den *Auftragsbestand* bilden alle Kundenaufträge, die noch nicht ausgeliefert sind. Ein anderer Begriff dafür ist *offene Kundenaufträge*. Vgl. [APIC16].

Der *verfügbare Bestand für Auftragsbestätigungen* (engl. *„available-to-promise" (ATP))* ist die (noch) nicht dem Auftragsbestand zugewiesene Menge des Bestands an Lager und in Produktion / Beschaffung (vgl. [APIC16]).

Der ATP-Bestand wird i. Allg. für jedes Ereignis oder jede Zeitperiode berechnet, in welcher im Programm-Produktionsterminplan ein Zugang geplant ist. Eigentlich ist der kumulierte für Auftragsbestätigungen verfügbare Bestand von Bedeutung. Die Abb. 5.3.5.1 illustriert die Definition und die Berechnung sowohl der verfügbaren als auch der kumulierten ATP-Bestände.

Produkt PR

Physischer (Lager-)Bestand	= 12
Sicherheitsbestand	= 0
Losgrösse	= 30
Durchlaufzeit	= 3 Perioden

Periode	0	1	2	3	4	5
Programm-Produktionsterminplan			30		30	
zugewiesen an Kundenaufträge		5	3	25	20	10
geplanter verfügbarer Bestand	12	7	34	9	19	9
kumulierter ATP-Bestand	7	7	9	9	9	9
ATP-Bestand je Periode	7		2			

Abb. 5.3.5.1   Bestimmung der ATP-Bestände

Es folgt die Definition von Variablen zur Berechnung der ATP-Bestände.

Für i=1, 2, …, sei

$ATP_i \equiv$ ATP in Periode i,

$ATP\_K_i \equiv$ Kumulierte ATP in Periode i,

$MPS_i \equiv$ Programm-Produktionsterminplan (MPS)-Menge in Periode i,

$ZM_i \equiv$ An Kundenaufträge zugewiesene Menge in Periode i.

Es seien ATP_K_0 und ATP_0 gleich dem physischen Bestand an Lager. Gemäss der obigen Definition berechnet nun der folgende Algorithmus ausgeführt hintereinander für i=1, 2 … den verfügbaren und den kumulierten verfügbaren Bestand für Auftragsbestätigungen (die ATP Mengen).

$ATP\_K_i = ATP\_K_{i-1} + MPS_i - ZM_i$.

j = i

Solange $ATP\_K_j < ATP\_K_{j-1}$ und j>0, revidiere die ATP Mengen wie folgt:

$ATP\_K_{j-1} = ATP\_K_j$

$ATP_j = 0$.

j = j-1

Ende (solange).

Falls j>0, dann $ATP_j = ATP\_K_j - ATP\_K_{j-1}$.

Falls j=0, dann $ATP_0 = ATP\_K_0$.

In unserem Beispiel für das Produkt PR sind 7 Einheiten verfügbar für Bestätigungen ab Lager. Zwei zusätzliche Einheiten werden verfügbar in Periode 2.

Die Bestimmung der ATP-Bestände hilft zu entscheiden, ob und zu welchen Terminen ein Auftrag bestätigt werden kann. Für „make-to-stock"-Produkte ist die Auftragsbestätigung die direkte Konsequenz des Vergleichs der Auftragsmenge mit den ATP-Beständen. Für eine detailliertere Information zur Berechnung des geplanten verfügbaren Bestands siehe Kap. 12.1.

Eine kleine Übung: Bestimme in der Abb. 5.3.5.1, ob 8 Einheiten für die Periode 1 versprochen werden können. Zudem: Wie sollte man die Lieferung für einen dringenden Auftrag von 10 Einheiten einem Kunden bestätigen, der am Telefon ungeduldig auf eine Antwort wartet?

Für „make-to-order" oder „assemble-to-order"-Produkte sind die Verfahren komplizierter als die obige Berechnung und nicht elementar verständlich. Nachfolgend werden zwei Möglichkeiten grundsätzlich besprochen und auf detailliertere Informationen verwiesen.

Die *mehrstufige ATP-Prüfung* (engl. *„multilevel available-to-promise" (MLATP)*) nutzt für Komponenten mit ungenügendem Bestand die Explosion der Produktstrukturen anhand der MRP-Technik gemäss Kap. 5.3.2 und Kap. 12.3. Die Vorlaufzeit der Sekundärbedarfe ist dabei eine losgrössenunabhängige Produktionsdurchlaufzeit (Variante 1 in Abb. 12.3.3.1).

Das *„capable-to-promise" (CTP)*-Verfahren zieht in Erweiterung der klassischen MRP-Technik zur Verfügbarkeitsprüfung nicht nur Bestände sondern auch Kapazitäten und andere Ressourcen heran, ggf. auch von Zulieferern. Zur Bestimmung des Zeitpunktes der Sekundärbedarfe werden die Arbeitspläne genutzt, wobei die Produktionsdurchlaufzeiten abhängig von der Losgrösse gewählt werden können (Variante 2 in Abb. 12.3.3.1). Für die Verfügbarkeitsprüfung der Kapazitäten kommen die klassische auftragsorientierte Terminplanung in die begrenzte Kapazität gemäss Kap. 5.3.4 und Kap. 14.3.2 oder die Belegungsplanung gemäss Kap. 15.2.2 zum Einsatz.

Es ist naheliegend, dass die mehrstufige ATP-Prüfung schnellere Ergebnisse liefert, das CTP-Verfahren jedoch genauere.

5.4   Logistische Geschäftsmethoden in F&E (*)

Die einzelnen Prozesse im Bereich F&E wiederholen sich zwar, aber immer an anderen Produkten. Dieses Unterkapitel möchte die wesentlichen Konzepte aufzeigen, die in diesem Bereich zur Planung & Steuerung üblich sind. Sie werden im Kap. 17.5 noch in Richtung der IT-Unterstützung ergänzt.

5.4.1   Integrierte Auftragsabwicklung und „Simultaneous Engineering"

„Time-to-market" bezeichnet die Durchlaufzeit durch die F&E für neue Produkte. Dies ist die *Zeit zur Produktinnovation*, d.h. von der Produktidee bis zur Markteinführung.

Eine kurze Durchlaufzeit durch F&E gilt heute als strategische Erfolgsposition. Da wesentliche Produktideen durch Mitbewerber mit kurzem zeitlichem Verzug zur Marktreife gebracht werden, können wenige Monate Differenz in der Bearbeitungszeit in F&E für die Rentabilität eines neuen Produkts entscheidend sein. Eine zusätzliche Herausforderung bildet die Anforderung eines globalen F&E-Projektmanagements. Siehe dazu [BoGa08].

„Time-to-product" bezeichnet die gesamte Durchlaufzeit, um einen Auftrag für ein bereits fertig entwickeltes Produkt zu erhalten, auszuführen und zu liefern, vom Moment, an dem der Kunde den Auftrag erteilt, bis zum Moment, zu dem er das Produkt erhält.

Diese Definition entspricht dem Begriff der Lieferdurchlaufzeit. Kunden fordern verkürzte Lieferdurchlaufzeiten, nicht nur für gut eingeführte, sich wiederholende Produkte, sondern immer mehr auch für massgeschneiderte Aufträge, d.h. Einzel- und sogar Einmalaufträge. Und diese haben in vielen Fällen auch einen Anteil an Entwicklung und Konstruktion. Die Abb. 5.4.1.1 zeigt beispielhaft die Abteilungen, die ein solcher Kundenauftrag durchläuft.

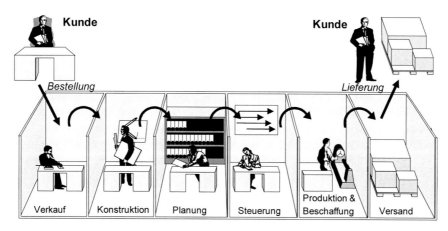

Abb. 5.4.1.1   Auftragsabwicklung für Kundenaufträge mit spezifischer Entwicklung, Produktion und Beschaffung (siehe auch [Schö95a])

Wenn die Kundentoleranzzeit genügend lang ist, tendiert ein Unternehmen zum seriellen Ablauf in der Abwicklung der verschiedenen F&E-, Produktions- und Beschaffungsaufträge, die zum Kundenauftrag gehören. Einzelnen Abteilungen wird der Auftrag erst dann bekannt, wenn er zur Bearbeitung von der vorgelagerten Abteilung weitergereicht wird. Die zur Verfügung stehenden Informationen beschränken sich auf die ursprünglichen Auftragsdaten und die bisher vorgenommenen Spezifikationen, sowie natürlich auf die in der Abteilung unmittelbar vorhandenen Unterlagen früherer Aufträge. Eine analoge Beobachtung kann übrigens auch bei F&E-Vorhaben während der „time-to-market" gemacht werden. Die Abb. 5.4.1.2 zeigt die notwendige Änderung des Vorgehens, falls die Kundentoleranzzeit für einen seriellen Ablauf nicht mehr ausreicht.

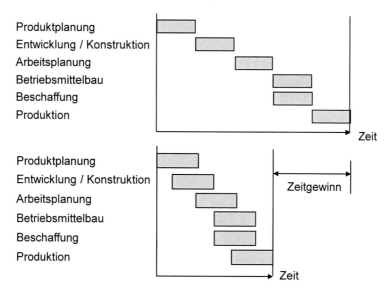

Abb. 5.4.1.2   Auftragsabwicklung bei seriellem Ablauf und bei überlappten Phasen

„Simultaneous engineering", bzw. „concurrent engineering" (oder partizipative Entwicklung) bedeuten das Überlappen der Phasen der F&E untereinander und ausserdem das Überlappen mit frühen Phasen der Beschaffung und Produktion.

Für die geforderte integrierte Abwicklung mit Überlappung der einzelnen Phasen sind u.a. die folgenden Aspekte zu berücksichtigen:

- Der *soziale und organisatorische Aspekt* erfordert eine für schnelle Geschäftsprozesse geeignete Aufbau- und Ablauforganisation, die auf kooperativem Lernen und Handeln basiert. Die in Abb. 5.4.1.1 gezeigten Wände zwischen den Abteilungen müssen fallen. Die am Kundenauftrag beteiligten Personen in Verkauf, Entwicklung und Herstellung des Produkts müssen „um das Produkt herum" angeordnet werden. Dies bedeutet eine Orientierung der Organisation nach dem Geschäftsprozess. Siehe dazu auch [Verb01].

- Der *konzeptionell-logische Aspekt* erfordert eine *inhaltliche* Kopplung der Informationssysteme so, dass ein Datenaustausch oder sogar eine gemeinsame Datenhaltung überhaupt möglich ist. Die Forderung nach Integration bedeutet, dass man z.B. Daten erarbeiten muss, die ein anderer Bereich benötigt. So muss der Konstrukteur seine Zeichnung mit Daten versehen, die eine Identifikation für die Stückliste erlauben. Umgekehrt müssen mit dem Artikel auch Daten erfasst werden, die für die Zeichnungsverwaltung des Konstrukteurs von Relevanz sind. Siehe dazu die weiteren Ausführungen im Kap. 5.4.3.

- Der *technisch-physische* Aspekt fordert die *technische* Kopplung der verschiedenen Hardware- und Software-Komponenten, d.h. die Integration der Systeme hin zu einer gemeinsamen oder zumindest allgemein zugänglichen Datenbank. Siehe dazu das Kap. 17.5.

„Design for the supply chain" bedeutet die Erweiterung der Produktgestaltung einer Firma, um die Herausforderungen zu berücksichtigen, die in der Supply Chain auftreten, vom Rohmaterial bis zum Ende des Produktlebenszklus' (vgl. [APIC16]).

Solche Forderungen sind eigentlich nicht neu. Zumindest in vielen kleinen und mittelgrossen Unternehmen wurde schon immer so gearbeitet, besonders bei einem grossen Anteil an Einmalaufträgen, z.B. im Anlagenbau oder im Hoch- und Tiefbauwesen. Solche Unternehmen sind in der Integration der Organisation führend, aber ebenso oft auch in der Integration ihrer IT-gestützten Informationssysteme. Siehe dazu auch [Schö01, Kap. 1.4.2].

5.4.2 Das Freigabe- und Änderungswesen

Das *Freigabe- und Änderungswesen* ist ein organisatorisches Konzept für den Prozess zur Entwicklung und Herstellung eines neuen Produkts oder einer neuen Version eines bereits bestehenden Produkts.

Das Freigabe- und Änderungswesen koordiniert die Erstellung oder Modifikation aller Zeichnungen, Stücklisten, Arbeitspläne und der übrigen Unterlagen über das Produkt und dessen Produktion. Man findet dafür auch die Begriffe *„Versionensteuerung"*, engl. „release control" oder „engineering change control" (ECC). Es handelt sich um ein projektorientiertes Vorgehen zur *stufenweisen Freigabe* von neuen Entwicklungen oder Änderungen von bestehenden Produkten für die Produktion. Ein solches Projektmanagement umfasst die folgenden Aufgaben:

- *Koordination der Entwicklung und der Konstruktion:* Planung des Release-Umfangs; Markieren aller betroffenen Artikel; Verwendungsverbot dieser Artikel für die Planung & Steuerung; Beauftragen und Qualitätskontrolle der Änderung bzw. Neukonzeption von Produkten; Konstruktionsfreigabe einzelner Artikel; Konstruktionsfreigabe aller Artikel, welche zum Release-Umfang gehören.

- Eine Prozedur *zur Produktionsfreigabe*: Übergabe der Stücklisten und der Arbeitspläne; Produktionsfreigabe aller Artikel, die zum Release-Umfang gehören.

Eine *stufenweise Freigabe* ist besonders notwendig zur Berücksichtigung des Prinzips des „simultaneous engineering" (siehe Abb. 5.4.1.2). Man unterscheidet deshalb des Öfteren:

- *Die Produktions-Grobfreigabe eines neuen Entwicklungsprojektes oder einer neuen Version:* Die übergebenen Daten basieren auf vorläufigen Zeichnungen. Sie sind provisorisch und beschränken sich auf die wichtigsten Produkte und grobe Stücklisten und Arbeitspläne mit den wichtigsten Komponenten, welche dazu dienen, den Beschaffungs- und Produktionsprozess auf tieferen Konstruktionsstufen in Gang zu bringen. Je nach Fortschritt der Arbeiten kann man sich mehrere Grobfreigaben vorstellen.

- *Die detaillierte Produktionsfreigabe zur Produktion mit der Übergabe von detaillierten Unterlagen:* Das Projektmanagement für den neuen Release stellt sicher, dass alle notwendigen Unterlagen, wie Zeichnungen, Stücklisten, Arbeitspläne, NC-Programme, in detaillierter Form vorliegen. Dann gibt es einzelne oder alle Artikel, die zu einem Release gehören, zur detaillierten Produktion frei.

Eine solche stufenweisen Freigabe entspricht den Gewohnheiten in der Planung & Steuerung, die mit verschiedenen Planungsfristigkeiten sowie Grob- oder detaillierten Strukturen arbeitet.

Die Abb. 5.4.2.1 zeigt die verschiedenen Aufgaben und Phasen, die im (Systems) Engineering (siehe Kap. 19.1) für ein neues Produkt oder für eine neue Version eines Produkts durchlaufen werden müssen.

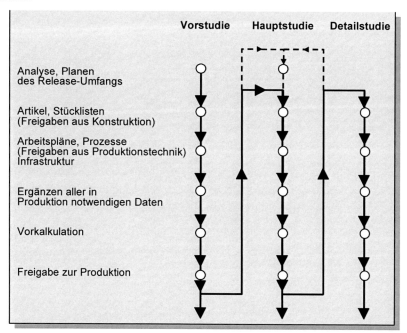

Abb. 5.4.2.1   Prozedur und Aktionen des (Systems) Engineering für eine Produktneuentwicklung oder eine neue Produktversion

Vor- und Hauptstudie können zu provisorischen Freigaben führen, während die detaillierte Studie zur definitiven Freigabe führt.

5.4.3   Unterschiedliche Anwendersichtweisen auf Geschäftsobjekte

Die an einem Geschäftsprozess beteiligten Personen haben i. Allg. eine unterschiedliche Sicht in Bezug auf die im Geschäftsprozess behandelten betrieblichen Objekte. Ihre jeweilige Sicht hängt von den spezifischen, in ihren Abteilungen zu erfüllenden Aufgaben ab. Das wird besonders deutlich, wenn die Personen aus ihren Abteilungen herausgelöst werden und zu einer neuen Organisation, orientiert nach den Geschäftsprozessen, zusammengebracht werden. Probleme des gegenseitigen Verständnisses stehen sofort an und können nur durch entsprechende Qualifikation und verbunden mit viel gutem Willen überwunden werden. Sie müssen spätestens dann überwunden werden, wenn eine gemeinsame Datenbasis die Integration der IT-unterstützten Hilfsmittel gewährleisten soll. Die dabei beschriebenen betrieblichen Objekte sind oft dieselben, z.B. Endprodukte, Baugruppen, Betriebsmittel usw. Sie werden aber aus der eigenen Sicht der Anwendung und Aufgabenstellung nur partiell beschrieben.

Zum Beispiel wird ein bestimmter, durch eine Identifikation eindeutig bezeichneter Artikel im Bereich der Konstruktion durch seine Geometrie beschrieben. Im Bereich der Produktionsprozessentwicklung in Verbindung mit computergestützten Produktionsmaschinen wird der gleiche Artikel durch bestimmte NC-Verfahrenswege beschrieben. Die Abb. 5.4.3.1 zeigt ein weiteres Beispiel, nämlich das Objekt „Arbeitsgang":

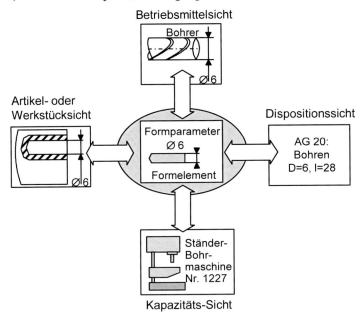

Abb. 5.4.3.1   Beispiel einiger unterschiedlicher Sichtweisen auf ein betriebliches Objekt (siehe [Schö95a])

- Die Artikel- oder Werkstücksicht zeigt den zum Arbeitsgang passenden Zustand und Ausschnitt des zu fertigenden Produkts.
- Die Dispositionssicht gibt die Reihenfolge sowie die Beschreibung des Arbeitsgangs.
- Die Betriebsmittelsicht zeigt einzusetzende Werkzeuge oder Vorrichtungen.
- Die Kapazitätssicht beschreibt die Arbeitsstation als Ganzes, auf dem der Arbeitsgang zur Durchführung kommt.

Die Abb. 5.4.3.2 zeigt als Beispiel einige Objekte aus dem Konstruktionswesen, aus dem Freigabe- und Änderungswesen sowie aus der Planung & Steuerung. In vielen Fällen handelt es sich um die gleichen betrieblichen Objekte, nur die Sichtweisen sind verschieden.

Abb. 5.4.3.2   Betriebliche Objekte und Attribute im Bereiche der Konstruktion, des Freigabe- und Änderungswesens und der Planung & Steuerung

Bei der unternehmensweiten Integration von Geschäftsprozessen wird die Kopplung der verschiedenen Sichtweisen zur Herausforderung. Alle Abteilungen benötigen Zugang zu den Daten anderer Bereiche. Beispiele:

- Der Konstrukteur soll aus Kosten- und Flexibilitätsgründen vorzugsweise Komponenten für seine Konstruktion auswählen, welche bereits für das bisherige Produktsortiment als Halbfabrikate, Einzelteile oder Rohmaterialien verwendet werden. Dazu braucht er eine Klassifikationssystem für die bereits in der Datenbasis der Planung & Steuerung vorhandenen Artikel. Siehe dazu auch das Kap. 17.5.3.

- Ausgearbeitete Stücklisten sollen von der Konstruktion automatisch in die Datenbasis zur Planung & Steuerung überführt werden können, in allen im Kap. 5.4.2 erwähnten Phasen.

- Umgekehrt kann die Planung & Steuerung bei der Freigabe von Produktionsaufträgen von der Konstruktion eine Zeichnung anfordern, um sie den Arbeitsunterlagen beizulegen. Bei parametrierter Beschreibung von Artikeln werden auch die notwendigen Parameterwerte vom Kundenauftrag an die Konstruktion übertragen, um eine entsprechend neue Zeichnung mit den für den spezifischen Auftrag gültigen Parameterwerten zu erstellen.

Wie kann man trotz verschiedener Sichten auf die betrieblichen Objekte diese für alle Bereiche gleich gültig und umfassend darstellen? Während man sich in der Definition der Objekte selbst meistens ohne weiteres einig wird, ist das für die Attribute weniger der Fall. So mag derselbe Informationsgehalt aus der einen Sicht z.B. mit zwei Attributen dargestellt werden, während er aus einer anderen Sicht mit drei oder vier Attributen dargestellt wird. Die redundante Führung dieser Attribute ist i. Allg. keine vernünftige Lösung, führt sie doch zu Kohärenzproblemen bei der Modifikation der Daten. Nur eine gemeinsame, durch alle Beteiligten am Geschäftsprozess festgelegte Definition kann hier Abhilfe schaffen. Diese muss durch geeignete IT-Systeme unterstützt werden. Siehe dazu das Kap. 17.5.

5.5   Zusammenfassung

Die Geschäftsprozesse zur Planung & Steuerung im MRPII- / ERP-Konzept sind nach langer, mittlerer und kurzer Fristigkeit unterteilbar. Zudem wird die Grobplanung von der detaillierten Planung unterschieden. Aufgaben in den Geschäftsprozessen sind die Bedarfsvorhersage, die Angebotsbearbeitung und die Auftragszusammenstellung, das Ressourcenmanagement, die Auftragsfreigabe, -koordination und -kontrolle sowie die Lieferung und Abrechnung. Prozesse und Aufgaben werden in ein Referenzmodell überführt.

Eine erste Teilaufgabe der Haupt- oder Programmplanung ist die Planung von Absatz und Operationen (engl. „sales & operations planning"). Bei einer Grobplanung ergibt diese Planung einen aggregierten Plan, der eher auf groben Geschäftsobjekten wie Produktfamilien, Grobprodukt-strukturen, Bruttobedarfen usw. als auf detaillierter Produktinformation basiert. So kann man relativ schnell mehrere Varianten des Produktionsplans berechnen. Eine weitere Teilaufgabe der Haupt- oder Programmplanung ist die Programm- bzw. Haupt-Terminplanung und die Grob-kapazitätsplanung. Der Programm- bzw. Haupt-Produktionsterminplan (engl. „master produc-tion schedule", MPS) ist die disaggregierte Version eines Produktionsplans ist, ausgedrückt in spezifischen Produkten, Mengen und Terminen. Die geeignete Ebene für die Terminplanung muss bestimmt werden – Endprodukte oder Baugruppen. Die Grobkapazitätsplanung ist ein Mittel zur Überprüfung der Durchführbarkeit des Programm-Produktionsterminplans.

Kundenrahmenaufträge und Rahmenaufträge an Lieferanten sind wichtige Instrumente für die Planung & Steuerung in Supply Chains. Solche Vereinbarungen legen Intervalle für Liefertermin und Abnahmemenge fest. Sie sind im unverbindlichsten Fall reine Vorhersagen. Die Intervalle werden mit abnehmender Fristigkeit präzisiert. Im kurzfristigen Bereich ersetzen genauere kurzfristige Rahmenaufträge die Rahmenaufträge. Ihre Menge ist fest, die Liefertermine werden durch Abrufaufträge nach Möglichkeit laufend präzisiert.

Geschäftsmethoden in der Detailplanung und Terminplanung sowie der Durchführung und Arbeitssteuerung können grundsätzlich Aufgaben im Materialmanagement, Zeit- und Termin-management sowie Kapazitätsmanagement lösen. Im Materialmanagement unterscheidet man deterministische von stochastischen Verfahrensklassen. Termin- und Kapazitätsmanagement sollten grundsätzlich integriert erfolgen, da Kapazitäten nicht bevorratbar sind. In Abhängigkeit der (quantitativ) flexiblen Kapazitäten sowie der Flexibilität der Auftragsfälligkeitstermine können Verfahrensklassen unterschieden werden – nämlich die Planung in die unbegrenzte und in die begrenzte Kapazität. Die einzelnen Verfahren behandeln aber entweder prioritär die Mengenachse (Kapazität), oder aber die Zeitachse (Termine). Verfahren wie „Available-to-promise" (ATP) und „Capable-to-promise" (CTP) geben Antwort auf die Frage, ob eine bestimmte Menge eines Produkts zu einem bestimmten Termin verfügbar ist.

Die Geschäftsmethoden zur Planung & Steuerung im Bereich F&E umfassen die Integration der verschiedenen Aufgaben entlang des Geschäftsprozesses – besonders die überlappende Durchführung („simultaneous engineering") – sowohl während der „time-to-market" als auch während der „time-to-product". Die unterschiedliche Sicht der verschiedenen Beteiligten auf die Geschäftsobjekte erschwert die Integration.

5.6   Schlüsselbegriffe

5.7   Szenarien und Übungen

5.7.1   Programm-Terminplanung und Produktvarianten

Ihre Firma stellt Scheren für links- und rechtshändige Kunden her. Beide Modelle haben dieselben Schneiden, unterscheiden sich jedoch im Griff. Schneide und Griff werden auf Kundenauftrag zusammengesetzt. Sie können annehmen, dass ungefähr 12 % Ihrer Kunden Linkshänder sind. Wenn Sie nun 100 Schneiden produzieren, wie viele Griffe für jeden Scherentyp sollten gefertigt werden?

Lösung:

Da die exakten Optionsprozentsätze im Voraus nicht bekannt sind, wird Überplanung in der Programm-Terminplanung notwendig, um die Unsicherheit abzudecken. Ein Sicherheitsbedarf von 25 % würde zur Produktion von $12 \cdot 1.25 = 15$ Griffen für Links- und $88 \cdot 1.25 = 110$ Griffen für Rechtshänder führen. Weil aber lediglich 100 Schneiden hergestellt werden erscheint es nicht sinnvoll, mehr als 100 Griffe jeden Typen zu haben. Folglich besteht eine gute Lösung in der Produktion von 15 Griffen für Links- und 100 Griffen für Rechtshänder.

5.7.2 Verfügbarer Bestand für Auftragsbestätigungen (ATP)

Verkaufsmitarbeiter Ihrer Firma möchten wissen, ob die Aufträge ihrer Kunden für Dosenöffner erfüllt werden können oder nicht. Bei der langfristigen Planung für das nächste halbe Jahr haben Sie den Programm-Produktionsterminplan aufgestellt, den Sie unten finden. Darüber hinaus hat Ihnen die Verkaufsabteilung eine Liste mit bereits zugesicherten Kundenaufträgen gegeben. Zu Jahresbeginn haben Sie 800 Dosenöffner am Lager.

Programm-Produktionsterminplan:

Januar	Februar	März	April	Mai	Juni
600	600	600	600	450	450

Bestätigte Aufträge: 1200 Stück am 14. Februar, 1400 Stück am 5. April, 450 Stück am 9. Juni.

a) Wie viele Dosenöffner können Ihre Verkaufsmitarbeiter während der nächsten 6 Monate den Kunden bestätigen, unter der Annahme, dass die in der Programm-Terminplanung geplante Produktionsmenge zu Beginn jeden Monats verfügbar ist?

b) Ist die Programm-Terminplanung durchführbar?

c) Am 7. Januar verlangt ein Kunde die sofortige Lieferung von 600 Dosenöffnern. Wie würden Sie reagieren?

Lösung:

a)

		Januar	Februar	März	April	Mai	Juni
Programm-Produktions-terminplan		600	600	600	600	450	450
Zugewiesen an Kundenaufträge			1200		1400		450
Verfügbarer Bestand	800	1400	800	1400	600	1050	1050
ATP	600					450	
Kumulierte ATP	600	600	600	600	600	1050	1050

b) Ja, weil in jeder Periode der kumulierte verfügbare Bestand für Auftragsbestätigungen (Kumulierte ATP) grösser Null ist.

c) Obwohl die vom Kunden nachgefragte Menge über alles gesehen verfügbar ist, würde die Ausführung dieses Auftrags bedeuten, dass es der Firma während vier Monaten (Januar- bis April) unmöglich ist, weitere Aufträge anzunehmen. Ihre Entscheidung sollte von der Wahrscheinlichkeit abhängen, ob die Firma deswegen dauerhafte Kunden verliert.

5.7.3 Theory of Constraints

Sie stellen die beiden Produkte A und B her, welche die Maschinenkapazität Ihrer Produktion entsprechend folgender Tabelle gebrauchen:

Maschine / Produkt	I	II	III
A	-	1.5 Stunden	2.0 Stunden
B	1.6 Stunden	1.0 Stunden	-

a) Was wird geschehen, wenn pro Arbeitstag (8 Stunden) je 3 Produkte A und 5 Produkte B hergestellt werden? Wie wird der Puffer vor Maschine II nach einer Woche (5 Arbeitstagen) aussehen? Welche Massnahmen schlagen Sie vor, wenn Sie kein Geld investieren können?

b) Ein Beratungsunternehmen bietet Ihnen an, die Maschinen zu beschleunigen, so dass die Bearbeitungszeit der Produkte um eine Viertelstunde reduziert wird. Bei welcher Maschine würden Sie diese Massnahme zuerst anwenden, bei welcher als nächstes? (Ihr einziges Ziel besteht in der Steigerung der Produktionsmenge.)

Lösung:

a) Die Kapazität der Maschine II ist nicht ausreichend: $3 \cdot 1.5$ Stunden $+ 5 \cdot 1.0$ Stunden $= 9.5$ Stunden. Daher wird sich der Puffer vor Maschine II mit der Geschwindigkeit von 1.5 Stunden Arbeitslast pro Tag füllen, was 5 Produkten A pro Woche entspricht. Um die Ware in Arbeit zu reduzieren sollte die Firma sich entscheiden, weniger Aufträge auszulösen, z.B. für nur 2 Produkte A und 5 Produkte B pro Arbeitstag.

b) Die Engstelle liegt bei Maschine II, daher sollte ihre Geschwindigkeit gesteigert werden. Nachdem die Massnahmen der Beratungsfirma angewendet wurden, dauert die Herstellung der Produkte A und B $(3 \cdot 1.25$ Stunden$) + (5 \cdot 0.75$ Stunden$) = 7.5$ Stunden. Maschine I mit einer Arbeitslast von $5 \cdot 1.6$ Stunden $= 8$ Stunden wird zum neuen Engpass.

5.7.4 Fallstudie Programm- bzw. Hauptplanung

Ausgehend von einem langfristigen Absatzplan für ein Unternehmen aus der Holzindustrie sollen – im Hinblick auf das Ressourcenmanagement – verschiedene Varianten eines Produktions- und Bestandsplans sowie des sich daraus ergebenden Beschaffungsplans erstellt werden.

Der Fall: Die Hobel AG fertigt Täfer in verschiedensten Varianten. Varianten treten natürlich zum einen in den Massen, zum anderen in den Profilen der Kanten, aber auch in der Oberflächenbeschaffenheit auf. So werden neben naturbelassenen Täfern auch lackierte Produkte angeboten. Der einzige Holz-Zulieferer der Hobel AG ist die Kahlschlag AG aus Finnland.

Als Manager der Hobel AG stehen Sie vor der Aufgabe, für ein Geschäftsleitungsmeeting für morgen Vormittag eine Hauptplanung über den Zeitraum von einem Jahr durchzuführen. Von Ihnen wird erwartet, dass Sie Aussagen über die Auslastung der Kapazitäten, aber auch die zu beschaffende Menge an Rohmaterial beim Holzlieferanten vorlegen.

Aufgrund ihrer Bedeutung sollen lediglich vier Endprodukte aus der vielfältigen Produktpalette der Hobel AG gemäss Abb. 5.7.4.1 betrachtet werden. Diese Produkte können den Produktsegmenten *Endbehandeltes Täfer*, das lackiert wird, respektive *Bio-Täfer*, das naturbelassen ist, zugeordnet werden.

Produktsegmente	Endprodukt	Breite	Länge	Höhe
Endbehandeltes Täfer	Top Finish (Profil 4)	97 mm	5 m	20 mm
Endbehandeltes Täfer	Harzitop (Profil 9)	97 mm	5 m	13 mm
Bio-Täfer	Nordische Fichte (Profil 4)	97 mm	5 m	20 mm
Bio-Täfer	Nordische Fichte (Profil 9)	97 mm	5 m	13 mm

Abb. 5.7.4.1   In die Hauptplanung einzubeziehende Endprodukte der Hobel AG

In verschiedenen Bearbeitungszentren werden in bereits vorgeschnittenen Tafeln die unterschiedlichen Profile eingehobelt. Wie Abb. 5.7.4.2 zeigt, tritt bei der Bearbeitung dieser vorgeschnittenen Tafeln in der Breite ein Verschnitt von 3 mm und in der Höhe ein Verschnitt von 2 mm auf.

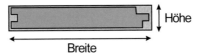

Abb. 5.7.4.2   Profil eines endbehandelten Täfers

Mit den Maschinen, welche der Hobel AG für das Hobeln der vorgeschnittenen Tafeln zu Verfügung stehen, können gesamthaft 2,7 Mio. m² vorgeschnittene Holztafeln pro Jahr bearbeitet werden. Die Einheit des Grobkapazitätsplatzes, der einige Maschinen umfasst, wird in m² des zu bearbeitenden Materials angegeben. Gehen Sie vorerst davon aus, dass in jedem Monat gleich viel gearbeitet wird.

a) *Produktions- und Lagerplan:* Als Grundlage für die vorzunehmende Hauptplanung stehen Ihnen bereits Daten aus dem kumulierten Absatzplan der nächsten zwölf Monate gemäss Abb. 5.7.4.3 zur Verfügung.

Berechnen Sie, unter Berücksichtigung des Verschnitts, das Belastungsprofil gemäss Abb. 1.2.4.1 und tragen Sie es in die nachfolgende Abb. 5.7.4.4 ein. Diskutieren Sie das Ergebnis: ist genügend Kapazität vorhanden?

Vom Belastungsprofil ausgehend sollen Sie für die vier Produkte die drei folgenden Varianten von Produktionsplänen erstellen und in Abb. 5.7.4.4 einzeichnen:

1. Jeden Monat wird genau die geplante Belastung produziert, die sich aus der geplanten Nachfrage ergibt. Als Folge entstehen keine Lager, hingegen entstehen Kosten für (quantitativ) flexible Kapazitäten (siehe die Definition in Kap. 4.4.3).

2. Jeden Monat wird die durchschnittliche Belastung produziert. Die unterschiedliche Nachfrage muss mit einem Lager abgefangen werden. Soll die Lieferbereitschaft

gewährleistet bleiben, muss dafür ein Anfangslagerbestand von 180'000 m² geführt werden (wobei der Einfachheit halber angenommen wird, dass der Bestand richtig auf die vier Endprodukte verteilt sei). Hingegen entstehen keine Kosten für (quantitativ) flexible Kapazitäten.

3. Die Kapazität wird zur Hälfte der Belastung angepasst. Jeden Monat wird also die Hälfte der Differenz zwischen der geplanten Belastung, die sich aus der geplanten Nachfrage ergibt, und der durchschnittlichen Belastung produziert. Soll die Lieferbereitschaft gewährleistet bleiben, muss dafür muss ein Anfangslagerbestand von 90'000m² geführt werden. Ebenfalls entstehen Kosten für (quantitativ) flexible Kapazitäten, aber in geringerem Masse als in Variante 1.

Produktfamilie	Endprodukt	Absatzplan, Juni – Nov., in m²					
		Juni	Juli	Aug.	Sept.	Okt.	Nov.
Endbehandeltes Täfer	Top Finish (Profil 4)	62085	65269	46166	76413	85964	63677
Endbehandeltes Täfer	Harzitop (Profil 9)	59943	63017	44573	73776	82998	61480
Bio-Täfer	Nordische Fichte (Profil 4)	48969	51480	36413	60269	67803	50224
Bio-Täfer	Nordische Fichte (Profil 9)	70392	74002	52343	86637	97466	72197

Produktfamilie	Endprodukt	Absatzplan, Dez. – Mai, in m²					
		Dez.	Jan.	Feb.	März	April	Mai
Endbehandeltes Täfer	Top Finish (Profil 4)	41390	42982	52534	58901	50942	63677
Endbehandeltes Täfer	Harzitop (Profil 9)	39962	41499	50721	56869	49184	61480
Bio-Täfer	Nordische Fichte (Profil 4)	32646	33901	41435	46457	40179	50224
Bio-Täfer	Nordische Fichte (Profil 9)	46928	48733	59563	66783	57758	72197

Abb. 5.7.4.3   Absatzplan für die nächsten 12 Monate

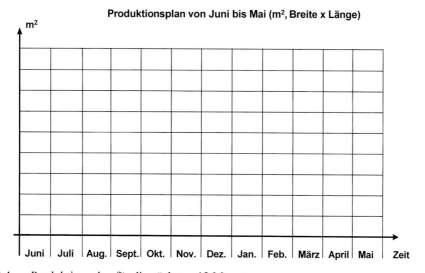

Abb. 5.7.4.4   Produktionsplan für die nächsten 12 Monate

Vergleichen Sie die Gesamtkosten der Lösungen qualitativ, indem Sie einander gegenüber stellen. Einerseits die Lagerhaltungskosten:

- Stückkosten: €2 pro m²
- Jährlicher Lagerhaltungskostensatz: 30 %

Andererseits Kosten für (quantitativ) flexible Kapazitäten:

- Arbeitskosten: €1 pro m²
- Erforderliche Flexibilitätsrate = (maximale Monatsbelastung - Durchschnittsbelastung) / Durchschnittsbelastung
- Flexibilitätskosten = Flexibilitätsrate · Arbeitskosten pro Tag

b) *Beschaffungsplan:* Der Geschäftsleiter der Kahlschlag AG hat sich mit der Bitte an Sie gewandt, eine grobe Schätzung der von der Hobel AG in den nächsten zwölf Monaten erwarteten Bestellmenge an Rohmaterial bei der Kahlschlag AG abzugeben. Da die Geschäftsleitung der Hobel AG vor kurzem beschlossen hat, eine partnerschaftliche Beziehung zur Kahlschlag AG aufzubauen, wird von Ihnen erwartet, bis spätestens morgen dem finnischen Holzlieferanten eine Antwort zu geben. Diese soll ausgehend von der von Ihnen bevorzugten Variante des Produktionsplans berechnet werden.

Das den vier Endprodukten zugrunde liegende Rohmaterial ist gleich. Beschafft und verrechnet wird in m³. Da das Holz aber ausschliesslich in der Breite 100 mm, der Höhe 50 mm und der Länge 5 m angeboten wird, muss die Hobel AG das Rohmaterial vor dem Profilhobeln noch in entsprechende Tafeln schneiden (vgl. Abb. 5.7.4.1). Gemäss den angegebenen Massen der Endprodukte (siehe die obige Tabelle) kann man aus dem Rohmaterial jeweils drei respektive zwei vorgeschnittene Tafeln gewinnen (siehe Abb. 5.7.4.5). Das Rohmaterial muss im gleichen Monat zur Verfügung stehen wie die Endprodukte.

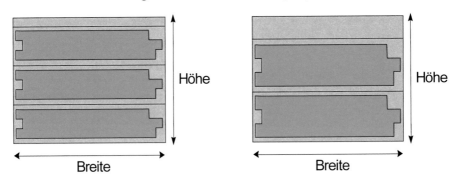

Abb. 5.7.4.5   Mögliche Schnitte für Tafeln aus dem Rohmaterial

Ermitteln Sie die Formel zur Berechnung des Rohmaterials für einen gegebenen Produktionsplan. *Hinweis*: Leiten Sie die Einbaumenge an m³ des Rohmaterials (die Holzbalken) in Abhängigkeit des jeweiligen Endprodukts her, dessen Einheit ja in m² angegeben wurde. Für die Geschäftsleitung sind lediglich die monatlich zu beschaffenden Gesamtbedarfe an Rohmaterial in Abb. 5.7.4.6 von Interesse (die Bedarfe für die einzelnen Endprodukte dienen lediglich dem Festhalten von Zwischenergebnissen).

Rohmaterialbedarf für Produkt	Beschaffungsplan Juni – Nov., in m²					
	Juni	Juli	Aug.	Sept.	Okt.	Nov.
Top Finish (Profil 4)						
Harzitop (Profil 9)						
Nordische Fichte (Profil 4)						
Nordische Fichte (Profil 9)						
Rohmaterialbedarf total						

Rohmaterialbedarf für Produkt	Beschaffungsplan, Dez. – Mai, in m²					
	Dez.	Jan.	Feb.	März	Apr.	Mai
Top Finish (Profil 4)						
Harzitop (Profil 9)						
Nordische Fichte (Profil 4)						
Nordische Fichte (Profil 9)						
Rohmaterialbedarf total						

Abb. 5.7.4.6   Beschaffungsplan: Rohmaterialbedarf

Lösung:

a) Die Durchschnittsbelastung pro Monat beträgt ca. 237'000 m² und übersteigt damit leicht die vorhandene Kapazität von 225'000 m². Daher wird Mehrarbeit in der Grössenordnung von ungefähr 5 % notwendig, um die Nachfrage zu erfüllen (ca. 284'400 m² pro Jahr).

- Variante 1 hat Flexibilitätskosten von ca. € 1'300'000 zur Folge. Die maximale Belastung tritt im Oktober auf (ca. 345'000 m²); sie erfordert eine Flexibilitätsrate von (345'000 - 237'000) / 237'000 = 46 %.

- Variante 2 des Produktionsplans (Produktion von 237'000 m² pro Monat) führt zu Lagerhaltungskosten von ca. € 80'000. Ausgangswerte für die Berechnung der Lagerhaltungskosten sind die 12 Monatsanfangsbestände des Lagerplanes.

- Variante 3 ergibt Lagerkosten von ca. € 40'000 und Flexibilitätskosten von ca. € 650'000. Die maximale Produktion findet im Oktober statt (ungefähr 291'000 m²), was eine Flexibilitätsrate von (291'000 - 237'000) / 237'000 = 23 % erfordert.

Die animierte Lösung kann man finden ist unter:

 https://intlogman.ethz.ch/#/chapter05/master-planning/show

Alle Berechnungen erfolgen durch Drücken des Knopfs „calculate".

- Varianten zwischen den beiden extremen Varianten 1 und 2 – und auch diese beiden Varianten selber – können durch Eingabe eines Wertes für Alpha zwischen 0 und 1 in der Formel „Av + alpha * (Load$_i$ - Av)", wobei Av für die durchschnittliche Belastung steht, und Load$_i$ für die geplante Belastung, die sich aus der geplanten Nachfrage ergibt.

- Für die Berechnung der Kosten jeder Variante können die Parameter für Lagerhaltungskosten und Flexibilitätskosten verändert werden.

b) Für Variante 2 des Produktionsplanes wird jeden Monat ein Zwölftel des gesamten Jahresbedarfs produziert. Daraus ergeben sich Bedarfe an Rohmaterial von ca. 4900 m³ pro Monat.

Durch Drücken des Knopfs „go to procurement plan" wird für die gewählte Variante zur Berechnung des Beschaffungsplans verzweigt. Dort erfolgt durch Drücken des Knopfs „calculate" die eigentliche Berechnung. Im oberen Teil wird der Produktionsplan detailliert auf alle Varianten angegeben, im unteren Teil der sich ergebende Bedarf an Rohmaterial. Ob drei bzw. zwei vorgeschnittene Tafeln aus dem Rohmaterial gewonnen werden können, kann man durch Überstreichen der Produktidentifikation in der Kolonne ganz links mit der Maus ersehen.

Durch Drücken von „return to production plan" kann z.B. eine andere Variante des Produktionsplans erzeugt werden, worauf deren Bedarf an Rohmaterial wieder berechnet werden kann

5.8   Literaturhinweise

APIC16   Pittman, P. et al., APICS Dictionary, 15. Auflage, APICS, Chicago, IL, 2016

ArCh16   Arnold, T., Chapman, S., Gatewood, A., Clive, L., „Introduction to Materials Management", 8th Edition, Pearson, Harlow, 2016

Bern99   Bernard, P., „Integrated Inventory Management", John Wiley & Sons, 1999

BoGa08   Boutellier, R., Gassmann, O., von Zedtwitz, M., „Managing Global Innovation", 3rd Edition, Springer Berlin, Heidelberg, New York, 2008

GoCo14   Goldratt, E., Cox, J., „The Goal: A Process of Ongoing Improvement", 30th Anniversary Edition, North River Press, Norwich, CT, 2014

IBM75   IBM, „Executive Perspective of Manufacturing Control Systems", Broschüre IBM G360-0400-12 (1975)

Schö95a   Schönsleben, P. (Hrsg.), „Die Prozesskette 'Engineering', Beiträge zum Stand von Organisation und Informatik in produktionsvorgelagerten Bereichen Schweizerischer Unternehmen 1995", vdf Hochschulverlag an der ETH Zürich, 1995

Schö01   Schönsleben, P., „Integrales Informationsmanagement", 2. Auflage, Springer Verlag, Berlin, Heidelberg, New York, 2001

Verb01   Verbeck, A., „Kooperative Innovation", vdf Hochschulverlag an der ETH Zürich, 2001

Webe18   Weber, R., „Zeitgemässe Materialwirtschaft mit Lagerhaltung — Flexibilität und Lieferbereitschaft verbessern - Bestände und Durchlaufzeiten minimieren - Das deutsche KANBAN / SCM-System", 12. Auflage, Expert Verlag, Renningen Malmsheim, 2018

6 Das Lean-/Just-in-time-Konzept und die Wiederholproduktion

In etlichen Branchen des Investitionsgütermarkts wandelte sich im Laufe der 1970er Jahre der Verkäufermarkt in einen Käufermarkt. In Folge ging die Gewichtung der unternehmerischen Ziele gemäss Kap. 1.3.1 von einer möglichst guten Auslastung der Kapazitäten in Richtung kurzer Lieferdurchlaufzeiten. Gleichzeitig mussten Lagerbestände vermieden werden. Sie erwiesen sich nämlich zunehmend als Risiko, da sie aufgrund technischer Neuerungen oft über Nacht zu Ladenhütern führten. So wurde nun eine *kurze Durchlaufzeit* zur strategischen Erfolgsposition im unternehmerischen Wettbewerb.

Zur Behandlung all dieser Aspekte hat man – vor allem in Japan – Konzepte entwickelt und unter dem Schlagwort „Just-in-Time", abgekürzt „JiT" (als englisch „dschitt" ausgesprochen), zusammengefasst. In den letzten Jahren wurden die Inhalte des JiT unter dem Schlagwort „Lean" neu lanciert. Lean/JiT zielt auf einen möglichst schnellen Durchfluss der Güter, bei gleichzeitiger Reduktion von Überbelastung, Unausgeglichenheit und unnützem Aufwand bzw. Verschwendung.

Das Lean-/Just-in-time-Konzept ist für jedes andere Konzept und jede Charakteristik zur Planung & Steuerung gemäss Kap. 4.5.3 vorteilhaft. Die dazugehörenden Methoden werden darum hier bevorzugt behandelt. Das in diesem Zusammenhang bekannte und einfache Verfahren zur Produktions- und Einkaufssteuerung heisst Kanban. Es besorgt jedoch nur die kurzfristige Planung & Steuerung und gilt nur für die Produktion bzw. die Beschaffung mit häufiger Auftragswiederholung, und damit zur Herstellung von Standardprodukten, allenfalls mit wenigen Varianten.

Das Lean-/JiT-Konzept ist nicht nur eine Hilfe, sondern sogar Voraussetzung für den effizienten Einsatz von sämtlichen einfachen Verfahren der Planung & Steuerung in Supply Chains. Die Abb. 6.0.0.1. zeigt eine Teilmenge aus den charakteristischen Merkmalen zur Planung & Steuerung aus Kap. 4.4. Deren Ausprägungen sind jeweils derart geordnet, dass die Eignung zum Einsatz von einfachen Verfahren der Planung & Steuerung in Supply Chains steigt, je weiter *rechts* die Ausprägungen festzustellen sind. Beim den dafür wichtigsten Merkmalen ist die charakteristische Ausprägung schwarz hinterlegt.

Einfache Verfahren der Planung & Steuerung sind also besonders zur Herstellung von Standardprodukten, allenfalls mit wenigen Varianten geeignet, und damit für die *Wiederholproduktion* (engl. *„repetitive manufacturing"*). Als wohl am einfachsten verständliche Steuerungsverfahren werden das Kanban-Verfahren und das Fortschrittszahlenprinzip bereits hier im Teil B besprochen. Beides sind zudem Verfahren zur Kurzfristplanung von Material, Terminen und Kapazität, wobei die Kapazität sich der Belastung anpassen muss. Zur langfristigen Planung werden übrigens in beiden Fällen die für das MRPII-Konzept gültigen Methoden gemäss Kap. 5.2 herangezogen. Wenn eine mittelfristige Planung überhaupt nötig ist, so entspricht ihre Methodik der einfachen Methodik der langfristigen Planung.

© Springer-Verlag GmbH Deutschland, ein Teil von Springer Nature 2020
P. Schönsleben, *Integrales Logistikmanagement*,
https://doi.org/10.1007/978-3-662-60673-5_7

Merkmalsbezug: Verbraucher und Produkt bzw. Produktfamilie					
Merkmal ➡	**Ausprägungen**				
Frequenz der Kunden- nachfrage ➡	einmalig		blockweise (sporadisch)	regulär	gleichmässig (kontinuierlich)
Produkte- vielfalts- konzept ➡	nach (ändern- der) Kunden- spezifikation	Produktfamilie mit Varianten- reichtum	Produktfamilie	Standard- produkt mit Optionen	Einzel- bzw. Standard- produkt

Merkmalsbezug: Logistik- und Produktionsressourcen					
Merkmal ➡	**Ausprägungen**				
Produktions- umgebung ➡	„engineer-to- order"	„make-to-or- der"	„assemble-to- order" (aus- gehend von Einzelteilen)	„assemble-to- order" (aus- gehend von Baugruppen)	„make-to- stock"
(Quantitativ) flexible Kapazitäten ➡	in der Zeitachse nicht flexibel		in der Zeitachse wenig flexibel		in der Zeitachse flexibel

Merkmalsbezug: Produktions- bzw. Beschaffungsauftrag			
Merkmal ➡	**Ausprägungen**		
Auslösungs- grund / (Auftragstyp) ➡	Nachfrage / (Kundenproduktions- bzw. -beschaffungsauftrag)	Prognose / (Vorhersageauftrag)	Verbrauch / (Lagernach- füllauftrag)
Wiederhol- frequenz des Auftrags ➡	Produktion / Beschaffung ohne Auftragswiederholung	Produktion / Beschaffung mit seltener Auftrags- wiederholung	Produktion / Beschaffung mit häufiger Auftrags- wiederholung

Zunehmender Grad der Eignung für einfache Verfahren der Planung & Steuerung

Abb. 6.0.0.1   Grad der Eignung für einfache Verfahren der Planung & Steuerung[1]

6.1   Charakteristik des Lean/Just-in-Time und der Wiederholproduktion

6.1.1   Just-in-Time und Jidoka — das Streben nach der Reduktion von Über- belastung, Unausgeglichenheit und unnützem Aufwand bzw. „waste"

Der Ursprung des „Just-in-Time" liegt im „Toyota Production System". Siehe dazu [Toyo98].

Das *„Toyota Production System"* (TPS) ist ein Grundgerüst von Konzepten und Methoden, um die Produktivität und die Qualität zu erhöhen.

Hinter dem TPS steht die Minimierung der sogenannten *3M*, „muri", „mura" und „muda".

Überbeanspruchung bzw. *Überforderung* (jap. *„muri"*) bezeichnet eine unvernünftige Über- belastung von Menschen (physisch oder mental) oder Maschinen.

---

[1]   Die horizontale Verteilung der Ausprägungen im morphologischen Schema zeigt ihren Bezug zum zunehmenden Grad gemäss dem angegebenen Kriterium an.

Bei Menschen kann „muri" zu Ermüdung oder Verletzungen, zu ungeplanten Absenzen, Krankheiten oder sogar Burnout führen. Bei Maschinen kann „muri" zu Störungen und damit zu einer reduzierten Verfügbarkeit führen. In beiden Fällen sind „mura" und „muda" die Folge.

Variation (jap. *„mura"*) bezeichnet *Unausgeglichenheit* im Produktionssystem.

„Mura" kann sich z.B. aufgrund einer diskontinuierlichen Nachfrage ergeben, aber auch durch sich ändernden Produktionsmix, unterschiedliche Zeiten für die einzelnen Arbeitsgänge oder schlecht organisierte Arbeitsplätze. „Mura" kann sich auf die ganze Supply Chain ausbreiten, was u.a. den Peitschenhieb- oder Bullwhip-Effekt (siehe Kap. 2.3.5) zur Folge haben kann. Die Nivellierung der Produktion entlang der ganzen Supply Chain (jap. „heijunka") als wichtiges Werkzeug zur Reduktion von „mura" erfordert die Reduktion der Durchlaufzeit, wofür in den folgenden Teilkapiteln u.a. die Reduktion der Lager, Misch-Modell- und die gemischte Produktion sowie die Losgrössenreduktion behandelt werden.

Als *Verschwendung* bzw. *unnützer Aufwand* (jap. *„muda"*, engl. *„waste"*) werden alle Tätigkeiten in Entwicklung und Herstellung auf der ganzen Supply Chain bis und mit zum Verbraucher betrachtet, die aus der Sicht des Kunden nicht wertschöpfend sind.[2]

Ohno's sieben Arten von Verschwendung sind Überproduktion, Wartezeit, Transport, unnötiger Bestand, unnötige Bewegung, Fehlerproduktion, ungeeignete Abläufe (z.B. physische Arbeit, die nicht für Menschen passend ist, oder zu aufwendige Prozesse, die der Kunde nicht bezahlen wird). Siehe dazu [Ohno88].

Die 3Ms beeinflussen sich gegenseitig. Wenn „muda" reduziert wird, ohne gleichzeitig „mura" zu reduzieren, dann kann das Ergebnis in „muri" münden. Wenn z.B. Bestände reduziert werden und gleichzeitig eine stark diskontinuierliche Kundennachfrage befriedigt werden muss, dann wird das Produktionssystem allzu oft überlastet sein. Das wird u.a. für die Qualität abträglich sein, und damit wieder zu „muda" führen. Die Reduktion von „Mura" ist somit eine Voraussetzung für eine dauerhafte Reduktion von „muda". Da „muri" i. Allg. "mura" und „muda" nach sich zieht, hat die Vermeidung von „muri" Priorität. Ein Beispiel ist die berühmte Leine, mit der Mitarbeiter in der Montagelinie bei Toyota das Band nicht nur wenn er einen Fehler („muda") entdeckt anhalten kann sondern auch wenn er dem Montagetakt z.B. wegen Überforderung nicht mehr folgen kann. Das kurzfristig Anhalten der Montage wird dann nicht als „mura" oder „muda" empfunden. Trotzdem muss man die Ursache der Überforderung und eine mögliche Lösung schnell finden.

Das TPS zielt auf die Erhöhung von Qualität und Tempo ab, ohne „muri" zu erhöhen oder Produktivität zu reduzieren. „Jidoka" und „Just-in-Time" sind die beiden Säulen des TPS. Beide Säulen umfassen Methoden, Techniken und Werkzeuge zur Reduktion aller 3Ms.

Das *Jidoka-Konzept* umfasst Ansätze und Verfahren, um einen fehlerhaft laufenden Prozess umgehend anzuhalten. Jidoka bedeutet „Automation (jap. 自動化) mit menschenähnlichen Sensoren", was mit dem künstlichen Begriff *„Autonomation"* (jap. 自働化) übersetzt wird.[3]

---

[2]   Die *Wertschöpfung aus der Sicht des Kunden* ist die Nutzensicht. Dies im Gegensatz zur Sicht des betrieblichen Rechnungswesens, also der Kostensicht (vgl. dazu das Kap. 4.1.2 und das Kap. 16.1.4).

[3]   Der Unterschied liegt nur im Zeichen 人 im zweiten „Buchstaben", welcher „Mensch" bedeutet.

Jidoka ist damit darauf ausgerichtet, die Herstellung von fehlerhaften Produkten zu eliminieren, indem Qualität in den Produktionsprozess eingebaut wird. Diese Denkweise stammt aus der Zeit, als Sakichi Toyoda, der spätere Gründer der Toyota-Gruppe, im Jahr 1902 eine Vorrichtung erfand, um Webmaschinen bei einem Fadenbruch anzuhalten. Damit wurde verhindert, dass fehlerhafter Stoff gewoben wurde. Das Problem selbst, also der Fadenbruch, konnte möglichst schnell behoben werden. Das Kap. 18.2.5 zeigt einige Techniken des Jidoka-Konzepts.

> Das *Just-in-time-Konzept* besteht aus einer bestimmten Menge von Ansätzen, Methoden und Techniken, um auf geplante Weise alle Verschwendung eliminieren. Dazu gehört, nur die notwendigen Bestände an Lager zu haben, die Fehlerrate der Qualität Null zu bringen, die Durchlaufzeiten durch Rüstzeitreduktion zu reduzieren, die Warteschlangen und die Losgrössen zu reduzieren, die Inhalte der Arbeitsgänge gezielt zu verändern. Siehe auch [APIC16].

Das Just-in-time-Konzept vergrössert damit das Potential für kurze Lieferdurchlaufzeiten, und zwar für alle Produktionstypen und für viele Dienstleistungsbranchen[4].

Die Begriffe *Lagerlose Produktion* oder *Null Bestände* (engl. „zero inventories") als Synonyme von „Just-in-Time" sind irreführend und werden in diesem Werk nicht verwendet. Gerade beim Kanban-Verfahren sind auf allen Produktionsstufen Bestände an Puffern nötig. Das sich durch diese Irreführung ergebende Missverständnis ist wohl auch dafür verantwortlich, dass JiT in den USA und in Europa oft falsch verstanden und angewendet wurde, und schliesslich das neue Schlagwort „Lean" an die Stelle von JiT trat.

> *Schlanke Produktion* (engl. *„lean production"*) stellt die Minimierung der Menge aller benötigten Ressourcen (einschliesslich Zeit) für die verschiedenen Tätigkeiten des Unternehmens heraus (vgl. [APIC16]). Sie identifiziert Verschwendung (siehe obige Definition) und eliminiert sie.
>
> *Schlanke Unternehmen* sind Unternehmen, welche die Grundsätze der schlanken Produktion auf alle Bereiche im Unternehmen anwenden.

Seit der Einführung der „lean production" [WoJo07] wurde auch dieses Konzept gerne ins Extreme ausgelegt. Es diente als bequemes Argument zum Entlassen oder Nicht-mehr-Ersetzen von Mitarbeitenden. Polemisch wurde postuliert, dass man die Gegensätzlichkeit der unternehmerischen Ziele gemäss Kap. 1.3.1 durchbrechen könne. Der Zielbereich Flexibilität wurde dabei nicht wahrgenommen. Denn dessen Ziele sind meist langfristiger Natur – der Aufbau von entsprechenden Kompetenzen ist nämlich aus Kundensicht nicht ohne weiteres als Wertschöpfung erkennbar. Diese Sicht führte in die Magersucht und damit in die Erstarrung. Sie hat sich spätestens dann als falsch erwiesen, als Unternehmen nicht mehr fähig waren, Innovation zu erzielen.

Das ursprünglich von den Japanern eingeführte JiT-Konzept entspricht weitestgehend dem aktuellen „Lean"-Konzept, welches den Zielbereich Flexibilität (siehe Kap. 1.3.3) wieder berücksichtigt. In jedem Fall bleibt aber das Streben nach Reduktion von unnötigem Aufwand. Mit Bezug auf die Minimierung von Beständen zeigt die Abb. 6.1.1.1 die Veränderung der Sichtweise von Beständen, welche sich im Laufe der Jahre zwischen 1970 und 1990 ergeben hat.

---

[4]   Der Begriff „Just-in-Time" ist dem Kanban-Verfahren etwas zu Unrecht in einer Ausschliesslichkeit zugeordnet worden. Natürlich hat auch ein *deterministisches* Verfahren wie MRP zum Ziel, „gerade rechtzeitig" – und zwar ohne Lagerbestände – das zu beschaffen und zu produzieren, was im Moment benötigt wird.

Konventionelle Sicht   Japanische Sicht

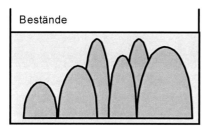
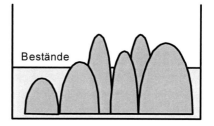

➤ Bestände ermöglichen: ➤ Reduzierte Bestände decken auf:

• Überbrücken von Störungen   • störanfällige Prozesse
• hohe Auslastung   • unabgestimmte Kapazitäten
• wirtschaftliche Losgrössen   • mangelnde Flexibilität
• Absicherung gegen Ausschuss   • Ausschuss
• reibungslose Produktion   • unzuverlässige Lieferanten
• hohe Lieferbereitschaft   • mangelhafte Liefertreue

Abb. 6.1.1.1   Alternative Sichtweisen von Beständen

Hohe Bestände wirken wie ein hoher Wasserstand (hell unterlegt) in einem Gewässer mit Untiefen (dunkel unterlegt). Sinkt der Wasserstand, so werden die Hindernisse spürbar und müssen entweder entfernt oder umschifft werden. Die Reduktion der Bestände deckt nun Probleme auf, die durch entsprechende Konzepte korrigiert werden müssen. Diese Einsicht entstand in Japan schon sehr früh. Siehe dazu auch [Suza89].

6.1.2 Die Charakteristik für einfache und effektive Planungs- und Steuerungstechniken der Wiederholproduktion

Die Abb. 5.3.2.1 wies auf die Ursachen für einfache bzw. komplizierte Techniken im Materialmanagement hin. Einfache Planungs- und Steuerungstechniken bedingen demnach *billige Artikel* oder zumindest eine *kontinuierliche Frequenz der Kundennachfrage*. Im Falle von abhängigem Bedarf auf teure Komponenten kann man z.B. durch Reduktion der Losgrössen, aber auch durch ein Produktkonzept mit weniger Varianten oder gar Standardkomponenten eine kontinuierlichere Nachfrage erzielen und damit an Stelle von eher komplizieren Techniken des Materialmanagements einfache Techniken einsetzen. Dafür wurden im JiT-Konzept wichtige Methoden zur Reduktion von „mura" entwickelt. Sie führen zu einer Produktion bzw. Beschaffung mit *häufiger* Auftragswiederholung, eben zur *Wiederholproduktion* (engl. „repetitive manufacturing").

Das Wiederholen gleicher Abläufe schafft zudem Potential zur Automatisierung in der Administration. Eine kontinuierliche Frequenz der Kundennachfrage erlaubt auch eine mit Auslösung des Produktions- bzw. Beschaffungsauftrags nach Verbrauch bzw. eine einfache (Lager-)Nachfüllung.

Die Abb. 5.3.2.2 wies auf die Ursachen für eine „gute" bzw. eine wenn immer möglich zu vermeidende Situation im Materialmanagement hin. In eine „bessere" Situation gelangt man demnach, je weiter stromaufwärts der Auftragseindringungspunkt gelegt werden kann, d.h. je mehr *deterministischer Bedarf* vorliegt. Da davon ausgegangen werden muss, dass sich die Kundentoleranzzeit nicht verlängert, muss die kumulierte Durchlaufzeit reduziert werden. Zu den bekanntesten Lean-/JiT-Methoden zur Reduktion von „muri", „mura" und „muda" zählen nun gerade solche, die das Potential für kurze Durchlaufzeiten erhöhen.

Die Abb. 5.3.4.1 wies auf die Ursachen für einfache bzw. komplizierte Techniken im Kapazitätsmanagement hin. Einfache Planungs- und Steuerungstechniken bedingen demnach Flexibilität der Kapazitäten entlang der Zeitachse. Das JiT-Konzept umfasst entsprechend wichtige Methoden und Führungsprinzipien zur Reduktion von „muri", um *(quantitativ) flexible Kapazitäten* und dadurch wiederum eine Reduktion von „mura" und schliesslich „muda" zu erreichen.

6.2   Das Lean-/Just-in-time-Konzept

In der Folge werden die wichtigsten Methoden und Techniken des Lean-/Just-in-time-Konzepts vorgestellt. Siehe dazu auch [Wild01].

6.2.1   Durchlaufzeitreduktion durch Rüstzeit- und Losgrössenreduktion

Die Durchlaufzeit ergibt sich im einfachsten Ansatz als Summe der *Arbeitsgangzeiten*, der *Arbeitsgangzwischenzeiten* und der *Administrationszeit*. Bei Werkstattproduktion bestimmt die Arbeitsgangzeit teilweise die Wartezeit vor dem Kapazitätsplatz und damit einen wesentlichen Teil der Arbeitsgangzwischenzeit. Die Reduktion der Arbeitsgangzeit hat also einen direkten und einen indirekten Effekt. Ihre einfachste Definition ergibt sich als Formel gemäss Abb. 6.2.1.1. Dabei werden die Definition in Abb. 1.2.3.1 wiederholt und gängige Abkürzungen eingeführt, die später verwendet werden.

$$\underline{Arbeitsgangzeit} = \underline{Rüstzeit} + (\underline{Losgrösse} \cdot \underline{Einzelzeit})$$
$$bzw. \; AZ = RZ + (LOSGR \cdot EZ)$$

Abb. 6.2.1.1   Die einfachste Formel für die Arbeitsgangzeit[5]

Die Reduktion der Arbeitsgangzeit kann wohl am einfachsten durch Reduktion der Losgrössen erreicht werden. Man kann sogar Losgrössen anstreben, die der Bedarfsmenge eines Tages oder einiger weniger Tage entsprechen. Der gleiche Auftrag wiederholt sich dann in kurzen Abständen, was zu besser automatisierbaren Prozessen führt[6]. Kleinere Losgrössen führen jedoch, wenn insgesamt die gleiche Menge produziert werden soll, zu vermehrtem Rüsten und damit zu einer grösseren Auslastung. Bei hoher Auslastung erhöht dies die Durchlaufzeit (siehe dazu Kap. 10.2.3). Vermehrtes Rüsten führt auch zu höheren Kosten. Umgekehrt erlaubt eine signifikante Rüstzeitreduktion – bei gleichbleibender Auslastung – eine Reduktion der Losgrösse, damit der Arbeitsgangzeit und schliesslich auch der Durchlaufzeit. Nachfolgend sind wichtige Konzepte dazu aufgeführt.

1. Umrüstfreundliche Produktionsanlagen:

---

[5]   Für die Definition dieser Begriffe siehe Kap. 1.2.3 und 13.1. Für die detaillierte Begründung der nachfolgenden Zusammenhänge siehe Kap. 13.2.2 und Kap. 11.3.

[6]   Aus dieser Überlegung stammt auch das Prinzip „*one less at a time*", d.h. des Prozesses der allmählichen Reduktion der Losgrösse, um Verschwendung offensichtlich zu machen, zu priorisieren und zu eliminieren (vgl. [APIC16]).

Der Bau von spezifischen Vorrichtungen (z.B. Lehren) für das Rüsten erlaubt manchmal, die Rüstzeit auch bei bestehenden spezialisierten Maschinen drastisch zu verkürzen. Eine andere Möglichkeit ist ihr Ersatz durch programmierbare Systeme, z.B. CNC-Maschinen, Roboter, flexible Fertigungssysteme (FFS) oder Ähnliches.

2. Zyklische Planung:

Zyklische Planung versucht, die verschiedenen Produkte, welche auf einer Maschine gefertigt werden, derart aufeinander folgen zu lassen, dass die gesamte Rüstzeit möglichst klein wird.[7]

Die zyklische Planung ist ein Beispiel für eine *Reihenfolgeplanung*, bzw. das Zusammenstellen von optimalen Reihenfolgen. Durch zyklische Planung entsteht ein Basiszyklus, wie die Abb. 6.2.1.2 zeigt.

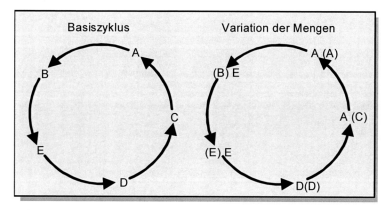

Abb. 6.2.1.2   Die zyklische Planung der Produktion

In zyklischer Art werden Lose der Teile A, B, E, D und C gefertigt. Man kann ohne weiteres Variationen der Auftragsmenge bezüglich dieses normalen Zyklus einführen: Zusätzliche Lose werden dort für ein Teil bestimmt, wo dieses sowieso im Zyklus vorgesehen ist. Eine mögliche Variation gemäss dem aktuellen Bedarf wäre zum Beispiel der Zyklus A, E, E, D und wieder A.

Die Reduktion der Rüstzeit erlaubt, die Losgrössen kleiner anzusetzen und dadurch anstelle von grossen Losen für jedes Produkt (z.B. 1000 A, 4000 E) mehrere Zyklen von kleinen Losen zu produzieren (z.B. 4 * 250 A, 4 * 1000 E). Dies führt zum Prinzip der Nivellierung der Produktion.

Die *Nivellierung der Produktion* (jap. *„heijunka"*) steht steht für die Glättung von ungleichmässig auftretenden Produktionsaufträgen in der ganzen Supply Chain, um der geplanten Rate der gleichmässigeren Kundennachfrage zu entsprechen. Sie ist ein wichtiges Werkzeug zur Reduktion von „mura".

Idealerweise sollte ein Produkt an dem Tag produziert werden, an dem es auch versandt wird.

3. Harmonisierung des Sortiments durch ein modulares Produktkonzept:

---

[7]   Gut geeignet dafür sind *Ko-Produkte* d.h. Produkte, die aufgrund von Produkt- oder Prozessähnlichkeit gewöhnlich zusammen oder nacheinander hergestellt werden ([APIC16]).

> Die *Harmonisierung des Produktsortiments* ist die Reduktion der Anzahl verschiedener Komponenten und Prozessvarianten zur Herstellung des Produktsortiments, ggf. auch verbunden mit der Reduktion des Produktsortiments selbst.

Harmonisierung des Produktsortimentes bedeutet *Variantenreduktion*. Diese bringt zum einen Kostenvorteile durch Reduktion der Gemeinkosten (siehe Kap. 16.4). Zum anderen vereinfacht sie die Logistik, indem sie zu einem ausgeglicheneren Güterfluss führt. Eine Reduktion von Prozessvarianten hat nämlich eine Güterproduktion in Sequenzen ähnlicher Arbeitsgänge zur Folge. Bei identischen Gütern führt diese Reduktion sogar zu einer Wiederholproduktion. Beides ermöglicht aufeinander folgende Aufträge ohne grosse Änderung in der Ausrüstung z.B. einer Maschine. Als Folge werden die *Umrüstzeiten* des Arbeitssystems kürzer. Durch weniger verschiedene Prozesse wird zudem die Rüstaufgabe einfacher, da sie sich wiederholt und damit besser automatisierbar wird. Durch Wiederholproduktion wird der Bedarf an Komponenten kontinuierlicher, was zur Reduktion von „mura" und auch zu einfacheren Techniken im Materialmanagement führt (siehe Abb. 5.3.2.1).

Umgekehrt erlaubt ein modulares Produktkonzept (siehe Kap.1.3.3) das Angebot von grösseren Produktfamilien ohne Vergrösserung der Anzahl von Komponenten und Arbeitsgängen. Durch Standardisierung der Nahtstellen zwischen den Komponenten(-familien) und der Produktfamilie kann man in grösserem Umfang Varianten einer Komponentenfamilie mit den Varianten einer anderen Komponentenfamilie kombinieren.

4. Verkürzen der ungenutzten Zeiten der Produktionsanlagen:

> Unter dem Begriff *SMED* (*„single-minute exchange of dies"*)[8] versteht man Methoden zum Verkürzen der ungenutzten Zeiten der Produktionsanlagen, gemäss Abb. 6.2.1.3.

Solche Methoden wurden besonders durch die japanische Industrie entwickelt. Siehe dazu [Shin85] oder [Shin89]. Prinzipiell kann man zwei Arten von Rüstvorgängen unterscheiden.

- *„Internal setup"* oder *„inside exchange of dies" (IED)* erfolgt, während die Arbeitsstation angehalten wird.

- *„External setup"* oder *„outside exchange of dies" (OED)* erfolgt, während die Arbeitsstation noch für einen anderen Auftrag tätig ist.

SMED meint den gesamten Rüstvorgang und umfasst auch den Ein- und Ausbau spezieller Rüstvorrichtungen. Mit SMED möchte man die ungenutzte Zeit des Arbeitssystems durch Verlagern von IED-Anteilen nach OED-Anteilen reduzieren. Man kann die Methode mit einem Boxenstopp eines Formel-1-Rennens vergleichen. SMED enthält Massnahmen zur Reduktion aller 3Ms.

---

[8]   Den englischen Begriff „die" kann man mit Vorrichtung oder Lehre übersetzen.

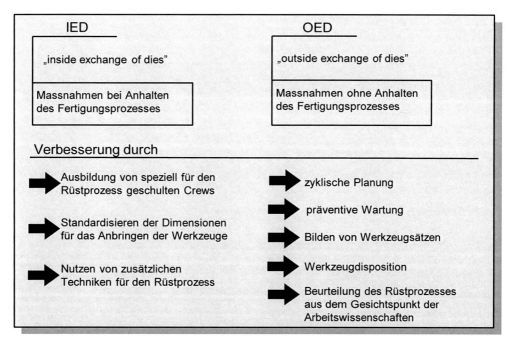

Abb. 6.2.1.3   Konzepte zur Reduktion der Rüstzeiten (Quelle: [Wild89])

6.2.2   Weitere Konzepte zur Durchlaufzeitreduktion

Nebst der Losgrössenreduktion gibt es weitere Ansätze zur Durchlaufzeitreduktion. Sie erfordern alle eine Anpassung der Produktionsinfrastruktur. Die ersten drei Ansätze möchten die Wartezeiten reduzieren, der 4. Ansatz die Arbeitsgangzeit, der 5. Ansatz die Durchlaufzeit über mehrere Arbeitsgänge und der 6. Ansatz die Transportzeiten.

1. Produktions- bzw. Fertigungssegmentierung:

Produktions- bzw. Fertigungssegmentierung bedeutet das Bilden von Organisationseinheiten nach Produktfamilien anstelle von Werkstattproduktion.

Ein solches Vorgehen lässt autonome Verantwortungsbereiche für Produkte entstehen (ein der Linienproduktion ähnliches Prinzip unter Elimination der Organisationsgrenzen quer zum Güterfluss). Die Abb. 6.2.2.1 zeigt

- im oberen Teil ein Beispiel für ein Prozesslayout: Arbeitsgänge mit einer ähnlichen Natur oder Funktion werden nach Verfahrensspezialität örtlich zusammengefasst (z.B. Sägerei, Dreherei, Schleiferei).

- im unteren Teil ein Beispiel für ein Produktlayout : Für jedes Produkt gibt es – hier mit Ausnahme von Lackiererei und Galvanik – eine separate Produktionslinie bzw. Fertigungsgruppe, hingegen keine zentrale Werkstatt für jede Tätigkeit mehr.

Der Aufspaltung gewisser Bereiche (z.B. Galvanik, Lackiererei, Härterei) sind aus Kostengründen Grenzen gesetzt. Ein rascher Durchfluss ist dann durch ein geeignetes Gesamtlayout und mit Kapazitätsreserven sicherzustellen. Problematisch werden solche Sonderbehandlungen für Klein- und Mittelbetriebe, die auf auswärtige Veredelungsbetriebe angewiesen sind. Aufgrund der neuen Gewichtung von kurzen Umrüstzeiten werden jedoch laufend neue Anlagen für diese Bereiche angeboten, z.B. Lackierereien mit Umrüstung von Farben in wenigen Minuten.

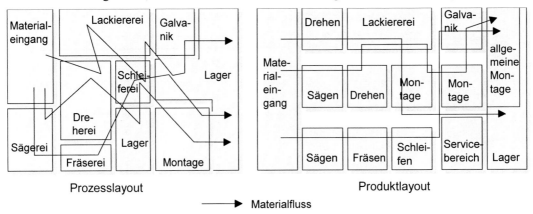

Prozesslayout   Produktlayout

⟶ Materialfluss

Abb. 6.2.2.1   Produktions- bzw. Fertigungssegmentierung (Beispiel aus [Wild89])

Konsequent angewandt führt die Produktions- bzw. Fertigungssegmentierung zu einer Menge von fokussierten Fabriken.

> Eine *fokussierte Fabrik* fokussiert sich auf eine beschränkte Menge von Produkten bzw. Produktfamilien, Technologien, Volumen und Märkte, die durch die Konkurrenzstrategie und die wirtschaftlichen Möglichkeiten des Unternehmens definiert sind (vgl. [APIC16]).

2. Zellulare Produktion (Liniennahe Produktion):

Eine weitere konsequente Anwendung der Produktions- bzw. Fertigungssegmentierung führt zur zellularen Produktion.

> Eine *Zelle* ist gemäss [APIC16] eine Produktions- oder Serviceeinheit, bestehend aus einer Anzahl von Arbeitsstationen sowie den Transportmechanismen für das Material und den Lagerpuffern, welche sie verbinden.
>
> Eine *Fertigungszelle* ist gemäss [APIC16] eine physische Anordnung, bei welcher verschiedene Maschinen in einer Produktionseinheit zusammengefasst sind, um eine Produktfamilie mit ähnlichen Arbeitsplänen herzustellen.

Der Prozess der zellularen Produktion ist eng mit Fertigungszellen verbunden.

> Bei der *zellularen Produktion,* bzw. *liniennahen Produktion,* werden die Arbeitsstationen, welche für die aufeinander folgenden Arbeitsgänge benötigt werden, hintereinander aufgestellt, z.B. als *L-förmige* oder *U-förmige Linie.* Die einzelnen Einheiten eines Loses durchlaufen dann die Zelle vorzugsweise nach dem Prinzip des Einzelstückflusses.
>
> *Einzelstückfluss* (engl. „*one-piece flow*") ist ein Konzept, in dem die Artikel direkt von einem Arbeitsgang zum nächsten verarbeitet werden, eine Einheit aufs Mal, d.h. ohne zwischen zwei Arbeitsgängen die anderen Einheiten des Loses jeweils abwarten zu müssen.

Die Abb. 6.2.2.2 zeigt dieses Konzept am Beispiel der Überführung einer Werkstattproduktion in eine zellulare Produktion.

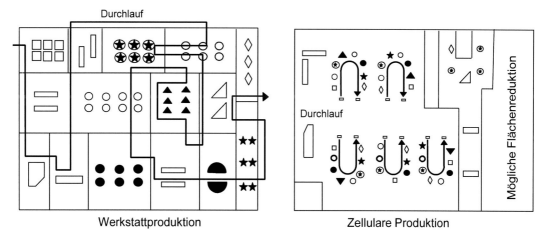

Abb. 6.2.2.2   Überführen in eine zellulare Produktion

Da die zellulare Produktion die Vervielfachung von Maschinen fordern kann, findet man nicht selten ältere Maschinen „aus dem Keller" in diesen Linien. Diese sind zwar spezialisiert und dezidierte Kapazitäten[9], dafür aber auch genügend billig, weil sie meistens schon abgeschrieben wurden.

Auch die Forderung nach Identifikation der Geschäftsprozesse und deren Reengineering kann zur Aufteilung von Maschinen in Linien führen, die den neuen Geschäftsprozessen entsprechen. Zellulare Produktion ist zudem wesentlich einfacher zu steuern als werkstattnahe. In vielen Fällen wird auch der Flächenbedarf zum Aufstellen der Maschinen reduziert.

Zellulare Produktion und „one-piece flow" können die Durchlaufzeit und damit auch die Ware in Arbeit dauerhaft reduzieren, so wie auch andere Formen von „muda". Zum einen werden die Arbeitsgangzwischenzeiten auf null reduziert. Zum anderen erlaubt die zellulare Produktion die Überlappung von Arbeitsgängen (Kap. 13.4.2), was die folgende Betrachtung zeigen soll.

Mit der Definition in Abb. 6.2.1.1 ergibt sich die Durchlaufzeit eines Auftrags – unter Annahme einer *Sequenz* von Arbeitsgängen und unter Weglassung von Arbeitsgangzwischenzeiten und Administrationszeiten – als Summe aller n Arbeitsgangzeiten gemäss Abb. 6.2.2.3 (für Details siehe Kap. 13.3.2):

$$DLZ \;=\; \sum_{1 \le i \le n} AZ[i] \;=\; \sum_{1 \le i \le n} \left\{ RZ[i] + LOSGR \cdot EZ[i] \right\}$$

Abb. 6.2.2.3   Durchlaufzeitformel bei einer Sequenz von Arbeitsgängen

Zellulare Produktion führt zur Abschätzung gemäss Abb. 6.2.2.4.

---

[9]   Eine *dedizierte Kapazität* ist ein Kapazitätsplatz, welcher dazu bestimmt wurde, einen einzelnen Artikel oder eine begrenzte Zahl von ähnlichen Artikeln herzustellen. Eine *dedizierte Ausrüstung* ist eine Ausrüstung, deren Einsatz auf spezielle Arbeitsgänge für eine beschränkte Zahl von Komponenten beschränkt ist (vgl. [APIC16]).

$$\max_{1 \le i \le n}\{RZ[i]+LOSGR \cdot EZ[i]\} \le DLZ \le \max_{1 \le i \le n}\{RZ[i]+LOSGR \cdot EZ[i]\} + \sum_{\substack{1 \le i \le n, \\ \text{aber ohne} \\ \text{den längsten} \\ \text{Arbeitsgang}}} \{RZ[i]+EZ[i]\}$$

Abb. 6.2.2.4   Durchlaufzeitformel bei zellularer Produktion

Diese Formel kann intuitiv wie folgt verstanden werden: Der längste Arbeitsgang, der sog. *Zellentreiber* (engl. *„cell driver"*), liefert das Minimum für die Durchlaufzeit. Die anderen Arbeitsgänge werden überlappt produziert. Die Durchlaufzeit verlängert sich dabei höchstens um die Rüst- und *eine* Einzelzeit aller übrigen Arbeitsgänge. In konkreten Fällen wird sich die Durchlaufzeit irgendwo zwischen dem Minimum und dem Maximum befinden.

3. *Standardisierung der Produktionsinfrastruktur, (Quantitativ) flexible Kapazitäten und Erhöhung des Flexiblen Potentials der Kapazitäten:*

Eine Auslastung nahe beim Maximum hat ein starkes Wachstum der Wartezeiten zur Folge[10]. Überkapazitäten fangen dann Belastungsschwankungen ab und erlauben kurze Durchlaufzeiten. Dies muss jedoch bei teuren Kapazitäten gut überlegt werden.[11] Vorher könnte man die folgenden Massnahmen prüfen:

- Kann man den Maschinenpark und die Werkzeuge und Vorrichtungen vereinheitlichen, entweder durch grössere Vielseitigkeit oder Standardisieren von Arbeitsgängen? Dadurch kann man dieselben Personen breiter einsetzen, was zu weniger Kapazitätsplätzen und damit zu einer einfacheren Planung führt. Man denke dabei an das Streben der Fluggesellschaften nach einer Flotte mit gleichen Cockpits.

- Kann Personal geschult werden, sich breitere Fähigkeiten anzueignen, um so sein flexibles Potential zu erhöhen? Dadurch könnte ihr Einsatz im Verlauf der Zeitachse ausgeglichener erfolgen, indem sie im Falle von Unterlast auf ihrem angestammten Kapazitätsplatz auf Kapazitätsplätzen mit Überlast eingesetzt werden können.

- Kann man die Verfügbarkeit der Betriebsmittel vergrössern, im Besonderen der Werkzeuge? Die Mitarbeitenden auf den Kapazitätsplätzen könnten dazu qualifiziert werden, kleine Reparaturen und Wartungen laufend selbst durchzuführen.

4. *Strukturierung des Montageablaufes:*

Gestaffelte Anlieferungen von Komponenten im Montageprozess führen zu reduzierten Durchlaufzeiten, wie Abb. 6.2.2.5 zeigt. Diese Massnahme ist schon seit längerer Zeit bekannt, und zwar vor allem in Verbindung mit der Kundenauftragsproduktion.

Die in Abb. 6.2.2.5 gezeigten Anlieferungen können ihrerseits Vormontagen oder Baugruppen sein. Durch diese Parallelisierung der Vormontage mit der Montage erfolgt ein Abbau von Lagerebenen. Die Integration der Qualitätsprüfung in die Montage kann eine weitere Durchlaufzeitreduktion bringen.

---

[10]   Die genaue Begründung für diese wichtige Aussage wird in Kap. 13.2.2 gegeben.

[11]   Da der Ausbeutefaktor (engl. „yield factor") im TPS nahezu 100% ist, ist die Gesamtanlageneffektivität (engl. „overall equipment effectiveness" (OEE), siehe Kap. 14.1.1) nicht im Fokus des TPS. Bleiben Kundenaufträge aus, soll vielmehr gerade *nicht* produziert werden.

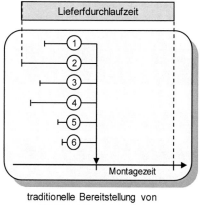 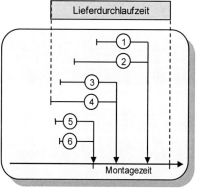

traditionelle Bereitstellung von
Komponenten (ab Lager)

gestaffelte Bereitstellung von Komponenten
(ev. direkt ab Produktion / Beschaffung)

Abb. 6.2.2.5   Montageorientierte Bereitstellung von Komponenten

5. Komplettbearbeitung:

Komplettbearbeitung heisst, mehrere und verschiedenartige Arbeitsgänge in einer Aufspannung möglichst bis hin zur Fertigstellung des Produkts durchzuführen.

Neuere Werkzeugmaschinen erlauben häufig Komplettbearbeitung. Mit ihren numerischen Steuerungen (CNC, DNC) sind diese im Einsatz vielseitiger. Zudem sind sie bezogen auf die Kosten sowie in Ausbringung und Qualität von der Mitarbeiterleistung unabhängiger.

Mit Komplettbearbeitung sind weniger Stationen anzulaufen. Damit fallen Arbeitsgang-zwischenzeiten weg. So sollten sich reduzierte Durchlaufzeiten ergeben. Damit gegenüber der unter den Ansätzen 1 und 2 beschriebenen Segmentierung ein echter Vorteil eintritt, muss die Komplettbearbeitungszeit wesentlich kürzer sein als die Summe der Arbeitsgangzeiten mit der Sequenz von Maschinen. Sonst würden nämlich nur mehrere kürzere Warteschlangenzeiten durch eine einzige ersetzt. Diese wäre dann aber gleich lang wie die Summe der kürzeren Zeiten.

Für komplexe Werkstücke kann man eine Automatisierung der Produktion mit flexiblen Fertigungssystemen (FFS) und durch Automatisierung von Transport und Handhabung prüfen. Maschinen moderner Technologie sind auch auf die Reduktion von Umrüstzeiten und damit auf eine grössere Varianten-Flexibilität bei kleinen Losgrössen ausgerichtet. Eine Automatisierung mindert zudem die Probleme durchgehender Schichtarbeit.

6. Organisation der Zulieferung und der Puffer in Funktion des Güterflusses:

Der Ort des Verbrauchs (engl. „point of use") steht im Fokus von Zulieferung und Lagerung.

- *Bestand am Verbrauchsort*: Man stellt Puffer direkt an dem Ort auf, wo die Komponenten auch gebraucht werden. Jeder Behälter an Komponenten hat seinen physisch eindeutig festgelegten Standort. An der Montagelinie z.B. steht er an jenem Ort, wo er später eingebaut werden wird.

- *Lieferung an den Verbrauchsort*: Zwischen zuliefernder und verbrauchender Stelle erstellt man schnelle Verbindungen. Die Zulieferung der Komponenten erfolgt direkt an die Puffer bei den verbrauchenden Kapazitätsplätzen. Elektronische Post dient zum Über-mitteln der Bestellungen.

6.2.3   Linienabgleich — Harmonisierung der Arbeitsinhalte

Linienabgleich gleicht die Zuordnung von Aufgaben zu Arbeitsstationen in einer Weise ab, welche die Anzahl der Arbeitsstationen und die ungenutzte Zeit an allen Stationen für einen gegebenen Ausstoss minimiert (vgl. [APIC16]).

Linienabgleich ist besonders wichtig für die *Linienherstellung* (engl. *„line manufacturing"*), d.h. die Wiederholproduktion mit spezialisierter Ausrüstung in einer festen Reihenfolge (z.B. eine Montagelinie). Linienabgleich ist ein wichtiges Werkzeug zur Reduktion von „mura" und kann durch die Harmonisierung der Arbeitsinhalte realisiert werden.

Harmonisierung der Arbeitsinhalte heisst, *1.)* die verschiedenen Produktionsstufen und *2.)* die Dauer der einzelnen Arbeitsgänge innerhalb einer Produktionsstufe gleich lang zu gestalten.

Übrigens kann sich dieses Konzept auch in einer Werkstattproduktion als sehr nützlich erweisen.

Zu 1.): Man muss Produktionsstufen derart entwerfen bzw. redefinieren, dass die Durchlaufzeiten auf den einzelnen Stufen entweder identisch oder Vielfache voneinander sind. Harmonisierung setzt somit eine enge Zusammenarbeit zwischen Konstruktion und Produktionstechnik voraus („simultaneous engineering"). Produkt und Prozess müssen von Anfang an gemeinsam entworfen werden. Die Abb. 6.2.3.1 zeigt dieses Prinzip über die Stufen Montage, Vormontage und Teilefertigung. Die Durchlaufzeit der Produktionsstufe „Teilefertigung" ist halb so lang wie die der Stufe Vormontage und Montage. Im Beispiel umfasst die Losgrösse der Stufe „Teilefertigung" die Hälfte der Einbaumenge für ein Los der Stufe „Vormontage" bzw. „Montage".

Zu 2.): Folgendes sollte etwa die gleiche Dauer haben: die verschiedenen Arbeitsgänge an einem Kapazitätsplatz für alle verschiedenen Produkte, sowie die verschiedenen Arbeitsgänge eines einzelnen Produkts. Die Abb. 6.2.3.2 zeigt dieses Prinzip.

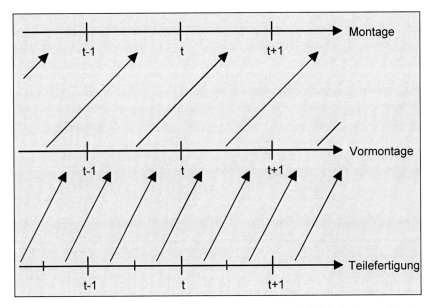

Abb. 6.2.3.1   Harmonisierung der Arbeitsinhalte: gleich lange Arbeitsinhalte je Produktionsstufe ergeben einen rhythmischen Güterfluss

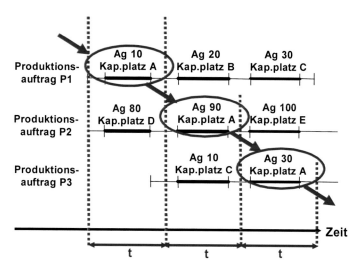

Abb. 6.2.3.2   Harmonisierung der Arbeitsinhalte: die verschiedenen Arbeitsgänge sowohl an einem Kapazitätsplatz (für alle Produkte) als auch eines einzelnen Produkts sollten etwa von gleicher Dauer sein

Die Arbeitsgangzeiten variieren dann nicht mehr stark. Das wiederum hat eine Durchlaufzeit-reduktion zur Folge! Die Warteschlangenzeit ist nämlich – nebst ihrer Abhängigkeit von Auslastung und durchschnittlicher Arbeitsgangzeit – eine Funktion des *Variationskoeffizienten der Arbeitsgangzeit*[12]. Bei Werkstattproduktion bestimmen die Warteschlangen vor den Kapazitätsplätzen zu einem grossen Teil die Arbeitsgangzwischenzeiten, und diese wiederum beeinflussen weitgehend die Durchlaufzeit[13].

Eine solche Harmonisierung der Arbeitsinhalte innerhalb einer Produktionsstufe und über alle Produktionsstufen hinweg ergibt einen rhythmischen Güterfluss. Das kann nicht einfach durch Losgrössenreduktion realisiert werden. Dazu müssen Kapazitätsplätze und Inhalt der einzelnen Arbeitsgänge neu definiert werden. Es handelt sich hier um eine sehr schwierige Aufgabe. Sie muss durch die Produktionstechnik in Zusammenarbeit mit der Konstruktion gelöst werden. Eventuell lassen sich neue Technologien für bestimmte Arbeitsgänge einsetzen, um die Durchlaufzeit genau dort zu verändern, wo dies aus Harmonisierungsgründen erforderlich ist.

Zur Lösung dieser Aufgabe muss man die folgenden zwei Schritte solange wiederholen, bis ein genügendes Resultat erreicht ist:

1. Festlegen der *Dauer einer Einheit harmonisierten Arbeitsinhalts*, d.h. der Arbeitsgangzeit des harmonisierten Arbeitsinhalts inklusive der notwendigen Zwischenzeiten vor und nach dem (internen oder externen) Arbeitsgang. Zu Beginn bestimmen erfahrene Personen aus der Produktionstechnik diese Zeiteinheit empirisch. Für die weiteren Iterationen ergibt sich die neue Zeiteinheit aus der Korrektur von vorher unbefriedigend gelösten Problemen. Je kürzer eine Einheit harmonisierten Arbeitsinhalts, desto flexibler kann man die Prozesse zusammensetzen.

---

[12] Die genaue Begründung für diese wichtige Aussage wird in Kap. 13.2.2 gegeben.
[13] Diese Aussagen werden in Kap. 13.2.1, Kap. 13.1.3 und Kap. 13.1.1 begründet.

2. Durchführen von Massnahmen zum Verändern der Durchlaufzeiten von Arbeitsgängen, aus einem Fächer von verschiedenen Möglichkeiten gemäss Abb. 6.2.3.3.

- Zusammenfassen von Arbeitsgängen durch Automatisierung und damit Verkürzung der gesamten Durchlaufzeit der bisherigen Arbeitsgänge. Analog: Splitten eines Arbeitsgangs und damit Verkürzen der Durchlaufzeit des bisherigen Arbeitsgangs.

- Ändern des Prozesses durch ein anderes Produktionsverfahren (z.B. stecken statt schrauben, anderes Oberflächenhärtungsverfahren, ...).

- Verkürzen der Rüstzeiten, um Losgrössen zu senken. Bei nicht ausgelasteten Kapazitäten kann man die Losgrösse auch direkt verkleinern. Der Nutzen aus der Harmonisierung muss dann aber die Erhöhung der Rüstkosten übertreffen.

- Einkauf von anderen Komponenten, die einen anderen Prozess erlauben. Arbeitsgänge können so gezielt kürzer oder auch länger werden. Die Komponenten werden dann entsprechend teurer bzw. billiger sein.

- Einkauf von Halbfabrikaten, um für die Harmonisierung unpassende Arbeitsgänge zu vermeiden. Der Zulieferer kann vielleicht einen solchen Arbeitsgang innerhalb seiner Auftrags- und Produktionsinfrastruktur besser erledigen.

- Auslagern von Arbeitsgängen an Unterakkordanten oder umgekehrt – falls sich dadurch ein bessere Einheit des harmonisierten Arbeitsinhalts ergibt: Ändern des Konzeptes und Vergabe an für die Durchlaufzeit besser geeignete Unterakkordanten.

Abb. 6.2.3.3   Massnahmen zum Verändern der Durchlaufzeit von Arbeitsgängen

Aufgrund der Massnahmen im Zusammenhang mit Zulieferern führt die Harmonisierung der Arbeitsinhalte zu einer engeren Zusammenarbeit mit anderen Firmen. Weil es in der Steuerung keine Prioritätsregeln mehr zu beachten gilt, ergibt sich als Nutzen all dieser Massnahmen zur Harmonisierung der Arbeitsinhalte eine sehr einfache Verwaltung der Warteschlangen.

Solch detaillierte und umfassende Massnahmen zur Harmonisierung der Arbeitsinhalte kann man mit denjenigen zur Gestaltung des Taktfahrplans der Eisenbahn (frz.: „horaire cadencé") vergleichen: Die Investitionen in neue Linien erfolgen in Funktion der postulierten Rhythmen im zu erreichenden Taktfahrplan. Dadurch ergeben sich automatisierbare Abläufe im Eisenbahnnetz und ein maximaler Durchsatz durch das Netz.

Die dahinterliegenden strategischen Überlegungen sind wieder langfristiger Natur und bedingen ein entsprechendes Verhalten in der Finanzwirtschaft der Firma. Investitionen in Anlagevermögen können hier nicht immer Ersparnisse gegenübergestellt werden. Sobald es um eine Reduktion der Lieferdurchlaufzeit geht, spielt auch das Verhalten der Kunden auf das verbesserte Angebot mit hinein. Dieses abzuschätzen, ist ein unternehmerischer Entscheid. Deshalb versagt hier eine traditionelle Rentabilitätsrechnung in wesentlichen Teilen. Oft wird eine solche auch gar nicht nötig sein: Die Erhaltung der Konkurrenzfähigkeit zwingt einen zur Investition.

6.2.4 Just-in-time-Logistik

Just-in-time-Logistik umfasst als wesentliche Voraussetzungen die bereits in den Kap. 6.2.1 bis Kap. 6.2.3 vorgestellten Massnahmen zur Reduktion der 3Ms und der Durchlaufzeit. Darüber hinaus sind umfassende Konzepte und Massnahmen in den folgenden Bereichen notwendig:

Motivation, Qualifikation und Ermächtigung der Mitarbeitenden: Die Mitarbeitenden sollen nicht nur für ausführende („produktive") Arbeiten eingesetzt werden, sondern immer stärker auch für dispositive und kontrollierende. Als Konsequenz bereichert sich zwar der Arbeitsinhalt (was im Englischen mit dem Begriff *„job enrichment"* bezeichnet wird), der Bedarf an Ausbildung und Motivation erhöht sich aber. In Japan trägt ein kompliziertes System von Prämien, öffentlichen Komplimenten, Beförderungen usw. zur Motivation des Personals bei. Als Ergebnis einer Personalführung, wie man sie in Europa nur in den seltensten Fällen antrifft, resultiert eine eigentliche Hingabe der Mitarbeiter an ihre Aufgabe und ihren Betrieb. Im Rahmen der JiT-Logistik kommt eine *„japanische Denkweise"* zum Vorschein. Dieser japanische Ansatz ist in Abb. 6.2.4.1 in Stichworten zusammengefasst.

Die Gruppe geniesst Vorrang (das Individuum „verschwindet" in der Gruppe).

- Ein „Sinn für das Ganze" lässt Bereichskonflikte viel weniger auftreten als z.B. in Europa. Z.B. durchlaufen Hochschulabsolventen aller Studienrichtungen bei Toyota ein ca. 2-jähriges Trainee-Programm durch alle Bereiche.

- Der *Einbezug der Mitarbeitenden* – z.B. in Qualitätszirkeln – fördert die Akzeptanz von Neuerungen und die Ausweitung des Qualitätskonzeptes zum „total quality management" (TQM).

- Eine problemlösungsorientierte Denkhaltung, basierend auf der Realität.
  - „gembutsu": das reale Ding
  - „gemba": der Ort wo die Wahrheit gefunden werden kann (z.B. beim Kunden, in der Werkstatt)
  - „genchi genbutsu": Geh hin und schau selber.

- Man strebt nach einer kontinuierlichen Verbesserung der Leistung (*Kaizen*, siehe Kap. 18.2.5). Ein entsprechendes Vorschlagswesen kann damit verbunden sein.

- Verschwendung (engl. „waste") wird eliminiert und bildet die Basis für erhöhten Gewinn.

- Mängel werden sichtbar gemacht (bevorzugt durch Sensoren), was deren Elimination erlaubt.
  - Bei Mängeln stoppt die Produktion.
  - Eine kontinuierliche Verbesserung behebt die Mängelursachen.

- Einfache, „narrensichere" Techniken („poka-yokero") sind vorzuziehen, visuelle Kontrollsysteme („andon") sind wirkungsvoller als Zahlen und Berichte. Für Details siehe Kap. 18.2.5.

- Ordnung und Sauberkeit verbessern die Arbeitsmoral. Weisse Arbeitsanzüge in den Werkstätten! Die *Fünf S* (siehe auch [APIC16]):
  - „seiri" („sort"): Trenne die benötigten Artikel von den nicht benötigten und entferne die letzteren.
  - „seiton" („simplify"): Ordne die Artikel ordentlich zum Gebrauch an.
  - „seiso" („scrub"): Reinige den Arbeitsbereich.
  - „seiketsu" („standardize"): Mach die ersten drei S täglich.
  - „shitsuke" („sustain"): Befolge die ersten 4 S immer.

- „Auch Details sind wichtig".

Abb. 6.2.4.1   Japanische Denkweise

Diese Art von Motivation führt schliesslich zu quantitativ flexiblem Personal im Verlauf der Zeitachse. Dadurch kann man Schwankungen in einer für kontinuierliche Bedarfe ausgelegten Logistik auffangen. Es gibt durchaus Fälle, wo 25 % der Überlast durch „normale" Überstunden der Mitarbeitenden geleistet werden, 25 % durch „spezielle" Überstunden und 50 % durch Engagement von Personal nach Bedarf.

Qualitätssicherung, d.h. Tätigkeiten durchführen, welche die Qualität der Güter sichern:

- *Qualität an der Quelle:* Weil die Puffer bei den verbrauchenden Stellen minimal sind und die Auftragsmengen auf genau die benötigte Menge lauten, dürfen keine fehlerhaften Produkte den Produzenten verlassen.

- *Qualitätszirkel*, gebildet aus Arbeitnehmern, sollen das Qualitätsdenken laufend fördern und ein genügendes Niveau an Selbstkontrolle erreichen. Sie überprüfen die getroffenen Qualitätsmassnahmen und die erreichten Ziele. Die Mitarbeitenden sollen sich mit ihren Aufgaben und der abgelieferten Qualität identifizieren und sich in jeder Hinsicht für die hergestellten Produkte verantwortlich fühlen.

- *Integrale Beschaffung und Supply Chain Management:* Hier geht es um Massnahmen zum Senken der Beschaffungsdurchlaufzeiten. Die Lieferanten werden in die Planung mit einbezogen, z.T. schon von der Entwicklung an (siehe Kap. 2.3). Der Informationsfluss zu den Lieferanten umfasst einerseits eine langfristige Komponente, zum Beispiel in Form von Rahmenaufträgen (siehe Kap. 5.2.4), und andererseits eine kurzfristige Komponente für den detaillierten, schnellen Güterabruf (siehe Kap. 6.3). Um Rahmenaufträge vergeben zu können, muss die verbrauchende Stelle über eine zuverlässige langfristige Planung für einzukaufende Komponenten und Arbeiten verfügen. Die Auswahl von Zulieferanten erfolgt nicht mehr nur nach dem günstigsten Preis, sondern auch nach der Zuverlässigkeit der Belieferung, ihrer Qualität und der Kürze der Lieferdurchlaufzeit. Regionale Lieferanten („local supplier") sind dabei im Vorteil (Distanz, Streiks usw.).

6.2.5 Allgemein gültige Vorteile des Lean-/Just-in-time-Konzepts für das Materialmanagement

Das in den Kap. 6.2.1 und Kap. 6.2.2 besprochene Lean-/Just-in-time-Konzept kommt gerade auch dem MRP-Verfahren zugute (siehe dazu Kap. 12.3), dessen Ergebnisse im schwierigen quasideterministischen Fall oft ungenügend sind. Die JiT-Konzepte gehen genau in die Richtung der obigen Forderungen. Damit sinken schliesslich die Kosten für Produktion und Beschaffung.

1. Die *Reduktion der Losgrössen* durch Rüstzeitreduktion hat eine Reduktion der Zusammenfassung von Bedarfen in Produktions- oder Beschaffungslose auf allen Stufen zur Folge. Dies ist besonders für die unteren Produktionsstufen wichtig. Gerade dort betreffen Vorhersagefehler Aufträge, die Komponenten beschaffen, deren Endprodukte-Bedarf zum Teil noch in der ferneren Zukunft liegt. Die Abb. 6.2.5.1 zeigt den positiven Effekt, wenn es gelingt, die Losgrössenbildungspolitik *Los für Los*, d.h. einen Auftrag je Bedarf zu erreichen (siehe dazu auch das Kap. 12.4.1).

   Zum einen entsteht kontinuierlicherer Bedarf auf tieferen Produktionsstufen, was in jedem stochastischen Verfahren kleinere Sicherheitsbestände zur Folge hat. Im quasideterministischen Fall ist dadurch manchmal sogar ein Wechseln auf rein stochastische Verfahren möglich. Zum anderen reduziert sich die Wahrscheinlichkeit von falschen Produktionen oder Beschaffungen aufgrund der Vorhersagefehler, da zum Termin „heute" nur der Bedarf für eine relativ nahe in der Zukunft liegende Prognose zur Produktion oder Beschaffung freigegeben wird.

   Bei Produktfamilien mit Variantenreichtum (und damit Einmalproduktion auf Kundenauftrag) ist Losgrösse „1" Voraussetzung. Firmen in einem solchen Umfeld haben das Problem der Rüstzeitreduktion schon immer lösen müssen. Das Lean-/JiT-Konzept ist also auch für das deterministische Materialmanagement vorteilhaft.

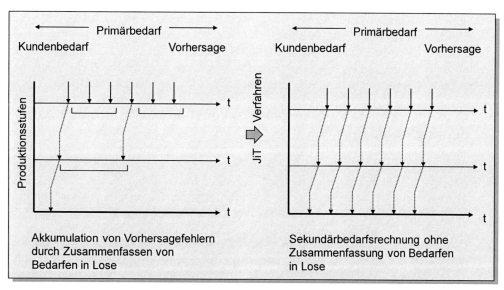

Abb. 6.2.5.1   Effekt von Vorhersagefehlern durch Zusammenfassen von Bedarfen in Lose über mehrere Produktionsstufen

2. Die *Durchlaufzeitreduktion* erlaubt, den (Kunden-)Auftragseindringungspunkt tiefer in der Produktstruktur anzusetzen. Die Abb. 6.2.5.2 zeigt diesen positiven Effekt.

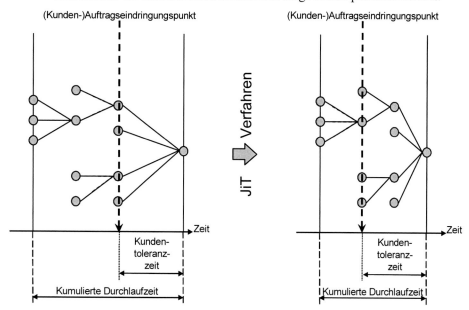

Abb. 6.2.5.2   (Kunden-)Auftragseindringungspunkt bei längerer und kürzerer Durchlaufzeit

Die Kundentoleranzzeit deckt nun einen grösseren Anteil der – jetzt kürzeren – kumulierten Durchlaufzeit ab. Damit liegt ein grösserer Teil der Wertschöpfung im deterministischen Bereich. Die Vorhersagefehler betreffen einen kleineren Teil der Wertschöpfung. Da die entsprechenden Prognosen weniger weit in die Zukunft reichen müssen, sind sie dort auch kleiner.

Durch vermehrte Produktion innerhalb der Kundentoleranzzeit kann man dank Durchlaufzeitreduktion gewisse Aufträge überhaupt erst produzieren, für die eine Bevorratung aus wirtschaftlichen Gründen gar nicht möglich ist, z.B. bei Einmalproduktion. Dadurch kann man zusätzliche Deckungsbeiträge erzielen. Dies ist ein weiteres Beispiel für den Vorteil des Lean-/JiT-Konzepts für das deterministische Materialmanagement.

6.2.6   Allgemein gültige Vorteile des Lean-/Just-in-time-Konzepts für das Kapazitätsmanagement

Falls die Rüstzeitreduktion in Kap. 6.2.1 *ohne* zyklische Planung zu genügend kleinen Umrüstzeiten führt, ist es nicht mehr nötig, zur Reduktion der Rüstzeiten Auftragspakete zu bilden, wofür eine Warteschlange und damit ein minimaler Pufferbestand erforderlich ist. Indem die Prioritätenregelung für die vor den Arbeitsstationen wartenden Aufträge kleiner wird oder sogar ganz wegfällt, reduziert sich die Komplexität der Steuerung in den Werkstätten.

(Quantitativ) flexible Kapazitäten wurden im 3. Ansatz des Kap. 6.2.2 als Lean-/JiT-Konzept besprochen. Gemeint ist das Führen von flexiblen bzw. Überkapazitäten, die sich dauernd an die Belastung anpassen lassen. Diese Massnahme hat folgende positiven Konsequenzen:

- Sie reduziert die Warteschlangenzeit. Dies ist entscheidend, sobald ein hoher Liefertreuegrad im Vordergrund steht, denn in einer Werkstattproduktion gehört die Warteschlangenzeit zu den am schlechtesten vorhersagbaren Grössen. Variiert sie nur wenig oder ist sie klein genug, so verbessert sich die Planbarkeit gerade auch bei mehreren Produktionsstufen. Kleinere Produktionsflächen, dank kleinerer Warteschlangenbestände in den Werkstätten, bilden einen weiteren Nutzen.

- Sie erlaubt einfachere Steuerungsverfahren, wie z.B. das nachfolgend gezeigte Kanban-Verfahren. Aber auch jedes andere Verfahren zur Kapazitätsplanung funktioniert besser. Zudem kann man sagen, dass für die Einführung eines IT-unterstützten Steuerungsverfahrens (z.B. mit einer ERP-Software) der Betrag von 100'000 Euro an externen Kosten und das Dreifache an gesamten Kosten bald überschritten wird. Deshalb kann sich eine Erhöhung der Kapazität als zweckmässiger erweisen, erst recht, wenn sie schneller einsetzbar ist als das Steuerungsverfahren. In einer mittelgrossen Unternehmung des schweizerischen Elektrobaus bspw. wurden zwei zusätzliche Wickelautomaten gekauft, um eine Engpasskapazität zu beseitigen. Dadurch wurde eine Investition in ein teures Steuerungsverfahren vermieden. Zudem war die Massnahme umgehend realisierbar.

6.3   Das Kanban-Verfahren

Kanban ist ein zum JiT-Konzept passendes Verfahren zur Produktionssteuerung. Die Firma Toyota begann damit anfangs der sechziger Jahre und machte es in Zusammenhang mit dem „Toyota Production System" bekannt (siehe dazu [Ohno88]). Hier werden die Aufträge direkt an den verbrauchenden Kapazitätsplätzen abgerufen bzw. freigegeben. Es stellt den Steuerungsteil zu einem Planungssystem dar, welches oftmals in der Literatur nicht erwähnt wird. Voraussetzung für das Kanban-Verfahren ist eine möglichst kontinuierliche Nachfrage entlang der ganzen Wertschöpfungskette, und damit eine Produktion bzw. Beschaffung mit häufiger Auftragswiederholung.

6.3.1 Kanban: Ein Verfahren zur Durchführung und Arbeitssteuerung

Ein „Kanban" (japanisch für „Karte") ist eine wiederverwendbare Karte, die zwischen zwei Stellen hin- und herwandert. Sie ist damit eine Art Pendelkarte.

Am Verbrauchsort hält man Puffer. Diese halten eine maximale Zahl von z.B. (A) Behältern, wobei die Anzahl Artikel pro Behälter auf (k) fixiert ist. Das Produktion- oder Beschaffungslos umfasst eine Anzahl oder Standardbehälter oder -container. Die *Kanban-Karte* dient der Identifikation eines Behälterinhalts und zur Auftragsfreigabe. Sie sieht etwa aus wie in Abb. 6.3.1.1.

LAGERPLATZ-ID.	:	*5E215*	ERZEUGENDE
ARTIKEL-ID.	:	*366'421'937*	STELLE:
BEZEICHNUNG	:	*Zahnrad*	*Drehen*
MODELLTYP	:	*Z 20*	VERBRAUCHENDE

BEHÄLT. KAPAZ.	BEHÄLT. TYP	KARTEN - NR.	STELLE:
20	*B*	*4 von 8*	*Schleifen*

Abb. 6.3.1.1   Beispiel für eine Kanban-Karte (Quelle: [Wild89])

Der Begriff Kanban weist ursprünglich auf ein Holzbrett mit entsprechenden Aufzeichnungen hin, wie dies die Abb. 6.3.1.2 zeigt. Kanban war auch das Wort für dekorierte Ladenschilder, welche im späteren 17. Jahrhundert in japanischen Handelsstädten aufkamen.

kan   看   (genau) sehen

ban   板   Holzbrett

Abb. 6.3.1.2   Der Begriff Kanban und die Erklärung von Tschirky[14]

Das *Kanban-Verfahren* ist definiert durch Kanban-Regelkreise und -Regeln.

---

[14]   Prof. Hugo Tschirky (ETH Zürich) überlässt mir freundlicherweise die folgende Erklärung: In „kan" bedeutet das erste Zeichen „Hand" und das zweite „Auge". „Kan" kann somit eine besonders aufmerksame Art von sehen sein, z.B. wenn man die flache Hand über das Auge hält. In „ban" sind die Zeichen für „Baum, Holz" und „Wall". „Ban" für sich alleine bedeutet eine Holztafel (ursprünglich eine Holztafel, welche gegen eine Wand abgestützt ist).

Die Abb. 6.3.1.3 definiert einen *Kanban-Regelkreis* am Beispiel zwischen Teilefertigung und Vormontage sowie ein *Zwei-Karten-Kanban-System*:

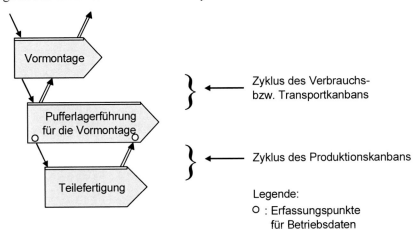

Abb. 6.3.1.3   Grundprinzip des Kanban-Verfahrens: Der Kanban-Regelkreis

1. Wenn in der Vormontage der Inhalt eines Behälters aufgebraucht ist, geht ein Mitarbeiter mit Behälter und *Verbrauchs-* bzw. *Transportkanban* zum Puffer und nimmt dort einen vollen Behälter des betreffenden Artikels. Er legt den am vollen Behälter angebrachten *Produktionskanban* in einen Abholbriefkasten und setzt an seine Stelle den Verbrauchs- bzw. Transportkanban des leeren Behälters. Der leere Behälter bleibt im Puffer. Der volle Behälter mit seinem Kanban geht in die Montage.

2. Ein Mitarbeiter der Teilefertigung überprüft periodisch den Puffer und sammelt die im Abholbriefkasten liegenden Produktionskanbans und die leeren Behälter ein. Die eingesammelten Kanbans gelten als Auftrag für die Herstellung der entsprechenden Anzahl Artikel (ein Produktions- oder Beschaffungslos kann auch mehrere Behälter umfassen). Durch Passieren eines Betriebsdaten-Erfassungspunktes (z.B. ein Barcode-Lesestift) wird die Auftragsfreigabe festgehalten. Die Angabe eines Fälligkeitstermins auf dem Kanban fällt weg, da jede Bestellung sofort zu erledigen ist.

3. Nach Fertigstellung der Artikel wird der volle Behälter mit dem Produktionskanban versehen und zum Puffer gebracht. Ein Betriebsdaten-Erfassungspunkt hält den Auftragseingang fest.

Der Puffer steht meistens beim Verbraucher, und zwar an dessen *Zugangs-Lagerpunkt*, d.h. dem dafür bestimmten Ort nahe beim Verbrauchsort in der Produktion. Der Puffer steht seltener beim Hersteller, und zwar an dessen *Abgangs-Lagerpunkt*, d.h. dem dazu bestimmten Ort nahe bei der Erstellung in der Produktion.

Als Variante kann man sich auch ein *Ein-Karten-Kanban-System* vorstellen, bei dem der Behälter mit dem Kanban verbunden bleibt. Eine andere Variante übermittelt den Kanban des leeren Behälters über Fax oder ein automatisches Lesegerät via Telekommunikation an den Zulieferer. Dies vermeidet die Transportzeit für den Rückfluss des leeren Behälters im Verkehr zwischen entfernten Standorten. Das Wesen der physisch identisch bleibenden Pendelkarte geht dabei verloren, da sie bei jedem Zyklus „kopiert" wird. Dadurch entsteht auch die Gefahr, dass doppelt bestellt wird.

Die *Kanban-Regeln* sind als Prozess-Strategie gemäss Abb. 6.3.1.4 definiert.

Die verbrauchende Stelle darf nie
- mehr als die notwendige Menge bestellen.
- zu einem früheren Zeitpunkt als notwendig bestellen.

Die zuliefernde bzw. produzierende Stelle darf niemals
- mehr produzieren als verlangt wurde.
- produzieren, bevor die entsprechende Bestellung eintrifft.
- nicht oder verzögert produzieren, wenn eine Bestellung vorliegt.
- Ausschuss oder ungenügende Qualität abliefern.

Die Planungsstelle (meistens als Zentrale organisiert) sorgt
- für den mittel- und langfristigen Ausgleich von Belastung und Kapazität
- durch Einschleusen und Entnahme für eine geeignete Anzahl Kanban-Karten in den Regelkreisen (eine so kleine Anzahl wie möglich)

Abb. 6.3.1.4   Kanban-Regeln zur Auftragsfreigabe und Steuerung der Regelkreise

Diese Kanban-Regeln sorgen in ihrer reinen Anwendung dafür, dass keine Reserven gebildet und Bestellungen sofort bearbeitet werden. Ein Bestellzustand wird sofort als Ereignis festgestellt und stösst den Produktionsprozess an[15]. Das heisst aber, dass die notwendigen Kapazitäten sofort zur Verfügung stehen und sich flexibel der Belastung anpassen müssen.

Das Kanban-Verfahren kann über beliebig viele Produktionsstufen bzw. Arbeitsgänge hinweg angewandt werden. Damit entstehen Ketten von Kanban-Regelkreisen. In seiner umfassenden Ausgestaltung werden die externen Lieferanten in das System einbezogen, was eine enge Zusammenarbeit mit den Produzenten erfordert. Für Einkaufsteile dient als Bestellung an den Lieferanten ein Transportkanban. Hier kann die Kanban-Karte auch über einen Strichcode erfasst und übermittelt werden.

Die Kanban-Karte wirkt als *Pull-Signal*: sie zieht eine Auftragsauslösung nach Verbrauch und eine (Lager-)Nachfüllauftrag nach sich. Ohno bezeichnet in [Ohno88] das Kanban-Verfahren als *Supermarktprinzip*: Der Kunde bedient sich selber mit dem, was er braucht; nach Verbrauch füllt z.B. der Betreiber des Supermarkts oder der Lieferant die Gestelle wieder auf. Wegen der genormten Standorte der Behälter und ihrer Inhalte ist der Aufwand der Güterbereitstellung klein, was kleine Produktionslose begünstigt.

6.3.2   Kanban: Ein Verfahren zum Materialmanagement

Da jeder Behälter von einem Kanban begleitet werden muss, bestimmt die Anzahl der Kanban-Karten im Regelkreis den Wert der Ware in Arbeit. Man unterscheidet die folgenden Stati:

- Behälter in Ausfassung durch die verbrauchende Stelle
- Behälter im Puffer bei der verbrauchenden Stelle
- Behälter im Transport

---

[15]   Kanban ist ein Ansatz zur Steuerung einer synchronisierten Produktion. *Synchronisierte Produktion* ist eine Philosophie des Produktionsmanagements, die eine kohärente Menge von Prinzipien und Verfahren einschliesst, welche das umfassende Ziel des Systems unterstützen (vgl. [APIC16]).

- Behälter in Arbeit bei der produzierenden Stelle
- Behälter in einer Warteschlange beim Produzenten[16]
- Behälter, die einen Sicherheitsbestand darstellen.

Zur Berechnung der optimalen Anzahl von Kanban-Karten in einem Regelkreis werden in der Abb. 6.3.2.1 die folgenden Daten definiert.

A:	Anzahl Kanban-Karten
k:	Anzahl der Teile pro Behälter
DLZ:	Produktions- bzw. Beschaffungsdurchlaufzeit
VDLZ:	Verbrauch während der Durchlaufzeit
TP:	Länge der Statistikperiode
VP:	Verbrauch während der Statistikperiode (= Erwartungswert des Bedarfs)
SF:	Sicherheitsfaktor-%Satz (für Bedarfsschwankungen und Lieferverzögerungen)
w:	Anzahl der Behälter pro Transportlos (=1, wenn möglich)
SUMEZ:	Summe der Einzelzeiten
SUMRZ:	Summe der Rüstzeiten (losgrössenunabhängig)
SUMZWI:	Summe der Arbeitsgangzwischenzeiten plus Administrationszeit

Abb. 6.3.2.1   Grunddaten zur Berechnung der Anzahl Kanban-Karten

Wie viele Kanbans müssen in einem Regelkreis fliessen, um die Verfügbarkeit der Komponenten zu gewährleisten? Die Abb. 6.3.2.2 prüft die Rolle aller Kanbans, die „vor" einem gerade leer gewordenen Behälter liegen, und illustriert damit den nachfolgend formulierten Sachverhalt:

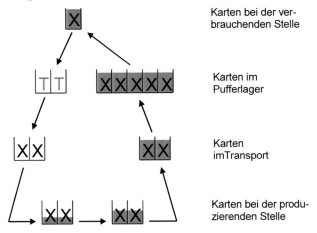

Karten bei der ver-
brauchenden Stelle

Karten im
Pufferlager

Karten
imTransport

Karten bei der produ-
zierenden Stelle

X: verbrauchbare Kanbans während der Durchlaufzeit des Transportloses

Abb. 6.3.2.2   Anzahl der Kanban-Karten im Umlauf

---

[16]   Diese soll nach den Kanban-Regeln immer Null sein. Ankommende Bestellungen werden am gleichen Tag erledigt. Siehe dazu die Kanban-Regeln in Abb. 6.3.1.4.

Im Moment der Bestellung, also des Absendens eines Transportloses von (leeren) Behältern, muss die Menge am Puffer und in Arbeit – das heisst, die Anzahl der Kanban-Karten mal den Inhalt eines Behälters – *dem zu erwartenden Verbrauch während der Durchlaufzeit* entsprechen. Zu der so berechneten Anzahl Karten kommen noch die Anzahl der Behälter des Transportloses selbst[17].

Der Wert für A kann somit nach der Formel in Abb. 6.3.2.3 berechnet werden. Dabei entspricht w·k der Transportlosgrösse, die gleichzeitig auch die Losgrösse zur Beschaffung oder Produktion bildet. Die Losgrösse kann damit ein Vielfaches der in einen Behälter passenden Menge sein[18]. Der Wert für w ist mindestens 1, und sollte bei teuren Artikeln möglichst nicht grösser sein.

Man beachte die Ähnlichkeit der Formel im Vergleich zu einem weiteren Verfahren zur Auftragsauslösung nach Verbrauch zum Bestellbestand (Abb. 11.3.1.3). Die Funktionsweise des Kanban-Regelkreises, die Kanban-Regeln und jetzt auch die Formel zur Berechnung der Anzahl Kanban-Karten weisen auf ein Verfahren zum stochastischen Materialmanagement hin.

$$A \cdot k = VDLZ \cdot (1 + SF) + w \cdot k$$
$$= \frac{VP \cdot DLZ}{TP} \cdot \left(1 + SF\right) + w \cdot k$$
$$= \frac{VP \cdot (w \cdot k \cdot SUMEZ + SUMRZ + SUMZWI)}{TP} \cdot \left(1 + SF\right) + w \cdot k$$

Abb. 6.3.2.3   Formel zur Berechnung der Anzahl Kanban-Karten

Um grosse Sicherheitsbestände aufgrund von Bedarfsschwankungen zu vermeiden, sollte bei solchen Verfahren der Verbrauch auf allen Produktionsstufen möglichst kontinuierlich sein[19]. Das Kanban-Verfahren erlaubt aber nur schon deshalb keine grossen Sicherheitsbestände, weil die Puffer in der Produktionsstätte eingerichtet sind und deshalb minimal dimensioniert werden müssen. Wegen des grossen administrativen Aufwandes kann die Anzahl der Kanban-Karten auch nicht beliebig oft geändert werden. Die Kanban-Regeln geben zudem keinen zeitlichen Spielraum für Lieferverzögerungen. Damit gilt die folgende Aussage:

Beim Kanban-Verfahren ist eine gute Verfügbarkeit nur gewährleistet, wenn eine möglichst kontinuierliche Nachfrage, d.h. mit beschränkten Schwankungen in allen Kanban-Kreisen vorliegt. Dies gilt also auch für den Kundenbedarf. Es handelt sich damit um eine Produktion bzw. Beschaffung mit häufiger Auftragswiederholung und kleinen Losgrössen.

Die interessantesten Produkte für eine Verbesserung des logistischen Verfahrens sind natürlich diejenigen, bei welchen die Wertschöpfung am grössten ist. Solche Produkte sind oft auch A-Artikel einer ABC-Klassifikation. Die ABC-Klassifikation kann ergänzt werden durch eine sog. XYZ-Klassifikation, welche ein Mass für die Kontinuität der Nachfrage liefert (vgl. Kap. 11.2.3). Die X-Artikel sind diejenigen mit der grössten Kontinuität, die Z-Artikel diejenigen mit blockweisem Bedarf. Kanban-Artikel sind damit typische A- und X-Artikel.

---

[17] Wenn zudem der Bestellrhythmus des Kanban-Auftrags nicht ereignisgenau, sondern periodenweise erfolgt, dann kommt zur Durchlaufzeit noch die Periodenlänge hinzu (administrative Wartezeit).
[18] Die Massnahmen zur Reduktion der Losgrösse wurden bereits im Kap. 6.2 beschrieben.
[19] Siehe dazu die detaillierte Diskussion in Kap. 11.3.3.

6.3.3   Kanban: zugehörige lang- und mittelfristige Planung

Die letzte Kanban-Regel gemäss Abb. 6.3.1.4 deutet bereits auf die zum Kanban-Verfahren gehörende lang- und mittelfristige Planung hin. Diese wirkt getrennt von den beschriebenen Kanban-Regelkreisen. Sie muss im Detail die folgenden Aufgaben erfüllen:

- Erarbeiten der langfristigen (und ggf. mittelfristigen) Planung der Ressourcen gemäss dem MRPII-Konzept: Erstens, bestimmen des Programmplanes (Primärbedarfs) aufgrund von Vorhersage (ad hoc oder mit Verfahren des Kapitel 10) oder seltener aufgrund von Kundennachfrage (Kap. 5.2.1 und Kap. 12.2.1). Zweitens, rechnen des Bruttobedarfs zur Bestimmung der nötigen Ressourcen an zuzukaufenden Gütern und Kapazitäten (Kap. 5.2.2). Drittens, vereinbaren von Rahmenaufträgen mit den Zulieferern (siehe Kap. 5.2.4); ggf. präzisieren dieser Rahmenaufträge in der mittelfristigen Planung.

- Bestimmen der Art und der Anzahl der Kanban-Karten für jeden Regelkreis (siehe Kap. 6.3.2). Eine Abweichungsanalyse zeigt diejenigen Regelkreise an, für welche die Anzahl der Kanban-Karten überprüft werden muss, um Überbestände im Puffer oder Unterbrüche in den Regelkreisen zu vermeiden. Dies geschieht z.B. durch gezieltes Einschleusen bzw. Entnehmen von Kanbans.

- Kontrolle der effektiven Belastung durch die laufenden Kanbans, z.B. durch erfassen des Abgangs des Kanbans vom Puffer, d.h. der Auftragsfreigabe, und Erfassen des Zugangs des Kanbans im Puffer, d.h. des Lagereingangs.

Wie bereits im Kap. 6.2.4 erwähnt, kann man ein Kanban-Verfahren nicht auf eine bestehende Organisation der Produktion (z.B. eine Werkstattproduktion) aufgepfropft, sondern muss vorher die JiT-Prinzipien implementieren. Einige davon seien hier kurz wiederholt:

- Eine übersichtliche Organisation, d.h. Anordnen der Arbeitsstationen, Bearbeitungsmaschinen etc. gemäss dem Güterfluss (siehe Kap. 6.2.2, Ansätze 1, 2).

- Kleine Losgrössen, verbunden mit einer drastischen Reduktion der Rüstzeiten (siehe Kap. 6.2.1).

- Das Einhalten genauer Mengen. Die Ausschussrate orientiert sich am „Null-Fehler"-Programm, verbunden mit Selbstkontrolle der hergestellten Güter an der Arbeitsstation (siehe Kap. 6.2.4, „Qualitätssicherung").

- Eine *präventive Wartung* soll Ausfallzeiten der Maschinen zuvorkommen. Sie ersetzt vermehrt die übliche Reparatur, die erst dann ausgeführt wird, wenn die Maschine effektiv ausfällt und somit das Einhalten der Lieferdurchlaufzeit gefährdet. Dazu gehören interdisziplinäre Equipen zur Störungsbehebung (siehe Kap. 6.2.2, Ansatz 3).

- Die Einhaltung kurzer Liefertermine. Dies verlangt genügende Kapazitäten und den flexiblen Einsatz der Arbeitskräfte (siehe Kap. 6.2.2, Ansatz 3).

6.4   Das Fortschrittszahlenprinzip

Das Fortschrittszahlenprinzip stammt wie das Kanban-Verfahren aus der Automobilindustrie. Es dient zur Steuerung einer Supply Chain bei der Zulieferung durch Systemlieferanten und bei der

Verbundsteuerung von verschiedenen Herstellerwerken. Es ist ein einfaches Verfahren, welches das langfristige Ressourcenmanagement mit dem kurzfristigen Material- und Terminmanagement kombiniert. Im Wesentlichen besteht es darin, entlang des Herstellungsprozesses eines bestimmten Produkts an bestimmten *Zählpunkten* die vorbeifliessenden Mengen an Zwischenprodukten oder -zuständen zu zählen und mit dem geplanten Güterfluss zu vergleichen. Je nach Ergebnis kann das entsprechende Arbeitssystem beschleunigt oder gebremst werden.

Für die Herstellung unterschiedlicher Produkte, auch unterschiedlicher Varianten von Produktfamilien, braucht es jeweils eine eigene Menge von Fortschrittszahlen. Das Fortschrittszahlenprinzip ist damit am besten geeignet für ein Produktkonzept von Standardprodukten oder Standardprodukten mit (wenigen) Optionen sowie Serienproduktion. Wichtigste Voraussetzung ist wie beim Kanban-Verfahren ein möglichst kontinuierlicher Bedarf entlang der ganzen Wertschöpfungskette, also eine Produktion bzw. Beschaffung mit häufiger Auftragswiederholung.

Die hier gewählte Diskussion des Fortschrittszahlenprinzips folgt im Wesentlichen derjenigen in [Wien19].

Eine *Fortschrittszahl* (im Folgenden mit FZ abgekürzt) ist die kumulierte Erfassung und Abbildung von Güterbewegungen über die Zeit.

Die Abb. 6.4.0.1 zeigt ein Beispiel für die Definition von Fortschrittszahlen entlang eines beispielhaften Herstellungsprozesses. Dieser wurde dazu in sinnvolle Teilprozesse, auch *Kontrollblöcke* genannt, unterteilt, hier in Teilefertigung und Montage.

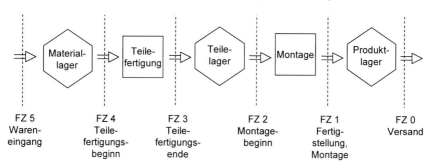

Abb. 6.4.0.1 Die Definition von Fortschrittszahlen entlang eines Herstellungsprozesses

Zu Beginn und am Ende jedes Teilprozesses wird dazu eine Fortschrittszahl definiert: die Zugangs- und Abgangs-Fortschrittszahl. Man nimmt also an, dass zwischen zwei Teilprozessen immer ein Ablaufspeicher (ein Puffer) liegt. Für die Verweildauer in einem Teilprozess bzw. Kontrollblock wird in der Planung eine durchschnittliche Durchlaufzeit angenommen. Bei der Planung wird dabei auch von Kontrollblockverschiebezeit gesprochen.

Die *Fortschrittszahlenkurve* ist die Darstellung der Messung einer Fortschrittszahl in den beiden Dimensionen Menge und Zeit.

Ein *Fortschrittszahlendiagramm* ist die Zusammenfassung der Fortschrittszahlenkurven entlang des Herstellungsprozesses für ein bestimmtes Produkt.

Für jedes Produkt bzw. jede Produktvariante gibt es dabei ein eigenes Paar von Fortschrittszahlendiagrammen:

- Das *Soll-Fortschrittszahlendiagramm* beschreibt die Planung aufgrund einer Bedarfs-vorhersage oder eines Rahmenauftrags und der nachfolgenden Bedarfsrechnung der Ressourcen in der Zeitachse. Losgrössen müssen dabei nicht berücksichtigt werden, so dass zwischen zwei Zeitpunkten einer Fortschrittszahl ein linearer Verlauf angenommen wird. Die Mengendifferenz entspricht dabei dem Bruttobedarf während der durch die beiden *Zählpunkte* definierten Zeitperiode. Im Übrigen entspricht die lang- und mittelfristige Planung dem MRPII-Konzept.

- Das *Ist-Fortschrittszahlendiagramm* beschreibt die Messung des effektiven Herstellungs-prozesses. Aus einem solchen Diagramm kann die aktuelle Situation des Produktions-fortschritts, der Durchlaufzeiten sowie der Bestände in Arbeit und in den Puffern sofort abgelesen werden. Die Sprünge ergeben sich dabei wegen der Losgrössen.

Die Abb. 6.4.0.2 zeigt ein Beispiel eines möglichen Soll- bzw. Ist-Fortschrittszahlendiagramms für den Herstellungsprozess in Abb. 6.4.0.1.

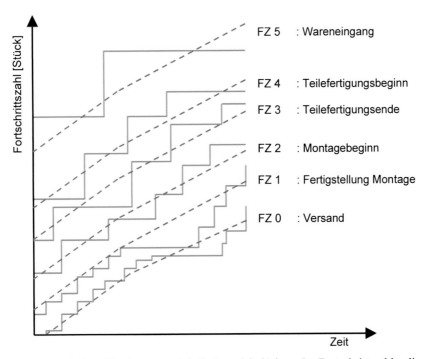

Abb. 6.4.0.2   Fortschrittszahlenkurven und Soll- (gestrichelt) bzw. Ist-Fortschrittszahlendiagramm (Beispiel, in Anlehnung an [Wien19])

Das *Fortschrittszahlenprinzip* (auch mit *FZP* abgekürzt) ist die Planung & Steuerung der Herstellung eines Produkts durch den Vergleich des Soll-Fortschrittszahlendiagramms mit dem Ist-Fortschrittszahlendiagramm.

Durch Übereinanderlegen einer Soll- und Ist-Fortschrittskurve oder ganzen Soll- und Ist-Fortschrittsdiagrammen wie in Abb. 6.4.0.2 kann man nun versuchen, durch Beschleunigen oder Bremsen der Herstellung das Ist-Diagramm dem Soll-Diagramm näher zu bringen. Zu beachten ist dabei jedoch,

- dass die Diagramme keine Aussagen über die eigentlichen Arbeitsgangzeiten und die aktuelle Auslastung der Arbeitssysteme machen: Der Zugang zu einem Teilprozess bedeutet nicht, dass die Arbeit gleich begonnen wird; im betreffenden Arbeitssystem können zudem mehrere verschiedene Produkte hergestellt werden. Prinzipiell lässt sich damit kein Kapazitätsmanagement auf dem Fortschrittszahlenprinzip aufbauen.

- dass für ein Kapazitätsmanagement die Korrektheit der Vorgaben für die Durchlaufzeit, insbesondere der Arbeitsgangzwischenzeiten, eine absolute Voraussetzung darstellt.

- dass Zählpunkte am richtigen Ort eingerichtet werden, um die korrekte Zählung sicherzustellen. Geeignet ist dafür der Moment der Qualitätsprüfung: Hier wird ja auch der Ausschuss bzw. die Ausbeute oder „Gute Menge" festgestellt. Entweder muss man dann die Ist-Fortschrittszahlen an den bereits gemessenen Zählpunkten entsprechend korrigieren, oder man muss geeignet gekennzeichnete Sonderbedarfe auslösen.

In der Praxis wird festgestellt, dass ausreichend Kapazitätsreserven bzw. in der Zeitachse flexibel einsetzbare Kapazitäten bereitstehen müssen, um die Einhaltung des Soll-Diagramms sicherzustellen. Dies gilt umso mehr, als das Kapazitätsmanagement in der kurzfristigen Planung (d.h. der Steuerung) mit dem Fortschrittszahlenprinzip nicht direkt möglich ist. Erst ein kontinuierlicher Bedarf entlang der ganzen Wertschöpfungskette erlaubt, diese Kapazitätsreserven nicht allzu gross ansetzen zu müssen.

6.5   Einführungsvorgehen und Verfahrensvergleiche

Bisher wurden zwei Verfahren zum Materialmanagement vorgestellt: das Kanban-Verfahren und das Fortschrittszahlenprinzip. Zwei weitere wichtige Verfahren, nämlich das Bestellbestand- und das MRP-Verfahren, werden jedoch erst im Kap. 11.3 bzw. im Kap. 12.3 im Detail behandelt. Dazu kommen noch Verfahren im Zusammenhang mit dem Kapazitätsmanagement, z.B. Korma, die das Materialmanagement beeinflussen (siehe Kap. 15.1).

Wichtige Prinzipien all dieser Verfahren wurden jedoch schon eingeführt (z.B. stochastische versus deterministische Verfahren). Gerade diese Prinzipien werden zum Vergleich herangezogen. Deshalb kann man die Verfahren bis zu einem gewissen Grad bereits hier vergleichen. Jedoch ist es ratsam, diese Vergleiche nach der Behandlung der betreffenden Verfahren noch einmal zu studieren.

6.5.1 Einführungsvorgehen

Die Abb. 6.5.1.1 führt als Merkmale einige wesentliche Voraussetzungen und Effekte auf, die als Entscheidungskriterien zur Auswahl des einen oder anderen der angesprochenen Verfahren des Materialmanagements dienen. Das Fortschrittszahlenprinzip ist nicht separat aufgeführt. Die Effekte sind in erster Näherung analog zu denen des Kanban-Verfahrens, bei ebenfalls kontinuierlicher Frequenz des Bedarfs.

Merkmal	Bestellbestand	Kanban	MRP
Voraussetzungen:			
• Frequenz des Bedarfs:	regulär / kontinuierl.	kontinuierlich	--
• Losgrössen:	--	klein (bei teuren Art.)	--
• Zus.hang Prod.stufen:	keiner (entkoppelt)	mit Kanban-Ketten	über Stücklisten
• Aufbau eines Systems zur … :	… Kontrolle der Lager- und Auftragsbestände	… harmonischen Güterflussplanung	… Planung von Aufträgen auf allen Strukturstufen
Massnahmen bei grossen Bedarfsschwankungen:	Erhöhen der Sicherheitsbestände	Kapazität an Belastung anpassen. Sicherheitsfaktor erhöhen.	Sicherheitsbedarf ändern; häufige Net-Change- oder Neu-Rechnung
Risiken, falls Nachfrage viel kleiner als Vorhersage:	Lager auf allen Stufen in der Grössenordnung der Lose	Lager in allen Kanban-Kreisen in der Grössenordnung der Lose	Lager auf allen Stufen unterhalb oder auf der Bevorratungsstufe
Risiken, falls Nachfrage viel grösser als Vorhersage:	mittlere Lieferausfallrate auf allen Stufen	mittlere Lieferausfallrate auf allen Stufen	hohe Lieferausfallrate unterhalb u. auf d. Bevorratungsstufe
Realisierung: Konzeption (organisatorisch / technisch):	einfach	kompliziert, ev. schwierig	einfach
IT-Unterstützung:	einfach	einfach	kompliziert
Ausführung / Steuerung:	einfach	sehr einfach	kompliziert

Abb. 6.5.1.1   Merkmale von verschiedenen Verfahren zum Materialmanagement

Abb. 6.5.1.2 und Abb. 6.5.1.3 stellen eine Strategie und eine Vorgehensweise zur Einführung einer effektiven Logistik dar. Sie bauen auf die JiT-Konzepte in Kap. 6.2 sowie die Verfahrensvergleiche in Kap. 5.3.2 auf. Die darin enthaltenen Überlegungen gelten dabei für die gesamte Wertschöpfung, unabhängig davon, ob diese innerhalb eines Unternehmens oder übergreifend stattfindet.

Einführungsvorgehen für eine effektive Logistik (Teil 1): Lean-/Just-in-time-Konzept

1. *Einführen von Massnahmen, um das Qualitätsniveau zu heben.* Prozesse müssen so sicher sein, dass den beauftragenden Stellen kein Ausschuss abgeliefert wird.
2. *Überprüfen der Mengen und Häufigkeiten der Prozessabläufe, besonders der Layouts.* Einführung der segmentierten oder zellularen Produktion sowie einer Logistik zur Reduktion der administrativen Zeiten und der Transportzeiten.
3. *Reduktion der mengenunabhängigen Beschaffungskosten, besonders Rüstzeitreduktion.* Die letzteren müssen insbesondere für kapazitätskritische Plätze überprüft werden. Einsatz von moderner Umrüsttechnologie.
4. *Überprüfen des Einsatzes von CNC-Maschinen, Robotern, flexiblen Fertigungssystemen (FFS) .* Dadurch kann man mehrere Arbeitsgänge in einem zusammenfassen (Komplettbearbeitung). Auch das Umgekehrte mag sinnvoll sein, gerade im Zusammenhang mit der Segmentierung: Einsatz verschiedener einfacher Maschinen in verschiedenen Segmenten anstelle einer einzigen Arbeitsgang- und Segment-übergreifenden Maschine.
5. *Realisieren einer rhythmischen und harmonischen Produktion:* Die Produktionsstufen werden so entworfen, dass die Durchlaufzeiten der verschiedenen Ebenen identisch oder Vielfache voneinander sind.
6. *Bestimmen der Losgrössen:* so klein wie möglich. (Bei Kanban sollen die Lose wenn möglich einen Tag oder einige wenige Tage abdecken.)

Die Schritte 3, 4, 5, 6 erfolgen nicht in einer strengen Abfolge.

Abb. 6.5.1.2   Einführungsvorgehen für eine effektive Logistik: Lean-/JiT-Konzept

Einführungsvorgehen für eine effektive Logistik (Teil 2): Verfahren des Materialmanagements

7. Falls es sich um einen billigen Artikel oder einen mit gleichmässiger oder regulärer Nachfrage handelt:

   a. Falls im Punkt 5 verschiedene aufeinander folgende Stufen bestimmt wurden, durch welche nach Vorhersage oder Rahmenaufträgen grosse Lose von relativ wenigen verschiedenen Produkten hergestellt werden und für welche die Kapazität im Rahmen der Schwankung der effektiven Belastung angepasst werden kann, dann kann das Fortschrittszahlenprinzip installiert werden.

   b. Falls im Punkt 5 verschiedene aufeinander folgende Stufen bestimmt wurden, welche – bei gleichzeitig genügend regelmässiger Nachfrage – alle nach Verbrauch gesteuert werden und für welche die Kapazität der Belastung angepasst werden kann, dann kann eine Kette von Kanban-Regelkreisen realisiert werden.

   c. Andernfalls ist das Bestellbestand-Verfahren, verbunden mit den verschiedenen Verfahren zur Terminplanung und zum Kapazitätsmanagement anzuwenden.

8. Falls es sich um einen Artikel mit einmaliger Nachfrage handelt, oder um einen teuren Artikel ohne gleichmässige Nachfrage – auch nach Einführung der Massnahmen in den Punkten 1 bis 6:

   a: Falls der Artikel stromabwärts vom (Kunden-)Auftragseindringungspunkt über einige Stufen produziert bzw. beschafft werden kann, dann soll auch dort deterministisch geplant und gesteuert werden, und zwar ausgehend vom Kundenauftrag durch das Zusammenstellen eines Kundenproduktionsauftrags über verschiedene Stufen mit dem MRP-Verfahren.

   b: Falls der Artikel auf dem oder stromaufwärts vom (Kunden-)Auftragseindringungspunkt liegt und es sich um unabhängigen Bedarf handelt, dann muss man ein intuitives Verfahren finden.

   c: Andernfalls kann (muss) man das MRP-Verfahren im quasideterministischen Fall anwenden. Dabei sollte man die Rechnung möglichst täglich à jour bringen, wenn möglich sogar im Verlauf des Tages („online").

Abb. 6.5.1.3   Einführungsvorgehen für eine effektive Logistik: Verfahren des Materialmanagements

Das Lean-/Just-in-time-Konzept kann und soll zuerst und unabhängig von dem einzusetzenden Verfahren für das Ressourcenmanagement umgesetzt werden. Die Punkte gemäss Abb. 6.5.1.3 unterscheiden dann die einzelnen Verfahren des Materialmanagements. [Will15] erarbeitet praktische Methoden und Werkzeuge für die Bewertung des Einführungsfortschritts von „Lean Thinking" in produzierenden Unternehmen.

6.5.2 Verfahrensvergleich: Kanban versus Bestellbestand (*)

Aus der Einführung des JiT-Konzepts zieht auch das Bestellbestand-Verfahren (siehe Kap. 11.3) seinen Nutzen. In der Tat ergeben kürzere Rüstzeiten kleinere Losgrössen, kürzere Durchlaufzeiten und damit einen tieferen Bestellbestand. Kleinere Losgrössen führen zu einer Öfteren Wiederholung der gleichen Aufträge (welche sich dann vermehrt überlappen werden). Die Definition von etwa gleich langen Arbeitsinhalten pro Produktionsstufe verbessert den Güterfluss.

Die Abb. 6.5.2.1 zeigt die Lagerbestände über mehrere Produktionsstufen.

Δt ist die notwendige Reaktionszeit zwischen dem Unterschreiten des Bestellbestands (bzw. dem Feststellen eines leeren Behälters im Falle von Kanban) und der Entnahme der Komponenten auf der nächst tieferen Produktionsstufe. Beim Lean-/Just-in-time-Konzept ist Δt wegen des möglichen direkten Verkehrs zwischen Zulieferer und verbrauchender Stelle möglichst klein. T_P ist die Wartezeit der Artikel in den Puffer- oder Zwischenlagern. Beim Lean-/JiT-Konzept befinden sich diese direkt bei den Kapazitätsplätzen, das heisst bei den verbrauchenden Stellen. T_P ist damit die Lagerungszeit.

Auftragsauslösung nach Verbrauch ist beiden Verfahren gemeinsam. Die Lagerungszeit wirkt als zeitlicher Puffer. Ist der Verbrauch über längere Zeit kleiner als vorhergesagt, wird der Beschaffungszyklus weniger oft angestossen. Im Kanban-Verfahren sind dann immer weniger Behälter unterwegs. Dafür erhöht sich der Bestand im Puffer. Daraus folgt der gleiche Effekt wie beim Bestellbestand-Verfahren. Ist umgekehrt der Verbrauch über längere Zeit grösser als die Vorhersage, so würden Sicherheitsbestände in den Puffern einen hohen Lieferbereitschaftsgrad gewährleisten. Man muss deshalb dann den Sicherheitsfaktor-Prozentsatz in der Formel in Abb. 6.3.2.3 und damit die Anzahl der Karten erhöhen.

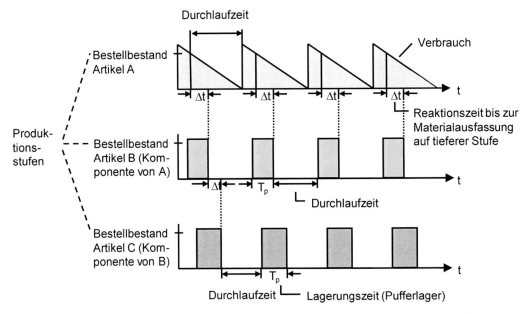

Abb. 6.5.2.1   Entwicklung der Pufferbestände bei Anwendung einer rhythmischen Produktion

Soviel zu den für beide Verfahren gemeinsamen Nutzen. Nun zu den *Unterschieden:* Ein Regelkreis beim Kanban-Verfahren umfasst meistens nur wenige Arbeitsgänge. Zwischen jedem Kreis wird ein Puffer angelegt. Damit wird eine Produktionsstufe, welche mit dem Bestellbestand-Verfahren gesteuert wird, in verschiedene und idealerweise gleich lange Kanban-Regelkreise unterteilt, wie dies in der Abb. 6.5.2.2 gezeigt wird.

Dies ergibt die folgenden Vorteile für das Kanban-Verfahren:

- Der Lagerbestand wird auf tendenziell tiefere Niveaus geschoben, was für Artikel mit grosser Wertschöpfung wichtig ist. Solche sind meistens auch teure Artikel (A-Artikel).

- Die Durchlaufzeit durch einen Regelkreis ist reduziert, weil erstens ein Regelkreis nur wenige Arbeitsgänge umfasst und zweitens weil kein administrativer Aufwand anfällt, da die Puffer direkt bei der verbrauchenden Stelle eingerichtet sind.

- Es handelt sich um ein *visuelles Steuerungssystem*, d.h. die Lagerhaltung erfolgt „von Auge" ohne ein Papier, und ohne dass eine andere Organisationseinheit intervenieren muss.

- Der Prozess ist automatisierbar, weil in kurzer, aufeinander folgender Zeit immer wieder ungefähr die gleiche Menge gefertigt wird.

- Die Losgrösse je Regelkreis ist klein, weil nur wenige Arbeitsgänge und damit weniger Rüstzeiten zu berücksichtigen sind.

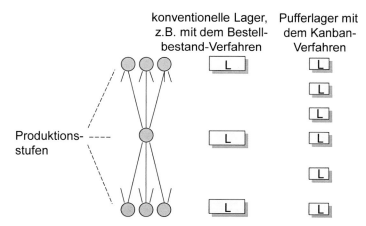

Abb. 6.5.2.2   Definition der Produktionsstufen und der (Puffer-)Lager: Bestellbestand-Verfahren versus Kanban-Verfahren

Man könnte nun bestellbestandsgesteuerte Produktionsstufen entwerfen, deren Wertschöpfung genau denjenigen der Kanban-Regelkreisen entspricht. Wegen der Vielzahl von effektiv ablaufenden kleinen Aufträgen könnte man aber den administrativen Aufwand für die Steuerung entfernt vom Güterfluss – z.B. durch Konsultieren von Computer-Listen – gar nicht handhaben. Derjenige Sensor, welcher einen auszulösenden Kanban-Auftrag (einen Zustand) „eräugt" (ein Ereignis), ist der einfachste und schnellste, den man sich vorstellen kann: das menschliche Auge!

Die Vielzahl der Zwischenlager beim Kanban-Verfahren kann man als Nachteil empfinden, da im Extremfall ein Puffer nach jedem Arbeitsgang eingerichtet wird. Die grosse Zahl von Puffern ist jedoch erst dann problematisch, wenn die Lager durch eine externe Stelle oder mit teuren Messvorgängen (z.B. „von Hand") inventarisiert werden müssen. In Abb. 6.3.1.3 wurde ja bereits angeregt, durch automatische Datenerfassung den Kanban-Umlauf zu kennen, d.h. sowohl die offenen Kanban-Aufträge als auch den Wert der Ware im Puffer.

Weitere wichtige *Unterschiede* zwischen dem Bestellbestand- und dem Kanban-Verfahren bestehen in der Flexibilität und in der Zuweisung der dispositiven Aufgaben der Steuerung:

- Beim Kanban-Verfahren erfolgt die Steuerung dezentral. Die ausführenden Einheiten besorgen auch die dispositiven Tätigkeiten, was deren Autonomie fördert. Eine der Kanban-Regeln verlangt aber ein 100%-iges Anpassen der Kapazitäten an die Belastung, also eine Planung in die unbegrenzte Kapazität. Der Fälligkeitstermin aller Kanban-Aufträge lautet auf „sofort", was die Autonomie einschränkt.

- Das Bestellbestand-Verfahren kann bei zentraler oder auch dezentraler Organisation der Steuerung angewendet werden. Je mehr in die unbegrenzte Kapazität geplant werden kann, desto eher kann die Disposition mit Bestellbestand den ausführenden Einheiten direkt übergeben werden[20]. Sind die Arbeitsgangzwischenzeiten knapp oder müssen

---

[20] Der Übergang zu einem Kanban-Verfahren ist fliessend, sobald man das Unterschreiten des Bestellbestands nicht anhand einer Liste, sondern direkt am physischen Lager, „von Auge" feststellt.

Kapazitätsgrenzen berücksichtigt werden, so haben die möglichen Störungen im Auftragsdurchlauf Auswirkungen auf die ganze Wertschöpfungskette. Umfasst diese viele Organisationseinheiten, so ist eine zentrale Steuerung (mit zentraler Auftragsfreigabe) zwar flexibler, aber auch aufwendiger.

6.6   Zusammenfassung

Das Lean-/Just-in-time-Konzept strebt an, die 3Ms („muri", „mura", „muda") und die Durchlaufzeit möglichst zu reduzieren und gleichzeitig die Bestände an Lager und in Arbeit zu minimieren. Die wohl markanteste Massnahme zur Durchlaufzeitreduktion ist die Rüstzeitreduktion. Eine signifikante Rüstzeitreduktion erlaubt – bei gleichbleibender Auslastung – eine Reduktion der Losgrösse, damit der Arbeitsgangzeit und schliesslich auch der Durchlaufzeit. Konzepte zur Rüstzeitreduktion sind unter dem Stichwort „SMED" zusammenfassbar, aber auch unter Umrüstfreundlichkeit der Produktionsanlagen, Zyklische Planung oder Modularisierung.

Weitere Konzepte zur Durchlaufzeitreduktion sind die Produktions- bzw. Fertigungssegmentierung, die zellulare Produktion, die Komplettbearbeitung und die Strukturierung des Montageablaufs. Die Harmonisierung des Sortiments und der Arbeitsganginhalte hilft zudem, wiederholbare Abläufe und einen ausgeglichenen Güterfluss in der Produktion zu erreichen. Dies erhöht den Grad der Automatisierung und reduziert Wartezeiten. Zusätzliche Lean-/JiT-Konzepte sorgen für hohe Qualität sowie schnelle administrative Verbindungen zwischen produzierenden und verbrauchenden Stellen, z.B. verbunden mit einer Rahmenauftragsplanung. Dazu kommt die Verfügbarkeit der Ressourcen: Überkapazitäten bei Maschinen und Werkzeugen sowie flexibel einsetzbares Personal. Weitere Elemente der „japanischen" Denkweise sind Gruppendenken, Elimination des Unnötigen, „Kaizen", „Poka-yokero", Ordnung und Sauberkeit. Lean-/JiT-Konzepte verbessern die Güte aller Verfahren zum Ressourcenmanagement. Kürzere Durchlaufzeiten erlauben, den (Kunden-)Auftragseindringungspunkt in der Produktstruktur tiefer zu setzen und damit das Potential zum Einsatz von deterministischen Methoden zu vergrössern. Durch kleine Losgrössen oder sogar „make-to-order" führen auch ungenaue Bedarfsvorhersagen stromaufwärts vom oder auf dem (Kunden-)Auftragseindringungspunkt weniger zu längerfristigen Dispositionsfehlern.

Einfache Verfahren zur Planung & Steuerung sind bei Produktion bzw. Beschaffung mit häufiger Auftragswiederholung möglich. Das bekannteste einfache Verfahren ist Kanban. Zwischen jeder verbrauchenden und produzierenden Stelle pendelt eine bestimmte Anzahl von Kanbans. Jeder bezieht sich auf einen Behälter, der an einem klar bezeichneten Ort beim Verbraucher steht. Er wird auf Sicht bewirtschaftet und zur produzierenden Stelle weitergeleitet, sobald der Behälter leer ist. Wichtig ist das Einhalten der Kanban-Regeln. Die Anzahl der Kanban-Karten muss dabei aufgrund einer mittel- oder langfristigen Planung gemäss MRPII-Konzept festgelegt werden. Das Fortschrittszahlenprinzip ist ein weiteres einfaches Verfahren zum Material- und Terminmanagement. Der Arbeitsfortschritt wird dabei an bestimmten Zählpunkten erfasst.

Spezielle Betrachtungen sind bei Koexistenz von Verfahren nötig. Kanban ähnelt dem Bestellbestand-Verfahren, mit dem Unterschied, dass die Steuerung, insbesondere die Auftragsfreigabe, immer dezentral erfolgt. Dies erlaubt wesentlich häufigere Aufträge als bei zentraler Steuerung. Die Kanban-Zyklen umfassen i. Allg. weniger Arbeitsgänge als eine Produktionsstufe beim Bestellbestand-Verfahren, was tendenziell (Puffer-)Lagerbestände mit tieferem Wert ergibt.

6.7   Schlüsselbegriffe

6.8   Szenarien und Übungen

6.8.1   Arbeitsgangzeit versus Arbeitsgangkosten: der Einfluss von Rüstzeit- und Losgrössenänderungen

Diese Übung will aufzeigen, dass – für jeden Arbeitsgang – ein ausgewogenes Verhältnis von a) kurzen Durchlaufzeiten und b) tiefen Kosten angestrebt werden muss. Es geht deshalb im Folgenden darum, den Effekt der Rüstzeit und der Losgrösse herauszufinden, und zwar

a)   einerseits für die Arbeitsgangzeit: Sie ist ein Mass für die Durchlaufzeit eines Auftrags,

b)   andererseits für die *Arbeitsgangzeit pro Einheit* (d.h. die Arbeitsgangzeit dividiert durch die Losgrösse), welche ein Mass für die Kosten des Arbeitsganges und dadurch auch für die Kosten eines Produktions- bzw. Beschaffungsauftrags ist.

Folgende Aufgaben sind zu lösen:

(0)   Nehmen Sie eine Rüstzeit von 200, eine Einzelzeit von 100 und eine Losgrösse von 4 an. Berechnen Sie die Arbeitsgangzeit sowie die Arbeitsgangzeit pro Einheit.

(1)   Wie wirkt sich eine Erhöhung der Losgrösse auf 20 auf die Arbeitsgangzeit und Zeit pro Einheit aus? Welche Effekte sind Ihrer Meinung nach positiv, welche negativ?

(2)   Nehmen Sie an, dass dank der harten Arbeit von Produktionstechnikern (bspw. durch SMED-Massnahmen) die Rüstzeit auf 100 reduziert werden konnte. Welchen Einfluss hat dies, wenn die Losgrösse von 20 beibehalten wird?

(3)   Wie weit kann die Losgrösse nach einer Reduktion der Rüstzeit auf 100 verkleinert werden, ohne dass die Arbeitsgangzeit die ursprüngliche Arbeitsgangzeit von 600 übersteigt? Wie gross wird die Arbeitsgangzeit pro Einheit dann sein?

(4) Wie weit kann die Losgrösse nach einer Reduktion der Rüstzeit auf 100 verkleinert werden, ohne dass die Arbeitsgangzeit pro Einheit die ursprüngliche Arbeitsgangzeit pro Einheit von 150 übersteigt? Wie gross wird die Arbeitsgangzeit dann sein?

Lösung:

(0): Arbeitsgangzeit: 600; Arbeitsgangzeit pro Einheit: 150.

(1): Positiv: Eindeutige Reduktion der Arbeitsgangzeit pro Einheit auf 110; Negativ: Starke Erhöhung der Arbeitsgangzeit auf 2200.

(2): Positiv: Leichte Reduktion der Arbeitsgangzeit pro Einheit auf 105; Negativ: Sehr leichte Reduktion der Arbeitsgangzeit auf 2100.

(3): Losgrösse = 5; Arbeitsgangzeit pro Einheit = 120.

(4): Losgrösse = 2; Arbeitsgangzeit = 300.

Sie können die animierte Lösung auf folgender Website finden:

https://intlogman.ethz.ch/#/chapter06/operation-time/show

Testen Sie verschiedene Werte für Rüstzeit, Einzelzeit und Losgrösse aus.

6.8.2   Der Einfluss der zellularen Produktion auf die Durchlaufzeitreduktion

Abb. 6.8.2.1 zeigt einen möglichen Arbeitsplan für die Produktion von Wellen. Die Losgrösse beträgt 10.

Arbeitsgang	Rüstzeit	Einzelzeit
Fräsen	0.02	0.02
Drehen	0.6	0.06
Fräsen	1.6	0.6
Vorschleifen	1.2	0.12
Endschleifen	1.2	0.16

Abb. 6.8.2.1   Arbeitsplan für die Produktion von Wellen

a) Berechnen Sie die Durchlaufzeit für den Fall der traditionellen Werkstattproduktion. *Hinweis:* In diesem Fall muss für die Berechnung der Durchlaufzeit angenommen werden, dass die Arbeitsgänge nacheinander durchlaufen werden. Deshalb können Sie die Formel aus Abb. 6.2.2.3 verwenden.

b) Berechnen Sie die maximale Durchlaufzeit für den Fall der zellularen Produktion, d.h. unter der Verwendung der Formel aus Abb. 6.2.2.4 (*Hinweis:* Bestimmen Sie zuerst den Zellentreiber).

c) Finden Sie – bei zellularer Produktion – die zeitliche Anordnung der Arbeitsgänge aus Abb. 6.8.2.1 mit minimaler Durchlaufzeit.

d) Finden Sie - bei zellularer Produktion - die zeitliche Anordnung der Arbeitsgänge aus Abb. 6.8.2.1 mit minimaler Belastung der Arbeitsplätze (oder minimaler reservierter Zeit für den Arbeitsgang, d.h. Arbeitsgangzeit plus Wartezeit zwischen den Einheiten des Loses).

Lösung:

a)   14.22

b)   10.98 (Der Zellentreiber ist der Arbeitsgang „Fräsen" mit einer Arbeitsgangzeit von 7.60; die Summe von Rüstzeit plus Bearbeitungszeit aller anderen Arbeitsgänge beträgt 3.38)

c)   Die minimale totale Durchlaufzeit beträgt 7.88. Das Rüsten und die erste Einheit des Loses der Arbeitsgänge „Fräsen" und „Drehen" kann man während des Rüstens des Zellentreibers vollständig durchführen, ebenso das Rüsten für die Arbeitsgänge „Vorschleifen" und „Endschleifen". Jede Einheit des Loses kann sofort nach ihrer Bearbeitung auf dem Zellentreiber-Arbeitsgang erledigt werden. Deshalb muss man je eine Einzelzeit für „Vorschleifen" und „Endschleifen" zur Arbeitsgangzeit des Zellentreibers addieren: 0.12 + 0.16 + 7.6 = 7.88.

d)   Die Durchlaufzeit mit minimaler Belastung beträgt 8.24. Wieder können das Rüsten und die erste Einheit des Loses der Arbeitsgänge „Fräsen" und „Drehen" während der Bereitstellung des Zellentreibers vollständig ausgeführt werden. Für das „Vorschleifen" gilt, dass die 9 Einheiten des „Vorschleifens" bei Zeitpunkt 7.6 fertiggestellt werden müssen, damit die letzte Einheit des Loses sofort nach Beenden des Zellentreiber-Arbeitsganges ausgeführt werden kann. Deshalb muss der späteste Starttermin für das „Vorschleifen" $7.6 - 9 \cdot 0.12 - 1.2 = 5.32$ sein. Für das „Endschleifen" gilt, dass die erste Einheit des Loses direkt nach Beenden des „Vorschleifens" ausgearbeitet werden kann, d.h. $5.32 + 1.2 + 0.12 = 6.64$. Dadurch wird der späteste Starttermin für den Arbeitsgang „Vorschleifen" bei $6.64 - 1.2 = 5.44$ und der späteste Endtermin bei $5.44 + 1.2 + 10 \cdot 0.16 = 8.24$, festgelegt.

Sie können die animierte Lösung auf folgender Website finden:

https://intlogman.ethz.ch/#/chapter06/cell-driver/show

Ändern Sie nun den Zellentreiber, indem Sie Rüst- und Einzelzeiten modifizieren. Versuchen Sie eine Kombination dieser Parameter zu finden, bei welcher die Variante „minimale gesamte Durchlaufzeit" zum Wert der „maximalen Durchlaufzeit" aus der Durchlaufzeitformel für die zellulare Produktion hin tendiert.

6.8.3   Linienabgleich – Harmonisierung der Arbeitsinhalte

Abb. 6.8.3.1 zeigt einen möglichen Arbeitsplan für die Blech-Teileproduktion. Es werden verschiedene Produkte hergestellt, nämlich Artikel 1, Artikel 2 und Artikel 3. Diese drei Produkte werden nach einem vergleichbaren Arbeitsplan gefertigt. Die Zahl in der Tabelle gibt die Arbeitsgangzeit für den jeweiligen Arbeitsgang an, die Zahl in Klammern die zugehörige Rüstzeit.

Nehmen Sie eine Dauer einer Einheit harmonisierten Arbeitsinhalts von 12 Zeiteinheiten an – in Übereinstimmung mit der Diskussion in Kap. 6.2.3. In dieser Aufgabe sollen Massnahmen zur Veränderung der Durchlaufzeiten ergriffen werden. Diese werden aus einem Set von Massnahmen zum Linienabgleich bzw. zur Harmonisierung der Arbeitsinhalte ausgewählt; diese sind in Abb. 6.2.3.3 aufgeführt.

Produkt-Id.	1			2		3	
Losgrösse / Prozess	400	?	?	50	?	10	?
Schneiden *Kapazitätsplatz A*	10 (2)			5 (1)		6 (1)	
Stanzen *Kapazitätsplatz B*	6 (2)			15 (1)		6 (1)	
Biegen *Kapazitätsplatz C*	2 (2)			20 (2)		12 (2)	
Oberflächenbehandlung *Kapazitätsplatz D*	18 (10)			--		9 (7)	
Prüfen *Kapazitätsplatz E*	2 (2)			9 (5)		--	
Vormontieren *Kapazitätsplatz F*	16 (0)			3 (1)		--	
Σ Arbeitsgangzeiten	54 (18)			52 (10)		33 (11)	
(Σ Rüstzeiten) / (Σ Arbeitsgangzeiten)	1/3			1/5 (ca.)		1/3	

Abb. 6.8.3.1   Harmonisierung der Arbeitsinhalte: Arbeitsplan von drei Produkten

a) Nehmen Sie an, dass die ersten zwei Arbeitsgänge in einem einzigen vereinigt werden können. (Weshalb ist dies eine plausible Annahme?). Auf einen ersten Blick scheint Produkt 3 ziemlich gut in die Dauer von drei Einheiten harmonisierten Arbeitsinhalts zu passen. Versuchen Sie deshalb, der ersten der in Abb. 6.2.3.3 aufgeführten Massnahmen folgend, die Losgrössen der Artikel 1 und 2 so zu ändern (benutzen Sie dafür die leeren Kolonnen in Abb. 6.8.3.1), damit für beide Produkte eine totale Arbeitsgangzeit in der Grössenordnung von je 36 Zeiteinheiten erreicht werden kann.

b) Ist es in der Praxis möglich, die letzten beiden Arbeitsgänge in einem einzigen zu vereinigen, indem man sie in eine Einheit harmonisierten Arbeitsinhalts einpasst?

c) Der dritte und vierte Arbeitsgang des Produkts 1 lässt sich nicht in eine Einheit harmonisierten Arbeitsinhalts einpassen, trotz erheblichen Losgrössenänderungen. Welche anderen Massnahmen aus Abb. 6.2.3.3 könnte man ergreifen?

d) Gibt es immer noch offene Probleme nach der Implementierung aller dieser Massnahmen?

Mögliche Lösung:

a) Es gibt Maschinen, die beide Arbeitsgänge in einem Schritt ausführen können (z.B. Laserschneidemaschinen). Ändert man die Losgrösse für Produkt 1 auf 200, resultiert daraus eine totale Arbeitsgangzeit von 36, wobei 18 Zeiteinheiten für den Rüstvorgang benötigt werden. Die Länge der Kombination der ersten beiden Arbeitsgänge beträgt nun 10 (wegen der Komplettbearbeitung allenfalls noch weniger), was sich gut in eine Einheit harmonisierten Arbeitsinhalts einpassen lässt. Hätte man die Losgrösse für Produkt 1 auf 100 geändert, würde die totale Arbeitsgangzeit 27 betragen, inkl. der 18 Einheiten für das Rüsten. Somit ist eine Losgrösse von 200 die bessere Wahl. Die Änderung der Losgrösse von Produkt 2 auf 25 würde zu einer totalen Arbeitsgangzeit von 31 führen, mit 10 Zeiteinheiten für das Rüsten. Wiederum passt die Kombination der ersten beiden Arbeitsgänge gut in eine Einheit harmonisierten Arbeitsinhalts, ihre totale Länge beträgt 11 Zeiteinheiten.

b) Ja, Prüfung und Vormontage können am gleichen physischen Arbeitsplatz ausgeführt werden. Ausserdem würde, mit einer Losgrösse von 200 für Produkt 1, die Kombination der letzten beiden Arbeitsgänge gut in eine Einheit harmonisierten Arbeitsinhalts passen.

c) Betrachtet man die sehr kleine Einzelzeit, scheint der Arbeitsgang „Biegen" sehr einfach zu sein (auch scheint der zweite Arbeitsgang, Stanzen, eher rudimentär zu sein, wenn man ihn mit dem Prozess für Produkt 2 vergleicht). Deshalb könnte es möglich sein, ein profiliertes (und gebogenes) Blech zu kaufen. Eine andere Lösung wäre, diesen kurzen Prozess in der gleichen Einheit harmonisierten Arbeitsinhalts zusammen mit „Schneiden" und „Stanzen" auf einer geeigneten (einfachen, dafür billigen) Maschine durchzuführen, die nicht am Kapazitätsplatz C, sondern nahe am Kapazitätsplatz B installiert werden könnte.

Die Oberflächenbehandlung ist wahrscheinlich ein auswärts vergebener Prozess. Das ist möglicherweise auch der Grund für die lange Rüstzeit, welche eher ein Indikator für die lange Transportzeit als für die Rüstzeit beim Lieferanten ist. Wenn dem so wäre, warum sollte man nicht ein schnelleres Transportfahrzeug wählen oder sich nach einem Subunternehmer umsehen, der näher in der Umgebung liegt?

d) Ja. Bei Produkt 1 beträgt die Rüstzeit jetzt 50 % der Arbeitsgangzeit. Wird die Rüstzeit mit den Massnahmen aus Punkt c) nicht signifikant reduziert, müssen weitere Massnahmen zur Rüstzeitreduktion gefunden werden (bspw. durch Implementierung von SMED-Methoden).

6.8.4 Berechnung der Anzahl Kanban-Karten

Eine Firma hat JIT implementiert, indem sie Kanban-Karten benutzt, um die Bewegung und die Produktion eines Produkts anzustossen. Die durchschnittlichen Lagerbestände wurden soweit reduziert, dass sie ungefähr proportional zur Anzahl Kanban-Karten im Umlauf sind. Für drei der Produkte gelten die Daten gemäss Abb. 6.8.4.1.

Artikel-Id.	Durchlaufzeit	Länge der Statistikperiode	Verbrauch während der Statistikperiode	Anzahl der Teile (Einheiten) pro Behälter	Sicherheitsfaktor (%)	Anzahl Behälter pro Transportlos
1	36	20	600	200	0	1
2	36	20	100	25	0	1
3	36	20	50	10	0	1

Abb. 6.8.4.1   Daten der drei Produkte zur Berechnung der Anzahl Kanban-Karten

a) Die Produktionstechniker haben durch harte Arbeit den Herstellungsprozess verbessert. Um die Durchlaufzeit von 36 auf 21 Tage zu verkürzen, haben sie ein neues Projekt initiiert. Was wäre die prozentuale Veränderung der durchschnittlichen Lagerbestände für jedes Produkt?

b) Berechnen Sie die Anzahl Kanban-Karten unter Verwendung von anderen Datenwerten. Versuchen Sie ausserdem, folgende Fragen zu beantworten:

- Welches ist die minimale Anzahl an Kanban-Karten, welche in jedem Fall benötigt werden?
- Wie wird die notwendige Anzahl Kanban-Karten durch den Sicherheitsfaktor und die Anzahl Behälter pro Transportlos beeinflusst?

Lösung für a):

Berechnen Sie unter Verwendung der Formel aus Abb. 6.3.2.3 die notwendige Anzahl Kanban-Karten vor und nach der Prozessverbesserung. Da der Lagerbestand proportional zur Anzahl Kanban-Karten ist, entspricht die Reduktion des Lagerbestands der Reduktion der Anzahl Kanban-Karten.

- Produkt 1: vorher: 7, nachher: 5 → Bestandsabnahme: 29 %
- Produkt 2: vorher: 9, nachher: 6 → Bestandsabnahme: 33 %
- Produkt 3: vorher: 10, nachher: 7 → Bestandsabnahme: 30 %

6.9   Literaturhinweise

APIC16   Pittman, P. et al., APICS Dictionary, 15. Auflage, APICS, Chicago, IL, 2016

Ohno88   Ohno, T., „Toyota Production System: Beyond Large-Scale Production", Productivity Press, Cambridge, Massachusetts, 1988

Shin85   Shingo, S., „A Revolution in Manufacturing: The SMED System", Productivity Press, Stanford, Massachusetts, 1985

Shin89   Shingo, S., „A Study of the Toyota Production System from an Industrial Engineering Point", Productivity Press, Cambridge, Massachusetts, 1989

Suza89   Suzaki, K., „Modernes Management im Produktionsbetrieb", Hanser-Verlag, München, Wien, 1989

Toyo98   „The Toyota Production System", Toyota Motor Corporation, Public Affairs Divison, Toyota City, Japan, 1998

Wien19   Wiendahl, H. P., „Betriebsorganisation für Ingenieure", 9. Auflage, Hanser-Verlag, München, Wien, 2019

Wild89   Wildemann, H., „Flexible Werkstattsteuerung durch Integration von Kanban-Prinzipien", CW-Publikationen, München, 1989

Wild01   Wildemann, H., „Das Just-In-Time Konzept: Produktion und Zulieferung auf Abruf", TCW Transfer-Centrum für, München, 5. Auflage, 2001

Will15   Wille, T., „Konzeption eines Bezugssystems zur Bewertung des Einführungs-fortschritts von „Lean Thinking" in produzierenden Unternehmen", Diss ETH Zürich, 2015

WoJo07   Womack, J. P., Jones, D. T., Roos, D., „The Machine that Changed the World", Revised Edition, Simon & Schuster, UK, 2007

7 Das Konzept für Produktfamilien und Einmalproduktion

In Käufermärkten verlangen Kunden, dass ihre spezifischen Wünsche bezüglich der Beschaffenheit des Produkts berücksichtigt werden. Der Kunde will seine eigenen Prozesse nicht an ein standardisiertes Produkt anpassen. Er verlangt vielmehr eine Anpassung des Produkts an seine spezifischen Gegebenheiten. Damit entsteht die Tendenz hin zu Produktfamilien und zu Einmalproduktion. Das zieht sowohl geeignete Produkt- und Prozesskonzepte als auch Logistik-Konzepte nach sich. Das traditionelle MRPII-Konzept reicht dazu nicht aus.

> Das *variantenorientierte Konzept* zielt nicht auf die Reduktion, sondern vielmehr auf die Beherrschung der Variantenvielfalt ab.

In vielen Unternehmen, vor allem mittlerer Grösse, bildet das *„marktgetrieben sein"*, d.h. das Eingehen auf die Kundenwünsche, und zwar durch flexibles Anbieten von Produktfamilien mit Variantenreichtum, eine eigentliche Marktstrategie. Weltweit bekannte Beispiele hierfür sind Turbolader von ABB Turbo Systems (Baden) oder Fahrstühle von Schindler (Luzern-Ebikon), beides Unternehmen mit Standort Schweiz. Bei Dienstleistungen ist dasselbe zu beobachten, z.B. in der Versicherungsbranche. Nebst dem Massengeschäft – mit dem Argument „tiefer Preis" im Vordergrund – ist der Vertrag „nach Mass" mit grösstmöglicher inhaltlicher Flexibilität, jedoch mit möglichst geringem Aufwand zu erarbeiten. „Mass customization" ist der entsprechende Produktionstyp („Produkte nach Mass zu Kosten der Massenproduktion").

Das im Kapitel 6 besprochene Lean-/Just-in-time-Konzept nützt auch für die Produktion mit seltener oder ohne Auftragswiederholung: Kurze Durchlaufzeiten erlauben, den (Kunden-) Auftragseindringungspunkt möglichst weit stromaufwärts in der Supply Chain anzusetzen. Dies reduziert die Notwendigkeit von Vorhersagen. Das Kanban-Verfahren ist aber nicht anwendbar, da es eine Produktion mit häufiger Auftragswiederholung bedingt. Oft muss man schon während der Angebotsphase Kundenauftragsspezifische Zeichnungen erstellen. Für die Produktion muss man Maschinen rasch auf eine Variante umrüsten und variantenspezifische Arbeitsunterlagen erstellen. Hier braucht es das in diesem Kapitel vorgestellte *variantenorientierte* Konzept (siehe auch Abb. 4.5.3.1). Es erscheint auch unter den Begriffen *Produktfamilien-* oder *Varianten-orientierung*, sowie *Varianten-* oder *Kundenauftragsproduktion*. Es wirkt sich auf praktisch alle Aufgaben der Planung & Steuerung gemäss Abb. 5.1.4.2 aus. Die Stückgut- oder diskrete Produktion steht im Vordergrund, d.h. die *konvergierende Produktstruktur*.

7.1 Logistische Charakteristiken eines Produktevielfaltskonzepts

Auf Kundenwünsche kann man in verschiedenen Graden flexibel eingehen. So unterscheidet man in der Modebranche zwischen Produkten „ab Stange", dem „prêt-à-porter" und der Haute Couture, d.h. auf einen einzelnen Kunden zugeschnittene Kreationen. In der Gastronomie unterscheidet man die Standardmenüs von der „À-la-carte"-Konzeption bis hin zu kundenspezifischen Kreationen. Die gleiche Unterscheidung gibt es auch in der übrigen Industrie und Dienstleistung, einfach mit einer anderen Terminologie. Im ersten Ansatz unterscheidet man die Herstellung mit

© Springer-Verlag GmbH Deutschland, ein Teil von Springer Nature 2020
P. Schönsleben, *Integrales Logistikmanagement*,
https://doi.org/10.1007/978-3-662-60673-5_8

grosser Variantenvielfalt von der Herstellung mit kleiner Variantenvielfalt. Für jede Charakteristik sind die hauptsächlichen Ausprägungen gewisser Merkmale zur Planung & Steuerung aus Kap. 4.4 schwarz unterlegt. Dunkelgrau unterlegt sind häufige Ausprägungen.

7.1.1 Herstellung mit grosser und mit kleiner Variantenvielfalt

Die Abb. 7.1.1.1 zeigt die Charakteristik der *Herstellung mit grosser Variantenvielfalt*, im Extremfall einer *Herstellung nach (reiner) Kundenspezifikation*.

Merkmalsbezug: Verbraucher und Produkt bzw. Produktfamilie					
Merkmal	➥	**Ausprägungen**			
Produkte-vielfalts-konzept	➥	nach (ändern-der) Kunden-spezifikatio	Produktfamilie mit Varianten-reichtum	Produktfamilie	Standard-produkt mit Optionen	Einzel- bzw. Standard-produkt

Merkmalsbezug: Logistik- und Produktionsressourcen					
Merkmal	➥	**Ausprägungen**			
Produktions-umgebung	➥	„engineer-to-order"	„make-to-order"	„assemble-to-order" (aus-gehend von Einzelteilen)	„assemble-to-order" (aus-gehend von Baugruppen)	„make-to-stock"

Merkmalsbezug: Produktions- bzw. Beschaffungsauftrag				
Merkmal	➥	**Ausprägungen**		
Auslösungs-grund / (Auftragstyp)	➥	Nachfrage / (Kundenproduktions- bzw. -beschaffungsauftrag)	Prognose / (Vorhersageauftrag)	Verbrauch / (Lagernach-füllauftrag)
Wiederhol-frequenz des Auftrags	➥	Produktion / Beschaffung ohne Auftragswiederholung	Produktion / Beschaffung mit seltener Auftrags-wiederholung	Produktion / Beschaffung mit häufiger Auftrags-wiederholung
Art der Lang-fristaufträge	➥	keine	Rahmenaufträge Kapazität	Rahmenaufträge Güter

Abb. 7.1.1.1   Die Ausprägung der charakteristischen Merkmale bei Herstellung mit grosser Variantenvielfalt, bis hin zu (reiner) Kundenspezifikation

Der Kundentoleranzzeit ist i. Allg. lang genug, um praktisch alle Produktionsstufen nach Kundenauftrag herzustellen. Die Produkte werden damit auf der ganzen Supply Chain gemäss Nachfrage ohne Lagerhaltung hergestellt. Ausnahmen sind universell verwendbare Roh-materialien und Kaufteile, deren Lagerbestände nach Verbrauch nachgefüllt werden.

Für die lang- und mittelfristigen Planung kann man die generalisierte Darstellung in Abb. 5.1.2.1 in eine spezialisierte Form gemäss Abb. 7.1.1.2 überführen, in welcher nicht alle Aufgaben gleich wichtig und ausgeprägt sind.

- In der *langfristigen Planung* hat ein Produktionsprogramm für Produkte keinen Sinn. Allerhöchstens können Vorhersagen auf Rohmaterial- oder Kaufteilfamilien erfolgen.
- Vorhersagen für die Kapazitäten sind hingegen nötig. Rahmenaufträge für Kapazitäten über alle Produktionsstufen der Supply Chain ergeben auch hier eine bessere Planbarkeit.
- Ein Angebot muss zuerst in einen Prozessplan für die Planung der Kapazitäten und der Rohmaterialien bzw. Kaufteilfamilien umgesetzt werden. Dies ist meistens ein Prozess-Netzplan, wie er im Projektmanagement üblich ist.

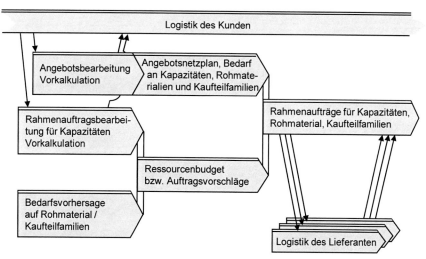

Abb. 7.1.1.2   Lang- und mittelfristige Planung & Steuerung bei Herstellung mit grosser Variantenvielfalt

- Die *mittelfristige Planung* ist allenfalls eine Präzisierung der Netzpläne der Angebote aus der langfristigen Planung.

In der kurzfristigen Planung & Steuerung sind die Aufgaben in Abb. 5.1.3.1 zur Herstellung von Produkten mit grosser Variantenvielfalt komplexerer Natur.

- Bei Auftragszusammenstellung nach Kundenspezifikation muss zuerst der Prozess-Netzplan verfeinert werden (siehe dazu z.B. Kap. 14.4). Rohmaterialien bzw. Kaufteile müssen verfügbar gemacht werden.

- Die detaillierte Ressourcenbedarfsrechnung darf nur wenig Zeit beanspruchen. Regelbasierte Produkt- und Prozesskonfiguratoren kommen hier zum Einsatz. I. Allg. muss ein mehrstufiger Auftrag mit all seinen Produktionsunterlagen berechnet werden, oft mitsamt der Zeichnung.

- Die Auftragskoordination geht über alle Teilaufträge auf der Supply Chain, also über alle parallelen Aufträge für Komponenten oder Prozesse auf tieferer Stufe und über mehrere Produktionsstufen. Meistens besteht keine Flexibilität in den Teilauftragsstart- und -endterminen. Geringe Störungen seitens des Verbrauchers oder in der Produktionsinfrastruktur eines Partners haben rasch Auswirkungen auf die ganze Supply Chain.

Die Abb. 7.1.1.3 zeigt die Charakteristik der *Herstellung mit kleiner Variantenvielfalt*. Die Kundentoleranzzeit erlaubt i. Allg., einige der obersten Produktionsstufen nach Kundenauftrag herzustellen. Die Varianten entstehen idealerweise nur auf diesen Produktionsstufen, z.B. in der Montage. Die Charakteristik der Herstellung von Produkten mit kleiner Variantenvielfalt ist irgendwo zwischen der Charakteristik der Herstellung von Standardprodukten (Abb. 5.1.2.1, 5.1.2.2 und 5.1.3.1.) und der Herstellung von Produkten mit grosser Variantenvielfalt:

- Die Produkte stromabwärts vom (Kunden-)Auftragseindringungspunkt werden möglichst gemäss Nachfrage und in der Losgrösse des Kunden hergestellt, manchmal in Kleinserien auf Lager. Die Auftragsabwicklung hat hier den Charakter einer Produktion mit seltener Auftragswiederholung, da es ja nur eine beschränkte Zahl von Varianten gibt.

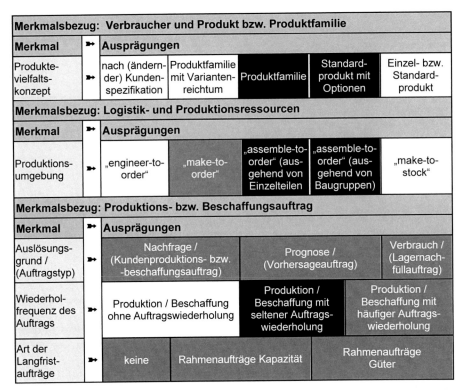

Merkmalsbezug: Verbraucher und Produkt bzw. Produktfamilie					
Merkmal	➡	**Ausprägungen**			
Produkte-vielfalts-konzept	➡	nach (ändern-der) Kunden-spezifikation	Produktfamilie mit Varianten-reichtum	Produktfamilie	Standard-produkt mit Optionen	Einzel- bzw. Standard-produkt

Merkmalsbezug: Logistik- und Produktionsressourcen					
Merkmal	➡	**Ausprägungen**			
Produktions-umgebung	➡	„engineer-to-order"	„make-to-order"	„assemble-to-order" (aus-gehend von Einzelteilen	„assemble-to-order" (aus-gehend von Baugruppen)	„make-to-stock"

Merkmalsbezug: Produktions- bzw. Beschaffungsauftrag			
Merkmal	➡	**Ausprägungen**	
Auslösungs-grund / (Auftragstyp)	➡	Nachfrage / (Kundenproduktions- bzw. -beschaffungsauftrag)	Prognose / (Vorhersageauftrag)	Verbrauch / (Lagernach-füllauftrag)
Wiederhol-frequenz des Auftrags	➡	Produktion / Beschaffung ohne Auftragswiederholung	Produktion / Beschaffung mit seltener Auftrags-wiederholung	Produktion / Beschaffung mit häufiger Auftrags-wiederholung
Art der Langfrist-aufträge	➡	keine	Rahmenaufträge Kapazität	Rahmenaufträge Güter

Abb. 7.1.1.3   Die Ausprägung der charakteristischen Merkmale für die Herstellung von Produkten mit kleiner Variantenvielfalt

- Auf dem oder stromaufwärts vom (Kunden-)Auftragseindringungspunkt wird *vor* der Nachfrage des Kunden hergestellt und an Lager gelegt. Die Auftragsabwicklung hat hier den Charakter des Standardproduktherstellers. Kann die Variantenbildung erst strom-abwärts vom Auftragseindringungspunkt vorgenommen werden, so herrscht aufwärts vom Auftragseindringungspunkt eine Produktion mit häufiger Auftragswiederholung, sonst eine Produktion mit seltener Auftragswiederholung.

- Auftrags-Auslösungsgrund und Art der Langfristaufträge: Für Güter stromabwärts vom (Kunden-)Auftragseindringungspunkt findet man den Charakter des Herstellers von Produkten mit grosser Variantenvielfalt. Stromaufwärts vom oder auf dem Auftrags-eindringungspunkt findet man den Charakter des Standardproduktherstellers. Vorhersage- und Rahmenaufträge beziehen sich hier auf die Produktfamilien.

7.1.2   Verschiedene variantenorientierte Techniken und der Endmontage-Terminplan

Eine *variantenorientierte Technik* ist eine Technik zur Planung & Steuerung für ein Produktevielfaltskonzept mit kleiner oder grosser Variantenvielfalt..

Die nachfolgenden Teilkapitel werden verschiedene variantenorientierte Techniken vorstellen. Sie können am besten in zwei Klassen aufgeteilt werden.

Adaptive Techniken umfassen zwei Schritte. Zuerst wird eine passende „Mutterversion" aus den bestehenden Varianten bestimmt. Diese Ausgangsversion wird dann gemäss der aktuellen Anforderung angepasst bzw. detailliert spezifiziert.

Adaptive Techniken sind mit administrativem Aufwand verbunden. Ihr Einsatz setzt eine entsprechend grosse Wertschöpfung voraus, um wirtschaftlich überhaupt sinnvoll zu sein. Sie kommen bei den Produktevielfaltskonzepten *Standardprodukt mit Optionen* und *Produktfamilie* zum Einsatz. Siehe dazu das Kap. 7.2.

Generative Techniken sind variantenorientierte Techniken, die den Prozess für jede Produktvariante während der Auftragsbearbeitung aus einer Menge von möglichen Komponenten und Arbeitsgängen zusammensetzen. Generative Techniken nutzen dabei Regeln, die bereits in einem Informationssystem festgehalten sind.

Mit Generativen Techniken wird eine genügend billige und schnelle Administration der Aufträge möglich, so dass *Produktfamilien mit Variantenreichtum*, auch bei kleiner Wertschöpfung, operationell effizient geführt werden können. Siehe dazu das Kap. 7.3. Für *Produkte nach (ändernder) Kundenspezifikation* nutzt man generative und additive Techniken in unterschiedlichem Ausmass. Siehe dazu das Kap. 7.4.

Die adaptiven und generativen Techniken sind also eng mit dem Produktevielfaltskonzept verbunden. Für weitere Details siehe [Schi01]. Die Abb. 7.1.2.1 fasst vier Mengen von Charakteristiken zusammen, welche oft und typischerweise zusammen mit einem bestimmten Produktevielfaltskonzept auftreten.

Produktevielfaltskonzept Variantenorientierte Technik	.. und Charakteristiken, welche oft und typischerweise zusammen auftreten
Standardprodukt mit (wenigen) Optionen Adaptive Techniken	Wiederholproduktion oder Batch-Produktion; Produktion mit häufiger Auftragswiederholung; „make-to-stock" oder „assemble-to-order" (von Baugruppen); Kleinserienproduktion möglich.
Produktfamilie Adaptive Techniken	Wiederholproduktion, selten Batch-Produktion; Produktion mit seltener Auftragswiederholung; „assemble-to-order" (von Einzelteilen oder Unterbaugruppen) meistens Einzelstückproduktion auf Kundenauftrag.
Produktfamilie mit Variantenreichtum Generative Techniken	„Mass customization"; tendenziell Produktion ohne Auftragswiederholung; „make-to-order"; meistens Einzelstückproduktion auf Kundenauftrag.
Produkt nach (ändernder) Kundenspezifikation Generative und adaptive Techniken	Einmalproduktion, oft zusammen mit „mass customization"; Produktion ohne Auftragswiederholung; „engineer-to-order" oder „make-to-order"; meistens Einzelstückproduktion auf Kundenauftrag.

Abb. 7.1.2.1   Typische Mengen von Charakteristiken, die häufig mit den vier Produktevielfalts-konzepten auftreten

Jede Menge von Charakteristiken umfasst einen Produktionstypen und Werte für die Merkmale Wiederholfrequenz des Auftrags und Produktionsumgebung (die gemäss Abb. 4.5.2.1 und Abb. 4.4.5.2 eng mit dem Produktevielfaltskonzept verbunden sind) sowie die (Auftrags-)Losgrösse.

Ein *Endmontage-Terminplan* (engl. *„final assembly schedule" (FAS)*, manchmal einfach *Montageplan* genannt) ist ein Terminplan von Endprodukten, die für spezifische Kundenaufträge in einer „make-to-order"- oder „assemble-to-order"-Umgebung fertiggestellt werden müssen. Er wird auch *Fertigstellungs-Terminplan* genannt, da er zusätzlich noch andere Arbeitsgänge als nur die Endmontage einschliessen kann. Er kann auch keine Montage einbeziehen (z.B. End-Mischen, Zuschneiden, Verpacken). Vgl. [APIC16].[1]

Die Art des FAS hängt auch von der Auswahl der Artikel ab, die Teil des Programm- bzw. Haupt-Produktionsterminplans (engl. *„master production schedule"*, MPS)) werden (siehe dazu das Kap. 5.2.3) sowie auch von der Produktionsumgebung, und zwar wie folgt:

- „make-to-stock": Der MPS enthält Endprodukte. Der Endmontage-Terminplan (FAS) ist – im Effekt – mit dem MPS identisch.

- „assemble-to-order" bzw. „package-to-order": Der MPS enthält Baugruppen. Der Endmontage-Terminplan (FAS) stellt die Endprodukte (eine Variante der Produktfamilie) gemäss der Spezifikation im Kundenauftrag zusammen.

- „make-to-order": Der MPS enthält Rohmaterialien oder Komponenten. Der Endmontage-Terminplan (FAS) stellt Teile und Unterbaugruppen her und stellt sie zu Endprodukten gemäss der Spezifikation im Kundenauftrag zusammen.

I. Allg. betrifft der (MPS) die höchste Strukturstufe mit einer immer noch kleinen Anzahl von verschiedenen Artikeln. Falls diese Stufe auch dem (Kunden-)Auftragseindringungspunkt entspricht, so muss man idealerweise – d.h. dank Standardisierung – nur eine eine minimale Anzahl verschiedener Artikeln an Lager halten, jeder von hohem Mass an Kommunalität. Dies entspricht auch dem Konzept der späten Kundenanpassung (engl. „late customization", siehe Kap.1.3.3) – einem wünschbaren Effekt. Die Abb. 7.1.2.2 zeigt diese Situation zusammen mit der zugehörigen Stufe des MPS und des FAS.

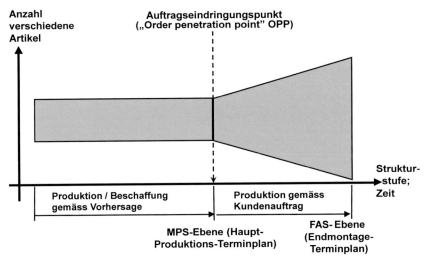

Abb. 7.1.2.2   Der MPS betrifft die höchste Strukturstufe mit einer immer noch kleinen Anzahl von verschiedenen Artikeln

---

[1]   *Fertigstellungs-Durchlaufzeit* ist die erlaubte Zeit zur Fertigstellung der Güter, basierend auf dem FAS.

Die Abb. 7.1.2.3 zeigt die typischen Muster von Haupt-Produktionsterminplan (MPS)- bzw. Endmontage (FAS)-Ebene und Auftragseindringungspunkt (OPP) in ihrer Abhängigkeit von den verschiedenen Werten des Merkmals *Produktevielfaltskonzept*. Diese Muster entsprechen den verschiedenen Mustern der T-Analyse innerhalb der VAT-Analyse.

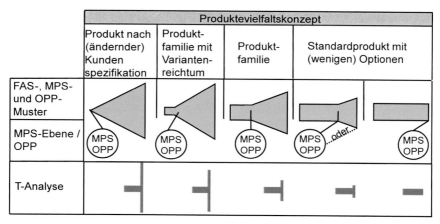

Abb. 7.1.2.3   FAS-/ MPS-/ OPP-Muster in Abhängigkeit vom Produktevielfaltskonzept und ihr Bezug zu den Mustern der T-Analyse. Die FAS-Ebene ist immer ganz rechts in jedem Muster

Bei Produkten *nach (ändernder) Kundenspezifikation* kann die Produktionsumgebung „engineer-to-order" nach sich ziehen, dass keine MPS-Ebene festgelegt werden kann. Die Planungen betreffen dann eher Kapazitäten (Personenstunden) als Teile oder Material (vgl. Abb. 7.1.1.2).

7.2   Adaptive Techniken

7.2.1   Techniken für Standardprodukte mit wenigen Varianten

> Eine *Variantenstückliste* ist die Stückliste einer Produktfamilie mit den notwendigen Spezifikationen, wie aus ihr die Stückliste einer Variante der Produktfamilie hergeleitet wird. Ein *Variantenarbeitsplan* ist analog definiert[2].

Standardprodukte mit wenigen Varianten werden meistens wiederholt gefertigt und auch an Lager gelegt. Dafür kann die traditionelle Darstellung der Produktstrukturen mit Stücklisten und Arbeitsplänen herangezogen werden. Die Abb. 7.2.1.1 zeigt jede Variante als einem unterschiedlichen *Artikel*. Die variantenspezifischen Komponenten werden je unter einer eigenen Varianten-Baugruppe V_1, V_2, ... zusammengefasst. Die allgemein gültigen Komponenten bilden eine eigene Baugruppe G. Die an Lager gehaltenen Varianten P_1, P_2, ... enthalten somit als Komponenten die allgemeine Baugruppe G, sowie die entsprechende variantenspezifische Baugruppe V_1 V_2, ...

---

[2]   Hier wurden bewusst zwei umfassendere Definitionen als sonst üblich gewählt, um nicht nur Methoden für einfache Variantenprobleme, sondern auch die Methoden für variantenreiche Produktfamilien oder Produkte nach (ändernder) Kundenspezifikation in eine einzige Terminologie einbinden zu können.

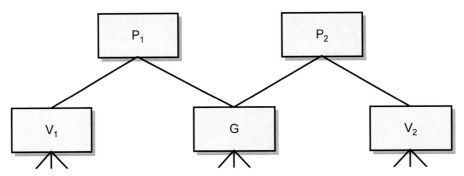

Abb. 7.2.1.1   Konventionelle Variantenstruktur für wenige, lagerhaltige Varianten

Als Primärbedarf für die Varianten P_1, P_2, ... wird der mit je dem *Optionsprozentsatz* gewogene Bedarf für die Produktfamilie eingesetzt. Wie der Primärbedarf ist auch der Optionsprozentsatz eine stochastische Grösse (siehe dazu Kap. 10.5.3). Wegen der dann nötigen Sicherheitsrechnung (vgl. Kap. 10.5.4) wird die Summe der Primärbedarfe der Varianten grösser als der Primärbedarf für das Produkt bzw. die Produktfamilie. Anders ausgedrückt: Die Summe der Optionsprozentsätze mit Berücksichtigung eines Sicherheitsfaktors ist grösser als 1.

Im Fall des „assemble-to-order" (ATO) ergibt die Ableitung des Sekundärbedarfs für die generelle Baugruppe ergibt eine zu grosse Menge. Sie wird dadurch korrigiert, dass für die generelle Baugruppe G ein negativer Primärbedarf eingetragen wird. Er entspricht der Summe der Sicherheitsbedarfe für die Varianten P_1, P_2, ... minus dem Sicherheitsbedarf für die Produktfamilie.

Die beschriebene Technik ist gut handhabbar für einige Dutzend Varianten, wie sie z.B. im Grossmaschinenbau durchaus auftreten können. Dabei können verschiedene Arten von speziellen Stücklisten genutzt werden:

- Sowohl die generelle Baugruppe G als auch die Varianten-Baugruppen V_1, V_2, ..., können Phantom-Baugruppen sein, also transiente (nicht lagerhaltige) Unterbaugruppen.

> Eine *Phantom-Stückliste* steht für einen Artikel, der physisch gebaut, jedoch nur selten gelagert wird, bevor er im nächsten Schritt oder auf der nächsten Produktionsstufe verbraucht wird (vgl. [APIC16])[3].

- Eine Position einer optionsspezifischen Baugruppe kann auch eine (evtl. teilweise) Wegnahme einer Position der generellen Baugruppe darstellen. Dies kann z.B. durch eine negative Einbaumenge in der optionsspezifischen Baugruppe erreicht werden.

> Eine *Plus-Minus-Stückliste* ist eine Variantenstückliste mit hinzuzufügenden und wegzulassenden Positionen. Ein *Plus-Minus-Arbeitsplan* ist analog definiert.

- Sowohl die generelle Baugruppe G als auch die Varianten-Baugruppen V_1, V_2, ..., können Pseudo-Artikel sein. Die „Eltern" einer Plus-Minus-Stückliste sind es im Speziellen auch.

---

[3]   Mit dem Konzept der Phantom-Stücklisten ist die *Durchblase-Technik* (engl. „*blowthrough*") verbunden. Siehe dazu Kap. 12.4.1.

> Eine *Pseudo-Stückliste* ist eine künstliche Gruppe von Artikeln, zur Vereinfachung der Planung ([APIC16]).

- Phantom und Pseudo-Stücklisten erleichtern auch den Einsatz von Gleichteile-Stücklisten.

> Eine *Gleichteile-Stückliste* gruppiert gemeinsame Komponenten eines Produkts oder einer Produktfamilie in eine einzige Stückliste, unter einen Pseudo-„Eltern"-Artikel (vgl. [APIC16]).
>
> Eine *modulare Stückliste* ist in Produktmodulen oder Optionen angeordnet. Sie ist nützlich in einer „assemble-to-order"-Umgebung, z.B. für Automobilhersteller (vgl. [APIC16]).

> Ein *Varianten-Haupt-Terminplan* ist ein Haupt-(Produktions-)terminplan für Produkte mit wenigen Varianten oder Produktfamilien[4].

Es gibt nun zwei Möglichkeiten für die Ebene des Varianten-Haupt-Terminplans. Die Abb. 7.2.1.2 zeigt das Beispiel des MPS auf der Ebene der Endprodukte, unter der Annahme der Einbaumenge 1 für die generelle Baugruppe G und eines gleichen Optionsprozentsatzes – je mit einer Abweichung von 20% – der beiden Varianten innerhalb der Produktfamilie P. Aus didaktischen Gründen wird in diesem Beispiel der Sicherheitsbedarf auf der Ebene der Produktfamilie P nicht einbezogen.

Produktfamilie ＼ Monat	Jan.	Feb.	März	April
...				
P	100	100	150	120
...				

Produkt ＼ Monat	Jan.	Feb.	März	April
P_1	50+10	50	75+5	60
P_2	50+10	50	75+5	60
Total	100+20	100	150+10	120
(Baugruppe G, im Fall des ATO)	(-20)		(-10)	

Abb. 7.2.1.2   Der Produktionsplan und der entsprechende MPS auf der Ebene der Endprodukte (Bsp. einer Produktfamilie P mit zwei Produkten P_1, P_2)

Zu beachten ist der negative Bedarf auf der Ebene der generellen Baugruppe G wie oben beschrieben. Was die Verteilung der Abweichung in die beiden Perioden Januar und März betrifft, so vergleiche die Abb. 5.2.3.4.

Der entsprechende Endmontage-Terminplan (FAS) verändert den Haupt-Produktionsterminplan (MPS) entsprechend den effektiven Kundenaufträgen. Angenommen, im Verlauf des Monats

---

[4]   Simultan dazu kann man den Begriff *Misch-Modell-Haupt-Terminplan* brauchen.

Januar sei die effektive Nachfrage 60 Einheiten des Produkts P_1 und 40 Einheiten des Produkts P_2, dann wird der MPS für den Monat Februar korrigiert, indem zuerst der Mehrverbrauch der Variante P_1 im Januar (20 Einheiten) nachgefüllt wird. Die Abb. 7.2.1.3 zeigt diese Situation, und zwar auf mehrere Monate ausgedehnt.

FAS ╲ Monat	Jan.	Feb.	März	April
P	100	100	150	120
Effektiv P_1	60	45	60	
Effektiv P_2	40	55	90	

Produkt ╲ Monat	Jan.	Feb.	März	April
P_1	50+10	60	45+25+5	60-15
P_2	50+10	40	55+25+5	90-15
Total	100+20	100	150+10	120
(Baugruppe G, im Fall des ATO)	(-20)		(-10)	

Abb. 7.2.1.3   Revision des MPS nach effektiver Aufteilung der Nachfrage in die beiden Varianten, so wie sie durch den FAS gegeben wird

Die Abb. 7.2.1.4 zeigt die zweite Möglichkeit für die Ebene des Haupt-Produktionsterminplans, nämlich das Beispiel auf der Ebene der Baugruppen. Als Annahmen gelten die Einbaumenge 2 sowie wieder der gleiche Optionsprozentsatz – je mit einer Abweichung von 20 % – für beide Varianten-Baugruppen V_1 bzw. V_2. Wieder wird der Sicherheitsbedarf auf der Ebene der Produktfamilie P nicht einbezogen. Hier gibt es auch keine Notwendigkeit für den (trickreichen) negativen Bedarf für die generelle Baugruppe G.

Produktfamilie ╲ Monat	Jan.	Feb.	März	April
...				
P	100	100	150	120
...				

Baugruppe ╲ Monat	Jan.	Feb.	März	April
G	100	100	150	120
V_1	100+20	100	150+10	120
V_2	100+20	100	150+10	120
Total V_1 + V_2	200+40	200	300+20	240

Abb. 7.2.1.4   Der Produktionsplan und der entsprechende MPS auf der Ebene der Baugruppen (Bsp. einer Produktfamilie P mit zwei Varianten V_1, V_2)

Die Revision des MPS nach effektiver Aufteilung der Nachfrage in die beiden Varianten, so wie sie durch den FAS gegeben wird, ergäbe eine ähnliche Tabelle wie diejenige in Abb. 7.2.1.3.

> Eine *Planungsstückliste* ist eine künstliche Gruppierung von Artikeln zur Vereinfachung der Hauptplanung (vgl. [APIC16]).

Ein Varianten-Haupt-Terminplan kann u.U. mit einer Planungsstückliste einfacher erstellt werden. Diese kann auch direkt die historischen Optionsprozentsätze einer Produktfamilie als Einbaumenge enthalten.

> Eine *Produktionsvorhersage* ist die Überführung des Kundenbedarfs auf die Ebene der Schlüsselmerkmale (Varianten und Zubehöre)[5].

Eine Produktionsvorhersage wird über die Planungsstückliste gebildet.

> Ein *zweistufiger Programm-Terminplan* nutzt eine Planungsstückliste, um neben dem Endprodukt bzw. der Produktfamilie auch die wichtigsten Merkmale (Varianten und Zubehöre) als Artikel im Programm-Terminplan zu führen.
>
> Ein *Produktkonfigurationskatalog* ist eine Liste aller Konfigurationen auf oberster Ebene einer Endproduktfamilie. Ein solcher Katalog gibt den Übergang zwischen der Ebene der Endprodukte und dem zweistufigen Programm-Terminplan (vgl. [APIC16]).

7.2.2 Techniken für Produktfamilien

Produktfamilien können typisch einige hundert Varianten umfassen. In diesem ist eine Oberstückliste eine geeignete Planungsstruktur.

> Eine *Oberstückliste* ist eine Planungsstückliste für die Produktfamilie P, unterteilt in eine *gemeinsame* und mehrere modulare Stücklisten. Die gemeinsame Stückliste G bildet dabei zusammen mit einer der modularen Stücklisten V_1, V_2, ..., V_n eine mögliche Produktvariante. Die Einbaumenge x_i jeder modularen Stückliste V_i ist dann die eigentliche Einbaumenge der Variante, multipliziert mit dem Erwartungswert des Optionsprozentsatzes, welcher der Variante entspricht, je ergänzt um einen Sicherheitsbedarf für die Schwankung des Optionsprozentsatzes (so wie es auch für die Technik im Fall mit wenigen Varianten in Kap. 7.2.1 nötig war).

Die Abb. 7.2.2.1 zeigt das in dieser Definition erwähnte Beispiel.

Der Primärbedarf für die Produktfamilie P ist die Vorhersage für die ganze Familie plus ein allfälliger Sicherheitsbedarf (siehe Kap. 10.5.4). Die Summe aller Bedarfe auf Varianten-Baugruppen überschreitet – auch bei Einbaumenge 1 – den Primärbedarf i. Allg. bei weitem.

Eine solche Struktur wird auch *eindimensionale Variantenstruktur* (Variantenstücklisten und -arbeitspläne) genannt, dies deshalb, weil die Varianten de facto einfach aufgezählt werden. V_1, V_2, ..., V_n können auch hier in Form von Plus-Minus-Stücklisten vorliegen.

---

[5] Das Herunterbrechen einer Produktfamilien-Vorhersage in die Vorhersage für einzelne Artikel wird auch *Pyramidenvorhersageverfahren* genannt.

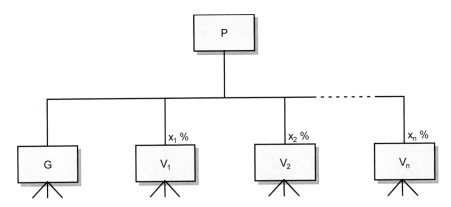

Abb. 7.2.2.1   Oberstückliste mit Optionsprozentsätzen x_1, x_2, ..., x_n

In der Bedarfsrechnung ergeben sich für die Varianten – im Gegensatz zur Technik im vorangehenden Kap. 7.2.1 – jetzt *sekundäre* Bedarfe. In der Auftragszusammenstellung muss darauf mit der Produktfamilie auch die Variantennummer angegeben werden, um die richtige Produktvariante auszulesen und in einen Produktionsauftrag abzulegen.

Die Anzahl der durch diese Technik praktisch handhabbaren Varianten pro Produktfamilie liegt in der Grössenordnung einiger hundert. Für grössere Variantenmengen wird es sehr schnell schwierig, die richtige Variante zu bestimmen. Der administrative Suchaufwand wird gross und es besteht die Gefahr, dass die gleiche Variante mehrmals als Stammdaten gespeichert wird. Zudem ist ein grosser Anteil der unter den Varianten-Baugruppen gespeicherten Stücklisten- und Arbeitsplanpositionen redundant, das heisst sie kommen in verschiedenen Varianten immer wieder vor. In den meisten Fällen ergibt sich eine multiplikative „Explosion" der Menge der zu speichernden Positionen in Stückliste und Arbeitsplan: Dieselben Komponenten und Arbeitsgänge kommen – oft bis auf eine – in fast allen Varianten vor. Diese Redundanz führt zu grossen Problemen im Änderungswesen.

Die Abb. 7.2.2.2 zeigt das Beispiel des Varianten-Haupt-Terminplans auf der Ebene der Baugruppen. In diesem Beispiel sei die Einbaumenge für jede Variante 1. Die Anzahl der Varianten sei 100 und die Nachfrage auf die ganze Produktfamilie P ebenfalls 100. Wieder gilt die Annahme eines gleichen Optionsprozentsatzes – je mit einer Abweichung von 20 % – der Varianten innerhalb der Produktfamilie P. Und wieder wird aus didaktischen Gründen auch in diesem Beispiel der Sicherheitsbedarf auf der Ebene der Produktfamilie P nicht einbezogen.

Die Revision des MPS nach effektiver Aufteilung der Nachfrage in die Varianten, so wie sie durch den FAS gegeben wird, ergäbe wieder eine ähnliche Tabelle wie diejenige in Abb. 7.2.1.3, wäre jedoch in der Berechnung komplizierter.

Des Weiteren zeigt das Beispiel, dass, wenn die Anzahl Varianten in die Ordnung der gesamten Nachfragemenge für die Produktfamilie steigt, die Optionsprozentsätze klein werden. Zudem wird ihre Abweichung vom Erwartungswert derart gross, dass keine Vorhersage für die Varianten-Baugruppen mit wirtschaftlich vernünftigen Konsequenzen mehr möglich ist. Für jede Variante liegt dann eher eine sporadische Nachfrage vor. Daraus folgt, dass eines der deterministischen Verfahren anzuwenden ist, die im Folgenden beschrieben werden.

Monat Produktfamilie	Jan.	Feb.	März	April
...				
P	100	100	150	120
...				

Monat Baugruppe	Jan.	Feb.	März	April
G	100	100	150	120
V_1	1+1	1	2	1
V_2	1+1	1	2	1
...				
V_{100}	1+1	1	2	1
Total $V_1 + V_2 + ... + V_{100}$	100+100	100	200	100

Abb. 7.2.2.2   Der Produktionsplan und der entsprechende MPS auf der Ebene der Baugruppen (Beispiel einer Produktfamilie P mit einer Anzahl von verschiedenen Varianten in der Ordnung des Bedarfs auf die Produktfamilie)

7.3   Generative Techniken

Generative Techniken eignen sich für die *variantenreiche Produktion*, d.h. immer dann, wenn wohl Millionen möglicher Varianten vorliegen, das ganze Variantenspektrum aber *von vornherein* durch eine Kombination von möglichen Werten relativ weniger Parameter bestimmt werden kann. Obwohl jede Produktvariante zu einem qualitativ unterschiedlichen Produkt führt, stammen alle aus derselben Produktfamilie (vgl. die Definition in Kap. 1.2.2). Der Prozess zur Herstellung aller Produktvarianten ist im Prinzip derselbe. Gemäss Abb. 4.4.5.2 sind Produktfamilien mit Variantenreichtum eng verbunden mit der Produktionsumgebung „make-to-order". Gemäss Abb. 4.5.2.1 ist „mass customization" der hauptsächliche Produktionstyp. Vgl. auch Abb. 7.1.2.1.

7.3.1   Der kombinatorische Aspekt und das Problem der Datenredundanz

Die Problemstellung sei in Abb. 7.3.1.1 am Beispiel einer Brandschutzklappe gezeigt, die in einen Lüftungskanal eingebaut ist. Sie unterbricht im Brandfall automatisch den für die Brandausbreitung gefährlichen Luftstrom.

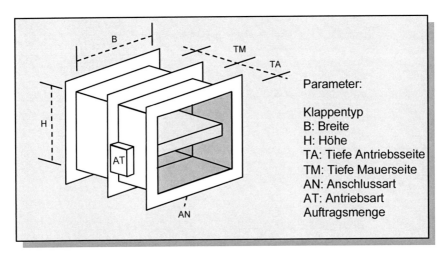

Parameter:

Klappentyp
B: Breite
H: Höhe
TA: Tiefe Antriebsseite
TM: Tiefe Mauerseite
AN: Anschlussart
AT: Antriebsart
Auftragsmenge

Abb. 7.3.1.1   Parametrierung der Brandschutzklappe

Da sich Lüftungskanäle dem Bauobjekt anpassen, muss der Hersteller imstande sein, eine Klappe für jeden möglichen Querschnitt „Breite mal Höhe mal Tiefe" anzubieten. Wegen der geforderten Flexibilität im Erreichen des Kundennutzens wird die Klappe erst bei Vorliegen des Kundenauftrags hergestellt. Nur bestimmte Halbfabrikate wie Seitenteile, Leisten und Antriebsbausätze werden für häufig auftretende Varianten in Kleinserien vorgefertigt. Jede Klappe hat etwa 30 bis 50 Stücklistenpositionen. Produktmerkmale wie Klappentyp, Höhe, Breite, Tiefe, Art der Anschlussprofile werden *Parameter* genannt.

> Der *Produktlösungsraum* ist die kombinierte Auswahl aus den Bereichen zur kundenspezifischen Anpassung, welche eine gewünschte kommerzielle Variantenvielfalt bilden.

Der Kunde kann also eine beliebige Kombination von Parameterwerten aus den Wertebereichen des vordefinierten Produktlösungsraums vorschreiben. Ein solcher Satz von Parametern legt Art und Menge der benötigten Komponenten wie Blech, Leisten-, Befestigungs- oder Antriebsmaterial eindeutig fest, ebenso auch die Arbeitsgänge in Bezug auf Betriebsmittel und Rüst- und Einzelzeit bzw. Rüst- und Einzelbelastung, bis hin zur Beschreibung – z.B. der Anzahl Befestigungslöcher und Lochdistanzen in den Anschlussprofilen. Im konkreten Angebot sind vier Klappentypen mit Breiten zwischen 15 und 250 cm und Höhen zwischen 15 und 80 cm. Bei Abmessungsstufen von 5 cm wären dies 2688 Varianten ($4 * 48 * 14$). Die durch die freie Kombination von Parameterwerten entstehende theoretische Zahl geht in die Zehntausende, die praktisch auftretende Zahl von verschiedenen Brandschutzklappen in die Tausende.

Es sei p(i) der Parameter i (zum Beispiel Typ, Breite, Höhe, Tiefe, Optionen, Zubehör), und es sei $|p(i)| \geq 1$ die Anzahl der möglichen Werte für den Parameter p(i). Bei n Parametern ergibt sich damit theoretisch die in Abb. 7.3.1.2 angegebene Anzahl Kombinationsmöglichkeiten. Davon ist jede mit einer Stückliste und einem Arbeitsplan versehen und – in ihrer Gesamtheit – von jeder anderen verschieden. Eine bestimmte Komponente kann jedoch in vielen dieser Kombinationsmöglichkeiten auftreten.

$$\prod_{1 \leq i \leq n} |p(i)| \equiv |p(1)| \cdot |p(2)| \cdot \ldots \cdot |p(n)|$$

Abb. 7.3.1.2   Anzahl Kombinationsmöglichkeiten bei n Parametern

Im Beispiel der Brandschutzklappe seien p(1) und p(2) die Parameter „Breite" und „Tiefe". Ein von den anderen Parametern unabhängiger Blechzuschnitt mit einer Breite von 800 mm und einer Tiefe von 240 mm werde als Halbfabrikat vorgefertigt. Er wird damit als Komponente in allen Stücklisten von Klappen mit Breite von 800 mm und Tiefe von 240 mm auftreten. Diese Anzahl von Stücklisten ist in der Grössenordnung gemäss Abb. 7.3.1.3.

$$\prod_{3 \leq i \leq n} |p(i)| \equiv |p(3)| \cdot |p(4)| \cdot \ldots \cdot |p(n)|$$

Abb. 7.3.1.3   Beispiel für Anzahl identischer Stücklistenpositionen

Alle Stücklisten und Arbeitspläne der Produktfamilie sind einander ähnlich. Ihre weitgehende Identität ist geradezu typisch für diese Art von Produktion. Würde man also eine Stückliste und einen Arbeitsplan für jede erdenkliche Kombination von Parameterwerten führen, wäre der grösste Teil der gespeicherten Daten redundant.

Bei den klassischen Hilfsmitteln der Produktkonfiguration mit den Geschäftsobjekten *Artikel, Stückliste, Arbeitsplan, Kapazitätsplatz* (siehe Kap. 1.2 oder als detaillierte Objekte in Kap. 17.2) findet man keine Möglichkeiten zur Definition und Speicherung von Parametern und Abhängigkeiten.

In einem solchen herkömmlichen System könnte man ausgehend von einer „Mutterversion" die Variante mit adaptiven Techniken gemäss Kap. 7.2 ableiten. Bei sehr vielen Positionen in der Stückliste und vielen Arbeitsgängen ergibt dies aber eine hohe Belastung qualifizierter Arbeitskräfte, was bei Produkten mit kleiner Wertschöpfung nicht möglich ist. Werden Stücklisten und Arbeitspläne jedoch zu Beginn in allen ihren Kombinationsmöglichkeiten erstellt, z.B. als eindimensionale Variantenstrukturen (siehe Kap. 7.2.2), so wird wegen der multiplikativen „Explosion" der Menge der zu speichernden Positionen in Stückliste und Arbeitsplan der Aufwand zu deren Wiederauffinden fragwürdig gross. Das Änderungswesen der so erstellten tausenden von Stücklisten und Arbeitsplänen wird dann zum Hauptproblem.

7.3.2 Varianten in Stückliste und Arbeitsplan: Produktionsregeln eines wissensbasierten Systems

Die entscheidende Idee ist, die Geschäftsobjekte zu ergänzen, und zwar durch eine geeignete Darstellung des Wissens darüber, wann gewisse Komponenten zum Einbau in eine Variante der Produktfamilie gelangen und wann gewisse Arbeitsgänge Teil des Arbeitsplanes werden. Dazu werden wissensbasierte Informationssysteme eingesetzt. Für die genaue Beschreibung dieser Werkzeuge siehe Kap. 17.3.1 und [Schö88b]. Der Einfachheit halber sollen diese Systeme hier am Einführungsbeispiel (Brandschutzklappe) erklärt werden:

Vom konstruktiven Standpunkt aus sieht man bei der Betrachtung der Produktfamilie ein einziges Produkt. Diese Tatsache kommt zum Beispiel darin zum Ausdruck, dass es nur einen einzigen Satz von Zeichnungen für die ganze Produktfamilie gibt. Die dazugehörige einzige Stückliste enthält sämtliche möglichen Komponenten (z.B. Rohmaterialien, Halbfabrikate) je einmal; desgleichen umfasst der einzige Arbeitsplan sämtliche möglichen Arbeitsgänge nur je einmal. Durch Tabellen oder informelle Bemerkungen wird nun ausgedrückt, dass bestimmte Komponenten oder Arbeitsgänge nur unter gewissen *Bedingungen* auftreten. Diese Eigenschaft wird in Konstruktionsregeln oder Prozessregeln ausgedrückt.

Eine *Konstruktionsregel* ist eine Position in der Stückliste, die durch eine „Falls"-Klausel bedingt ist. Eine *„Falls"-Klausel* ist ein logischer Ausdruck, der in den Parametern der Produktfamilie variiert.

Eine *Prozessregel* ist eine Position im Arbeitsplan, die auf analoge Weise definiert ist.

Gemäss dieser Definition sind die Regeln etwa wie in Abb. 7.3.2.1 aufgebaut.

Konstruktionsregel:

„Komponente X (z.B. ein Blechteil-Halbfabrikat) geht mit Einbaumenge 1 in das Produkt ein,
- falls die Breite 800 mm und die Tiefe 240 mm beträgt".

Konstruktionsregel:

„Komponente Z (z.B. für eine Option) geht mit der Einbaumenge 1 in das Produkt ein,
- falls Typ = 2 und Option = x, oder Typ = 1 und Option = y".

Prozessregel:

„Der Arbeitsgang 030 (z.B. eine Zuschneide-Operation) wird ausgeführt
- mit Beschreibung b(1), Zeit t(1), auf Kapazitätsplatz k(1),
  - falls Typ = 2 und Auftragsmenge ≥ 100 und Breite ≥ 400,

oder
- mit Beschreibung b(2), Zeit t(2), auf Kapazitätsplatz k(2),
  - falls Typ = 2 und Auftragsmenge < 100,
  - oder Typ = 2 und Breite < 400,

oder
- mit Beschreibung b(3), Zeit t(3),auf Kapazitätsplatz k(3) in allen anderen Fällen".

Abb. 7.3.2.1   Konstruktions- bzw. Arbeitsgangregel

Eine Position der Stückliste bzw. des Arbeitsplans wird damit zu einer *Produktionsregel im eigentlichen Sinn*, d.h. eines herzustellenden Produkts. Diese Regeln werden auf Fakten angewendet, wie z.B. auf Artikel-, Betriebsmittel- und Kapazitätsplatzdaten einer Produktionsdatenbank oder auf Parameterwerte einer Abfrage (zum Beispiel für einen vorliegenden Kundenauftrag für ein bestimmtes Produkt aus der Produktfamilie).

Konstrukteure und Prozessplaner des Unternehmens wirken wie Experten. Sie verwenden – unbewusst – eine den Produktionsregeln ähnliche Ausdrucksweise, wenn sie ihre Regeln für Variantenstücklisten und -arbeitspläne „zu Papier" bringen. Dass es sich wirklich um Experten und Expertenwissen handelt, kann aus der Tatsache abgeleitet werden, dass zwei Konstrukteure selten die genau gleiche Konstruktion für ein vorgegebenes Produkt abliefern. Ebenso erstellen zwei Prozessplaner selten den genau gleichen Arbeitsplan.

Die Benutzer des Systems sind dann die Personen, welche die Aufträge auslösen, verfolgen und produzieren. Die genaue Realisierung der Produktionsregeln in einem Informationssystem ist Gegenstand des Kap. 17.3.2.

7.3.3   Die Nutzung von Produktionsregeln in der Auftragsbearbeitung

Die Abb. 7.3.3.1 zeigt die Produktstruktur der Brandschutzklappe im Einführungsbeispiel in Abb. 7.3.1.1 ausschnittweise, das heisst einen beispielhaften Teil der Stückliste mit den für das Verständnis wichtigen Attributen und den „Falls"-Klauseln.

Pos	Variante	Einbaumenge / Einheit	Komponenten-Id.	Komponenten-Bezeichnung
130	01 bedingt:	2 ST Typ = 1 Breite ≥ 150	295191	Distanzrohr BSK1 D8/10/40
130	05 bedingt:	2 ST Typ = 2	295205	Klappenachse BSK2 D14/18/18
140	01 bedingt:	2 ST Typ = 2	295477	Dichtplatte BSK2 60/6/64
150	01 bedingt:	1 ST Typ = 1 Höhe < 150	296589	Winkelkonsole H100 BSK1
150	03 bedingt:	1 ST Höhe ≥ 150	295108	Winkelkonsole generell BSK 1/ 2
150	05 bedingt:	2 ST Typ = 2 Breite > 1300	295108	Winkelkonsole generell BSK 1/ 2
155	01 bedingt:	1 ST Typ = 1 Höhe < 150	494798	Kugelzapfen Form B verzinkt
160	01 bedingt:	1 ST Typ = 1 Antrieb = „links"	295167	Lagerhalter links BSK1
160	03 bedingt: oder	1 ST Typ = 2 Antrieb = „links" Breite < 1300 Typ = 2 Breite ≥ 1300	295183	Lagerhalter links BSK2
160	07 bedingt:	1 ST Typ = 1 Antrieb = „rechts"	295175	Lagerhalter rechts BSK1
160	09 bedingt:	1 ST Typ = 2 Antrieb = „rechts" Breite < 1300	295191	Lagerhalter rechts BSK2

Abb. 7.3.3.1   Ausschnitt aus der parametrierten Stückliste der Brandschutzklappe

Für die Abfrage werden nun die Fakten, also die interessierende Produkt-Identifikation, die Auftragsmenge und der Satz von Parameterwerten hinzugefügt. Durch Vergleich dieser geschaffenen Fakten mit den für die Produktfamilie gespeicherten Regeln bestimmt ein Stück Programmlogik für jede Position die erste Variante der Stückliste oder des Arbeitsplanes, für welche die Auswertung der Regel den Wert „wahr" ergibt.

Als kurze Übung dazu ein Beispiel. Welche Varianten in Abb. 7.3.3.1 werden bei folgenden Parameterwerten ausgewählt: Typ = 1, Antrieb = „links", Breite = 400, Höhe = 120 ?

Lösung: Position / Variante: 130/01, 150/01, 155/01, 160/01. Vgl. auch die Übung in Kap. 7.6.2.

Die parametrierte Speicherung der Positionen in Stückliste und Arbeitsplan in Form von Produktionsregeln bringt gegenüber der konventionellen entscheidende Vorteile. Jede potentielle Position ist in *einer* umfassenden *Maximalstückliste* bzw. *einem* umfassenden *Maximalarbeitsplan* genau *einmal* aufgeführt, aber zusammen mit einer Bedingung für ihr Auftreten in einem konkreten Auftrag. Es liegt somit keine Speicherredundanz mehr vor wie im klassischen Fall ohne Parametrierung. Aus der Sicht der Kombinatorik liegt statt einem multiplikativ wachsenden Speicherproblem nur noch ein additiv wachsendes vor. Für einen detaillierten Vergleich der Speicherkomplexität siehe [Schö88a], S.51ff.

Die Abb. 7.3.3.2 enthält beispielhaft tatsächlich vorgefundene, gerundete Vergleichszahlen des Speicheraufwandes beim Brandschutzklappenhersteller.

Version	Anzahl der Artikel-Id.	Anzahl der Positionen (Stückliste oder Arbeitsgänge) bzw. Anzahl der Produktionsregeln
klassisch	200 + 1000 *	10000 **
parametriert	200 + 1	400
* : Die Anzahl der 1'000 entspricht mehr oder weniger der Anzahl der während der Beobachtungsperiode gefertigten Kombinationen. Die theoretisch mögliche Anzahl ist über 15'000, sofern nur 5 cm Abstufungen betrachtet werden. Die Anzahl von 200 entspricht mehr oder weniger der Anzahl gelagerter Halbfabrikate. ** :Theoretisch über 30'000. Durch intelligente Wahl von Phantom-Stücklisten, d.h. Zwischenprodukten ohne Arbeitsgänge, auf 10'000 reduzierbar.		

Abb. 7.3.3.2   Vergleich der Speicherkomplexität für das Einführungsbeispiel

Bei minimalem Speicheraufwand lassen sich beliebige Aufträge mit sämtlichen möglichen Kombinationen von Parameterwerten auf einfachste Weise in Produktionsaufträge umsetzen, nämlich durch blosse Eingabe der Parameterwerte. Alle diese Aufträge enthalten die richtigen Komponenten und Arbeitsgänge, je mit den richtig berechneten Attributswerten. Zudem sind alle möglichen Kombinationen automatisch vordefiniert. Das Änderungswesen ist ebenfalls denkbar einfach. Eine neue Komponente z.B. wird mit einer gewöhnlichen Stücklistenmutation als Position zur (einzigen) Stückliste hinzugefügt. Ist sie eine Variante, so wird ihr Vorkommen abhängig von Parametern mit der entsprechenden „Falls"-Klausel versehen. Alle diese Arbeiten werden von der mit dem Konstruktions- bzw. Produktionsprozess vertrauten Fachkraft erledigt.

Ein Vorteil des Einsatzes von wissensbasierten Produktkonfiguratoren ist in der Verbindung einer PPS-Software mit CAD und CAM zu sehen. Mit CAD wird nur eine einzige, jedoch im obigen Sinne nach Merkmalen parametrierte Zeichnung für alle Varianten aufgebaut. Innerhalb CAM wird ebenfalls nur ein einziges, auch parametriertes Programm zur Steuerung der Maschinen erstellt. Durch die wissensbasierte Darstellung werden nun auch in der PPS nur eine einzige Stückliste und nur ein einziger Arbeitsplan für alle Varianten geführt. Liegt ein geeignetes, parameterbasiertes CAD-Programm-Paket vor, kann eine parametrierte, einer Zeichnung hinterlegte Stückliste vom CAD in die PPS-Software übertragen werden. Viel wichtiger ist jedoch der umgekehrte Weg im Auftragsfall. Die Parameterwerte des Produktionsauftrags können in der Angebotsphase oder spätestens bei Auftragsfreigabe vom Auftrag ins CAD übergeben werden, wo dann automatisch eine auftragsbezogene Zeichnung erstellt wird. In der Praxis nutzt man diese Möglichkeit z.B. beim Offerieren von Produkten der Baubranche. Analog kann in der Verbindung vom Auftrag zum CAM derselbe Satz von Parameterwerten als Input des CNC-Programms dienen.

Schliesslich nutzt auch die Dienstleistungsbranche die generative Technik erfolgreich, z.B. die Versicherungsindustrie und die Bankenbranche. Eine Familie von Versicherungsprodukten kann als variantenreich betrachtet werden. Auch hier liegt ein klarer Fall von Einmalproduktion vor. Die Erstellung der Police, also die Auftragsabwicklung, ist gleichzeitig die Herstellung des Produkts. Die Parameter sind die Eigenschaften des versicherten Objekts sowie die zu erbringenden Leistungen (z.B. versicherte Summe, Selbstbehalt, Art der Entschädigung). Die Produktionsregeln des Konfigurators ordnen dann die elementaren Produkte potentiell zu möglichen Verträgen. Die konkrete Eingabe eines Satzes von Parameterwerten ergibt schliesslich eine konkrete Police mit allen Berechnungen, vor allem der Prämie. Siehe dazu [SöLe96]. Für eine Anwendung in der Bankenbranche und bei Unsicherheit siehe [Schw96].

7.4 Generative und adaptive Techniken für „Engineer-to-order"

Auch wenn „mass customization" zu lauter verschiedenen Produkten führt, betrachten viele Firmen, die „mass customization" als eine ihrer Kernkompetenzen betrachten, solche Produkte als „Standard"-Produkte. Dies deshalb, weil sie alle mit einen „make-to-order"-Prozess hergestellt werden können. Für solche Firmen sind „Nicht-Standard" oder „customized" Begriffe, die sich auf Produkte beziehen, die mit dem Konfigurator nicht beschrieben werden können und deshalb eine „engineer-to-order"-Umgebung brauchen. Gemäss Abb. 4.4.5.2 ist die Produktionsumgebung „engineer-to-order" eng verbunden mit Produkten nach (evtl. ändernder) Kundenspezifikation. Gemäss Abb. 4.5.2.1 sind die Einmalproduktion (engl. „one-of-a-kind production"), oft zusammen mit „mass customization", die entsprechenden Produktionstypen. Die Anforderungen der Kunden in Bezug auf Tempo und Kosten sind nicht so hoch wie für „Standard"-(„mass customized"-)Produkte, aber in vielen Branchen kommen sie diesen („mass customized"-)Anforderungen immer näher.

7.4.1 Klassisches Vorgehen und verschiedene Archetypen von „Engineer-to-order"

Im Anlagenbau treten oft weite Bereiche der Anlage kundenspezifisch als Einmalproduktion auf. Bei intelligenter Produktkonzeption ist es jedoch oft möglich, die Ähnlichkeit der Anlage mit einer bereits früher erstellten Anlage zu erkennen. Z.B. erinnert sich der Verkäufer während der Bearbeitung eines Angebots an frühere, „ähnliche" Problemstellungen. Die Ableitung erfolgt dann des Öfteren über den früheren Kundenauftrag als „Mutterversion" mit adaptiven Techniken gemäss Kap. 7.2, im schlimmsten Fall Position für Position. Solche Aufträge erfordern i. Allg. ein hohes Mass an auftragsspezifischem Engineering: es muss genau nach Kundenvorgaben entwickelt und konstruiert werden. Die kundenspezifisch Modernisierung eines Flugzeugs, eine Ölplattform oder ein Atomkraftwerk sind weitere Beispiele für diesen klassischen Fall. Bei sehr vielen Stücklisten- und Arbeitsplanpositionen ergibt sich eine hohe Belastung qualifizierter Arbeitskräfte. Dazu kommt eine lange Durchlaufzeit. Beides ist nur bei Produkten mit hoher Wertschöpfung gerechtfertigt.

Im Anlagenbau hat man deshalb versucht, das auftragsspezifische Engineering auf ein Minimum zu beschränken und grosse Bestandteile des Kundenauftrags durch generative Techniken (siehe Kap. 7.3) abzudecken. Dies ist z.B. beim Fassadenbau möglich, wenn man bestimmte Elemente der Fassade aus einem zum Voraus bestimmten Variantenspektrum auslesen kann. Die

Zusammensetzung der Elemente für die Fassade kann dagegen auftragsspezifisches Engineering erfordern. Dieses Minimum birgt ausser im Bereich des Projektmanagements, also des generellen Vorgehens, wenig oder sogar kein Potential für Standardisierung und Automatisierung. Die Folge ist ein tiefer Grad an Industrialisierung. Neben diesem klassischen Fall des „engineer-to-order" gibt es aber auch Fälle, für die ein höherer Grad an Industrialisierung aus Kosten- oder Durchlaufzeitgründen notwendig und auch möglich ist. Das Portfolio in Abb. 7.4.1.1 zeigt verschiedene Archetypen im „engineer-to-order" (ETO).

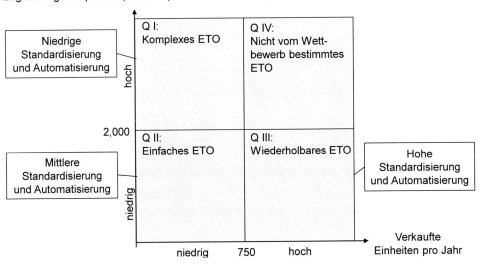

Abb. 7.4.1.1   Verschiedene Archetypen von „engineer-to-order" (vgl. [WiPo16])

Die Dimension „Verkaufte Einheiten/Jahr" drückt aus wie viele Einheiten einer Produktfamilie durchschnittlich pro Jahr verkauft werden. Eine Einheit ist dabei i. Allg. das Los, das mit einer Auftragsposition bestellt und damit in dieser Losgrösse hergestellt wird. Oft ist die Losgrösse 1; die verkauften Einheiten sind dann die verkauften Stücke. Die Grenze von 750 Einheiten/Jahr beruht auf der Annahme, dass bei einer Herstellung von mindestens zwei Einheiten/Tag ein ausreichend hoher Wiederholungsgrad für eine wirtschaftliche Automatisierung vorliegt.

Die Dimension „Engineering-Komplexität" misst die Anzahl der erforderlichen Engineering-Stunden pro verkaufte Einheit. In der Praxis zeigt sich das auftragsspezifische Engineering als einer der grössten Komplexitätstreiber in der ETO-Umgebung. Entsprechend hängt der mögliche Nutzen einer Automatisierung davon ab. Die Grenze zwischen den Quadranten wird bei 2000 Engineering-Stunden/Einheit angesetzt, da dies einem Personenjahr entspricht.

Der weiter oben beschriebene klassische Fall des „engineer-to-order" wird in Abb. 7.4.1.1 „*Komplexes ETO*" genannt. Nur ein geringer Grad an Industrialisierung ist möglich, da die Wiederholrate sowohl auf Produkt als auch auf Prozessebene sehr niedrig ist. „*Nicht vom Wettbewerb bestimmtes ETO*" bezieht sich auf Firmen, die über 750 Vollzeitstellen für das Kundenauftragsspezifische Engineering einsetzen ($\geq$ 750 Einheiten/Jahr mal $\geq$ 2000 h pro Einheit). Für Firmen dieser Grössenordnung war es bisher jeweils möglich, sie als Konglomerate von Teilfirmen aufzufassen, wobei jede Firma weniger als 750 Auftragspositionen pro Jahr abwickelt. Die Teilfirmen können damit dem „Komplexen ETO" zugeordnet werden. Wir vermuten, dass es für ein Unternehmen langfristig nicht profitabel ist, sich in diesem Quadranten zu positionieren, sofern es sich nicht um eine Monopolsituation handelt und die Firma damit keiner Konkurrenz ausgesetzt ist. Die zwei übrigen Archetypen *„Einfaches ETO"* und *„Wiederholbares ETO"* sind Gegenstand der nächsten beiden Teilkapitel.

7.4.2 Vorgehen beim einfachen „engineer-to-order"

Je kleiner die Wertschöpfung des Auftrags, desto weniger Aufwand darf für kundenspezifische Anpassungen betrieben werden. Deshalb der Begriff *einfaches* „engineer-to-order" für diesen Archetypen, bei dem die Engineering-Komplexität klein gehalten werden muss. Seilbahnen oder Asphaltmischanlagen sind Beispiele dafür. Betreiber von Seilbahnen erwarten zum einen ein auf ihr Skigebiet abgestimmtes Seilbahn-Design und zum anderen ist die Gesamtanlage topographischen Gegebenheiten anzupassen. Typische Gründe für die kundenspezifische Anpassung von Asphaltmischanlagen sind regionale Umweltstandards oder klimatische Extrembedingungen. Beispiele, für welche noch weniger auftragsspezifisches Engineering pro Auftrag betrieben werden kann, sind Befestigungselemente oder Luftdiffusionsgitter. Allerdings bestellen die Kunden hier nicht selten ein ganzes Los von auf ein spezifisches Bauprojekt angepassten Artikeln.

Zur Reduktion der Engineering-Komplexität ist hier ein mittlerer Grad an Standardisierung und Automatisierung empfehlenswert. Eine Beschränkung ergibt sich jedoch wegen der niedrigen Auftragswiederholrate. Zur Standardisierung tragen primär Kommunalität von Komponenten sowie ein modulares Produktkonzept bei. Darauf aufbauend wird häufig eine Produktfamilie für die Produktionsumgebung „make-to-order" und den Produktionstyp „mass customization" entwickelt. Kann der Produkt- und Prozesskonfigurator den Kundenauftrag nicht vollständig spezifizieren, wird das vorläufige Ergebnis der Konfiguration mit adaptiven Techniken angepasst, indem Stücklisten- oder Arbeitsplanpositionen hinzugefügt, geändert oder gelöscht werden.

Einen beschränkten Grad an Automatisierung bildet die Definition von Produktfamilien mit einer *unfertigen Produktstruktur*, welche gemäss den Kundenanforderungen fertig entwickelt wird. Die Abb. 7.4.2.1 zeigt die Technik.

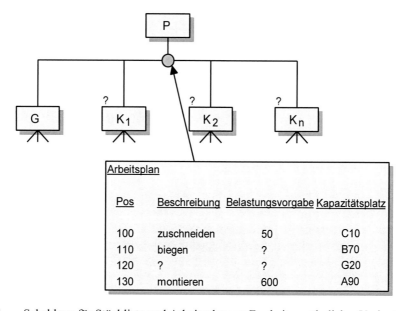

Abb. 7.4.2.1   Schablone für Stückliste und Arbeitsplan zur Erarbeitung ähnlicher Varianten

Die unfertige Produktstruktur sieht wie eine *Schablone* für eine Produktstruktur aus. Sie enthält z.B. Materialien, welche die Firma (z.B. ein Blechverarbeiter) typischerweise als Ausgangsmaterial für ein Produkt nutzt (z.B. verschiedene Aluminium- oder Stahlbleche), sowie Sequenz von grob beschriebenen Arbeitsgängen, für welche die Firma anerkanntes Know-how besitzt (z.B. zuschneiden, biegen, zusammenbauen) oder die sie bei externen Lieferanten fertigen lässt (z.B. Oberfläche bearbeiten). Komponenten oder Arbeitsgänge können auch als Dummy-Positionen eingegeben werden. Mit den Parametern des Kundenauftrags nimmt bestimmt nun der Konfigurator möglichst viele Positionen, die Teil des Auftrags werden. Er wird überall anhalten, wo in der Schablone ein „?" als Symbol für eine Informationslücke eingesetzt ist, und den für den vorliegenden Kundenauftrag geltenden Attributswert als Eingabe verlangen, z.B. die Einbaumenge der Komponenten K_1, K_2, ... , K_n. Das Ergebnis ist zwar intermediär, kann jedoch oft für erste Kostenberechnungen genutzt werden (wenn z.B. eine Genauigkeit von +/- 10% genügend ist) sowie zur logistischen Steuerung während der Auftragsdurchführung. Das Zwischenergebnis wird so weit wie nötig mit adaptiven Techniken nach den Kundendaten ergänzt, durch Hinzufügen, Ändern und Löschen von Stücklistenpositionen oder Arbeitsgängen.

Diese Technik erlaubt einen gewissen Grad an Automatisierung, da dieselbe unfertige Produktstruktur für viele Kundenaufträge herangezogen werden kann. In der Praxis ist zu beobachten, dass die Automatisierung beim einfachen „engineer-to-order" primär durch den Einsatz von Produktkonfiguratoren im Angebotsprozess erzielt wird.

7.4.3 Vorgehen beim wiederholbaren „engineer-to-order"

Diesem Archetypen gehören z.B. Fahrstühle oder Busse an. Wie beim einfachen „engineer-to-order" wird auch dafür eine Produktfamilie für die Produktionsumgebung „make-to-order" und den Produkttyp „mass customization" entwickelt und das Ergebnis der Konfiguration bei Bedarf kundenspezifisch angepasst. Diese Herangehensweise ist natürlich erst recht für Produktfamilien geeignet, welche nur zum Teil auftragsspezifische Anpassungen erfordern.

Da es sich um häufige „engineer-to-order"-Aufträge handelt, ist die Konkurrenz entsprechend gross. Andererseits kommt es auch zumindest auf Prozessebene regelmässig zu Wiederholungen. Diese Tatsache kann und muss für einen höheren Grad an Standardisierung und Automatisierung genutzt werden. Z.B. muss im Segment der Wolkenkratzer-Aufzüge der Lift in obersten Stockwerk dem persönlichen Konzept des Architekten entsprechen. Die Anforderungen an den „engineer-to-order"-Prozess sind dann ähnlich wie in der Modebranche. Zudem ist der Verkauf des „Nicht-Standard"-(d.h. „engineer-to-order"-)Lifts im obersten Stockwerk oft das Auftragszuschlagskriterium (engl. "order winner") für die zahlreichen „Standard"-(d.h. „make-to-order") Aufzüge im ganzen Gebäude. Deshalb wird das spezifische Engineering für den Aufzug im obersten Stockwerk nur ungenügend entschädigt. Damit muss der „engineer-to-order"-Prozess schnell und effizient ablaufen.

Grundsätzlich kann der Einsatz von Produktkonfiguratoren in ERP- und CAD-Software-Systemen und deren Integration helfen, den Angebots- und Auftragsabwicklungsprozess durchgängig zu automatisieren. Im einzelnen Verkaufs-, Engineering- und Herstellprozess kommen Know-how und Erfahrung mit geeigneten Techniken und Werkzeugen (z.B. Produktkonfiguratoren) zum Einsatz. Schon im Verkaufsprozess macht die Konfiguration eine erste Kostenrechnung und ein virtuelles Produkt möglich, das dem Kunden erlaubt, das physische Produkt möglichst realistisch empfinden zu können.

Schnelles und effizientes „engineer-to-order" bringt auch hohe Anforderungen an die Organisation mit sich. Nicht zuletzt deshalb werden kundenspezifisch Anpassungen meistens nicht von der Produktentwicklung durchgeführt, sondern in einem gesonderten Prozess von einer Abteilung, die sich auf die Durchführung von auftragsspezifischen Anpassungen spezialisiert hat. Die Abb. 7.4.3.1 zeigt einen typischen „engineer-to-order"-Geschäftsprozess einer Firma.

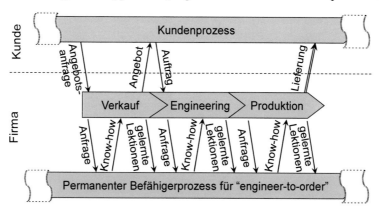

Abb. 7.4.3.1   Ein typischer „engineer-to-order"-Geschäftsprozess mit dem permanenten Befähigerprozess (vgl. [Schö12])

Der Verkaufsphase mit der Angebotserstellung folgt die Beauftragung durch den Kunden, gefolgt von Engineering, Produktion und Lieferung. Die Praxis zeigt, dass für schnelles und effizientes „engineer-to-order" ein langfristig angelegter Befähigerprozess nötig ist. Die Abbildung spricht dabei von einem *permanenten Befähigerprozess für „engineer-to-order"*. Durch diesen Prozess werden Anfragen aus dem laufenden "engineer-to-order"-Geschäftsprozess in Form von Know-how-Übergabe beantwortet. Wird während der Umsetzung zusätzliches Know-how gewonnen, so wird es in Form von gelernten Lektionen an den Befähigerprozess zurückgegeben. Im Bereich der Organisation geht es um Know-how, wie mit „engineer-to-order"-Wünschen der Kunden umgegangen werden kann. Dazu gehören die Geschäftsmodelle zwischen der Firma und den externen Kunden und Lieferanten, aber auch die „Geschäftsmodelle" der internen Kunden-Lieferanten-Beziehungen zwischen Verkauf, Engineering und Produktion auf allen Stufen. Im Bereich der Prozesse geht es um Know-how zur Gestaltung der Zusammenarbeit der Firma mit dem externen Kunden während der Spezifikation und der Herstellung der Produkte sowie der internen Kunden mit den Lieferanten. Dazu kommt das Know-how zur eigentlichen User-Interaktion mit dem Produkt im virtuellen Status, d.h. vor und während der physischen Herstellung.

Während es in der klassischen „mass-customization"-Kultur im Verlaufe der Jahre möglich wurde, das Know-how auf weniger Personen und zudem immer mehr auf den Design-Prozess und teilweise den nachfolgenden Verkaufsprozess zu konzentrieren, muss man für schnelles und effizientes „engineer-to-order"-dieses Know-how auf mehrere Personen und wieder vermehrt auf die Werkstatt ausdehnen. Man kann hier von einer eigentlichen „engineer-to-order"-Kultur sprechen.

Bei Unternehmen, welche „mass-customization"-Produkte schon seit langem als ihre de facto Standardprodukte ansehen, fällt auf, dass ein „Nicht-Standard"-Kundenauftrag (allzu) oft zu einem neuen Parameter führt, der neue, kundenspezifisch Komponenten ansteuert. Der Aufwand zu seiner Einführung rechnet sich nur dann, wenn derselbe Kunde seine Spezialvariante mehrmals bestellt. Zur Lösung dieses Problems zeichnet sich ab, dass „Nicht-Standard"-Produkte den Prinzipien der Kommunalität und des modularen Produktkonzepts folgen, welche im Fall der „mass-customization" zu erhöhter Produktivität geführt hat. Diese Prinzipien können und müssen auch auf parametrierte Komponentenfamilien angewendet werden, sobald Komponenten von Produktfamilien ebenfalls Familien sind. Ihre Parameter können aber eine andere Bezeichnung oder Semantik haben als die der Produktfamilie, vielleicht weil die Komponentenfamilie bereits früher für eine andere Produktfamilie entwickelt wurde. Ein effizientes Überführen der Parameterwerte der Produktfamilie in die der Komponentenfamilie wird die Kommunalität der letzteren erhöhen. Dies hilft oft, neue Parameter oder Komponenten zu vermeiden. Übrigens: Die erhöhte Kommunalität der Komponentenfamilie regt ihrerseits die Produktinnovation an.

Eine wichtige Rolle des permanenten Befähigerprozesses ist es, sorgfältig die Parametrierung der Produktfamilien, besonders der Komponentenfamilien zu bestimmen. Diese Aufgabe umfasst (1) die Bestimmung und die Pflege der Komponentenfamilien und der Menge ihrer Parameter, (2) die Erhöhung der Wiederverwendbarkeit der parametrierten Produktfamilien und damit die Sicherstellung ihrer Kommunalität, und (3) die Ermunterung der Kollegen, bestehende Parameter zu nutzen oder vernünftige Erweiterungen vorzuschlagen, besonders für die Wertebereiche. Diese Aufgabe ist etwas schwieriger als die vergleichbare Aufgabe, dafür zu sorgen, dass einzelne (Standard-) Komponenten für neu konstruierte Produkte wiederverwendet werden können. Die Teamleiter, welche diese zentral organisierte Aufgabe ausführen, sind sehr erfahrene Produkt- und Prozessentwickler. Sie verstehen die Gründe für die bestehende Parametrierung und können dem Denken ihrer Entwickler-Kollegen folgen. Sie haben auch hervorragende Sozialkompetenz, um ihre Kollegen zu ermuntern, ihre Bemühungen zur Standardisierung zu unterstützen.

7.5   Zusammenarbeit zwischen F&E und Engineering in ETO-Firmen

„Mass customization" ist in Bereichen wie Bauwesen, Maschinen- und Anlagebau, Automotive und Mode weit verbreitet. Der „Standard"-Produktlösungsraum wird letztlich durch die F&E-Abteilung bestimmt, als Teil des Produktentwicklungs-(PE)-Prozesses, indem die Parametrierung festgelegt wird. Die Engineering-Abteilung (i. Allg. unabhängig von der F&E-Abteilung) setzt den auftragsspezifischen Engineering-(ASE-)Prozess auf, welcher alle Entwicklungsaktivitäten für den spezifischen Kundenauftrag abdeckt. Dieser Prozess soll den Produktlösungsraum schnell und effizient erweitern, so dass dieser das Nicht-Standard-Bedürfnis umfassen kann.

Eine mangelhafte Zusammenarbeit zwischen den F&E- und Engineering-Abteilungen in Firmen ist ein möglicher Grund für Verspätungen und Kostenüberschreitungen. Engineer-to-order-(ETO-)Firmen müssen Wege finden, um schnell die Kapazitäten von Entwicklung, Produktion und Zulieferern anzupassen und zu integrieren. In der Praxis gibt es jedoch signifikante Unterschiede in der Zusammenarbeit zwischen den F&E- und Engineering-Abteilungen. [SöWe17] zeigt diese Unterschiede in Firmen der Anlagen- und Maschinenindustrie auf. Kap. 7.5.1 fasst die Beobachtungen bei zwei Unternehmen zusammen – Details über die verschiedenen Mittel (Praktiken und Werkzeuge) finden sich in [SöWe17]. Kap. 7.5.2 identifiziert Faktoren, welche die Zusammenarbeit und damit die Wahl solcher Mittel beeinflussen. Daraus wird ein Portfolio mit vier Sektoren von grundlegenden Kooperationstypen ein ETO-Firmen entwickelt. Firmen im selben Sektor können durch Austausch ihrer Methoden und Werkzeuge Nutzen ziehen.

7.5.1 Die Nutzung von unterschiedlichen Mitteln zur Zusammenarbeit zwischen F&E und den Auftrags-spezifischen Engineering Abteilungen

Nebst anderen Kriterien kann man die verwendeten Mittel durch fünf aufeinanderfolgende Phasen möglicher Kooperation zwischen F&E and Engineering entlang der Wertschöpfungskette klassifizieren, wie dies durch die grüne Linie in Abb. 7.5.1.1 gezeigt wird. Dabei unterschiedet sich die typische marktgetriebene PE von der *kundengetriebenen PE* (d.h. wenn ein Kundenauftrag übliche PE-Aktivitäten anstösst). Ebenfalls unterscheiden sich die Kunden-getriebene PE von der ASE (vor- und nach Auftragszuschlag) in Bezug auf ihr primäres Ziel, nämlich die Entwicklung einer Standardkomponente bzw. die kundenspezifische Anpassung einer Komponente.

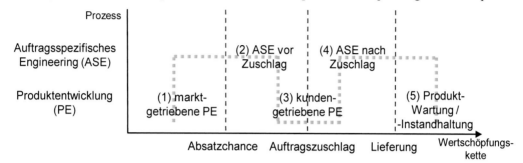

Abb. 7.5.1.1   Entwicklung und Spezifikation eines Produkts in einer ETO-Umgebung (grüne Linie): Fünf Phasen möglicher Zusammenarbeit zwischen F&E und Engineering entlang der Wertschöpfungskette

[SöWe17] beschreibt mehrere *formalisierte* Praktiken und Werkzeuge, die in den Beiden Firmen eingesetzt werden. Diese Mittel erlauben den beiden Firmen, sowohl die aktuellen Kundenanforderungen über den ASE zu erfüllen als auch regemässig neu entwickelte Produktspezifikation in den Standard-Lösungsraum für zukünftigen Wiedergebrauch zu integrieren. In beiden Unternehmen gibt es zudem *informale* Mittel zur Kommunikation. Diese sind ebenso wichtig, aber nicht Gegenstand dieses Kapitels.

Die Geschäftseinheit „Industrial Steam Turbines" von General Electric (GE) hat ca. 90 F&E- und ASE-Ingenieure. Das Engineering ist während 70% der Lieferdurchlaufzeit aktiv. Fast alle der 10-20 Aufträge pro Jahr haben spezifische Kundenanfordernisse, wie z.B. Outputkapazität, Druck- und Temperaturstufen der Turbine. Jedes Engineering-Projekt wird in Teilprojekte aufgeteilt gemäss dem Wissensgebiet und den spezifischen Komponenten des Endprodukts. Der Zusammenbau der Module erfordert ebenfalls auftragsspezifische Verbindungen. Diese Komplexität ergibt im Durchschnitt mehr als 6,000 (sic!) Personenmonate je Projekt. GE nutzt oft schnelle Abfragen von produktbezogener Information aus ad-hoc Speichern, sowie Suchmaschinen, die den Produktlösungsraum der Firma nach relevanter Information zur Entwicklung durchsuchen. F&E und Engineering arbeiten über mehrere formalisierte organisatorische Praktiken and IT Werkzeugen zusammen, welche sie gemeinsam entwickeln und warten. Insgesamt stellt man zwischen den beiden Abteilungen einen *hohen Grad an Kooperation* fest.

Die Geschäftseinheit „High-rise Elevator" ist eine relativ kleine Einheit innerhalb von Schindler Europa und Asia-Pacific. Einsatz eines ausgeklügelten Produktkonfigurators erlaubt ein hohes Mass an Standardisierung und dadurch einen hoch effizienten Prozess zur Auftragsgewinnung und –erfüllung. Dieses IT Werkzeug wurde mit Sicht auf die hohe Anzahl von Aufträgen pro Jahr entwickelt. Es erlaubt die Identifikation von Gemeinsamkeiten in den Kundenanforderungen und damit eine Erweiterung des Standard-Produktlösungsraums der Firma. Für viele Aufträge genügt der klassischen „make-to-order"-Ansatz. Wenn die Kundenanforderungen eine Nicht-Standard-Lösung nach sich ziehen, dann versucht das Engineering-Team neue Entwicklungen und zugehörige technische Lösungen zu erzeugen. Die Mehrheit der Aufträge erfordern weniger als 100 Engineering-Stunden. Es gibt sehr wenige Werkzeuge zur Kooperation zwischen F&E und Engineering. Die meisten Praktiken und IT-Werkzeuge gelangen innerhalb der Geschäftseinheit „High-rise Elevator" zu Einsatz, oft nur innerhalb Engineering. Insgesamt, und besonders während des ASE Prozesses, stellt man zwischen den beiden Abteilungen einen *niedrigen Grad an Kooperation* fest. Zudem gelangt Phase 3 in Abb. 7.5.1.1 bei Schindler nicht zum Einsatz.

Ferner sind die Mehrheit der Mittel, die bei GE zum Einsatz gelangen, kurzfristig orientierte, organisatorische Praktiken. Bei Schindler geht es eher um langfristig orientierte IT-Werkzeuge.

7.5.2 Das Portfolio von Kooperationstypen zwischen F&E und Engineering in ETO-Firmen

Was die Zusammenarbeit zwischen den F&E- und Engineering betrifft, konnten die folgenden Einflussfaktoren festgestellt werden, und zwar aus der Beobachtung der Firmen und der Literatur. Dabei haben die Faktoren in jedem Unternehmen nicht dasselbe Gewicht.

1. *Verkaufsvolumen*, oder die *Anzahl Aufträge* (bei Losgrösse Eins ist diese gleich der Anzahl Einheiten). Gemäss [WiPo16] stehen zwei oder mehr Aufträge pro Tag für ein hohes Verkaufsvolumen, und ein Dutzend Aufträge pro Jahr für ein niedriges Verkaufsvolumen.

2. *Integrationsniveau von Produktentwicklung und Richtlinien*: Ein hohes Niveau besagt, dass das Wissen über die Methoden zur Erzeugung von kundenspezifischen Komponenten mit ASE in den PE-Prozess integriert wurde, und damit auch in die Richtlinien zur Produktentwicklung und den Produktkonfigurator.

3. *Ausmass der kundenspezifischen Produktanpassung*: Aus der Sicht der Firma meint ein hohes Ausmass, dass eher neue Komponenten entwickelt als existierende angepasst werden.

4. *Niveau der Komplexität im Engineering von Komponenten*: Ein hohes Niveau besagt, dass das ASE einen hohen Aufwand zum Anpassen oder Neuentwickeln von Komponenten hat.

5. *Niveau der Komplexität im Engineering der Architektur*: Ein hohes Niveau besagt, dass die Kombination und Verbindung der (Haupt-)Komponenten in das Produkt jedes Mal neu entwickelt und hergestellt werden müssen, wie dies z.B. im Anlagenbau oft der Fall ist.

6. *Schätzungsgenauigkeit der Dauer des ASE*. Eine hohe Genauigkeit erfordert ein hohes Niveau an Modularisierung und Kommunalität der Komponenten, was die Schätzung von Zeit und Aufwand zu ihrer Auswahl und Positionierung im Produkt erleichtert (ungeachtet davon, ob Zeit und Aufwand hoch oder niedrig sind).

Eine genauere Angabe als „hoch" oder „niedrig" für diese Einflussfaktoren (z.B. mit mathematischen Formeln), hängt vom Produkt und der Konkurrenzsituation ab, und ist in der Praxis i. Allg. mit grossen Schwierigkeiten verbunden. Jedoch bereits mit nur zwei Werten, eben „hoch" und „niedrig", zeigen die Beispiele von GE und Schindler klare Unterschiede in zwei fundamentalen Kooperationstypen zwischen F&E und Engineering. Das kommt in Abb. 7.5.2.1 zum Ausdruck.

„Industrial Steam Turbines" von GE gehört zum Typ mit hoher Kooperation, Schindler „Highrise Elevator" zum Typ mit niedriger Kooperation. [SöWe17] zeigen weitere Beispiele, die ebenfalls in diese Einteilung passen.

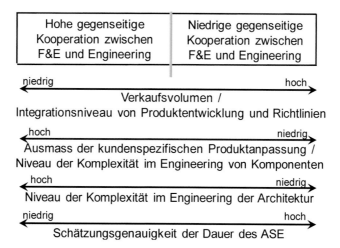

Abb. 7.5.2.1   Zwei fundamentale Kooperationstypen in ETO-Firmen

[SöWe17] enthält auch Beispiele von ETO-Firmen mit zwei weiteren Kooperationstypen, welche zwischen den beiden Typen in Abb. 7.5.2.1 liegen. Das führt zu einer zweidimensionalen Klassifikation, wobei die obigen Einflussfaktoren 1.) bis 4.) zur einen Dimension gehören, und die Faktoren 5.) und 6.) zur anderen. Die Abb. 7.5.2.2 zeigt das resultierende Portfolio.

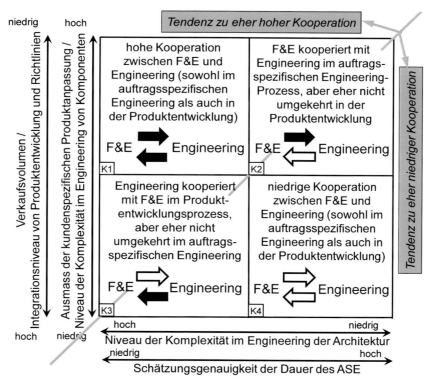

Abb. 7.5.2.2   Das Portfolio von Kooperationstypen zwischen F&E und Engineering in ETO-Firmen. (Ein gefüllter Pfeil zeigt hohe Kooperation in die betreffende Richtung, ein leerer Pfeil zeigt niedrige Kooperation).

Sektor K1 beschreibt die hohe, und Sektor K4 die niedrige gegenseitige Kooperation zwischen F&E und Engineering in beiden Prozessen, PE und OSE, wie in Abb. 7.5.2.1 diskutiert.

Der Kooperationstyp in Sektor K2 zeigt die Situation, wo F&E regelmässig mit Engineering im ASE zusammenarbeitet, durch Unterstützung bei der Entwicklung neuer Produktspezifikationen, während umgekehrt Engineering eher wenig die F&E-Abteilung in der PE unterstützt.

Der Kooperationstyp in Sektor K3 zeigt die Situation, wo Engineering zur Definition der neuen Varianten oder Komponenten beiträgt, und so die Produktfamilien auf den neusten Stand in der PE, während umgekehrt F&E weitgehend nicht in die ASE-Aktivitäten eingebunden ist.

Erfahrungen zeigen, dass der Vergleich von Praktiken und Werkzeugen vollen Nutzen bringen, wenn Firmen des gleichen Kooperationstyps gemäss der Klassifikation in Abb. 7.5.2.2 beteiligt sind. Aber auch dann müssen die Praktiken und Werkzeuge angepasst werden, so dass sie zur spezifischen Situation der betreffenden Firma oder Produktfamilie passen.

7.6   Zusammenfassung

Variantenorientierte Techniken sind notwendig, wenn der Markt Flexibilität im Eingehen auf Kundenspezifikationen fordert. Dies ist heute sehr häufig der Fall im Investitionsgütermarkt. Einige dieser Techniken unterstützen auch die Produktion ohne Auftragswiederholung, also die Produktionstypen „mass customization" und Einmalproduktion. Man unterscheidet adaptive Techniken von generativen. Adaptive Techniken bestimmen eine „Mutterversion", von der die Stückliste und der Arbeitsplan für den aktuellen Kundenproduktionsauftrag abgeleitet werden. Nachfolgend werden Positionen ergänzt, modifiziert oder gelöscht. Generative Techniken nutzen Regeln, die bereits im Informationssystem hinterlegt sind, um ausgehend von den Daten des Kundenauftrags die Produktvariante aus einer Menge von möglichen Komponenten und Operationen zu bestimmen.

Der Haupt-Produktionsterminplan (MPS) wird am besten auf der Stufe des (Kunden-)Auftrags- eindringungspunkts (engl. „order penetration point" OPP) gewählt. Von diesem Punkt an stromabwärts ist ein Endmontage-Terminplan (FAS) ein mögliches Werkzeug, um die Endprodukte nach den Spezifikationen in den Kundenaufträgen herzustellen.

Bei kleiner Variantenvielfalt führt der einfachere Fall, also Standardprodukte mit nur wenigen Varianten (einige Dutzend), zu einer tendenziell eher hohen Bevorratungsstufe. Für den Bedarf jeder Variante wird prozentual zum Gesamtbedarf ein Optionsprozentsatz vorhergesagt. Da dieser also auch eine stochastische Grösse ist, ist die Standardabweichung des Bedarfs einer Variante grösser als diejenige des Bedarfs der Produktfamilie. Die Summe der Primärbedarfe der Varianten ist damit grösser als der Primärbedarf auf die Produktfamilie. Im nächstschwierigeren Fall ist die Zahl der hergestellten Produkte immer noch viel grösser als die Zahl der Varianten, die hier in den Hunderten liegen kann. Dieser Fall kann ähnlich wie oben behandelt werden. Die Datenredundanz in der Produkt- und Prozessdarstellung erhöht sich allerdings, und damit der Such- und Wartungsaufwand für Stamm- und Auftragsdaten.

Bei grosser Variantenvielfalt, also für Produkte nach Kundenspezifikation oder für varianten- reiche Produktfamilien, steigt die Anzahl der Varianten in die Grössenordnung des Bedarfs.

Dann hätte die Anwendung von stochastischen Verfahren grosse Sicherheitsbedarfe auf den Varianten und damit hohe Lagerbestände zur Folge. Da auch im besten Fall nur noch potentielle Auftragswiederholung vorliegt, muss auf deterministische Verfahren umgestellt werden. Die Produkte werden damit auf fast der ganzen Supply Chain gemäss Nachfrage ohne Lagerhaltung hergestellt. Lagerbestände an Rohmaterialien und Kaufteile werden nach Verbrauch wieder aufgefüllt.

Eine Produktfamilie mit Variantenreichtum ist der bei „mass-customization" typische Fall. Dabei sind sämtliche möglichen Varianten der Produktfamilie bereits durch die Produkt- und Prozessgestaltung vorhergesehen. Es kann sich dabei um Millionen von Varianten handeln, d.h. um eine variantenreiche Produktion. Jede Variante führt dabei zu einem unterschiedlichen Produkt. In den charakteristischen Bereichen sind aber alle Produktvarianten und auch der Prozess zu ihrer Herstellung gleich. Solchen Produktfamilien wird ein Konzept hinterlegt, in dem die Variantenvielfalt durch Kombination von möglichen Werten relativ weniger Parameter generiert wird. Im Prinzip werden nur eine (Maximal-)Stückliste und ein (Maximal-)Arbeitsplan geführt. Zur Auswahl der für einen Auftrag in Frage kommenden Positionen sowie für Verträglichkeitsprüfungen von Parameterwerten usw. werden wissensbasierte Techniken eingesetzt. Die Produktionsregeln beinhalten dann eine „Falls"-Klausel, d.h. einen logischen Ausdruck, der in den Parametern variiert.

Produkte nach (evtl. ändernder) Kundenspezifikation sind eng verbunden mit der Produktions-umgebung „engineer-to-order". Dabei gibt es verschiedene Archetypen. Im klassischen Fall, "Komplexes ETO" genannt, kommen adaptive Techniken zum Zug. Das „Einfache ETO" und das „Repetitive ETO" basieren auf generativen Techniken (und damit auch auf „mass customization" als Produktionstyp), welche in der Folge durch adaptive ergänzt werden. Im „Einfachen ETO" kann man einen beschränkten Grad an Automatisierung durch die Definition von Produktfamilien mit einer unfertigen Produktstruktur, die ähnlich wie eine Schablone aus-sieht, erreichen. Das Ergebnis der Konfiguration kann oft bereits für erste Kostenberechnungen und zur logistischen Steuerung während der Auftragsdurchführung genutzt werden. Im „Repetitiven ETO" ist ein schnelles und effizientes „engineer-to-order" eine Voraussetzung. Dafür braucht es einen permanenten Befähigerprozess. Während der Durchführung eines Auftrags zusätzlich gewonnenes Know-how wird in den Befähigerprozess zurückgegeben. Die Parametrierung der Produktfamilien, besonders der Komponentenfamilien muss sorgfältig bestimmt werden. Dadurch kann ihre Kommunalität sichergestellt werden.

Es gibt signifikante Unterschiede in der Zusammenarbeit zwischen den F&E- und Engineering-Abteilungen in ETO-Firmen. Faktoren, welche die Zusammenarbeit beeinflussen, führen zur Entwicklung eines Portfolios mit vier Sektoren von grundlegenden Kooperationstypen.

7.7   Schlüsselbegriffe

7.8   Szenarien und Übungen

7.8.1   Adaptive Techniken für Produktfamilien

Abb. 7.2.2.2 zeigt ein Beispiel eines Varianten-Haupt-Terminplans. Das Beispiel hat veranschaulicht, dass diese Technik für den in Abb. 7.2.2.2 beschriebenen Fall in der Praxis nicht angewendet wird, da die Anzahl Varianten viel zu hoch dafür ist. Ziel dieser Übung ist es, die Berechnungstechnik besser zu verstehen, was sehr nützlich für all jene Fälle sein kann, bei denen die Anzahl Varianten signifikant kleiner als die gesamte Nachfrage nach der Produktfamilie ist.

a)   Nehmen Sie an, dass die Nachfrage nach der Produktfamilie P im Januar 200 statt 100 betrug. Wieder gilt die Annahme eines gleichen Optionsprozentsatzes – je mit einer Abweichung von 20% – der Varianten innerhalb der Produktfamilie P. Wie viele Varianten $V_1 + V_2 + \ldots + V_{100}$ hätte es im Haupt-Produktionsterminplan (engl. „master production schedule", MPS) für den Januar gegeben?

b)   Für den März betrug die Nachfrage nach der Produktfamilie 150. Können Sie erklären, warum zwei Einheiten pro Variante im MPS berücksichtig werden müssen?

c)   Für den April betrug die Nachfrage nach der Produktfamilie 120. Können Sie erklären, warum nur eine Einheit pro Variante im MPS berücksichtigt wurde?

Lösung:

a)   300. Falls pro Variante eine Abweichung von 20% zu berücksichtigen ist, ergibt sich ein (gleicher) Optionsprozentsatz von 1.2%. Bei einer gesamten Nachfrage von 200 Einheiten ergeben sich 2.4 Einheiten pro Variante. Weil man nicht nur einen Bruchteil einer Einheit bestellen kann, muss dieser Wert auf die nächste ganze Zahl aufgerundet werden. Damit wird man 3 Einheiten je Variante in den MPS für den Januar setzen, also 300 insgesamt.

b)   Wieder ist pro Variante eine Abweichung von 20% zu berücksichtigen. Damit ergibt sich wieder ein (gleicher) Optionsprozentsatz von 1.2%. Bei einer gesamten Nachfrage von 150 Einheiten ergeben sich 1.8 Einheiten pro Variante. Dieser Wert wird auf die nächste ganze Zahl aufgerundet, in diesem Fall auf 2 Einheiten.

c)   Wieder ist pro Variante eine Abweichung von 20% zu berücksichtigen. Damit ergibt sich wieder ein (gleicher) Optionsprozentsatz von 1.2%. Bei einer gesamten Nachfrage von 120 Einheiten ergeben sich 1.44 Einheiten pro Variante. Da die Aufrundung im Januar 0.8 und im März 0.2 Einheiten ausmachte, können 0.44 Einheiten im April auf jeden Fall abgedeckt werden. Deshalb reicht es aus, in den MPS von April nur 1 Einheit einzusetzen.

7.8.2 Generative Techniken — die Nutzung von Produktionsregeln in der Auftragsbearbeitung

Betrachten Sie den in Abb. 7.3.3.1 dargestellten Ausschnitt aus der parametrierten Stückliste der Brandschutzklappe. Welches sind die Positionen/Varianten aus Abb. 7.3.3.1, die nach folgenden Parameterwerten selektiert werden?

Typ = 2, Antrieb = „rechts", Breite = 1'000, Höhe = 200

Lösung:

Position/Variante: 130/05, 140/01, 150/03, 160/09

7.8.3 Generative Techniken — Parametrierung einer Produktfamilie

Abb. 7.8.3.1 zeigt eine Produktfamilie (Schirme) mit einigen möglichen Einzelprodukten.

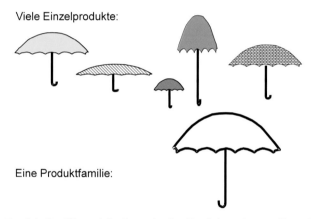

Viele Einzelprodukte:

Eine Produktfamilie:

Abb. 7.8.3.1   Eine Produktfamilie und fünf zugehörige Produktvarianten dieser Familie

Fragen:

a)   Durch welche Parameter lässt sich die Produktfamilie generieren, falls Sie mindestens die fünf hier abgebildeten Varianten erzeugen sollten?

b)   Welches sind sinnvolle Wertebereiche für diese Parameter?

c)   Wie viele physisch verschiedene Produkte können innerhalb dieser Produktfamilie generiert werden?

d)   Gibt es Inkompatibilitäten, d.h. Wertebereiche, die zumindest teilweise von anderen Parametern abhängig sind?

Hinweise zur Lösung:

a)   Es gibt mindestens 6 Parameter. Bspw. ist der Schirmdurchmesser ein Parameter.

b)   Nehmen Sie für „kontinuierliche" Parameter (z.B. Durchmesser) vernünftige Abmessungsstufen (z.B. 10 cm) ebenso wie sinnvolle Werte für das Minimum (z.B. 60 cm) und Maximum (z.B. 150 cm) an. Für Parameter, deren Werte diskret sind (z.B. Muster), nehmen Sie eine sinnvolle Anzahl (z.B. 30) möglicher Werte an.

c) Kombinieren Sie jeden Parameterwert mit jedem Wert eines anderen Parameters (vgl. Abb. 7.3.1.2). Ihr Resultat hängt sowohl von der Anzahl Parameter, die Sie in Aufgabe a) definiert haben, als auch von den Intervallen, die Sie in Aufgabe b) bestimmt haben, ab. Deshalb wird sich Ihr Ergebnis von den Resultaten Ihrer Kollegen unterscheiden.

d) Wenn bspw. der Durchmesser des Schirms mehr als 120 cm beträgt, muss der Schirmstock länger als 100 cm sein.

7.9   Literaturhinweise

APIC16   Pittman, P. et al., APICS Dictionary, 15. Auflage, APICS, Chicago, IL, 2016

Schi01   Schierholt, K., „Process Configuration — Mastering Knowledge-Intensive Planning Tasks", vdf-Hochschulverlag, Zürich, 2001

Schö88a   Schönsleben, P., „Flexibilität in der computergestützten Produktionsplanung und -steuerung", 2. Auflage, AIT-Verlag, D-Hallbergmoos, 1988

Schö88b   Schönsleben, P., „Expertensysteme als Hilfsmittel der variantenreichen Produktkonfiguration", in Informatik, Forschung und Entwicklung, Springer-Verlag, 1988

Schö12   Schönsleben, P., „Methods and tools that support a fast and efficient design-to-order process for parameterized product families", Annals of the CIRP, 61/1:179-182, 2012

Schw96   Schwarze, S., „Configuration of Multiple Variant Products", vdf-Hochschul-verlag, Zürich, 1996

SöLe96   Schönsleben, P., Leuzinger, R., „Innovative Gestaltung von Versicherungs-produkten: flexible Industriekonzepte in der Assekuranz", Gabler Verlag, Wiesbaden, 1996

SöWe17   Schönsleben, P., Weber, S. et al., „Different types of cooperation between the R&D and Engineering departments in companies with a design-to-order production environment", CIRP Annals 66 (1), p. 405-408, 2017

WiPo16   Willner, O., Powell, D., Gerschberger, M., Schönsleben, P., „Exploring the Archetypes of Engineer-to-Order: An Empirical Analysis", International Journal of Operations and Production Management, 36 (3), p. 242-264, 2016

8   Das Konzept für die Prozessindustrie

Das bekannte MRPII-Konzept stammt aus den Branchen Maschinen- und Apparatebau sowie Automobil- und Flugzeugbau und wird seit bald vierzig Jahren durch ERP-Software gestützt. Ein eigentlicher Standard hat sich herausgebildet. Dieser drückt sich in einer gemeinsamen Terminologie, einer ähnlichen Abbildung der logistischen Objekte und in prinzipiell ähnlichen Verfahren zur Planung & Steuerung aus. Bereits für die Wiederholproduktion und die Einmalproduktion musste man das MRPII-Konzept mit Terminologie, logistischen Objekten und zusätzliche Methoden erweitern. Gleiches geschieht im Fall der Prozessindustrie.

> Die *Prozessindustrie* (auch *grundstoffverarbeitende Industrie* genannt) umfasst die Hersteller, die mit einer sog. Prozessherstellung produzieren.
>
> *Prozessherstellung* ist eine Produktion, die die Wertschöpfung durch Mixen, Separieren, Umformen oder chemische Reaktion erzielt. Prozessherstellung kann durch Batch-Produktion, also die Produktion in Losen (engl. „batches"), oder aber durch losgrössenlose Produktion über die kontinuierliche Produktion erfolgen (vgl. [APIC16]).

Die Prozessindustrie umfasst damit Hersteller von chemischen Produkten, Papier, Lebensmitteln, Mineralöl, Gummi, Stahl usw. Hier zeigte sich immer mehr, dass weder die Terminologie, noch die logistischen Objekte oder die grundsätzlichen Verfahren einfach vom MRPII-Konzept zu übernehmen waren. Die Prozessherstellung ist in etlichen Aspekten nicht mit derjenigen von Flugzeugen, Autos, Maschinen oder Apparaten zu vergleichen [Hofm92]. Interessanterweise hat sich aber für die Prozessindustrie kein einheitlicher Standard durchgesetzt [Kask95]. Die Bemühungen zur Standardisierung stammen zudem aus den letzten zehn bis zwanzig Jahren. Vieles an wissenschaftlicher Arbeit wird wohl erst noch erfolgen.

> Ein *Prozessor* ist in der Prozessindustrie eine mögliche Bezeichnung für die verarbeitende Einheit, i. Allg. gebildet durch die Produktionsinfrastruktur, d.h. die Betriebsmittel (Maschinen, Apparate und übrige Einrichtungen) und die Kapazitäten.
>
> Das *prozessor-orientierte Konzept* ist darauf ausgerichtet, eine hochvolumige Linienproduktion oder die kontinuierliche Produktion mit teurer Produktionsinfrastruktur (bzw. teuren Prozessoren) zu beherrschen, bei der das Gewicht besonders auf eine hohe Auslastung der Kapazitäten gelegt wird.

Prozesshersteller investieren in signifikanter Weise in spezialisierte Produktionsinfrastruktur, oft Monoanlagen. Damit wird die Auslastung der Kapazitäten zum Schlüsselkriterium der Planung und Steuerung, vor den Materialien, den Komponenten und dem schnellst möglichen Güterfluss.

Abb. 8.0.0.1 zeigt eine Teilmenge von Merkmalen aus den charakteristischen Merkmalen zur Planung & Steuerung aus Kap. 4.4. Bei dem für dieses Konzept wichtigsten Merkmal ist die typische Ausprägung schwarz hinterlegt. Je weiter *rechts* die Ausprägungen in der Tabelle erscheinen, desto grösser ist die Eignung zum Einsatz des prozessor-orientierten Konzepts.

Nach der Darstellung der Charakteristiken der Prozessindustrie werden die für Planung & Steuerung wesentliche prozessor-orientierte Verfahren vorgestellt.

© Springer-Verlag GmbH Deutschland, ein Teil von Springer Nature 2020
P. Schönsleben, *Integrales Logistikmanagement*,
https://doi.org/10.1007/978-3-662-60673-5_9

Merkmalsbezug: Verbraucher und Produkt bzw. Produktfamilie				
Merkmal	➡	**Ausprägungen**		
Ausrichtung der Produkt-struktur	➡	▲ konvergierend		▲Kombination ▼obere/untere Strukturstufen	▼ divergierend

Merkmalsbezug: Logistik- und Produktionsressourcen					
Merkmal	➡	**Ausprägungen**			
Produktions-umgebung	➡	„engineer-to-order"	„make-to-order"	„assemble-to-order" (ausgehend von Einzelteilen)	„assemble-to-order" (ausgehend von Baugruppen)	„make-to-stock"
Anlagenlayout	➡	Fixpositions-layout für die Baustellen-, Projekt- oder Insel-produktion	Prozesslayout für die Werkstatt-produktion	Produktlayout für die einzelstück-orientierte Linien-produktion	Produktlayout für die hochvolumige Linien-produktion	Produktlayout für die Kontinuierliche Produktion
Flexibles Potential der Kapazitäten	➡	für viele verschiedene Prozesse einsetzbar		für wenige verschiedene Prozesse einsetzbar		für einen einzigen Prozess einsetzbar

Merkmalsbezug: Produktions- bzw. Beschaffungsauftrag				
Merkmal	➡	**Ausprägungen**		
Auslösungs-grund / (Auftragstyp)	➡	Nachfrage / (Kundenproduktions- bzw. -beschaffungsauftrag)	Prognose / (Vorhersageauftrag)	Verbrauch / (Lagernachfüll-auftrag)
(Auftrags-) Losgrösse	➡	1 (Einzelstück-produktion / -beschaffung)	Einzelstück- oder Kleinserien-produktion / -beschaffung	Serien-produktion / -beschaffung	Produktion / Beschaffung ohne Lose
Herkunfts-nachweis	➡	nicht nötig	Los / Batch / Charge		Position in Charge
Schleifen in der Auftrags-struktur	➡	Produktstruktur ohne Schleifen und gerichtetes Netzwerk von Arbeits-gängen		Produktstruktur mit Schleifen oder ungerichtetes Netzwerk von Arbeitsgängen	

Zunehmender Grad der Eignung für das prozessor-orientierte Konzept

Abb. 8.0.0.1   Grad der Eignung für das prozessor-orientierte Konzept. (Die horizontale Verteilung der Ausprägungen im morphologischen Schema zeigt deren Bezug zum zunehmenden Grad gemäss dem angegebenen Kriterium an).

8.1   Charakteristiken der Prozessindustrie

8.1.1   Divergente Produktstrukturen und Kuppelprodukte

Ein kennzeichnendes Merkmal für das prozessor-orientierte Konzept sind die *divergierenden Produktstrukturen*. Das bedeutet Kuppelprodukte, bzw. die dazu führende Kuppelproduktion mit ihrer *umgekehrten Baumstruktur*.

Unter *Kuppelproduktion* versteht man die gleichzeitige Herstellung von verschiedenen Produkten im selben Prozessschritt.

Ein *Hauptprodukt* ist ein Produkt, zu dessen Herstellung der Produktionsprozess entworfen wurde. Ein *Kuppelprodukt* oder *Nebenprodukt* ist ein Gut mit einem bestimmten Wert, welches als Rest oder zufällig durch den Produktionsprozess entsteht. Ein *Abfallprodukt* kann als ein Nebenprodukt ohne Wert aufgefasst werden.

Oft geht ein einziges Ausgangsgut (Rohmaterial oder Zwischenprodukt) in den Prozess ein. Manchmal sind es auch mehrere Güter, die aber gemeinsam zu verarbeiten sind. Bei den daraus entstehenden Gütern kann es sich um Zwischenprodukte oder um Endprodukte handeln. In gewissen Fällen entsteht neben solchen Hauptprodukten eine Menge von Kuppelprodukten (z.B. Dampf, Energie usw.), die zwar nicht direkt in weitere Produkte eingehen, aber in nachfolgenden Produktionsprozessen genutzt werden können. Im Gegensatz zu Nebenprodukten, die direkt oder nach einer geeigneten Aufarbeitung erneut Eingang in einen Produktionsprozess finden, muss man Abfallprodukte entsorgen, was meistens mit zusätzlichen Kosten verbunden ist.

Das erste Beispiel in Abb. 8.1.1.1 stammt aus der Chemieproduktion.

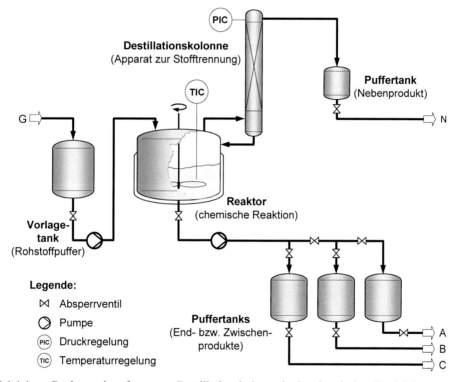

Abb. 8.1.1.1   Reaktor mit aufgesetzter Destillationskolonne in der chemischen Produktion

Die Kuppelproduktion ist hier Ergebnis physikalisch-chemischer Gegebenheiten bzw. erfolgt aufgrund veränderbarer Betriebszustände der Produktionsanlage. Die Produktionsanlage kann zur Herstellung von drei verschiedenen Güteklassen A, B oder C eines bestimmten flüssigen Produkts verwendet werden. Der Grundstoff G wird dazu einem Vorlagetank (Puffer) entnommen und einem Reaktor zugeführt. Bei der Reaktion entsteht zusätzlich zum erwünschten Stoff auch noch ein Nebenprodukt N, das während der Reaktion durch Wärmezufuhr verdampft und mit Hilfe der Destillationskolonne sauber abgetrennt werden kann.

Beim Wechsel von einer Güteklasse auf eine andere werden ohne Abstellen des Reaktors Temperatur und Druck im System verändert, wodurch zunächst Übergangsmaterial produziert wird. Solches Material ist von minderer Qualität und muss mit einer genügenden Menge an hochwertigen Materialien gemischt werden, die nach dem Erreichen eines stationären Betriebszustandes produziert wird. Daraus folgt, dass vor einem erneuten Wechsel für jede Güteklasse eine relativ grosse Produktmenge hergestellt werden muss. Abb. 8.1.1.2 zeigt den entsprechenden Güterfluss in MEDILS-Schreibweise (siehe Kap. 4.1.3).

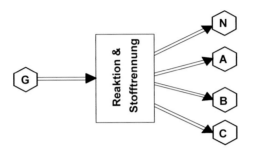

Abb. 8.1.1.2   Kuppelproduktion in der chemischen Produktion

Das zweite Beispiel stammt aus der Blechverarbeitung. Ausgehend von einem Blechband sollen Unterlagsscheiben gestanzt werden. Der Anlass zur Kuppelproduktion ist hier neben dem technischen Verfahren eigentlich ein ökonomischer Grund: Man möchte das Rohmaterial möglichst vollständig ausnutzen. Die Abb. 8.1.1.3 zeigt einen charakteristischen Ausschnitt des Blechbandes nach einem typischen Stanzvorgang.

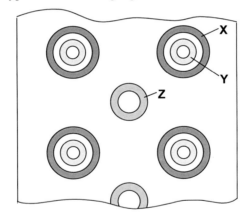

Abb. 8.1.1.3   Stanzen von Unterlagsscheiben aus einem Blechband

Zur besseren Ausnutzung des Materials wird innerhalb der grossen Unterlagsscheibe eine kleine gestanzt. Zudem wird zwischen den grossen Unterlagsscheiben eine nach dem Bienenwabenprinzip passende Scheibe gestanzt. Als Ergebnis entstehen pro Stanzhub 5 Teile, je 2 Teile X und Y und 1 Teil Z, was durch den Güterfluss in der Abb. 8.1.1.4 ausgedrückt werden kann. Als Abfallprodukt resultiert das ausgestanzte Blechband B'. Eine interessante Parallelität zum ersten Beispiel liegt hier in der Tatsache, dass dieses Stanzverfahren natürlich nur dann sinnvoll eingesetzt werden kann, wenn die anfallenden Unterlagsscheiben direkt nach ihrer Grösse sortiert – also getrennt werden. Im Beispiel der chemischen Produktion war eine Trennung der Haupt- (A, B und C) vom Nebenprodukt (N) notwendig.

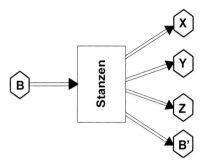

Abb. 8.1.1.4   Kuppelproduktion in der Blechbearbeitung

Das dritte Beispiel behandelt die Herstellung von Spannzangen zum Festhalten von Werkzeugen. Die Abb. 8.1.1.5 zeigt einen typischen Fall einer Produktion von gemischten Grössen. Die Kuppelproduktion erfolgt hier ebenfalls aus einem rein ökonomischen Argument.

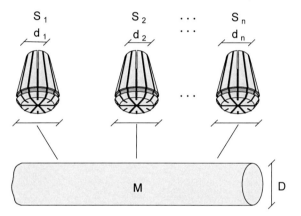

Abb. 8.1.1.5   Herstellung von Spannzangen aus einem Stahlzylinder

Aus einem Stangenmaterial M des Durchmessers D können die Spannzangen S_1, S_2, ... S_n mit jeweils verschiedenem Spanndurchmesser d_1, d_2, ... d_n hergestellt werden. Nachdem nämlich die Produktion für die Herstellung einmal grundsätzlich eingerichtet worden ist, können verschiedene Spanndurchmesser mit vernachlässigbar kurzer Umrüstzeit hergestellt werden. Durch die gemeinsame Produktion verschiedener Spanndurchmesser kann nun ein relativ grosses Los produziert werden, was den Rüstzeitanteil pro Spannzange klein hält. Gleichzeitig werden je Grösse aber nur einige Stücke hergestellt, was die Lagerungskosten pro Dimension und insgesamt tief hält. Die Abb. 8.1.1.6 zeigt den Güterfluss zur Spannzangen-Herstellung.

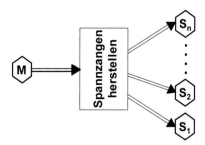

Abb. 8.1.1.6   Herstellung von Spannzangen aus einem Stahlzylinder

Das vierte Beispiel behandelt die *provisorische Montage*. Z.B. bei der Herstellung von Präzisionsmaschinen muss man auf tiefen Produktionsstufen Komponenten aufeinander anpassen. In der Folge demontiert man sie und verarbeitet sie über verschiedene Wege weiter. Spätestens bei der Endmontage kommen die angepassten Komponenten wieder aufeinander zu liegen. Das ist das typische Kochtopf-Deckel-Problem, wie es in Abb. 8.1.1.7 formal gezeigt wird. Sowohl Kochtopf als auch Deckel müssen zeitgleich gefertigt werden, da sie aufeinander angepasst werden, obwohl sie nachher bis zur endgültigen Montage je ganz verschiedene weitere Aufträge durchlaufen können.

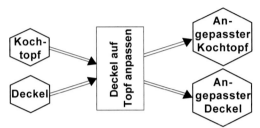

Abb. 8.1.1.7   Die provisorische Montage: das Kochtopf-Deckel-Problem

Kuppelproduktion hat also verschiedene Ursachen. Traditionell handelt es sich um chemische, biologische oder physikalische Gesetzmässigkeiten während eines Prozess-Schrittes. In anderen Fällen handelt es sich um ökonomische Gründe, die in eine geeignete Prozesstechnik umgesetzt werden.

8.1.2   Hochvolumige Linienproduktion, Fliessressourcen und inflexible Anlagen

Die folgenden Merkmale charakterisieren die prozessor-orientierten Verfahren als die geeigneten Geschäftsmethoden für die Planung & Steuerung.

Produktionsumgebung: In der Prozessindustrie sind Endproduktlager und damit „make-to-stock" üblich und wichtig. Die Bevorratung geschieht letztlich im Verkaufsregal in den Läden der Detaillisten. Auch geeignete vorgelagerte Stufen der Wertschöpfung werden an Lager gehalten.

Anlagenlayout: Man findet hier die hochvolumige Linienproduktion und die kontinuierliche Produktion. Bei der Produktion von Chemikalien, Farben, Öl usw. müssen manchmal ganze Sequenzen von Arbeitsgängen (bzw. eine Prozessphase, siehe dazu die Definition später in diesem Kapitel) nacheinander durchgeführt werden, ein Arbeitsgang nach dem anderen, ohne Unterbruch.

> Eine *Fliessressource* ist ein Zwischenprodukt, das während der Prozessphase nicht gespeichert werden soll und kontinuierlich durchfliesst.

Ein Zwischenprodukt wird hauptsächlich aufgrund seiner physischen Natur oder Bedingung zur Fliessressource. Ein Beispiel ist die Produktion von aktiven Substanzen in der chemischen Industrie. Als Datenelement in der Produktionsstruktur sitzt eine Fliessressource an derselben Stelle wie eine Material-Komponente für den folgenden Herstellungsschritt. Sie erleichtert die Modellierung und die Verfolgung der Mengenbilanz bezüglich Input und Output von Material in den einzelnen Herstellungsschritten. In der Abb. 8.1.2.1 wird als Beispiel aus einem Ausgangsmaterial G ein Produkt Z erstellt.

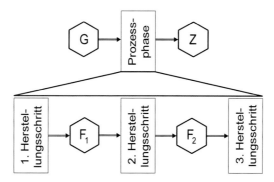

Abb. durchaus **8.1.2.1**   Fliessressourcen in einer Prozessphase

Die Zwischenzustände F_1 und F_2 „fliessen", d.h. sie werden nicht zwischengelagert bzw. sind u. U. nicht lagerfähig. Sie können sich also nicht vor den Kapazitätsplätzen in Form von Puffern[1], d.h. lagerfähiger Ware in Arbeit, aufstauen. Dies führt zu einer Reduktion eines Freiheitsgrades zur Planung der Kapazitäten (der im klassischen MRPII-Konzept auch ausgenutzt wird: Siehe dazu die Betrachtungen zu Warteschlangen im Kap. 13.2).

Flexibles Potential der Produktionsinfrastruktur: In der chemischen Produktion waren lange Zeit sog. Monoanlagen üblich. Das war bei extremer Massenproduktion aus wirtschaftlichen Gründen durchaus angebracht. Im Zuge des flexibleren Anpassens der Kapazitäten an die Belastungssituation und insbesondere zur Realisierung von Produktwechseln setzt man nun immer mehr auch modular aufgebaute Mehrzweckanlagen ein. Trotzdem ist man weit weg von der Flexibilität der mechanischen Produktion. Inflexible Anlagen existieren weiter – nicht zuletzt aufgrund staatlicher Auflagen. Siehe dazu auch [Hübe96, S. 23 ff]. Lebensmittel- und Medikamentenherstellung unterliegt einer strengen Qualitätsprüfung, z.B. durch die FDA, die amerikanische „Food and Drug Administration". Für die Produktion von Lebensmitteln und Medikamenten liegt ein Katalog von Richtlinien vor, genannt GMP, „good manufacturing practices". Die Validierung der Herstellung eines solchen Produkts aufgrund der GMP ist auf die einzelne Anlage bezogen. Es ist so nicht möglich, z.B. bei Kapazitätsengpässen oder Maschinenausfällen einfach die Anlage zu wechseln. Dies würde nämlich eine Validierung des Produktionsprozesses auch auf der Ersatzanlage voraussetzen.

8.1.3   Grosse Auftragslose, Herkunftsnachweis und Schleifen in der Auftragsstruktur

Die Kundentoleranzzeit für chemisch-pharmazeutischen Produkte und Lebensmittel ist praktisch null, und die Herstellung dauert oft sehr lang. Der *Auslösungsgrund des Auftrags* ist daher meistens eine *Vorhersage*. Lange Durchlaufzeiten machen jedes Planungssystem extrem anfällig für Verbrauchsschwankungen, was Vorhersagefehler teuer machen kann. Wenn natürlich auf einer Produktionsstufe ein kontinuierlicher Verbrauch vorliegt, dann kann die Vorhersage direkt auf dieser Stufe erfolgen von der Vorhersage auf übergeordneten Produktionsstufen abgeleitet werden. Der Auslösungsgrund wäre der *Verbrauch*. Er führt zu einer *Lagernachfüllung*.

---

[1] Tatsächlich existieren in vielen technischen Anlagen für kontinuierliche Produktion Pufferbehälter vor den einzelnen Kapazitätsplätzen. Diese dienen in der Regel weniger der Erhaltung des Freiheitsgrades zur unabhängigen Planung und Steuerung, sondern viel mehr zur Sicherung der Prozess-Stabilität.

Losgrösse eines Auftrags: Ggf. müssen prozessbedingt grosse Mengen produziert werden, um ein qualitativ genügendes Resultat zu erhalten. I. Allg. sind bei der Prozessindustrie die Bereitstellungs- und Rüstzeiten hoch (z.B. Reinigung der Reaktoren). Auch das Anfahren der Prozesse muss streng genommen zum Rüstaufwand gezählt werden. Des Weiteren sind die vom Markt geforderten Mengen als solche u. U. sehr gross, z.B. in der Lebensmittelproduktion. Es liegt damit eine Massenproduktion vor.

Ein *Herkunftsnachweises* ist aufgrund gesetzlicher Regelungen – aber auch wegen der Haftung und der Rückrufproblematik – des Öftern nötig. Dazu werden Lose, Batches oder Chargen oder sogar *Positionen in der Charge* verwaltet. Näheres zur Verwaltung von Chargen siehe Kap. 8.2.3. Zusätzlich werden Chargen u.a. aus folgenden weiteren Gründen geführt:

- Wegen der beschränkten Lagerfähigkeit der aktiven Substanzen. Entstehen zudem aus einer Charge verschiedene Einheiten – z.B. verschiedene Fässer –, so müssen diese geeignet identifiziert werden (z.B. einzeln aufsteigende Nummerierung). Das beschaffte oder produzierte Material muss dann auch in der Weiterverarbeitung mit dieser relativen Position ausgewiesen werden.

- Um einheitliche Qualitäten innerhalb einer Charge zu gewährleisten. Dies ist in der Prozessindustrie, z.B. in der chemischen und pharmazeutischen Produktion, teilweise Metall- bzw. Stahlverarbeitung usw. der Fall. Es gilt insbesondere dort, wo die Produkteigenschaften je nach Prozessverlauf schwanken oder wo Produkte durch Vermischen oder Zusammenführen verschiedener Stoffe hergestellt werden und die Ausgangsstoffe die Eigenschaften des Endprodukts nicht linear beeinflussen. Ein Beispiel dafür ist die Kraftstoffmischung, wo etwa die Zusetzung von hochoktanigen Stoffen nicht linear zu einer entsprechenden Erhöhung der Oktanzahl führt.

In der Prozessindustrie können durchaus *Produktstrukturen mit Schleifen* auftreten. Im Beispiel der Abb. 8.1.1.1 kann man sich einen Katalysator[2] K vorstellen, unter dessen Gegenwart die Reaktion stattfindet, der jedoch dabei nicht verbraucht wird und deshalb nach erfolgter Reaktion wieder zur Verfügung steht. Dadurch entsteht der in der Abb. 8.1.3.1 gezeigte Güterfluss. Da das Aus- und Eingangslager für den Katalysator K dasselbe ist, ergibt sich eine Schleife.

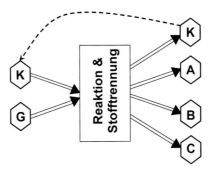

Abb. 8.1.3.1   Produktstruktur mit Schleife

---

[2] *Katalysatoren* werden in chemischen Reaktoren zur Erhöhung der Produktion eingesetzt. Sie verbessern die Reaktionsbedingungen und können die Herstellung einer gewünschten Produktqualität aus verschiedenen Möglichkeiten fördern.

Ein anderes Beispiel für eine Produktstruktur mit Schleifen ist das Aufbereiten von Nebenprodukten und die Wiederzuführung des rezyklierten Materials als Ausgangsmaterial. Des Weiteren können bei Mischprozessen einmal gemischte Mengen solange wieder in den Mischprozess geführt werden, bis eine genügend gute Homogenität des Produkts erreicht ist. Es ergibt sich ein *ungerichtetes Netzwerk von Arbeitsgängen*. Beispiel dafür ist die Herstellung von Farben oder pharmazeutischen Produkten.

8.2 Prozessor-orientierte Stamm- und Auftragsdatenverwaltung

Im Kap.1.2 waren Produktstruktur, Produktionsstruktur und der Prozessplan jeweils an einem Produkt „aufgehängt". Diese klassische, zusammenbauorientierte Ausrichtung ist jedoch für die Prozessindustrie nicht geeignet. Es braucht erweiterte Geschäftsobjekte, die im Wesentlichen bereits eine Auftragsstruktur mit verschiedenen möglichen Produkten wiedergeben. Dieses Unterkapitel führt nun zusätzliche Geschäftsobjekte und Erweiterungen der bisherigen Geschäftsobjekte ein. Deren detaillierte Modellierung wird in Kap.17.4 besprochen.

8.2.1 Prozesse, Technologien und Ressourcen

In der Prozessindustrie bedeutet Produktentwicklung gleichzeitig Prozessentwicklung. Es gibt keine Trennung dieser beiden Schritte wie z.B. in der mechanischen Produktion. Die Produktentwicklung beruht voll auf der Kenntnis von Technologien, die in Produktionsprozesse umgesetzt werden können. So wie man in der mechanischen Produktion Technologien zum Trennen, Fräsen, Elektroerodieren usw. kennt, sind es hier Technologien über biologische, chemische oder physikalische Reaktionen.

> Das Objekt *Technologie* beschreibt die prozessunabhängigen Eigenschaften und Bedingungen, ja das ganze Wissen einer Technologie.
>
> Das Objekt *Prozess* beschreibt technologieunabhängig den möglichen Input, die Wirkung des Prozesses sowie den daraus entstehenden Output.

Siehe dazu das Kap.17.4.1. Ein Prozess kann mit verschiedenen Technologien realisiert werden, so wie auch umgekehrt eine Technologie in verschiedenen Prozessen zum Einsatz kommen kann.

> Das Objekt *Prozess mit Technologie* beschreibt den Arbeitsgang, also das während des eigentlichen Produktionsprozesses einsetzbare Verfahren.

Es ist dieses logistische Objekt, das schliesslich in einer Produktionsstruktur als grundlegender Herstellungsschritt vorkommt.

> Eine *Ressource* ist gemäss [DuFr15] ein natürliches Produktionsmittel für die Wirtschaft. Darunter wird jedes in einem Wertschöpfungsprozess identifizierte, verbrauchte und produzierte Ding verstanden. Der Begriff wird hier generalisiert verwendet. Er steht für Produkte, Material, Kapazitäten (auch Personen), Anlagen, Energie usw.

In der Prozessindustrie werden sämtliche Ressourcen als gleich wichtig betrachtet. Material hat keine Priorität i.Vgl. mit Kapazitäten oder Betriebsmittel. Dies zeigt sich darin, dass in einer

Produktionsstruktur ausschliesslich von Ressourcen gesprochen wird und sämtliche möglichen Arten von Ressourcen durch geeignete Spezialisierung genauer beschrieben werden. Die Abb. 8.2.1.1 zeigt das logistische Objekt *Ressource* als Generalisierung des Geschäftsobjekts *Artikel* in der Abb. 1.2.2.1 und der Geschäftsobjekte in Kap. 1.2.4.

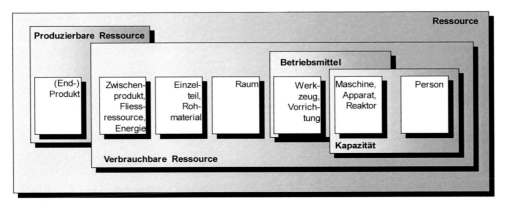

Abb. 8.2.1.1   Prozessor-orientierte Stammdaten: Beispiele von Ressourcen

Das Geschäftsobjekt *Artikel* bzw. *Baugruppe* bzw. *Produkt* bzw. *Komponente* ist eine Spezialisierung des Objekts *Ressource* bzw. *Zwischenprodukt* bzw. *produzierbare Ressource* bzw. *verbrauchbare Ressource*. Als weitere Ressource erscheint *Energie* wie Elektrizität, Dampf und Ähnliches, welche man auch als Artikel auffassen kann. Sie entstehen des Öftern als Nebenprodukte. Auch das Geschäftsobjekt *Kapazität* ist eine Spezialisierung des Objekts *Ressource*. Das können Personen sein, aber auch Maschinen oder Apparate (z.B. Reaktoren). Die letztgenannten Ressourcen sind mit Werkzeugen, Vorrichtungen usw. unter dem Begriff *Betriebsmittel* zusammengefasst. Sie beschreiben die zum Herstellungsprozess nötigen Sachinvestitionen.

8.2.2   Der Prozesszug: eine prozessor-orientierte Produktionsstruktur

In der Prozessindustrie ersetzt eine neue Struktur die klassische Produktionsstruktur aus Stücklisten und Arbeitsplänen (siehe Kap. 1.2.2 und Kap. 1.2.3). Bei genauem Hinsehen erweist sie sich als Generalisierung des klassischen Stücklisten- und Arbeitsplan-Konzepts. Siehe dazu auch [TaBo00, p. 178ff], [Loos95] und [Sche95b].

Die Abb. 8.2.2.1 zeigt ein Beispiel einer prozessor-orientierten Produktionsstruktur (eines Rezepts) aus der Schokoladenproduktion.

Die erste (Prozess-)Phase besteht aus dem Walzen, dem Konchieren[3] und Abfüllen. Als verbrauchbare Ressourcen für das Walzen kann man sich die eigentliche Kakaomasse, die benötigte Maschinen sowie die Energie vorstellen. Die Prozessphase ergibt ein

---

[3]   Konchieren wird der Prozess des Walzens und Knetens genannt, welcher der Schokolade, so wie sie heute bekannt ist, ihre weiche, sämige und geschmackvolle Qualität gibt. Der Begriff „Konchieren" stammt vom muschelähnlichen Aussehen der dabei benutzten Walzen (frz./engl. „conche" für Muschel). Der Prozess dauert dabei lange im Verhältnis zum Gesamtprozess, nämlich solange bis die Zuckerkristalle genügend klein geworden sind (was die Schokolade sämig macht).

Zwischenprodukt, im konkreten Fall eine Aromamasse, die später für die weitere Verarbeitung verwendet wird. Daneben entstehen auch Nebenprodukte wie Bruchschokolade oder Energie.

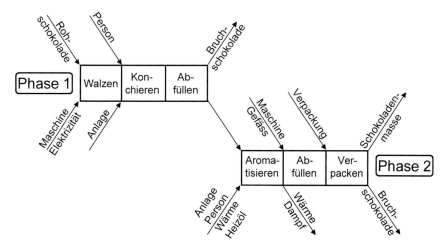

Abb. 8.2.2.1   Prozessor-orientierte Produktionsstruktur (Rezept): Beispiel einer Schokoladen-
herstellung

Die zweite Phase umfasst die Prozesse „Herstellen der Aromamasse", „Abfüllen" und „Verpacken". Als Hauptprodukt entsteht das verpackte Aroma-Halbfabrikat. Als Kuppelprodukt entstehen Bruchschokolade, Energie (Hitze, Dampf). Als verbrauchte Ressourcen sind neben dem eigentlichen Material vor allem die Kapazitäten und Betriebsmittel zu nennen, die jeweils stellvertretend aufgeführt sind.

Die Abb. 8.2.2.2 zeigt das formale Konzept des Prozesszugs. Diese Struktur ist grundlegend für die Objekte sowohl der Stamm- als auch der Auftragsdatenverwaltung in der Prozessindustrie.

Ein *Prozesszug* (engl. *„process train"*) stellt den Materialfluss durch ein Produktionssystem in der Prozessindustrie dar und zeigt die Betriebsmittel und Bestände auf (vgl. [APIC16]).

Als *Prozesseinheit* bezeichnet man die Betriebsmittel, die zusammen einen grundlegenden Herstellungsschritt bzw. einen Arbeitsgang ausführen, wie z.B. „mischen" oder „verpacken".

Ressourcen wie Materialinput und -output, Kapazitätsplätze und Betriebsmittel werden dem Herstellungsschritt bzw. Arbeitsgang zugeordnet.

Eine *Prozessphase* (engl. *„process stage"*) ist eine Kombination von (i. Allg. aufeinander folgenden) Prozesseinheiten.

Die Abb. 8.2.2.2 zeigt wie mehrere (i. Allg. aufeinander folgende) Prozessphasen in einen Prozesszug zusammengezogen werden. Bestände in Zwischenlagern entkoppeln die Termin-planung von aufeinander folgenden Phasen eines Prozesszugs. Zwischen zwei aufeinander folgenden Herstellungsschritten innerhalb einer Prozessphase liegen allenfalls Fliessressourcen als Zwischenprodukte, die nicht gelagert werden sollen.

Prozessor-orientierte Produktionsstruktur oder *Produktionsmodell* sind andere Begriffe, die dem Prozesszug gegeben wurden.

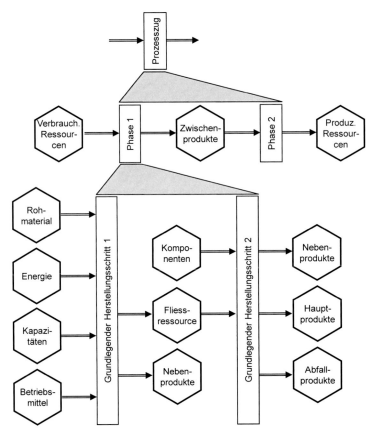

Abb. 8.2.2.2   Prozesszug (formalisiert) mit seinen Phasen und Herstellungsschritten

> Das *Rezept* bzw. *Formel* ist ein geläufiger Begriff, welcher den Inhalt einer prozessor-orientierten Produktionsstruktur beschreibt[4].
>
> Eine *prozessor-orientierte Auftragsstruktur* ist eine prozessor-orientierte Produktionsstruktur, die einem spezifischen (Produktions-)Auftrag zugeordnet wird, d.h. mit spezifizierten Mengen und Terminen.

Den so definierten Prozesszug kann man als Erweiterung der dem Prozess- plan unterlegten Produktionsstruktur in Abb. 1.2.3.3 auffassen – d.h. ohne die der Durchlaufzeit entsprechenden Längenverhältnisse auf der Zeitachse.

Wie jede Produktionsstruktur kann auch ein solcher Prozesszug vorkalkuliert werden. Über die entsprechende prozessor-orientierte Auftragsstruktur wird dann eine Nachkalkulation geführt. Eine Besonderheit ist dabei die Verteilung der entstehenden Kosten auf die verschiedenen produzierten Ressourcen, d.h. die Haupt- und Nebenprodukte. Das geschieht am einfachsten durch einen von vornherein festgehaltenen Prozentwert für jede durch die Produktionsstruktur produzierte Ressource.

---

[4]   Für Bemühungen zur Standardisierung der Begriffe siehe [Namu14, (AK 2.3)].

8.2.3 Die Verwaltung von Chargen in der Bestandshaltung

In vielen Bereichen der Prozessindustrie wird, wie in Kap. 8.1.3 besprochen, von behördlicher Seite der Herkunftsnachweis der in einem Produkt verwendeten Ingredienzien gefordert. Die wohl bekannteste Massnahme zum Erfüllen dieser Forderung ist das Führen einer Identifikation für jede einzelne produzierte oder beschaffte Charge bzw. Los oder Batch. Die Los bzw. Batch bzw. Charge wird damit zu einem betrieblichen Objekt. Bei Kuppelproduktion können die miteinander produzierten verschiedenen Ressourcen die gleiche Identifikation erhalten.

> Die *Chargenverwaltung* legt für jede Ressource die Identifikation der Produktionschargen fest und verläuft gemäss den folgenden Schritten:

1. Jede Charge erhält im Moment ihrer Fertigstellung eine *Chargenidentifikation*, kurz Chargen-Id. genannt. Sie wird zudem als „ausgeführte Ressourcentransaktion" festgehalten und wird z.B. zu einem Lagereingang. Zu den Attributen dieses Objekts gehören nebst der Chargen-Id. die Identifikation der Ressource, die bewegte Menge, die Auftrags-Id., die Position des Prozesses in der Auftragsstruktur sowie das Transaktionsdatum.

2. Der Bestand an Lager für eine bestimmte Ressource setzt sich zusammen aus den Chargen gemäss Schritt 1 minus die von diesen Chargen bereits gemäss Schritt 3 bezogenen Abgangsmengen.

3. Die Chargenidentifikation für einen Lagerausgang wird bestimmt, indem die Ausgangsmenge einem Bestand am Lager gemäss Schritt 2 zugeordnet wird. Die zu diesem Bestand gehörige Chargen-Id. (ursprünglich im Schritt 1 bestimmt) wird auch zur Chargen-Id. des Lagerausgangs. Der Lagerausgang bildet zudem ebenfalls eine „ausgeführte Ressourcentransaktion". Die Attribute sind dann dieselben wie die unter Schritt 1 beschriebenen. Stammt die bezogene Menge aus verschiedenen Lagereingängen, so muss man genauso viele Lagerausgänge erfassen, mit je der dazugehörigen Chargen-Id. und Teilmenge des Lagerausgangs. In vielen Fällen ist jedoch die Regel „gleiche Charge" gefordert. Dann ist es verboten, die Ausgangsmenge aus verschiedenen Chargen zusammenzusetzen.

Zu den Objekten für die Verwaltung von Chargen siehe Kap. 17.4.2.

8.3 Prozessor-orientiertes Ressourcenmanagement

8.3.1 Die Kampagnenplanung

Im Kap. 8.1.3 wurden grosse Lose als Folge von Rüst- oder Einrichtkosten beschrieben, aufgrund insbesondere von Reinigungsprozessen sowie An- und Abfahrvorgänge. Weniger bedeutend sind Umrüstprozesse für den Transport der Fliessressourcen. Im prozessor-orientierten Ressourcenmanagement stehen für das Kapazitätsmanagement und für die Steuerung der Produktion andere Objekte im Vordergrund als für das Materialmanagement:

- Für die Steuerung steht als Planungseinheit die Maschine oder die Anlage im Vordergrund, z.B. ein Reaktor. Dies ist auch das eigentliche Planungsobjekt. Die *technisch machbare Losgrösse* (engl. „*batch*") ergibt sich aus der in dieser Anlage ideal verarbeitbaren Gütermenge. Die so produzierte Charge ist auch Gegenstand der Abrechnung, der

Lagerhaltung und auch der Archivierung von Informationen, z.B. für den späteren Herkunftsnachweis.

- Aus der Sicht des Materialmanagements stehen die Bedarfe im Vordergrund. Produktionslose können wegen der technischen Machbarkeit nur Vielfache einer Produktionscharge sein. „Optimale" Losgrössen, sei es mit stochastischen oder deterministischen Methoden berechnet (siehe Kap. 11.3 bzw. 12.3), müssen zudem wegen der hohen Rüstkosten und der geforderten Auslastung der Kapazitäten oft grosszügig aufgerundet werden. Diese versteckte Losgrössenbildung führt vermehrt zu blockweisem Bedarf und damit zu einem ausgeprägt quasideterministischen Materialmanagement.

Eine *Kampagne* ist ein ganzzahliges Vielfaches von Produktionschargen eines bestimmten Artikels, die nacheinander gefertigt werden.

Ein *Kampagnenzyklus* ist eine Reihenfolge von Kampagnen, während der alle wichtigen Produkte auf einer bestimmten Kapazität produziert werden, und zwar in der Menge, wie es der Bedarf erfordert.

Das Kriterium für die Reihenfolge ist dabei die Reduktion von Rüstkosten. Sobald die optimale Losgrösse aus Sicht des Materialmanagements mehrere Chargen umfasst, werden diese als erstes in einer Kampagne zusammengefasst. Als nächstes ist es u. U. ratsam, eine Charge eines anderen Produkts unmittelbar danach zu fertigen, wenn dadurch z.B. ein Reinigungsprozess entfällt. Dieses Bilden von Kampagnen ist charakteristisch für eine prozessor-orientierte Ressourcenwirtschaft. Für die Planung der Kapazitäten muss man also nicht nur die einzelnen Chargen, sondern gleich die ganzen Kampagnen berücksichtigen. Unter dringenden Umständen kann man natürlich eine Kampagne auch wieder in ihre Chargen zerlegen.

Die *Kampagnenplanung* möchte optimale Kampagnenzyklen erreichen.

Die Kampagnenplanung ist ein Beispiel für eine *Reihenfolgeplanung*, bzw. das Zusammenstellen von optimalen Reihenfolgen. Die Optimierung kann dabei auf unterschiedliche Zielgrössen ausgerichtet sein – z.B. Produktionskosten, Produktionszeit oder auch Produktqualität. Die Abb. 8.3.1.1 zeigt das in der Abb. 8.1.1.2 eingeführte Beispiel, verlängert um einen Verpackungsprozess. Es ist [TaBo00, S. 18ff] entnommen.

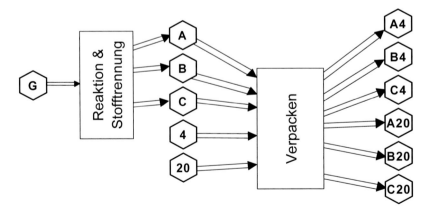

Abb. 8.3.1.1   Beispiel für eine Prozesskette in der chemischen Produktion (vgl. Abb. 8.1.1.2)

Die in einem Werk hergestellten drei Güteklassen A, B und C werden im darauf folgenden Verpackungsprozess je in zwei verschiedene Behälter von 4 Litern bzw. 20 Litern abgefüllt. Der Bedarf fällt bei den sechs Endprodukten (3 Güteklassen mal 2 Verpackungsgrössen) an. Als Vereinfachung sei für die minimale Charge die Produktion eines Tages angenommen. Der Bedarf an einem Fertigfabrikat sei relativ zum Gesamtbedarf gegeben: A4 30%, B4 20%, C4 10%, A20 20%, B20 10% und C20 10%. Durch Stücklistenauflösung ergeben sich daraus die Bedarfsanteile für die aus dem Reaktor entstehenden Zwischenprodukte: 50% A, 30% B und 20% C.

Unter der Annahme, dass für den Verpackungsprozess der grosse Rüstaufwand beim Wechseln der Verpackungsgrösse anfällt und die Rüstkosten im Reaktor durch die Reihenfolge A, B, C am kleinsten gehalten werden können, sowie der Festlegung einer minimalen Kampagne von einer Tagesproduktion ergeben sich die in der Abb. 8.3.1.2 festgehaltenen Kampagnenzyklen.

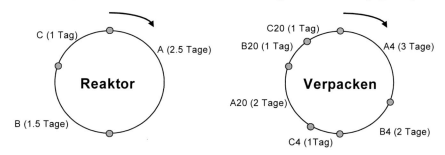

Abb. 8.3.1.2   Kampagnenzyklen für das Beispiel in Abb. 8.3.1.1 (vgl. Abb. 6.2.1.2) bei minimaler Kampagnenlänge von einer Tagesproduktion

Taktgeber für den Reaktor ist der minimale Bedarfsanteil von 20% an C. Die Länge des Kampagnenzyklus ist somit 5 Tage. Taktgeber für das Verpacken ist der minimale Bedarfsanteil von 10% an C4 oder C20. Die Länge dieses Kampagnenzyklus ist damit 10 Tage.

Die Ideen zum prozessor-orientierten Ressourcenmanagement entsprechen somit bis zu einem gewissen Grad den Ideen des Lean-/Just-in-time-Konzepts (Kap. 6.2). Auch dort spielt die optimale Reihenfolge der Arbeitsgänge mit Blick auf die dadurch mögliche Rüstzeitreduktion eine Rolle (vgl. dazu die Abb. 6.2.1.3). Die Reduktion der Rüstzeiten soll dabei zu kleinen Losen und so zu einem kontinuierlicheren Bedarf führen. Erst dadurch ist die Entkopplung der Prozesse der verschiedenen Produktionsstufen erreichbar, und damit der Einsatz des Kanban-Verfahrens auch in der Prozessindustrie möglich.

Kann ein kontinuierlicher Bedarf nicht erreicht werden, dann sind nach wie vor quasideterministische Verfahren angebracht. Bei Vorliegen eines Nettobedarfs wird nun aber nicht nur eine Charge zur Produktion eingeplant, sondern jeweils mindestens eine Kampagne. Eine Charge liefert zudem gleichzeitig Kuppelprodukte. Beides widerspricht der einfachen Ziehlogistik des Kanban-Verfahrens, weil die Produkte nicht nach Verbrauch, sondern aufgrund des technischen Verfahrens und des Rüstzeitgewinns produziert werden. Das Kapazitätsmanagement dominiert.

Für die Eignung in der Prozessindustrie fehlen dem klassischen MRPII-/ERP-Konzept zum Ressourcenmanagement die prozessor-orientierten Verfahren wie Kuppelproduktion und Kampagnenprinzip. Die Kampagnenplanung sorgt für die mengenmässige Synchronisation der Bedarfe mit den produzierten Gütern auf allen Produktionsstufen – insbesondere auf der Ebene der Endprodukte. Nicht mögliche Synchronisation muss dabei mit Sicherheitsbeständen abgefangen werden. Die Kampagnenplanung hat somit auch zum Ziel, durch möglichst genaue

Synchronisation der verschiedenen (Prozess-) Phasen die nötigen Sicherheitsbestände in den Zwischenlagern minimal zu halten. Im Falle des obigen Beispiels zeigt die Abb. 8.3.1.3 eine mögliche Synchronisation der beiden (Prozess-)Phasen (bzw. Produktionsstufen).

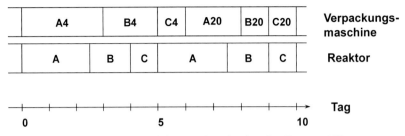

Abb. 8.3.1.3   Kampagnenplanung: Mögliche Synchronisation der (Prozess-)Phasen

In der Abbildung erscheinen für das jeweilige Produkt die Grenzen der ganzen Kampagne, nicht aber der einzelnen Chargen. Bei gegebenen Bedarfsmengen kann man die daraus entstehenden Bestandskurven der End- und Zwischenlager berechnen. Solche Bestandskurven sind von der Art, wie sie im Kapitel 12 zur Bestimmung des geplanten verfügbaren Bestands detailliert eingeführt werden. Sie sind die Grundlage für mögliche Massnahmen zur Störungsbehebung, insbesondere für das Festlegen der nötigen Sicherheitsbestände.

Das beschriebene Kampagnen-Planungsverfahren entspricht einer modifizierten Planung in die begrenzte Kapazität (siehe dazu Kap. 14.3) mit laufender Interaktion des Planers. Die Planungsdiagramme entsprechen den Gantt-Diagrammen oder Plantafeln, wie sie der Planung in die begrenzte Kapazität eigen sind (siehe dazu auch die Darstellungen in Kap 14.3 und Kap. 15.2.2), jedoch mit dem Unterschied, dass nicht nur einzelne Chargen, sondern auch ganze Kampagnen oder sogar Kampagnenzyklen zu beachten sind.

8.3.2   Prozessor-dominierte Terminplanung versus Material-dominierte Terminplanung

Eine *prozessor-dominierte Terminplanung* ist gemäss [APIC16] eine Technik, welche Betriebsmittel oder Kapazität (Prozessoren) vor Material plant. Eine solche Technik erleichtert die Terminplanung von Betriebsmitteln für genügend lange Bearbeitungszeiten und den Einsatz von (rüst-) kostengünstigen Kampagnenzyklen.

Siehe dazu auch [TaBo00, S. 30ff]. Das Kampagnenprinzip in Kap. 8.3.1 ist ein Beispiel für prozessor-dominierte Terminplanung. Tatsächlich hat hier für die Terminplanung das Kapazitätsmanagement Priorität über das Materialmanagement. Die Terminplanung erfolgt in die begrenzte Kapazität. Güter werden gemäss deren Ergebnissen eingeplant.

Prozessor-dominierte Terminplanung ist charakteristisch für das prozessor-orientierte Konzept. Sie kommt typisch zum Einsatz für die Terminplanung der Herstellungsschritte innerhalb einer Prozessphase. Sie kommt jedoch in der Prozessindustrie nicht in jedem Fall zum Einsatz.

Eine *Material-dominierte Terminplanung* ist gemäss [APIC16] eine Technik, welche Material vor Prozessoren (Betriebsmittel oder Kapazität) plant. Eine solche Technik erleichtert den effizienten Einsatz von Gütern.

Material-dominierte Terminplanung kann für die Planung der Phasen innerhalb eines Prozesszuges benutzt werden. Typischerweise benutzen sowohl das MRPII- / ERP-Konzept als auch das Lean-/Just-in-time-Konzept Material-orientierte Terminplanungslogik. In der Prozessindustrie haben sie ebenfalls ihre Bedeutung.

Das Problem in der Prozessindustrie ist die Bestimmung des Punktes, ab welchem das prozessor-orientierte Konzept die anderen Konzepte ersetzen. Die Abb. 8.3.2.1 präsentiert eine vereinfachte Daumenregel. Diese Argumentation ist ähnlich zu derjenigen in [TaBo00]. Vgl. dazu auch die Abb. 4.5.3.1.

Das MRPII-/ERP-Konzept bzw. das Lean-/JiT-Konzept kommt zum Einsatz, sobald
- das Material bezogen auf die gesamten Herstellkosten relativ teuer ist,
- Überkapazitäten bestehen,
- Rüstzeiten und -kosten tendenziell vernachlässigbar sind,
- eher eine Werkstattproduktion als eine Linienproduktion vorliegt.

Das prozessor-orientierte Konzepte kommt zum Einsatz, wenn
- die Kapazität bezogen auf die gesamten Herstellkosten relativ teuer ist,
- Engpasskapazitäten bestehen,
- die einmaligen Kosten je produziertes Los relativ teuer sind.

Abb. 8.3.2.1 Einsatz des MRPII- / ERP-Konzepts oder des Lean-/JiT-Konzepts im Vergleich mit dem prozessor-orientierten Konzept

8.3.3 Berücksichtigen einer nichtlinearen Verbrauchsmenge und einer Produktstruktur mit Schleifen

In der Prozessindustrie entspricht der Einbaumenge die selektive Umsetzung von Ausgangsstoffen zu Zwischen-, End- oder Nebenprodukten.

Die *Arbeitsgang-/Prozessausbeute* ist die Beziehung des brauchbaren Outputs eines Prozesses, einer Prozessphase oder eines Arbeitsgangs zur Inputmenge (vgl. [APIC16]).

Die Arbeitsgang-/Prozessausbeute kann oft als ein Verhältnis, z.B. ein Prozentsatz, ausgedrückt werden. Gerade chemische oder biologische Prozesse unterliegen jedoch Bedingungen, die nicht immer genau vorhersehbar sind (z.B. externen Einflüssen wie dem Wetter). Auch die eingesetzten Technologien und Produktionsverfahren sowie u. U. schwankende Qualitäten der Ausgangsmaterialien haben einen nicht immer in jeder Hinsicht quantifizierbaren Einfluss auf Ressourcen-Verbräuche zur Folge. Zum Beispiel können gewisse Einsatzstoffe in der Anfahrphase eines Prozesses oder im Prozessverlauf, d.h. mit steigender Produktionsmenge, überproportional verbraucht werden. In solchen Fällen wird die Verbrauchsmenge keine lineare Funktion der produzierten Menge mehr sein.

Eine *nichtlineare Verbrauchsmenge* ist eine Arbeitsgang-/Prozessausbeute, die nicht durch eine lineare Funktion der produzierten Menge ausgedrückt werden kann.

Ebenso wenig wie die Verbrauchsmenge verhält sich die Prozessdauer proportional zur produzierten Menge. Der effektive Verbrauch könnte sich somit einstellen, wie in der Abb. 8.3.3.1 gezeigt. Siehe dazu [Hofm95, S. 74ff].

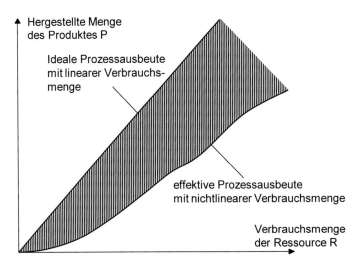

Abb. 8.3.3.1   Hergestellte Menge eines Produkts P als nichtlineare Funktion der Verbrauchsmenge einer Ressource R

In manchen Fällen ist die nichtlineare Funktion zur Berechnung der Verbrauchsmenge im Voraus bekannt. In solchen Fällen besteht die Lösung des Problems darin, anstelle eines konstanten Wertes für das Attribut *Einbaumenge* eine entsprechende Formel in Funktion von Parametern zu führen. Beim Übergang von der Produktionsstruktur in die Auftragsstruktur wird die Formel mit den zum Auftrag gehörenden Parameterwerten – u.a. der Losgrösse – ausgewertet und so der passende Bedarf der Ressource ermittelt. Dieses Vorgehen ist genau dasselbe wie im Falle der Einmalproduktion bei variantenreichen Produkten, wie dies im Kap. 7.3 beschrieben wird. Dort werden Formeln auch anderen Attributen, d.h. nicht nur der Einbaumenge oder der Belastungsvorgabe, hinterlegt.

Bei einer *Produktstruktur mit Schleifen* liegen meistens Produkte vor, die erneut in den Produktionsprozess geschoben werden können. Es kann sich um Nebenprodukte handeln (z.B. Bruchschokolade oder Energie, in Form von Dampf oder Wärme) oder Hilfsmaterial (z.B. Katalysatoren), welche für die weitere Produktion eingesetzt werden können. Daraus folgt die Beobachtung, dass solche Nebenprodukte oder Hilfsmaterial keinem externen Bedarf unterliegen und ihr Einsatz somit intern optimiert werden kann. Allenfalls bestehen mengenmässige, physikalische oder zeitliche Randbedingungen bezüglich der Verwertbarkeit sowie der Lagerfähigkeit. Das klassische MRP-Verfahren gemäss Kap. 12.3 lässt in den meisten Software-Paketen keine Schleifen zu. Das beruht darauf, dass das Verfahren die einzelnen Artikel in der Reihenfolge ihrer Dispositionsstufen abhandelt. Bei einer Produktionsstruktur mit Schleifen würde die Dispositionsstufe als „unendlich" berechnet werden.

Eine mögliche Lösung dieses Problems besteht darin, solche Artikel (Neben- oder Abfallprodukte) zu kennzeichnen und sie aus der Dispositionsstufenrechnung wegzulassen bzw. sie mit einer maximalen Dispositionsstufe zu versehen. Das MRP-Verfahren soll solche Neben- und Abfallprodukte dann erst als letztes einplanen. In diesem Moment sind aber sämtliche Bedarfe bereits bekannt, wie es auch alle geplanten Zugänge aufgrund von geplanten Aufträgen sind. Allfällige Nettobedarfe an solchen Neben- oder Abfallprodukten müssen nun produziert bzw. beschafft werden. Dafür ist jedem dieser Produkte eine zusätzliche Produktionsstruktur ohne weitere Kuppelprodukte zuzuordnen. Diese wandelt man dann in eine Auftragsstruktur um.

8.4   Besonderheiten der langfristigen Planung

8.4.1   Detaillierungsgrad der langfristigen Planung

Grundstoffverarbeitende Unternehmen stellen aus relativ wenigen Rohmaterialien eine Anzahl verschiedener Endprodukte her. Diese Anzahl ist jedoch bescheiden im Verhältnis zur Anzahl von Produkten, die in zusammenbauorientierten Produktionsunternehmen hergestellt werden. So stellt z.B. der Teil der pharmazeutischen Division der Novartis, welcher der früheren Ciba entspricht, in der chemischen Produktion „nur" ungefähr 150 aktive Substanzen her, und zwar aus wenigen Rohmaterialien. Gewisse dieser aktiven Substanzen haben jedoch eine kumulierte Durchlaufzeit von bis zu zwei Jahren. Dazu kommen hohe Sicherheitsbestände in den Zwischenlagern. Die Anzahl der verschiedenen zu planenden Kapazitätsplätze entspricht in etwa auch der Anzahl der Produkte und Zwischenprodukte. Sie liegt in den Hunderten, nicht aber in den Tausenden, auch wenn man die ganzen Prozessketten betrachtet.

Die Erfahrung zeigt, dass bei solchen Mengen eine Vergröberung der Geschäftsobjekte nicht sinnvoll ist. Die langfristige Planung (*Programmplanung* oder *Hauptplanung*) wird deshalb mit den detaillierten Produktionsstrukturen gemacht (vgl. dazu Kap. 5.1.1). Dies drängt sich auf, weil die Ressourcenbedarfsplanung nicht auf einer Bruttobasis durchgeführt werden kann. Die Kampagnen müssen bereits jetzt als Gesamtes gegen die verfügbare Kapazität aufgerechnet werden, da sie, wie oben erwähnt, aus wirtschaftlichen Gründen nicht einfach unterbrochen oder partiell nach auswärts vergeben werden sollten. Das darf bei Chargen erst recht nicht geschehen. Bei Fliessressourcen können zudem aufeinander folgende Prozesse nicht unterbrochen werden.

Da es sich um ein Bevorratungsgeschäft auf der Ebene der Endprodukte handelt, sind Bedarfsvorhersagen unerlässliche Bedingung. Der Bedarf an Rohmaterialien muss zudem – wegen begrenzter Mehrfachverwendung der Komponenten und blockweisen Komponentenbedarfs – quasideterministisch abgeleitet werden. Da Prozessindustrien ihre Logistikkosten vermehrt überprüfen müssen, sind ihre Lager und Durchlaufzeiten ebenfalls zu reduzieren. Durch den Verlust an Puffern, der aus einer solchen Reduktion entsteht, werden Störungen offensichtlich – besonderes bei grossen Bedarfsschwankungen. Deterministische Modelle zum Ressourcenmanagement können dann zum Ausfall von Ressourcen führen. Die nötige Robustheit wegen Bedarfsänderungen und Umplanungen verlangt eine vergrösserte Flexibilität – gerade im Einsatz von Kapazitäten. Die Kapazitäten müssen sich vermehrt dem Bedarf anpassen. Das erlaubt aber keine Planung in die begrenzten Kapazitäten im Sinne einer umfassenden Vorausplanung mehr, sondern erfordert vielmehr ein grösseres Potential zur Reaktion, d.h. zur situativen Steuerung. Das Zusammenspiel zwischen den an der Produktion beteiligten Menschen, sowohl in der Prozessplanung als auch in der Prozessdurchführung, steht damit mehr im Vordergrund.

8.4.2   Pipelineplanung über mehrere unabhängige Standorte

Die Globalisierung der Märkte hat dazu geführt, dass eine Firma in der ganzen Welt Produktionsstandorte führt. Dafür gibt es verschiedene Gründe. Handelsbarrieren können Firmen zwingen, in Ländern mit wichtigen Märkten auch Produktionsanlagen führen zu müssen (vgl. Kap. 2.1.1). Zukäufe von neuen Firmen werden vermehrt im Ausland getätigt. Validierungsanforderungen der amerikanischen FDA („Food and Drug Administration") begünstigen die Zentralisierung von bestimmten Produktionsprozessen an einem einzigen Ort.

Alle diese Bedingungen ergeben signifikante Nachteile für eine effiziente Logistik: Zwischenprodukte müssen von einem Ort nach dem anderen verschoben werden, auch zwischen

Ländern. Die Abb. 8.4.2.1 zeigt anhand eines Beispiels aus der Praxis eine Produktionsstruktur, die im Fachjargon auch *Produktionspipeline* genannt wird. Siehe dazu [HüTr98].

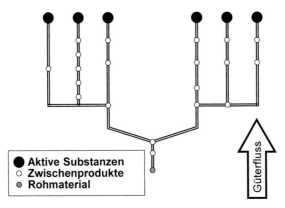

Abb. 8.4.2.1   Beispiel einer Produktionspipeline

Die verschiedenen Prozessphasen für diese Pipeline umfassen unterschiedliche Volumina und Anlagen. Einige Phasen werden in grossen Volumen und dedizierten Monoanlagen durchgeführt, andere in kleineren Volumen und mit Mehrzweckanlagen. Die Abb. 8.4.2.2 zeigt dieselbe Pipeline, diesmal mit ihren verschiedenen Produktionsstandorten in Grauschattierungen.

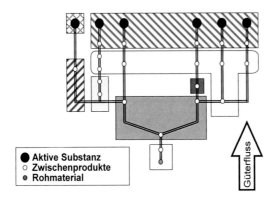

Abb. 8.4.2.2   Beispiel einer Produktionspipeline mit ihren Produktionsstandorten

Dieses verteilte Produktionssystem kann als eine Kunden-Lieferanten-Beziehung zwischen den einzelnen Produktionsstandorten aufgefasst werden. Im konkreten Beispiel sind sogar Produktionsstandorte in verschiedenen Ländern verbunden. Jeder dieser Standorte hat für die logistischen Systeme einen eigenen Planungsprozess, was eine effiziente Planung der ganzen Pipeline erschwert. Jeder Standort erstellt nämlich seine langfristige Planung unter eigenen Optimierungsgesichtspunkten. Produkte, die den eigenen Standort (in der Pipeline) nur durchlaufen, werden dabei nicht berücksichtigt. Als Folge entstehen für die Pipelineprodukte grosse Zwischenlagerbestände sowie lange Durchlaufzeiten.

Der Vergleich mit einem Unternehmen und seinen Abteilungen greift zu kurz: Die „Abteilungen" sind hier selbstständig agierende Unternehmen bzw. Profit Centers innerhalb eines Unternehmensverbundes. Zur hier nötigen intensiven Zusammenarbeit gehören

- ein partnerschaftliches Verhältnis zwischen den beteiligten Personen: Einerseits den Planern des Unternehmens, das die aktiven Substanzen, d.h. die Pipeline-Produkte, als Gesamtes herstellt, andererseits den Planern in den Unternehmen, die an der Herstellung des Produkts beteiligt sind. Es erweist sich als sinnlos, Stärken in der Verhandlungsposition ausspielen zu wollen. Die Steuerung wird in jedem Fall durch Menschen besorgt. Gegenseitige Achtung und Rücksichtnahme begünstigen nicht nur die Beziehung zwischen den beteiligten Menschen, sondern auch die Bereitschaft des einzelnen, die Problemstellung umfassend verstehen zu wollen. Siehe dazu Kap. 2.3.3[5].

- eine Vernetzung der Informationssysteme, um Vorhersagen und andere Planungsdaten austauschen zu können. Ergebnisse der koordinierenden zentralen Pipelineplanung müssen in die an der Pipeline beteiligten Unternehmen zurückfliessen. Siehe Kap. 2.3.5.

Die Abb. 8.4.2.3 zeigt den Prozess zur Programmplanung.

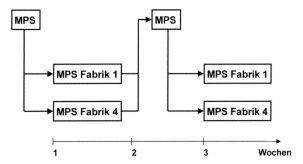

Abb. 8.4.2.3   Prozess für die Produktionsplanung bei mehreren unabhängig agierenden Standorten

Das Ergebnis der Haupt- oder Programmplanung, d.h. der Programm- bzw. Haupt-Produktionsterminplans (engl. „master production schedule", MPS) für die ganze Pipeline, wird von der Zentrale den einzelnen beteiligten Unternehmen übergeben und dort mit den Bedürfnissen der lokalen Planung abgeglichen. Das Resultat geht wieder an die zentrale Pipelineplanung zurück, usw. Es entsteht eine rollierende Planungsprozessorganisation, wobei der Planungshorizont durchaus ein bis zwei Jahre umfassen kann. Die Abb. 8.4.2.4 zeigt die vorgeschlagenen Planungsgruppen.

Zur Planungsgruppe gehören der (zentrale) Pipelinemanager (PM), sowie je eine verantwortliche Person aus der Planungsgruppe sämtlicher beteiligter Fabriken (PS, „plant scheduler"). Wichtig ist dabei, dass alle Planer laufend genügend Informationsaustausch betreiben. Der Einsatz eines unabhängigen Schiedsrichters mag hilfreich sein und ist kennzeichnend für die Schwächen eines jeden solchen Modells, wenn eine entsprechende Kultur nicht selbstverständlich ist.

---

[5]   In der Praxis kommt es sogar des Öfteren vor, dass bei der Produktion der gewünschten Pipeline-Produkte mehr oder weniger grosse Mengen an Neben- und Abfallprodukten (Kuppelprodukte) anfallen. Dabei ist die Wirtschaftlichkeit des Hauptprozesses und sogar dessen Realisierbarkeit häufig von einer effizienten Verteilung der Kuppelprodukte abhängig. Daraus folgt, dass neben den direkt an den Pipeline-Produkten Beteiligten auch die Abnehmer von Neben- und Abfallprodukten unbedingt mit in die Programmplanung einbezogen werden müssen.

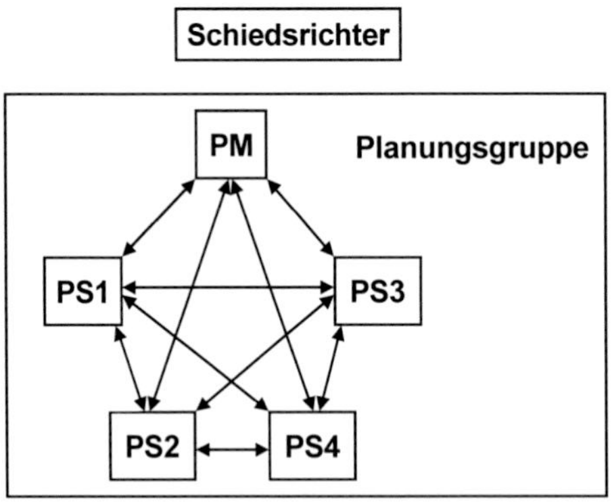

Abb. 8.4.2.4   Planungsgruppe bei mehreren unabhängig agierenden Produktionsstandorten

8.5   Zusammenfassung

Die im Maschinen- und Apparatebaus sowie im Automobil- und Flugzeugbaus üblichen ERP-/MRPII- und Lean-/JiT-Konzepte sind für die Prozessindustrie oft nicht geeignet. Kuppelproduktion, hochvolumige Linienproduktion und kontinuierliche Produktion, Serienproduktion, Massenproduktion sowie Produktionsstrukturen mit Zyklen sind einige Charakteristiken, die für die Prozessindustrie, auch grundstoffverarbeitende Industrie genannt, typisch sind.

In der Folge muss man die klassischen Konzepte für Stammdaten und Bestandsverwaltung erweitern. Güter und Kapazitäten zu gleich wichtigen Ressourcen. Die Prozessor-Orientierung dominiert. Dazu definiert man den Prozesszug. Er umfasst mehrere Prozessphasen, und diese wieder mehrere grundlegende Herstellungsschritte oder Arbeitsgänge. Ein solcher Herstellungsschritt wird mit den dazu benötigten Ressourcen verbunden, insbesondere mit den Betriebsmitteln. Besteht die Anforderung an die Nachvollziehbarkeit der Produktion – z.B. aufgrund von Regulativen staatlicher Organe (Stichwort FDA) – ist eine Verwaltung von Chargen notwendig.

Die Kuppelproduktion ist nicht nur Folge chemischer oder physikalischer Gegebenheiten (z.B. gleichzeitiges Entstehen von zwei oder mehr Substanzen durch parallel ablaufende oder sich überlagernde chemische Reaktionen während eines Produktionsprozesses), sondern kann auch aus wirtschaftlichen Gründen gezielt eingesetzt werden (z.B. um bei der Herstellung von verschiedenen Produkten aus Stahlblech oder Stahlbarren dank demselben Produktionsprozess Rüstkosten zu sparen).

Für die Planung der Wertschöpfung sind oft nicht die eingesetzten Materialien, sondern der Produktionsprozess selbst und der Kapazitätsbedarf ausschlaggebend. Typisch für solche Prozesse sind wenige Basisrohstoffe. Solche Rohmaterialien haben häufig einen kleinen Wert im Verhältnis zu den Produktionskosten. Die Wirtschaftlichkeit der Wertschöpfung kommt wesentlich durch gutes Ausnutzen der Produktionsanlagen zustande. Die prozessor-dominierte Terminplanung, und insbesondere das Kampagnenprinzip, trägt dieser Situation Rechnung. Die mit den Produktionsanlagen für die Chargenproduktion oft einhergehenden grossen Rüstkosten führen zu Kampagnenzyklen. Materialverlust aufgrund von Anfahr- und Abfahrprozessen sowie durch schwankende Betriebsbedingungen in den Produktionsanlagen oder unbeständige Qualität der Rohstoffe führen zu nichtlinearen Funktionen für den Bedarf an Ressourcen in Abhängigkeit von der hergestellten Menge eines Produkts. Ein weiteres Problem ist das Planen von Produktionsstrukturen mit Zyklen.

Die langfristige Planung ist in den meisten Fällen eine detaillierte (Objekt-) Planung. Dies wegen der relativ kleinen Anzahl von zu planenden Produkten sowie wegen der Berücksichtigung der hochvolumigen Linienproduktion, der kontinuierlichen Produktion und Kampagnen. Ein besonderes Augenmerk gilt der Pipelineplanung, d.h. der Planung über verschiedene unabhängig agierende Standorte. Ein solches Planungsumfeld ist wegen teurer Kapazitäten und der Marktregulation im Bereich der Prozessindustrie des Öftern gegeben.

8.6   Schlüsselbegriffe

8.7   Szenarien und Übungen

8.7.1   Batch-Produktion versus Kontinuierliche Produktion

Sie sind Unternehmer im Bereich der Spezialitätenchemie und wollen ein neues Lösungsmittel im Markt einführen. Es kann in der Klebstoffherstellung für die Automobilindustrie verwendet werden. Ihre Marketingabteilung schätzt das jährliche Absatzvolumen auf 5'000 bis 10'000 Tonnen. Die Produktentwicklung einschliesslich der Labortests ist abgeschlossen, das industrielle Herstellkonzept muss aber erst noch ausgearbeitet werden. Während die meisten Produktionsprozesse momentan nach dem Prinzip der Batch-Produktion (diskontinuierliche oder Batch-Produktion) gefahren werden, möchten Ihre Ingenieure nun das Konzept der kontinuier-lichen Produktion für das neue Produkt prüfen.

a) Was sind die Unterschiede zwischen diesen beiden Konzepten? Welches sind die Kriterien für die Wahl des einen oder anderen Konzepts?

b) Was ist Ihr Vorschlag bezüglich des neuen Lösungsmittels? Begründen Sie Ihre Entscheidung.

Lösung:

a)

Kontinuierliche Produktion	Diskontinuierliche Produktion (Lose)
Produktionsanlage (Apparatur, Reaktor, ...) erlaubt kontinuierlichen Durchfluss von Ausgangsmaterial und Produkt.	Produktionszeitintervalle – Einfüllung, Prozess (z.B. chemische Reaktion), Ausstoss.
Unter normalen Bedingungen werden die Produkte (Fliessressourcen) nicht gespeichert.	Produkte werden zwischen zwei Prozess-schritten oftmals gelagert.
Kaum flexibel bezüglich Produktionsvolumen und anderen Produkten.	Anlagen und Infrastruktur sind verhältnismässig flexibel (z.B. in Mehrzweckfabriken).
An- und Abfahrprozesse verursachen Produktverlust.	Herkunftsnachweis einzelner Lose ist erhältlich.

Bei der Auswahl des geeigneten Produktionsprinzips müssen folgende Punkte berücksichtigt werden:

- Produktionsvolumen und Regelmässigkeit der Nachfrage
- Flexibilitätsbedarf
- Anforderungen bezüglich Herkunftsnachweis und Qualitätskontrolle
- Technologische Rahmenbedingungen und Sicherheitsanforderungen

b) Im Falle des Lösungsmittels wäre die kontinuierliche Produktion vorzuziehen. Die Grösse des Produktionsvolumens ist von geeigneter Grösse für kleinere Anlagen für Flussproduktion. Ausserdem kann ein relativ regelmässiger Verbrauch des neuen Produkts angenommen werden. Zumindest ist ein Herkunftsnachweis nicht erforderlich.

8.7.2 Kuppelproduktion

Bei der Produktion. von 300 kg pro Stunde einer Aktivsubstanz für die Herstellung von Fotopapier fallen täglich 20 Tonnen Abwasser an. Das Abwasser ist mit einem organischen Lösungsmittel verschmutzt, welches für die Herstellung dieses Wirkstoffes benötigt wird. Der Kaufpreis des Lösungsmittels beträgt € 1.30 pro kg. Der momentane Produktionsprozess umfasst jährlich etwa 6'000 Einsatzstunden und wird nach dem Prinzip der kontinuierlichen Produktion ausgeführt. Das Abwasser muss als Abfallprodukt entsorgt werden. Aufgrund der annähernd 5-prozentigen (Massenprozent) Verunreinigung durch das Lösungsmittel fallen zusätzliche Kosten von € 5.50 pro m^3 gegenüber dem lösungsmittelfreien Abwasser an.

Auf Basis thermodynamischer Berechnungen und Labortests wurde geschätzt, dass es möglich wäre, beinahe sämtliche Lösungsmittelrückstände zu separieren, indem eine einfache Destillationskolonne als weiterer Prozessschritt hinzugefügt wird. Für die Destillation werden 80 kg Dampf (Kosten: € 20 pro Tonne) pro m^3 Abwasser benötigt. Das so gewonnene Lösungs-mittel kann dann ohne zusätzlichen Aufwand in den Prozess zurückgeführt werden.

Der Produktionsingenieur versucht nun abzuschätzen, wie viel Geld in die Destillationsanlage investiert werden kann, wobei eine Payback-Dauer von maximal 2 Jahren durch das Management vorgegeben wird. Können Sie helfen?

Lösung:
- 6'000 Arbeitsstunden entsprechen 250 Tagen (Kontinuierliche Produktion!)

- 20 · 250 = 5'000 Tonnen Abwasser fallen pro Jahr an
- Verlust von Lösungsmittel: 250 t/Jahr, => Einsparung durch Rückgewinnung: €325'000 / Jahr
- Einsparungen wegen geringerer Kosten für die Schmutzwasserbehandlung: €27'500 / Jahr
- Zusätzliche Kosten für die Dampferzeugung: €8'000 / Jahr
- Totale Einsparungen: €344'500 / Jahr
- Payback-Dauer: max. 2 Jahre => ca. €689'000 stehen für die Investition zur Verfügung

8.7.3 Produktionsplanung in der Prozessindustrie

Zur Produktion von 500 Tonnen eines in der Pharmaindustrie gebrauchten Wirkstoffes nach einem dreistufigen Batch-Prozess kommen chemische Reaktoren verschiedener Grösse zum Einsatz. Die Abb. 8.7.3.1 zeigt die Abfolge der Prozessschritte, wobei jeweils die Losgrösse und die Ausbeute jedes Prozessschrittes angegeben sind. Bitte beachten Sie, dass die Abbildung weder eine Mengenbilanz noch eine Stückliste zeigt.

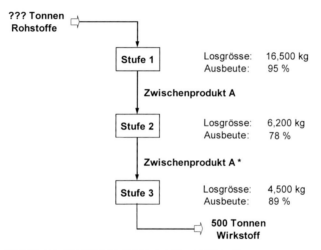

(Bemerkung: das Schema zeigt keine Mengenbilanz!)

Abb. 8.7.3.1   Losgrösse und Ausbeute jedes Prozessschrittes bei der Wirkstoffherstellung

Bestimmen Sie die notwendige Rohstoffmenge und die benötigte Anzahl Lose (Batches) pro Stufe für die gewünschte Menge des Wirkstoffs. Bitte beachten Sie, dass nur ganze Lose hergestellt werden können.

Lösung:

- Produktionsmenge des Wirkstoffes: 500 t
- Phase 3:
  - Ausbeute: 89 % => Bedarf an A*: 562 t
  - Batchgrösse: 4.5 t => <u>Anzahl Lose: 124.9 ⇒ 125</u>
  - => tatsächlicher Bedarf an A*: 562.5 t
- Phase 2:

- • Ausbeute: 78 % => Bedarf an A: 722 t
- • Batchgrösse: 6.2 t => <u>Anzahl Lose: 116.5 ⇒ 117</u>
- • => tatsächlicher Bedarf an A: 725.4 t
- • Phase 1:
  - • Ausbeute: 95 % => Bedarf an Rohstoff: 764 t
  - • Batchgrösse: 16.5 t => <u>Anzahl Lose: 46.3 ⇒ 47</u>
  - • => <u>tatsächliche Menge an Rohstoff: 775.5 t</u>

8.8   Literaturhinweise

APIC16   Pittman, P. et al., APICS Dictionary, 15. Auflage, APICS, Chicago, IL, 2016

DuFr15   Duden 05, „Das Fremdwörterbuch", 11. Auflage, Bibliographisches Institut, Mannheim, 2015

Hofm92   Hofmann, M., „PPS — nichts für die chemische Industrie?", io-Management Zeitschrift Bd. 61, Nr. 1, Zürich, 1992

Hofm95   Hofmann, M., „Konzeption eines Prozessinformations- und Management-systems", Gabler Edition Wissenschaft, Wiesbaden, 1995

Hübe96   Hübel, S., „Unterstützung zeitkritischer Dokumentationsprozesse in der Pharmaindustrie", BWI-Reihe Forschungsberichte für die Unternehmenspraxis, vdf Hochschulverlag an der ETH Zürich, 1996

HüTr98   Hübel, S., Treichler, J., „Organizational Concepts for Production Planning and Resource Allocation in a Multi-national Pharmaceutical Enterprise", in Brandt, D., Cernetic, J., „Automated Systems based on Human Skill", IFAC / Pergamon Press, Oxford, 1998

Kask95   McKaskill, T., „Process Planning — In Search of a Standard", Proceedings of the APICS World Symposium in Auckland, Australasian Production and Inventory Control Society, 1995

Loos95   Loos, P., „Information Management for Integrated Systems in Process Industries", in Brand, D., Martin, T., „Automated Systems based on Human Skills", IFAC / Pergamon Press, Oxford, 1995

Namu14   NAMUR-Empfehlung, „Anforderung an Systeme zur Rezeptfahrweise", Standardisation Committee for Measuring and Control Engineering in the Chemical Industry

Sche95b   Scherer, E., „Approaches to Complexity and Uncertainity of Scheduling in Process Industries", in Brand, D., Martin, T., „Automated Systems based on Human Skills", IFAC / Pergamon Press, Oxford, 1995

TaBo00   Taylor, S. G., Bolander, St. F., „Process Flow Scheduling Principles", APICS, Falls Church, VA, USA, 2000

9 ERP- und SCM-Software

In der Welt der betrieblichen Systeme ist ein System zur Planung & Steuerung der Wertschöpfung ein *Informationssystem*, weil darin Aussagen in strukturierter Form über zukünftige, gegenwärtige und vergangene Ereignisse im Zusammenhang mit der Bereitstellung von Gütern gemacht werden.

Eine kurze Durchlaufzeit ist ein unternehmerisches Ziel des Logistik-, Operations und Supply Chain Management (siehe Kap. 1.3.1). Kurze Durchlaufzeiten im Daten- und Steuerungsfluss bilden dabei ein Teilziel. Gerade in kleinen Unternehmen wird die Informationslogistik in diesem Gebiet auch ohne Einsatz von Informationstechnologie (IT) erfolgreich und wirtschaftlich betrieben. Ab einer bestimmten Grösse der Unternehmen jedoch kommt heute fast selbstverständlich der Computer zum Einsatz. Man spricht dann von einem IT-unterstützten Informationssystem.

Das Kapitel 20 behandelt Grundlagen der IT-unterstützten Informationssysteme. Eine wichtige Erkenntnis daraus ist die folgende:

Ein Informationssystem kann nur dann IT-unterstützt werden, wenn alle Informationen des Systems in eindeutiger, quantitativer Form gegeben werden können, d.h. wenn 1.) die Systemelemente oder Objekte auf der Hardware darstellbar sind, und 2.) der Informationsfluss mit Software in Algorithmen ausgedrückt werden kann, die diese Objekte behandeln (d.h. der Informationsfluss „programmierbar" ist).

Der Gegenstand dieses Kapitels ist die spezielle IT-Unterstützung der Informationslogistik in betrieblichen Systemen zur Planung & Steuerung.

PPS-Software, ERP-Software und *SCM-* bzw. *APS-Software* sind häufig gebrauchte Begriffe für Software zur IT-Unterstützung der Informationslogistik im Bereich des Logistik-, Operations und Supply Chain Managements.

In der Praxis wird oft – bewusst oder unbewusst – kein Unterschied zwischen dem System zur Planung & Steuerung und der Software zur Unterstützung dieser Aufgabe gemacht. Dies hat in den letzten Jahren unnötige Missverständnisse, ja sogar Polemik und Demagogie zur Folge gehabt. Dieses Kapitel behandelt prinzipielle Möglichkeiten und Grenzen zur IT-Unterstützung der Aufgaben und Abläufe in Planung & Steuerung. Dabei werden zuerst die historische Entwicklung entsprechender Software und ihr Verbreitungsgrad aufgezeigt. Danach geht es um das Wesen derartiger Software und eine mögliche Klassifizierung. Im letzten Teil schliesslich folgen wichtige Erkenntnisse bezüglich der Einführung derartiger Software.

9.1 Software im Bereich ERP und SCM: eine Einführung

9.1.1 Geschichte und Herkunft von ERP-Software

Der Durchbruch von Software als Technologie erfolgte Ende der 1950er Jahre: Als Computerprogramme nicht mehr „gesteckt" werden mussten, sondern wie die Daten ebenfalls auf

© Springer-Verlag GmbH Deutschland, ein Teil von Springer Nature 2020
P. Schönsleben, *Integrales Logistikmanagement*,
https://doi.org/10.1007/978-3-662-60673-5_10

Informationsträgern gespeichert werden konnten. In dieser Zeit dominierte ein Unternehmen die Computerwelt: IBM („International Business Machines").

IBM entstand aus der Firma des Amerikaners Hollerith. Dieser hatte im zweiten Jahrzehnt des 20. Jahrhunderts ein System eingeführt, das für die Klassifizierung der Daten aus der Amerikanischen Volkszählung verwendet wurde. Es basierte auf Licht und elektrischen, später elektronischen Schaltkreisen. Daher stammt der Begriff „Elektronische Datenverarbeitung" (EDV)! Das Medium, auf dem gespeichert wurde, war die berühmte Lochkarte. Die Art, wie Information auf einer Lochkarte codiert wurde, war – zusammen mit den Maschinen, um die Lochkarte zu perforieren und die perforierte Karte wieder zu lesen – eine geniale Erfindung. Im Prinzip wurde jedem Zeichen (engl. „byte"), ob Buchstabe, Zahl oder Spezialzeichen, eine eindeutige Sequenz von Löchern auf sechs Positionen zugeordnet. Die beiden Zustände „Loch" oder „nicht Loch" bildeten dabei die kleinste Informationseinheit; eine zweiwertige (0 oder 1), „bit" genannt. Die Folge von 6 Bits ergibt $2^6 = 64$ Kombinationsmöglichkeiten und damit die Darstellungsmöglichkeit für 64 verschiedene Zeichen. In dieser Zahl mussten auch Steuerzeichen für die Verarbeitung Platz finden. Die Abb. 9.1.1.1 zeigt einen Ausschnitt aus den „Hollerith-Mitteilungen", Nr. 3 (Juni 1913), [IBM83]. Die Referenzliste zeigt, wie schnell das System auch in Europa grosse Verbreitung fand, konnten doch damit betrieblich-logistische Aufgaben gelöst werden. Die beiden „Hollerith-Variationen" zeigen Anwendungsmöglichkeiten. Das zweite Beispiel weist zudem implizit sofort auf ein wichtiges Problem der Elektronischen Datenverarbeitung hin, nämlich den Datenschutz.

Die Idee Holleriths war also schon zu Beginn für die schnelle und genaue Verarbeitung von grossen Datenmengen gedacht. Der enorme Zeitgewinn führte zu einem Sprung in der Produktivität und schliesslich zu einer neuen industriellen Revolution. Die Idee wurde in den folgenden Jahrzehnten perfektioniert. So wurde der Zeichencode von 6 auf 7 oder 8 Bits oder 256 Kombinationsmöglichkeiten pro Byte erweitert (ASCII-[1] bzw. EBCDIC-Code[2]), um Kleinschrift und Sonderzeichen aufzunehmen. Das Loch auf der Karte wurde nach und nach durch einen zweiwertigen Zustand auf einer Magnetplatte oder einem Magnetband ersetzt. Dazu wurden entsprechende Schreib- und Lesegeräte entwickelt.

Seit der Einführung der Elektronischen Datenverarbeitung zu Beginn des 20. Jahrhunderts nahmen *Menge und Schnelligkeit der verarbeiteten Daten* dramatisch zu. Das *logische Prinzip der Darstellung und Verarbeitung von Informationen* sowie die *Voraussetzung zur IT-Unterstützung eines Informationssystems* (vgl. die Einführung dieses Kapitels) blieben jedoch gleich.

Diese Tatsachen sind entscheidend für das Verständnis der Möglichkeiten und Grenzen der Informationsverarbeitung.

IBM hatte aufgrund der ingeniösen Idee und dem Geschäftssinn Holleriths lange eine Monopolstellung in der kommerziellen Auswertung dieser Technologie. Auch frühe Software für die Logistik stammt aus dem Hause IBM. Copics („communication-oriented production information and control system") heisst die berühmte Standardsoftware aus den 1960er Jahren, welche die weiteren Entwicklungen auf diesem Gebiet lange Zeit geprägt hat. Siehe dazu auch [IBM81]. Diese Software wurde vor allem nach den Bedürfnissen der damaligen Grossindustrien aus den Branchen Maschinenbau und Fahrzeugbau entwickelt.

---

[1]   Abkürzung für „american standard code for information interchange", 7-Bit-Code.
[2]   Abkürzung für „extended binary coded decimal interchange code", 8-Bit-Code von IBM.

Aus der Reihe der Grossfirmen, welche das Hollerith-System in ihrer **Werkstattorganisation** verwenden, führen wir folgende an:

Allgemeine Elektrizitätsgesellschaft, Kabelwerk Oberspree, Berlin	Jones & Laughlin Steel Comp.
Siemens & Halske A.-G., Berlin, Askanischer Platz 3	Link Belt Co.
Farbwerke vorm. Meister Lucius &	Lodge & Shipley Mach. Tool Co.
Brüning, Höchst/Main	McCaskey Register Co.
Accumulatoren-Fabrik Akt	Marshall Wells Hdw. Co.

Allgemeine Elektrizitätsgesellschaft,
  Kabelwerk Oberspree, Berlin
Siemens & Halske A.-G., Berlin,
  Askanischer Platz 3
Farbwerke vorm. Meister Lucius &
  Brüning, Höchst/Main
Accumulatoren-Fabrik Akt
  schaft, Hagen/Westf.
Waldes & Ko., Prag-Wrs
Brown Boveri & Cie. A.-
  Baden/Schweiz
Gebr. Sulzer, Winterthur/
Aktienbolaget Seperator,
  Schweden
Bell Telephone Manufactu
  Antwerpen
Deutsche Gasglühlicht-Ak
  schaft (Auergesellscha
Städt. Elektrizitätswerke,
Kaiserliche Werft, Kiel
Witkowitzer Bergbau- und
  hütten-Gewerkschaft, V
Central Foundry Compan
Crucible Steel Company
Miehle Ptg. Press and Mg
Scully Steel & Iron Co.
American Can Co.
American Fork and Hoe
American Iron & Steel Co
American Radiator Co.
American Sheet and Tin
American Steel Foundries
Bridgeport Brass Co.
Bullard Machine Tool Co.
Carnegie Steel Co.
De Laval Separator Co.
Illinois Steel Co.

Jones & Laughlin Steel Comp.
Link Belt Co.
Lodge & Shipley Mach. Tool Co.
McCaskey Register Co.
Marshall Wells Hdw. Co.

Hollerith-Variationen.

Das Zählen einzelner bestimmter Karten. Im Kaiserlich Statistischen Amt Berlin wird bei der Binnenschiffahrtsstatistik für jede Frachtsendung eine Karte gelocht und nur die erste Sendung von einer bestimmten Schiffsladung mit der Tragfähigkeit des Schiffes gelocht. Um die Anzahl der Schiffe festzustellen, wird die Rückleitung des Zählers Tragfähigkeit mit einem Kartenzähler so verbunden, dass der Kartenzähler nur dann um eins weiterrückt, wenn überhaupt eine Tragfähigkeit addiert wird und bei den Karten, in denen keine Tragfähigkeit addiert wird, stehen bleibt. Hierdurch wird eine Sortierung der Karten vermieden, welche sonst notwendig wäre, um diejenigen Karten, auf denen Tragfähigkeit gelocht ist, die also Schiffe repräsentieren, von den anderen, welche nur Sendungen darstellen, zu trennen.

Absonderung der Abnormalen. In dem Statischen Bureau in Kopenhagen unter der Leitung des Herrn Direktors Koefoed wurde von dem Dezernenten der Hollerith-Abteilung Herrn Elberling eine sehr sinnreiche Vorkehrung getroffen, durch welche das Sortieren von 4,7 Millionen Karten gespart wurde. Es gab etwa 100000 abnormale Menschen in Dänemark, die in dreierlei Weise abnormal sein konnten, nämlich bezüglich Gebrechen, der Religion und des Militärverhältnisses. Bei der gewöhnlichen Sortiungsmethode hätte man die sämtlichen Karten dreimal sortieren müssen, um die drei Abnormitäten abzusondern, und da Dänemark etwa 2 ½ Millionen Einwohner hat, etwa 7 ½ Millionen Karten durch die Sortiermaschine schicken müssen.

Es wurde nun ein Sortiermaschinenbürstenhalter angefertigt, welcher anstatt einer Bürste drei Bürsten enthielt, und zwar in solcher Stellung, dass die drei Spalten der Abnormalen berührt wurden. Da nun die Sortiermaschine immer nach demjenigen Loch sortiert, welches zuerst den Strom schliesst, war die Folge dieser Anordnung, dass bei der einmaligen Sortierung der 2 ½ Millionen Karten diejenigen, welche keine Abnormalitäten hatten, also in den drei Reihen nicht gelocht waren, in das R-Loch fielen, während die anderen je nachdem in das eine oder andere Fach sortiert wurden. Es war nun notwendig, diese 100000 abnormalen Karten noch dreimal zu sortieren, da sie bei der ersten Sortierung durcheinander kamen. Die Wirkung dieser Vorrichtung war die Sortierung von 2,8 anstatt 7,5 Millionen Karten.

Abb. 9.1.1.1   Frühe Software: betriebliche Anwendungen des Hollerith-Systems

9.1.2 Ausbreitung und Reichweite von ERP- und SCM-Software

Bei der ERP-Software standen zuerst die Darstellung der Produkte und Produktionsprozesse, die Verwaltung der Aufträge und die Abrechnungsvorbereitung im Vordergrund. Dazu kamen bald auch dispositive Funktionen für das Ressourcenmanagement (Güter und Kapazität).

Zwischen 1960 und 1980 entwickelten viele Unternehmen Individualsoftware, d.h. ihre eigene, auf ihre Bedürfnisse optimal ausgerichtete Software. Daten wurden damals von Formularen auf Lochkarten übertragen und in Rechenzentren verarbeitet („batch"-Verfahren). Die Reichweite von Software betrug i. Allg. wenige Jahre. Eine neue Softwaregeneration kam Ende der 70er Jahre mit dem Einzug des Bildschirms (Zeichenformat mit 24 Zeilen mal 80 Zeichen). Etwa zur gleichen Zeit wurden auch für grössere Datenmengen brauchbare relationale Datenbanken verfügbar. Damit wurde ein direkter Zugang des Benutzers zu den Daten bzw. zu den verarbeitenden Programmen möglich („online"- bzw. interaktive Verfahren). Software aus diesen Jahren ist manchmal heute noch im Einsatz. Sie wurde seit Ende der 1980er Jahre durch die grafische Benutzeroberfläche (engl. „graphical user interface" GUI) ergänzt.

Bis Mitte der 1970er Jahre war ERP-Standardsoftware erst in Grossunternehmen anzutreffen. Am verbreitetsten waren Anwendungen in Unternehmen mit konvergierenden Produkt-strukturen, Serienproduktion und Produktion mit Auftragswiederholung als Logistik-Charak-teristik und hoher Auslastung der Kapazitäten als unternehmerisches Ziel. Für dieses Anwender-profil wurde auch die erste Generation von Standardsoftware entwickelt, wie z.B. Copics. Seither verbesserte sich die Standardsoftware laufend. Aktuelle Standardsoftware erfüllt auch die Bedürfnisse der flexiblen Organisationsformen kleiner und mittelgrosser Unternehmen immer besser. Seit Mitte der 1990er Jahre gibt es zudem auch Software im Bereich SCM.

Aktuelle Herausforderungen der Standardsoftware im Bereich ERP und SCM sind einerseits durch technische Entwicklungen begründet. Mit mobilen Endgeräten wie z.B. den I-Phone oder das I-Pad wächst das Bedürfnis nach „mobilen" Anwendungen, um verschiedene Funktionalitäten der ERP- und SCM-Software ortsunabhängig nutzen zu können. „Cloud computing" bedeutet, dass die Daten und Programme nicht mehr auf einem eigenen Computer gespeichert werden. Grosse Hauptspeicher erlauben das „in-memory computing", d.h. dass die Daten nicht mehr von einem Festplattenspeicher gelesen werden müssen, sondern im Hauptspeicher gehalten werden.

Im organisatorischen Bereich liegen die aktuellen Herausforderungen in der Globalisierung der Unternehmen. Die Software muss sich auch global vernetzen können, was z.B. aufgrund der verschiedenen, auch nicht alphabetischen Sprachen sowie der lokal unterschiedlichen Qualifizie-rung des Personals nicht einfach ist. Zudem wird nach wie vor nach einer vermehrten Kunden-individualisierung der Funktionalität verlangt. Dieses Bedürfnis soll mit der *Service-orientierten Architektur (SOA)* erfüllt werden. Damit sollen Funktionalitäten in lose verbundene IT-Services eingekapselt werden, welche dann flexibel für neue Anwendungen kombiniert werden können.

Die lange Lebensdauer von ERP- und SCM-Software erstaunt immer wieder. 10 und mehr Jahre sind die Regel, 20 Jahre keine Seltenheit.[3] Woran liegt das? Der Aufwand zu einem Wechsel ist aufwendig und risikoreich: Gerade bei integrierten Lösungen geht es um sämtliche operationelle Systeme zur Auftragsabwicklung – und somit um viele Anwender mit einer Vielzahl von IT-unterstützten Abläufen. Fehler bei der Ablösung können die Wertschöpfung und damit das Geschäft sofort beeinträchtigen. Neu auf den Markt tretende Entwickler von ERP- und SCM-Software berücksichtigen zudem manchmal die Bedürfnisse der Anwender zu wenig, so dass die mit moderner Softwaretechnologie erstellten Lösungen in ihrem Datenmodell und Funktions-angebot nicht genügen.

---

[3]   Solche Software wird manchmal als *„legacy system"* bezeichnet. Sie lässt sich oft schlecht mit neuen Anwendugnen verknüpfen.

9.2   Inhalte von ERP- und SCM-Software

Jede ERP- oder SCM-Software hat ihre Entstehungsgeschichte. Sie wurde für eine bestimmte Branche oder für bestimmte Produkt- und Produktionscharakteristiken, entwickelt. Auch die Entwickler haben eine „Vergangenheit" in einer bestimmten betrieblichen Umgebung. Das zeigt sich in den Charakteristiken der Software.

9.2.1   Klassische MRPII- / ERP-Software

Klassische Software entstand im Maschinen- und Fahrzeugbau, mit der Stückgut- oder diskreten Produktion und der Serienproduktion mit Auftragswiederholung als Charakteristik, sowie einer hohen Auslastung der Kapazitäten als unternehmerisches Ziel. Ihre Weiterentwicklung führte zu dem, was heute unter *MRPII-Software* bzw. *ERP-Software* verstanden wird. Diese Art von Software stützt primär das Konzept, das im Kapitel 5 beschrieben wurde.

Der erste Vertreter dieser Kategorie war das schon erwähnte Copics von IBM. Weitere Beispiele sind Manufacturing von Oracle, J.D. Edwards, Infor XA (früher Mapics von IBM). Marktführer ist heute SAP mit ihrer Software R/3, mySAP™ und den nachfolgenden Produkten. Die „grossen" Softwareentwickler bieten eine umfassende und integrierte Software zur Stützung aller Geschäftsprozesse im Unternehmen an. Die Abb. 9.2.1.1 zeigt die Übersicht der Struktur von R/3.

Abb. 9.2.1.1   SAP R/3 als typischer Vertreter von klassischer, generell einsetzbarer ERP-Software

Die Abkürzungen der nach betrieblichen Funktionen orientierten Module entsprechen den englischen Begriffen und bestehen aus zwei Buchstaben: SD („sales and distribution") für den Vertrieb, MM („materials management") für die Beschaffung und das stochastische Material-management, PP („production planning") für das deterministische Materialmanagement, das Zeit-, Termin- und Kapazitätsmanagement. Die Module enthalten Submodule für die drei Fristig-keiten (lang, mittel und kurz) sowie für die einzelnen Aufgaben. Die funktionelle Trennung in MM- und PP-Modul unterstreicht einerseits die Aufteilung der Anwender in Handel und Produktion. Sie verrät andererseits aber auch die Herkunft des R/3 als eine MRPII-Software.

SAP R/3 wurde im Hinblick auf die Integration und Abdeckung aller betrieblichen Funktionen entwickelt. Treibende Kräfte zur Entwicklung von ERP-Software waren jedoch schon immer die Bereiche Finanz- und Rechnungswesen, da eine detaillierte Kostenträgerrechnung auf einer effizienten Verwaltung aller Arten von Aufträgen im Unternehmen beruht. Diese simple unternehmenspolitische Tatsache erklärt die Schwergewichte, die in der Entwicklung von ERP-Software schon immer gesetzt werden mussten. Nicht die Qualität der Unterstützung von Planung & Steuerung wurde zum letztlich entscheidenden Argument, sondern die Integration zum Finanzwesen.

SAP R/3 lässt sich den verschiedenen Ausprägungen der Charakteristik zur Planung & Steuerung gemäss Kap. 4.4 anpassen. Spezielle R/3-Experten konfigurieren die Software durch die Bestimmung sehr vieler Parameter. Die Kenntnis der Logistik, der Planung & Steuerung sowie des Unternehmens selbst reicht bei weitem nicht aus. R/3 eignet sich deshalb wohl eher für mittlere und grosse Unternehmen. Aufgrund der Herkunft der Softwareentwicklung aus dem MRPII-Konzept gilt für solche ERP-Software die Einschränkungen in der Einsetzbarkeit gemäss der Abb. 4.5.3.1.

Das Lean-/JiT-Konzept und die Verfahren für die Produktion mit häufiger Auftragswiederholung sind in ihrer Gesamtheit auf eine manuelle Organisation ausgerichtet. Sie erlauben im besten Fall, sogar ganz ohne Software auszukommen. Falls die Datenmengen zu gross werden, kann eine ERP-Software eingesetzt werden, z.B. eine Lösung auf einem Kleinrechner, die auf einer vereinfachten Stammdatenhaltung basiert. So kann z.B. die Anzahl der Kanban-Karten berechnet werden. Es kann aber auch eine um solche Funktionen erweiterte ERP-Software sein.

Das varianten- und das prozessor-orientierte Konzept hingegen erfordern entsprechende Software, die in den folgenden Unterkapiteln besprochen wird. Zusammen mit der Software für das MRPII-Konzept bilden diese Konzepte auch grundlegende Typen von ERP-Software zur Planung & Steuerung.

9.2.2   Software für die Kundenauftragsproduktion oder das variantenorientierte Konzept

Softw§are für die Kundenauftragsproduktion oder das variantenorientierte Konzept, d.h. für Produkte nach (evtl. ändernder) Kundenspezifikation oder für Produktfamilien mit Variantenreichtum, ist speziell für Auftragsfertiger ausgelegt und wurde auch mit solchen zusammen entwickelt. Stücklisten sind oft kunden- bzw. auftragsspezifisch. Solche Unternehmen brauchen das variantenorientierte Konzept für die Einzelstück- und Einmalproduktion. Die in den Kapitel 7 unterschiedenen Verfahren führen alle zu verschiedenen Anforderungen an die Software und damit im Extremfall auch zu verschiedenen Untertypen von ERP-Software für das variantenorientierte Konzept. Entsprechend mag eine Software nur für das eine oder das andere Verfahren innerhalb des variantenorientierten Konzepts geeignet sein.

Software für die Kundenauftragsproduktion oder das variantenorientierte Konzept wurde vor allem in Europa entwickelt, besonders für kleine und mittlere Unternehmen (KMU). Dazu zählen PSIpenta von PSI, ProConcept von ProConcept SA, früher auch MAS90 von IBM, IPPS von NCR und viele Nischenprodukte. Für Produktfamilien mit Variantenreichtum besonders geeignet sind Infor LN (früher Baan), das vom Verfasser entwickelte Expert/400 sowie viele „Branchenprodukte", z.B. im Fenster- und Möbelbau. Für die Angebotsbearbeitung von „engineer-to-order"-Produkten ist z.B. die Leegoo Builder Software von EAS GmbH verbreitet.

Die Abb. 9.2.2.1 zeigt als Beispiel die Module der Software PSIpenta für Variantenreiche Produktfamilien. Dies ist auch ein Beispiel für eine Übersicht auf der nächstunteren Detaillierungsstufe im Vergleich zu Abb. 9.2.1.1.

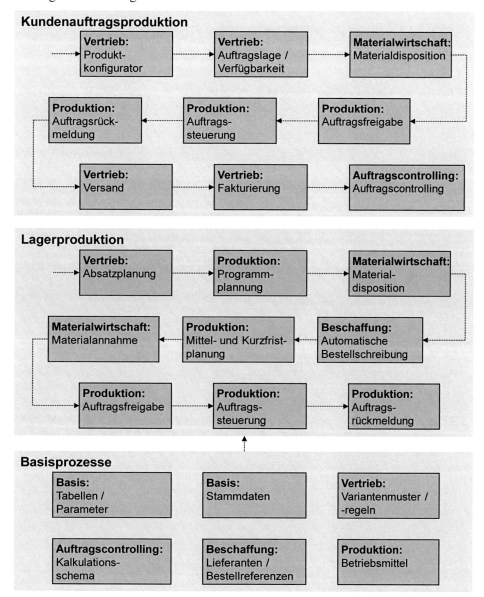

Abb. 9.2.2.1   Beispiel für Software für die Auftrags- oder Variantenproduktion: Module von PSIpenta

Einige der Module wie „Kundenauftragsarchiv", „Auftragspaketerstellung", „Netzplanungs-modul" weisen auf eine spezielle Eignung für die Auftragsproduktion hin. Die Auftragsstruktur kann sich damit durch stark kundenbezogene Modifikationen im bestellten oder angebotenen Produkt kennzeichnen. Eine besondere Eigenschaft ist die Verarbeitung von sog. „Exoten"-Artikeln, die nur für einen bestimmten Auftrag benötigt werden und von denen man sicher sagen kann, dass ein Wiederholcharakter nicht gegeben ist. Für diese Artikel müssen keine Stammdaten angelegt und auch keine Artikel-Id. bestimmt werden.

9.2.3   Software für die Prozessindustrie

Das prozessor-orientierte Konzept für die Prozessindustrie oder die grundstoffverarbeitende Industrie führt zu entsprechender ERP-Software. Zum Beispiel stehen nicht Stücklisten im Vordergrund, sondern Mischverhältnisse und Rezepturen.

Software für das prozessor-orientierte Konzept stammt vor allem aus den USA oder Deutschland, und zwar von der Chemie-, Pharma- und Lebensmittelindustrie. Dazu zählt Software wie Blending von Infor, Infor LX (früher Bpics), CIMPRO von Palomino Computer Solutions, Ross ERP von Apten und MFG-PRO von QAD und – früher – Protean (ehemals Prism von Marcam).

Die Abb. 9.2.3.1 zeigt als Beispiel typische Module solcher Software. Die Modulaufteilung weist auf die spezielle Sicht der Ressourcen und auf die Produktionsmodelle (prozessor-orientierte Produktionsstrukturen gemäss Kapitel 8) hin.

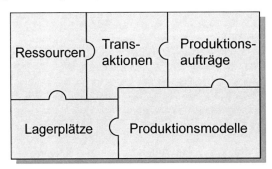

Abb. 9.2.3.1   Software für die Prozessindustrie: Einige typische Module

Probleme von Prozessfertigern, die berücksichtigt werden, sind z.B.:

*   Verschiedene Lose eines eingekauften Produkts zeigen unterschiedliche Charakteristiken und müssen deshalb unterschiedlich behandelt werden (Bsp. Herstellung von Tomatenprodukten: z.B. Zugaben von Zucker, je nach Zuckergehalt der Tomaten, Verwendung von unterschiedlichen Qualitäten für unterschiedliche Produkte).

*   Häufig treten bei Prozessfertigern Kuppelprodukte, Recyclingprodukte oder Abfallprodukte auf. Die traditionelle Darstellung von Produktstrukturen in Stücklisten ist für diese Fälle nicht geeignet.

*   Planung und Kontrolle ist nicht nur für das Material, sondern auch für Kapazitäten und Betriebsmittel (Bsp. Formen bei der Herstellung von Tafelschokolade) gleich wichtig.

Zur IT-Unterstützung der langfristigen Planung findet man Leitstand-Software. Solche Software berücksichtigt die hier typischen begrenzten Kapazitäten und erlaubt, durch das Verändern von solchen Grenzen zulässige und günstige Produktionspläne zu erarbeiten („constraint-based"-Verfahren).

9.2.4   Software für die unternehmensübergreifende Planung & Steuerung in einer Supply Chain

SCM-Software bzw. *„advanced planning and scheduling"- (APS-)Software* bezeichnet Software zur Stützung der unternehmensübergreifenden Planung & Steuerung.

SCM- bzw. APS-Software wird seit einigen Jahren entwickelt. Dabei sind drei verschiedene Wege zu beobachten:

1. Leitstand-Software wurde mit Modulen für Logistik- und Produktionsnetzwerke angereichert. Software wie JDA solutions hat dabei (durch Übernahme von Manugistics) insbesondere *Versandnetzwerke* im Auge, d.h. den Vertrieb von in verschiedenen Unternehmen hergestellten Endprodukten über verschiedene Vertriebskanäle (z.B. Landesgesellschaften).

2. Klassische MRPII-Software bzw. ERP-Software wird um eigenprogrammierte oder zugekaufte Module ergänzt. Dazu gehören APO ("advanced planner and optimizer") von SAP oder PeopleSoft (durch Übernahme von Red Pepper). Oft kommen zur Lösung des Planungsproblems "problem solver"-Software-Kerne von ILOG zum Einbau, die mit Constraint-propagation-Techniken arbeiten.

3. Nischensoftware, die speziell zur unternehmensübergreifenden Planung & Steuerung konzipiert wurde.

Die Abb. 9.2.4.1 zeigt das Konzept und die Teilaufgaben von SCM-Software.

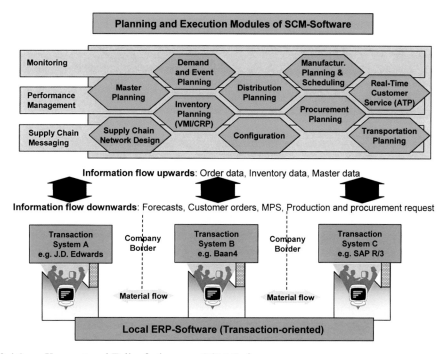

Abb. 9.2.4.1   Konzept und Teilaufgaben von SCM-Software

Die Verwaltung der Stamm- und Auftragsdaten geschieht weiterhin durch die lokale Planungs- und Steuerungssoftware der einzelnen am Logistik- und Produktionsnetzwerk beteiligten Unternehmen. Periodisch werden die Daten von der SCM-Software bezogen, die Planung im Netzwerk wird durchgeführt und die Ergebnisse in die lokale Software zurückgespielt.

SCM-Software ist in den eigentlichen Planungsfunktionen ähnlich wie traditionelle PPS-Software und Leitstand-Software. Hinzu kommen neue Module, die für die Bedürfnisse der Netzplanung typisch sind:

- „supply chain network design", um das Logistik- und Produktionsnetzwerk beschreiben zu können.

- „(Network) inventory planning", um Aufgaben wie das Nachfüllen der Lager des Kunden durch den Lieferanten betreiben zu können (VMI, „vendor managed inventory" und CRP, „continuous replenishment planning"). Zu diesem Zweck muss der Lieferant Zugang zu Lager- und Auftragsdaten des Kunden (und eventuell nachgelagerter Kunden im Netzwerk) haben.

- „Real time customer service", um den Lieferbereitschaftsgrad von offenen Aufträgen beim Lieferanten im Voraus beurteilen zu können. Zu diesem Zweck muss der Kunde Zugang zu Lager- und Auftragsdaten des Lieferanten (und eventuell vorgelagerter Lieferanten im Netzwerk) haben.

Die erwähnten Konzepte sind oft noch im Stadium der praktischen Erprobung. Am besten eingeführt ist die Software für Versandnetzwerke. Dies erstaunt nicht, sind doch die organisatorischen Konzepte für Versandnetzwerke älteren Datums als diejenigen für gemeinsame F&E und Produktion. In [Nien04] ist zudem ein Ansatz für SCM-Software zu finden, der auch Eigenschaften wie Robustheit, Verständlichkeit und Einfachheit berücksichtigt.

9.2.5   Software für „customer relationship management" (CRM)

„Customer relationship management" (CRM) ist die systematische Sammlung und Analyse von Informationen zur Unterstützung von Marketing-, Verkaufs- und Serviceentscheiden (im Kontrast zu ERP-Informationen) um jetzige und zukünftige Kundenbedürfnisse zu verstehen und zu unterstützen (vgl. [APIC16]).

Unter *CRM-Software* versteht man Software zur IT-Unterstützung des CRM.

Die Anfänge von CRM-Software liegen in der Mitte der 1980er Jahre, als Unternehmen erstmals „computer aided selling" (CAS)-Software zur Rationalisierung des Vertrieb einsetzten. Die Verschiebung des Fokus von der Rationalisierung zu einer Qualitätssteigerung der Kontakte zu Kunden bedingte die Ausdehnung auch auf das Marketing und den Service. Dies führte zur heutigen Generation der Software (z.B. Siebel von Oracle).

CRM-Software stellt Funktionalität in zwei Bereichen zur Verfügung:

- Die Funktionen des operationellen CRM begleiten einen Kundenkontakt. Aufgaben, die sich aus diesem Prozess ergeben, werden zur Bearbeitung an zuständige Mitarbeiter weitergeleitet, die Mitarbeiter mit den notwendigen Informationen versorgt, Schnittstellen zu weiteren Applikationen (z.B. Textverarbeitung und E-Mail-Client) zur Verfügung gestellt und die Kontakte zum Kunden dokumentiert.

- Im Rahmen des analytischen CRM wertet man die im operationellen CRM anfallenden Daten aus, z.B. um Kunden zu segmentieren (also bspw. abwanderungsgefährdete Kunden zu identifizieren) oder um Cross- und Up-Selling-Potenziale zu erschliessen.

Im Detail unterstützt CRM-Software Kontakte von Mitarbeitern zu Kunden auf verschiedene Art und Weise (siehe Abb. 9.2.5.1):

Abb. 9.2.5.1   Von CRM-Software abgebildete Objekte und ihre Beziehungen untereinander

- Abbildung der Beziehungen zwischen Mitarbeitenden und Kunden. So sind Mitarbeitende stets darüber informiert, wer für die Betreuung eines Kunden zuständig ist und wen sie über Aktivitäten mit einem Kunden in Kenntnis setzen sollen.

- Support bei der Organisation, Durchführung und Dokumentation von Kundenkontakten. Dabei kann es sich um eine Aktivität mit einem einzelnen Kunden (Besuch, Anruf, Brief, E-Mail), um einen Versand, der an mehrere Kunden adressiert ist, oder um eine Veranstaltung zur Verkaufsförderung, zu der mehrere Kunden eingeladen sind, handeln.

- Abbildung von produktbezogenen Aktivitäten, wie Supportanfragen oder Verkaufs-gelegenheiten (engl. „sales opportunities"). Indem bei einer Verkaufsgelegenheit die Angebote und die Auftragserfolgs-wahrscheinlichkeit, erfasst werden, lässt sich der insgesamt zu erwartende Umsatz eines Unternehmens prognostizieren.

Die für eine CRM-Software relevanten Daten sind zwar zum grossen Teil im Unternehmen bereits vorhanden, werden aber in verschiedenen Anwendungen gehalten:

- Produktbezogene Daten (wie bspw. Kundenaufträge) sind in ERP-Software oder Legacy-Systemen vorhanden.

- Kundenadressen finden sich – zum Teil dezentral – an einzelnen Arbeitsstationen von Personalinformationsmanagement-Lösungen. Dort ist auch ein Teil der Aktivitäten (Termine und E-Mails) dokumentiert.

- Kundenbezogene Dokumente (z.B. Angebote, Rechnungen, Einladungen) werden in Textverarbeitungen erstellt und in einigen Fällen mit Dokumenten-Management-Systemen verwaltet.

Damit ist die Integration der Daten eine der technischen Herausforderungen bei der Einführung einer CRM-Software und die zur Verfügung stehenden Schnittstellen sind ein wichtiges Entscheidungskriterium bei der Evaluation. Deshalb ist zu beobachten, dass am Markt eigenständige CRM-Software zunehmend von Anwendungen abgelöst wird, die bereits vorhandene Personal Information Management-Lösungen als Basis verwenden oder Teil eines Unternehmens-Software-Pakets sind. *Portale*, d.h. Mehrdienste-Websites, können für diese Aufgabe zum Einsatz kommen.

9.2.6 Standardsoftware versus Individualsoftware

> Unter *Standardsoftware* versteht man Software, welche die Bedürfnisse verschiedener Unternehmen abdecken soll. Sie wird von einem Software-Produktionsunternehmen entwickelt und unternehmerisch vertrieben. *Individualsoftware* wird eigens für ein Unternehmen erstellt und deckt genau dessen Bedürfnisse ab. Sie wird entweder vom Unternehmen selbst oder auf Auftrag von einem Softwarehaus entwickelt.

Viele Firmen verfügten bis Ende der 1980er Jahre über Individualsoftware, da die zuerst nur MRPII-orientierte Standardsoftware ihren Bedürfnissen nicht genügte. Mit der Zeit gab es auf dem Markt immer mehr ERP-Software, die über die meisten verlangten Funktionalitäten verfügen. Ausserdem wurde erkannt, dass der Aufwand zur Pflege eigens erstellter Software sehr gross ist. Demzufolge konnte man in den letzten Jahren einen massiven Trend hin zu Standardsoftware beobachten. Dies hat nicht zuletzt zum Erfolg von SAP R/2 und R/3 geführt. Dennoch brauchen diverse Firmen auch heute noch aus verschiedenen Gründen Individualsoftware.

1. *Unpassende Abläufe:* Besonders in der eigentlichen Auftragsabwicklung ortet man vielfach nicht einfach Abläufe des Typs „alte Zöpfe", die durch Einführung von Standardsoftware abzuschneiden sind, sondern gerade solche, die Kernprozesse bilden. Müssten solche dem „Standard" angepasst werden, dann wäre auch der Wettbewerbsvorteil des Unternehmens dahin. In diesem Fall prüft man, inwieweit die Software wirklich modular aufgebaut ist, d.h. entsprechende Schnittstellen im Datenmodell und im Ablaufmodell aufweist, wo anstelle des nicht geeigneten Moduls im Standard eine eigene Programmierung angeschlossen werden kann. Das heisst, dass anstelle des gesamten Softwarepaketes nur einzelne Module als Individualsoftware hergestellt werden. Solche Änderungen sind kostspielig und oft zeitlich aufwendig und schwierig.

2. *Fehlende Funktionalität:* Im Datenmodell können einzelne Objektklassen oder Attribute fehlen oder unpassend definiert sein. Man fügt dann solche hinzu oder ändert sie und modifiziert das Funktionsmodell entsprechend der gewünschten Funktionalität. Solche Änderungen kann man heute weitgehend mit wenig Aufwand erledigen, indem die Software aus einer Definitionssprache generiert wird.

3. *Eine nicht in die Abläufe und Arbeitsweise des Unternehmens integrierbare Benutzungsoberfläche:* Zum Beispiel war der Variantengenerator einer bekannten ERP-Software sehr umständlich zu bedienen und erforderte eine informatikbezogene Denkweise. In einem Fall konnte durch konsequente Neuprogrammierung der Oberfläche erreicht werden, dass die Konstrukteure heute eine einfache, ihrer Sprache entsprechende Oberfläche vorfinden. Sie können damit weiterhin die notwendige IT-Unterstützung als Teil ihrer Aufgabe nutzen. Dem einfacheren Prozess stehen allerdings grosse Kosten zur Anpassung der Oberfläche gegenüber. Solche Änderungen sind oftmals nicht schwierig zu bewerkstelligen, sondern „nur" aufwendig und damit kostspielig.

Zwei weitere Aspekte zur Entscheidungsfindung zwischen Standard- und Individualsoftware:

- *Fehlerrisiko:* Für die Herstellung von Individualsoftware werden für einen gleichen Umfang nicht so viel Personenjahre investiert wie für Standardsoftware. Tendenziell wird man damit bei ersterer mit mehr Fehlern rechnen müssen als bei letzterer. Anderseits ist auch Standardsoftware nicht stabil. Die Software-Releases müssen oft in dichter Folge gewechselt werden, obschon die meisten Wechsel ein bestimmtes Unternehmen gar nicht betreffen – und deshalb als unnötiger Aufwand empfunden werden. Schlechte Standardsoftware kann mehr Fehler aufweisen als gute Individualsoftware.

- *Kontinuität:* Auch hier kann man keine generelle Aussage machen, sondern muss den konkreten Fall prüfen. Wohl sind Entwicklungsteams für Individualsoftware prinzipiell kleiner, wodurch eine hohe Personenabhängigkeit besteht. Die Erfahrung zeigt aber leider, dass es praktisch keine Produktionsfirma für ERP-Software gibt, die eine zweite Generation eines erfolgreichen Produkts einführen kann, ohne vorher in Konkurs zu fallen oder von einer anderen Firma übernommen zu werden. Beides hat unmittelbare Konsequenzen auf die Kontinuität der Standardsoftware.

Fazit: Eine Standardsoftware kann selten ohne Änderungen eingeführt werden, sobald die Ganzheitlichkeit der logistischen Aufgabe in die Überlegung miteinbezogen wird. Ein unternehmerischer Entscheid muss hier immer Prioritäten setzen. Verlängerte Einführungszeit und grössere Einführungskosten stehen einer einfacheren Bedienung, grösserer Transparenz und schnelleren Durchlaufzeiten im Daten- und Steuerungsfluss gegenüber.

Ein grosses Potential sowohl für Individual- als auch für Standardsoftware bilden neue Basistechnologien. Mit dem Benützten von *PC-Standardsoftware* wie Textverarbeitung, Tabellenkalkulation, Projektplanung usw., kann man bereits einen grossen Teil der Funktionalität von ERP-Software herstellen. Siehe dazu z.B. [MöMe96]. Mit Internet, Java-Programmierung und einem Standard für die betrieblichen Objekte (z.B. Corba) kann man versuchen, Softwaremodule verschiedenster Herkunft miteinander zu verknüpfen.

9.3 Erfolgsfaktoren für die Einführung von ERP- und SCM Software

Seit vielen Jahren sind widersprüchliche Aussagen über Effektivität und Effizienz der ERP- und SCM-Software bekannt. Zwei extrem gegenteilige Thesen veranschaulichen das Spannungsfeld:

- „Es gibt keine genügende ERP- bzw. SCM-Software."
- „Jede ERP- bzw. SCM-Software ist gut."

Eine genauere Untersuchung dieser Aussagen führt zu interessanten, manchmal auch überraschenden Erkenntnissen. Dabei wird klar, dass die gegenteiligen Aussagen auf unterschiedlichen Standpunkten beruhen. Denn die erste These betrifft die Grenzen einer ERP- bzw. SCM-Software. Die zweite These hingegen bezieht sich auf die massgebenden Erfolgsfaktoren.

Die folgenden Darstellungen treffen sowohl für Individualsoftware als auch für Standardsoftware zu, wobei einige Argumente bezüglich der Auswahl von ERP- bzw. SCM-Software natürlich die Standardsoftware allein betreffen.

9.3.1 Möglichkeiten und Grenzen der IT-Unterstützung von Planung & Steuerung

„Es gibt keine genügende ERP- bzw. SCM-Software." Im Unternehmen fallen diese oder ähnliche Aussagen meistens in Bereichen, die nicht mit der operationellen Führung, sondern eher mit der strategischen, bzw. der Gesamtführung des Unternehmens zu tun haben. Das Problem liegt dabei oft in einer verfehlten Erwartungshaltung in Bezug auf die Möglichkeiten und Grenzen von ERP- bzw. SCM- Software.

Die Ursache für diese verfehlte Erwartungshaltung liegt wohl am Kürzel *„PPS"*, das für Produktionsplanung und -steuerung steht, sowie beim Begriff *„PPS-System"*. Beide werden sowohl für die betriebliche Aufgabe der Planung & Steuerung als auch für die Software zu deren Stützung verwendet. Dieselbe Doppelbedeutung gilt für die Kürzel bzw. die Begriffe

- ERP (Enterprise Resource Planning) bzw. „ERP-System",
- SCM (Supply Chain Management) bzw. „SCM-System",
- APS (advanced planning and scheduling) bzw. „APS-System".

Eine Aussage über das eine kann aber nicht als Aussage über das andere gelten. Aber die Vermischung wird gemacht, oft unabsichtlich, häufig aber auch durchaus gewollt (in positiver wie auch in negativer Absicht). Im Folgenden wird deshalb im Zusammenhang mit der IT-Unterstützung der Begriff „Software" verwendet.

Gerade die drei Buchstaben „PPS" bzw. „SCM" bzw. „APS" kann man im Zusammenhang mit der IT-Unterstützung, also der Software, irreführend verstehen. Dieses Missverständnis ist eventuell bei den Verkäufern solcher Software durchaus erwünscht, bietet aber leider eine breite Angriffsfläche für Polemiken.

- *Der erste Buchstabe „P"* in PPS bzw. *„S"* in SCM sind zu kurz gefasst. Eine PPS-Software kümmert sich heute als ERP-Software nicht nur um die Belange der Produktion. Sie behandelt vielmehr die gesamte logistische Kette vom Verkauf über die Produktion und den Einkauf, bis hin zum Vertrieb und zur Instandhaltung. Neue Anforderungen stammen zudem aus dem Bereich der Rückführung und des Recycling. Übrigens darf PPS-Software heute auch nicht gleich MRPII-Software gesetzt werden. Sie umfasst auch das Lean-/JiT-, das variantenorientierte und das prozessor-orientierte Konzept, und zwar wie auch das MRPII-Konzept in unterschiedlicher Güte. In ähnlicher Weise kümmert sich eine SCM-Software auch um die Belange des „demand chain planning".

- *Der zweite Buchstabe „P"* in PPS bzw. APS für „Planung": Weder eine PPS- bzw. ERP-Software noch eine SCM- bzw. APS-Software plant im eigentlichen Sinne des Wortes. Sie wirkt lediglich planungsunterstützend. So wird z.B. die Verfügbarkeit von Komponenten und Kapazitäten in der Zeitachse aufgezeigt. Erst daraufhin erfolgt die Planung, z.B. Massnahmen zur Veränderung von Beständen, Kapazitäten oder Auftrags-terminen. Alle Versuche, diesen Planungsschritt – z.B. durch Simulationssoftware – dem Computer zu überlassen, haben sich letztendlich als ungenügend für die tägliche Entscheidungsproblematik im Betrieb erwiesen – wohl deshalb, weil ganz einfach die Gesamtheit der Parameter zur Planung nicht bekannt war, oder sich die Parameter in der Zeitachse als nicht beherrschbar zeigten.

- *Der Buchstabe „S"* in PPS bzw. APS für „Steuerung": Weder eine PPS- bzw. eine ERP-Software noch eine SCM- bzw. APS-Software steuert im eigentlichen Sinne des Wortes. Sie stellt im besten Fall eine Abbildung des momentanen Status der Auftragsabwicklung in den verschiedenen Bereichen des Unternehmens dar und liefert Vorschläge zur Steuerung bzw. Regelung. Die eigentliche Steuerung wird dabei dem Menschen überlassen werden müssen. Produktion und Beschaffung in Industrie und Dienstleistung kann man nicht mit dem Steuern einer Maschine oder eines Fertigungssystems vergleichen. Denn dazwischen stehen Menschen, deren Verhalten letztendlich nicht vorhergesagt oder simuliert werden kann. Dieser scheinbare Nachteil des Menschen als Produktionsfaktor ist andererseits ein Vorteil. Kein automatisiertes Steuerungssystem kann nämlich so flexibel und autonom gestaltet werden, dass es den Fähigkeiten und Möglichkeiten eines qualifizierten Menschen als Steurer entspricht.

Was ergibt sich daraus in Bezug auf den Einfluss von ERP- oder SCM-Software auf die Erfüllung der unternehmerischen Ziele. Die Abb. 9.3.1.1 führt die vier Zielbereiche aus Abb. 1.3.1.1 auf und zeigt für jedes der Haupt- und Teilziele, wie gross der Einfluss von ERP- oder SCM-Software auf die Erfüllung des betreffenden Ziels sein kann.

Mögliche Zielstrategien	Einfluss(*)
Zielbereich Qualität	
Verbessern der Transparenz von Produkt, Prozess und Organisation	++
Verbessern der Produktqualität	+
Verbessern der Prozessqualität	+
Verbessern der Organisationsqualität	+
Zielbereich Kosten	
Verbessern der Kalkulations- und Abrechnungsgrundlagen	++
Reduktion der Kostensätze für die Administration	++
Reduktion der Bestände an Lager und in Arbeit	+
Erhöhen der Auslastung der Kapazitäten	+
Zielbereich Lieferung	
Verkürzen der Durchlaufzeiten im Daten- und Steuerungsfluss	++
Verkürzen der Durchlaufzeiten im Güterfluss	+
Steigern des Liefertreuegrads	+
Steigern des Lieferbereitschaftsgrads oder des Potentials für kurze Lieferdurchlaufzeiten	+
Zielbereich Flexibilität	
Erhöhen der Flexibilität, sich als Partner in Supply Chains einzubringen	+
Erhöhen der Flexibilität im Erreichen des Kundennutzens	+
Erhöhen der Flexibilität im Ressourceneinsatz	+

(*) Einfluss der ERP- oder SCM-Software auf die Zielstrategie:
     ++: gross/unmittelbar
     +:   teilweise/mittelbar/potentiell

Abb. 9.3.1.1   Einfluss von ERP- oder SCM-Software auf den Erfüllungsgrad der unternehmerischen Ziele

Beim Betrachten des Einflussgrades von Software auf die verschiedenen Ziele fällt auf, dass gerade diejenigen Ziele, deren Erfüllung zur Leistung des Unternehmens führen, durch ERP- oder SCM-Software nur teilweise beeinflusst werden können.

- *Qualität:* Gerade der Einsatz von ERP- oder SCM-Software hat den Vorteil, dass ein Unternehmen seine Produkte und Dienstleistungen sowie die dazu führenden Prozesse explizit in Stammdaten niederlegen muss, z.B. in Stücklisten, Arbeitsplänen, Technologie- und Netzwerkstammdaten. So werden Produkte, Prozesse und Organisation transparent und für alle Mitarbeitenden nachvollziehbar. Dies ist aber nur eine Hilfe zu deren besserer Qualifikation und hat damit teilweise Einfluss auf die Qualität. Die Qualität der Produkte, der Prozesse und der Organisation ist jedoch noch wesentlicher durch die Konstruktion, die Prozessentwicklung, durch die Wahl der Produktionsinfrastruktur, der Mitarbeitenden und der Partner in der Supply Chain gegeben.

- *Kosten:* Die Reduktion der Bestände an Lager und in Arbeit und das Erhöhen der Auslastung der Kapazität führen zu Zielkonflikten. ERP- oder SCM-Software löst diese Konflikte nicht, sondern macht sie schneller, umfassender und mehr Menschen gleichzeitig transparent. Da, wie oben gezeigt, die planerisch-dispositiven Entscheide und die eigentliche Steuerung nicht der Software überlassen werden können, müssen Menschen die erhöhte Transparenz erst in bessere Entscheide umsetzen können. Der Einfluss der Software ist somit nur mittelbar.

  ERP- und SCM-Software verlangen eine genaue und vollständige Stamm- und Auftragsdatenhaltung. Der Einfluss der Software auf die Kalkulations- und Abrechnungsgrundlagen ist damit unmittelbar. Die Software unterstützt die Automatisierung der Abläufe. Der Einfluss der Software auf die Reduktion der Kosten in der Administration ist damit ebenfalls unmittelbar. Bestände und Auslastung sind jedoch auch Einflüssen aus dem makroökonomischen Umfeld ausgesetzt sind, z.B. der Beschäftigungslage und der Wettbewerbsfähigkeit einer ganzen Volkswirtschaft.

- *Lieferung:* Informationen über Aufträge in Arbeit oder Bestände können sehr schnell und durch alle Beteiligten abgefragt werden. ERP- und SCM-Software verkürzt damit unmittelbar die Durchlaufzeit im Daten- und Steuerungsfluss. Die Erfahrung zeigt aber nur allzu oft, dass das nicht unbedingt auch auf die Durchlaufzeit im Güterfluss durchschlägt. Als Beispiel dient ein Fall, bei dem innerhalb von wenigen Sekunden festgestellt werden konnte, wo ein verzögerter Auftrag sich physisch im Moment gerade in der Fabrik befand. In der Überprüfung erwies sich dann die Information als richtig und zuverlässig, die Ware hingegen als liegengeblieben, da das bedienende Personal nicht verfügbar war. Der zugesagte Termin konnte somit nicht eingehalten werden.

  Das Verkürzen der Durchlaufzeit insgesamt sowie das Steigern des Liefertreuegrads muss damit zuerst in der betrieblichen Organisation richtig verankert werden. Erst dadurch wird der Lieferbereitschaftsgrad erhöht – nicht nur aufgrund von Daten in der Software, sondern auch in der Realität. Der Einfluss der Software ist damit auch im Zielbereich Lieferung nur mittelbar.

- *Flexibilität:* Als ersten Aspekt der Flexibilität erlaubt gerade Software heute, Produktfamilien mit Variantenreichtum auf effiziente Weise führen zu können. Das ist tatsächlich eine Voraussetzung, um flexibel auf Kundenwünsche eingehen zu können. Das Potential zur Flexibilität ist hier aber wie im Falle der Qualität mehr durch die Konstruktion und die Planung der Prozesse und der Produktionsinfrastruktur gegeben und erst in zweiter Linie durch ERP- oder SCM-Software.

  Das gleiche gilt auch für den anderen Aspekt der Flexibilität, den Ressourceneinsatz. ERP- oder SCM-Software informiert schnell und umfassend über Bedürfnisse und Möglichkeiten aufgrund der momentanen Situation. Sie wird aber nur in seltenen Fällen dem Menschen den Entscheid über eine Ressourcenverschiebung abnehmen können. Zudem sei hier wiederholt: Ob Menschen überhaupt flexibel einsetzbar sind und ob Maschinen einen flexiblen Einsatzbereich aufweisen, entscheidet sich zuerst in der Qualifikation der Mitarbeitenden sowie in der Planung der Produktionsinfrastruktur.

Als Zusammenfassung zu Abb. 9.3.1.1 kann man damit wie folgt schliessen:

ERP- oder SCM-Software dient zur *Unterstützung* von Planung & Steuerung der betrieblichen Leistungserstellung mit Informatik-Technologie. Zuerst dient eine ERP- oder SCM-Software jedoch – und das in den meisten Fällen mit gutem Erfolg – zur Darstellung der Produkte und ihrer Beschaffungsprozesse (Herstellung oder Einkauf) sowie zur Verwaltung der Aufträge – und damit zur Administration und Abrechnungsvorbereitung.

ERP- oder SCM-Software stellt ja schliesslich die Verbindung zwischen Menschen her – und zwar durch Informationen. Setzt man nun voraus, dass genügend viele Leute ausreichend geschult sind und zudem eine genügend lange Zeit zur Verfügung haben, dann könnte man alles, was ERP- oder SCM-Software tut, auch manuell erledigen.

Der Einsatz von ERP- oder SCM-Software wird dann sinnvoll, wenn die menschlichen Fähigkeiten nicht mehr ausreichen, z.B. wegen

1. steigender Komplexität der Produkte und des Produktmix',
2. grösserer Datenmenge und Häufigkeit der Aufträge (bzw. der Prozesse),
3. grösserer Anforderung an die Schnelligkeit der Prozessadministration.

Fazit: ERP- oder SCM-Software kann also immer noch genau das, wofür die elektronische Datenverarbeitung nach der Idee Holleriths schon zu Beginn gedacht war, nämlich die schnelle und genaue Verarbeitung von grossen Datenmengen. ERP- oder SCM-Software ist kein Ersatz für die betriebliche Aufgabe. Sie besorgt nur deren Automatisierung. Mehr von ihr zu wollen, wäre eine verfehlte Erwartungshaltung, so ernüchternd dies auch klingen mag.

Der Grad des Einflusses auf die eigentlichen unternehmerischen Ziele ist für jede ERP- oder SCM-Software in etwa gleich. Werden diese also in einem Unternehmen mit Einsatz einer bestimmten ERP- oder SCM-Software nicht erreicht, können sie i. Allg. auch bei Ersatz durch eine andere ERP- oder SCM-Software nicht erreicht werden. Werden nun im Fall eines Misserfolges die Ursachen bei der Software gesucht, folgt nur allzu schnell die These, dass es „keine genügende Software" gibt – ein willkommener Anlass, die Verantwortung auf Unternehmens-externe abzuschieben.

Bei Reorganisationsprojekten ist deshalb ein Vorgehen in zwei Schritten anzuraten, das auch je mit einer eigenen Rentabilitätsrechnung zu versehen ist. Dieses Vorgehen erzwingt, der Ausbildung der ausführenden Personen im Unternehmen die nötige Aufmerksamkeit zu schenken.

- Der erste Schritt betrifft die Veränderung der Organisation. Kann man die bestehende Organisation überhaupt in die neue überführen? Was kostet diese Umstellung? Eine IT-Unterstützung soll hier bewusst aus der Betrachtung weggelassen werden, da, wie oben erwähnt, die Aufgaben der Software zumindest theoretisch alle durch Personen ausgeführt werden können. Die Rentabilitätsrechnung für diesen 1. Schritt wird dann die nötigen Ausbildungskosten berücksichtigen müssen, um die veränderte Organisation in den Griff zu bekommen. Man wird prüfen, wie die eigentlich gemeinten unternehmerischen Ziele – z.B. verkürzte Durchlaufzeiten im Güterfluss – durch die veränderte Organisation wirklich erreicht werden können.

- Erst der zweite Schritt – und damit auch eine zweite Rentabilitätsrechnung – bringt die genaue Ausprägung der IT-Unterstützung durch ERP- oder SCM-Software ins Spiel. Hier fallen u.a. auch Kosten an, um die Mitarbeitenden im richtigen Umgang mit Hard- und Software auszubilden. Dem gegenüber stehen in diesem Fall nur die Einsparungen an Personal, das zur manuellen Bearbeitung des Informationsflusses nötig gewesen wäre.

Mit einem solchen Vorgehen kann man zeigen, dass die Aussage – u. U. eine bequeme Ausrede – es gäbe keine genügende ERP- oder SCM-Software, nicht stimmt. Die Probleme liegen vielmehr bei der mangelnden Beherrschung der Organisation und ihrer Instrumente durch die Mitarbeitenden.

9.3.2 Einflussfaktoren auf die individuelle Akzeptanz und den Einführungsumfang von ERP-Software

Es ist keine leichte Sache, den Erfolg der Einführung von ERP-Software zu belegen. Die Abb. 9.3.1.1 zeigte auch bereits, dass der Erfolg nicht an den explizit formulierten unternehmerischen Zielen gemessen werden darf. Denn diese werden nicht von der Software beeinflusst, sondern vielmehr von der gewählten Logistik, vom Produktgestaltungsprozess und von Faktoren ausserhalb des Unternehmens. Eine Studie [Mart93] hat als Messgrössen die „PPS-Akzeptanz" und den „PPS-Einführungsumfang" gewählt. Unter PPS wurde dabei die PPS-Software verstanden, und zwar im umfassenden Sinn der ERP-Software. Daher soll im Folgenden besser von der Akzeptanz, bzw. dem Einführungsumfang von ERP-Software gesprochen werden. Viele der aufgeführten Faktoren sind auch auf SCM-Software übertragbar.

Die Studie wurde in 100 Betrieben durchgeführt, wobei 900 Personen befragt wurden – und zwar vor allem Leute, die mit der Software auch regelmässig operationell arbeiten. Die Auswertung der Fragebögen zeigte eine recht hohe individuelle Akzeptanz von ERP-Software: Die Befragten hatten das Gefühl, das Paket leiste etwa das, was ihren Erwartungen entspricht. Die Abb. 9.3.2.1 zeigt Einflussfaktoren auf die individuelle Akzeptanz.

Bei den *personellen Merkmalen* haben Schulausbildung, Berufsausbildung und Erfahrung sowie die Position im Betrieb keinen signifikanten Einfluss auf die individuelle Akzeptanz von ERP-Software, wohl aber die allgemeinen EDV-Kenntnisse und -erfahrungen sowie die Unterstützung von Kollegen.

Bei den Einflussfaktoren für die *Einführungsbetreuung der Mitarbeitenden* haben die Dauer und inhaltliche Breite der Schulung, die Zufriedenheit darüber, sowie die Möglichkeiten zur Partizipation signifikanten Einfluss auf die Akzeptanz. Die Akzeptanz nimmt mit steigender Anzahl von Schulungstagen kontinuierlich zu. Eine „Sättigung" ist selbst bei einer hohen Anzahl von Schulungstagen nicht erkennbar [Mart93, S. 102]. Es scheint auch, dass man mit Hilfe von Schulung gewisse Defizite der Software korrigieren kann.

Am wichtigsten erweist sich die *Information über die Einführungsgründe von ERP-Software*, daneben aber auch die Zusammenarbeit der Abteilungen, die Planung und Organisation sowie die einsetzbare Zeit neben dem Tagesgeschäft. Weniger wichtig sind der Datenüberarbeitungs-umfang sowie – unerwarteterweise – die Unterstützung durch das Top-Management.

Für die *Benutzersituation in Bezug auf die ERP-Software* ist der wichtigste Einflussfaktor, ob jemand die generelle Eignung der gewählten Software für seine persönliche Arbeit bejaht. Zentral sind auch arbeitspsychologische Konzepte, die durch den Handlungsspielraum ausgedrückt werden. Dies bedeutet, dass die Benutzer auch nach Einführung autonom über die zeitliche Abfolge ihrer Aufgaben und über die Reihenfolge der Tätigkeiten innerhalb einer Aufgabe entscheiden möchten. Weniger wichtig sind hingegen die Gestaltung der Bildschirme und Listen sowie, mit Ausnahme der Fehlermeldungen, andere Komponenten der Benutzer-freundlichkeit (Hilfefunktion, Einarbeitungszeit, Fehlerkorrektur).

Einflussfaktor auf die individuelle Akzeptanz	Einfluss (*)
Personelle Merkmale	
Schulausbildung	+
Berufsausbildung	+
Berufsjahre	
Position im Betrieb	+
Allgemeine EDV-Kenntnisse	+++
EDV-Erfahrung	++
Unterstützung von Kollegen	++
Einführungsbetreuung der Mitarbeiter	
Schulung: Dauer	++
Schulung: Inhaltliche Breite	++
Schulung: Zufriedenheit	++
Information über Einführungsgründe	+++
Partizipation: Umfang	++
Partizipation: Möglichkeit für Vorschläge	++
Partizipation: Wunsch nach Vorschlagsmöglichkeit	+
Datenüberarbeitungsumfang	+
Zusammenarbeit der Abteilungen	++
Planung und Organisation	++
Zeit neben Tagesgeschäft	++
Top-Management-Unterstützung	+
Interner Ansprechpartner	
Benutzersituation in Bezug auf ERP-Software	
Generelle Eignung der Software für persönliche Arbeit	+++
Systemverfügbarkeit	+
Informationsrelevanz der Daten am Bildschirm	+
Informationsrelevanz der Daten auf Listen	
Handlungsspielraum: Zeitautonomie	+++
Handlungsspielraum: Ablaufautonomie	++
Handlungsspielraum: Abwechslung	+++
Benutzerfreundlichkeit: Hilfefunktionen	+
Benutzerfreundlichkeit: Fehlermeldungen	++
Benutzerfreundlichkeit: Einarbeitungszeit	+
Benutzerfreundlichkeit: Fehlerkorrektur	+

(*) Grösse des Einflusses auf die individuelle Akzeptanz
  +++: gross
  ++:   signifikant
  +:   nicht signifikant
  (leer): minim oder kein Einfluss

Abb. 9.3.2.1   Einflussfaktoren auf die individuelle Akzeptanz von ERP-Software (nach [Mart93])

Zusammengefasst: Wichtig für die Akzeptanz einer ERP-Software sind die Begründung für ihre Einführung, eine gute Schulung, der Erhalt der Autonomie in der Arbeit und eine für die persönliche Arbeit geeignete Software.

Der Einführungsumfang von ERP-Software wurde nun anhand der Faktoren „Zeit seit Einführungsbeginn", „Anzahl eingeführte Funktionen" und „Verbreitungsgrad" bestimmt. Bezüglich des ersten Faktors ergab sich als ernüchterndes Resultat aus der Befragung ein Mittelwert von 4,3 Jahren, wobei sogar nur Betriebe befragt wurden, die in der Einführungsphase waren oder diese vor kurzem abgeschlossen hatten. Die Anzahl der eingeführten Funktionen wurde durch Zählen der im Betrieb eingeführten Module wie Vertrieb, Lagerhaltung usw. abgeleitet. Im Mittel waren 13 solcher Funktionen eingeführt. Der Verbreitungsgrad wurde durch

Division der Anzahl der mit der ERP-Software arbeitenden Personen durch die Gesamtzahl der im operativen Bereich tätigen Personen ermittelt. Aus der Kombination der drei Werte wurde der Einführungsumfang abgeleitet. Die Abb. 9.3.2.2 zeigt eine Auswahl der untersuchten Einflussfaktoren auf den Einführungsumfang.

Einflussfaktor (Kurzbeschreibung)	Einfluss (*)
Betriebsmerkmale	
Gesamtzahl der Beschäftigten	
Konzerneinflüsse	
Betriebstypologische Ausprägungen, Branche	
EDV-Technik	
Hardware, Betriebssystem	
Softwarekosten	
Ausgangszustand	++
ERP-Software	
Projektmerkmale	
Projektleiter und -Freistellungsgrad	+
Einführungsgrund (z.B. Ersatz, Vorgabe, Verbesserungen)	
Steuerungsgremium	++
Projektteam	++
Anzahl Projektteams	
Anzahl Teammitglieder	
Anzahl vertretene Abteilungen	
Regelmässige Projektteamsitzungen	++
Träger des Projektes (Fachabt. / gemischt / Organisations-EDV)	++++
Externe Berater und Anzahl Berater	
Referenzkunden besucht	++
Anbietertests mit eigenen Daten	++
Ist-Situation analysiert	++
Schwachstellen dokumentiert	+
Anforderungskatalog erstellt	+++
Mitarbeiter für Projekt benannt	++
Anzahl geschulte Hierarchieebenen	+++
Geschäftsleitung geschult	+
Bereichsleiter geschult	+++
Abteilungsleiter geschult	++
Projektleiter geschult	++
Gruppenleiter geschult	
Mittlere Akzeptanz der ERP-Software im Betrieb	++

(*) Grösse des Einflusses auf den Einführungsumfang
>   **++++**: sehr gross
>   **+++**: gross
>   **++**:   signifikant
>   **+**:   nicht signifikant
>   (leer): minim oder kein Einfluss

Abb. 9.3.2.2   Einflussfaktoren auf den Einführungsumfang von ERP-Software (nach [Mart93])

Die *Betriebsmerkmale* (Gesamtzahl der Beschäftigten, Konzerneinflüsse, Betriebstypologie sowie Branche) haben ebenso wenig Einfluss auf den Einführungsumfang wie die eingesetzte EDV-Technik (Hardware, Betriebssystem oder Softwarekosten). Die gewählte ERP-Software hat ebenfalls keinen Einfluss auf den Einführungsumfang, wohl aber, ob es sich um die erstmalige Einführung einer solchen Software oder aber um eine Ablösung einer eingesetzten Software handelt. Dieses Ergebnis ist mit Blick auf die Aussage „Jede ERP-Software ist gut" besonders interessant.

Bei den *Projektmerkmalen* sticht die Wichtigkeit des Projektträgers hervor. Am meisten Erfolg haben Projekte, bei denen die Verantwortung in der Abteilung für Organisation und EDV liegt und nicht in den Fachabteilungen oder in gemischter Verantwortung. Das ist ein Ergebnis der Umfrage, das nicht unbedingt zu erwarten war. Es wird damit begründet, dass in einem KMU-Umfeld (kleine und mittelgrosse Unternehmen) die eigentliche Kompetenz bezüglich ERP-Software wahrscheinlich doch eher bei Mitarbeitenden in der Abteilung für Organisation und EDV liegt als bei den Fachabteilungen.

Sehr wichtig ist auch die Anzahl der geschulten Hierarchieebenen, wobei es am wenigsten auf die oberste Ebene (Geschäftsleitung) und auf die unterste Ebene (Gruppenleitung) ankommt.

Ebenso wichtig ist ein professionelles Vorgehen während der Evaluation von Standardsoftware (Referenzkunden besuchen, Anbietertests mit eigenen Daten, Ist-Situations-Analyse, Anforderungskatalog) sowie ein klares Projektmanagement (Mitarbeiter für das Projekt benennen, Steuerungsgremium und Projektteams festlegen). Weniger wichtig hingegen sind die Anzahl der Projektteams, die Anzahl der Teammitglieder und auch die Anzahl der vertretenen Abteilungen sowie der Projektleiter und deren Freistellungsgrad.

Die aus der individuellen Akzeptanz abgeleitete mittlere Akzeptanz der ERP-Software im Betrieb hat ihrerseits einen signifikanten Einfluss auf den Einführungsumfang.

Zusammenfassend zeigt die Umfrage, dass zur Akzeptanz und zum Einführungsumfang von ERP-Software die Charakteristiken der Software offenbar wenig entscheidend sind, mit Ausnahme von zwei Punkten: Es muss die Überzeugung bestehen, dass sie für die persönliche Arbeit geeignet ist und dass die persönliche Arbeitsautonomie erhalten werden kann. Daneben kommt es auf die Einführungsbetreuung, die Schulung der Mitarbeitenden sowie auf die Qualität des Projektmanagement i. Allg. an (siehe dazu auch [HaKu00]). Unter diesen Voraussetzungen sind verschiedene ERP-Software-Produkte akzeptierbar und einführbar, was schliesslich zur Aussage „Jede ERP-Software ist gut" führt. Diese These kann somit vom Standpunkt derjenigen aufgestellt werden, die täglich mit der ERP-Software arbeiten. Sie ist nicht unbedingt zutreffend für diejenigen, die eher sporadisch damit zu tun haben.

9.4 Zusammenfassung

IBM hatte aufgrund der ingeniösen Idee und dem Geschäftssinn Holleriths lange eine Monopolstellung in der kommerziellen Auswertung der EDV-Technologie. Auch frühe ERP-Software stammt aus dem Hause IBM. Die verbreitetsten Lösungen für ERP-Software basieren heute auf dem MRPII-Konzept, wobei auch das Lean-/JiT-, das variantenorientierte und das prozessororientierte Konzept mehr und mehr mitberücksichtigt werden. Standardsoftware ist im Trend, die Individualsoftware hat jedoch ihre Bedeutung beibehalten.

Je nach Standpunkt kann man offenbar in der Frage der Güte von ERP- oder SCM-Software zu verschiedenen Resultaten gelangen. Viele Missverständnisse entstehen durch den Begriff ERP-

System, der sowohl für die betriebliche Aufgabe als auch auf die Software zu ihrer Stützung verwendet wird. Es ist deshalb wichtig, das Umfeld der Argumentation für die gewählten Standpunkte zu verstehen – und zwar auch von Standpunkten ausgehend, die zu gegenteiligen Aussagen führen.

So wird mancher Unternehmer nur schwer verstehen wollen, wieso ein so teures Werkzeug wie eine ERP- oder SCM-Software nicht mehr Einfluss auf die entscheidenden unternehmerischen Ziele ausüben kann. Er wird deshalb wohl immer anfällig auf Verkäufer sein, die ihm in dieser Hinsicht zu viel versprechen, weil sie wissen, was er eigentlich gerne hören möchte. Es ist wichtig, keine falsche Erwartungshaltung bezüglich der Möglichkeiten von ERP- oder SCM-Software zu hegen. Sie hat ihre Stärke in der Darstellung der Produkte und ihrer Beschaffungs-prozesse (Produktion oder Einkauf) sowie in der Verwaltung der Aufträge und damit in der Administration und Abrechnungsvorbereitung. Durch Erfassung und Verarbeitung der Daten (z.B. auch ihre statistische Verdichtung) liefert ERP- oder SCM-Software damit eine Informa-tionsgrundlage zur Entscheidungsfindung in Planung & Steuerung.

Akzeptanz und Einführungsumfang von ERP-Software werden durch die Art der Einführung und die Einführungsbetreuung und Schulung der Mitarbeitenden erreicht. Die Software selber muss für die persönliche Arbeit geeignet sein und die persönliche Arbeitsautonomie erhalten. Diejenigen, die sich täglich mit der ERP-Software befassen, dürfen jedoch nicht davon ausgehen, dass eine informatik-technische Beherrschung der ERP-Software bereits genügt. Vielmehr muss man die betrieblichen Abläufe selbst beherrschen und sie dauernd den Bedürfnissen des Marktes und der Produkte anpassen.

9.5   Schlüsselbegriffe

9.6   Szenarien und Übungen

9.6.1 Einflussfaktoren auf die Akzeptanz von ERP-Software

Rufen Sie sich anhand von Abb. 9.3.2.1 die drei wichtigsten Bereiche für die individuelle Akzeptanz von ERP-Software in Erinnerung. Beschreiben Sie bitte für jeden Bereich die Faktoren, deren Einfluss am bedeutendsten ist. Können Sie, wenn Sie als Fachperson oder

Berater tätig sind, die in Abb. 9.3.2.1 gezeigten Ergebnisse aufgrund Ihrer Erfahrungen bejahen? Diskutieren Sie bitte mit Ihren Kollegen über dieses Thema.

Lösung:

a) *Personelle Merkmale:* Hier haben allgemeine EDV-Kenntnisse und -Erfahrungen sowie die Unterstützung von Kollegen den grössten Einfluss auf die Akzeptanz.

b) *Einführungsbetreuung der Mitarbeitenden:* Hier erweist sich die Information über die Einführungsgründe der ERP-Software als wichtigster Faktor. Andere Faktoren, welche die Akzeptanz beeinflussen, sind Dauer und inhaltliche Breite der Schulung sowie die Zufriedenheit mit dem Training. Wichtig sind auch die Zusammenarbeit der Abteilungen, die Planung und Organisation sowie die einsetzbare Zeit neben dem Tagesgeschäft während der Einführungsphase.

c) *Benutzersituation in Bezug auf die ERP-Software:* Aus Sicht des Benutzers ist am wichtigsten, ob er selbst spürt, dass die gewählte Software generell für seine persönliche Arbeit geeignet ist. Einen anderen wichtigen Faktor stellt der Handlungsspielraum dar: die Software gibt dem Benutzer weiterhin die Freiheit, über die Abfolge der Aufgaben-erledigung und die Reihenfolge der Tätigkeiten innerhalb jeder Aufgabe zu entscheiden.

9.6.2 Standardsoftware versus Individualsoftware

Heutzutage dient ERP-Standardsoftware wie mySAP™ oder J.D. Edwards der IT-Unterstützung der Planung & Steuerung. Jedoch wird in diesem Gebiet noch immer viele Individualsoftware hergestellt. Können Sie erklären wieso?

Hinweis zur Beantwortung: Befragen Sie dazu Mitarbeiter aus Unternehmen, welche Individualsoftware verwenden und vergleichen Sie deren Antworten mit den Argumenten aus Kap. 9.1.2 und 9.2.6.

9.6.3 Software für unternehmensübergreifende Planung und Kontrolle

Abb. 9.2.4.1 zeigte das Konzept und einige Teilaufgaben von SCM-Software. In dieser Übung geht es darum, dieses Konzept genauer zu untersuchen und einige Erfolgsfaktoren zu betrachten.

Was halten Sie von der Behauptung einiger Verkaufspersonen von SCM-Software, dass diese endlich diejenigen Probleme löst, welche ERP nicht lösen konnte, wie bspw.:

a) Berücksichtigung von Kapazitätsengpässen bei der Erarbeitung von Produktionsplänen. (*Hinweis*: Vergleichen Sie insbesondere die Planungsgrundsätze von prozessor- bzw. varianten-orientierten Konzepten.)

b) Finden einer korrekten Lösung. (*Hinweis*: Betrachten Sie die Struktur von Abb. 9.2.4.1)

c) Rasches Finden der (besten) Lösungen (Echtzeit-Planung).

Machen Sie sich zum Schluss einige Gedanken zu der Frage, welche in Kap. 9.3.1 bezüglich Möglichkeiten und Grenzen der IT-Unterstützung von Planung und Steuerung aufgeworfen wird:

d) Worauf kommt es für den Erfolg im Einsatz von SCM-Software wirklich an?

Lösung:

a) Verkaufspersonen vergleichen häufig die Vorteile moderner SCM-Software mit alter, überholter ERP-Software. Fragen Sie die Verkaufsperson, ob er oder sie auch mit anderer Software für interne Unternehmensplanung und -steuerung vertraut ist als mit MRP II. Viele Softwarepakete für das variantenorientierte Konzept (z.B. auch Projektmanagementsoftware) und für das prozessor-orientierte Konzept, die i. Allg. auch unter ERP-Software zusammen gefasst werden, berücksichtigen selbstverständlich Kapazitätsengpässe.

b) Aus Abb. 9.2.4.1. geht hervor, dass die SCM-Software die Planungsdaten aus dem ERP-System der Firma beziehen muss. Das bedeutet, dass Fehler in Stamm- und Auftragsdaten, welche in der ERP-Software generiert wurden, sich in der SCM-Software wiederholen. Fragen Sie die Software-Verkaufsperson nach den Auswirkungen von fehlerhaften Angaben zur Durchlaufzeit in den Stammdaten der ERP-Software auf die Qualität der Planung durch SCM-Software. Im Grunde gilt folgendes Prinzip: „garbage in, garbage out." Behauptungen, dass SCM-Software ERP-Software überflüssig macht, stimmen nur in der Theorie bzw. in sehr spezifischen Fällen. Fragen Sie die Verkaufsperson nach Beispielen, welche mit Ihrer Unternehmenssituation vergleichbar sind.

c) Schnelle Planung mit Hilfe von SCM-Software ist i. Allg. nur für Varianten eines bereits berechneten Plans machbar. Fragen Sie die Verkaufsperson der SCM-Software, wie lange es dauert, stark geänderte Stamm- oder Auftragsdaten von der ERP- zur SCM-Software zu übertragen. Bitten Sie um eine Referenz eines Unternehmen, welches Ihrem ähnlich ist, um dessen Erfahrung mit der Datenübertragung zu erfragen.

d) Wie im Falle der ERP-Software liegen die entscheidenden Erfolgsfaktoren für SCM-Software in der Unternehmenskultur und der Organisation der Zusammenarbeit in der Supply Chain. Bei der Einführung lautet daher die Aufgabe, geeignete Massnahmen für alle neun Felder des Modells in Abb. 2.3.2.1 zu finden, und nicht nur alleine für das neunte Feld.

9.7   Literaturhinweise

APIC16   Pittman, P. et al., APICS Dictionary, 15. Auflage, APICS, Chicago, IL, 2016

HaKu00   Hafen, U., Künzler, C., Fischer, D., „Erfolgreich restrukturieren in KMU", vdf Hochschulverlag an der ETH Zürich, 2. Auflage, 2000

IBM81   IBM, „Communications Oriented Production Information and Control System (COPICS)", Broschüren Vol. 1–8, IBM G320-1974-0 bis G320-1981-0

IBM83   IBM, kopiert aus den Hollerith-Mitteilungen, Nr. 3 (Juni 1913), Inhalt formal kopiert aus IBM-Nachrichten 33 (1983)

Mart93   Martin, R., „Einflussfaktoren auf Akzeptanz und Einführungsumfang von Produktionsplanung und -steuerung (PPS)", Verlag Peter Lang, 1993

MöMe96   Möhle, S., Weigelt, M., Braun, M., Mertens, P., „Kann man ein einfaches PPS-System mit Microsoft-Bausteinen entwickeln?", Industriemanagement 12, 5/1996, S. 47–52

Nien04   Nienhaus, J., „Modeling, analysis, and improvement of supply chains — a structured approach", Dissertation ETH Zürich, Nr. 15809, Zürich, 2004

10 Bedarfsplanung und Bedarfsvorhersage

Wenn die kumulierte Durchlaufzeit länger als die Kundentoleranzzeit ist, muss man nach einer Bedarfsvorhersage produzieren bzw. beschaffen. Die Abb. 10.0.0.1 zeigt (dunkel unterlegt) diese Aufgabe und die Prozesse, für welche sie besonders wichtig ist. Sie bezieht sich dabei auf das Referenzmodell für Geschäftsprozesse und Aufgaben der Planung & Steuerung der Abb. 5.1.4.2.

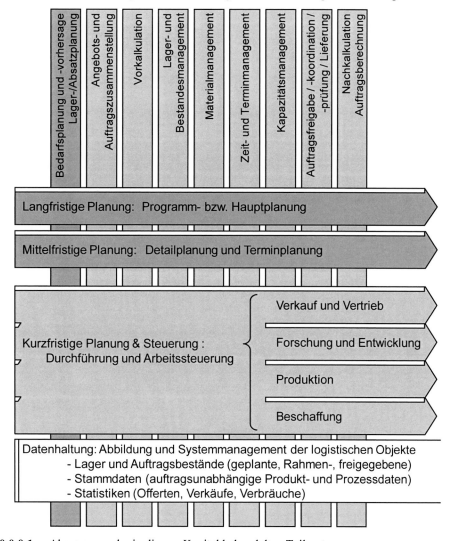

Abb. 10.0.0.1 Abgrenzung der in diesem Kapitel behandelten Teilsysteme

Zur Übersicht zu diesem Kapitel zählen auch die Kap. 5.3.1 und 5.3.2. Es wird empfohlen, die Kap. 5.3.1 und 5.3.2 vor der weiteren Lektüre der Kapitel 10 bis 12 noch einmal durchzulesen. Die Vorhersagenotwendigkeit verändert sich im Laufe der Zeit je nach Markt und Produkt. Als Beispiele für Märkte mit grosser Vorhersagenotwendigkeit dienen der Handel mit Konsumgütern, oder die Bereitstellung von Komponenten, die für Investitionsgüter benötigt werden.

© Springer-Verlag GmbH Deutschland, ein Teil von Springer Nature 2020
P. Schönsleben, *Integrales Logistikmanagement*,
https://doi.org/10.1007/978-3-662-60673-5_11

Ohne dass eine definitive Kundenbestellung vorliegt, muss man z.B. Einzelteile von Maschinen bereits fertigen.

Im Folgenden werden Vorhersageverfahren klassifiziert und ihr prinzipieller Ablauf beschrieben. Danach werden einzelne Verfahren detailliert beschrieben und verglichen. Weiter wird die Verbrauchsverteilung als Überlagerung der Verteilung der Verbrauchsereignisse und der Verteilung der Verbrauchsmenge je Ereignis definiert. Daraus werden Sicherheitsbedarfe und Grenzen der stochastischen Bedarfsermittlung abgeleitet. Zudem kommt der Übergang von Vorhersagen zu Primärbedarfen sowie deren Verwaltung zur Sprache.

Die Abhandlung in diesem Kapitel ist nicht nur von qualitativer, sondern auch von quantitativer Natur. Sie verlangt in weiten Teilen nicht nur intuitives oder elementar zugängliches Wissen, sondern auch gute Kenntnisse zumindest der elementaren statistischen Methoden.

10.1 Übersicht über die Bedarfsplanung und Vorhersageverfahren

10.1.1 Die Problematik der Bedarfsplanung

> Eine *Bedarfsvorhersage* ist gemäss Kap. 1.1.3 eine Abschätzung des zukünftigen Bedarfs.
>
> Ein *Vorhersagefehler* bzw. *Prognosefehler* ist die Differenz zwischen Nachfrage und Vorhersage. Er kann als Absolutwert oder als Prozentsatz ausgedrückt werden.
>
> Ein *Vorhersageverfahren* ist eine Vorgehenssystematik zur Bedarfsvorhersage nach einer bestimmten Modellvorstellung.

Ein gewisses Mass an Ungewissheit und damit Vorhersagefehlern charakterisiert jede Vorhersage, ob sie nun von einem Menschen oder mittels eines allenfalls IT-unterstützten Vorhersageverfahrens erstellt wird. IT-unterstützte Vorhersageverfahren und die Intuition und Kreativität des Menschen verhalten sich komplementär. Beide müssen während der Bedarfsplanung situationsgerecht eingesetzt werden.

Liegen nur wenige Artikel und nur wenige explizit ausdrückbare Erkenntnisse vor, ist die menschliche Vorhersage in der Regel genauer. Die menschliche Intelligenz kann nämlich bruchstückhaftes Wissen und Wissen aus Analogieschlüssen verarbeiten und damit viele weitere zur Vorhersage notwendige Faktoren berücksichtigen. Dies kann z. B. für die Grobplanung wichtig sein, wo man eventuell nur wenige Bedarfe von Artikelfamilien vorhersagen muss.

Liegen viele Artikel vor oder kann man explizit ausdrückbare Kenntnisse des Bedarfs voraussetzen, so erlaubt ein IT-unterstütztes Vorhersageverfahren i. Allg. präzisere Vorhersagen. Dies ist in der Kapazität des Computers begründet, grosse Menge von Daten in kurzer Zeit präzise verarbeiten zu können.

- Aus Verbrauchsstatistiken lassen sich Tendenzen oder Trends berechnen, z. B. eine Saisonalität. Aufgrund der Länge des zu beobachtenden Zeitraumes ist dies i. Allg. eine schwierige Aufgabe für den Menschen.

- Der Mensch hat die Tendenz, Ausnahmeereignisse zu stark zu gewichten. Ein IT-unterstütztes Vorhersageverfahren ist in diesem Sinne „neutral" in seinen „Reaktionen".

- Der Mensch berücksichtigt die kurze Vergangenheit eher zu stark. So kann eine zu hohe Vorhersage in der laufenden Periode zu einer zu tiefen Vorhersage für die nächste Periode führen, obwohl dies – mittelfristig gesehen – nicht gerechtfertigt ist.

Die Bedarfsplanung basiert immer auf gewissen grundlegenden Annahmen und Randbedingungen. Mit Parametern versucht man, diese möglichst allgemein oder flexibel wählbar zu halten. Ändert sich die Bedarfssituation, so muss man die Wahl sowohl der Parameter als auch des Verfahrens überprüfen und ggf. ersetzen. Die Abb. 10.1.1.1 zeigt einen möglichen Ablauf zur Wahl des Vorhersageverfahrens und seiner Parameter.

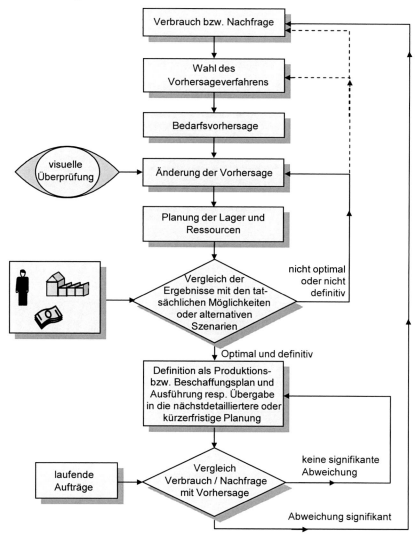

Abb. 10.1.1.1   Ein möglicher organisatorischer Ablauf der Bedarfsplanung

- Aufgrund von vorliegenden Verbrauchs- oder eventuell teilweise bereits vorhandenen Nachfragewerten wird ein Verfahren zur Bedarfsvorhersage gewählt.
- Durch Anwendung des Verfahrens entsteht eine Vorhersage für den zukünftigen Bedarf.

- Wenn möglich erfolgt eine visuelle Überprüfung der Vorhersage und eventuelle Korrektur von Vorhersagewerten, die zu weit von der menschlichen Intuition entfernt sind. (Damit wird auch bei automatischen Verfahren das implizite Wissen des Menschen über das Marktverhalten in die Vorhersage eingebracht.)

- Die Bedarfsvorhersage wird ihrer Fristigkeit und Grobheit entsprechend in dafür notwendige Ressourcen – Güter und Kapazität – umgebrochen. (Konsequenzen der Realisierung können so abgeschätzt und evtl. bessere Varianten erarbeitet werden.)

- Die als optimal erachtete Variante der Vorhersage wird als Produktionsplan oder Beschaffungsplan festgehalten und bildet den Primärbedarf. Dieser wird in die nächstdetailliertere oder kürzerfristige Planung, bzw. in die Durchführung gegeben.

- In bestimmten zeitlichen Abständen wird kontrolliert, ob die Entwicklung der Nachfrage bzw. der Verbräuche mit der Vorhersage übereinstimmt. Falls die Abweichungsanalyse zu grosse Differenzen zeigt, muss der Zyklus erneut durchlaufen werden.

10.1.2 Gliederung der Bedarfsvorhersageverfahren

Die Abb. 10.1.2.1 zeigt eine mögliche Gliederung der Bedarfsvorhersageverfahren:

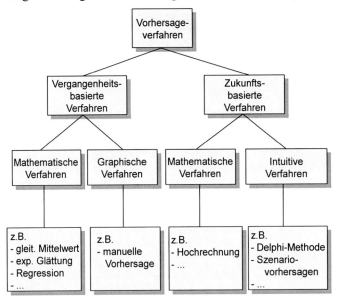

Abb. 10.1.2.1   Gliederung der Vorhersageverfahren

- *Vergangenheitsbasierte* oder *„passéistische" Verfahren* sagen aus dem Verbrauch in der Vergangenheit die zukünftige Nachfrage vorher, z.B. aufgrund von Verbrauchsstatistiken. Kann man eine Vorhersage nur für eine Artikelfamilie treffen, so muss man in der Folge die vorhergesagte Menge durch einen Aufteilungsschlüssel auf die einzelnen Artikel übertragen. Vergangenheitsbasierte Verfahren unterteilt man weiter in

  - *Mathematische Vorhersageverfahren.* Darunter fällt vor allem die Extrapolation von Zeitreihen. Bedarfe in der Zukunft werden durch Extrapolation einer Reihe von Bedarfen in der Vergangenheit abgeleitet. Solche Verfahren sind sehr verbreitet.

- *Graphische Vorhersageverfahren*, bei denen eine Zeitreihe graphisch aufgetragen, „per Auge" ein mittlerer Verlauf und eine Bandbreite der Abweichung hinein interpretiert und aufgrund der Erfahrung in die Zukunft übertragen wird.

- *Zukunftsbasierte* oder *„futuristische" Vorhersageverfahren* berücksichtigen vorhandene Informationen über die zukünftige Nachfrage, z.B. Offerten, feste Bestellungen oder solche in der Abschlussphase, oder Befragungen über das Verhalten der Kunden.

  - *Mathematische Vorhersageverfahren* versuchen, das zukünftige Verhalten von Zielkunden in mathematische Formeln zu fassen. Ein Beispiel ist die Hochrechnung: Ausgehend von bereits getätigten Bestellungen werden aufgrund von Erfahrungswerten die Bestellvolumina berechnet.

  - *Intuitive Vorhersageverfahren* versuchen, das zukünftige Verhalten von Zielkunden auf intuitive Weise einzuschätzen. Solche Verfahren sind wichtig, wenn neue oder umfassend erweiterte Produkte auf dem Markt eingeführt werden oder sich die Umsysteme wesentlich ändern. Einfache intuitive Verfahren sind z.B. Umfragen, Beurteilung durch Führungskräfte oder Schätzungen. Entsprechende Informationen sind über die Verkaufsabteilung, die Verkäufer, spezielle Marktforschungsinstitute (die das Verhalten von Kunden durch Befragen ermitteln), oder durch direkten Kontakt mit den Kunden zu erhalten. Eher technische Verfahren sind Expertensysteme, neuronale Netzwerke, entscheidungsunterstützende Systeme (DSS, „decision support systems") oder weitere Verfahren der Statistik und des „operations research". Als typische intuitive Verfahren werden die Delphi-Methode und die Szenariovorhersagen besprochen.

Auch eine *Kombination* dieser Verfahren ist denkbar. Bsp.: Vorhersagen aufgrund von mathematischen Verfahren werden durch graphische Aufzeichnung „per Auge" überprüft. Eine weitere mögliche Gliederung der Vorhersageverfahren ist die folgende (siehe auch [APIC16]):

- *Qualitative Vorhersageverfahren* basieren auf Intuition oder persönlichem Ermessen (z.B. manuelle Vorhersage, Delphi-Methode)

- *Quantitative Vorhersageverfahren* nutzen historische oder aktuelle Daten zur Vorhersage des zukünftigen Bedarfs. Diese Verfahren werden weiter unterteilt in

  - *Intrinsische Vorhersageverfahren* basieren auf internen Faktoren, wie z.B. die durchschnittlichen vergangenen Verbräuche. Sie gelangen am besten für Einzelprodukte zum Einsatz.

  - *Extrinsische Vorhersageverfahren* korrelieren mit einem *Leitindikator* (ein Wirtschaftsindex, der zukünftige Trends anzeigt), wie z.B. die Vorhersage des Verbrauch an Windeln von der Geburtenrate, oder die Vorhersage des Verkaufs an Möbeln vom Index der Neubauten ([APIC16]). Sie gelangen für stark aggregierte Vorhersagen, wie Gesamtverkäufe des Unternehmens, zum Einsatz.

10.1.3 Prinzipielles zu Vorhersageverfahren bei Extrapolation von Zeitreihen und zur Definition von Variablen

Besonders für vergangenheitsbezogene Vorhersageverfahren werden mathematische Verfahren benützt, die auf einer Reihe von Beobachtungen entlang der Zeitachse basieren (siehe dazu [BoJe15], [IBM73], [MeRä12] oder [WhMa97]). Nachfolgend werden grundlegende Grössen in der stochastischen Bedarfsermittlung definiert:

Eine *Zeitreihe* ist das Ergebnis einer Messung bestimmter quantifizierbarer Grössen in bestimmten, jeweils gleich langen Beobachtungsintervallen.

Die *Statistikperiode* bzw. das *Beobachtungsintervall* ist die Zeitdauer zwischen zwei Messungen der Zeitreihe (z.B. 1 Woche, 1 Monat, Quartal).

Das *Vorhersageintervall* ist die Zeiteinheit, für welche Vorhersagen vorbereitet sind ([APIC16]). Diese Einheit entspricht am besten der Statistikperiode.

Der *Vorhersagehorizont* ist die Zeitperiode der Zukunft, für welche eine Vorhersage vorbereitet ist ([APIC16]). Er ist meistens ein ganzzahliges Vielfaches der Statistikperiode.

Die Abb. 10.1.3.1 zeigt als Beispiel die Häufigkeitsverteilung[1] der beobachteten Grösse „Bestellungseingang" während der letzten Statistikperioden als Histogramm[2].

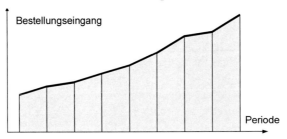

Abb. 10.1.3.1   Beispiel einer Zeitreihe

Ein *Nachfragemodell* versucht, durch eine Kurve, um welche die gemessenen Werte möglichst wenig streuen, grafisch die Nachfrage nachzubilden.

Kurveneinpassung heisst der Prozess, um diese Kurve zu erhalten, durch eine Gerade, eine polynomiale oder andere Kurve.

Man nimmt die Streuung der Werte als zufällig und häufig normalverteilt an. Damit setzt man voraus, dass die Nachfragewerte zwar grundsätzlich einen schwankenden Verlauf haben, dass aber gute Näherungen möglich sind. Die Abb. 10.1.3.2 zeigt mögliche und übliche Fälle von Nachfragemodellen.

Das Festlegen eines bestimmten Nachfragemodells auf eine konkrete Zeitreihe liefert dann das Vorhersageverfahren. Dem Vorhersageverfahren liegt also eine Modellvorstellung über den Verlauf der Nachfrage zugrunde, welche die Basis für eine *Regularität* oder eine *reguläre Nachfrage* bildet,

- entweder ein *ökonometrisches Modell*, meistens definiert durch ein Gleichungssystem, das die Zusammenhänge von gemessenen Daten und Grössen aus der Modellvorstellung als mathematische Gesetzmässigkeit formuliert,

---

[1]   Eine *Häufigkeitsverteilung* zeigt die Häufigkeit, mit welcher Daten in jede einer beliebigen Menge von Unterteilungen einer Grösse fallen (vgl. ([APIC16]).

[2]   Ein *Histogramm* ist ein Graph von benachbarten vertikalen Balken, die eine Häufigkeitsverteilung darstellen. Die Unterteilungen der Grösse finden sich auf der x-Achse. Die Anzahl der Elemente in jeder Unterteilung ist auf der y-Achse aufgeführt (vgl. ([APIC16]).

- oder ein intuitives Modell als Ausdruck des Empfindens einer intuitiven Gesetz-mässigkeit.

Verschiedene Modellvorstellungen können sich durchaus überlagern.

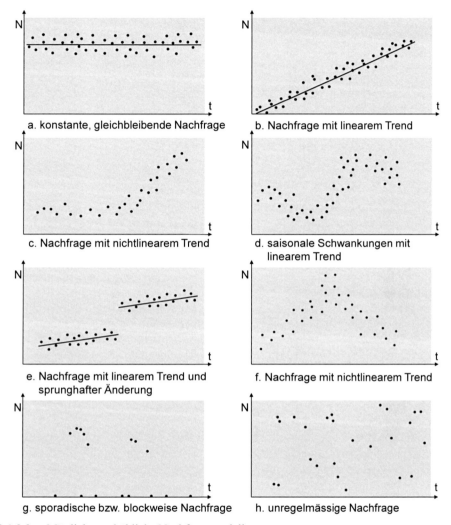

Abb. 10.1.3.2   Mögliche und übliche Nachfragemodelle

(Statistische) Dekomposition bzw. *Zeitreihenanalyse* nennt man die Zerlegung der Zeitreihe in verschiedene Komponenten, aufgrund einer Analyse, z.B. in

- eine (langfristige) Trendkomponente,
- eine Saisonalitätskomponente,
- eine nicht saisonale, aber doch zyklische Komponente (z.B. eine mittelfristige konjunkturelle Komponente),
- eine Marketingkomponente (Werbung, Preisänderung usw.),
- eine Zufallskomponente (nicht quantifizierbare Phänomene), z.B. aufgrund von Rauschen, d.h. zufällige Unterschiede zwischen den beobachteten Daten und den „realen Ereignissen".

Die mathematische Statistik umfasst verschiedene Methoden zur Bestimmung von Mittelwert, Abweichung, Erwartungswert und Streuung[3] von Messwerten einer Zeitreihe. Sie sind je nach Situation mehr oder weniger geeignet, um für ein Nachfragemodell die Nachfrage möglichst genau nachzubilden. Die Abb. 10.1.3.3 zeigt mit einem morphologischen Kasten mögliche Statistik-Merkmale und die statistischen Methoden als ihre Ausprägungen.

Freiheitsgrad	➡	Ausprägungen	
Berechnung der Streuung	➡	Extrapolation aus der Vergangenheit	Ermittlung des Prognosefehlers
Streuungsmass	➡	quadratische Abweichung	absolute Abweichung
Gewichtung der vergangenen Werte	➡	gleich stark	exponentiell fallend

Abb. 10.1.3.3   Statistische Methoden zur Bestimmung von Mittelwert und Streuung

1. *Berechnung der Streuung.* Zwei Methoden werden angewandt,
    - *Extrapolation*: Abschätzung durch Berechnung der Abweichungen der Einzelwerte in vergangenen Perioden vom durch das Nachfragemodell postulierten Mittelwert,
    - direkte, d.h. nachträgliche *Ermittlung des Prognosefehlers* als Differenz aus effektivem Bedarf und prognostiziertem Bedarf, gemäss dem Nachfragemodell.

2. *Streuungsmass.* Hier gibt es zwei Normen, die
    - *mittlere quadratische Abweichung*: σ (*Sigma*, d.h. *Standardabweichung*),
    - *mittlere absolute Abweichung*: MAD, „mean absolute deviation".

3. *Gewichtung der Werte.* Am häufigsten anzutreffenden sind
    - die *gleich starke Gewichtung* aller gemessenen Werte,
    - die *exponentiell fallende Gewichtung* der gemessenen Werte in Richtung der Vergangenheit.

Bei allen Modellen wird in den meisten Fällen nur die *erfüllte Nachfrage* gemessen, und damit der Verbrauch der Nachfrage gleichgesetzt. Das führt zu dem grundsätzlichen Problem, dass dabei die echte Nachfrage nicht berücksichtigt wird. So hätte eventuell der in der Abb. 10.1.3.1 erwähnte Bestellungseingang höher sein können, wenn zum Beispiel ein besseres Nachfragemodell eine bessere Verfügbarkeit zur Folge gehabt hätte. In diesem Falle müssten also, genau genommen, auch die nicht erfüllbaren „Bestellungseingänge" gemessen werden. Dabei entsteht aber das Problem, dass letztere eventuell in einer späteren Zeitperiode doch noch erfüllt werden. Dort hätten sie dann durch andere, nicht erfüllte Bestellungen ersetzt werden können, usw. Das Feststellen der genauen Nachfrage in der Vergangenheit im Sinne des „was wäre, wenn" erweist sich damit sehr schnell als sinnlos: Eine spätere Nachfrage in der Zeitachse ist sehr wohl von den definitiven, d.h. erfüllten Nachfragen in den vorhergehenden Perioden der Zeitachse abhängig.

---

[3]   Ein (arithmetischer) *Mittelwert* ist der arithmetische Durchschnitt einer Gruppe von Werten. Die *Abweichung* ist die Differenz zwischen einem Wert und dem Mittelwert, oder zwischen vorhergesagtem und effektivem Wert. Ein *Erwartungswert* ist der Durchschnittswert, der beobachtet würde, wenn eine Aktion eine unendliche Anzahl von Malen durchgeführt würde. Die *Streuung* ist die Verbreitung von Beobachtungen einer Häufigkeitsverteilung um den Erwartungswert (vgl. [APIC16]).

Die in der Abb. 10.1.3.4 definierten Variablen werden in den nachfolgenden Unterkapiteln verwendet. Die Nomenklatur ist übrigens so gewählt, dass im Index immer der Zeitpunkt am Ende der Statistikperiode angezeigt wird, zu welchem ein Wert berechnet wird. In runden Klammern steht jene Periode, auf welche sich der betreffende Wert bezieht.

M_t	= Mittelwert, berechnet am Ende der Periode t
$P_t(t+k)$	= Prognosewert für die Periode t+k, berechnet am Ende der Periode t
$\sigma_t(t+k)$	= Prognosefehler für die Periode t+k, berechnet am Ende der Periode t
N_i	= Nachfrage in der Periode i, gemessen am Ende der Periode i
t	= laufende bzw. soeben abgeschlossene Periode
n	= konstante Periodenzahl (je kleiner n gewählt wird, desto rascher reagiert die Voraussage auf Nachfrageschwankungen)
k	= Abstand einer künftigen von der soeben beendeten Periode

Abb. 10.1.3.4   Definition von Variablen, berechnet je am Ende einer Statistikperiode

10.2 Vergangenheitsbasierte Verfahren für gleichbleibende Nachfrage

Bei einem *Vorhersagemodell für gleichbleibende Nachfrage* bildet man den Vorhersagewert für eine zukünftige Periode aus einer Mittelwertbildung irgendeiner Form aus den vergangenen Verbräuchen.

Abb. 10.2.0.1 zeigt die resultierende Vorhersagekurve für zwei in der Folge behandelte Verfahren in exemplarischer Form. Das echte Geschehen wird – „gedämpft" bzw. „geglättet"[4] nachvollzogen – in die Zukunft projiziert. Allerdings hinkt die Glättung immer um eine Statistikperiode hintennach, da eben eine vergangenheitsbasierte Prognose vorliegt.

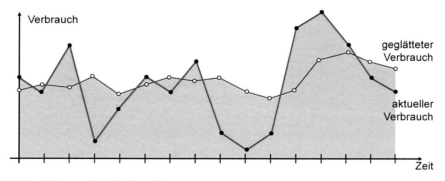

Abb. 10.2.0.1   Glättung des Verbrauchs

---

[4]   *Glättung* beschreibt den Prozess der Durchschnittsbildung von Daten durch eine mathematische Methode.

Trotz Annahme einer gleichmässigen Nachfrage ist immer damit zu rechnen, dass sich der Bedarf im Laufe der Zeit verändert. Um diesem Umstand Rechnung zu tragen, wird der Mittelwert am Ende einer jeden Statistikperiode neu gebildet, wobei der charakteristische Parameter der Mittelwertbildung, also die Zahl der zur Berechnung herangezogenen Perioden in der Vergangenheit, oder aber der Glättungsfaktor, üblicherweise konstant gehalten wird.

10.2.1 Gleitender Durchschnitt

Das „Gleitender Durchschnitt"-Vorhersageverfahren betrachtet die Einzelwerte einer Zeitreihe als Stichproben aus der Grundgesamtheit (dem „Universum") einer Stichprobenverteilung mit konstanten Parametern, unter periodischer Neurechnung nach dem Prinzip des gleitenden Durchschnitts.

Ein gleitender Durchschnitt ist der arithmetische Durchschnitt einer bestimmten Anzahl (z.B. n) der letzten Beobachtungen. Kommt eine neue Beobachtung hinzu, dann wird die älteste weggelassen ([APIC16]).

Das Verfahren verwendet das klassische Instrumentarium der mathematischen Statistik, d.h. den Mittelwert einer Stichprobe und, als Mass für die Streuung, die Standardabweichung.

Die Abb. 10.2.1.1 zeigt die *Berechnung von Mittelwert und Standardabweichung* beim „Gleitender Durchschnitt"-Vorhersageverfahren. Die Variablen beziehen sich jeweils auf die Definitionen in der Abb. 10.1.3.4. Die Formeln sind dabei unabhängig von k, d.h. dass die ermittelten Parameter als Erwartungswert und Streuung einer Bedarfsprognose interpretiert werden, die für beliebige künftige Zeitperioden gelten.

$$P_t(t+k) = M_t = \frac{1}{n}\sum N_{t-i}$$

$$\sigma_t(t+k) = \sqrt{\frac{1}{n-1}\sum (N_{t-i} - M_t)^2}$$

$$\text{wobei } 0 \leq i \leq n-1, 1 \leq k \leq \infty$$

Abb. 10.2.1.1   Mittelwert und Standardabweichung beim „Gleitender Durchschnitt"-Vorhersageverfahren

Das durchschnittliche Alter der in der Berechnung einbezogenen letzten n Werte wird in der Formel der Abb. 10.2.1.2 gezeigt. Dabei ist das Alter von N_{t-i} gleich i für $0 \leq i \leq$ n-1.

$$\overline{n} = \frac{1}{n}\left(0+1+...+(n-1)\right) = \frac{n-1}{2}$$

Abb. 10.2.1.2   Durchschnittliches Alter der beobachteten Werte

Je grösser n gewählt wird, desto genauer wird die Aussage über den Mittelwert, desto träger reagiert aber auch der gleitende Mittelwert und damit die Vorhersage auf Veränderungen der Nachfrage; n ist so festzulegen, dass eine rasche Anpassung an systematische Änderungen möglich wird, ohne dass auf reine Zufallsschwankungen in der Nachfrage zu stark reagiert wird. Siehe dazu auch Kap. 10.2.3. Die Abb. 10.2.1.3 zeigt ein Beispiel zum „Gleitender

Durchschnitt"-Vorhersageverfahren, wobei neun Perioden aus der Vergangenheit in die Berechnung einbezogen werden.

Periode t	Prognose-wert $P_{t-1}(t)$	Tatsächliche Nachfrage N_t	$\sum_i (N_{t-1-i} - M_{t-1})^2$ $0 \leq i \leq n-1$	Fehler-voraussage $\sigma_{t-1}(t)$	Vertrauens-intervall 95.44% $I_{t-1}(t)$
1		104			
2		72			
3		110			
4		108			
5	Ø=91	70	3036		
6		86			
7		85			
8		66			
9		118			
10	91	115	3036	19.48	52-130
11	92	85	3430	20.71	50-134
12	94	105	3055	19.54	55-133
13	93	90	2913	19.08	55-131
14	91	75	2665	18.25	54-128
15	92	130	2477	17.60	57-127
16	97	-	3700	21.51	54-140

Rechenbeispiel:

$$P_{15}(16) = \frac{85 + 66 + 118 + 115 + 85 + 105 + 90 + 75 + 130}{9} = \frac{869}{9} = 96{,}6 \approx 97$$

$$\sigma_{15}(16) = \sqrt{\frac{(85-97)^2 + (66-97)^2 + \ldots\ldots + (130-97)^2}{8}}$$

$$= \sqrt{\frac{3700}{8}} = 21{,}51$$

$$I_{15}(16) = P_{15}(16) \pm 2\,\sigma_{15}(16) = \left\langle \begin{matrix} 54 \\ 140 \end{matrix} \right.$$

Abb. 10.2.1.3   Beispiel: Bestimmung des Prognosewertes mit dem „Gleitender Durchschnitt"-Vorhersageverfahren (n = 9)

Die Rechenformeln und Resultate gelten unabhängig von der unterstellten Verbrauchsverteilung, obwohl man zur Umsetzung eine bestimmte Verteilung voraussetzt. Häufig wird in der Prognoserechnung die Normalverteilung als Wahrscheinlichkeitsverteilung angenommen. Die Voraussetzung dazu wird in Kap. 10.5.2 besprochen.

Eine *Wahrscheinlichkeitsverteilung* ist eine Tabelle von Zahlenwerten oder ein mathematischer Ausdruck, die bzw. der die Häufigkeit anzeigt, mit der jedes Ereignis aus einer Gesamtzahl von möglichen Ereignissen auftritt. Die mathematische *Wahrscheinlichkeit* ist eine Zahl zwischen 0 und 1, welche diese Häufigkeit als Bruchteil aller auftretenden Ereignisse ausdrückt.

Nur im Falle der Normalverteilung gilt die Aussage der letzten Kolonne, dass der Nachfragewert N_t mit einer Wahrscheinlichkeit von 95,4% im Vertrauensintervall von „Prognosewert (= Mittelwert) ± 2 · Fehlervorhersage (= Standardabweichung)" liegt.

10.2.2 Exponentielle Glättung erster Ordnung

Soll eine Anpassungsfähigkeit des Prognoseverfahrens an die aktuelle Nachfrage erreicht werden, dann müssen die Nachfragewerte der letzten Perioden nach dem Prinzip des gewogenen gleitenden Durchschnitts stärker gewogen werden. Die Formel in der Abb. 10.2.2.1 berücksichtigt eine solche Gewichtung, wobei die Variablen gemäss der Definitionen in Abb. 10.1.3.4 gewählt und die Anzahl der berücksichtigten Perioden offengelassen wurden. G_{t-i} ist jeweils die Gewichtung der Nachfrage in der Periode (t-i). [5]

$$M_t = \frac{\sum G_t \cdot N_{t-i}}{\sum G_t} \quad 0 \leq i \leq \infty$$

Abb. 10.2.2.1   Gewogener Mittelwert

Beim *Vorhersageverfahren der exponentiellen Glättung erster Ordnung* verhalten sich die Gewichtswerte exponentiell fallend und gehorchen der Definition in der Abb. 10.2.2.2.

$$G_y = \alpha \cdot (1 - \alpha)^y$$
wobei
y = Alter der Periode, $0 \leq y \leq \infty$ (ganzzahlig)
G_y = Gewicht des Nachfragewertes der Periode mit dem Alter y
α = Glättungsfaktor, $0 < \alpha < 1$
$$\sum_y G_y = \frac{\alpha}{1 - (1 - \alpha)} = 1, \quad 0 \leq y \leq \infty$$

Abb. 10.2.2.2   Exponentielle Gewichtung der Nachfrage

Die Abb. 10.2.2.3 zeigt die Berechnung von *mittlerer geglätteter Verbrauch* als Mittelwert, und *mittlere absolute Abweichung (MAD)* als Streuungsmass. Siehe dazu auch die Definitionen von Indizes und Variablen in Abb. 10.1.3.4.

Da die Gewichtung G_y einer geometrischen Reihe gehorcht, bietet sich die in den Formeln angezeigte rekursive Berechnung an. Diese Formeln erlauben es, mit den zwei Vergangenheitswerten für Mittelwert und MAD sowie dem Nachfragewert der aktuellen Periode die gleiche Rechnung wie beim „Gleitender Durchschnitt"-Vorhersageverfahren mit vielen Nachfragewerten durchzuführen. Standardabweichung und mittlere absolute Abweichung (MAD) hängen bei der Normalverteilung nach der in der gleichen Abb. 10.2.2.3 gegebenen Formel zusammen.

---

[5]   Ein *gewogener gleitender Durchschnitt* ist eine Technik der Durchschnittsbildung, bei welcher den einzelnen Werten ein Gewicht entsprechend ihrer Bedeutung gegeben wird (vgl. [APIC16]).

$$M_t = P_t(t+k) = \alpha(1-\alpha)^0 \cdot N_t + \underbrace{\alpha(1-\alpha)^1 \cdot N_{t-1} + \alpha(1-\alpha)^2 \cdot N_{t-2} + \ldots}_{(1-\alpha) \cdot M_{t-1}}$$

$$= \alpha \cdot N_t + (1-\alpha) \cdot M_{t-1}$$

$$MAD_t(t+k) = \alpha(1-\alpha)^0 |N_t - M_{t-1}| + \underbrace{\alpha(1-\alpha)^1 |N_{t-1} - M_{t-2}| + \alpha(1-\alpha)^2 |N_{t-2} - M_{t-3}| + \ldots}_{(1-\alpha) \cdot MAD_{t-1}(t)}$$

$$= \alpha \cdot |N_t - M_{t-1}| + (1-\alpha) \cdot MAD_{t-1}(t)$$

$$\sigma_t(t+k) \approx 1.25 \cdot MAD_t(t+k) \quad \text{wobei } 1 \le k \le \infty$$

Abb. 10.2.2.3   Exponentielle Glättung 1. Ordnung: Mittelwert, MAD und Standardabweichung

Die Rekursion zu M_{t-1} ergibt sich nach Ausklammern des Faktors $(1-\alpha)$ aus dem Teil der Formel, der durch die horizontal geschweifte Klammer betont ist. Faktische Gleichheit zwischen σ und MAD*1.25 gilt erst für n>30 bzw. α < 6.5%. Die Abb. 10.2.2.4 zeigt das durchschnittliche Alter der beobachteten Werte. Dabei ist das Alter von N_{t-i} gleich i für $0 \le i \le n-1$.

$$\bar{n} = 0 \cdot \alpha(1-\alpha)^0 + 1 \cdot \alpha(1-\alpha)^1 + 2 \cdot \alpha(1-\alpha)^2 + \ldots$$

$$= \sum y \cdot \alpha \cdot (1-\alpha)^y, \quad 0 \le y \le \infty$$

$$= \frac{1-\alpha}{\alpha}$$

Abb. 10.2.2.4   Durchschnittliches Alter der beobachteten Werte

Die Wahl des *Glättungsfaktors* α bzw. des *Alpha-Faktors* bestimmt die Gewichtung der aktuellen Nachfrage und der Vergangenheit gemäss der Formel in Abb. 10.2.2.3.

Die Abb. 10.2.2.5 zeigt den Effekt des Glättungsfaktors für die des Öfteren in der Praxis gewählten Werte $\alpha = 0,1$ für gut eingeführte Produkte sowie $\alpha = 0,5$ für Produkte zu Beginn und am Ende ihres Lebenszyklus'.

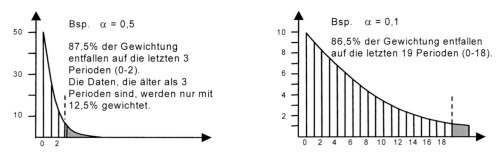

Abb. 10.2.2.5   Der Glättungsfaktor α bestimmt die Gewichtung der Vergangenheit

Die Abb. 10.2.2.6 zeigt das Verhalten der Vorhersagekurve bei verschiedenen Werten für den Glättungsfaktor α. Ein hoher Glättungsfaktor bewirkt eine rasche, aber auch nervöse Reaktion auf Veränderungen im Nachfrageverhalten. Siehe dazu auch Kap. 10.2.3 bzw. 10.5.1.

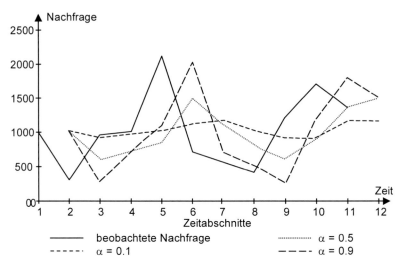

Abb. 10.2.2.6   Prognosen mit verschiedenen Werten für den Glättungsfaktor α

Die Unsicherheit der Prognose wird beim exponentiellen Glättungsverfahren durch Fortschreiben des Prognosefehlers ermittelt. Berechnet wird die mittlere absolute Abweichung (MAD). Die Abb. 10.2.2.7 zeigt als Beispiel die exponentielle Glättung mit dem Glättungsfaktor $\alpha = 0,2$. Es ist ähnlich gewählt, wie das in der Abb. 10.2.1.4 gezeigte Beispiel zur Berechnung des gleitenden Durchschnittes.

Periode	Prognose-wert $P_{t-1}(t)$	tatsächliche Nachfrage N_t	Abweichung $N_t\text{-}P_{t-1}(t)$	Fehler voraussage $MAD_{t-1}(t)$	Vertrauens-interval 95.44% $I_{t-1}(t)$
⋮					
10	91	115	24	17	48 - 134
11	96	85	-11	18	51 - 141
12	94	105	11	17	51 - 137
13	96	90	-6	16	56 - 136
14	95	75	-20	14	60 - 130
15	91	130	39	15	53 - 129
16	99	70	-29	20	49 - 149
17	93	100	7	22	38 - 148
18	94	95	1	19	46 - 142
19	94	120	26	15	56 - 132
20	99	-	-	17	56 - 142

Rechenbeispiele:

$$P_{14}(15) = P_{13}(14) + 0.2 \cdot \left(N_{14} - P_{13}(14)\right) = 95 + 0.2 \cdot (-20) = 91$$

$$MAD_{14}(15) = MAD_{13}(14) + 0.2 \cdot \left(\left|N_{14} - P_{13}(14)\right| - MAD_{13}(14)\right) = 14 + 0.2 \cdot 6 = 15$$

Abb. 10.2.2.7   Exponentielle Glättung 1. Ordnung mit Glättungsfaktor $\alpha = 0.2$

10.2.3 Gleitender Durchschnitt versus exponentielle Glättung erster Ordnung

Die beiden Verfahren *gleitender Durchschnitt* und *exponentielle Glättung erster Ordnung* liefern vergleichbare Ergebnisse, sofern das mittlere Alter der Beobachtungswerte sich gegenseitig entspricht. Die Abb. 10.2.3.1 zeigt die Beziehungen zwischen der Anzahl Beobachtungswerten und dem Glättungsfaktor.

$$\frac{1-\alpha}{\alpha} = \bar{n} = \frac{n-1}{2}$$

$$\alpha = \frac{2}{n+1}$$

$$n = \frac{2-\alpha}{\alpha}$$

Abb. 10.2.3.1   Formeln für den Zusammenhang zwischen α und n

Die Abb. 10.2.3.2 zeigt den gleichen Zusammenhang von α und n, und zwar durch einen tabellarischen Vergleich von einzelnen Werten.

Anzahl Perioden n	Glättungsfaktor α	Reagibilität	Anpassung an systematische Änderungen
3	0.50	schnelle,	rasch
4	0.40	nervöse	
5	0.33	Reaktion	
6	0.29		
9	0.20		
12	0.15		
19	0.10		
39	0.05	ausgleichende Reaktion	langsam

Abb. 10.2.3.2   Zusammenhang zwischen α und n in tabellarischer Form

10.3   Vergangenheitsbasierte Verfahren mit trendförmigem Verhalten (*)

Prognosewerte, die sich mit Verfahren für eine gleichbleibende Nachfrage ergeben, hinken bei Vorliegen eines Trends hinter dem effektiven Bedarfsverlauf her. Aus diesem Grund wurden eine Anzahl Trendvorhersageverfahren entwickelt.

Ein *Trendvorhersagemodell* berücksichtigt einen stabilen Nachfrage-Trend[6].

In der Abb. 10.3.0.1 schwanken sämtliche Nachfragewerte um den berechneten Mittelwert innerhalb der Vertrauensgrenzen. Trotzdem liegt bei der Extrapolation des Mittelwertes ein systematischer Fehler von δ_v vor. Die Regressionsanalyse zeigt einen steigenden Trend der Nachfrage. Durch Extrapolation der Regressionsgeraden kann der systematische Fehler vermieden werden.

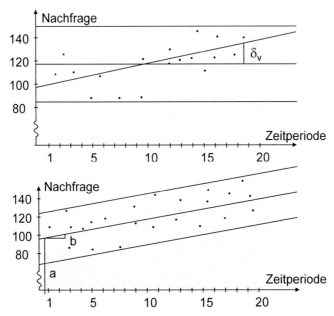

Abb. 10.3.0.1   Nachfrage mit linearem Trend: Vergleich einer Extrapolation des Mittelwertes mit derjenigen der Regression

Um einen Trend frühzeitig zu erkennen, könnte man sich vorstellen, die Kontrollgrenzen enger zu wählen, zum Beispiel (+/- 1 · Standardabweichung). Eine Korrektur würde dann durchgeführt, sobald eine bestimmte Anzahl von Malen die Grenzen über- bzw. unterschritten werden.

10.3.1 Lineare Regression

Das *Vorhersageverfahren der linearen Regressionsrechnung* oder *linearen Regression* wird häufig auch als Trendrechnung bezeichnet. Sie geht von der Annahme aus, dass die Nachfragewerte in einer bestimmten Funktion der Zeit auftreten, zum Beispiel linear.

Dies bedeutet, dass eine in der x-y-Ebene dargestellte Punktmenge durch eine Gerade approximiert werden kann. Bei der Abb. 10.3.0.1 handelt es sich um die Nachfrage in Funktion der Zeitperiode. Ausgehend von einem y-Achsenwert von a und einer Steigung von b, kann die gesuchte Mittelwertgerade (Regressionsgerade) zwischen die beiden Wertepaare gelegt werden. Die Formeln dafür und auch für die Bestimmung der beiden Werte von a und b finden sich in der Abb. 10.3.1.1. Zur Bestimmung müssen also die Werte von mindestens n Perioden vor dem

---

[6]   Ein *Trend* ist eine generelle Auf- oder Abwärtsbewegung einer Variable über die Zeit.

Zeitpunkt t bekannt sein. Siehe dazu auch die Definitionen von Indizes und Variablen in der Abb. 10.1.3.4. Die Herleitung der Formeln ist [Gahs71], Seite 67 ff, entnommen.

$$P_t(t+k) = a_t + b_t \cdot (n+k)$$

$$a_t = \frac{1}{n}\sum_i N_{t-i} - b_t \frac{n+1}{2}$$

$$b_t = \frac{12 \cdot \sum_i\big((n-i)\cdot N_{t-i}\big) - 6(n+1)\sum_i N_{t-i}}{n(n^2-1)}$$

$$s_t = \sqrt{\frac{1}{n-2}\sum_i\big(N_{t-i} - P_t(t-i)\big)^2}$$

$$\sigma_t(t+k) = s_t \cdot \sqrt{1+\frac{1}{n}+\frac{3\cdot(n+2k-1)^2}{n(n^2-1)}}$$

wobei $0 \le i \le n\text{-}1$ und $1 \le k \le \infty$

Abb. 10.3.1.1   Mittelwert, Standardabweichung und Vorhersagefehler bei der linearen Regression

Der Prognosefehler ist wegen der Unsicherheit in der Bestimmung von a und b grösser als die Standardabweichung, wie das ebenfalls in der Abb. 10.3.1.1 gezeigt wird. Das Glied $1/n$ in der Formel für den Prognosefehler stellt die Unsicherheit der Bestimmung von a dar, das weitere Glied jene des Steigungsmasses b. Letzteres wirkt sich mit zunehmender Prognosedistanz k immer stärker aus. Der Prognosefehler wird also hier durch Extrapolation der Abweichungen der Einzelwerte vom Regressionsgeradenwert in der Vergangenheit festgestellt. Die Abb. 10.3.1.2 zeigt ein Rechenbeispiel zur linearen Regression für $n = 14$.

10.3.2 Die exponentielle Glättung zweiter Ordnung

Das *Vorhersageverfahren der exponentiellen Glättung zweiter Ordnung* ist eine Erweiterung der exponentiellen Glättung erster Ordnung, um ein auf den linearen Trend reagierendes Verfahren zu erhalten.

Die exponentielle Glättung zweiter Ordnung geht dabei aus

- vom Mittelwert, mit Glättung erster Ordnung berechnet
- vom Mittelwert dieser Mittelwerte erster Ordnung, nach der gleichen Rekursionsformel berechnet.

Diese beiden Mittelwerte sind Schätzwerte für zwei Punkte auf der Trendgeraden. Die Abb. 10.3.2.1 zeigt eine Übersicht über dieses Verfahren, das im Folgenden besprochen wird. Die genauen Herleitungen finden sich in [Gahs71], Seite 60ff, sowie in [Lewa80], Seite 66ff.

Periode i	N_t	a_{t-1}	b_{t-1}	$P_{t-1}(t)$	s_{t-1}	$\sigma_{t-1}(t)$
1	110					
2	120					
3	100					
4	85					
5	100					
6	120					
7	90					
8	130					
9	120					
10	90					
11	140					
12	120					
13	135					
14	125					
15	150	98.1319	2.011	128.2969	24.58	32.292
16	130	89.945	3.4835	142.1975	35.1365	46.3345
17	110	90.6588	3.4835	142.911	34.7262	45.7935
18	140	96.3165	2.7363	137.363	29.8761	39.3977
19	130	104.1208	2.3077	138.7363	26.7943	35.3336
20	150	109.7249	1.8462	137.4179	24.4796	32.2813

Rechenbeispiel: Schätzwerte für Periode 19 (in Periode 18)

1. Schritt: $\qquad \sum N_{t-i} = 1700$, $\qquad \sum \big((n-i) \cdot N_{t-i}\big) = 13275$

2. Schritt: $\qquad b_{18} = \dfrac{12 \cdot 13275 - 6 \cdot 15 \cdot 1700}{14\big(14^2 - 1\big)} = 2.3077$

3. Schritt: $\qquad a_{18} = \dfrac{1}{14} \cdot 1700 - 2.3077 \cdot \dfrac{14+1}{2} = 104.1208$

4. Schritt: $\qquad P_{18}(19) = 104.1208 + 2.3077 \cdot (14+1) = 138.7363$

Abb. 10.3.1.2   Lineare Regression: Rechenbeispiel für n = 14

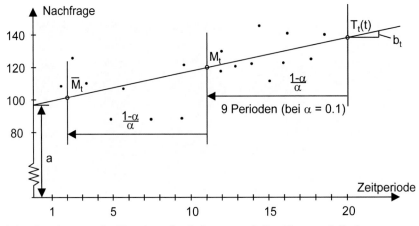

Abb. 10.3.2.1   Bestimmung der Trendgeraden bei exponentieller Glättung 2. Ordnung

Die Abb. 10.3.2.2 zeigt die notwendigen Formeln zum Berechnen der Trendgerade und damit der Vorhersagewerte zweiter Ordnung für die nächsten Perioden sowie der entsprechenden Prognosefehler. Siehe dazu auch die Definitionen in der Abb. 10.1.3.4.

In der Reihenfolge von oben nach unten werden aufgeführt:

1. Die bekannte Formel zur Mittelwertbildung erster Ordnung.

2. Die neue Formel zur Mittelwertbildung zweiter Ordnung als Mittelwert der Mittelwerte erster Ordnung. Der Mittelwert zweiter Ordnung liegt in gleicher Distanz vor dem Mittelwert der ersten Ordnung wie letzterer vor der aktuellen Periode.

3. Steigung der Trendgeraden zum Zeitpunkt t, ausgehend von den beiden Mittelwerten.

4. Startwert T_t für die Vorhersage zum Zeitpunkt t.

5. Vorhersage für die nächsten Perioden.

6. Vorhersagefehler für die nächste Periode t+1. Da bei linearem Trend der Prognosefehler von k abhängt, gilt die gleiche Formel nicht ohne weiteres für Periode t+k, obwohl man sie oft auch dafür verwendet.

7. Die Bestimmung der Anfangswerte, die sich z.B. mittels der Regressionsrechnung berechnen lassen.

$$1: \quad M_t = \alpha \cdot N_t + (1-\alpha) \cdot M_{t-1} \qquad \text{mittleres Alter}: \frac{1-\alpha}{\alpha} \text{ Perioden vor } t$$

$$2: \quad \overline{M_t} = \alpha \cdot M_t + (1-\alpha) \cdot \overline{M_{t-1}} \qquad \text{mittleres Alter}: 2 \cdot \frac{1-\alpha}{\alpha} \text{ Perioden vor } t$$

$$3: \quad b_t = \frac{M_t - \overline{M_t}}{1-\alpha/\alpha} = \frac{\alpha}{1-\alpha} \cdot \left(M_t - \overline{M_t}\right)$$

$$4: \quad T_t = \overline{M_t} + 2 \cdot \left(M_t - \overline{M_t}\right) = 2M_t - \overline{M_t}$$

$$5: \quad P_t(t+k) = 2 \cdot M_t - \overline{M_t} + b_t \cdot k, \qquad 1 \le k \le \infty$$

$$6: \quad MAD_t(t+1) = \alpha \cdot \left|N_t - P_{t-1}(t)\right| + (1-\alpha) \cdot MAD_{t-1}(t)$$

$$7: \quad a, b, T_t = a + b \cdot t \qquad \text{(aus linearer Regression berechnen)}$$

$$M_t = T_t - b \cdot \frac{1-\alpha}{\alpha}$$

$$\overline{M_t} = T_t - 2 \cdot b \cdot \frac{1-\alpha}{\alpha}$$

Abb. 10.3.2.2   Trendgerade und Vorhersagefehler bei exponentieller Glättung
2. Ordnung

Die Abb. 10.3.2.3 zeigt ein Beispiel für die Bestimmung des Prognosewertes mit exponentieller Glättung zweiter Ordnung für den Glättungsfaktor $\alpha = 0{,}2$. Für die ersten 14 Perioden wurden die gleichen Nachfragewerte berechnet wie bei der linearen Regression, um die gleichen Startwerte zu erhalten.

Periode	tatsächliche Nachfrage	Mittelwert 1. Ordnung	Mittelwert 2. Ordnung	Steigung der Trendgeraden	Trendgeraden-wert	Prognosewert 2. Ordnung
t	N_t	M_t	$\overline{M}_t$	b_t	$T_t(t)$	$P_{t-1}(t)$
1	110					
2	120					
3	100					
4	85					
5	100					
6	120					
7	90					
8	130					
9	120					
10	90					
11	140					
12	120					
13	135					
14	125	118.3	110.2			
15	150	124.6	113.1	2.9	136.1	128.3
16	130	125.7	115.6	2.5	135.8	139.0
17	110	122.6	117.0	1.3	128.2	138.3
18	140	126.0	118.8	1.8	133.2	129.5
19	130	126.8	120.4	1.6	133.2	135.0
20	150	131.4	122.6	2.2	140.2	134.8
21						142.4

Berechnung der Anfangswerte für Periode 14 mittels Regressionsrechnung:

$$b = \frac{12 \cdot 12345 - 6 \cdot 15 \cdot 1535}{2730} = 2.01$$

$$a = \frac{1}{14} \cdot 1585 - 2.01 \cdot \frac{15}{2} = 98.14$$

$$T_{14} = 98.14 + 2.01 \cdot 14 = 126.3$$

$$M_{14} = 126.3 - 2.01 \cdot \frac{1 - 0.2}{0.2} = 118.3$$

$$\overline{M}_{14} = 126 - 2 \cdot 2.01 \cdot \frac{1 - 0.2}{0.2} = 110.2$$

Rechenbeispiel:
1. Schritt:	M_{18}	$= 122.6 + 0.2 \cdot (140 - 122.6)$	$= 126.0$
2. Schritt:	$\overline{M}_{18}$	$= 117.0 + 0.2 \cdot (126.0 - 117.09)$	$= 118.8$
3. Schritt:	b_{18}	$=$	$= 1.8$
4. Schritt:	T_{18}	$= 2 \cdot 126.0 - 118.8$	$= 133.2$
5. Schritt:	$P_{18}(19)$	$= 133.2 + 1.8$	$= 135.0$

Abb. 10.3.2.3   Bestimmung des Prognosewertes mit exponentieller Glättung 2. Ordnung ($\alpha = 0.2$)

10.3.3 Adaptives Glättungsverfahren nach Trigg und Leach

Die *adaptive Glättung* ist eine Form der exponentiellen Glättung, bei welcher die Glättungskonstante automatisch als Funktion des Prognosefehlers angepasst wird.

Bei einem guten Vorhersageverfahren tritt kein systematischer Prognosefehler nach oben oder unten auf:

Eine *Vorhersageneigung* oder Neigung (engl. „*(forecast) bias*") ist eine systematische Abweichung der Nachfrage von der Vorhersage in eine Richtung, zu hoch oder zu tief.

Überschreiten die Prognosewerte die Kontrollgrenzen von z.B. +/- die Standardabweichung vom Mittelwert mehrmals hintereinander, dann müssen als Folge die Parameter oder sogar das Modell geändert werden. Das folgende Verfahren zur kontinuierlichen Anpassung des Glättungsparameters wurde von Trigg und Leach ([TrLe67]) angeregt.

Der *Glättungsfaktor* γ bzw. der *Gamma-Faktor* glättet den Prognosefehler exponentiell, gemäss der Formel in der Abb. 10.3.3.1.

$$MD_t(t) = \gamma \cdot (N_t - P_{t-1}(t)) + (1 - \gamma) \cdot MD_{t-1}(t-1) \qquad 0 \leq \gamma \leq 1$$

Abb. 10.3.3.1   Vorhersagefehler und exponentielle Gewichtung (mittlere Abweichung)

Bei dem so berechneten Mittelwert spricht man auch von der *mittleren Abweichung* („mean deviation").

Das *Abweichungssignal* (ein Kontrollsignal) und seine Standardabweichung ist gemäss der Formel in der Abb. 10.3.3.2 definiert.

$$AWS_t = \frac{MD_t}{MAD_t}$$

$$\sigma(AWS_t) = \frac{\sigma(MD_t)}{MAD_t} = 1.25 \cdot \sqrt{\frac{\gamma}{2-\gamma}}$$

Abb. 10.3.3.2   Abweichungssignal nach Trigg und Leach

Das nichttriviale Ergebnis der Standardabweichung kann bei Lewandowski, [Lewa80], Seite 128 ff, nachvollzogen werden. Das Abweichungssignal ist demnach eine dimensionslose, zufallsverteilte Grösse mit dem Mittelwert 0 und der erwähnten Standardabweichung. Der Absolutwert des Abweichungssignals ist aufgrund seiner Berechnungsart immer ≤ 1.

Trigg und Leach entwickelten auch Verfahren, welche das Abweichungssignal dazu benutzen, den Glättungsfaktor α automatisch anzupassen. Ändert sich nämlich der Mittelwert des zu messenden Prozesses, dann resultiert ein grosses Abweichungssignal. Gleichfalls muss dann aber auch der Glättungsfaktor α relativ gross gewählt werden, damit sich der Mittelwert rasch anpasst.

Bei der exponentiellen Glättung erster Ordnung zeigt es sich, dass es zweckmässig ist, den Glättungsfaktor gleich dem Absolutwert des Abweichungssignals zu wählen, wie dies in der Abb. 10.3.3.3 gezeigt ist. Damit erhält man eine Prognoseformel mit veränderlichem Glättungsfaktor α_t. Der Faktor γ zur Glättung der Prognosefehler bleibt konstant und wird relativ klein gehalten, zum Beispiel zwischen 0,05 und 0,1. Man hat damit ein rechentechnisch sehr einfaches adaptives Prognoseverfahren zur Verfügung.

$$\alpha_t = |AWS_t|$$

Abb. 10.3.3.3   Bestimmung des Glättungsfaktors bei exponentieller Glättung 1. Ordnung

10.3.4 Saisonalität

Saisonale Schwankungen im Nachfrageverlauf für spezifische Artikel sind durch äussere Einflüsse wie Witterung, Festzeiten, Ferienzeiten usw. bedingt. Gaststätten und Theater erleben wöchentliche und sogar tägliche „saisonale" Schwankungen.

Die beste Grundlage bildet in solchen Fällen der Vergleich der Nachfrageentwicklung über mehrere Jahre.

Um *Saisonalität* bzw. ein *saisonales Nachfragemuster* handelt es sich, wenn die drei nachstehend aufgeführten Voraussetzungen erfüllt sind:

1. Das Anwachsen des Bedarfs tritt für jeden Saisonzyklus in den gleichen Zeiträumen auf.
2. Die saisonalen Schwankungen sind messbar grösser als die zufälligen Nachfrageschwankungen.
3. Die Nachfrageschwankungen lassen sich durch eine Ursache erklären.

Eine Saisonalität muss dabei nicht immer Jahrescharakter haben. Im Detailhandel, besonders in der Lebensmittelbranche, kennt man auch einen jeweils am Ende des Monats auftretenden Effekt wegen der Salärauszahlung.

Die Abb. 10.3.4.1 zeigt die Definition des *saisonalen Index* zur Behandlung des saisonalen Effekts[7].

$$SZ = \text{Länge des saisonalen Zyklus}$$
$$S_f = \text{Saisonaler Index}, \; 0 \le f \le (SZ - 1), \; f = (t + k)_{\mathrm{mod}\,SZ}$$

Abb. 10.3.4.1   Saisonaler Index S_f

Der Begriff *Basis-Serie* steht für die Folge der f Saisonalitätsindizes, die den Durchschnittswert 1 aufweisen.

Die Abb. 10.3.4.2 zeigt die beiden grundsätzlichen Modelle zur Überlagerung der Basisserie mit der Trendgeraden aus der Vorhersage (d.h. *ohne* Berücksichtigung der Saisonalität) für einen bestimmten Artikel. Von einer additiven Saisonalität spricht man, wenn ihr Einfluss unabhängig vom Absatzniveau ist. Von einer multiplikativen Saisonalität spricht man, wenn der Einfluss mit dem Mittelwert des Absatzes wächst.

$$\text{additiv}: \qquad P_t(t + k) = M_t + S_f$$
$$\text{multiplikativ}: \quad P_t(t + k) = M_t \cdot S_f$$

Abb. 10.3.4.2   Vorhersage bei Saisonalität

Die Abb. 10.3.4.3 und 10.3.4.4 zeigen qualitative Beispiele für den angepassten Bedarf für den additiven bzw. multiplikativen Saisonalitätsansatz.

---

[7]   Die Operation „mod z" einer Zahl x berechnet den Rest, wenn x durch z geteilt wird.

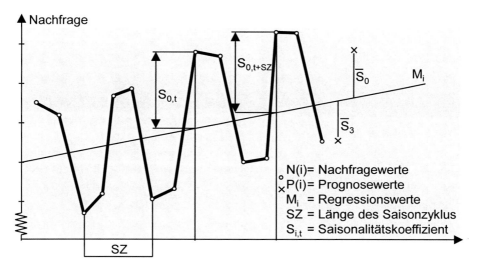

Abb. 10.3.4.3   Ansatz „Additive Saisonalität"

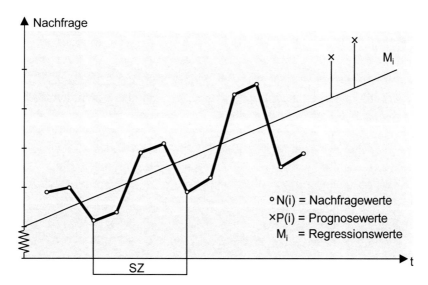

Abb. 10.3.4.4   Ansatz „Multiplikative Saisonalität"

In der Literatur werden verschiedene Verfahren zur Berücksichtigung der Saisoneinflüsse behandelt. Siehe dazu z.B. [GaKe89]. Ein vereinfachtes Verfahren ist zum Beispiel das folgende:

1. Berechnen der Saisonmittelwerte.

2. Berechnen der Trendgerade aus den Saisonmittelwerten.

3. Bestimmen der Basis-Serie bzw. der Saisonalitätskoeffizienten als durchschnittliche Abweichungen der Nachfragen einander entsprechender Perioden von der Trendgeraden.

4. Berechnen der Vorhersagewerte aus der Trendgeraden und dem saisonalen Index der entsprechenden Perioden im Saisonzyklus.

10.4   Zukunftsbasierte Verfahren

In den verschiedenen Phasen des Produktlebenszyklus' können verschiedene Vorhersage-verfahren zum Einsatz kommen.

> Die *Lebenszyklusanalyse* ist eine quantitative Vorhersagetechnik, die darauf basiert, Nachfrage-muster der Vergangenheit für die Phasen Einführung, Wachstum, Reife, Sättigung, Niedergang von ähnlichen Produkten auf eine neue Produktfamilie anzuwenden ([APIC16]).

Für die Phasen der Einführung und des Niedergangs kommen vor allem zukunftsbasierte Vorhersageverfahren zum Einsatz, und zwar sowohl quantitative als auch qualitative Verfahren. Ein bekanntes, im Grundsatz eher qualitatives Verfahren ist die Delphi-Methode.

Ein weiteres Gebiet für den Einsatz von zukunftsbasierten Verfahren ist die für mögliche gehaltene starke Veränderung im Makro-Umfeld des Unternehmens. Hier kann man z.B. Szenaario-basierte Vorhersagen verwenden.

10.4.1 Die Hochrechnung

> Das *Vorhersageverfahren der Hochrechnung* versucht, aus einer zu einem bestimmten Zeitpunkt bekannten Grösse die gleiche Grösse in der Zukunft abzuschätzen.

Im Materialmanagement kann es in der Tat vorkommen, dass der zu einem gewissen Zeitpunkt t bekannte Bedarf nur einen Teil des für die kommenden Perioden benötigten Bedarfs abdeckt, z.B. gemäss Abb. 10.4.1.1.

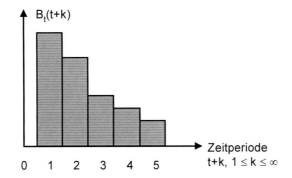

Abb. 10.4.1.1   Im Zeitpunkt 0 bekannter Bedarf B_0 der Periode t

Eine Hochrechnung leitet aus dem bereits bekannten Bedarf für ein Produkt oder eine Produkt-familie den zu erwartenden Gesamtbedarf ab. Die zum Zeitpunkt t bekannte *Basisnachfrage* $B_t(t+k)$, $1 \leq k \leq \infty$, wird nach Abschluss einer Lieferperiode t+k mit der sich ergebenden Nach-frage N_{t+k} ins Verhältnis gesetzt, wie es in der Abb. 10.4.1.2 gezeigt wird. Die Variablen werden dabei gemäss oder in Anlehnung an die Abb. 10.1.3.4 definiert, k steht für die *Prognosedistanz*.

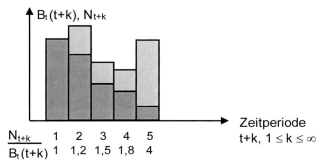

Abb. 10.4.1.2   Effektive Nachfrage N_{t+k}, dividiert durch Basisnachfrage $B_t(t+k)$

Dieser Quotient, $\lambda_t(k) = N_{t+k} / B_t(t+k)$, $1 \le k \le t$ wird *Hochrechnungsfaktor* genannt. Das Dilemma dieser Definition? Erst am Ende der Periode t+k kann man den *wirklichen* Wert des Hochrechnungsfaktors, nämlich $\lambda_{t+k}(0) = N_t / B_{t-k}(t)$, bestimmen, den wir aber k Perioden vorher abschätzen mussten, d.h. als $\lambda_t(k)$. Die Idee ist, die Quotienten über mehrere Perioden exponentiell zu glätten. Sei $\lambda_t(k)$, $1 \le k \le t$, ab jetzt der Mittelwert nach der Periode t für die Prognosedistanz k. Bei exponentieller Glättung mit einem Glättungsfaktor α berechnet er sich aus dem bisherigen Mittelwert gemäss der Formel in Abb. 10.4.1.3.

$$\lambda_t(k) = \alpha \bullet \left[\frac{N_t}{B_{t-k}(t)} \right] + (1-\alpha) \bullet \lambda_{t-1}(k), \quad \text{wobei } 1 \le k \le t, \ 1 \le t \le \infty$$

Abb. 10.4.1.3   Glättung der Mittelwerte der Quotienten für die Hochrechnung

Der Hochrechnungsfaktor ist damit für jede Prognosedistanz definiert und kann dazu verwendet werden, den im Moment noch unvollständig bekannten Gesamtbedarf aus der Basisnachfrage hochzurechnen. Am Ende der Periode t ergibt sich der Prognosewert $P_t(t+k)$ für die Prognosedistanz k aus der Formel in der Abb. 10.4.1.4.

$$P_t(t+k) = B_t(t+k) \bullet \lambda_t(k), \quad \text{wobei } 1 \le k \le t, \ 1 \le t \le \infty$$

Abb. 10.4.1.4   Vorhersagewerte der Hochrechnung für die Prognosedistanz k

Das beschriebene Verfahren setzt implizit voraus, dass sich das grundsätzliche Bestellverhalten der Kunden in der Zeitachse nicht oder nur sehr langsam verändert. Das heisst, dass aus einem veränderten Bestand an Bestellungen proportional auch auf einen veränderten Bedarf geschlossen werden kann. Diese Voraussetzung ist im Normalfall nicht unbedingt gegeben, weshalb dieses Verfahren nur in Kombination mit anderen, z.B. intuitiven, brauchbare Resultate ergibt.

Mit dem gleichen Verfahren können auch saisonale Komponenten vorhergesagt werden. In der Lebensmittelbranche z.B. muss der Detailhandel frühzeitig beim Produzenten Bestellungen aufgeben, um termingerecht beliefert werden zu können. Nimmt man nun an, dass das Bestellverhalten der Händler sich von Jahr zu Jahr nicht wesentlich ändert, kann der Produzent aus dem Absatz mehrerer Jahre gemittelte Quotienten wie oben ausarbeiten, und damit in einem nächsten Jahr aus dem zu einem bestimmten Zeitpunkt bereits bekannten Bedarf den wahrscheinlichen Gesamtbedarf in der Saison hochrechnen.

10.4.2 Die Delphi-Methode

Beim „*Delphi-Methode*"-*Vorhersageverfahren* (der Name nimmt Bezug auf das antiken Delphi) werden sog. „Expertenmeinungen" eingeholt, durch mehrere strukturierte und anonyme Runden mit schriftlichen Interviews.

Die Methode läuft i. Allg. in verschiedenen Iterationen ab. Die Abb. 10.4.2.1 zeigt die anzustrebende Entwicklung während solcher Iterationen.

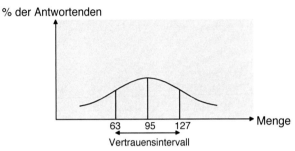

Verteilung der Antworten nach dem ersten Fragebogen

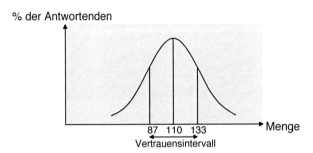

Verteilung der Antworten nach dem zweiten Fragebogen

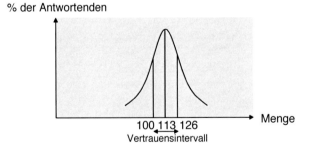

Verteilung der Antworten nach dem dritten Fragebogen

Abb. 10.4.2.1   Methode von Delphi: Konsensfindung

Der Mittelwert der Antworten verschiebt sich in eine bestimmte Richtung. Gleichzeitig steigt der Konsens über die eingeschlagene Richtung, indem die Streuung der Antworten abnimmt. Damit es zu dieser Entwicklung kommt, umfasst eine Iteration die folgenden Schritte:

- Der Fragebogen wird sinnvoll komplettiert bzw. verändert. Die Fragebogen werden (erneut) ausgeteilt und beantwortet.

- Die Antworten werden statistisch ausgewertet durch Bestimmen von Mittelwert und Streuung. Die Resultate der Auswertung werden den Experten zugesandt.

- Alle Experten werden über ihre Ansicht in Bezug auf die extremen Argumente befragt. Diejenigen, die daraufhin ihre Ansicht ändern, müssen dies begründen. Die „extremen" Autoren müssen ihre Thesen mit Argumenten weiter unterstützen oder fallenlassen.

Wie bei allen Umfragen liegt das Problem auch bei der Delphi-Methode darin, die richtigen Fragen zu stellen, die Antworten zu quantifizieren sowie extreme Antworten zu identifizieren.

Die Experten stammen aus verschiedenen Bereichen des Unternehmens, einige davon aus den Bereichen Verkauf und Marketing. Sie werden wegen ihrer Kompetenz und ihrer Weitsicht ausgewählt, und nicht etwa wegen ihrer hierarchischen Stellung. Damit die Experten die einzelnen Antworten nicht identifizieren und damit letztlich beeinflusst werden können, soll die Zusammensetzung der Gruppe anonym bleiben..

10.4.3 Szenariovorhersagen

Szenariovorhersagen (bzw. *Szenario-basierte Vorhersagen*) sind Pläne, wie eine Organisation auf die vorweggenommen zukünftigen Situationen antworten will ([APIC16]).

Szenarioplanung, auch *Szenariotechnik* genannt, ist ein Planungsprozess, welcher kritische Ereignisse identifiziert, bevor sie eintreten, und dieses Wissen nutzt, um effektive Alternativen zu bestimmen ([APIC16]).

Ein *Szenariotreiber* ist ein wesentlicher Faktor oder eine wesentliche Grösse, welche die Art des zukünftigen Umfelds bestimmt, in welchem das Unternehmen arbeitet.

Die Szenarioplanung mit den daraus abgeleiteten Szenariovorhersagen sind mögliche Werkzeuge, um mit Situationen umzugehen, bei denen die *langfristigen* Wirkmechanismen wenig oder gar nicht bekannt sind. Dies ist besonders dann der Fall, wenn verschiedene Einflussfaktoren der Umsysteme eines Unternehmens eine Rolle spielen können, gerade auch solche, die man im ersten Moment gar nicht in Betracht ziehen würde. Insofern geht man in der Szenarioplanung bewusst davon aus, dass die Zukunft nicht aus der Vergangenheit abgeleitet werden kann. Die Szenarioplanung gehört zur Analyse des Makro-Umfelds, also zum ersten Schritt des strategischen Prozesses zur Gestaltung der Supply Chain in der Abb. 2.1.0.1.

Mehrere alternative Szenarien schätzen soziale, technische, (makro-)ökonomische, Umwelt- oder politische Trends in ihrer möglichen zeitlichen Entwicklung ab und identifizieren deren Treiber. Davon kann es in jedem Szenario mehrere geben, die sich zudem gegenseitig beeinflussen können. Zur wissenschaftlichen Diskussion der Szenarioplanung siehe z.B. [Scho93]. Die Abb. 10.4.3.1 zeigt das Prinzip der Szenarioplanung in der Zeitachse.

S_i bezeichnet dabei das Szenario i, $i \geq 1$. Die Szenariotreiber entstammen aus einem bestimmten Kontext in einem oder mehreren Umsystemen des Unternehmens. Einzelne Treiber können auch in mehreren Szenarien vorkommen. Deshalb, aber auch aus anderen Gründen können sich die Szenarien überschneiden. Die trichterförmige Darstellung für jedes Szenario zeigt seine vermutete Entwicklung in der Zeitachse. S_i', S_i'', … bezeichnen die Revision des Szenarios S_i zum Zeitpunkt t', t'', …. Diese Revision erfolgt aufgrund einer Neueinschätzung der effektiven Entwicklung des Szenarios zwischen der früheren Einschätzung und der Einschätzung im Zeitpunkt der Revision. Zu jedem Zeitpunkt können neue Szenarios dazu kommen (z.B. S_4 im

Zeitpunkt t', S_5 im Zeitpunkt t"). Zu jedem Zeitpunkt können Szenarien als nicht mehr zutreffend erkannt werden (z.B. S_1 im Zeitpunkt t", angezeigt mit Ω).

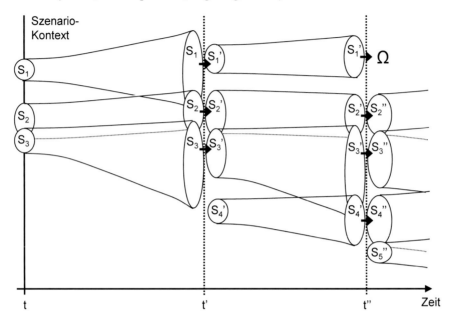

Abb. 10.4.3.1   Die Szenarioplanung in der Zeitachse

Ein bekanntes Beispiel für den Einsatz der Szenarioplanung ist die Firma Royal Dutch/Shell. Siehe dazu z.B. [Corn05]. In den späten 1960er Jahren wurden verschiedene Szenarien erarbeitet, die potentiell Einfluss auf die beiden wichtigsten Planungsvariablen haben konnten, nämlich der Energiebedarf und der Preis des Rohöls. Diese beiden originären und linear unabhängigen Planungsgrössen, die sich jedoch gegenseitig beeinflussen, bestimmen weitgehend die übrigen Planungsvariablen von Shell. In einer Welt, die bis dann von solidem wirtschaftlichen Wachstum gekennzeichnet war, behandelte ein Szenario auch die disruptive Entwicklung des Ölpreises nach oben, die im Jahr 1974 mit dem arabischen Öl-Embargo der arabischen Staaten nach dem Yom-Kippur-Krieg Wirklichkeit wurden.

Die Bausteine und Prozesse der Szenarioplanung haben sehr viel mit Systems Engineering zu tun (siehe dazu Kap. 19.1). Die Abb. 10.4.3.2 zeigt eine mögliche Vorgehensweise.

Erst nach dem Abschluss bzw. der (allenfalls rollenden) Revision der Szenarioplanung werden im Rahmen der Unternehmensstrategie mögliche Szenariovorhersagen für die eigentlich interessierenden mikroökonomischen Grössen erarbeitet, z.B. die langfristige Planung der Nachfrage von Produkten oder die langfristige Entwicklung der Beschaffungskosten von Rohmaterial. Für die Szenariovorhersagen können intuitive Verfahren wie unter 10.4.1 und 10.4.2 beschrieben zum Einsatz kommen.

Das geschilderte Verfahren ist aufwendig. Szenariovorhersagen lohnen sich damit eher bei wenigen Planungsvariablen, wenn zudem eine fehlerhafte Vorhersage mit grossen finanziellen Konsequenzen verbunden ist. Dies ist z.B. der Fall beim der oben geschilderten Anwendung bei Shell. Die Erarbeitung der Szenarien liefert hingegen umfangreiches Wissen, quasi auf Vorrat. Das wiederum bringt einen zeitlichen Vorteil, wenn plötzlich und stark veränderte Umsysteme auf die Planungsvariablen wirken.

1.	Bestimmen des Kontexts und des Umfelds, in dem das Szenario sich abspielt, sowie der Anspruchshalter (engl. „stakeholder"), die am Szenario interessiert sein werden.
2.	Identifikation der vermuteten grundsätzlichen Trends und Unsicherheiten sowie deren Treiber. Je nach Trend kann man geeignete Methoden einsetzen, wie Experimente, das Delphi-Verfahren oder andere Interviews und Befragungen sowie Brainstorming.
3.	Erarbeiten des Szenarios. Als Möglichkeit kann man mit Workshops die mögliche Entwicklung bei Beibehaltung der aktuellen Unternehmensstrategie aufzeigen. Alle positiv wirkenden Treiber und Elemente können zu einem maximal positiven Extremszenario führen, alle negativ wirkenden zu einem maximal negativen Extremszenario.
4.	Plausibilitäts- und Konsistenzprüfung: Sind die angenommenen Werte für die Variablen, die die Treiber abbilden, realistisch? Gibt es bei Treibern, die sich gegenseitig beeinflussen, Widersprüche zu Werten für Variable, die andere Treiber beschreiben? Können gewisse Trends oder Unsicherheiten nicht genügend genau beschrieben werden.
5.	Erarbeiten des fertigen Szenarios: Kann dieses den verschiedenen Anspruchshaltern so erklärt werden, dass es ihrer kognitiven Vorstellung entspricht? Wird das Szenario als in sich konsistent und wirksam empfunden? Beschreibt es seine unterschiedliche Zukunft im Vergleich mit anderen Szenarien? Wird es über einige Zeit gültig sein.

Abb. 10.4.3.2   Vorgehensweise zur Szenarioplanung

10.5   Überführen von Vorhersagen in die Planung

10.5.1 Verfahrensvergleich und Wahl des geeigneten Prognoseverfahrens

In der Abb. 10.5.1.1 werden die besprochenen Verfahren nach einigen Kriterien verglichen.[8]

Bei der Wahl eines anzuwendenden Prognoseverfahrens ist ausschlaggebend, welches Verfahren mit vernünftigem Aufwand die grösste Genauigkeit in der Angleichung an die Nachfragestruktur liefert. Dabei spielen zusätzlich die folgenden Kriterien eine Rolle:

- Anpassungsfähigkeit an Bedarfsentwicklung
- Fehlervorhersagemöglichkeit
- Notwendige Hilfsmittel
- Aufwand für Datenerfassung und Bereitstellung für Rechnung
- Erfassbarkeit von Parametern, welche die Entwicklung des zu prognostizierenden Systems beschreiben
- Prognosezweck sowie Bedeutung einer Materialposition
- Prognosezeitraum
- Transparenz für Anwender

---

[8]   *Fokus-Vorhersage* (engl. *„focus forecasting"*) ist ein System, welches dem Benutzer erlaubt, die Wirksamkeit von verschiedenen Vorhersagetechniken zu simulieren und zu evaluieren (vgl. [APIC16]).

Verfahren	Nachfragemodell					Gewich-tung der Daten	Verständ-lichkeit der Verfah-ren	Speicher-bedarf für not-wendige Daten	Verarbeitungszeit
	kon-stant	mit linea-rem Trend	mit nichtli-nearem Trend	mit Saison-kompo-nenten	unregel-mässig, spora-disch				
gleitender Durchschnitt	x					nein	leicht	gross	kurz
exp. Glättung 1. Ordnung	x					ja	leicht	sehr gering (2 Werte)	sehr kurz
exp. Glättung 2. Ordnung	(x)	x				ja	mittel-mässig	sehr gering (2 Werte)	kurz
adaptative Glättung nach Trigg & Leach		(x)	x			ja	mittel-mässig	sehr gering (2 Werte)	kurz
exp. Glättung m. Saisoneinfluss				x		ja	schwierig	wenig	kurz
lineare Regression	(x)	x				nein	leicht	gross	für Parameterbestim-mung lang, sonst kurz
Hochrechnung	x					nein	mittel-mässig	gross	kurz
Delphi					x	-	leicht	gross	lang

Abb. 10.5.1.1   Anwendungsbereich von Prognoseverfahren

10.5.2 Verbrauchsverteilungen und deren Grenzen, kontinuierlicher und sporadischer Bedarf

Die *Verteilung der Vorhersagefehler* ist eine tabellarische Anordnung der Vorhersagefehler gemäss der Frequenz des Auftretens jedes Fehlerwertes (vgl. [APIC16]).

Vorhersagefehler sind in vielen Fällen normalverteilt, auch wenn die beobachteten Werte nicht aus einer Normalverteilung stammen. Nachfolgend wird deshalb die Herkunft der beobachteten Werte genauer untersucht.

Eine *Verbrauchsverteilung*, z.B. eine nach Zeitperioden geordnete Statistik des Bestellungs-einganges, kann als eine Aggregation mehrerer Einzelereignisse während jeder Periode aufgefasst werden. Diese Einzelereignisse können beschrieben werden

• durch die *Verteilung der Häufigkeit der Ereignisse* selbst,

• und durch eine *Verteilung der Merkmalswerte eines Ereignisses*, also der Bestellmengen.

Die Verbrauchsverteilung ergibt sich aus einer Zusammensetzung dieser beiden Verteilungen.

Unter der Annahme der Definitionen in der Abb. 10.5.2.1 und eines gleichbleibenden Prozesses (z.B. bei gleichmässiger Nachfrage) gelten gemäss [Fers64], S.182, die in der Abb. 10.5.2.2 aufgeführten Formeln. E steht dabei für den *Erwartungswert*, VAR steht für die *Varianz*[9].

---

[9]   Die *Varianz* ist ein Streuungsmass, hier das Quadrat der Standardabweichung.

$$\begin{array}{ll} E(n),\, VAR(n) & \text{Parameter der Verteilung der Häufigkeit} \\ & \text{Ereignisse je Statistikperiode} \\ E(z),\, VAR(z) & \text{Parameter der Verteilung der} \\ & \text{Merkmalswerte} \\ E(x),\, VAR(x) & \text{Parameter der Verbrauchsverteilung} \\ & \text{pro Periode} \end{array}$$

Abb. 10.5.2.1   Definition für eine Verbrauchsverteilung

$$\begin{aligned} E(x) &= E(n) \cdot E(z) \\ VAR(x) &= VAR(n) \cdot E^2(z) + E(n) \cdot VAR(z) \end{aligned}$$

Abb. 10.5.2.2   Erwartungswert und Varianz der Verbrauchsverteilung

Bei einem reinen Zufallsprozess ist die Anzahl der Ereignisse pro Periode Poisson-verteilt mit der Verteilungsfunktion P(n) und mit Erwartungswert = Varianz = λ. Damit können die Formeln in der Abb. 10.5.2.3 hergeleitet werden, wobei VK dem Variationskoeffizienten einer Verteilung entspricht, d.h. dem Quotienten aus Standardabweichung und Erwartungswert.

$$\begin{aligned} P(n) &= e^{-\lambda} \cdot \frac{\lambda^n}{n!} \\ E(n) &= VAR(n) = \lambda \\ E(x) &= \lambda \cdot E(z) \\ VAR(x) &= \lambda \cdot \left[E^2(z) + VAR(z) \right] \\ VK^2(x) &= \frac{1}{\lambda} \left[1 + VK^2(z) \right] \end{aligned}$$

Abb. 10.5.2.3   Verteilungsfunktion, Erwartungswert und Varianz der Verbrauchsverteilung unter Annahme der Poisson-Verteilung für die Häufigkeit der Ereignisse

Der Variationskoeffizient der *Merkmalswerte,* also z.B. der Bestellmengen, wird sehr stark beeinflusst von wenigen Grossbezügen. Das Quadrat kann dann durchaus den Wert 3 annehmen. Wenn alle Bezüge gleich gross sind, ist der Wert natürlich auf dem Minimum von 0 (Beispiel: Für Ersatzteile mag die Bestellmenge immer gleich 1 sein).

Auch wenn die gemessenen Werte der Verbrauchsverteilung als solches aufgrund der Regeln der Statistik die Annahme einer Normalverteilung erlauben würden, ist für effektive Verfahren im stochastischen Materialmanagement ein Variationskoeffizient von VK $\leq$ 0,4 Voraussetzung. Aus der Formel in Abb. 10.5.2.3 geht nun hervor, wie viele Bezüge notwendig sind, damit sich ein solch kleiner Variationskoeffizient ergibt. Wird nämlich als mittlerer Wert des Variationskoeffizienten für die Verteilung der *Merkmalswerte,* also z.B. der Bestellmengen, 1 (Eins) angenommen, so ergeben sich mindestens 12.5 Bestellungen oder Bezüge pro Periode, was z.B. für eine Maschinenfabrik schon sehr viel sein kann ($\lambda \geq$ (1+1) / 0.16 = 12.5).

Der Wert für λ kann in sehr weiten Bereichen streuen und gerade in der Investitionsgüterindustrie sehr klein sein. In diesem Fall spricht man von *sporadischer* oder *blockweiser Nachfrage.* Dies im Gegensatz zu *regulärer Nachfrage* (eine Regularität im Sinne von Kap. 10.1.3) oder sogar *kontinuierlicher (gleichmässiger) Nachfrage.* Siehe dazu die Definitionen in Kap. 4.4.2.

Aus obigen Betrachtungen kann man qualitativ festhalten:

- Die *Sporadizität* einer Verteilung ist die Folge einer geringen Anzahl von Bezügen pro gemessene Zeiteinheit. Damit ist eine Vorhersage nur sehr schlecht berechenbar. Grosse Variationskoeffizienten entstehen nicht zuletzt infolge von seltenen Grossbezügen. Es empfiehlt sich daher gemäss Abb. 10.5.2.4, Grossbezüge, soweit möglich, als Ausschläger oder als abnormale Nachfrage zu erkennen und mit einem Nachfragefilter[10] aus einem stochastischen Verfahren herauszunehmen und einer deterministischen Bewirtschaftung zugänglich zu machen, z.B. durch die Vereinbarung von längeren Lieferdurchlaufzeiten für Grossbestellungen.

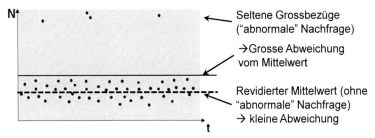

Abb. 10.5.2.4   Nachfragefilter zur Behandlung eines sporadischen Bedarfs als Folge von seltenen Grossbezügen

- Bei einem stationären Prozess, z.B. bei gleichmässiger Nachfrage, ist der relative Prognosefehler stark von der Anzahl der Ereignisse, z.B. der Anzahl Bestellungen, abhängig. Der tatsächliche Prognosefehler ist i. Allg. noch grösser als der aus der Extrapolation errechnete, da Veränderungen der unterstellten Gesetzmässigkeiten bei einer kleinen Anzahl von Ereignissen auch fehlerverstärkend wirken sollten.

Ob ein Bedarf kontinuierlich auftritt oder eher sporadisch, hängt auch von der ausgewählten Statistikperiodenlänge ab, wie dies die Abb. 10.5.2.5 zeigt.

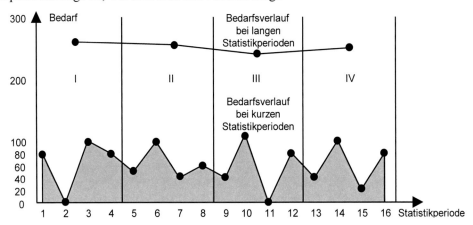

Abb. 10.5.2.5   Auswirkungen der Statistikperiodenlänge auf die Bedarfsschwankungen

---

[10]   Ein *Nachfragefilter* im Vorhersagemodell wird durch einen Multiplikationsfaktor mal +/- die Standardabweichung ausgedrückt.

Durch die Wahl zu kurzer Statistikperioden treten rasch sporadische Verbrauchswerte auf. Deren Schwankungen werden überbewertet. Mit der Vergrösserung der Statistikperioden wird wohl eine Nivellierung der Bedarfsschwankungen erreicht. Im Materialmanagement können aber erhöhte Bestände an Lager oder in Arbeit die Folge sein, besonders dann, wenn die Durchlaufzeiten sogar kürzer als die Statistikperioden werden. Zudem stellt sich aus Gründen der Praktikabilität i. Allg. die Anforderung einer einheitlichen Länge der Statistikperiode für das gesamte Sortiment. Häufig ist dies ein Monat[11].

Auch wenn für einzelne Artikel eher sporadischer Bedarf vorliegt, so mag der Bedarf für eine Artikelfamilie kontinuierlich sein. Die Vorhersage wäre dann für eine Grobplanung genügend genau. Falls eine Detaillierung notwendig wird, so wird die Aufteilung des Vorhersagebedarfs u. U. problematisch. Siehe dazu auch Kap. 13.2.

10.5.3 Bedarfsvorhersage von Varianten einer Produktfamilie

Häufig werden Varianten eines Produkts nach und nach von einem Grundtyp abgeleitet. So entsteht ein Standardprodukt mit Optionen, ggf. eine Produktfamilie. Oft kann nun der Gesamtbedarf einer Produktfamilie vorhergesagt werden. Damit ist dann die Ableitung des Bedarfs an Komponenten, die für alle Ausführungen die gleichen sind, kein besonderes Problem mehr.

Etwas schwieriger wird die Bedarfsvorhersage für Varianten. Vorausgesetzt, dass die Zahl der gelieferten Einheiten pro Variante einer Produktfamilie genügend gross ist (dies ist der Fall bei einer Herstellung mit kleiner Variantenvielfalt – siehe Kap. 7.1.1 und 7.2), lässt sich die Verwendung der Optionen bzw. Varianten – bezogen zum Beispiel auf 100 Einheiten der Produktfamilie – in einer Statistik festhalten und für die Bewirtschaftung nutzen.

> Der *Optionsprozentsatz* OPS ist die Verwendungshäufigkeit einer Variante innerhalb einer Produktfamilie.

Dieser Prozentsatz variiert von Zeitperiode zu Zeitperiode und ist daher eine stochastische Grösse, gekennzeichnet mit Erwartungswert und Varianz.

In der Praxis wird die Streuung der Optionsprozentsätze häufig nicht berücksichtigt, d.h. E(OPS) wird als quasideterministischer Wert behandelt. Das Risiko von Lagerausfällen erhöht sich damit. Zur Berechnung der Optionsprozentsätze werden die Verkäufe nach Statistikperioden gegliedert. Für jede Periode wird die tatsächlich aufgetretene Verwendungshäufigkeit ermittelt und aus den Resultaten mehrerer Perioden werden Mittelwert und Standardabweichungen gerechnet. Die Verknüpfung der Vorhersage der Produktfamilie mit den Optionsprozentsätzen zum Bedarf der Optionen erfolgt nach den Formeln gemäss Abb. 10.5.3.1, die für jeden Periodenbedarf angewendet werden.

Als Primärbedarf für die Varianten wird also der mit den Optionsprozentsätzen gewogene Bedarf (Erwartungswerte und Varianzen) für die Produktfamilie eingesetzt. Wegen der Sicherheitsrechnung ist die Summe der Variantenbedarfe grösser als der Bedarf auf den variantenunabhängigen Komponenten.

---

[11] Das Nivellieren der Bedarfsschwankungen ist z.B. nötig für einfache Steuerverfahren wie Kanban, wo ein kontinuierlicher Bedarf Voraussetzung für deren Funktionieren bildet. Manchmal genügt dafür eine Vergrösserung der Statistikperiode.

$$E(BO) = E(OPS) \cdot E(BF)$$

$$VK^2(BO) = VK^2(OPS) + VK^2(BF) + VK^2(OPS) \cdot VK^2(BF)$$

wobei BO := Bedarf Option

   BF := Bedarf Produktfamilie

   OPS := Optionsprozentsatz

Abb. 10.5.3.1   Vorhersage des Bedarfs an Varianten

Für eine vertiefte Betrachtung (*) der Formeln in Abb. 10.5.3.1 folgt hier die Herleitung der Formel gemäss Prof. Alfred Büchel für die *multiplikative Verknüpfung* x von zwei unabhängigen Verteilungen y und z, x= y·z. Siehe auch [Fers64]. Die Multiplikation eines bestimmten Wertes Y aus y mit z ergibt eine Lineartransformation von z mit folgenden Parametern:

$$E(Y \cdot z) = Y \cdot E(z), \quad VAR(Y \cdot z) = Y^2 \cdot VAR(z).$$

Die so erhaltenen Verteilungen gewichtet man mit f(y) und summiert sie zu einer Mischverteilung (bzw. integriert sie bei kontinuierlichen Verteilungen). Hierzu sind die Nullmomente zu verwenden. Für die einzelnen Lineartransformationen ergibt sich das 2. Null-Moment – definiert durch $E(u^2) = E^2(u) + VAR(u)$ – wie folgt:

$$E((Y \cdot z)^2) = E^2(Y \cdot z) + VAR(Y \cdot z) = Y^2 \cdot E^2(z) + Y^2 \cdot VAR(z)$$
$$= Y^2 \cdot (E^2(z) + VAR(z)) = Y^2 \cdot E(z^2).$$

Die Summation ergibt folgendes Resultat:

$$E(x) = E(y) \cdot E(z), \quad E(x^2) = E(y^2) \cdot E(z^2), \quad \text{und damit gelten}$$
$$VAR(x) = E(x^2) - E^2(x) = E(y^2) \cdot E(z^2) - E^2(y) \cdot E^2(z) =$$
$$= [E^2(y) + VAR(y)] \cdot [E^2(z) + VAR(z)] - E^2(y) \cdot E^2(z) =$$
$$= E^2(y) \cdot VAR(z) + VAR(y) \cdot E^2(z) + VAR(y) \cdot VAR(z)$$
$$VK^2(x) = VAR(x) / E^2(x) =$$
$$= [E^2(y) \cdot VAR(z) + VAR(y) \cdot E^2(z) + VAR(y) \cdot VAR(z)] / [E^2(y) \cdot E^2(z)]$$
$$= VK^2(z) + VK^2(y) + VK^2(y) \cdot VK^2(z).$$

Bemerkung: Analog lassen sich auch die Formeln der Abb. 10.5.2.2 herleiten. Anstelle der Lineartransformationen treten die Verteilungen für die Summe mehrerer Bezüge pro Periode (sog. Faltungen), deren Parameter sich wie folgt ermitteln:

$$E(n \cdot z) = n \cdot E(z); VAR(n \cdot z) = n \cdot VAR(z)$$

Über die Verteilungsform lässt sich keine generelle Aussage machen; eine lognormale Verteilung (die für kleine Variationskoeffizienten in die Normalverteilung übergeht) stellt für die praktische Anwendung eine gut brauchbare Approximation dar. Bei hohen Nullwertanteilen (geringe Bezugshäufigkeit) sind ggf. besondere Überlegungen zur Wahl des „Risikos" anzustellen. Dies gilt auch für Kap. 10.5.2. Massgeblich sind jedoch nicht die Statistikperioden, sondern die Dispositionsfristen.

10.5.4 Sicherheitsrechnung für beliebige Dispositionsfristen

Eine *Dispositionsfrist* stellt die Zeitspanne dar zwischen „heute" und dem Zeitpunkt des letzten, in die spezifische Überlegung noch einbezogenen Bedarfs.

Die Abb. 10.5.4.1 gibt einige im Folgenden verwendete Definitionen.

TP	=	Länge der Statistik- bzw. Prognoseperiode (in irgendwelchen Zeiteinheiten)
DF	=	Länge der Dispositionsfrist
E(BTP)	=	Erwartungswert des Bedarfs in der Statistikperiode
E(BDF)	=	Erwartungswert des Bedarfs in der Dispositionsfrist
σ(BTP)	=	Standardabweichung des Bedarfs in der Statistikperiode
σ(BDF)	=	Standardabweichung des Bedarfs in der Dispositonsfrist
z	=	Bezugsgrösse (mit Bezeichnung wie in Kapitel 9.5.3)
λ	=	Anzahl der Bezüge in Statistikperiode

Abb. 10.5.4.1   Definition von Variablen zur Sicherheitsrechnung

In der Prognoserechnung ermittelt man Erwartungswert und Standardabweichung für eine bestimmte Statistikperiode, z.B. der Länge TP. Im Materialmanagement werden aber Werte für unterschiedliche Dispositionsfristen benötigt. Wenn die Dispositionsfrist zum Beispiel die Durchlaufzeit ist, dann muss man den gesamten Bedarf während der Durchlaufzeit berücksichtigen, d.h. bis zum Eingang des Produktions- bzw. Beschaffungsauftrags im Normalfall[12].

Auf der Basis des in Kap. 10.5.2 entwickelten Modells kann man auf die in der Abb. 10.5.4.2 gezeigten Formeln schliessen, welche auch für nicht ganzzahlige Verhältnisse von DF/TP gelten.

$$\text{Anzahl der Bezüge in der Dispositionsfrist} = \lambda \cdot \frac{DF}{TP}$$

$$E(BDF) = \lambda \cdot \frac{DF}{TP} \cdot E(z) = \frac{DF}{TP} \cdot E(BTP)$$

$$\sigma(BDF) = \sqrt{\lambda \cdot \frac{DF}{TP}\left[E^2(z) + VAR(z)\right]} = \sqrt{\frac{DF}{TP}} \cdot \sigma(BTP)$$

$$\overline{VAR(BTP) = \lambda \cdot \left[E^2(z) + VAR(z)\right]}$$

Abb. 10.5.4.2   Erwartungswert und Standardabweichung bei gleicher Nachfrage

Bei einem nichtstationären Prozess entstehen für verschiedene Zeitperioden in der Zukunft unterschiedliche Erwartungswerte oder Standardabweichungen. Unter der Voraussetzung von unabhängigen Prognosewerten in den einzelnen Perioden sind dann Erwartungswerte und Varianzen der Bedarfe innerhalb der Dispositionsfrist zu addieren. Bei n Statistikperioden erhält man dann die Formeln gemäss der Abb. 10.5.4.3.

Die Formeln sind auch dann anwendbar, wenn für gewisse, meist in der nahen Zukunft liegende Perioden der Bedarf bereits deterministisch bekannt, d.h. bspw. durch Kundenaufträge gegeben ist. Der Bedarf dieser Perioden weist dann eine Varianz von 0 auf. Bei Zwischenwerten innerhalb einer Periode werden Erwartungswert und Varianz sinngemäss linear interpoliert.

---

[12]   Der Planungshorizont ist ein weiteres Beispiel für eine Dispositionsfrist.

$$E(BDF) = \sum_{i=1}^{n} E(BTP(i))$$

$$\sigma(BDF) = \sqrt{\sum_{i=1}^{n} \sigma^2(BTP(i))}$$

Abb. 10.5.4.3   Erwartungswert und Standardabweichung bei n Statistikperioden

10.5.5 Umsetzen der Vorhersage in einen quasi-deterministischen Bedarf und Verwalten des Produktions- bzw. Einkaufsterminplans

Der (stochastische) Primärbedarf, der für die weitere Planung zu berücksichtigen ist, ergibt sich als Gesamtbedarf aus der Addition von Erwartungswert und Sicherheitsbedarf für die abzudeckende Dispositionsfrist.

> Der *Sicherheitsbedarf* ist das Produkt aus Sicherheitsfaktor und Standardabweichung während der abzudeckenden Dispositionsfrist.

Die Abb. 10.5.5.1 zeigt den zu berücksichtigenden Gesamtbedarf in Funktion der abzudeckenden Dispositionsfrist. Für eigenfabrizierte Produkte gehört dieser Gesamtbedarf zum *Produktionsterminplan*, für zugekaufte Artikel zum *Einkaufsterminplan* für absetzbare Produkte.

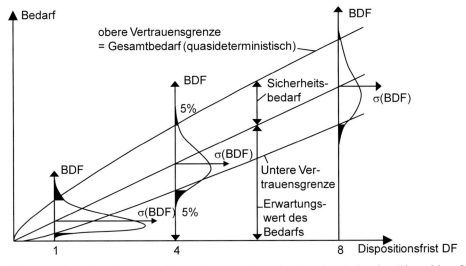

Abb. 10.5.5.1   Der Primärbedarf als Gesamtbedarf in Funktion der abzudeckenden Dispositionsfrist

Wird der Gesamtbedarf in der Folge in verschiedene Teilbedarfe unterteilt (z.B. ein Jahresbedarf in zwölf Monatsbedarfe), so muss ein grösserer Anteil des Sicherheitsbedarfs den früheren Teilbedarfen zugerechnet werden. Das im Kap. 11.3 besprochene Bestellbestandverfahren schlägt den Sicherheitsbedarf de facto gesamthaft dem ersten Teilbedarf zu.

Wichtig: Wie im Zusammenhang mit Abb. 5.3.2.2 besprochen, wird zur Bestimmung eines teuren abhängigen, jedoch sporadischen oder sogar einmaligen Bedarfs auf einen Artikel zuerst der zugehörige Primärbedarf stochastisch bestimmt. Der abhängige Bedarf wird daraufhin durch quasideterministische Stücklistenauflösung berechnet. Damit enthält der Sekundärbedarf den notwendigen Sicherheitsbedarf zur Produktion des Sicherheitsbedarfs für den Primärbedarf.

Zum *Verwalten des Primärbedarfs* dient eine dem Auftrag ähnliche *Objektklasse Vorhersagebedarf* bzw. *Primärbedarf*, mit mindestens den Attributen

- Vorhersage- bzw. Primärbedarfs-Id. (ähnlich einer Auftrags-Id.),
- Artikel-Id. oder Artikelfamilien-Id.,
- Dispositionsdatum des Bedarfs bzw. seine Periodizität,
- Vorhersagemenge (ein Artikelabgang),
- bereits dagegen bestellte Menge (vgl. Kap. 12.2.2).

Auch ein negativer Vorhersagebedarf ist hier vorstellbar, der einen Artikelzugang ausdrückt. Dieser dient z.B. als Ersatz bei einem fehlenden Einkaufssystem, oder um auf tieferen Strukturstufen Überlagerungseffekten von höheren Strukturstufen auszuweichen (vgl. Kap. 7.2.1).

Ein Vorhersagebedarf wird auf verschiedene Weise geändert oder gelöscht:

- Durch manuelles Verwalten.
- Durch periodisches Neurechnen, z.B. gemäss dem Prinzip in Abb. 10.1.1.1. Dies ist besonders wichtig bei Bedarfen, die in der Folge zum stochastischen Materialmanagement herangezogen werden.
- Bei Primärbedarfen im eigentlichen Sinn: Sukzessive Reduktion durch die Nachfrage (z.B. Kundenaufträge). Erreicht die Nachfrage die Vorhersage, oder gerät die Vorhersage in die Vergangenheit und ist nicht mehr zu berücksichtigen, wird das entsprechende Vorhersagebedarfsobjekt automatisch gelöscht. Siehe dazu auch Kap. 12.2.2.

10.6   Zusammenfassung

Eine Bedarfsvorhersage ist eine Aussage über die wahrscheinliche Bedarfsentwicklung. Ein Bedarf muss dann vorhergesagt werden, wenn die kumulierte Durchlaufzeit länger ist als die Kundentoleranzzeit. Eine solche Situation ist z.B. gegeben im Handel mit Konsumgütern, bei Komponenten für eine Dienstleistung oder bei Einzelteilen von Investitionsgütern. Vorhersagen werden später in Bedarf an Ressourcen umgerechnet, welcher dann mit den Möglichkeiten des Unternehmens zur Realisierung verglichen wird. Jede Vorhersage ist jedoch mit Ungewissheit verbunden. Man muss sie somit laufend – z.B. rollierend – mit der Nachfrage vergleichen. Eine signifikante Abweichung kann die Wahl eines anderen Verfahrens nach sich ziehen.

Bei den Vorhersageverfahren werden zwei Grundtypen unterschieden: passéistische und futuristische Verfahren. Beide Grundtypen werden dann weiter in mathematische, eher graphische bzw. intuitive Verfahren unterteilt. Die Auswahl erfolgt nach einer Reihe von Kriterien, um mit vernünftigem Aufwand eine Angleichung der Vorhersage an die Nachfrage zu erzielen.

Vergangenheitsbasierte Verfahren berechnen Bedarfe aus den Verbräuchen mit Hilfe von mathematischer Statistik (Extrapolation von Zeitreihen). Bei gleichmässiger Nachfrage gibt es einfache Vorhersageverfahren wie Gleitender Durchschnitt oder Exponentielle Glättung 1. Ordnung. Für lineare Trends kann man die lineare Regression oder die Exponentielle Glättung 2. Ordnung heranziehen. Sodann gibt es das adaptive Verfahren nach Trigg und Leach, um die Parameter der Exponentiellen Glättung zu überprüfen und anzupassen. Für den Effekt der Saisonalität können die Verfahren erweitert werden. Als zukunftsbasierte Verfahren wurden die Hochrechnung, die Delphi-Methode und Szenariovorhersagen besprochen, welche jedoch auch vergangenheitsbezogene Faktoren enthalten.

Zuverlässige Vorhersagen für sporadische Verbräuche sind schwierig. Die Definition der Verbrauchsverteilung als Überlagerung der Verteilung der Verbrauchs-Ereignisse und der Verteilung der Verbrauchsmenge je Ereignis hilft, die Sporadizität besser zu beschreiben. Eine geeignete Länge der Statistikperiode kann zur Glättung von Bedarfen führen. Bei wenigen Varianten und Wiederholproduktion bzw. Wiederholbeschaffung kann man die Vorhersage der Bedarfe von Varianten einer Produktfamilie mit Optionsprozentsätzen berechnen. Der Optionsprozentsatz ist selber eine stochastische Grösse mit Erwartungswert und Standardabweichung.

In jedem Fall führen grössere Schwankungen des Bedarfs zu einem Sicherheitsbedarf, der aus der Standardabweichung berechnet wird. Erwartungswert und Standardabweichung sind auf die Statistikperiode, Primärbedarfe jedoch auf Dispositionsfristen bezogen. Für den Erwartungswert erfolgt die Umrechnung proportional zum Verhältnis der beiden Zeitperioden, für die Standardabweichung wurzelproportional. Die um den Sicherheitsbedarf ergänzten Erwartungswerte des Bedarfs werden als Primärbedarfe pro geeignete Dispositionsfrist festgehalten und stehen dann als stochastische Bedarfe für die weitere Behandlung im Rahmen des Materialmanagements zur Verfügung. Werden in der Folge aus solchen stochastischen Bedarfen durch eine quasideterministische Stücklistenauflösung abhängige Bedarfe berechnet, so enthalten diese den entsprechenden Sicherheitsbedarf.

Je Primärbedarf wird die Artikel-Id., die Vorhersagemenge und die bereits dagegen bestellte Menge sowie das Dispositionsdatum festgehalten. Die Gesamtheit aller Primärbedarfe gehört zum Produktionsterminplan, bei Handelsartikeln zum Einkaufsterminplan. Ein Primärbedarf kann rollierend manuell oder mit automatischen Verfahren neu bestimmt bzw. gelöscht werden. I. Allg. wird er durch die Nachfrage sukzessive überlagert bzw. reduziert.

10.7   Schlüsselbegriffe

10.8   Szenarien und Übungen

10.8.1 Die Wahl des passenden Vorhersageverfahrens

Die Abb. 10.8.1.1 zeigt historische Nachfragekurven für vier verschiedene Produkte. Welches Vorhersageverfahren schlagen Sie für jedes Produkt zur Anwendung vor, um den zukünftigen Bedarf zu prognostizieren?

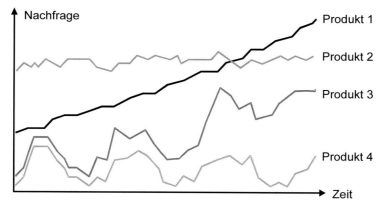

Abb. 10.8.1.1   Historische Nachfragekurven für vier Produkte

Lösung:

- Produkt 1: Nachfrage mit linearem Trend => lineare Regression
- Produkt 2: gleichmässige Nachfrage ohne Trend => gleitender Mittelwert oder exponentielle Glättung erster Ordnung
- Produkt 3: saisonale Schwankungen mit Trend => lineare Regression oder exponentielle Glättung zweiter Ordnung mit Saisonalität
- Produkt 4: gleichmässige Nachfrage mit saisonalen Schwankungen => gleitender Mittelwert oder exponentielle Glättung erster Ordnung mit Saisonalität

10.8.2 Gleitender Durchschnitt

Die in Ihrem Unternehmen für Vorhersagen zuständige Person fehlt seit drei Monaten, weshalb Sie von Ihrem Vorgesetzten gebeten werden, die Nachfrage für die wichtigsten Produkte vorherzusagen. Sie erhalten zur Information eine Tabelle (siehe Abb. 10.8.2.1), welche die historischen Nachfragewerte für das Produkt (Jan. - Okt.) sowie die Vorhersage, basierend auf dem Verfahren des Gleitenden Durchschnitts, für die Periode Januar bis Juli, zeigt.

	Jan.	Feb.	März	April	Mai	Juni	Juli	Aug.	Sept.	Okt.
Nachfrage	151	135	143	207	199	175	111	95	119	191
Vorhersage	183	195	177	155	159	171	181			

Abb. 10.8.2.1   Nachfrage und Vorhersage, berechnet mit dem Verfahren des Gleitenden Durchschnitts

Darüber hinaus bittet Sie Ihr Vorgesetzter,

a) die Nachfrage in der gleichen Art wie Ihr Kollege vorherzusagen. Dafür müssen Sie den Parameter n aus den vergangenen Vorhersagewerten errechnen.

b) die Vorhersage für August, September und Oktober zu erstellen, ebenso für den folgenden Monat November.

c) die Standardabweichung σ der Vorhersage von Januar bis Oktober zu berechnen und zu entscheiden, ob das angewandte Verfahren für dieses Produkt geeignet ist.

Lösung:

a) n = 4

b) Vorhersage August = (207+199+175+111) / 4 = 173; Vorhersage September: 145; Vorhersage Oktober: 125; Vorhersage November: 129.

c) σ=53.87 und Variationskoeffizient = 53.87 / 152.6 ≈ 0.35. Ein Variationskoeffizient von 0.35 spricht für eine relativ niedrige Qualität der Vorhersage. Daher ist das angewandte Verfahren für dieses Produkt nicht geeignet. Versuchen Sie einen anderen Wert als n = 4, oder verwenden Sie zusätzlich einen Saisonalitätskoeffizienten.

10.8.3 Exponentielle Glättung erster Ordnung

Als Sie Ihrem Vorgesetzten berichten, dass das Verfahren des Gleitenden Durchschnitts für das Produkt nicht geeignet ist, erinnert er sich, dass Ihr Kollege, welcher für die Vorhersagen zuständig ist, an der Einführung des Verfahrens der exponentiellen Glättung erster Ordnung für dieses Produkt arbeitete. Deshalb gibt Ihnen Ihr Vorgesetzter die Information in Abb. 10.8.3.1, welche Ihnen Auskunft über die Nachfrage nach dem Produkt (Jan.-Okt.) gibt und auch die Vorhersage zeigt, welche mit dem Verfahren der Exponentiellen Glättung 1. Ordnung mit α = 0.3 für die Monate Januar bis Juli erstellt wurde.

	Jan.	Feb.	März	April	Mai	Juni	Juli	Aug.	Sept.	Okt.
Nachfrage	151	135	143	207	199	175	111	95	119	191
Vorhersage	187	176	164	158	172	180	179			

Abb. 10.8.3.1   Nachfrage und Vorhersage, berechnet mit dem Vorhersageverfahren der exponentiellen Glättung erster Ordnung

Führen Sie folgende Schritte aus, um den Vorschlag Ihres Vorgesetzten zu beurteilen:

a) Erstellen Sie die Vorhersage für August, September und Oktober, sowie für den folgenden Monat November.

b) Berechnen Sie die mittlere absolute Abweichung (MAD) für den Monat November, unter der Annahme von MAD(Jan.) = 18 und dem Glättungsfaktor α.

c) Hätten Sie in der vorherigen Übung ein vergleichbares Resultat erhalten können wie das für den oben berechneten Parameter α, indem Sie n ändern, also die Anzahl beobachteter Werte?

d) Ist das gewählte Verfahren der Exponentiellen Glättung 1. Ordnung mit dem oben berechneten Parameter α für dieses Produkt geeignet oder nicht.

e) Was können Sie allgemein über die Wahl von α in Abhängigkeit vom Produktlebenszyklus sagen?

Lösung:

a) Vorhersage August = 0.3·111+0.7·179 ≈ 159; Vorhersage September: 140; Vorhersage Oktober: 134; Vorhersage November: 151.

b) MAD(Feb.) = 0.3·(187-151)+0.7·18 ≈ 23; => MAD(März) = 29, MAD(Apr.) = 26, MAD(Mai) = 33, MAD(Juni) = 31, MAD(Juli) = 23, MAD(Aug.) = 37, MAD(Sept.) = 45, MAD(Okt.) = 37, MAD(Nov.) = 43.

c) Ja, indem Sie einen Wert wählen für n = (2-0.3)/0.3 = 5.67 (siehe Formel in Abb. 10.2.3.1).

d) Da die Nachfrage fluktuiert, wäre es besser, α zu erhöhen. Ferner passt das Verfahren der exponentiellen Glättung erster Ordnung nicht gut zu dieser Nachfragekurve. Daher lohnt es sich, ein anderes Vorhersageverfahren ins Auge zu fassen, z.B. mit kurzzeitiger Saisonalität.

e) Zu Beginn und am Ende des Produkt-(Markt-)Lebenszyklus sollte α recht hoch gewählt werden, z.B. α = 0.5. Für ein gut eingeführtes Produkt nimmt α häufig Werte um 0.1 an.

10.8.4 Gleitender Durchschnitt versus Exponentielle Glättung erster Ordnung

Abb. 10.2.2.6 zeigt den Einfluss verschiedener Werte des Glättungsfaktors α. Abb. 10.2.3.1 stellt die notwendigen Beziehungen zwischen der Anzahl der beobachteten Werte und dem Glättungsfaktor α dar. Sie können den animierten Vergleich unter folgendem Link finden:

https://intlogman.ethz.ch/#/chapter10/demand-forecasting/show

Im roten Bereich oben auf der Webseite können verschiedene Werte für den Glättungsfaktor α gewählt werden. Im unteren grünen Bereich können Sie entweder einen anderen Wert für den Glättungsfaktor α zum Vergleich mit der roten Kurve wählen oder eine Anzahl von Werten für das Verfahren des gleitenden Durchschnitts bestimmen und die Ergebnisse dieses Verfahrens mit der Exponentiellen Glättung (der roten Kurve) vergleichen. Ein Klick auf die „calculate" führt die von Ihnen gemachten Eingaben aus.

10.9   Literaturhinweise

APIC16   Pittman, P. et al., APICS Dictionary, 15. Auflage, APICS, Chicago, IL, 2016

BoJe15   Box, G.E.P., Jenkins, G.M., Reinsel, G.C., Ljung, G.M., „Time Series Analysis: Forecasting and Control", 5. Auflage, John Wiley & Sons, 2015

Corn05   Cornelius, P. et al., „Three Decades of Scenario Planning in Shell", California Management Review, 48.1, pp. 92-109, 2005

Fers64   Ferschl, F., „Zufallsabhängige Wirtschaftsprozesse", Physica-Verlag, 1964

Gahs71   Gahse, S., „Mathematische Vorhersageverfahren und ihre Anwendung", Verlag Moderne Industrie, München, 1971

GaKe89   Gardner, E.S.Jr., McKenzie, E., „Seasonal Exponential Smoothing with Damped Trends", Management Science (Note) 35, Nr. 3, pp. 372-375, 1989

IBM73   IBM, COPICS, „Communications oriented Production Information and Control System, Bedarfsvorhersage", IBM, Deutschland, 1973

Lewa80   Lewandowski, R., „Prognose- und Informationssysteme und ihre Anwendungen", de Gruyter, Berlin-New York, 1980

MeRä12   Mertens, P., Rässler, S., „Prognoserechnung", 7. Auflage, Physica-Verlag, Heidelberg 2012

Scho93   Schoemaker, P., „Multiple Scenario Development: Its Conceptual and Behavioral Foundation", Strategic Management Journal, 14, pp. 193-213, 1993

TrLe67   Trigg, D.W., Leach, A.G., „Exponential Smoothing with an Adaptive Response Rate", Operations Research Quarterly, pp. 53-59, 1967

WhMa97   Wheelwright, S.C., Makridakis, S., „Forecasting Methods for Management", 3rd Edition, John Wiley & Sons, New York, 1997

11 Bestandsmanagement und stochastisches Materialmanagement

Bestände dienen als Puffer, um die zeitliche Synchronisation zwischen Gebrauch einerseits und Herstellung andererseits zu erreichen. Die Aufgabe *Bestandsmanagement* ist somit ein weiteres wichtiges Instrument der Planung & Steuerung und wird in diesem Kapitel behandelt. Zu- und Abgangstransaktionen sind Grundlage für Verbrauchsstatistiken. Solche Statistiken bilden zusammen mit ABC-Analysen, XYZ-Analysen und weiteren Auswertungen die Grundlage für Verfahren zum stochastischen Materialmanagement – insbesondere auch für die Bedarfsvorhersage. Dieses Kapitel behandelt die Umsetzung von vorhergesagten Bedarfen in Produktionsoder Beschaffungsvorschläge, durch die Aufgabe *Materialmanagement im stochastischen Fall*. Die Abb.11.0.0.1 zeigt dunkel unterlegt die Aufgaben und Prozesse, bezogen auf das in der Abb.5.1.4.2 gezeigte Referenzmodell für Geschäftsprozesse und Aufgaben der Planung & Steuerung. Zur Übersicht tragen die Kap.3.1 und 5.3.2 bei.

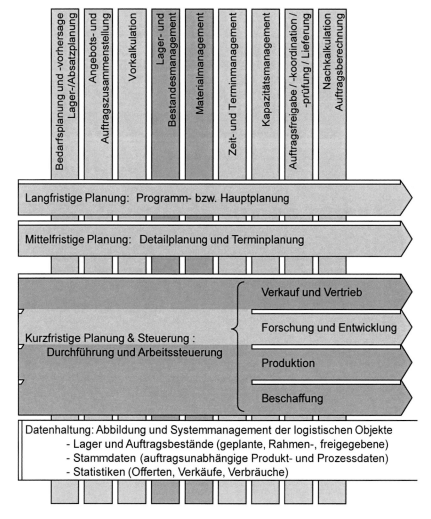

Abb. 11.0.0.1 Abgrenzung der in diesem Kapitel behandelten Teilsysteme

© Springer-Verlag GmbH Deutschland, ein Teil von Springer Nature 2020
P. Schönsleben, *Integrales Logistikmanagement*,
https://doi.org/10.1007/978-3-662-60673-5_12

Für Güter stromaufwärts vom oder auf dem (Kunden-)Auftragseindringungspunkt müssen Produktions- bzw. Beschaffungsaufträge freigegeben werden, bevor die Nachfrage von Kunden vorliegt. Bestände an Lager oder an offenen Aufträgen müssen für die gesamte Nachfrage ausreichen, bis der neu vorgeschlagene Auftrag erfüllt sein wird. Hierzu wird das Bestellbestandverfahren vorgestellt, das wegen seiner Einfachheit weit verbreitet ist. Das Verfahren schlägt Aufträge mit Menge und Endtermin vor. Diese dienen in der mittelfristigen Planung zum Abgleich der Rahmenaufträge. In der kurzfristigen Planung führen sie zur Freigabe. Bei einem Produktionsauftrag entstehen aus dem Vorschlag Bedarfe für Komponenten, die wiederum dem Materialmanagement unterliegen.

Infolge der Ungenauigkeit der Bedarfsvorhersage und der Durchlaufzeit wird ein Sicherheitsbestand geführt, der die Differenz zwischen Vorhersage und aktuellem Verbrauch sowie Schwankungen in der Durchlaufzeit berücksichtigt. Die Höhe des Sicherheitsbestands beeinflusst die Lieferausfallwahrscheinlichkeit, die Bestandshaltungskosten und schliesslich auch den Lieferbereitschaftsgrad.

Die Losgrösse hat im Materialmanagement vorerst nur auf die Kosten einen Einfluss. Im Termin- und Kapazitätsmanagement werden zusätzliche Überlegungen den Einfluss der Losgrösse auf Durchlaufzeit und Flexibilität aufzeigen. Im stochastischen Fall ist zudem die Kundennachfrage in ihrer Zusammensetzung in der Zeitachse nicht bekannt, was zu ungenauen Vorschlägen führt. Die stochastische Berechnungsmethode, die in diesem Kapitel vorgestellt wird, ist wenigstens gegenüber Vorhersagefehlern und lediglich halbwegs bekannten Ausgangsgrössen robust.

11.1   Lager- und Bestandsmanagement

Bestände bilden eines der wichtigen Instrumente zur Planung & Steuerung der Logistik. Obwohl Bestände an Ware in Arbeit manchmal mit dem Produktionsprozess verknüpft sind, sind sowohl solche Bestände als auch Bestände an Lager oder auch in Puffern vom Wertschöpfungsprozess her gesehen vielfach als unnötig und damit als Verschwendung von Zeit und gebundenem Kapital zu betrachten. Wie bereits in Kap. 1.1.3 besprochen, sind sie aber dann unvermeidbar, wenn die Kundentoleranzzeit kürzer ist als die kumulierte Durchlaufzeit. Ein weiterer Grund zur Lagerhaltung liegt jedoch gerade in der Planung & Steuerung selbst. Lager dienen zum Speichern von Gütern über die Zeit. Sie dienen als Spielraum zum Abstimmen der Kapazitäten (Menschen, Maschinen, Werkzeuge usw.) auf die Nachfrage nach Gütern.

11.1.1 Charakteristische Merkmale für das Lagermanagement

Lagermanagement legt u.a. Ausprägungen von charakteristischen Merkmalen für die Lagerung von Gütern fest. Ihre Wahl hängt sehr von den charakteristischen Merkmalen zur Planung & Steuerung in Supply Chains ab (siehe Kap. 4.4), insbesondere vom Auftragseindringungspunkt.

> Die *Lagerhaltungseinheit* (engl. *stockkeeping unit*, *SKU*) ist ein gelagerter Artikel an einer bestimmten geografischen Ort.

Beispiele: Ein Hemd mit sechs Farben und fünf Grössen führt zu 30 verschiedenen Lagerhaltungseinheiten. Ein Produkt, das am Herstellungsort und in sechs verschiedenen Versandzentren gelagert wird, führt zu sieben verschiedene Lagerhaltungseinheiten. Vgl. [APIC16].

Die Abb. 11.1.1.1 führt spezifische Merkmale für das Lagermanagement auf. Der nachfolgende Text definiert einzelne Merkmale und Ausprägungen.

Merkmal	➠	Ausprägungen					
Identifikation (Lagerort)	➠	geografische Identifikation des Lagerplatzes					
Lagerart	➠	Boden	Gestell	Hochregal	Kühlschrank	Tank	...
Bewertungsbasis	➠	Anzahl	Wert	Fläche	Volumen	Gewicht	...
Bestandsorganisation	➠	Einlager	Mehrlager	Varianten-Einlager	Varianten-Mehrlager		
Einbettung des Lagers im Güterfluss	➠	zentral	dezentral	Handlager			
Führungsprinzip	➠	geordnet („auf Sicht")	chaotisch				
Entnahmeprinzip / Bewertungsmethode	➠	ungeordnet / Durch-schnittskosten	FIFO	LIFO	auftrags-spezifisch		
Bestandssteuerungs-prinzip	➠	zentralisiert	dezentrali-siert				

Abb. 11.1.1.1   Charakteristische Merkmale für das Lagermanagement

Die Identifikation bzw. *der Lagerort* ist eine geografische Identifikation des *Lagerplatzes*. Gemeint ist hier meistens ein Prinzip wie in einem Lager: Man identifiziert das Haus, die Etage und pro Etage die Koordinaten Rayon (x - Achse), Gestell (y - Achse) und Ebene (z - Achse).

Die Lagerart beschreibt die bereitgestellte Infrastruktur zur physischen Aufbewahrung: Boden-lagerung, Lagerung in Kühlschränken, Lagerung in speziellen Tanks, Silos usw.

Die Betriebsbuchhaltung nutzt das Merkmal *Bewertungsbasis*, um die Kosten der Lager möglichst gerecht auf die Verursacher, nämlich die gelagerten Güter, zu verteilen.

Die *(Lager-)Bestandsorganisation*:

- Bei *Einlagerorganisation* wird der gesamte Bestand für ein bestimmtes zu lagerndes Gut (bzw. einen Artikel), an einem einzigen Lagerplatz bzw. Lagerort gelagert. Umgekehrt kann es aber möglich sein, dass mehrere verschiedene Artikel am selben Lagerplatz gelagert werden, d.h. an derselben geografischen Identifikation.

- Bei *Mehrlagerorganisation* kann der Bestand für einen bestimmten Artikel an verschiedenen Lagerplätzen gehalten werden. Jeder Teilbestand bildet eine eigene Lagerhaltungseinheit, gemäss der Definition dieses Begriffs.

- Bei *Variantenlagerorganisation* besteht ein Konzept, um unter einer bestimmten Artikel-Id. Varianten ein und derselben Artikelfamilie zu lagern. Wenn z.B. eine Schraubenfamilie durch verschiedene Abmessungen eines bestimmten Schraubentyps gegeben ist, dann bildet jede Abmessung eine Variante dieser Artikelfamilie. Diese wird dann als Gesamtes an einem oder mehreren Plätzen gelagert, wobei man die Bestände für jede Variante separat ausweist.

Einbettung (des Lagers) im Güterfluss:

- Ein *zentrales Lager* ist meistens vom Güterfluss abgetrennt. Zwischen dem zentralen Lager und der verbrauchenden Stelle werden Bestände mit sog. Bezugsscheinen verschoben. Beim

Lagerzugang muss ebenfalls ein Lagereingangsschein erstellt werden. Die Verantwortung liegt bei einer eigens dafür gebildeten (i. Allg. zentralen) Organisationseinheit.

- Ein *dezentrales Lager* wird direkt an die Produktionswerkstätte oder -linie angrenzend aufgestellt. Ein solches Lager steht mithin auch unter der dezentralen Verantwortung und Verwaltung durch die Produktion.

- Ein *Handlager* ist ein Bestand von billigen Komponenten direkt am Arbeitsort. Die Mitarbeitenden können sich daraus ohne Bezugsschein bedienen.

Führungsprinzip (des Lagers):

- Ein *geordnetes Lager* bzw. ein *Lager auf Sicht* ist nach einer bestimmten Reihenfolge angeordnet, wonach man alle logisch zusammengehörigen Artikel nacheinander ausfassen kann.

- In einem *chaotischen Lager* hält jeder Lagerplatz einen Bestand eines beliebigen Artikels. Ist ein neuer Bestand abzulegen, so wird nicht ein logisch passender Platz ausgesucht, sondern der nächstfreie Platz dafür ausgewählt. Um die einzelnen Teile zu identifizieren, ist eine eigene Lokationsdatei nötig, jedoch oft weniger Platz als für ein geordnetes Lager.

Bestandsentnahmeprinzip und *Bestandsbewertungsmethode:*

- Bei *ungeordnetem Entnahmeprinzip* ist es egal, welcher Teil des Bestands gerade bezogen werden soll. Zur Bewertung ist die *Durchschnittskosten-Bewertungsmethode* geeignet: Sobald ein neuer Auftrag eingeht, wird ein neuer *gewogener Durchschnitt* für die Kosten einer Masseinheit des Artikels wie folgt berechnet: 1.) Der Auftragswert wird zum Wert des Bestands an Lager (bewertet zum laufenden gewogenen Durchschnitt für die Kosten einer Masseinheit) hinzugezählt. 2.) Der so erhaltene Wert wird durch die Summe der Einheiten am Lager plus die soeben eingegangen dividiert.

- Bei *FIFO-Entnahmeprinzip /-Bewertungsmethode („first in – first out")* bzw. bei einem *LIFO-Entnahmeprinzip / -Bewertungs-methode („last in – first out")* sollen diejenigen Teilmengen des Bestands, die zuerst bzw. zuletzt eingegangen sind, als erste entnommen werden. Dafür benötigt man einen Nachweis, wann welche Mengen an Lager gelegt wurden. Diesen liefert die im Kap. 8.2.3 beschriebene Chargenverwaltung.

- Beim *auftragsspezifischen Entnahmeprinzip* werden Artikel entnommen, die durch einen spezifischen Produktions- oder Beschaffungsauftrag eingegangen sind. Die zugehörige *auftragsspezifische Bewertungsmethode* ordnet diesen Artikeln einen Wert zu, der den effektiven Kosten dieses Auftrags entspricht. Auch hierzu braucht es eine Chargenverwaltung.

Bestandssteuerungsprinzip:

- Bei *zentralisierter Bestandssteuerung* werden Entscheide über den Bestand für alle Lagerhaltungseinheiten durch eine einzige Stelle für das ganze Unternehmen getroffen.

- Bei *dezentraler Bestandssteuerung* werden Entscheide über den Bestand für eine Lagerhaltungseinheit an jedem Lagerort getroffen, und zwar für die dort liegenden Einheiten (vgl. [APIC16]).

Eine optimale Lagerorganisation richtet sich, wie bereits erwähnt, nach den jeweils geltenden charakteristischen Merkmalen zur Planung & Steuerung in Supply Chains aus. So wie die Ausprägungen jedes dieser Merkmale mit der Unternehmenspolitik ändern können, so kann sich auch die Ausprägung für jedes Merkmal des Lagermanagements ändern. Eine Lagerorganisation hat deshalb flexibel zu bleiben. Sie darf nicht als Randbedingung in die Logistik einfliessen, sondern muss sich aus der Art der gewählten Logistik ergeben.

11.1.2 Bestandstransaktionen

Bestandsmanagement umfasst – u.a. – die Aufgaben um die Bestandstransaktionen.

> Eine *Bestandstransaktion* verändert die Bestände an Artikeln an Lager oder in Arbeit. Eine Bestandstransaktion kann geplant oder ausgeführt sein.
>
> Die *permanente* oder *laufende Inventur* ist ein Bestandsaufzeichnungssystem, bei welchem jede Zu- und Abgangstransaktion festgehalten und ein neuer Saldo berechnet wird.
>
> Den *Buchbestand* erhält man von Bestandstransaktionen aufgrund laufender Inventur (und nicht durch physisches Zählen) [APIC16].

Die Abb. 11.1.2.1 zeigt eine Übersicht über Art und Herkunft der wichtigen Bestandstransaktionen in einem industriellen Unternehmen: einerseits deren Ankündigung (z.B. eine Reservierung), andererseits deren Durchführung.

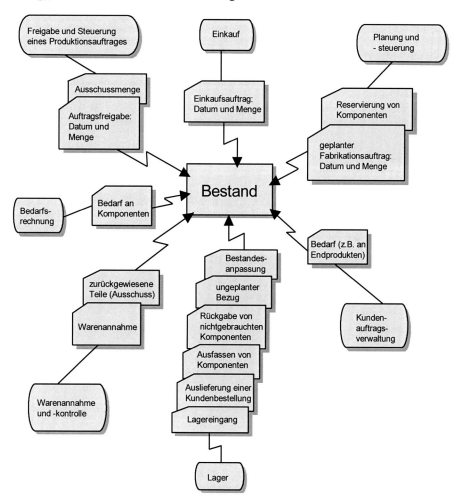

Abb. 11.1.2.1   Überblick über die Herkunft von dispositiven und effektiven Bestandstransaktionen

Ein genauer und nachgeführter Buchbestand ist die Grundlage für jedes Bestandsmanagement. Durch geeignete organisatorische Massnahmen muss es möglich sein, auch bei Tausenden von Transaktionen pro Woche und mehreren Angestellten die Buchbestände à jour zu halten. So sollte der Buchbestand dem physischen Bestand entsprechen bzw. kontrollierbar und nachvollziehbar davon abweichen. Massnahmen sind u.a.:

- Versichern, dass kein *Bestandsabgang* oder *-zugang* unkontrolliert erfolgt. Dies bedingt i.Allg. „geschlossene", d.h. abgetrennte Lager, oder aber präzise erfassbare Puffer, z.B. in Behältereinheiten. Damit kann man die Transaktionen in dem Moment erfassen, in dem die Ware das Lager verlässt oder betritt. Für billige Verbrauchsteile (Schrauben, Muttern, Federn usw.) muss man die administrativen Kosten für Ein- und Auslagerung klein halten: Man führt deshalb dezentralisierte Handlager direkt in den Produktionsstätten.

- Garantieren der Identifikation der Ware, von deren korrekter Bezeichnung und Einlagerung am vorgesehenen Ort. Dies ist eines der Hauptanliegen einer automatischen Lagerorganisation, z.B. mittels eines IT-unterstützten Lagertransportsystems. Durch interaktive Verifikation kann die Korrektheit ohne Papier garantiert werden. Gewisse Plausibilitätstests sind durchzuführen, z.B. die beiden folgenden:

  Erstens die korrekte Identifikation des Artikels. Handelt es sich dabei um eine Nummer, so kann diese Kontrollziffern enthalten. Dadurch werden Erfassungsfehler wie das Vertauschen zweier Ziffern oder die Eingabe einer Zwei anstelle einer Drei vermieden.

  Zweitens die korrekte Menge. Die bewegte Menge (Eingang oder Ausgang) soll unterhalb einer bestimmten Grenzmenge bleiben. Diese Grenzmenge ist entweder manuell definiert oder wird laufend in Abhängigkeit der durchschnittlichen Lagerbewegungen (Eingang oder Ausgang) verändert. In zweifelhaften Fällen kann ein IT-unterstütztes System eine explizite Doppeleingabe verlangen.

Für materielle Güter kann man die Identifikation der Artikel durch „bar-codes" erfassen. Die bewegte Menge hingegen muss von Hand erfasst werden, sobald sie von einer geplanten Menge abweicht. Letzteres zum Beispiel im Gegensatz zum Verkauf von Produkten der Lebensmittelbranche oder der Bekleidungsbranche, wo jeder Abgang genau eine Mengeneinheit darstellt und die Menge damit nicht erfasst werden muss.

Um die Erfassung langer Listen von Komponenten eines Produktionsauftrags zu vermeiden, wird man nur die Abweichungen von der Rüstliste erfassen. Die übrigen Positionen werden automatisch mit der reservierten Menge als Abgangsmenge verbucht, sobald die Rüstliste als ausgefasst gekennzeichnet wird.

11.1.3 Physische Inventur und Bestandsbewertung

Bestandsbuchhaltung ist das Gebiet der Buchhaltung, das sich mit der Bewertung von Bestand befasst (vgl. [APIC16]).

Physische Inventur ist der Prozess, der die Bestandsmenge aufgrund physischen Zählens bestimmt.

Bestandsanpassung ist die Änderung des Buchbestands, um ihn mit dem Ergebnis der physischen Inventur in Übereinstimmung zu bringen.

Bestandsbewertung heisst die Bestimmung des Wertes des Bestands, entweder aufgrund der Kosten oder des Marktwertes (vgl. [APIC16]).

Inventur und Bestandsbewertung sind bei einer Versicherung der Bestände nötig und auch deshalb, weil der *Wert des Bestands an Lager* und *in Arbeit* einer der Posten auf der Aktivseite einer Bilanz ist. Die Abb. 11.1.3.1 zeigt einen Ausschnitt aus einer Liste, auf welcher Lagerbestände bewertet sind.

Arti-kel-Id.	Beschreibung	Mass-einheit	Be-stand	Ein-gang	Aus-gang	verfüg-bar	be-stellt	reser-viert	Kosten / Einheit	Lager-wert	Lager-reichweite (Monate)
1348	Kontroll-Box	St	1499		850	649		600	1.45	941.05	
1349	Kontroll-Box	St	3314		1700	1614	560		0.59	952.26	
1425	Tank	St	2224		800	1424	2150	400	3.61	5140.64	1
1444	Hupe	St	550	100	500	150			2.35	352.50	
2418	Schlauch 3 IN	St	7499		4200	3299	250		0.16	527.84	
2419	Schlauch 2 IN	St	7799	500	4400	3899		125	0.13	506.87	
2892	Verschluss	St	3058			3058	200	100	0.08	244.64	30
3010	Platte	St	918	315	525	708	175	110	0.15	106.20	1
3011	Dichtung	St	5082	100	3185	1997	175		0.15	299.55	
3012	Feder	St	13500		7500	6000	100	500	0.07	420.00	
3021	Kerze	St	1575		750	825	110		1.85	1526.25	1
3024	Zylinder	St	1978		1100	878		400	0.05	43.90	
3025	Pumpe	St	4			4			23.25	93.00	
3370	Motor	St	1350		750	600	3100	1200	7.25	4350.00	
3462	Pedal	St	100			100			1.53	153.00	999

Abb. 11.1.3.1   Beispiel einer Lagerbestandsliste oder Inventarliste

Eine solche Liste ist i. Allg. nach Artikelgruppen klassiert. Zusätzliche, hier nicht angeführte Statistiken am Ende einer Liste gruppieren Sortimentsartikel nach bestimmten anderen Kriterien.

Auch bei einer sehr genauen Führung des Buchbestands sind Fehler möglich – gerade bei ungeplanten, d.h. nicht angekündigten Transaktionen:

- Fehler in Datenträgern zur Erfassung von Bestandstransaktionen
- Erfassen einer falschen Zahl für die Menge
- doppeltes Erfassen oder Nichterfassen einer Transaktion
- falsches physisches Zählen beim Lagereingang
- Fehler in der physischen Zuordnung von Lagerplätzen (auf dem Rechner werden Lagerorte ausgewiesen, die in Wirklichkeit keinen Bestand halten)
- *Schrumpfung* (engl. *„shrinkage"*) d.h. Reduktion der Lagermenge durch Diebstahl, Verschlechterung oder Missbrauch von Artikeln.

Es handelt sich um Fehler, die nur relativ schwer zu entdecken sind. Um das Vertrauen der Benutzer in die *Aufzeichnungsgenauigkeit*, d.h. die Genauigkeit der Daten im Computer aufrechtzuerhalten, ist eine Inventur notwendig. Auch der Gesetzgeber verlangt ein genaues Inventar. Je nach Ergebnis der Inventur ordnet man zusätzliche Kontrollen an oder lässt bisherige weg, da sie sich als unnötig erwiesen haben.

Eine besondere Schwierigkeit bildet die Inventur von Artikeln wie Kaffeebohnen oder Blätter, Seetang, oder Benzin. Solche Artikel ändern ihr Gewicht oder Volumen signifikant, abhängig von der Feuchtigkeit oder Temperatur[1].

> Die *periodische Inventur* erfolgt in einem wiederkehrenden Intervall, i. Allg. am Ende der Fiskal-periode des Unternehmens (z.B. Ende Kalenderjahr).

Die periodische Inventur läuft gemäss der Abb. 11.1.3.2 ab.

- Die Lager werden geschlossen.
- Die Bestandsmenge einer zufällig ausgewählten Teilmenge von Artikeln oder aller Artikel wird physisch gezählt. Das Resultat wird kontrolliert.
- Die erfassten Mengen werden verglichen mit denjenigen, die im Lagerbuchhaltungssystem bisher ausgewiesen waren. Eine Abweichungsanalyse wird erstellt.
- Bei signifikanten Abweichungen wird zuerst die Genauigkeit der eingegebenen Inventarmengen geprüft. Verläuft dies ergebnislos, wiederholt man die Inventur samt Abweichungsanalyse.

Abb. 11.1.3.2   Der Ablauf der periodischen Inventur

Die zu inventarisierende Teilmenge von Artikeln muss derart gewählt werden, dass die Abweichungen innerhalb dieser Teilmenge repräsentativ für die gesamte Menge von Artikeln sind.

Für einige Unternehmen ist es zu kostspielig, die Lager auch nur während einiger Tage gänzlich zu schliessen. Manchmal erlauben dies die Produktionsrhythmen gar nicht erst, oder es fehlt an genügend qualifizierten Mitarbeitern für die Inventur. Hier stehen die zyklische Inventur oder sogar die permanente Inventur im Vordergrund.

> Bei der *zyklischen Inventur* (engl. *„cycle counting"*) gemäss [APIC16] zählt man den Lager-bestand zyklisch, aufgrund einer regulären, definierten Basis (oft häufiger für hochwertige oder schnell umlaufende Güter und weniger häufig für billige oder langsam umlaufende Güter).

Die Zählung der durch den Zyklus bestimmten Anzahl von Artikeln erfolgt meistens am Ende jedes Arbeitstages, z.B. gemäss der Abb. 11.1.3.3.

- Jeder Artikel wird in bestimmten Zyklen periodisch gezählt. Die Länge einer Periode kann je nach Art und Wichtigkeit des Artikels unterschiedlich sein. Die teuren Artikel werden verständlicher-weise öfter gezählt als die billigen.
- Während des Zählvorgangs werden nur diejenigen Artikel für jegliche Bestandtransaktionen gesperrt, welche im Moment inventarisiert werden. Das ist jeweils ein kleiner Prozentsatz aller Artikel. Zudem wird der Zählvorgang meistens am Ende des Arbeitstages durchgeführt, zu einer Zeit also, wo die Bestandstransaktionen für den laufenden Tag bereits ausgeführt worden sind.
- Die wenigen Mitarbeiter, die für diese Arbeit ausgewählt werden, sind darauf spezialisiert. Infolgedessen ist die Wahrscheinlichkeit von Fehlern kleiner.

Abb. 11.1.3.3   Der Ablauf der zyklischen Inventur

Die Methode des Vergleichs ist dieselbe wie oben beschrieben. Eine Abweichungsanalyse wird für jeden Zählzyklus erstellt. Auch hier kann man pro Zählperiode nur eine zufällige Auswahl

---

[1]   Interessanterweise verliert auch gerösteter Kaffee an Gewicht. Er gibt solange Kohledioxid (ein Abgas) ab, bis er „abgestanden" ist.

aller Artikel erfassen lassen. Nach einer Korrektur von möglichen Zählungsfehlern wird die Analyse akzeptiert und die Artikel werden wieder freigegeben.

Einige Unternehmen schliessen das Lager am Ende eines Arbeitstages für eine halbe Stunde. Die zufällige Menge von Artikeln wird dann inventarisiert und die Abweichungsanalyse erstellt. Der Zählvorgang wird i. Allg. durch die gleichen Mitarbeiter ausgeführt, welche sich auch tagsüber um die Zu- und Abgänge gekümmert haben.

11.2 Verbrauchsstatistiken, Analysen und Klassifikationen

11.2.1 Statistiken über Bestandstransaktionen, Verkäufe und Angebotstätigkeit

Eine wichtige Basis für verschiedene Berechnungen in der Bedarfsermittlung und in der Lagerbewirtschaftung sind Statistiken über bestimmte Ereignisse.

> Eine *Verbrauchsstatistik* ist eine Auswertung aller Bestandstransaktionen.

Für jede Transaktion sollen die folgenden Attribute festgehalten werden:

- das Datum der Transaktion
- die Identifikation des Artikels oder der Artikelfamilie
- die bewegte Menge
- die verantwortlichen Mitarbeiter für die Erfassung der Transaktion
- die beiden betroffenen Kunden-, Produktions- oder Einkaufsaufträge bzw. Lagerbestandspositionen (Soll und Haben, „von"- und „nach"-Position der Transaktion)

I. Allg. ist die Anzahl der Transaktionen sehr gross. So ist es in der Praxis oft unmöglich, ältere Transaktionen für Online-Abfragen verfügbar zu machen. Zudem würde die Antwortzeit für manche Abfragen viel zu lange dauern, z. B. für ganze Gruppen von Artikeln.

> Eine *Umsatzstatistik* verdichtet die Daten der Bestandstransaktionen, um schnell auf wichtige Fragen über die Artikelbewegungen antworten zu können.

Die Umsatzstatistik wird z.B. täglich durch die Transaktionen des Tages nachgeführt. Für jeden Artikel kann man die Umsätze der letzten Statistikperioden verwalten, z.B. der letzten 24 Monate und der drei vorhergehenden Jahre. Für alle diese Perioden führt man die folgenden Daten:

- gesamte Bestandsabgänge, d.h. Teile, die von einem Bestand zum Verbrauch oder Verkauf freigegeben wurden
- partielle Bestandsabgänge
- Bestandsabgänge, die verkauft wurden
- gesamte Bestandszugänge, d.h. Teile, die zu einem Bestand hinzugefügt wurden
- partielle Bestandszugänge
- Bestandszugänge, die eingekauft bzw. produziert wurden

Für alle diese Attribute verwaltet man wenn möglich und je nach Bedarf

- die Anzahl der Transaktionen
- den mengenmässigen Umsatz
- den wertmässigen Umsatz.

Das Attribut *partielle Abgänge* dient zum Festhalten von Ausschlägern oder abnormaler Nachfrage. (Entsprechende Überlegungen stehen hinter dem Attribut *partielle Zugänge*.)

> Ein *Ausschläger* unterscheidet sich in signifikanter Weise von anderen Daten für ein ähnliches Phänomen. Eine *abnormale Nachfrage* – in jeder Zeitperiode – ist ausserhalb der Grenzen, die für eine Management-Politik festgelegt wurden (vgl. [APIC16]).

Wenn z.B. der durchschnittliche Bedarf für ein Produkt 10 Einheiten pro Monat ausmacht, und in einem Monat 500 verbraucht wurden, dann sollte dieser Datenpunkt als Ausschläger betrachtet werden. Abnormale Nachfrage kann von einem neuen Kunden stammen oder von einem bestehenden Kunden, dessen Nachfrage stark steigend oder sinkend ist. Ausschläger und abnormale Nachfrage sollten deshalb i. Allg. *nicht* als Grundlage für die Bedarfsvorhersage herangezogen werden. Man muss herausfinden, um welche Art von Ausnahme es sich handelt: eine Mengenänderung, einen abnormalen Auftragszeitpunkt, oder eine Veränderung im Produktemix[2]?

Verbrauchs- und Umsatzstatistiken reichen nicht immer aus. Dies ist z.B. der Fall, wenn zwischen dem zu schätzenden Bedarf und den gemessenen Verbräuchen eine grössere Zeitspanne liegt, z.B. bei Investitionsgütern mit einer Durchlaufzeit von mehreren Monaten. In solchen Fällen sind Statistiken notwendig, die im Prinzip gleich aufgebaut sind wie die beschriebenen Verbrauchs- und Umsatzstatistiken, jedoch aktuellere Ereignisse betreffen. Ein beliebter Messpunkt ist der Moment des Verkaufs oder – noch aktueller – der Moment des Angebots.

> Eine *Verkaufstransaktion* für einen Artikel hält den Versand der Auftragsbestätigung fest, und damit den Moment der Annahme des Kundenauftrags. Eine *Absatz-* bzw. *Verkaufsstatistik* ist eine Auswertung aus der Menge aller Verkaufstransaktionen.

Eine Absatz- bzw. Verkaufsstatistik ist aktueller als eine Verbrauchsstatistik, und zwar um die Durchlaufzeit des Auftrags. Auf der anderen Seite neigt die entsprechende Datenbasis dazu, ungenauer zu sein. So können Kundenbestellungen nachträglich storniert oder geändert werden.

> Eine *Angebotstransaktion* für einen Artikel hält den Versand des Angebots an den Kunden fest. Eine *Angebotsstatistik* ist eine Auswertung aus der Menge aller Angebotstransaktionen.

Eine Angebotsstatistik ist noch aktueller als eine Verkaufsstatistik, nämlich um die Zeit, die zwischen der Angebotserstellung und dem Verkauf durchschnittlich verstreicht. Doch ist die zugehörige Datenbasis noch ungenauer. Die Auftragserfolgswahrscheinlichkeit (vgl. Kap. 5.2.1) kann zwar anzeigen, wie viele Prozente der Angebote in Verkäufe übergehen. Oft kann man jedoch diesen Prozentsatz nicht zuverlässig für jedes einzelne Produkt, ja nicht einmal für jede Produktfamilie angeben.

---

[2] Der *Produktemix* ist der Anteil von einzelnen Produkten, welche zusammen das gesamte Produktions- oder Absatzvolumen ausmachen (vgl. [APIC16]).

11.2.2 Die ABC-Klassifikation

Bereits verschiedene Male wurde die „Wichtigkeit" eines Artikels in Bezug auf die Gesamtheit der Artikel hervorgehoben. Diese Wichtigkeit kann zum Beispiel durch den Umsatz gegeben sein, der sich i. Allg. auf die Verbräuche in der Vergangenheit bezieht. Man kann sich aber auch anstelle von Umsätzen Vorhersagen vorstellen.

Bei allen Arten und Grössenordnungen von Unternehmen lässt sich beobachten, dass eine kleine Anzahl von Produkten den grössten Teil des Umsatzes ausmacht.

Die *ABC-Klassifikation* teilt eine Menge von Artikeln in drei Klassen, nämlich A, B, und C ein[3].

Die Abb. 11.2.2.1 zeigt das Prinzip der Aufteilung als *Pareto Diagramm* und mögliche Schranken für den Wechsel der Klasse.

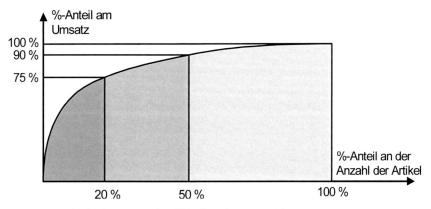

Abb. 11.2.2.1   Das Prinzip der ABC-Klassifikation als Pareto-Diagramm

- Die *A-Artikel*, d.h. die Artikel der A-Klasse, werden durch bspw. 20% der Artikel gebildet, welche 75% des Umsatzes ausmachen.

- *B-Artikel*, d.h. die Artikel der B-Klasse, sind 30 bis 40% der Artikel, welche etwa 15% des Umsatzes ausmachen.

- *C-Artikel*, d.h. die Artikel der C-Klasse, sind die übrigen Artikel, also ungefähr 40 bis 50%. Sie machen nur etwa 10% des Umsatzes aus.

Die exakte Form der Pareto-Kurve und die Schranken zwischen den Klassen werden je nach Firma unterschiedlich aussehen. Generell gilt jedoch, dass ein relativ kleiner Prozentsatz an Artikeln den grössten Anteil an Wichtigkeit (z.B. an Wert) hat. Wenn nun die Artikel durch die ABC-Klassifikation priorisiert sind, können zu jeder Klasse (und damit Wichtigkeit) passende Methoden des Materialmanagements zum Einsatz gelangen:

- Eine Bestandsreduktion ist viel interessanter für A-Artikel als einen C-Artikel. Zudem sind die A-Artikel weniger zahlreich, sie können deshalb viel leichter verfolgt werden. Sie

---

[3]   Die ABC-Klassifikation ist die Anwendung des Pareto-Prinzips auf das Bestandsmanagement. Das *Pareto-Prinzip* besagt, dass 20 Prozent irgendeiner Menge von Dingen oder Sachverhalten die wenigen wichtigen davon repräsentieren; die übrigen 80 Prozent sind weniger wichtig (vgl. [APIC16]).

werden in kleinen Losen, dafür häufig bestellt. Die Einkaufsaufträge werden nur nach intensiven Evaluationen platziert. Ein Produktionsauftrag wird sehr genau beobachtet und mit hoher Priorität durchgeschleust. Alle diese Massnahmen erhöhen natürlich die Bestell-vorgangskosten und die Kosten für die Administration.

- Für C-Artikel ist es wichtig, die Verfügbarkeit zu garantieren. Ein Artikel, der nur einige wenige Cents kostet, darf auf keinen Fall die Auslieferung einer Maschine verzögern, die einen Wert von mehreren hunderttausend Euro darstellen mag. Die Beschaffungsaufträge werden früh, mit guten Margen bezüglich Menge und Zeit, freigegeben. Dies wird die Bestandshaltungskosten nur leicht erhöhen, da es sich ja um billige Artikel handelt. Zudem können die Bestellvorgangskosten niedrig gehalten werden, weil grosse Mengen auf einmal bestellt werden. Manchmal können die Aufträge sogar automatisch durch ein IT-unterstütztes System ausgelöst werden, ohne Intervention eines Disponenten.

- Die B-Artikel werden i. Allg. zwischen diesen Extremen behandelt.

Die ABC-Klassifikation ist damit Grundlage für verschiedene Parameter des Material-managements. Da die Güter je nach Güterart unterschiedliche Bedeutung haben, gibt es in den meisten Unternehmen eine getrennte ABC-Klassifikation für jede Artikelart gemäss Kap. 1.2.2 (Endprodukte, Baugruppen, Einzelteile, Rohmaterial usw.). Dies ist besonders wichtig, wenn die Wertschöpfung ein beträchtliches Ausmass annimmt. In diesem Fall hätte eine einzige ABC-Klassifikation für das ganze Artikelsortiment die Tendenz, alle Endprodukte als A-Artikel zu bezeichnen und alle zugekauften Artikel als C-Artikel. Das wäre aber nicht das Ziel der ABC-Klassifikation.

Die *ABC-Kategorie* ist die Identifikation der für eine ABC-Klassifikation zusammengefassten Menge von Artikeln.

Alle Artikel werden also zuerst einer ABC-Kategorie zugeordnet. Die ABC-Klassifikation wird dann in zwei Etappen gemäss Abb. 11.2.2.2 vollzogen:

In einer ersten Etappe werden alle Artikel einer ABC-Kategorie gelesen, um 100 % des gewählten Klassifikationskriteriums, z.B. des Umsatzes, zu berechnen.

In einer zweiten Etappe behandelt man alle Artikel einer ABC-Kategorie in absteigender Folge nach dem gewählten Kriterium, indem man das Kriterium summiert. Die Teilsumme der bereits behandelten Artikel wird laufend mit den 100 % verglichen.

- Alle Artikel, die zu Beginn gemäss dieser absteigenden Ordnung behandelt werden, erhalten die Klassifikation A.
- Sobald die Teilsumme z.B. 75 % (A-Schranke) der in der ersten Etappe berechneten Gesamtsumme von 100 % überschritten hat, werden die folgenden Artikel der Klassifikation B zugeordnet.
- Sobald die Teilsumme z.B. 90 % (B-Schranke) der berechneten Gesamtsumme von 100 % überschritten hat, werden alle folgenden Artikel der Klassifikation C zugeordnet.

Abb. 11.2.2.2   Die ABC-Klassifikation je ABC-Kategorie

11.2.3 Die XYZ-Klassifikation sowie andere Analysen und Statistiken

---

Die *XYZ-Klassifikation* unterscheidet Artikel mit regelmässiger (regulärer) oder sogar kontinuierlicher Nachfrage (X-Artikel) von solchen mit völlig unregelmässigem, sporadischer oder einmaliger Nachfrage (Z-Artikel). Y-Artikel liegen dazwischen.

Der Entscheid über die Zuordnung wird durch eine Analyse der Nachfragemengen pro Statistikperiode getroffen. Die Streuung der Nachfragemengen ist also ein Mass für diese Klassifikation. Für einen Artikel der X-Klasse könnte man z.B. verlangen, dass die Abweichung vom durchschnittlichen Verbrauch nicht mehr als 5 % pro Woche oder 20 % pro Monat betragen darf.

Anhand der XYZ-Klassifikation wird z.B. die Materialmanagementpolitik bestimmt, sowie ein Indikator gesetzt, ob wichtige Parameter zum Materialmanagement automatisch berechnet (z.B. aufgrund von Vorhersagen) oder manuell eingestellt werden sollen.

> Eine *Ausnahmeliste* enthält Güter, die das Unternehmen nicht „normal" durchlaufen.

Solche Ausnahmelisten können von den Bestandstransaktionen ausgehend erzeugt werden, z.B.

- *Ladenhüter*, d.h. seit einer bestimmten Anzahl Monaten nicht bewegte Artikel

- Artikel, die sich nicht genügend umsetzen lassen

- Artikel, deren Lagerwert einen bestimmten Betrag überschreitet

Ausnahmelisten dienen dazu, Artikel in einem Ausnahmezustand in Bezug auf ein Kriterium auszusortieren. Auch bei IT-unterstützter Planung & Steuerung kann der Benutzer solche Ausnahmelisten i. Allg. selber definieren.

Die gesamte Kategorie von Ausnahmemeldungen, welche die Produktions- und Beschaffungsaufträge betreffen, werden im weiteren Verlauf dieses Kapitels und im Kapitel 12 besprochen.

11.3   Bestellbestandverfahren und Sicherheitsbestandrechnung

11.3.1 Das Bestellbestandverfahren (Bestellpunktverfahren)

> Das *Bestellbestandverfahren*, auch *Bestellpunktverfahren* genannt, wird auf Artikel von stochastischem Bedarf, der in der Zeitachse relativ kontinuierlich anfällt, angewendet. Die charakteristische Bestandskurve ist die *Sägezahnkurve*. Sie wird in der Abb. 11.3.1.1 gezeigt.

- Nach einem Lagerzugang (Punkt 1) fällt der Bestand nach und nach bis unter eine Menge, die *Bestellbestand* oder B*estellpunkt* genannt wird. Zu diesem Zeitpunkt wird ein Produktions- bzw. Beschaffungsauftrag aufgeworfen.

- Der Lagerbestand sinkt kontinuierlich während der *Nachfülldurchlaufzeit*, der gesamten Zeitdauer vom Moment der Bestellung bis zum Punkt 2, wo die *Nachfüllauftragsmenge* zum Gebrauch verfügbar ist (für die Bestimmung dieser Losgrösse siehe Kap. 11.4). Nach dem Lagerzugang beginnt der Zyklus von neuem bei Punkt 1. Die negative Steigung zwischen den Punkten 1 und 2 entspricht dabei dem erwarteten Bedarf während der Durchlaufzeit. Dieser Bedarf ist eine stochastische Grösse.

- Ist die Nachfrage grösser als der erwartete Bedarf, dann entspricht die Lagerbestandskurve der gestrichelten Linie zu Punkt 3. Würde kein Sicherheitsbestand geführt, käme es zu einem Lieferausfall.

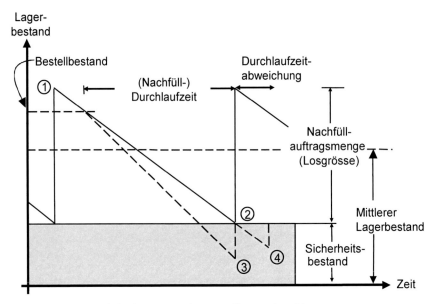

Abb. 11.3.1.1   Die charakteristischen Daten des Bestellbestandverfahrens

- Ist die effektive Durchlaufzeit länger als die erwartete, dann entspricht die Lagerbestandskurve der gestrichelten Linie zu Punkt 4. Würde kein Sicherheitsbestand geführt, käme es ebenfalls zu einem Lieferausfall.

Das *Auftragsintervall* bzw. der *Auftragszyklus* ist die Zeitperiode zwischen der Platzierung von Aufträgen.

Zyklusbestand ist der Bestandsanteil, welcher durch Kundenaufträge nach und nach entleert wird, und welcher durch Aufträge von Lieferanten nachgefüllt wird (vgl. [APIC16]).

Sicherheitsbestand ist der Bestandsanteil, der als Puffer dient, um Schwankungen der Durchlaufzeit sowie des Bedarfs während der Durchlaufzeit abzudecken. In der Hälfte aller Beschaffungszyklen wird er, statistisch gesehen, auch angezehrt. Zur Definition siehe Kap. 11.3.3.

Im Falle einer nicht kontinuierlichen, aber doch regulären Nachfrage (z.B. mit saisonaler Komponente) ist das Verfahren schwieriger zu handhaben. Die Sägezahnkurve hat dann eine Form, welche die Saisonalität der Nachfrage (vgl. Kap. 10.3.4) wiedergibt.

Die Fläche unter der Sägezahnkurve, multipliziert mit einem Kostensatz, ergibt die Bestandshaltungskosten für diesen Artikel pro Zeiteinheit. Diese entsprechen den Bestandshaltungskosten für den mittleren Lagerbestand pro Zeiteinheit.

Der *mittlere Lagerbestand* leitet sich beim Bestellbestandverfahren aus der Abb. 11.3.1.1 gemäss Abb. 11.3.1.2 ab:

$$\text{mittlerer Lagerbestand} = \text{Sicherheitsbestand} + \frac{\text{Auftragsmenge}}{2}$$

Abb. 11.3.1.2   Mittlerer Lagerbestand

Der *Bestellbestand* oder *Bestellpunkt* berechnet sich daher aus dem Sicherheitsbestand und dem zu erwartenden Bedarf während der Durchlaufzeit gemäss Abb. 11.3.1.3:

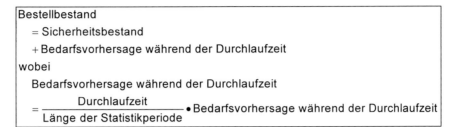

Bestellbestand

  = Sicherheitsbestand

  + Bedarfsvorhersage während der Durchlaufzeit

wobei

  Bedarfsvorhersage während der Durchlaufzeit

$$= \frac{\text{Durchlaufzeit}}{\text{Länge der Statistikperiode}} \bullet \text{Bedarfsvorhersage während der Durchlaufzeit}$$

Abb. 11.3.1.3   Berechnung des Bestellbestands

Der Bestellbestand wird nach der Berechnung der Bedarfsvorhersagen jeweils am Ende einer Statistikperiode gerechnet. Bei diskontinuierlicher Nachfrage, längeren Statistikperioden und kürzeren Durchlaufzeiten ist der Bestellbestand häufiger neu zu rechnen, weil die Vorhersage im Verlaufe der Zeit signifikant ändern kann.

Für die Deckung der Nachfrage während der Durchlaufzeit können nebst dem Lagerbestand auch die *terminierten Eingänge* hinzugezogen werden. Dies betrifft die fest bestellten Mengen bzw. Mengen von freigegebenen Aufträgen (siehe die Definition in Kap. 12.1.1), da diese ja alle noch innerhalb der Durchlaufzeit eintreffen. Gilt nun die Formel gemäss Abb. 11.3.1.4, ist ein neuer Produktions- bzw. Beschaffungsauftrag auszulösen.

$$\text{Lagerbestand} + \sum \text{terminierte Eingänge} \quad < \quad \text{Bestellbestand}$$

Abb. 11.3.1.4   Kriterium zur Auslösung eines Produktions- bzw. Beschaffungsauftrags

Für die Bewirtschaftung enthält eine periodisch erstellte Liste jeden Artikel, für den das Kriterium gemäss Abb. 11.3.1.4 erfüllt ist, zusammen mit einem Auftragsvorschlag mit allen notwendigen Informationen, wie z.B. vorgesehener Eingangstermin, Losgrösse sowie Informationen über frühere Produktionen bzw. Beschaffungen. Ein solcher Auftragsvorschlag dient auch zum Präzisieren von Einkaufsrahmenaufträgen. Da der Beschaffungsentscheid unverzüglich zu erfolgen hat, enthält der Vorschlag auch Angebote weiterer Lieferanten.

11.3.2 Varianten des Bestellbestandverfahrens

Gesteht der Kunde eine *minimale Lieferdurchlaufzeit* zu, so sind alle *Reservierungen* bzw. *zugewiesenen Mengen*, d.h. an freigegebene Kundenaufträge gebundene oder Produktionsaufträgen zugeordnete Bedarfe (siehe die Definition in Kap. 12.1.1) während dieses Zeitraumes bekannt. Dies gilt für alle Kunden- bzw. Produktionsaufträge, die den Artikel benötigen. Damit kann der Auslösezeitpunkt gemäss der Formel in Abb. 11.3.2.1 gewählt werden.

Da die stochastisch zu bestimmenden Bedarfe nun nur noch eine reduzierte Durchlaufzeit abdecken müssen, wird das Verfahren deterministischer und genauer – insbesondere im Falle von Trends, die durch das Vorhersagemodell nicht berücksichtigt sind.

$$\left[\text{Lagerbestand} + \sum \genfrac{}{}{0pt}{}{\text{terminierte}}{\text{Eingänge}} - \sum \genfrac{}{}{0pt}{}{\text{Reservierungen während}}{\text{der minimalen Lieferdurchlaufzeit}}\right] < \text{Reduzierter Bestellbestand}$$

wobei

   reduzierter Bestellbestand = f(reduzierte Durchlaufzeit),

   reduzierte Durchlaufzeit = Durchlaufzeit − minimale Lieferdurchlaufzeit

Abb. 11.3.2.1   Kriterium zur Auslösung eines Produktions- bzw. Beschaffungsauftrags, wenn der Kunde eine minimale Lieferdurchlaufzeit zugesteht

Produktions- oder Beschaffungsaufträge können auch vorzeitig freigegeben werden:

Der *Vorgriffshorizont* ist die maximale Vorgriffszeit, die für eine vorzeitige Freigabe eines Produktions- oder Beschaffungsauftrags in Betracht gezogen wird.

Die Abb. 11.3.2.2 zeigt eine Formel zur Bestimmung derjenigen Artikel, welche Kandidaten einer vorzeitigen Freigabe sind. Zu Verfahren mit vorzeitiger Auslösung von Produktionsaufträgen siehe das Kap. 15.1.3.

$$\text{Lagerbestand} + \sum \text{terminierte Eingänge} - \sum \text{Reservierungen während Vorgriffshorizont} < \text{Bestellbestand}$$

Abb. 11.3.2.2   Kriterium zur vorzeitigen Freigabe eines Produktions- bzw. Beschaffungsauftrags

Die Sägezahnkurve in ihrer idealen Form – und damit das beste Funktionieren des Bestellbestandverfahrens – wird erreicht, wenn die Entnahmemengen im Verhältnis zur Losgrösse der Produktion bzw. Beschaffung klein sind. Sind sie hingegen relativ gross, dann entsteht eine abgehackte Sägezahnkurve. Für Entnahmemengen in der Grössenordnung der Losgrösse der Beschaffung entsteht eine Kurve, die eher der Anordnung menschlicher Zähne mit dazwischen liegenden Lücken entspricht. Das Bestellbestandverfahren liefert dann keine zufriedenstellenden Resultate mehr. Siehe dazu auch Kap. 12.3.1.

Eine Variante des Bestellbestandverfahrens ist das Min-Max-(Nachfüll-)Verfahren.

Beim *Min-Max-(Nachfüll-)Verfahren* ist das Minimum der Bestellbestand, und das Maximum ist der Nachfüllbestand (engl. „*target inventory level*"). Die Bestellmenge ist variabel und ergibt sich aus dem Nachfüllbestand (Maximum) minus dem Lagerbestand minus terminierte Eingänge. Ein Auftrag wird vorgeschlagen, sobald die Summe des Lagerbestands plus die terminierten Eingänge kleiner ist als der Bestellbestand (das Minimum). Das „*periodic review system*" ist eine Variante des Min-Max-Verfahrens, das bei dem der Bestand in fixen Zeitintervallen auf das Maximum gebracht wird. Die Bestellmenge ist variabel und ersetzt im Wesentlichen die verbrauchten Artikel während der laufenden Zeitperiode (vgl. [APIC16]).

Die Vorteile dieser Verfahren liegen beim klar definierbaren maximalen Lagerplatzbedarf. Dies ist z.B. besonders wichtig bei Gestellen in Supermärkten. Eine weitere Variante des Bestellbestandverfahrens kommt besonders im Vertriebsbestandsmanagement zum Einsatz.

Das *doppelte Bestellbestandverfahren* umfasst zwei Bestellbestände. Der erste, niedrigere ist der traditionelle Bestellbestand und deckt die Bedarfsvorhersage während der Nachfülldurchlaufzeit. Der zweite, höhere Bestellbestand ist die Summe des niedrigeren Bestellbestands plus die

Bedarfsvorhersage während der Nachfülldurchlaufzeit *der vorhergehenden Strukturstufe*, in der häufigsten Anwendung die Produktions- oder Beschaffungsdurchlaufzeit (vgl. [APIC16]).

Die Abb. 11.3.2.3 zeigt das Prinzip der Anwendung dieses Verfahrens. Dabei ist DLZ1 die Nachfülldurchlaufzeit des traditionellen Bestellbestandverfahrens, DLZ2 diejenige der vorhergehenden Strukturstufe.

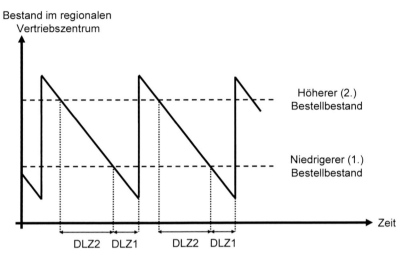

Abb. 11.3.2.3   Das doppelte Bestellbestandverfahren

Sobald der Bestand im regionalen Versandzentrum unter den höheren Bestellbestand fällt, übermittelt es dem zentralen Güterlager oder Versandzentrum einen Auftragsvorschlag, den das regionale Versandzentrum ungefähr jetzt freigeben müsste, wenn es statt beim zentralen Güterlager direkt beim Produzenten oder Lieferanten bestellen würde.

Dieses Verfahren befähigt somit ein zentrales Güterlager oder Versandzentrum, den Produzenten vorzuwarnen, dass ein Lagernachfüllauftrag pendent ist. Der grosse Vorteil ist, dass damit – zumindest theoretisch – im zentralen Güterlager kein Sicherheitsbestand geführt werden muss.

11.3.3 Sicherheitsbestandrechnung bei gleichmässiger Nachfrage

Die Abb. 11.3.1.1 zeigt, dass ohne Sicherheitsbestand in durchschnittlich der Hälfte der Sägezahnzyklen ein Lieferausfall eintritt. Auftragsrückstand ist die Folge davon.

Der *Sicherheitsbestand* dient zum Auffangen der Folgen von Vorhersagefehlern sowie der Abweichungen in der Durchlaufzeit oder im Bedarf während der Durchlaufzeit.

Der *Vorgriffsbestand* ist ein zum Sicherheitsbestand ähnlich definierter Begriff im Vertriebsbestandsmanagement. Er bezeichnet zusätzlichen Bestand über dem grundlegenden Vertriebs- oder Pipelinebestand, um geplante Trends wie zunehmende Verkäufe, geplante Verkaufsförderungsprogramme, saisonale Schwankungen, geplante Stillstände in der Produktion sowie Urlaub abdecken zu können ([APIC16]).

Abhängig von der Art der Artikel zeigt die Abb. 11.3.3.1 unterschiedliche Techniken zur Bestimmung des Sicherheitsbestands.

Technik	Sicherheitsbestand	Typische Einsatzbereiche
feste Grösse	(von Hand) gesetzte Menge	neue / auslaufende Artikel, sporadische Nachfrage, billige Artikel
zeitperioden-basiert	bestimmt aus Vorhersagen auf zukünftige Zeitperioden	kritische Komponenten, neue / auslaufende Artikel, sporadische Nachfrage
statistische Herleitung	berechnet über statistische, vergangenheitsbasierte Methoden	gut eingeführte Artikel, kontinuierliches / reguläre Nachfrage, Abweichungen in vorhersagbarem Bereich

Abb. 11.3.3.1   Unterschiedliche Techniken zur Bestimmung des Sicherheitsbestands

Während die Sicherheitsbestände für die ersten beiden Techniken im Wesentlichen intuitiv bestimmt werden, gibt es für die statistische Herleitung formale Techniken, die in der Folge vorgestellt werden.

1. Statistische Schwankungen in der Durchlaufzeit

Schwankungen in der Durchlaufzeit, z.B. bei ungeplanten Verzögerungen in Produktion oder Beschaffung, werden mit einer Sicherheitsfrist abgefangen.

Die *Sicherheitsfrist* ist eine zusätzlich zur normalen Durchlaufzeit eingeplante Zeit zum Schutz gegen zeitliche Abweichungen der Durchlaufzeit. Die Auftragsfreigabe und der Auftragsendtermin werden entsprechend früher eingeplant.

Der Sicherheitsbestand aufgrund von Schwankungen in der Durchlaufzeit berechnet sich dann einfach als die Bedarfsvorhersage während dieser Sicherheitsfrist. Dieses Verfahren wird sehr häufig angewendet, weil es leicht verständlich ist.

2. Statistische Schwankungen der Nachfrage

Um Nachfrageschwankungen abzufangen, genügt eine Sicherheitsfrist als Rechnungsgrundlage nicht.

Schwankungsbestand ist ein Sicherheitsbestand, der als ein Polster zum Schutz gegen Vorhersagefehler geführt wird ([APIC16]).

Die Abb. 11.3.3.2 zeigt den Nachfrageverlauf von zwei Artikeln mit gleicher Bedarfsvorhersage, jedoch unterschiedlicher Nachfrageschwankung.

Der Schwankungsbestand für den Artikel in Situation B hat offensichtlich grösser zu sein als derjenige für den Artikel in Situation A. Ein Nachfrageverlauf, der nur wenig um die Bedarfs-vorhersage streut, wird einen kleinen Sicherheitsbestand zur Folge haben, ein solcher mit einer grossen Streuung einen grossen Sicherheitsbestand.

Der *Servicegrad* bezeichnet den Prozentsatz der Auftragszyklen, welche das Unternehmen durchläuft, ohne einen Lieferausfall in Kauf nehmen zu müssen, während denen also der Bestand zur Deckung der Nachfrage genügend ist.

Die *Lieferausfallwahrscheinlichkeit* (engl. *„probability of stockout"*) ist die Wahrscheinlichkeit eines Lieferausfalls während jedes Auftragszyklus, bevor der (Nachfüll-)Auftrag eintrifft.

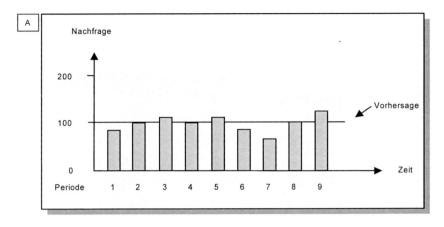

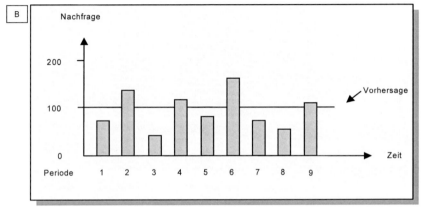

Abb. 11.3.3.2   Unterschiedliche Muster der Abweichung der Nachfrage von der Vorhersage

Mit diesen Definitionen gilt die Beziehung nach Abb. 11.3.3.3:

$$\text{Servicegrad} = 100\ \% - \frac{\text{Lieferausfallwahrscheinlichkeit während}}{\text{jedes Auftragszyklus}}$$

Abb. 11.3.3.3   Der Servicegrad als Komplement der Lieferausfallwahrscheinlichkeit

Beim Bestellbestandverfahren kann die Nachfrageschwankung statistisch gesehen in der Hälfte der Fälle auch ohne Sicherheitsbestand abgedeckt werden. Deshalb kann man bei dieser Technik der Servicegrad als mindestens 50 % annehmen.

Qualitativ wachsen Sicherheitsbestand – und damit Bestandshaltungskosten – in Abhängigkeit vom Servicegrad gemäss der Abb. 11.3.3.4. Ist ein gewünschter Servicegrad festgelegt, so kann man daraus den Sicherheitsbestand mit der folgenden statistischen Herleitung bestimmen.

Der *Sicherheitsfaktor* ist ein bestimmter Multiplikator der Standardabweichung des Bedarfs.

Die *Servicefunktion* ist die Integralverteilungsfunktion, für welche das Integral unterhalb der Verteilungskurve des Bedarfs bis zu einem bestimmten Sicherheitsfaktor s dem Servicegrad entspricht.

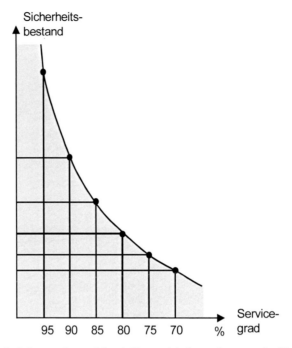

Abb. 11.3.3.4   Sicherheitsbestand – und damit Bestandshaltungskosten – im Vergleich zum Servicegrad

Liegt für den Bedarf *Normalverteilung* (d.h. in Form einer Glockenkurve) vor, so entspricht der Servicegrad, welcher einem bestimmten Sicherheitsfaktor s entspricht, der grau unterlegten Fläche in der Abb. 11.3.3.5:

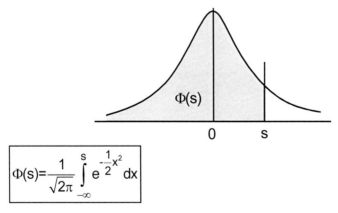

$$\Phi(s) = \frac{1}{\sqrt{2\pi}} \int_{-\infty}^{s} e^{-\frac{1}{2}x^2} dx$$

Abb. 11.3.3.5   Die normale Integralverteilungsfunktion (Servicefunktion)

Der Sicherheitsfaktor ist damit auch die Umkehrfunktion zur Servicefunktion. Er ist der numerische Wert, der in der Servicefunktion eingesetzt werden muss, um einen gegeben Servicegrad zu erhalten.

Die Abb. 11.3.3.6 gibt Beispiele für entsprechende Werte von Sicherheitsfaktor und Servicegrad. Sie können aus Tabellen abgelesen werden, z.B. in [Elio64], S. 26.

Sicherheitsfaktor	Servicegrad in %	Servicegrad in %	Sicherheitsfaktor
0	50	50	0
0.5	69.15	65	0.385
1	84.13	80	0.842
1.5	93.32	90	1.282
2	97.73	95	1.645
2.5	99.38	98	2.054
3	99.86	99	2.326
4	99.997	99.9	3.090

Abb. 11.3.3.6   Sicherheitsfaktor und Servicegrad bei Normalverteilung (nach [Eilo64], S.26)

Für den Sicherheitsbestand ergibt sich damit die Formel gemäss Abb. 11.3.3.7. Bei Normalverteilung kann übrigens anstelle der Standardabweichung auch 1,25·MAD verwendet werden.

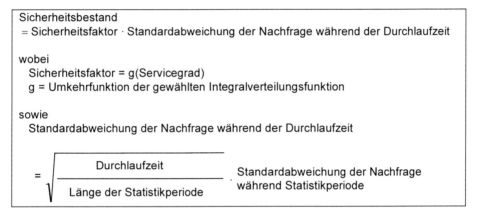

Abb. 11.3.3.7   Formel für den Sicherheitsbestand

Gerade bei kleinen Nachfragemengen kann die Normalverteilung nicht immer angenommen werden. Eine mögliche Annahme wäre jedoch z.B. die Poisson-Verteilung. Bereits bei einem Mittelwert, d.h. einer durchschnittlichen Nachfragemenge von 9 Einheiten, verläuft aber die Poisson-Verteilung nach oben in Richtung der Normalverteilung. Dies trifft vor allem bei grösserem Sicherheitsfaktor bzw. hohem Servicegrad zu. Siehe dazu auch die Abb. 10.5.5.1.

Die Abb. 11.3.3.8 zeigt beispielhaft die *Poisson-Verteilung* und deren Integralfunktion. Je nach Mittelwert λ resultiert eine andere Kurve und auch eine andere Umkehrfunktion.

Die Abb. 11.3.3.9 bzw. 11.3.3.10 zeigen aus [Elio64], S. 84 ff. entnommene Wertepaare von Sicherheitsfaktor und Servicegrad für $\lambda = 4$ bzw. $\lambda = 9$.

Bei kleinen Verbrauchsmengen hängen die Kosten eines Lagerausfalles oft nicht so sehr von der nicht gelieferten Menge ab, sondern vielmehr von der Tatsache, dass ein Bedarf nicht in der vollen Menge geliefert werden kann. Die Tendenz geht deshalb dahin, bei kleinen Verbrauchsmengen einen hohen Servicegrad anzusetzen, was wiederum einen hohen Sicherheitsfaktor ergibt. Der aus einer Poisson-Verteilung berechnete Sicherheitsfaktor ist dann i. Allg. ziemlich gleich wie der aus einer Normalverteilung abgeleitete.

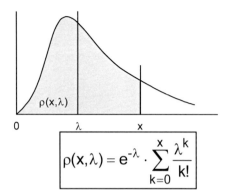

$$\rho(x,\lambda) = e^{-\lambda} \cdot \sum_{k=0}^{x} \frac{\lambda^k}{k!}$$

Abb. 11.3.3.8   Die Poisson'sche Integralfunktion

Sicherheitsfaktor	Servicegrad in %
0	43.35
0.5	62.88
1	78.51
1.5	88.93
2	94.89
2.5	97.86
3	99.19
4	99.91

Servicegrad in %	Sicherheitsfaktor≈
50	0
65	0.6
80	1.1
90	1.6
95	2.1
98	2.7
99	2.9
99.9	3.9

Abb. 11.3.3.9   Tabellenwert für die Poisson'sche Summenverteilung bei einem Nachfragemittelwert von $\lambda = 4$ und Standardabweichung $\sqrt{\lambda} = 2$ Einheiten pro Periode. ([Eilo62], S. 84)

Sicherheitsfaktor	Servicegrad in %
0	45.57
0.5	64.53
1	80.30
1.5	89.81
2	95.85
2.667	98.89
3	99.47
4	99.96

Servicegrad in %	Sicherheitsfaktor≈
50	0
65	0.5
80	1
90	1.5
95	1.9
98	2.4
99	2.8
99.9	3.8

Abb. 11.3.3.10   Tabellenwert für die Poisson'sche Summenverteilung bei einem Nachfragemittelwert von $\lambda = 9$ und Standardabweichung $\sqrt{\lambda} = 3$ Einheiten pro Periode. ([Eilo62], S. 84)

Aufgrund des Servicegrads bzw. der Lieferausfall*wahrscheinlichkeit* alleine lässt sich jedoch noch kein Rückschluss auf die Lieferausfall*menge* ziehen, und damit auch nicht auf die Lieferausfall*rate* oder Lieferrückstands*rate*. Der Servicegrad darf damit nicht mit dem *Lieferbereitschaftsgrad* verwechselt werden. Siehe dazu auch [Bern99], [Chap06].

Wie der Lieferbereitschaftsgrad, so ist auch der Servicegrad die quantitative Umsetzung der qualitativen Aussage auf die Frage: „Was kostet es, nicht lieferbereit zu sein?" Beide Grössen drücken damit eine Einschätzung der Opportunitätskosten aus. Um einen bestimmten Lieferbereitschaftsgrad zu erreichen, kann man jedoch i. Allg. einen nominal kleineren Servicegrad ansetzen. Die Beziehung zwischen den beiden Grössen sowie die Bestimmung eines *geeigneten* Servicegrads ist Gegenstand der Behandlung in Kap. 11.3.4.

11.3.4 Die Bestimmung des Servicegrads und seine Beziehung zum Lieferbereitschaftsgrad (*)

Die Abb. 11.3.4.1 zeigt den – durchaus üblichen – Fall eines Auftragszyklus beim Bestellbestandverfahren gemäss Abb. 11.3.1.1, bei welchem die *Eindeckungsdauer*, d.h. die Reichweite der Losgrösse in Zeiteinheiten ein Vielfaches der Durchlaufzeit ausmacht, bzw. die Losgrösse selbst ein Vielfaches des erwarteten Bedarfs während der Durchlaufzeit.

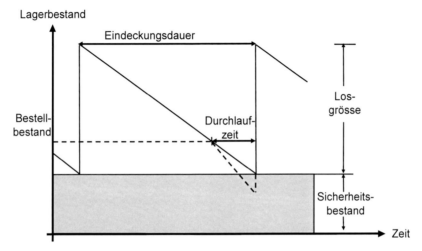

Abb. 11.3.4.1   Bestellbestandverfahren mit einem Auftragszyklus, bei welchem die Eindeckungsdauer der Losgrösse ein Vielfaches der Durchlaufzeit ausmacht

Ist das Verhältnis zwischen Eindeckungsdauer und Durchlaufzeit z.B. 10, dann können bei nicht allzu sporadischem Bedarf 90 % der Losgrösse ohne Lieferausfall gedeckt werden. Ein Lieferausfall kann nur für den Bedarf während der Durchlaufzeit auftreten, also für die letzten 10 % der Losgrösse. Ohne jeglichen Sicherheitsbestand (d.h. mit einem Sicherheitsfaktor von 0 bzw. einem Servicegrad von nur 50 %) würde sich also ein Lieferbereitschaftsgrad in der Grössenordnung von 90 % und mehr einstellen. Damit lässt sich leicht einsehen, dass der Servicegrad nominal i. Allg. wesentlich kleiner sein kann als der angestrebte Lieferbereitschaftsgrad (der in den meisten Fällen nahe bei 100 % gewählt werden muss; siehe dazu die Diskussion in Kap. 5.3.1).

Wie bereits erwähnt, muss man bei der Vorgabe sowohl des Lieferbereitschaftsgrads als auch des Servicegrad die quantitative Umsetzung der qualitativen Aussage auf die Frage entscheiden: „Was kostet es, nicht lieferbereit zu sein?" Beide Grössen drücken damit eine Einschätzung der Opportunitätskosten aus.

Lieferausfallkosten (engl. *„stockout costs"*) sind die mit einem Lieferausfall verbundenen Kosten.

Bei Lieferausfallkosten kann es sich um zusätzliche (Express-)Kosten zur Produktion oder der Beschaffung und zur Lieferung an den Kunden handeln, aber auch um Strafkosten, Kosten für entgangene Deckungsbeiträge usw. Siehe dazu die Diskussion im Kap. 1.3.1.

Nachfolgend werden zwei Techniken zur Bestimmung des Servicegrades hergeleitet:

1. Die erste Technik geht davon aus, dass die Opportunitätskosten direkt jeder nicht gelieferten Einheit zugeordnet werden können.

2. Die zweite Technik geht davon aus, dass die Opportunitätskosten gesamthaft auf eine durchschnittliche Nicht-Lieferbereitschaft während einer Zeitperiode (z.B. ein Jahr) bezogen werden können.

1.) Der Servicegrad in Ableitung der Lieferausfallkosten für jede nicht gelieferte Einheit eines Artikels

Sofern man die Lieferausfallkosten als Kosten pro nicht gelieferter (Mass-)Einheit eines Artikels angeben kann, geben [Cole00], [SiPy98] und [Ters93] die direkte Berechnung der optimalen Lieferausfallwahrscheinlichkeit gemäss Abb. 11.3.4.2. Da ein Lieferausfall nur am Ende eines Auftragszyklus auftreten kann, kann die Anzahl Lieferausfälle nicht grösser sein als die Anzahl Auftragszyklen. Die zur Berechnung herangezogene Periode ist oft ein Jahr.

$$\begin{array}{l}\text{Anzahl Lieferausfälle (z.B.) pro Jahr} = \text{Lieferausfallwahrscheinlichkeit in jedem Auftragszyklus} \cdot \text{Anzahl Auftragszyklen (z.B.) pro Jahr} \leq \text{Anzahl Auftragszyklen (z.B.) pro Jahr}\end{array}$$

mit

$$\text{Anzahl Auftragszyklen pro Jahr} = \frac{\text{durchschnittlicher Jahresverbrauch}}{\text{Losgrösse}}$$

$$\text{optimale Anzahl Lieferausfälle pro Jahr} = \frac{\text{Lagerhaltungskosten je Einheit und Jahr}}{\text{Lieferausfallkosten je Einheit}}$$

ergibt sich

optimale Lieferausfallwahrscheinlichkeit in jedem Auftragszyklus

$$= \frac{\text{Lagerhaltungskosten je Einheit und Jahr}}{\text{Lieferausfallkosten je Einheit}} \cdot \frac{\text{Losgrösse}}{\text{durchschnittlicher Jahresverbrauch}}$$

Abb. 11.3.4.2   Lieferausfallwahrscheinlichkeit in Abhängigkeit von den Lieferausfallkosten je Einheit

Der *optimale Servicegrad* ergibt sich in der Folge direkt über die Beziehung in Abb. 11.3.3.3. Die Berechnung der Losgrösse wird im Kap. 11.4 oft vorgängig zur Sicherheitsbestandsrechnung vorgenommen.

Als Beispiel sei die Anzahl Auftragszyklen pro Jahr = 5 (der durchschnittliche Jahresverbrauch sei das Fünffache der Losgrösse). Die Lieferausfallkosten je Einheit seien viermal so gross wie die Bestandshaltungskosten pro Jahr. Als optimaler Lieferausfallwahrscheinlichkeit ergibt sich dann 0.05, und damit als optimaler Servicegrad 95 %[4].

---

[4]   Für den Fall, dass die so berechnete Lieferausfallwahrscheinlichkeit formal grösser als 0.5 werden sollte, dann soll als Servicegrad der kleinste sinnvolle Wert angenommen werden (meistens 50 %).

2.) Der Servicegrad in Ableitung vom Lieferbereitschaftsgrad

Hat die Abschätzung der Lieferausfallkosten dazu geführt, eine bestimmte Lieferausfallrate oder Lieferrückstandsrate festzulegen, dann kann man den Servicegrad vom Lieferbereitschaftsgrad ableiten, und zwar über die nachfolgend gezeigte Abschätzung der Lieferausfallmenge in jedem Auftragszyklus. Siehe dazu auch [Brow67] und [Stev14].

Für einen *bestimmten Sicherheitsfaktor*, in der Folge mit *s* bezeichnet, berechnet sich die Lieferausfallmenge als Produkt aller möglichen nicht abgedeckten Mengen mal ihrer Eintrittswahrscheinlichkeit. Eine bestimmte nicht abgedeckte Menge ist die Menge m, die den Erwartungswert des Bedarfs plus s mal die Standardabweichung während der Durchlaufzeit überschreitet. Proportional zur Standardabweichung kann diese Menge auch mit (t-s) mal die Standardabweichung σ ausgedrückt werden, für jedes $t \geq s$. p(t) ist dann z.B. die Dichtefunktion der Normalverteilung. Anstelle der Menge selbst wird nun der Proportionalitätsfaktor mit seiner Eintrittswahrscheinlichkeit zum Lieferausfallmengenkoeffizienten integriert[5].

Der *Lieferausfallmengenkoeffizient* P(s) ist der Faktor, der, multipliziert mit der Standardabweichung der Nachfrage während der Durchlaufzeit, die zu erwartende Lieferausfallmenge in Abhängigkeit vom Sicherheitsfaktor s ergibt.

Die Formel für den Lieferausfallmengenkoeffizienten in Abb. 11.3.4.3 ist ähnlich zur Formel in Abb. 11.3.3.5. P(s) ist das Integral, über alle möglichen $t \geq s$, des Proportionalitätsfaktors (t-s) der Standardabweichung des Bedarfs während der Durchlaufzeit multipliziert mit p(t).

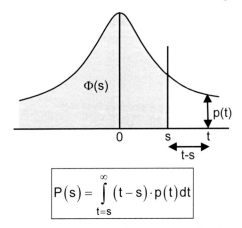

$$P(s) = \int_{t=s}^{\infty} (t-s) \cdot p(t)\,dt$$

Abb. 11.3.4.3   Der Lieferausfallmengenkoeffizient P(s) in Abhängigkeit des Sicherheitsfaktors s

Die Abb. 11.3.4.4 gibt Beispiele für einander entsprechende Werte von Sicherheitsfaktor s und Lieferausfallmengenkoeffizient P(s). Sie können aus Tabellen abgelesen werden, z.B. in [Brow67], S.110 oder [Stev14].

---

[5]   Diese Transformation der Menge m erscheint etwas trickreich: m geht in den Ausdruck (t-s)·σ über. Das zu einem bestimmten m gehörende t berechnet sich dann als t(m)=(m+s·σ)/σ. Dieses ungewohnte Vorgehen mag ein Grund sein, weshalb in der Literatur die Beziehung zwischen dem Servicegrad und dem Lieferbereitschaftsgrad oft nicht oder nur oberflächlich erklärt wird.

Lieferausfall-mengen-koeffizient P(s)	Sicherheits-faktor s	Servicegrad in %
0.8	-0.64	26.11
0.4	0	50
0.2	0.5	69.15
0.1	0.9	81.59
0.05	1.26	89.61
0.01	1.92	97.26
0.005	2.18	98.53
0.001	2.68	99.63
0.0001	3.24	99.95

Servicegrad in %	Sicherheits-faktor s	Lieferausfall-mengen-koeffizient P(s)
30	-0.52	0.712
50	0	0.399
65	0.385	0.233
80	0.842	0.112
90	1.282	0.048
95	1.645	0.021
98	2.054	0.008
99	2.327	0.003
99.9	3.090	0.0003

Abb. 11.3.4.4   Sicherheitsfaktor s und Lieferausfallmengenkoeffizient P(s) bei Normalverteilung (nach [Brow67] oder [Stev14])

Diese Darlegung hat also gezeigt, wie die zu erwartende Lieferausfallmenge in jedem Auftragszyklus ausgehend vom Sicherheitsfaktor s über den Lieferausfallmengenkoeffizienten P(s) berechnet werden kann.

Andererseits ist die Lieferausfallmenge in jedem Auftragszyklus gemäss der Definition in Kap. 5.3.1 das Produkt der Losgrösse mit der Lieferausfallrate (d.h. dem Komplement des Lieferbereitschaftsgrads). Damit ergeben sich die Formeln gemäss Abb. 11.3.4.5, die *Servicegrad* und *Lieferbereitschaftsgrad* in Beziehung setzen.

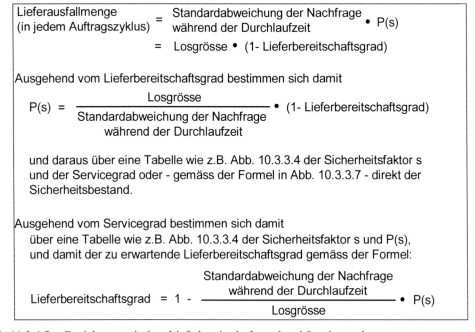

Abb. 11.3.4.5   Beziehung zwischen Lieferbereitschaftsgrad und Servicegrad

Das folgende Beispiel soll die Beziehung zwischen dem Lieferbereitschaftsgrad und dem Servicegrad illustrieren. Gegeben seien eine Losgrösse von 100 Einheiten und eine Standardabweichung der Nachfrage während der Durchlaufzeit von 10 Einheiten. Wie hoch ist der Sicherheitsbestand für einen gewünschten Lieferbereitschaftsgrad von 99.9%? Der Lieferausfallmengenkoeffizient $P(s)$ ist 0.01 (Abb. 11.3.4.5) und damit beträgt der Sicherheitsfaktor 1.92 (Abb. 11.3.4.4). Daraus folgt ein Sicherheitsbestand von 1.92 mal 10 = 19.2 Einheiten (Abb. 11.3.3.7)[6].

Die Abb. 11.3.4.6 verdeutlicht den Hebeleffekt zwischen dem Servicegrad und dem Lieferbereitschaftsgrad aufgrund des Quotienten aus der Standardabweichung der Nachfrage während der Durchlaufzeit und der Losgrösse (gemäss Abb. 11.3.4.5). Je kleiner dieser Quotient ist, desto höher ist – bei einem bestimmten Servicegrad – der erwartete Lieferbereitschaftsgrad. So lässt sich schon bei einem Servicegrad von 50 % (also ohne Sicherheitsbestand) und einem Quotienten von 1/5 ein Lieferbereitschaftsgrad von über 92 % erreichen, bei einem Quotienten von 1/10 – d.h. im obigen Zahlenbeispiel – einer von etwa 96 %. Bei einem Servicegrad von 80 % ergibt sich bei einem Quotienten von 1/10 ein Lieferbereitschaftsgrad von über 98.8 %.

Servicegrad in %	Standardabweichung der Nachfrage während der Durchlaufzeit / Losgrösse	Lieferbereitschaftsgrad in %
50	1/5	92.05
50	1/10	96.01
50	1/100	99.60
50	1/200	99.80
80	1/5	97.76
80	1/10	98.88
80	1/100	99.89
80	1/200	99.94

Abb. 11.3.4.6 Beispiele für die Beziehung zwischen Servicegrad und Lieferbereitschaftsgrad

Schliesslich noch ein Beispiel, das die Lieferausfallkosten je Einheit über den optimalen Servicegrad aus obiger Methode 1.) mit dem Lieferbereitschaftsgrad aus obiger Methode 2.) verbindet. Gegeben seien jährliche Lagerkosten je Einheit von 1, eine Losgrösse von 100, ein durchschnittlicher Jahresverbrauch von 500 sowie eine Standardabweichung der Nachfrage während der Durchlaufzeit von 10. Welches ist der erwartete Lieferbereitschaftsgrad aufgrund der gegebenen Lieferausfallkosten je Einheit von 4? Die optimale Lieferausfallwahrscheinlichkeit in jedem Auftragszyklus beträgt 0.05 (Abb. 11.3.4.2.), woraus sich ein optimaler Servicegrad 95 % gemäss Abb. 11.3.3.3 ergibt. Dieser entspricht gemäss Abb. 11.3.4.4 dem Lieferausfallmengenkoeffizienten $P(s) = 0.021$. Daraus folgt gemäss Abb. 11.3.4.5 ein Lieferbereitschaftsgrad von 99.79 %.

Nach den Berechnungsformeln sowohl gemäss obiger Methode 1.) als auch gemäss obiger Methode 2.) nehmen der Servicegrad – und damit der Sicherheitsbestand – mit zunehmender Losgrösse ab. Aus dieser Sicht wünschte man deshalb eine möglichst grosse Losgrösse. In Kapitel 13 wird jedoch gezeigt, dass insbesondere bei Produktionsaufträgen die kumulierte

---

[6] Interessanterweise kann sich – wie die Abb. 11.3.4.4 zeigt – bei tief angesetztem Servicegrad auch ein Sicherheitsfaktor kleiner als 0 und damit ein negativer Sicherheitsbestand ergeben.

Durchlaufzeit mit steigender Losgrösse oft überproportional wächst, und damit sowohl die Notwendigkeit der stochastischen Behandlung von Bedarfen selbst als auch die einzubeziehende Standardabweichung. Aus dieser Sicht wünschte man möglichst kleine Losgrössen. In der Praxis müssen damit Losgrössen und Sicherheitsbestände simultan (de facto in Iteration) bestimmt werden.

11.4   Losgrössenbildung

Losgrössenbildung ist der Prozess, der – bzw. die Techniken, die – zur Bestimmung der Losgrössen herangezogen werden ([APIC16]).

11.4.1 Produktions- bzw. Beschaffungskosten: Stückkosten, Rüst- und Bestellvorgangskosten und Bestandshaltungskosten

Losgrössenbestand ist Bestand, der sich ergibt, wann immer Mengenrabatte, Versandkosten, Rüstkosten oder ähnliche Überlegungen es wirtschaftlicher machen, in grösseren Losen zu produzieren bzw. einzukaufen, als es für den eigentlichen Zweck nötig ist ([APIC16]).

Losgrössenbestand, der nicht durch den Kundenauftrag vorgegeben ist, führt zu verlängerten Durchlaufzeiten und sind damit zu vermeiden (siehe dazu das Lean-/Just-in-Time-Konzept; Losgrössen müssen aber auch dort wegen des Rüstaufwandes akzeptiert werden). In diesem Unterkapitel werden die eher für kleinere bzw. eher für grössere Lose sprechenden Argumente untersucht.

Die *losgrössenabhängigen Produktions- bzw. Beschaffungskosten* fallen für jede beschaffte bzw. produzierte Mengeneinheit (z.B. je Stück) des Auftrags an. Sie heissen deshalb auch *Stückkosten* bzw. *losgrössenabhängige Einheitskosten*.

Die losgrössenabhängigen Produktions- bzw. Beschaffungskosten sind

- bei externer Beschaffung der Einstandspreis pro beschaffte Mengeneinheit plus ggf. mengenproportionale Zusatzkosten (z.B. Zoll, Fracht usw.)

- bei Eigenproduktion die Summe bestehend aus den Kosten der zur Produktion einer Mengeneinheit notwendigen Komponenten und Arbeitsgänge. Die Kosten eines Arbeitsgangs berechnen sich als „Einzelbelastung eines Arbeitsgangs·Kostensatz für interne Arbeitskosten", wobei man für den Kostensatz meistens die Vollkosten (fixe und variable Kosten) einbezieht.

Die *losgrössenunabhängigen Produktions- bzw. Beschaffungskosten* fallen mit dem Auftrag an, und zwar bereits bei Losgrösse Eins.

Die losgrössenunabhängigen Beschaffungskosten sind im Wesentlichen die

- *Bestellvorgangskosten für die Beschaffung*, d.h. für die administrativen Kosten des Einkaufs, dividiert durch die Anzahl der Einkäufe. Die administrativen Kosten des Einkaufs umfassen auch die Kosten der Warenannahme und der Warenkontrolle. Zu den losgrössenunabhängigen Beschaffungskosten zählen auch sämtliche mengen-unabhängigen Kosten pro Bestellung, z.B. Fracht, Behandlungskosten usw. Diese sind im Extremfall vom Lieferanten und von den gelieferten Artikeln abhängig. Um ein grosses Datenvolumen zu vermeiden, werden sie aber oft den Einkaufskosten zugeschlagen.

Man kann die Kosten des Einkaufs auch nach Artikelkategorie erfassen, z.B. nach ABC-Klassifikation. Daraus resultieren verschiedene Bestellvorgangskosten pro ABC-Kategorie (z.B. für A-Teile grössere Kosten als für C-Teile). Für eine noch genauere Bestimmung siehe Kap. 16.4 („activity-based costing").

Die losgrössenunabhängigen Produktionskosten sind im Wesentlichen die

- *Bestellvorgangskosten für die Produktion*, d.h. Administrationskosten für Planung & Steuerung und andere Bürodienstleistungen,

- eventuell mengenunabhängigen indirekten Kosten in der Produktion (Güterbereitstellung, Transport, Kontrolle, Einlagerung). Sie werden meistens auch zu den Bestellvorgangs-kosten gezählt.

- *Rüstkosten* (=Rüstbelastung·Kostensatz für interne Arbeitskosten) für die verschiedenen Arbeitsgänge (Maschinenregulierung, Werkzeugmontage, Anfahrprozess, Material-verlust beim Anfahren usw.). Dabei ist zu entscheiden, ob man mit Vollkosten oder nur mit variablen Kosten (im Wesentlichen den Lohnkosten) rechnen will, was die Losgrössen beeinflussen kann.

Die *Bestandshaltungskosten* sind die Kosten, die im Zusammenhang mit dem Halten von Beständen anfallen.

Der *Bestandshaltungskostensatz* ist der Satz für die Bestandshaltungskosten, gewöhnlich in Prozenten des Bestandswertes pro Zeiteinheit (i. Allg. ein Jahr) ausgedrückt.

Siehe dazu auch Kap. 1.1.3. Zu den Bestandshaltungskosten zählen:

- die *Finanzierungskosten* oder *Kapitalkosten:* Lagerbestände blockieren finanzielle Mittel. Die Kosten dieser Immobilisation werden in einem kalkulatorischen Zinsfuss zusammen-gefasst. Diesem entspricht entweder der Prozentsatz der mittleren Rendite von Investitionen, falls das Lager durch eigene Mittel finanziert wird, oder der Bankzinssatz, falls das Lager fremdfinanziert wird. Als kalkulatorischer Zinsfuss sind Werte zwischen 5 und 15% des durchschnittlichen Lagerwerts anzunehmen.

- Die *Lagerinfrastrukturkosten* fallen für die notwendige *Infrastruktur* zur Lagerung eines bestimmten Produkts an: Gebäude, Installationen, Lagerangestellte, Versicherungen usw. Die Kosten für die Bestandstransaktionen werden passender den Bestellvorgangskosten zugerechnet.

Ein erster Kostentreiber für die Lagerinfrastrukturkosten ist die Losgrösse, da die Fläche bzw. das Volumen für eine ganze Losgrösse bereitgestellt werden muss. Man kann damit im ersten Ansatz die Lagerinfrastrukturkosten proportional, d.h. mit einem Prozentsatz im Verhältnis zum mittleren Lagerbestand ausdrücken, weil dieser gemäss Formel 11.3.1.2 – abgesehen vom Sicherheitsbestand – der halben Losgrösse entspricht. Üblicher ist jedoch ein Prozentsatz im Verhältnis zum mittleren Lagerwert. In der Maschinenindustrie findet man Sätze zwischen 1 und 3%.

Weitere Kostentreiber sind die Lagerart sowie die Bewertungsbasis (siehe Kap. 11.1.1). Der Lagerinfrastrukturkostensatz kann bei billigen und voluminösen Produkten (Isoliermaterialien und andere Baustoffe) wesentlich höher liegen als bei sehr teuren und eventuell einfach zu lagernden Produkten. Damit müssen für eine genauere Rechnung zumindest separate Sätze berechnet werden: z.B. für Informationen und Dokumente, Rohmaterialien, Zukaufsteile, Halbfabrikate und Endprodukte. Die Grenze der Diversifizierung in möglichst viele verschiedene Kostensätze ist gegeben durch den Aufwand zur separierten Erfassung der anfallenden Kosten pro Kategorie sowie zur Datenpflege, wenn z.B. jedem Artikel ein eigener Lagerinfrastrukturkostensatz zugefügt würde.

Ein grosser Teil der Lagerinfrastrukturkosten ist jedoch nicht proportional zum gelagerten Wert. Da es sich bei Lagerhäusern um spezialisierte Konstruktionen handelt, bedeutet der Bau einer Lagerhalle eine Investition auf lange Zeit. Eine solche Investition wird getroffen, sobald existierende Lagervolumen ausgeschöpft sind. Sie führt zu einem Kostensprung. Auf der anderen Seite bedeutet eine Reduktion des gelagerten Wertes nicht automatisch eine Reduktion des Personals zur Lagerverwaltung. Trotzdem ist ein proportionaler Faktor zum Lagerwert in der Praxis üblich.

- Das *Entwertungsrisiko*: Dieses wird ebenfalls mit einem Prozentsatz im Verhältnis zum Lagerwert ausgedrückt. Es umfasst erstens das *technische Veraltern* bei ändernden Normen oder Erscheinen von besseren Produkten auf dem Markt. Zweitens umfasst es die Überalterung aufgrund von *Verderblichkeit*: Gewisse Artikel können nur während einer bestimmten beschränkten Zeitperiode gelagert werden (Lagerfähigkeit). Dies ist der Fall bei „lebenden" Produkten, z.B. Lebensmitteln oder biologischen Medikamenten, aber auch bei „nichtlebenden" Produkten, z.B. gewissen elektronischen Artikeln. Drittens umfasst es die *Beschädigung* oder *Zerstörung* durch eine ungeeignete Behandlung oder Lagerung, z.B. rostende Bleche.

  Der Prozentsatz für das Entwertungsrisiko kann u. U. sehr hoch ausfallen. Bei kurzlebigen Artikeln sind bald einmal 10 % des durchschnittlichen Lagerwerts und mehr einzusetzen. Der Prozentsatz ist i. Allg. Fall jedoch von der Dauer der Lagerung abhängig.

Der gesamte Bestandshaltungskostensatz liegt also ohne weiteres in der Grössenordnung von 20 %. Bei Gütern mit hohem Entwertungsrisiko kann er 30 % und mehr erreichen.

11.4.2 Optimale Losgrösse und optimale Eindeckungsdauer: die klassische Andler-Formel

Die meisten Methoden zur Bestimmung von Losgrössen bezwecken eine Minimierung der zu erwartenden Gesamtkosten. In Abhängigkeit von der Losgrösse setzen sich diese im Wesentlichen aus den in Kap. 11.4.1 erwähnten Kosten zusammen:

1. Die *Stückkosten* bzw. *losgrössenabhängige Einheitskosten*. Meistens ändert sich der Preis pro produzierte bzw. beschaffte Mengeneinheit mit zunehmender Losgrösse nicht. Dies stimmt jedoch nicht bei Gewährung von Rabatten, oder Änderung des Produktionsverfahrens ab einer bestimmten Losgrösse.

2. Die *Bestandskosten*: Das sind. alle Kosten, die im Zusammenhang mit dem Bestellen *und* Halten von Beständen anfallen. Bestandskosten sind also die folgenden Kosten:

   2.a) Die Rüst- und Bestellvorgangskosten.

Sie fallen pro Beschaffungsvorgang nur einmal an. Im einfachsten und häufigsten Fall sind sie damit unabhängig von der Losgrösse. Je grösser also die Losgrösse, desto kleiner ist der je Einheit anfallende Anteil an solchen Kosten. Sprünge sind denkbar, wenn ab einer bestimmten Losgrösse eine andere Beschaffungsorganisation gewählt wird (z.B. eine andere Maschine oder ein anderes Transportmittel).

2.b) Die Bestandshaltungskosten.

Mit zunehmender Losgrösse steigt auch der durchschnittlich gelagerte Bestand samt Bestandshaltungskosten an. Zur Vereinfachung werden sie oft proportional zur Losgrösse, d.h. zum gelagerten Wert angesetzt, obwohl dies, wie unter Kap. 11.4.1 gezeigt, nur unter folgenden einschränkenden Voraussetzungen richtig ist: Erstens müssen die Bestandshaltungskosten unabhängig von der Lagerdauer sein. Zweitens muss der Zugang ins Lager nach Entnahme des letzten Stücks erfolgen. Die Entnahme erfolgt gleichmässig im Verlaufe der Zeitachse. Ist also X die Losgrösse, so sind – abgesehen vom Sicherheitsbestand – durchschnittlich X/2 Stück am Lager. Drittens muss genügend Lagerraum vorhanden sein, d.h. die Grösse des Loses bedingt keine neue Einrichtung.

Die Anwendung dieser Prinzipien führt im einfachsten Fall zur sog. optimalen Losgrösse.

Die *optimale Losgrösse* (engl. *„economic order quantity (EOQ)"*) ist die optimale Menge eines Artikels, die gleichzeitig produziert oder beschafft werden soll.

Man berechnet die optimale Losgrösse bezogen auf einen bestimmten Dispositionszeitraum, z.B. ein Jahr. Die Abb. 11.4.2.1 führt die Variablen zu ihrer Berechnung ein:

KS = Stückkosten bzw. losgrössenabhängige Einheitskosten		€/Einh.
KR = Rüst- und Bestellvorgangskosten je Produktion bzw. Beschaffung		€
VJ = Jahresverbrauch		Einh./Jahr
p = Bestandszinssatz = z + h + r		1/Jahr
z = kalkulatorischer Zinsfuss (Kapitalkosten)		1/Jahr
h = Lagerinfrastrukturkostensatz		1/Jahr
r = Satz für Entwertungsrisiko		1/Jahr
X = Losgrösse		Einh.
K1 = Stückkosten bzw. losgrössenabhängige Einheitskosten pro Jahr		€/Jahr
K2 = Bestandshaltungskosten pro Jahr		€/Jahr
K3 = Rüstkosten und Bestellvorgangskosten pro Jahr		€/Jahr
KG = Gesamtkosten für Produktion und Beschaffung pro Jahr		€/Jahr

Abb. 11.4.2.1   Variablen für die Andler-Formel

Die Gesamtkostengleichung lässt sich damit gemäss Abb. 11.4.2.2 erstellen:

$$KG = K1 + K2 + K3 \,,$$
$$\text{wobei}$$
$$K1 = VJ \cdot KS$$
$$K2 = \frac{X}{2} \cdot (KS + \frac{KR}{X}) \cdot p = \frac{X}{2} \cdot KS \cdot p + \frac{KR}{2} \cdot p$$
$$K3 = \frac{VJ}{X} \cdot KR$$

Abb. 11.4.2.2   Andler-Formel: Gesamtkostengleichung

Da das Ziel ist, die Gesamtkosten zu minimieren, gilt die Zielfunktion gemäss Abb. 11.4.2.3:

$$\boxed{K G = m i n !}$$

Abb. 11.4.2.3   Andler-Formel: Zielfunktion

Die optimale Losgrösse X_0 hat das Minimum der Gesamtkosten zur Folge und ergibt sich durch Ableiten und Nullsetzen der Zielfunktion in Abb. 11.4.2.4.

Andler-Formel ist ein anderer Name für die X_0-Formel [Andl29]. Im Englischen ist dafür der Begriff „*EOQ (economic order quantity)-Formel*" üblich.

$$\frac{dKG}{dX} = \frac{KS}{2} \cdot p - \frac{VJ}{X^2} \cdot KR$$

$$\text{Für die optimale Losgrösse } X_0 \text{ gilt :}$$
$$\frac{dKG}{dX} = 0$$
$$\Rightarrow X_0 = \sqrt{\frac{2 \cdot VJ \cdot KR}{p \cdot KS}}$$

Abb. 11.4.2.4   Andler-Formel: Ermittlung der optimalen Losgrösse

Die Abb. 11.4.2.5 zeigt die den Grössen K1, K2, K3 und KG entsprechenden Kostenkurven, in Abhängigkeit von der Losgrösse.

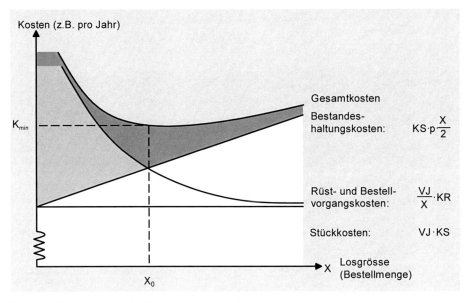

Abb. 11.4.2.5   Kostenkurven in Abhängigkeit von der Losgrösse

Diese Kostenkurven sind charakteristisch für die Andler-Formel. Das Minimum der Gesamtkostenkurve liegt genau im Schnittpunkt der Kurven der Rüst- und Bestellvorgangskosten und der Bestandshaltungskosten.

Anstelle einer optimalen Losgrösse kann auch eine optimale Zeitperiode berechnet werden, für welche ein Auftrag oder ein Los den Bedarf deckt.

Das *optimale Auftragsintervall* bzw. die *optimale Länge des Auftragszyklus* bzw. die *optimale Eindeckungsdauer* ist eine optimale Zeitperiode, für welche der zukünftige Bedarf abgedeckt werden soll.

Die optimale Eindeckungsdauer durch die Formel 11.4.2.6 definiert. Aus dieser Formel kann man sofort ablesen, dass die optimale Eindeckungsdauer – wie ja auch die optimale Losgrösse in Abb. 11.4.2.4 – mit zunehmenden Rüstkosten wurzelproportional wächst und mit steigendem Umsatz wurzelproportional abnimmt. Wird z.B. für die Wurzel von (2·KR/p) der Wert 40 eingesetzt, so ergeben sich Kennzahlen für die optimale Eindeckungsdauer in Abhängigkeit vom Umsatzwert gemäss Abb. 11.4.2.7.

$$ED_0 = \frac{X_0}{VJ} = \sqrt{\frac{2 \cdot KR}{p \cdot KS \cdot VJ}} = \sqrt{\frac{2 \cdot KR}{p}} \cdot \frac{1}{\sqrt{K1}}$$

Abb. 11.4.2.6   Optimale Eindeckungsdauer

K1 (€)	ED (Jahre)
400	2.0
1600	1.0
6400	0.5
25600	0.25

Abb. 11.4.2.7   Beispiel für Kennzahlen für die Eindeckungsdauer in Abhängigkeit des Umsatzwertes

Können also die Rüstkosten nicht entscheidend verkleinert werden, resultieren bei kleinen Umsätzen sehr grosse Eindeckungsdauern. In der Praxis steigt dann das Entwertungsrisiko überproportional stark an. Deshalb begrenzt man dann die Eindeckungsdauer und damit auch die Losgrösse für Artikel mit kleinem Umsatzwert nach oben. Das ist übrigens die einfachste und in der Praxis am häufigsten verwendete Methode, um generell nicht lineare Verläufe der Bestandshaltungskosten abzufangen: z.B. sprunghaft steigende Lagerinfrastrukturkosten bei Überschreiten eines bestimmten Lagerungsvolumens. Die Berücksichtigung der Eindeckungsdauer ist auch eine wichtige Losgrössenbildungspolitik im deterministischen Materialmanagement (vgl. Kap. 12.4).

11.4.3 Optimale Losgrösse und optimale Eindeckungsdauer im praktischen Einsatz

In der Andler-Formel sah man in der letzten Zeit zu Unrecht die Ursache von grossen Losen. Bei genauerem Hinsehen wurde die Formel jedoch oft mit viel zu kleinem Bestandshaltungskostensatz eingesetzt, oder aber auf das deterministische Materialmanagement angewendet, wofür sich andere Verfahren besser eignen (siehe Kap. 12.4).

Die Andler-Formel liefert grundsätzlich ohnehin „nur" eine Grössenordnung und keine genaue Zahl. Die Gesamtkostenkurve der Abb. 11.4.2.5 verläuft im Bereich des Minimums sehr flach, so dass sich die Abweichungen von der optimalen Losgrösse bezüglich der Kosten nur sehr wenig auswirken. Die folgende *Sensitivitätsanalyse* zeigt diesen „robusten" Effekt: Ausgehend von einer *Mengenabweichung* gemäss Abb. 11.4.3.1 und der Tatsache, dass für die optimale Losgrösse X_0 die Formel 11.4.3.2 gilt, folgt die Kostenabweichung in Formel 11.4.3.3.

$$v = \frac{X}{X_0} \quad \text{bzw} \quad v = \frac{X_0}{X}$$

Abb. 11.4.3.1   Sensitivitätsanalyse: Mengenabweichung

$$a \equiv \frac{X_0}{2} \cdot KS \cdot p \equiv \frac{VJ}{X_0} \cdot KR$$

Abb. 11.4.3.2   Sensitivitätsanalyse: Bestandshaltungskosten bei optimaler Losgrösse

$$b = \frac{K2 + K3}{K2_0 + K3_0} = \frac{\frac{v \cdot X_0}{2} \cdot KS \cdot p + \frac{VJ}{v \cdot X_0} \cdot KR}{\frac{X_0}{2} \cdot KS \cdot p + \frac{VJ}{X_0} \cdot KR}$$
$$= \frac{v \cdot a + \frac{1}{v} a}{2a} = \frac{v + \frac{1}{v}}{2}$$

Abb. 11.4.3.3   Sensitivitätsanalyse: Kostenabweichung

Beispiel: Eine Kostenabweichung von b = 10 % ergibt sich sowohl für v = 64 % als auch für v = 156 %. D.h. es gilt die Beziehung gemäss Abb. 11.4.3.4:

$$64\% \le v \le 156\% \Rightarrow b \le 10\%$$

Abb. 11.4.3.4   Sensitivitätsanalyse: Mengenabweichung bei einer Kostenabweichung von 10 %

Aus dieser Sensitivitätsanalyse folgt überraschend die Robustheit des Rechenverfahrens, das ja auf sehr vereinfachten Annahmen beruht. Die Erweiterung der Losgrössenformeln durch Einbezug weiterer Einflussfaktoren ergibt denn auch nur in besonderen Fällen eine für die Praxis relevante Verbesserung der Resultate. In jedem Fall können die errechneten Losgrössen gerundet, an praktische Gegebenheiten angepasst und insbesondere verkleinert werden, falls eine kürzere Durchlaufzeit angestrebt wird.

Die Robustheit wird noch vergrössert, wenn nicht nur K2 und K3, sondern auch die eigentlichen Produktions- bzw. Beschaffungskosten K1 in die Division für b gemäss Abb. 11.4.3.3 einbezogen werden. Wenn K1 viel grösser als K2+K3 ist – was meistens der Fall ist –, haben auch grössere Veränderungen der Losgrösse keinen starken Einfluss auf die gesamten Produktions- bzw. Beschaffungskosten.

Auf ähnliche Weise kann gezeigt werden, dass Fehler bei der Festlegung der Rüst- und Bestellvorgangskosten, des Bestandshaltungskostensatzes oder des Jahresverbrauchs in der Kostenabweichung ähnlich gering zu Buche schlagen wie eine Mengenabweichung. Damit ist die Andler-Formel u.a. auch auf systematische Prognosefehler wenig empfindlich. Daraus folgt, dass sehr einfache Prognoseverfahren, wie z.B. der gleitende Durchschnitt, für die Bestimmung der Losgrösse meistens genügen.

Im Fall von produzierten Artikeln ist eine Reduktion der Kosten für den Bestand der Ware in Arbeit durch kleinere Lose also in den meisten Fällen vernachlässigbar. Viel wichtiger ist jedoch, dass kleinere Lose zu einer kürzeren Durchlaufzeit führen können. Nebst dieser Verbesserung im Zielbereich Lieferung ergeben sich positive Effekte in den Zielbereichen Flexibilität und Kosten. Die bereits im Kapitel 6 besprochenen positiven Effekte fehlen in der klassischen Andler-Formel. Wie im Kap. 13.2 gezeigt werden wird, haben kleinere Lose jedoch nur dann eine kleinere Durchlaufzeit zur Folge, wenn – einerseits – die Bearbeitungszeit im Verhältnis zur Durchlaufzeit lang ist, also insbesondere in einer Linienproduktion (in einer Werkstattproduktion ist das Verhältnis durchaus in der Grössenordnung 1 : 10 und kleiner), und – andererseits – sich für das Kollektiv aller Lose nicht der Effekt einer verlängerten Warteschlange durch die Sättigung eines Kapazitätsplatzes einstellt.

Je grösser also die Bearbeitungszeiten – was oft mit einer grossen Wertschöpfung einhergeht –, desto mehr steigen die Bestandshaltungskosten für die Ware in Arbeit. In solchen Fällen sollte man für die Losgrösse eher tiefere Werte als die durch die Andler-Formel empfohlenen wählen (siehe dazu auch die durchlauforientierte Losbildung im Kap. 11.4.4). Kürzere Arbeitsgangzeiten gerade bei arbeitsintensiven Arbeitsgängen können zu einer Harmonisierung der Arbeitsinhalte beitragen, was gemäss Kap. 13.2.2 erneut zur Reduktion der Wartezeiten und damit der Durchlaufzeiten führt. Wie schon in der Abb. 6.2.5.2 gezeigt wurde, kann eine verkürzte Durchlaufzeit durchaus auf tieferen Produktionsstufen kleinere Sicherheitsbestände und damit *Kosteneinsparungen* zur Folge haben. Ist Lagerhaltung aus irgendwelchen Gründen gar nicht möglich, können durch kürzere Durchlaufzeiten sogar zusätzliche Aufträge gewonnen werden.

Eine praktische, die Gesamtkosten *und* die Effekte einer kurzen Durchlaufzeit berücksichtigende Implementationsüberlegung vermittelt die Abb. 11.4.3.5.

1. Bestimmen der optimalen Losgrösse nach der Andler-Formel mit einem genügend grossen Bestandshaltungskostensatz. Bei nicht ausgelasteten Kapazitätsplätzen für die Rechnung nur die variablen Rüstkosten (im Wesentlichen die Lohnkosten) berücksichtigen.
2. Falls die Produktion nicht ausgelastet ist: Wegen der geringen Kostensensibilität der Andler-Formel im Optimum kann man die berechneten Losgrössen grosszügig um x Prozent variieren, wobei x je Artikelkategorie variabel ist und durchaus in der Grössenordnung von 64 bis 156 % gewählt werden kann.
3. Bei produzierten Artikeln sollte man die Losgrösse eher abrunden. Bei grossen Bearbeitungszeiten und grosser Wertschöpfung kann man wegen der Effekte kürzerer Durchlaufzeiten auch einen kleineren Prozentsatz wählen, u. U. sogar kleiner als 50 %.
4. Berücksichtigung differenzierter Überlegungen bezüglich minimaler bzw. maximaler Losgrösse (siehe unten).

Abb. 11.4.3.5   Implementation der Andler-Formel in der Praxis

Die *minimale Losgrösse* (bzw. *maximale Losgrösse*) ist eine Losgrössenmodifikation, welche nach einer Berechnung der optimalen Losgrösse diese auf ein vorher festgelegtes Minimum (bzw. Maximum) vergrössert (bzw. limitiert) ([APIC16]).

Differenzierter Überlegungen bezüglich minimaler bzw. maximaler Losgrösse finden sich in Abb. 11.4.3.6, z.B. bezogen auf Artikelgruppen oder sogar auf Einzelteile.

- Platzbedarf im Lager (Maximum)
- Eindeckungsdauer (Maximum)
- Lagerfähigkeit der Produkte: Überalterung, Verderblichkeit (Maximum)
- Blockieren der Maschinenkapazitäten (Maximum)
- Limite für Werkzeugeinsatz (Maximum)
- Liquiditätsproblem (Maximum)
- bei Einkaufsartikeln: Zu erwartende Verknappung oder Preiserhöhung (Minimum)
- bei Einkaufsartikeln: Mindestbestellvolumen (Minimum)
- Abstimmen mit den Transport- und Lagereinheiten (Maximum oder Minimum)

Abb. 11.4.3.6   Einige Faktoren für eine minimale oder maximale Losgrösse

In der Literatur finden sich Modelle, welche noch weitere betriebliche Gegebenheiten berücksichtigen. Einige davon folgen im Kap. 11.4.4. Der Einfachheit halber wird aber heute in der Praxis sehr häufig die Andler-Formel verwendet. Auch wenn die ihr zugrunde liegenden vereinfachten Modellvorstellungen im konkreten Fall nicht immer gegeben sind, ist die Formel, wie gezeigt, sehr robust gegenüber solchen Abweichungen. Andererseits ist vor der Anwendung jeder komplizierteren Berechnungsmethode abzuklären, ob die aufwendige Losgrössenbestimmung für den gegebenen Fall wirklich entscheidende Vorteile im Vergleich mit den obigen einfachen Implementationsüberlegungen bringt.

11.4.4 Erweiterungen der Losgrössenformel (*)

1.) Die *durchlauforientierte Losgrössenbildung* ist für die Produktion eine Verallgemeinerung des vereinfachten Ansatzes mit der Andler-Formel, wobei die Bestandshaltungskosten der Ware in Arbeit hinzugezogen werden.

In Ergänzung zu den Variablen in Abb. 11.4.2.1 führt man die Variablen in der Abb. 11.4.4.1 ein. Die meisten der Daten stammen vom Arbeitsplan.

KS_M = Materialkosten pro Einheit   [€/Einh.]
FG = Flussgrad = Durchlaufzeit / Arbeitsgangzeit   [dimensionslos]
SUMEZ   = Summe der Einzelzeiten = $\sum_{1 \leq i \leq n} EZ[i]$ [Arb.Tage/Einh.]
ANZATG = Anzahl Arbeitstage pro Jahr   [Arb.Tage/Jahr]

Abb. 11.4.4.1   Zusätzliche Variablen für die Durchlauforientierte Losgrössenbildung

Die optimale Losgrösse ergibt sich sodann gemäss Abb. 11.4.4.2. Für Details in der Herleitung siehe [Nyhu91, S.103]. Der Nenner unter der Wurzel ist nur für eine lange Produktionsdurchlaufzeit wesentlich grösser als bei der klassischen Losgrössenbildung.

$$\Rightarrow X_0 = \sqrt{\frac{2 \cdot VJ \cdot KR}{p \cdot \left(KS + \frac{(KS + KS_M) \cdot VJ \cdot FG \cdot SUMEZ}{ANZATG} \right)}}$$

Abb. 11.4.4.2   Durchlauforientierte Losgrössenbildung: Ermittlung des Minimums

2.) Die *Losgrössenbildung bei Berücksichtigung von Rabattstufen* ist eine Verallgemeinerung des vereinfachten Ansatzes mit der Andler-Formel.

In der Abb. 11.4.4.3 werden abnehmende Stückkosten in Funktion der Losgrösse sowie die entstehenden Gesamtkostenkurven gezeigt.

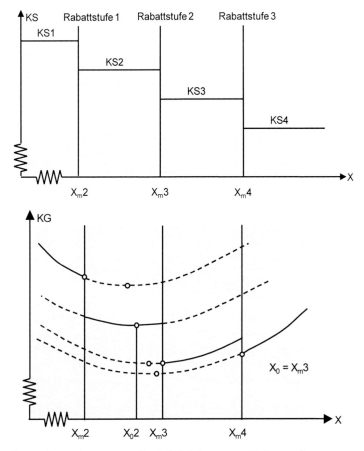

Abb. 11.4.4.3   Gesamtkostenkurve unter Berücksichtigung von Rabattstufen

Besonders bei zu beschaffenden Gütern sind die Stückkosten KS abhängig von der Auftragsmenge.

Ein *Mengenrabatt* ist eine gewisse Preisreduktion oberhalb einer bestimmten minimalen Auftragsmenge.

So besteht bspw. das Angebot, dass der Lieferant für die bestellte Gesamtmenge einen Mengenrabatt mit drei Rabattstufen gewährt, d.h. reduzierte Stückkosten KS2 ab einer Auftragsmenge von X_m2, KS3 ab einer Auftragsmenge von X_m3 und KS4 ab einer Auftragsmenge von X_m4.

Jede der für die verschiedenen Stückkostenwerte erhaltenen Gesamtkostenkurven weist innerhalb ihres Gültigkeitsbereiches ein Minimum auf. Dieses ist entweder das entsprechende Gesamtkostenkurvenminimum (z.B. X_02 in der Abb. 11.4.4.3) oder liegt auf einer Rabattstufengrenze Gesamtkostenkurvenminimum (z.B. X_m3 in der Abb. 11.4.4.3). Sind die Rabatte nicht gross, so kann auch argumentiert werden, dass die nach Andler berechneten Losgrössen der verschiedenen Rabattstufen sehr nahe beieinander liegen. Daher kann man die optimale Losgrösse unter Berücksichtigung irgendeines mittleren Stückkostenwertes berechnen und auf die nächste Rabattstufe aufrunden.

Ähnliche Überlegungen werden auch bei der Wirtschaftlichkeitsbeurteilung und Losgrössenbestimmung im Falle von alternativen (günstigeren) Produktionsverfahren bei grossen Losgrössen angestellt.

> 3.) *Verbundbewirtschaftung* (engl. „joint replenishment") bezeichnet die gemeinsame Disposition einer Gruppe von Gütern, die untereinander in Beziehung stehen. Sie werden ähnlich wie eine Artikelfamilie behandelt.

Im Folgenden sind zwei Beispiele für die Verbundbewirtschaftung.

> 3.a) Bei der *Satzbewirtschaftung* werden verschiedenartige Güter infolge gemeinsamer Verwendung in bestimmten Baugruppen oder Produkten zu einem sog. *(Material-)Satz* zusammengefasst und gemeinsam bewirtschaftet.

Die individuelle optimale Losgrösse eines Elementes i aus einem Satz S mit dem Jahresverbrauch VJ von S ergäbe sich nach der Formel 11.4.4.4:

$$M_i := \text{Anzahl Teile pro Element i im Satz S}$$

$$X_i = \sqrt{\frac{2 \cdot M_i \cdot VJ_S \cdot KR_i}{p \cdot KS_i}} = \sqrt{\frac{2 \cdot VJ_S}{p}} \cdot \sqrt{\frac{M_i \cdot KR_i}{KS_i}}$$

Abb. 11.4.4.4   Individuelle optimale Losgrösse eines Elementes i aus einem Satz S mit dem
                    Jahresverbrauch VJ_S

Anstelle dieser individuellen Losgrössen wird man eine Satz-Losgrösse X_S gemäss der Kompromissformel 11.4.4.5 ermitteln:

$$X_S = \sqrt{\frac{2 \cdot VJ_S}{p}} \cdot \sqrt{\frac{\sum(M_i \cdot KR_i)}{\sum KS_i}}$$

Abb. 11.4.4.5   Satz-Losgrösse X_S

Sind Bestandteilsätze bezüglich des zweiten Faktors in der obigen Losgrössenformel sehr heterogen, so kann man homogenere dispositive Untergruppen bilden, die dann zu separaten Losgrössenbildungen hinzugezogen werden. Eine andere Möglichkeit ist, zuerst für die wertintensivsten Bestandteile ein wirtschaftliches Los zu bilden. Die Losgrösse weniger wertintensiver Materialpositionen wird dann als ganzzahliges Vielfaches dieses Loses bestimmt und entsprechend mit einer kleineren Frequenz beschafft.

3.b) Bei der *Sammelbewirtschaftung* werden Material- oder Dispositionsgruppen gebildet, für welche die Rüst- und Bestellvorgangskosten gesenkt werden können, wenn die entsprechenden Lose miteinander bestellt werden.

Als Kriterium für die Sammelbewirtschaftung kann gelten:

- Bei Einkaufsteilen ein gleicher Lieferant (Ausnützen einer vereinfachten Administration bzw. eines Rechnungssummenrabattes).
- Bei Eigenproduktion eine gleiche Produktionstechnik (z.B. für eine Produktfamilie), woraus durch vereinfachtes Umrüsten der Maschinen eine Reduktion der gesamten Rüstkosten entsteht.

Innerhalb einer Dispositionsgruppe muss im Falle von Sammelbeschaffung eine durchschnittliche Reduktion der Rüst- und Bestellvorgangskosten in Prozenten bestimmt werden. Sobald nun ein Artikel bestellt werden muss, wird jeder andere Artikel der gleichen Dispositionsgruppe überprüft. Ist ohnehin demnächst ein Los zu bestellen, so kann es bereits durch *vorzeitige Auftragsfreigabe* bestellt werden. Dies hat mit einer reduzierten Losgrösse zu geschehen, die mit den reduzierten Rüst- und Bestellvorgangskosten berechnet wird.

11.5 Zusammenfassung

Bestände bilden Puffer für die Logistik im und zwischen Unternehmen. Das Bestandsmanagement ist somit ein weiteres wichtiges Instrument zur Planung & Steuerung. Lager können geeignet kategorisiert und typisiert werden, um die detaillierte Verwaltung von Beständen an Lager zu erlauben. Die Inventur von Beständen an Lager und in Arbeit verifiziert die Genauigkeit der Buchbestände als Voraussetzung zu einer möglichst genauen Bestandsbewertung.

Eine wichtige Basis für verschiedene Berechnungen in der Bedarfsvorhersage und im Materialmanagement sind Statistiken über bestimmte Ereignisse, z.B. Bestandtransaktionen, Verkäufe und Angebotstätigkeit. Solche Statistiken äussern sich über Mengen und Werte sowie über die Anzahl der Transaktionen.

Um die Wichtigkeit von Artikeln in einem Sortiment zu unterscheiden, kann eine ABC-Klassifikation nach verschiedenen Kriterien durchgeführt werden, z.B. nach Umsatz. Das Artikelsortiment muss dabei vorgängig in verschiedene ABC-Kategorien aufgeteilt werden. Die XYZ-Klassifikation unterscheidet Artikel mit regelmässiger (regulärer) oder gar kontinuierlicher Nachfrage von solchen mit völlig unregelmässiger Nachfrage. Weitere Statistiken sind solche, die anhand eines Kriteriums Artikel als Ausnahmefälle aussortieren.

Im stochastischen Materialmanagement geht es darum, Produktions- oder Beschaffungsvorschläge zu machen, bevor eine Nachfrage aufgrund eines Kundenauftrags vorliegt. In den meisten Fällen beruhen sowohl die vorgeschlagene Menge (das Los) als auch der vorgeschlagene Zeitpunkt des Eintreffens letztlich auf einer Bedarfsvorhersage.

Das bekannteste Verfahren zum stochastischen Materialmanagement – insbesondere für kontinuierliche Nachfrage – ist dasjenige des Bestellbestands. Diese Menge ist der Erwartungswert des Bedarfs während der Durchlaufzeit. Für die Abweichung vom Erwartungswert wird ein

Sicherheitsbestand geführt und für die Abweichung der Durchlaufzeit eine Sicherheitsfrist, die ebenfalls in eine Sicherheitsmenge umgerechnet wird. Bestellbestand und Sicherheitsbestand werden bei veränderten Vorhersageparametern neu berechnet.

Die Losgrösse wird im einfachsten Fall so bestimmt, dass ein Minimum an Rüst- und Bestellvorgangskosten und Bestandshaltungskosten erreicht wird. Im *stochastischen Fall* fehlen jedoch die einzelnen Kundennachfragemengen, so dass nur von einer langfristig vorhergesagten Gesamtbedarfsmenge eine optimale Losgrösse (nach Andler) abgeleitet werden kann. Die Rechnung zeigt jedoch, dass die so berechnete Menge lediglich die Grössenordnung des Loses anzeigt und daher grosszügig auf- oder abgerundet werden darf. Diese Grössenordnung ist robust gegenüber fehlerhaften Mengen- wie Kostenvorhersagen. Die Formel berücksichtigt jedoch die Auswirkungen aufgrund kürzerer Durchlaufzeiten bei kleineren Losen nicht. In der Praxis haben noch weitere Randbedingungen einen wichtigen Einfluss auf die definitive Wahl der minimalen oder auch maximalen Losgrösse wie Lagerplatzbedarf, Lagerungsfähigkeit, Mindestbestellvolumina, Spekulation usw. Erweiterungen der einfachen Losgrössenformel ergeben sich aufgrund der Berücksichtigung der Durchlaufzeit, von Mengenrabatten und von Satz- und Sammelbewirtschaftung.

11.6   Schlüsselbegriffe

11.7   Szenarien und Übungen

11.7.1 Die ABC-Klassifikation

Diese Übung bezieht sich auf Kap. 11.2.2. Führen Sie eine ABC-Analyse für die in der Tabelle in Abb. 11.7.1.1 aufgeführten Teile durch, getrennt nach den beiden ABC-Kategorien 1 und 2. Die A-Gruppe macht 75 % des Verkaufsumsatzes aus, Artikel in der B-Gruppe 90 %. Wieso ist es oft sinnvoll, eine getrennte Klassifikation für zwei oder mehr ABC-Kategorien vorzunehmen? Ist Ihre Klassifikation der Artikel als A, B oder C die einzig mögliche Lösung?

Artikel-Id.	Umsatz (€)	ABC-Kategorie
4310	10	1
4711	1	2
5250	0	2
6830	6	2
7215	30	1
7223	2	1
7231	84	1

Artikel-Id.	Umsatz (€)	ABC-Kategorie
8612	70	1
8620	13	2
8639	1	2
8647	3	2
8902	4	1
8910	0	1
9050	1	2

Abb. 11.7.1.1   Umsatz und ABC-Kategorien einiger Artikel

Lösung:

ABC-Kategorie	Artikel-Id.	Umsatz (€)	Kumulierter Umsatz	%-Anteil vom kum. Umsatz	ABC-Klassifikation
1	7231	84	84	42	A
	8612	70	154	77	A
	7215	30	184	92	B
	4310	10	194	97	C
	8902	4	198	99	C
	7223	2	200	100	C
	8910	0	200	100	C
2	8620	13	13	52	A
	6830	6	19	76	A
	8647	3	22	88	B
	4711	1	23	92	B
	8639	1	24	96	C
	9050	1	25	100	C
	5250	0	25	100	C

Die Einteilung der Artikel in zwei Kategorien für eine aussagekräftige ABC-Klassifikation ist notwendig, so dass ähnliche Artikel verglichen werden können. Die Kategorien reflektieren die verschiedenen Artikelarten, wie zum Beispiel Einzelteile und Endprodukte.

Die Klassifikationen in der obigen Lösung stellen nicht die einzig mögliche Lösung dar. Bestimmte Klassifikationen um die Schranken herum können problematisch werden. Wieso sollte zum Beispiel Artikel 4711 der Klassifikation B zugeordnet werden, während die Artikel 8639 und 9050 die Klassifikation A erhalten?

11.7.2 Kombinierte ABC-XYZ-Klassifikation

Eine kombinierte ABC-XYZ-Klassifikation ermöglicht eine Aussage über die geeignete Methode des Materialmanagements. Kennzeichnen Sie die Bereiche (Artikel) in der Matrix in Abb. 11.7.2.1, für welche eine Kanban-Steuerung geeignet wäre. Begründen Sie Ihre Entscheidungen.

Konstanz der Nachfrage	Verbrauchswert		
	A hoch	**B** mittel	**C** gering
X gross	hoher Wert kontinuierliche Nachfrage	mittlerer Wert kontinuierliche Nachfrage	geringer Wert kontinuierliche Nachfrage
Y mittel	hoher Wert reguläre oder schwankende Nachfrage	mittlerer Wert reguläre oder schwankende Nachfrage	geringer Wert reguläre oder schwankende Nachfrage
Z gering	hoher Wert Diskontinuierliche Nachfrage	mittlerer Wert Diskontinuierliche Nachfrage	geringer Wert Diskontinuierliche Nachfrage

Abb. 11.7.2.1   Kombinierte ABC-XYZ-Klassifikation

Lösung:

Voraussetzung für das Kanban-Verfahren ist eine möglichst kontinuierliche Nachfrage entlang der ganzen Wertschöpfungskette. X-Artikel bieten sich damit besonders für die Produktion in einem Kanban-System an. Bei der Y-Gruppe sollten A-Artikel nicht über Kanban gesteuert werden, da ihr Verbrauchswert hoch ist und fluktuierende Nachfrage zu geringerem Umschlag des Lagerbestands und daher zu einer längeren Lagerverweildauer führen. Aus demselben Grund schliesst sich in der Regel auch die Kanban-Steuerung für Z-Artikel aus, wobei für die C-Artikel eine Ausnahme gemacht werden kann, weil für diese die Lagerhaltungskosten kleiner sein können als die Kosten für ein teureres Steuerungsverfahren.

11.7.3 Schwankungen des Sicherheitsbestands im Vergleich zu Nachfrageschwankungen

Wahr oder falsch: die Höhe des Sicherheitsbestands nimmt mit zunehmender Nachfrage zu?

Lösung:

Wie die Formel in Abb. 11.3.3.7 zeigt, ist diese Aussage i. Allg. nicht korrekt. Der Sicherheitsbestand ist abhängig von der *Standardabweichung* der Nachfrage während der Durchlaufzeit. Ein zunehmender Bedarf erhöht weder automatisch die Standardabweichung während der Statistikperiode noch während der Durchlaufzeit.

11.7.4 Abhängigkeit der Losgrösse von den Lieferausfallkosten (*)

Die Lagerhaltungskosten für einen bestimmten Artikel betragen 2 je Einheit und Jahr. Die Lieferausfallkosten sind 5 je Einheit. Der durchschnittliche jährliche Verbrauch beziffert sich auf 1'000, die Standardabweichung des Bedarfs während der Durchlaufzeit beträgt 10. Kein Sicherheitsbedarf ist beabsichtigt. Man geht von einer Normalverteilung aus.

a) Wie gross sollte die Losgrösse in Anbetracht der optimalen Lieferausfallwahrscheinlichkeit sein? Kann das Ziel eines Lieferbereitschaftsgrades von 99% erreicht werden? Wie hoch sind die Lagerhaltungskosten pro Jahr?

b) Nehmen Sie eine Losgrösse von nur 250 an. Welches sind die Werte für den Sicherheitsbestand und den Lieferbereitschaftsgrad, entsprechend der optimalen Lieferausfallwahrscheinlichkeit pro Auftragszyklus?

c) Gehen Sie nun von einem Sicherheitsbestand von 20 Einheiten aus. Die Losgrösse betrage wieder 250. Welche Werte haben jetzt der Service- und Lieferbereitschaftsgrad?

Lösung:

a) Sicherheitsbestand Null führt zu einem Servicegrad von 50% (siehe z.B. Abb. 11.3.3.6), und – gemäss Abb. 11.3.3.3 – zu einer Lieferausfallwahrscheinlichkeit pro Auftragszyklus von 50%. Da sich ein Lieferausfall als Kosten pro Einheit ausdrücken lässt, sind die Formeln der Abb. 11.3.4.2, 11.3.4.4 und 11.3.4.5 anwendbar. Folglich:

- Losgrösse = 1'000 · 50% · (5/2) = 1'250.
- Lieferausfallmengenkoeffizient P(s) = 0.399.
- => Lieferbereitschaftsgrad = 1 - ((10/1250) · 0.399) = 99.68% > 99%.
- Mittlerer Lagerbestand = 1'250/2 = 625.
- => Lagerhaltungskosten pro Jahr = 625 · 2 = 1'250.

b) Wieder sind die Formeln der Abb. 11.3.4.2, 11.3.4.4 und 11.3.4.5 anwendbar:

- optimale Lieferausfallwahrscheinlichkeit = (2/5) · (250/1'000) = 10%.
- => optimaler Servicegrad = 1 - 10% = 90%.
- => Sicherheitsbestand = 1.282 · 10 {die Standardabweichung} ≈ 13.
- => Lieferausfallmengenkoeffizient P(s) = 0.048.
- => Lieferbereitschaftsgrad = 1 - ((10/250) · 0.048) = 99.81%.

c) Unter Verwendung der Formeln in Abb. 11.3.4.4, 11.3.4.2 und 11.3.4.5:

- Standardabweichung = 10; => Sicherheitsfaktor = 20/10 = 2.
- => Servicegrad ≈ 98%.
- => Lieferausfallmengenkoeffizient P(s) = 0.008.
- => Lieferbereitschaftsgrad = 1 - ((10/250) · 0.008) = 99.97%.

11.7.5 Effektivität des Bestellbestandverfahrens

Abb. 11.3.1.1 stellt die bekannte Sägezahnkurve dar, die charakteristisch für das Bestellbestand-verfahren ist. Sie können die Kurve unter folgendem Link finden:

https://intlogman.ethz.ch/#/chapter11/order-point-technique/show

Untersuchen Sie die sich ändernde Form der Bestandskurve für kontinuierlichen und weniger kontinuierlichen Bedarf. (Eine Bewegung des Cursors über das graue Ikon führt die von Ihnen gemachte Eingabe aus.) Probieren Sie auch andere Parameter aus, um die Losgrösse und den Servicegrad zu berechnen. Testen Sie andere Verbrauchswerte. Beobachten Sie die Aus-wirkungen der Verbrauchsmengen auf die Losgrösse der Produktions- oder Beschaffungs-aufträge. Ihre Eingabe wird wieder durch Berühren des Ikons „calculate" (berechnen) ausgeführt. Die anfänglichen Bedarfswerte werden automatisch wieder eingegeben, indem Sie den Cursor über die grauen Ikons bewegen, welche die unterschiedlichen Formen des Bedarfs darstellen.

11.8   Literaturhinweise

APIC16   Pittman, P. et al., APICS Dictionary, 15. Auflage, APICS, Chicago, IL, 2016

Andl29   Andler, K., „Die optimale Serienstückzahl", Dissertation TU Stuttgart, 1929

Bern99   Bernard, P., „Integrated Inventory Management", John Wiley & Sons, 1999

Brow67   Brown, R.G., „Decision Rules for Inventory Management", Holt, Rinehart and Winston, New York, 1967

Cole00   Coleman, B. Jay., „Determining the correct service level target", Production and Inventory Management Journal, Vol. 41 Nr. 1 , pp. 19-23, 2000

Chap06   Chapman, S., „The fundamentals of production planning and control", Pearson Education, Upper Saddle River, NJ, 2006

Eilo62   Eilon, S., „Industrial Engineering Tables", Van Nostrand, London, 1962

Eilo64   Eilon, S., „Tafeln und Tabellen für Wirtschaft und Industrie", R. Oldenbourg, München, 1964

Nyhu91   Nyhuis, P., „Durchlauforientierte Losgrössenbestimmung", Fortschrittberichte VDI, Reihe 2, Nr. 225, Düsseldorf, 1991

Sipy98   Silver, E.A., Pyke, D.F., Peterson, R., „Inventory Management and Production Planning and Scheduling", 3rd Edition, John Wiley & Sons, New York, 1998

Stev14   Stevenson, W.J., „Operations Management", 12th ed., Irwin / McGraw-Hill, Boston, 2014

Ters93   Tersine, R.J., „Principles of Inventory and Materials Management", 4th Edition, Prentice Hall, North-Holland, New York, 1993

12 Deterministisches Materialmanagement

Deterministische Verfahren kommen im Materialmanagement immer dann zum Einsatz, wenn Anteile der kumulierten Durchlaufzeit innerhalb der Kundentoleranzzeit bleiben. Dies ist z.B. der Fall für die Montagestufe im Investitionsgüterbau. Während dieser Zeit können Produktion und Beschaffung bzw. Dienstleistung abhängig von Kundenbedarfen erfolgen. Die Abb. 12.0.0.1 zeigt dunkel unterlegt die Aufgaben und Prozesse der Planung & Steuerung bezogen auf das in der Abb. 5.1.4.2 gezeigte Referenzmodell.

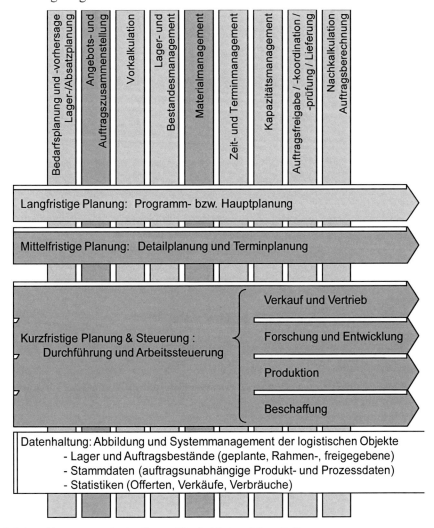

Abb. 12.0.0.1   Abgrenzung der in diesem Kapitel behandelten Teilsysteme

Zu einer besseren Übersicht über dieses Kapitel verhelfen wiederum die Kap. 5.3.1 und 5.3.2, besonders Abb. 5.3.2.1/5.3.2.2. Es wird empfohlen, die Kap. 5.3.1 und 5.3.2 vor der weiteren Lektüre dieses Kapitels noch einmal durchzulesen.

© Springer-Verlag GmbH Deutschland, ein Teil von Springer Nature 2020
P. Schönsleben, *Integrales Logistikmanagement*,
https://doi.org/10.1007/978-3-662-60673-5_13

Sog. Quasideterministische Verfahren werden im stochastischen Fall, d.h. stromaufwärts vom oder auf dem Auftragseindringungspunkt eingesetzt. Rein stochastische Verfahren bergen gemäss Kapitel 11 das Risiko, dass beschaffte Güter nicht rechtzeitig verbraucht werden oder ein zu hoher Sicherheitsbestand gehalten werden muss. Für teure Artikel sind beide Effekte nicht akzeptabel. Quasideterministisches Materialmanagement wird auch zur langfristigen Planung herangezogen, insbesondere zur Budgetierung des Personalbedarfs, der übrigen Ressourcen und zur Bestimmung von Rahmenaufträgen.

Die deterministischen Verfahren zum *langfristigen* Materialmanagement wurden bereits im Kap. 5.2 besprochen. Dieses Kapitel enthält nun die Verfahren für die mittelfristige und kurzfristige Planung. Sie zeichnen sich darin aus, dass der Bedarf auf einen Artikel nicht allein als Summe betrachtet und damit de facto über die Zeitachse durchschnittlich verteilt werden kann, wie dies bei der langfristigen Planung oder auch beim stochastischen Materialmanagement im Kapitel 11 der Fall ist. Vielmehr wird die Kenntnis ausgenützt, dass für jeden Bedarf auch dessen genauer Zeitpunkt bzw. eine beschränkte Zeitperiode in der Zeitachse bekannt ist. Gerade blockweiser Bedarf kann auf diese Weise effizient bewirtschaftet werden.

Deterministische Verfahren sind gut nachvollziehbar. Je grösser die Kundentoleranzzeit, desto eher sind sie einsetzbar. Dies ist insbesondere in herstellerdominierten Märkten der Fall, aber auch bei Produktion oder Beschaffung mit grossem kundenspezifischem Anteil, z.B. im Spezial-maschinen- oder Anlagenbau, oder bei Dienstleistungen. Deterministische Verfahren können auch vermehrt eingesetzt werden, wenn es gelingt, die Durchlaufzeit durch ausgeklügelte Verfahren zu verkürzen.

12.1   Bedarf und verfügbarer Bestand in der Zeitachse

Sowohl im langfristigen Ressourcenmanagement im Kap. 5.2.2 als auch im stochastischen Materialmanagement konnte der Bedarf an einem Artikel als Skalar, d.h. als Summe betrachtet werden, weil der genaue Bedarfszeitpunkt entweder nicht interessierte oder nicht Gegenstand der Abschätzung war. Die Schätzung betraf vielmehr die Menge während einer Zeitperiode. Die Streuung war umso grösser, je kürzer die Zeitperiode gewählt wurde. Bei einer solchen Ungenauigkeit geht man am besten von einer durchschnittlichen Verteilung des Bedarfs auf die gesamte Zeitperiode aus.

Innerhalb der Kundentoleranzzeit ist der genaue Bedarfszeitpunkt jedoch bekannt, und es gibt keinen Grund, diese Information nicht zu nutzen. Anstelle eines Bestellbestandverfahrens wie im Kap. 11.3, das nur den (physischen) Lagerbestand berücksichtigt, sind jetzt zusätzlich der Bedarf und die Lieferungen in der Zukunft in Betracht zu ziehen.

> *Zeitperiodenbildung* (engl. „*time phasing*") ist das Verfahren, das die Zeitachse in der Zukunft in Zeitperioden aufteilt, und den Lagerbestand für einen beliebigen Zeitpunkt in der Zukunft bereits jetzt betrachtet ([APIC16]).
>
> *Periodentopf* (engl. „*time bucket*") ist ein künstlicher Name für die gewählte Zeitperiode, in der die relevanten Planungsdaten für eine kolonnenweisen Darstellung zusammengefasst werden (z.B. eine Woche oder ein Monat).

> *Zeitperiodenbezogener Bestellbestand* (engl. *„time phased order point"*) ist ein Begriff für das MRP-Verfahren in Kap. 12.3.2 in seiner frühen Form.

Das Betrachten von Zeitperioden ist aus didaktischer Sicht praktisch, um die Verfahren zu verstehen. Werden die Verfahren von Hand gerechnet, so ist aufgrund der benötigten Bearbeitungszeit ebenfalls eine vergröberte, zeitperiodengenaue Rechnung angebracht. Für die ersten Generationen von ERP-Software galt aufgrund der langsamen Zugriffszeiten auf die Datenträger das Gleiche. In ihrer aktuellen Form weisen jedoch die meisten Softwarepakete eine ereignisgenaue Rechnung aus.

Die nachstehend vorgestellte Verfügbarkeitsrechnung ist die Grundlage für das deterministische Materialmanagement.

12.1.1 Der geplante verfügbare Bestand

> *Physischer Bestand* ist der aktuelle Bestand, ermittelt z.B. aufgrund einer Inventur (vgl. [APIC16]). [1]
>
> *Lagerbestand* bzw. *Bestand an Lager* werden oft als Synonyme zu diesem Begriff verwendet.

Genaue physische Bestände genügen nicht für eine effiziente Bewirtschaftung, wie das folgende Beispiel zeigt:

- „Ein Kunde bestellt eine bestimmte Menge eines Produkts, lieferbar in einer Woche. Man verifiziert einen genügenden physischen Bestand und bestätigt die Lieferung. Nach einer Woche stellt man aber fest, dass nicht geliefert werden kann, weil der physische Bestand unterdessen an einen anderen Kunden geliefert wurde."

Zur Lösung des Problems muss man auch zukünftige Bedarfe berücksichtigen.

> Die *zugewiesene Menge* ist eine Menge von Artikeln, die einem bestimmten Kunden- oder Produktionsauftrag zugeordnet sind. Sie wird auch *Reservierung* genannt.

- Eine durch einen neuen Kundenauftrag bestellte Menge wird deshalb nicht allein mit dem physischen Bestand verglichen, sondern mit der davon subtrahierten Summe aller *Reservierungen*. Der in Frage stehende Kundenbedarf darf nur dann bestätigt werden, wenn das Resultat genügend gross ist.

Auf der anderen Seite müssen auch die durch laufende *Einkaufsaufträge* oder *Produktionsaufträge* bestellten Mengen berücksichtigt werden.

> Ein *offener Auftrag* ist entweder ein Synonym zu einem freigegebenen Auftrag oder ein noch nicht erfüllter Kundenauftrag.
>
> Eine *offene Bestellmenge* eines Auftrags ist die noch nicht gelieferte oder erhaltene Bestellmenge eines offenen Auftrags.

---

[1]   In der Praxis wird oft auch der Buchbestand zu den nachfolgenden Berechnungen herangezogen, d.h. als physischer Bestand angenommen.

> Ein *terminierter Eingang* ist die offene Bestellmenge eines offenen Produktions- oder Einkaufsauftrags mit ihrem zugeordneten Endtermin.

- Den in Frage stehenden Kundenbedarf kann man deshalb per Eingangsdatum des nächsten terminierten Eingangs bestätigen, wenn dieses genügend zuverlässig und die Eingangsmenge ausreichend gross ist.

Das Beispiel führt zur Definition des geplanten verfügbaren Bestands.

> Der *geplante verfügbare (bzw. disponible) Bestand* ist in der Abb. 12.1.1.1 für jede Transaktion bzw. jedes bestandverändernde Ereignis in der Zukunft definiert. Für seine Berechnung werden auch die *geplanten Bedarfe*, das heisst die Bedarfe von geplanten Kunden- oder Produktionsaufträgen, sowie die *geplanten Eingänge*, das heisst die (vorweggenommenen) Eingänge aus geplanten Produktions- oder Beschaffungsaufträgen, mit in die Rechnung einbezogen.

$$\text{geplanter verfügbarer Bestand}(t) =$$
$$\text{physischer Bestand} + \left(\sum \text{terminierte Eingänge}\right)(t) - \left(\sum \text{Reservierungen}\right)(t)$$
$$+ \left(\sum \text{geplante Eingänge}\right)(t) - \left(\sum \text{geplante Bedarfe}\right)(t)$$

wobei

$$\left(\sum \text{terminierte Eingänge}\right)(t) := \quad \begin{array}{l} \text{Summe aller terminierten Eingänge} \\ \text{mit Eingangsdatum} \leq \text{Transaktionsdatum.} \end{array}$$

$$\left(\sum \text{Reservierungen}\right)(t) := \quad \begin{array}{l} \text{Summe aller Reservierungen mit} \\ \text{Ausgangsdatum} \leq \text{Transaktionsdatum.} \end{array}$$

$$\left(\sum \text{geplante Eingänge}\right)(t) := \quad \begin{array}{l} \text{Summe aller geplanten Eingänge mit} \\ \text{Eingangsdatum} \leq \text{Transaktionsdatum.} \end{array}$$

$$\left(\sum \text{geplante Bedarfe}\right)(t) := \quad \begin{array}{l} \text{Summe aller Ausgangsmengen zur Deckung} \\ \text{von Bedarfen für geplante Aufträge mit} \\ \text{Ausgangsdatum} \leq \text{Transaktionsdatum.} \end{array}$$

Abb. 12.1.1.1   Geplanter verfügbarer Bestand

Geplanter verfügbarer Bestand ist damit nicht ein einzelnes, direkt verwaltbares Attribut. Es ändert sich mit jedem dispositionsrelevanten Ereignis. Die Abb. 12.1.1.2 zeigt die verschiedenen Dispositionsvorgänge bzw. dispositionsrelevanten *Ereignisse* oder *Transaktionen*, welche den Wert der vier Summen und ggf. auch den physischen Bestand verändern (vgl. dazu auch Abb. 11.1.2.1):

1. *Erhöhen des Produktionsplans:* Jede Vorhersage ist ein geplanter Bedarf.

2. *Erhalt einer Kundenbestellung:* Für jeden bestellten Artikel entsteht eine Reservierung.

3. *Ausliefern eines Kundenauftrags:* Die Lagerbestandsmenge wird reduziert. Auch die reservierte Menge und eventuell eine Vorhersagemenge vermindern sich (siehe dazu Kap. 12.2.2).

4. *Bilden eines geplanten Produktions- oder Beschaffungsauftrags:* Die Summe der geplanten Eingänge wird erhöht.

5. *Bilden von (Sekundär-)Bedarfen für jede Komponente eines geplanten Produktionsauftrags:* Die Summe der geplanten Bedarfe wird erhöht (siehe dazu Kap. 12.3.3).

Transaktion	Lager-bestand	Σ terminierte Eingänge	Σ Reser-vierungen	Σ geplante Bedarfe	Σ geplante Eingänge
1. Erhöhen des Produktionsplans				+	
2. Erhalt einer Kundenbestellung			+		
3. Ausliefern einer Kundenbestellung	-		-	(-)	
4. Bilden eines geplanten Auftrags					+
5. Bilden von Sekundärbedarfen				+	
6. Freigabe eines Auftrags		+			(-)
7. Zuordnen eines Komponentenbedarf s			+	(-)	
8. Ausfassen einer Reservierung	-		-		
9. Ungeplante Rückgabe bzw. Entnahme	+/-				
10. Ausschuss während der Produktion		-			
11. Eingangsprüfung	+	-			
12. Bestandsanpassung	+/-				

Abb. 12.1.1.2   Dispositionsrelevante Ereignisse und ihr Einfluss auf den geplanten verfügbaren Bestand

6. *Die Freigabe eines Produktions- oder Einkaufsauftrags:* Die Summe der offenen Eingänge wird erhöht. Wenn der Auftrag bereits als geplanter Auftrag bestanden hat, so werden die geplanten Eingangsmengen reduziert.

7. *Zuordnen eines Komponentenbedarf s:* Geplante Bedarfe in geplanten Produktionsaufträgen werden in Reservierungen umgewandelt.

8. *Ausfassen einer Reservierung:* Bei Entnahme bzw. Ausfassen einer Reservierung: Die Lagerbestandsmenge und die Summe der Reservierungen werden reduziert.

9. *Ungeplante Rückgabe bzw. Entnahme:* Solche Transaktionen entstehen während der Produktion, aber auch im Vertrieb und in der Beschaffung. Es kann sich auch um Gemeinkostenmaterial für Büros und Werkstätten handeln, oder um Artikel für F&E bzw. für Mustersendungen usw.

10. *Ausschuss während der Produktion:* Die Qualitätsprüfung bestimmt den Ausschuss, welcher die offenen Eingänge verkleinert.

11. *Eingangsprüfung:* Der physische Lagereingang erhöht die Lagerbestandsmenge und reduziert die Summe der offenen Eingänge.

12. Eine *Inventur* verändert die Lagerbestandsmenge in beide Richtungen.

Es ist wichtig, dass der geplante verfügbare Bestand nur durch eine der erwähnten Transaktionen verändert wird. Deshalb gibt es nie eine einfache Korrektur des Physischen Bestands oder der vier Mengensummen. Dies entspricht den Usancen bei der Finanzbuchhaltung, welche ihrerseits die Vorschriften des Gesetzgebers berücksichtigen.

12.1.2 Die Verfügbarkeitsrechnung (Berechnung des geplanten verfügbaren Bestands)

Wie oben beschrieben, verändert sich der geplante verfügbare Bestand mit jeder Transaktion. Es gibt also so viele geplante verfügbare Bestände, wie Transaktionen auf einen Artikel existieren.

Die *Verfügbarkeitsrechnung* oder *Berechnung des geplanten verfügbaren Bestands* betrachtet die Entwicklung des geplanten verfügbaren Bestands in der Zukunft, und zwar über einen Zeithorizont, der zumindest die kumulierte Durchlaufzeit umfasst.

Lagerbestandskurve ist ein anderer Begriff für die Darstellung, die aus der Verfügbarkeitsrechnung entsteht.

Die Abb. 12.1.2.1 zeigt mit der Disponibilität eines Artikels in Funktion der Zeitachse die klassische Darstellung dazu. Dies ist i. Allg. eine Auskunft der folgenden Form:

Datum	Eingang	Ausgang	Saldo	Text	Auftrags-Id.
1.6.			1200	Lagerbestand	
19.6.		500	700	Müller	26170
31.7.	3000		3700	Lagerauftrag	86400
2.8.		300	3400	Mayer	27812
4.8.		2500	900	Huber	26111
18.8.	3000		3900	Lagerauftrag	87800
19.8.		2000	1900	Keller	26666
24.9.		1000	900	Meier	25810

Abb. 12.1.2.1   Die Verfügbarkeitsrechnung (tabellarische Darstellung)

- Die erste Zeile bezieht sich auf den Physischen Bestand.
- Auf den weiteren Zeilen werden die verschiedenen Transaktionen eine nach der anderen aufgeführt, in der Reihenfolge aufsteigend nach dem Transaktionsdatum. In der 2. bzw. 3. Kolonne werden Eingangs- bzw. Ausgangsmengen eingetragen. In der 4. Kolonne wird der Saldo gezeigt, d.h. der geplante verfügbare Bestand nach der Transaktion. Die übrigen Kolonnen beschreiben die Transaktion.

Problembeispiel: Versuche die folgenden wichtigen Fragen zu beantworten, unter Nutzung der Liste in Abb. 12.1.2.1, welche eine mögliche Situation zur Berechnung des geplanten verfügbaren Bestands beschreibt.

- Welche Teilmenge ist zu einem bestimmten Datum verfügbar? Gesucht ist – ausgehend vom gewünschten Datum – der minimal verfügbare Bestand.
- Wann ist die gesamte Menge verfügbar? Gesucht ist das früheste Datum, nach dem der verfügbare Bestand nie mehr kleiner wird als die angefragte Menge.

Die grafisch aufgebaute Abb. 12.1.2.2 deckt sich inhaltlich mit Abb. 12.1.2.1. Die beiden oben gestellten Fragen können so auf intuitive Weise durch qualitative Betrachtung beantwortet werden. Im Vergleich mit der tabellarischen Darstellung können die notwendigen dispositiven Entscheide in einem Bruchteil der Zeit gewonnen werden.

Die hier gezeigte Verfügbarkeitsrechnung entspricht der Berechnung des ATP-Bestandes (engl. „available-to-promise" (ATP)) in Kap. 5.3.5.

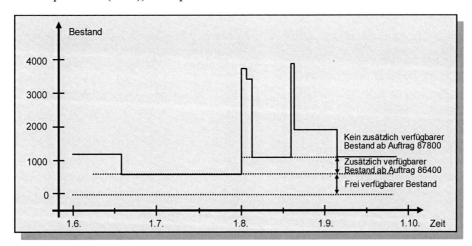

Abb. 12.1.2.2   Die Verfügbarkeitsrechnung (grafisch) bzw. die Lagerbestandskurve

12.1.3 Die terminplanende und die kumulierte Verfügbarkeitsrechnung

Die *terminplanende Verfügbarkeitsrechnung* versucht, jedem Bedarf den zugehörigen terminierten oder geplanten Eingang zuzuordnen.

Die Abb. 12.1.3.1 zeigt das vorherige Beispiel für diese Rechnungsart, wobei der Kundenauftrag 25810 auf den 10. Juni vorverschoben wurde.

*	Datum	Eingang	Ausgang	Saldo	Text	Auftrags-Id.
	1.6.			1200	Lagerbestand	
	10.6.		1000	200	Meier	25810
*	31.7.	3000		3200	Lagerauftrag	86400
	19.6.		500	2700	Müller	26170
	2.8.		300	2400	Mayer	27812
*	18.8.	3000		5400	Lagerauftrag	87800
	4.8.		2500	2900	Huber	26111
	19.8.		2000	900	Keller	26666

Abb. 12.1.3.1   Die terminplanende Verfügbarkeitsrechnung (Tabellarische Darstellung)

Wieder werden die Bedarfe in der Reihenfolge ihrer Termine aufgeführt. Die Eingänge hingegen werden zu dem Zeitpunkt einsortiert, zu welchem sie benötigt werden, um geplanten verfügbaren Bestand zu haben. Folgende Situationen führen zu Ausnahmelisten (nur die erste kommt in Abb. 12.1.3.1 vor):

- Ein Bedarf kann nur dadurch gedeckt werden, indem ein entsprechender Eingang terminlich vorverschoben wird (zwei solche Eingänge sind in Abb. 12.1.3.1 mit einem „*" in der ersten Kolonne bezeichnet).

- Ein Eingang kann rückverschoben werden, da die darauf bezogenen Bedarfe einen späteren Termin aufweisen als der Termin des Eingangs.

- Es gibt Bedarfe ohne entsprechend zuordbare Eingänge. Ein Bestellvorschlag ist zu generieren.

- Geplante oder freigegebene Aufträge ohne zugeordnete Bedarfe können eventuell storniert werden.

Die terminplanende Verfügbarkeitsrechnung liefert damit auch eine Verbindung zwischen Materialmanagement und Terminplanung, indem Vorschläge zur Beschleunigung oder zum Bremsen von Produktions- oder Beschaffungsaufträgen gegeben werden.

Können umgekehrt die Produktions- oder Beschaffungsaufträge nicht mehr beschleunigt werden, dann zeigt die terminplanende Verfügbarkeitsrechnung auf, welche Bedarfe nur verspätet zufriedengestellt werden können. Die zu diesen Bedarfen gehörenden Aufträge sind dann im Moment zu bremsen und nach Verfügbarkeit der Bedarfe umso mehr zu beschleunigen.

Auch die terminplanende Verfügbarkeitsrechnung kann in grafischer Form aufbereitet werden. Die Abb. 12.1.3.2 zeigt den der Abb. 12.1.3.1 entsprechenden Inhalt in grafischer Form. Der negative geplante verfügbare Bestand entspricht dem Lieferverzug und ist entsprechend schraffiert, und die beiden extremen Reaktionsmöglichkeiten, d.h. Verspäten einer Reservierung oder Beschleunigen eines Produktions- oder Beschaffungsauftrags sind beispielhaft gezeigt.

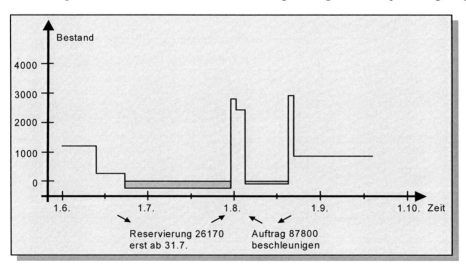

Abb. 12.1.3.2   Die terminplanende Verfügbarkeitsrechnung (grafisch)

Die *kumulierte Verfügbarkeitsrechnung* umfasst im Informationsgehalt die nichtkumulierte und liefert dazu je die Kumulationen von Eingängen und Ausgängen im Laufe der Zeitachse.

Lagerdurchlaufdiagramm ist ein anderer Begriff für die Darstellung, die aus der kumulierten Verfügbarkeitsrechnung entsteht.

Die Abb. 12.1.3.3 zeigt diese Art von Darstellung. Sie ist schwieriger darzustellen, da sie in der vertikalen Achse grosse Werte annehmen kann.

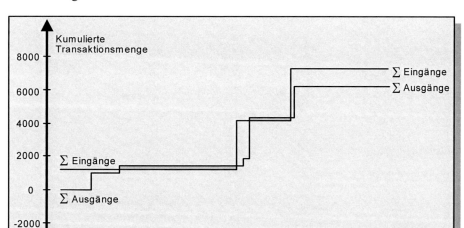

Abb. 12.1.3.3   Die kumulierte Verfügbarkeitsrechnung (grafisch) bzw. das Lagerdurchlaufdiagramm

Der zu erwartende disponible Bestand erscheint als vertikale Differenz. Ist die Lagerausgangskurve über der Lagereingangskurve, so ist negativer geplanter verfügbarer Bestand zu erwarten. Er entspricht dem zu erwartenden Lieferverzug und ist wieder schraffiert gezeichnet.

12.1.4 Lagerkennlinien

Lagerkennlinien beschreiben den Lieferverzug und die Lagerverweilzeit in Abhängigkeit vom Lagerbestand.

Lagerkennlinien entstehen dadurch, dass verschiedene Lagerzustände in einer Kurve verdichtet dargestellt werden. Die Abb. 12.1.4.1 zeigt, wie aus dem Lagerdurchlaufdiagramm (siehe Abb. 12.1.3.3) eines Artikels die Lagerkennlinien abgeleitet werden können. Siehe dazu [Wien97] oder [NyWi12].

Im Lagerdurchlaufdiagramm entspricht der Lagerbestand zu einem Zeitpunkt dem senkrechten Abstand zwischen Lagereingangskurve und Lagerausgangskurve. Aufgrund von Flächenbetrachtungen können nun Leistungskenngrössen wie mittlerer Lagerbestand, mittlere Lagerverweilzeit und mittlerer Lieferverzug berechnet werden. Siehe dazu auch [Gläs95].

Im oberen Teil der Abb. 12.1.4.1 sind für drei verschiedene Lagerzustände die Lagerdurchlaufdiagramme wiedergegeben. Diese Zustände unterscheiden sich hauptsächlich durch den mittleren Lagerbestand.

- Lagerzustand I weist einen hohen Lagerbestand auf. Es treten keine Lieferverzüge auf, da jede Nachfrage sofort erfüllt werden kann. Jedoch ist die Lagerverweilzeit sehr gross.

a) Lagerdurchlaufdiagramm für verschiedene Lagerzustände

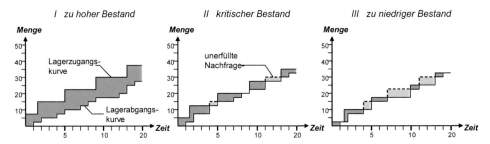

b) Lagerkennlinien

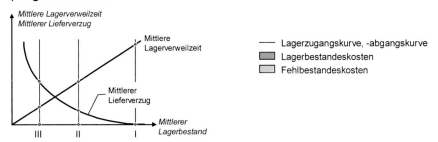

Abb. 12.1.4.1   Ein Beispiel für die Ableitung von Lagerkennlinien aus dem Lagerdurchlaufdiagramm (siehe [Wien97, S.173])

- Im Lagerzustand II ist die mittlere Lagerverweilzeit deutlich geringer als bei Lagerzustand I. Gelegentlich kommt es nun aber zu Versorgungsengpässen, d.h. zu Zeitperioden, in denen die Nachfrage nicht befriedigt werden kann.

- Im Lagerzustand III ist während langer Zeiträume kein Lagerbestand vorhanden. Neu hinzukommende Nachfragen können nicht erfüllt werden, was sehr hohe Lieferverzüge zur Folge hat.

Werden nun, wie im unteren Teil der Abb. 12.1.4.1 dargestellt, die drei Lagerzustände mit ihren Leistungskenngrössen, mittlere Lagerverweilzeit und mittlerer Lieferverzug, über dem mittleren Lagerbestand aufgetragen, so erhält man durch verbinden der Punkte die dazugehörigen Lagerkennlinien. Lagerkennlinien dieser Art können in der Praxis mittels analytischer Methoden oder dem Einsatz der Simulation erstellt werden. Siehe dazu [Gläs95].

Mittels Lagerkennlinien ist es möglich, gegenseitige Abhängigkeiten quantitativ erfassbarer logistischer Leistungskenngrössen grafisch darzustellen. Die Lagerkennlinien erlauben, in Analogie zu den Betriebskennlinien für Arbeitsstationen (siehe Kap. 13.2.4), für den bedeutsamen Kostenfaktor Lagerbestand im Rahmen eines Bestandscontrolling Zielwerte abzuleiten. Diese Form der Darstellung dient zur Bewertung und Verbesserung von Beschaffungsprozessen, zur Potentialanalyse im Rahmen einer Lieferantenauswahl sowie zum Vergleich der Güte verschiedener Lagerbewirtschaftungsverfahren. Beispiele dafür sind:

- Je flacher die Steigung der Kurve für die mittlere Lagerverweilzeit, desto höher ist der Lagerbestandsumschlag.

- Je näher die Kurve des mittleren Lieferverzugs an den beiden Achsen ist, desto besser sind die Bestandszugänge den Bestandsabgängen (und damit den Bedarfen) angepasst.

12.2 Deterministische Ermittlung von Primärbedarfen

12.2.1 Kundenauftrag und Vertriebsbedarfsrechnung (DRP)

> Ein *deterministischer Primärbedarf* ist ein bezüglich Menge und Zeitpunkt sowie in der sachlichen Ausprägung vollständig bekannter, unabhängiger Bedarf (vgl. dazu das Kap. 5.2.1).

Im Falle von unternehmensexternen Bedarfen sind dies die bestellten Endprodukte oder Ersatzteile, also die einzelnen Positionen eines Kundenauftrags. I. Allg. ähnlich wie einen Kundenbedarf behandelt man

- *Lagerhausbedarf*, d.h. Bedarf zum Ersatz von Bestand in einem Lagerhaus,
- *Zwischenbetrieblichen Bedarf*, d.h. Bedarf einer Fabrik auf ein Teil oder ein Produkt, welches durch eine andere Fabrik oder Einheit in derselben Organisation hergestellt wird.

Eine bestimmte Position eines Kundenauftrags besteht mindestens bis zu ihrer Auslieferung und Fakturierung im Rahmen der Vertriebssteuerung. Sind die Artikel nicht an Lager, so umfasst die „Lebensdauer" einer Position des Kundenauftrags die „Lebensdauer" sämtlicher zur Deckung dieses deterministischen Primärbedarfs notwendigen Produktions- und Beschaffungsaufträge. Der Zusammenhang dieser Aufträge zu dem sie verursachenden Primärbedarf sollte jederzeit herstellbar sein, um in der Arbeitssteuerung auf auftretende Abweichungen von der Planung reagieren zu können. Die Konsequenzen für die Kundenaufträge bei Verspätungen in der Produktion oder Beschaffung oder bei Mengenänderungen müssen ersichtlich sein.

Genau gesehen entsteht ein deterministischer Primärbedarf erst mit der Auftragsbestätigung, da erst diese die bestellten Artikel, deren Menge und die Fälligkeitstermine abschliessend rechtlich festhält. Trotz der rechtlichen Bindung sind auch dann die Primärbedarfe nicht deterministisch im ursprünglichen Sinn: Je nach Verhältnis von Angebot und Nachfrage wird der Kunde imstande sein, sowohl Menge als auch Fälligkeitstermin trotz anders lautender und rechtlich gültiger Abmachungen verschieben zu können. In gewissen Fällen erfolgt dies gegen eine von vornherein abgemachte Gebühr.

Ein wichtiger Faktor zur Bestimmung der Termine von Kunden-Primärbedarfen ist die Versandnetzwerkstruktur des Unternehmens, die in der Vertriebsplanung festgelegt wurde. Der Termin des Kunden-Primärbedarfs ist der Versandtermin und liegt um diejenige Zeit vor dem Liefertermin des Kunden, welche durch die Versandnetzwerkstruktur benötigt wird.

> Die *Transportdurchlaufzeit* ist die Zeit zwischen dem Versandtermin (beim Versandort) und dem Eingangstermin (bei der Warenannahme des Empfängers) ([APIC16]).

Die Transportdurchlaufzeit umfasst die Bereitstellung zur Lieferung ab Werk, den Transport zu den Distributionslagern und die Verteilung zum Kunden. Diese Zeiten werden durch die Vertriebsplanung festgelegt. Bei einer Versandnetzwerkstruktur mit begrenzter Kapazität, z.B. Lastwagenflotten, werden die Zeitpunkte von Primärbedarfen oft durch die Zyklen bestimmt, in denen gewisse Touren gefahren werden. Die Tourenplanung bestimmt – gerade bei voluminösen oder sehr teuren Artikeln – über die Liefertermine auch die Montagereihenfolge (bei Kundenproduktionsaufträgen) oder die Kommissionsreihenfolge (bei Kundenaufträgen ab Lager). Siehe auch Kap. 15.4.

Ein wichtiger Aspekt der Versandnetzwerkstruktur ist auch die Dauer des Datenflusses zur Begleitung der Kundenaufträge. Es geht hier um die Lieferpapiere und Transportdokumentationen, bspw. für den Zoll. In diesem Bereich ist der Datenfluss sehr sorgfältig zu planen, gibt es doch gerade auch im Ersatzteilwesen Fälle, in denen der Datenfluss länger zu dauern droht als der entsprechende Güterfluss. Lösungen auf dem neuesten Stand der Kommunikationstechnik sorgen hier für Tempo: z.B. Telefax, EDIFACT usw.

Bei einer „multi echelon"-Versandnetzwerkstruktur kann der Bedarf des Kunden jeder Zwischenstufe als unabhängig aufgefasst werden. Das Vertriebsbestandsmanagement kann dann z.B. mit dem Bestellbestandsverfahren durchgeführt werden. Bei stark schwankenden Bedarfen erweist es sich jedoch die Technik der Vertriebsbedarfsrechnung als praktisch.

> *Die Vertriebsbedarfsrechnung (engl. distribution requirements planning (DRP))* übersetzt geplante Aufträge der verschiedenen Stufen von Lagerhäusern im Versandnetzwerk direkt in geplante Aufträge des zentralen Versandlagers.

Die Abb. 12.2.1.1 zeigt die Vertriebsbedarfsrechnung anhand eines Beispiels für einen bestimmten Artikel mit der Identifikation 4711.

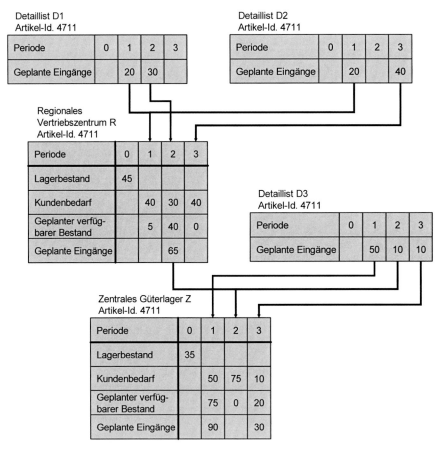

Abb. 12.2.1.1   Vertriebsbedarfsrechnung (Beispiel)

Geplante Eingänge des zentralen Güterlagers – im Beispiel der Abb. 12.2.1.1 die 90 Einheiten in der Periode 1 und die 30 Einheiten in der Periode 3 – sind aber gleichbedeutend mit dem Primärbedarf des produzierenden Unternehmens oder der produzierenden Unternehmen, die dieses zentrale Versandlager beliefern.

Der Vorteil der Vertriebsbedarfsrechnung im Vergleich mit einer mehrstufigen Anwendung des Bestellbestandverfahrens entlang der Versandkette ist der Wegfall von Sicherheitsbeständen auf den einzelnen Stufen. Im Prinzip werden damit aber alle Bedarfe sowohl auf der Versandkette als auch der produzierenden Unternehmen zu Sekundärbedarfen. Das Verfahren entspricht damit der Materialbedarfsrechnung, d.h. dem MRP-Verfahren im Kap. 12.3. Die Logik und die Details der Vertriebsbedarfsrechnung, z.B. die Bestimmung der geplanten Eingänge aus dem geplanten verfügbaren Bestand, werden deshalb hier nicht weiter behandelt.

12.2.2 Verbrauch der Vorhersage durch die Nachfrage (*)

Verbrauch der Vorhersage bzw. *Vorhersageverbrauch* ist der Prozess, bei dem die Bedarfsvorhersage durch Kundenaufträge oder andere Arten von Nachfrage bzw. effektivem Bedarf reduziert wird, sobald man diese erhält ([APIC16]).

Mit stochastischen Verfahren ermittelte Primärbedarfe, d.h. Vorhersagen sind Ersatz für noch nicht vorhandene Nachfrage der Kunden. Quasideterministisch aufgefasst erlauben sie, durch eine Auflösung der Stücklisten deterministische Sekundärbedarfe auf tieferen Produktstrukturstufen zu berechnen, um deren Produktion bzw. Beschaffung genügend früh und in genügender Menge auszulösen.

Eine Vorhersage wird sukzessiv durch die Nachfrage, d.h. die Kundenbestellungen ersetzt bzw. „verbraucht". Die Nachfrage, d.h. deterministischer Bedarf, „überlagert" damit den stochastischen Primärbedarf. Dieser liegt entweder in der Zeitachse unmittelbar vorher, oder es handelt sich um die frühesten Vorhersagen in der Zeitachse, die noch nicht durch Kundenbedarfe vollständig ersetzt wurden.

Die damit entstehenden Vorhersageverbrauchsregeln sind die folgenden:

1. Falls ein Kundenbedarf annulliert wird, bleibt die Bedarfsvorhersage unverändert.

2. Falls ein Kundenbedarf bezogen wird, so „überlagert" dieser die entsprechende Vorhersage und „verbraucht" die offene Menge, welche dann ebenfalls als „bezogen" gilt. Dafür gibt es zwei Varianten. In Variante 2.1 wird die in der Zeitachse unmittelbar vorhergehende Vorhersage abgebaut. In Variante 2.2 werden alle dem Kundenbedarf – in der Reihenfolge der Zeitachse – vorhergehenden Prognosen, deren Vorhersagemenge noch nicht abgebaut wurde, abgebaut.

3. *Option Überplanung*: Ist die Summe der Kundenbedarfe zu gross, so wird die Vorhersagemenge übersteigende Bedarfsmenge als Nettobedarf erkannt.

Diese Anpassungen ergeben die verbleibende Vorhersage für jede Periode. Die Abb. 12.2.2.1 zeigt das Prinzip des Vorhersageverbrauchs, und zwar vor und nach dem Bezug von zwei Kundenbedarfen, gemäss Variante 2.1.

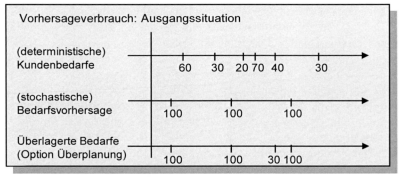

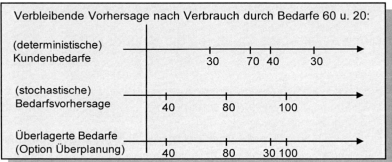

Abb. 12.2.2.1   Prinzip des Vorhersageverbrauchs

Der *vorgegebene feste Bedarfszeitraum* (engl. *„demand time fence"*) ist derjenige Zeitpunkt, vor welchem die Bedarfsvorhersage nicht länger im Gesamtbedarf und in die Berechnung des *geplanten verfügbaren Bestands* eingeschlossen ist. Vor diesem Zeitpunkt werden nur Kundenaufträge berücksichtig ([APIC16]).

Bei Option Überplanung darf ein Auftrag nur in eine Periode eingeplant werden, für welche neue Kundenaufträge im Moment akzeptiert werden. Dies ist typischerweise gerade nach dem festen Bedarfszeitraum.

12.3   Deterministische Ermittlung von Sekundärbedarfen

12.3.1 Charakteristik des blockweise anfallenden Sekundärbedarfs

Liegt ein kontinuierlicher oder regulärer Sekundärbedarf vor, so können analytische Prognose-verfahren zur Bedarfsermittlung und ggf. das (stochastische) Bestellbestandverfahren zum Materialmanagement angewandt werden. Dies ist z.B. bei Einkaufsteilen wie Schrauben, Muttern, oder bei Rohmaterialien wie Blech der Fall, welche von sehr allgemeiner Natur sind und in verschiedenen übergeordneten Produkten als Komponenten auftreten. Für solche Güter sind die sehr häufigen und womöglich recht grossen Bedarfe so in der Zeitachse gestreut, dass insgesamt ein relativ kontinuierliches Nachfragemuster auftritt. Zudem sind die einzelnen Bedarfe im Verhältnis zur Losgrösse des Produktions- oder Beschaffungsauftrags relativ klein.

Nun ist die Nachfrage an Komponenten von hergestellten Produkten oft nicht kontinuierlich, sondern fällt blockweise oder sporadisch an. Dadurch wird es zuerst mehrere Beobachtungsperioden ohne Nachfrage geben und später eine grosse Nachfrage, z.B. als Folge eines Produktions- oder Beschaffungsloses für das Produkt auf der übergeordneten Strukturstufe, wie dies Abb. 12.3.1.1 zeigt. Typisch sind dann die Entnahmemengen in der Grössenordnung des Produktions- oder Beschaffungsloses für die Komponente.

Periode	0	1	2	3	4	5	6
Lagerbestand	35						
Sicherheitsbestand	5						
Kundenbedarf		10	12	12	14	12	12
geplante Eingänge				30		30	
Komponenten-bedarf			30		30		

Abb. 12.3.1.1   Blockweiser Sekundärbedarf wegen Losbildung auf höheren Strukturstufen

Sofern die Komponentenbedarf e von Bedarfen übergeordneter Baugruppen abgeleitet werden können, ist das Bestellbestandverfahren wegen zu hoher Bestandshaltungskosten zur Bewirtschaftung ungeeignet. Die Abb. 12.3.1.2 illustriert diese Aussage (die schraffierten Flächen entsprechen den Bestandshaltungskosten):

- Ein Bedarf für die Komponente C entsteht, sobald ein Auftrag für die Baugruppe A aufgeworfen wird. Infolgedessen ist der Bedarf für C nicht kontinuierlich. Das Halten eines Sicherheitsbestands von bspw. 20 Mengeneinheiten C nützt überhaupt nichts, wenn blockweise Bedarfe von 100 Einheiten anfallen.

- Das Bestellbestandverfahren ergibt einen grossen Lagerbestand von C, der bis zur nächsten Bestellung der übergeordneten Baugruppe A gehalten werden muss.

- Die ideale Situation ist jene, die im unteren Teil der Abb. 12.3.1.2 gezeigt wird. Der Produktions- oder Beschaffungsauftrag von C soll unmittelbar vor dem Bedarfszeitpunkt für die Komponente C erfüllt werden. In diesem Fall wird die Komponente C nur für eine sehr kurze Zeitperiode oder gar nicht am Lager gehalten. Diese Art von Planung ist das Ziel des MRP-Verfahrens („material requirements planning").

Das MRP-Verfahren errechnet – ausgehend von den übergeordneten Primärbedarfen – die Sekundärbedarfe. Im Prinzip muss bei dieser Technik für Komponenten kein Sicherheitsbestand am Lager gehalten werden. Hingegen muss eine Sicherheitsfrist für die Durchlaufzeit einkalkuliert werden, um den Effekt einer verspäteten Lieferung zu berücksichtigen.

Wird für Komponenten trotzdem ein kleiner Sicherheitsbestand für Verbrauchsabweichungen gehalten, so geschieht dies, um möglichst schnell Ausschuss ersetzen zu können, die innerhalb der Produktion der übergeordneten Produktstrukturstufe auftreten. In ähnlicher Weise kann man auch den Ausschuss- bzw. Ausbeutefaktor für jedes freizugebende Los berücksichtigen.

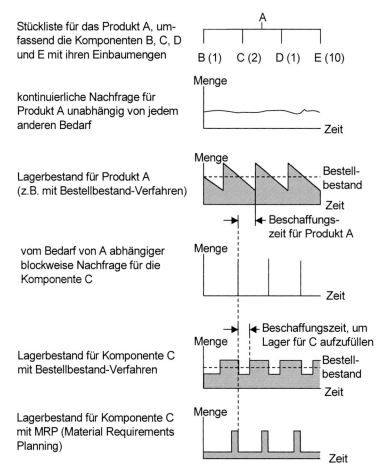

Abb. 12.3.1.2   Zwei Verfahren zur Bestandssteuerung von Komponenten mit blockweisem Bedarf

Beispiel:

Losgrösse (= erwartete Ausbeute):   100
Ausschussfaktor: 5 %
⇒ Ausbeutefaktor: 95 %
⇒ freizugebende Auftragsmenge: 100 / 95 % = 105.26 → 106

Handelt es sich jedoch um einen *stochastischen Primärbedarf*, d.h. eine Vorhersage, dann ist gemäss Kap. 10.5.5 bereits im (quasideterministischen) Primärbedarf ein Sicherheitsbedarf berücksichtigt. In diesem Falle überträgt die Stücklistenauflösung diesen Sicherheitsbedarf auf die tieferen Strukturstufen.

12.3.2 Die Sekundärbedarfsrechung (MRP) und die geplanten Aufträge

Das *MRP-Verfahren („material requirements planning")* zur Berechnung von abhängigem Bedarf ist gemäss der folgenden Beschreibung definiert. Siehe auch [PtSm11] und [Orli75].

Für jeden Artikel werden vier Schritte ausgeführt, wobei die Artikel *in aufsteigender Folge ihrer Dispositionsstufe* (siehe Kap. 1.2.2) behandelt werden. Die vier Schritte werden also zuerst für jedes Endprodukt und am Schluss für jedes Rohmaterial und Kaufteil durchgeführt: Durch Ausführung der vier Schritte für jeden Artikel entsteht ein mehrstufiger Ablauf, der schematisch in Abb. 12.3.2.1 gezeigt wird.

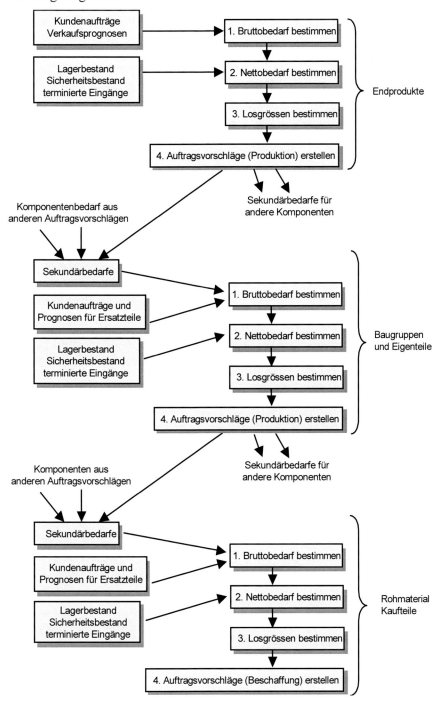

Abb. 12.3.2.1   Schematische Darstellung des MRP-Verfahrens

> *Sekundärbedarfsrechnung, Materialbedarfsrechnung, Brutto-Netto-Bedarfsrechnung* sind Synonyme für das MRP-Verfahren (siehe dazu auch Kap. 5.1.2).

Die einzelnen Schritte werden nun genauer diskutiert:

1. Bestimmen des Bruttobedarfs:

> Der *Bruttobedarf* ist die zeitperiodenbezogene Summe der Primär- und Sekundärbedarfe der jeweiligen Periode.

- Auf der obersten Ebene, d.h. für Endprodukte, ist der Bruttobedarf der Primärbedarf. Dieser hauptsächliche Input des MRP-Verfahrens stammt i. Allg. aus dem Programm- bzw. Haupt-Produktionsterminplan (engl. „master production schedule", MPS) und ist zusammengesetzt aus einerseits den Kundenaufträgen (dem „originären" Bedarf, dies ist deterministischer Primärbedarf) und andererseits den Verkaufsvorhersagen (dem Ergänzungsbedarf, dies ist stochastischer Primärbedarf, der somit quasideterministisches Materialmanagement zur Folge hat).

- Auf den unteren Ebenen, d.h. für Baugruppen und Einzelteile, ist der Bruttobedarf oft nur aus einer der beiden Klassierungen des Bedarfs nach seiner Beziehung zusammengesetzt, also entweder aus Primärbedarf oder aus Sekundärbedarf. Aus beiden Klassierungen zusammengesetzt ist er z.B. bei Ersatzteilen: Der sog. *Ersatzteilbedarf* ist Bedarf auf Ersatzteile, welche direkt verkauft werden sollen. Er wird deshalb als Primärbedarf vorhergesagt. Bedarf auf Ersatzteile, welche in übergeordnete Produkte eingebaut werden sollen, berechnet sich als Sekundärbedarf aus dem Bedarf der übergeordneten Produkte im Schritt 4. Er wird also deterministisch, im Falle von stochastischen Primärbedarf quasideterministisch hergeleitet. Ist der Primärbedarf aus beiden Klassierungen zusammengesetzt, so kann der Einsatz eines mehrstufigen Programm-Terminplans nötig sein[2].

2. Bestimmen des Nettobedarfs:

> Der *Nettobedarf* ist der zeitperiodenbezogene, negative geplante verfügbare Bestand.

- Die Abb. 12.3.2.2 zeigt eine allgemeine Situation eines Artikels. Der Sicherheitsbestand wird gleich zu Beginn vom verfügbaren Bestand subtrahiert. Deshalb plant man in der Folge die Produktions- oder Beschaffungsaufträge so, dass sie eintreffen, wenn der geplante verfügbare Bestand kleiner als Null wird.

- Man nimmt an, dass Eingänge zu Beginn einer Periode und die Ausgänge während der Periode erfolgen. In Funktion der Zeitachse werden nun die Eingänge und die Ausgänge addiert bzw. subtrahiert und damit der verfügbare Bestand auf der Zeitachse berechnet. Das Resultat ist der Nettobedarf: eine Folge von negativ verfügbaren Beständen oder von *Nettobedarfsanteilen* nach jeder Periode.

- Der Schritt 3 des MRP-Verfahrens (siehe Abb. 12.3.2.1), nämlich die Losgrössenbildung, ist bereits beispielhaft aufgeführt. Aus den Losgrössen werden in Schritt 4 geplante

---

[2]   Ein *mehrstufiger Programm-Terminplan* erlaubt, Komponenten auf jeder Stufe der Stückliste eines Endprodukts als Artikel im Programm-Terminplan zu führen (vgl. [APIC16]).

Aufträge erarbeitet. Die *geplante Freigabe*, d.h. die geplante Freigabe eines geplanten Auftrags, ist dann bezogen auf den geplanten Eingang um die Durchlaufzeit (hier: um 3 Perioden) nach vorne versetzt.

Periode	0	1	2	3	4	5	6	7	8	9
physischer Bestand (+)	50									
Sicherheitsbestand (-)	20									
terminierte Eingänge (+)				65						
Reservierungen (-)		15	0	10	0	0	0	0	0	0
geplante (Brutto-)Bedarfe (-)		5	0	40	25	0	20	15	0	10
geplanter verfügbarer Bestand (=)	30	10	10	25	0	0	0	0	0	0
Nettobedarf (negativer (+) geplanter verfügbarer Bestand)		0	0	0	0	0	20	15	0	10
Losgrösse / geplante Eingänge							35			35
geplante Freigaben (DLZ = 3 Perioden)				35	←	35	←			

Abb. 12.3.2.2   Berechnung des Nettobedarfs und der Losgrössen (Beispiel)

- Natürlich kann man sich die gleiche Darstellung vorstellen, in der anstelle von Zeitperioden (bzw. Periodentöpfen, engl. „time bucket") jedes dispositionsrelevante Ereignis einzeln aufgeführt ist. So ein *„buchetless system"* ergäbe u.U. eine sehr breite Liste (bzw. eine grosse Menge von Kolonnen in der Darstellung der Abb. 12.3.2.2).

3. Bestimmen der Losgrössen:

- Die einzelnen Nettobedarfe werden zu Losgrössen zusammengefasst. Dafür gibt es verschiedene geeignete Losgrössenbildungspolitiken, die im Kap. 12.4 vorgestellt werden.

4. *Erstellen eines Auftragsvorschlags, d.h. geplanten Auftrags für jedes Los:*

- Durch Berechnung der Durchlaufzeit wird der Zeitpunkt der geplanten (Auftrags-)Freigabe bestimmt.

- Für einen geplanten Produktionsauftrag werden aus dem Arbeitsplan des herzustellenden Produkts die geplanten Arbeitsgänge und damit die geplante Belastung der Kapazitätsplätze bestimmt (siehe auch Kap. 12.3.3).

- „Stücklistenauflösung": Für einen geplanten Produktionsauftrag werden die geplanten Bedarfstermine für die Komponenten bestimmt (siehe auch Kap. 12.3.3). Der (Sekundär) Bedarf berechnet sich aus der Losgrösse multipliziert mit der Einbaumenge. Dies ist gleichzeitig Bruttobedarf für die Komponente und gehört damit zu den im späteren Verlauf des MRP im Schritt 1 für die Komponente zu bestimmenden Mengen: Dies schliesst die Planungslogik des MRP.

Falls die Auftragsvorschläge in der Folge nicht freigegeben werden, so werden sie automatisch an die aktuelle Situation des Bedarfs im Verlaufe der nächsten Bedarfsrechnung angepasst.

I. Allg. werden dafür die geplanten Aufträge gesamthaft gelöscht und durch einen globalen Neuaufwurf der Bedarfsrechnung neu berechnet.

Verändert sich der Primärbedarf nur sehr wenig, so ist ein sog. *„Net-"change„-Verfahren"* meistens schneller. Dieses versucht, nur die sich verändernden Nettobedarfe zu berücksichtigen. Die Prozedur der vier Schritte wird nur für jene Artikel abgewickelt, welche seit der letzten Bedarfsrechnung ihren geplanten verfügbaren Bestand verändert haben. Werden geplante Produktionsaufträge geändert, so betrifft dies auch die Sekundärbedarfe der Komponenten. Somit müssen auch jene Komponenten die Bedarfsrechnungsprozedur neu durchlaufen. Wenn sehr viele Artikel betroffen sind, muss bald einmal das ganze Auftragsnetz neu gerechnet werden, was einem globalen Neuaufwurf gleichkommt.

12.3.3 Bestimmen des Zeitpunktes der Sekundärbedarfe und der Belastung eines geplanten Auftrags

Auftragsvorschläge werden dem in sinnvolle Lose aufgeteilten Nettobedarf gegenübergestellt. Wenn es sich um einen zugekauften Artikel handelt, dann bedeutet die Erstellung des Auftragsvorschlags im Wesentlichen die Berechnung des Bestellzeitpunkts unter Berücksichtigung der Durchlaufzeit, welche zu den Stammdaten des Artikels gehört. Wenn es sich um einen eigenproduzierten Artikel handelt, so kann der Starttermin auch durch Subtraktion der Durchlaufzeit vom Endtermin berechnet werden. Der Sekundärbedarf für die Komponenten wird gesamthaft zum Starttermin benötigt. So arbeitet das klassische MRP-Verfahren.

Ein detaillierteres und umfassenderes Verfahren berechnet den Prozessplan (siehe Kap. 1.2.3) der letzten Produktionsstufe des Artikels. Simultan entstehen Planungsdaten für das Materialmanagement, das Zeit- und Terminmanagement und das Kapazitätsmanagement:

- die Belastung dieses Auftrags in den verschiedenen Kapazitätsplätzen: durch Multiplikation der Auftragsmenge mit der Vorgabezeit für jeden Arbeitsgang (siehe dazu Kapitel 14).

- der Zeitpunkt des Auftretens einer Belastung durch eine Durchlaufzeitrechnung, ausgehend vom Endtermin des Auftrags (siehe Kapitel 13).

- der Starttermin des Auftrags (siehe dazu Kapitel 13).

- die abhängigen Bruttobedarfe (oder Sekundärbedarfe): durch Multiplikation der Auftragsmenge mit der Einbaumenge für jede Position der Stückliste.

- der Zeitpunkt des Auftretens der Sekundärbedarfe unter Berücksichtigung des Starttermins des Arbeitsgangs, welcher den Bedarf verarbeitet.

Die Abb. 12.3.3.1 zeigt das klassische MRP-Verfahren (Variante 1) im Vergleich zum erwähnten umfassenderen Verfahren (Variante 2). Es geht um die Berechnung des Zeitpunktes der Sekundärbedarfe für ein Produkt A, das aus den Komponenten B und C besteht.

Für Variante 1 wird angenommen, dass der Mittelwert der Durchlaufzeit zur Produktion von A zwei Monate beträgt. Der Zeitpunkt für die Sekundärbedarfe der Komponenten B und C berechnet sich aus dem geplanten Auftragsendtermin für das Produkt A minus dessen mittlere Durchlaufzeit. Wenn die Varianz der Durchlaufzeit gross ist, kann sich dieses Vorgehen im Einzelfall als zu ungenau erweisen.

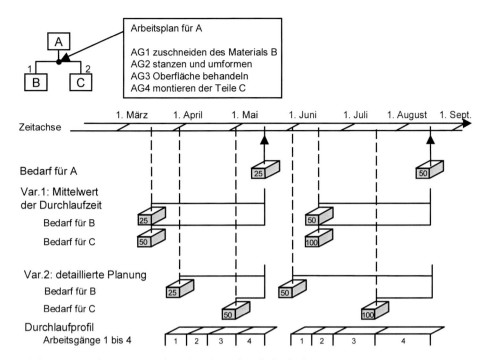

Abb. 12.3.3.1   Berechnung des Zeitpunkts der Sekundärbedarfe

Variante 2 zeigt das umfassendere und detailliertere Vorgehen. Der Prozessplan für das Produkt A wird zur Berechnung hinzugezogen. Der erste Unterschied ergibt sich, indem die Durchlaufzeit bei Losgrösse 25 nur 1,5 Monate beträgt. Bei Losgrösse 50 erreicht sie hingegen 2,5 Monate. Zudem fällt der Bedarf für C erst für den vierten Arbeitsgang an, der je nach Losgrösse einen halben bzw. einen ganzen Monat vor dem Auftragsendtermin starten soll.

Die Abb. 12.3.3.1 zeigt die Konsequenz für die Bestimmung des Zeitpunktes der Sekundärbedarfe in der Variante 2. Handelt es sich bei B und C um sehr teure Artikel, dann wird das detaillierte Vorgehen dazu beitragen, die Komponenten genau dann in die Produktion einfliessen zu lassen, wenn sie benötigt werden. Dies kann die Ware in Arbeit sowohl volumenmässig als auch wertmässig stark reduzieren.

Der Vergleich der beiden Varianten zeigt, dass die gröbere Variante 1 zur (langfristigen) Programmplanung und auch zur mittel- bzw. kurzfristigen Planung von billigen und nicht voluminösen Komponenten ohne weiteres herangezogen werden kann. In allen anderen Fällen ist die Variante 2 von Vorteil. Sie bedingt aber einen wesentlich grösseren Rechenaufwand sowie komplexere und ggf. auch fehleranfälligere Algorithmen.

Übrigens: Variante 1 wird für die mehrstufige ATP-Prüfung (engl. „multilevel available-to-promise" (MLATP)) genutzt, Variante 2 für das „capable-to-promise" (CTP) Verfahren. Siehe dazu das Kap. 5.3.5.

12.4   Losgrössenbildung

12.4.1 Zusammenfassen von Nettobedarfen in Lose

> Eine *Losgrössenbildungspolitik* ist ein Verfahren, das aus dem Nettobedarf Produktions- oder Beschaffungslose bildet.

In der Praxis gibt es verschiedene mögliche Losgrössenbildungspolitiken:

1. *Los für Los*: jeder Nettobedarf wird in genau einen geplanten Auftrag umgesetzt. Variante: Sobald die Losgrösse der Komponente kleiner als eine bestimmte Menge ist, kann man zusätzlich ein sog. „Durchblasen" (engl. „blowthrough") des Komponentenbedarfs in den Bedarf, der durch ihre Stückliste und ihren Arbeitsplan gegeben ist, durchführen (siehe Beschreibung weiter unten).

2. Eine dynamische Losgrösse, die sich aus einer *optimalen Anzahl von Bedarfen* zusammensetzt. Ist diese Anzahl 1, so spricht man wie vorher von einer Produktion auf Auftrag.

3. Eine dynamische Losgrösse mit einer *optimalen Anzahl von Teillosen*. Diese Politik schlägt für einen Bedarf mehrere Aufträge vor (Splittung). Ein zusätzliches Attribut bestimmt die minimale Verschiebungszeit zwischen zwei solchen Aufträgen.

4. Eine *feste Auftragsmenge*, genannt *optimale Losgrösse*, von Hand bestimmt oder z.B. nach der Andler-Formel berechnet (siehe Kap. 11.4.2). Fallen zwei Aufträge näher zusammen als eine vorgegebene *minimale Verschiebungszeit*, so werden sie in einem Los beschafft (Vielfache der optimalen Losgrösse).

5. Eine *dynamische Losgrösse*, auch *Periodenauftragsmenge* genannt, welche verschiedene Bedarfe während einer optimalen Anzahl von Periodentöpfen (engl. „time bucket") in ein Los zusammenfasst. Dies entspricht der optimalen Zeitperiode, für welche der zukünftige Bedarf abgedeckt werden soll, also dem *optimalen Auftragsintervall* bzw. der *optimalen Eindeckungsdauer* aus Abb. 11.4.2.6. Für deren Berechnung wird im Prinzip die optimale Losgrösse durch den durchschnittlichen Jahresverbrauch dividiert.

6. Das *Kostenausgleichsverfahren*, eine weitere Technik mit dynamischer Losgrösse. Für den ersten Periodenbedarf wird ein Auftrag geplant. Für jeden weiteren Periodenbedarf werden die Bestandshaltungskosten berechnet, welche sich ausgehend vom Zeitpunkt des letzten geplanten Auftrags ergeben. Sind sie kleiner als die Rüst- und Bestellvorgangskosten, wird dieser weitere Periodenbedarf dem letzten geplanten Auftrag zugeschlagen. Andernfalls wird für diesen weiteren Periodenbedarf ein neuer Auftrag eingeplant.

7. Die *Dynamische Optimierung* (nach Wagner-Whitin). Das im Vergleich relativ komplizierte Verfahren berechnet die verschiedenen Summen von Rüstkosten und Bestandshaltungskosten, die sich durch verschiedene Zusammenfassungen von Bedarfen zu Losen ergeben, und bestimmt daraus diejenige mit minimalen Kosten. Diese Technik zum Auffinden des Minimums wird weiter hinten anhand eines Beispiels gezeigt.

Alle Losgrössenbildungspolitiken mit Ausnahme der vierten führen zu sog. diskreten Auftragsmengen.

Eine *diskrete Auftragsmenge* entspricht dem Bedarf einer Anzahl Perioden, d.h. es bleibt kein Bestand von einer Periode übrig, der nicht den gesamten Bedarf der nächsten Periode abdecken kann.

Einige zusätzliche Aspekte zu den einzelnen Losgrössenbildungspolitiken:

- *Zur Durchblase-Technik* (engl. *„blowthrough"*), *die mit der Los-für-Los-Losgrössen-bildungspolitik verbunden ist:* Konstrukteure definieren tendenziell jene Strukturstufen, die Module eines Produkts darstellen. Im Produktionsfluss werden diese Module aber vielleicht nicht berücksichtigt, da die Produkte in einem Zug ohne explizite Identifikation oder Lagerung der Zwischenbaustufen hergestellt werden. Dies ist bei der Einzelstück-produktion sehr oft der Fall, wo zudem möglichst wenig Auftragspapiere entstehen sollen, und bringt – de facto – erweiterte Phantom-Stücklisten mit sich. Die Durchblase-Technik treibt Bedarfe direkt durch die Phantom-Stückliste in ihre Komponenten und setzt die Arbeitsgänge sinnvoll aneinander. Mit dieser Technik können mehrere Konstruktions-stufen in eine Produktionsstufe umgewandelt werden[3]. Damit wird auch die mehrstufige *Konstruktionsstückliste* in die dazugehörige, einstufige *Produktionsstückliste* überführt. Die Abb. 12.4.1.1 und 12.4.1.2 zeigen als Beispiel ein Produkt X, das aus zwei Längsteilen L und zwei Querteilen Q mit je gleichem Ausgangsmaterial zusammengesetzt ist, vor und nach dem Durchblasen des Bedarfs durch L und Q. Siehe auch [Schö88a], S.69ff.

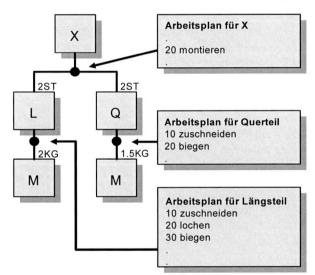

Abb. 12.4.1.1   Stückliste und Arbeitspläne eines Produkts X aus Konstruktionssicht

---

[3]   Für die Definitionen dieser Begriffe siehe Kap. 1.2.2 und Kap. 1.2.3.

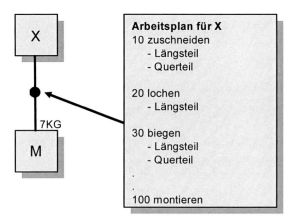

Abb. 12.4.1.2   Stückliste und Arbeitsplan des Produkts X: Struktur aus Produktionssicht, nach dem Durchblasen des Bedarfs durch die Komponenten L und Q

- *Für die 2. bis 5. Losgrössenbildungspolitik* kann man zusätzlich angeben, ob man die optimale Grösse berechnen lassen oder von Hand setzen will. Maximal- und Minimalwerte können gegeben werden, um diese optimale Grösse einzuschränken, sobald die Berechnung aussergewöhnliche Werte liefert.

- *Die 2. und 3. Losgrössenbildungspolitik* sind vor allem bei einer rhythmischen Produktion von Belang, in der eine bestimmte Menge pro Zeiteinheit getaktet aus der Produktion gestossen wird. Die Komponenten sollen dabei in einem analogen Takt beschafft werden.

- *Die 3. Losgrössenbildungspolitik*, also das Splitten von Losen, wird dann angewendet, wenn der ausgewiesene Bedarf gesamthaft nicht zum gleichen Zeitpunkt benötigt wird. Für ein Montagelos von zum Beispiel 100 Maschinen werden nicht alle Komponenten gleichzeitig benötigt, da die Maschinen nacheinander montiert werden. So können ggf. zwei Teillose für die Produktions- oder Beschaffung der Komponenten gebildet werden, wobei das zweite Teillos eine gewisse Zeitspanne nach Beginn der Montage in den Montageprozess eingeschleust werden kann.

- *Bei der 4. Losgrössenbildungspolitik*, also der festen Auftragsmenge, werden zwangsläufig Lagerbestände auftreten, da i. Allg. mehr Artikel beschafft werden als zur Erfüllung des Bedarfs notwendig sind. Diese Politik ist deshalb nur in den Fällen anzuwenden, in denen diese Lager auch wirklich abgebaut werden können, das heisst, wenn angenommen werden kann, dass ein Bedarf in der Zukunft auch wirklich auftreten wird. Dies tritt ein, wenn aus den Verbräuchen der Vergangenheit auf die Bedarfe der Zukunft geschlossen werden kann; zumindest bei regulärem Bedarf. Liegt also blockweise Nachfrage vor, so ist diese Losgrössenbildungspolitik nicht wirtschaftlich.

- *Zur 5., 6. und 7. Losgrössenbildungspolitik:* Im deterministischen Materialmanagement wird am meisten die 5. oder 6. Losgrössenbildungspolitik angewendet. Die 7. Politik ist die komplizierteste, liefert eine exakte und optimale, aber leider keine robuste Lösung. Für die Politiken 5, 6 und 7 nimmt die Exaktheit und damit auch die Wirtschaftlichkeit in aufsteigender Reihenfolge zu, gleichzeitig steigt aber die Komplexität und der Rechenaufwand, insbesondere wenn ereignisgenau und nicht periodengenau gerechnet wird. Die Robustheit hingegen nimmt mit aufsteigender Reihenfolge ab. Ändert nämlich der Bedarf innerhalb des Planungshorizontes in Bezug auf Menge oder Termin, so muss in der 7.

Politik eine komplette Neurechnung durchgeführt werden, während im Falle der 5. Politik eine Veränderung des Bedarfs keine grossen Folgen haben muss.

- *Zur 7. Losgrössenbildungspolitik:* Das Verfahren der Dynamischen Optimierung nach Wagner / Within [WaWh58] wird mit ihren einzelnen Schritten in der Abb. 12.4.1.3 gezeigt. Sie sind zusammen mit dem Beispiel in der späteren Abb. 12.4.2.1 nachvollziehbar.

1.	Das erste Los ist auf den Beginn der ersten Periode anzusetzen.
2.	In jeder weiteren Periode ist als Alternative ein neues Los anzusetzen. Die Anfangskosten bestimmen sich aus dem Minimum der Gesamtkosten für alle bisherigen Varianten (Zeilen in der Darstellung) in der vorhergehenden Periode plus Rüst- und Bestellvorgangskosten für das Ansetzen des neuen Loses für die laufende Periode.
3.	Das Kostenminimum ist der minimale Wert der Gesamtkosten in der letzten Periode.
4.	Ausgehend von diesem minimalen Wert wird die Zusammenstellung der Lose „rückwärts" bestimmt, indem der Weg gesucht wird, auf dem dieses Minimum erreicht wurde.
5.	Um Rechenaufwand zu sparen, gilt folgende Vereinfachung pro Variante (Zeile in der Darstellung): Sobald die Bestandshaltungskosten eines Bedarfs in einer Periode die Rüst- und Bestellvorgangskosten übersteigen, lohnt es sich nicht, diesen Bedarf dem Los zuzuschlagen. Eine weitergehende Berechnung der Gesamtkosten für diese Variante (Zeile) wird in einer späteren Periode keinen minimalen Wert bilden können.

Abb. 12.4.1.3   Verfahren der Dynamischen Optimierung nach Wagner / Within [WaWh58]

12.4.2 Vergleich der verschiedenen Losgrössenbildungspolitiken

Im Folgenden werden die in Kap. 12.4.1 beschriebenen Losgrössenbildungspolitiken Nr. 7, 6, 5, 4 verglichen, d.h.

- die Dynamische Optimierung
- das Kostenausgleichsverfahren
- Vergleich der Bestandshaltungskosten eines Nettobedarfs pro Periode mit den Rüst- und Bestellvorgangskosten
- Vergleich der kumulierten Bestandshaltungskosten mit den Rüst- und Bestellvorgangskosten
- die optimale Eindeckungsdauer bzw. das optimale Auftragsintervall
- die optimale Losgrösse (Andler)

Es werden die folgenden Annahmen getroffen:

- Nettobedarf: 300 Masseinheiten aufgeteilt in sechs Perioden (z.B. Zweimonatsperioden) von 10, 20, 110, 50, 70, 40 Masseinheiten
- Rüst- und Bestellvorgangskosten: 100 Kosteneinheiten
- Bestandshaltungskosten:
  - Pro Masseinheit und Periode: 0,5 Kosteneinheiten
  - Pro Masseinheit über sechs Perioden: 3 Kosteneinheiten

- Der Eingang eines Auftrags wird jeweils zu Beginn einer Periode angenommen. Bestandshaltungskosten fallen jeweils zu Beginn der nächsten Periode an.

Aus diesen Annahmen lassen sich folgende Werte errechnen:

- Optimale Losgrösse nach Andler (siehe Abb. 11.4.2.4):

$$X_0 = \sqrt{2 \cdot 300 \cdot \frac{100}{3}} = \sqrt{20000} = 141.42 \approx 140$$

- Optimale Eindeckungsdauer bzw. optimales Auftragsintervall (siehe Abb. 11.4.2.6)

$$
\begin{aligned}
ED_0 &= \frac{141,42}{300} \cdot 6 \, \text{Perioden} \\
&= 0,47 \cdot 6 \, \text{Perioden} \\
&= 2,83 \, \text{Perioden} \\
&\approx 3 \, \text{Perioden}
\end{aligned}
$$

In der Abb. 12.4.2.1 wird die Summe der Rüst- und Bestellvorgangskosten sowie der Bestandshaltungskosten für die verschiedenen Losgrössenbildungspolitiken berechnet.

	Periode	1	2	3	4	5	6	Gesamtkosten	
	Nettobedarf	10	20	110	50	70	40	pro Los	kumuliert
Dynamische Optimierung	Bestandshaltungs- und Rüstkosten kumuliert	100	110	220	295				
			200	255	305	410			
				210	235	305	365		
					310	345	385		
						335	355		
	Losgrössen	30		160		110			355
Kostenausgleich	Bestandshaltungskosten je Nettobedarf	0	10	(110)				110	
	je Periode			0	25	70	60	255	
	Losgrössen	30		270					365
Optimale Eindeckungsdauer	Bestandshaltungs- und Rüstkosten kumuliert	100	110	220				220	
					100	135	175	175	
	Losgrössen	140		160					395
Optimale Losgrösse	Bestandshaltungs- und Rüstkosten kumuliert	100	110	220				220	
					100	135	155	155	
							100	100	
	Losgrössen	140			140		140 (20)		475

Abb. 12.4.2.1   Vergleich verschiedener Losgrössenbildungspolitiken

Im konkreten Fall liefert jede Politik ein anderes Ergebnis, was i. Allg. nicht unbedingt so sein muss. Tendenziell ist die Reihenfolge der angegebenen Verfahren auch diejenige der besten Resultate. Das Verfahren der optimalen Losgrösse ist eigentlich nur erlaubt, wenn die Menge für das letzte Los den Nettobedarf nicht übersteigt. Aber auch dann liefert dieses Verfahren im deterministischen Fall ungenügende Resultate.

12.5 Analyse der Resultate der Sekundärbedarfsrechnung (MRP)

12.5.1 Der geplante verfügbare Bestand und der Auftragsverwendungsnachweis („Pegging")

Für jeden Artikel interessiert der geplante verfügbare Bestand im Laufe der Zeitachse, wie er im Kap. 12.1 definiert wurde. Nicht nur offene Aufträge und Reservierungen sind zu berücksichtigen, sondern auch geplante Eingänge und Bedarfe. Die derart erweiterte Bedarfsrechnung ist die Basis für jegliche Ausnahmemeldungen und Analysen.

> Der *Auftragsverwendungsnachweis* (engl. *„pegging"*) bestimmt die Primärbedarfe, die einen Produktions- oder Beschaffungsauftrag oder einen Sekundärbedarf verursachen.

Der Auftragsverwendungsnachweis ist eine der wichtigsten Analysen, z.B. für verspätete Aufträge. Er beantwortet die Frage, ob die verursachenden Primärbedarfe Kundenaufträge sind, oder ob es sich allenfalls nur um eher unsichere Vorhersagen im Programmplan handelt.

Für die Realisierung dieser Art von Abfrage werden im Verlaufe der Bedarfsrechnung Objekte zur Auftragsverknüpfung erstellt, und zwar zwischen Artikelausgängen (Bedarfspositionen in einem Auftrag) und Artikeleingängen (Positionen zur Bedarfsdeckung). Diese Objekte erlauben, die gewünschten Verwendungsnachweise abzuleiten.

Der Auftragsverwendungsnachweis entspricht einem Zuordnungsalgorithmus, der Bedarfen (Artikelausgängen) Aufträge (Artikeleingänge) zuordnet. Jeder Bedarf kann u. U. durch mehrere Positionen von verschiedenen Produktions- oder Beschaffungsaufträgen gedeckt werden. Umgekehrt kann jede Position eines Produktions- oder Beschaffungsauftrags für mehrere Bedarfspositionen in verschiedenen Aufträgen verwendet werden.

Bereits das Erstellen der Objekte *Auftragsverknüpfung* während der Bedarfsrechnung bewirkt vier Arten von Aktionsmeldungen bzw. Ausnahmemeldungen:

- vorzuverschiebender, d.h. zu beschleunigender Auftrag,
- neuer Auftragsvorschlag,
- Auftrag, der rückverschoben, d.h. gebremst werden sollte,
- überflüssiger Auftrag.

> Die *Termin-Umplanungs-Vermutung* nimmt an, dass es wegen der kürzeren noch verbleibenden Durchlaufzeit erfolgversprechender ist, einen bereits laufenden Auftrag zu beschleunigen als einen neuen Auftrag aufzuwerfen.

Als Folge tendiert die Logik der Sekundärbedarfsrechnung (MRP) dazu, bereits freigegebene Aufträge vorzuverschieben, bevor ein neuer Auftrag vorgeschlagen wird:

Für die Abfrage des Auftragsverwendungsnachweises wird die interessierende Auftrags-Id. eingegeben. Ein dem Strukturverwendungsnachweis (siehe Kap. 17.2.3) entsprechender Algorithmus berechnet alle Primärbedarfe, welche durch diesen Auftrag berührt werden. Es handelt sich hier um einen mehrstufigen Auftragsverwendungsnachweis, der alle dazwischenliegenden Bedarfe und Aufträge ausweist. Die „Blätter" der entstehenden Arboreszenz sind dann Primärbedarfe: Vorhersagen, echte Kundenbedarfe oder ungeplante Aufträge von Endprodukten oder Ersatzteilen. Ein Beispiel für die praktische Anwendung:

- Bei einer *„bottom-up"-Umplanung* nutzt der Planer den Auftragsverwendungsnachweis, um Probleme der Materialverfügbarkeit oder ähnliche Probleme zu lösen. Dies kann u.U. zur Änderung des Programmplans führen.

Zum schnellen Beurteilen einer Beschaffungssituation kann es notwendig sein, die verschiedenen Ursachen zu erkennen, die einen Sekundärbedarf verursachen, ohne zuerst einen Auftragsverwendungsnachweis zu erstellen. Eine mögliche Technik dazu wird in [Schö88a], S. 117 ff, beschrieben.

Die Struktur der Objekte *Auftragsverknüpfung* kann auch im umgekehrten Sinn verwendet werden.

> Der *Bedarfsdeckungsnachweis* bestimmt alle (Sekundär-)Bedarfe oder Aufträge, die durch einen bestimmten (Primär-)Bedarf zumindest teilweise verursacht werden.

Ein Bedarfsdeckungsnachweis kann bspw. notwendig sein, wenn Termin oder Menge eines Primärbedarfs (z.B. eines Kundenauftrags) verändert werden müssen, und man die Konsequenzen abschätzen möchte. Der Algorithmus entspricht demjenigen, welcher eine mehrstufige Stückliste (siehe Kap. 17.2.3) erarbeitet.

12.5.2 Aktionsmeldungen

> Eine *Aktionsmeldung* bzw. eine *Ausnahmemeldung* ist ein Output eines Systems, welches die Notwendigkeit und die Art einer Aktion identifiziert, welche zur Korrektur eines potentiellen Problems nötig sind (siehe [APIC16]).

Die Bedarfsrechnung liefert im Wesentlichen geplante Aufträge mit geplanten Bedarfen auf ihren Komponenten und Belastungen auf den Kapazitätsplätzen. Der Endtermin des Auftrags ist so berechnet, dass zumindest ein Teil des Loses unmittelbar nach dessen Produktion oder Beschaffung in einem übergeordneten Auftrag oder für einen Verkaufsauftrag verwendet wird. Darum ist der Starttermin des Produktions- oder Beschaffungsauftrags genau einzuhalten. Ausnahmemeldungen sollen deshalb auf folgende Probleme bei Aufträgen verweisen:

- Geplante Aufträge, für welche der Starttermin verfallen ist.

- Geplante Aufträge, für welche der Starttermin in die unmittelbare Zukunft fällt, z.B. die nächste Woche.

- Offene Aufträge, welche beschleunigt oder gebremst werden sollen, weil sich entweder der geplante verfügbare Bestand verändert hat, oder sich der Produktions- oder Beschaffungsauftrag verspätet oder zu schnell fortschreitet.

Das eigentliche Problem der Ausnahmemeldungen ist ihre Menge. Eine geeignete Sortierung und Selektion der Meldungen soll dafür sorgen, dass ein Sachbearbeiter genau diejenigen Meldungen erhält, die ihn betreffen. Die dringendsten kommen dabei zuerst. Sortierung und Selektion kann zumindest nach der Klassierung der Artikel in Gruppen und Untergruppen vorgenommen werden, welche die Aufbauorganisation der disponierenden Personen widerspiegelt. Ein zusätzliches Kriterium ist auch die ABC-Klassifikation.

Gewisse Sekundärbedarfe werden nicht zum Starttermin eines Auftrags benötigt, sondern erst zum Starttermin eines späteren Arbeitsgangs. Um genaue Termine von Sekundärbedarfen zu erhalten, ist es damit notwendig, durch ein Terminierungsverfahren den Starttermin jedes einzelnen Arbeitsganges zu berechnen; damit lässt sich auch die geplante Belastung auf den Kapazitätsplätzen ausweisen. Diese kann der geplanten Kapazität gegenübergestellt werden. Siehe dazu Kapitel 13 und Kapitel 15.

Die Disponenten überprüfen die vorgeschlagenen Aufträge bezüglich ihrer Menge und Quantität. Im Falle von Vorschlägen für eingekaufte Artikel nehmen sie auch eine Lieferantenauswahl vor. Vorschläge für neue Aufträge müssen im Folgenden freigegeben werden, siehe dazu Kap. 15.1.

12.6   Zusammenfassung

Dieses Kapitel beschreibt die Verfahren des deterministischen Materialmanagements für die mittel- und kurzfristige Planung. Die Besonderheit dieser Verfahren liegt darin, dass der Bedarf auf einen Artikel nicht allein als Summe betrachtet und damit de facto über die Zeitachse durchschnittlich verteilt werden kann, wie das bei der langfristigen Planung oder auch beim stochastischen Materialmanagement der Fall ist. Vielmehr wird der Vorteil ausgenützt, dass für jeden Bedarf auch sein genauer Zeitpunkt und damit eine beschränkte Zeitperiode in der Zeitachse bekannt sind. Gerade ein blockweiser Bedarf kann auf diese Weise effizient bewirtschaftet werden.

Rein deterministisches Materialmanagement setzt genaue Primärbedarfe voraus. Durch Stücklistenauflösung werden daraus die Sekundärbedarfe berechnet. Da die kumulierte Durchlaufzeit innerhalb der Kundentoleranzzeit bleibt, ist der genaue Bedarf an zu beschaffenden und zu produzierenden Gütern bekannt.

Quasideterministisches Materialmanagement ist anzustreben, wenn Komponenten auf tieferer Ebene zwar bevorratet werden müssen, aber nur sporadischer Bedarf vorliegt. Der Primärbedarf wird dabei mit stochastischen Verfahren berechnet. Später kann er durch Kundenaufträge überlagert werden. Der Sekundärbedarf wird dagegen durch Stücklistenauflösung berechnet.

Ausgangspunkt für das deterministische Materialmanagement ist der sog. geplante disponible oder geplante verfügbare Bestand. Dieser ist nicht eine skalare Grösse, sondern verändert sich nach jeder Transaktion bzw. jedem bestandsverändernden Ereignis in der Zukunft. Für einen bestimmten Zeitpunkt ist der geplante verfügbare Bestand definiert als der physische Bestand plus alle offenen und geplanten Aufträge minus alle Reservierungen minus alle geplanten Bedarfe bis zu diesem Zeitpunkt.

Die Verfügbarkeitsrechnung zeigt den so definierten geplanten verfügbaren Bestand in der Zeitachse. Dies ist nützlich, um für einen neuen Bedarf über die mögliche Bedarfsdeckung Auskunft geben zu können (Menge und Zeitpunkte, ggf. über Teilbedarfe). Die terminplanende Verfügbarkeitsrechnung versucht, laufende Aufträge oder Reservierungen zu verschieben, um stets einen positiven geplanten verfügbaren Bestand zu halten. Lagerkennlinien beschreiben Lieferverzug und Lagerverweilzeit in Abhängigkeit vom Lagerbestand.

Sekundärbedarf fällt aufgrund der Losgrössenbildung auf oberen Stufen oft blockweise an, und zwar unabhängig davon, ob der Primärbedarf stochastisch oder deterministisch bestimmt wurde. Würden nun stochastische Verfahren zum Materialmanagement eingesetzt, so wären überhöhte Bestände an Lager und Bestandshaltungskosten die Folge. Das deterministische Verfahren MRP, „material requirements planning", auch Sekundärbedarfsrechnung genannt, sorgt für minimale Lager bei rechtzeitig eintreffenden Produktions- oder Beschaffungsaufträgen.

Das MRP-Verfahren umfasst vier Schritte, die für jeden Artikel nach aufsteigender Dispositionsstufe – ausgehend von den Endprodukten über die Baugruppen, Halbfabrikate hin zu den zugekauften Gütern – durchlaufen werden.

- Im 1. Schritt wird der Bruttobedarf bestimmt, der sich aus einzelnen Primär- und Sekundärbedarfen zusammensetzen kann. Der Bruttobedarf ist nicht eine skalare Grösse, sondern ein Tupel. Bei zeitperiodengenauer Rechnung gibt es einen Bedarf je Periode. Bei ereignisgenauer Rechnung entspricht jeder Bedarf einem Bruttobedarf.

- Im 2. Schritt wird unter Verrechnung des physischen Bestands, des Sicherheitsbestands, der offenen Aufträge und der Reservierungen der Nettobedarf bestimmt, der wieder aus einzelnen Nettobedarfen zusammengesetzt sein kann. Bei zeitperiodengenauer Rechnung gibt es höchstens einen Bedarf je Periode. Bei ereignisgenauer Rechnung kann jeder Bedarf die Ursache eines Nettobedarfs sein.

- Im 3. Schritt werden die einzelnen Nettobedarfe zu Losen zusammengefasst. Die klassische Andler-Formel (Kap. 11.4.2) eignet sich wegen der festen Losgrösse nicht. Da die Bedarfe bekannt sind, sind Verfahren mit dynamischen Losgrössen viel eher angebracht.

- Im 4. Schritt werden die Losgrössen als Auftragsvorschläge aufgeworfen. Durch die Terminierung wird der Starttermin ermittelt. Bei Eigenproduktion werden über den Arbeitsplan und die Stückliste Menge und Termin der Komponentenbedarf e berechnet. Diese sind Sekundärbedarfe und stehen somit für die Berechnung des ersten der vier MRP-Schritte jeder Komponente zur Verfügung.

Nebst Auftragsvorschlägen liefert MRP auch Ausnahmelisten mit freizugebenden, zu beschleunigenden, zu bremsenden oder zu löschenden Aufträgen. Ein Auftragsverwendungsnachweis und ein Bedarfsdeckungsnachweis helfen zudem, voneinander abhängige Aufträge im Auftragsnetz zu identifizieren.

12.7   Schlüsselbegriffe

12.8   Szenarien und Übungen

12.8.1 Verfügbarkeitsrechnung (Berechnung des geplanten verfügbaren Bestands)

Vervollständigen Sie die Tabelle in Abb. 12.8.1.1.

Datum	Eingang	Ausgang	Saldo	Text	Auftrags-Id.
1. Jan.			1000	Lagerbestand	
5. Jan.	100		?	Lagernachfüllung	101 2897
14. Jan.		1050	?	Kunde Meier	102 8972
15. Jan.	?	?	500	?	102 9538
16. Jan.		150	?	Kunde Müller	103 2687

Abb. 12.8.1.1   Verfügbarkeitsrechnung (Berechnung des geplanten verfügbaren Bestands)

a)   Wie hoch ist der ohne jegliche Einschränkung verfügbare Bestand entlang der Zeitachse?

b)   Welches ist der zusätzlich verfügbare Bestand nach Auftrag 102 9538?

c)   Welcher Zugang könnte zurückgestellt werden?

d)   Zusätzlich sind folgende Aufträge geplant:

- Kundenauftrag 104 2158: 500 Einheiten am 20. Januar
- Lagernachfüllauftrag 104 3231: 500 Einheiten am 22. Januar

Führt diese Situation zu einem Problem? Wenn ja, wie kann es gelöst werden?

Lösungen:

Datum	Eingang	Ausgang	Saldo	Text	Auftrags-Id.
1. Jan.			1000	Lagerbestand	
5. Jan.	100		1100	Lagernachfüllung	101 2897
14. Jan.		1050	50	Kunde Meier	102 8972
15. Jan.	450		500	Lagernachfüllung	102 9538
16. Jan.		150	350	Kunde Müller	103 2687

a)   50

b)   300 (= 350 - 50)

c)   Lagernachfüllauftrag 101 2897 könnte auf den 14. Januar verzögert werden.

d)   Ja, am 20. Januar wird nicht genügend verfügbarer Bestand vorhanden sein. Wird Auftrag 104 3231 um mindestens zwei Tage beschleunigt, so kann das Problem gelöst werden.

12.8.2 Sekundärbedarfsrechnung (MRP): Bestimmung des Nettobedarfs und Geplante Freigabe

Bestimmen Sie in Anlehnung an das Beispiel in Abb. 12.3.2.2 die Nettobedarfe sowie die geplanten Freigaben für Artikel 4711. Gehen Sie von einem optimalen Auftragsintervall (bzw. optimale Länge des Auftragszyklus oder optimale Eindeckungsdauer) von drei Perioden aus. Die Produktions- oder Beschaffungsdurchlaufzeit für Artikel 4711 beträgt zwei Perioden.

Gegeben ist ein physischer Bestand von 700 (kein Sicherheitsbestand), sowie die geplanten Bruttobedarfe je Periode wie folgt (Abb. 12.8.2.1):

Periode	0	1	2	3	4	5	6	7	8	9	10	11	12	13	14	15
Geplanter Bruttobedarf		250	200	125	150	150	175	200	220	225	240	250	250	225	225	210

Abb. 12.8.2.1   Bruttobedarfe

Bitte berechnen Sie den geplanten verfügbaren Bestand, einschliesslich der geplanten Eingänge in jeder Periode.

Lösung:

Periode	0	1	2	3	4	5	6	7	8	9	10	11	12	13	14	15
Physischer Bestand	700															
Geplanter Bruttobedarf		250	200	125	150	150	175	200	220	225	240	250	250	225	225	210
Geplanter verfügbarer Bestand ohne geplante Auftragseingänge	700	450	250	125	0	0	0	0	0	0	0	0	0	0	0	0
Nettobedarf (negativer geplanter verfügbarer Bestand)		0	0	0	25	150	175	200	220	225	240	250	250	225	225	210
Losgrösse / geplante Auftragseingänge					350			645			740			660		
Geplante Freigabe			350			645			740			660				
Geplanter verfügbarer Bestand mit geplanten Auftragseingängen	700	450	250	125	325	175	0	445	225	0	500	250	0	435	210	0

12.8.3 Bestellbestandverfahren im Vergleich zum MRP-Verfahren

Kap. 12.3 stellt das MRP-Verfahren dar. Es leuchtet ein, wieso beim Vergleich in Abb. 6.5.2.1 das MRP-Verfahren in Bezug auf das Bestellbestand- oder Kanban-Verfahren als kompliziert bewertet wird. Kap. 12.3.1 erläuterte, weshalb eine diskontinuierliche Nachfrage ein Hauptgrund für die Anwendung des MRP-Verfahrens zur Bestimmung des stochastischen Sekundärbedarfs (oder quasideterministischen Bedarfs) ist. Wir haben ein Beispiel erstellt, um Ihnen ein Gefühl zu vermitteln, wie sich eine diskontinuierliche bzw. sporadische Nachfrage auf die Summe aus Lagerhaltungs-, Rüst- und Bestellvorgangskosten auswirkt. Dabei wird das MRP-Verfahren mit dem Bestellbestandverfahren verglichen. Sie finden die Animation unter folgendem Link:

https://intlogman.ethz.ch/#/chapter12/order-point-vs-mrp/show

Beachten Sie, dass – um die beiden Verfahren vergleichen zu können – ein Sicherheitsbestand von identischer Grösse wie für das Bestellbestandverfahren beim MRP-Verfahren eingefügt wurde. Dies ist korrekt, da im quasideterministischen Fall ein Sicherheitsbedarf für den Primärbedarf auf der Endproduktebene einbezogen werden muss (siehe Kap. 10.5.5). Durch den MRP-Algorithmus ist dieser Sicherheitsbedarf – in der Tat – immer auf irgendeiner Ebene der Wertschöpfungskette präsent, ebenso wie der Sicherheitsbestand im Bestellbestandverfahren für eine spezifische Komponente vorhanden ist. Zum Vergleich der beiden Verfahren können wir daher von einem Sicherheitsbedarf für die Komponente ausgehen – wie ein Sicherheitsbestand.

Finden Sie nun heraus, wie sich die Form der Bestandskurve entsprechend der beiden Techniken für kontinuierlichen und weniger kontinuierlichen Bedarf ändert. (Indem Sie den Cursor über die grauen Balken bewegen, wird die von Ihnen gemachte Eingabe ausgeführt.)

Testen Sie verschiedene Parameter zur Berechnung der Losgrösse (lot) oder wählen Sie einen unterschiedlich hohen Anfangsbestand (initial inventory) oder Servicegrad (service level). Die Bewegung des Cursors über das graue Ikon führt entweder zu einem speziellen Fenster, wo Sie Ihre Eingabedaten einfügen können, oder zur Ausführung Ihrer Eingaben.

Das Ikon „Costs" öffnet ein Fenster, welches die Lagerhaltungskosten ebenso wie die Rüst- und Bestellvorgangskosten für beide Verfahren enthält. Diskutieren Sie, ob für das angegebene Nachfragemodell mit weniger kontinuierlicher Nachfrage ausreichend Gründe vorhanden sind, um das MRP-Verfahren vorzuziehen. Bedenken Sie, dass die errechneten Kosten weder die Einheitskosten – welche für beide Verfahren gleich sind, jedoch gewöhnlich weitaus höher als die Summe aus Lagerhaltungs-, Rüst- und Bestellvorgangskosten – noch die administrativen Kosten für die Einführung und Anwendung des spezifischen Materialmanagement-Verfahrens berücksichtigen.

Probieren Sie auch andere Bedarfswerte aus. Beobachten Sie die Auswirkungen der Abgangs-mengen auf die Losgrösse der Produktions- oder Beschaffungsaufträge. Benutzen Sie wieder das Ikon „calculate" (berechnen), um die von Ihnen vorgenommenen Eingaben auszuführen. Die ursprünglichen Bedarfswerte erscheinen automatisch wieder, sobald Sie das graue Nachfrage-Ikon berühren. Beobachten Sie, was mit den Kurven geschieht, wenn Sie Sequenzen von zwei oder mehr Perioden ohne Nachfrage eingeben, unterbrochen von ein oder zwei Perioden mit sehr hoher Nachfrage. Sie werden sehen, dass das Bestellbestandverfahren nicht in der Lage ist, dieses Bedarfsmodell zu behandeln. Die geplante verfügbare Bestandshöhe wird manchmal unter Null fallen, was Opportunitätskosten erzeugt, die wir nicht einmal im Kostenvergleich berücksichtigt haben.

12.9   Literaturhinweise

APIC16   Pittman, P. et al., APICS Dictionary, 15. Auflage, APICS, Chicago, IL, 2016

Gläs95   Glässner, J., „Modellgestütztes Controlling der beschaffungslogistischen Prozesskette", Fortschritt-Berichte VDI, Reihe 2, Nr. 337, VDI-Verlag, Düsseldorf, 1995

NyWi12   Nyhuis, P., Wiendahl, H.-P., „Logistische Kennlinien", 3. Auflage, Springer-Verlag, Berlin, Heidelberg, New York, 2012

Orli75   Orlicky, J., „Material requirements planning", Mc Graw-Hill, New York, 1975

PtSm11   Ptak, C.A., Smith, C., „Orlicky's Material Requirements Planning", 3rd Edition, Mc Graw-Hill, New York, 2011

Schö88a   Schönsleben, P., „Flexibilität in der computergestützten Produktionsplanung und -steuerung", 2. Auflage, AIT-Verlag, D-Hallbergmoos, 1988

WaWh58   Wagner, H.M., Whitin, T.M., „Dynamic Version of the Economic Lot Size Model", Management Science, pp. 89-96, 1958

Wien97   Wiendahl, H.-P., „Fertigungsregelung: Logistische Beherrschung von Fertigungsabläufen auf Basis des Trichtermodells", Hanser Verlag, München, Wien, 1997

13 Zeit- und Terminmanagement

Durch Planung & Steuerung in der betrieblichen Logistik möchte man Produkte und Aufträge zum angegebenen Fälligkeitstermin abliefern. Zeit- und Terminmanagement ist vor allem eine Angelegenheit der mittel- und kurzfristigen Planung (dort in der Phase der Auftragsfreigabe), obwohl man auch aus der langfristigen Planung Elemente benötigt. Die Abb. 13.0.0.1 zeigt dunkel unterlegt die Aufgaben und Prozesse bezogen auf das Referenzmodell für Geschäftsprozesse und Aufgaben der Planung & Steuerung aus Abb. 5.1.4.2.

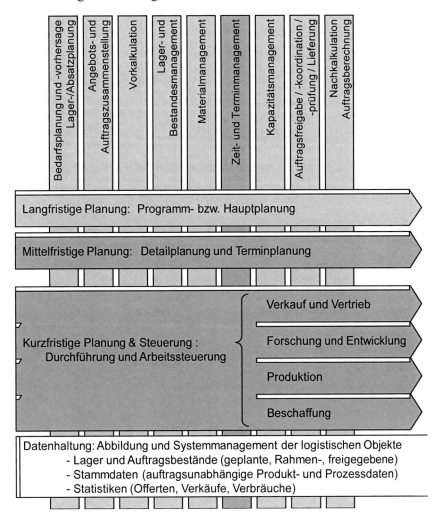

Abb. 13.0.0.1 Abgrenzung der in diesem Kapitel behandelten Teilsysteme

Zur Übersicht zu diesem Kapitel zählen auch die Kap. 1.2.3, 5.3.3 und 5.3.4. Es wird empfohlen, diese Kapitel vor der weiteren Lektüre der Kapitel 13 bis 15 noch einmal durchzulesen.

Die erste Massnahme des Zeit- und Terminmanagements besteht darin, die Durchlaufzeit eines Auftrags abzuschätzen. Diese wird als Zusammensetzung von Zeitelementen verstanden und

© Springer-Verlag GmbH Deutschland, ein Teil von Springer Nature 2020
P. Schönsleben, *Integrales Logistikmanagement*,
https://doi.org/10.1007/978-3-662-60673-5_14

analysiert. Besondere Aufmerksamkeit wird den unproduktiven Zwischenzeiten geschenkt. Das Phänomen der schwer schätzbaren Wartezeiten vor den Kapazitätsplätzen wird statistisch untersucht. Daraus werden Massnahmen zur Verkürzung von Wartezeiten abgeleitet. Des Weiteren werden verschiedene Terminierungsverfahren und ihre Einsatzgebiete vorgestellt, nämlich die Vorwärts-, Rückwärts-, Mittelpunkt- und Wahrscheinliche Terminierung. Effekte wie Auftrags- oder Los-Splittung und Überlappung werden ebenfalls untersucht.

13.1   Elemente des Zeitmanagements

Zeitmanagement ist die Beobachtung, Kontrolle und Manipulation der Zeitelemente. *Zeitelemente* sind Arbeitsgangzeiten, Arbeitsgangzwischenzeiten und die administrativen Zeiten.

In einer typischen Werkstattproduktion konzentriert man sich auf die Arbeitsgangzwischenzeiten, da sie mehr als 80 % der Durchlaufzeit umfassen. In einer Linienproduktion steht dagegen auch die Beobachtung der Arbeitsgangzeiten selbst im Vordergrund.

13.1.1 Die Abfolge der Arbeitsgänge eines Produktionsauftrags

Im Materialmanagement zählt die *Durchlaufzeit* (siehe Kap. 1.1.3 und Kap. 1.2.3) zu den grundlegenden Attributen sowohl eines hergestellten als auch eines zugekauften Produkts. Damit lässt sich der Starttermin eines Produktions- oder Einkaufsauftrags – ausgehend von dessen Fälligkeitstermin – berechnen und ein rudimentäres Terminmanagement betreiben.

Die Durchlaufzeit kann ein Wert sein, der aufgrund der Erfahrung gesetzt wird. Für eine effektive Planung besonders der Produktionsaufträge ist ein solch mehr oder weniger willkürliches Setzen aber oft ungenügend:

- Manche Komponenten müssen nicht auf den Starttermin des Auftrags hin reserviert werden, sondern werden erst für einen späteren Arbeitsgang benötigt.

- Für eine genaue Planung der Kapazitäten ist der Zeitpunkt ihrer Belastung durch auszuführende Arbeiten gefragt, und damit ein Starttermin für jeden Arbeitsgang.

Die Grundlagen für eine detaillierte Berechnung der *Produktionsdurchlaufzeit* sind in den Stücklisten und Arbeitsplänen festgelegt. Daraus lässt sich der Durchlauf- oder Prozessplan ableiten (siehe dazu auch die Abb. 1.2.3.3). Die Produktionsdurchlaufzeit ist die Summe von drei verschiedenen Kategorien von Zeiten, die im Kap. 1.2.3 definiert sind:

- Die *Arbeitsgangzeit*. Siehe Kap. 13.1.2.
- Die *Arbeitsgangzwischenzeit*. Siehe Kap. 13.1.3.
- Die *Administrationszeit*. Siehe Kap. 13.1.4.

Die aufgrund der Durchlaufzeiten der einzelnen Arbeitsgänge berechnete Durchlaufzeit eines Auftrags ist nur ein wahrscheinlicher Wert, da er auf angenommenen Durchschnittswerten – gerade für die Arbeitsgangzwischenzeiten – beruht. Die Durchlaufzeit nimmt in diesem Fall keine Rücksicht auf die definitive Belastung der Kapazitätsplätze, welche gerade die angenommenen Wartezeiten stark verändern können (siehe dazu Kap. 13.2). Für mehrere

Planungsmethoden, vor allem auch für die Grobplanung, ist die so berechnete „normale" Durchlaufzeit jedoch ausreichend genau.

Die Berechnung der Durchlaufzeit ergibt sich aus der Abfolge der Arbeitsgänge.

Die *Sequenz von Arbeitsgängen* ist die einfachste Abfolge der Arbeitsgänge. Sie ist gemäss Abb. 13.1.1.1 definiert. Die Durchlaufzeit ergibt sich als Summe der Zeitelemente.

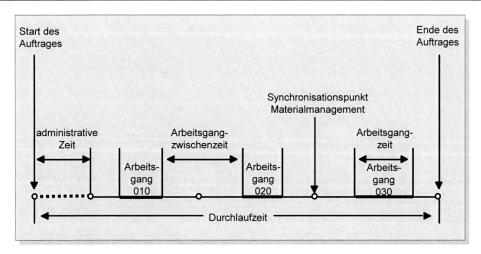

Abb. 13.1.1.1   Die Sequenz von Arbeitsgängen

Neben der einfachen Abfolge der Arbeitsgänge existieren auch komplexere Strukturen, die als Netzwerk darstellbar sind.

- Beim *gerichteten Netzwerk von Arbeitsgängen* wird kein Arbeitsgang wiederholt. Die Arbeitsgänge können in aufsteigender Anordnung identifiziert werden (in einer Halbordnung). Die Durchlaufzeit entspricht dem längsten Weg im Netzwerk.

- Beim *ungerichteten Netzwerk von Arbeitsgängen* können Sequenzen von Arbeitsgängen innerhalb des Netzwerks wiederholt werden. Die Durchlaufzeit kann hier nur berechnet werden, wenn die Anzahl Wiederholungen oder andere Randbedingungen bekannt sind.

Ein typisches Beispiel dafür ist in der Abb. 13.1.1.2 gezeigt. Beim *gerichteten Netzwerk von Arbeitsgängen* entspricht die Durchlaufzeit des Auftrags dem längsten Weg im Netzwerk.

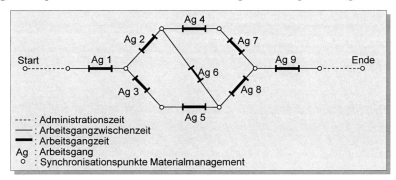

Abb. 13.1.1.2   Das Netzwerk von Arbeitsgängen

Ein Prozessplan über eine mehrstufige Produktion, wie er in der Abb. 1.2.3.3 gezeigt ist, entspricht einem gerichteten Netzwerk, wenn die linksseitig offene Baumstruktur mit einem gemeinsamen Startereignis verbunden wird.

> Ein *Synchronisationspunkt* ist eine Verbindung zwischen Arbeitsplan und Stückliste, und damit zwischen Zeitmanagement und Materialmanagement.

In Abb. 13.1.1.1 und Abb. 13.1.1.2 sind die Synchronisationspunkte bei den Übergängen zwischen den einzelnen Arbeitsgängen mit Kreisen bezeichnet. An diesen Stellen können Güter eingeschleust werden, entweder aus einem Lager entnommen, direkt zugekauft oder synchron aus einem anderen Produktionsauftrag zu diesem Zeitpunkt gefertigt. Diese Kreise repräsentieren gleichzeitig einen *Zwischenzustand* des hergestellten Produkts. Es kann sich auch um einen als eigener Artikel festgehaltenen Halbfabrikatzustand handeln. Die entsprechenden Momente in der Zeitachse sind gleichzeitig die Dispositionstermine der benötigten Komponenten.

13.1.2 Die Arbeitsgangzeit und die Belastung eines Arbeitsgangs

Die *Arbeitsgangzeit* ist die Zeit, die benötigt wird, um einen bestimmten Arbeitsgang auszuführen. Sie wird im Kap. 1.2.3 definiert als Summe der *Bereitstellungszeit* – die *Rüstzeit* der Maschine und der Werkzeuge – und der *Bearbeitungszeit* für das eigentliche Auftragslos[1]. Letztere ist das Produkt aus der Anzahl der produzierten Einheiten (des *Loses*) und der Bearbeitungszeit für eine produzierte Einheit (der *Einzelzeit*) des Loses. Werden die Einzelzeiten seriell nach der Rüstzeit eingeplant, ergibt sich die einfachste Formel für die Arbeitsgangzeit gemäss Abb. 1.2.3.1. Die Abb. 13.1.2.1 zeigt die Formel für die Arbeitsgangzeit in grafischer Form:

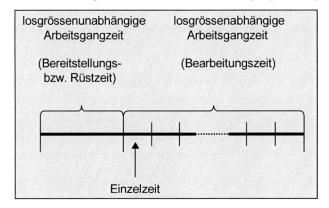

Abb. 13.1.2.1   Die einfachste Formel für die Arbeitsgangzeit (grafische Form)

Die Formel zur Berechnung der Arbeitsgangzeit wird komplizierter, wenn man spezielle Effekte, z.B. die Splittung oder Überlappung einbezieht. Siehe dazu Kap. 13.4.

Die *Belastung eines Arbeitsgangs* ist der Arbeitsinhalt des Arbeitsgangs, gemessen in der Kapazitätseinheit des zum Arbeitsgang gehörenden Kapazitätsplatzes. Sie wird im Kap. 1.2.4 definiert als Summe der *Rüstbelastung* – des *losgrössenunabhängigen* Arbeitsinhalts – und der

---

[1]   Zur Arbeitsgangzeit zählt auch die Entladezeit. In der Praxis ist sie jedoch meist kurz und wird vernachlässigt.

Bearbeitungsbelastung für das eigentliche Auftragslos[2]. Letztere ist das Produkt aus der Anzahl der produzierten Einheiten (des *Loses*) und der Bearbeitungsbelastung für eine produzierte Einheit (der *Einzelbelastung*) des Loses.

Die Abb. 13.1.2.2 zeigt die Formel für die Belastung eines Arbeitsgangs im einfachsten Fall. Vgl. die Formel in Abb. 1.2.3.1.

$$\boxed{\text{Belastung eines Arbeitsgangs} = \text{Rüstbelastung} + \text{Los} \cdot \text{Einzelbelastung}}$$

Abb. 13.1.2.2   Die einfachste Formel für die Belastung eines Arbeitsgangs

Oft ist die Kapazitätseinheit des zum Arbeitsgang gehörenden Kapazitätsplatzes eine Zeiteinheit. In diesen Fällen sind Rüst- und Einzelzeit meistens identisch mit der Rüst- und Einzelbelastung. Es gibt jedoch Fälle, wo die Arbeitsgangzeit keinen Bezug zur Belastung des Arbeitsgangs hat.

- Für auswärts vergebene Arbeitsgänge wird als Kapazitätseinheit z.B. eine Kosteneinheit gewählt.

- Für Arbeitsgänge, welche sich in sehr komplizierter Weise abwickeln lassen oder für rein fiktive „Wartearbeitsgänge", welche keinen Einfluss auf die Belastung eines Kapazitätsplatzes oder die Herstellkosten haben, muss man eine von der Belastung des Arbeitsgangs verschiedene Arbeitsgangzeit bestimmen.

Wenn die Arbeitsgangzwischenzeiten den dominierenden Einfluss auf die gesamte Durchlaufzeit ausüben, dann ist es für das Terminmanagement nicht notwendig, die Arbeitsgangzeit genau zu kennen. Hingegen ist eine genaue Angabe der Belastung des Arbeitsgangs nötig, um ein aussagekräftiges Belastungsprofil eines Kapazitätsplatzes für das Kapazitätsmanagement zu gewinnen. Wenn es nun möglich ist, die Arbeitsgangzeit aus der Belastung des Arbeitsgangs abzuleiten, ist mit der Belastung des Arbeitsgangs auch die genaue Arbeitsgangzeit bekannt.

13.1.3 Die Elemente der Arbeitsgangzwischenzeit

Die *Arbeitsgangzwischenzeit* fällt vor oder nach einem Arbeitsgang an (siehe die Definition im Kap. 1.2.3). Die Abb. 13.1.3.1 zeigt die *Elemente der Arbeitsgangzwischenzeit*:

- Die *technische Wartezeit nach dem Arbeitsgang* deckt die Zeit ab, welche bspw. für eine Prüfung, eine chemische Reaktion, ein Abkühlen oder Ähnliches benötigt wird. Sie ist ein Attribut des Arbeitsgangs. Wie bei der Arbeitsgangzeit ist es i. Allg. nicht möglich, diese Wartezeit zu verkürzen, um z.B. den Auftrag zu beschleunigen.

- Die *nichttechnische Wartezeit nach dem Arbeitsgang* ist die Wartezeit, bis das Los zum Transport abgeholt wird. Sie hängt vom Kapazitätsplatz ab und kann ein Attribut dieses Objekts oder in der Transportzeit inbegriffen sein.

- Die *Transportzeit* ist die Zeit, die zum Transport des Loses vom laufenden Kapazitätsplatz zu demjenigen des darauf folgenden Arbeitsganges gebraucht wird. Diese Zeit hängt von beiden Kapazitätsplätzen ab. Es gibt verschiedene Techniken, diese Zeit festzuhalten (siehe dazu Kap. 13.1.5).

---

[2]   Zur Belastungsvorgabe zählt auch die Entladebelastung. In der Praxis ist sie jedoch meist kurz und wird vernachlässigt.

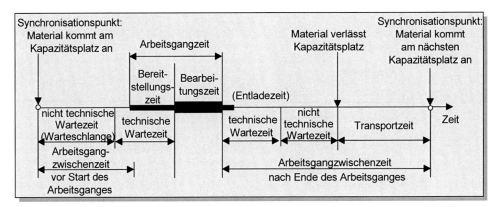

Abb. 13.1.3.1   Die Elemente der Arbeitsgangzwischenzeit

- Die *nichttechnische Wartezeit vor dem Arbeitsgang* umfasst die sog. *Warteschlangenzeit*, das heisst die Zeit, während der ein Auftrag vor einem Kapazitätsplatz wartet, bevor das Rüsten oder die Ausführung des Auftrags erfolgt. Dazu zählt die Vorbereitungszeit für den Arbeitsgang, sofern sie nicht zur eigentlichen Bereitstellungszeit gehört. Diese Zwischenzeit hängt vom Kapazitätsplatz ab und ist ein Attribut dieses Objekts (siehe dazu Kap. 13.2).

- Die *technische Wartezeit vor dem Arbeitsgang* umfasst die arbeitsgangspezifische Vorbereitungszeit, z.B. einen Aufwärmprozess, der aber den Kapazitätsplatz noch nicht belastet. Diese Zwischenzeit hat in der Praxis eine untergeordnete Bedeutung. Sie ist ein Attribut des Arbeitsgangs.

Alle Bestandteile der Arbeitsgangzwischenzeit, mit Ausnahme der technischen Wartezeiten[3] vor und nach dem Arbeitsgang, sind „elastisch": Sie können verlängert oder verkürzt werden in Abhängigkeit von der Belastung des Kapazitätsplatzes und der Auftragsdringlichkeit (vgl. Kap. 13.3.6). Die in den Stammdaten festgehaltenen Werte sind deshalb als Durchschnittswerte zu verstehen, die grossen Abweichungen unterworfen sein können.

13.1.4 Die Administrationszeit

> Die *Administrationszeit* ist die notwendige Zeit, um einen Auftrag aufzuwerfen und abzuschliessen (siehe die Definition im Kap. 1.2.3).

Die Administrationszeit zu Beginn eines Auftrags fällt für die Freigabe des Auftrags an. Sie umfasst die Kontrolle der Disponibilität, die Entscheidung betreffend die Art der Beschaffung sowie die Vorbereitungszeit für den Auftrag durch das Produktions- oder Einkaufsbüro. Sie ist also eine Durchlaufzeit für den Daten- oder Steuerungsfluss (d.h. ohne Güterfluss).

Allfällige Pufferzeiten zum Abfangen von Schwankungen in den effektiven Belastungen der Kapazitätsplätze sollen möglichst dieser administrativen Zeit zugeschlagen werden, um die kapitalintensive Durchlaufzeit der Güter so kurz wie möglich zu halten. Der durch diesen Puffer entstehende Spielraum kann dazu benützt werden, den ganzen Auftrag in der Zeitachse nach

---

[3]   Anstelle der technischen Wartezeit wird auch der Begriff *technische Liegezeit* verwendet.

vorne oder hinten zu verschieben, je nach Auslastung der Kapazitäten zur Zeit der Auftrags-freigabe.

Für jeden Teilauftrag ist zudem eine Administrationszeit zur Koordination einzuplanen. Diese Zeit kann ergänzt werden durch eine „normale" Bezugszeit für die Komponenten, solange diese Zeit nicht als eigenständiger Arbeitsgang, z.B. „Materialbezug" genannt, im Arbeitsplan berücksichtigt ist.

Analog fällt am Ende des Teilauftrags eine gewisse administrative Zeit an, wozu i. Allg. auch eine gewisse Zeit für die Einlagerung oder die Speditionsvorbereitung des beschafften Loses berücksichtigt werden muss. Diese Zeit kann ergänzt werden durch eine „normale" Kontrollzeit, solange man diese nicht durch einen eigenständigen Arbeitsgang, z.B. „Endkontrolle" genannt, im Arbeitsplan berücksichtigen will.

13.1.5 Die Transportzeit

Transportzeiten zwischen Kapazitätsplätzen können wie folgt festgehalten werden:

- *Einfach, aber ungenau:* Als *Terminierungsregel* wird eine einzige Zeit verwendet, welche nicht von den Kapazitätsplätzen abhängt.

- *Genau, aber kompliziert:* Eine Matrix von Transportzeiten enthält einen Eintrag für jede Kombination: „vorheriger Kapazitätsplatz ⇔ nachfolgender Kapazitätsplatz". Diese Matrix ist in Form einer Tabelle in einer separaten Entitätsklasse festzuhalten. Es handelt sich um eine quadratische Matrix mit Nullen in der Diagonalen. Wenn es nicht darauf ankommt, in welche Richtung der Transport erfolgt, ist die Matrix symmetrisch (siehe dazu Abb. 13.1.5.1). Die Schwierigkeit dieser Technik liegt im Führen dieser zwei-dimensionalen Tabelle, da sich die Anzahl der Kapazitätsplätze und die Transportzeiten laufend verändern.

	A12	B18	A16	C5	C6	...
A12	0	10	1	4	4	
B18		0	9	4	4	
A16			0	4.5	4.5	
C5				0	0.5	
C6					0	
...						

Abb. 13.1.5.1   Matrix der Transportzeit

Ein effizienter Kompromiss zwischen diesen Extremen besteht in einer auf der Analyse der Transportzeit beruhenden sowie auf einer aus der Erfahrung zulässigen Vergröberung gemäss Abb. 13.1.5.2.

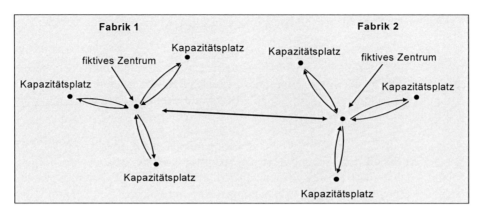

Abb. 13.1.5.2   Vergröberung (Näherung) der Transportzeitrechnung

- Innerhalb einer Fabrik definiert man ein fiktives Zentrum und nimmt an, dass jeder Transport obligatorisch durch dieses Zentrum gehen muss. Damit wird die Transportzeit von einem Kapazitätsplatz zu einem anderen zur Summe der Transportzeit vom ersten Kapazitätsplatz zum fiktiven Zentrum und der Transportzeit vom fiktiven Zentrum zum anderen Kapazitätsplatz. Daraus folgt, dass für jeden Kapazitätsplatz nur zwei Attribute festgehalten werden müssen, deren Wert zudem nicht von anderen Kapazitätsplätzen abhängt.

  Diese Vergröberung ist zulässig, da der grössere Teil der Transportzeit durch das *Be- und Entladen des Transportmittels* (zum Beispiel von Paletten) benötigt wird. Die eigentliche Fahrzeit von einem Kapazitätsplatz zu einem anderen variiert im Verhältnis dazu sehr wenig.

- Zwischen den fiktiven Zentren von zwei Fabriken wird eine zusätzliche Transportzeit angenommen. Für Produktionsstätten in der gleichen Region ist diese Vergröberung wiederum zulässig, da die meiste Zeit der zusätzlichen Transportzeit durch das Be- und Entladen des Transportmittels verbraucht wird. Die eigentliche Fahrzeit zwischen den Produktionsstätten unterscheidet sich im Verhältnis dazu nicht wesentlich.

- Es mag notwendig sein, mit einem Attribut „Region" Fabriken in verschiedenen geografischen Regionen zu unterscheiden. Damit können regionale von interregionalen oder sogar nationale von internationalen Transporten unterschieden werden.

13.2 Puffer und Warteschlangen

Die nichttechnische Wartezeit vor dem Arbeitsgang erweist sich als ein schwierig zu planendes Element der Arbeitsgangzwischenzeit. Sie entsteht, wenn der Abfertigungsrhythmus der Arbeitsgänge eines Kapazitätsplatzes nicht dem Rhythmus des Eintreffens der einzelnen Aufträge entspricht. Dies ist z.B. bei Werkstattproduktion der Fall, wenn die Aufträge von den vorhergehenden Arbeitsgängen zufallsgestreut beim Kapazitätsplatz eintreffen. Die dadurch entstehenden Effekte, Puffer und Warteschlangen, werden in der Warteschlangentheorie diskutiert.

Ein *Puffer* ist eine Menge von Material, welches auf die weitere Verarbeitung wartet.

Ein Puffer kann sich auf Rohmaterial, Halbfabrikatelager oder Haltepunkte beziehen, oder auf eine Arbeitsreserve, welche bewusst an einem Kapazitätsplatz gehalten wird (vgl. [APIC16]).

Eine *Warteschlange* in der Herstellung von Gütern ist eine Menge von Aufträgen an einem Kapazitätsplatz, welche auf die Bearbeitung wartet.

Nimmt eine Warteschlange zu, dann nimmt die durchschnittliche Warteschlangenzeit ebenfalls zu (und damit die Durchlaufzeit) und der Bestand an Ware in Arbeit (vgl. [APIC16]).

Warteschlangentheorie wird die Sammlung von Modellen genannt, welche sich mit Warteschlangenproblemen befasst, d.h. Problemen, für welche Kunden oder Einheiten an einer Bedienstation ankommen, wo sich Warteschlangen bilden können ([APIC16]).

13.2.1 Wartezeit, Puffer und das Trichtermodell

Puffer und damit Wartezeiten vor einem Kapazitätsplatz werden auch absichtlich eingeplant, z.B. aus *organisatorischen Gründen.*

Ein *Bestandspuffer* ist ein Bestand, der den Durchsatz einer Operation oder eines Terminplans gegen negative Effekte schützt, welche durch statistische Schwankungen verursacht werden (vgl. [APIC16]).

Solche Puffer sollen potentielle Störungen im Produktionsprozess abgefangen werden, z.B. bei Linienproduktion oder Kanban-Ketten. Die Abb. 13.2.1.1 betrachtet zwei aufeinander folgende Arbeitsstationen.

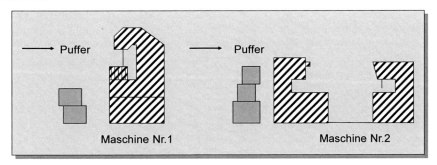

Abb. 13.2.1.1   Bestandspuffer zum Auffangen von Störungen im Fertigungsfluss

Wenn beide Arbeitsstationen perfekt miteinander synchronisiert wären, so benötigte man keine Warteschlange. Eine Störung kann sich jedoch auf beiden Arbeitssystemen ergeben, z.B. infolge

- Überlastung, Ausschuss oder Nacharbeit
- Materialknappheit, Pannen oder Absenzen von Arbeitern

Die Grösse des Bestandspuffers vor einem Kapazitätsplatz hängt vom Grad der in der Praxis haltbaren Synchronisation mit den vorhergehenden Arbeitsstationen ab.

- Falls der Arbeitsablauf auf der ersten Maschine gestört ist, verkleinert sich die Warteschlange vor der zweiten Maschine, was zum Stillstand der zweiten Maschine und damit zu ungenutzter Zeit führen könnte[4].

- Falls der Arbeitsablauf auf der zweiten Maschine gestört ist, vergrössert sich die Warteschlange vor der zweiten Maschine und der Puffer vor der zweiten Arbeitsstation wächst an, was zur Verstopfung vor der zweiten Maschine führen könnte.

Ein Puffer kann auch aus *wirtschaftlichen Gründen* geplant werden. Durch eine geschickte Reihenfolge von Arbeitsgängen aus dem Pufferbestand können wertvolle Rüstzeiten gespart werden. Solche Rüstzeiteinsparungen können zum Beispiel bei der Produktion von Produkten einer Produktfamilie anfallen. Eine solche Reihenfolgeplanung kann ggf. bereits in der Detailplanung und Terminplanung erfolgen. In der Praxis ist sie aber wegen ungleich langer Auftragsdurchläufe oder allzu verschiedener Auftragsstrukturen nur beschränkt planbar, so dass die Arbeitsgangreihenfolge oft erst an der Arbeitsstation selbst durch die Belegungsplanung vorgenommen wird.

Ein weiterer *wirtschaftlicher Grund* für einen Puffer vor einem Kapazitätsplatz ist der psychologische Effekt des Puffers auf die Effizienz der Arbeitenden:

- Ist der Puffer zu klein, beginnen die Arbeitenden aus Furcht vor Kurzarbeit oder gar Arbeitsplatzwechsel zu bremsen: Es scheint, dass zu wenig Arbeit vorhanden ist. Damit sinkt die Effizienz.

- Eine grosse Warteschlange beeinflusst die Effizienz bis zu einem gewissen Grad positiv. Ist sie jedoch zu gross, wirkt sie demoralisierend: Die Menge der Arbeit, welche noch auszuführen ist, scheint unbewältigbar. Damit sinkt die Effizienz wieder.

Zusammenfassend kann gesagt werden, dass ein Puffer vor einem Kapazitätsplatz oft geduldet, ja sogar bewusst eingeplant wird. Bei der Abschätzung vor allem der wirtschaftlichen Gründe ist jedoch immer der doppelt negative Effekt eines Puffers zu berücksichtigen, nämlich 1.) eine Verlängerung der Durchlaufzeit, sowie 2.) eine Erhöhung des Bestands an Ware in Arbeit und damit der Kapitalbindung.

> Das *Puffermodell* und das nachfolgende *Trichtermodell* sind Vorstellungen des Bestands an Ware in Arbeit, der vor den Arbeitsstationen wartet.

Die Abb. 13.2.1.2 zeigt das Puffermodell als Reservoir. Diese Vorstellung ist schon recht alt (siehe dazu z.B. [IBM75]).

Die Vorstellung der Puffer als Trichtermodell stammt aus neuerer Zeit (siehe dazu [Wien19]). Jeder Kapazitätsplatz wird als Trichter gemäss der Abb. 13.2.1.3 aufgefasst.

In der Folge möchte man die mittlere Ausbringleistung des Kapazitätsplatzes seiner mittleren Belastung angleichen. Das Trichtervolumen soll die Streuungen um die mittlere Belastung abfangen. Mittlere Belastung, ihre Streuung sowie die mittlere Ausbringleistung müssen damit dauernd gemessen werden.

---

[4] *Ungenutzte Zeit* bzw. *Stillstandzeit* ist die Zeit, während der Operateure oder Ressourcen (z.B. Maschinen) nicht produzieren, und zwar aufgrund von Rüsten, Wartung, Fehlen von Material, Werkzeug oder Planung (vgl. [APIC16]).

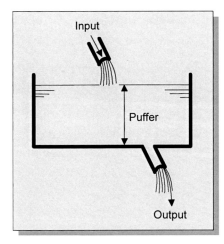

Abb. 13.2.1.2   Das Reservoirmodell

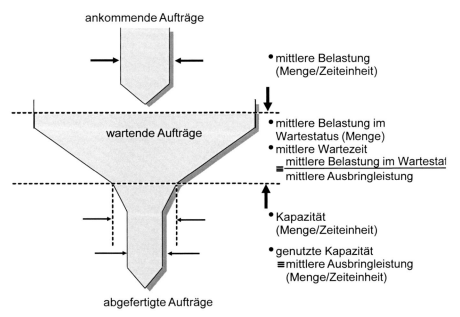

Abb. 13.2.1.3   Das Trichtermodell

Stellt man sich die ganze Produktion als ein System von miteinander durch Belastungsflüsse verbundener Kapazitätsplätze, d.h. Trichter, vor, so wird klar, dass das System im Wesentlichen zwei Arten von Stellschrauben besitzt:

- Die Kapazität, oder besser die genutzte Kapazität für jeden einzelnen Trichter: Die Kapazität kann man aber nicht immer kurzfristig ändern.

- Die ins System eingegebenen Aufträge: Sind darin zu viele Aufträge, dann können einzelne Trichter überfliessen, was sich in der Praxis in Form von verstopften Werkstätten und einem tiefen Liefertreuegrad zeigt. In einem solchen Fall ist zu entscheiden, welche Aufträge am besten für die Produktion nicht freigegeben werden. Auch diese Massnahme ist nicht beliebig durchführbar.

13.2.2 Warteschlangen als Auswirkungen von Zufallsschwankungen in der Belastung

Mit Ausnahme der kontinuierlichen Produktion gibt es keinen Produktionstyp, bei der die Kapazitäten von im Ablauf aufeinander folgenden Maschinen und Arbeitsstationen voll synchronisiert sind. Wie in Abb. 13.2.1.1 dargestellt, liegt bereits bei den übrigen Formen von Linienproduktion eine solche Abstimmung nicht immer vor. Puffer dienen dann dazu, die unterschiedlichen Ausstossraten der einzelnen Kapazitätsplätze etwas auszugleichen und über einen gewissen Zeitraum eine kontinuierliche Beschäftigung zu gewährleisten.

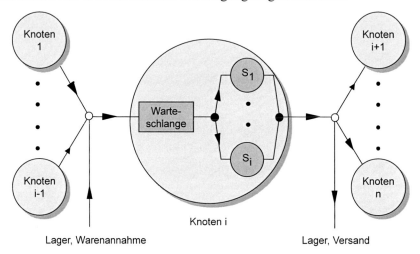

Abb. 13.2.2.1   Werkstattfertigung als Netzwerk mit Kapazitätsplätzen als Knoten

Solche Puffer sind Warteschlangen vor einer Arbeitsstation, deren Grösse sich im Laufe der Zeit verändert. Gerade in einer Werkstattproduktion spielt der Zufall im Verhalten der Puffer eine grosse Rolle, da hier eine Warteschlange von vielen Orten her alimentiert wird. Eine Werkstattproduktion kann als ein Netzwerk mit Kapazitätsplätzen als Knoten betrachtet werden, wie dies die Abb. 13.2.2.1 zeigt. Die Knoten sind dabei Kapazitätsplätze, die als homogen eingestuft werden. Die Pfeile stellen den Güter- bzw. Informationsfluss zwischen diesen Kapazitätsplätzen dar. In der Folge wird nun ein Knoten i in diesem Netzwerk besonders herausgehoben.

Von verschiedenen Knoten und ggf. auch von aussen (z.B. von einem Lager oder der Warenannahme) ergeben sich Inputs, die in eine den verschiedenen Arbeitsstationen S_1, S_2, …, S_i eines Kapazitätsplatzes i gemeinsame Warteschlange gelangen. Nach Beendigung des Arbeitsganges in Knoten i fliessen die Aufträge je nach Vorschrift im Arbeitsplan zu anderen Knoten, oder aber teilweise oder ganz (bei einem Schlussarbeitsgang) nach aussen. Bei der Linienproduktion liegt im Wesentlichen eine Sequenz von Knoten anstelle eines Netzwerks vor.

Das Festlegen der Grösse eines Puffers ist, wie erwähnt, ein Optimierungsproblem. Die Warteschlangentheorie vermittelt einige grundlegende Erkenntnisse, die zum Verständnis des Funktionierens einer Werkstattproduktion und zum Teil auch einer Linienproduktion nötig sind. Es werden hier nur Aussagen über den stationären Zustand einer Warteschlange, d.h. nach unendlich langer Zeit und bei starren Randbedingungen, gemacht.

Für die folgende Betrachtung sind in der Abb. 13.2.2.2 einige Definitionen von Variablen zur Warteschlangentheorie aufgeführt.

s	= Anzahl parallele Stationen (z.B. Arbeitsplätze pro Kapazitätsplatz)
ρ	= Auslastung des Kapazitätsplatzes (0 ≤ ρ ≤ 1) = $\dfrac{\text{Belastung}}{\text{Kapazität}}$
VK	= Variationskoeffizient (=Quotient aus Standardabweichung und Erwartungswert) einer Verteilung
AZ	= Arbeitsgangzeit eines Arbeitsgangs
WZ	= Wartezeit pro Auftrag in der Warteschlange

Abb. 13.2.2.2   Definitionen von Variablen zur Warteschlangentheorie

Zur Vereinfachung der didaktischen Herleitung werden die folgenden Annahmen getroffen:

- Ankünfte sind zufällig, d.h. Poisson-verteilt mit Parameter λ. λ ist die durchschnittliche Anzahl der Ankünfte pro Beobachtungsperiode.
- Ankunfts- und Bedienungsprozess sind voneinander unabhängig.
- Die Durchführung erfolgt in Ankunftsreihenfolge oder gemäss einer zufälligen Auswahl aus der Warteschlange.
- Die Dauer der Arbeitsgänge ist unabhängig von der Bearbeitungsreihenfolge und unterliegt einer bestimmten Verteilung mit Erwartungswert E(AZ) und Variationskoeffizient VK(AZ).

Die Abb. 13.2.2.3 zeigt die relative Wartezeit in Funktion der Auslastung bei einem Einstationenmodell (s=1, eine Warteschlange alimentiert nur eine Bedienungsstation, d.h. eine Arbeitsstation oder eine Maschine). Der Variationskoeffizient VK(AZ) der Verteilung wird als 1 angenommen, was z.B. bei negativexponentieller Verteilung der Fall ist.

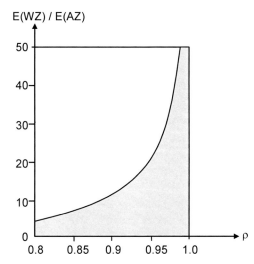

Abb. 13.2.2.3   Durchschnittliche relative Wartezeit in Funktion der Auslastung: Spezialfall s=1, VK(AZ)=1

Für den verallgemeinerten Fall werden in der Abb. 13.2.2.4 die relevanten Formeln aus der Warteschlangentheorie aufgeführt, dazu die Quellen zu ihrer Herleitung, nämlich [GrHa18], [Coop90], [LyMi94], je mit Seitenzahlen und Formelnummern. Weitere theoretisch-mathematische Aspekte finden sich bei [Fers64] und [Alba77]. Es ist jedoch zu beachten, dass für Mehrstationenmodelle (s = beliebig) die Beziehungen auf der Basis numerischer Berechnung nur bei grosser Auslastung annähernd gelten.

	s = 1 $0 \leq \rho \leq 1$	s = beliebig $\rho \to 1$
VK(AZ) = 1	$E(WZ) = \dfrac{\rho}{1-\rho} \cdot E(AZ)$ [GrHa08], S.77, Formel (2.30)	$E(WZ) \approx \dfrac{\rho}{1-\rho} \cdot \dfrac{E(AZ)}{s}$ [Coop90], S.487, Formeln (5.22), (5.23), (5.36) und $\rho = a/s$
VK(AZ) = beliebig	$E(WZ) = \dfrac{\rho}{1-\rho} \cdot \dfrac{1+VK^2(AZ)}{2} \cdot E(AZ)$ [GrHa08], S.256, Formel (5.11) bzw. [LyMi94], S.191, Formel 6	$E(WZ) \approx \dfrac{\rho}{1-\rho} \cdot \dfrac{1+VK^2(AZ)}{2} \cdot \dfrac{E(AZ)}{s}$ [Coop90], S.508, Formel (9.3)

Abb. 13.2.2.4   Zusammenstellung relevanter Formeln der Warteschlangentheorie

Die Abb. 13.2.2.5 zeigt die Wartezeit in Funktion der Arbeitsgangzeit für ausgewählte Messwerte von s und VK(AZ).

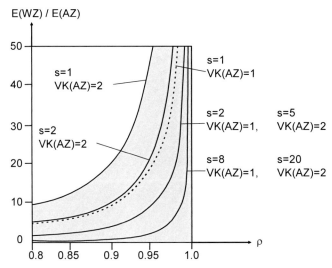

Abb. 13.2.2.5   Durchschnittliche relative Wartezeit in Funktion der Auslastung: ausgewählte Messwerte (nach Prof. Büchel)

13.2.3 Schlussfolgerungen für die Werkstattproduktion

Die Resultate aus der Warteschlangentheorie können in ihren quantitativen Aussagen nicht direkt auf die Werkstattproduktion übertragen werden, da gewisse der genannten Voraussetzungen nicht erfüllt sind, z.B.:

- Der Ankunftsprozess ist i. Allg. nur *kurzfristig* ein Zufallsprozess. Das Terminmanagement schirmt nämlich die Produktion von grossen Belastungsspitzen ab, und die Ankunftsrate an einem Kapazitätsplatz (= Knoten im Netzwerk) ist durch die Ablieferungsrate zuliefernder Knoten begrenzt. Damit dürften die mittelfristigen Schwankungen eher geringer sein als im Falle eines reinen Zufallsprozesses.

- Es besteht keine Unabhängigkeit zwischen Bearbeitungs- und Ankunftsprozess. Da die negativen Folgen grosser Warteschlangen unerwünscht sind, setzt man alles daran, extreme Situationen zu vermeiden. Man greift in die Prozesse ein durch

  - Auswärtsvergabe von einzelnen Aufträgen,
  - Auswärtsvergabe von einzelnen Arbeitsgängen,
  - Erhöhen der Kapazität der Bedienungsstellen, durch Überzeit oder Schichtarbeit sowie durch die
  - Verschiebung einzelner Arbeitsgänge.

Als Resultat ergibt sich kein stationärer Zustand, sondern eine Folge von ineinander übergehenden Zuständen, die jeweils durch verschiedene Werte der einen Warteschlangenprozess charakterisierenden Parameter und Verteilungen gekennzeichnet sind. Trotzdem können aus der betrachteten Warteschlangentheorie qualitative Erkenntnisse für die Werkstattproduktion und zum Teil auch für die Linienproduktion gewonnen werden:

1. *Hohe Auslastung ⇔ grosse Warteschlange*: Man kann in einem starren Warteschlangensystem, insbesondere beim Einstationenmodell, nicht gleichzeitig eine gute Auslastung der Kapazitäten und kurze Durchlaufzeiten erreichen. Je grösser die Auslastung sein soll (ohne dispositive Eingriffe von Kapazitätsanpassungen), desto grösser muss die durchschnittliche Warteschlange sein.

2. *Hohe Auslastung ⇔ (Wartezeit >> Arbeitsgangzeit)*: Die Verweilzeit in der Warteschlange ist bei hoher Auslastung bedeutend grösser als die Arbeitsgangzeit.

3. *Kürzere Durchlaufzeit ⇐ weniger Arbeitsgänge*: Weniger Arbeitsgänge bedeuten weniger Warteschlangen. In der industriellen Produktion ist dies durch eine grössere Vielseitigkeit der Werkzeugmaschinen, z.B. numerisch gesteuerte Maschinen oder Bearbeitungszentren erreichbar, in der Dienstleistung und Administration durch Rückgängigmachen einer extremen Arbeitsteilung. Die gesamte Arbeitsgangzeit bei reduzierter Arbeitsgangzahl muss jedoch kürzer sein als diejenige bei vergrösserter Arbeitsgangzahl. Da die Warteschlangenzeit mit längerer Dauer von Arbeitsgängen wächst, würde sonst kein positiver Effekt erzielt.

4. Grosse Warteschlangen resultieren aus
   - einer langen Dauer von Arbeitsgängen,
   - einer stark unterschiedlichen Dauer von Arbeitsgängen,
   - wenigen parallelen Arbeitsstationen, oder nur einer Arbeitsstation.

Die qualitativen Ergebnisse der Warteschlangentheorie deuten auf folgende Massnahmen hin:

- *Rüstzeitreduktion, um die Losgrössen zu verkleinern und damit die durchschnittliche Arbeitsgangzeit zu verkürzen.* Die Reduktion der Losgrössen ohne Rüstzeitreduktion verteuert jedoch die Herstellung. Sie ist nur sinnvoll, wenn der Kapazitätsplatz nicht ausgelastet ist, d.h. der durch Splittung der Arbeitsgänge vergrösserte Rüstzeitanteil nicht zu Überlastung oder annähernder Auslastung der Kapazität führt.

- *Gleiche Inhalte der Arbeitsgänge, um eine stark unterschiedliche Dauer von Arbeitsgängen zu vermeiden.* Der Variationskoeffizient der Arbeitsgangzeiten, d.h. der Unterschied in der Dauer von Arbeitsgängen, kann verkleinert werden, indem man z.B. Aufträge mit grossen Vorgabezeiten aufteilt. Damit ergibt sich zudem auch eine Reduktion der mittleren Arbeitsgangzeit. Vermehrtes Rüsten kann jedoch im Falle von ausgelasteter Produktion den Effekt mehr als zunichte machen.

- *Reduktion der Auslastung,* was man durch Halten von Überkapazitäten erreichen kann. Man kann auch Mitarbeitende flexibel auf jenen Kapazitätsplätzen einsetzen, wo die Belastung zu gross zu werden droht.

Alle diese Massnahmen sind Ausgangspunkte bzw. Grundgedanken des Lean-/Just-in-time-Konzepts. Ganz allgemein herrscht heute die Tendenz vor, die Produktion nicht mehr als System mit starren Randbedingungen zu betreiben. Je besser dies gelingt, desto kürzer werden die Wartezeiten aufgrund des Warteschlangeneffektes. Die Durchlaufzeiten werden dann mehr und mehr durch organisatorischen Willen statt durch Zufall bestimmt.

13.2.4 Betriebskennlinien

Betriebskennlinien sind Zusammenhänge der betrieblichen Sachverhalte nach Abb. 13.2.4.1 (siehe dazu [Wien19], [Wien97] oder [NyWi12]).

Betriebskennlinien können zur Bewertung von Produktionsprozessen im Rahmen eines Produktionscontrolling herangezogen werden. Es handelt sich dabei um den Vergleich von logistischen Leistungskenngrössen.

- Die *Leistung* in der Abb. 13.2.4.1 ist die Ausbringung, d.h. die abgearbeitete Belastung des Kapazitätsplatzes (siehe dazu auch [Wien97, S.92, S. 208]). Die Kurve der Leistung entspricht damit derjenigen der *Auslastung der Kapazität* (siehe auch Abb. 1.4.3.4 oder Abb. 1.4.4.4). Eine bestimmte Leistung ist indessen nur erreichbar, wenn auch der Bestand der Arbeit im Wartezustand eine bestimmte Grösse hat. Nähert sich die Ausbringung dem Maximum, so kann sie nur vergrössert werden, wenn der Bestand der Arbeit in der Warteschlange überproportional vergrössert wird. Diese Betriebskennlinie zeigt in ihrem oberen Teil ungefähr den gleichen Zusammenhang wie denjenigen in Abb. 13.2.2.3, wobei die Achsen vertauscht sind.

- Die *(Bestands-)Reichweite* ist die Dauer, bis der Bestand am Arbeitsplatz abgebaut ist. Die *mittlere Reichweite* ist dann der Erwartungswert der Wartezeit (gemäss Abb. 13.2.2.4) plus der Arbeitsgangzeit. Dieser Erwartungswert hat ein Minimum, das u.a. durch die Arbeitsgangzeiten und deren Varianz beeinflusst wird. Bei Werkstattproduktion bestimmt der Bestand der Arbeit im Wartezustand weitgehend den Bestand in Arbeit (Ware in Arbeit). Siehe auch die Leistungskenngrösse *Auftragsbestandsumschlag* in Abb. 1.4.3.2.

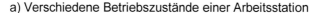

a) Verschiedene Betriebszustände einer Arbeitsstation

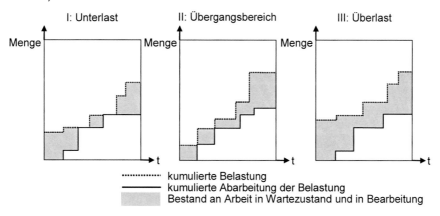

b) Logistische Betriebskennlinien der Arbeitsstation

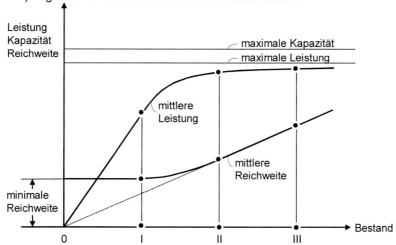

Abb. 13.2.4.1   Ein Beispiel für Betriebskennlinien (aus [Wien19])

Über die Auslastung gelangt man also zum Bestand und davon zur mittleren Wartezeit (die bei Werkstattproduktion die Durchlaufzeit zu einem grossen Mass ausmacht). Die drei Bestandsniveaus I, II und III entsprechen dabei einem Kapazitätsplatz mit Unterlast, angemessener Last und Überlast. Die Betriebskennlinie gibt damit an, wie weit Spielraum für eine Reduktion der Warteschlangen und damit der Wartezeiten besteht, ohne die Auslastung zu gefährden.

Durch geeignete Massnahmen möchte man in der Folge die charakteristische Auslastungskurve so verändern, dass die gefährliche Biegung möglichst spät eintritt. Ebenso soll die Steigung der Geraden für den mittleren Arbeitsvorrat möglichst klein werden. Dazu müssen Potentiale geschaffen werden, z.B. durch Lean-/JiT-Konzepte (siehe Kap. 6). Deren Umsetzung verändert die Betriebskennlinien, so dass neue Spielräume zur Senkung des Bestands der Aufträge im Wartezustand entstehen.

13.3   Terminmanagement und Terminierungsalgorithmen

> Das *Terminmanagement* bzw. die *Terminplanung und -rechnung* bestimmt aus den gegebenen Terminen des Kunden die übrigen benötigen Termine für die Machbarkeits-Entscheidung, für die Belastung der Kapazitäten und für Reservierung von Komponenten.
>
> Ein *Terminierungsalgorithmus* ist ein geeignetes Berechnungsverfahren zur Stützung des Terminmanagements.

Terminmanagement ist zuallererst eine Sache der an der Vergabe und der Durchführung des Auftrags beteiligten Personen. Diese verfügen dafür über geeignete Werkzeuge, z.B. auch über IT-Unterstützung in Form von ERP-Software.

Terminmanagement basiert auf der Kenntnis und der Berechnung der Durchlaufzeit. Das Zeitmanagement zeigte jedoch die Grenzen der Abschätzbarkeit von Durchlaufzeiten auf. Nicht alle Zeitelemente sind genau abschätzbar, am wenigsten wohl die Warteschlangenzeit. Dazu kommen noch all die unvorhergesehen Effekte, die sich während der Realisierung der Produktion sowieso einstellen können. Umplanungen sind häufig die nötige Folge.

> *Termin-Umplanung* ändert Auftrags- oder Arbeitsgang-Endtermine, gewöhnlich deswegen, weil sie nicht zum benötigten Zeitpunkt fertig werden (vgl. [APIC16]).

Trotz der Tatsache, dass Potential zur reaktiven Termin-Umplanung im Bedarfsfall aufgebaut werden muss, muss man proaktiv, also in der Planungsphase die kumulierte Durchlaufzeit einigermassen kennen, um sie in Beziehung zur Lieferdurchlaufzeit setzen zu können. Im kurzfristigen Bereich kann so prinzipiell über Annahme oder Ablehnung des Auftrags entschieden werden. Im mittelfristigen Bereich gelangt man zudem zu einer Vorstellung einer möglichen Auslastung der Kapazitäten im Laufe der Zeitachse.

13.3.1 Der Fabrikkalender

Die Belastung und die Kapazität eines Kapazitätsplatzes werden oft in Zeiteinheiten gemessen. Auch in den anderen Fällen müssen zumindest für die Belange der Durchlaufzeitrechnung Zeitmengen anstelle von Belastungsvorgaben gegeben werden. Nun umfasst eine Woche gemäss dem Gregorianischen Kalender nicht immer die gleiche Anzahl (z.B. fünf) Arbeitstage.

> Der *Fabrikkalender* zählt nur die Arbeitstage. Tage, an denen nicht gearbeitet wird, z.B. Ferien, Feiertage oder Wochenenden, rechnet er nicht ein.
>
> Das *Fabrikdatum* des Fabrikkalenders beginnt an einem Tag „Null", welcher einem bestimmten Gregorianischen Datum entspricht. Für jeden Arbeitstag wird der Wert eins addiert.

Die Abb. 13.3.1.1 zeigt einen Ausschnitt eines solchen Fabrikkalenders.

Ein Fabrikkalender eignet sich für die Subtraktion oder Addition einer bestimmten Anzahl von Arbeitstagen zu einem gegebenen Gregorianischen Datum. Diese Rechenoperationen werden im Terminmanagement oft gebraucht.

Greg. Datum	Tag	Art des Tages	Fabrikdatum
2015.05.10	Sonntag	Wochenende	879
2015.05.11	Montag	Arbeitstag	880
2015.05.12	Dienstag	Arbeitstag	881
2015.05.13	Mittwoch	Arbeitstag	882
2015.05.14	Donnerstag	Feiertag	882
2015.05.15	Freitag	Arbeitstag	883
2015.05.16	Samstag	Wochenende	883
2015.05.17	Sonntag	Wochenende	883

Abb. 13.3.1.1   Der Fabrikkalender

Auch für das Belastungsprofil eines Kapazitätsplatzes, wenn man die Belastung innerhalb eines bestimmten Zeitintervalls mit der zur Verfügung stehenden Kapazität vergleichen möchte, werden nur Arbeitstage berücksichtigt.

13.3.2 Die Berechnung der Produktionsdurchlaufzeit

Angenommen sei ein Produktionsauftrag von n Arbeitsgängen. Sie werden mit einem Zähler i durchnummeriert, wobei $1 \le i \le n$ gilt. Für die im Kap. 13.1 eingeführten Bestandteile der *Produktionsdurchlaufzeit* sollen die folgenden Abkürzungen gelten (gemessen i. Allg. in Industrieperioden, d.h. Hundertstelstunden).

Die *Arbeitsgangzeit* des Arbeitsgangs i:

- LOSGR	:=	bestellte Losgrösse
- RZ[i]	:=	Bereitstellungs- oder Rüstzeit des Arbeitsganges i
- EZ[i]	:=	Einzelzeit des Arbeitsganges i bzw. Bearbeitungszeit pro produzierte Einheit
- AZ[i]	:=	Arbeitsgangzeit eines Arbeitsganges i
	=	RZ[i] + LOSGR · EZ[i]

Die *Zwischenzeiten* des Arbeitsgangs i:

- ZWIVOR[i]	:=	Zwischenzeit vor dem Beginn des Arbeitsganges i (Null, falls zwei aufeinanderfolgende Arbeitsgänge auf dem gleichen Kapazitätsplatz gefertigt werden)
	=	Transportzeit vom fiktiven Zentrum zum Kapazitätsplatz + nicht technische Wartezeit vor Beginn des Arbeitsganges (Warteschlangenzeit)
- ZWITEC[i]	:=	technische Zwischenzeit nach dem Ende des Arbeitsganges i
- ZWINAC[i]	:=	nicht technische Zwischenzeit nach dem Ende des Arbeitsganges i
	=	Transportzeit vom Kapazitätsplatz zum fiktiven Zentrum + Transportzeit vom fiktiven Zentrum zum fiktiven Zentrum des Kapazitätsplatzes des darauffolgenden Arbeitsganges

Die *Administrationszeiten*:

- ADMTLABEG := <u>Adm</u>inistrationszeit des <u>T</u>ei<u>la</u>uftrags zu <u>Beg</u>inn
           = Administrationszeit für das Freigeben des Teilauftrags + (eventuell) die
             Ausfasszeit für die Materialien
- ADMTLAEND := <u>Adm</u>inistrationszeit des <u>T</u>ei<u>la</u>uftrags am <u>En</u>de
           = Administrationszeit am Ende des Teilauftrags + (eventuell) Zeit für die
             Schlusskontrolle + (eventuell) Zeit für die Einlagerung oder die
             Speditionsvorbereitung
- ADMAUF   := <u>Adm</u>inistrationszeit des <u>Auf</u>trags zur Freigabe des ganzen Auftrags

Abb. 13.3.2.1   Definitionen für die Elemente der Durchlaufzeit

In der Praxis unterscheidet man je zwei verschiedene Werte für ADMTLABEG und ADMTLAEND, nämlich diejenigen mit bzw. ohne Berücksichtigung der Eventualitäten.

Bei einer *Sequenz von Arbeitsgängen* als Abfolge der Arbeitsgänge ergibt sich die Durchlaufzeit des Auftrags (abgekürzt mit DLZ) als Summe aller Arbeitsgangzeiten, Arbeitsgangzwischenzeiten und der administrativen Zeiten wie in der Formel gemäss Abb. 13.3.2.2:

$$DLZ = \sum_{1 \leq i \leq n} \left(ZWIVOR[i] + AT[i] + ZWITEC[i] + ZWINAC[i] \right)$$
$$+ \; ADMAUF + ADMTLABEG + ADMTLAEND$$

Abb. 13.3.2.2   Durchlaufzeitformel (1. Form)

DLZ entspricht damit der Durchlaufzeit eines Produkts für die Losgrösse LOSGR. Für eine andere Losgrösse ist die Durchlaufzeit unterschiedlich. Fasst man die Elemente gemäss den Formeln in Abb. 13.3.2.3 zusammen, erhält man DLZ als eine lineare Funktion der Losgrösse gemäss Abb. 13.3.2.4.

$$SUMZWI = ADMTLABEG + ADMTLAEND + \sum_{1 \leq i \leq n} \left(ZWIVOR[i] + ZWINAC[i] \right)$$
$$SUMTEC = \sum_{1 \leq i \leq n} ZWITEC[i]$$
$$SUMRZ = \sum_{1 \leq i \leq n} RZ[i]$$
$$SUMEZ = \sum_{1 \leq i \leq n} EZ[i]$$

Abb. 13.3.2.3   Teilsummen der Durchlaufzeitformel

$$DLZ = ADMAUF + SUMZWI + SUMTEC + SUMRZ + SUMEZ \cdot LOSGR$$

Abb. 13.3.2.4   Durchlaufzeitformel (2. Form)

Die Teilsummen der Durchlaufzeitformel können als Attribute des Produkts gespeichert werden. Sie werden nach jeder Modifikation des Arbeitsplanes neu gerechnet, unter Summierung aller Werte in den einzelnen Arbeitsgängen.

Mit diesem Vorgehen kann die Durchlaufzeit eines Produktionsauftrags für irgendeine Bestellmenge auf schnellste Weise neu berechnet werden. Man braucht dann nur auf die Daten des Produkts zurückzugreifen; das Lesen der Arbeitsgänge erübrigt sich. Dies ist praktisch für eine schnelle Sekundärbedarfsrechnung: Die Durchlaufzeit errechnet sich nach der Formel in Abb. 13.3.2.4, und alle Reservierungen von Komponenten werden auf den daraus gemäss Abb. 13.3.2.5 errechenbaren Starttermin des Auftrags geplant:

$$\boxed{\text{Starttermin} = \text{Endtermin} - \text{DLZ}}$$

Abb. 13.3.2.5   Der Starttermin in Funktion des Endtermins

Bei einem *gerichteten Netzwerk von Arbeitsgängen* als Abfolge der Arbeitsgänge ergibt sich die Durchlaufzeit des Auftrags als Summe über die Arbeitsgänge des kritischen – d.h. des längsten – Weges. In einigen Fällen wird dieser abhängig von der Losgrösse sein. Die Teilsummen der Durchlaufzeitformel beziehen sich dann auf ein bestimmtes Intervall für die Losgrösse. Diese obere bzw. untere Grenze der Losgrösse für die vereinfachte Durchlaufzeitrechnung müssen dann Daten des Produkts sein.

Im Übrigen sind die folgenden Begriffe in ihrer Bedeutung dem der Produktionsdurchlaufzeit nahe, obwohl ihre formale Definition verschieden ist:

- *Zykluszeit* (engl. „*cycle time*"): Dies ist die Zeit zwischen der Fertigstellung von zwei aufeinander folgenden, diskreten Produktionseinheiten. Wenn zum Beispiel 120 Motoren je Stunde gefertigt werden, dann beträgt die Zykluszeit 30 Sekunden (vgl. [APIC16]). Die Zykluszeit ist eine wichtige Grösse im Zusammenhang mit der einzelstückorientierten Linienproduktion, insbesondere bei Steuerung durch Produktionsraten[5].

- *Durchsatzzeit* (engl. „*throughput time*", oder auch „*cycle time*"): Dies ist ein Begriff aus dem Materialmanagement und bezieht sich auf die Zeitdauer vom Eintritt eines Materials eine Produktionsanlage bis zu seinem Austritt (vgl. [APIC16]). Die Durchsatzzeit spielt z.B. eine Rolle im Zusammenhang mit Betriebskennlinien und dem Erwartungswert der Wartezeit im Rahmen des Produktions-Controlling. Siehe Kap. 13.2.4.

13.3.3 Rückwärtsterminierung und Vorwärtsterminierung

Für einen Produktionsauftrag möchte man die Belastung und auch den Belastungszeitpunkt jedes Arbeitsganges kennen. Man interessiert sich deshalb für den Starttermin jedes Arbeitsganges. Dazu benützt man Durchlaufterminierungsverfahren.

Bei einer *Durchlaufterminierung* erfolgt die Terminierung durch die Berechnung der Durchlaufzeit und damit unter Einbezug der Dauer aller Arbeitsgänge, der Arbeitsgangzwischenzeiten und der administrativen Zeiten.

Ein *frühester Termin* darf in der Durchführung und Arbeitssteuerung nicht unterschritten werden. Analog dazu darf ein *spätester Termin* nicht überschritten werden.

---

[5]   *Taktzeit* ist eine *gesetzte* Zykluszeit zum Abgleich mit der Rate des Kundenbedarfs. *Flussrate* ist die Umkehrung der Zykluszeit. Im obigen Beispiel ist „120 Einheiten pro Stunde" oder „zwei Einheiten pro Minute" die Flussrate.

> Ein *Ecktermin* wird „von aussen" vorgegeben und kann durch den Terminierungsalgorithmus nicht verändert werden.

Nachfolgend die zwei wichtigsten Terminierungsverfahren:

> Die *Rückwärtsterminierung* berechnet, ausgehend vom vorgegebenen (also *spätesten* annehmbaren) *Endtermin* des Auftrags (also dem *Auftragsfälligkeitstermin*), für jeden Arbeitsgang den spätesten (annehmbaren) Endtermin (d.h. den *Arbeitsgangfälligkeitstermin*) und den spätesten (möglichen) Starttermin (d.h. den *Arbeitsgangstarttermin*), sowie auch den *spätesten (möglichen) Starttermin* des Auftrags.
>
> Die *Vorwärtsterminierung* berechnet ausgehend vom vorgegebenen (also dem *frühesten* annehmbaren) *Starttermin* des Auftrags den frühesten (annehmbaren) Starttermin und den frühesten (möglichen) Endtermin jedes Arbeitsganges sowie auch den *frühesten (möglichen) Endtermin* des Auftrags.

Die Abb. 13.3.3.1 zeigt die beiden Prinzipien.

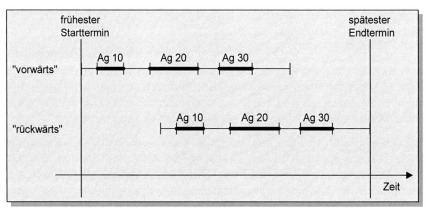

Abb. 13.3.3.1   Die Vorwärtsterminierung und die Rückwärtsterminierung

Die Abb. 13.3.3.2 zeigt den einfachsten Algorithmus für die Rückwärtsterminierung (der Algorithmus für die Vorwärtsterminierung hat eine ganz ähnliche Struktur):

1. Als Abfolge der Arbeitsgänge wird eine Sequenz von Arbeitsgängen angenommen.

2. Der Produktionsauftrag besteht aus einem einzigen Teilauftrag.

3. Alle n Arbeitsgänge werden in die Durchlaufterminierung einbezogen, d.h. der Auftrag wurde noch nicht begonnen.

4. Die Zwischenzeiten werden mit dem Faktor 1 gewogen, das heisst als „normal" angenommen.

Die formale Beschreibung dieser Terminierungsaufgabe lautet wie folgt:

- Gegeben sei ein Produktionsauftrag, bestehend aus einem Teilauftrag mit n Arbeitsgängen i, $1 \leq i \leq n$, und m Komponenten j, $1 \leq j \leq m$. Die Arbeitsgangnummern sind in einer Halbordnung: Falls $i_1 < i_2$, so wird der Arbeitsgang i_1 vor dem Arbeitsgang i_2 durchgeführt.

0 Initialisieren des Starttermins des Auftrags

- FST[Auftrag] := max{FST(Eck)[Auftrag], „heute"}

1 Behandlung zu Beginn des Teilauftrags

- a Berechnen des Endtermins des Teilauftrags:

  - SET[Teilauftrag] := SET(Eck)[Teilauftrag].
  - Falls SET(Eck)[Auftrag] < SET(Eck)[Teilauftrag], dann
    - SET[Teilauftrag] := SET(Eck)[Auftrag]

- b Berechnen des Endtermins des letzten Arbeitsganges:

  - SET[n] := SET[Teilauftrag]-ADMTLAEND-ZWINAC[n]-ZWITEC[n]}
  - Falls SET(Eck)[n] < SET[n], dann SET[n] := SET(Eck)[n]

2 Schleife: für den Arbeitsgang i, n ≥ i ≥ 1, in absteigender Reihenfolge

- a Berechnen des Starttermins des Arbeitsgangs:

  - SST[i] := SET[i] - AZ[i]

- b Falls i > 1, dann berechnen des Endtermins des vorhergehenden Arbeitsganges:

  - SET[i-1] := SST[i] - ZWIVOR[i] - ZWINAC[i-1] - ZWITEC[i-1]
  - Falls SET(Eck)[i-1] < SET[i-1], dann SET[i-1] := SET(Eck)[i-1]

- c Andernfalls (i = 1) berechnen des Starttermins des Teilauftrags:

  - SST[Teilauftrag] := SST[i] - ZWIVOR[i] - ADMTLABEG

3 Behandlung am Ende des Teilauftrags

- a Berechnen des Starttermins des Auftrags:

  - SST[Auftrag] := SST[Teilauftrag] - ADMAUF
  - Falls SST[Auftrag] < FST[Auftrag], dann Meldung *Starttermin zu früh*

- b Schleife: Für alle Komponenten j, $1 \leq j \leq m$, berechnen des Reservierungsdatums (des Starttermins):

  - i := Arbeitsgang, für welche die Komponente j benötigt wird
  - FST[j] := SST[i] - ZWIVOR[i] - ADMTLABEG

Ende des Algorithmus

Abb. 13.3.3.2   Einfacher Algorithmus zur Rückwärtsterminierung

- Ausgehend vom vorgegebenen (also spätesten annehmbaren) Endtermin des Auftrags sollen die folgenden „spätesten" Daten berechnet werden:

  - Start- und Endtermin des einzigen Teilauftrags
  - Start- und Endtermin der einzelnen Arbeitsgänge
  - Reservierungstermin (=Starttermin) der Komponenten
  - Starttermin des Auftrags mit einer Ausnahmemeldung, falls dieser klein/er als ein gesetzter (frühester) Starttermin ist.

Als Datendeklaration sei die folgende Notation abgemacht:

- x   ≡ Auftrag, Teilauftrag oder eine Position des Teilauftrags (Komponente oder Arbeitsgang)

- SET[x]   ≡ spätester Endtermin von x
- SST[x]   ≡ spätester Starttermin von x
- FST[x]   ≡ frühester Starttermin von x
- AZ[i]   ≡ Arbeitsgangzeit des Arbeitsgangs i
- ZWIVOR[i]   ≡ Zwischenzeit vor Beginn des Arbeitsgangs i
- ZWINAC[i]   ≡ Zwischenzeit nach dem Ende des Arbeitsgangs i
- ZWITEC[i]   ≡ technische Zwischenzeit nach dem Arbeitsgang i
- ADMTLABEG   ≡ administrative Zeit des Teilauftrags zu Beginn
- ADMTLAEND   ≡ administrative Zeit des Teilauftrags am Ende

Bemerkungen:

- Um die Datumsattribute miteinander vergleichen zu können, wird die standardisierte „ISO"-Darstellung angenommen, das heisst „JJJJMMTT".

- Ein Datum kann entweder durch den Terminierungsalgorithmus berechnet oder aber als Ecktermin gegeben sein. Man unterscheidet den 2. Fall vom 1. durch Beifügen von „(Eck)", z.B. SET(Eck)[x].

13.3.4 Netzplantechniken

Baustellen- oder Projektproduktion sind meistens mit Terminplanungsverfahren, die dem Projektmanagement eigen sind, verbunden.

Netzplanung ist ein generischer Begriff für Verfahren, welche zur Terminplanung komplexer Projekte eingesetzt werden (vgl. [APIC16]).

Ein Projekt-Arbeitsplan, eine Projektaufgabe (engl. „task") oder ein Arbeitspaket (engl. „work package") umfasst ein gerichtetes Netzwerk, z.B. in der Form von Abb. 13.1.1.2, an Stelle einer Sequenz von Arbeitsgängen. Für die Netzplanung genügt deshalb der einfache Algorithmus aus Abb. 13.3.3.2 nicht.

Die *„Kritischer-Pfad"-Methode* (engl. *critical path method CPM*) dient zur Planung und Steuerung der Tätigkeiten in einem Projekt. Sie bestimmt den *Kritischen Pfad*, d.h. den Pfad mit der längsten Dauer, indem sie diejenigen Elemente identifiziert, welche die kumulierte Durchlaufzeit (oder „Kritischer-Pfad"-Durchlaufzeit) für ein Projekt bestimmen (vgl. [APIC16]).

Dabei wird vorwärts <u>und</u> rückwärts terminiert. Das Resultat der Terminierung des in Abb. 13.1.1.2 gezeigten Netzwerkes mit Eckwerten für FST und SET wird in der Abb. 13.3.4.1 gezeigt. Die Differenz zwischen FST und SST ist die Manövriermarge oder Durchlaufzeitreserve. Auf dem Kritischen Pfad hat sie immer denselben Wert (i. Allg. nahe bei oder gleich Null) und wird auch *Pfad-Spielraum* bzw. *Schlupfzeit* genannt.

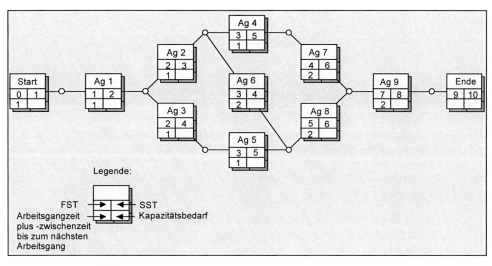

Abb. 13.3.4.1   Terminiertes Netzwerk

Weitere Netzplantechniken sind:

- Die *PERT-Technik* (engl. *program evaluation and review technique*) ist eine Technik zur Netzwerkanalyse, die jeder Tätigkeit eine pessimistische, eine wahrscheinliche und eine optimistische Schätzung für ihre Dauer zuordnet. Die „Kritischer-Pfad"-Methode gelangt dann zum Einsatz, indem sie einen gewogenen Durchschnitt dieser Zeiten für jeden Knoten benutzt. PERT berechnet in der Folge eine Standardabweichung des Erwartungswerts der Projektdauer ([APIC16]).

- Die *„Kritische-Kette"-Methode* (engl. *critical chain method*) ist eine Erweiterung der „Kritischer-Pfad"-Methode. Sie wurde in der „theory of constraints" eingeführt und berücksichtigt nicht nur die technologische Präzedenz sondern auch die Einhaltung von Ressourcenbeschränkungen (vgl. [APIC16]).

Die Abb. 13.3.4.2 zeigt einen effektiven Netzwerkalgorithmus zur Rückwärtsterminierung. Er ist als Verallgemeinerung des einfachen Algorithmus in Abb. 13.3.3.2 formuliert. Sei BEGINN der Start und ENDE der Abschluss des Arbeitsplanes. Dann bezeichne

- prec(i) die Menge aller dem Arbeitsgang i oder i=ENDE vorhergehenden Arbeitsgänge, sowie

- succ(i) die Menge aller dem Arbeitsgang i oder i=BEGINN nachfolgenden Arbeitsgänge.

Ein Arbeitsgang, welcher im Netzwerk einem bestimmten Arbeitsgang i vorangeht (resp. nachfolgt), trägt eine kleinere (resp. grössere) Arbeitsgangnummer als i. Damit kann man die Arbeitsgänge in absteigender (resp. aufsteigender) Reihenfolge behandeln. Eine solche „Halbordnung" ist meistens natürlicherweise gegeben. Andernfalls kann sie ohne weiteres durch Auswertung der Funktion prec(i) (resp. succ(i)) berechnet werden.

Sobald alle Ecktermine weggelassen werden, kann der obige Netzwerk-Algorithmus auch den Kritischen Pfad berechnen. Für jeden Arbeitsgang i wird dann ein Attribut KRIT[i] geführt, welches den auf i folgenden Arbeitsgang gemäss dem Kritischen Pfad bezeichnet. Im Artikelstamm bezeichnet ein analoges Attribut den ersten Arbeitsgang gemäss dem Kritischen

Pfad. In Schritt 1b erhalten alle letzten Arbeitsgänge KRIT[i_1]=„ENDE". Immer, wenn im Schritt 2b die „<"-Bedingung auftritt, wird KRIT[i_1] mit „I" überschrieben.

---

0 Initialisieren des Starttermins des Auftrags:

- FST[Auftrag] := max{FST(Eck)[Auftrag], „heute"}

Initialisieren des Endtermins für den Teilauftrag und alle Arbeitsgänge:

- SET[x] := min{„9999.99.99", SET(Eck)[x]}

1 Behandlung zu Beginn des Teilauftrags

- a Berechnen des Endtermins des Teilauftrags:

    - Falls SET(Eck)[Auftrag] < SET(Eck)[Teilauftrag], dann
        - SET[Teilauftrag] := SET(Eck)[Auftrag]

- b Für jeden letzten Arbeitsgang $i_1 \in$ {prec(ENDE)} berechnen seines Endtermins:

    - SET[i_1] := SET[Teilauftrag]-ADMTLAEND-ZWINAC[i_1]-ZWITEC[i_1]}
    - Falls SET(Eck)[i_1] < SET[i_1], dann SET[i_1] := SET(Eck)[i_1]

2 Schleife: für den Arbeitsgang i, n ≥ i ≥ 1, in absteigender Reihenfolge

- a Berechnen des Starttermins des Arbeitsgangs:

    - SST[i] := SET[i] - AZ[i]

- b Für jeden Arbeitsgang $i_1 \in$ {prec(i)}, $i_1 \neq$BEGINN, berechnen seines Endtermins:

    - SET'[i_1] := SST[i] - ZWIVOR[i] - ZWINAC[i_1] - ZWITEC[i_1]
    - Falls SET'[i_1] < SET[i_1], so SET[i_1] := SET'[i_1]

- c Für $i_1 \in$ {prec(i)}, i_1=BEGINN, berechnen des Teilauftrag-Starttermins:

    - SST[Teilauftrag] := SST[i] - ZWIVOR[i] - ADMTLABEG

3 Behandlung am Ende des Teilauftrags

- a Berechnen des Starttermins des Auftrags:

    - SST[Auftrag] := SST[Teilauftrag] - ADMAUF
    - Falls SST[Auftrag] < FST[Auftrag], dann Meldung *Starttermin zu früh*

- b Schleife: Für alle Komponenten j, 1≤j≤m, berechnen des Reservierungsdatums (des Starttermins):

    - i := Arbeitsgang, für welche die Komponente j benötigt wird
    - FST[j] := SST[i] - ZWIVOR[i] - ADMTLABEG

Ende des Algorithmus

Abb. 13.3.4.2   Netzwerkalgorithmus zur Rückwärtsterminierung

13.3.5 Mittelpunktterminierung

Die *Mittelpunktterminierung* ist eine Mischform zwischen Vorwärts- und Rückwärtsterminierung. Die Abb. 13.3.5.1 gibt die Grundidee dazu.

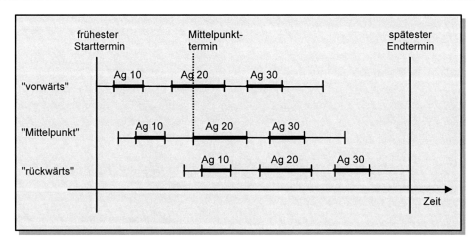

Abb. 13.3.5.1   Die Mittelpunktterminierung

Der Mittelpunkttermin ist der Starttermin für einen bestimmten Arbeitsgang. Meistens handelt es sich hier um einen kritischen Arbeitsgang, d.h. um einen Arbeitsgang auf einem ausgelasteten Kapazitätsplatz – meistens einer Engpasskapazität. Der kritische Arbeitsgang bestimmt die Terminierung des ganzen Auftrags und damit sowohl Start- als auch Endtermin. Der Bezug zu den beiden bisher eingeführten Terminierungsarten ist folgender:

- Der kritische Arbeitsgang sowie alle nachfolgenden werden vom Mittelpunkttermin aus vorwärts, die ihm vorangehenden Arbeitsgänge rückwärts terminiert.

Das Mittelpunktterminierungsverfahren liefert so einen spätesten Starttermin und einen frühesten Endtermin. Es erweist sich als recht einfach für den in der Abb. 13.3.5.1 gezeigten Fall einer Sequenz von Arbeitsgängen mit genau einem Mittelpunkt.

Alle anderen Fälle sind wesentlich komplizierter zu handhaben und führen zu mehreren möglichen Lösungen. Z.B. ist bei einer Sequenz von Arbeitsgängen mit mehr als einem Mittelpunkt zwischen je zwei Mittelpunkten nicht klar, ob eine Vorwärts- oder Rückwärtsterminierung zur Anwendung gelangen soll.

Bei einem gerichteten Netzwerk von Arbeitsgängen gibt es mehrere Möglichkeiten:

- Gibt es einen Mittelpunkt und liegt dieser auf dem Kritischen Pfad, so folgen spätester Starttermin und frühester Endtermin wie bei einer Sequenz von Arbeitsgängen. Die nicht zeitkritischen Arbeitsgänge auf dem Netzwerk werden terminiert durch Vorwärtsterminierung, ausgehend vom spätesten Starttermin, oder auch durch Rückwärtsterminierung, ausgehend vom frühesten Endtermin.

- Ist ein Mittelpunkt vorhanden und liegt dieser auf einem nicht zeitkritischen Pfad, so wird entweder der Vorwärtsterminierungsast oder aber der Rückwärtsterminierungsast vom zeitkritischen Pfad des Netzwerkes berührt werden. Am einfachsten ist hier wohl die Wahl zwischen zwei grundlegenden Möglichkeiten. Erstens die Rückwärtsterminierung, ausgehend vom Mittelpunkt – dies ergibt einen spätesten Starttermin, von welchem das ganze Netzwerk vorwärts terminiert wird. Zweitens die Vorwärtsterminierung vom Mittelpunkt – dies ergibt einen frühesten Endtermin, von dem aus das ganze Netzwerk rückwärts terminiert wird.

- Bei Vorliegen von mehreren Mittelpunkten im Netzwerk bei beliebiger Lage ist die Mittelpunktterminierung entsprechend komplexer handzuhaben.

Um bei einer Mittelpunktterminierung im Falle eines Netzwerkes Mehrdeutigkeiten auszuschliessen, ist erforderlich, dass nicht ein einzelner Mittelpunkt, sondern eine sog. Mittelebene festgestellt wird. Das ist eine Menge von Arbeitsgängen, für die ein Starttermin vorgegeben wird und die derart gewählt ist, dass bei Wegnahme dieser Arbeitsgänge Beginn und Ende nicht mehr zusammenhängen.

13.3.6 Der Durchlaufzeitstreckungsfaktor und die Wahrscheinliche Terminierung

In der Praxis interessiert man sich des öfters nicht für absolute Termine eines Auftrags, sondern für dessen Dringlichkeit.

> Die *Auftragsdringlichkeit* ist die Dringlichkeit der Arbeitsgänge im Vergleich mit denen anderer Aufträge.

Als Mass für die Auftragsdringlichkeit kann der im Folgenden hergeleitete Durchlaufzeitstreckungsfaktor herangezogen werden.

> Die *Schlupfzeit* ist bei Rückwärtsterminierung die Abweichung zwischen dem spätesten (möglichen) Starttermin und dem frühesten (annehmbaren) Starttermin bzw. bei Vorwärtsterminierung die Abweichung zwischen dem frühesten (möglichen) Endtermin und dem spätesten (annehmbaren) Endtermin.

Die Schlupfzeit ist somit ein Mass für die Flexibilität zur Planung. Eine positive Schlupfzeit erlaubt eine Verlängerung der Durchlaufzeit, während eine negative Schlupfzeit deren Verkürzung verlangt.

> Die *Wahrscheinliche Terminierung* berücksichtigt die Schlupfzeit zur Verlängerung bzw. zur Verkürzung der Durchlaufzeit.

Die Abb. 13.3.6.1 zeigt das Prinzip der Wahrscheinlichen Terminierung anhand eines Beispiels von drei Arbeitsgängen („Ag") und einer positiven Schlupfzeit. Im Vergleich zur Vorwärts- und Rückwärtsterminierung sind die Arbeitsgänge gleichmässig zwischen dem frühesten Starttermin und dem spätesten Endtermin verteilt. Der Start- bzw. Endtermin jedes Arbeitsgangs ist dann sein *wahrscheinlicher Starttermin* bzw. *wahrscheinlicher Endtermin*.

Da die Dauer der Arbeitsgänge und die technischen Arbeitsgangzwischenzeiten durch das technische Verfahren gegeben sind, verändert sich die Schlupfzeit nur durch Verlängern bzw. Verkürzen der nichttechnischen Arbeitsgangzwischenzeiten oder administrativen Zeiten. All diese Zeitelemente sind Attribute der Stammdaten eines Produkts, seines Arbeitsplanes und der Kapazitätsplätze. Ihre Werte sind Durchschnitte, die durch Messung oder Schätzung bestimmt werden.

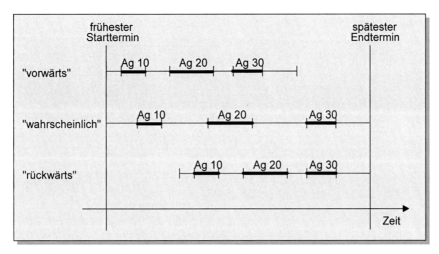

Abb. 13.3.6.1   Vorwärts-, Rückwärts- und Wahrscheinliche Terminierung

> Der *Durchlaufzeitstreckungsfaktor* ist ein Faktor, mit dem die nichttechnischen Arbeitsgang-
> zwischenzeiten und die administrativen Zeiten multipliziert werden.

Die Wahl des Durchlaufzeitstreckungsfaktors hat folgende Effekte auf den Terminierungsalgorithmus:

- Ein Faktor grösser als 1 ergibt eine verlängerte Durchlaufzeit.

- Ein Faktor gleich 1 ergibt die „normale", d.h. die durchschnittliche Durchlaufzeit.

- Ein Faktor zwischen 0 und 1 ergibt eine verkürzte Durchlaufzeit.

- Ein Faktor gleich 0 ergibt eine minimale Durchlaufzeit, indem nur die Arbeitsgangzeiten
  und technischen Arbeitsgangzwischenzeiten aneinandergereiht werden.

- Mit einem Faktor kleiner als 0 werden die Arbeitsgänge überlappt.

Die Wahrscheinliche Terminierung nimmt nun den spätesten Endtermin und den frühesten
Starttermin als gegeben und berechnet den Durchlaufzeitstreckungsfaktor. Eine solche
Ausgangslage liegt zum Beispiel in den folgenden Fällen vor:

- Kundenproduktionsaufträge mit einem fixen Fälligkeitstermin. Dieser ist der späteste
  annehmbare Endtermin für die Terminierung. Oft sind nun die Liefertermine so kurzfristig, dass der früheste Starttermin de facto „heute" ist. Der Terminierungsalgorithmus
  sollte dann den Durchlaufzeitstreckungsfaktor (kleiner als 1) berechnen, der zur
  Verkürzung der Arbeitsgangzwischenzeiten nötig ist, damit der Auftrag zwischen „heute"
  und dem Liefertermin beendet werden kann. In diesem Fall zeigt der Durchlaufzeitstreckungsfaktor die Machbarkeit im Auftragsdurchlauf an, immer genügende
  Kapazitäten vorausgesetzt.

- Aufträge in Arbeit: Der früheste Starttermin für den ersten der restlichen Arbeitsgänge ist
  „heute". Der späteste Endtermin ist meistens das Datum, das während der Auftragsfreigabe bestimmt wurde. Eine erneute Terminierung berechnet den zum rechtzeitigen
  Beenden des Auftrags nötigen Durchlaufzeitstreckungsfaktor. Dies ist sehr hilfreich,
  wenn sich z.B. ein Auftrag nach der Auftragsfreigabe verspätet. Ein kleinerer
  Durchlaufzeitstreckungsfaktor gibt diesem Auftrag sofort Dringlichkeit.

- Vorzeitig freigegebene Aufträge: Der früheste Starttermin ist durch das Freigabedatum gegeben, der späteste Endtermin durch das Datum, an welchem der Bestand an Lager wahrscheinlich unter den Sicherheitsbestand fällt. Die Wahrscheinliche Terminierung berechnet den zum rechtzeitigen Beenden des Auftrags nötigen Durchlaufzeitstreckungsfaktor. Diesen kann man dann direkt als eine Prioritätsregel für Warteschlangen vor Kapazitätsplätzen verwenden (siehe auch Kap. 15.1.3).

Wie wird der Durchlaufzeitstreckungsfaktor berechnet? Durch eine iterative Vorwärts- oder Rückwärtsterminierung der folgende Art:

1. Wähle einen Durchlaufzeitstreckungsfaktor, zum Beispiel 1 (willkürlich) oder der zuletzt gültige (z.B. aus einer früheren Terminierung).

2. Vorwärts- (bzw. Rückwärtsterminierung) mit dem gegebenen Durchlaufzeitstreckungsfaktor. Gleichzeitig ist mit dem Durchlaufzeitstreckungsfaktor 0 der früheste Endtermin (bzw. der späteste Starttermin) zu berechnen, und damit die notwendige Durchlaufzeit für Arbeitsgangzeit und technische Arbeitsgangzwischenzeiten.

3. Ist die Differenz zwischen wahrscheinlichem Endtermin und spätestem Endtermin bei Vorwärtsterminierung (bzw. frühestem Starttermin und wahrscheinlichem Starttermin bei Rückwärtsterminierung) ungefähr Null, dann ist der gesuchte Durchlaufzeitstreckungsfaktor gefunden und das Verfahren endet.

4. Ist diese Differenz nicht ungefähr Null, so wird ein neuer Durchlaufzeitstreckungsfaktor gemäss Abb. 13.3.6.3 bestimmt. Dann wird wieder mit Schritt 1 begonnen.

Die Abb. 13.3.6.2 zeigt die resultierende Situation im Schritt 3 nach jeder Iteration bei *Vorwärtsterminierung*[6].

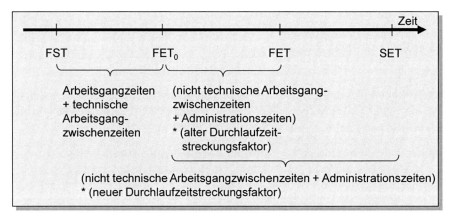

Abb. 13.3.6.2   Die Rolle des Durchlaufzeitstreckungsfaktors für die wahrscheinliche Terminierung (Situation bei Vorwärtsterminierung)

Eine beliebige Iteration des Vorwärterminierungsalgorithmus berechnet den frühesten Endtermin, indem der aktuell gültige Durchlaufzeitstreckungsfaktor hinzugezogen wird.

---

[6]   Die Abkürzungen: FST steht für den frühesten Starttermin, FET für den frühesten Endtermin, FET_0 für den frühesten Endtermin gerechnet mit Durchlaufzeitstreckungsfaktor 0, und SET für den spätesten Endtermin (siehe die Definitionen in Kap. 13.3.3).

Dieselbe Iteration des Algorithmus berechnet den frühesten Endtermin mit dem Durchlaufzeitstreckungsfaktor 0 und damit die minimal nötige Durchlaufzeit, ohne Arbeitsgänge zu überlappen. Die Abb. 13.3.6.2 zeigt nun das Ziel der wahrscheinlichen Terminierung, nämlich durch Neurechnung des Durchlaufzeitstreckungsfaktors die Differenz, d.h. die Schlupfzeit zwischen dem frühesten Endtermin und dem spätesten Endtermin aufzufüllen. Da es sich dabei um einen Multiplikationsfaktor handelt, ist der naheliegende Ansatz eine proportionale Beziehung, wie sie in der Abb. 13.3.6.3 gezeigt ist[7].

Rückwärts- terminierung	$\dfrac{STREFAK\left[neu\right]}{STREFAK\left[alt\right]} = \dfrac{SST_0\left[Auftrag\right] - FST\left[Auftrag\right]}{SST_0\left[Auftrag\right] - SST\left[Auftrag\right]}$
Vorwärts- terminierung	$\dfrac{STREFAK\left[neu\right]}{STREFAK\left[alt\right]} = \dfrac{SET\left[Auftrag\right] - FET_0\left[Auftrag\right]}{FET\left[Auftrag\right] - FET_0\left[Auftrag\right]}$

Abb. 13.3.6.3   Proportionalität für die Neurechnung des Durchlaufzeitstreckungsfaktors

Bei einem Produktionsauftrag mit einer einfachen Menge von seriell ablaufenden Arbeitsgängen liefert die Wahrscheinliche Terminierung mit der Neurechenformel in Abb. 13.3.6.3 meistens die exakte Lösung nach bereits einem Iterationsschritt nach dem Initialschritt. Bei einer Netzwerkstruktur kann es aber in jedem Ast des Netzwerks eine unterschiedliche Anzahl von Arbeitsgängen mit unterschiedlichen Arbeitsgangzwischenzeiten geben. In jedem Fall gibt es dann Situationen, wo eine direkte und exakte Lösung mit einer Schlupfzeit, die vernünftig nahe bei null liegt, nicht immer mit einer Iteration erzielt werden kann. Gründe dafür und Möglichkeiten zu ihrer Behebung sind:

- Die Rechnung war zu grob. Eine weitere Iteration des Verfahrens wird ein genaueres Resultat liefern, das heisst eine Schlupfzeit genügend nahe bei null.

- Es liegt eine Rechenungenauigkeit vor, die zum Beispiel dadurch behoben werden kann, dass auf eine feinere Einheit genau gerechnet wird, zum Beispiel auf Zehnteltage genau anstatt auf Halbtage.

- Aufgrund des neuen Durchlaufzeitstreckungsfaktors wurde ein anderer Weg im Netzwerk der Arbeitsgänge zeitkritisch, d.h. zum längsten Weg. Eine weitere Iteration des beschriebenen Verfahrens wird genaue Ergebnisse liefern, sofern der Kritische Pfad derselbe bleibt.

- Ein negativer Durchlaufzeitstreckungsfaktor liegt vor, und der Terminierungsalgorithmus kann die Arbeitsgänge nicht sinnvoll zwischen den frühesten Starttermin und den spätesten Endtermin legen. Einer der Arbeitsgänge allein kann sogar länger sein als die Differenz zwischen diesen beiden Eckterminen. In beiden Fällen kann die Situation nicht gehandhabt werden, ohne diese Differenz zu erhöhen.

---

[7]   Die Abkürzungen: STREFAK steht für den Durchlaufzeitstreckungsfaktor, SST für den spätesten Starttermin, SST_0 für den spätesten Starttermin (gerechnet mit Durchlaufzeitstreckungsfaktor 0), und SET für den spätesten Endtermin (siehe die Definitionen in Kap. 13.3.3).

13.3.7 Terminierung von Prozesszügen

Prozesszüge (engl. „process trains") wurden im Kapitel 8 als eine Darstellung des Materialflusses durch ein Produktionssystem in der Prozessindustrie eingeführt, welche Betriebsmittel und Bestände aufzeigt.

Für die Terminierung eines Prozesszuges muss bekannt sein, in welcher Reihenfolge die Prozessphasen (engl. „process stages") eines Prozesszugs eingeplant werden sollen. Angenommen sei in der Folge ein Prozesszug von drei aufeinander folgenden Phasen 1, 2, 3. Es gibt nun drei verschiedene Techniken zur Terminierung.

- *„Reverse flow scheduling"* (3, 2, 1) startet mit der letzten Phase und geht rückwärts vor (entgegen den Prozessfluss) durch die Prozessstruktur. Diese Technik unterstützt bedarfsorientierte Planung.

- *„Forward flow scheduling"* (1, 2, 3) startet mit der ersten Phase und geht vorwärts vor, bis die letzte Phase eingeplant ist. Diese Technik unterstützt eine Planung, die versorgungsseitig begrenzt ist, z.B. kurze Erntezyklen in der Nahrungsmittelindustrie.

- *„Mixed flow scheduling"* (2, 1, 3 oder 2, 3, 1) unterstützt eine Planung, bei welcher die Phase 2 der Fokus der Terminierung ist, z.B. wegen Material- oder Kapazitätsengpässen. I. Allg. beginnt man mit der Terminplanung bei jeder Engpassphase, und arbeitet zu den Prozessphasen am Ende oder am Anfang, oder zu einer anderen Engpassphase.

Diese drei Terminierungstechniken haben natürlich viele Ähnlichkeiten zur Rückwärts-, Vorwärts- und Mittelpunktterminierung.

13.4   Splittung, Überlappung und erweiterte Terminierungsalgorithmen

13.4.1 Die Auftragssplittung oder Los-Splittung

Von *Auftragssplittung* oder *Los-Splittung* (engl. *„lot splitting"*) spricht man, wenn das zu produzierende Los eines Arbeitsgangs auf verschiedene Maschinen oder Mitarbeitende eines Kapazitätsplatzes verteilt bearbeitet wird. *Gesplittete Lose* sind die Folge.

Splittung kann die Durchlaufzeit verkleinern, auf der anderen Seite die Rüstkosten vergrössern, da es mehrere Maschinen einzurichten gilt. Diesen Sachverhalt zeigt die Abb. 13.4.1.1.

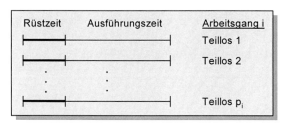

Abb. 13.4.1.1   Verkürzen der Durchlaufzeit des Arbeitsganges i durch einen Splittungsfaktor > 1

Der *Splittungsfaktor* eines Arbeitsgangs drückt den Grad seiner möglichen Splittung aus.

Der Initialwert des Splittungsfaktors ist 1, das heisst „keine Splittung". Bei einem Splittungs-faktor >1 muss man die Bearbeitungszeit durch diesen Wert dividieren. Für die Berechnung der Kosten des Arbeitsgangs muss man die Rüstbelastung mit dem Splittungsfaktor multiplizieren.

Die gesplitteten Lose können sowohl parallel als auch zeitlich versetzt gefertigt werden.

Ein *Splittungsverschiebungsfaktor* drückt die mögliche zeitliche Verschiebung der gesplitteten Lose aus, nach dem Prinzip der Abb. 13.4.1.2.

Der Splittungsverschiebungsfaktor wird als Prozentsatz der Arbeitsgangzeit nach Splittung ausgedrückt. Der Initialwert dieses Faktors ist Null, das heisst „keine Splittungsverschiebung".

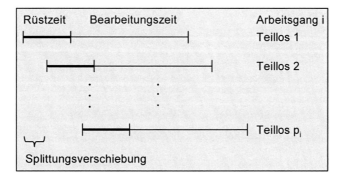

Abb. 13.4.1.2   Der Splittungsverschiebungsfaktor verschiebt die gesplitteten Lose

13.4.2 Die Überlappung

Von einer *Überlappung innerhalb eines Arbeitsgangs* spricht man, wenn die einzelnen Einheiten des Loses nicht seriell, d.h. eine nach der anderen produziert werden, sondern teilweise über-lappend.

Als Beispiel diene ein Montagearbeitsgang von Maschinen. Ein solcher mag mehrere Teilarbeits-gänge umfassen. Für das ganze Los präsentiert sich die Situation wie in der Abb. 13.4.2.1.

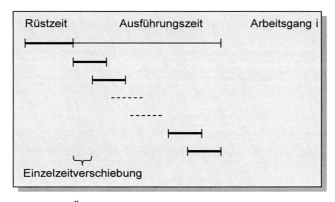

Abb. 13.4.2.1   Das Prinzip der Überlappung innerhalb eines Arbeitsgangs

Ein späterer Teilarbeitsgang der ersten Maschine des Loses kann parallel zum ersten Teilarbeitsgang einer späteren Maschine des Loses ausgeführt werden.

> Die *Einzelzeitverschiebung* bzw. die *Verschiebung der nächsten Einzelzeit* ist ein Mass für die Überlappung innerhalb eines Arbeitsgangs.

Die Einzelzeitverschiebung wird in Prozenten der Einzelzeit ausgedrückt. Der Standardwert für die Einzelzeitverschiebung ist 100%, also „keine Überlappung".

Für gewisse Produktionsprozesse ist es möglich, Arbeitsgänge zu überlappen.

> Bei einer *Überlappung von Arbeitsgängen* beginnt man den nachfolgenden Arbeitsgang mit einer Teilmenge des Loses, ohne dass der vorhergehende Arbeitsgang vollständig oder für das ganze Los beendet ist.

Als Beispiel diene die Abb. 13.4.2.2. Eine Überlappung von Arbeitsgängen nutzt man z.B., um Produktionsaufträge zu beschleunigen.

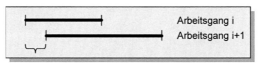

Abb. 13.4.2.2   Das Prinzip der Überlappung von Arbeitsgängen

> Die *maximale Verschiebung des nächsten Arbeitsgangs* ist ein Mass für die Überlappung von Arbeitsgängen. Sie bezieht sich auf einen Arbeitsgang und bezeichnet die maximale Dauer, bis der nachfolgende Arbeitsgang beginnt.

In der Praxis beginnt man den nächsten Arbeitsgang bereits nach der Rüstzeit und der Bearbeitungszeit für die erste Einheit (oder die ersten Einheiten) des Loses eines Arbeitsgangs. Siehe z.B. die zellulare Produktion (Abb. 6.2.2.2).

Der Initialwert für die maximale Verschiebung des nächsten Arbeitsgangs ist unendlich: also „keine Überlappung". Ist die aufgrund der Arbeitsgangzeit und der Arbeitsgangzwischenzeiten berechnete Zeit bis zum Beginn des nächsten Arbeitsganges kleiner als der aktuelle Wert, so nimmt man jene als neue Verschiebungszeit bis zum Beginn des nächsten Arbeitsganges an.

13.4.3 Eine erweiterte Formel für die Durchlaufzeit eines Produktionsauftrags (*)

Im Folgenden werden die Definitionen in Kap. 13.3.2 für die Bestandteile der Arbeitsgangzeit wiederholt. Zudem werden Abkürzungen für die oben definierten Elemente eingeführt.

- LOSGR   := bestellte Losgrösse
- RZ[i]   := Bereitstellungs- oder Rüstzeit des Arbeitsganges i
- EZ[i]   := Einzelzeit des Arbeitsgangs i bzw. Bearbeitungszeit je produzierte Einheit
- STREFAK   := Durchlaufzeitstreckungsfaktor
- SPLFAK[i]   := Splittungsfaktor des Arbeitsganges i
- SPLVRS[i]   := Splittungsverschiebungsfaktor in Prozenten

- EZTVRS[i]   :=   Einzelzeitverschiebung des Arbeitsganges i in Prozenten
- MAXVRS[i]   :=   maximale Verschiebung des auf i unmittelbar folgenden Arbeitsganges (eine Dauer)

Die Arbeitsgangzeit eines Arbeitsganges i, AZ[i], ist damit durch eine im Vergleich mit den einfachen Formeln im Kap. 13.3.2 viel komplexere Formel gemäss Abb. 13.4.3.1 auszudrücken:

$$
\begin{aligned}
AZ[i] = &\left\langle RZ[i] + EZ[i] \cdot \left(1 + \left(\frac{LOSGR}{SPLFAK[i]} - 1\right) \cdot \frac{EZTVRS[i]}{100}\right)\right\rangle \\
&\cdot \left\langle 1 + (SPLFAK[i] - 1) \cdot \frac{SPLVRS[i]}{100} \right\rangle
\end{aligned}
$$

Abb. 13.4.3.1   Durchlaufzeit des Arbeitsgangs

Bei einer *Sequenz von Arbeitsgängen* als Abfolge der Arbeitsgänge ergibt sich die Durchlaufzeit des Auftrags wie in der Formel 13.4.3.2:

$$
\begin{aligned}
DLZ = &\ STREFAK \cdot [ADMAUF + ADMTLABEG + ZWIVOR[1]] \\
&+ \sum_{1 \leq i \leq n-1} \min\left[MAXVRS[i]\,;\, AZ[i] + ZWITEC[i] + STREFAK \cdot [ZWINAC[i] + ZWIVOR[i+1]]\right] \\
&+ AZ[n] + ZWITEC[n] + STREFAK \cdot [ZWINAC[n] + ADMTLAEND]
\end{aligned}
$$

Abb. 13.4.3.2   Durchlaufzeitformel (1. Form)

DLZ entspricht der Durchlaufzeit für LOSGR und ist für eine andere Losgrösse unterschiedlich. In Abb. 13.4.3.3 versucht man erneut, Teilsummen zu definieren, um die Durchlaufzeit als lineare Funktion der Losgrösse anzugeben.

Wie bei Abb. 13.3.2.3 kann man die Teilsummen der Durchlaufzeitformel als Attribute des Produkts speichern und nach jeder Modifikation des Arbeitsplanes neu rechnen. Entsprechend definiert man gemäss Abb. 13.4.3.4.

Wegen der Überlappung von Arbeitsgängen, welche sich in der Formel in Abb. 13.4.3.2 durch eine Minimumbildung ausdrückt, entspricht DLZ nicht DLZ': Für den einen oder anderen Arbeitsgang ist die *maximale Verschiebung des nächsten Arbeitsgangs* kleiner als die Summen der anderen Zeitelemente (der „normalen" Dauer bis zum Beginn des nächsten Arbeitsgangs).

$$
\begin{aligned}
SUMZWI &= ADMTLABEG + ADMTLAEND + \sum_{1 \leq i \leq n} \left[ZWIVOR[i] + ZWINAC[i]\right] \\
SUMTEC &= \sum_{1 \leq i \leq n} ZWITEC[i] \\
SUMRZ &= \sum_{1 \leq i \leq n} \left\langle RZ[i] + EZ[i] \cdot (1 - \frac{EZTVRS[i]}{100}) \cdot (1 + (SPLFAK[i] - 1) \cdot \frac{SPLVRS[i]}{100}) \right\rangle \\
SUMEZ &= \sum_{1 \leq i \leq n} \left\langle EZ[i] \cdot \frac{1}{SPLFAK[i]} \cdot \frac{EZTVRS[i]}{100} \cdot (1 + (SPLFAK[i] - 1) \cdot \frac{SPLVRS[i]}{100}) \right\rangle
\end{aligned}
$$

Abb. 13.4.3.3   Teilsummen der Durchlaufzeitformel

$$DLZ' = STREFAK \cdot [\, ADMAUF+SUMZWI \,] + SUMTEC + SUMRZ + SUMEZ \cdot LOSGR$$

Abb. 13.4.3.4   Durchlaufzeitformel (2. Form)

Die Abb. 13.4.3.5 zeigt eine mögliche Situation der beiden Durchlaufzeiten in Funktion der Losgrösse.

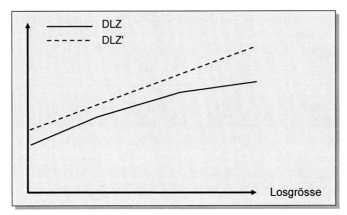

Abb. 13.4.3.5   Einfluss der Überlappung von Arbeitsgängen auf die Durchlaufzeit

In den meisten Fällen ist DLZ' genügend genau, insbesondere für die Belange der Grobplanung. Allenfalls kann man eine *Losgrössengrenze für die Durchlaufzeitformel* des Produkts angeben. Falls die Losgrösse kleiner oder gleich dieser Menge ist, wird die Durchlaufzeit gemäss der „schnellen" Durchlaufzeitformel (2. Form in Abb. 13.4.3.4) berechnet. In den anderen Fällen kommt die „langsame" Formel in Abb. 13.4.3.2 zum Einsatz.

Bei einem *gerichteten Netzwerk von Arbeitsgängen* als Abfolge der Arbeitsgänge gelten die analogen Bemerkungen zu denjenigen in Kap. 13.3.2.

13.4.4 Erweiterte Terminierungsalgorithmen (*)

Die in Kap. 13.3.3 gezeigten Terminierungsalgorithmen können nun mit den in den letzten Unterkapiteln eingeführten Definitionen erweitert werden. Dies sind insbesondere

- die Einführung eines Durchlaufzeitstreckungsfaktors, der die Zwischenzeiten multipliziert,
- die Einführung von Splittung, Überlappung und damit die erweiterte Formel für die Durchlaufzeit,
- die Berücksichtigung mehrerer Teilaufträgen je Produktionsauftrag,
- die Berücksichtigung divergierender Produktstrukturen, wie z.B. auch der Fall der provisorischen Montage,
- die laufende Restplanung von bereits begonnenen Aufträgen.

Der verallgemeinerte Algorithmus kann aus dem in Kap. 13.3.3 gezeigten Algorithmus abgeleitet werden, sowohl für eine Sequenz von Arbeitsgängen als auch für ein *gerichtetes* Netzwerk von

Arbeitsgängen. Er wird dabei um einiges komplexer und soll hier nicht detailliert angeführt werden.

Die bisher eingeführten Erweiterungen mögen nicht in allen möglichen Fällen für eine Durchlauferminierung genügen. Ein solcher Fall ist das *ungerichtete Netzwerk von Arbeitsgängen*. Während eines z.B. chemischen Prozesses, oder auch bei der Produktion von elektronischen Komponenten sind gewisse Arbeitsgänge zu wiederholen. Dies z.B. wegen eines gemessenen und als ungenügend befundenen Qualitätsmerkmals. Die Anzahl der Iterationen und die einzelnen zu wiederholenden Arbeitsgänge werden damit erst im Laufe der Arbeit bestimmt und können nicht unbedingt vorausgeplant werden. Im diesem Fall ist eine „genaue" Berechnung der Durchlaufzeit nicht möglich. Man muss sich vielmehr mit einem Erwartungswert für die Anzahl der Iterationen und der zugehörigen Abweichung behelfen. Zu berücksichtigen ist allerdings, dass jede Durchlaufzeitberechnung in sich auf Schätzungen der Zeitelemente beruht, insbesondere der Wartezeit vor dem Kapazitätsplatz.

Ein weiterer Fall: Insbesondere das prozessor-orientierte Konzept für die grundstoffverarbeitende Industrie mag bereits in der lang- und mittelfristigen Planung eine *Reihenfolgeplanung*, genauer das Zusammenstellen von optimalen Reihenfolgen von Arbeitsgängen erfordern. Wegen der extrem teuren Rüstkosten sollen bereits vor der Freigabe der Aufträge passende Lose zusammengestellt werden, so dass möglichst wenig Umrüstaufwand entsteht. In diese Kategorie gehören z.B. auch Zuschnittoptimierungen von Glas, Blech oder anderen Materialien. Die Terminierung eines einzelnen Auftrags hängt dann davon ab, ob und mit welchen anderen Aufträgen er zusammengesetzt wird, um ein möglichst optimales Ausnutzen des Rohmaterials bzw. der Reaktions- oder Bearbeitungsbehälter zu garantieren.

13.5 Zusammenfassung

Der späteste annehmbare Endtermin, manchmal auch der früheste annehmbare Starttermin eines Produktionsauftrags wird durch die auftraggebende Stelle vorgegeben. Start- bzw. Endtermine der Arbeitsgänge sowie der früheste mögliche Endtermin und der späteste mögliche Starttermin müssen dann vorausschauend geplant werden, z.B. für eine erste Abschätzung der Realisierbarkeit, dann aber als Vorbereitung für die Belastung der Kapazitätsplätze sowie die Reservierungstermine für die Komponenten.

Das Zeitmanagement unterteilt dazu die Durchlaufzeit in sinnvolle Zeitelemente, die ihrerseits genügend einfach gemessen oder geschätzt werden können. Dazu wird die Abfolge der Arbeitsgänge (Sequenz oder Netzwerk von Arbeitsgängen) des herzustellenden Produkts herangezogen. Jeder Arbeitsgang hat eine Arbeitsgangzeit sowie Arbeitsgangzwischenzeiten vor und nach dem Arbeitsgang. Dazu kommen noch administrative Zeiten für jeden Teilauftrag und für den gesamten Auftrag.

Bei der Werkstattproduktion machen die unproduktiven Arbeitsgangzwischenzeiten den grössten Teil der Durchlaufzeit aus. Einfache Modelle zur Abschätzung der Transportzeiten erlauben genügende Abschätzgenauigkeit ohne grossen Aufwand in der Datenpflege. Als schwierig erweist sich die Bestimmung der richtigen Grösse von Puffern oder Warteschlangen vor den Kapazitätsplätzen. Ihre statistische Untersuchung als Auswirkung von Zufallsschwankungen in der Belastung erlaubt Schlussfolgerungen zur Verkürzung von Wartezeiten.

So führen eine hohe Auslastung sowie lange oder stark unterschiedliche Arbeitsgangzeiten zu langen Wartezeiten. Dies unterstreicht die Gegensätzlichkeit der unternehmerischen Ziele „tiefe Kosten" und „kurze Durchlaufzeit" gemäss Kap. 1.3.1.

Das Terminmanagement berechnet aus den gegebenen Terminen des Kunden die übrigen benötigten Termine für die Machbarkeits-Entscheidung, für die Belastung der Kapazitäten und für die Reservierung von Komponenten. Die folgende Liste zeigt die behandelten Terminierungsverfahren (für einfache Sequenzen und gerichtete Netzwerke von Arbeitsgängen) im Vergleich der einzugebenden mit den resultierenden Daten:

- Vorwärtsterminierung:
  - Input: Frühester Starttermin des Auftrags, Durchlaufzeitstreckungsfaktor.
  - Output: Frühester Endtermin des Auftrags, Frühester Start- und Endtermin jedes Arbeitsganges, Frühester Reservierungstermin jeder Komponente.

- Rückwärtsterminierung:
  - Input: Spätester Endtermin des Auftrags, Durchlaufzeitstreckungsfaktor.
  - Output: Spätester Starttermin des Auftrags, Spätester Start- und Endtermin jedes Arbeitsganges, Spätester Reservierungstermin jeder Komponente.

- Mittelpunktterminierung:
  - Input: Mittelpunkttermin, Durchlaufzeitstreckungsfaktor.
  - Output: Spätester Starttermin und Frühester Endtermin des Auftrags; Spätester Start- und Endtermin jedes Arbeitsgangs sowie Spätester Reservierungstermin jeder Komponente *vor* dem Mittelpunkt; Frühester Start- und Endtermin jedes Arbeitsganges sowie Frühester Reservierungstermin jeder Komponente *nach* dem Mittelpunkt.

- Wahrscheinliche Terminierung:
  - Input: Frühester Starttermin und Spätester Endtermin des Auftrags.
  - Output: Durchlaufzeitstreckungsfaktor, Wahrscheinlicher Start- und Endtermin jedes Arbeitsganges, Wahrscheinlicher Reservierungstermin jeder Komponente.

Splittung und Überlappung sind häufig angewandte Techniken, um die Durchlaufzeit zu senken. Ihr Einbezug in die Durchlaufzeitformel sowie auch der Versuch des Einbezugs anderer Effekte zeigen die Grenzen der Abschätzbarkeit von Durchlaufzeiten auf. Nicht alle Zeitelemente sind genau abschätzbar und nur ein bescheidener Komplexitätsgrad ist in eine Formel zu bringen. Dazu kommen noch all die unvorhergesehen Effekte, die sich während der Realisierung der Produktion sowieso einstellen können. Auf der anderen Seite muss man die kumulierte Durchlaufzeit einigermassen kennen, um sie in Beziehung zur Kundentoleranzzeit setzen zu können. Im kurzfristigen Bereich kann man damit prinzipiell über Annahme oder Ablehnung des Auftrags entscheiden. Im mittelfristigen Bereich kann man dadurch zu einer Vorstellung einer möglichen Auslastung der Kapazitäten im Laufe der Zeitachse gelangen.

13.6   Schlüsselbegriffe

13.7   Szenarien und Übungen

13.7.1 Warteschlangen als Auswirkungen von Zufallsschwankungen in der Belastung (1)

Verwenden Sie die relevanten Formeln der Warteschlangentheorie (siehe Abb. 13.2.2.4), um folgende Fragen zu beantworten:

a)   Wie viele parallele Arbeitsstationen werden benötigt, um einen Erwartungswert für die Wartezeit von weniger als 10 Stunden zu erhalten, wenn die Auslastung der Kapazität 0.95 beträgt, der Erwartungswert der Arbeitsgangzeit 2 Stunden und der Variationskoeffizient der Arbeitsgangzeit 1 ist?

b)   Die Kapazität beträgt 10 Stunden. Um wie viel nimmt der Erwartungswert der Wartezeit zu, wenn die Belastung von 4 auf 8 Stunden steigt?

c)   Wie wirkt sich ein Anstieg des Variationskoeffizienten von 1 auf 2 auf den Erwartungswert der Wartezeit aus?

Lösungen:

a)   s = 0.95 / (1 - 0.95) * (1 + (1 * 1)) / 2 * 2 / 10 = 3.8. Demnach wird mit *vier* Arbeitsstationen der Erwartungswert der Wartezeit 9.5 Stunden betragen.

b)   Die Auslastung der Kapazität steigt von 4/10 auf 8/10. Daher nimmt der entsprechende Faktor in der Formel für den Erwartungswert der Wartezeit von 0.4 / (1 - 0.4) = 2/3 auf 0.8 / (1 - 0.8) = 4 zu. Der neue Faktor ist 4 / (2/3) = 6 mal grösser als der alte Faktor. Also steigt auch der Erwartungswert der Wartezeit um den Faktor 6.

c) Der entsprechende Faktor in der Formel für die erwartete Wartezeit steigt von $(1+(1*1))/2=1$ auf $(1+(2*2))/2=2.5$. Daher nimmt der Erwartungswert der Wartezeit um den Faktor 2.5 zu.

13.7.2 Warteschlangen als Auswirkungen von Zufallsschwankungen in der Belastung (2)

Abb. 13.2.2.3 zeigt die durchschnittliche Wartezeit in Funktion der Auslastung einer Werkstattumgebung mit zufälligen Ankünften, einer Durchführung in Ankunftsreihenfolge (oder gemäss einer zufälligen Auswahl aus der Warteschlange) sowie einer Arbeitsgangzeit (AZ), welche einer bestimmten Verteilung mit Erwartungswert E(AZ) und Variationskoeffizient VK(AZ) gehorcht. Der in Abb. 13.2.2.3 gezeigte Effekt wurde mit Hilfe einer Simulation nachgebildet, welche Sie unter folgender Adresse finden können:

https://intlogman.ethz.ch/#/chapter13/queuing-theory/show

Starten Sie die Simulation, indem Sie auf die gegebene Ankunftsrate und Ablieferungsrate auf der grauen Schaltfläche ganz links unten in der Abbildung klicken und beobachten Sie die Anzahl der Elemente im System. Beenden Sie die Simulation durch Klick auf den mittleren der drei Buttons (oder entleeren Sie das System durch Klick auf den Button ganz rechts). Ändern Sie nun die Ankunftsrate, um diese der Ablieferungsrate anzunähern, und beobachten Sie die steigende Anzahl von Elementen in der Warteschlange. Sie werden die explodierende Anzahl von Elementen im System sehen, solange – für eine Ablieferungsrate von 60 Einheiten pro Zeiteinheit – die Ankunftsrate 58 oder mehr beträgt.

13.7.3 Netzplanung

Abb. 13.7.3.1 zeigt ein terminiertes Netzwerk mit unvollständigen Angaben zu 6 Arbeitsgängen und einem Arbeitsgang zu Beginn (Administrationszeit).

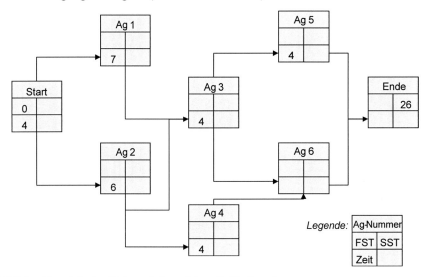

Abb. 13.7.3.1   Terminiertes Netzwerk (zum Vervollständigen)

a) Vervollständigen Sie für jeden Prozess den frühesten Starttermin (FST) und den spätesten Starttermin (SST) in dem terminierten Netzwerk. Welches ist der *Kritische Pfad*, d.h. der Pfad mit der längsten Dauer? Wie gross ist die Durchlaufzeitreserve, d.h. die Schlupfzeit?

b) Die Zeit für den Arbeitsgang 6 wurde noch nicht bestimmt. Welches ist die grösstmögliche Zeit für den sechsten Arbeitsgang (Durchlaufzeitreserve = Null)?

Lösungen:

a) Solange vorläufig die Dauer von Arbeitsgang 6 noch unbestimmt ist, wird der längste Pfad gebildet aus (Start – Ag1 – Ag3 – Ag5 – Ende). Durchlaufzeitreserve = 7.

b) Sobald die für Arbeitsgang 6 benötigte Zeit grösser als 4 ist, wird der längste Pfad gebildet aus (Start – Ag1 – Ag3 – Ag6 – Ende). Die längste Zeit für Arbeitsgang 6 beträgt 11.

13.7.4 Rückwärtsterminierung und Vorwärtsterminierung

Üben Sie die Rückwärts- und Vorwärtsterminierung ein. Abb.13.7.4.1 stellt ein einfaches Netzwerk dar, inklusive einer Legende, welche die verwendeten Durchlaufzeitelemente zeigt.

Lösen Sie die Aufgaben zur Vorwärts- und Rückwärtsterminierung (Berechnung der Start- und Endtermine für den Auftrag und jeden Arbeitsgang, ebenso des kritischen Pfades und der Durchlaufzeitreserve), die in Abb.13.7.4.2 aufgelistet sind:

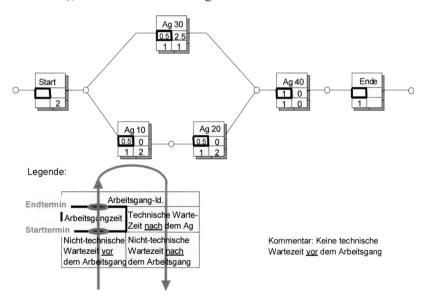

Abb. 13.7.4.1   Terminiertes Netzwerk

a) Gewöhnliche Vorwärtsterminierung

b) Gewöhnliche Rückwärtsterminierung

c) Vorwärtsterminierung mit einem unterschiedlichen Durchlaufzeitstreckungsfaktor, d.h. unterschiedlicher Auftragsdringlichkeit, um den Auftrag zu beschleunigen bzw. zu verlangsamen

d) Vorwärtsterminierung mit Durchlaufzeitstreckungsfaktor = 0, woraus eine Durchlaufzeit resultiert, welche aus der Summe der Arbeitsgangzeiten plus der technischen Arbeitsgangzwischenzeiten gebildet wird

a) Vorwärtsterminierung frühester Starttermin: 0 Durchlaufzeitstreckungsfaktor: 1		
Arbeits-gang	frühester Starttermin	frühester Endtermin
10		
20		
30		
40		
Auftrag		

b) Rückwärtsterminierung spätester Endtermin: 16 Durchlaufzeitstreckungsfaktor: 1		
Arbeits-gang	spätester Starttermin	spätester Endtermin
10		
20		
30		
40		
Auftrag		

c) Vorwärtsterminierung „Express" Frühester Starttermin: 0 Durchlaufzeitstreckungsfaktor: 0.5		
Arbeits-gang	frühester Starttermin	frühester Endtermin
10		
20		
30		
40		
Auftrag		

d) Vorwärtsterminierung ohne nicht-technische Arbeitsgangzwischenzeit Frühester Starttermin: 0 Durchlaufzeitstreckungsfaktor: 0		
Arbeits-gang	frühester Starttermin	frühester Endtermin
10		
20		
30		
40		
Auftrag		

Abb. 13.7.4.2   Verschiedene Vorwärts- und Rückwärtsterminierungsprobleme

Häufig vorkommende Probleme im Berechnungsprozess können zu folgenden Fehlern führen:

- Falsche Berechnung des Starttermins und der Fälligkeitstermine, ohne Beachtung der Arbeitsgangzwischenzeiten, welche mit dem Streckungsfaktor multipliziert werden

- Multiplikation der technischen Wartezeit mit dem Streckungsfaktor

- keine korrekte Berechnung des längsten Pfades in einem Netzwerk

- falsches Verständnis des Prinzips der Vorwärts- oder Rückwärtsterminierung

Lösungen (FST steht für „frühester Starttermin", FET für „frühester Endtermin", SST für „spätester Starttermin" und SET für „spätester Endtermin"):

a) FST(Ag10) = 3, FET(Ag10) = 3.5; FST(Ag20) = 6.5, FET(Ag20) = 7; FST(Ag30) = 3, FET(Ag30) = 3.5; FST(Ag40) = 10, FET(Ag40) = 11; FST(Auftrag)=0, FET(Auftrag)=12. Beachten Sie den kritischen Pfad bei der Bestimmung von FST(Ag40): Der *untere* Pfad ist kritisch. Die Durchlaufzeitreserve des *oberen* Pfades beträgt 2.

b) SET(Ag40) = 15, SST(Ag40) = 14; SET(Ag30) = 9.5, SST(Ag30) = 9; SET(Ag20) = 11, SST(Ag20) = 10.5; SET(Ag10) = 7.5, SST(Ag10)=7; SET(Auftrag) = 16, SST(Auftrag) = 4. Beachten Sie, dass wieder der *untere* Pfad kritisch ist. Die Durchlaufzeitreserve des *oberen* Pfades beträgt wieder 2.

c) FST(Ag10) = 1.5, FET(Ag10) = 2; FST(Ag20) = 3.5, FET(Ag20) = 4; FST(Ag30) = 1.5, FET(Ag30) = 2; FST(Ag40) = 5.5, FET(Ag40) =6.5; FST(Auftrag) = 0, FET(Auftrag) = 7. Beachten Sie, dass beide Pfade kritisch sind.

d) FST(Ag10) = 0, FET(Ag10) = 0.5; FST(Ag20) = 0.5, FET(Ag20) = 1; FST(Ag30) = 0, FET(Ag30) = 0.5; FST(Ag40) = 3, FET(Ag40) = 4; FST(Auftrag)=0, FET(Auftrag)=4. Beachten Sie, dass sich der kritische Pfad geändert hat. Jetzt ist der *obere* Pfad kritisch. Die Durchlaufzeitreserve des *unteren* Pfades beträgt 2.

13.7.5 Der Durchlaufzeitstreckungsfaktor und die Wahrscheinliche Terminierung

Die folgende Aufgabe erlaubt Ihnen, den Gebrauch des Durchlaufzeitstreckungsfaktors und der wahrscheinlichen Terminierung einzuüben. Sie verwendet das gleiche Netzwerk wie in Abb.13.7.4.1.

Lösen Sie die beiden Aufgaben zur wahrscheinlichen Terminierung in Abb.13.7.5.1. *Hinweis:* Berechnen Sie zuerst den neuen Durchlaufzeitstreckungsfaktor unter Verwendung der Formel im unteren Teil von Abb.13.3.6.3, basierend auf einer geeigneten Lösung zu einem der vier Probleme der vorherigen Übung (13.7.4) als Anfangslösung.

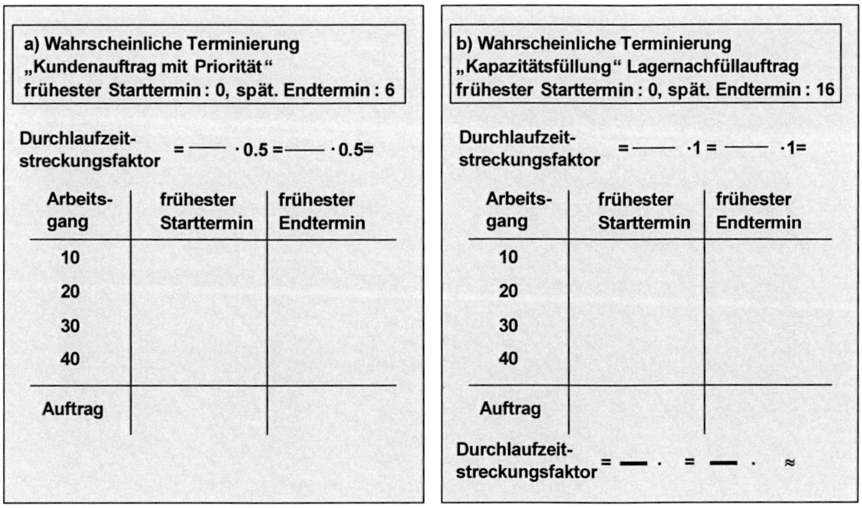

Abb. 13.7.5.1   Zwei Aufgaben zur wahrscheinlichen Terminierung

Häufig vorkommende Probleme im Berechnungsprozess, welche zu Fehlern führen können:

- Fehlendes Verständnis des Ziels und der Prinzipien der wahrscheinlichen Terminierung
- Fehlendes Verständnis der Formel für die Neurechnung des Durchlaufzeitstreckungsfaktors bei der wahrscheinlichen Terminierung
- Auswahl einer ungünstigen letzten Berechnung als Ausgangslösung zur Neurechnung des Durchlaufzeitstreckungsfaktors

Lösungen (wieder steht FST steht für „frühester Starttermin", FET für „frühester Endtermin", SST für „spätester Starttermin" und SET für „spätester Endtermin"):

a) Wählen Sie Problem c) der vorherigen Übung (13.7.4) als Anfangslösung.
    STREFAK(neu)$=(6-4)/(7-4)*0.5=2/3*0.5=1/3.$ =>
    FST(Ag10) = 1, FET(Ag10) = 1.5; FST(Ag20) = 2.5, FET(Ag20) = 3; FST(Ag30) = 1,
    FET(Ag30) = 1.5; FST(Ag40) = 4.7, FET(Ag40) =5.7; FST(Auftrag) = 0, FET(Auftrag) =
    6.
    Beachten Sie, dass der *obere* Pfad kritisch ist. Die Durchlaufzeitreserve des *unteren* Pfades
    beträgt 2/3=0.667.

b) Wählen Sie Problem a) der vorherigen Übung (13.7.4) als Anfangslösung.
    STREFAK(neu)$=(16-4)/(12-4)*1=12/8*1=1.5.$ =>
    FST(Ag10) = 4.5, FET(Ag10) =5; FST(Ag20) = 9.5, FET(Ag20) = 10; FST(Ag30) = 4.5,
    FET(Ag30) =5; FST(Ag40)=14.5, FET(Ag40)=15.5; FST(Auftrag) = 0, FET(Auftrag) = 17
    (!).
    Beachten Sie, dass der *untere* Pfad kritisch ist. Die Durchlaufzeitreserve des *oberen* Pfades
    beträgt 4. Da der gewünschte FET(Auftrag) von 16 nicht erfüllt wurde (können Sie erklären,
    wieso dies der Fall ist?), ist eine zusätzliche Iteration notwendig: eine Neurechnung mit
    STREFAK(neu)$=(16-4)/(17-4)*1.5=12/13*1.5\approx1.4$
    führt zum gewünschten Resultat.

13.8   Literaturhinweise

APIC16   Pittman, P. et al., APICS Dictionary, 15. Auflage, APICS, Chicago, IL, 2016

Alba77   Albach, H. (Hrsg.), „Quantitative Wirtschaftsforschung", in Ferschl, F.,
          „Approximationsmethoden in der Theorie der Warteschlangen", S. 185 ff., Verlag
          Mohr, Tübingen, 1977

Coop90   Cooper, R.B., „Queueing Theory", Chap. 10, in Heyman, D.P., Sobel, M.J.,
          „Stochastic Models", North Holland, 1990

Fers64   Ferschl, F., „Zufallsabhängige Wirtschaftsprozesse", Physica-Verlag, 1964

GrHa18   Gross, D., Harris, C. M., Shortle, J.F., Thompson, J.M., „Fundamentals of
          Queueing Theory", 5th Edition, John Wiley & Sons, New York, 2018

IBM75   IBM, „Executive Perspective of Manufacturing Control Systems", Brochure IBM
          G360-0400-12, 1975

LyMi94   Lynes, K., Miltenburg, J., „The application of an open queueing network to the
          analysis of cycle time, variability, throughput, inventory and cost tin the batch
          production system of a microelectronis manufacturer", International Journal of
          Production Economics, 37, 1994, S. 189–203, Elsevier, 1994

NyWi12   Nyhuis, P., Wiendahl, H.-P., „Logistische Kennlinien", 3. Auflage, Springer-
          Verlag, Berlin, Heidelberg, New York, 2012

Wien97   Wiendahl, H. P., „Fertigungsregelung: Logistische Beherrschung von Fertigungs-
          abläufen auf Basis des Trichtermodells", Hanser Verlag, München, Wien, 1997

Wien19   Wiendahl, H. P., „Betriebsorganisation für Ingenieure", 9. Auflage, Hanser-
          Verlag, München, Wien, 2019

14 Kapazitätsmanagement

Im Gegensatz zur Lieferdurchlaufzeit und zum Liefertreuegrad ist die effiziente Nutzung von Kapazitäten für den Kunden nicht direkt spürbar. Trotzdem ist sie sehr wichtig, um die Ziele des Unternehmens bezüglich tiefer Kosten, prompter Lieferung und grosser Flexibilität zu erreichen.

Die Auslastung der Kapazitäten gehört – wie die Höhe der Bestände an Lager und in Arbeit – zu den Freiheitsgraden der Planung & Steuerung in Supply Chains. Eine Abschätzung der notwendigen kapazitiven Ressourcen ist eine Aufgabe in jeder Planungsfristigkeit. Flexibilität in der mittel- und kurzfristigen Planung bedingen oft langfristige Abmachungen. Die Abb. 14.0.0.1 zeigt dunkel unterlegt die Aufgaben und Prozesse bezogen auf das Referenzmodell aus Abb. 5.1.4.2, die in diesem Kapitel behandelt werden. Zur Übersicht tragen die Kap. 1.2.4, 5.3.3 und 5.3.4 bei.

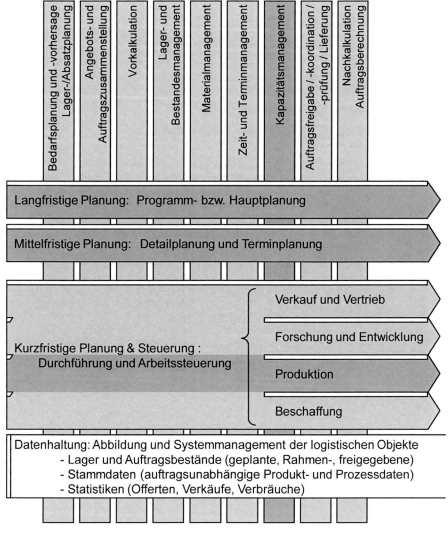

Abb. 14.0.0.1   Abgrenzung der in diesem Kapitel behandelten Teilsysteme

© Springer-Verlag GmbH Deutschland, ein Teil von Springer Nature 2020
P. Schönsleben, *Integrales Logistikmanagement*,
https://doi.org/10.1007/978-3-662-60673-5_15

Als erstes werden grundsätzliche Überlegungen aus Kapitel 4 und Kapitel 5 über das Wesen der Kapazität und über bekannte Klassen von Verfahren für das Kapazitätsmanagement wiederholt. Danach werden bekannte Verfahren detailliert vorgestellt, aufgeteilt nach Zielen, grundsätzlichen Eigenschaften, Vorgehensmethodik sowie Anwendungsbreite und übrigen Hinweisen.

Eine besondere Aufmerksamkeit gilt sodann der Grobplanung der Kapazitäten. Sie ist sowohl in der lang- als auch der kurzfristigen Planung denkbar, im letzteren Fall zur schnellen Entscheidung über Auftragsannahme. Unterschiedliche Verfahren ergeben sich, je nachdem, ob Termin- oder Kapazitätsgrenzen im Vordergrund stehen.

14.1   Grundsätzliches zum Kapazitätsmanagement

14.1.1 Kapazität, Kapazitätsplätze und Kapazitätsermittlung

Die wesentlichen Definitionen rund um die Begriffe *Kapazität* und *Kapazitätsplatz* wurden bereits in Kap. 1.2.4 gegeben. Dieses Kapitel stellt sie nun detaillierter vor.

Je nach Art des Kapazitätsplatzes werden verschiedene Kapazitäten zum Kapazitätsmanagement und zur Zuordnung der Kosten *primär* herangezogen:

- Die *Maschinenkapazität* (bei Stunden als Kapazitätseinheit auch *Maschinenstunden* genannt), d.h. das Potential der *Maschinen* zum Ausstoss von Leistungen, dominiert oft bei der Produktion von Teilen.

- Die *Personenkapazität* (bei Stunden als Kapazitätseinheit auch *Arbeitsstunden* genannt), d.h. das Potential der *Menschen* zum Ausstoss von Leistungen, dominiert oft im Lager oder in der Montage.

Diese Begriffe sind Teil der *Kapazitätsermittlung*, die durch die Abb. 14.1.1.1 illustriert wird.

Schicht-Nr.	Anzahl Std. pro Schicht	Anzahl Maschinen	Anzahl Personen	Tageskapazität Maschine (Std.)	Tageskapazität Personen (Std.)	Korrektur-faktoren
1	8	10	6	80	48	
2	8	10	6	80	48	
3	4	10	1	40	4	
Grundkapazität:				200	100	
Auslastung der Kapazität, aufgeteilt in						
- Verfügbarkeit:						90 %
- taktische Unterlast oder Unter-Auslastung:						75 %
Zwischenergebnis:				135	67.5	
Zeitgrad bzw. Effizienz des Kapazitätsplatzes:						120 %
Verplanbare Kapazität:				162	81	

Abb. 14.1.1.1   Berücksichtigung von Auslastung der Kapazität und Effizienz (Zeitgrad) für die Kapazitätsermittlung

Die *Grundkapazität* ist die maximale Ausstoss-Kapazität. Sie wird bestimmt durch die Anzahl der Schichten, die theoretisch zur Verfügung stehende Kapazität pro Schicht, die Anzahl der Maschinen und der Personen. Sie gilt bis zu einem bestimmten Grenzdatum, ab welchem die erwähnten Berechnungsfaktoren ändern.

Die Grundkapazität kann in jeder Periode durch *vorhersehbare*, sich zeitlich überlappende Änderungen, die in die Rechnung einzubeziehen sind, beeinflusst werden, z.B. durch

- *geplante Ausfallzeit*, d.h. Ausfallzeit durch z.B. Ferien einzelner Mitarbeitenden oder präventive Wartungsarbeiten,

- *geplante Überzeit*, z.B. zusätzliche Schichten oder Überstunden.

Die *geplante Auslastung der Kapazität* ist ein Mass dafür, wie intensiv eine Ressource gebraucht werden soll, um ein Gut oder eine Dienstleistung zu produzieren. Gewöhnlich ist sie definiert als das Verhältnis von effektiver Belastung zu Grundkapazität. Folgende Faktoren der Kapazitätsauslastung können analytisch unterschieden werden:

- *Verfügbarkeit (der Kapazität)*: Auf jedem Kapazitätsplatz sind Ausfallzeiten aufgrund von Pausen, Reinigungsvorgängen, Aufräumarbeiten, ungeplanten Absenzen, Pannen usw. zu beachten. Diese Verluste werden durch den Verfügbarkeitsfaktor berücksichtigt.

- *Taktische Unterlast bzw. Unter-Auslastung*: Um zu lange Warteschlangenzeiten zu vermeiden (siehe auch Kap. 13.2.3), oder im Falle von Nicht-Engpasskapazitäten, sollte die gewünschte Auslastung i. Allg. kleiner als 100 % sein.

Die Messung der *effektiven Auslastung der Kapazität* kann i. Allg. nicht auf die beiden erwähnten Faktoren heruntergebrochen werden. Dies ist der Hauptgrund, weshalb Verfügbarkeit und taktische Unterlast in einen Faktor, eben der Auslastung der Kapazität, zusammengefasst werden.

Die *Effizienz eines Kapazitätsplatzes* bzw. sein *Zeitgrad* ist die Beziehung „Belastungsvorgabe dividiert durch effektive Belastung" oder – äquivalent – „effektive produzierte Menge dividiert durch Vorgabemenge" (siehe [APIC16]), berechnet als Durchschnitt über alle ausgeführten Arbeitsgänge eines Kapazitätsplatzes[1].

Die *verplanbare Kapazität* entspricht dem erwarteten Output des Kapazitätsplatzes. Sie ist definiert als seine Grundkapazität mal seine geplante Auslastung mal seine Effizienz.

Die einzuplanende *Belastungsvorgabe* aufgrund von vorgegebenen Arbeitsinhalten für das Rüsten und Ausführen sollte sich deshalb immer auf die *verplanbare Kapazität* und nicht auf die Grundkapazität beziehen.

Die *Gesamtanlageneffektivität* (engl. *„overall equipment effectiveness (OEE)"*) bezieht die erreichte Qualität mit ein. Sie ist definierbar als die geplante Auslastung mal die Effizienz mal den Ausbeutefaktor (engl. „yield factor").

---

[1]   In Nordamerika ist dieser Faktor kleiner als 1, während er in Europa grösser als 1 gewählt wird. In dieser Wahl kommen unterschiedliche Konzepte zur Motivation der Mitarbeitenden zum Ausdruck. Die Kostensätze der Belastungsvorgaben sind dann entsprechend verschieden.

Die Grobplanung kennt im Prinzip dieselben Attribute. Sie betrifft meistens die gut ausgelasteten Kapazitätsplätze auf der Ebene Abteilung oder Gesamtbetrieb. Die Kapazität eines Grobkapazitätsplatzes muss dabei nicht der Summe aller darin zusammengefassten Kapazitäten entsprechen.

Die Abb. 14.1.1.2 zeigt die Beziehung anderer Begriffe, welche für das Kapazitätsmanagement nützlich sind, untereinander. Die Definitionen stammen meistens aus [APIC16], die Abbildung und die Erklärungen stammen von Barry Firth, CPIM, Melbourne.

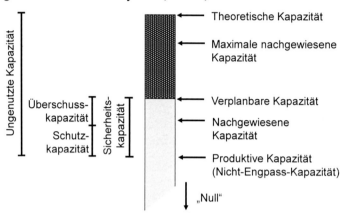

Abb. 14.1.1.2   Einige kapazitätsbezogene Begriffe und ihre Beziehung untereinander

Die *Nachgewiesene Kapazität* ist berechnet aus den Ist-Leistungsdaten, jedoch umgerechnet in Standardzeit (für Werkstattproduktion) oder Produktionsraten (für Linienproduktion).

Die *Maximale nachgewiesene Kapazität* ist die höchste in der Vergangenheit hergestellte Menge, unter allen möglichen Bemühungen für die Optimierung der Ressourcen.

Nachgewiesene Kapazität ist ein praktisches Mass der verfügbaren Kapazität in einer Werkstattproduktion. Die Alternative, nämlich die Produktion in Raten, ist nicht so einfach wie es scheinen mag: Es ist nämlich in der Praxis schwierig die Ist-Auslastung- und Effizienzfaktoren zu messen.

Die *Produktive Kapazität* ist der maximale Ausstoss einer (Menge von) Ressource(n), oder aber auch die Marktnachfrage für diesen Ausstoss, während einer bestimmten Zeitperiode.

Der maximal erreichbare Ausstoss sollte auf 168 verfügbaren Stunden pro Woche (24*7) basieren; andernfalls würden TOC-Praktiker nicht von einem Engpass reden. Während die Beschränkung des Systems die Marktnachfrage ist, kann sich die Produktive Kapazität auch auf eine kleinere Anzahl Stunden pro Woche beziehen.

Schutzkapazität ist quantifizierbare Kapazität, welche an einer Nicht-Engpasskapazität zur Verhütung von Stillstandzeit der Engpasskapazität verfügbar ist oder gemacht werden kann. Technisch gesehen steht Schutzkapazität nur im Falle von ungeplanten Ereignissen wie Pannen und Nacharbeit zur Verfügung.

Sicherheitskapazität ist quantifizierbare Kapazität, welche über die Produktive Kapazität hinaus zur Abdeckung von *geplanten* Ereignissen verfügbar ist, wie z.B. Anlagenwartung während der Schicht sowie kurzfristigem *Streit um Ressourcen* (d.h. konkurrierender Bedarf einer gemeinsamen Ressource), aber auch von ungeplanten Ereignissen (und schliesst damit auch Schutzkapazität ein).

Überschusskapazität ist der mögliche Ausstoss eines Nicht-Engpass-Kapazitätsplatzes, welcher über die produktive und Schutzkapazität hinausgeht.

Ungenutzte Kapazität ist Kapazität, welche in einem System von verbundenen Ressourcen nicht genutzt wird. Sie schliesst Schutz- und Überschusskapazität ein.

Aktivierung ist die Nutzung von Nicht-Engpass-Ressourcen für die Produktion oberhalb der Rate, welche durch den Systemengpass (in diesem Falle eine Engpasskapazität) verlangt wird.

Budgetierte Kapazität ist die Menge und der Mix des Ausstosses, auf welchem die finanziellen Budgets basieren, z.B. zum Zweck der Kalkulation von Standardkosten auf Basis von Vorgabemengen. Eigentlich sollte dieser Begriff besser „budgetierte Belastung" genannt werden.

14.1.2 Übersicht über Verfahren des Kapazitätsmanagements

Falls die (quantitativ) flexiblen Kapazitäten in der Zeitachse bedeutender sind als die Flexibilität der Auftragsfälligkeitstermine (siehe Kap. 5.3.4), dann sollte man Techniken zur *Planung in die unbegrenzte Kapazität* einsetzen, andernfalls solche zur *Planung in die begrenzte Kapazität*.

Bei *genügend gesamter Kapazitätsplanungsflexibilität* kann ein Computerprogramm alle in Frage stehenden Aufträge einlasten, ohne die Reihenfolge zu beachten. Der Mensch greift erst nachher ein, um die Kapazitäten zu planen, z.B. täglich oder wöchentlich. Ausnahmesituationen werden dem Planer möglichst selektiert auf Listen oder in graphischer Form präsentiert. Bei *wenig gesamter Kapazitätsplanungsflexibilität* erfolgt die Planung „Auftrag für Auftrag", d.h. auftragsweise: Jeder neue Auftrag wird einzeln in die bereits eingeplanten Aufträge integriert. Die Planung erfolgt dann „interaktiv", indem der Planer im Extremfall nach jedem Arbeitsgang eingreift und die Planungseckwerte – Endtermin oder Kapazität – verändert. Bereits eingeplante Aufträge müssen allenfalls umgeplant werden.

Das Kap. 14.2 behandelt die (auftragsorientierte) Planung in die unbegrenzte Kapazität. Zu speziellen Verfahren dieser Klasse siehe die Kap. 6.3 (Kanban) und 6.4 (Fortschrittszahlenprinzip). Das Kap. 14.2 behandelt die (arbeitsgang-, auftrags- oder engpassorientierte) Planung in die begrenzte Kapazität. Zu speziellen Verfahren dieser Klasse siehe das Kap. 15.1 (BOA, Korma). Die Verfahren kommen unabhängig davon zum Einsatz, in welchen organisatorischen Einheiten man Planung & Steuerung betreibt. Man findet sie damit auch in Softwarepaketen aller Art (ERP-/SCM-Software, elektronische Leitstände, Simulationssoftware usw.). In der kurzfristigen Planung kann dabei ein anderes Verfahren zum Einsatz kommen als in der langfristigen Planung.

Das Planen der Werkzeugkapazitäten wird wegen der zunehmenden CNC- und robotergesteuerten Produktion immer wichtiger. Die Methoden sind die gleichen wie diejenigen zum Management von Maschinen- und Personenkapazitäten. Zu produzierende oder zu beschaffende Werkzeuge sind hingegen als Güter zu behandeln und bilden eine Position der Auftragsstückliste.

14.2   Planung in die unbegrenzte Kapazität

Die Planung in die unbegrenzte Kapazität hat als primäres Ziel einen hohen Liefertreuegrad, also das Einhalten des Fälligkeitstermins von Produktions- oder Beschaffungsaufträgen. Sekundäre Ziele sind niedrige Bestände an Lager und in Arbeit und kurze Durchlaufzeiten im Güterfluss.

Eine hohe Auslastung der Kapazitäten steht dabei nicht im Vordergrund. Aus strategischen Gründen (Termineinhaltung) hält man manchmal sogar absichtlich Überkapazitäten[2].

Überblick: In diesem Teilkapitel wird die allgemein anwendbare *auftragsorientierte Methode* beschrieben.[3] Die Berechnung des Belastungsprofils erfolgt über die Gesamtheit der Aufträge nach einer vorangehenden Terminierung, indem jeder terminierte Arbeitsgang eine Belastung auf dem entsprechenden Kapazitätsplatz und in der Zeitperiode seines Starttermins bildet. Die Summe aller dieser Belastungen wird je Zeitperiode mit der verfügbaren Kapazität verglichen. Daraus entstehen Belastungsprofile mit Überlast bzw. Unterlast pro Kapazitätsplatz und Zeitperiode. Durch Planung versucht man anschliessend, die Kapazität der Belastung anzugleichen.

Diese sehr allgemein gebräuchliche Technik für die Planung in die unbegrenzte Kapazität heisst im angelsächsischen Sprachgebrauch auch *capacity requirements planning (CRP)*.

Planungsstrategie: Man möchte die entstehenden Schwankungen der Kapazitätsbedarfe beherrschen, und zwar dadurch, dass man letztlich über in irgendeiner Form flexible Kapazitäten verfügt. Dafür gibt es langfristige und kurzfristige Massnahmen.

14.2.1 Die Berechnung des Belastungsprofils

Das *Belastungsprofil* ist die Darstellung der Belastung und der Kapazität eines Kapazitätsplatzes in der Zeitachse (Kap. 1.2.4). Für die *Berechnung des Belastungsprofils* nimmt man als Näherung an, dass die Arbeitsgänge gemäss dem Terminmanagement (siehe Kap. 13.3) zur Durchführung gelangen. Die Methode legt somit die Belastung eines Arbeitsgangs im einfachsten Fall in die Zeitperiode, in welche sein Starttermin fällt.

Die Abb. 14.2.1.1 zeigt über zwei Zeitperioden ein Belastungsprofil von sechs Produktionsaufträgen P1,.., P6 mit Arbeitsgängen auf zwei verschiedenen Kapazitätsplätzen Kap A und Kap B.

Im oberen Teil der Abb. 14.2.1.1 sind die Aufträge entsprechend dem Resultat der Durchlaufzeitrechnung aufgeführt. Jeder Arbeitsgang ist mit seinem Starttermin versehen. Je nach Terminierungsverfahren[4] ist dies der früheste, späteste oder wahrscheinliche.

Im unteren Teil sind in der vertikalen Achse die Belastungen dieser Arbeitsgänge aufgeführt. Die Vorbelastung steht für Arbeitsgänge von Aufträgen, die *vor* den Aufträgen P1,.., P6 eingelastet wurden. Die Methode addiert nun die Belastungen durch die Arbeitsgänge in jeder Zeitperiode des Planungshorizonts zu einem Belastungsprofil[5].

---

[2]   Ein Beispiel ist Kapazität zum Abfangen einer plötzlichen, unerwarteten Zunahme des Bedarfs (engl. *„surge capacity"*, d.h. „wogende Kapazität", vgl. [APIC16]).

[3]   Ein heute populäres Verfahren heisst *Kanban* und wird im Kap. 6.3 beschrieben. Die Fälligkeitstermine sind dort gegeben, d.h. nicht flexibel. Die Kapazitäten werden der Belastung angepasst. Kanban ist jedoch nur bei der Produktion oder Beschaffung mit häufiger Auftragswiederholung anwendbar.

[4]   Man kann sich auch – sofern die entsprechenden Terminrechnungen durchgeführt wurden – je ein Belastungsprofil für alle im Kap. 14.3 besprochenen Terminierungsverfahren vorstellen.

[5]   Die Zeitperioden im Planungshorizont sind dabei nicht unbedingt von gleicher Länge. Sie können je nach Art des Kapazitätsplatzes variieren, zum Beispiel können für die nahe Zukunft kürzere und für die weitere Zukunft längere Zeitperioden für den Vergleich herangezogen werden.

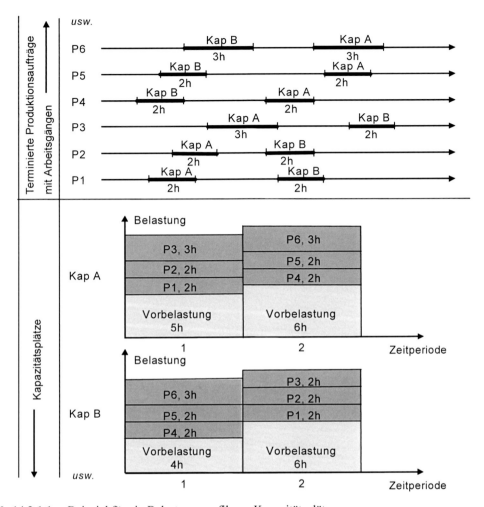

Abb. 14.2.1.1   Beispiel für ein Belastungsprofil von Kapazitätsplätzen

Die Abb. 14.2.1.2 zeigt ein Beispiel eines so entstehenden Belastungsprofils: eine *Überlast-* oder *Unterlast*-Kurve im Verlauf der Zeitachse[6].

Dabei kann man einen einzelnen Auftrag durch eine andere Schraffierung oder Farbe besonders hervorheben. So können auch Teilsummen von bestimmten Auftragskategorien hervorgehoben werden, zum Beispiel für

- *freigegebene Belastung*, verursacht durch freigegebene Aufträge (freigegebene Aufträge mit *provisorischem Endtermin* können als zusätzliche Kategorie ausgewiesen werden),

- *fest geplante Belastung*, verursacht durch geplante Aufträge mit festem Endtermin,

- *geplante Belastung*, verursacht durch geplante Aufträge mit provisorischem Endtermin.

---

[6]   Die Kapazität ist in diesem Beispiel in jeder Periode gleich gross eingezeichnet. Eine solche Waagrechte entsteht immer dann, wenn die Kapazität in jeder Periode als 100 % verstanden wird.

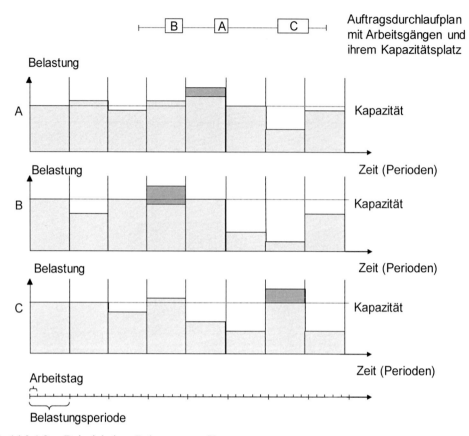

Abb. 14.2.1.2   Beispiel eines Belastungsprofils

Je nach Wahl der Länge der Zeitperioden kann sich die Information ändern, das heisst

- der Verlauf der Überlast und Unterlast wird durch eine Wahl von kürzeren Belastungsperioden genauer ausgewiesen,

- eine längerfristige Tendenz erscheint durch Wahl von längeren Zeitperioden, wobei sich die kurzfristigen Schwankungen ausgleichen.

14.2.2 Algorithmische Probleme

Das Belastungsprofil ist nur eine Näherung und darf auch nur als solche interpretiert werden. Bereits im Fall von stark schwankenden Arbeitsgangzwischenzeiten (siehe Kap. 13.2) ist es schwierig oder gar nicht möglich, die Arbeitsgänge gemäss der Terminrechnung auszuführen.

Weitere Quellen von Ungenauigkeiten liegen in der Qualität der realisierten Algorithmen in der ERP-Software oder in elektronischen Leitständen. Die Abb. 14.2.2.1 zeigt ein erstes algorithmisches Problem: die Zuordnung der Kapazitäten zu jeder Zeitperiode im Planungshorizont.

Perioden können verschieden lang sein. Auch muss man das Startdatum für die erste und das Enddatum für die letzte zu betrachtende Periode flexibel wählen können. Zudem: Belastungen in der Vergangenheit können keine Kapazitäten gegenübergestellt werden, da Kapazitäten nur ab Datum „heute" zur Verfügung stehen. „Heute" mag zudem innerhalb einer Zeitperiode liegen. Dann steht nur noch Kapazität von „heute" bis zum Ende der Zeitperiode zur Verfügung.

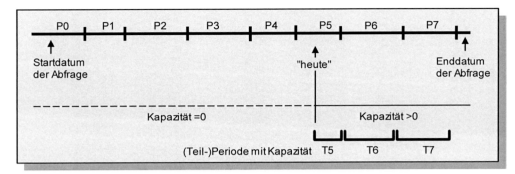

Abb. 14.2.2.1   Berechnen der Kapazität pro Belastungsperiode

Ein weiteres Problem: Eine einfache, aber ungenaue Methode rechnet die Belastung derjenigen Zeitperiode zu, in welche der Starttermin des Arbeitsganges fällt. Ein Arbeitsgang kann sich aber über mehrere Belastungsperioden erstrecken. Die Abb. 14.2.2.2 zeigt diese Problematik und gleichzeitig auch das verbesserte algorithmische Vorgehen.

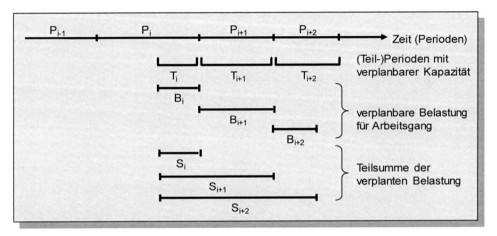

Abb. 14.2.2.2   Zuordnung der Belastung eines Arbeitsganges in die Belastungsperioden

Die pro Zeitperiode mögliche Belastung berechnet sich aus der Grundkapazität (Abb. 14.1.1.1) sowie aus dem Arbeitsgang (Splittungsfaktor). Der Starttermin fällt in eine bestimmte Periode i. Von ihm aus ermittelt man die restliche Zeit bis zum Ende der Periode i und berechnet daraus die mögliche Belastung B_i. Die Teilsumme S_i ist die Summe aller Belastungen B_j mit $j \leq i$ der Arbeitsgänge, welche bereits den Perioden bis und mit i belastet wurden. Die letzte Periode wird mit der restlichen verbleibenden Belastung des Arbeitsganges belastet, so dass S_i zu diesem Zeitpunkt der gesamten Belastung entspricht.

Ein drittes Problem ist die Bestimmung aller in eine Zeitperiode [Beginn, Ende] fallenden Arbeitsgänge. Die Abb. 14.2.2.3 zeigt, dass verschiedene Arbeitsgänge nur teilweise in die Zeitperiode fallen. In der Praxis ordnet man die offenen (bzw. offenen und geplanten) Arbeitsgänge nach Starttermin. Nur diejenigen Arbeitsgänge sind relevant, deren Starttermin kleiner als der Endtermin der Belastungsperiode bzw. deren Endtermin grösser als der Starttermin der Belastungsperiode ist. Die in die Zeitperiode fallende Belastung des Arbeitsgangs nimmt man dabei als proportional zur der in die Zeitperiode fallenden Durchlaufzeit an.

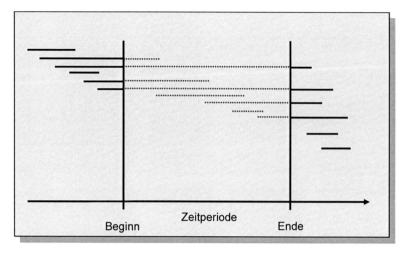

Abb. 14.2.2.3   Für die Belastung eines Kapazitätsplatzes zu berücksichtigende Arbeitsgänge

14.2.3 Methoden zum Ausgleich von Kapazität und Belastung

Für die Analyse des Belastungsprofils ist auch die in der Abb. 14.2.3.1 vorgeschlagene
kumulierte Darstellung von Belastungen und Kapazitäten über die Zeitachse geeignet. Dabei
kann die Überlast bzw. Unterlast auf der vertikalen Achse zwischen den Kurven der Kapazität
und der Belastung abgelesen werden. Auf der horizontalen Achse ist die maximale zeitliche
Verschiebung der Belastung in die eine oder andere Richtung sichtbar.

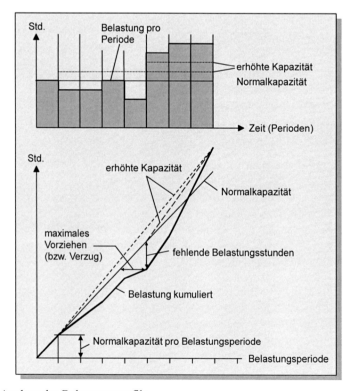

Abb. 14.2.3.1   Analyse des Belastungsprofils

Im Belastungsprofil kann man einfach, direkt und unverfälscht die Überlast und die Unterlast erkennen, die sich einstellen würden, wenn die Annahmen aus der Terminierung exakt zuträfen. Genau genommen kann man deshalb bis hierher nicht von einer Planung der Kapazitäten sprechen. Je weiter in der Zukunft diese Über- oder Unterlast jedoch ausgewiesen wird, desto weniger muss sie in Wirklichkeit eintreffen, da die errechneten Starttermine der Arbeitsgänge nicht korrekt sein müssen, z.B. wegen vorgeschalteter Kapazitäts-Engpässe, ungeplanter Nacharbeit oder ungeplanter Arbeitsgänge aufgrund von Eilaufträgen.

Eine Reaktion darauf ist eine im einfachsten Fall manuelle Planung, welche Kapazitäten erhöht bzw. reduziert. Die Abb. 14.2.3.2 zeigt mögliche Methoden.

---

1. Sich kompensierende Schwankungen mit starker Frequenz, d.h. die Arbeitsgangzwischenzeiten sind länger als oder etwa gleich lang wie die Schwankungsfrequenz: Keine Massnahme nötig! Die zeitlichen Puffer können diese Schwankungen abfangen, ohne dass Termine gefährdet werden.

2. Tendenz zu *dauernder Überlast*:

   2a. Langfristige Massnahmen (d.h. in der Programmplanung): Rechtzeitige Akquise von zusätzlicher Produktionsinfrastruktur (Personen oder Maschinen). Typisch in dieser Fristigkeit sind Rahmenaufträge für Auswärtsvergabe, d.h. Vergabe von Arbeit nach aussen (Prinzip „verlängerte Werkbank" bzw. Outsourcing), oder mit Arbeitskraftvermittlern (Personalausleihe).

   2b. Kürzerfristige Massnahmen: Anordnen von Überzeit oder Realisieren der erwähnten langfristigen Rahmenabkommen.

3. Tendenz zu *dauernder Unterlast*: Im Prinzip sind hier die umgekehrten Massnahmen zum Punkt 2 angezeigt.

   3a. Langfristige Massnahmen: Abbau von Produktionsinfrastruktur oder Reduktion von Rahmenabkommen (Insourcing).

   3b. Kürzerfristige Massnahmen: Kompensation von Überzeit, Anordnen von Kurzarbeit oder Rücknahme von externen Arbeiten.

4. Sich kompensierende Schwankungen mit schwacher Frequenz, d.h. die Arbeitsgangzwischenzeiten sind kürzer als die Schwankungsfrequenz:

   4a. Die Kapazitäten flexibel an die Belastung anpassen, abwechselnd, so wie in den Punkten 2 und 3 beschrieben. Im kurzfristigen Fall wäre das z.B. das Anordnen von Überzeit mit darauf folgender Kompensation.

   4b. *Belastungsnivellierung* (engl. „load leveling"), d.h. Aufträge zeitlich streuen, so dass sich eine ausgeglichenere Belastung und damit ein *nivellierter Terminplan* ergibt. Dies ist jedoch eine Planungsmassnahme in Verbindung mit inflexiblen Kapazitäten, die damit eigentlich zur Planung in die *begrenzte Kapazität* gehört: Mit einem IT-unterstützten System kann man einen Arbeitsgang verschieben und die Konsequenz in einem revidierten Belastungsprofil sofort ersehen. Dann muss man aber auch die Kapazitätsplätze der restlichen oder vorhergehenden Arbeitsgänge des Auftrags betrachten: Gerade wegen der Verschiebung des Auftrags können sich Überlast-Situationen jetzt an einem anderen Ort ergeben. Da der Endtermin ja nicht flexibel ist, entsteht auf diese Weise eine grosse Umplanungsarbeit, auftragsweise, „von Hand". Siehe dazu auch Kap. 14.2.4.

Abb. 14.2.3.2   Mögliche Strategie zur Planung der Kapazitäten

Zur Analyse der einzelnen Arbeitsgänge sowie zur Prioritätssteuerung, d.h. zur Kommunikation der Start- und Endtermine zur Ausführung in den Werkstätten, dient der Belastungsnachweis.

Der *Belastungsnachweis* oder *Arbeitsvorrat* eines Kapazitätsplatzes ist eine Liste der vom Kapazitätsplatz auszuführenden Arbeitsgänge pro Zeitperiode.

Diese Liste wird nach einer zweckmässigen Strategie sortiert, der dann auch die Bearbeitungsreihenfolge der Arbeitsgänge folgen soll, z.B. nach

- dem vorgesehenen Starttermin des Arbeitsgangs,
- der Arbeitsgangzeit (SPT, „shortest processing time"),
- der Auftragsdringlichkeit (SLK, „shortest slack", siehe auch Kap. 13.3.6),
- der *Auftragspriorität*, d.h. der Wichtigkeit des Kunden.

Beurteilung des Verfahrens: Für die Methode der Planung in die unbegrenzte Kapazität müssen damit die folgenden *Voraussetzungen* gegeben sein:

- Kapazitäten müssen quantitativ flexibel sein. Die Belastungen stellen sich zufällig aufgrund der Auftragssituation ein. Umplanungen der Aufträge sind zeitraubend und in Anbetracht der oft geringen Wertschöpfung zu teuer.
- Das Verfahren liefert nur dann gute Ergebnisse, wenn die Betriebsdatenerfassung den Arbeitsfortschritt genau rückmeldet. Zudem sollte keine grosse Belastung in die Vergangenheit zu liegen kommen, da sonst in der ersten Periode ein derartiger Rückstau entsteht, dass ein Belastungsprofil jegliche Aussagekraft verliert.

Es ergeben sich die folgenden *Einschränkungen*:

- Je weiter in die Zukunft die Planung durchgeführt wird, desto kleiner ist die Chance, dass die Planungsvorhersage eintrifft, allein schon wegen ungeplanter Pannen oder abweichenden Ist-Mengen. Das Verfahren liefert nur eine Aussage über die wahrscheinliche Auslastung, um z.B. das richtige Mass an Kapazitäten bereitzustellen.
- Je weniger der genaue Auftragsfortschritt bekannt ist, desto mehr muss die eigentliche Steuerung – in Folge der sich laufend verändernden Gegebenheiten in Bezug auf Termine und Auftragsmix – „vor Ort" und reaktiv erfolgen können.

Damit bieten sich die folgenden *Einsatzgebiete* an:

- Bei Kundenauftragsproduktion sowie schwankendem Auftragsmix, d.h. in einem *Käufermarkt*. Typisch dafür sind heute der Investitionsgüterbau sowie die Produktion von Stückgut und Dienstleistungen, und zwar in fast allen Branchen.
- Für die Planung in allen Fristigkeiten, insbesondere langfristig. Für die Durchführung und Arbeitssteuerung ergibt sich kein exaktes Arbeitsprogramm, sondern eher eine Grundlage für die situative Planung der Kapazitäten und der Prioritäten „vor Ort".

14.2.4 Auftragsweise Planung in die unbegrenzte Kapazität

> Bei der *auftragsweisen Planung in die unbegrenzte Kapazität* werden die Aufträge einzeln, „Auftrag für Auftrag" eingelastet, bei inflexiblem Auftragsendtermin. Während oder nach der Einlastung eines Auftrags wird laufend über planerische Massnahmen entschieden.

Auftragsweise Planung ist notwendig, wenn die Kapazität wenig flexibel ist bei gleichzeitig inflexiblem Auftragsfälligkeitstermin. Wie in Abb. 14.2.1.2 hebt man den einzuplanenden Auftrag besonders hervor. Die Planung erfolgt nach Einlastung des gesamten Auftrags oder nach jedem Arbeitsgang. Sobald Überlast eintritt, werden die betroffenen Kapazitätsplätze geprüft und die Planungsmassnahmen gemäss Abb. 14.2.3.2 durchgeführt.

Der Aufwand zur auftragsweisen Planung ist erheblich, vor allem bei sehr vielen Arbeitsgängen oder sobald man gemäss Massnahme 4b in Abb. 14.2.3.2 vorzugehen beginnt (Arbeitsgänge verschieben). Es kann dann durchaus sein, dass sogar Arbeitsgänge anderer Aufträge verschoben werden müssen. Zudem können nach einer bestimmten Zeit eine Sättigung der Kapazitäten und damit deren Inflexibilität eintreten. Sind die Auftragsfälligkeitstermine dann nicht flexibel, so ist eine weitere Planung nicht möglich.

Daraus folgt, dass sich diese Art Planung nur für Firmen mit wenigen, dafür wertschöpfungsreichen Aufträgen eignet, z.B. im Spezialmaschinenbau bei kleineren oder mittleren Firmen.

14.3   Planung in die begrenzte Kapazität

Die *Planung in die begrenzte Kapazität* hat als primäres Ziel deren hohe Auslastung. Tiefe Bestände an Lager und in Arbeit, kurze Durchlaufzeiten im Güterfluss, hoher Lieferbereitschaftsgrad und Liefertreuegrad stehen dabei nicht im Vordergrund. Sie bilden jedoch sekundäre Ziele (siehe Kap. 1.3.1). Der Kunde muss im Prinzip eine verlängerte Lieferdurchlaufzeit in Kauf nehmen, womöglich auch eine Verschiebung von zugesagten Terminen.

Es existieren im Wesentlichen eine *arbeitsgangorientierte* und mehrere *auftragsorientierte* Methoden. Die erstere ist eigentlich eine Simulation der möglichen Produktionsverläufe für den hypothetischen Fall, dass sämtliche Planungsdaten zuträfen. Unter den auftragsorientierten Methoden gibt es solche, die praktisch zu denselben Ergebnissen führen wie die arbeitsgangorientierte. Andere jedoch gehen eher in die Richtung, dass die Kapazitäten nicht immer ausgelastet werden, dafür aber der Liefertreuegrad steigt und die Bestände in Arbeit sinken.

14.3.1 Arbeitsgangorientierte Planung in die begrenzte Kapazität

Die *arbeitsgangorientierte Planung in die begrenzte Kapazität* möchte eine allfällige Verspätung von einzelnen Arbeitsgängen minimieren und somit die durchschnittliche Verspätung evtl. der ganzen Produktionsaufträge.
Im Englischen wird oft der Begriff *„operations sequencing"* synonym dazu verwendet.

Überblick: Die einzelnen Arbeitsgänge von Aufträgen werden – ausgehend vom durch die *Durchlaufterminierung* (Kap. 13.3.3) bestimmten Starttermin – Zeitperiode nach Zeitperiode eingeplant.

Planungsstrategie: Sinnvolle Prioritätsregeln für die Reihenfolge der Einplanung der Arbeitsgänge finden, um ein Maximum an Auftragsdurchsatz zu erreichen; Warteschlangen vor den Kapazitätsplätzen beobachten und regeln.

Verfahren: Man teilt den Planungshorizont in Zeitperioden auf. Periode für Periode teilt man die dann einzuplanenden Arbeitsgänge ihrem Kapazitätsplatz zu, bis die Kapazitätslimite erreicht ist, und zwar ungeachtet ihrer Auftragszugehörigkeit. Die Abb. 14.3.1.1 zeigt das Prinzip des so entstehenden Algorithmus. Dazu gelten die nachfolgenden Präzisierungen.

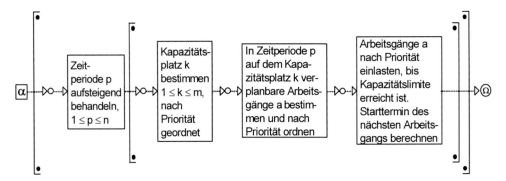

Abb. 14.3.1.1   Verfahren (Algorithmus) zur arbeitsgangorientierten Planung in die begrenzte Kapazität

- *Priorität der Kapazitätsplätze:* Die Reihenfolge der Kapazitätsplätze spielt eine Rolle, sobald man mehr als einen Arbeitsgang eines Auftrags pro Zeitperiode einplanen will. Der folgende Arbeitsgang betrifft dann womöglich einen Kapazitätsplatz, dessen Planung man für diese Zeitperiode bereits behandelt hat und jetzt revidieren muss.

- *Einzuplanende Arbeitsgänge in der 1. Zeitperiode bestimmen:* Kandidaten sind, erstens, jeder (nächste) Arbeitsgang von bereits begonnen Aufträgen, der zur Bearbeitung ansteht (sie sind durch die Erfassung des Auftragsfortschritts bekannt), sowie, zweitens, jeder 1. Arbeitsgang der noch nicht begonnenen Aufträge, dessen Starttermin – berechnet durch ein Terminierungsverfahren (Kap. 13.3) – in die 1. Zeitperiode fällt.

- *Einzuplanende Arbeitsgänge in der Zeitperiode i, $2 \le i \le n$, bestimmen:* Kandidaten sind, erstens, alle in den vorhergehenden Zeitperioden nicht eingeplanten Arbeitsgänge, dann, zweitens, diejenigen Arbeitsgänge, deren vorhergehender Arbeitsgang in einer früheren Zeitperiode eingeplant wurde und deren Starttermin in die Zeitperiode i fällt, sowie, drittens, jeder 1. Arbeitsgang noch nicht begonnener Aufträge, dessen Starttermin – berechnet durch ein Terminierungsverfahren (Kap. 13.3) – in die Zeitperiode i fällt.

- *Verplanbare Arbeitsgänge nach Priorität ordnen:* Mögliche sekundäre Ziele für die Wahl der Reihenfolge der Arbeitsgänge sind:

  A. Minimieren der Anzahl verspäteter Aufträge

  B. Gleichmässige Verspätung der Aufträge

  C. Minimieren der mittleren Wartezeit der Arbeitsgänge

  D. Minimieren der Anzahl der Aufträge in Arbeit

- Mögliche *Prioritätsregeln* sind die folgenden (siehe auch [RuTa85]):

  1. Ankunftsreihenfolge der Arbeitsgänge (FIFO „first in – first out")

  2. Kürze der Arbeitsgangzeit (SPT, „shortest processing time")

  3. Nähe des Auftragsfälligkeitstermins (EDD, „earliest due date")

  4. Verhältnis „restliche Durchlaufzeit des Auftrags, dividiert durch Anzahl der restlichen Arbeitsgänge"

  5. Verhältnis „restliche Durchlaufzeit des Auftrags, dividiert durch noch zur Verfügung stehende Zeit für den Auftrag" (SLK, „shortest slack", ≈ Auftragsdringlichkeit, siehe dazu Kap. 13.3.6)

6. Verhältnis „restliche Durchlaufzeit des Auftrags dividiert durch restliche Arbeitsgangzeit des Auftrags"

7. (Externe) Auftragspriorität

8. Kombinationen der oben erwähnten Regeln

Regeln 1 und 2 sind für die Arbeitssteuerung am einfachsten anwendbar, weil die entsprechenden Informationen direkt verfügbar sind, d.h. physisch „vor Ort" sichtbar. Ein Computer oder eine Liste müssen dazu nicht konsultiert werden. Die anderen Regeln setzen u. U. kompliziertere Rechnungen voraus.

Jede Prioritätsregel berücksichtigt das eine oder andere sekundäre Ziel. Oft wählt man Regel 1. Sie minimiert die Wartezeit vor dem Kapazitätsplatz, und so die mittlere Verspätung der Aufträge (Ziele A und B). Bei hoher Auslastung der Kapazitäten ändert man die Strategie und wählt Regel 2. Dies beschleunigt die grösstmögliche Anzahl von Aufträgen und reduziert so den Wert der Ware in Arbeit (Ziele C und D).

- *Arbeitsgänge nach Ordnung einlasten, bis Kapazitätslimite erreicht ist:* Überschreitet ein Arbeitsgang die Kapazitätslimite, werden die noch nicht eingeplanten Arbeitsgänge zur Einplanung in der nächsten Zeitperiode übergeben. Die Kapazität, welche für die überlappende Belastung des letzten Arbeitsgangs benötigt wird, steht dann der nächsten Zeitperiode nicht mehr zur Verfügung.

  Variante: Der die Kapazitätslimite gerade überschreitende Arbeitsgang wird nicht mehr eingeplant. Dies hätte aber einen Verlust von Restkapazitäten zur Folge, wenn nicht noch ein Arbeitsgang mit kleinerer Belastung zur Einplanung gefunden werden kann. Diese Variante führt zu einem komplizierteren Algorithmus.

- *Starttermin des nächsten Arbeitsganges berechnen:* Nachdem der Arbeitsgang eingelastet ist, wird sein Endtermin sowie der Starttermin des nächsten Arbeitsganges aufgrund der Arbeitsgangzwischenzeit berechnet. Um Schwierigkeiten im Algorithmus zu vermeiden (siehe oben unter „Priorität der Kapazitätsplätze"), wird oft als frühester Starttermin der Beginn der nächsten Zeitperiode gewählt[7].

Die Abb. 14.3.1.2 zeigt das Ergebnis der arbeitsgangorientierten Planung in die begrenzte Kapazität mit – als Beispiel – denselben Aufträgen wie in der Abb. 14.2.1.1, nämlich P1, ..., P6, sowie denselben Kapazitätsplätzen, nämlich Kap A und Kap B. Die Priorität wurde aufsteigend nach Auftrags-Id. gewählt. Wiederum steht die Vorbelastung für Arbeitsgänge von Aufträgen, die *vor* den Aufträgen P1, ..., P6 eingelastet wurden.

Im Unterschied zum Belastungsprofil aus Abb. 14.2.1.1 werden bei der Planung in die begrenzte Kapazität die Belastungen um 90° gedreht in Richtung der Zeitachse aufgetragen, wobei die Höhe des Balkens für alle Kapazitätsplätze gleich ist. Die Periodenlänge normiert dann die 100%-Kapazität in der Zeitperiode. Diese Darstellungstechnik ist möglich, weil die Belastung im Prinzip die Kapazität nicht überschreitet. Vertikal kann man nun viele Kapazitätsplätze auftragen. Die Auslastung des gesamten Systems wird dann eher auf einen Blick sichtbar.

---

[7] Falls jede Operation eine bestimmte Zeitperiode dauern kann, z.B. ein Tag oder eine Woche, spricht man von *Blockterminplanung*.

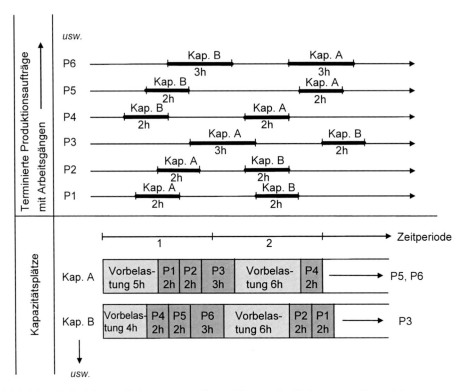

Abb. 14.3.1.2   Beispiel zur arbeitsgangorientierten Planung in die begrenzte Kapazität

Beurteilung des Verfahrens: Für dieses Verfahren müssen die folgenden *Voraussetzungen* gegeben sein:

- Kapazitäten und Belastungen können mit genügender Sicherheit bestimmt werden, d.h. die Plandaten und der rückgemeldete Arbeitsfortschritt müssen „stimmen". Fehler kumulieren sich sehr rasch in den errechneten Terminen.

- Auftragsfälligkeitstermine müssen genügend flexibel sein: Der Endtermin eines Auftrags stellt sich zufällig aufgrund der gegebenen Auslastung der Produktion ein. Je nachdem können die Durchlaufzeiten beträchtlich länger sein als ursprünglich geplant.

- Das Optimieren der Rüstzeiten ist auf die pro Periode zusammengefassten Arbeitsgänge beschränkbar.

Es ergeben sich die folgenden *Einschränkungen:*

- Je weiter in die Zukunft geplant wird, desto kleiner ist die Chance, dass die Planungs-vorhersage eintrifft, allein schon wegen ungeplanter Pannen oder falscher Belastungs-vorgaben. Das Verfahren ist somit nur für kurze Planungshorizonte genügend genau und muss in kurzen Abständen neu durchgeführt werden.

- Um die nachfolgenden Perioden gemäss Planung abarbeiten zu können, muss man einmal eingeplante Arbeitsgänge wie vorgesehen in dieser Periode abfertigen. Es ist kein reaktives Umplanen vor Ort möglich.

- Der Bestand an Ware in Arbeit ist finanziell und auch in seinem Volumen von unter-geordneter Bedeutung. Der Planer beobachtet und regelt die Warteschlangen vor den

Kapazitätsplätzen. Da die Kapazität aber als wenig flexibel vorausgesetzt wird, müssten Aufträge rechtzeitig zurückgehalten, d.h. nicht freigegeben werden können. Gerade bei langen Durchlaufzeiten sind die Aufträge aber u. U. bereits freigegeben, wenn eine Engpasssituation erst festgestellt wird. Ein physisches Verstopfen der Produktionsanlagen ist dann die Folge. Wird eine „neutrale" Prioritätsregel gewählt, so wird sich die Verspätung auf alle Aufträge in etwa gleich verteilen.

Damit bieten sich die folgenden *Einsatzgebiete* an:

- Für eine über einen längeren Zeitraum *eingespielte Serienproduktion* oder auch für eine *Monopolsituation* in der Leistungserstellung, d.h. in einem *Verkäufermarkt*. Der Liefer-zeitpunkt der Leistung, z.B. ans Endproduktlager bzw. an den Kunden, spielt in diesen Fällen eine untergeordnete Rolle. Typische Branchen dafür sind heute die Chemie, die Lebensmittelindustrie sowie Nischenmärkte im Investitionsgüterbau.

- Die Methode der arbeitsgangorientierten Planung in die begrenzte Kapazität *simuliert* eine Situation, wie sie in einer Werkstätten-, manchmal auch in einer Linienproduktion vorkommt. Die Arbeitsgänge eines Auftrags werden in einer sich mehr oder weniger zufällig ergebenden Konkurrenzsituation mit solchen anderer Aufträge abgearbeitet. Für die Durchführung und Arbeitssteuerung liefert diese Art der Planung für die nächsten Tage und Wochen die *Ablaufsimulation*, d.h. ein eigentliches Arbeitsprogramm für die Werkstatt.

14.3.2 Auftragsorientierte Planung in die begrenzte Kapazität

Die *auftragsorientierte Planung in die begrenzte Kapazität* erreicht je nach Variante eine maximale Auslastung der Kapazitäten oder aber eine termingerechte Realisierung eines Maximums von Aufträgen bei tiefem Bestand an Ware in Arbeit.

Überblick: Aufträge werden als Ganzes, einer nach dem anderen, in die Zeitperioden eingeplant. Falls mit einer leeren Einlastung begonnen wird, werden zuerst alle bereits begonnenen Aufträge eingeplant, wobei nur noch die noch nicht abgearbeiteten Arbeitsgänge berücksichtigt werden.

Planungsstrategie: Man möchte günstige Prioritätsregeln zum Durchsatz eines Maximums an Aufträgen finden. Man beobachtet speziell die Aufträge, welche nicht eingeplant werden können und deren Start- bzw. Endtermin infolgedessen modifiziert werden muss.

Verfahren: Erneut wird der Planungshorizont in Zeitperioden aufgeteilt. Die Aufträge werden (je mit allen Arbeitsgängen) in einer durch ihre Priorität gegebenen Reihenfolge eingeplant, und zwar ohne Unterbruch durch den Planer. Ist für einen Arbeitsgang die Kapazitätslimite bereits überschritten, so gibt es drei verschiedene Reaktionsmöglichkeiten: seine Einlastung, seine Verschiebung oder die Rückweisung des Auftrags. Sind alle Aufträge eingeplant oder zurückgewiesen, so behandelt der Planer die Ausnahmen. Der Algorithmus versucht dann, die zurückgewiesenen oder terminlich veränderten Aufträge erneut einzuplanen. Die Abb. 14.3.2.1 zeigt das Prinzip des so entstehenden Algorithmus.

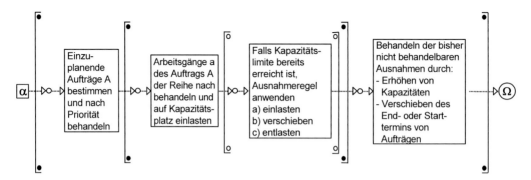

Abb. 14.3.2.1   Verfahren (Algorithmus) zur auftragsorientierten Planung in die begrenzte Kapazität

Im Folgenden werden die Schritte des Algorithmus detailliert beschrieben:

Einzuplanende Aufträge bestimmen und nach Priorität behandeln: Kandidaten sind, erstens, alle bereits begonnenen Aufträge (der nächste zur Bearbeitung anstehende Arbeitsgang ist durch die Erfassung des Auftragsfortschritts bekannt[8], alle restlichen Arbeitsgänge sind einzuplanen); sowie, zweitens, alle noch nicht begonnenen Aufträge, deren Starttermin innerhalb einer willkürlich gewählten Terminschranke liegt (diese Schranke definiert den Vorgriffshorizont,. der sinnvollerweise kleiner oder gleich dem Planungshorizont ist; der Starttermin wurde dabei gesetzt oder durch ein Terminierungsverfahren berechnet).

Die möglichen *Prioritätsregeln* sind den im Kap. 14.3.1 vorgestellten ähnlich. Sie gelten aber diesmal für die ganzen Aufträge und nicht nur für die einzelnen Arbeitsgänge:

- Nähe des Starttermins des Auftrags, wobei Aufträge mit gesetztem Starttermin zuerst eingelastet werden können.

- Nähe des Auftragsfälligkeitstermins (EDD, „earliest due date").

- Verhältnis „restliche Durchlaufzeit des Auftrags, dividiert durch noch zur Verfügung stehende Zeit für den Auftrag" (SLK, „shortest slack", ≈ Auftragsdringlichkeit, siehe dazu Kap. 13.3.6).

- Verhältnis „restliche Durchlaufzeit des Auftrags, dividiert durch Anzahl der restlichen Arbeitsgänge".

- (Externe) *Auftragspriorität*.

- Kombination von zwei oder mehreren der obigen Regeln.

Arbeitsgänge der Reihe nach behandeln und einlasten: Alle Arbeitsgänge werden in die entsprechende Zeitperiode des zugehörigen Kapazitätsplatzes eingelastet. Dies geschieht entweder vorwärts, ausgehend vom frühesten Starttermin, oder rückwärts, ausgehend vom spätesten Endtermin. Dabei werden die Arbeitsgangzwischenzeiten berücksichtigt, jedoch *ohne die Warteschlangenzeit.*

---

[8]   Wenn der Liefertermin aufgrund einer früheren Planung zugesagt wurde und nicht verändert werden darf, kann keine Neuterminierung durchgeführt werden. Eine Ausnahme bildet die wahrscheinliche Terminierung (Kap. 13.3.6).

Ausnahmen behandeln: Falls ein Arbeitsgang in eine Zeitperiode fällt, in welcher der zugehörige Kapazitätsplatz bereits ausgelastet ist, kann man folgende drei Möglichkeiten anwenden:

a) Ohne Rücksicht auf verfügbare Kapazität einlasten: Diese Variante wird für bereits begonnene Aufträge oder bei relativ kurzer Arbeitsgangzeit gewählt. Für letztere wird dann ein globales Kapazitätskontingent freigehalten.

b) Zeitliches Verschieben des Arbeitsganges bis zur nächsten Periode, für welche verfügbare Kapazität vorhanden ist (bei Vorwärtsterminierung nach hinten, bei Rückwärtsterminierung nach vorne verschieben).

c) Entlasten des gesamten Auftrags, um anderen Aufträgen Priorität zu geben.

Behandeln aller bisher nicht behandelbaren Ausnahmen: Wurden die bisherigen Schritte für alle Aufträge durchlaufen, so ergeben sich je nach Ausnahmeregel folgende Pendenzen und Massnahmen:

a) Für jede Kapazität, die in einer gewissen Zeitperiode überlastet ist: Entweder kann dafür gesorgt werden, dass tatsächlich mehr Kapazität verfügbar ist, oder Aufträge müssen entsprechend ausgelastet werden.

b) 1.) Rückwärtsterminierung: Der resultierende späteste Starttermin eines Auftrags fällt vor den frühesten Starttermin. Dann entlastet man diesen Auftrag und versucht es in der Folge mit Vorwärtsterminierung, ausgehend vom frühesten Starttermin. 2.) Vorwärts- oder wahrscheinliche Terminierung: Der resultierende früheste Endtermin eines Auftrags fällt hinter den spätesten Endtermin. Falls der Auftragsfälligkeitstermin flexibel ist, kann dieser entsprechend zurückverschoben werden. Andernfalls müssen die ausgelasteten Kapazitäten gezielt erhöht werden können; der Auftrag wird dann zuerst wieder entlastet.

c) Für jeden entlasteten Auftrag: Vielleicht kann man den Starttermin vorverschieben. Falls der Auftragsfälligkeitstermin flexibel ist, kann dieser zurückverschoben werden. Liegt zumindest etwas quantitative Flexibilität bei den voll ausgelasteten Kapazitäten vor, so können diese gezielt erhöht werden.

Daraufhin werden die entlasteten Aufträge in einem erneuten Durchlauf der bisherigen Schritte des Algorithmus eingeplant. Man kann sich das Verfahren sehr gut auch im interaktiven Modus vorstellen, nämlich auftragsweise, d.h. „Auftrag für Auftrag". Sobald ein Arbeitsgang in eine Zeitperiode fällt, in der die Kapazitätslimite bereits überschritten ist, entscheidet der Planer sofort über die Ausnahmemassnahmen.

Die Abb. 14.3.2.2 zeigt das Ergebnis der auftragsorientierten Planung in die begrenzte Kapazität nach dem ersten Durchgang, unter Anwendung der Ausnahmeregel c), mit denselben Aufträgen wie in Abb. 14.2.1.1 und 14.3.1.2, nämlich P1,...,P6, sowie denselben Kapazitätsplätzen, nämlich Kap. A und Kap B. Die Priorität wurde aufsteigend nach Auftrags-Id. gewählt. Wiederum steht die Vorbelastung für Arbeitsgänge von Aufträgen, die *vor* den Aufträgen P1,...,P6 eingelastet wurden.

Die Ausnahmeregel b) hätte ein ähnliches Ergebnis zur Folge wie in Abb. 14.3.1.2, also wie die arbeitsgangorientierte Planung in die begrenzte Kapazität. Je mehr Ausnahmeregel a) zum Einsatz kommt oder im letzten Schritt als Massnahme die Kapazitäten erhöht werden, desto mehr ergibt sich eine Planung in die unbegrenzte Kapazität.

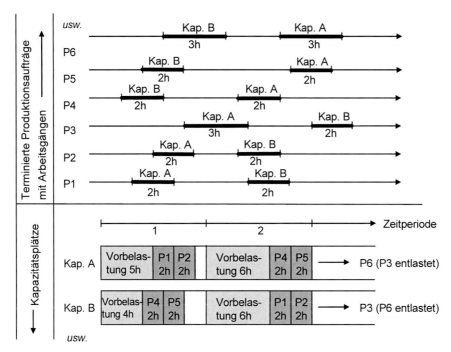

Abb. 14.3.2.2   Beispiel zur auftragsorientierten Planung in die begrenzte Kapazität, Ausnahmeregel c):
Entlasten

Beurteilung des Verfahrens: Für dieses Verfahren müssen die folgenden *Voraussetzungen*
gegeben sein:

- Kapazitäten und Belastungen können mit genügender Sicherheit bestimmt werden, d.h.
  die Plandaten und der zurückgemeldete Arbeitsfortschritt müssen „stimmen". Fehler
  kumulieren sich sehr rasch in den errechneten Terminen.

- Auftragsfälligkeitstermine müssen – gerade bei Ausnahmeregel b) – genügend flexibel
  sein: Der Endtermin eines Auftrags stellt sich zufällig aufgrund der gegebenen Auslastung
  der Produktion ein. Je nachdem können Durchlaufzeiten beträchtlich länger als normal
  sein.

- Bei nur wenig flexiblen Auftragsfälligkeitsterminen kommen Ausnahmeregel a) oder c)
  zum Einsatz. Dafür müssen dann aber die Kapazitäten zumindest ein wenig flexibel sein.
  Sonst kann man nämlich den administrativen Aufwand für die vielen Terminverschiebungen gar nicht betreiben bzw. nur so ungenau, dass die Kapazitäten nur sehr
  schlecht ausgelastet werden.

Es ergeben sich die folgenden *Einschränkungen:*

- Je weiter in die Zukunft man plant, desto kleiner ist die Chance, dass die Planungs-
  vorhersage eintrifft. Das Verfahren ist somit nur für kurze Planungshorizonte genügend
  genau und muss deshalb in kurzen Abständen neu durchgeführt werden.

- In der langfristigen Planung wird mit dieser Methode ein *zulässiger* Plan berechnet, im
  Bewusstsein, dass dieser sich in der kürzeren Fristigkeit ändern wird. Eine effiziente
  Neuplanung ist während der kürzer werdenden Fristigkeit regelmässig nötig.

- In der kurzfristigen Planung müssen für die Ausnahmeregel b) einmal eingeplante Arbeitsgänge wieder wie vorgesehen in dieser Periode abgefertigt werden. Es ist kein reaktives Umplanen vor Ort möglich. Ausnahmeregel a) und c) lassen bei nicht vollständiger Auslastung jedoch auf Reaktionspotentiale schliessen.

- Ausnahmeregel b) führt dazu, dass die Kapazitäten möglichst gut ausgelastet werden. Wie bei der arbeitsgangorientierten Planung in die begrenzte Kapazität können beträchtliche Warteschlangen auftreten. Die Ware in Arbeit bindet dann Kapital und verstopft u. U. auch die Produktionsanlagen. Wird eine „neutrale" Prioritätsregel gewählt, so wird sich die Verspätung auf alle Aufträge in etwa gleich verteilen.

- Ausnahmeregel c) belastet die Produktion nur mit Aufträgen, welche sie auch verarbeiten kann. Sie führt dadurch zu tieferen Beständen der Ware in Arbeit sowie zu kürzeren Durchlaufzeiten. Die verplanbaren Aufträge werden termingerecht fertig. Ausnahmeregel c) wendet im Prinzip das in Kap. 13.2.1 vorgestellte Modell des nach oben offenen Reservoirs bzw. Trichters der Warteschlange an. Quillt besagter Trichter nicht über, sind auch die Produktionsanlagen nicht verstopft. Wird also ein Auftrag übermässig lang an der Weiterbearbeitung gehindert (z.B. während mindestens einer Zeitperiode), so darf er nicht eingelastet bzw. muss er zurückgewiesen werden.

- Bei nicht flexiblen Kapazitäten führt Ausnahmeregel c) jedoch zu einer geringeren Auslastung der Kapazitäten, sobald Endtermine nach hinten verschoben werden müssen. Dies deshalb, weil die Belastung nun entfällt, welche durch Arbeitsgänge weit vorne in der Zeitachse angefallen wäre. Falls keine anderen Aufträge anstehen, verfällt nun diese Kapazität. Die Verspätung nach hinten verschobener Aufträge wird gross ausfallen. Es kann sogar so weit kommen, dass eine Annahme neuer Aufträge nicht mehr möglich ist.

- Ist die Zeitspanne zwischen dem frühesten Starttermin und dem spätesten Endtermin grösser als die notwendige Durchlaufzeit, so könnte auch ein Start- und Endtermin zwischen diesen beiden Extremen für den gesamten Auftragsmix richtig sein. Zu prüfen wäre dann der Einsatz der Verfahren „BOA" und „Korma", die in Kap. 15.1.2 bzw. Kap. 15.1.3 vorgestellt werden. Gerade „BOA" kann als eigentliche Vergröberung der auftragsorientierten Planung in die begrenzte Kapazität mit Ausnahmeregel c) betrachtet werden.

- Die interaktive Planung, d.h. „Auftrag für Auftrag" einzeln, ist nur effizient, wenn der Aufwand zum Einlasten eines Auftrags im Verhältnis zur Wertschöpfung relativ klein ist. Zudem benötigt man dazu laufend die gesamte Belastung des Kapazitätsplatzes durch die bisherigen Aufträge, was grosse Anforderungen an die Schnelligkeit der Datenbank stellt. Dafür muss man pro Zeitperiode Belastungs*totale* führen. Um technisch genügend einfache und schnelle Algorithmen zu erhalten, wird man dann die Längen der Zeitperioden für jeden Kapazitätsplatz und im Verlaufe der Zeitachse als fix definieren müssen.

Damit bieten sich die folgenden *Einsatzgebiete* an:

- Die Ausnahmeregel b) eignet sich wie bei der arbeitsgangorientierten Planung in die begrenzte Kapazität: für eine *eingespielte Serienproduktion*, eine *Monopolsituation* oder einen *Verkäufermarkt*. Mögliche Branchen sind Chemie, Lebensmittel oder Nischenmärkte im Investitionsgüterbau.

- Die Ausnahmeregeln a) und c) eignen sich für viele Branchen auch im Stückgutbau, sobald die Voraussetzung von minimal (quantitativ) flexiblen Kapazitäten gegeben ist. Tatsächlich ist diese in mehr Fällen gegeben, als man zuerst denken würde, auch in der kurzfristigen Planung.

- Für die kurzfristige Planung & Steuerung. Für diese Planungsfristigkeit liefert das Verfahren für die Ausnahmeregel b) für die nächsten Tage ein eigentliches Arbeitsprogramm, sowie, für die Ausnahmeregel a) und c), ein zulässiges Arbeitsprogramm, das noch einiges an situativer Planung vor Ort erlaubt. Die horizontale Balkendarstellung ergibt über alle Kapazitätsplätze und alle Aufträge eine schnelle Übersicht, da sie wenig Platz fordert. Sie entspricht der bekannten „Plantafel" in einem Leitstand. Eine Umplanung von einzelnen Aufträgen kann man oft recht effizient vornehmen, beim elektronischen Leitstand mit der Maus.

- Für die langfristige Planung: bei wenigen Aufträgen mit grosser Wertschöpfung und regelmässiger Neu-/Umplanung. Von Vorteil sind wieder die erwähnte übersichtliche Darstellung und die einfache Manipulationsmöglichkeit zur Umplanung.

14.3.3 Engpassorientierte Planung in die begrenzte Kapazität

Bei der *engpassorientierten Planung* in die begrenzte Kapazität werden Aufträge um die *Engpässe* bzw. *Engpasskapazitäten* herum eingeplant, d.h. um Kapazitätsplätze, welche eine Auslastung von 100 % oder mehr aufweisen.

Die Engpässe sind dabei abhängig vom gegebenen Auftragsvolumen und nicht von den Grunddaten der Kapazitätsplätze. Das folgende Verfahren ist kohärent zur Produktionssteuerung innerhalb der „theory-of-constraints"-Ansatzes (TOC). Siehe dazu Kap. 5.1.5 sowie [GoCo14].

Die *„Drum-buffer-rope"- Verfahren* umfasst die Komponenten, die durch die Abb. 14.3.3.1 visualisiert und wie folgt beschrieben werden:

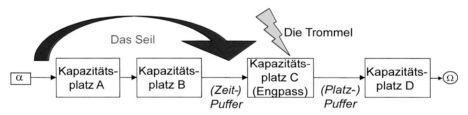

Abb. 14.3.3.1   Die „Drum-buffer-rope"- Verfahren

Der Begriff *„drum" (Trommel)* steht für den Rhythmus oder die Schrittlänge des Systems. Der Trommelschlag ergibt den *„drum schedule" (Trommel-Terminplan)*, d.h. den Hauptterminplan des Systems, welcher gemäss dem Durchsatz durch den Engpass des Systems gesetzt wird, welcher seinerseits mit der Kundennachfrage abgeglichen sein sollte. Der Engpass steuert den Durchsatz aller Produkte, die auf ihm verarbeitet werden. Die Produktionsraten der zuführenden Arbeitsplätze sollten dementsprechend sein.

Ein *Puffer* vor dem Engpass absorbiert potentielle Störungen während einer bestimmten Zeit. Das Puffermanagement befördert Material in die (Zeit-)Puffer (d.h. ein Schutz gegen die Unsicherheit, welche in Form von Zeit auftritt) vor Engpässen und hilft damit, Stillstandzeiten zu umgehen. Um Stillstandzeiten aufgrund von Störungen der nachfolgenden Arbeitsgänge zu vermeiden, kann das Puffermanagement auch das Führen eines (Platz-)Puffers nach dem Engpass umfassen. Vgl. dazu Abb. 13.2.1.1.

> Der Begriff „rope" (Seil) ist eine Analogie für die Menge von Planungs-, Freigabe- und Steuerungsanweisungen, welche das nötige Material in der richtigen Zeit zum Engpass bringen. Dafür kann im Prinzip jede Technik eingesetzt werden: Pull (z.B. Kanban oder Bestellbestand, oder „Generic" Kanban, d.h. eine Karte, die nur besagt, dass der nächste Auftrag jetzt freigeben werden kann, für welchen Artikel auch immer) oder Push (z.B. MRP, unter rechtzeitiger Freigabe von Material ins System hinein) oder eine andere intuitive oder heuristische Technik, welche für den spezifischen Fall geeignet ist.

Beurteilung des Verfahrens Für „Drum-buffer-rope" müssen die folgenden Voraussetzungen gegeben sein:

- Kapazitäten und Belastungen müssen gut bekannt sein, d.h. die Plandaten und der zurückgemeldete Arbeitsfortschritt müssen „stimmen".

- Engpässe müssen bekannt und stabil sein. Jede Veränderung führt zu einer Neuplanung der Elemente „drum", „buffer" und „rope".

- Auftragsfälligkeitstermine müssen zumindest ein wenig flexibel sein, da sich der Endtermin eines Auftrags aufgrund der Engpasskapazitäten und der nachfolgenden Vorwärtsterminierung ergibt.

- Für die meisten Kapazitäten muss eine gewisse quantitative Flexibilität vorausgesetzt werden können. Sonst würden alle zu Engpasskapazitäten.

Es ergeben sich die folgenden *Einschränkungen:*

- Die Zahl der Engpasskapazitäten darf nicht zu gross sein. Insbesondere ist das Vorgehen nicht geeignet, wenn für einen Auftrag mehrere Engpasskapazitäten auftreten, welche u. U. nicht aufeinander folgen oder sich sogar in verschiedenen Produktionsstufen befinden. Es würde sonst schwierig oder gar unmöglich, den Teil „rope" des Verfahrens genauer zu bestimmen. Die Verfahren sind damit vor allem für einfache – z.B. einstufige – Produktstrukturen anwendbar.

Damit bieten sich die folgenden *Einsatzgebiete* an:

- Das Verfahren eignet sich für eine gut eingespielte Linienproduktion mit festen Produktionsrhythmen, z.B. für einfache Chemieprodukte, Lebensmittel oder Zulieferer von einfachen Bauteilen.

- Das Verfahren eignet sich insbesondere für eine *maschinenbegrenzte Kapazität*, d.h. eine Produktionsinfrastruktur, bei welcher eine spezifische Maschine den Durchsatz begrenzt (vgl. [APIC16]).

14.4 Grobplanung der Kapazitäten

Die Grobplanung erlaubt das schnelle Durchrechnen von Varianten des Programm-Terminplans bei vielen Aufträgen in der *langfristigen Planung*, bzw. das schnelle Erarbeiten des Liefertermins von Kundenaufträgen in der *kurzfristigen Planung*.

Die langfristige, globale Abstimmung von Belastung und Kapazität ist Voraussetzung für ein in kürzeren Planungsfristigkeiten funktionierendes Terminwesen. Sind die Grobstrukturen korrekt, genügend detailliert und umfassen sie alle über Rahmenaufträge zu beschaffenden Güter, so kann eine Grobplanung der Ressourcen für die langfristige Planung durchaus genügen. Manchmal macht sie sogar eine kürzerfristige Planung unnötig bzw. vereinfacht sie.

Eine sehr einfache Grobplanung ist möglich, sobald die gesamte Belastung eines Auftrags für die Grobplanung bereits genügt.

Bei der *Kapazitätsplanung mit Gesamtfaktoren* werden die Mengen der Artikel im Programm-Terminplan mit der Gesamtbelastung je Artikel multipliziert. Dies ergibt die Gesamtbelastung des Programm-Terminplans. Eine aus der Vergangenheit abgeleitete prozentuale Verteilung auf jeden Kapazitätsplatz ergibt sodann eine Abschätzung des Kapazitätsbedarfs je Kapazitätsplatz zur Erfüllung des Programm-Terminplans.

Die Abb. 14.4.0.1 zeigt die (durchschnittliche) Belastung durch den Programm-Terminplan mit drei Artikeln I_1, I_2 und I_3. Als Annahme seien zwei Kapazitätsplätze betroffen, Kap. A und Kap. B genannt. Aus der Vergangenheit abgeleitete Prozentsätze erlauben, auf schnelle Weise die Belastung den beiden Kapazitätsplätzen zuzuteilen.

Baugruppe \ Woche	1	2	3	4	Belastung je Einheit	Historische %-sätze
I_1	60	60			0.75	
I_2			60	12	0.6	
I_3				48	0.5	
Gesamte Belastung (in h)	45	45	36	31.2		100
Kapazitätsbedarf für Kap. A	29.25	29.25	23.4	20.28		65
Kapazitätsbedarf für Kap. B	15.75	29.25	12.6	10.92		35

Abb. 14.4.0.1   (Grob-)Kapazitätsplanung mit Gesamtfaktoren: Gesamtbelastung und Abschätzung des Kapazitätsbedarfs für die Kapazitätsplätze A und B

Muss man jedoch die Belastung jedes (Grob-)Kapazitätsplatzes einzeln kennen, dann ist die Grobplanung der Kapazitäten bereits aufwendiger. Dies wird im Folgenden gezeigt.

14.4.1 Grobnetzpläne und Belastungsprofile

Der *Grobprozessplan* eines Produkts ist die Grobproduktionsstruktur in der Zeitachse.

Das Kap. 1.2.5 stellt Grobstücklisten bzw. -arbeitspläne vor. Sie werden entweder aus den detaillierten Strukturen eines Produkts abgeleitet oder aber „von Hand" bestimmt und nachgeführt. Aus diesen Grobstrukturen lässt sich ein Grobprozessplan herleiten, mit Vorlauf- oder Versatzzeiten für die Komponenten bzw. die Arbeitsgänge. Wie im Kap. 13.3.3 ausserdem gezeigt wird, kann ein Grobprozessplan durchaus ein gerichtetes Netzwerk von Arbeitsgängen bilden.

Die Abb. 14.4.1.1 zeigt einen Produktionsauftrag in einer dem bekannten Netzplan ähnlichen Form. Grobauftragsstrukturen sind des Öfteren so gegeben. Im gewählten Beispiel hat man die Kapazitätsplätze zu zwei Grobkapazitätsplätzen zusammengefasst.

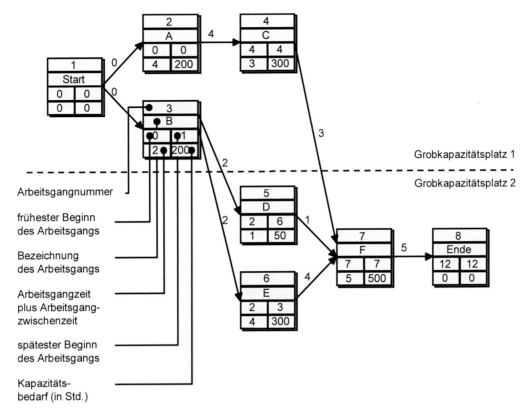

Abb. 14.4.1.1   Grobnetzplan mit 2 Grobkapazitätsplätzen

Ein *Ressourcenprofil* ist im Wesentlichen ein Belastungsprofil für die Grobplanung.

Abb. 14.4.1.2 und Abb. 14.4.1.3 zeigen das aus dem *Grobnetzplan* oder aus dem Grobprozessplan ableitbare Ressourcenprofil. Die Abb. 14.4.1.4 zeigt schliesslich die Zusammenfassung in einen einzigen Grobkapazitätsplatz.

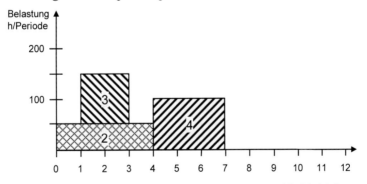

Abb. 14.4.1.2   Ressourcenprofil für Grobkapazitätsplatz 1 gemäss Abb. 14.4.1.1

In der Grobplanung ist es zur Vereinfachung zulässig, die Belastung als eine Rechteckverteilung über die Zeitdauer des Vorgangs zu betrachten. Dies ist ja des Öfteren auch für die detaillierte (Objekt-)Planung üblich.

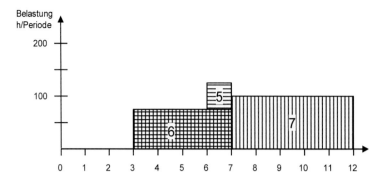

Abb. 14.4.1.3   Ressourcenprofil für Grobkapazitätsplatz 2 gemäss Abb. 14.4.1.1

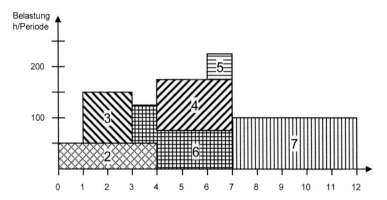

Abb. 14.4.1.4   Ressourcenprofil bei Zusammenfassung der Grobkapazitätsplätze

Wird als Datenstruktur hinter dem Ressourcenprofil die in Kap. 1.2.5 gezeigte Methode mit den Vorlauf- oder Versatzzeiten gewählt, so geht die Information der vorhergehenden und nachfolgenden Arbeitsgänge zu jedem einzelnen Arbeitsgang im Netzwerk verloren. Man kann sich aber vorstellen, diese Information ebenfalls im Datenmodell zu führen. Dadurch entstehen zwar flexiblere Einlastungs- und Korrekturalgorithmen. Sie sind aber schwieriger zu implementieren und können zudem längere Antwortzeiten zur Folge haben.

Die Grobplanung wird in sehr starkem Masse interaktiv, d.h. durch Eingriffe und Entscheide des Planers selbst durchgeführt. So ist es nicht erstaunlich, dass die Grobplanung oft mit den einfachsten Datenmodellen, d.h. unter Weglassung der Abhängigkeiten zwischen den Arbeitsgängen arbeitet.

Auch für die Grobplanung von Kapazitäten besteht das im Kap. 5.2.1 erwähnte Problem der *Berücksichtigung von Angeboten*. Unabhängig davon, ob in die begrenzte oder unbegrenzte Kapazität geplant werden soll, kann in folgenden Teilschritten vorgegangen werden:

- Die wohl einfachste Methode multipliziert das Produktbelastungsprofil und die entsprechenden Ressourcenprofile mit der *Auftragserfolgswahrscheinlichkeit* (eigentlich: „wertet ab") und lastet nur die so reduzierte Belastung ein. Die Validierung der Auftragserfolgswahrscheinlichkeit ist dabei ein Schlüsselfaktor.

- Die Angebote müssen genügend früh bestätigt oder aber wieder entlastet werden, um definitiv einzuplanenden Aufträgen Platz zu machen. Das Angebot ist damit durch einen Verfalltermin zu ergänzen. Ab diesem kann entweder das Angebot als inaktiv bezeichnet oder der zugesagte Liefertermin um eine genügende Anzahl von Perioden nach hinten verschoben werden.

- Sind bereits sehr viele Angebote eingeplant, so ist für ein neu einzuplanendes Angebot eine zuverlässige Lieferterminangabe problematisch. Der durch das Einplanen ermittelte Endtermin muss dann ergänzt werden, z.B. durch einen „maximalen" Endtermin, der sich so errechnet, als wenn ein signifikanter Anteil aller Angebote realisiert würden: Die durch die berücksichtigte Wahrscheinlichkeit nicht eingelasteten Belastungsanteile der Angebote werden zusammengezählt und durch die zur Verfügung stehende Kapazität pro Periode dividiert. Dies ergibt die Anzahl Perioden, die zum wahrscheinlichen Termin hinzugezählt werden müssen, um den „maximalen" Termin zu erhalten.

14.4.2 Grobplanung in die unbegrenzte Kapazität

Die *Grobplanung in die unbegrenzte Kapazität* entspricht der Planung in die unbegrenzte Kapazität, jedoch aufgrund der im Kap. 14.4.1 vorgestellten Ressourcenprofile der Grobkapazitätsplätze.

Dafür werden die auf eine bestimmte Losgrösse (meistens = 1) bezogenen Produktbelastungsprofile mit der Losgrösse multipliziert und mit einem gewünschten Endtermin versehen. Dann werden die so definierten Aufträge in einer bestimmten Einplanungsreihenfolge berücksichtigt. Die Priorität ergibt sich z.B. durch:

- den spätesten Endtermin
- den spätesten Starttermin
- eine externe Priorität (Wichtigkeit) des Auftrags

Werden alle Aufträge in der beschriebenen Art, ohne Eingriff des Planers, auf eine bereits vorhandene „Vorbelastung" eingelastet, so entsteht ein Ressourcenprofil, wie sie der Planung in die unbegrenzte Kapazität eigen ist. Die Abb. 14.4.2.1 zeigt als Beispiel das in Kap. 14.4.1.4 eingeführte Ressourcenprofil mit Einlastung ab frühestem Starttermin.

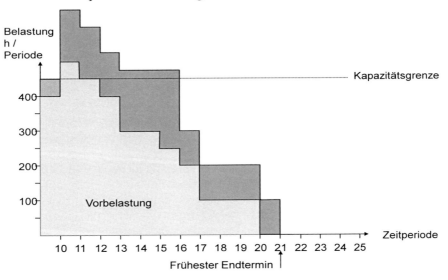

Abb. 14.4.2.1   Beispiel für ein Ressourcenprofil bei *einem* Grobkapazitätsplatz

Der Planer gleicht nun die Kapazitäten an oder verschiebt die Aufträge zeitlich.

- Wird die Grobplanung in der Programmplanung betrieben, also langfristig, dann sind die Kapazitäten in der Quantität flexibel. Ihre Bestimmung ist ja gerade eines der Ziele der langfristigen Planung.

- Wird die Grobplanung im mittelfristigen oder kurzfristigen Bereich angewandt, so dient sie zum Entscheid über Annahme oder Ablehnung bzw. Verschiebung eines anstehenden Auftrags. Die Kapazität ist dann eher wenig flexibel, so dass der gewünschte Endtermin nicht unbedingt eingehalten werden kann. In diesem Fall erfolgt die beschriebene Einlastung einzeln, „Auftrag für Auftrag", mit entsprechendem Eingriff durch den Planer nach jedem Auftrag. Sind nur ein bis zwei Grobkapazitätsplätze definiert, so ergibt dies wenig Arbeit, auch bei vielen Aufträgen.

Die Abb. 14.4.2.2 zeigt eine mögliche Reaktion des Planers auf die in der Abb. 14.4.2.1 ausgewiesene Überlast. Der Endtermin wird auf den nächstmöglichen Termin zurückverschoben, für den tragbare Überlasten entstehen. Effiziente Algorithmen weisen den zu verschiebenden Auftrag mit separaten graphischen Attributen (z.B. Farbe) aus und ziehen nach einer Termin-Umplanung (meistens mit der Maus) das Ressourcenprofil automatisch nach.

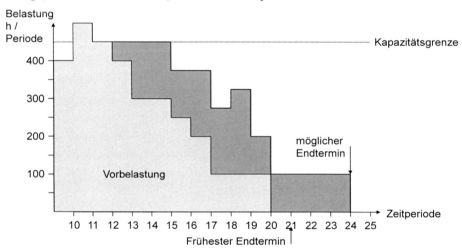

Abb. 14.4.2.2   Ergebnis der Grobplanung der Kapazitäten mit Verschiebung des Endtermins

Die Abb. 14.4.2.3 zeigt das gleiche Ressourcenprofil, diesmal bei zwei Grobkapazitätsplätzen. Beim gewünschten Endtermin ergibt sich auf dem Grobkapazitätsplatz 2 Überlast. In der Abb. 14.4.2.4 wird sie durch Verschieben des Endtermins um zwei Perioden abgefangen.

Eine detailliertere Planung mag beim Einsatz der Grobplanung im kurzfristigen Bereich trotzdem notwendig werden. Dafür können nun auch die einzelnen Grobarbeitsgänge des zur Diskussion stehenden Auftrags separat aufgezeigt werden. Erst das Führen der Abhängigkeiten der Arbeitsgänge im Netzwerk erlaubt das in der Abb. 14.4.2.4 gezeigte Vorverschieben des 5. Arbeitsganges von der Periode [19-20] (Überlast) in die Periode [18-19] (ohne Überlast). Für eine effiziente, interaktive Planungsarbeit müssen alle Kapazitätsplätze gleichzeitig angezeigt werden können. Das gesamte Ressourcenprofil eines Auftrags wird dann simultan in allen Kapazitätsplätzen verschoben.

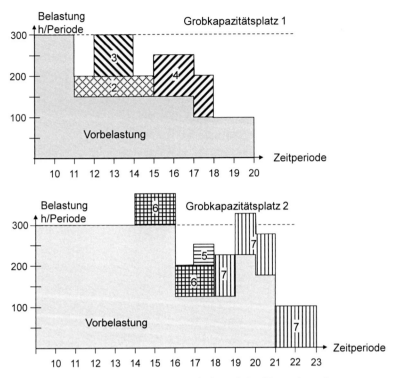

Abb. 14.4.2.3   Grobplanung der Kapazitäten bei zwei Grobkapazitätsplätzen

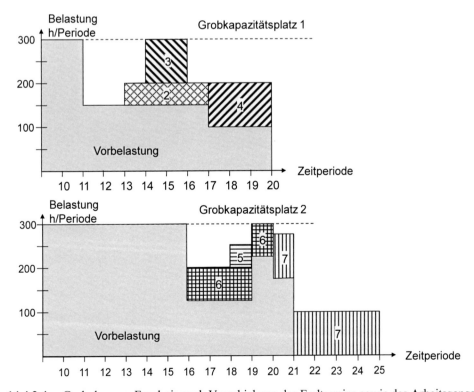

Abb. 14.4.2.4   Grobplanung: Ergebnis nach Verschiebung des Endtermins sowie des Arbeitsgangs 5

14.4.3 Grobplanung in die begrenzte Kapazität

> Die *Grobplanung in die begrenzte Kapazität* entspricht der Planung in die begrenzte Kapazität, jedoch aufgrund der im Kap. 14.4.1 vorgestellten Ressourcenprofile der Grobkapazitätsplätze.

Sind Auftragsfälligkeitstermine flexibel bzw. ist eine Variation der Kapazitäten nicht gewünscht oder nicht machbar, so kann auch mit grober Planung in die begrenzte Kapazität geplant werden. Auftragsorientierte Verfahren sind da relativ einfach, weil in der Grobplanung nicht das genaue, sondern nur das ungefähre Einhalten der Kapazität im Vordergrund steht. Die Summe der Über- und Unterschreitungen sollte sich aber über einen genügend kurzen Zeithorizont ausgleichen.

Betrachtet werden immer die kumulierte Kapazität und die kumulierte Vorbelastung. Darauf wird das kumulierte Ressourcenprofil des zusätzlichen, neu einzulastenden Auftrags gestellt, wie das in der Abb. 14.4.3.1 bspw. mit einem Grobkapazitätsplatz gezeigt wird. Die wichtige Grösse ist dabei die kumulierte Belastung am Ende des Profils.

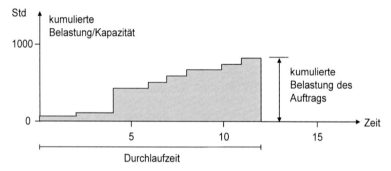

Abb. 14.4.3.1   Kumuliertes Ressourcenprofil

Die Abb. 14.4.3.2 zeigt eine Gegenüberstellung der kumulierten Kapazität und der kumulierten Vorbelastung. Für den neuen Auftrag ergibt sich:

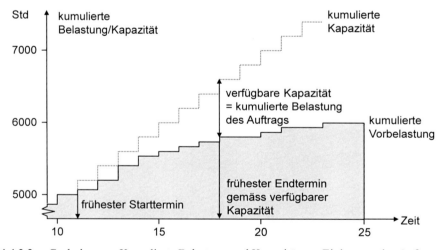

Abb. 14.4.3.2   Grobplanung: Kumulierte Belastung und Kapazität vor Einlastung des Auftrags

- Der *früheste Starttermin* ist diejenige Periode, in der zum ersten Mal disponible, in späteren Perioden nicht mehr verbrauchte Kapazitäten zur Verfügung stehen.

- Der *früheste Endtermin gemäss verfügbarer Kapazität* ist das Ende der Periode, für welche die verfügbare Kapazität zum ersten Mal die kumulierte Vorbelastung plus die kumulierte Belastung des Auftrags *bleibend* überschreitet, d.h. später nicht mehr unterschreitet.

Die Abb. 14.4.3.3 zeigt zusätzlich den neu eingelasteten Auftrag.

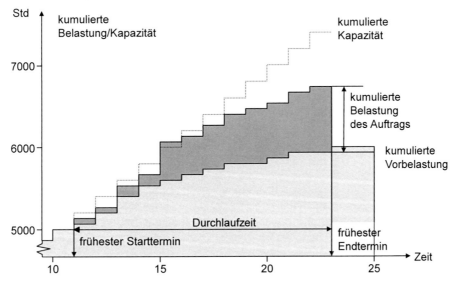

Abb. 14.4.3.3   Grobplanung: Kumulierte Belastung und Kapazität nach Einlastung des Auftrags

- Der *früheste Endtermin* ist das Maximum des frühesten Endtermins gemäss verfügbarer Kapazität und dem Endtermin, der sich aus Addition der Durchlaufzeit zum frühesten Starttermin ergibt.

Die Kapazitäten werden lokal über- bzw. unterschritten. Falls die Frequenz von Über- bzw. Unterlast relativ stark ist, d.h. sich je nur über wenige Perioden erstreckt, kann das Ausregeln der Arbeitssteuerung überlassen werden. Dies ist möglich, weil es sich hier ja um grobe Strukturen handelt. Die gleiche Feststellung gilt auch im Falle der langfristigen Planung in die unbegrenzte Kapazität im Kap. 14.4.2, dort aufgrund der Langfristigkeit selbst.

14.5   Zusammenfassung

Kapazitäten sind Menschen oder Maschinen, die Arbeiten zur betrieblichen Leistungserstellung ausführen können. Für die für wertschöpfende Tätigkeit verplanbare Kapazität müssen die Auslastung und die Effizienz (bzw. der Zeitgrad) eines Kapazitätsplatzes berücksichtigt werden. Für die Planung des Bedarfs an Kapazitäten besteht grundsätzlich die bereits in Kap. 5.3.3 beschriebene Schwierigkeit, dass in zwei Dimensionen geplant werden muss: in diejenige der Zeit und in diejenige der Menge. Je nach Situation muss die eine oder die andere Dimension als richtungsweisend bestimmt werden, was zu unterschiedlichen Verfahrensklassen führt.

Die Planung in die unbegrenzte Kapazität ist vorerst eine Berechnung des Belastungsprofils. Der Starttermin eines Arbeitsgangs, ein Resultat der Terminierung eines Auftrags, bestimmt den Zeitpunkt einer einzelnen Belastung. Alle Belastungen werden in der Folge je Kapazitätsplatz und Zeitperiode zusammengezählt. Dies ergibt den Kapazitätsbedarf, der in einer Übersicht mit der verfügbaren Kapazität verglichen wird. Bei genauerem Hinsehen sind hier einige algorithmische Probleme zu überwinden. Das Belastungsprofil dient in der Folge zum Planen der Kapazitäten. Kapazitätsverändernde Massnahmen, die für die Planungsfristigkeit geeignet sind, stehen dabei im Vordergrund. Bei wenigen einzuplanenden Aufträgen kann man als zusätzliche Massnahme auch die u. U. schwierige Verschiebung von Arbeitsgängen in Betracht ziehen.

Für die Planung in die begrenzte Kapazität werden drei Verfahren vorgestellt. Das arbeitsgangorientierte Verfahren plant aus der Sicht der Zeitachse, indem je Kapazitätsplatz so viele Arbeitsgänge wie möglich eingeplant werden. Unter allen als Kandidaten verplanbaren Arbeitsgängen je Zeitperiode entscheiden Prioritätsregeln. Als Ergebnis findet man eine hohe Auslastung, jedoch wartende Aufträge. Bei FIFO als Prioritätsregel entsteht insgesamt eine durchschnittliche Verspätung aller Aufträge.

Das auftragsorientierte Verfahren plant ganze Aufträge nach einer bestimmten Priorität ein, und zwar alle Arbeitsgänge eines Auftrags. Ist für einen Arbeitsgang keine Kapazität mehr vorhanden, so können die übrigen Arbeitsgänge nach hinten verschoben werden. Dies hat ähnliche Konsequenzen für die betrieblichen Leistungskenngrössen wie beim arbeitsgangorientierten Verfahren. Eine andere Reaktion ist das Entlasten des ganzen Auftrags. Die übrigen Aufträge werden dann termingerecht (gemäss der Terminierung) ausgeführt, mit kleinerer Ware in Arbeit und weniger guter Auslastung als im arbeitsgangorientierten Verfahren. Für die entlasteten Aufträge hingegen muss ein späterer Termin gesucht werden, was zu Verspätungen und damit zu einem möglichen Verlust solcher Aufträge führen kann. Bei wenigen einzuplanenden Aufträgen kann man auch versuchen, einzelne Arbeitsgänge vorzuverschieben oder andere Aufträge zu verschieben: eine u. U. recht aufwendige Prozedur „von Hand".

Ein engpassorientiertes Verfahren heisst „drum-buffer-rope" (DBR). Der Begriff *„drum"* steht für den Rhythmus des Engpasses. Dieser steuert den Durchsatz aller Produkte, die auf ihm verarbeitet werden. Ein Zeitpuffer vor dem Engpass absorbiert potentielle Störungen während einer bestimmten Zeit und hilft, Stillstandzeiten des Engpasses zu vermeiden. Ein Platzpuffer nach dem Engpass hilft, Stillstandzeiten aufgrund von Störungen der nachfolgenden Arbeitsgänge zu vermeiden. Der Begriff *„rope"* ist eine Analogie für die Menge von Planungs-, Freigabe- und Steuerungsanweisungen, welche das nötige Material in der richtigen Zeit zum Engpass bringen.

Zur Grobplanung von Kapazitäten wird zuerst ein Grobnetzplan für jede Produktfamilie erstellt und das Ressourcenprofil für jeden Grobkapazitätsplatz abgeleitet, der zur Herstellung der Produktfamilie benötigt wird. Die Einlastung in die unbegrenzte Kapazität erfolgt zuerst wie beim detaillierten Verfahren. Bei auftragsweisem Einplanen können dann die ganzen Profile zeitlich verschoben werden. Damit kann man z.B. im kurzfristigen Fall über die Auftragsannahme entscheiden. Die Einlastung in die begrenzte Kapazität bestimmt zuerst den frühesten Endtermin gemäss verfügbarer Kapazität. Dann addiert man die Durchlaufzeit zum ersten Termin, für welchen überhaupt Kapazität zur Verfügung steht. Der spätere der beiden so bestimmten Termine ist der früheste Endtermin des Auftrags.

14.6   Schlüsselbegriffe

14.7   Szenarien und Übungen

14.7.1 Kapazitätsermittlung

Die folgende Übung wurde aufgrund eines Gespräches mit Barry Firth entwickelt, dem wir herzlich danken möchten.

Ein Werk fährt während einer normalen Woche 10 Schichten zu 8 Stunden. Ein Kapazitätsplatz im Werk besteht aus 5 identischen Maschinen, welche jeweils einen Arbeiter zur Bedienung benötigen. Es handelt sich um eine Maschinenkapazität. Die Arbeiter erhalten insgesamt eine Stunde Pause und sie nehmen diese gewöhnlich zur gleichen Zeit. Jede Maschine benötigt pro Woche eine dreistündige Instandhaltung, welche vom Planer eingeplant wird. Während der letzten 6 Wochen wurden die Leistungswerte in Abb. 14.7.1.1 aufgezeichnet:

Woche Nr. ▶	1	2	3	4	5	6
Anzahl Arbeitstage	5	4	5	5	5	5
Effektive Maschinenstunden (Rüst- und Bearbeitungszeit)	260	200	280	320	260	280
Wartungszeit in Maschinenstunden	15	12	18	15	15	15
Produzierte Vorgabe-Maschinenstunden	220	160	240	280	220	220

Abb. 14.7.1.1   Kapazitätsleistungswerte

Fragen:

a) Welches ist die *Grundkapazität* in Maschinenstunden *pro normaler Woche* (5 Tage)?

b) Berücksichtigt man die eingeplanten unproduktiven Ereignisse, wie *gross* ist dann die *Verfügbarkeit* (als Prozentsatz) der Maschinenzeit *pro normaler Woche*, unter Vernachlässigung der Arbeitereinschränkungen?

c) Wie hoch ist die Verfügbarkeit (als Prozentsatz) der Maschinenzeit *pro normaler Schicht*, unter Berücksichtigung der normalen Arbeitsbedingungen für die Bediener?

d) Welchen Wert sollte, für eine taktische Auslastung von 90%, der Auslastungsfaktor der Maschinenzeit zur Berechnung der verplanbaren Kapazität annehmen?

e) Welches ist die *nachgewiesene Kapazität pro normaler Woche* dieses Kapazitätsplatzes? (Passen Sie die Angaben für Woche 2 an, um die kurze Woche zu korrigieren.)

f) Welches ist im Rückblick die *effektive Auslastung* (als Prozentsatz) während der 6 Wochen?

g) Was ist im Rückblick die *Effizienz des Kapazitätsplatzes* während der 6 Wochen?

h) Wenn eine *geplante Effizienz* von 85 % erreicht werden soll und unter Berücksichtigung Ihrer Antwort zu Frage d), welches ist die *verplanbare Kapazität pro normaler Woche*?

i) Vergleichen Sie Ihre Antworten zu den Fragen a), e), und h). Was sollte nun getan werden?

Lösungen (siehe auch Definitionen in Kap.14.1.1):

a) Grundkapazität = 400 Stunden pro Woche
    = (5 Maschinen) * (10 Schichten) * (8 Stunden pro Schicht und Maschine)

b) Ausfallzeit wegen Instandhaltung beträgt 15 Stunden pro Woche. Daraus resultiert ein Verfügbarkeitsfaktor von (400-15) / 400 = 96.25 %.

c) Ausfallzeit infolge von Arbeitspausen ist eine Stunde pro Schicht von acht Stunden. Daher ist der Verfügbarkeitsfaktor 7 / 8 = 87.5 %.

d) Unter der Annahme, dass die Wartung nicht während der Pausen der Arbeiter durchgeführt werden kann, erhalten wir einen Auslastungsfaktor von 87.5 % * 96.25 % * 90 % ≈ 75.80 %.

e) Nachgewiesene Kapazität wird ausgedrückt durch produzierte Vorgabe-Stunden (Zeile 4 in obiger Tabelle). Die angepasste Produktionsleistung für Woche 2 beträgt 160 * 5 / 4 = 200 Stunden. Während der 6 Wochen beträgt der Durchschnitt (1'340 + 40) / 6 = 230 Vorgabe-Stunden pro Woche.

f) Im Rückblick lief die Produktion während der 6 Wochen 1'600 Maschinenstunden lang (Zeile 2 in obiger Tabelle). Möglich gewesen wären 2'320 Stunden (= 5*400 + 320). Daher beträgt die effektive Auslastung = 1'600 / 2'320 ≈ 69,0 %.

g) Effektive Effizienz = produzierte Vorgabe-Stunden dividiert durch die effektiv gearbeiteten Stunden = 1'340 / 1'600 = 83.75 %.

h) Verplanbare Kapazität = 400 Stunden * 75.8 % * 85 % ≈ 258 Vorgabe-Stunden.

i) Die nachgewiesene Kapazität (230 Stunden) ist zu niedrig im Vergleich zur verplanbaren Kapazität (258 Stunden). Jedoch übersteigt in Woche 4 die Produktionsleistung (280 Stunden) 258 Stunden. Überprüfen Sie, ob die Messungen noch immer erforderlich sind. Falls ja, suchen Sie nach aussergewöhnlichen Ereignissen, indem Sie die effektive Auslastung und Effizienz für jede Woche berechnen. Entscheiden Sie, ob die geplante Auslastung oder Effizienz angepasst werden sollen.

14.7.2 Algorithmus zur Belastungsrechnung

Ein Problem, welches beim Gebrauch einfacher Algorithmen auftritt, besteht darin, dass sich ein Arbeitsgang über mehrere Belastungsperioden erstrecken kann (siehe Abb. 14.2.2.2). Diese Übung wird untersuchen, wie manuelle oder IT-unterstützte Algorithmen Kapazität und Belastung in einem Belastungsprofil ermitteln. Verwenden Sie Abb.14.7.2.1, um die Kapazität oder die Belastungskurve für einen Kapazitätsplatz einzutragen (kontinuierliche Verteilung oder Rechteckverteilung innerhalb einer Periode), und zwar für die nachfolgend dargestellte Aufgabe:

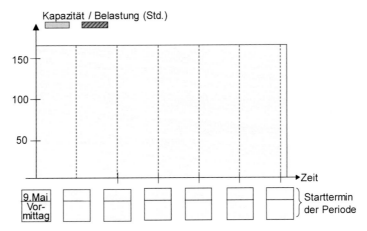

Abb. 14.7.2.1   Berechnung des Belastungsprofils

c) a) Bestimmen Sie den Starttermin jeder Periode und tragen Sie diesen in die obige Abbildung ein. Gegeben seien zwei wöchentliche Perioden, welche jeweils 3,5 Tage dauern (½ Kalenderwoche), „Sonntagvormittag bis Mittwochmittag" und „Mittwochmittag bis Samstagabend". Das Belastungsprofil beginnt Sonntagvormittag, 9. Mai (wie in der Abbildung angegeben). Das Belastungsprofil umfasst sechs Perioden (drei Wochen).

b) Ordnen Sie die Grundkapazität jeder der sechs Zeitperioden zu, unter Beachtung folgender Angaben: Am Kapazitätsplatz fährt das Werk eine Schicht von 8 Stunden pro normalem Arbeitstag (8 Uhr bis 12 Uhr, 13 Uhr bis 17 Uhr). Der Kapazitätsplatz fasst 5 identische Maschinen zusammen. Samstag und Sonntag sind arbeitsfrei, ebenso der 13. und 24. Mai wegen öffentlicher Feiertage (betrachtet werden Daten um Pfingsten; in der Praxis würden sich diese natürlich jedes Jahr ändern). Beachten Sie, dass „heute", oder der Augenblick der Untersuchung, der 12. Mai 7 Uhr früh ist.

Gehen Sie davon aus, dass es auf dem Kapazitätsplatz keine Vorbelastung gibt. Verteilen Sie für den folgenden Arbeitsgang die Belastungsvorgabe auf dem Kapazitätsplatz: der Arbeitsgang beginnt Freitagvormittag, 14. Mai. Die Belastungsvorgabe (inkl. Rüsten) beträgt 81 Stunden. Der Arbeitsgang kann auf maximal 2 Maschinen verteilt werden.

Lösungen:

a) Die zweite Periode beginnt am Mittwochmittag, 12. Mai. Die dritte Periode startet Sonntag-vormittag, 16. Mai. Die vierte Periode beginnt am Mittwochmittag, 19. Mai. Die fünfte Periode beginnt am Sonntagvormittag, 23. Mai. Die sechste Periode startet Mittwochmittag, 26. Mai. Das Belastungsprofil endet vor Sonntagvormittag.

b) Beachten Sie, dass entweder ein Samstag oder ein Sonntag in jeder Periode von einer halben Kalenderwoche liegt. Daraus folgt die Grundkapazität pro Periode mit normalen Arbeitstagen von

(5 Maschinen) * (8 Stunden pro Tag und Maschine) * (2.5 Arbeitstage) = 100 Stunden.

Beachten Sie ausserdem, dass in der ersten Periode nur noch 20 Stunden Kapazität übrig bleiben, da es ja bereits Mittwochvormittag, 12. Mai, ist. Ausserdem gibt es wegen der Feiertage in der zweiten und fünften Periode einen Arbeitstag weniger, was zu lediglich 60 Stunden Kapazität für jede der Perioden führt.

c) Die Belastung muss verschiedenen Perioden zugeteilt werden. Von der Periode, in welche der 14. Mai fällt (zweite Periode), bleibt nur ein Arbeitstag übrig. Da lediglich 2 Maschinen benutzt werden können, kann ein Maximum von nur 16 Standardstunden eingelastet werden (man beachte: nicht 40). Während der dritten Periode erlauben 2,5 Arbeitstage eine Belastung von 40 Stunden. Das Gleiche wäre auch für die vierte Periode möglich. Jedoch verbleiben nur noch 25 Stunden zur Einlastung.

14.7.3 Grobplanung der Kapazitäten

Abb.14.7.3.1 zeigt einen Netzplan für einen Produktionsauftrag.

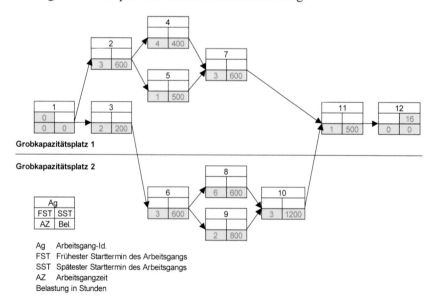

Abb. 14.7.3.1   Grobnetzplan mit zwei Grobkapazitätsplätzen

a) Vervollständigen Sie den Netzplan: berechnen Sie den frühesten sowie den spätesten Starttermin für jeden Arbeitsgang. Welches ist die Durchlaufzeitreserve (die Schlupfzeit), und wo liegt der kritische Pfad? Bestimmen Sie den Schlupf aller Arbeitsgänge, welche nicht auf dem kritischen Pfad liegen.

b) Gemäss der Technik, welche in Kap. 14.4.1 eingeführt wurde, sind die Belastungsprofile für die Grobkapazitätsplätze 1 und 2 zu bestimmen, ebenso die Belastungsprofile für die Kombination aus den Grobkapazitätsplätzen 1 und 2.

c) Abb. 14.7.3.2 zeigt die Vorbelastung des Grobkapazitätsplatzes 2. Planen Sie in die *unbegrenzte* Kapazität für das Belastungsprofil von Grobkapazitätsplatz 2. Bestimmen Sie den frühesten Endtermin für die Arbeitsgänge auf Grobkapazitätsplatz 2. Geben Sie ausserdem die Belastung sowie den verschobenen frühesten Endtermin für die Arbeitsgänge auf Grobkapazitätsplatz 2 ohne Überlastung der Kapazitäten an.

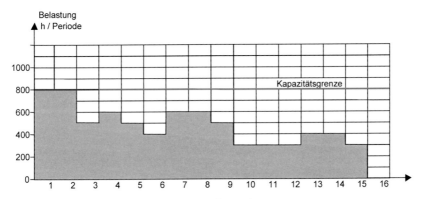

Abb. 14.7.3.2   Vorbelastung des Grobkapazitätsplatzes 2

Lösungen:

a) Die Durchlaufzeitreserve ist 1. Die Arbeitsgänge 1, 3, 6, 8, 10, 11, und 12 bilden den kritischen Pfad. Arbeitsgänge 2, 4, 7, und 9 könnten um 4 Zeiteinheiten verschoben werden, Arbeitsgang 5 um 7 Perioden.

b) Die nachstehende Abbildung zeigt die Resultate für den Grobkapazitätsplatz 2, ebenso für die Kombination beider Grobkapazitätsplätze 1 und 2. Die Pfeillänge gibt die Anzahl der Zeiteinheiten für ein mögliches Verschieben des Starttermins der Arbeitsgänge an, welche nicht auf dem kritischen Pfad liegen.

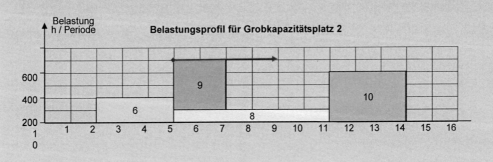

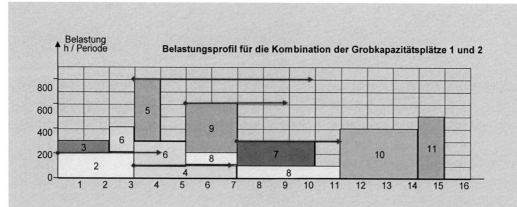

Belastungsprofil für die Kombination der Grobkapazitätsplätze 1 und 2

c) Der frühest mögliche Endtermin für die Arbeitsgänge auf Grobkapazitätsplatz 2 bei Planung in die unbegrenzte Kapazität liegt – wie obige Abbildung zeigt – am Ende der Periode 14. Die nächste Abbildung zeigt das Ergebnis für die Planung in begrenzte Kapazität: der früheste Endtermin liegt am Ende von Periode 15. Bemerkung: da Arbeitsgang 9 nicht auf dem kritischen Pfad liegt, können Teile seiner Belastung in spätere Perioden verschoben werden um Überlast zu vermeiden.

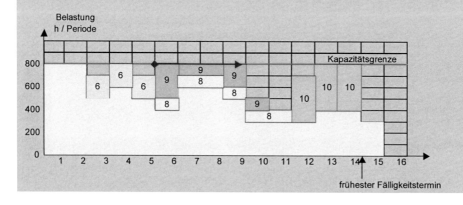

14.8   Literaturhinweise

APIC16   Pittman, P. et al., APICS Dictionary, 15. Auflage, APICS, Chicago, IL, 2016

GoCo14   Goldratt, E., Cox, J., „The Goal: A Process of Ongoing Improvement", 30th Anniversary Edition, North River Press, Norwich, CT, 2014

RuTa85   Russell, R.S., Taylor III B.W., „An Evaluation of Sequencing Rules for an Assembly Shop", Decision Sciences 16, Nr. 2, 1985

15 Auftragsfreigabe und Steuerung

Die Abb. 15.0.0.1 zeigt dunkel unterlegt die Aufgaben und Prozesse bezogen auf das in der Abb. 5.1.4.2 gezeigte Referenzmodell für Geschäftsprozesse und Aufgaben der Planung und Steuerung. Zur Einführung in dieses Kapitel zählen auch die Kap. 1.2.3, 5.3.3 und 5.3.4. Es wird empfohlen, diese Kapitel vor der weiteren Lektüre dieses Kapitels noch einmal durchzulesen.

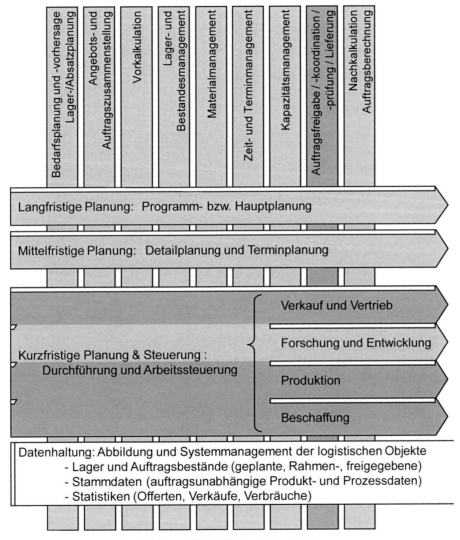

Abb. 15.0.0.1   Abgrenzung der in diesem Kapitel behandelten Teilsysteme

In den Kapiteln 11 und 12 über das Materialmanagement wurden in der lang- und mittelfristigen Planung aus Primärbedarfen (Kundenaufträgen und Vorhersagen) Bedarfe an Ressourcen abgeleitet. Das führte zu Auftragsvorschlägen für Produktion und Beschaffung. Je nach Fristigkeit handelte es sich um Vorschläge für Rahmenaufträge oder um Vorschläge für spezifische Aufträge für ein Produkt. Dieses Kapitel behandelt nun die Aufgaben der Planung & Steuerung im *kurzfristigen Zeithorizont*, d.h. die Auftragsfreigabe und Steuerung, und zwar in den

© Springer-Verlag GmbH Deutschland, ein Teil von Springer Nature 2020
P. Schönsleben, *Integrales Logistikmanagement*,
https://doi.org/10.1007/978-3-662-60673-5_16

Bereichen Verkauf und Vertrieb, Produktion und Beschaffung. Mögliche Konzepte und Methoden im Bereich F&E werden im Kap. 5.4 behandelt.

Steuerung meint hier den gut etablierten Ausdruck für die Regelung und Koordination der Aufträge zu deren erfolgreicher Abwicklung, bei denen es um die Begleitung des Güterflusses geht: von der Freigabe der Auftragsvorschläge über die Steuerung durch die wertschöpfenden Tätigkeiten hin zur Fertigstellung und zum Vertrieb von absetzbaren Gütern.[1]

Jede Auftragsfreigabe umfasst *erneut* eine Terminrechnung und eine Verfügbarkeitsprüfung der benötigten Ressourcen mit den Verfahren des Material-, Termin-, und Kapazitätsmanagements. Bei sich konkurrierenden Aufträgen gibt es Verfahren zur Auswahl der freizugebenden Aufträge.

Die Aufträge werden sodann durch die Bereiche gesteuert (Werkstätten für Teilefertigung, Montage usw. oder für die Beschaffung). Dafür kommen auch elektronische Leitstände zum Einsatz. Man erstellt Unterlagen und Begleitpapiere. Die Steuerung umfasst auch die Belegung der Infrastrukturen zur Kommissionierung und zum Vertrieb. Ein Betriebsdatenerfassungssystem erfasst Fortschrittsmeldungen und verbrauchte Ressourcen. Fertig produzierte bzw. eingegangene Güter werden geprüft, der weiteren Produktion, dem Vertrieb oder dem Lager zugeführt und zur Abrechnung vorbereitet.

15.1 Auftragsfreigabe

Die *Auftragsfreigabe* ändert den Status eines Auftrags von „vorgeschlagen" in „freigegeben" und löst damit den Güterfluss für den Beschaffungs- oder den Produktionsprozess aus.

Die Auftragsfreigabe umfasst i. Allg. die Prüfung der Disponibilität aller Ressourcen zur Durchführung des Auftrags, insbesondere der Komponenten und Kapazitäten.

15.1.1 Auftragsvorschläge für Produktion und Beschaffung und Auftragsfreigabe

Ein *Auftragsvorschlag* bzw. ein *geplanter Auftrag* äussert sich über das zu produzierende bzw. zu beschaffende Gut, die Bestellmenge, den vorgeschlagenen spätesten Endtermin, sowie – oft implizit gegeben – den frühesten Starttermin.

Auftragsvorschläge für Produktion oder Einkauf haben diverse Ursachen:

- Ein *ungeplanter Bedarf liegt vor*, d.h. Bedarfs aus Kunden- oder Produktionsaufträgen, der nicht durch geplante verfügbare Bestände oder terminierte oder geplante Eingänge gedeckt ist. In gewissen Fällen entsprechen die Vorschläge der Nachfrage des Kunden, und zwar sowohl in der Menge als auch im Endtermin. In anderen Fällen wird ein grösseres Los produziert oder beschafft.

---

[1]   Siehe dazu die Fussnote zum Begriff „Steuerung" im Kap. 1.1.5.

- *Eine Einkaufsbedarfsmeldung liegt vor*: Dies ist eine Autorisierung an den Einkauf, spezifisches Material in spezifischer Menge zu einem spezifischen, meist kurzfristigen Zeitpunkt einzukaufen (vgl. [APIC16]).

- *Für einen Artikel wurde der Bestellbestand unterschritten*: Ein solcher – geplanter – Auftragsvorschlag stammt aus der *mittelfristigen Planung*. Siehe dazu Kap. 11.3.1.

- *Für einen Artikel wurde aus Nettobedarfen ein zu beschaffendes Los gebildet*: Ein solcher – geplanter – Auftragsvorschlag stammt aus der *lang-* oder *mittelfristigen Planung*. Siehe dazu Kap. 12.3.1.

Ein Auftragsvorschlag wird in zwei möglichen Formen präsentiert: Entweder in einer blossen Liste von Vorschlägen oder als geplanter Auftrag in der Auftragsdatenbank. Im Falle von direkten Beschaffungen für einen Kundenauftrag sollte die Identifikation des Auftragsvorschlags einen klaren Bezug zur Identifikation der Bestellposition im Kundenauftrag haben.

Bei nur wenigen Auftragsvorschlägen oder Vorschlägen aufgrund ungeplanter Kundennachfrage kann man diese einzeln freigeben. Bei vielen Auftragsvorschlägen besteht das Problem der Übersicht über die freizugebenden Aufträge. Dafür kann man die Vorschläge z.B. nach disponierenden Personen und wöchentlichen Zeitfenstern sortieren:

- C-Artikel der ABC-Klassifizierung können insbesondere für einzukaufende Güter direkt freigegeben werden – mit der vorgeschlagenen Bestellmenge und dem vorgeschlagenen spätesten Endtermin sowie einem Standardlieferanten. Punktuelle Verifikation für solcherart automatisch freigegebene Aufträge genügt.

- Der Selektions- und damit Bestellrhythmus für die anderen Artikel hängt von ihrer Wichtigkeit ab. Es kann sich dabei um einen periodischen Rhythmus handeln, z.B. täglich, wöchentlich, halbmonatlich oder monatlich. Eine Bestellung kann aber auch freigegeben werden, sobald das Bedarfsereignis eintritt.

Bei Sammelbewirtschaftung überprüft man bei der Auftragsfreigabe sämtliche Artikel der gleichen Dispositionsgruppe. Gemeinsames Bestellen spart losgrössenunabhängige Beschaffungskosten, führt aber zu zusätzlichen Bestandshaltungskosten wegen zu frühen Beschaffens.

Die *Einkaufsauftragsfreigabe* muss nicht unbedingt formal erfolgen. Man kann sich hier auch spezifische Abmachungen mit gewissen Lieferanten vorstellen, die z.B. C-Artikel selbstständig im Lager nachfüllen. Dies gilt nicht nur für Bereiche des Lebensmitteldetailhandels, wo dieses Verfahren schon seit längerem üblich ist, sondern auch für Zulieferer von Verbrauchsmaterial in der industriellen Produktion (vgl. auch das Kanban-Verfahren in Kap. 6.3).

Die *Produktionsauftragsfreigabe* umfasst vernünftigerweise für jeden Auftrag eine Überprüfung der Verfügbarkeit, zumindest bei den kritischen Ressourcen. Dies gilt auch für einen Auftragsvorschlag aus der lang- oder mittelfristigen Planung, wenn dafür bereits früher eine Verfügbarkeitsprüfung durchgeführt worden ist. Die *Verfügbarkeitsprüfung* besteht aus

- einer *Durchlaufzeitberechnung*, um Starttermine von Arbeitsgängen auf voll ausgelasteten Kapazitätsplätzen sowie Bedarfstermine von kritischen Komponenten zu bestimmen. Die Verfahren dazu wurden bereits im Kap. 13.3 und im Kap. 13.4 vorgestellt.

- einer *Verfügbarkeitsprüfung der benötigten Komponenten* auf den Starttermin des Arbeitsganges hin, für welchen sie benötigt werden, mit Verfahren des Kap. 12.1.

Übrigens: Auch bei der Freigabe von Lohnarbeiten ist darauf zu achten, dass für die (externen) Arbeitsgänge das allenfalls beizustellende Begleitmaterial zur Verfügung steht.

- einer *Verfügbarkeitsprüfung der benötigten Kapazitäten* auf den Starttermin von Arbeitsgängen hin, mit Hilfe von Verfahren der Kap. 14.2, 14.3, 15.1.2 bzw. Kap. 15.1.3.

Eine *Zuweisung* ist die Bezeichnung von Mengen von Artikeln, welche spezifischen Aufträgen zugeordnet, aber noch nicht vom Lager in die Produktion freigegeben wurden.

Im Englischen steht der Begriff *„staging"* („ins Gestell legen") für den Bezug von Material vom Lager für einen Auftrag, bevor das Material benötigt wird. (vgl. [APIC16]).

Die Produktionsauftragsfreigabe zieht die folgenden Probleme nach sich:

- Auch mit IT-Unterstützung ist die Prüfung der Verfügbarkeit von Ressourcen aufwendig. Eine genügend schnelle, genaue Prüfung wird häufig unmöglich sein. Als Kompromisslösung wird oft zumindest die Disponibilität der Komponenten *auf den Starttermin* des Auftrags bzw. des betreffenden Teilauftrags hin überprüft.

- Die Zuweisung aller für den Auftrag vorgesehenen Ressourcen. Ist eine der Ressourcen nicht verfügbar, so bleiben die übrigen Komponenten und Betriebsmittel trotzdem für den Auftrag zugewiesen. „Staging" hat denselben Effekt: der Auftrag wartet auf die fehlenden Ressourcen und verstopft überdies die Fabrik.

  Man sollte also sämtliche Arbeitsgänge für einen Auftrag zusammen und erst dann freigeben, wenn alle Ressourcen vollständig verfügbar sind. Jedoch könnten u.U. solche zugewiesenen Ressourcen sofort in anderen Produktionsaufträgen verwendet werden. Sofort verfügbare Kapazitäten könnten dann genutzt werden, was bei hoch ausgelasteten Kapazitäten sehr wichtig ist. Ordnet man jedoch Ressourcen, z.B. Komponenten, anderen Aufträgen zu, dann erhöht dies nur die Probleme für den wartenden Auftrag.

Zum Erreichen einer akzeptablen Durchlaufzeit für die Produktionsauftragsfreigabe sowie zur Nutzung von verfügbaren Kapazitäten können allenfalls als suboptimaler Kompromiss – da zu Beständen in Arbeit im Wartezustand führend – die folgenden Massnahmen getroffen werden:

- Nur eine Teilmenge des Auftragsloses wird freigegeben.

- Nur die ersten Arbeitsgänge werden freigegeben, wenn fehlende Komponenten erst in späteren Arbeitsgängen benötigt werden.

- Den geplanten Auftrag als *fest geplanten Auftrag* bezeichnen: Damit werden bereits vorhandene Komponenten und Betriebsmittel ebenfalls als „fest zugeordnet" bezeichnet. Die notwendige organisatorische Disziplin gewährleistet dann, dass die „fest zugeordneten" Ressourcen nicht für andere Aufträge bezogen werden. Solche Aufträge werden zudem vom MRP-Verfahren nicht automatisch verändert.

Es gibt verschiedene Formen von Begleitdokumenten in Produktion und Beschaffung. Man kann zwei Fälle unterscheiden. Im *ersten Fall* bleibt der Inhalt eines Auftrags von Mal zu Mal derselbe, ausser allenfalls der Bestellmenge:

Bei der *Pendelkarte* kann man eine variable Bestellmenge eintragen. Der Fälligkeitstermin wird automatisch in Relation zum Versanddatum der Pendelkarte gesetzt.

Findet der gesamte Bestand eines Artikels in zwei Behältern Platz, so kann man als visuelles Steuerungssystem das folgende effiziente Pendelsystem mit fixer Bestellmenge einsetzen:

Beim *Zwei-Behälter-Bestandshaltungssystem* wird die Nachfüllauftragsmenge bestellt, sobald der erste Behälter (der Arbeitsbehälter) leer ist. Während der Nachfülldurchlaufzeit wird Material vom zweiten (Reserve-)Behälter gebraucht, welcher eine genügende Menge enthalten muss, um den Bedarf während der Durchlaufzeit zudecken, zudem einen Sicherheitsbedarf. Wenn die Nachfüllmenge eintrifft, wird der Reservebehälter gefüllt. Die darüber hinausgehende Menge kommt in den Arbeitsbehälter, von dem dann bezogen wird, bis er wieder geleert ist.

Pendelkarte und Zwei-Behälter-Bestandshaltungssystem haben mit dem Kanban-Verfahren und seinem Zwei-Karten-Kanban-System eine Aufwertung erfahren.

Beim *zweiten Fall* ändert der Inhalt eines Auftrags von Mal zu Mal. In diesem Fall ist eine formale Bestellung des Kunden (der Verkaufsabteilung oder der Produktionsplanung) an den Lieferanten (die Produktion bzw. den Zulieferer) notwendig:

Ein *Einkaufsauftrag* entspricht in Form und Aufbau im Wesentlichen der Bestellung eines Kunden, für die Beschaffung sowohl von Gütern als auch von Arbeiten (siehe Kap. 1.2.1). Im Zuge der immer mehr zu verkürzenden administrativen Zeiten zwischen Hersteller und Lieferant kommen IT-unterstützte Verfahren vermehrt zum Einsatz. Die hinter dem Geschäftsobjekt *Auftrag* im Kap. 1.2.1 stehenden detaillierten Auftragsdatenstrukturen wurden immer mehr standardisiert. Dies führte zur Entwicklung der EDI/EDIFACT-Schnittstelle. Mittels Java-Programmierung und z.B. dem Corba-Standard („Common Object Request Broker Architecture") bedienen sich heute immer mehr Unternehmen auch der Übermittlung via Internet.

Für einen *Produktionsauftrag* benötigen die auszuführenden Personen in den Werkstätten präzise Instruktionen über die Art der auszuführenden Arbeiten und über einzusetzende Komponenten. Siehe dazu das Kap. 15.2.1.

15.1.2 Die belastungsorientierte Auftragsfreigabe (BOA)

Die *belastungsorientierte Auftragsfreigabe (BOA)* ([Wien87] oder [Wien95]) hat – bei *Planung in die begrenzte Kapazität* – eine hohe Auslastung als *primäres Ziel*. Tiefe Bestände in Arbeit, kurze Durchlaufzeiten im Güterfluss und hoher Liefertreuegrad sind weitere wichtige Ziele.

Prinzip des Verfahrens: Dieses heuristische Verfahren basiert auf dem Trichtermodell (siehe dazu Kap. 13.2.1). Es möchte im Wesentlichen die Belastung der tatsächlich verfügbaren Kapazität anpassen. Man kann es als eine Vergröberung des im Kap. 14.3.2 vorgestellten Verfahrens, Variante c), auffassen, indem der Abgleich der Belastung mit der Kapazität durch eine geschickte Heuristik auf eine Zeitperiode beschränkt werden kann.

Planungsstrategie: Nur diejenigen Aufträge werden freigegeben, welche durch die Kapazitätsplätze tatsächlich auch absorbiert werden können, ohne übermässige Warteschlangen zu verursachen. Zur Abarbeitung der wartenden Arbeiten – und damit zur Produktionssteuerung – wird das FIFO-Prinzip angenommen.

Verfahren: Die Abb. 15.1.2.1 zeigt das Verfahren zunächst anhand der Analogie des Trichtermodells. Ausgehend vom obersten Trichter mit sämtlichen bekannten Aufträgen werden mittels zweier Filterungen die freizugebenden Aufträge bestimmt.

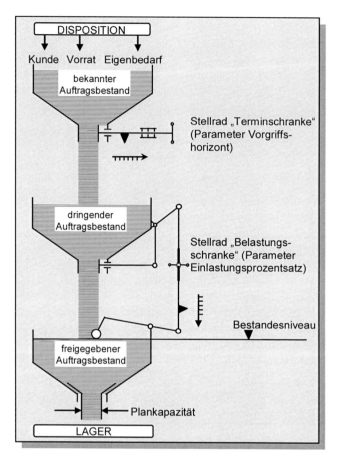

Abb. 15.1.2.1   Regleranalogie der belastungsorientierten Auftragsfreigabe (Quelle: [Wien87])

Der *Terminfilter* lässt nur diejenigen Aufträge in den dringenden Auftragsbestand einfliessen, die innerhalb der *Terminschranke* liegen, d.h. im Vorgriffshorizont.

Der *Belastungsfilter* gibt nur so viel Arbeit frei, dass der mittlere Bestand, d.h. der gewünschte Arbeitsvorrat eines Kapazitätsplatzes, konstant bleibt. Die *Belastungsschranke* ist gleich der Kapazität während des Vorgriffshorizonts mal dem *Einlastungsprozentsatz*.

Zur Bestimmung von Vorgriffshorizont und Einlastungsprozentsatz gibt es zwar eine Anleitung. In der Praxis werden die Werte jedoch oft aufgrund von Erfahrung oder willkürlich gewählt.

Die BOA wird z.B. wöchentlich für einen bestimmten Planungshorizont durchgeführt, und umfasst die folgenden Schritte (im Prinzip die gleichen wie in Abb. 14.3.2.1):

- Einzuplanende Aufträge bestimmen und nach Priorität ordnen: Kandidaten sind einerseits alle bereits begonnen Aufträge: Der nächste zur Bearbeitung anstehende Arbeitsgang ist durch die Erfassung des Auftragsfortschritts bekannt; alle restlichen Arbeitsgänge sind einzuplanen. Kandidaten sind andererseits alle noch nicht begonnenen Aufträge, für welche der Starttermin des 1. Arbeitsganges innerhalb der Terminschranke liegt; Der Starttermin wird durch eine Rückwärtsterminierung mit Standard-Durchlaufzeiten gemäss Kap. 13.3.3 festgelegt. Alle diese Kandidaten bezeichnet man als „dringlich" und ordnet sie nach Starttermin, wobei man begonnene Aufträge zuerst einlastet.

- *Arbeitsgänge der Reihe nach behandeln und einlasten:* Die Heuristik vergleicht die um den Einlastungsprozentsatz multiplizierte Kapazität einer *einzigen* Zeitperiode mit Belastungen, die nicht nur während dieser, sondern auch während späterer Perioden auftreten. Diese Vergröberung ist die entscheidende Idee. Dazu lastet man Folgearbeitsgänge nicht mit vollem Arbeitsinhalt ein:

> Der *Abwertungsfaktor* wertet den Inhalt von Folgearbeitsgängen fortschreitend ab.

Wenn als Beispiel der Abwertungsfaktor 0.5 (= 1 / 200 %) gewählt wurde, dann ergeben sich als kumulierte Abwertungsfaktoren für den ersten Arbeitsgang eines Auftrags 1, für den zweiten 0.5, für den dritten 0.25 (= 0.5 · 0.5), für den vierten 0.125 (= 0.5 · 0.5 · 0.5) usw. Falls nun der erste Arbeitsgang des Auftrags schon erledigt sein sollte, dann steht der zweite Arbeitsgang zur Bearbeitung an. Somit ergeben sich als kumulierte Abwertungsfaktoren für den zweiten Arbeitsgang 1, für den dritten 0.5, für den vierten 0.25 usw.

- *Ausnahmeregel anwenden:* Fällt ein Arbeitsgang auf einen Kapazitätsplatz mit bereits überschrittener Belastungsschranke (aufgrund der bisher freigegebenen Aufträge), so entlastet man den ganzen Auftrag, um anderen Aufträgen Priorität zu geben.

- *Behandeln aller Ausnahmen:* Nach Einlastung aller Aufträge werden die entlasteten, d.h. zurückgestellten Aufträge in einer Liste aufgezeigt. Sie enthält die Identifikation des jeweiligen Auftrags, den Arbeitsinhalt (z.B. in Std.) sowie Arbeitsgang und Kapazitätsplatz, welche zur Ablehnung des Auftrags führten. Die folgenden möglichen Massnahmen werden geprüft: Erstens kann vielleicht der Auftragsstarttermin vorverschoben werden. Zweitens: falls zeitliche Flexibilität des Auftragsfälligkeitstermins vorliegt, dann kann dieser nach hinten verschoben werden. Drittens: liegt zumindest etwas quantitative Flexibilität bei den ausgelasteten Kapazitäten vor, so kann man diese gezielt erhöhen. Nun können bei erneutem Durchlauf aller Schritte für die zurückgestellten Aufträge diese jetzt vielleicht freigegeben werden.

Die Abb. 15.1.2.2 illustriert die Schritte anhand eines Beispiels der Autoren. Zu einer bestehenden Auslastung sollen fünf Aufträge hinzugefügt werden.

- Im 1. Schritt (Terminierung) werden diese fünf Aufträge zusammen mit ihren Arbeitsgängen auf der Zeitachse gezeigt. Jeder Arbeitsgang zeigt den Kapazitätsplatz (A, B, C, oder D), auf dem der Arbeitsgang ausgeführt werden soll. Jeder Auftrag hat seinen geplanten Startzeitpunkt. Der BOA-Terminfilter (eigentlich eine Terminschranke, die mit einem vorgegebenen Vorgriffshorizont berechnet wird) sondert jede Bestellung aus, bei welcher der Startzeitpunkt des ersten Arbeitsgangs jenseits der Terminschranke liegt. Im Beispiel sortiert der Filter Auftrag 5 aus. Dieser Auftrag wird als nicht dringend deklariert. Alle anderen Aufträge werden als dringend eingestuft und an Schritt zwei übergeben.

- Im 2. Schritt (Abwertung) wird die Last der folgenden Arbeitsgänge stufenweise mit einem Abwertungsfaktor gewogen, der im Beispiel willkürlich auf 50 % festgesetzt wurde. Das heisst, dass die Last des ersten Arbeitsgangs zu 100 % berücksichtigt wird, die des zweiten nur noch zu 50 %, die des dritten noch zu 25 %, usw.[2] In der Abbildung wird jetzt jeder Auftrag durch sein Belastungsprofil dargestellt (original und umgerechnet). Die

---

[2] Je weiter in die Zukunft geplant wird, desto unsicherer wird, ob ein bestimmter Arbeitsgang tatsächlich die Kapazitäten innerhalb des vorhergesehenen Zeithorizonts beansprucht. Der Abwertungsfaktor trägt dem Rechnung. Diese Heuristik scheint vernünftig – je mehr Schritte involviert sind, desto grösser wird die Unsicherheit über die Planeinhaltung. Allerdings gibt es für diese Annahme keinen methodischen Beweis.

Arbeitsgänge erscheinen nicht in der Reihenfolge ihrer Durchführung, sondern der Kapazitätsplätze. Dies dient der Vorbereitung des nächsten Schrittes.

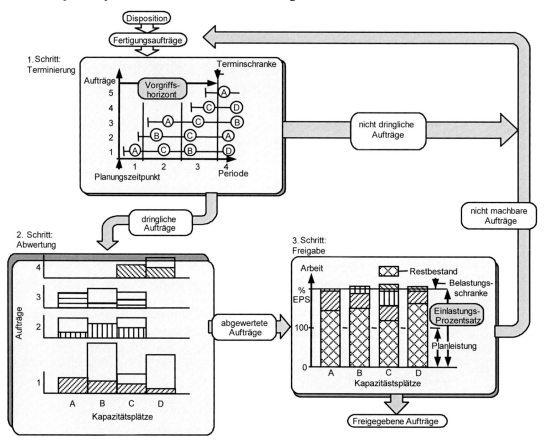

Abb. 15.1.2.2   Schritte der belastungsorientierten Auftragsfreigabe BOA (Quelle: [Wien87])

Als Beispiel sei Auftrag 2 betrachtet. Die Last dieses Auftrags ist in der Abb. vertikal gestrichelt (nicht nur im Schritt zwei, sondern auch im Schritt drei). Vom 1. Schritt her wissen wir, dass der erste Arbeitsgang am Kapazitätsplatz B ausgeführt wird. Daher wird die Belastung mit 100 % gewogen (also die gesamte Belastung). Der 1. Schritt zeigt ausserdem an, dass der zweite Arbeitsgang am Kapazitätsplatz C ausgeführt wird. Deshalb wird die Belastung im 2. Schritt mit 50 % Abwertung angezeigt (also die halbe Belastung). Die leere „Belastung" in der Säule (diejenige ohne Schattierung) entspricht den restlichen 50 % der Belastung, die für den 3. Schritt nicht berücksichtigt werden. Der 1. Schritt zeigt auch an, dass der dritte Arbeitsgang am Kapazitätsplatz A ausgeführt werden wird. Deshalb wird die Belastung im 2. Schritt mit 25 % Abwertung angezeigt (also 50 % von 50 % der Belastung). Die leere „Belastung" entspricht den restlichen 75 % der Last, die man für den 3. Schritt nicht berücksichtigt.

- Der 3. Schritt (Freigabe) zeigt zuerst die bestehende Belastung aller Kapazitätsplätze vor der Einlastung der neuen vier Aufträge. Diese Vorbelastung stammt von verschiedenen Perioden auf der Zeitachse. Deshalb kann sie grösser sein als die geplante Kapazität für diese eine Periode. Willkürlich wird nun ein Einlastungsprozentsatz von 200% gewählt[3]. Damit ergibt sich die Belastungsschranke für jeden Kapazitätsplatz. Die Aufträge werden dann in der Reihenfolge ihres Starttermins zugeführt[4]. Die Belastung jedes Arbeitsgangs wird zur Vorbelastung hinzugefügt. Sobald ein Arbeitsgang auf einen bereits überlasteten Kapazitätsplatz eingelastet werden soll, wird der gesamte Auftrag entlastet. Diese Belastungsschranke wird auf diese Weise zum Belastungsfilter.

Im Beispiel akzeptiert der Belastungsfilter zunächst die Aufträge 1 und 2, wobei Auftrag 2 den Kapazitätsplatz B leicht überlastet (der Algorithmus lässt die erste Überlastung jedes Kapazitätsplatzes zu; aber Kapazitätsplatz B wird für alle folgenden Aufträge als nicht verfügbar angezeigt.). Dann wird Auftrag 3 eliminiert und entladen, weil Kapazitätsplatz B durch Auftrag 2 bereits voll ausgelastet ist. Schliesslich lässt der Belastungsfilter Auftrag 4 zu, für den der Kapazitätsplatz B nicht benötigt wird[5]. Die Aufträge 1, 2 und 4 können also freigegeben werden, während Auftrag 3 nicht durchführbar ist und zu einem Gegenstand für einen weiteren Schritt wird, in dem Ausnahmen behandelt werden.

Es gibt keine grundsätzliche Beziehung zwischen dem Abwertungsfaktor und dem Einlastungsprozentsatz, und diese Grössen sollten nicht miteinander verbunden werden. Dennoch scheinen diese Grössen in der Original-Literatur im Regelfall reziprok zu sein. Des Weiteren sind die in der Praxis gewählten Grössen für den Vorgriffshorizont, den Einlastungsprozentsatz und den Abwertungsfaktor oft Erfahrungswerte oder aber willkürlich gewählt.

Ein Fallbeispiel: Das Elektronikwerk Amberg, Deutschland, der Siemens AG fertigt elektronische Baugruppen in kundenanonymer Lagerfertigung. Das umfassende Baugruppenspektrum ermöglicht dem Kunden die optimale Konfiguration einer speicherprogrammierbaren SIMATIC-Steuerung für seine Automatisierungsaufgabe. Produziert und im 24 Std.-Service ab Lager geliefert werden ca. 500 verschiedene Baugruppen. Ein Produktionsauftrag besteht aus 10 bis 20 Arbeitsvorgängen. Die Zahl der Maschinen Bereich der belastungsorientierten Auftragsfreigabe beträgt 20. Hauptziel der BOA-Einführung war es, den Fertigungsbestand zu begrenzen, damit die Durchlaufzeit zu verkürzen und keine Aufträge für die Fertigung freizugeben, für die keine Kapazität verfügbar ist. Die an die Einführung der BOA geknüpften Erwartungen wurden weitgehend erfüllt. Der Algorithmus wurde im Werk selbst programmiert.

Beurteilung des Verfahrens und organisatorische Aspekte:

- Die Diskussion über das Verfahren wird oft polarisierend geführt, vielleicht weil die BOA gerne als allgemeingültig und wissenschaftlich im Sinne eines statistischen Verfahrens präsentiert wird. So wird der Abwertungsfaktor mit einem Wahrscheinlichkeitsmass in Verbindung gebracht. Kritiker können dies leicht ad absurdum führen. Sie konstruieren

---

[3] Der Einlastungsprozentsatz berücksichtigt eine Aggregation der Kapazität über mehrere (hier ungefähr drei) Perioden innerhalb des Vorgriffshorizonts. Die Aggregation macht Sinn, weil man ja nie sicher sein kann, ob ein Fabrikationsauftrag wirklich genau innerhalb der eingeplanten Periode ausgeführt werden kann. Man erwartet sodann eine genauere Bedarfsvorhersage, wenn sie über mehrere Perioden aggregiert erfolgt statt nur über Einzelperioden. Dieses Phänomen der Verkleinerung des Vorhersagefehlers bei normalverteilten Zufallsvariablen ist aus der Statistik bekannt. Dasselbe Prinzip findet nun für die Wahl des Einlastungsprozentsatzes ihre Verwendung (Mark Bennet, CPIM, Perth, persönliche Mitteilung, 2001).

[4] Anmerkung: Die Höhe der Belastung auf jedem Kapazitätsplatz kann sich aufgrund der Normalisierung auf 100 % des Kapazitätsmasses von jener aus dem 2. Schritt unterscheiden. Die Schattierung der Belastung jedes Auftrags wurde hingegen vom 2. Schritt übernommen.

[5] Zur Beachtung: Auftrag 4 überlastet die Kapazitätsplätze C und D zum ersten Mal. Infolgedessen wären, blieben noch mehr Aufträge zur Einlastung, auch diese beiden Kapazitätsplätze nicht mehr verfügbar.

den Extremfall, bei welchem das Verfahren Arbeitsgänge mit einer Wahrscheinlichkeit ihrer Durchführung von 0 (Null) einlastet und dafür dringendere Arbeitsgänge nicht freigibt. Die BOA ist jedoch kein analytisches Verfahren, sondern eine einfache, auf wenige Steuerungsparameter beschränkte Heuristik. Wie bei jedem heuristischen Verfahren hängt die Anwendbarkeit von der Strategie des Unternehmens ab.

Für den Einsatz der BOA müssen die folgenden *Voraussetzungen* gegeben sein:

- Auftragsfälligkeitstermine müssen zumindest etwas flexibel sein, um beim Behandeln der Ausnahmen überhaupt Möglichkeiten zu erhalten.

- Kapazitäten müssen zumindest ein wenig flexibel sein, da man sonst den administrativen Aufwand für die vielen Terminverschiebungen gar nicht betreiben kann oder dann so ungenau, dass die Kapazitäten nur sehr schlecht ausgelastet werden.

- Die Parameter Vorgriffshorizont, Einlastungsprozentsatz und Abwertungsfaktor müssen in jedem Unternehmen auf empirische Weise festgelegt werden können – ggf. unterstützt durch Simulationen. Die Parameter sind abhängig vom anzustrebenden Arbeitsvorrat und von der Grösse der gewählten Planungsperiode.

Es ergeben sich die folgenden *Einschränkungen:*

- Durch die Belastungsschranke fallende Aufträge werden im Prinzip hinter den Vorgriffshorizont zurückgestellt, was eine nicht tolerable Verspätung ergeben kann. Freigaben aufgrund von zusätzlichen Informationen sind im Prinzip nicht vorgesehen (z.B. eine hohe externe Priorität, Ablehnung wegen einer sehr weit in der Zukunft liegenden überlasteten Kapazität oder Ähnliches).

- Die verfügbare oder verfügbar gemachte Kapazität muss mittelfristig mindestens so gross sein wie die Belastung. Sonst fallen immer mehr Aufträge durch die Belastungsschranke.

- BOA belastet die Produktion nur mit Aufträgen, welche sie auch verarbeiten kann. Sie führt dadurch zu tiefen Beständen der Ware in Arbeit sowie auch zu kurzen Durchlaufzeiten. Die einplanbaren Aufträge werden termingerecht fertig. Bei nicht flexiblen Kapazitäten führt BOA jedoch zu einer geringeren Auslastung der Kapazität, sobald Endtermine nach hinten verschoben werden müssen. Dies deshalb, da die Belastung, die in der Zeitachse weit vorne angefallen wäre, nun entfällt. Falls keine anderen Aufträge anstehen, verfällt diese Kapazität (siehe dazu [Knol92]).

- Bei Unterlast darf man den Parameter „Vorgriffshorizont" nicht so ändern, dass die bereitgestellten Kapazitäten möglichst gut ausgenutzt werden. Sonst sind verfrühte Auftragsendtermine und möglicherweise unnötige Bestände an Lager die Folge.

Damit bieten sich die folgenden *Einsatzgebiete* an:

- Für viele Branchen im Stückgutbau, gerade wenn Einfachheit und Robustheit gegenüber Fehlern in den Planungsdaten oder Veränderungen im Auftragsbestand gefordert sind.

- Für die kurzfristige Planung & Steuerung. Hier liefert die BOA ein zulässiges Arbeitsprogramm, das noch einiges an situativer Planung vor Ort erlaubt.

15.1.3 Kapazitätsorientierte Materialbewirtschaftung (Korma)

Gemischte Produktion ist simultane „make-to-stock"- und „make-to-order"-Produktion mit derselben Produktionsinfrastruktur.

Mischfertiger sind Unternehmen mit gemischter Produktion.

Mischfertiger stellen Standardprodukte her und vertreiben diese, wobei Lagerbestände auf verschiedenen Produktionsstufen bis hin zu Endprodukten gehalten werden. Ziel – mit Sicht auf tiefe Kosten – ist eine möglichst hohe Auslastung der Kapazitäten. Parallel dazu stellen Mischfertiger Produkte auch auf Kundenauftrag und oft in Einmalproduktion her. Hierbei interessieren möglichst kurze Durchlaufzeiten.

Rechtzeitiges Liefern ist das Hauptziel von Mischfertigern. Kundenproduktionsaufträge müssen mit grosser Priorität geliefert werden. Lagernachfüllaufträge müssen rechtzeitig fertig gestellt werden, das heisst, sobald das Lager aufgebraucht ist. Typischerweise ist dabei das Auftragsvolumen für beide Auftragstypen etwa gleich gross. Für eine einfache Logistik wäre eine Segmentierung der Produktionsressourcen gefordert. Eine der Hauptstärken von manchen mittelgrossen Unternehmen liegt jedoch gerade in der flexiblen Planung & Steuerung, was ihnen erlaubt, dieselbe Produktionsinfrastruktur zu nutzen. Sie stellen ein relativ breites Sortiment an Produkten her, mit einer Kompetenz auf einer relativ kleinen Anzahl an Produktionsprozessen.

Planungsstrategie: Unternehmen mit gemischter Produktion benötigen eine flexible Planungsstrategie. Durch Beobachtung einer natürlichen Logik des Produktionsmanagements, wie sie praktisch in manchen mittelgrossen Unternehmen implementiert ist, konnte das folgende generische Prinzip abgeleitet werden. Aus Bequemlichkeit wird es im Folgenden kapazitätsorientierte Materialbewirtschaftung bzw. – abgekürzt – Korma genannt.

Die *kapazitätsorientierte Materialbewirtschaftung* (Korma) ist ein operationelles Führungsprinzip, das Unternehmen befähigt, Ware in Arbeit flexibel gegen beschränkte Kapazität und Durchlaufzeiten für Kundenproduktionsaufträge auszuspielen. Siehe auch [Schö95b].

Korma ist eine intelligente Nutzung von *i. Allg. voll ausgelasteten, jedoch kurzfristig verfügbaren Kapazitäten,* was zu einer ausgeglicheneren Auslastung führt. Dies senkt tendenziell Warteschlangen und damit Durchlaufzeiten. Im Prinzip werden die Lagernachfüllaufträge als „Füller"-Belastung betrachtet, wann immer eine solche Kapazität einen Auftrag sucht. Die Freigabe kann periodisch, in „Paketen" erfolgen, was optimale Reihenfolgen von Aufträgen und somit verkürzte Rüstzeiten erlaubt. Kürzere Durchlaufzeiten in der „make-to-order"-Produktion werden also mit erhöhten Beständen an Ware in Arbeit in der „make-to-stock"-Produktion erkauft.

Das *generische Prinzip* Korma besteht aus drei Teilen, nämlich

1. einem *Kriterium zur Auftragsfreigabe*, um Lagernachfüllaufträge früher als notwendig auszulösen. Eine vorzeitige Freigabe wird in Betracht gezogen, sobald bei gut ausgelasteten Kapazitätsplätzen verfügbare Kapazität vorliegt.

2. ein *Terminierungsverfahren*, welche für vorzeitig freigegebene Lagernachfüllaufträge anstelle zu verfrühten Lagerbestands nur zu Ware in Arbeit führt, wobei deren rechtzeitige Fertigstellung garantiert bleibt. Gleichzeitig können Kundenproduktionsaufträge in kürzester Durchlaufzeit geliefert werden. Der Schlüssel ist hier die dauernde (Neu-)Rechnung entweder des kritischen Verhältnisses oder eines geeigneten Durchlaufzeitstreckungsfaktors (beides sind Masse für die Auftragsdringlichkeit).

3. einem *Mechanismus, der das Terminmanagement mit dem Materialmanagement koppelt,* indem ein Lagernachfüllauftrag laufend gemäss dem tatsächlichen Verbrauch neu terminiert wird. Dazu wird der aktuelle Lagerbestand in einen geeigneten spätesten Endtermin für den offenen Nachfüllauftrag umgesetzt.

Korma dient somit nicht nur zur Auftragsfreigabe, sondern zur gesamten kurzfristigen Planung und Steuerung von der Auftragsfreigabe bis hin zum Lagereingang oder zur Spedition an den Kunden. Die langfristige Planung der Güter und der Kapazitäten geschieht unabhängig davon. Sie kann auf traditionellen Vorhersageverfahren beruhen, zum Beispiel vergangenheitsbasiert für die Wiederholproduktion und zukunftsbasiert für die Einmalproduktion.

Verfahren: Das generische Prinzip wird i. Allg. „von Hand" implementiert. Der Planer nutzt dazu eine Menge von bekannten Planungs- und Steuerungstechniken. Jede dieser Techniken kann (muss aber nicht) durch Funktionen einer konventionellen PPS-/ERP-Software gestützt sein, oder ganz einfach durch eigene Programme, die mit Microsoft Excel oder ähnlicher Software geschrieben wurden. Die Technik für die drei Teile von Korma wird nun im Detail beschrieben.

Korma, 1. Teil: Kriterium zur vorzeitigen Auftragsfreigabe: Der Planer prüft regelmässig die Belastung der *i. Allg. gut ausgelasteten Kapazitäten.* Sobald man kurzfristig nicht genutzte Kapazitäten feststellt, prüft man die Verfügbarkeit der Produkte, die mit diesen Kapazitäten hergestellt werden. Ein Kapazitätsplatzverwendungsnachweis (siehe Kap. 17.2.6) kann die für diesen ersten Schritt notwendige Information liefern. Es ist, wie wenn die Kapazität nach einem Auftrag Ausschau halten würde. Daher stammt auch der Name „*kapazitätsorientierte* Material-bewirtschaftung". Wenn man jeder Kapazität einen Agenten zuordnet, hat man hier auch ein Anwendungsgebiet für agentenbasierte Systeme (siehe z.B. [Kass96]).

In der Praxis stellt man oft fest, dass eine bestimmte Produktfamilie auf einer Gruppe von wenigen Kapazitätsplätzen hergestellt wird. Wenn ein Platz dieser Gruppe – besonders der *Tor-Kapazitätsplatz,* der den ersten Arbeitsgang eines bestimmten Sequenz von Arbeitsgängen ausführt – nicht ausgelastet ist, so sind es die anderen oft auch nicht. Wird dann ein Auftrag vorzeitig freigegeben, können möglicherweise gleich mehrere Arbeitsgänge vorzeitig ausgeführt werden.

Welches sind aus den so bestimmten Produkten die Kandidaten für eine vorzeitige Auftragsfreigabe? Der Planer findet die Antwort aufgrund der Berechnung der Vorgriffszeit für jeden grundsätzlich in Frage kommenden Artikel.

> Die *Vorgriffszeit* für einen Artikel ist die Zeit, die wahrscheinlich verstreichen wird, bis ein Produktions- bzw. ein Beschaffungsauftrag für den Artikel freigegeben werden muss.

Für den deterministischen Fall zeigt die Abb. 11.3.2.2 eine Formel zur Bestimmung der Kandidaten für eine vorzeitige Freigabe. Sie berücksichtigt alle bekannten Transaktionen in der nahen Zukunft. Für den stochastischen Fall drückt die Abb. 15.1.3.1 die Vorgriffszeit grafisch aus. Es ist die voraussichtliche Zeit, bis der Bestand an Lager unter den Bestellbestand fällt, unter Annahme eines durchschnittlichen Verbrauchs in der nahen Zukunft.

Die Abb. 15.1.3.2 zeigt die Formel zum Berechnen der Vorgriffszeit.

Gibt es nun mehr als einen Kandidaten zur vorzeitigen Freigabe, so wird die Priorität einfach demjenigen Produkt zugestanden, für das die Vorgriffszeit kürzer ist als für ein anderes. Natürlich kann ein Stück Software dem Planer für die Berechnungen und zur Entscheidungs-findung auf effiziente Weise helfen.

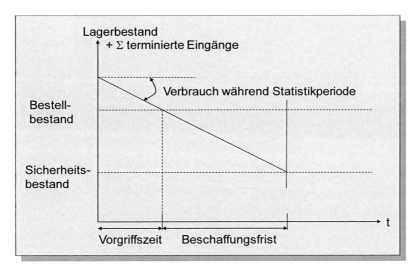

Abb. 15.1.3.1   Die Vorgriffszeit im stochastischen Fall

$$\text{Vorgriffszeit} = \frac{\text{Lagerbestand} + \sum \text{terminierte Eingänge - Bestellbestand}}{\text{Verbrauch während Statistikperiode}}$$

Abb. 15.1.3.2   Die Berechnung der Vorgriffszeit im stochastischen Fall

Korma, 2. Teil: Terminierungsverfahren zur Steuerung der Arbeitsgänge: Neue Kundenaufträge verändern laufend die Belastung. Sie „behindern" auch den Fortschritt der Lagernachfüllaufträge und umgekehrt. In dieser Situation weist der Planer die Dringlichkeit aller Aufträge in Arbeit laufend neu zu, indem er Auftragsschlupfzeiten berechnet. Eine grobe Abschätzung der Auftragsschlupfzeit ist das folgende kritische Verhältnis:

Das *kritische Verhältnis eines Auftrags* ist die Zeit bis zum Auftragsfälligkeitstermin dividiert durch die Standard-Durchlaufzeit für die verbleibenden Arbeitsgänge des Auftrags.

Ein Verhältnis <1 zeigt an, dass der Auftrag hinter dem Plan liegt. Ein Verhältnis >1 zeigt an, dass der Auftrag vor dem Plan liegt. Je kleiner das Verhältnis, desto grösser die Auftragsdringlichkeit. Die kritischen Verhältnisse der Aufträge kann man i. Allg. durch eine Abfrage der Auftragsdatenbank erhalten. Der Planer überträgt die sich ergebende Priorität auf den Produktionsauftrag, sobald er die Differenz zur aktuellen Priorität eines Auftrags als signifikant erachtet. Damit beschleunigt oder verlangsamt sich der Auftrag. Diese Technik gibt den vorzeitig freigegebenen Aufträgen nur dann Priorität, wenn dies notwendig wird.

Ein genaueres und detaillierteres Mass für die Auftragsdringlichkeit kann man mit der im Kap. 13.3.6 eingeführten *wahrscheinlichen Terminierung* erhalten. Der Schlüssel ist hier die Berechnung eines geeigneten Durchlaufzeitstreckungsfaktors. Dieser Faktor ist ein genaueres Mass für die Auftragsschlupfzeit, indem er als numerischer Faktor definiert ist, der die nichttechnischen Arbeitsgangzwischenzeiten und die administrativen Zeiten multipliziert. und beschleunigt oder bremst damit die betreffenden Aufträge. Da die Dauer der Arbeitsgänge und die technischen Arbeitsgangzwischenzeiten durch das technische Verfahren gegeben sind, kann man die Schlupfzeit nur durch Verlängern bzw. Verkürzen der nichttechnischen Arbeitsgangzwischenzeiten oder administrativen Zeiten verändern.

Korma, 3.Teil: Kopplung der Werkstattsteuerung mit dem Materialmanagement: Dafür prüft der Planer den Bestand laufend und berechnet den Zeitpunkt, zu welchem der Lagerbestand wahrscheinlich auf Null fallen wird– immer unter Annahme des aktuellen durchschnittlichen Verbrauchs. Dieser Zeitpunkt wird zum wahrscheinlichen Fälligkeitstermin, zu welchem der Nachfüllauftrag am Lager ankommen sollte. Diese Berechnung kann natürlich auch ein Stück Software erledigen. Der Planer (oder das Stück Software) überträgt diesen Termin als spätesten Endtermin des Lagernachfüllauftrags, sobald er (bzw. es) die Differenz zum bisherigen spätesten Endtermin als signifikant erachtet. Folgende Situationen können entstehen:

- Der späteste Endtermin wird vorverschoben, sobald der Lagerbestand stärker sinkt als der statistische Durchschnitt des Verbrauchs zum Zeitpunkt der Freigabe. Eine Neuterminierung berechnet dann einen kleineren Durchlaufzeitstreckungsfaktor, was höhere Dringlichkeit ergibt: der Auftrag wird beschleunigt.

- Der späteste Endtermin wird nach hinten verschoben, sobald der Lagerbestand langsamer sinkt als der statistische Durchschnitt des Verbrauchs zum Zeitpunkt der Freigabe. Eine Neuterminierung berechnet dann einen grösseren Durchlaufzeitstreckungsfaktor, was kleinere Dringlichkeit ergibt: der Auftrag wird gebremst.

Zur Veranschaulichung der Wirkung von Korma sei ein Lagernachfüllauftrag mit drei Arbeitsgängen angenommen. Die Abb. 15.1.3.3 zeigt die möglichen Ergebnisse.

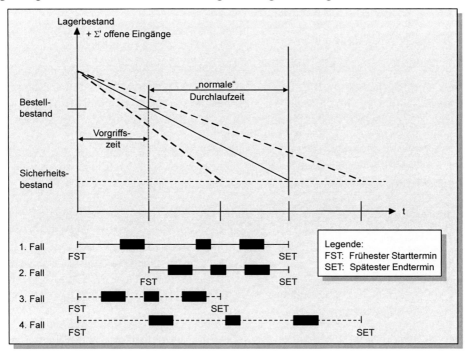

Abb. 15.1.3.3   Neuterminieren der Aufträge in Arbeit gemäss der aktuellen Situation im Materialmanagement

- 1. Fall: Durch die vorzeitige Freigabe werden alle Arbeitsgänge gleichmässig verteilt zwischen dem frühesten Starttermin (d.h. dem frühesten möglichen Starttermin des Auftrags – das ist anfänglich das Datum der vorzeitigen Freigabe und bewegt sich dann de facto mit dem „heute"-Datum vorwärts in der Zeitachse) und dem spätesten (annehmbaren) Endtermin des Auftrags (d.h. der *Auftragsfälligkeitstermin*). Die Arbeitsgänge sind freigegeben, aber – in diesem Beispiel – ohne Dringlichkeit. Somit werden sie ausgeführt, sobald keine dringenderen Arbeitsgänge am entsprechenden Kapazitätsplatz warten.

- 2. Fall: Der Mischfertiger hat einen ungeplanten Kundenproduktionsauftrag mit grosser Priorität erhalten. Dann wartet der Lagernachfüllauftrag. Nicht einmal der erste Arbeitsgang wird ausgeführt. Eine laufende Neuterminierung „entdeckt" jedoch jeden Auftrag, der zu lange auf der Warteliste steht: Der späteste Starttermin, nämlich „heute", wird näher zum spätesten Endtermin geschoben. Die Neuterminierung berechnet dann einen kleineren Durchlaufzeitstreckungsfaktor, wodurch der Auftrag mehr Dringlichkeit erhält.

- Im 3. Fall sinkt der Lagerbestand schneller als vorhergesagt. Dann wird der späteste Endtermin vorverschoben. Eine Neuterminierung berechnet einen kleineren Durchlaufzeitstreckungsfaktor: Der Auftrag wird durch Expressbehandlung[6] beschleunigt.

- Im 4. Fall sinkt der Lagerbestand langsamer als vorhergesagt. Dann wird der späteste Endtermin nach hinten verschoben. Eine Neuterminierung berechnet einen grösseren Durchlaufzeitstreckungsfaktor: Der Auftrag wird gebremst.

Der 3. und 4. Fall in Abb. 15.1.3.3 zeigen den wichtigsten Aspekt des dritten Teils von Korma. Lagernachfüllaufträge können dieselbe Priorität wie Kundenproduktionsaufträge erhalten, sobald der Bestand unter den Sicherheitsbestand fällt. Ist jedoch die Nachfrage kleiner als erwartet, dann können die Lagernachfüllaufträge nicht einmal starten, oder werden gebremst.

Übrigens kann auch die Änderung des Fälligkeitsdatums eines Kundenproduktionsauftrags eine Neuterminierung mit ähnlichen Konsequenzen wie im 3. und 4. Fall mit sich ziehen.

Ein Fallbeispiel: Trox Hesco (Schweiz) AG, CH-8630 Rüti (Entwicklung, Produktion und Vertrieb von Lüftungsartikeln (Diffusionsgitter, Brandschutzklappen)), 200 Mitarbeiter. Trox Hesco produziert mit hoher Kompetenz in einer verhältnismässig geringen Anzahl an Produktionsprozessen. Ca. 60 % des Umsatzes werden mit 500 verschiedenen Lagerartikeln bestritten. Für die restlichen 40 % werden dieselben Artikel den Kundenwünschen in Dimension, Farbe usw. angepasst („make-to-order"). Produktstrukturen und Arbeitspläne sind von mittelgrosser Komplexität, mit ein- bis zweistufigen Produktionsprozessen und etwa einem Dutzend Artikel in der Stückliste und weniger als ein Dutzend Arbeitsgänge je Stufe.

Infolge kurzen Kundentoleranzzeiten wird den kundenspezifischen Bestellungen eine hohe Priorität in der Produktionsplanung und -steuerung gegeben. Andererseits müssen auch Lagernachfüllaufträge zeitgerecht ausgeführt werden. Da die Nachfrage nach Lagerartikeln variabel ist, muss der geschätzte Zeitpunkt der Erschöpfung der Vorräte verifiziert werden. Damit kann die Priorität des Lagernachfüllauftrags bestimmt werden, sobald er mit einer kundenspezifischen Bestellung konkurriert. Eine Segmentierung der beiden Produktionsprozesse würde die Logistik vereinfachen. Eine flexible Planung & Steuerung der Ressourcen ermöglicht es Trox Hesco jedoch, dieselbe Infrastruktur für beide Produktlinien zu benutzen.

---

[6] *Expressbehandlung* bedeutet, Produktions- oder Einkaufsaufträge, welche in einer kürzeren als der normalen Durchlaufzeit benötigt werden, zu beschleunigen oder zu „jagen", also eine aussergewöhnliche Aktion zu treffen, weil die relative Dringlichkeit zugenommen hat ([APIC16]).

Beurteilung des Verfahrens und organisatorische Aspekte: Für den Einsatz der Korma müssen folgende *Voraussetzungen* gegeben sein:

- Vermehrte Ware in Arbeit – aufgrund der vorzeitigen Freigabe von Lagernachfüllaufträgen – muss finanziell und im Volumen verkraftbar sein. Es entsteht aber kein vorzeitiger Bestand an Lager.

- Es bestehen genügend Möglichkeiten, Aufträge vorzeitig freizugeben. Dies sind Lagernachfüllaufträge oder Kundenproduktionsaufträge, die bereits vor dem spätesten Starttermin vorliegen.

Es ergeben sich die folgenden *Einschränkungen:*

- Im Vordergrund muss eine *gleichmässigere Auslastung* der Kapazitäten stehen, nicht eine maximale. Schwankungen in der Auslastung werden bleiben.

- Disponenten „vor Ort" müssen mit laufend ändernden Auftragsbeständen umgehen können. Sie müssen die Vorschläge aus der Korma zu nutzen verstehen und z.B. situativ die vorgeschlagene Reihenfolge der Abarbeitung aufgrund zusätzlich vorhandener Informationen abändern können.

Damit bieten sich die folgenden *Einsatzgebiete* an:

- Nebst der gemischten Produktion überall dort, wo Fälligkeitstermine eingehalten werden müssen und trotzdem Robustheit gegen Fehler in den Planungsdaten oder gegen Veränderungen im Auftragsbestand gefordert ist.

- Zur selbstregulierenden Werkstattsteuerung (z.B. für Mischfertiger). Unter der Annahme einer genügend genauen Fortschrittsdatenerfassung ist die Korma ein Verfahren dazu. Da sie von einer dauernden Änderung des Auftragsbestands ausgeht, ist sie robust auch im Falle von – durchaus erwünschter – situativer Planung „vor Ort".

- Als selbstregulierendes System für das kurzfristige Materialmanagement. Wegen der laufenden Kopplung mit dem Materialmanagement kann ein Auftrag mehrere Male seinen spätesten Endtermin ändern. Ein Lagernachfüllauftrag kann solange seinen Endtermin ändern, bis der Bestand an Lager unter den Sicherheitsbestand fällt. Ab diesem Moment ist der Nachfüllauftrag direkt den laufend eingehenden Kundenaufträgen zuzuordnen, da diese durch ihn gedeckt werden. Weil Kundenaufträge Fälligkeitsdaten bestätigt erhalten müssen, die nicht mehr ändern sollten, muss der Nachfüllauftrag jetzt einen „*festen*", d.h. *definitiven* spätesten Endtermin erhalten.

15.2   Werkstattsteuerung

Werkstattsteuerung umfasst die wesentlichen Funktionen zur Produktionsauftragsabwicklung, zur Arbeitsverteilung und Reihenfolgeplanung sowie zur Auftragskoordination und Betriebsdatenerfassung (Ware in Arbeit, Auftragsfortschritt, effektive Ressourcenverbräuche, Leistungskenngrössen wie z.B. Lagerbestandsumschlag, Auftragsbestandsumschlag, Auslastung der Kapazitäten und Effizienz der Kapazitätsplätze). Siehe dazu z.B. [BaBr94].

Ein *„manufacturing execution system"* *(MES)* ist das entsprechende IT-unterstützte Informationssystem zur Produktionssteuerung in Fabriken. Es unterstützt alle Funktionen, die dieses Teilkapitel und auch Kap. 15.3 beschreiben.

15.2.1 Ausgabe von Begleitpapieren für die Produktion

Für einen *Produktionsauftrag* benötigen die auszuführenden Personen in den Werkstätten präzise Instruktionen über die Art der auszuführenden Arbeiten und über einzusetzende Komponenten. Dazu sind *Werkstatt-Begleitpapiere* notwendig, d.h. eine umfassende technische Beschreibung sowie administrative Dokumente. Zu letzteren gehören

- die *Laufkarte*. Sie begleitet den Auftrag physisch während der gesamten Produktion. Auf ihr ist der administrative Ablauf des Auftrags detailliert verzeichnet. Die Laufkarte dient des Öfteren auch als Datenerfassungsbeleg für die Auftragsendmeldung bzw. den Lagerzugang. Sie wird für jeden Teilauftrag gedruckt und umfasst alle Arbeitsgänge und oft auch die Reservierungen.

- eine *Arbeitsgang-* oder *Operationskarte* pro auszuführenden Arbeitsgang und damit je Position auf der Laufkarte. Auf einer Arbeitsgangkarte finden sich i. Allg. die gleichen Informationen wie auf der Laufkarte selbst. Sie dienen hauptsächlich zum Erfassen der Betriebsdaten. Auf deren Rückseite findet man eine Schablone für Zeit-Stempelungen, was schliesslich als *Lohnschein* dient. Bei einer automatischen Betriebsdatenerfassung ist die Arbeitsgangkarte des Öfteren nicht mehr notwendig. Siehe dazu auch das Kap. 15.3.4.

- der *(Material-)Bezugsschein*. Er bezieht sich auf die Reservierung einer einzelnen Komponente eines Produktionsauftrags und dient als Ausweis für den Bezug ab Lager. Materialbezugsscheine werden des Öfteren für Rohmaterialien ausgedruckt oder für Komponenten, welche nicht sinnvoll auf einer Rüstliste aufgeführt werden können.

- die *Rüstliste* oder *Kommissionierliste* (engl. *„picking list"*). Sie umfasst alle Komponenten, welche auszufassen sind. Sie dient der effizienten Kommissionierung (siehe dazu Kap. 15.4.1). Die Rüstliste sortiert die Reservierungen nach einer unter ablauftechnischem Gesichtspunkt optimalen Ausfassreihenfolge im Lager. Ihre Identifikation dient auch der möglichst effizienten Betriebsdatenerfassung.

Bemerkungen zum Druckzeitpunkt der Begleitpapiere:

- Die einzelnen Durchführungstermine für jeden Arbeitsgang sowie die vorgesehenen Ausfasstermine für jede Reservierung sollte man nicht auf den Dokumenten drucken, weil die Durchführungsdaten nach der Freigabe durchaus ändern können. Folglich muss man zur Ausgabe der Arbeitspapiere nicht unbedingt die Terminierung des einzelnen Arbeitsganges und andere zeitaufwendige Arbeiten abwarten. Sie können so direkt nach der Auftragsfreigabe gedruckt werden.

- Rüstliste und Materialbezugsscheine druckt man mit der Laufkarte zusammen.

- Für den Druck von Arbeitsgangkarten bestehen im Prinzip zwei Möglichkeiten. Man druckt sie entweder zusammen mit der Laufkarte oder an jedem Kapazitätsplatz innerhalb eines bestimmten Zeitfensters, entsprechend der gerade gültigen Terminierung.

15.2.2 Arbeitsgang-Terminplanung, Arbeitsverteilung und Belegungsplanung

> Die *Arbeitsgang-Terminplanung* weist den Arbeitsgängen oder Gruppen von Arbeitsgängen ist die effektiven Start- und Endterminen zu (vgl. [APIC16]).

Das Ergebnis der Arbeitsgang-Terminplanung zeigt, wann diese Arbeitsgänge durchgeführt sein müssen, falls der Produktionsauftrag rechtzeitig beendet werden soll. Diese Daten werden dann für die Arbeitsverteilung genutzt.

> Durch die *Arbeitsverteilung* ordnet man jeden Arbeitsgang den einzelnen Arbeitsstationen eines Kapazitätsplatzes zu. Ebenso teilt man die Arbeitskräfte, die Betriebs- und anderen Hilfsmittel definitiv den Arbeiten zu.

Die Arbeitsverteilung gehört zur Steuerung der Produktion. Als Grundlage dafür dient der Arbeitsvorrat oder das Arbeitsprogramm aus der Detailplanung und Terminplanung (siehe Kap. 14.2.3 bzw. Kap. 14.3.1 und Kap. 14.3.2). Letzteres ist ein Zeitfenster des Arbeitsvorrates auf dem Kapazitätsplatz, zum Beispiel für die folgende Woche.

Die spezifischen Kenntnisse für die Arbeitsverteilung finden sich meist bei den Personen im Werkstattbereich. Siehe dazu [Sche96] und [SeSö96]. Sie kennen die Sekundärbeschränkungen im Detail, z.B.

- die *einzelnen Betriebsmittel eines Kapazitätsplatzes*: Nicht jede Maschine auf einem Kapazitätsplatz kann genau die gleichen Arbeiten erledigen. Gewisse Aufträge brauchen Werkzeugsätze, die eventuell nur auf einem Teil der Maschinen montierbar sind.

- die *Qualifikation der Mitarbeitenden*: Nicht alle Personen sind für die genau gleichen Arbeiten qualifiziert. Gewisse Aufträge verlangen womöglich eine Mindestqualifikation, für die nur gewisse Personen in Frage kommen.

Für eine Arbeitsverteilung kommt zudem sehr viel bruchstückhaftes Wissen oder Wissen aus Analogieschlüssen zu früheren Fällen zum Zuge. Dieses Wissen in den Köpfen der Meister oder Vorarbeiter ist meistens nicht strukturiert oder explizit vorhanden. Aus diesen Gründen wird die Funktion der Arbeitsverteilung in den weitaus meisten Fällen eine mentale Verarbeitung darstellen – allenfalls unterstützt durch Algorithmen zur Kapazitätsplanung (Kap. 14.2 oder 14.3), die situativ die wahrscheinlichen Konsequenzen der vorgesehenen Arbeitsverteilung auf die einzelnen Maschinen aufzeigen.

> Die *Belegungsplanung* ist eine Vorwärts-Terminplanung in die begrenzte Kapazität für die einzelnen Maschinen und Betriebs- und anderer Hilfsmittel, eventuell auch für die Arbeitenden und die übrigen Ressourcen. Sie berechnet einen Terminplan, indem sie sequentiell von der ersten bis zur letzten Zeitperiode vorgeht und dabei die Kapazitätsgrenzen einhält (vgl. [APIC16]).

Zu den Betriebsmitteln zählen hier Werkzeuge, Vorrichtungen, NC-Programme, Mess- und Prüfmittel. Zu den Hilfsmitteln gehören insbesondere Zeichnungen.

Als Grundlage zur Belegungsplanung dient der aktualisierte Arbeitsvorrat des Kapazitätsplatzes aus der mittelfristigen Planung innerhalb eines bestimmten Zeitfensters. Des Weiteren sind detaillierte Informationen über die Verfügbarkeit der einzelnen Ressourcen nötig. Wurden Arbeitsgänge in der mittelfristigen Planung zu grob definiert, so müssen sie für die Bedürfnisse der Belegungsplanung nun auf einzelne Arbeitsgänge aufgebrochen werden, zudem detailliert auf die einzelnen Arbeitsstationen.

Wie bei der Arbeitsverteilung sind die notwendigen Kenntnisse über die Situation an den Kapazitätsplätzen in den Köpfen der dort beschäftigten Personen. Sie können tendenziell die besten Entscheide zur Steuerung fällen. Gerade aus diesem Grund macht eine zu detaillierte Planung bereits in der Lang- und Mittelfristigkeit wenig Sinn.

Zur Darstellung des Ergebnisses von Arbeitsgang-Terminplanung und Belegungsplanung eignet sich ein Gantt-Diagramm. Eine entsprechende Plantafel lässt flexibles Verschieben der einzelnen Belastungen innerhalb der Arbeitsstationen zu. Abb. 15.2.2.1 und 15.2.2.3 behandeln ein Beispiel einer Belegungsplanung mit 6 Kapazitätsplätzen (KP) , dem 2. mit drei und dem 4. mit zwei Arbeitsstationen (AS). Ein Kalender oben in der Darstellung zeigt die verfügbaren Tage: die Arbeitsstationen sind während 5 Tagen pro Woche verfügbar. Mit einer dicken Linie über den Balken sind als Beispiel die zusammengehörigen Arbeitsgänge eines bestimmten Produktionsauftrags markiert. In zwei Fällen muss eine Arbeitsgangzwischenzeit berücksichtigt werden.

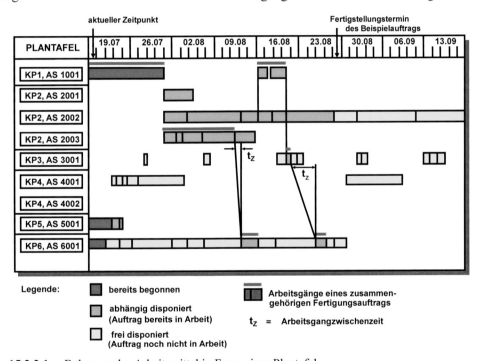

Abb. 15.2.2.1   Belegung der Arbeitsmittel in Form einer Plantafel

Es sei nun ein Szenario wie in Abb. 15.2.2.2 angenommen, also ein zusätzlich einzulastender Auftrag. Der Fälligkeitstermin sei „sobald wie möglich". Die bisherigen Aufträge sollen nicht verändert werden. Das Ergebnis der Belegungsplanung wird in Abb. 15.2.2.3 gezeigt. Beachte:

- Der Auftrag kann am 11. August starten.
- Beide Arbeitsgänge werden auf zwei Arbeitsstationen eingeplant.
- Der Starttermin für Arbeitsgang 320 ist für den 25. August geplant.

- Der geplante Endtermin für den Auftrag 4711 ist auf der 1. September (bzw. das Ende des Geschäftstags vom 30. August).

Auftragsbestand zur Disposition am 19.07:

Auftrag 4711, mit einer Sequenz der folgenden beiden Arbeitsgänge:

Arbeitsgang 310   Kapazitätsplatz 2, Vorgabezeit 9 Tage,
                     splittbar auf Arbeitsstationen desselben Kapazitätsplatzes
                     kann durch andere Aufträge unterbrochen werden
                     FST = 11.08, SET = 20.08

Arbeitsgangzwischenzeit: 3 Arbeitstage

Arbeitsgang 320   Kapazitätsplatz 4, Vorgabezeit 7 Tage,
                     splittbar auf Arbeitsstationen desselben Kapazitätsplatzes,
                     kann durch andere Aufträge unterbrochen werden
                     FST = 25.08, SET = 03.09

(Legende: FST: Frühester Starttermin,   SET: Spätester Endtermin)

Abb. 15.2.2.2   Neuzugang zum Auftragsbestand: der Auftrag 4711

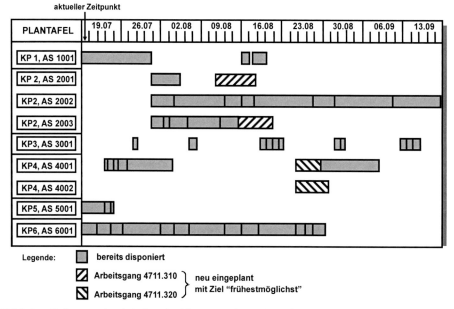

Abb. 15.2.2.3   Belegung der Arbeitsmittel in Form einer Plantafel. Situation nach Einlastung des neuen Auftrags 4711

Für die Belegungsplanung (eine Vorwärtsterminierung mit Planung in die begrenzte Kapazität) kann ein grafikgestützter Leitstand zum Einsatz kommen.

Ein *(elektronischer) Leitstand* simuliert im Wesentlichen eine *Plantafel*. Gute elektronische Steuerungsinstrumente erlauben gleichzeitig auch die Übersicht über vorgelagerte oder nachfolgende Arbeitsgänge, um Konsequenzen aus Verschiebungen von Arbeitsgängen abschätzen zu können.

Solche Software-Algorithmen führen jedoch nicht ohne weiteres zum Ziel, so dass mit der Belegungsplanung „Handarbeit" verbunden sein mag. Belegungsplanung mittels Leitstand bzw. Plantafel eignet sich so nur für eine Produktion mit länger dauernden Arbeitsgängen.

Zusammenfassend ergibt die Belegungsplanung einzeln freigegebene Arbeitsgänge samt ihrer Bearbeitungsreihenfolge. Sie kann die Bereitstellung der Hilfsmittel zur Folge haben sowie Vorschläge für mögliche Umdispositionen bei Störungen im Ablauf, z.B. einer geänderten Zuweisung des Personals oder der Aufträge zur einzelnen Arbeitsstation, provozieren.

15.2.3 Verfahren der Reihenfolgeplanung

Die *Reihenfolgeplanung* ordnet die Arbeiten des Arbeitsvorrats in bestimmter Folge an.

Durch eine geschickte Sequenz von Arbeitsgängen kann man Rüstzeiten sparen. Das ist eine der wesentlichen Aufgaben der Reihenfolgeplanung. Stellen sich die einzelnen Aufträge zufällig ein, so muss zum Herauslesen einer rüstzeit-minimalen Sequenz von Aufträgen eine Warteschlange vorhanden sein. Dies verlängert jedoch die Durchlaufzeiten, was für gewisse kritische Produkte nicht möglich ist. Des Öfteren ist jedoch einer der ersten Arbeitsgänge wenn nicht sogar der erste Arbeitsgang selbst kapazitätskritisch, so dass eine Rüstzeitersparnis infolge guter Reihenfolgeplanung signifikant zur Durchlaufzeitverkürzung beiträgt. Hier ist es angebracht, die zur Freigabe anstehenden Aufträge innerhalb eines Zeitfensters bereits zum Zeitpunkt der Freigabe zu sortieren und zusammenzufassen, und zwar gemäss dem Kriterium zur Reihenfolgeplanung des entsprechenden Arbeitsganges. In anderen Fällen liegen die Verhältnisse komplizierter. Reihenfolgeplanung ist deshalb des Öfteren ein Kompromiss unter den verschiedenen Aspekten und Kriterien der Werkstattsteuerung.

Liegt die Strategie nicht im Einsparen von Rüstzeiten, so muss man andere Zielvorgaben und Prioritätsregeln wählen (siehe Kap. 14.3.1). Diese müssen gerade in der Werkstattsteuerung für alle Beteiligten transparent und verständlich sein. Eine falsche Anwendung kann eine gegenteilige Wirkung haben.

Die detaillierte Reihenfolgeplanung der Aufträge ist bei flexiblen Fertigungssystemen (FFS) unter hoher Auslastung zwingend nötig, da man dann aus Kosten- und vor allem Termingründen bei Auftragswechseln Unterbrüche der Produktion vermeiden muss. Da dank der IT-Unterstützung bei flexiblen Fertigungssystemen zwangsläufig alle Daten über den notwendigen Zeitbedarf verfügbar sind, ist eine Automatisierung der Reihenfolgeplanung zu erwägen. Es dürfte sich aber noch immer um ein interaktives Verfahren handeln, da viele Entscheidungsregeln ad hoc aufgrund der Erfahrung der Maschinenverantwortlichen anfallen und nicht explizit in automatisch verarbeitbare Regeln umgesetzt werden können.

Algorithmen zur Reihenfolgeplanung werden im „operations research" und in der künstlichen Intelligenz studiert und sollen hier nicht weiter dargestellt werden. Siehe dazu z.B. [Sche98b] oder [Eich90].

15.3   Auftragsüberwachung und Betriebsdatenerfassung

Die *Betriebsdatenerfassung*, abgekürzt *BDE*, sorgt für die Meldung sämtlicher planungs- und abrechnungsrelevanter Ereignisse während der Wertschöpfung.

Da aus einer solchen Rückkoppelung der genaue Zustand der Aufträge abgeleitet werden kann, dient die BDE auch der Auftragsüberwachung und -prüfung sowie der Auftragskoordination zwischen zusammengehörigen Aufträgen in Vertrieb, F&E, Produktion und Beschaffung.

15.3.1 Das Erfassen von Bezügen von Gütern ab Lager

Bei zentralen Lagern können Güter nur gegen Vorweisen eines Materialbezugsscheins oder einer Rüstliste bezogen werden. Zu den Daten, die auf einen Materialbezugsschein gedruckt werden sollen, gehören insbesondere:

- Die Auftrags-Id. und die Auftragsposition
- Die Artikel-Id.
- Die reservierte Menge in Lagereinheiten
- Die reservierte Menge in Rüsteinheiten. Man hält zum Beispiel in Kilo am Lager, aber man rüstet in Metern: bspw. bei Stangenmaterial oder bei einer Anzahl Tafeln (Blech). Der zum Umrechnen notwendige Faktor wird als Attribut der Stücklistenposition gehalten oder aber, falls er für jeden möglichen Bezug gleich ist, als Attribut des Artikelstamms.

Bei *ungeplanten Bezügen* muss man den Materialbezugsschein in seiner Gesamtheit ausfüllen[7]. In allen Fällen von ungeplanten Bezügen muss man die Disponibilität vorher prüfen, um bereits bestätigte Reservierungen anderer Aufträge auf den physisch vorhandenen Lagerbestand zu berücksichtigen (siehe Kap. 12.1).

Bei *geplanten Bezügen* ab Lager beschränken sich die zu erfassenden Daten auf die effektiv bezogene Menge, welche in irgendeiner der umgerechneten Einheiten oder aber in der Lagereinheit erfasst werden kann. Falls die bezogene Menge der reservierten entspricht, wird nur das Faktum „bezogen" zurückgemeldet.

Bei einer Rüstliste erfasst man vorerst nur die Positionen, für welche die bezogene Menge von der reservierten abweicht. Danach kommt die sog. „backflush"-Methode zum Einsatz:

Bei der *„backflush"*-Methode meldet man die Rüstliste selbst als „bezogen", womit jede (verbleibende) Position darauf automatisch als mit der reservierten (bzw. der produzierten) Menge bezogen gemeldet wird.

Bei der *Kritischer-Punkt-„backflush"*-Methode ist eine „backflush"-Methode, welche an einem spezifischen Punkt im Produktionsprozess, an einem kritischen Arbeitsgang oder einem Arbeitsgang an welchem Schlüsselkomponenten verbraucht werden, vorgenommen wird ([APIC16]).

---

[7] Falls es sich um einen Gemeinkostenbezug handelt, muss man anstelle der Auftrags-Id. die Kostenstellen-Id. angeben.

15.3.2 Das Erfassen von gefertigten Arbeitsgängen

Zu den Daten, die auf einer Arbeitsgangkarte gedruckt werden, gehören:

- Die Auftrags-Id. und die Auftragsposition
- Die Id. des vorgesehenen Kapazitätsplatzes
- Die Id. der Maschine oder des vorgesehenen Werkzeuges
- Die zu fertigende Menge
- Die Vorgabe für die Rüstbelastung
- Die Vorgabe für die Bearbeitungsbelastung
- Falls nötig, die zu produzierende Menge in einer von der Bestellmenge abweichenden Einheit: Man bestellt z.B. in Stück, aber man fabriziert in Metern (bspw. bei Blechzuschnitten). Der notwendige Konversionsfaktor ist ein Attribut des Objekts *Arbeitsgang*.

Falls die Ausführung den Vorgaben entspricht, wird nur das Faktum, dass der Arbeitsgang ausgeführt wurde, erfasst. Erfasst man auch die Anzahl der gefertigten und der als Ausschuss produzierten Artikel, kann man die verplanbare Kapazität mit der nachgewiesenen Kapazität vergleichen.

> Die *nachgewiesene Kapazität* berechnet sich aus den aktuell gemessenen Daten, i Allg. ausgedrückt als die durchschnittliche Anzahl von produzierten Artikeln multipliziert mit der Belastungsvorgabe pro Artikel ([APIC16]).

Des Weitern kann man auch die effektive Belastung des Arbeitsgangs, gemessen in Kapazitätseinheiten, erfassen, ebenso wie auch effektive Zeiten. Die Arbeitsgangzeit-Vorgabe kann dann mit der effektiven Arbeitsgangzeit (der Ist-Zeit) verglichen werden. Zudem wird die Ausfallzeit von Interesse sein.

> Die *Ausfallzeit* ist die Zeit, zu welcher eine Ressource als produktiv geplant ist, sie aber aus Gründen wie Wartung, Reparatur oder Rüsten nicht produziert ([APIC16]).

Für statistische und abrechnungstechnische Aspekte muss auch die Id. des Arbeiters erfasst werden. Bei Mehr-Personen-Bedienung werden verschiedene Arbeitsgangkarten erfasst, die sich auf denselben Arbeitsgang beziehen. Falls sich der Kapazitätsplatz oder andere Planungsdaten während der Durchführung der Arbeit ändern, werden die veränderten Daten erfasst. Für jeden ungeplant ausgeführten Arbeitsgang wird zudem die Auftrags-Id. erfasst.

Zum Beispiel wegen der juristischen Situation (Gewerkschaften) kann auch ein separates Erfassen der effektiven Mengen und des Faktums, dass der Arbeitsgang beendet wurde, notwendig sein. In diesem Fall wird auf den Arbeitsgangkarten nur die Anzahl der produzierten Artikel (gute Menge und Ausschussmenge) erfasst. Die effektiven Belastungen werden dann auf separaten Erfassungsbelegen vermerkt, welche die Aktivität des Personals mit den übrigen Aktivitäten (Ausbildung, Krankheit, Ferien usw.) zusammenfassen.

15.3.3 Fortschrittskontrolle, Qualitätsprüfung und Endmeldung

> Die *Fortschrittskontrolle* ist die Prüfung der planmässigen Durchführung aller Arbeiten bezüglich Menge und Liefertreue.

Durch die Fortschrittskontrolle kann man feststellen, welche Position auf der Laufkarte eines Produktionsauftrags im Moment in Bearbeitung ist. Jedes Erfassen von Materialbezugs- oder Arbeitsgangkarten verändert den administrativen Status der Position in „bezogen" bzw. „ausgeführt". Für eine genaue Steuerung ist ein straff geführtes Rückmeldewesen Voraussetzung. Jeder Arbeitsgang ist unmittelbar nach Beendigung als „ausgeführt" zu erfassen. Dies dient schliesslich der Auftragskoordination. Damit kann die Aussagekraft der Termin- und Kapazitätsplanung beibehalten werden, was zur Transparenz und Akzeptanz des Systems beiträgt.

Die erfassten effektiven Belastungen eines Arbeitsgangs erlauben eine statistische Auswertung. Über die ganze Kapazitätsstelle bezogen lässt sich ein durchschnittlicher Zeitgrad ermitteln. Dies kann die Modifikation der Belastungsvorgabe eines Arbeitsgangs nach sich ziehen.

> Die *Qualitätsprüfung* prüft jeden produzierten oder zugekauften Artikel nach einem mehr oder weniger expliziten oder detaillierten Qualitätsprüfplan.
>
> Ein *Qualitätsprüfplan* ist eine Art Arbeitsplan, welcher der Qualitätssicherung dient. Gemessene Werte werden auf ihre Konformität mit den in der Spezifikation gegebenen Standards geprüft.

Bei Produktionsaufträgen kann eine Qualitätsprüfung nach jedem Arbeitsgang erfolgen, idealerweise durch die bearbeitende Person selbst. Die Qualitätsprüfung kann aber auch am Ende der Produktion durchgeführt werden. Sie dient auch der Abschätzung der Prozessfähigkeit[8]. Bei Einkaufsaufträgen inventarisiert die *Warenannahme* die eintreffenden Lieferungen bezüglich Identität und Menge und überweist sie dann ebenfalls der Prüfungsstelle.

Die bei der Qualitätsprüfung zum Einsatz kommenden Betriebsmittel werden *Prüfmittel* genannt. Das beschaffte Los ist während der Prüfzeit wohl als „fertig" bzw. „eingegangen" gekennzeichnet, aber ebenso als „in Qualitätsprüfung". Als Verfügbarkeitsdatum steht z.B. das Eingangsdatum plus die Durchlaufzeit des Prüfplans. Während dem Abarbeiten der Arbeitsgänge des Prüfplans werden die Fehler erfasst.

> Die *vorweggenommene Verspätungsmeldung* ist ein Bericht an das Materialmanagement, dass ein Produktions- oder Einkaufsauftrag verzögert wird.

Nebst dem neuen Termin wird auf der Verspätungsmeldung auch der Grund für die Verspätung angegeben.

> Die *Auftragsendmeldung* ist die Aussage, dass ein Auftrag beendet wurde. Sie beinhaltet das Ergebnis und sagt aus, dass alle verbrauchten Ressourcen erfasst wurden.

Für die Belange der Logistik wird am Ende der Beschaffungsprüfung entschieden, welcher Teil des beschafften Auftragsloses akzeptiert und welcher als Ausschuss betrachtet und damit zurückgewiesen wird. Der *Ausschuss* (also das Material ausserhalb der geforderten Qualität) wird an die eigene Produktion zur *Nacharbeit* (also zur Nachbesserung der defekten Artikel, sofern dies machbar erscheint) oder an den Lieferanten zur Ersatzlieferung bzw. als Wertminderung der Lieferung zurückgesandt.[9] Die *Ausbeute* (also die *„gute"* Menge, d.h. das

---

[8]   *Prozessfähigkeit* ist die Fähigkeit, Artikel konform zu (technischen) Spezifikationen herstellen zu können. *Prozesssteuerung* ist die Funktion, den Prozess durch Rückkopplung, Korrektur usw. innerhalb eines gegebenen Bereichs der Prozessfähigkeit zu halten (vgl. [APIC16]).

[9]   Der Hersteller kann solche Artikel als *Bestand von Rücksendungen* führen.

Material mit akzeptierbarer Qualität) wird dann ihrer Bestimmung zugeführt: entweder einem Lager, der Produktion oder dem Vertrieb.

Die eigentliche Auftragsendmeldung erfolgt erst dann, wenn für einen Produktionsauftrag alle verbrauchten Ressourcen erfasst wurden, und wenn für einen Einkaufsauftrag die Rechnungsprüfung durchgeführt wurde. Letzteres ist der Vergleich der verwendbaren Mengen eines Wareneingangs mit den dazugehörenden Einkaufsauftragspositionen.

15.3.4 Die automatische und die Grob-Betriebsdatenerfassung

Die manuelle Betriebsdatenerfassung durch Arbeitsgangkarten, Bezugsscheine oder Rüstlisten ist bei kurzen Arbeitsgangzeiten zu langsam. Um Transaktionen umgehend zu erfassen, braucht es zusätzliches administratives Personal in den Werkstätten. Auch besteht eine grosse Gefahr von fehlerhaften Erfassungen. Deshalb versucht man, Betriebsdaten automatisch zu erfassen.

Automatische Identifikation und Datenerfassung heisst eine Menge von Techniken, welche Daten über Objekte erfassen und diese Daten ohne menschliche Einwirkung einem Computer zusenden. Beispiele dafür sind:

Strichcodes („bar-codes"): Ein lichtempfindlicher Stift kann die durch die Kombination von dünnen und dicken senkrechten Balken codierten Informationen lesen und an einen Computer weiterleiten.

Die *radio frequency ID* Technik, *RFID*, ist eine automatische Identifikationstechnik, welche Daten mit Hilfe von RFID-Tags als Transponder speichert oder abfragt. Ein *Transponder* ist ein elektronischer Sender. Ein *RFID-Tag* kann an einem Objekt angebracht oder in ein Objekt eingebaut sein, zum Zweck seiner Identifikation über Radiowellen. *Elektronische Produktcodes (EPCs)* werden mit RFID-Tags gebraucht, um Informationen über das Produkt zu tragen, welche Garantieprogramme unterstützen.

„Badge": Dies ist meistens eine Karte mit Magnetstreifen, deren Information durch ein Gerät eingelesen und an einen Computer weitergeleitet wird.

Die Lösungen konzentrieren sich auf folgende Verfahren:

- Benützen von *Strichcodes* oder *RFID* zur Identifikation des Arbeitsganges oder der Reservierung direkt auf der Laufkarte oder auf der Rüstliste. Arbeitsgang- und Material-bezugskarten werden nur noch für ungeplante Bezüge oder Arbeitsgänge gebraucht. Die bearbeitende Person wird durch ihren *„badge"* identifiziert. Das ist dieselbe Magnetkarte, welche auch für die Messung der Präsenzzeit genutzt wird.

- Die effektiv verbrauchte Zeit kann bestimmt werden, indem eine Uhr im Betriebsdaten-erfassungssystem mit der Transaktion mitläuft: Anfangszeit und Endzeit des Arbeits-ganges werden automatisch erfasst, die Differenz ist die verbrauchte Zeit, also die effektive Belastung. Eine ungeplante Bezugsmenge muss jedoch immer noch von Hand erfasst werden. Damit verbleibt eine kleine Fehlerquelle. Im Gegensatz z.B. zum Lebensmitteldetailhandel erfolgen die Bezüge in der industriellen Produktion nicht pro Einheit, sondern ein Bezug umfasst u. U. eine grosse Menge von Einheiten.

- Verbinden des Datenerfassungssystems mit Sensoren, welche die produzierten oder aus dem Lager entnommenen Güter automatisch zählen. Ein solches System kann interessant sein für irgendeine Art von Linienproduktion sowie eine CNC- oder robotergestützte Produktion.

> Die *Grob-Betriebsdatenerfassung* beruht auf der Tatsache, dass das gesamtbetriebliche Ergebnis wichtiger ist als der Erfolg eines einzelnen Auftrags.

Die Kosten für die Betriebsdatenerfassung müssen in einer gesunden Relation sein mit dem Nutzen aus der Datenerfassung selber – nämlich einer besseren Kontrolle des Prozesses. Diese Bedingung ist für alle sehr kurzen Arbeitsgänge schwer erfüllbar, wo die Zeit für das administrative Erfassen des Arbeitsganges in der Grössenordnung der Arbeitsgangzeit selbst liegt:

- Man kann eine Sammeldatenerfassung für ganze Gruppen von Kurzarbeitsgängen vorsehen. Dies bedingt jedoch auch das Erfassen der Arbeitsgänge, die diese Gruppe oder Sammelerfassung repräsentieren, um schliesslich die erfasste Zeit nach einem bestimmten Schlüssel auf die einzelnen Arbeitsgänge verteilen zu können. Da diese Gruppierung oft nicht im Voraus festgelegt werden kann, muss sie zu einem beliebigen Zeitpunkt im Ablauf erfasst werden können. Damit stellt sich relativ schnell ein quantitatives Datenerfassungsproblem.

Bei Gruppenarbeit ist die Erfassung der effektiven Bearbeitungszeiten oft nur für Grobarbeitsgänge, d.h. für eine Zusammenfassung von einzelnen Arbeitsgängen möglich. Sie kommt nur für alle beteiligten Personen zusammen in Frage und bezieht die Arbeitsgangzwischenzeiten mit ein.

- Die Zusammenfassung kann dem groben Arbeitsgang entsprechen, der für die lang- oder mittelfristige Planung genügt. Sie kann aber noch gröber sein und sich über Arbeitsgänge von mehreren Aufträgen erstrecken, wie dies zuvor für Kurzarbeitsgänge gezeigt worden ist. In all diesen Fällen wird die Abrechnung nach einzelnen Aufträgen durch eine Abrechnung der ganzen Gruppe über eine Zeitperiode ersetzt, indem sowohl die Präsenzzeiten der Mitglieder der Gruppe als auch die effektiven Zeiten für die abgelieferten groben Arbeiten zu entsprechenden Vorgabezeiten in Bezug gesetzt werden. Dies ist auch für die Belange der Entlohnung genügend genau, zudem wird der „Erfolg" nicht nur über die eigentlichen Bearbeitungszeiten, sondern auch über die Zwischenzeiten gemessen.

- Für die detaillierten Arbeitsgänge ist so kein Vergleich der Belastungsvorgabe mit der effektiven Belastung mehr möglich – was gerade bei gut eingespielter Wiederholproduktion wohl nicht einmal für die Vorkalkulation nötig ist. Erfolgsmass ist dann der Zeitgrad der ganzen Gruppe (d.h. alle Belastungsvorgaben dividiert durch alle effektiven Belastungen, vgl. Kap. 1.2.4), und nicht die Nachkalkulation eines einzelnen Auftrags.

Für die maschinenorientierten Kapazitätsplätze, insbesondere NC-, CNC- und flexible Fertigungssysteme (FFS) sowie automatisierte Lagertransportsysteme, ist künftig die Lösung in billigen Sensoren zu suchen sowie in der Verbindung mit dem Computer, auf welchem sich die Werkstattsteuerung abspielt.

Für manuelle Kapazitätsplätze ist es wichtig, dass sich die Arbeitenden zur Datenerfassung nicht vom Ort wegbewegen müssen und ihre Identifikation nirgends einzutippen brauchen. Dazu kann man z.B. billige Erfassungsgeräte einsetzen, verbunden mit Strichcode-Lesestiften oder Transpondern, die direkt an der Arbeitsstation aufliegen und am Intranet angeschlossen sind. Die einzelne Person identifiziert sich dann mit ihrem Badge.

In allen Fällen gilt für jede Art von Messung des betrieblichen Geschehens folgende Beobachtung: Eine zu detaillierte Betriebsdatenerfassung kann die Abläufe derart beeinflussen, dass ohne die Messung das gesamtbetriebliche Ergebnis anders ausfallen würde. Die Messung verfälscht in diesem Fall die Prozesse, z.B. durch Verlangsamen, und darf nicht in dieser Art erfolgen.

15.4   Vertriebssteuerung

> Die *Vertriebssteuerung* bzw. der *Versand* umfasst die Aufgaben der Verteilung von Endprodukten vom Hersteller zum Kunden.

Fertige Produkte werden durch die Versandabteilung auslieferbereit gemacht, und zwar aufgrund der Verkaufsaufträge, die in die Vertriebssachbearbeitung Form von Liefervorschlägen übermittelt. Die Vertriebssachbearbeitung überwacht ggf. Produktions- oder Einkaufsaufträge und überweist bei Fertigstellung bzw. Wareneingang die Produkte direkt der Versandabteilung.

Die Aufträge werden als Lieferscheine[10] bereitgestellt. Ihre Reihenfolge bzw. das Zusammenfassen von Lieferscheinen zum einmaligen Ausfassen, richtet sich im Wesentlichen nach dem bestätigten Liefertermin. Ein bedeutender Einflussfaktor bei dessen Bestimmung bildet das verfügbare Versandnetzwerk, welches im Rahmen der Standortplanung festgelegt wurde.

> *Lagerhausverwaltung* nennt man die Tätigkeiten rund um den Empfang, die Lagerung und den Versand von Gütern von und nach Produktions- und Versandzentren.

Aus der Versandnetzwerkstruktur (siehe Abb. 3.1.3.1) ergibt sich, welche Strecken bei der Auslieferung eines Auftrags zurückgelegt werden müssen und welche Transportmittel dafür wahrscheinlich eingesetzt werden können. Obwohl die operationale Planung der Transporte erst später erfolgt (vgl. Kap. 15.4.3), muss dies bereits für die Auftragsbestätigung berücksichtigt werden, da dadurch der Liefertermin wesentlich beeinflusst werden kann. Je nach Transportmittel gibt es nicht beliebige Ausliefertermine, sondern in sog. „Touren" zusammengefasste, die meistens zyklisch bedient werden.

Eine flexible Vertriebssteuerung ist imstande, die Kundenaufträge bzw. die bestätigten Liefertermine der einzelnen Positionen dieser Aufträge zu überwachen, indem der Auftragsfortschritt der Produktions- und Beschaffungsaufträge laufend überprüft wird. Dies entspricht dem in Kap. 1.3.3 beschriebenen Kundenauftragszug, der in Wartestellung verharrt und dabei dauernd die zuliefernden Auftragszüge im Auge behält. Modifikationen der Produktions- oder Beschaffungsendtermine münden dann in eine Anpassung der Transportdisposition.

Der eigentliche Versandprozess umfasst die Kommissionierung der Aufträge, die Verpackung und Ladungsbildung, sowie den Transport zum Empfänger. Begleitet wird er von administrativen Tätigkeiten wie der Erstellung der Warenbegleitpapiere, dem Führen von Transportstatistiken, der Schadensabwicklung bei Transportschäden und vielem mehr.

15.4.1 Kommissionierung

> *Kommissionierung* nennt man das Zusammenstellen der Positionen für Lieferungen ab Lager gemäss einer bestimmten Kommissionierstrategie.
>
> Die *Kommissionierstrategie* ist die Art der Kommissionierung.

Der Kommissioniervorgang besteht typischerweise aus den Prozessschritten Bereitstellung der Güter in Lagereinheiten, Entnahme der geforderten Gütermengen, Zusammenführen der

---

[10]   Ein *Lieferschein* entspricht in etwa dem Verkaufsauftragspapier.

entnommenen Güter gemäss dem Kommissionierauftrag, Transport der Kommissionierung zur Abgabe und ggf. Rücktransport der angebrochenen Lagereinheiten.

Einsatzgebiete für Kommissionieranlagen finden sich vor allem im Vertrieb von Endprodukten und im Ersatzteilversand, aber auch für die interne Versorgung von Montage oder Produktion. Abhängig von den Lagerbauarten sowie von den Techniken der Beschickung (≈ Lagernachfüllung) und Entnahme ergeben sich vier Kommissionierstrategien gemäss Abb. 15.4.1.1:

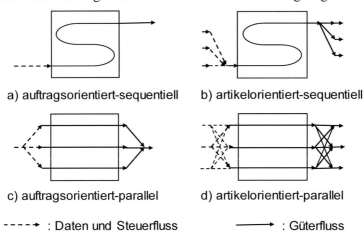

a) auftragsorientiert-sequentiell   b) artikelorientiert-sequentiell

c) auftragsorientiert-parallel   d) artikelorientiert-parallel

- - - - → : Daten und Steuerfluss   ———→ : Güterfluss

Abb. 15.4.1.1   Kommissionierstrategien (nach [RKW-Ha])

- Bei der *auftragsorientierten* oder *einstufigen Kommissionierung* wird ein Auftrag nach dem anderen zusammengestellt. Das notwendige Begleitpapier ist ein Lieferschein, dessen Positionen in einer Reihenfolge sortiert sind, die eine optimale Entnahmefolge, d.h. minimale Anfahrtswege durch das Lager, gewährleistet. Diese spezifische Sortierung des Lieferscheins heisst dementsprechend *Kommissionierliste* (engl. „*picking list*") bzw. Rüstliste (siehe dazu auch Kap. 15.2.1).

- Bei der *artikelorientierten Kommissionierung* wird zunächst eine Menge von Aufträgen zu einem Sammelauftrag zusammengefasst und die Positionen der entsprechenden Lieferscheine gesamthaft nach einer optimalen Reihenfolge sortiert. Die daraus entstehende Kommissionierliste erlaubt die Entnahme von Produkten zur Belieferung verschiedener Kundenaufträge mit einmaligem Durchfahren des Lagers. In einem eigenen Vorlager, eben dem *Kommissionierlager*, werden dann die einzelnen Lieferungen zusammengestellt. Man spricht hier auch von *mehrstufiger Kommissionierung*, wobei üblicherweise zwei Stufen verwendet werden. Durch dieses Vorgehen sind sehr hohe Kommissionierleistungen zu erreichen. Diese Strategie zieht in der Regel mehr Kosten nach sich als ein einstufiges Verfahren, da sowohl höhere Investitions- als auch Betriebskosten anfallen. Nur bei einem breitem Sortiment und vielen zu bearbeitenden Aufträgen mit jeweils wenigen Positionen, wie z.B. im Versandhandel, erweist sie sich als die rationellere Lösung.

In Abhängigkeit von der Grösse des Lagers und der Artikelstruktur gibt es weitere Kommissionierstrategien:

- *Sequentielle Kommissionierung*: Das Lager wird für jeden Einzel- oder Sammelauftrag als Ganzes durchfahren.

- *Parallele Kommissionierung*: Man teilt das Lager wird in mehrere Kommissionierzonen auf. Der Einzel- oder Sammelauftrag wird in Teilaufträge gesplittet, die parallel bearbeitet werden. In einem zusätzlichen Arbeitsgang werden dann in einem gesonderten Bereich alle Teilaufträge zusammengeführt. Dies ist sinnvoll bei sehr grossen Lagern, um die Wege der einzelnen Kommissionierer[11] zu verkürzen. Eine solche Zonung kann aber auch artikelbedingt sein, wie zum Beispiel bei Kühlgütern, die unterschiedliche Temperaturbereiche benötigen, bei feuergefährlichen Gütern oder wenn die eingelagerten Artikel Unverträglichkeiten untereinander aufweisen.

Ein weiteres wichtiges Unterscheidungskriterium ist die Art der Güterbereitstellung und die Bewegung des Kommissionierers.

- Bei der *dezentralen Güterbereitstellung* ruhen die Güter auf festen Zugriffsplätzen, der Kommissionierer bewegt sich von einer Entnahmeposition zur nächsten. Daher wird dieses Verfahren auch als „Person zur Ware" bezeichnet. Der fertig kommissionierte Auftrag wird dann an einer Konsolidierungszone abgeliefert. Abhängig von der Lagerbauart kann sich die kommissionierende Person eindimensional bewegen oder mit Hilfe von entsprechenden Kommissioniersystemen mit vertikal bewegbaren Kabinen auch zweidimensional. Dieses Kommissionierverfahren ist relativ einfach zu realisieren und sehr weit verbreitet.

- Bei der *zentralen Güterbereitstellung* werden die Güter aus dem Lager heraus zu einer festen Kommissionierarbeitsstation befördert („Ware zu Person"). Dazu setzt man bspw. Rollenbahnen, Regalbediengeräte oder Stapelkrane ein. Ein wichtiges Entscheidungskriterium bildet die Behandlung einer angebrochenen Lagereinheit, von welcher Artikel für den aktuell bearbeiteten Auftrag entnommen wurden. Sie kann am Bereitstellplatz verbleiben. Häufig erfolgt jedoch aus Platzgründen ein Rücktransport ins Lager oder in ein sog. *Anbruchlager*. Steuerungen von modernen Kommissioniersystemen treffen diese Entscheidung abhängig von der Häufigkeit, mit welcher der entsprechende Artikel angefragt wird (z.B. mit Hilfe einer ABC-Klassifikation). Oft benötigte Güter verbleiben direkt am Bereitstellplatz, die übrigen werden wieder eingelagert, bis ein erneuter Zugriff erforderlich wird.

Der Automatisierungsgrad bei der Kommissionierung kann je nach Lagerbauart und Auslegung des Kommissioniersystems von rein manuell bis vollautomatisch variieren. Eine Automatisierung kann bei der Entnahme und Wiedereinlagerung der Lagereinheiten, dem Transport der Lagereinheiten, der Vereinzelung der Lagereinheiten (Mehreinheitengebinde oder Paletten) zu Entnahmeeinheiten und schliesslich bei der Bewegung der kommissionierten Einheit erfolgen. Nicht immer müssen dabei Roboter eingesetzt werden. So kann bspw. zum Vereinzeln anstatt eines Greifroboter auch das „automatische Abziehen" genutzt werden, bei dem die Güter aus einem Durchlaufkanal herausgezogen oder zum Herausrutschen gebracht werden.

Ein Sonderfall ist die vollautomatische Kommissionierung. Sie findet bspw. im Pharmabereich und im Versandhandel Anwendung. Um die Aufträge zusammen zu stellen, werden anstelle von Personen durchgängig Kommissionierroboter, Förderbänder und andere technische Hilfsmittel eingesetzt. Dies ist jedoch nur möglich, wenn die zu kommissionierenden Artikel ähnliche

---

[11] Unter dem Begriff „Kommissionierer" werden hier sowohl die Person, welche die Güter entnimmt und zusammenstellt, als auch mögliche technische Hilfsmittel wie Stapler, Greifer oder Kommissionierroboter zusammengefasst.

Abmessungen haben und formstabil sind. Ferner ist eine geordnete Bereitstellung der Güter Voraussetzung, das heisst jeder Artikel muss in einer definierten Position und Orientierung gelagert sein, um einen automatischen Zugriff zu ermöglichen. Eine Vollautomatisierung ist zudem nur bei hohem Umschlag und einer gleichmässigen Auslastung der Anlage wirtschaftlich.

Um eine optimale Abwicklung des Kommissioniervorgangs zu gewährleisten, werden zunehmend komplexe rechnergestützte Steuerungen eingesetzt. Solche Systeme sammeln die Aufträge, bereiten Kommissionierlisten auf, berechnen optimale Kommissionierwege, steuern und überwachen die Bewegungen im Kommissioniersystem (z.B. die Bewegung eines Kommissionierroboters) bis schliesslich eine Quittierung des Auftragsvollzuges erfolgt. Ausserdem können moderne Systeme die Zugriffszeiten und Kommissionierwege verkürzen, indem sie eine optimale Belegungsstrategien für das Lager berechnen (d.h. die Minimierung von Wegen und Nachschubaufwand bei guter Platznutzung) und ggf. in ungenutzten Zeiten automatisch Umlagerungsvorgänge auslösen, so dass die Güter schneller zugreifbar werden.

Der Kommissioniervorgang endet mit der Bereitstellung der auftragsgemäss zusammengestellten Artikelmengen. Diese zumeist unverpackte Ware muss dann in der Packerei versandfertig gemacht werden. Eine Ausnahme bietet das sog. *„Pick-and-Pack"-Prinzip*, bei dem die Güter bereits während des Kommissioniervorgangs verpackt werden. Können nicht alle Positionen eines Lieferscheins auch wirklich ausgefasst werden – sei dies von vornherein absehbar oder wegen fehlerhafter Buchbestände – dann können die restlichen Positionen des zur Lieferung anstehenden Auftrags separat in einen getrennten Restauftrag gesplittet werden[12].

Ein analoges Vorgehen ist ebenfalls zum Zusammenstellen von Beistell- oder Begleitmaterial für *Lohnarbeiten*, d.h. externe Arbeitsgänge zu wählen. Die Lieferung des Begleitmaterials ist genauso ein rechtlich verbindlicher Vorgang wie bei Verkaufsaufträgen, nur dass dabei keine Fakturierung erfolgt, da das Beistellmaterial schliesslich im Eigentum der Firma verbleibt und quasi vorübergehend ausgeliehen wird.

15.4.2 Verpackung und Ladungsbildung

Verpackung bezeichnet eine Umhüllung eines Guts, welche dieses schützt oder andere Funktionen erfüllt.

Das *Packgut* ist das zu verpackende oder das verpackte Produkt.

Die *Verpackungseinheit* ist die Menge der verpackten Artikel je Verpackung, bezogen auf die Masseinheit des Artikels (z.B. eine Kiste mit 12 Flaschen).

Die *Verpackungsfunktion* ist der Sinn der Verpackung.

Die Verpackung nimmt eine zentrale Stellung in der Logistik ein, da durch sie oft erst eine Verteilung des produzierten Guts ermöglicht wird. Sie hat keinen Selbstzweck, sondern ihr Zweck wird durch das Packgut bestimmt. Sobald das Produkt den Verbrauchsort erreicht hat, hat die Verpackung ihren Sinn erfüllt und wird zu Abfall oder Wertstoff. Mögliche Verpackungsfunktionen lassen sich in fünf Bereiche gliedern (vgl. Abb. 15.4.2.1):

- Die *Schutzfunktion* wird als die klassische Aufgabe der Verpackung angesehen. Die *aktive Schutzfunktion* soll gewährleisten, dass das Packgut im Zustand seines höchsten Wertes

---

[12] Gesplittete Aufträge solcher Art müssen zur Fakturierung ggf. wieder zusammengeführt werden.

beim Verbraucher ankommt. Die Verpackung muss dabei je nach Packgut vor mechanischen, chemischen, physikalischen und biologischen Beanspruchungen schützen können. Ausserdem soll sie den Diebstahl von Gütern erschweren. Die *passive Schutzfunktion* soll mit der Auslieferung befasste Menschen und Hilfseinrichtungen, aber auch andere Güter vor Schäden bewahren.

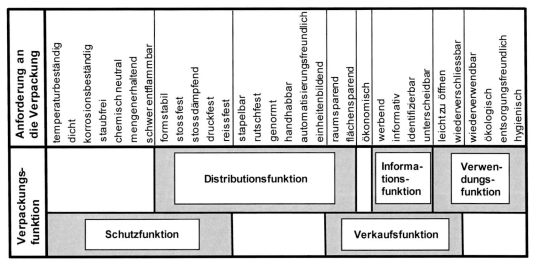

Abb. 15.4.2.1   Zuordnung der Anforderungen an die Verpackung zu den Verpackungsfunktionen (nach [JuSc00])

- Die *Distributionsfunktion* unterstützt Lagerung, Transport und Umschlag. Die Art der Verpackung hat erheblichen Einfluss sowohl auf die Handhabung im Lager als auch auf die Ausnutzung von Lager- und Transportflächen. Durch geschickte Wahl der Verpackung kann die Stapelfähigkeit verbessert, die Raumnutzung optimiert und der Einsatz von technischen Hilfsmitteln vereinfacht werden. Ausserdem können durch eine Minimierung des Gewichts der Verpackung die Frachtkosten reduziert werden. Der Umschlag an Verladestationen von einem Transportmittel auf ein anderes kann durch die Verpackung sehr erleichtert werden, indem genormte Ladungsträger wie Paletten oder Container eingesetzt werden. Entsprechend werden die Abmessungen vieler Verpackungen auf diese Normen (eine der bekanntesten ist die Euro-Palette[13] mit Abmessungen von 1200 x 800 mm) abgestimmt, um eine möglichst effiziente Packung zu ermöglichen.

- Durch Kennzeichnungen, wie Aufdrucke oder Etiketten, kann die Verpackung auch die *Informations- und Verkaufsförderungsfunktion* wahrnehmen. Dazu gehören gesetzlich vorgegebene Kennzeichnung wie bspw. im Lebensmittelbereich oder für Gefahrgüter, aber auch zweckbezogene Erläuterungen für Transport, Umschlag oder Lager. Darüber hinaus kann die Verpackung auch für Marketingzwecke genutzt werden. Je konsumnäher das Produkt ist, desto stärker wird die Bedeutung dieser Funktion. Gerade im Bereich des Selbstbedienungshandels, wo der Kontakt zwischen Anbieter und Kunde vollkommen

---

[13]   Die Euro-Palette ist eine standardisierte Block-Palette, die durch die Europäischen Eisenbahnen nach dem Zweiten Weltkrieg eingeführt wurden. Nur diese sollten als Euro-Paletten bezeichnet werden. Solche Paletten werden durch lizenzierte Hersteller produziert und tragen das „EUR"-Logo.

entfällt, wird die Verpackung in vielen Fällen zum wesentlichen Bestandteil der Produktpolitik der Firma. Sie soll die Aufmerksamkeit des Kunden erwecken und Assoziationen zum Packgut herstellen. Immer mehr versehen Hersteller ihre Artikel mit einem EAN oder UCC/UPC Identifikationscode[14] oder zeichnen sie vorab mit einem Verkaufspreis aus, um die Handhabung auf der Abnehmerseite komfortabler und einfacher zu gestalten.

- Die *Verwendungsfunktion* bezieht sich zum einen auf die Handhabbarkeit der Verpackung beim Kunden, zum anderen auf die Möglichkeiten der Wiederverwendung und das Recycling der Verpackung. Dabei gewinnt eine umweltfreundliche Gestaltung an Bedeutung. Besonders Mehrwegverpackungen stossen auf eine höhere Kundenakzeptanz.

- Die *Verkaufsfunktion* überschneidet sich weitgehend mit den vorher genannten Funktionen, es kommt lediglich der Anspruch der ökonomischen Gestaltung der Verpackung hinzu, mit geringen Kosten als Ziel. Besonders bei den Verkaufs- und Ladenverpackung nimmt die Zusammenarbeit zwischen Industrie- und Handelsunternehmen zu. Diese wird vor allem im Selbstbedienungs-Bereich angestrebt, da dort das Umpacken aus den Versandkartons in die Regale und die Warenauszeichnung zu einem hohen Arbeitsaufwand führen. Daher werden Verpackungen immer ladenfreundlicher gestaltet (ladenfertiger Versand zum besseren Durchfluss) und teilweise sogar auf die Abmessungen des Verkaufsmobiliars abgestimmt („gestellfertig" zur besseren Präsentation).

> Das *Verpackungssystem* besteht aus dem Packgut, der Verpackung bzw. dem Packstoff und dem Verpackungsprozess.

Zwischen den Elementen des Verpackungssystems besteht ein enger Zusammenhang. Die Wahl der Verpackung wird durch die Eigenschaften des Packgutes und die von der Verpackung zu übernehmenden Funktionen bestimmt. Die Verpackung wiederum bestimmt den Verpackungsprozess. So gibt sie zum Beispiel die Art der Maschinen vor, welche zum Formen, Befüllen und Verschliessen benötigt werden. Umgekehrt stellen Verpackungsmaschinen im Gegensatz zum manuellen Verpacken wesentlich höhere Anforderungen an die Verpackung, damit eine automatisierte Bearbeitung überhaupt erst möglich wird.

> Ein *Packstoff* ist ein Werkstoff, aus dem Verpackungen hergestellt werden.

Als Packstoffe können unterschiedlichste Materialien eingesetzt werden: Papier, Karton, Pappe, Kunststoffe, Stahl, Aluminium, Glas, Holz, Gummi, textile Gewebe oder Kombinationen aus den verschiedenen Stoffen. Die Wahl des Packstoffes erfolgt dabei in Abhängigkeit von der zu erfüllenden Funktion. Aber auch Aspekte wie Recyclingmöglichkeiten und Rückgabekonzepte durch den Kunden sind zu berücksichtigen. Dagegen abzuwägen sind zusätzliche Kosten, die durch Leergutrücknahme und Rückfracht induziert werden.

> Der *Verpackungsprozess* (engl. *„packing and marking"*) beinhaltet alle notwendigen Tätigkeiten zum Verpacken des Guts.

---

[14]   EAN ist die European Association of Numbers. In den USA werden Artikel im Detailhandel mit UPC-Codes (Uniform Product Code)) versehen, welche werden über eine Mitgliedschaft beim UCC (Uniform Code Council) vergeben werden. Die zwölfstelligen UPC-A-Strichcodes waren während langer Zeit nicht dieselben wie die 13-stelligen EAN13-Strichcodes, welche in den Verkaufspunkten überall sonst auf der Welt eingesetzt werden.

Dazu zählt die Zuführung von leerer Verpackung und Packgut zum Packplatz, das Aufstellen und Befüllen der Verpackung, das Signieren bzw. Etikettieren, bis hin zur Bereitstellung der Verpackungseinheit zum Abtransport. Häufig erfolgt eine Unterstützung durch Verpackungsmaschinen. Beispiele dafür sind Dosen-Füll-Maschinen, Einschlagmaschinen, Flachbeutelmaschinen, Palettiermaschinen oder Umreifungsmaschinen.

Die *Ladungsbildung* ist die Zusammenfassung und Bündelung von Artikeln für den Transport.

Die *Ladeeinheit* ist die Bündelung der Verpackungseinheiten für den Transport.

Dazu werden die Verpackungseinheiten auf oder in Ladehilfsmitteln wie bspw. Paletten, Werkstückträgern oder Container zusammengefasst und mit Ladeeinheitensicherungsmitteln (Gummibänder, Zurrgurte, Klebstoffe etc.) gesichert, um die Handhabung, Lagerung und den Transport zu erleichtern. Die Wahl des Ladehilfsmittels ist stark von dem Transportmittel abhängig, das eingesetzt werden soll (vgl. Kap. 15.3). So werden für den Transport per LKW bspw. eher Paletten eingesetzt werden, während für Schiffe oder Luftfracht häufig Container zum Einsatz kommen.

Die *Transporteinheit* oder *Ladung* ist schliesslich definiert als eine Menge von Ladeeinheiten je Transportmitteleinheit.

Diese sukzessive Bündelung wird durch die Abb. 15.4.2.2 zusammengefasst.

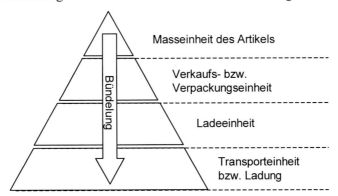

Abb. 15.4.2.2   Aggregationsstufen bei der Ladungsbildung

Beim Verpackungsprozess, jedoch spätestens bei der Ladungsbildung müssen auch die notwendigen Begleitpapiere beigelegt werden. Dies können artikelbezogene Gebrauchsanleitungen sein, aber auch transportbezogene Unterlagen wie Lieferscheine, Ausfuhranmeldungen, Export-Übergabescheine, Ursprungszeugnisse, Zollinhaltserklärungen usw.

Erst durch eine optimale Abstimmung von Verpackung, Lade- und Transporteinheiten auf das logistische System kann ein gesamtwirtschaftlich befriedigendes Ergebnis erzielt werden. So kann bspw. durch die geschickte Wahl der Verpackung ein verbesserter und damit kostengünstigerer Transport durchgeführt werden, Einsparungen bei der (Zwischen-)Lagerung erzielt werden. Selbst der Verkauf des umhüllten Produkts kann durch eine ansprechende Gestaltung der Verpackung unterstützt werden.

15.4.3 Transport zum Empfänger

Nach der Kommissionierung der zu versendenden Güter und der Verpackung erfolgt die Transportdisposition der Waren zum Empfänger, oft durch einen externen Logistikdienstleister. Die durch die Standortplanung vorgegebene Versandnetzwerkstruktur bestimmt, welche Strecken der Auftrag zurücklegen muss und welche Transportmittel dafür eingesetzt werden können.

Die *Transportdisposition* setzt sich *inhaltlich* aus drei Problemstellungen zusammen, nämlich die Beförderungsart, die Tourenplanung sowie die Stauraumoptimierung.

Fair und Williams (in [Ross15]) definieren mehrere Ziele, die mit einer solchen Transportdisposition erreicht werden sollten. Die wichtigsten sind: Möglichst kontinuierlicher Fluss der Ware durch das Versandnetz, optimale ladungsspezifische Transportmittelwahl, Minimierung der Fahrzeugzahl, Standardisierung der Ladehilfsmittel und Maximierung der Kapazitätsauslastung von Kapital, Betriebsmittel und Personal.

Die Abb. 15.4.3.1 zeigt, wie die drei Aufgaben der Transportdisposition voneinander abhängen und sich gegenseitig beeinflussen.

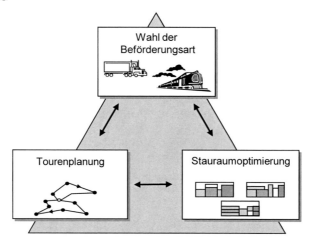

Abb. 15.4.3.1   Probleme der Transportdisposition (nach [Stic04])

Die *Wahl der Beförderungsart* hängt wesentlich von der Beschaffenheit der Ladung ab: Massengutladung aus unabgepackten festen, flüssigen und gasförmigen Stoffen brauchen eine andere Beförderungsart als Stückgutladungen aus diskreten Ladeeinheiten, wie z.B. Behälter, Pakete, Paletten, Container. Weitere Anforderungen ergeben sich durch Verderblichkeit, Brandgefahr, Explosionsgefahr, Empfindlichkeit, Schwundgefahr und den Wert der zu befördernden Ware.

Mögliche Beförderungsarten im ausserbetrieblichen Transport sind Strassenfahrzeuge, Schienenfahrzeuge, Schiffe und Flugzeuge. Dabei können sowohl firmeneigene Transportmittel eingesetzt (z.B. Lastkraftwagen) als auch öffentliche Verkehrsmittel in die Transportkette integriert werden. Für Massengutladungen sind als Transportsysteme zudem Rohrleitungssysteme denkbar. Bowersox (in [Ross15]) definiert sechs Kriterien, welche die Wahl des Transportmittels beeinflussen: Geschwindigkeit, „completeness" (möglichst wenig verschiedene Transportmodi innerhalb eines Vetriebskanals), Zuverlässigkeit, „capability" (nicht jedes Gut kann mit jedem Transportmittel transportiert werden), Transportfrequenz und Kosten.

Durch Kombination mehrerer Beförderungsarten für die Auslieferung eines Auftrags ergibt sich eine Transportkette. Dabei unterscheidet man zwischen *Direktlauf* (ohne Unterbrechung vom Lieferanten zum Empfänger), *Vorlauf* (vom Lieferanten zum Umschlagpunkt), *Nachlauf* (vom Umschlagpunkt zum Empfänger) und *Hauptlauf* (von Umschlagstelle zu Umschlagstelle). Für diese verschiedenen Transportabschnitte können individuelle Stärken einzelner Transportmittel genutzt werden. So werden im Vor- und Nachlauf wegen ihrer höheren Flexibilität häufig Lastkraftwagen eingesetzt, während der Hauptlauf über weite Distanzen auf der Schiene, dem Luft- oder Wasserweg bewältigt wird. Beispiele für Transportketten zeigt Abb. 15.4.3.2.

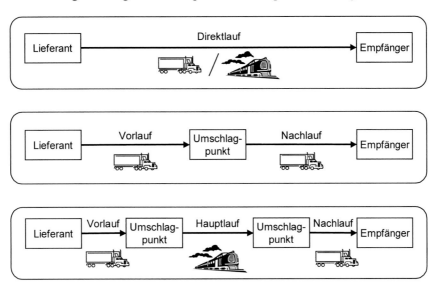

Abb. 15.4.3.2   Transportketten zwischen Lieferant und Empfänger

Mit dem Wechsel des Transportmittels ergibt sich jedoch auch die Problematik des Umschlages von einem Transportmittel auf ein anderes. Der Umschlag kann zwar durch genormte Ladehilfsmittel wie Container oder Paletten vereinfacht werden, er ist jedoch aufgrund der benötigten Umschlagvorrichtungen (Portalkran, Winde, Hebebühne, Rutsche etc.), dem Zeit- und Personalaufwand und den damit verbundenen Kosten keinesfalls zu vernachlässigen. In diesem Zusammenhang gewinnen folgende Konzepte zunehmend an Bedeutung:

- *Direktladung* (engl. *cross-docking*) heisst, die Ladungsbildung so vorzunehmen, dass die verpackten Produkte am Umschlagspunkt leicht vom ankommenden Transportmittel zum wegfahrenden Transportmittel umgeschlagen werden können, ohne zwischengelagert zu werden (vgl. [APIC16]).

- Der *Kombinierte Ladungsverkehr (KLV)* hat zum Ziel, die Verkehrsträger Schiene und Strasse so zu kombinieren, dass ihre speziellen Vorteile innerhalb der Transportkette am besten zum Tragen kommen. Dies wird durch Containerverkehr und Huckepackverkehr erreicht.

- Unter *Huckepackverkehr* versteht man Strassenverkehr, der zum Teil auf der Schiene läuft, indem Sattelauflieger oder auch ganze Lastzüge (rollende Landstrasse) auf Züge verladen werden. Dabei wird der Zug vor allem für den Langstreckentransport eingesetzt, die LKWs für die Auslieferung zum Kunden.

> Die *Tourenplanung* bzw. *Routenplanung* bestimmt, in welcher Reihenfolge ein Transportmittel die einzelnen Stationen (Kunden, Umschlagplätze, Lager etc.) anfährt.

Ziel ist es dabei, alle Kunden eines Liefergebietes so zu beliefern, dass die Transportkosten minimiert werden. Dazu muss eine Fahrwegstrategie entworfen werden, welche die Reihenfolge regelt, in der die Bestimmungsorte der Ladung angefahren werden. Ausserdem müssen die Leerfahrten geplant werden (direkte Rückfahrt nach Auslieferung, Zuladung von Rückladung, Leerfahrtminimierung etc.). Bei der Tourenplanung handelt sich um ein komplexes Optimierungsproblem, da zahlreiche Restriktionen wie Gewicht, Volumen, Entfernungen, Zeitfenster etc. berücksichtigt werden müssen. Zur Lösung werden häufig Algorithmen aus dem „operations research" eingesetzt. Mit den sog. Eröffnungsverfahren wird zunächst eine erste Tour bestimmt, die dann durch Verbesserungsverfahren optimiert werden kann. Für eine detaillierte Beschreibung dieser Verfahren sei exemplarisch auf [DoSo10] verwiesen.

> Die *Stauraumoptimierung* ist eng mit den beiden vorstehenden Problemstellungen verknüpft.

Mit der Transportmittelwahl und der Tourenplanung wurde jedem Transportmittel (z.B. einem Lastwagen oder Güterwagen der Bahn) eine eindeutige Menge Transportstücke zugeordnet. Diese müssen nun optimal im Laderaum verteilt werden, so dass möglichst wenig Laderaum ungenutzt bleibt und die Entladung mit möglichst wenig Umsortierungen möglich ist. Auch hierfür können wieder heuristische Verfahren des „operations research" eingesetzt werden.

Der physische Transport wird schliesslich durch einen Beförderungsauftrag ausgelöst, welcher aus der zuvor beschriebenen Transportdisposition resultiert:

> Ein *Beförderungsauftrag* gibt an, zu welcher Abholzeit eine bestimmte Menge Ladeeinheiten an welchem Ort zu übernehmen ist und bis zu welcher Anlieferzeit sie an welchem Zielort abzuliefern ist.

Ein solcher Auftrag kann eine einzelne Ladeeinheit, mehrere sendungsreine Ladeeinheiten oder die transportoptimale Zusammenfassung mehrerer Versandaufträge beinhalten. Dabei wird in der Regel für die Beförderung ein Zeitfenster oder eine maximale Transportzeit angegeben.

> *Konsolidierung* beschreibt Pakete und Lose, welche von Lieferanten zu einem Umschlagpunkt geführt werden. Dort werden sie sortiert und mit ähnlichen Lieferungen von anderen Lieferanten kombiniert und zu ihrem schliesslichen Zielort transportiert (vgl. [APIC16]).

Für den Lieferanten hat ein solcher Umschlag den Vorteil von täglichen Lieferungen von verschiedenen Gütern zu verschiedenen Empfängern. Für den Kunden ergibt sich ein entsprechender Vorteil. Diesem Vorteil stehen die Kosten für den Umschlag gegenüber. Die Tourenplanung bei gleichzeitiger Konsolidierung ist meistens Aufgabe eines Transportunternehmers oder eines Logistikdienstleisters. Einfache Beispiele werden unter dem Begriff *Milchsammeltour* (engl. „milk run") veranschaulicht, d.h. einer regulären Route für das Aufladen von gemischten Ladungen von verschiedenen Lieferanten. (vgl. [APIC16]).

> Die *Transportüberwachung* umfasst die Wegeverfolgung der Transporteinheiten, die Verkehrsüberwachung, die Staukontrolle sowie die Erfassung und Auswertung von Störungen.

Die Transportüberwachung von ausserbetrieblichen Transportsystemen erfolgt zumeist über eine übergeordnete Zentralsteuerung, welche die Transporte abhängig von der aktuellen Belastung steuert, regelt und koordiniert. Die Datenübertragung zwischen Fahrzeugen und der Zentralsteuerung erfolgt dabei zunehmend über Mobilfunk, Satellitenkommunikation und das Wireless Internet. Über Satellitennavigationssysteme wie das „global positioning system" (GPS) können die Standorte der Fahrzeuge genau bestimmt und überwacht werden.

Während früher oft ein Lieferschein als Begleitpapier genügte, wird heute meist der gesamte Warenfluss elektronisch begleitet. Grosse Bedeutung kommt daher der Standardisierung der Kommunikationsmittel zu, um eine einheitliche Überwachung auch in intermodalen Transportnetzen zu ermöglichen. Beispiele:

- Über die Scannung eines *„bar-codes"* oder *Strichcodes* wird der Gefahrenübergang beim Umladen dokumentiert.

- *EDIFACT* („electronical data interchange for administration, commerce and transport") ist einer der Formatstandards, welche für die informationstechnische Transportbegleitung geschaffen wurden.

- Die *radio frequency ID* Technik*, RFID* oder eine andere Transpondertechnik zur weltweiten Selbstidentifikation von Gütern und Einsatz von elektronischen Produktcodes (EPCs).

- *„Tracking and tracing"* von Paketlieferungen im Internet wird mittlerweile von vielen Transportdienstleistern angeboten. Über das Internet kann man mittels des „world wide web" den genauen Standort der Güter (z.B. über Transponder identifiziert) erfragen.

Ein weiterer Aspekt, welchen man bei der Transportplanung beachten muss, ist die Auslagerung von Aufgaben auf spezialisierte Distributionsunternehmen (eigene oder Drittfirmen, engl. *„third-party logistics providers"*). Aufgrund Ihrer Erfahrungen und wegen Bündelungseffekten können solche Dienstleister häufig günstiger operieren als firmeninterne Abteilungen. Dies können sich Unternehmen zu Nutzen machen, die einem steigenden Kostensenkungsdruck bei gleichzeitig steigenden Ansprüchen der Kunden an Service, Preis und Lieferfähigkeit ausgesetzt sind. Auch Kurier-, Express- und Paketdienste (KEP) werden zunehmend in die Logistikketten eingebunden, insbesondere um Just-in-time-Lieferungen realisieren zu können. Für eine weitergehende Behandlung der Vertriebsaufgaben siehe z.B. [Ross15], [Pfoh18], [ArFu09] [Gude10], [Gude12] und [MarA95].

15.5   Zusammenfassung

Im kurzfristigen Zeithorizont sind die Auftragsvorschläge aus der lang- oder mittelfristigen Planung freizugeben. Im kurzfristigen Zeithorizont werden zudem auch Verkäufe realisiert, die möglichst bald auszuliefern sind. Bei Verfügbarkeit wird ab Lager ausgeliefert. Andernfalls müssen Produktions- oder Einkaufsaufträge aufgeworfen und freigegeben werden.

Die Auftragsfreigabe umfasst i. Allg. eine Prüfung der Verfügbarkeit der Ressourcen. Dazu kommen die Verfahren des Material-, Termin- und Kapazitätsmanagements zum Einsatz, und zwar unabhängig von der Art der IT-Unterstützung oder davon, wer diese Aufgabe wahrnimmt. Eine Terminrechnung liefert die benötigten Starttermine der Arbeitsgänge, auf die hin die Komponenten und die Kapazitäten verfügbar sein müssen.

Für die Freigabe von vielen Aufträgen wurden spezifische Verfahren entwickelt. Sie sind de facto auch Verfahren zur Steuerung der Arbeitsgänge. Die belastungsorientierte Auftragsfreigabe (BOA) zeigt sich als Vergröberung der auftragsweisen Planung in die begrenzte Kapazität. Je Kapazitätsplatz wird eine aufgewertete Kapazität einer Planungsperiode mit der Belastung aller künftigen Perioden verglichen, wobei die Belastung späterer Arbeitsgänge abgewertet wird. Nicht gemäss der Durchlaufzeitrechnung einplanbare Arbeitsgänge haben die Rückweisung des Auftrags zur Folge. Die kapazitätsorientierte Materialbewirtschaftung (Korma) gibt bei i. Allg. voll ausgelasteten, jedoch kurzfristig verfügbaren Kapazitäten Lagernachfüllaufträge vorzeitig frei. Diese können dann durch dringlichere Kundenproduktionsaufträge in ihrer Bearbeitung unterbrochen werden. Die laufende Neuterminierung nach dem Verfahren der wahrscheinlichen Terminierung sorgt für ein rechtzeitiges Beschleunigen oder Bremsen der Aufträge. Zudem werden die Endtermine von Lagernachfüllaufträgen laufend der aktuellen Situation des Verbrauchs angepasst.

Die Werkstattsteuerung umfasst die Ausgabe von Begleitpapieren zur Beschaffung und zur Produktion. Dies ist im Minimalfall ein Auftragspapier, auch in elektronischer Form. Für die Produktion gibt es zudem Laufkarten, Rüstlisten, Materialbezugsscheine und Arbeitsgangkarten. Daraufhin erfolgt die Terminierung von detaillierten Arbeitsgängen, die Zuteilung der Arbeiten auf die einzelnen Personen und Maschinen, die Zuordnung der Betriebsmittel sowie die Bestimmung der Reihenfolge der Arbeitsgang-Aufträge je Arbeitsstation. Solche Aufgaben werden am besten direkt durch die betroffenen ausführenden Personen wahrgenommen.

Durch die Betriebsdatenerfassung (BDE) hält man den Verbrauch von Ressourcen fest. Sie umfasst den Bezug von Gütern und die ausgeführten Arbeitsgänge (intern und extern) und ergibt so auch den Arbeitsfortschritt, sofern dieser nicht separat erfasst wird. Die BDE ist notwendig, um eine aktuelle Planung der Verfügbarkeit von Gütern und Kapazitäten zu gewährleisten. Sie dient auch als Vorbereitung zur Abrechnung der Aufträge, zur Anpassung der Belastungsvorgaben sowie zur Qualitätssicherung. Fertige bzw. eingehende Aufträge werden geprüft, ggf. anhand eines spezifischen Qualitätsprüfplans. Dadurch wird entschieden, welcher Anteil eines Loses akzeptiert und welcher zur Nacharbeit, Ersatzlieferung usw. zurückgewiesen wird.

Die automatische Betriebsdatenerfassung bringt Schnelligkeit, aber meistens auch grössere Kosten mit sich. Überhaupt muss der Nutzen einer genauen Datenerfassung, nämlich eine bessere Kenntnis und Kontrolle des Prozesses der Leistungserstellung, in einem vernünftigen Verhältnis zum Aufwand stehen. So ist bei kurzen Arbeitsgängen oder bei Organisation in Arbeitsgruppen die verbrauchte Zeit nur für Grobarbeitsgänge mit sinnvollem Aufwand messbar. Erfolgsmass ist dann der Zeitgrad der ganzen Gruppe, und nicht die Nachkalkulation eines einzelnen Auftrags.

Die Vertriebssteuerung umfasst den Versand des fertigen Produkt bis hin zum Kunden. Nach der Festlegung der Versandnetzwerkstruktur umfasst diese Aufgabe die Kommissionierung der Aufträge, die Verpackung und Ladungsbildung, und den Transport zum Empfänger. Die Kommissionierung kann nach verschiedenen Strategien erfolgen, u.a. auftrags- oder artikelorientiert. Die Verpackung erfüllt verschiedene Funktionen, u.a. die Schutzfunktion, die Distributionsfunktion, die Informations- und Promotionsfunktion, die Verwendungsfunktion und die Verkaufsfunktion. Die Ladungsbildung bündelt die Produktionseinheiten in Verpackungseinheiten, diese in Ladeeinheiten (z.B. Paletten) je nach Transportmittel, und diese schliesslich zu Transporteinheiten. Für den Transport zum Empfänger müssen die Aufgaben der Wahl des Transportmittels, der Tourenplanung sowie die Optimierung des Stauraums gelöst werden.

15.6   Schlüsselbegriffe

15.7   Szenarien und Übungen

15.7.1 Belastungsorientierte Auftragsfreigabe (BOA)

Die erste Tabelle in Abb. 15.7.1.1 zeigt fünf Aufträge mit ihren Arbeitsgängen. Die Angaben für jeden Arbeitsgang umfassen den Kapazitätsplatz, die Belastungsvorgabe (z.B. Rüstzeit plus Bearbeitungszeit), sowie eine freie Spalte, um die abgewertete Belastung einzutragen.

Die zweite Tabelle in Abb. 15.7.1.1 enthält die Parameter für die belastungsorientierte Auftragsfreigabe gemäss Kap. 15.1.2 mit den für diese Übung gegebenen Werten. Die dritte Tabelle enthält die Daten für jeden Kapazitätsplatz, nämlich die wöchentliche Kapazität, die bestehende (Vor-)Belastung vor der Einlastung der fünf Aufträge, zudem freie Spalten, um die mit dem Einlastungsprozentsatz aufgewertete Kapazität sowie die kumulierte Belastung nach Freigabe der Aufträge 1 bis 5 (d.h. in der durch den BOA Algorithmus gegebenen Reihenfolge) einzutragen.

a)   Lasten Sie die 5 Aufträge gemäss BOA Algorithmus ein.

b)   Was wäre geschehen, wenn die Belastungsvorgabe für Arbeitsgang 3 des zweiten Auftrags 200 Zeiteinheiten statt 120 betragen hätte?

c)   Diskutieren Sie, ob die Bearbeitung von Auftrag 3 in Ihrer Lösung effizient war.

d)   Welche Folgen hätte eine Einlastung von Auftrag 3 vor Auftrag 2 gehabt?

Auf-tr.-nr.	Start ter-min	1. Arbeitsgang			2. Arbeitsgang			3. Arbeitsgang			4. Arbeitsgang		
		Kap.-platz	Belstg. Vor-gabe	Abge-wertete Belstg.	Kap.-platz	Belstg. Vor-gabe	Abge-wertete Belstg.	Kap.-platz	Belstg. Vor-gabe	Abge-wertete Belstg.	Kap.-platz	Belstg. Vor-gabe	Abge-wertete Belstg.
1	16.06.	A	100		B	60		C	480		D	240	
2	18.06.	B	40		C	120		A	120				
3	22.06.	A	40		C	30		B	20				
4	29.06.	C	40		D	60		A	20				
5	06.07.	A	30		B	40		D	100		C	120	

Heute:	14.06.
Zeitperiode:	1 Woche
Vorgriffshorizont:	3 Wochen
Einlastungs-%satz:	200%
Abwertungsfaktor:	50%

Kap.-platz	Wöchtl. Kapaz.	Kap. mit Einlstg.%	Vor-belstg.	Kumulierte Belastung inkl. Auftrag				
				1	2	3	4	5
A	200		265					
B	100		150					
C	300		340					
D	100		160					

Abb. 15.7.1.1   Gegebene Daten für die belastungsorientierte Auftragsfreigabe (BOA)

Lösungen:

a)   Der Terminfilter sondert Auftrag 5 aus. Dieser Auftrag wird als nicht dringend deklariert. Für die anderen Aufträge werden deren Arbeitsgänge mit dem Abwertungsfaktor abgewertet. In der dritten Tabelle wird der Einlastungsprozentsatz mit der wöchentlichen Kapazität multipliziert. Dann wird Auftrag 1 eingelastet, anschliessend Auftrag 2. Letzterer wird akzeptiert, überlastet aber Kapazitätsplatz B (220 Zeiteinheiten, im Vergleich mit den 200 Einheiten, welche aus dem Einlastungsprozentsatz resultieren). Daher wird Auftrag 3 entladen, weil sein letzter Arbeitsgang auf Kapazitätsplatz B stattfindet. Jedoch kann Auftrag 4 eingelastet werden, da keiner der Arbeitsgänge auf Kapazitätsplatz B stattfindet.

b)   Auftrag 2 hätte Kapazitätsplatz A überlastet. Somit wäre Auftrag 4 nicht eingelastet worden.

c)   Die abgewertete Belastung von Auftrag 3 auf Kapazitätsplatz B beträgt nur 5 Zeiteinheiten. Dies hätte die kumulierte Belastung nur sehr leicht erhöht. Da durch die Aufträge 1, 2 und 4 keine anderen Kapazitätsplätze überlastet wurden, wäre es sinnvoll, Auftrag 3 freizugeben.

d)   Auftrag 3 hätte Kapazitätsplatz A überlastet (405 Zeiteinheiten, im Vergleich mit 400 Einheiten, welche aus dem Einlastungsprozentsatz resultieren). Daher würde der Algorithmus formal beide Aufträge 2 und 4 zurückweisen. Dies würde zu einer tiefen Auslastung der Kapazitätsplätze B, C und D führen.

15.7.2 Kapazitätsorientierte Materialbewirtschaftung (Korma)

Welche der folgenden Situationen ergeben sich aus der Implementierung einer kapazitäts-orientierten Materialbewirtschaftung (Korma)?

I   Gleichverteilte Verlängerung der Produktionsdurchlaufzeit aller Aufträge.

II   Minimale Menge an Ware in Arbeit.

III   Maximale Auslastung der i. Allg. gut ausgelasteten Kapazitätsplätze

a)   nur II

b)   nur III

c) nur I und II

d) nur II und III

Lösung:

Die Antwort lautet b), d.h. „nur" III. Aus der vorzeitigen Auftragsfreigabe ergibt sich ja eine Verlängerung dessen Durchlaufzeit, weil seine Ausführung verzögert wird, sobald (ungeplante) Kundenaufträge eintreffen. Letztere werden dafür mit minimaler Durchlaufzeit ausgeführt. Daher ist I nicht richtig. II ist auch falsch, wegen eben der Präsenz jener vorzeitig freigegebenen Aufträge. Hingegen ist III wahr: Eine Engpasskapazität wird mit nicht dringenden (d.h. vorzeitig freigegebenen) Aufträgen belastet, sobald genügend verfügbare Kapazität vorhanden ist.

15.7.3 Belegungsplanung

Ihre Firma besitzt eine Drehmaschine (M1), eine Fräsmaschine (M2) sowie eine Bohrmaschine (M3). Ein Arbeitstag dauert acht Stunden. Wie Abb. 15.7.3.1 zeigt, werden acht Produkte (P1, P2, P3, ..., P8) auf diesen Maschinen hergestellt. Jedes Produkt beansprucht diese Maschinen in einer unterschiedlichen Reihenfolge. Zur Vereinfachung sei angenommen, dass es keine Arbeitsgangzwischenzeiten gibt.

Produkt	1. Arbeitsgang		2. Arbeitsgang		3. Arbeitsgang	
	Maschine	Belastung (h)	Maschine	Belastung (h)	Maschine	Belastung (h)
P1	M1	3	M2	4	M3	5
P2	M2	2	M1	3	M3	2
P3	M3	4	M1	3	M2	1
P4	M2	3	M3	2	M1	4
P5	M3	3	M2	3	—	—
P6	M2	4	M1	3	M3	3
P7	M3	1	M1	2	—	—
P8	M1	3	M3	4	M2	3

Abb. 15.7.3.1   Acht Produkte, die auf drei Maschinen hergestellt werden

Führen Sie die Belegungsplanung für die nächsten drei Tage aus. Dabei soll die Normalarbeitszeit von 8 Stunden pro Tag beachtet werden, sodann die Abfolge der Arbeitsgänge für jeden Auftrag so wie sie in Abb. 15.7.3.1 gegeben ist, und schliesslich die folgenden Prioritätsregeln:

1. Keine ungenutzte Zeit auf der Maschine

2. Arbeitsgang mit der kürzesten Bearbeitungszeit

3. Längste verbleibende Durchlaufzeit für den Auftrag

Die Plantafel in Form eines Gantt-Chart in Abb. 15.7.3.2 wird Ihnen bei der Durchführung der Aufgabe behilflich sein. Als Hilfe sind die ersten Aufträge auf jeder Maschine eingetragen. Der Auftrag für Produkt P1 wurde wegen der dritten Prioritätsregel für Maschine M1 ausgewählt.

Diskutieren Sie, ob – in Hinblick auf Ware in Arbeit – andere Prioritätsregeln zu einer besseren Lösung führen würden.

Lösung:

Die Gesamtbelastung beträgt 21 h auf Maschine 1, 20 h auf Maschine 2, und 24 h auf Maschine 3. Demnach ist Maschine 3 voll ausgelastet, und Prioritätsregel 1 ergibt vollständig Sinn. Es gibt nun Lösungen für diese Aufgabe, welche die beiden anderen Maschinen ohne ungenutzte Zeit einplanen, wobei die Abfolge der Arbeitsgänge für alle acht Aufträge eingehalten wird. Eine dieser Lösungen kann gefunden werden, indem man einfach den Prioritätsregeln folgt.

Ersetzt man die zweite und dritte Prioritätsregel durch die Regel *Kürzeste restliche Durchlaufzeit*, so resultiert daraus beachtlich weniger Ware in Arbeit. Jedoch folgt aus der strikten Anwendung dieser Regel nicht nur ungenutzte Zeit auf Maschine 3, sondern auch Verzögerungen für Aufträge 3 und 6: sie können am Ende des dritten Tages nicht fertig gestellt werden. Diese beiden Konsequenzen können nicht zugelassen werden. Sie resultieren aus der Tatsache, dass diese Aufträge zu spät gestartet werden. Folglich braucht es eine Regel, welche diesen Aufträgen irgendwann Priorität gibt, dadurch aber die Ware in Arbeit erhöht.

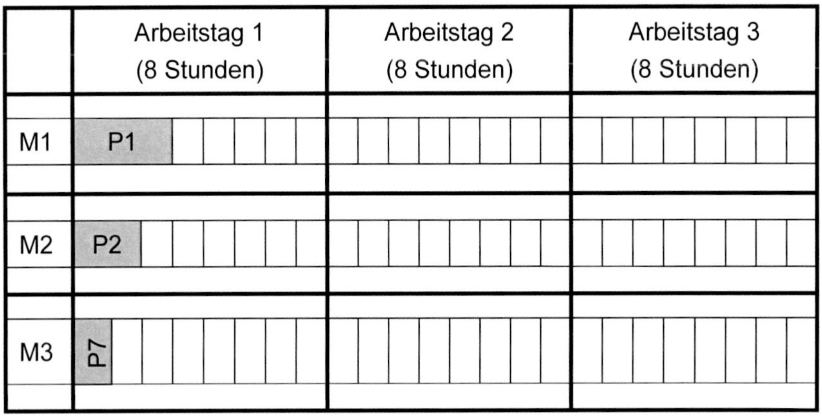

Abb. 15.7.3.2   Belegungsplanung in Form eines Gantt-Chart

15.7.4 Auftragskommissionierung

Gemäss Abb. 15.4.1.1 können auftragsorientierte, artikelorientierte, sequentielle und parallele Kommissionierung zu vier gebräuchlichen Kommissionierstrategien kombiniert werden. Zeigen Sie die Haupteigenschaften der folgenden Kommissionierstrategien auf, überlegen Sie sich die jeweiligen Vor- und Nachteile, und leiten Sie daraus mögliche Anwendungsfelder ab, und zwar für a) die auftragsorientiert-sequentielle Kommissionierung, und b) die artikelorientiert-parallele Kommissionierung.

Lösung:

a)   Auftragsorientiert-sequentielle Kommissionierung:

   Eigenschaften:

   - gebräuchlichste Kommissioniermethode
   - sämtliche offenen Positionen eines Auftrags werden entnommen, bevor mit dem nächsten Auftrag begonnen wird
   - basiert auf einer Kommissionierliste („picking list"), die eine optimale Entnahmefolge gewährleistet

Vorteile:
- behält Auftragsvollständigkeit bei
- wenig organisatorischer Aufwand
- einfache Ausführung und Kontrolle
- direkte Auffüllverantwortung

Nachteile:
- Zeitaufwand zur Kommissionierung
- abnehmende Effizienz mit zunehmender Auftragsgrösse
- grosse Anzahl an Kommissionierern nötig

Mögliche Anwendungsfelder:
- kleine Lager, niedriger Bestandsumschlag, geringe Leistung, kleine Aufträge

b) Artikelorientiert-parallele Kommissionierung:

Eigenschaften:

- Mehrere Aufträge werden pro Produkt (als Los) zusammengefasst, das gesamte Los wird entnommen und die einzelnen Aufträge werden in der Konsolidierungszone wieder zusammengesetzt.
- Die Lose werden parallel in verschiedenen Zonen des Lagers kommissioniert und dann in der Konsolidierungszone zusammengeführt.

Vorteile:
- verkürzte Weg- und Entnahmezeiten
- geringe Kommissionierzeiten wegen paralleler Bearbeitung in Zonen
- verbesserte Überwachung der Auftragsfertigstellung in der Konsolidierungszone
- gesteigerte Kommissioniergenauigkeit und -produktivität infolge der Kommissionier-zonen
- Vertrautheit der Kommissionierer mit den Produkten ihrer Zone

Nachteile:
- doppeltes Behandeln und Sortieren in der Konsolidierungszone
- Räume und Arbeitskräfte für die Konsolidierungszone
- erschwerte Verfolgung und Steuerung der Aufträge
- erfordert hochvolumige Kommissionierung

Mögliche Anwendungsfelder:
- grosse Aufträge, hohe Anzahl an Aufträgen, grosse Lager, Produkte mit unter-schiedlichen Anforderungen an die Lagerung (z.B. feuergefährliche Ware, Kühlung)

15.8   Literaturhinweise

APIC16   Pittman, P. et al., APICS Dictionary, 15. Auflage, APICS, Chicago, IL, 2016

ArFu09   Arnold, D., Furmans, K., „Materialfluss in Logistiksystemen" (VDI-Buch), 6. Auflage, Springer-Verlag, 2009

BaBr94   Bauer, S., Browne, S., Bowden, M., Duggan, A., Lyons, J., „Shop Floor Control Systems", 2nd Edition, Chapman & Hall, 1994

DoSo10   Domschke, W., Scholl, A., „Logistik II. Rundreisen und Touren", 5. Auflage, Oldenbourg-Verlag, 2010

Eich90   Eichinger, F., Meindl, E., Metze, G., „Reihenfolgeoptimierung mit Methoden der 'Künstlichen Intelligenz'", CIM-Management 1/1990, S. 63–67

Gude10   Gudehus, T., „Logistik: Grundlagen, Strategien, Anwendungen", 4. Auflage, Springer-Verlag, Berlin, 2010

Gude12   Gudehus, T., „Logistik 2: Netzwerke, Systeme und Lieferketten", 4. Auflage, VDI-Buch, Springer-Verlag, Berlin, 2012

JuSc00   Jünemann, R. Schmidt, T., „Materialflusssysteme: Systemtechnische Grundlagen", 3. Auflage, Springer-Verlag, Berlin, 2000

Kass96   Kassel, S., „Multiagentensysteme als Ansatz zur Produktionsplanung und -steuerung", Information Management 11:1, S. 46–50, 1996

Knol92   Knolmayer, G., „A Widely Acclaimed Method of Load-Oriented Job Release and its Conceptual Deficiencies", Arbeitsbericht Nr. 29 des Instituts für Wirtschaftsinformatik, Univ. Bern, 1992

MarA95   Martin, A., „Distribution Resource Planning", 3rd Edition, John Wiley & Sons, New York, 1995

Pfoh18   Pfohl, H.-Ch., „Logistiksysteme: Betriebswirtschaftliche Grundlagen", 9. Auflage, Springer-Verlag, Berlin, 2018

RKW-Ha   RKW-Handbuch Logistik, „Integrierter Material- und Warenfluss in Beschaffung, Produktion und Absatz", Handbuch für Planung, Einrichtung und Anwendung logistischer Systeme in der Unternehmenspraxis, Erich Schmidt Verlag

Ross15   Ross, D. F., „Distribution: Planning and Control", 3rd Edition, Springer Netherlands, 2015

Sche96   Scherer, E., „Koordinierte Autonomie und flexible Werkstattsteuerung", BWI-Reihe Forschungsberichte für die Unternehmenspraxis, vdf Hochschulverlag an der ETH Zürich, 1996

Sche98b   Scherer, E., „Shop Floor Control — a Systems Perspective: From Deterministic Models Towards Agile Operations Management", Springer-Verlag New York, Inc., 1998

Schö95b   Schönsleben, P., „Corma: Capacity Oriented Materials Management", Proceedings of the APICS World Symposium in Auckland, Australasian Production and Inventory Control Society, 1995

SeSö96   Scherer, E., Schönsleben, P., Ulich, E., „Werkstattmanagement — Organisation und Informatik", vdf Hochschulverlag der ETH Zürich, 1996

Stic04   Stich, V., „Industrielle Logistik", 8th Edition, Wissenschaftsverlag Mainz, 2004

Wien87   Wiendahl, H. P., „Belastungsorientierte Fertigungssteuerung", Carl Hanser Verlag, München, 1987

Wien95   Wiendahl, H. P., „Load-Oriented Manufacturing Control", Springer, Berlin, New York, 1995

16 Vor- und Nachkalkulation und Prozesskostenrechnung

Die Abb. 16.0.0.1 zeigt dunkel unterlegt die in diesem Kapitel behandelten Aufgaben und Prozesse bezogen auf das in der Abb. 5.1.4.2 gezeigte Referenzmodell für Geschäftsprozesse und Aufgaben der Planung & Steuerung. Zur Übersicht zu diesem Kapitel zählt auch das Kap. 5.1.2.

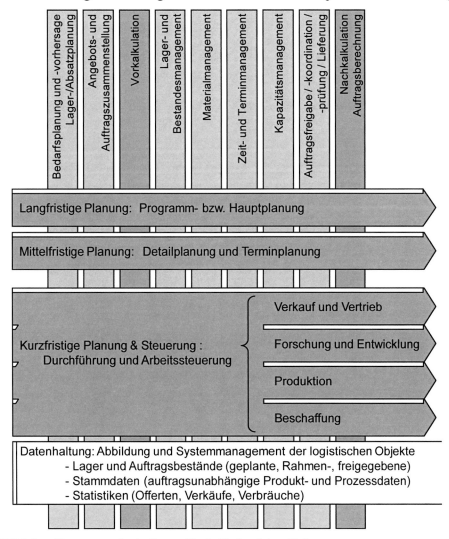

Abb. 16.0.0.1 Abgrenzung der in diesem Kapitel behandelten Teilsysteme

Informationen über Kosten und Preise sind nötig, um im Absatzwesen korrekte Entscheidungen treffen zu können: Welche Herstellkosten fallen für ein Produkt an? Wie gross ist der aus einem Auftrag resultierende Gewinn oder zumindest sein Fixkosten-Deckungsbeitrag? Welches ist die Auswirkung auf die Kosten für einzelne Produkte oder auf die Gesamtkosten des Unternehmens, wenn Ressourcen in ihrem Einsatz variieren?

© Springer-Verlag GmbH Deutschland, ein Teil von Springer Nature 2020
P. Schönsleben, *Integrales Logistikmanagement*,
https://doi.org/10.1007/978-3-662-60673-5_17

Im Folgenden geht es nicht um die detaillierte Präsentation von Methoden der Finanz- und Kostenwirtschaft und erst recht nicht der Betriebsbuchhaltung. Sie dazu u.a. [AhFr92], [Habe08], [KeBu93], [WaBu96]. Weil aber jede Kostenträgerrechnung, also auch die Produkt- und Projektkostenrechnung, auf einem System zur Planung & Steuerung – genauer auf Stamm- oder Auftragsdaten – beruht, zeigt das Kapitel auf, wie die verschiedenen Elemente zur Kalkulation der Herstellkosten innerhalb der administrativen Logistik verwaltet und ermittelt werden können.

> Die *Nachkalkulation* eines Auftrags, auch *Zuschlagskalkulation* genannt, ist eine Zusammenstellung aller durch einen Auftrag verursachten Kosten.

Eine laufende Nachkalkulation erlaubt, die während der Produktion oder Beschaffung verbrauchten Kosten mit den Vorgaben vergleichen zu können. Rückmeldungen bzw. *Rückkoppelung*, also Datenfluss aus der Betriebsdatenerfassung zeigen Abweichungen sofort an. Nachgeschaltete Kostenrechnungssysteme haben meistens den Nachteil der zu grossen zeitlichen Distanz zum effektiven Ereignis. Es ist dann oft keine Abklärung der Gründe für Abweichungen mehr möglich.

> Die *Vorkalkulation* eines Produkts bzw. eines Auftrags ist eine Zusammenstellung aller voraussichtlichen Kosten zur Herstellung einer Losgrösse.

Da die Stammdaten in detailliertester Form im ERP-System vorliegen, lassen sich die Aufträge simulieren. Variationen von Stücklisten und Arbeitsplänen sowie von Kostenelementen sind so leicht vorkalkulierbar.

Eines der grösseren Probleme in der Identifikation und der Kalkulation von Kosten ist die Zuordnung von fixen Kosten oder Gemeinkosten zu den Kostenträgern. Traditionelle Kostenrechnungssysteme bestimmen diese Kosten in Relation zur Anzahl hergestellter Produkteinheiten, wobei als Basis der Zuordnung von Fix- oder Gemeinkosten z.B. direkte Arbeitsstunden oder Materialkosten gewählt werden. „Activity-based costing" (ABC) ist ein mögliches Instrument, um Fixkosten von wiederholten Prozessen zu variabilisieren. Damit kann die Kostenträgereinzelrechnung an Aussagekraft gewinnen. ABC hat seine Grundlage in einer oft recht detaillierten Stammdatenverwaltung im System zur Planung & Steuerung. Dieses Kapitel liefert auch ein detailliertes Beispiel für eine Beurteilung des Einführungsaufwands von ABC.

16.1 Kosten, Kostenelemente und Kostenstrukturen

16.1.1 Effektive Kosten, direkte Kosten und Gemeinkosten

> Die *effektiven Kosten* eines Artikels sind die Kosten seiner letzten Produktion bzw. Beschaffung. Man gibt sie auf eine Masseinheit bezogen an.

Der durch einen Verkaufsauftrag erzielte Erlös kann mit seinen verursachten Kosten verglichen werden. So ist eine Aussage über den Erfolg des Auftrags möglich. Dies ist besonders dann von Nutzen, wenn der Verkaufspreis sehr stark schwankt oder mit erheblichen Rabatten gearbeitet wird, indem zum Beispiel grosse Mengen oder spezifische Aktionen in der Beschaffung ausgenützt werden.

Der Erlös eines Verkaufes ist im Gegensatz zu den Kosten oft leicht eruierbar. Die Betriebsbuchhaltung muss folgende Kosten berücksichtigen:

> Die *direkten Kosten* oder *Einzelkosten* sind die direkt bei einem Produkt bzw. einem Auftrag anfallenden Kosten.

Beispiele dafür sind Kosten für *direkte Arbeit*, z.B. für Löhne oder externe Arbeitsgänge, oder für *direktes Material*, z.B. für auf diesen Auftrag hin gekaufte Komponenten.

> Die *Gemeinkosten*. Solche Kosten fallen nicht auftragsbezogen, sondern auf andere Grössen bezogen an. Insbesondere beziehen sie sich jeweils gleich auf mehrere Produkte bzw. Aufträge.

Beispiele dafür sind Kosten für Anlagen und Betriebsmittel (Maschinen, Vorrichtungen, Werkzeuge) und Kosten für die Administration und Leitung.

In der Praxis können sich die effektiven Kosten während eines Jahres des Öfteren ändern. Irregularitäten in der Beschaffung (Pannen, Ausschuss, Rabatte, Einkaufsaktionen) führen zu starken Schwankungen der effektiven Kosten. Zudem gibt es prinzipielle Probleme bei der Berechnung der Kosten eines Verkaufsauftrags, falls auf effektive Kosten abgestellt wird.

Erstens sind viele Kosten innerhalb eines Unternehmens sind allgemeiner Natur – eben Gemeinkosten. Dafür muss man „gerechte" Verteilschlüssel ermitteln, welche die Gemeinkosten den einzelnen Produkten bzw. Aufträgen zuordnen. In vielen Fällen sind dies Prozentsätze des Umsatzes, gemessen an direkten Kosten. In anderen Fällen sind es aufgrund von Prognosen festgelegte Kostensätze pro Kapazitätseinheit.

Zweitens muss beim Ausfassen von Artikeln für den Verkauf oder den Einbau in ein übergeordnetes Produkt angegeben werden, auf welchen Produktions- oder Beschaffungsauftrag sich die Entnahme bezieht, um dessen effektive Kosten weiter zu verrechnen. Dies erfordert eine Bestandsführung nach Produktions- bzw. Beschaffungschargen. Die Entnahmen werden dann jeweils einer Charge zugeordnet. Den Nachweis der Charge liefert die Chargenverwaltung (dieses Vorgehen ist ja unumgänglich innerhalb der grundstoffverarbeitenden Industrie).

Drittens muss eine Nachkalkulation innerhalb einer vernünftigen Zeitspanne nach Beenden des Auftrags erstellt werden können. Die effektiven Kosten für externe Arbeitsgänge und für direkt auf den Auftrag zugekaufte Komponenten fallen in Form von Rechnungen an. Diese muss man in vernünftiger Zeit erhalten. Die Analyse der Kostenabweichungen von geplanten Budgets gestaltet sich schwieriger, je mehr Zeit zwischen dem Kostenereignis und dessen Nachkontrolle verstreicht. Dies deshalb, weil viele Informationen über das Ereignis nicht formal festgehalten werden und so im Moment des Vergleichs nicht mehr zur Verfügung stehen.

16.1.2 Durchschnittskosten und Standardkosten

Aufgrund der Problematik der Kostenrechnung mit effektiven Kosten haben viele Unternehmen ein Standardkostenrechnungssystem eingeführt.

> *Standardkosten* sind eine Näherung der effektiven Kosten. Sie bilden eine Grundlage für den Vergleich mit den effektiven Kosten und zur Berechnung der Abweichungen.

Standardkosten bilden die Basis für Budgets und für Abweichungsanalysen der Ist- von den Sollwerten in der Nachkalkulation. Standards für Kosten, Mengen und Zeiten sind auch zur Vorkalkulation eines neuen Produkts nützlich, nämlich dann, wenn es mit bisherigen Produkten vergleichbar ist. Standardkosten werden i. Allg. über die Durchschnittskosten bestimmt.

> *Durchschnittskosten* für einen Artikel sind die durchschnittlichen Kosten der letzten Eingänge dieses Artikels, bezogen auf eine Masseinheit des Artikels.

Für die Ermittlung der Durchschnittskosten kann man sich der gleichen Verfahren bedienen, wie sie für die vergangenheitsbasierte Vorhersage in Kap. 10.2 vorgestellt werden.

Am Ende der Budgetperiode – z.B. jährlich – werden die Durchschnittskosten als neue Standardkosten übertragen. Hier gibt es analoge Überlegungen wie für die Vorhersageverfahren in Kapitel 10, insbesondere für das Einbeziehen von Trends. Das Kostenrechnungswesen ermittelt auf diesen Zeitpunkt hin auch die neuen Standardkostensätze.

> *Standardkostensätze* für die Arbeitskosten je Kapazitätsplatz schliessen ein
>
> - Als direkte Kosten den zu erwartenden Stundensatz für die Arbeitenden.
> - Für die Gemeinkosten wird der Abschreibebedarf ermittelt und durch die Vorhersage der Belastung in Kapazitätseinheiten während der neuen Budgetperiode dividiert.

Für jeden Arbeitsgang gilt das gleiche Prinzip. Aus der Erfassung der effektiven Belastung in den Prozessen berechnet man die durchschnittlichen Werte für die Belastungsvorgabe eines Arbeitsgangs, die Rüstbelastung eines Arbeitsgangs, die Rüstzeit, die Einzelbelastung eines Arbeitsgangs und die Einzelzeit (für die Begriffe siehe Kap. 13.1.2). Zusammen mit weiteren Messungen werden daraus schliesslich die Vorgabemengen und Belastungsvorgaben bestimmt.

Standardkosten, -kostensätze, -mengen und -zeiten sollen während einer Budgetperiode möglichst unverändert bleiben. Bei starken Abweichungen der Durchschnittswerte mag es nötig sein, die Standardwerte schon im Laufe der Budgetperiode abzuändern.

Voraussetzung für die Bestimmung von Standardkosten und -mengen sind damit gut messbare und genügend häufig auftretende Prozesse, die eine statistische Mittelwertbildung erlauben. Zudem müssen sie eine gewisse Kontinuität aufweisen, damit die berechneten Vorgabemengen, -zeiten, -kosten und -kostensätze auch für die Zukunft aussagekräftig bleiben.

16.1.3 Variable Kosten und fixe Kosten

> *Variable Kosten* für ein Produkt bzw. einen Auftrag fallen nur an, wenn produziert bzw. beschafft wird. Variabel sind alle Kosten, die direkt durch den Auftrag verursacht werden, z.B. die Kosten für zugekaufte Komponenten, für Löhne, für externe Arbeitsgänge, für die notwendige Energie zum Betreiben der Maschinen usw.

Als Faustregel gilt folgende Aussage:

> „Variabel sind alle Kosten, die nicht anfallen würden, wenn man nicht produzieren bzw. beschaffen würde."

Fixe Kosten oder *Fixkosten* für ein Produkt bzw. einen Auftrag sind alle übrigen Kosten, d.h. die Kosten, die nicht variabel sind.

Fixkosten bleiben bei änderndem Beschäftigungsgrad konstant. Dies gilt bspw. für die Infrastruktur der Produktion (Gebäude, Saläre der Meister oder Abteilungsleiter, Heizung, Amortisation der Betriebsmittel), für F&E usw.

Fixkosten sind natürlich nur während eines mehr oder weniger langen zeitlichen Horizonts fix. Darüber hinaus werden sie sprungfix.

Sprungfixe Kosten ändern sich im Laufe der Zeitachse treppenförmig: Eine spürbare Vergrösserung der Nachfrage und damit der Produktion kann den Kauf eines neuen Betriebsmittels oder den Bau eines Gebäudes zur Folge haben. Kleinere Treppenstufen in dieser Kostenkurve werden z.B. durch das Einstellen eines neuen Meisters oder Abteilungsleiters oder durch eine Investition in eine geeignetere Infrastruktur ausgelöst.

Investitionen, deren Nutzung ein Jahr überschreitet, werden meistens aktiviert und abgeschrieben. Der Abschreibebedarf und die laufenden Fixkosten pro Jahr müssen über Verteilschlüssel den einzelnen beschaffenden Aufträgen zugeordnet werden. Siehe dazu Kap. 16.1.4.

Direkte Kosten sind in den meisten Fällen variable Kosten gemäss obiger Definition, Gemeinkosten sind in den meisten Fällen fixe Kosten.

Kosten werden jedoch als fix oder variable in Bezug auf spezifische Kostenträger bezeichnet, wie Produkte oder Aufträge. Deshalb gibt es *Gemeinkosten*, die *variabel* sind, z.B. die Kosten für die Energie, die direkt für den Produktionsprozess benötigt wird. Als (seltenes) Beispiel für *direkte Fixkosten* gelten Kapitalkosten, die unmittelbar auf einen Produktionsauftrag aufgeschlagen werden können, z.B. feste Lizenzbeträge pro Jahr.

Vollkosten oder volle Kosten für ein Produkt bzw. einen Auftrag sind die Summe der variablen Kosten und eines sinnvollen Teils der Fixkosten.

Die sinnvolle Aufteilung bzw. Variabilisierung der Fixkosten auf die Produkte oder Aufträge ist dasselbe Problem wie die gerechte Verteilung der Fixkosten.

Es soll hier nicht auf Vor- oder Nachteile einer variablen Kostenrechnung bzw. Teilkostenrechnung oder einer Vollkostenrechnung eingegangen werden. Darüber gibt es bereits viel Literatur. Sinnvollerweise muss eine Kalkulation nach beiden Kostenrechnungsprinzipien durchgeführt werden können. Darüber hinaus gibt es spezielle Anforderungen an die externe Rechnungslegung.

16.1.4 Das Kalkulationsschema: die Kostenstruktur eines Produkts

Das *Kalkulationsschema* bzw. die *Kostenstruktur eines Produkts* ist die Aufteilung der Herstellkosten in verschiedene *Kostenarten*, gemäss der Produktstruktur.

Die Abb. 16.1.4.1 zeigt ein Beispiel für ein Kalkulationsschema zur Berechnung der Kosten eines Produkts. Es stammt aus einem produzierenden Unternehmen.

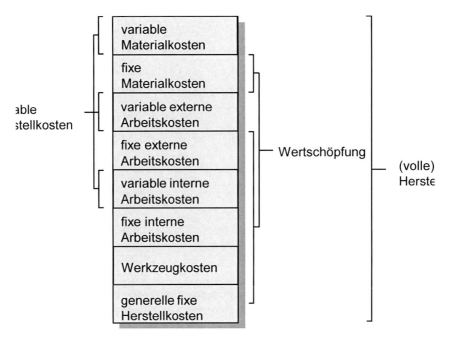

Abb. 16.1.4.1   Das Kalkulationsschema oder die Kostenstruktur eines Produkts

Materialkosten sind Kosten für zugekaufte Komponenten.

Materialkosten werden in zwei Unterkostenarten aufgeteilt:

- Die *variablen Materialkosten* für ein Produkt sind die Summe 1.) der Kosten von zugekauften Komponenten (der eigentlichen Beschaffungskosten) und 2.) der variablen Materialkosten aller eigenproduzierten Komponenten.

  Achtung: In amerikanischen Systemen umfassen die Materialkosten auch die vollen Herstellkosten der eigengefertigten Komponenten und nicht nur die variablen Materialkosten (Prinzip des Vergleichs Make-or-buy). In diesem Fall wäre der Begriff Komponentenkosten anstelle von Materialkosten wohl richtiger (siehe die Definition der beiden Begriffe Material und Komponente in Kap. 1.1.1).

- Die *fixen Materialkosten* umfassen 1.) die Kosten für die Lieferantenqualifikation und Bauteilequalitätsprüfung, 2.) die Einkaufskosten, 3.) die Bestandshaltungskosten, und 4.) die Kosten für Warenannahme und Kontrolle zugekaufter Güter.

  Die fixen Materialkosten werden am einfachsten als prozentualer Zuschlag ausgedrückt, berechnet mittels Division der gesamten fixen Kosten durch den gesamten Umsatz an Gütern zu variablen Kosten. Diese Division wird am Ende einer Budgetperiode mit den Daten der soeben zu Ende gegangenen Periode durchgeführt und gilt dann als Vorhersage für die nächste Periode. Man kann sich verschiedene Prozentsätze in Abhängigkeit der jeweiligen Lagerart (verschiedene Gebäude, Kühlschränke, spezielle Verpackungen usw.) oder in Funktion der Art oder des Wertes des Guts (Eisen, Gold, Holz usw.) vorstellen. Dafür müssen jedoch die fixen Kosten für die verschiedenen Kategorien separat erfasst werden. Je genauer der Prozentsatz berechnet, je „gerechter" die Kosten auf die Produkte verteilt werden sollen, desto grösser wird der Aufwand für die Kostenrechnung. Diese grundsätzliche Feststellung gilt auch in Bezug auf das „activity-based costing" (Kap. 16.4)

> *Externe Arbeitskosten* sind die Kosten für externe Arbeitsgänge aufgrund von Auswärtsvergabe von Arbeiten.

Auswärtsvergabe von Arbeiten ist die Folge von mangelndem Know-how für spezifische Produktionstechniken, mangelnder Infrastruktur (spezielle Maschinen) oder fehlenden Kapazitäten. Für solche Arbeitsgänge definiert man spezielle Kostenstellen. Deren Identifikation entspricht möglicherweise der Lieferanten-Identifikation. Externe Arbeitskosten werden wiederum in zwei Unterkostenarten aufgeteilt:

- Die *variablen externen Arbeitskosten* sind die Summe aller Fakturen von an Zulieferer vergebenen Arbeiten. Diese umfassen auch deren Fixkosten, die aber bei der auftraggebenden Firma zu den variablen Kosten gehören.

- Die *fixen externen Arbeitskosten* sind Kosten, die für Umtriebe im Zusammenhang mit der Auswärtsvergabe von Arbeiten entstehen, insbesondere die Fracht- und Transportkosten der Güter vom und zum Zulieferer, die Kosten für Warenannahme und Kontrolle der extern vergebenen Arbeiten, sowie der administrative Aufwand im Zusammenhang mit der Auswärtsvergabe von Arbeiten (Evaluation, Bestellschreibung usw.).

  Die fixen externen Arbeitskosten werden i. Allg., durch einen Prozentsatz ausgedrückt, bezogen auf die gesamte Fakturasumme der extern vergebenen Arbeiten. Verschiedene Prozentsätze können in Funktion von verschiedenen Kategorien von Zulieferern vergeben werden, wobei dann natürlich die fixen Kosten für diese Kategorien getrennt erfasst werden müssen. Wie bei den Materialkosten wird der Prozentsatz am Ende einer Budgetperiode berechnet und dient als Vorhersage für die nächste Budgetperiode.

> *Interne Arbeitskosten* sind die Summe der Kosten aller im eigenen Unternehmen ausgeführten Arbeitsgänge für das Produkt.

Jeder interne Arbeitsgang bezieht sich auf einen Kapazitätsplatz[1], für welchen je zwei Kostensätze eingeschrieben sind. Ein Kostensatz bezieht sich dabei auf eine Kapazitätseinheit.

- Der *Kostensatz für variable interne Arbeitskosten* umfasst die Kosten für Löhne, Energieverbrauch, Verbrauch an Kleinmaterial usw., welche notwendig sind, um den Arbeitsgang ausführen zu können. Er ist im Wesentlichen direkt oder durch Messung bestimmbar.

- Der *Kostensatz für fixe interne Arbeitskosten* umfasst die Kosten für die Amortisation sowohl der Maschinen und der Infrastruktur, wie auch der Werkzeuge und Vorrichtungen, sofern letztere nicht unabhängig von den Maschinen amortisiert werden. Dazu kommen die laufenden Kosten, z.B. für die operationelle Führung. Der Kostensatz wird jeweils am Ende einer Budgetperiode als Vorhersage für die nächste Periode berechnet. Für jeden Kapazitätsplatz werden die gesamten fixen Kosten durch die Vorhersage der Belastungsmenge für die nächste Budgetperiode dividiert.

Die variablen bzw. fixen Kosten eines Arbeitsganges berechnen sich durch Multiplikation der *Belastungsvorgabe eines Arbeitsgangs* (siehe Abb. 13.1.2.2) mit dem Kostensatz für variable bzw. fixe Arbeitskosten.

---

[1] In einigen Fällen bezieht sich ein Arbeitsgang auf zwei solche Kapazitätsplätze: einen für die Maschine und einen für die Personen.

> Die *Werkzeugkosten* je Arbeitsgang sind die Kosten, die durch den Gebrauch von Werkzeugen während des Arbeitsgangs entstehen.

Früher waren die Werkzeugkosten Teil der fixen Kosten eines Kapazitätsplatzes. Heute bilden sie einen derart hohen Anteil der Kosten und sind zudem oft derart unterschiedlich für jedes hergestellte Produkt, dass sie mit Vorteil separat ausgewiesen werden. Folgendes Vorgehen, das den Prinzipien des „activity-based costing" entspricht, zeigt dies beispielhaft (siehe Kap. 16.4).

- Die Werkzeugkosten je Arbeitsgang werden berechnet durch Multiplikation der Losgrösse mit dem Kostensatz je Werkzeuggebrauch, der in den Stammdaten des Werkzeuges festgelegt ist (siehe dazu Kap. 17.2.7). Der Kostensatz pro Gebrauch des Werkzeuges errechnet sich mittels Division des zu amortisierenden Betrages durch die voraussichtliche Anzahl von Gebräuchen des Werkzeuges.

- Die effektive Anzahl der Gebräuche des Werkzeuges (ein Kostentreiber („cost driver")) wird durch die Betriebsdatenerfassung über den betreffenden Arbeitsgang gezählt und wiederum in den Stamm- und Bestandsdaten des Werkzeuges festgehalten. So kann die effektive Anzahl Gebräuche periodisch mit der budgetierten Anzahl verglichen werden. Je nach Ergebnis des Vergleichs kann der Kostensatz verändert werden.

> Die *generellen fixen Herstellkosten* sind die (Fix-)Kosten für alles, was nicht direkt mit dem Herstellungsprozess oder der Produktionsinfrastruktur in Zusammenhang steht.

Zu den generellen fixen Herstellkosten zählen z.B. die Lizenzen oder die generelle Arbeitsvorbereitung und Direktion der Produktion.

Es handelt sich i. Allg. um einen oder verschiedene Prozentsätze, die sich auf die Summe der bisher erwähnten Kosten beziehen. Die Summe aller generellen fixen Herstellkosten wird durch die gesamten bisher erwähnten Herstellkosten dividiert. Dies geschieht wiederum am Ende einer Budgetperiode und dient als Grundlage der Vorhersage für die nächstfolgende.

> Die *variablen Herstellkosten* sind die Summe aller variablen Kosten (Material, Arbeit) eines Produkts oder während einer bestimmten Periode.
>
> Die *(vollen) Herstellkosten* sind die Summe aller variablen und fixen Kosten (Material, Arbeit und Overhead) eines Produkts oder während einer bestimmten Periode (engl. „cost of goods sold").

Nebst den erwähnten Fixkosten gibt es noch weitere.

> Die *generellen und administrativen Kosten (G&A)* sind die Summe der (Fix-) Kosten für F&E, Administration, Marketing und Verkauf und die allgemeine Direktion.

Die G&A werden durch einen Prozentsatz bezogen auf die vollen Herstellkosten ausgedrückt, indem wiederum am Ende der Budgetperiode die aufgelaufenen G&A durch die vollen Herstellkosten während der Budgetperiode dividiert werden. Der entstehende Prozentsatz dient als Basis für die Vorhersage der nächsten Periode.

> Die *Selbstkosten* eines Produkts (engl. „cost of sales") sind die Summe der Herstellkosten und der G&A eines Produkts oder während einer bestimmten Periode.

Die Wertschöpfung schliesslich ist die Eigenleistung des Unternehmens.

Die *Wertschöpfung* eines Produkts ist definiert als die vollen Herstellkosten abzüglich der variablen Materialkosten, abzüglich der variablen externen Produktionskosten, abzüglich eines Teils der generellen fixen Produktionskosten (z.B. Lizenzen).[2]

Das Komplement der Wertschöpfung sind die zugekauften Produkte und Dienstleistungen. Diese Definition der Wertschöpfung dient auch als Grundlage für steuerliche Aspekte.

Die variablen Herstellkosten dienen als kurzfristige untere Grenze des Verkaufspreises (variable bzw. Teilkostenrechnung), während die vollen Herstellkosten als mittelfristige untere Grenze des Verkaufspreises angesehen werden können (Vollkostenrechnung). Der Verkaufspreis umfasst dann – wenn möglich – nebst den Selbstkosten eine Gewinnmarge. Für eine umfassende Kostenrechnung ist es notwendig, pro Artikel alle erwähnten acht Kostenarten zu führen. Die Herstellkosten selbst können dann durch einfache Addition der Kostenarten hergeleitet werden.

16.2 Die Vorkalkulation

16.2.1 Ein Algorithmus zur Vorkalkulation eines Produkts

Die Vorkalkulation der Herstellkosten erfolgt ausgehend von den Stammdaten. Als Beispiel diene ein Produkt *Kugellager* gemäss Abb. 16.2.1.1.

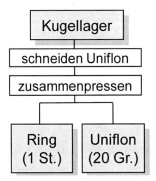

Abb. 16.2.1.1   Ein Kugellager als Beispielprodukt

Das Produkt *Kugellager* (Artikel-Id. 83569) besteht aus den beiden Komponenten *Ring* (Artikel-Id. 83593, ein eigenproduziertes Halbfabrikat) und *Uniflon* (Artikel-Id. 83607, ein zugekauftes Rohmaterial). Die Stückliste des Produkts hat damit zwei Positionen. Das Kugellager wird produziert durch die beiden Arbeitsgänge *Schneiden Uniflon* (Pos. 250 auf Kapazitätsplatz-Id. 907501, „Manuelle Produktion") und *Zusammenpressen* (Pos. 270 auf Kapazitätsplatz-Id. 908301, „Spezialpressen"). Der Arbeitsplan des Produkts hat damit zwei Arbeitsgänge. Im konkreten Fall gibt es noch mehr Komponenten bzw. Arbeitsgänge. Aus didaktischen Gründen (Einfachheit) sind nur diese beiden Komponenten bzw. diese beiden Arbeitsgänge angeführt.

---

[2]   Dies ist die Wertschöpfung aus der Sicht des Herstellers, im Unterschied zur Wertschöpfung aus der Sicht des Kunden (siehe Kap. 4.1.2).

Um die *Kosten pro produzierte Einheit* zu erhalten, muss man entweder die Kosten für das gesamte Los zusammenzählen und anschliessend durch die Losgrösse dividieren oder die Rüstbelastung jedes Arbeitsgangs durch die Losgrösse dividieren.

Für die Vorkalkulation werden nun die Kosten für sämtliche Kostenarten gemäss Kap. 16.1.4 berechnet. Aus didaktischen Gründen sind im Algorithmus in Abb. 16.2.1.2 nur drei davon aufgeführt.

---

1   Variable Materialkosten
- Behandle jede Komponente in der Stückliste des Produkts wie folgt:

  - Bestimme das zu jeder Komponente gehörende Objekt *Artikel* und bestimme dort den Kostensatz für die variablen Materialkosten einer Masseinheit des Artikels.

  - Berechne die Komponentenkosten durch Multiplikation dieses Kostensatzes mit der Einbaumenge der Komponente in das Produkt.

- Zähle die Komponentenkosten aller Komponenten der Stückliste zusammen.

2   Interne Arbeitskosten je Masseinheit auf dieser Strukturstufe
- Behandle jeden Arbeitsgang des Arbeitsplans des Produkts wie folgt:

  - Bestimme die Belastungsvorgabe des Arbeitsgangs.

  - Bestimme das zu jedem Arbeitsgang gehörende Objekt *Kapazitätsplatz* und bestimme dort den Kostensatz für die variablen internen Arbeitskosten sowie den Kostensatz für die fixen internen Arbeitskosten einer Kapazitätseinheit.

  - Berechne die variablen bzw. die fixen Arbeitsgangkosten durch Multiplikation des betreffenden Kostensatzes mit der Belastungsvorgabe des Arbeitsgangs.

- Zähle die variablen bzw. die fixen Arbeitsgangkosten aller Arbeitsgänge des Arbeitsplans zusammen.

3   Interne Arbeitskosten je Masseinheit auf allen Strukturstufen
- Berechne die Arbeitskosten pro produzierte Einheit auf allen tieferen Produktionsstufen wie folgt:

  - Behandle jede Komponente der Stückliste des Produkts wie folgt:

  - Bestimme das zu jeder Komponente gehörende Objekt *Artikel* und bestimme dort den Kostensatz für die variablen internen Arbeitskosten sowie für die fixen internen Arbeitskosten einer Masseinheit des Artikels.

  - Berechne die variablen bzw. die fixen Arbeitskosten der Komponente durch Multiplikation des betreffenden Kostensatzes mit der Einbaumenge der Komponente in das Produkt.

  - Zähle die variablen bzw. die fixen Arbeitskosten aller Komponenten der Stückliste zusammen.

- Zähle dazu die variablen bzw. die fixen Arbeitsgangkosten aller Arbeitsgänge des Arbeitsplans auf dieser Stufe gemäss Punkt 2.

Ende des Algorithmus

Abb. 16.2.1.2   Algorithmus zur Vorkalkulation eines Produkts (für drei Kostenarten)

Die Abb. 16.2.1.3 zeigt den Datenfluss des zuvor verbal beschriebenen Algorithmus zur Vorkalkulation.

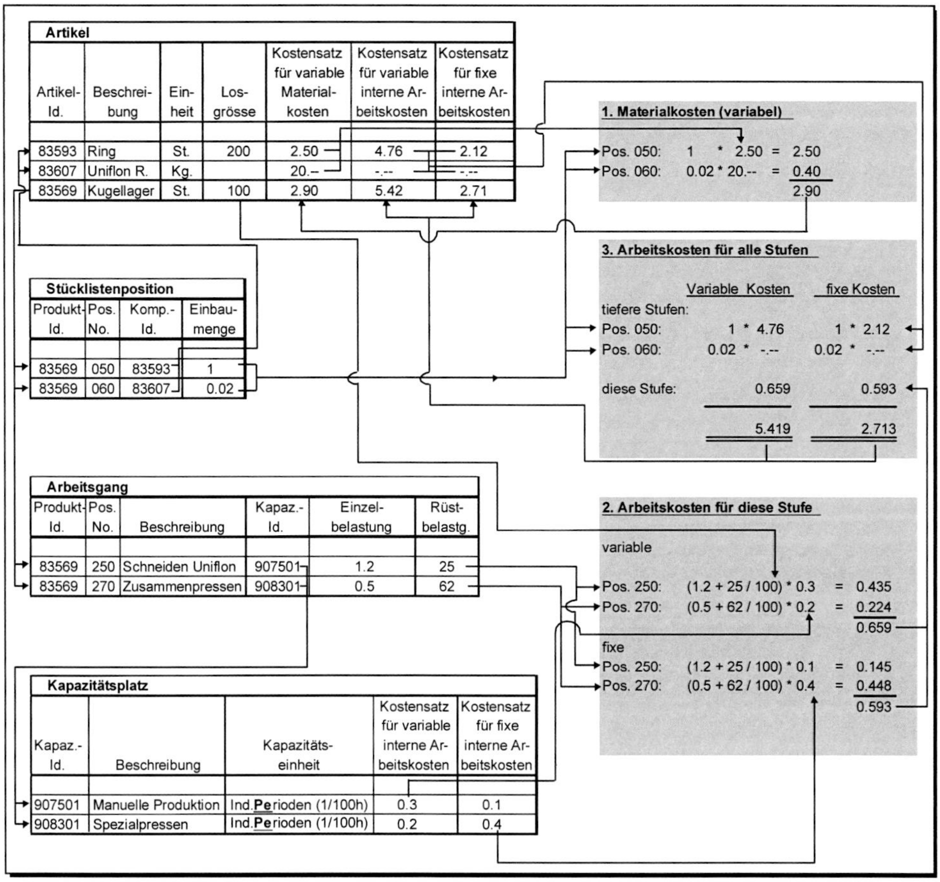

Abb. 16.2.1.3   Der Algorithmus zur Vorkalkulation eines Produkts

Die oben erwähnten drei Schritte sind in den grau unterlegten Teilen aufgeführt. Im tabellarischen Teil finden sich die Geschäftsobjekte Artikel (erste Tabelle mit drei Objekten) und Kapazitätsplatz (vierte Tabelle mit zwei Objekten). Das Geschäftsobjekt Stückliste (zweite Tabelle) ist in detaillierte logistische Objekte aufgeteilt, nämlich in die den Komponenten entsprechenden Stücklistenpositionen. Beim Geschäftsobjekt Arbeitsplan (dritte Tabelle) sind es die Arbeitsgänge. Siehe auch die detaillierte Beschreibung der Objekt- bzw. Entitätsklassen in Kap. 17.2.1 bis Kap. 17.2.8 und hierbei insbesondere die Abb. 17.2.1.1 und 17.2.8.1. Die Pfeile in der Abb. 16.2.1.3 bezeichnen die Quellen und Senken der Daten für die einzelnen Berechnungen.

16.2.2 Die Präsentation der Kalkulation und die Gesamtrechnung eines Sortiments

Die Abb. 16.2.2.1 zeigt eine mögliche Darstellung des Resultats einer (einstufigen) *Kalkulation* eines einzelnen Produkts. Als Beispiel dient erneut das Produkt *Kugellager* aus Kap. 16.2.1.

Kalkulation

Produkt-Id: 83569   Beschreibung: Kugellager Losgrösse (Bestellmenge): 5000   Effektive Menge: 5000

Pos.	Text	fix. var.	Komp.-Id. Kapaz.-Id.	Rüst-belstng.	Einbaumenge / Einzelbelastung	Gesamtmenge Soll	Gesamtmenge Ist	Ein-heit	Kosten pro Einheit	Kosten Soll	Kosten Ist
1	Ring (Material)	var.	83593		1	5000	0	St.	2.50	12500.--	0
2	Ring (Arbeit)	var.	83593		1	5000	0	St.	4.76	23800.--	0
3	Ring (Arbeit)	fix	83593		1	5000	0	St.	2.12	10600.--	0
4	Uniflon (Mat.)	var.	83607		0.02	100	0	Kg.	20.00	2000.--	0
5	Schneiden	var.	907501	25	1.2	6025	0	Pe	0.3	1807.50	0
6	Schneiden	fix	907501	25	1.2	6025	0	Pe	0.1	602.50	0
7	Zus.Pressen	var.	908301	62	0.5	2562	0	Pe	0.2	512.40	0
8	Zus.Pressen	fix	908301	62	0.5	2562	0	Pe	0.4	1024.80	0

Kosten pro Los / Bestellmenge Soll	Ist	Kosten pro Los / Effektive Menge Soll	Ist	Kostenart	Kosten pro Los Soll	Ist
2.90	0	2.90	0	variable Materialkosten	14500.--	0
5.22	0	5.22	0	variable interne Arbeitskosten	26119.90	0
8.12	0	8.12	0	variable Herstellkosten	40619.90	0
2.45	0	2.45	0	fixe interne Arbeitskosten	12227.30	0
10.57	0	10.57	0	volle Herstellkosten	52847.20	0

Abb. 16.2.2.1   Präsentation der Kalkulation eines Produkts

In der gezeigten Darstellung ist nur die *Soll-Kosten*-Kolonne gefüllt. Es handelt sich daher um eine *Vorkalkulation*. Für die *laufende Nachkalkulation* wird die *Ist*-Kolonne mit den Daten aus der Betriebsdatenerfassung gefüllt. Die Division durch die Losgrösse wird hierbei erst ganz am Schluss durchgeführt. Hingegen muss vorher die Einzelbelastung mit der Losgrösse multipliziert werden. Man vergleiche das Ergebnis der Rechnung mit Losgrösse 5'000 mit demjenigen in der Abb. 16.2.1.3 (Losgrösse 100).

Enthält die Stückliste eines Produkts eigengefertigte Komponenten, muss zuerst deren Vorkalkulation durchgeführt werden. Daraufhin kann das Produkt selbst, in welches sie eingebaut sind, kalkuliert werden. Dies geschieht am besten, indem man entlang der Baumstruktur mit vertikaler Priorität (engl. „depth first search") alle eigenproduzierten Komponenten vorkalkuliert. Sind auf einer Stufe jeweils alle Komponenten vorkalkuliert, so kann im Moment der Rückkehr auf die nächsthöhere Stufe der Arboreszenz das übergeordnete Produkt ebenfalls kalkuliert werden.

Soll das ganze Sortiment an Produkten neu gerechnet werden, ist es effizienter, die einzelnen Artikel in absteigender Reihenfolge nach der Dispositionsstufe zu bearbeiten. So beginnt man mit der Kalkulation der Einzelteile und Baugruppen auf möglichst tiefer Stufe und hört mit den Endprodukten auf. Diese Reihenfolge ist aufgrund der vorgängig erfolgten Berechnung der Dispositionsstufe möglich.

Für auf Auftrag produzierte Komponenten, welche also nicht gelagert, sondern abhängig von der Nachfrage des übergeordneten Produkts produziert werden, kann die Kalkulation der Komponente direkt in diejenige dieses Produkts integriert werden. Das produzierte Los hängt ja von dem des Produkts ab und fällt deshalb jedes Mal unterschiedlich aus.

Ist ein Endprodukt nicht lagerhaltig, sondern z.B. eine variantenreiche Produktfamilie, so kann man die Kalkulation für verschiedene Kombinationen von Parameterwerten durchführen. Damit können verschiedene Kostenstützpunkte im n-dimensionalen Raum der Parameter berechnet werden. Die einzelnen Parameterwertkombinationen sind in sog. Parameterwertlisten beim Objekt *Artikel* zu hinterlegen und in einer Kalkulation gemäss Abb. 16.2.2.1 anzugeben.

16.3   Die Nachkalkulation

16.3.1 Ist-Mengen und Ist-Kosten

Die *Ist-Mengen* sind die durch einen Auftrag verbrauchten Mengen an Komponenten und Kapazität.

Die Ist-Mengen eines F&E-, Produktions- oder Beschaffungsauftrags erhält man über die Betriebsdatenerfassung (siehe Kap 15.3). Sie dienen gewöhnlich als Faktor für die Berechnung der Ist-Kosten:

Die *Ist-Auftragskosten* sind die durch einen Auftrag verursachten Kosten.

In einfachen Fällen können die Ist-Auftragskosten ohne Probleme bestimmt werden:

Backflush costing ist die Bestimmung von Kosten ausgehend vom Output der Produktion, aufgrund von Standards. Sie gelangt i. Allg. im Zusammenhang mit der Wiederholproduktion (engl. „repetitive manufacturing") zur Anwendung.

In den übrigen Fällen werden die Ist-Auftragskosten durch eine Nachkalkulation nach folgenden *Kostenidentifikationsverfahren* ermittelt:

- *Standardkostenrechnung*: Ist-Mengen (verbrauchte Mengen bzw. Zeiten) mal Standardkostensätze für variable und fixe Kosten

- *Normalkostenrechnung*: effektive Fakturabeträge oder Lohnkosten für variable Kosten, Ist-Mengen mal Standardkostensätze für fixe Kosten

- *Rechnung nach effektiven Kosten*: effektive Fakturabeträge oder Lohnkosten für variable und fixe Kosten

Man erhält damit eine Summenbildung für die einzelnen Kostenarten, die dem in Abb. 16.1.4.1 vorgestellten Kalkulationsschema entspricht. Der Algorithmus zur Nachkalkulation eines Auftrags entspricht dem in der Abb. 16.2.2.1 vorgestellten Vorgehen. Die Daten stammen dabei aus dem Geschäftsobjekt Auftrag und nicht aus den Stammdaten (für weitere Details siehe Kap. 17.1). In der Kalkulation gemäss Abb. 16.2.2.1 werden die Kolonnen mit den *Ist-Werten* laufend ergänzt (Laufende Nachkalkulation). Die ausgewiesenen Werte entsprechen den Verbräuchen durch die bereits rückgemeldeten Arbeitsgänge und die bezogenen Teile. Damit können die Kosten jedes Produktionsauftrags laufend verfolgt und mit den *Soll-Werten* verglichen werden. Dieser ständige Vergleich ist besonders wichtig für Kundenauftragsbezogene Produktionsaufträge, welchen ein Budget gegenübersteht. Damit können die zu erwartenden Gewinne oder Verluste relativ früh aufgezeigt werden, was ggf. rechtzeitige Korrekturen erlaubt.

Für einen sinnvollen Vergleich muss das Kostenidentifikationsverfahren für Vor- und Nachkalkulation übereinstimmen. Für die einzelnen Kostenarten sind jedoch Abweichungen möglich:

- Bei der Rechnung nach effektiven Kosten können die Rechnungen für Materialien oder externe Arbeiten viel zu spät eintreffen, um eine effiziente Kontrolle der internen Arbeitsgänge zu erlauben. In solchen Fällen könnte auf die Belastungsvorgabe oder aber auf die Ist-Menge zu Standardkostensätzen zurückgegriffen werden.

- In einigen Fällen mag es schwierig sein, die Kosten aufgrund einer globalen Rechnung den einzelnen extern bezogenen Ressourcen auf gerechte Weise zuzuordnen, so dass Standardkostensätze sich als ebenso genau erweisen. Diese werden dann wiederum mit den Ist-Mengen multipliziert.

- Die Bewertung der Materialkosten aufgrund von Standardkostensätzen ist wegen starker Schwankungen der Kosten bei zugekauften Artikeln ungenau. Es mag dann nötig sein, als Basis die Durchschnittskosten zu nehmen oder aber gewisse Materialien zu den effektiven Kosten der Beschaffungschargen zu bewerten.

Bei einer Rechnung nach effektiven Kosten als Kostenidentifikationsverfahren ist die Vorkalkulation im Wesentlichen ein Spiegelbild des letzten Auftrags. Die einzelnen Kostenarten können aber mit Budgets belegt werden, die nicht der Summe der Vorgaben der dahinter stehenden einzelnen Artikelabgänge bzw. Arbeitsgänge entsprechen müssen. Wenn diese Budgets den zu erwartenden Erlösen entsprechen, dann führt der laufende Vergleich der Vorkalkulation (Budget) mit der Nachkalkulation direkt zum erwarteten Erlös dieses Auftrags.

16.3.2 Die Kostenanalyse

> Die *Kostenanalyse* versucht, die Gründe für *signifikante (d.h. festgelegte Schwellenwerte sprengende) Abweichungen* der effektiven Kosten eines Auftrags (der Ist-Auftragskosten) im Verhältnis zu den Soll-Kosten herauszufinden.

> *Mengenabweichungen* sind Abweichungen aufgrund von reduzierten oder erhöhten Verbräuchen von Ressourcen im Verhältnis zu den geplanten.

Mengenabweichungen haben verschiedene Ursachen:

- *Mengenabweichungen bei einem internen Arbeitsgang.* Die effektive Belastung ist verschieden von der Belastungsvorgabe, z.B. aufgrund von

  - ungeplanten Vorfällen in der Produktion,

  - schlechterer oder besserer Effizienz des Kapazitätsplatzes als vorhergesehen (Zeitgrad),

  - fehlerhaft vorgegebener Menge an Kapazitätseinheiten oder fehlerhafter Erfassung der verbrauchten Menge,

  - zusätzlicher Arbeitsgänge bei Nacharbeit.

- *Mengenabweichungen bei einer Komponente* und *bei einem externen Arbeitsgang.* Die verbrauchten Mengen sind verschieden von den vorgegebenen Mengen in der Stückliste oder im Arbeitsplan, zum Beispiel aufgrund von

- schlechten Vorgaben (Schätzungen),
- verlorenen Gütern oder Ausschuss.

- *Abweichungen der Kosten pro produzierte Einheit.* Falls Ausschuss produziert wird, mag die effektiv gefertigte Menge kleiner sein als die bestellte Menge. Damit werden die Herstellkosten *je produzierte Einheit* höher als vorgesehen, weil die Mehrzahl der Komponenten und die Ressourcen für die ersten Arbeitsgänge gemäss der ursprünglich bestellten Menge verbraucht wurden.

Alle diese Abweichungen ergeben sich im Falle der Standardkostenrechnung durch einfachen Vergleich der Nachkalkulation mit der Vorkalkulation. Da die zugrunde liegenden Kostensätze gleich bleiben, weist die Nachkalkulation nur die Mengenabweichungen aus.

Kostenabweichungen sind Abweichungen zwischen effektiven Kosten und Standardkosten.

Die verschiedenen möglichen Kostenabweichungen werden anhand der Betriebsbuchhaltung analysiert:

- Die Abweichung der effektiven Kosten der eingekauften Komponenten von den Standardkosten für die gleichen Artikel.

- *Die Abweichungen der effektiven Kosten einer Kapazitätseinheit.* Da die Kosten pro Kapazitätseinheit aufgrund einer Vorhersage aus der Vergangenheit auf die Zukunft transferiert werden, ist am Ende der Budgetperiode eine Abweichung aufgrund von Überlast oder Unterlast festzustellen: Die Fixkosten hätten eigentlich durch eine andere Belastungsmenge dividiert werden müssen.

In einer Rechnung auf der Basis von effektiven Kosten sind beim Vergleich der Nachkalkulation mit der Vorkalkulation Mengen- wie auch Kostenabweichungen inbegriffen. Sollen die beiden Abweichungen separat ausgewiesen werden, so müsste eine dritte Kolonne, genannt „Ist-Mengen zu Vorgabekostensätzen" eingeführt werden. Dies ist jedoch nur dann möglich, wenn in der Vorkalkulation die Kostensätze bekannt sind. Sind jedoch nur Gesamtbudgets pro Kostenart vorgegeben, so kann die Mengenabweichung nicht getrennt von der Kostenabweichung ausgewiesen werden.

16.3.3 Die Schnittstelle von der Auftragsverwaltung zur Betriebsbuchhaltung

---

Im Rahmen der Produktionsauftragsverwaltung ist eine *Kostenträger(einzel)rechnung*, z.B. eine *Produkt-* oder *Projektkostenrechnung* im Wesentlichen die bisher beschriebene Nachkalkulation.

Die Kostenträgerrechnung wird auch in der Betriebsbuchhaltung („Costing") durchgeführt. Weitere Resultate der Betriebsbuchhaltung sind die Kostenstellen- sowie die Kostenträgergruppenrechnung. Die Qualität aller Costing-Systeme, insbesondere der *Costing-Software*, hängt nicht zuletzt von der Frequenz ab, in der die Daten vom betrieblichen Datenerfassungswesen und von der Produktionsauftragsverwaltung geliefert werden. Diese Datenerfassungssysteme bilden die Nahtstelle zur Betriebsbuchhaltung und erlauben die Zusammenführung der notwendigen Kostendaten.

Eine Costing-Software verwaltet auch den Wert der Ware in Arbeit. Jede Transaktion im Zusammenhang mit Produktionsaufträgen ist dem Kostenrechnungswesen deshalb mitzuteilen. Dazu gehören

- die Eröffnung bzw. jede Änderung eines Produktionsauftrags.

- jeder Lagerbezug. Dieser bewirkt eine Erhöhung des Wertes der Ware in Arbeit und eine Reduktion des Wertes im Lager um die Ist-Kosten.

- jede Durchführung eines Arbeitsganges. Die Ist-Kosten des Arbeitsganges werden zum Wert der Ware in Arbeit hinzugefügt. Der entsprechende Kapazitätsplatz wird entlastet.

- jede Rechnung aufgrund einer Güterlieferung oder einer externen Arbeitsvergabe. Anstelle der Ware in Arbeit kann auch ein fiktives Lagerkonto oder eine fiktive Kostenstelle belastet werden, welche dann durch einen entsprechenden Abgang zu Standardkostensätzen entlastet wird.

- die Auftragsschliessung. Der für den Auftrag aufgelaufene Wert der Ware in Arbeit wird zusammen mit den fixen Kosten dem Lagerkonto oder aber direkt dem Aufwandkonto für Kundenproduktionsaufträge belastet.

Die Übergabe der Transaktionen kann jeden Tag erfolgen. Sofern das Kostenrechnungswesen nur monatlich durchgeführt wird, genügt es auch, die Daten direkt vor einer Durchführung zu übergeben.

Achtung: Am Ende jeder Buchhaltungsperiode, zum Beispiel am Ende des Monats, müssen alle Ist-Werte – bspw. die verbrauchten Mengen oder die effektiven Kosten – in einem Attribut „verbrauchte Menge bis zum Ende der Buchhaltungsperiode" zwischengespeichert werden. Dies geschieht durch ein Programm, das am Ende der Buchhaltungsperiode durchgeführt wird. Wenn dann die Daten dem Kostenrechnungswesen übergeben werden, zum Beispiel am 5. Tag des darauffolgenden Monats, so werden die in diesen Zwischenattributen festgehaltenen Werte an das Rechnungswesen übergeben. Auf den eigentlichen Attributen „verbrauchte Menge" sind unterdessen bereits weitere Verbräuche der neuen Buchhaltungsperiode festgehalten worden.

16.4 Prozesskostenrechnung („Activity-Based Costing")

16.4.1 Grenzen der traditionellen Kostenträgerrechnung

Fixkosten werden in der Nachkalkulation in vielen Fällen durch einen Zuschlag, ausgedrückt durch welche einen Prozentsatz, bezogen auf die variablen Kosten von Material und Arbeit, berechnet.

Im einfachsten Fall ist dies ein einziger Prozentsatz bzw. Multiplikationsfaktor für die gesamten variablen Herstellkosten oder zwei Prozentsätze – wovon je einer für die Material- und Arbeitskosten, wie in Abb. 16.4.1.1 dargestellt. Dieser traditionelle Fixkostenzuordnungsprozess nutzt also als Grundlage für die Zuordnung von Fixkosten zu Produkten die direkten Material- und Arbeitskosten (z.B. Maschinen- und Personenstunden).

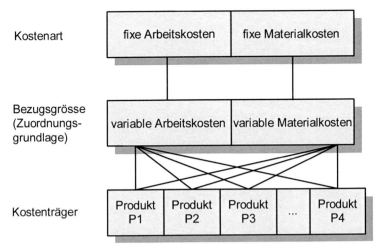

Abb. 16.4.1.1 Fixkostenzuordnung bei traditioneller Kostenrechnung mit zwei Fixkostenarten

Solche einfachen Zuschlagsfaktoren haben sich in den letzten zwanzig Jahren vervielfacht – vor allem aufgrund der starken Verschiebung von variablen internen Arbeitskosten in Richtung fixer interner Arbeitskosten (Maschinen, Werkzeuge usw.). Es gibt heute Firmen, wo sie in der Grössenordnung von 10 liegen, d.h. die variablen Kosten machen über das gesamte Unternehmen gesehen nur noch 10% der Herstellkosten aus. Der Rest sind fixe Kosten verschiedener Natur (siehe auch Abb. 16.1.4.1), nämlich

- Kosten für Beschaffung und Lagerhaltung von Material
- Kosten für das Management von externen Arbeitsgängen
- Kosten für Maschinen, Werkzeuge und Produktionsinfrastruktur
- Kosten für F&E, Lizenzen, Konstruktion, AVOR usw.

Da die traditionelle Kostenrechnung sich auf variable Kosten konzentriert, entstehen Probleme. Ein Reduzieren der variablen Kosten hat oft nur ein Erhöhen des Multiplikationsfaktors zur Folge, da einfach dieselben Fixkosten auf weniger variable Kosten verteilt werden. Gerade bei einem breiten Produktkonzept, z.B. bei Mischfertigern mit Produkten nach (evtl. ändernder) Kundenspezifikation bis hin zu Standardprodukten ohne Varianten, tritt damit prinzipiell die in der Abb. 16.4.1.2 gezeigte Ungerechtigkeit auf.

Produkte mit hohen variablen Kosten – oft Standardprodukte – werden unverhältnismässig stark mit Zuschlägen belastet im Verhältnis zu Produkten mit tiefen variablen Kosten – oft Produkte nach (ändernder) Kundenspezifikation. Im Beispiel ist das Produkt P1 – das hohe variable Kosten ausweist (der schwarze Anteil) – übermässig mit Fixkosten belastet (der weisse Anteil), während P2 – das tiefe variable Kosten ausweist – mit verhältnismässig zu wenig Fixkosten belastet ist. Siehe dazu auch [CoSt93] oder [Horv98].

Da zur Preisbildung die Herstellkostenrechnung hinzugezogen wird, würden als Ergebnis tendenziell technisch und logistisch einfach handzuhabende Produkte auf dem Markt zu teuer angeboten, technisch und logistisch aufwendige Produkte jedoch eher zu billig. In der Folge ist man mit den Serien- und Massenprodukten nicht mehr konkurrenzfähig, und zwar nicht wegen der hohen Lohnkosten, sondern einfach wegen des Kostenrechnungssystems.

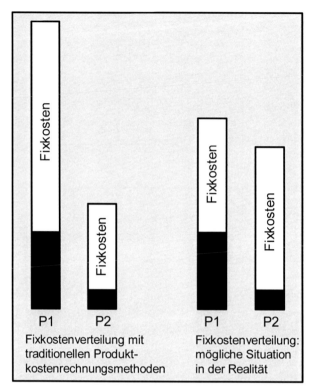

Abb. 16.4.1.2   Potentieller Fehler bei der traditionellen Produktkostenrechnung

Die Probleme mit der traditionellen Kostenrechnung wurden offenkundig bei Investitionen in die Qualifikation der Mitarbeitenden und in den Maschinenpark. Alle diese Investitionen erhöhten nur die Fixkosten und betrafen gerade diejenigen Erzeugnisspektren überproportional, für deren effizientere Produktion sie eigentlich gedacht waren. Es erstaunt deshalb nicht, dass parallel zu jenen neueren Produktionsmethoden auch eine Veränderung der Kostenrechnungsphilosophie gefordert wurde. Vorgeschlagen wurde die Prozesskostenrechnung (engl. „activity-based costing", ABC).

16.4.2 Ziel, Prinzip, Voraussetzung und Vorgehen zur Einführung des „Activity-Based Costing"

Die *Prozesskostenrechnung* (engl. *„activity-based costing"*, ABC) ist eine Kostenrechnungsart, welche die Fixkosten möglichst gerecht auf die Geschäftsprozesse umwälzen soll.

Das *Ziel* der Prozesskostenrechnung ist damit im Wesentlichen nicht neu. Wird es erreicht, so werden u.a. folgende Aufgaben besser durchführbar:

- Das *Prozessmanagement:* Geplante Investitionen kann man von Anfang an mit Prozessen in Verbindung bringen. Die entstehenden Investitionskosten kann man in die entsprechenden Prozesskosten umsetzen und mit den bisherigen Prozesskosten in Beziehung bringen.

- Die *Entscheidungsunterstützung in der Produktentwicklung:* Die Entwickler erhalten sehr früh Angaben über die Konsequenzen der Wahl von zugekauften Komponenten oder von zu installierenden Produktionsprozessen. Meistens handelt es sich hier um Vergleiche verschiedener Technologien oder um Konsequenzen eines unterschiedlichen Produktdesigns. Solche Angaben sind wichtig: Nach der Konstruktionsphase sind die Kosten eines Produkts im Wesentlichen bestimmt, können also später nicht mehr gross beeinflusst werden.

- Die *Produktkostenrechnung:* Wie schon die traditionelle Kostenrechnung, dient auch die Prozesskostenrechnung zur Vorkalkulation. Richtigere Vorkalkulationen erlauben eine bessere Preisfindung.

Zum *Prinzip* der Prozesskostenrechnung: Die Frage nach einem gerechten Verteilungsschlüssel ist gleichzeitig die Frage nach einer geeigneten Mess- oder Bezugsgrösse. Deshalb müssen die Fixkosten genauer untersucht und auf die zugrunde liegenden Prozesse – bzw. auf Unterprozesse oder einzelne Tätigkeiten davon – zurückgeführt werden. Bereits im Kap. 16.1.4 wurde aufgezeigt, wie fixe Materialkosten auf Materialgruppen bzw. Kostenstellen differenziert berechnet werden können. Dies ist bereits ein Schritt in die Richtung der jetzt vorzustellenden Prinzipien.

Ein *ABC-Prozess* ist ein Prozess bzw. eine Tätigkeit, der bzw. die umfangreiche Fixkosten im Unternehmen generiert und deshalb durch ABC auf Geschäftsprozesse umgewälzt wird.

Die *Prozessgrösse* ist eine Einheit, an der die Kosten für den ABC-Prozess in geeigneter Weise gemessen werden können. *Kostentreiber* (engl. *„activity cost driver"*) ist ein anderer Begriff dafür. ABC nutzt solche Kostentreiber, um die Kosten den Kostenträgern im Verhältnis zum Ressourcenverbrauch zuzuordnen.

In der Mehrheit der Fälle handelt es sich beim Kostentreiber nicht mehr um variable Kosten oder eine dahinter stehende Zeiteinheit, sondern um eine andere Grösse, wie die Anzahl Bestellungen für den Einkauf, die Anzahl Artikel für den Wareneingang oder die Anzahl Komponenten für eine Montage. Sind die Prozesse genügend detailliert in Unterprozesse aufgeteilt, so lässt sich der Kostentreiber meist auf natürliche Weise bestimmen. Bezogen auf solche Einheiten können nun die Fixkosten pro Produkt bestimmt werden. Dies geschieht mit ähnlichen Methoden, wie es die klassischen *Zeitstudien* der Arbeitsvorbereitung zur Festlegung von *Zeitstandards* taten: Zählen, Messen, Durchschnittswerte bilden.

Der *Prozesskostensatz* bzw. *Plankostensatz* bzw. die *Prozessrate* je ABC-(Unter-)Prozess ist der Kostensatz für eine Prozessgrösse.

Ein ABC-Prozess bzw. ein ABC-Unterprozess steht somit nicht nur für den eigentlichen Prozess, sondern steht mit seinem Prozesskostensatz auch für einen traditionellen Kapazitätsplatz bzw. eine Kostenstelle mit ihrem Kostensatz. Insbesondere bei IT-Unterstützung kann ein Prozess auch in dieser Weise festgehalten werden.

Der *ABC-Prozessplan* je Produkt ist eine Aufstellung aller ABC-Prozesse, die ein Produkt während seiner Produktion oder Beschaffung in Anspruch nimmt.

Die *Prozessmenge* ist die in Prozessgrössen gemessene Menge, die voraussichtlich für einen ABC-Prozess bei einem Produkt verbraucht wird.

Ein ABC-Prozessplan gleicht in seiner Struktur einem Arbeitsplan (vgl. Kap. 1.2.3)[3]. Für jeden durch die Produktion bzw. Beschaffung des Produkts benötigten ABC-Prozess wird je eine ABC-Prozessplanposition geführt. Diese entspricht dem jeweiligen Arbeitsgang. Die Prozessmenge entspricht der Belastungsvorgabe eines Arbeitsgangs. Insbesondere bei IT-Unterstützung können damit ABC-Prozesspläne wie Arbeitspläne festgehalten werden.

„Activity-based costing" beruht also auf der Berechnung von Standardkostensätzen. *Voraussetzung* dafür sind damit (siehe Kap. 16.1.2) klar zu messende und repetitive ABC-Prozesse. Solche gibt es in der operationellen Führung eines Unternehmens, in der Logistik und in der Abrechnung. Gerade hier lässt sich die Prozesskostenrechnung erfolgreich einsetzen. Schwieriger wird dieses Vorgehen auf der strategischen Ebene des Unternehmens. Wiederholte ABC-Prozesse sind dort oft nicht auszumachen oder sie beziehen sich auf eine ausgesprochen lange Zeitperiode: Auch unter der Voraussetzung, dass eine Prozessgrösse überhaupt gefunden werden kann, bleibt die Prozessmenge pro Produkt, also der Verbrauch an Prozessgrössen, nur sehr ungenau bestimmbar.

Die Abb. 16.4.2.1 zeigt Beispiele für Prozesse und Prozessgrössen im Bereich des Einkaufs und der Produktion.

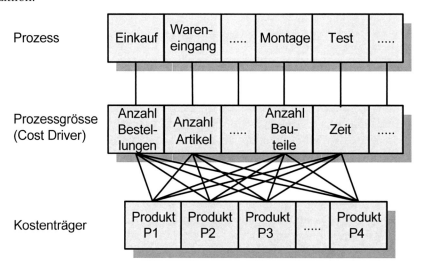

Abb. 16.4.2.1   Fixkostenbestimmung nach den Prinzipien des „activity-based costing"

Beispiele für Prozesskostensätze in Verbindung mit den Prozessgrössen in der Abb. 16.4.2.1 sind

- x Euro pro Bestellung,
- y Euro pro Artikel im Wareneingang,
- z Euro pro Bauteil in der Montage,
- u Euro pro Zeiteinheit im Testverfahren.

---

[3]   Der Begriff ABC-Prozessplan wird hier hauptsächlich eingeführt, um den Unterschied zum in Kap. 1.2.3 eingeführten Prozessplan hervorzuheben. Letzterer umfasst auch die Produktstruktur und die Zeitachse und nicht nur den Arbeitsplan.

Die im Kap. 16.1.4 erwähnte Separation der Werkzeugkosten von den fixen internen Arbeitskosten ist ein Beispiel für eine solche Prozesskostenrechnung. Der (ABC-)Prozess des Werkzeugeinsatzes wird separat betrachtet. Die Prozessgrösse kann mit der Einsatzzeit des Werkzeuges, oder aber, wie vorgeschlagen, mit dem einfachen Gebrauch des Werkzeuges zur Herstellung einer Losgrösseneinheit identisch sein.

Zur *Einführung der Prozesskostenrechnung* muss nach folgenden Schritten vorgegangen werden:

1. *Festlegen der Bereiche*, in welchen mit Prozesskostenrechnung gearbeitet werden soll.

2. *Festlegen der ABC-Prozesse, detailliert in Unterprozesse (Tätigkeiten)*. Ein sinnvoller ABC-(Unter-)Prozess zeichnet sich u.a. durch folgende Eigenschaften aus:
   - Die Kosten des Prozesses erreichen eine signifikante Höhe.
   - Der Prozess entspricht einer definierten Aufgabe in der Ablauforganisation.
   - Die verschiedenen Produkte (Kostenträger) sollen den Prozess in unterschiedlichem Masse in Anspruch nehmen (unterschiedliche Prozessmengen).

3. *Festlegen der Prozessgrösse („cost driver") je Prozess*. Eine gute Prozessgrösse zeichnet sich u.a. durch die folgenden Eigenschaften aus:
   - Sie hat eine enge Beziehung zu den Prozesskosten dahingehend, dass diese Einheitsgrösse den Prozessmengen zugrunde gelegt werden kann.
   - Sie ist den Betroffenen im Unternehmen elementar einleuchtend, da sie im betrieblichen Prozess als natürliche Grösse auftritt.
   - Sie ist ebenso eine natürliche Grösse, wenn Alternativen von Konstruktionsvarianten bzw. Produktionsmethoden gegeneinander abgewogen werden sollen.
   - Die Prozessmengen sowie der Kostensatz je Einheit (der Prozesskostensatz, die Prozessrate), lassen sich möglichst automatisch aus den betrieblichen Daten errechnen.

4. *Bestimmen des Prozesskostensatzes je ABC-Prozess*. Dies geschieht durch Division der Fixkosten, die durch den Prozess entstehen, durch die vermuteten, künftigen Prozessmengen.

5. *Festlegen des ABC-Prozessplans je Produkt sowie der Prozessmenge für jeden ABC-Prozess im ABC-Prozessplan.*

6. *Berechnen der Prozesskosten des Produkts* durch die Auswertung des ABC-Prozessplanes (sowie natürlich der Stückliste) mit dem gleichen Algorithmus, wie Herstellkosten oder Beschaffungskosten auch mit der traditionellen Kostenträgerrechnung berechnet werden (siehe Kap. 16.2).

7. *Nachkalkulation und Abweichungsanalyse:* Ähnlich wie im traditionellen Costing könnte nun durch Erfassen der effektiven Verbräuche an Prozessgrössen die Mengenabweichung für einen bestimmten Auftrag berechnet werden. Aus der Prozesskostenrechnung ergäbe sich in der Folge auch die Abweichung der Plankostensätze und der Vergleich der effektiven Prozesskosten mit den budgetierten. Solche Messungen sind jedoch eher illusorisch: Kleine Prozessmengen ziehen einen zu grossen Messaufwand nach sich.

16.4.3 Beispiel für relevante Prozesse und Prozessgrössen

Das folgende Beispiel aus [Schm92] zeigt den praktischen Einsatz des ABC in den Bereichen Produktion und Einkauf. Die Abb. 16.4.3.1 zeigt die Leiterplattenbestückung mit ihren Haupt- bzw. Unterprozessen (Tätigkeiten) und den zugehörigen Prozessgrössen.

Produktion: Leiterplattenbestückung		
Hauptprozess	*Unterprozess, Aktivität*	*Prozessgrösse*
automatische Bestückung	DIP-Bestückung AXIAL-Bestückung ROBOTIC-Bestückung SMT-Bestückung	Bestückungen Bestückungen Bestückungen Bestückungen
Hand-Bestückung	Vorbereitung Hand-Bestückung IC Programming	Bauteil Bestückungen Sekunden
Löten	Wellenlöten Infrarot	Stück (Leiterplatte) Stück (Leiterplatte)
Test	ATS Operation ATS Engineering	getestete Bauteile Test-Adapter
Nacharbeit		Zeit

Abb. 16.4.3.1   Bestimmen der Haupt- und Unterprozesse: Beispiel aus der Produktion, Bestückung von Leiterplatten

Die Abb. 16.4.3.2 zeigt die Tätigkeiten einer traditionellen Einkaufsabteilung.

Einkauf			
Hauptprozess	*Kostenaufteilung*	*Unterprozess, Aktivität*	*Prozessgrösse*
Bestandes- management	50 % 50 %	Auftragsverwaltung Bestandesverwaltung	Auftrag Artikel
Materialeinkauf	70 % 30 %	Lieferanten-Management Auftragsverwaltung	Lieferant Auftrag
Handelsware	70 % 30 %	Auftragsverwaltung Bestandesverwaltung	Auftrag Produkt
Teilespezifikation	100 %		Stücklisteneinträge
Material- ingenieurwesen	50 % 50 %	Lieferantenqualifikation Bauteilequalitätsprüfung	Lieferant Bauteil
Planung	70 % 30 %	Baugruppen-Management Auftragsplanung	Baugruppe Produktionsauftrag
Lager	50 % 50 %	Lagerraum Ein- / Auslagerung	Anzahl versch. Artikel-Id. Transaktionen
Integration	100 %		Produkte
Versand	100 %		Kiste / Karton
Fracht		Übersee-/ lokale Fracht	Entfernung / Gewicht

Abb. 16.4.3.2   Bestimmen der Haupt- und Unterprozesse: Beispiel aus der Beschaffung

16.4.4 Beispiel für eine prozessorientierte Produktkalkulation

Die Abb. 16.4.4.1 zeigt als Beispiel den Unterprozess für das Lieferantenmanagement als Unterprozess des Hauptprozesses „Materialeinkauf". Das Beispiel stammt wiederum aus [Schm92].

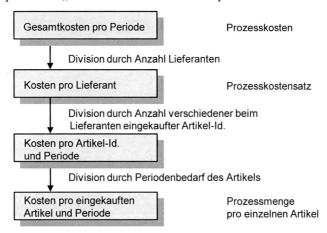

Abb. 16.4.4.1   Beispiel für die Bestimmung von Prozesskostensatz und Prozessmenge für das Lieferantenmanagement

Die Prozesskosten werden pro Zeitperiode (hier ein halbes Jahr) erfasst. Die Prozessgrösse ist der Lieferant. Deshalb bestimmt sich der Prozesskostensatz als Division der Prozesskosten durch die Anzahl Lieferanten. Für die Bestimmung der Prozessmenge wird festgelegt, wie viele Artikel beim Lieferanten beschafft werden und wie gross die Verbrauchsmenge jedes Artikels in der Zeitperiode ist. Dies ergibt die Prozessmenge je Komponente, die in ein Produkt eingebaut wird.

Die Abb. 16.4.4.2 gibt dazu ein quantitatives Beispiel. Die Datenangaben sind dabei so konzipiert, dass sie für didaktische Zwecke geeignet sind. Der Unterschied der Prozesskosten für das Lieferantenmanagement bei einem Lieferanten mit vielen eingekauften und umsatzstarken Artikeln im Vergleich zu einem Lieferanten mit wenigen eingekauften Artikeln und entsprechend kleinerem Umsatz tritt deutlich zutage.

Prozesskosten	500'000 . -	
Anzahl Lieferanten	100	
Prozesskostensatz	5'000 . -	
	Standardbauteil	Exotenbauteil
Anzahl verschiedener eingekaufter Artikel-Id.	200	5
⊘ Periodenbedarf je Artikel	1'000	50
Prozessmenge pro einzelnen eingekauften Artikel	$\dfrac{1}{200 \cdot 1000}$	$\dfrac{1}{5 \cdot 50}$
Prozesskosten pro einzelnen eingekauften Artikel	0.025	20.-

Abb. 16.4.4.2   Beispiel zur Bestimmung des Prozesskostensatzes für einen einzelnen Artikel im Prozess „Lieferantenmanagement": „Standardbauteil" versus „Exotenbauteil"

Die Abb. 16.4.4.3 erweitert das Beispiel des Lieferantenmanagements auf eine Kalkulation für den gesamten Einkaufsprozess.

Haupt- / Unterprozess / Divisoren für Prozessmengen	Kosten- treiber	Prozess für ein Standardbauteil Menge·Kostensatz=Kosten			Prozess für ein Exotenbauteil Menge·Kostensatz=Kosten		
Divisoren für Prozessmengen:							
– Anzahl verschiedener eingekaufter Artikel-Id. pro Lieferant		200			5		
– $\varnothing$ Periodenbedarf je Artikel		1000			50		
– $\varnothing$ Anzahl Artikel pro Bestandstransaktion		510			10		
– Anz. Bestellungen pro Periode		2			1		
Materialeinkauf:							
– Lieferantenmanagement	Lieferant	$\frac{1}{200\cdot1000}$	5000	0.025	$\frac{1}{5\cdot50}$	5000	20
– Einkaufsauftragsverwaltung	Bestellung	$\frac{2}{1000}$	30	0.06	$\frac{1}{50}$	30	0.6
Materialingenieurwesen:							
– Lieferantenqualifikation	Lieferant	$\frac{1}{200\cdot1000}$	2000	0.01	$\frac{1}{5\cdot50}$	2000	8
– Bauteilequalitätsprüfung	Artikel-Id.	$\frac{1}{1000}$	300	0.30	$\frac{1}{50}$	300	6
Lager:							
– Lagerraum	Artikel-Id.	$\frac{1}{1000}$	100	0.10	$\frac{1}{50}$	100	2
– Ein- / Auslagerung	Trans- aktion	$\frac{1}{50}$	4	0.08	$\frac{1}{10}$	4	0.4
Gesamte Prozesskosten je einzelnen Artikel				0.575			37.0

Abb. 16.4.4.3   Beispiel für die Bestimmung der Prozesskosten für die externe Beschaffung eines einzelnen Artikels: „Standardbauteil" versus „Exotenbauteil"

Erneut tritt der vorhin erwähnte Unterschied in den Prozesskosten klar zutage. Wenn nämlich in der traditionellen Kalkulation der Zuschlags-Prozentsatz auf die Materialkosten sowohl für das Standardbauteil als auch für das Exotenbauteil gleich hoch ist, dann sind auch die belasteten fixen Materialkosten dieselben, obwohl ein sehr unterschiedlicher Einkaufsaufwand vorliegt.

Die folgenden zwei Beispiele zeigen die *prozessorientierte Produktkalkulation* für einen Produktions- und einen Einkaufsartikel. Sie basieren auf einem ABC-Prozessplan. Die Abb. 16.4.4.4 bezieht sich auf die Haupt- und Unterprozesse sowie die entsprechenden Prozessgrössen für ein *eigengefertigtes* Produkt gemäss der Abb. 16.4.3.1. Die einzelnen Positionen ähneln weitgehend dem, was man von einem normalen Arbeitsplan her gewohnt ist. „Prozess-Id" steht hier an Stelle des Kapazitätsplatzes. Zu den erwähnten Arbeitsgängen kämen dann noch die administrativen Prozessplanpositionen, z.B. für Auftragsverwaltung und Ein-/Auslagerung, hinzu. Für die Herstellkosten sind auch die Arbeitsgänge des normalen Arbeitsplanes hinzuzuziehen. Diese dienen dann aber nur noch zur Berechnung der variablen Kosten.

Artikel-Id.: „PC-Board"

SEQ	Arbeitsgang	Beschreibung	Prozess-Id	Prozess-menge	Prozess-kostensatz	Prozess-kosten
010	4411	Preform	4311	48.0000	0.05	2.40
020	4401	DIP Insertion	4312	110.0000	0.15	16.50
030	4402	Axial Insertion	4313	163.0000	0.10	16.30
050	4400	Manual Insertion	4315	109.0000	0.20	21.80
060	4404	IC Programming	4316	0.1210	200.00	24.20
070	4405	Process Solder	4317	1.0000	1.50	1.50
080	4407	ATS Engineering	4324	0.0050	5000.00	25.00
090	4408	Board Repair	4322	0.0500	40.00	2.00
095	4409	ATS Operating	4318	459.0000	0.01	4.59
Gesamte Prozesskosten						114.29

Abb. 16.4.4.4   Beispiel für den ABC-Prozessplan und die prozessorientierte Produktkalkulation eines Artikels aus der Produktion

Die Abb. 16.4.4.5 zeigt den ABC-Prozessplan und die prozessorientierte Produktkalkulation für einen *zugekauften* Artikel. Die Haupt- bzw. Unterprozesse und Prozessgrössen entsprechen denjenigen der Abb. 16.4.3.2, unter Nutzung des Beispiels in der Abb. 16.4.4.3. Jede eingebaute Komponente „Power-Supply" wird demnach mit 37 Euro an fixen Materialkosten belastet. Die Ähnlichkeit mit einem Arbeitsplan ist offensichtlich. Zur Speicherung des ABC-Prozessplans kann denn auch eine normale ERP-Software verwendet werden.

Artikel-Id.: „Power-Supply"

Divisoren zur Berechnung der Prozessmenge: Anzahl versch. Artikel-Id. je Lieferant: 5
Durchschnittlicher Periodenbedarf: 50
Anzahl Bestellungen pro Periode: 1
Anzahl Teile pro Lagertransaktion: 10

SEQ	Arbeits-gang	Beschreibung	Prozess-Id	Prozess-menge	Prozess-kostensatz	Prozess-kosten
540	2400	Lieferantenmanagement	4460	0.004	5'000.00	20.00
545	2405	Eink.-Auftragsverwaltung	4460	0.020	30.00	0.60
530	2300	Lieferantenqualifikation	4451	0.004	2'000.00	8.00
535	2305	Bauteilequalitätsprüfung	4452	0.020	300.00	6.00
550	2500	Lagerraum	4520	0.020	100.00	2.00
555	2505	Ein- / Auslagerung	4520	0.100	4.00	0.40
Gesamte Prozesskosten						37.00

Abb. 16.4.4.5   Beispiel für den ABC-Prozessplan und die prozessorientierte Produktkalkulation eines Artikels aus der Beschaffung

16.5   Zusammenfassung

Vorkalkulation und Nachkalkulation sind quasi Nebenprodukte der Stammdaten- und der Produktionsauftragsverwaltung. Die Nachkalkulation ist dabei stets aktuell, was bei z.B. monatlich nachgeführter „costing"-Software nicht immer der Fall ist. Dies ist nicht zuletzt ein Grund, weshalb Vor- und Nachkalkulation in einem IT-unterstützten System zur Planung & Steuerung i. Allg. eingeschlossen sind.

Effektive Kosten sind nicht immer rechtzeitig bestimmbar. Für die Kostenträgereinzelrechnung werden deshalb Durchschnittskosten und Standardkosten beigezogen. Diese führen auch zu in der Zeitachse stabileren Kalkulationen. Für eine kurzfristige bzw. eine langfristige Preis-überlegung werden variable von vollen, d.h. variablen und fixen Kosten, unterschieden.

Ein Kalkulationsschema wird entlang von Kostenarten aufgebaut, die für ein Produkt von Interesse sind: z.B. Materialkosten, Arbeitskosten, generelle Kosten usw., wovon jeweils der fixe und der variable Anteil unterschieden werden. Daraus kann u.a. auch die Wertschöpfung berechnet werden. Die Vorkalkulation eines Produkts ist sodann ein Algorithmus. Er berechnet die Materialkosten aus den Stücklistenpositionen (und den dazugehörigen Komponenten-Entitäten) und die Arbeitskosten aus den Arbeitsgängen (und den dazugehörigen Kapazitätsplätzen) sowie – für die eigenproduzierten Komponenten – aus den Stücklistenpositionen. Dies bedingt, dass bereits bei der Vorkalkulation sämtliche Komponenten eines Produkts berechnet werden.

In der Nachkalkulation werden die Ist-Mengen und -Kosten aus der Betriebsdatenerfassung den Soll-Mengen und -Kosten gegenübergestellt. Die Ermittlung der effektiven Kosten ist nicht immer möglich. Für die fixen internen Arbeitskosten stehen „nur" Standardkostensätze zur Verfügung, die zu Beginn einer Rechnungsperiode festgelegt werden müssen. Die Standard-kostensätze haben meistens Anteile, die durch Extrapolation aus der Vergangenheit gewonnen wurden. Standardkosten anstelle von effektiven Kosten erlauben, die Abweichung von Einstandspreisen von der Abweichung der Menge zu unterscheiden. Jede wertwirksame Transaktion muss der Betriebsbuchhaltung (Costing) überstellt werden. Bei periodisch durch-geführtem Costing ist die genaue Abgrenzung einer in eine Vorperiode gehörenden Transaktion kritisch.

Mit der Prozesskostenrechnung (engl. „activity-based costing", ABC) sollen fixe Kosten gezielt den einzelnen Artikeln zugeordnet werden. Fixkostenblöcke werden dabei in Hauptprozesse und Unterprozesse bzw. Tätigkeiten unterteilt, und zwar soweit, bis für jede Aktivität ein charakteristischer Kostentreiber, eine Prozessgrösse, bestimmt werden kann. Der Kostentreiber ist die Messgrösse, welche es erlaubt, die Kosten den Produkten zuzuordnen. Der Fixkostenblock wird dann durch Betriebsdatenerfassung entlang dieser Tätigkeiten in Kosten je Aktivität aufgeteilt. Daraus resultiert ein Prozesskostensatz je Kostentreiber. Im Weiteren müssen die Anzahl Artikel-Id. und schliesslich die Anzahl Artikel bestimmt werden, die von einer Kostentreiber-Einheit betroffen sind. Der reziproke Wert des Produkts dieser beiden Zahlen ist dann die Prozessmenge je Artikel.

Jedem Artikel wird nun in den Stammdaten ein ABC-Prozessplan zugeordnet, der aus so vielen „Arbeitsgängen" besteht, wie es ABC-Prozesse gibt, welche für die Produktion oder die Beschaffung des Artikels eingesetzt werden müssen. Die Belastungsvorgabe ist dann die Prozessmenge je „Arbeitsgang". Der ABC-Prozess selbst spielt mit seiner Einheit, dem Kosten-treiber und seinem Prozesskostensatz die Rolle des „Kapazitätsplatzes". Der Algorithmus zur prozessorientierten Produktkalkulation entspricht im Weiteren dem einer normalen Kalkulation.

Mit ABC werden die Produkte tendenziell weniger mit unverhältnismässigen Fixkosten belastet, was zu einer verbesserten Preisgestaltung beitragen kann. Die Erfahrung zeigt, dass die Prozesskostenrechnung dort gelingt, wo längerfristig vergleichbare, repetitive Fixkosten-Prozesse vorliegen – also auf der operationellen oder der Abrechnungsebene im Unternehmen. Ansonsten ist der laufende Aufwand zur Berechnung der Prozesskostensätze und der Prozessmengen sowie der Aufwand, um die ABC-Datenbank aktuell zu halten, unverhältnismässig hoch angesichts des Nutzens aus der gerechteren Verteilung der fixen Kosten auf die Kostenträger.

16.6 Schlüsselbegriffe

16.7 Szenarien und Übungen

16.7.1 Vorkalkulation - Nachkalkulation

Zwei Produkte A und B aus dem Material Z werden mit Losgrösse 40 hergestellt. Der Verbrauch ist in beiden Fällen gleich: 50 g für je ein Produkt A oder B. Die Kosten für 1 kg des Ausgangsmaterials Z betragen € 20,- .

Der *Fertigungsprozess* ist vereinfacht für A und B derselbe, indem mit je zwei Arbeitsgängen 1 und 2 die beiden Kapazitätsplätze KP1 und KP2 durchlaufen werden. Aus Gründen der Vergleichbarkeit wird für beide Arbeitsgänge dieselbe Standardzeit angenommen, nämlich 1 Std. pro 40 Stück. Zur weiteren Vereinfachung sei die Rüstzeit als vernachlässigbar klein angenommen.

Nebst den Standardzeiten sind als Grundlagen für die Kosten des Fertigungsprozesses die Kosten der beiden Kapazitätsplätze KP1 und KP2 zu berücksichtigen. Wie Abb. 16.7.1.1 zeigt, ist KP1 eher maschinenintensiv, KP2 eher personalintensiv. Die Investitionen werden in 5 Jahren abgeschrieben, wobei pro Jahr 1'000 produktive Stunden angenommen werden. Des Weiteren wird angenommen, dass die Herstellkosten durch die oben aufgeführten Kosten vollständig bestimmt sind.

	Kapazitätsplatz 1	Kapazitätsplatz 2
Variable Kosten	€ 20.- / Stunde (Arbeitskosten)	€ 40.- / Stunde (Arbeitskosten)
Fixe Kosten	€ 300'000.- (Investitionen in Maschinen und Werkzeuge)	€ 150'000.- (Investitionen in Maschinen und Werkzeuge)

Abb. 16.7.1.1   Angaben zu den Kosten der Kapazitätsplätze

Bestimmen Sie die mit „?" bezeichneten Werte in der Vor- bzw. Nachkalkulation der Produkte A und B unter Verwendung der Darstellungsweise der Abb. 16.7.1.2 und 16.7.1.3 (vgl. Abb. 16.2.2.1).

Hinweis: Die vollen Herstellkosten sind dieselben für die beiden Produkte A und B. (Wieso?): € 4.75 je produzierte Einheit oder € 190 für eine Losgrösse von 40.

Kalkulation

Produkt-ID: 4711   Beschreibung: Produkt A   Losgrösse (Bestellmenge): 40   Effektive Menge: 0

Pos.	Text	fix var.	Komp.-Id. Kapaz.-Id.	Rüst- belstg.	Einbaumenge / Einzelbelastung	Gesamtmenge Soll	Gesamtmenge Ist	Einh.	Kosten pro Einheit	Kosten Soll	Kosten Ist
1	Material	var.	Z		?	?	0	?	?	?	0
2	Arbeitsgang 1	var.	KP 1	0	?	?	0	?	?	?	0
3	Arbeitsgang 1	fix.	KP 1	0	?	?	0	?	?	?	0
4	Arbeitsgang 2	var.	KP 2	0	?	?	0	?	?	?	0
5	Arbeitsgang 2	fix.	KP 2	0	?	?	0	?	?	?	0

Kosten pro Los / Bestellmenge Soll	Kosten pro Los / Bestellmenge Ist	Kosten pro Los / Effektive Menge Soll	Kosten pro Los / Effektive Menge Ist	Kostenart	Kosten pro Los Soll	Kosten pro Los Ist
?	0	?	0	Variable Materialkosten	?	0
?	0	?	0	Variable interne Arbeitskosten	?	0
?	0	?	0	Variable Herstellkosten	?	0
?	0	?	0	Fixe interne Arbeitskosten	?	0
?	0	?	0	Volle Herstellkosten	?	0

Abb. 16.7.1.2   Präsentation der Kalkulation des Produkts A

Kalkulation

Produkt-ID: 4712   Beschreibung: Produkt B   Losgrösse (Bestellmenge): 40   Effektive Menge: 0

Pos.	Text	fix. var.	Komp.-Id. Kapaz.-Id.	Rüst-belstg.	Einbaumenge / Einzelbelastung	Gesamtmenge		Einh.	Kosten pro Einheit	Kosten	
						Soll	Ist			Soll	Ist
1	Material	var.	Z		?	?	0	?	?	?	0
2	Arbeitsgang 1	var.	KP 1	0	?	?	0	?	?	?	0
3	Arbeitsgang 1	fix.	KP 1	0	?	?	0	?	?	?	0
4	Arbeitsgang 2	var.	KP 2	0	?	?	0	?	?	?	0
5	Arbeitsgang 2	fix.	KP 2	0	?	?	0	?	?	?	0

Kosten pro Los / Bestellmenge		Kosten pro Los / Effektive Menge		Kostenart	Kosten pro Los	
Soll	Ist	Soll	Ist		Soll	Ist
?	0	?	0	Variable Materialkosten	?	0
?	0	?	0	Variable interne Arbeitskosten	?	0
?	0	?	0	Variable Herstellkosten	?	0
?	0	?	0	Fixe interne Arbeitskosten	?	0
?	0	?	0	Volle Herstellkosten	?	0

Abb. 16.7.1.3   Präsentation der Kalkulation des Produkts B

16.7.2 Prozesskostenrechnung („Activity-Based Costing")

Gegeben seien die Produkte A und B, so wie sie in der vorherigen Übung definiert wurden. Aus Kap. 16.1.4 wissen Sie, dass Werkzeugkosten einen beträchtlichen Anteil an den Fixkosten ausmachen können. Werden nun für die beiden Produkte A und B unterschiedlich teure Werkzeuge benutzt, so sollte dies in der Kalkulation zum Ausdruck kommen. Das ist nur dann möglich, wenn der Werkzeugeinsatz als eigener Prozess betrachtet wird. Gemäss dem ABC-Ansatz und seiner zugehörigen Schritte (siehe Kap. 16.4.2) werden die kennzeichnenden Grössen wie folgt definiert:

- *ABC-Prozess:* Werkzeugeinsatz bzw. -gebrauch

- *Prozesskosten:* Herstell- oder Beschaffungskosten des Werkzeuges

- *Prozessgrösse (Kostentreiber):* die Anzahl der mit dem Werkzeug produzierten Einheiten. Wieso? Meistens bestimmt nicht die Einsatzzeit eines Werkzeuges dessen Verbrauch bzw. Abnutzung, sondern die Herstellung einer bestimmten Anzahl von Produkteinheiten. Ein gutes Beispiel hierzu bilden Stanzwerkzeuge.

- *Prozesskostensatz:* die Prozesskosten, dividiert durch die gesamte Anzahl von Produkteinheiten, die mit dem Werkzeug hergestellt wurden, bis dieses verbraucht bzw. abgenutzt ist.

Abb. 16.7.2.1 zeigt die Aufteilung der fixen Kosten in Maschinenkosten sowie Kosten für Werkzeuge und Vorrichtungen.

	Kapazitätsplatz 1	Kapazitätsplatz 2
Variable Kosten	€ 20.- / Stunde (Arbeitskosten)	€ 40.- / Stunde (Arbeitskosten)
Fixe Kosten: Investitionen in Maschinen	€ 200'000.-	€ 100'000.-
Fixe Kosten: Investitionen in Werkzeuge und Vorrichtungen	Werkzeug WZ1: € 4'000.- (zur Herstellg. v.Produkt A) Werkzeug WZ2: € 16'000.- (zur Herstellg. v. Produkt B)	Werkzeug WZ3: € 2'000.- (zur Herstellg. v Produkt A) Werkzeug WZ4: € 8'000.- (zur Herstellg. v. Produkt B)

Abb. 16.7.2.1   Kostendaten der Kapazitätsplätze

Die Investitionen in Maschinen werden wie in der vorherigen Aufgabe 16.7.1 in 5 Jahren abgeschrieben, wobei man pro Jahr 1'000 produktive Stunden annimmt. Des Weiteren wird angenommen, dass mit einem Werkzeug bis zu seiner Abnutzung 20'000 Artikel A oder B gefertigt werden können, unabhängig davon, ob es sich um ein teures oder ein billiges Werkzeug handelt.

Da für 40 Artikel A oder B eine Stunde Kapazität gebraucht wird, können mit 5'000 produktiven Stunden 200'000 Artikel hergestellt werden. Das bedeutet, dass in dieser Zeit 10 Werkzeuge verbraucht werden.

In der Folge soll zudem angenommen werden, dass gleich viele Artikel A wie B hergestellt werden. In diesem Fall werden auf dem Kapazitätsplatz KP1 je 5 Werkzeuge WZ1 und WZ2 verbraucht, was eine Investition von € 100'000,- bedeutet. Auf dem Kapazitätsplatz KP2 werden je 5 Werkzeuge WZ3 und WZ4 verbraucht, was eine Investition von € 50'000,- bedeutet. Die Summe der fixen Kosten ist damit dieselbe wie in der vorherigen Übung.

Bestimmen Sie nun die mit „?" bezeichneten Werte in der Kalkulation für die Produkte A und B unter Verwendung der Abb. 16.7.2.2 und 16.7.2.3.

Nehmen Sie folgende Angaben zur Hilfe, um die Prozesskosten des Werkzeuges zu berechnen:

- Die Prozessmenge für den ABC-Prozess „Werkzeuggebrauch für Arbeitsgang 1 (oder 2)" ist 1 (ein Gebrauch pro produziertem Artikel).

- Die Gesamtmenge (Soll) ist die Anzahl der produzierten Einheiten.

- Die Prozessgrösse (Kostentreiber) ist der „Gebrauch des Werkzeuges".

- Die Prozesskostenrate (oder Kostensatz je Einheit) entspricht den Werkzeugkosten, geteilt durch die Anzahl Einheiten, die bis zur Abnutzung des Werkzeuges damit produziert wurden.

- Die Prozesskosten (Soll) sind das Produkt aus der Gesamtmenge (Soll) mal den Kosten pro Einheit.

Kalkulation

Produkt-ID: 4711   Beschreibung: Produkt A   Losgrösse (Bestellmenge): 40   Effektive Menge: 0

Pos.	Text	fix. var.	Komp. Id. Kapaz. Id	Rüst- belstng	Einbaumenge / Einzelbelastung	Gesamtmenge Soll	Gesamtmenge Ist	Einh.	Kosten pro Einheit	Kosten Soll	Kosten Ist
1	Material	var.	Z		?	?	0	?	?	?	0
2	Arbeitsgang 1	var.	KP 1	0	?	?	0	?	?	?	0
3	Arbeitsgang 1	fix.	KP 1	0	?	?	0	?	?	?	0
4	Werkzeug für Ag 1	fix.	WZ1	0	?	?	0	?	?	?	0
5	Arbeitsgang 2	var.	KP 2	0	?	?	0	?	?	?	0
6	Arbeitsgang 2	fix.	KP 2	0	?	?	0	?	?	?	0
7	Werkzeug für Ag 2	fix.	WZ3	0	?	?	0	?	?	?	0

Kosten pro Los / Bestellmenge		Kosten pro Los / Effektive Menge			Kosten pro Los	
Soll	Ist	Soll	Ist	**Kostenart**	Soll	Ist
?	0	?	0	Variable Materialkosten	?	0
?	0	?	0	Variable interne Arbeitskosten	?	0
?	0	?	0	Variable Herstellkosten	?	0
?	0	?	0	Fixe interne Arbeitskosten	?	0
?	0	?	0	Volle Herstellkosten	?	0

Abb. 16.7.2.2   Präsentation der Kalkulation des Produkts A

Kalkulation

Produkt-ID: 4712   Beschreibung: Produkt B   Losgrösse (Bestellmenge): 40   Effektive Menge: 0

Pos.	Text	fix. var.	Komp.-Id. Kapaz.-Id.	Rüst- belstng	Einbaumenge / Einzelbelastung	Gesamtmenge Soll	Gesamtmenge Ist	Einh.	Kosten pro Einheit	Kosten Soll	Kosten Ist
1	Material	var.	Z		?	?	0	?	?	?	0
2	Arbeitsgang 1	var.	KP 1	0	?	?	0	?	?	?	0
3	Arbeitsgang 1	fix	KP 1	0	?	?	0	?	?	?	0
4	Werkzeug für Ag 1	fix	WZ 2	0	?	?	0	?	?	?	0
5	Arbeitsgang 2	var.	KP 2	0	?	?	0	?	?	?	0
6	Arbeitsgang 2	fix	KP 2	0	?	?	0	?	?	?	0
7	Werkzeug für Ag 2	fix	WZ 4	0	?	?	0	?	?	?	0

Kosten pro Los / Bestellmenge		Kosten pro Los / Effektive Menge			Kosten pro Los	
Soll	Ist	Soll	Ist	**Kostenart**	Soll	Ist
?	0	?	0	Variable Materialkosten	?	0
?	0	?	0	Variable interne Arbeitskosten	?	0
?	0	?	0	Variable Herstellkosten	?	0
?	0	?	0	Fixe interne Arbeitskosten	?	0
?	0	?	0	Volle Herstellkosten	?	0

Abb. 16.7.2.3   Präsentation der Kalkulation des Produkts B

Hinweise zur Problemlösung:

Die vollen Herstellkosten werden *nicht* die gleichen für die Produkte A und B sein. (Wieso?): In der Tat ergeben sich € 4.30 je produzierte Einheit von Produkt A (oder € 172.- für eine Losgrösse von 40), und € 5.20 je produzierte Einheit von Produkt B, oder € 208.- (für eine Losgrösse von 40).

16.7.3 Vergleich von traditioneller Vor- bzw. Nachkalkulation und Prozesskostenrechnung

a) Weshalb entsprechen die Kosten pro Einheit, produziert in der Übung 16.7.1 zur traditionellen Vor- bzw. Nachkalkulation (€ 4.75), genau dem Durchschnitt der Kosten pro Einheit der beiden Produkte in der Übung 16.7.2 zur Prozesskostenrechnung (€ 4.30 und € 5.20)?

b) Welche Überlegungen zur Preisbildung würden Sie aufgrund der Ergebnisse aus der Berechnung der Herstellkosten mit Prozesskostenrechnung in Betracht ziehen?

c) Würde eine Änderung der Losgrösse (40 in beiden Übungen) zu anderen Resultaten führen? Ist dies in der Praxis normalerweise auch der Fall? Welche Annahme, die in der Aufgabenstellung zur Vereinfachung vorgenommen wurde, führt zum Spezialfall in den beiden Übungen?

16.8   Literaturhinweise

AhFr92   Ahlert, D., Franz, K. P., „Industrielle Kostenrechnung", (Hrsg: Vormbaum, H.) VDI-Verlag, Düsseldorf, 1992

CoSt93   Cokins, G., Stratton, A., Helbling, J., „An ABC Manager's Primer — Straight Talk on Activity-based Costing", Institute of Management Accountants, 1993

Habe08   Haberstock, L., „Kostenrechnung 1", 13. Auflage, Erich Schmidt Verlag, Berlin, 2008

Horv98   IFUA Horvath & Partner, „Prozesskostenmanagement", 2. Auflage, Vahlen, München, 1998

KeBu93   Keller, D. E., Bulloch, C., Shultis, R. L., „Management Accountant Handbook", 4th Edition, John Wiley & Sons, 1993

Schm92   Schmid, R., „Activity-based Costing im praktischen Einsatz bei Hewlett Packard", ERFA-Gruppe Informatik am BWI / ETH Zürich, 26. Nov. 1992

WaBu96   Warnecke, H. J., Bullinger, H. J., Hichert, R., Voegele, A., „Kostenrechnung für Ingenieure" und „Wirtschaftlichkeitsrechnung für Ingenieure", Hanser-Verlag, München, 1996

17 Abbildung und Systemmanagement der logistischen Objekte

Die Abb. 17.0.0.1 zeigt dunkel unterlegt die logistischen Objekte, auf welche die Aufgaben und Prozesse des Referenzmodells für Geschäftsprozesse und Aufgaben der Planung & Steuerung in der Abb. 5.1.4.2 bezogen sind.

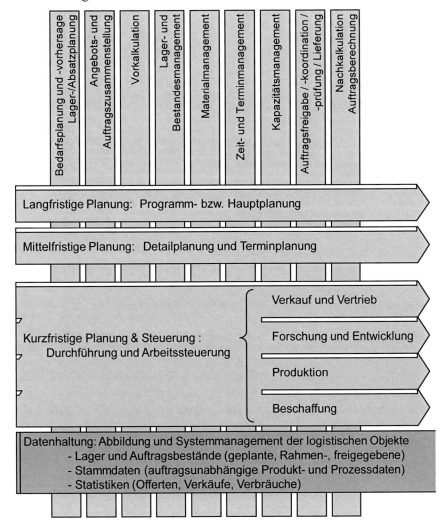

Abb. 17.0.0.1   Behandlungsgegenstand dieses Kapitels

Dieses Kapitel behandelt die Geschäftsobjekte aus Kap. 1.2 (Aufträge und Stammdaten) sowie Kap. 11.1 (Bestände an Lager) und Kap. 11.2 (Statistiken) detailliert. Gleichzeitig werden sie aus der Sicht eines Informationssystems strukturiert; dies gerade auch im Hinblick auf eine IT-Unterstützung. Zusätzlich behandelt dieses Kapitel Aufgaben, die sich als Beschaffung von Informationen durch geeignete Abfragen aus einem Informationssystem zusammenfassen lassen.

© Springer-Verlag GmbH Deutschland, ein Teil von Springer Nature 2020
P. Schönsleben, *Integrales Logistikmanagement*,
https://doi.org/10.1007/978-3-662-60673-5_18

17.1 Auftragsdaten in Verkauf und Vertrieb, Produktion und Beschaffung

Das Geschäftsobjekt *Auftrag* wurde in Kap. 1.2.1 eingeführt. Es beschreibt alle Arten von Aufträgen in der Supply Chain. Dieses Unterkapitel beschreibt die detaillierten Auftragsobjekte für Vertrieb, Produktion und Beschaffung. Das Kap. 17.5 (Management von Produkt- und Ingenieurdaten) beschreibt den F&E-Auftrag näher. Bestände an Lager und Statistiken werden wegen ihrer Nähe zu den Auftragsobjekten ebenfalls in diesem Unterkapitel besprochen.

17.1.1 Kunden und Lieferanten

Das Geschäftsobjekt *Geschäftspartner* wurde in Kap. 1.2.1 eingeführt, als eine Verallgemeinerung für einen internen oder externen Kunden oder Lieferanten. Sowohl ein *Kunde* als auch ein *Lieferant* können in ihrer Eigenschaft als Geschäftsobjekt als Spezialisierung eines Geschäftspartners definiert werden. Die Klassen Kunde und Lieferant sind dann je eine Spezialisierung der Klasse Geschäftspartner. Die Mehrheit der Attribute der Objektklasse Kunde entspricht derjenigen der Objektklasse Lieferant. Zu den wesentlichen gemeinsamen Attributen zählen u.a.:

- Die *Geschäftspartner-Id.:* Sie ist i. Allg. „nicht sprechend" (siehe dazu auch Kap. 20.3.2). Jede Änderung der Identifikation während der Lebenszeit des Geschäftspartners soll vermieden werden. Die Geschäftspartner-Id. ist eindeutig und dient auch als Primärschlüssel der Klasse.

- *Geschäftspartnername, Adresse* und *Land*, eventuell auch eine *Versandadresse*; diese Attribute dienen auch als Sekundärschlüssel, um einen bestimmten Kunden in der Klasse einfach wieder aufzufinden.

- Kommunikationsadressen (Telefon, Telefax, E-Mail, „Website")

- Verschiedene Codes zur Klassifikation des Geschäftspartners

- Kreditlimite, Bankadressen

- Codes zur Behandlung des Geschäftspartners gemäss dem Steuerrecht

- Codes zur Auftragsabwicklung und zur Spedition bzw. zum Wareneingang

Für einen Geschäftspartner werden auch Umsatzstatistiken verschiedener Art geführt, die meistens in separaten Objektklassen verwaltet werden.

Geschäftspartner können in eine ganze Firmenhierarchie eingebettet sein.

Eine *Konzernstückliste* ist die Menge aller Geschäftspartner, die zu einem Konzern-Geschäftspartner gehören.

Über diese Stückliste kann man z.B. Gesamtauswertungen (Konsolidierungen) für alle Firmen eines Konzerns in gleicher Art wie auch für den einzelnen Geschäftspartner selbst erstellen.

Aspekte zur *IT-unterstützten Verwaltung:* Die Identifikation des Geschäftspartners ist in der Regel eine nichtsprechende Nummer, die durch das Informationssystem selber vergeben wird. Eine Entität Geschäftspartner darf als Datensatz physisch nicht gelöscht werden, so lange er noch in einem Auftrag oder in Statistiken vorkommt. Normalerweise bleibt eine Geschäftspartner-Id. für viele Jahre zugeordnet, auch wenn man keine Beziehung zum Geschäftspartner mehr pflegt.

17.1.2 Die allgemeine Struktur von Aufträgen in Verkauf und Vertrieb, Produktion und Beschaffung

Die Beispiele in den Abb. 1.2.1.1 und 1.2.1.2 zeigen den *Auftrag* als ein relativ komplexes Geschäftsobjekt. Zu den einzelnen *Auftragsdaten*, welche zusammen das Geschäftsobjekt *Auftrag* ausmachen, gehören:

- Der *Auftragskopf*: Das sind Daten, die am Kopf oder am Fuss jedes Auftrags erscheinen. Dazu gehören Kunde und Lieferant sowie der Auftragsgültigkeitstermin. Für jeden Auftrag gibt es genau einen Auftragskopf.

- Die *Auftragszeile* oder *Auftragsposition*. Von diesem Objekt gibt es beliebig viele je Auftrag. Sie werden mit einer geeigneten Positionsnummer in eine bestimmte Reihenfolge gesetzt. Jedes Objekt beschreibt ein zu planendes oder zu steuerndes Objekt der betrieblichen Logistik, sofern es sich nicht gerade um reinen Text handelt.

  In der Abb. 1.2.1.1 handelt es sich bei diesen Objekten ausnahmslos um *Auftragspositionen (der Art) Artikel*, die vom Lieferanten zum Kunden wechseln. Aus der Sicht des Lieferanten sind das *Artikelabgänge*, aus der Sicht des Kunden *Artikelzugänge*.

  In der Abb. 1.2.1.2 finden sich ebenfalls Artikelabgänge. Der Lieferant, in diesem Fall die Autogarage, liefert aber auch *Auftragspositionen,* die als Art *Arbeit* bzw. *Auftragsarbeitsgang* wiedergegeben werden. Das sind einzelne Arbeiten, die dem Kunden im Rahmen der Dienstleistung verkauft werden, ohne dass sie den „Charakter" eines Produkts annehmen. In diesem Fall sind sie direkt an demjenigen Objekt vorgenommen worden, das den Auftrag charakterisiert, nämlich dem Automobil. Die unter der Rubrik „Arbeit" aufgeführten restlichen Positionen betreffen einerseits einen Artikelabgang (Klein- und Reinigungsmaterial) und andererseits eine *Auftragsposition (der Art) Betriebsmittel*: Das Stellen eines Ersatzwagens war zur Erfüllung des Auftrags vonnöten. Der Ersatzwagen bedeutet eine Investition seitens der Garage, wie jede andere Vorrichtung oder Maschine oder auch jedes Werkzeug.

Die Abb. 17.1.2.1 zeigt die aus den obigen Beobachtungen entstehende allgemeine Struktur eines Auftrags in Verkauf und Vertrieb, Produktion oder Beschaffung.

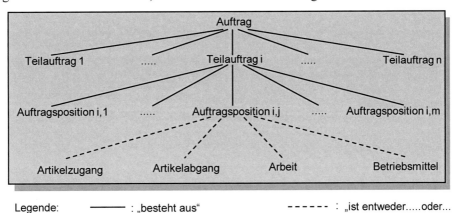

Abb. 17.1.2.1   Die allgemeine Struktur eines Auftrags in Verkauf und Vertrieb, Produktion oder Beschaffung

Die Beobachtungen in den beiden Beispielen in Abb. 1.2.1.1 und Abb. 1.2.1.2 werden hier ergänzt durch eine weitere Ebene.

> Ein *Teilauftrag* ist ein vom Inhalt her vollständiges Auftragsobjekt innerhalb eines Auftrags. Er wird aber nicht als eigenständiges Geschäftsobjekt gesehen.

Unter einem einzigen Auftrag können mehrere Teilaufträge logisch zusammengefasst werden.

- Bei einem Verkaufsauftrag bzw. einem Beschaffungsauftrag kann es sich bei den Teilaufträgen um Mengen von Auftragspositionen handeln, die z.B. zu verschiedenen Zeitpunkten beschafft werden sollen, die aber zusammen ein Ganzes bilden, z.B. unter dem Gesichtspunkt der Auftragsabrechnung.

- In einem Produktionsauftrag können zudem bestimmte Teilaufträge zu Halbfabrikaten führen, also zu Artikelzugängen, die ihrerseits als Artikelabgänge in anderen Teilaufträgen vorkommen. In diesem Fall dient z.B. ein erster Teilauftrag zur Herstellung einer tieferen Strukturstufe. Sein Ergebnis wird also nicht zwischengelagert, sondern direkt in den Teilaufträgen zur Herstellung der übergeordneten Strukturstufen verbraucht. Daraus bildet sich ein eigentliches Netz von Teilaufträgen.

Im Prinzip können sowohl in Verkaufs- und Beschaffungsaufträgen als auch in Produktionsaufträgen alle Arten von Auftragspositionen vorkommen.

- Bei Verkaufsaufträgen handelt es sich meistens um Artikelabgänge, im Falle von Services auch um Arbeiten und eingesetzte Betriebsmittel.

- Bei Beschaffungsaufträgen findet man am meisten die Art *Artikelzugang*, im Falle von zugekauften Dienstleistungen aber auch die Art *Arbeit* und *Betriebsmittel.*

- Produktionsaufträge sind aus der Sicht der Logistik komplizierter: Oft entsteht genau ein Artikelzugang, nämlich das hergestellte und absetzbare Produkt, das entweder an Lager geht oder aber der Spedition und damit der Verkaufsabteilung als Kunde abgegeben wird. In anderen Fällen entsteht als Artikelzugang ein Halbfabrikat, das seinerseits an Lager gelegt wird. In noch anderen Fällen entstehen mehrere verschiedene Artikelzugänge durch den gleichen Produktionsprozess (vgl. Kapitel 8).

  Bei den Gütern, die in den Produktionsprozess eingegeben werden, handelt es sich, aus logistischer Sicht, ebenfalls um Artikelabgänge, z.B. aus dem Rohmaterial oder Halbfabrikatelager. Charakteristisch für einen Produktionsauftrag sind Arbeitsgänge mit dafür eingesetzten Betriebsmitteln, d.h. Werkzeugen, Vorrichtungen oder Maschinen.

Die Abb. 17.1.2.2 zeigt eine formalisierte, jedoch der Abb. 17.1.2.1 inhaltlich entsprechende Struktur eines Auftrags, und zwar als Entitäts- oder Objektmodell eines Informationssystems. Für die Definition dieser und aller nachfolgend gebrauchten Fachbegriffe aus dem Informationsmanagement siehe das Kapitel 20. Die speziellen grafischen Strukturen sind wie folgt definiert:

- Das auffächernde Symbol beschreibt eine *Bestandteilhierarchie* (engl. *„whole-part"*). Ein Objekt der Klasse *Auftrag* besteht aus n verschiedenen Objekten der Klasse *Teilauftrag*; ein Objekt der Klasse *Teilauftrag* besteht aus n Objekten der Klasse *Auftragsposition.*

- Die Verschachtelung der Symbole der Klassen *Artikelzugang, Artikelabgang, Arbeit* und *Betriebsmittel* innerhalb der Klasse *Artikelposition* beschreibt eine *Spezialisierungshierarchie.* Ein Artikelzugang, ein Artikelabgang, eine Arbeit oder ein Betriebsmittel *„ist"* (engl. *„is a"*) je eine spezielle Auftragsposition.

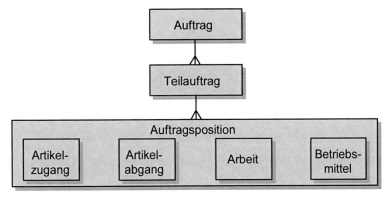

Abb. 17.1.2.2   Die grundlegenden Objektklassen einer Auftragsdatenbank

Die einzelnen Objektklassen des Geschäftsobjekts *Auftrag* werden in den nächsten Unterkapiteln eingehend besprochen.

17.1.3 Der Auftrags- und der Teilauftragskopf

In der Klasse Auftragskopf werden sämtliche Daten zusammengefasst, die für den Auftrag als Ganzes stehen. Die Attribute können im Prinzip in die folgenden Teilmengen aufgeteilt werden:

Erstens, Attribute, die den Geschäftspartner beschreiben. Bei einem Verkaufsauftrag ist das der Kunde, bei einem Beschaffungsauftrag der Lieferant, bei einem Produktionsauftrag die Abteilung Verkauf, Entwicklung oder Logistik. Zu den Attributen gehören

- Geschäftspartner-Id., sowie die Adresse des Geschäftspartners.
- das Objekt des Geschäftspartners, für welches der Auftrag verwendet wird.

Zweitens, Attribute zur Administration des Auftrags. Dazu zählen die Attribute, die mit dem Status eines Auftrags zu tun haben, u.a.

- die *Auftrags-Id.*, d.h. die Auftrags-Identifikation,
- der *Auftragsgültigkeitstermin* (Offertdatum, Auftragserteilungsdatum usw.),
- die *Auftragsart* (z.B. Kunden-, Beschaffungs-, Produktions-, oder Gemeinkostenauftrag usw.),
- der *Kostenträger* des Auftrags, um Aufträge für den finanziellen Vergleich „Kosten versus Erträge" zusammenzufassen, sowie andere Attribute als Vorbereitung zur Kostenträgerrechnung,
- die *Abrechnungsadresse,*
- der *Auftragsstatus*, d.h. der administrative Zustand des Auftrags (z.B. „in Vorbereitung", geplant, freigegeben, begonnen, storniert, beendet, geprüft, löschbar),
- die *Auftragskonditionen* und andere Informationen, die am Fuss des Auftrags erscheinen. Die Zuordnung zum Auftragskopf erlaubt, auf eine eigene Klasse *Auftragsfuss* zu verzichten.

Drittens, Attribute, welche die Planung & Steuerung des Auftrags betreffen. Dazu gehören

- eine *Marke*, ob es sich um einen *simulierten* oder *effektiven* Auftrag handelt,

- die Auftragspriorität,
- die *Auftragsdringlichkeit*,
- der *Auftragsstarttermin* und der *Auftragsendtermin*
- eine *Marke*, ob die *Termine fest* sind oder verschoben werden können.

Die Objektklasse *Teilauftragskopf* umfasst im Wesentlichen dieselben Attribute wie die 3. Teilmenge von Attributen der Klasse *Auftragskopf*, zudem die Auftrags-Id., die Teilauftrags-Id. (meistens eine die Auftrags-Id. ergänzende laufende Nummer) und eine Kurzbeschreibung des Teilauftrags.

17.1.4 Die Auftragsposition

Die Klasse *Auftragsposition* umfasst sämtliche Attribute (Informationen), die je Zeile eines Auftrags auftreten. In jeder Auftragsposition wird ein Objekt gespeichert. Die Attribute kann man in folgende Teilmengen zusammenfassen:

Erstens, identifizierende Attribute. Dazu gehören

- die *Auftrags-Id.*,
- die *Teilauftrags-Id.*,
- die *Auftragspositions-Id.* Dies ist meistens eine Nummer. Bei Arbeiten kann sie der Sequenz im Arbeitsplan entsprechen, bei Artikeln oder Betriebsmitteln einer relativen Position in einer Rüstliste, die eine vernünftige Logik ergibt (z.B. die Reihenfolge der Entnahme in den Lagern).
- die *Art der Auftragsposition*: Artikelzugang, Artikelabgang, Arbeit oder Betriebsmittel,
- der *Positionsstatus*, d.h. der administrative Zustand der Position (z.B. geplant, reserviert, freigegeben, teilweise ausgeführt, vollständig ausgeführt, administrativ erledigt),
- eine *Marke*, ob die *Termine fest* sind oder verschoben werden können.

Zweitens, spezifische Attribute, die je nach Art der Auftragsposition verschieden sind. Bei der Auftragsposition Artikel, d.h. bei Artikelzugängen bzw. Artikelabgängen, zählen dazu

- die *Artikel-Id.*,
- die *Reservierung* bzw. die *reservierte Menge*,
- die bezogene Menge oder effektive Menge,
- die abgerechnete Menge,
- der *Reservierungstermin* bzw. der *früheste Starttermin*,
- die *Artikelbeschreibung*. Hier handelt es sich um eine Menge von Attributen, die zur näheren Identifikation und Klassifikation dienen können. Siehe dazu auch Kap. 17.2.2.
- die *positionsspezifische Artikelbeschreibung* innerhalb des vorliegenden Auftrags, z.B. die Position einer elektronischen Komponente,
- Informationen zur Lagerhaltung sowie zur Abrechnung des Artikels. Es handelt sich hier meistens um eine Menge von Attributen, die in Kap. 17.2.2 näher beschrieben ist.
- die *Auftragspositions-Id. Arbeit*, d.h. die Arbeitsgang-Id., für welche ein Artikelabgang benötigt wird bzw. aus welchem ein Artikelzugang entsteht.

Zur Auftragsposition *Arbeit* (bzw. *Auftragsarbeitsgang*) gehören die Attribute

- *Kapazitätsplatz-Id.* (oder Kapazitäts-Id.), d.h. Identifikation des Ortes bzw. der Maschinengruppe, wo bzw. mit welcher dieser Arbeitsgang produziert wird.
- *Arbeitsbeschreibung,*
- *Belastungsvorgabe,* in Kapazitätseinheiten (definiert wie die Belastungsvorgabe eines Arbeitsgangs in Kap. 1.2.4 bzw. Kap. 13.1.2),
- *Rüstbelastung* und *Einzelbelastung,*
- *Effektive Belastung* in Kapazitätseinheiten,
- *Abgerechnete Belastung* in Kapazitätseinheiten,
- *Durchlaufzeit* sowie eventuell Zwischenzeitanteile,
- *Starttermin* (d.h. der *Arbeitsgangstarttermin*), z.B. der früheste, späteste oder wahrscheinliche,
- *Endtermin* (d.h. der *Arbeitsgangfälligkeitstermin*), z.B. der früheste, späteste oder wahrscheinliche,
- *Kapazitätsplatzbeschreibung* und andere Daten, die zur Identifikation und Klassifikation der ausführenden organisatorischen Einheit dienen. Siehe dazu auch Kap. 17.2.4.
- *Kosten* und *Verfügbarkeitsdaten* des Kapazitätsplatzes. Hier handelt es sich um eine Menge von Attributen, die ebenfalls in Kap. 17.2.4 näher beschrieben sind.

Bei einer Auftragsposition *Betriebsmittel* handelt es sich bei den spezifischen Attributen um

- die Betriebsmittel-Id.,
- die *Reservierung* bzw. die *reservierte Menge,*
- die bezogene Menge oder effektive Menge,
- die abgerechnete Menge,
- die *Betriebsmittelbeschreibung* und andere Attribute zur Identifikation und Klassifikation des Betriebsmittels,
- die Auftragspositions-Id. Arbeit, d.h. die Arbeitsgang-Id., für welche das Betriebsmittel eingesetzt wird,
- die *Kosten pro Bezugsmenge* und andere zur Abrechnung dienende Attribute,
- der *Starttermin*, z.B. der früheste, späteste oder wahrscheinliche,
- der *Endtermin*, z.B. der früheste, späteste oder wahrscheinliche,
- die *Menge der verfügbaren Betriebsmittel* sowie ihre *Kosten* und andere zur Abrechnung dienende Attribute. Siehe auch Kap. 17.2.6.

Jedem Objekt *Auftragsposition* kann man Text in beliebiger Menge zuordnen.

17.1.5 Bestände und Bestandstransaktionen

Zur Verwaltung von Lagerbeständen sind die folgenden Objekte in ihren logischen Einheiten (Objektklassen) gruppiert:

- *Lagerplatz*, um die verschiedenen Lagerplätze im Unternehmen zu verwalten. Attribute dieser Objektklasse sind die Lagerplatz-Id., die Lagerplatzbeschreibung, verschiedene

Klassifikationen sowie Attribute zur Darstellung der verschiedenen Merkmale gemäss Kap. 11.1.1 usw.

- *Lagerbestand*, um die verschiedenen Bestände von lagerhaltigen Artikeln buchmässig zu verwalten. Attribute dieser Objektklasse sind die Identifikation des verwalteten Artikels, die Identifikation des Lagerplatzes, der Bestand in der Masseinheit des Artikels, das Datum des letzten Zugangs bzw. Abgangs usw.

Diese beiden Klassen genügen jedoch nicht zur Darstellung von Chargen- bzw. Variantenlagern. Für die Prozessindustrie und für die variantenreiche Produktion werden erste Erweiterungen im Kap. 17.4.2 besprochen. Gemäss [Schö01, Kap. 8] wird ein Chargen- oder Varianten-Lagerbestand schliesslich zu einer Spezialisierung einer Auftragsposition.

In einer Klasse *Transaktion* werden alle Artikelbewegungen festgehalten, insbesondere die Bestandstransaktionen. Siehe dazu Kap. 11.1. Diese Klasse kann nach beliebigen Kriterien ausgewertet werden, z.B. für Verbrauchsstatistiken, Absatz- bzw. Verkaufsstatistiken und Angebotsstatistiken (siehe Kap. 11.2). Attribute dieser Klasse sind u.a.

- das *Transaktionsdatum*,
- die *Artikel-* bzw. die *Artikelfamilien-Id.*,
- die *bewegte Menge*,
- die *verantwortlichen Personen* für die Erfassung der Transaktion,
- die *beiden betroffenen* Kunden-, Produktions- oder Beschaffungs-Auftragspositionen bzw. Lagerbestandspositionen (Soll und Haben, „von"- und „nach"-Position der Transaktion).

17.2   Die Stammdaten von Produkten und Prozessen

Unter dem Begriff *Stammdaten* werden die Daten von sämtlichen auftragsunabhängigen Geschäftsobjekten gemäss Kap. 1.2 zusammengefasst (vgl. Kap. 5.1.4).

Dieses Unterkapitel präsentiert vorerst die Stammdaten für das klassische MRPII-Konzept, und zwar für Produkte mit konvergierenden Produktstrukturen. In Kap. 17.4 werden die Erweiterungen aus dem prozessor-orientierten Konzept besprochen (divergierende Produktstrukturen), in Kap. 17.5 die Erweiterungen aus dem variantenorientierten Konzept.

17.2.1 Produkt, Produktstruktur, Komponenten und Arbeitsgänge

Stammdaten entstehen als Ergebnis der Kundenauftragsunabhängigen Produkt- und Prozessentwicklung. Ergänzt man die Produkt- und Prozessbeschreibung durch eine Bestellmenge und einen Termin, dann kann man daraus wiederholt einen passenden Kunden-, Produktions- oder Beschaffungsauftrag ableiten.

Als Vergleich stelle man sich ein Rezept in einem Kochbuch vor. Auch dieses wird ja vorgängig, d.h. unabhängig von den späteren Kochvorgängen entwickelt. Ein solches Rezept kann wiederholt zur Essenszubereitung verwendet werden, und zwar jeweils für eine unterschiedliche Bestellmenge (= Anzahl Personen). Folgendes ist im Kochbuch enthalten:

- Die Ingredienzien sind in einer Liste, einem Rezept aufgeführt.

- Die Abfolge der einzelnen Arbeiten ist ebenfalls in einer Liste aufgeführt und beschreibt sodann, wie man, ausgehend von den Ingredienzien, zum Ergebnis, sprich zum fertigen Essen gelangt.

- Die notwendigen Küchenutensilien, wie Messer, Pfannen usw. sind in der Beschreibung der Arbeiten erwähnt, manchmal werden sie zusätzlich in eine Liste zusammengezogen.

- Die notwendige Kücheneinrichtung, wie Herd, Backofen, Senke usw. wird in den Arbeiten erwähnt.

Für die Beschreibung von Produkt und Produktionsprozess in einem Unternehmen wendet man das gleiche Konzept an, mit einer verallgemeinerten bzw. angepassten Terminologie:

- Das Ergebnis wird zu einem Produkt.

- Aus Ingredienzien werden Komponenten, aus dem Rezept wird eine Stückliste oder Nomenklatur.

- Aus Arbeiten werden Arbeitsgänge, aus ihrer Abfolge ein Arbeits- oder Prozessplan.

- Aus der Kücheneinrichtung und Küchenutensilien werden Maschinen und andere Betriebsmittel.

- Die Küche selbst wird zu einem Kapazitätsplatz mit einem oder mehreren Arbeitsstationen, auf denen die einzelnen Arbeitsgänge ausgeführt werden.

Die Abb. 17.2.1.1 zeigt beispielhaft die Zusammensetzung von Stammdaten in Form eines Produktionsauftrags des *Kugellagers* aus Abb. 16.2.1.1. Es wird eine Bestellmenge (ein Los) von 100 Masseinheiten (hier: „Stück") simuliert, die Termine fehlen jedoch. Aufgeführt sind zudem nur einige charakteristische Daten und Positionen[1].

- Das Produkt *Kugellager* (Artikel-Id. 83569) ist ein potentieller Artikelzugang und besteht aus den beiden Komponenten *Ring* (Artikel-Id. 83593, ein eigenproduziertes Halbfabrikat) und *Uniflon* (Artikel-Id. 83607, ein zugekauftes Rohmaterial). Die Stückliste des Produkts hat damit mindestens die zwei angegebenen Positionen. Sie sind potentielle Artikelabgänge.

- Das Kugellager (Artikel-Id. 83569) wird produziert durch die beiden Arbeitsgänge *Schneiden Uniflon* (Pos. 250 auf Kapazitätsplatz-Id. 907501, „Manuelle Produktion") und *Zusammenpressen* (Pos. 270 auf Kapazitätsplatz-Id. 908301, „Spezialpressen"). Der Arbeitsplan des Produkts hat damit mindestens die zwei angegebenen Arbeitsgänge. Sie sind potentielle Auftragspositionen *Arbeit* (bzw. Auftragsarbeitsgänge).

Die Abb. 17.2.1.2 zeigt die im ersten Ansatz entstehende, einfache, einstufige *konvergierende Produktstruktur*. Vgl. dazu auch Abb. 17.1.2.1 und Abb. 1.2.2.2. Alle zur Herstellung des Produkts notwendigen Ressourcen werden als Positionen in der Produktstruktur aufgeführt. Eine solche Position kann dann eine Komponente, ein Arbeitsgang oder ein Betriebsmittel sein.

---

[1]   Im konkreten Fall gibt es noch mehr Komponenten und Arbeitsgänge. Aus didaktischen Gründen (Einfachheit) sind nur diese beiden Komponenten angeführt.

PRODUKT (POTENTIELLER ARTIKELZUGANG)				
Produkte-Id.	Bestellmenge bzw. Los	ME	Beschreibung	Dimension
83569	100	ST	Kugellager	12 mm

STÜCKLISTE MIT IHREN POSITIONEN (KOMPONENTEN BZW. POTENTIELLE ARTIKELABGÄNGE)					
Position	Komponenten-Id.	Gesamte Einbaumenge	ME	Beschreibung	Dimension
050	83593	100	ST	Ring	12 mm
060	83607	2	KG	Uniflon-R	67/3000 mm
⋮	⋮	⋮	⋮	⋮	⋮

ARBEITSPLAN MIT SEINEN POSITIONEN (ARBEITSGÄNGE BZW. POTENTIELLE ARBEITEN)			
Position	Arbeitsbeschreibung	Vorgabezeit ME	Kapazitätsplatz/Beschreibung
250	10,5 x 67 mm Schneiden Uniflon	1,45 Std.	907501/Manuelle Fabrikation
270	Zusammenpressen	1,12 Std.	983001/Spezialpressen
⋮	⋮	⋮ ⋮	⋮

Abb. 17.2.1.1   Der Produktionsauftrag als Zusammensetzung von Stammdaten

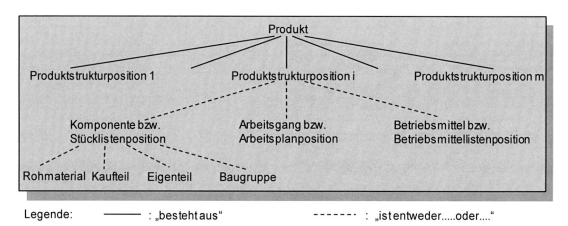

Legende: ———— : „besteht aus"   ------ : „ist entweder.....oder...."

Abb. 17.2.1.2   Eine einfache Produktstruktur

Eine Komponente kann gemäss Abb. 1.2.2.1 vorerst ein Rohmaterial oder ein Kaufteil sein. In der Realität hat ein Produkt oft hunderte, manchmal sogar tausende solcher Komponenten. Diese werden in Produktmodule oder Zwischenprodukte gruppiert (Eigenteile, Halbfabrikate oder Baugruppen). Dies geschieht aus verschiedenen Gründen:

- Ein Modul kann in mehreren Produkten verwendet werden. Es ist dann u. U. sinnvoll, dieses Zwischenprodukt mit einer anderen logistischen Charakteristik herzustellen oder zu beschaffen als die übergeordneten Produkte.

- Ein Modul kann sowohl eigenproduziert als auch zugekauft werden. Das Modul dient dann als logistische Abgrenzung.

- Ein Modul entspricht einer Konstruktions- oder Produktionsstufe.

Ein Zwischenprodukt kann nun einerseits ein Produkt aus verschiedenen Komponenten sein, andererseits auch selber als Komponente in verschiedenen übergeordneten Produkten verwendet werden. Die Abb. 17.2.1.3 zeigt eine Formalisierung dieses Sachverhalts in zwei Hierarchien[2], die auf die obere und auf die untere Strukturstufe der mehrstufigen Stückliste verweisen. Vgl. dazu die beiden Zwischenprodukte in Abb. 1.2.2.2.

Das Bilden von Zwischenprodukten kann sich über mehrere Stufen wiederholen. Zwischenprodukte führen von der einfachen, einstufigen Produktstruktur zu einer mehrstufigen Produktstruktur. Als Beispiel finden sich auch in den „Kochbüchern" einer professionellen Küche mehrstufige Rezepte, was der Vorausherstellung oder dem Zukauf von halbfertigen Menübestandteilen entspricht.

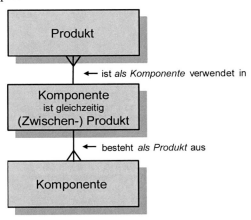

Abb. 17.2.1.3   Ein Zwischenprodukt, das gleichzeitig als Komponente in übergeordneten Produkten verwendet wird

17.2.2 Artikelstamm

Die verschiedenen Spezialisierungen des Geschäftsobjekts *Artikel* werden in der Abb. 1.2.2.1 zusammengefasst. Dieses Unterkapitel dient der detaillierten Beschreibung des Objekts, besonders seiner wichtigsten Attribute.

Ein *Artikelstammsatz* enthält die Stammdaten eines Artikels.
Eine *Artikelstammdatei* enthält alle Artikelstammsätze.

Jeder Artikelstammsatz enthält drei verschiedene Typen von Informationen, nämlich technische Informationen, Informationen zur Lagerhaltung und Informationen über Kosten und Preise. Die Verwaltung dieser drei Typen wird oft durch verschiedene Stellen innerhalb des Unternehmens vorgenommen. Sie müssen dann durch eine organisatorische Prozedur koordiniert werden (z.B. durch Einsatz von Workflow-Techniken).

Zu den *technischen Informationen* zählen mindestens die folgenden Attribute:

---

[2]   In beiden Fällen ist *„Komponente ist gleichzeitig Zwischenprodukt"* eine Assoziationsklasse. Im „unteren" Fall handelt es sich gleichzeitig um eine Komposition („whole-part"-Assoziation).

- Die *Artikel-Id.*, d.h. die Artikelidentifikation. Im IT-unterstützten Fall soll sie – wenn immer möglich – *„nicht sprechend"* sein und durch das Informationssystem selber vergeben werden. Die Artikel-Id. ist ein Primärschlüssel, also eindeutig. Sie darf während des Produktlebenszyklus nicht geändert werden. Siehe dazu auch das Kap. 20.3.2.

- Der *EAN/UCC-Code*. Er ist eine Re-Identifikation der Artikel-Id. für die automatische Betriebsdatenerfassung. Sein Aufbau erfolgt nach internationalen Normen.

- Die *Zeichnungsnummer* oder die *technische Referenznummer*. Sie dient den Personen im Unternehmen ebenfalls zur Identifikation des Artikels. Als *Sekundärschlüssel* muss sie jedoch nicht unbedingt eindeutig sein. Ihr Wert kann sich während des Produktlebenszyklus auch ändern. Dies ist z.B. bei einer Reorganisation des Zeichnungsnummern-Systems notwendig.

- Die *Artikelbeschreibung*. Sie umfasst oft verschiedene Attribute, welche auch als Sekundärschlüssel zur schnellen und einfachen Suche dienen, z.B. die verbale Beschreibung, evtl. in verschiedenen Sprachen, die Abkürzung des Artikels (d.h. so wie der Artikel im Betriebsjargon genannt wird), sowie die Dimension oder Dimensionen des Artikels.

- Die *Artikelart*, d.h. dessen Spezialisierung (Endprodukt, Halbfabrikat, Rohmaterial, Dokument, Information usw.).

- Eine *Marke*, ob der Artikel *zugekauft oder eigenproduziert* wird.

- *Klassifikationscodes*, welche Artikel für gewisse Statistiken gruppieren.

- Die *Dispositionsstufe*: siehe Kap. 1.2.2.

- Eine Markierung, ob es sich um ein *Neben-* oder *Abfallprodukt* handelt

- Die *Masseinheiten*, z.B. die Lagereinheit, die Einheit, auf welche sich Kosten und Preise beziehen, die Einkaufseinheit oder die Gewichtseinheit.

- *Umrechnungsfaktoren* von einer Masseinheit zu einer anderen.

Zu den *Informationen zur Lagerhaltung* zählen mindestens die folgenden Attribute:

- Der *Auslösungsgrund des Auftrags* (siehe Kap. 4.4.4) (Auftragsauslösung nach Nachfrage (Verfahren: MRP), Auftragsauslösung nach Prognose (Verfahren: MRP), Auftragsauslösung nach Verbrauch (Verfahren: Bestellbestand oder Kanban)).

- Der Lagerort bzw. Ort der Lagerhaltung. Für die Lagerorte eines Artikels mit *Mehrlagerorganisation* (vgl. Kap. 11.1.1) ist eine eigene Klasse zur Verwaltung nötig. Siehe dazu Kap. 17.1.5.

- Die *Durchlaufzeit*.

- Die *Beschaffungsgrösse*. Dies ist je nach *Losgrössenbildungspolitik* eine Menge (die Losgrösse), eine Zeitspanne, eine Anzahl Bedarfe usw. (siehe dazu auch Kap. 12.4.1).

- Der *Mittelwert des Verbrauchs* und die Attribute, um diesen à jour zu setzen (siehe Kap. 10.2.1). Die kumulierten Verbräuche der Vergangenheit sind i. Allg. durch eigene Klassen verwaltet (siehe Kap. 11.2.1).

Attribute für *Informationen über Kosten und Preise* sind u.a. (siehe dazu auch Kapitel 16):

- Die *Herstell-* oder *Beschaffungskosten*: voll oder variabel; Standard, durchschnittlich, echt oder aktualisiert, simuliert.

- Die *Kostenarten*, gemäss der Kostenstruktur des Produkts (dem Kalkulationsschema): Materialkosten, direkte Arbeitskosten und Gemeinkosten bzw. variable und fixe Arbeitskosten usw.

- Die verschiedenen *Verkaufspreise*, also verschiedene Preise je Marktsegment mit je dem früheren, aktuellen, und zukünftigen Preis (evtl. mit Gültigkeitstermin)

Aspekte zur IT-unterstützten Verwaltung:

- Für gewisse Massenmodifikationen kann es aber richtig sein, die Änderungen im Voraus zu erfassen und sie dann durch ein „batch"-Hintergrundprogramm zu aktivieren. Als Beispiel diene die Änderung der Verkaufspreise: Falls die neuen Preise nicht durch eine Formel aus den alten hergeleitet werden können, bleibt nichts anderes übrig, als für jeden Artikel die neuen Preise „online" als separate Attribute zu erfassen. Zum Stichzeitpunkt werden dann alle Preise in wenigen Sekunden geändert, indem das Attribut „Preis" mit dem Wert des Attributs „neuer Preis" überschrieben wird.

- Eine Aufzeichnung der letzten Modifikationen auf den Artikelstamm ist unumgänglich, falls verschiedene Benutzer die gleichen Daten modifizieren können. Damit kann nachgewiesen werden, wer wann welche Daten geändert hat.

- Um die Daten eines Artikelstammes für einen neuen Artikel zu gewinnen, ist es i. Allg. komfortabel, zuerst alle Attributswerte eines bestehenden Artikels auf die Attribute des neuen Artikels zu kopieren und dann die notwendigen Attributswerte zu verändern.

- Ein Artikel darf physisch nicht gelöscht werden, solange er noch als Komponente, Produkt oder Reservierung in einem Auftrag oder in Verbrauchsstatistiken vorkommt. Eine Artikel-Id. bleibt i. Allg. für einige Jahre blockiert, auch wenn der zugehörige Artikel physisch nicht mehr im Betrieb vorhanden ist.

17.2.3 Stückliste, Stücklistenposition und Verwendungsnachweis

Die Abb. 1.2.2.2 zeigte als Beispiel eine Stückliste, d.h. eine konvergierende Produktstruktur mit zwei Strukturstufen. Die klassische Methode zur Darstellung des Geschäftsobjekts *Stückliste* bildet dieses nicht als ein Ganzes ab, sondern definiert dafür ein detaillierteres logistisches Objekt.

Eine *Stücklistenposition* ist eine Verknüpfung Produkt ↔ Komponente in einer Stückliste.

Als Beispiel sind in Abb. 17.2.3.1 fünf Artikel gegeben, nämlich die drei Komponenten x, y und z, die je in den beiden Produkten 1 und 2 vorkommen.

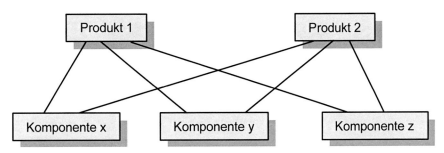

Abb. 17.2.3.1   Darstellung von zwei Stücklisten mit je drei Komponenten

Die beiden Stücklisten führen zu detaillierten Objekten, nämlich *sechs* Stücklistenpositionen. Diese stehen für die sechs Verknüpfungen, die in Abb. 17.2.3.2 aus der Sicht der Produkte und aus der Sicht der Komponenten aufgeführt sind.

Sicht der Produkte	Sicht der Komponenten
Produkt 1 ↔ Komponente x	Komponente x ↔ Produkt 1
Produkt 1 ↔ Komponente y	Komponente x ↔ Produkt 2
Produkt 1 ↔ Komponente z	
	Komponente y ↔ Produkt 1
Produkt 2 ↔ Komponente x	Komponente y ↔ Produkt 2
Produkt 2 ↔ Komponente y	
Produkt 2 ↔ Komponente z	Komponente z ↔ Produkt 1
	Komponente z ↔ Produkt 2

Abb. 17.2.3.2   Detaillierte logistische Objekte: Die sechs Stücklistenpositionen als Verknüpfungen in zwei Stücklisten mit je drei Komponenten

Die Detaillierung von Stücklisten in ihre Positionen führt unmittelbar zu weiteren logistischen Objekten. Sie werden alle aus den Stücklistenpositionen durch Algorithmen abgeleitet.

Unter einem *Verwendungsnachweis* versteht man das Aufzeigen der Verwendung einer Komponente in Produkten, unter Berücksichtigung der Strukturstufen (vgl. Kap. 1.2.2).

Die Sicht der Komponenten in Abb. 17.2.3.2 bzw. die Sicht von unten nach oben in der Abb. 17.2.3.1 führten zu drei Verwendungsnachweisen – je einer für Komponente x, y und z – mit je zwei Verwendungen für Produkt 1 und 2.

Stücklisten und Verwendungsnachweise werden je nach Benützungsanforderung in verschiedenen Formen verlangt. Jede Relation „Produkt ↔ Komponente" ist dabei jedoch nur ein einziges Mal festzuhalten oder zu speichern. Einzige Ausnahme davon ist das mehrmalige, aber zu unterscheidende Vorkommen derselben Komponente im selben Produkt, was durch eine relative Positionsnummer unterschieden wird (siehe unten).

Die *einstufige Stückliste* bzw. die *Baukastenstückliste* zeigt alle Komponenten eines Produkts.

Die Abb. 17.2.3.3 zeigt die drei einstufigen Stücklisten mit je zwei Stücklistenpositionen, die implizit durch das Beispiel der Abb. 1.2.2.2 definiert sind.

Die *mehrstufige Stückliste* oder *Strukturstückliste* zeigt die strukturierte Zusammensetzung eines Produkts über alle Strukturstufen.

Die Abb. 17.2.3.4 zeigt die Strukturstückliste am Beispiel der Abb. 1.2.2.2.

Diese Form entspricht inhaltlich genau der möglichen graphischen Darstellung eines Produkts als *Arboreszenz*, d.h. als *Baumstruktur*, wie eben im Beispiel der Abb. 1.2.2.2[3]. Jede Komponente

---

[3]   Die Arboreszenz ergibt sich natürlich nur für ein Produkt, dessen Ausrichtung der Produktstruktur die Zusammenbauorientierung ist.

kommt so viele Male vor, wie sie auch in der Arboreszenz vorkommt. Die Einbaumenge ist jeweils die kumulierte Einbaumenge der Komponente an dieser Stelle im Produkt (dies im Unterschied zur graphischen Form in der Abb. 1.2.2.2[4]). Eine mehrstufige Stückliste kann übrigens durch einen Algorithmus, ausgehend von den einstufigen Stücklisten, generiert werden.

Produkt-Id./ Komponenten-Id.	Einbaumenge
218743	
387462	1
390716	3

Produkt-Id./ Komponenten-Id.	Einbaumenge
208921	
387462	2
389400	1

Produkt-Id./ Komponenten-Id.	Einbaumenge
107421	
208921	1
218743	2

Abb. 17.2.3.3   Baukastenstücklisten (einstufige Stücklisten)

Produkt-Id. / Komponenten-Id.	(kumulierte) Einbaumenge
107421	
208921	1
387462	2
389400	1
218743	2
387462	2
390716	6

Abb. 17.2.3.4   Strukturstückliste (mehrstufige Stückliste)

Die *Mengenübersichtsstückliste* ist eine zusammengezogene, mehrstufige Stückliste, in welcher jede Komponente nur einmal vorkommt, aber mit der gesamten Einbaumenge.

Abb. 17.2.3.5 zeigt die Mengenübersichtsstückliste am Bsp. der Abb. 1.2.2.2.

---

[4]   Natürlich kann man auch in der graphischen Form die kumulierte Einbaumenge aufführen.

Produkt-Id. / Komponenten-Id.	(kumulierte) Einbaumenge
107421	
208921	1
218743	2
387462	4
389400	1
390716	6

Abb. 17.2.3.5   Mengenübersichtsstückliste (zusammengezogene, mehrstufige Stückliste)

Die Einbaumenge ist die kumulierte Einbaumenge der Komponente im Produkt. Eine Mengenübersichtsstückliste ist z.B. praktisch für eine manuelle Vorkalkulation oder zur schnellen Berechnung des Bedarfs an zuzukaufenden Komponenten für ein Los von Endprodukten. Eine Mengenübersichtsstückliste kann ebenfalls durch einen Algorithmus, ausgehend von den einstufigen Stücklisten, generiert werden.

Durch ähnliche Algorithmen kann man aus den Stücklistenpositionen verschiedene Typen von Verwendungsnachweisen gewinnen.

Der *einstufige Verwendungsnachweis* zeigt alle Produkte, in die eine Komponente direkt eingebaut ist.

Die Abb. 17.2.3.6 zeigt die fünf einstufigen Verwendungsnachweise, die implizit durch das Beispiel der Abb. 1.2.2.2 definiert sind[5].

In der Abb. 17.2.3.6 sind gleich viele Relationen wie in der Abb. 17.2.3.3 aufgeführt, nämlich sechs. Es sind dieselben sechs Relationen, jedoch in der Sicht nach Komponenten in Abb. 17.2.3.2. Die Einbaumenge ist dabei die Menge an Komponenten, die direkt in das Produkt eingebaut ist. Der einstufige Verwendungsnachweis ist praktisch, um sich ein Bild über die Breite der Verwendbarkeit einer bestimmten Komponente zu machen.

Der *mehrstufige Verwendungsnachweis* bzw. *Strukturverwendungsnachweis* zeigt die strukturierte Verwendung einer Komponente über alle Strukturstufen, bis hin zu den Endprodukten.

Die Abb. 17.2.3.7 zeigt den mehrstufigen Verwendungsnachweis der Komponente mit der Artikel-Id. 387462 aus dem Beispiel der Abb. 1.2.2.2.

Die Einbaumenge ist dabei die kumulierte Menge, mit der die Komponenten an dieser Stelle in das Produkt eingebaut sind. Ein Strukturverwendungsnachweis ist z.B. praktisch für das Abschätzen der möglichen Folgen, die eine *Substitution*, d.h. der Ersatz eines nicht verfügbaren, primären Produkts durch ein nicht-primäres Teil, nach sich ziehen kann.

---

[5]   Der Verwendungsnachweis für ein Endprodukt ist leer bzw. es gibt keinen.

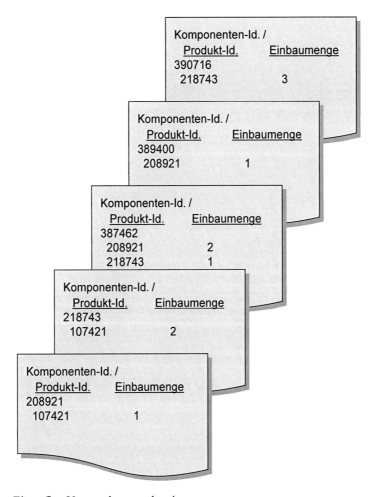

Abb. 17.2.3.6   Einstufige Verwendungsnachweise

Komponenten-Id./ Produkt-Id.	(kumulierte) Einbaumenge
387462	
208921	2
107421	2
218743	1
107421	2

Abb. 17.2.3.7   Strukturverwendungsnachweis (mehrstufiger Verwendungsnachweis)

Der *Mengenübersichtsverwendungsnachweis* ist ein zusammengezogener, mehrstufiger Verwendungsnachweis, in welchem jedes Produkt nur einmal vorkommt, zusammen mit der kumulierten Menge, mit der die Komponente in das Produkt eingebaut ist.

Die Abb. 17.2.3.8 zeigt den Mengenübersichtsverwendungsnachweis der Komponente mit der Artikel-Id. 387462 aus dem Beispiel der Abb. 1.2.2.2.

Komponenten-Id./ Produkt-Id.	(kumulierte) Einbaumenge
387462	
208921	2
218743	1
107421	4

Abb. 17.2.3.8   Mengenübersichtsverwendungsnachweis (zusammengezogener, mehrstufiger Verwendungsnachweis)

Die Einbaumenge ist dabei die gesamte Menge, mit der die Komponente in das Produkt eingebaut ist. Ein Mengenübersichtsverwendungsnachweis ist z.B. für die Erstellung des Beschaffungsplans nötig, oder auch um abzuschätzen, welche Endprodukte das Auswechseln eines Artikels auf tiefer Strukturstufe betrifft.

Das logistische Objekt *Stücklistenposition* erscheint in einer formalisierten Produktstruktur gemäss Abb. 17.2.3.9.

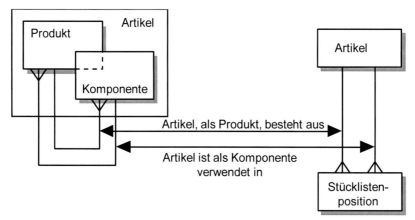

Abb. 17.2.3.9   Das logistische Objekt Stücklistenposition

Die linke Hälfte der Abb. 17.2.3.9 zeigt den Sachverhalt der Abb. 17.2.1.3, eingezeichnet in die Abb. 1.2.2.1. Die Klasse *Artikel* steht somit in einer „n zu n"-Assoziation zu sich selbst:

- Ein Produkt kann verschiedene Komponenten haben. Formal heisst das: Ein Objekt der Klasse *Artikel besteht* in seiner Spezialisierung *als Produkt aus* n verschiedenen Objekten der Klasse Artikel, Spezialisierung *Komponente*.

- Eine Komponente kann in verschiedenen Produkten vorkommen. Formal heisst das: Ein Objekt der Klasse *Artikel ist* in seiner Spezialisierung *als Komponente verwendet in* n verschiedenen Objekten der Klasse Artikel, Spezialisierung *Produkt*.

Diese „n zu n"-Assoziation wird nun in der rechten Hälfte der Abb. 17.2.3.9 aufgebrochen in die zwei entsprechenden „1 zu n"-Assoziationen. Daraus entsteht eine zusätzlichen Objektklasse, eben die Stücklistenposition, welche die Assoziation „Produkt ↔ Komponente" zwischen zwei Artikeln festhält. Diese Assoziation kann entweder *„Artikel, als Produkt, besteht aus"* oder *„Artikel ist als Komponente verwendet in"* heissen, je nachdem, von welcher Seite man ausgeht. Eine Stücklistenposition ist somit gleichzeitig auch eine Verwendungsnachweisposition.

Die *Verwendungsnachweisposition* ist eine andere Sicht auf die Stücklistenposition.

Die Sicht nach der Stückliste kann man wie folgt formulieren:

- Von einem Produkt ausgehend, kann man alle n Stücklistenpositionen erreichen, und von jeder dieser Positionen die eine Komponente, die in das Produkt eingebaut wird. Alle diese Positionen mit den jeweiligen Informationen über die Komponente bilden zusammen die Stückliste oder Nomenklatur.

Die Sicht nach dem Verwendungsnachweis kann man wie folgt formulieren:

- Von einer Komponente ausgehend, kann man alle n Verwendungsnachweispositionen erreichen, und von jeder dieser Positionen das eine Produkt, in welchem die Komponente verwendet wird. Alle Positionen des Verwendungsnachweises mit den jeweiligen Informationen über das Produkt bilden zusammen den Verwendungsnachweis.

Die wichtigsten Attribute, die für eine Stücklistenposition verwaltet werden müssen, sind:

- Die *Produkt-Id.* (die Produktidentifikation). Das ist eine Artikel-Id.

- Die *Komponenten-Id.* (die Komponentenidentifikation). Das ist eine Artikel-Id.

- Die *Einbaumenge*, d.h. die Anzahl oder Menge der Komponenten, die notwendig sind, um eine Einheit des Produkts herzustellen.

- Die *Sequenznummer der Stücklistenposition* in der Stückliste, (zu Sortier- und Identifikationszwecken).

- Die *Arbeitsgang-Id.*, für welche die Komponente benötigt wird (siehe Kap. 17.2.6).

- Die *Vorlaufzeit* oder *Versatzzeit*, d.h. die Zeitdifferenz relativ zum Ablieferungszeitpunkt des Produkts, um die vorverschoben die Komponente zur Verfügung stehen muss (siehe Kap. 1.2.3).

- Die *Gültigkeitstermine (Start und Ende)*: Das sind die Termine, an welchen eine Komponente zur Stückliste hinzugefügt oder daraus gelöscht werden soll. Die Gültigkeitskontrolle kann auch durch die *„engineering-change"-Nummer* oder die Seriennummer statt über einen Termin erfolgen.

Wiederum sind dies nur die wichtigsten Attribute für die elementaren Funktionen rund um Stückliste und Verwendungsnachweis. Für komplexere Anwendungen, z.B. die Verwaltung von Stücklisten für eine *Produktfamilie mit Variantenreichtum*, müssen zusätzliche Attribute und sogar zusätzliche logistische Objekte abgebildet werden. Siehe dazu auch Kapitel 7 und Kap. 17.3.

> Die *Stücklistenpositions-Id.* (Stücklistenpositionsidentifikation) ist historisch und generisch die Vereinigung der Attribute *Produkt-Id.* und *Komponenten-Id.* Heute ist sie aber immer öfter die Vereinigung der Attribute *Produkt-Id.* und *Sequenznummer (der Stücklistenposition).*

Die zweite Definition hat den Vorteil, dass dieselbe Komponente verschiedene Male in der gleichen Stückliste auftreten kann. Auch können die Komponenten nach einer logischen Folge sortiert werden, die nicht der Komponenten-Id. entspricht. Als Nachteil kann erwähnt werden, dass die Anzahl der möglichen Komponenten eines Produkts limitiert ist durch die Anzahl der möglichen relativen Positionsnummern. Zudem: Um eine relative Ordnung halten zu können, müssen „Löcher" in der Folge der relativen Positionsnummern vergeben werden, indem man z.B. zu Beginn nur Zehnerschritte vergibt, und ggf. die Nummerierung periodisch reorganisiert.

Aspekte zur *IT-unterstützten Verwaltung*:

- Es gibt Transaktionen, um ganze Stücklisten oder Teile von Stücklisten einer Baugruppe unter eine andere Baugruppe kopieren zu können. Dazu kommen Transaktionen, um Massenmodifikationen durchführen zu können, z.B. eine bestimmte Komponente in allen Stücklisten durch eine andere Komponente zu ersetzen („batch"-Hintergrundprogramme).

- Ein weiterer Algorithmus berechnet periodisch die Dispositionsstufe aller Artikel. Gleichzeitig kann geprüft werden, ob es sich bei den mehrstufigen Stücklisten wirklich um eine *Produktstruktur ohne Schleifen* handelt. Dieser Test ist oft ziemlich zeitaufwendig und kann nicht ohne weiteres „online" während der Verwaltung der Stücklisten durchgeführt werden. Siehe auch Kap. 8.3.3.

17.2.4 Kapazitätsplatzstamm

Die Abb. 1.2.4 führt das Geschäftsobjekt *Kapazitätsplatz* im Zusammenhang mit den anderen Geschäftsobjekten ein. Dieses Unterkapitel dient der detaillierten Beschreibung des Objekts, besonders seiner wichtigsten Attribute.

Die Objektklasse *Kapazitätsplatz* umfasst i. Allg. verschiedene Typen von Informationen, nämlich Informationen in Bezug auf die Kapazität, Informationen in Bezug auf Kosten, sowie Informationen zur Terminrechnung, insbesondere zur Durchlaufzeitberechnung. Die Verwaltung dieser verschiedenen Typen von Informationen kann wieder durch verschiedene Personen abgewickelt werden, je nach betrieblicher Organisation.

Zu den *Informationen über die Kapazität* zählen die folgenden Attribute:

- die *Kapazitätsplatz-Id.*
- die *Kapazitätsplatzbeschreibung*
- die Einbettung in die Hierarchie der Werkstätten (vgl. dazu Kap. 17.2.5)
- die *Kapazitätsplatzart* (Lager, Detailproduktion, Montage auswärts usw.)
- die Anzahl der Arbeitsstationen oder Maschinen
- die *Anzahl Arbeitsstunden pro Schicht und Tag* (oft in 1/100 Stunden oder Industrieperioden gemessen)
- die *Kapazitätseinheit* (siehe Kap. 1.2.4)
- die *Anzahl von Kapazitätseinheiten pro Schicht und Tag* (Maschinenkapazität oder Personenkapazität, je nach Kapazitätsplatzart)

- die *Anzahl Schichten pro Tag*
- verschiedene Faktoren (*Auslastung der Kapazität, Effizienz des Kapazitätsplatzes* bzw. sein *Zeitgrad*, siehe Kap. 1.2.4).

Die Kapazitäten können ab einem bestimmten Datum ihren Wert ändern. Sich im Verlaufe der Zeit ändernde Kapazitäten werden in einer eigenen Objektklasse geführt.

Zu den *Informationen über die Kosten* zählen mindestens die folgenden Attribute (siehe auch Kap. 16.1.4):

- die *fixen Arbeitskosten* pro Kapazitätseinheit *für Personal*
- die *variablen Arbeitskosten* pro Kapazitätseinheit *für Personal*
- die *fixen Arbeitskosten* pro Kapazitätseinheit *für Maschinen*
- die *variablen Arbeitskosten* pro Kapazitätseinheit *für Maschinen*

Diese Informationen sind notwendig, um die Vorgabezeiten oder Ist-Zeiten für die Vor- bzw. Nachkalkulation zu bewerten. Umrechnungsfaktoren oder verschiedene Kostensätze sind zudem notwendig bei Mehr-Maschinenbedienung oder Mehr-Personenbedienung. Ebenfalls mag es notwendig sein, unterschiedliche Kostensätze für die Rüstzeit anzugeben.

Für das Zeitmanagement (siehe Kap. 13.1), insbesondere im Hinblick auf die Berechnung der *Durchlaufzeit* (siehe Kap. 13.3.2), werden die folgenden Attribute verwaltet:

- Die *Transportzeit vom und zum Kapazitätsplatz*. Diese Zeit umfasst die eigentliche Manipulationszeit (sowohl administrativ als auch transportmässig), um ein Gut von einem Kapazitätsplatz zu einem anderen zu bringen, wie es zwischen zwei aufeinander folgenden Arbeiten notwendig ist. Siehe dazu auch Kap. 13.1.5.

- Die *nichttechnische Wartezeit vor dem Arbeitsgang* oder *Warteschlangenzeit*, d.h. die mittlere Verweilzeit in der Warteschlange vor dem Kapazitätsplatz vor der Ausführung eines Auftrags.

Weitere Attribute betreffen z.B. Ersatzkapazitätsplätze. Wie für die *Artikel* kann man zudem auch eine Aufzeichnung der letzten Modifikationen führen.

17.2.5 Die Hierarchie der Kapazitätsplätze

Die Abb. 17.2.5.1 zeigt ein Beispiel einer Hierarchie der Kapazitätsplätze von Unternehmen. Sie entspricht oft der Aufbauorganisation. Wie bereits oben erwähnt, fasst ein Kapazitätsplatz mehrere ähnliche oder identische Arbeitsstationen bzw. Maschinen zusammen.

> Die *Kostenstelle* ist eine Einheit, welche Kapazitätsplätze mit gleichen Kosten zusammenfasst.

Diese Kapazitätsplätze einer Kostenstelle sind oft auch vom gleichen Typ. Während Kapazitätsplätze durch die Produktion definiert werden, ist die Kostenstelle ein Begriff aus der Betriebsbuchhaltung. Sie wird deshalb im Finanzwesen definiert.

> In einer *Abteilung* werden mehrere Kostenstellen oder Kapazitätsplätze zusammengefasst. Sie wird durch einen Meister geleitet.

Ein *Produktionsbereich* ist z.B. eine Fabrik, welche durch einen Fabrikationschef geleitet wird. Die *Direktion der Produktion* fasst alle Fabriken zusammen.

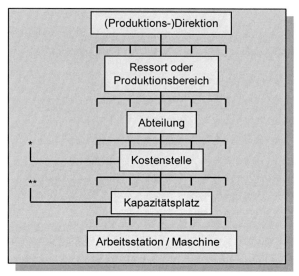

Bemerkungen:
* Die gleiche Kostenstelle kann in mehreren Abteilungen vorkommen
** Der gleiche Kapazitätsplatz kann in verschiedenen Kostenstellen vork

Abb. 17.2.5.1   Die Hierarchie der Kapazitätsplätze

Die beschriebenen Stufen sind nötig für Auswertungen in verschiedenen Verdichtungsgraden (Arbeitsreserve, Vergleich von Kapazität und Belastung). Die gleiche Auswertung kann z.B. für einen isoliert betrachteten Kapazitätsplatz benötigt werden, aber auch für eine Zusammenfassung von Kapazitätsplätzen auf irgendeinem Niveau in der Hierarchie der Kapazitätsplätze.

Die einfachste Struktur der Hierarchie der Kapazitätsplätze ist diejenige einer strengen Hierarchie (einer Baumstruktur). In manchen Fällen entsteht jedoch ein Netzwerk, wie dies auch durch die Bemerkungen in der Abb. 17.2.5.1 angedeutet wird. Es kann nämlich notwendig sein, den gleichen Kapazitätsplatz unter mehreren Abteilungen oder Kostenstellen zu definieren. Dies kann z.B. dann der Fall sein, wenn die gleiche Maschine in verschiedenen Abteilungen verwendet wird und die Maschine einer Abteilung ohne weiteres als Ersatzmaschine einer anderen Abteilung verwendet werden kann[6].

17.2.6 Arbeitsgang und Arbeitsplan

Das Kap. 1.2.3 führt das Geschäftsobjekt *Arbeitsgang* im Zusammenhang mit den Geschäftsobjekten Arbeits-, Durchlauf- oder Prozessplan ein. Dieses Unterkapitel dient der detaillierten

---

[6]   In diesem Fall besteht die Id. bzw. der Primärschlüssel der Klasse *Kapazitätsplatz* aus den Identifikationen der Klassen *Kapazitätsplatz*, *Kostenstelle* und *Abteilung*. Ein Vergleich von Belastung und Kapazität kann für jede Kombination „Abteilung – Kostenstelle – Kapazitätsplatz" getroffen werden, ebenso ein Vergleich für alle gleichen Kapazitätsplätze in den verschiedenen Abteilungen zusammen.

Beschreibung des Objekts Arbeitsgang, besonders seiner wichtigsten Attribute. Ein Arbeitsgang wird zumindest durch folgende Attribute beschrieben (vgl. dazu auch Abb. 17.2.1.1):

- die *Produkt-Id.* (die Produktidentifikation). Das ist eine Artikel-Id.
- die *Sequenz-* oder *Arbeitsgangnummer*, welche die Reihenfolge definiert, in der die Arbeitsgänge ablaufen.
- die Id. des *primären Kapazitätsplatzes*, d.h. auf welchem der Arbeitsgang im Normalfall durchgeführt wird.
- die Id. des *alternativen Kapazitätsplatzes*, d.h. auf welchem der Arbeitsgang im Normalfall nicht durchgeführt wird, aber werden könnte.
- die *Arbeitsgangbeschreibung*, eventuell in mehreren Zeilen. Idealerweise eine typisierte Kurzbeschreibung, gefolgt von detaillierten Angaben.
- die Vorgabe für die *Rüstbelastung* (siehe Kap. 13.1.2).
- die Vorgabe für die *Einzelbelastung* (siehe Kap. 13.1.2).
- *Rüstzeit* und *Einzelzeit* bzw. die *Umrechnungsformeln* von Rüstbelastung und Einzelbelastung in Rüstzeit und Einzelzeit.
- die *technische Wartezeit nach dem Arbeitsgang* (siehe Kap. 13.1.3).
- Die *Gültigkeitstermine (Start und Ende)*: An diesen Terminen soll die Operation zum Arbeitsplan hinzugefügt oder daraus gelöscht werden. Die Gültigkeitskontrolle kann auch durch die *„engineering-change"-Nummer* oder die Seriennummer statt über einen Termin erfolgen.

Die *Arbeitsgang-Id.* ist die Vereinigung der Attribute *Produkt-Id.* und *Arbeitsgangnummer*.

So wie die Stückliste aus ihren Stücklistenpositionen kann man auch den *Arbeitsplan* aus seinen Arbeitsgängen ableiten. Ein Produkt steht zu seinen Arbeitsgängen in einer „1 zu n"-Assoziation.

Ein *alternativer Arbeitsplan* ist ein i. Allg. weniger bevorzugter Arbeitsplan als der primäre Arbeitsplan, der aber einen identischen Artikel ergibt.

Ein *alternativer Arbeitsgang* ist ein Arbeitsgang, der einen normalen Schritt im Herstellungsprozess ersetzt.

Alternative Arbeitspläne und Arbeitsgänge können sowohl computerisiert als auch mit manuellen Methoden geführt werden. Die Software sollte jedoch imstande sein, alternative Arbeitspläne und Arbeitsgänge für spezifische Aufgaben zu akzeptieren (vgl. [APIC16]).

Unter einem *Kapazitätsplatzverwendungsnachweis* versteht man das Aufzeigen der Verwendung eines Kapazitätsplatzes in Produkten, genauer in den Arbeitsgängen für Produkte.

Analog zum Verwendungsnachweis für Komponenten ist der Kapazitätsplatzverwendungsnachweis, die Sicht der Kapazitätsplätze auf die Arbeitsgänge, komplementär zur Sicht der Produkte. Vgl. die Abb. 17.2.3.2. Ein Kapazitätsplatz steht ebenfalls in einer „1 zu n"-Assoziation zu den Arbeitsgängen.

Aspekte zur *IT-unterstützten Verwaltung*:

- Es gibt Transaktionen, um einen ganzen Arbeitsplan einer Baugruppe oder einen Teil-Arbeitsplan unter eine andere Baugruppe einzuordnen. Ebenfalls gibt es Transaktionen,

um Massenmodifikationen durchzuführen, z.B. einen Kapazitätsplatz in allen Arbeitsgängen durch einen anderen zu ersetzen („batch"-Hintergrundprogramme).

- Für eine schnelle Neurechnung in der Grobplanung kann ein „batch"-Programm
  periodisch die Summe von gewissen Elementen der Durchlaufzeit berechnen und die
  Ergebnisse im Arbeitsplan einstellen (nämlich die Summe der Rüstzeiten, die Summe der
  Einzelzeiten (bezogen auf eine durchschnittliche Losgrösse) sowie die Summe der
  Arbeitsgangzwischenzeiten, vgl. Abb. 13.3.2.4).

17.2.7 Betriebsmittel, Betriebsmittellisten sowie Werkzeugstücklisten

Die Abb. 1.2.4 führt das Geschäftsobjekt *Betriebsmittel* im Zusammenhang mit den Geschäftsobjekten Kapazitätsplatz und Arbeitsplan ein. Hier folgt nun die detaillierte Beschreibung des
Objekts Betriebsmittel sowie zusätzlicher logistischer Objekte und ihrer wichtigsten Attribute.

Betriebsmittel sind Maschinen, Werkzeuge oder Vorrichtungen. Ihre einfache Erwähnung im
Text einer Arbeitsanweisung genügt nicht mehr. Man interessiert sich z.B.

- für die Verwendung eines bestimmten Werkzeuges in den Arbeitsgängen, um z.B. eine
  Ersatzplanung für ein Werkzeug vornehmen zu können, oder auch, um die Belastung eines
  Werkzeuges festzustellen.

- für die Nutzung eines Werkzeuges, um die Amortisationsrechnung und die Wartungs-
  planung betreiben zu können.

Die *technischen Informationen* für Betriebsmittel sind im Wesentlichen die gleichen, welche
auch als Attribute für den Artikel verwaltet werden.

Die *Informationen betreffend Amortisation* von Betriebsmitteln umfassen ähnliche Attribute wie
die Kostenattribute des Artikels. Zusätzlich müssen spezifische Attribute verwaltet werden, wie
Amortisationssatz, vorgesehene und effektive Nutzung.

Zu den *Informationen in Bezug auf die Kapazität eines Werkzeuges oder einer Vorrichtung*
zählen ähnliche Attribute wie für den Kapazitätsplatz. Ein Werkzeug ist jedoch heute nicht mehr
unbedingt nur an eine Maschine oder einen Kapazitätsplatz gebunden. Flexible Fertigungszellen
ermöglichen sehr oft eine flexible Verwendung der Werkzeuge.

Belastung und Kapazität einer Maschine sind Teilmengen der Belastung und Kapazität eines
ganzen Kapazitätsplatzes, zu dem die Maschine gehört.

> Eine *Betriebsmittelliste* eines Produkts ist aus verschiedenen Betriebsmittellistenpositionen
> zusammengesetzt. Eine *Betriebsmittellistenposition* ist ein Betriebsmittel, das in einem
> bestimmten Arbeitsgang verwendet wird.

Eine Betriebsmittelposition umfasst etwa dieselben Attribute wie eine Stücklistenposition.

> Unter einem *Betriebsmittelverwendungsnachweis* versteht man das Aufzeigen der Verwendung
> eines Betriebsmittels in Produkten, genauer in den Arbeitsgängen für Produkte.

Analog zum Verwendungsnachweis für Komponenten ist der Betriebsmittelverwendungs-
nachweis, die Sicht der Betriebsmittel auf die Arbeitsgänge, komplementär zur Sicht der
Produkte. Ein Betriebsmittel steht ebenfalls in einer „1 zu n"-Assoziation zu den Arbeitsgängen.

> Ein *Sammelwerkzeug* bzw. ein *Werkzeugsatz* ist die Kombination einer Menge von Werkzeugen. Eine *Werkzeugstückliste* ist die Zusammensetzung des Werkzeugsatzes aus seinen Komponenten-Werkzeugen.

Sammelwerkzeuge haben ihre Bedeutung z.B. auf Bearbeitungszentren. Der Aufbau einer Werkzeugstückliste ist analog zu demjenigen einer Stückliste mit ihren Stücklistenpositionen (siehe Kap. 17.2.3).

> Unter einem *Werkzeugverwendungsnachweis* versteht man das Aufzeigen der Verwendung eines Werkzeuges in den verschiedenen Werkzeugsätzen.

Werkzeugstücklisten und Werkzeugverwendungsnachweise sind vergleichbar mit den Stücklisten und Verwendungsnachweisen für Artikel. Die möglichen Darstellungen (einstufig, mehrstufig usw.) entsprechen denen im Kap. 17.2.3.

17.2.8 Zusammensetzung der wichtigen Stammdaten-Objekte

Die Abb. 17.2.8.1 zeigt beispielhaft die Aufteilung der Stammdaten des Kugellagers aus der Abb. 17.2.1.1 in die vier wichtigsten Objektklassen Artikel, Stücklistenposition, Kapazitätsplatz und Arbeitsgang. Die Pfeile verweisen auf die Assoziationen zwischen den logistischen Objekten, wie sie in den obigen Unterkapiteln behandelt wurden, d.h.

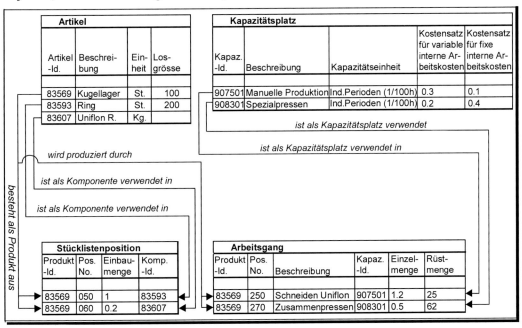

Abb. 17.2.8.1   Aufteilung der Stammdaten in die einzelnen Objektklassen und ihre Verknüpfungen am Beispiel des Kugellagers (siehe Abb. 17.2.1.1)

- auf die beiden „1 zu n-Assoziationen" aus Abb. 17.2.3.9 des Artikels zur Stücklistenposition, welche die Verknüpfung „Produkt ↔ Komponente" zwischen zwei Artikeln festhält. Diese Verknüpfungen heissen *„besteht als Produkt aus"* (Sicht der Produkte) oder *„ist als Komponente verwendet in"* (Sicht der Komponenten), je nachdem, von welcher Seite man ausgeht. Vgl. Abb. 17.2.3.2. Sie entstehen aus dem Auseinanderbrechen einer reflexiven „n zu n-Assoziation" gemäss Kap. 20.3.8.

- auf die beiden „1 zu n-Assoziation" des Artikels und des Kapazitätsplatzes zum Arbeitsgang (vgl. Kap. 17.2.6). Diese Verknüpfungen heissen *„wird produziert durch"* (Sicht der Produkte) oder *„ist als Kapazitätsplatz verwendet in"* (Sicht der Kapazitätsplätze), je nachdem, von welcher Seite man ausgeht.

Die Abb. 17.2.8.2 zeigt als Verallgemeinerung der Abb. 17.2.8.1 alle grundlegenden logistischen Objekte für die Stammdaten mit ihren Verknüpfungen, und zwar für Produkte mit *einer konvergierenden Produktstruktur*. Diese Darstellung entspricht einem Datenmodell einer heute üblichen ERP-Software.

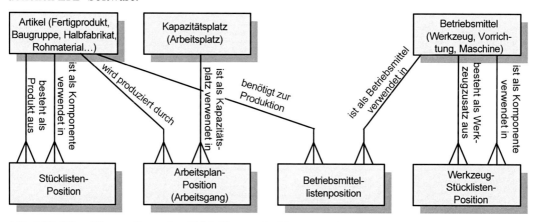

Abb. 17.2.8.2   Die grundlegenden Objektklassen der Planung & Steuerung

Je nach Organisation erfolgt das Verwalten der Stammdaten teilweise durch ein zentrales Normenwesen, teilweise direkt durch die Abteilungen, wo die betreffenden Daten entstehen, z.B. in der Konstruktion oder in der Produktionstechnik.

Zu beachten ist auch die Analogie der auf das Betriebsmittel bezogenen Objekte mit den auf den Artikel bezogenen Objekten (siehe Kap. 17.2.7). Sammelwerkzeuge oder Werkzeugsätze und ihre Werkzeugstücklisten verhalten sich wie Produkte mit ihren Stücklisten. Ihre Verwendung in Arbeitsgängen verhält sich jedoch wie die eines Kapazitätsplatzes.

17.3   Erweiterungen aus dem variantenorientierten Konzept

Im Kapitel 7 wurden die verschiedenen Verfahren zur Planung & Steuerung von Produktkonzepten wie Produktfamilien und nach Kundenspezifikation behandelt. Zur Behandlung von Produktfamilien mit Variantenreichtum wurden in Kap. 7.3 Varianten in Stücklisten und Arbeitsplänen als Produktionsregeln eines Expertensystems eingeführt. Dieses Unterkapitel erklärt Erweiterungen aus diesem Ansatz, d.h. die dazugehörigen Werkzeuge und Objekte.

17.3.1 Expertensysteme und wissensbasierte Systeme

Es ist nicht einfach, in der Literatur eine exakte Definition des Begriffs *Expertensystem* zu finden. Siehe dazu [Apel85]. Eine praxisorientierte Definition kümmert sich vor allem um die Funktionsweise eines Expertensystems:

Expertensysteme sind *wissensbasierte Informationssysteme.* Solche Systeme versuchen erstens, grosse Wissensmengen einer beschränkten Anwendung in einer problemangepassten Form zu repräsentieren, helfen zweitens, das Wissen zu akquirieren und zu modifizieren, und ziehen drittens für den Benutzer auf seine Anfrage hin Schlüsse aus dem Wissen und stellen das Ergebnis zur Verfügung.

Der Begriff *Wissen* umfasst dabei die Gesamtheit der gespeicherten Informationen, welche notwendig sind, um auf Anfragen Antwort geben zu können. In den meisten Expertensystemen unterscheidet man *Fakten* von *Regeln*, d.h. Wissen über die Fakten, und von *Metaregeln*, d.h. Wissen über die Regeln.

Der Begriff *Faktenbank* bzw. *Faktenbasis* bezeichnet die Gesamtheit aller Regeln.

Der Begriff *Regelbank* bzw. *Regelbasis* bezeichnet die Gesamtheit aller Regeln.

Der *Inferenzmotor* ist eine Programmlogik, welche Regeln auf Fakten anwenden und dadurch neue Fakten ableiten kann, die zur Beantwortung der aufgeworfenen Frage notwendig sind.

Die Interaktionen zwischen den verschiedenen Bestandteilen eines Expertensystems sowie dessen Teilnehmern zu Konstruktion und Betrieb sind in der Abb. 17.3.1.1 gezeigt.

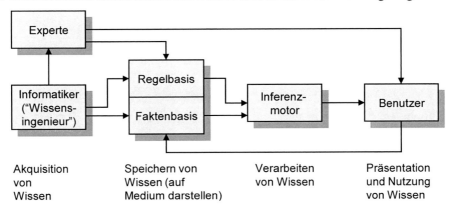

Abb. 17.3.1.1   Organisation eines Expertensystems (oder eines wissensbasierten Informationssystems)

- Ein Informatiker ist kompetent für die Konstruktion des Systems.
- Ein Experte unterhält die Regeln und, falls sie existieren, auch die Metaregeln.
- Der Benutzer erfasst und unterhält die Fakten.
- Für die Abfrage stösst der Benutzer den Inferenzmotor an.

Der Betrieb eines Expertensystems muss dabei ohne Informatiker möglich sein. Die Abfrage eines Expertensystems muss unabhängig vom Experten geschehen können. In der Praxis existieren aber trotzdem periodische Kontakte zwischen Benutzer und Experten, um die Regelbasis zu komplettieren bzw. zu modifizieren. Der Inferenzmotor ist unabhängig von Wissen und Fakten. Falls sich das Wissen ändert, ändert sich auf keinen Fall der Inferenzmotor.

Die *Regeln* einer Wissensbank können in verschiedener Art und Weise präsentiert werden. Die wohl einfachste und intuitiv am besten verständliche Form ist diejenige der Produktionsregel.

Eine *Produktionsregel* ist eine Formulierung des Typs „Falls (Bedingung), dann (Aktion)", und zwar wie folgt:

- *Falls* eine bestimmte Situation gegeben ist (eine Anzahl von Fakten), *dann* schliesse auf (inferenziere) verschiedene Aktionen (eine bestimmte Anzahl von Fakten).

Die mit Falls-Klauseln bedingte Formulierung von Positionen in Stückliste und Arbeitsplan (vgl. das Beispiel in Abb. 7.3.2.1) entspricht genau der Formulierung von Produktionsregeln in einem Expertensystem in der regressiven Form (von der Wirkung zur Ursache): Dem im übertragenen Sinn gebrauchten *Begriff Produktionsregel im Expertensystem* steht hier also eine *Produktionsregel im eigentlichen Sinn* gegenüber, d.h. eines herzustellenden Produkts.

Die *Fakten* des Expertensystems sind die logistischen Objekte Artikel, Betriebsmittel und Kapazitätsplatz sowie die Parameterwerte einer Abfrage (z.B. für einen vorliegenden Auftrag). Die *Experten* sind die Konstrukteure und Prozessplaner des Unternehmens. Die *Benutzer* sind die Personen, welche die Aufträge auslösen, verfolgen und produzieren. Siehe Kap. 7.3.2.

Der *Inferenzmotor* arbeitet nach dem Prinzip der Verkettung: Die inferenzierten Fakten können ihrerseits in Regeln vorkommen (z.B. in der Falls-Klausel einer Produktionsregel). Eine iterative Anwendung des Motors, insbesondere auf solche Regeln, kann dann noch weitere Fakten inferenzieren. Im vorliegenden Fall wird der Inferenzmotor i. Allg. nur für die Vorwärts-verkettung benötigt. Er liefert durch Auswertung der Produktionsregeln, in deren Falls-Klauseln die Parameter vorkommen, die für die eingegebenen Parameterwerte gültige Auftragsstückliste und den Auftragsarbeitsplan.

Ein komplexeres Expertensystem umfasst ferner eine *Erklärungskomponente*, welche die Regeln für den Benutzer transparent macht. In der Praxis erklären sich jedoch die meisten Stücklisten-positionen und Arbeitsgänge selbst. Einige Expertensysteme schlagen auch Methoden zum Umgang mit unvollständigem Wissen oder Wissen aus Analogieschlüssen vor. Sie gehören zu den KI-Methoden.

Künstliche Intelligenz (KI) umfasst Computerprogramme, welche ähnlich zu Menschen lernen und argumentieren (vgl. [APIC16]).

17.3.2 Die Realisierung der Produktionsregeln

Für die Darstellung einer Produktionsregel durch Objektklassen ist folgender Aufbau mit drei Objekten wählbar (vgl. Kap. 17.2.1, 17.2.3 und 17.2.6 sowie 17.2.8):

a) Das klassische Geschäftsobjekt Artikel, für Artikel und Artikelfamilien, für Produkte und Komponenten.

b) Die *Stücklistenpositions-* bzw. *Arbeitsgangvariante*. Das ist das klassische Objekt Stücklistenposition bzw. Arbeitsgang, ergänzt um eine Variantennummer, die auch zur Stücklistenpositions- bzw. Arbeitsgang Id. gehört.

Zur Baugruppe gehören z.B. u Positionen, $u \geq 1$. Je Position x, $1 \leq x \leq u$, gibt es nun v_x Varianten, $v_x \geq 1$. Gleichheit gilt, sofern es nur eine Variante gibt: der klassische Fall einer unbedingten Stückliste.

c) Die Falls-Klausel. Das ist ein logischer Ausdruck in den Parametern wie „Typ", „Länge" usw.

Eine Verbindung der drei Objekte – Produktfamilie, Positionsvariante und Falls-Klausel – bildet zusammen eine Produktionsregel:

- „Falls Produkt (a) und Falls-Klausel (c) gelten, so gilt die Positionsvariante (b) in Stückliste bzw. Arbeitsplan. Im Stücklistenfall gilt damit (bzw. „wird inferenziert") die Komponente in (b) als (neues) Faktum".

Wenn nun die Auswertung der Regel eine Komponente „inferenziert" und dadurch der ursprünglichen Faktenbank hinzufügt und diese Komponente ein Zwischenprodukt ist, dann kann ein erneuter Durchlauf des Inferenzmotors alle Regeln aktivieren und bearbeiten, die dem Zwischenprodukt (a) zugeordnet sind. Diese Vorwärtsverkettung („forward chaining") entspricht damit dem Abarbeiten einer mehrstufigen Stückliste (vgl. Kap. 17.2.3).

Der gezeigte Aufbau bildet eine Erweiterung zu traditionellen Stücklisten und Arbeitsplänen. Die verallgemeinerte Struktur und der bisher übliche Spezialfall sind zum besseren Verständnis in Abb. 17.3.2.1 in graphischer Form aufgezeichnet. Wählt man nämlich $v_x = 1$ und keine Klausel für alle x, $1 \leq x \leq u$, so ist dies der klassische Fall einer „unbedingten" Stücklisten- bzw. Arbeitsplanposition.

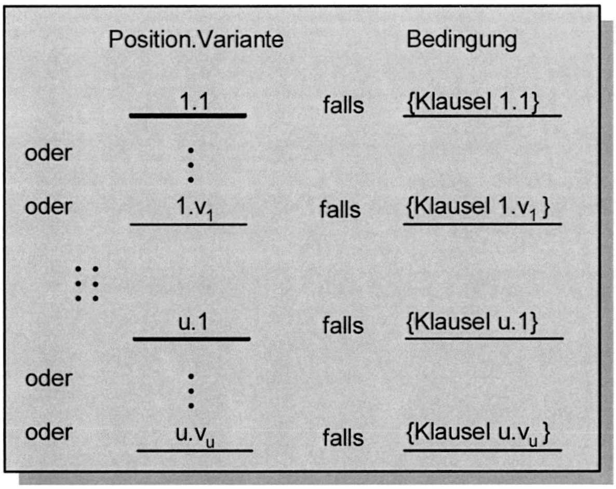

Abb. 17.3.2.1   Darstellung der Stückliste bzw. des Arbeitsplans eines Produkts mit Varianten (dicke Linien: Standard ohne Varianten)

Die Abb. 17.3.2.2 zeigt diese Erweiterung durch Ergänzung des Primärschlüssels des klassischen Objekts Stücklistenposition um die Variantennummer. Die Falls-Klausel kann am einfachsten als eine im Sinn der disjunktiven oder konjunktiven Normalform mit „und" bzw. „oder" verknüpfte Folge von einfachen logischen Ausdrücken, z.B. Relationen wie Typ = 2, Ordermenge > 100 usw. realisiert werden. Siehe dazu [Schö88a], S.49ff. Für komplizierte Verhältnisse empfiehlt es sich, einen Formelscanner anzuwenden, um den logischen Ausdruck im Freiformat nach den Regeln der Boole'schen Algebra anzugeben. In den Fällen, wo die Klauseln *nicht* selbsterklärend sind, kann man den mit einer Produktionsregel verbundenen Text zum Speichern der Erklärungskomponente benutzen, nebst seinem eigentlichen Zweck zur Arbeitsgangbeschreibung.

	Baugruppe	Position	Variante	Komponente	Einbaumenge	usw.
vorher	69015	040		16285	2	
	69015	050		14216	15	

Primärschlüssel

	Baugruppe	Position	Variante	Komponente	Einbaumenge	usw.
nachher	69015	040	01	16285	2	
	69015	040	02	16285	1	
	69015	050	01	14216	15	
	69015	050	02	14216	18	

erweiterter Primärschlüssel

Abb. 17.3.2.2   Erweiterter Primärschlüssel einer Stückliste mit Varianten

Zur Demonstration der *Wirkungsweise des Inferenzmotors* sei auf Abb. 7.3.3.1 verwiesen. Um die Reihenfolge der Varianten innerhalb einer Position für die Abfrage optimal zu halten, können die in früheren Abfragen angewählten Varianten gezählt und die Varianten periodisch, nach Häufigkeit des Auftretens sortiert, angeordnet werden. Der Experte seinerseits wählt für die Anordnung der Varianten ein eher für die Verwaltung geeignetes, z.B. ein lexikographisches Kriterium.

17.3.3 Ein Datenmodell zur parametrierten Darstellung einer Produktfamilie (*)

Die im Kap. 7.3.2 vorgestellten Produktionsregeln als Erweiterung klassischer Stücklisten- und Arbeitsgangpositionen bilden die Grundidee für die generativen Techniken bei variantenreichen Produkten. Für ein vollständiges Modell sind zusätzliche Objektklassen notwendig. Siehe dazu auch [Pels92], S.93ff. [Veen92] oder, unter dem Aspekt des Informationssystems, [Schö01], Kap. 13.3, und [Schi01]. Für eine umfassende Anwendung in der Versicherungsindustrie siehe [SöLe96]. Für eine Anwendung in der Bankenbranche und bei Unsicherheit siehe [Schw96].

Das im Kap. 17.2 eingeführte Modell der Stammdaten muss mindestens um die folgenden Objektklassen erweitert werden:

- *Parameter*: Hier werden kennzeichnende Charakteristiken eines Artikels definiert, z.B. Dimensionen, Optionen.

- *Parameterklasse*: Eine Produktfamilie wird durch eine Entität Artikel beschrieben. Die konkreten Produkte sind zusätzlich durch Parameter oder Merkmale charakterisiert. Zum Strukturieren der Menge aller Parameter werden diese in Parameterklassen zusammengefasst. Die Artikel-Id. der Produktfamilie, zusammen mit einem Wert für jeden Parameter der zugeordneten Parameterklassen, definiert dann ein Produkt als konkrete Ausprägung der Produktfamilie.

Die Parameter können prinzipiell unterteilt werden in

- *Primärparameter*, die unmittelbar die Produktfamilie charakterisieren

- *Sekundärparameter*, die aus den Primärparametern über eine Formel ableitbar sind, deren Wertebereich also vollständig abhängig von den Primärparametern ist. Sekundärparameter sind immer dann notwendig, wenn durch Primärparameter ausgedrückte Sachverhalte für gewisse Personen besser durch einen anderen Begriff ausgedrückt werden können.

Der Wertebereich eines Parameters kann auch partiell von den anderen Parametern der gleichen Klasse abhängen. In diesem Fall spricht man von einem

- *Plausibilitäts- bzw. Verträglichkeitstest.* Er hat z.B. die Form „Falls...", z.B. „Falls Breite > 1'000, dann Höhe < 500", bzw. „Falls Typ = 2, dann Breite ≤ 1'500 und Höhe ≤ 1'000". Die einfachen logischen Ausdrücke in der „Falls"-und der „Dann"-Klausel können durchaus auch komplex sein.

Komponenten von Produktfamilien können ihrerseits einer Produktfamilie – auch mit anderen Parameterklassen – angehören. Deshalb müssen Parameterwerte von einer Parameterklasse auf eine andere übertragen werden können. Dazu werden Parameterklassen in Form von Stücklisten verhängt:

- *Parameterklassenlistenposition*: Sie hält fest, wie ein Parameter einer (untergeordneten) Klasse sich aus den Parametern einer (übergeordneten) Klasse ableitet. Die Ableitung selber ist wie bei einem Sekundärparameter in Form einer Regel oder Formel gegeben. Die Regel oder Formel kann auch direkt mit der Stücklistenposition verbunden sein, welche die Komponente mit dem Produkt verbindet. Im letzteren Fall ist sie spezifisch nur für den Übertrag der Parameterwerte dieser einen Komponente von derjenigen der übergeordneten Produktfamilie gültig.

Die Praxis hat zudem gezeigt, dass für komplexe Verhältnisse die Einbaumengen, Rüst- und Einzelbelastungen und Rüst- und Einzelzeiten sowie Arbeitsgangbeschreibungen nicht konstant, sondern ebenfalls von den Parametern abhängig sind. Jedes solche Attribut der Stammdaten ist deshalb mit einer arithmetischen Formel zu verbinden, die diese Abhängigkeit ausdrückt.

> Die *Formel* ist ein logistisches Objekt und hält von den Parametern abhängige Ausdrücke fest.

Alle Formeln werden durch die Anwender gewartet und müssen damit mit einer extrem benutzerfreundlichen Nahtstelle zum Benutzer realisiert sein. Es gibt Formeln für

- *eine Falls- oder Dann-Klausel, eine Produktionsregel und einen Verträglichkeitstest.* Enthalten diese nur einen Parameter, so kann man sich eine Tabelle vorstellen. Sonst handelt es sich um einen logischen Ausdruck in disjunktiver oder konjunktiver Normalform oder aber im Freiformat, auswertbar durch einen Formelinterpreter nach den Regeln der Boole'schen Algebra.

- *Einen Wertebereich.* Dies kann eine Tabelle oder aber ein genereller logischer Ausdruck im Freiformat sein.

- *Einen numerischen oder alphanumerischen Ausdruck im Freiformat, aber gemäss einer standardisierten Syntax.* Ein solcher Ausdruck kann Teil eines logischen Ausdruckes oder eine Formel zur Berechnung von Attributen sein. Ein Formelinterpreter wertet den algebraischen Ausdruck mit den Grundrechenarten, Klammern, Funktionen und Konstanten, variabel in den Parametern, nach den Gesetzen der Arithmetik aus.

Als Ergänzung der Objektklassen zur Darstellung der Aufträge im Kap. 17.1 wird eine Objektklasse verlangt, welche die Parameterwerte eines konkreten Produkts aus einer Produktfamilie im Auftragsfall bzw. für eine Abfrage speichert.

- Ein Objekt *Parameterwert* ist verbunden mit einer Auftragsposition *Artikelzugang*, und hält den Wert eines Parameters für eine Produktfamilie fest. Der Parameterwert ist einem Wertebereich entnommen. Sätze von Parameterwerten, die immer wiederkehren, z.B. für eine Vorkalkulation von „Stützpunkten" einer Produktfamilie, kann man auch als Teil der Stammdaten festgehalten.

Die Produktkonfiguration mit wissensbasierten Techniken ist innerhalb der Expertensysteme, obwohl von tiefer Komplexitätsstufe, wichtig geworden, gerade wegen der Bedeutung von variantenreichen Produkten als Markstrategie.

17.4   Erweiterungen aus dem prozessor-orientierten Konzept

Im Kapitel 8 wurden die verschiedenen Verfahren zur Planung & Steuerung in der Prozessindustrie behandelt. In diesem Unterkapitel werden die prozessor-orientierten Produktionsstrukturen detailliert behandelt. Man kann diese tatsächlich als Erweiterung der klassischen Produktionsstruktur nach Kap. 1.2.3 und Kap. 17.2.8 auffassen. Diese Erweiterung ist sehr wichtig, denn es ist zu erwarten, dass in der Zukunft die prozessor-orientierte Produktionsstruktur die allgemeingültige Darstellung wird. Die klassische, konvergierende und damit an einem (einzigen) Produkt aufgehängte Produktionsstruktur mit Stückliste und Arbeitsplan stellt dann einen wichtigen Spezialfall dar. Des Weiteren ist die Verwaltung von Chargen die wohl in der Zukunft allgemeingültige Verwaltung von Beständen an Lager. Herkunftsnachweise gehören immer mehr zu den Grundanforderungen in der Logistik, auch bei der Zusammenbauorientierung.

17.4.1 Prozess, Technologie und die prozessor-orientierte Produktionsstruktur

Wie in Kap. 8.2.1 erwähnt, beruht die Produktentwicklung auf der Kenntnis von Technologien, die in Produktionsprozesse umgesetzt werden können. Solche Technologien und Prozesse sind auf geeignete Weise festzuhalten. Die Abb. 17.4.1.1 zeigt dazu einen einfachen Vorschlag.

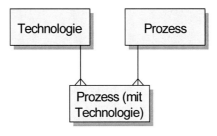

Abb. 17.4.1.1   Prozessorientierung: Technologie und Prozess

> Eine *prozessor-orientierte Produktionsstruktur* (oder ein *Prozesszug*, engl. „process train") ist eine Zusammenfassung der in Kap. 8.2.2 beschriebenen Objekte wie Prozessphase, grundlegender Herstellungsschritt und Ressource.

Die Abb. 17.4.1.2 zeigt ein Datenmodell für die prozessor-orientierte Produktionsstruktur.

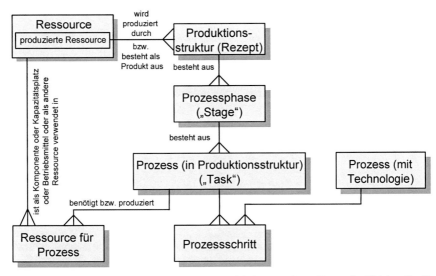

Abb. 17.4.1.2   Prozesszug (prozessor-orientierte Produktionsstruktur, Rezept): Objekte für Stammdaten und Aufträge

Man kann prozessor-orientierte Produktionsstruktur als Erweiterung des Modells für eine konvergierende Produktstruktur in der Abb. 17.2.8.2 auffassen. Interessanterweise entspricht die prozessor-orientierte *Produktions*struktur gleichzeitig der prozessor-orientierten *Auftrags-struktur*. Einer Phase entspricht dann ein Teilauftrag. Eine Auftragsposition ist jetzt immer eine Arbeit (ein Arbeitsgang). Ihr sind die anderen Auftragspositionen (Ressourcen) zugeordnet. [7]

17.4.2 Objekte zur Verwaltung von Chargen

Die Abb. 17.4.2.1 zeigt die zur Verwaltung von Chargen (siehe Kap. 8.2.3) gehörenden Objekte.

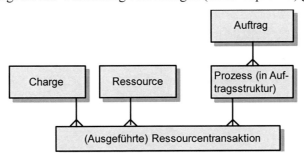

Abb. 17.4.2.1   Prozessor-orientierte Bestandshaltung: Objekte zur Chargenverwaltung

Zu den bereits in Kap. 17.4.1 eingeführten Objekten kommen also die beiden Objekte *Charge* und *ausgeführte Ressourcentransaktion* hinzu, wobei letzteres ohnehin zu einer traditionellen Auftragsverwaltung gehört. Transaktionen werden ja nicht nur aus rechtlichen Gründen geführt, sondern auch für die Datensicherheit und als Basis für Statistiken über Bestandstransaktionen.

---

[7]   Die klassische Produktionsstruktur in Abb. 17.2.8.2 (Stücklisten und Arbeitsplan) hingegen entspricht nicht der dazugehörigen Auftragsstruktur in Abb. 17.1.2.2.

Mit diesem Modell gleichen sich die Strukturen der beiden Objekte *Bestand an Lager* und *Auftrag* immer mehr: In der Tat kann man die Charge als Re-identifikation einer Auftrags-Id. verstehen. Eine Charge ans Lager zu legen, heisst ja nichts anderes, als einen Produktions- bzw. Beschaffungsauftrag an Lager zu legen und dort weiterhin als solchen identifizierbar zu halten.

17.5   Das Management von Produkt- und Produktlebenszyklusdaten

Das Kap. 5.4 behandelt Geschäftsmethoden zur Planung & Steuerung im Bereich F&E, im Wesentlichen das Projektmanagement zur Integration der verschiedenen Aufgaben entlang des Geschäftsprozesses. Von Interesse war dabei die überlappende Durchführung („simultaneous engineering"), sowohl während der „time-to-market" als auch während der „time-to-product". Die unterschiedliche Sicht der verschiedenen Beteiligten auf die Geschäftsobjekte erschwert die Integration. Dieses Teilkapitel behandelt die IT-Unterstützung der Integrationsbemühungen.

17.5.1 Produktlebenszyklusmanagement / Engineering Data Management

Produktlebenszyklusmanagement (PLM) ist ein Konzept zur nahtlosen Integration sämtlicher Informationen, die im Verlauf des Produktlebenszyklus anfallen. Siehe dazu [EiSt09], [APIC16].

„Engineering data management" (EDM) ist ein früherer Begriff, der sich mehr auf die Stützung der unternehmensweiten Integration der betrieblichen Abläufe konzentrierte.

Produktdatenmanagement (PDM) ist ein synonym dazu gebrauchter Begriff.

Eine *Produktdatenbank* bzw. eine *Ingenieurdatenbank* ist eine Datenbasis für gemeinsam benutzte Informationen, die mit allen Informationssystemen der Bereiche kommunizieren kann.

CIM („computer integrated manufacturing") versteht sich als ein Konzept zur IT-Unterstützung integrierter Geschäftsprozesse, basierend auf der Integration der verschiedenen Bereiche zur betrieblichen Leistungserstellung mittels Informatiktechnologie.

Die Abb. 17.5.1.1 zeigt das Konzept des „engineering data management" (EDM).

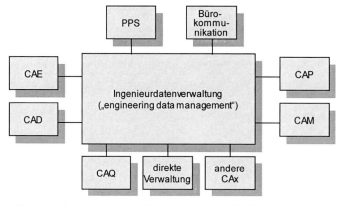

Abb. 17.5.1.1   Das Konzept des „engineering data management" (EDM)

In den gestaltungs- und produktbezogenen Bereichen des CIM gibt es die folgenden IT-unterstützten Technologien:

- CAE („computer aided engineering"): Werkzeuge zum Berechnen und zum Simulieren des Verhaltens, eingesetzt in der Entwicklungsphase der Produkte.

- CAD („computer aided design"): Werkzeuge zum IT-unterstützten Entwerfen und Konstruieren.

- CAP („computer aided process planning"): Werkzeuge zur Definition von Produktionsprozessen / Arbeitsplänen sowie Werkzeuge zur Programmierung numerisch gesteuerter Maschinen, Anlagen und Roboter.

- CAM („computer aided manufacturing"): Die Computergesteuerte Fabrikation durch numerisch gesteuerte Maschinen, Roboter oder ganze flexible Fertigungszellen.

- CAQ („computer aided quality assurance"): IT-unterstützte Qualitätskontrolle des Fabrikationsprozesses.

In den produktionsbezogenen Bereichen des CIM gibt es die folgenden Technologien:

- Die IT-unterstützte Planung & Steuerung, zusammengefasst unter dem Begriff ERP- und SCM-Software (siehe Kapitel 9).

- Das IT-unterstützte Abrechnungswesen („Costing").

Zur Integration all dieser verschiedenen IT-unterstützten Technologien muss die Produktdatenbank alle Daten und Informationen umfassen, welche mehreren IT-unterstützten Technologien dienen oder die von einer zur anderen transportiert werden müssen, z.B. die Stammdaten und technischen Beschreibungen von Produkten. Die Ingenieurdaten kann man zudem mit der allgemeinen Bürokommunikation verbinden. Dann können Informationen und Aktionsvorschläge an andere Bereiche, insbesondere an die Unternehmensleitung, -planung und -administration, weitergegeben werden.

Die Abb. 17.5.1.2 zeigt eine mögliche Gliederung der Aufgaben des EDM

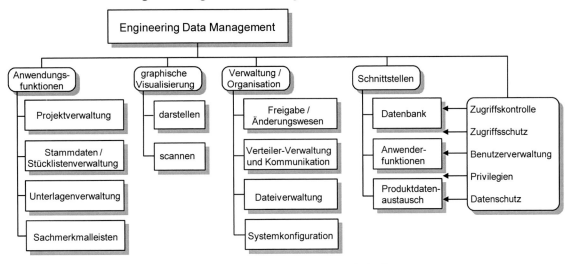

Abb. 17.5.1.2   Aufgaben des EDM (Quelle: in Anlehnung an [EiHi91])

Für ein *detailliertes Modell* des EDM bedeutet der Integrationsgedanke aber auch, dass sich die technischen und die kommerziellen Bereiche im Unternehmen auf ein gemeinsames Funktions- und Datenmodell zur Produktdarstellung einigen müssen. Ist z.B. in der Konstruktion eine Funktionalität gefordert, so muss sie in der Planung & Steuerung nachvollzogen werden können und umgekehrt; d.h. dass in einer pragmatischen Betrachtungsweise EDM, IT-unterstützte Planung & Steuerung und CAD schliesslich zusammenpassen müssen (siehe dazu auch Abb. 5.4.3.2). In vielen Fällen wird dies ohnehin bereits der Fall sein, da schliesslich die gleichen Produkte dargestellt und behandelt werden.

17.5.2 Die Ingenieurdatenbank als Bestandteil eines IT-unterstützten Systems

Für die Einführung des EDM gab und gibt es in Bezug auf den konzeptionellen und vor allem den technischen Aspekt (siehe Kap. 5.4.1) verschiedene Möglichkeiten. Die Funktionalität der einzelnen Verbindungen kann dabei sehr unterschiedlich ausfallen und auch von der Richtung der Kopplung der Informationssysteme abhängen.

Ein *„Engineering data management system"* (EDMS) ist ein Datenbankverwaltungssystem, das physisch verteilte Datenbanken nach dem Prinzip eines *Datenwarenhauses* (engl. *„Data Warehouse"*) gemäss Abb. 17.5.2.1 wie folgt verbindet:

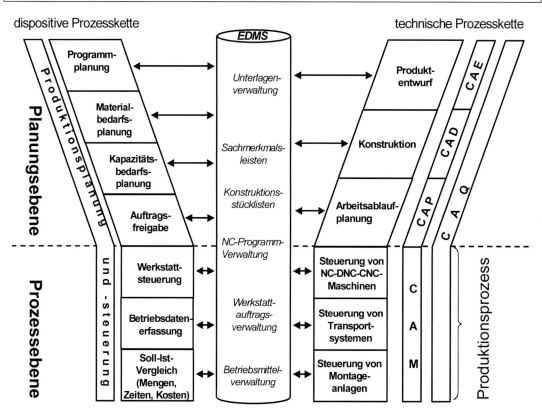

Abb. 17.5.2.1   Integration in der Auftragsabwicklung durch ein EDMS, „engineering data management system" (nach [EiHi91])

Daten werden in den Datenbanken der jeweiligen *lokalen* Software abgespeichert. Jede Änderung von Daten wird in die *lokale* Datenbank übertragen. Wenn ein Bereich Daten beim EDMS anfordert, so kennt dieses die Lokation aller Daten in den lokalen Datenbanken, jedoch nicht deren Wert. Der Wert wird vom EDMS durch Abfragen der lokalen Datenbank festgestellt und dem anfragenden System übermittelt. Bei m IT-unterstützten Technologien gibt es so maximal m Nahtstellen. Häufig angefragte Daten verwaltet man auch redundant in einer zentralen, direkt an das EDMS angeschlossenen Datenbank. Ist keine Online-Nahtstelle vorhanden, so werden die Daten im Batch-Verfahren übertragen, durch Extraktionsprogramme und deklarierte Freiformate.

17.5.3 Daten- und Funktionsmodelle für generelle Aufgaben des EDM

„Engineering data management" (EDM) erlaubt das Verwalten der technischen Daten zur Beschreibung eines Produkts sowie der Normen und der Klassifikation. Viele dieser Klassen sind vergleichbar mit den Stammdaten für die Planung & Steuerung gemäss Kap. 17.2:

- *Artikelstammdatei:* Hier werden alle technischen Daten zur Beschreibung und Klassifikation von Artikeln geführt. Dazu gehören Daten zum Festhalten der Freigabe und Datenübergabe in die entsprechenden IT-unterstützten Technologien. Suchkriterien erlauben, Artikel nach verschiedenen Attributen aufzufinden. Die Artikel-Id. kann zuerst provisorisch durch den Konstrukteur gegeben werden. Zur definitiven Freigabe muss eine dem Normenwesen des Unternehmens entsprechende Id. definiert werden. Diese gilt dann auch für die Planung & Steuerung.

- *Zeichnungsverzeichnis:* Hier werden zusätzliche, artikelbezogene Daten festgehalten. Es sind dies Daten, die meistens auch im Zeichnungskopf aufgeführt werden. Die Attribute sind die Beschreibung, das Datum der Erstellung, der Kontrolle oder des Drucks der Zeichnung und die Verantwortlichen für die verschiedenen Aktionen. Auch werden Indikationen für eventuelle Änderungen geführt.

- Spezielle Objektklassen für Werknormen, z.B. DIN-Normen, können mit separaten Objektklassen geführt werden.

- *Stückliste* (eigentlich die *Stücklistenposition*): umfasst Attribute gemäss Kap. 17.2.3. Dazu kommt die „relative Position in der Zeichnung", die i. Allg. auch die relative Positionsnummer umfasst und damit, mit der Produkt-Id. zusammen, die Stücklistenpositions-Id. bildet. Andere Attribute sind Daten und Verantwortliche für diese Änderungen.

- *Kapazitätsplatz* mit Attributen gemäss Kap. 17.2.4.

- *Betriebsmittel* und *Werkzeugstückliste* (vgl. Kap. 17.2.7).

- *Arbeitsgang* (vgl. Kap. 17.2.6).

Hinzu kommt ein Klassifikationssystem für die Arbeit des Konstrukteurs. Sie erlauben, Artikel nach einer standardisierten, hierarchisch aufgebauten Klassifikation zu finden. Eine solches Klassifikationssystem ist mit Vorteil mit einem normalisierten Inhalt zu füllen, z.B. der DIN 4000. Die unterste Ebene der DIN 4000 entspricht einer Artikelfamilie und ist mit der Sachmerkmalsleiste verbunden.

Ein *Sachmerkmal* ist ein Parameter oder Kriterium, welche typischerweise mit dieser Artikelfamilie verbunden sind.

> Eine *Sachmerkmalsleiste* ist eine Menge von typischen Attributen für eine Artikelfamilie, d.h. die Beschreibung eines spezifischen Artikels aus einer Artikelfamilie durch Werte für verschiedene Sachmerkmale.

Die Definition der Sachmerkmale und der Sachmerkmalsleiste ist wiederum mit Vorteil normalisiert vorzunehmen, z.B. gemäss DIN 4000.

Verwendungsnachweise sind denkbar, ebenso Tests für Produktstrukturen mit Schleifen. Des Weiteren sind Abfragen erforderlich für die Hierarchie des standardisierten Klassifikationssystems und der Sachmerkmalsleiste.

17.5.4 Objektklassen und Funktionen für das Freigabe- und Änderungswesen (*)

> Die *„EC-Nummer"* oder *„engineering-change"-Nummer* ist ein Standardkonzept für das Freigabe- und Änderungswesen. Es handelt sich dabei um eine jedem Projekt zur Modifikation oder Neukonstruktion zugeordnete eindeutige und *aufsteigende* Nummer.

Für jeden Artikel, welcher zu einem bestimmten Release gehört, wird im Prinzip ein neues Objekt definiert, mit der *gleichen Artikel-Id.*, aber mit der neuen EC-Nummer als Suffix[8]. Ein neuer Artikel ist zu definieren, sobald die Aufwärtskompatibilität in der Funktion nicht mehr garantiert ist. Das heisst, dass der neue Artikel nicht mehr überall anstelle des alten Artikels eingebaut werden kann. Abwärtskompatibilität wird hingegen nicht verlangt, d.h. der alte Artikel muss nicht anstelle des neuen Artikels eingebaut werden können.

Für die administrative Kontrolle des Projektmanagements für das Freigabe- und Änderungswesen kann man sich die folgenden Objektklassen vorstellen:

- *Projektkopf* mit Attributen, wie z.B. Beschreibung des Release, EC-Nummer, Status und verschiedene Daten zur stufenweisen Freigabe, je mit dem Verantwortlichen versehen.
- *Projektarbeitsgang,* um eine der verschiedenen Etappen bzw. notwendigen Arbeiten für den Release festzuhalten mit Attributen wie EC-Nummer, Position, Beschreibung, Status, Starttermin und Endtermin sowie Verantwortlicher für die Durchführung.
- *Projekt-Stücklistenposition,* um die verschiedenen Artikel anzugeben, welche zum Release gehören, je mit Status, Datum und Verantwortlichem für die Freigabe des Artikels selbst, seiner Zeichnung, seiner Stückliste und seinem Arbeitsplan. Für verschiedene Freigabestufen gibt es verschiedene Attributspaare „Datum / Verantwortlicher".

Für die *Versionensteuerung* ist das folgende Funktionsmodell denkbar:

Erstens, die Definition einer neuen Version, d.h. eines neuen Release oder neuen EC's („engineering changes"):

- Erfassen des Projektkopfes mit Datum und Verantwortlichem.

---

[8]   Die EC-Nummer kann damit auch als ein obligatorischer Parameter eines Produkts betrachtet werden. Abhängig von diesem Parameter können unterschiedliche Stücklisten- und Arbeitsplanpositionen definiert werden.

- Erfassen der Artikel, welche zum Release gehören, je mit Datum und Verantwortlichem für die verschiedenen Aufgaben, z.B. das Erstellen oder die Modifikation von Zeichnung, Stückliste, Arbeitsplan und des Artikels als Gesamtes.

- Erfassen der Arbeiten, welche für den Release auszuführen sind, je mit Starttermin und Endtermin sowie Verantwortlichem.

Zweitens, Fortschritt und Freigabe des Release:

- Erfassen des Fortschrittes (mit Statuswechsel) und des Endes einzelner Aktivitäten und entsprechende Korrektur des Status auf höherem Niveau.

- (Stufenweise) Freigabe von Stücklisten, Arbeitsplänen, Artikeln oder des ganzen Release (der neuen Version) mit automatischer Korrektur der übergeordneten Aktivitätenliste.

Drittens, Abfragen wie z.B. hängige Arbeiten (sortiert nach Verantwortlichen oder div. Stati), Kontrolle der Termine, Inhalt eines Release (Anzeige der zugehörigen Artikel und Aktivitäten).

Für die Übergabe der Daten von und zu den IT-unterstützten Technologien, z.B. für die Kopplung von CAD und PPS-Software über die Ingenieurdatenbank, kann man sich die folgenden Funktionen vorstellen:

- Online-Übertragung der Stücklisten und eventuell ihrer Varianten, durch einen Prozess „Zeichnungsfreigabe" von CAD zur Ingenieurdatenbank oder durch einen Prozess „Produktionsfreigabe" von der Ingenieurdatenbank zur Datenbank der PPS-Software (oder beides umgekehrt durch einen Revisionsprozess).

- Umfassender Übertrag: Übergabe aller bereitgestellten Daten, welche noch nicht transferiert wurden.

- Analoge Funktionen für die Artikelstammdaten, oft in umgekehrter Richtung von PPS-Software über Ingenieurdatenbank zu CAD. Beispiel: die Übergabe aller Beschreibungen von Artikeln, welche nach einem bestimmten Datum modifiziert, aber noch nicht in die Ingenieurdatenbank oder in andere CAx-Systeme übertragen wurden.

- Übergabe von Auftragsdaten von PPS-Software an CAD: Artikel- und Auftrags-Id., eventuell ergänzt durch Parameterwertlisten (siehe Kap. 17.3.3), als Anforderung zum Erstellen einer Zeichnung.

17.6   Zusammenfassung

Ein Auftrag ist ein komplexes Geschäftsobjekt. Es ist zusammengesetzt aus einem Objekt für einmalige Daten je Auftrag (Auftragskopf bzw. -fuss), verschiedenen Teilaufträgen je Auftrag sowie verschiedenen Auftragspositionen je Teilauftrag. Eine Auftragsposition ist ein Artikelzugang, ein Artikelabgang, eine Arbeit bzw. ein Auftragsarbeitsgang oder ein Betriebsmittel.

Ein Ergebnis der Konstruktion oder Produktionsprozessentwicklung sind auftragsunabhängige Daten, die sog. Stammdaten des Unternehmens. Die wichtigsten Objektklassen sind Artikel, Kapazitätsplatz und Betriebsmittel. Die Objektklassen Nomenklatur- bzw. Stücklistenposition, Arbeitsgang sowie Betriebsmittelposition stellen Verknüpfungen von Objekten der genannten

Klassen dar. So können Produkte und Prozesse abgebildet werden. Aus den Stücklisten-positionen können einstufige oder mehrstufige Stücklisten bzw. Verwendungsnachweise abgeleitet werden. Arbeitsgänge kann man zu Arbeitsplänen oder Kapazitätsplatzverwendungs-nachweisen zusammensetzen.

Erweiterungen aus dem variantenorientierten Konzept betreffen die wissensbasierten Techniken zur Darstellung von bedingten Positionen in Stückliste und Arbeitsplan. Produktfamilien können so geeignet in einem Datenmodell dargestellt werden.

Erweiterungen aus dem prozessor-orientierten Konzept betreffen insbesondere die prozessor-orientierten Produktionsstrukturen und die Objekte zur Chargenverwaltung.

Produktlebenszyklusmanagement (PDM) bzw. „engineering data management" (EDM) umfasst organisatorische Aspekte der Aufbau- und Ablauforganisation sowie technische Aspekte der Vernetzung von IT-(Betriebs)systemen. Man muss sich auf gemeinsame Daten- und Funktions-modelle für generelle Aufgaben des EDM einigen. Dazu gehören auch Sachmerkmalsleisten sowie Objektklassen und Funktionen für das Freigabe- und Änderungswesen.

17.7   Schlüsselbegriffe

17.8   Szenarien und Übungen

17.8.1 Verschiedene Darstellungsformen von Stücklisten

Abb. 17.8.1.1 zeigt die Stückliste für die beiden Produkte A und K in der bekannten grafischen Form einer Baumstruktur.

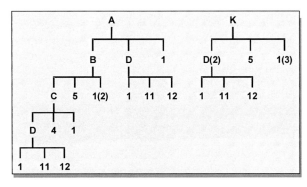

Abb. 17.8.1.1   Darstellung der Stückliste der beiden Produkte A und K

In Klammern findet sich die jeweilige Einbaumenge einer Komponente, sofern sie nicht 1 ist (als Beispiel gelangen zwei Einheiten der Komponente D zum Einbau in das Produkt K, dazu eine Einheit der Komponente 5 und drei Einheiten der Komponente 1).

Leiten Sie aus diesen zwei Stücklisten die folgenden Darstellungsformen gemäss Kap. 17.2.3 ab:

- Sämtliche einstufigen Stücklisten
- Die beiden mehrstufigen Stücklisten der Endprodukte A und K
- Die beiden Mengenübersichtsstücklisten der Endprodukte A und K

17.8.2 Verwendungsnachweise

Leiten Sie aus der Abb. 17.8.1.1 sämtliche Verwendungsnachweise gemäss den Darstellungsformen in Kap. 17.2.3 ab:

- Sämtliche einstufigen Verwendungsnachweise
- Den mehrstufigen Verwendungsnachweis der Komponente 1
- Den Mengenübersichtsverwendungsnachweis der Komponente 1
- Die Baumstruktur des mehrstufigen Verwendungsnachweises der Komponente 1 (Hinweis: sie ähnelt der Abb. 17.8.1.1)

Wie kann man die Verwendungsnachweise von den Stücklisten ableiten?

17.8.3 Grundlegende Stammdaten-Objekte

Gegeben seien die Produkte A und B, so wie sie in der Übung von Kap. 16.7.2 definiert wurden (also mit den einzelnen Werkzeugen).

Übertragen Sie die beschriebenen Daten formal in die grundlegenden logistischen Objektklassen für die Stammdaten, wie sie in Abb. 17.2.8.1 oder 16.2.1.3 gezeigt worden sind, also:

- Artikel
- Stücklistenposition
- Kapazitätsplatz
- Arbeitsgang

Um alle Daten zuzuordnen benötigen Sie zusätzlich zwei weitere Klassen, die in Abb. 17.2.8.2 bereits erwähnt wurden, nämlich:

- Betriebsmittel (Werkzeug, Vorrichtung, Maschine)
- Betriebsmittellistenposition

Bestimmen Sie alle notwendigen Attribute und deren Werte für die einzelnen Objekte (Entitäten) dieser sechs Klassen.

Hinweis: Hier die Anzahl der Objekte je Klasse:

- Artikel: 3
- Kapazitätsplatz: 2
- Betriebsmittel: 6 (2 Maschinen und 4 Werkzeuge)
- Stücklistenposition: 2
- Arbeitsgang: 4
- Betriebsmittellistenposition: 8 (2 Produkte mit je 4 Betriebsmitteln)

17.9 Literaturhinweise

Apel85   Appelrath, H. J., „Von Datenbanken zu Expertensystemen", Informatik Fachberichte 102, Springer Verlag, Berlin, Heidelberg, New York, 1985

APIC16   Pittman, P. et al., APICS Dictionary, 15. Auflage, APICS, Chicago, IL, 2016

DuFr15   Duden 05, „Das Fremdwörterbuch", 11. Auflage, Bibliographisches Institut, Mannheim, 2015

EiHi91   Eigner, M., Hiller, C., Schindewolf, S., Schmich, M., „Engineering Database: Strategische Komponente in CIM-Konzepten", Hanser Verlag, München, 1991

EiSt09   Eigner, M., Stelzer, R., „Product Lifecycle Management - Ein Leitfaden für Product Development und Life Cycle Management", 2. Auflage, Springer, Berlin/Heidelberg 2009

Pels92   Pels, H. J., Wortmann, J. C., „Integration in Production Management Systems", North-Holland, Amsterdam, London, New York, Tokyo, 1992

Schi01   Schierholt, K., „Process Configuration — Mastering Knowledge-Intensive Planning Tasks", vdf-Hochschulverlag, Zürich, 2001

Schö01   Schönsleben, P., „Integrales Informationsmanagement", 2. Auflage, Springer Verlag, Berlin, Heidelberg, New York, 2001

Schö88a   Schönsleben, P., „Flexibilität in der computergestützten Produktionsplanung und -steuerung", 2. Auflage, AIT-Verlag, D-Hallbergmoos, 1988

Schw96   Schwarze, S., „Configuration of Multiple Variant Products", BWI-Reihe Forschungsberichte für die Unternehmenspraxis, vdf-Hochschulverlag, Zürich, 1996

SöLe96   Schönsleben, P., Leuzinger, R., „Innovative Gestaltung von Versicherungsprodukten: flexible Industriekonzepte in der Assekuranz", Gabler Verlag, Wiesbaden, 1996

Veen92   Veen, E. A., „Modelling Product Structures by Generic Bills of Material", Elsevier Science Publishers, Amsterdam, 1992

18 Qualitätsmanagement — TQM und Six Sigma

Dieses Kapitel gibt einen Überblick über das im Englischen mit *„Total Quality Management"* (TQM) wiedergegebene Führungssystem. In den letzten Jahren steht dafür die Six-Sigma-Initiative im Vordergrund. Die Abb. 1 in der Einführung zeigte das Thema „Qualität" als eine Aufgabe, welche auf die Leistung des Unternehmens ausgerichtet ist. Um die Ziele im Bereich Qualität erreichen zu können, ist es nötig, die spezifischen Elemente des Führungskonzepts für die Qualität zu beherrschen sowie diese Ziele in sämtlichen Führungssystemen entlang der Wertschöpfung geeignet zu integrieren. Darüber hinaus sind Umfassendes Qualitätsmanagement und Six Sigma ein System innerhalb der umfassenden Unternehmensführung, welches sich auch auf die Dimension der Anspruchshalter (engl. „stakeholder") des Unternehmens ausrichtet.

Das erste Teilkapitel behandelt den Begriff der Qualität und ihre Messbarkeit. Der zweite Teil fasst Aufgaben des Qualitätsmanagements auf der operationellen Ebene zusammen. Der dritte Teil behandelt die mehr strategischen Aufgaben im Zusammenhang mit TQM und Six Sigma.

18.1 Qualität: Begriff und Messung

Die geschichtliche Entwicklung der Thematik „Qualitätsmanagement" hat zu sehr unterschiedlichen Vorstellungen über den Begriff Qualität geführt. Im Volksmund sind eher die guten Eigenschaften des Objektes gemeint. So spricht man z.B. von einem „Qualitätsobjekt", und meint ein Objekt von guter Beschaffenheit. Qualität wird demnach mit Güte, im Sinne eines gehobenen Wertfaktors, gleichgesetzt. Gerade im ökonomischen Umfeld ist es aber mittlerweile üblich, den Begriff Qualität wertfrei, d.h. im Sinne der ursprünglichen Definition zu verwenden.

> Der Begriff *Qualität* stammt aus dem 16. Jahrhundert und wurde aus dem Lateinischen „qualis" abgeleitet, was mit „wie beschaffen" übersetzt werden kann. Qualität bezieht sich gemäss Wörterbüchern immer auf ein Objekt und steht für seine Beschaffenheit, für seine Eigenart oder für seine Natur.

Erst durch ein Empfinden gemäss dieser Definition lässt sich ein Grad an Qualität angeben bzw. kann man von „Qualitätsverbesserung" sprechen. Bei vielen Diskussionen über Qualität stellt man jedoch einen bestimmten Blickwinkel oder Standpunkt des Ausführenden fest. In der Tat gibt es unterschiedliche Betrachtungsweisen von Qualität. So definiert z.B. der Qualitätsexperte Juran Qualität mit *„fitness for use"* [Defe16, siehe auch www.juran.com] und meint damit die Gebrauchstauglichkeit. Nicht nur Konsumenten und Anbieter, sondern auch verschiedene Abteilungen innerhalb eines Unternehmens verstehen meist etwas Unterschiedliches unter Qualität. „Qualität" ist demnach ein vielschichtiger Begriff. Nicht von ungefähr haben sich u.a. die folgenden vier Disziplinen mit dem Begriff „Qualität" auseinander gesetzt: die Philosophie, die Wirtschaftswissenschaften, das Marketing und das Operations Management.

Im unternehmerischen Umfeld kann sich Qualität auf verschiedene Objekte beziehen. Im Vordergrund stehen dabei die Prozesse und die Produkte eines Unternehmens oder einer dienstleistenden Organisation des öffentlichen Bereichs. Im Sinne der umfassenden Qualität bildet aber auch das Unternehmen oder die dienstleistende Organisation als Ganzes ein solches Objekt.

© Springer-Verlag GmbH Deutschland, ein Teil von Springer Nature 2020
P. Schönsleben, *Integrales Logistikmanagement*,
https://doi.org/10.1007/978-3-662-60673-5_19

18.1.1 Qualität von Prozessen

Ein *Prozess* umfasst bestimmte Tätigkeiten, die von einem Anfangszustand zu einem Endzustand und damit zu bestimmten Funktionen führen. Beispiele:

- Ein Montageprozess, durch den verschiedene Komponenten in einer Baugruppe zusammengesetzt werden.
- Ein Einkaufsprozess, durch den verschiedene Materialien beschafft werden.
- Ein Qualitätsprüfungsprozess, durch den beschaffte oder hergestellte Teile auf ihre Merkmale und deren Ausprägung hin geprüft werden.

Prozesse können in verschiedenen Detaillierungsgraden vorkommen. Es kann sich um eine einzelne, elementare Tätigkeit handeln, oder um ganze Geschäftsprozesse, die schliesslich zu einem bedeutenden Ergebnis führen, welches dann Produkt genannt wird. Gewisse Prozesse haben eine besondere Beschaffenheit.

> Eine *Dienstleistung* bzw. ein *Service* ist ein Prozess, der von einem Kunden als Dienst oder Bedienung empfunden wird.

Zu Dienstleistungen zählen

- die Installation und Inbetriebnahme einer Anlage beim Kunden,
- Wartung und Instandhaltung während des Gebrauchs eines Produkts,
- die Unternehmensberatung im weitesten Sinne, insbesondere auch die Verkaufsberatung und der Verkauf selbst

Es ist für den Kunden ein Unterschied, ob er ein fertiges Produkt kauft und nur die Qualität des Resultates beurteilen kann, oder ob er die Prozesse selbst miterlebt und damit auch deren Qualität beurteilen kann. Gerade im Hinblick auf das Qualitätsmanagement ist es von Interesse, dass die Kunden von Produkten immer mehr auch die Prozesse genau beobachten wollen, die zu diesen Produkten führen. Deswegen ist in der Abb. D.0.0.1 auch ein Führungssystem der Zulieferer postuliert, das u.a. gerade die Kenntnis der Prozesse eines Zulieferers zum Ziel hat.

> Eine *Dienstleistung bzw. ein Service gegenüber Abhängigen* ist ein Prozess, bei welchem der Kunde nicht nur das Objekt ist, an dem sich der Prozess abspielt, sondern auch selbst in eine vom Dienstleistenden mitverursachte, eingeschränkte Handlungsfähigkeit gerät.

Zu solchen Prozessen gehören z.B.

- Prozesse in Lehre und Ausbildung,
- Prozesse im Zusammenhang mit Patienten im Gesundheitswesen,
- Behandlung von Delinquenten im Polizeiwesen.

In solchen Fällen ist der freie Wille des Betroffenen eingeschränkt, was dazu führen kann, dass er nicht als Kunde behandelt, sondern eher bevormundet wird. Jedoch sind die Betroffenen in dieser Lage umso mehr imstande, die Qualität einer Dienstleistung zu empfinden.

> Mit *Prozessqualität* meint man die Qualität von Prozessen. Man spricht auch von *Verrichtungsqualität*.

Prozessqualität wird über bestimmte subjektive oder objektive Merkmale der Qualität von Prozessen empfunden. Dazu zählen die Merkmale gemäss Abb. 18.1.1.1:

- „Accuracy": Präzision bzw. Genauigkeit im Verhältnis zur Erwartung
- „Reliability": Zuverlässigkeit (z.B. bei wiederholten gleichen Prozessen)
- „Security": Sicherheit (z.B. in Bezug auf unerwünschte Nebenwirkungen)
- „Competence": Sachkompetenz in der Ausführung (die Souveränität)
- „Courtesy": Freundlichkeit und der Komfort (z.B. einer Dienstleistung)
- „Load": Belastung, d.h. der Arbeitsinhalt (oft in Zeiteinheiten gemessen)

Abb. 18.1.1.1   Merkmale der Qualität von Prozessen

Die *Prozessbelastung*, d.h. die Belastung des Kunden durch einen Prozess, ist der Arbeitsinhalt, durch welchen die charakteristische Wirkung des Prozesses erzielt wird.

Die *Prozesszeit* ist die Zeitperiode, während der ein Prozess abläuft.

Die Prozessbelastung darf nicht mit der Prozesszeit verwechselt werden. Man kann die Prozesszeit verkürzen, indem man z.B. mehrere Leute zur Bearbeitung einsetzt („Splitting") oder indem man aufeinander folgende Arbeitsschritte überlappend ausführt. Die Prozessbelastung ist dann höher, aber nur während einer kürzeren Zeit. Die Prozesszeit umfasst auch Wartezeiten: Wann sind Personen bereit, mit der Dienstleistung zu beginnen? Wann kann ein Transportmittel eine Person von A nach B bringen? Die Prozesszeit, welche den Kunden nebst der Belastung ebenfalls interessiert, wird somit durch Faktoren beeinflusst, welche ausserhalb der Beschaffenheit des Prozesses, und zwar im Bereich des Logistikmanagements liegen.

Die Erhöhung der Qualität bezogen auf einzelne Prozessmerkmale kann zu einem grösseren Arbeitsinhalt führen. Grössere Arbeitsinhalte führen in der Regel zu längeren Prozesszeiten. Dies lässt bereits einen Konflikt zwischen den Zielbereichen Qualität und Lieferung erkennen.

18.1.2 Qualität von Produkten

Mit *Produktqualität* meint man die Qualität von Produkten. Man spricht auch von *Ergebnisqualität*.

Produkte können materieller oder immaterieller Natur sein, z.B.

- Rohmaterialien, Einkaufsteile, Halbfabrikate, Fertigfabrikate in einem Industrie- oder Handelsunternehmen,
- Versicherungsprodukte, Bankenprodukte, Beratungsprodukte, Reisearrangements aus dem Bereich der Dienstleistungsunternehmen.

Ein Produkt stellt i. Allg. das Ergebnis von Prozessen dar. Die Qualität der Letzteren interessiert hier nicht, sondern nur die Beschaffenheit des Produkts in Bezug auf die unten angeführten Merkmale.

Gerade die letzten Beispiele zeigen zudem, dass man auch die erbrachte Dienstleistung, d.h. das Resultat vom Prozess am Kunden, wieder als Produkt betrachten kann. In einem solchen Prozess können ebenfalls Produkte als Komponenten zum Einsatz kommen. So können im Falle einer Bahn- oder Flugreise verschiedene Produkte zum Einsatz gelangen, wie z.B. Menüs oder Reiseartikel, welche die primäre Dienstleistung ergänzen. In manchen Fällen, insbesondere wenn verschiedene Anbieter über die gleiche Verrichtungsqualität verfügen, mögen solche – im ersten Moment eher sekundären – Komponenten entscheidend sein.

In einem Käufermarkt muss ein Produktanbieter vermehrt auch Dienstleistungen und Beratungen rund um das Produkt anbieten. Er wird dadurch zum eigentlichen Systemanbieter im Sinne eines Generalunternehmens. Die Leistungen des Unternehmens sind dann seine verwendeten Produkte sowie die Prozesse, um die Produkte beim Kunden einzusetzen. Der Produktbegriff verschiebt sich dann immer mehr zu einem Produkt im erweiterten Sinn. In der Versicherungsbranche zum Beispiel ist das eigentliche (Kern-)Produkt eine spezifisch zusammengesetzte Versicherung. Sie wird aber ergänzt durch Dienstleistungen, so dass schliesslich ein eigentliches Paket entsteht, welches wiederum als Produkt angeboten und empfunden wird. Produkt und Prozess stehen somit letztlich in einer dualen Beziehung.

Produktqualität wird über bestimmte subjektive oder objektive *Merkmale der Qualität von Produkten* empfunden. Dazu zählen die Merkmale gemäss Abb. 18.1.2.1.

- Ressourcenverbrauch
- Wirkung bzw. Funktion
- Konsistenz, Lebensdauer und Zuverlässigkeit
- Konformität im Vergleich zu gegebenen oder erwarteten Normen
- Ausstattung, Verarbeitung
- Handhabbarkeit und Ästhetik
- Rezyklierbarkeit bzw. Entsorgbarkeit

Abb. 18.1.2.1   Merkmale der Qualität von Produkten

Aus diesen Merkmalen werden die Qualitätsziele abgeleitet. Kosten und Lieferdurchlaufzeit hingegen gehören nicht zur Beschaffenheit eines Produkts, sofern nicht von einem Produktbegriff im erweiterten Sinn ausgegangen wird. Sie können vielmehr durch das Logistikmanagement beeinflusst werden, z.B. durch die Art der Bevorratung oder des Ressourceneinsatzes.

18.1.3 Qualität von Organisationen

Eine Firma wird von den an ihr interessierten oder betroffenen Personen nicht nur über ihre Produkte oder ihre Prozesse wahrgenommen, sondern auch über ihr Wirken als Ganzes. Dasselbe gilt für jede Art von Organisationen, auch für solche des öffentlich-rechtlichen Bereichs.

Organisationsqualität ist die Qualität von Organisationen und meint die Beschaffenheit der Organisation als Ganzes.

Jede Person, die einer Organisation gegenüber Interessen geltend machen kann, gilt als *Anspruchshalter* (engl. *„stakeholder"*, vgl. auch Abb. D.0.0.1). Dies können Arbeitnehmer, Lieferanten, Kreditoren, Kunden, Aktionäre, politische Gemeinden sein, all diejenigen, die von den Tätigkeiten der Organisation betroffen sind. Jeder Anspruchshalter hat eine subjektive – oft auch egoistische – Sicht auf die Qualität einer Organisation. Die hier beschriebenen Anspruchshalter definieren ihre Bedürfnisse an die Organisation i. Allg. unabhängig voneinander.

Organisationsqualität wird ebenfalls über bestimmte subjektive oder objektive *Merkmale der Qualität von Organisationen* empfunden. Diese werden in sinnvolle Gruppen zusammengefasst, z.B. gemäss Abb. 18.1.3.1.

- Qualität gegenüber Geschäftspartnern
- Qualität gegenüber den Mitarbeitenden in der Organisation
- Qualität gegenüber den Eignern („shareholder")
- Qualität gegenüber der Gesellschaft und der Umwelt / Natur

Abb. 18.1.3.1   Qualität gegenüber den „stakeholders" einer Organisation

- *Qualität gegenüber Geschäftspartnern.* Wie empfindet ein Kunde die Art der Leistungserbringung? Prozesskriterien wurden bereits in Kap. 18.1.1 erwähnt. Zusätzliche Kriterien betreffen die ganze Organisation, wie z.B. das Entgegenkommen („responsiveness"), die Vertrauenswürdigkeit („credibility"), die Erreichbarkeit („accessibility"), die Kommunikation („communication") und das Verständnis („understanding the customer"). In Bezug auf die Produkte sind die Merkmale bereits unter Kap. 18.1.2 erwähnt. Die Zufriedenheit des Kunden stammt zudem nicht nur von den Produkten und Prozessen, sondern geht tiefer, bis ins Gefühl des Umsorgtseins („Total Care") hinein. Bei Verkäufermärkten muss ein Unternehmen seine Lieferanten im gleichen Sinne behandeln. Man spricht dann auch von „Lieferantenzufriedenheit".

- *Qualität gegenüber den Mitarbeitenden in der Organisation.* Das summarische Kriterium „Mitarbeiterzufriedenheit" fasst eine Fülle von Merkmalen zusammen wie z.B. die Entlohnung, die Art des Geführtwerdens, die Ausführbarkeit der Aufgaben, die Flexibilität und Gestaltungsmöglichkeit der Arbeit und der Arbeitszeit, die materielle Sicherheit usw.

- *Qualität gegenüber den Eignern („shareholder").* Die Eigner beurteilen die Qualität ihres Unternehmens wohl in erster Linie nach den finanziellen Resultaten. Bei näherem Hinsehen steht das Geld aber auch für tieferliegende Bedürfnisse wie die individuelle materielle Sicherheit oder Unabhängigkeit des Eigners.

- *Qualität gegenüber der Gesellschaft und der Umwelt.* Die Gesellschaft als Ganzes stellt Anforderungen an ein Unternehmen. Diese Erwartungen werden oft in Gesetzen oder Verhaltenskodizes festgehalten. Die Qualität eines Unternehmens bemisst sich dann danach, wie gut es sich mit seinen Prozessen, Produkten und seinem Verhalten in den vorgegebenen Rahmen einpasst. Merkmale sind z.B. Sicherheit der Gesellschaft und Schutz von Integrität und Eigentum ihrer Individuen. Sinngemäss gilt dasselbe für das ökologische Umsystem, wo die Gesetze als Naturgesetze gegeben sind. In der Praxis manifestiert sich dieser „Anspruchshalter" zwar erst durch das Bewusstsein der anderen erwähnten Anspruchshalter. Die Qualität eines Unternehmens wird dann danach beurteilt, ob es die Naturgesetze so einhält, wie von der Gesellschaft gefordert. Merkmale sind z.B. Umweltschutz und sorgfältige Ressourcenbewirtschaftung.

18.1.4 Qualität und ihre Messbarkeit

Der Begriff Qualität findet schliesslich durch die ISO, die „International Organization for Standardization", eine formale Definition.

> „*Quality* is the totality of characteristics of an entity that bear on its ability to satisfy stated and implied needs." [ISO8402]

Im Unterschied zu Quantitäten (Mengen) ist die Messbarkeit im Begriff der Qualität (Beschaffenheit) jedoch nicht im vorneherein enthalten. Die Qualität eines Objekts wird aber dennoch beurteilt. Ihre Messbarkeit könnte für das Qualitätsmanagement Vorteile bringen: „Nur was gemessen wird, kann verbessert werden" ist eine Aussage von etlichen Führungskräften. Messbarkeit setzt jedoch ein Messsystem voraus.

Zu einem *Messsystem* gehört ein Ziel, welches mit der Messung erreicht werden soll (ein *Messziel*), woraus eine *Messgrösse* abgeleitet werden muss.

Die Messgrösse muss geeignet skaliert, d.h. in Masseinheiten unterteilt werden, und es müssen Sensoren zur Messung in diesen Masseinheiten zur Verfügung gestellt werden. Die Messgrösse muss zudem so beschaffen sein, dass die in dieser Wirkung gemessene Messgrösse auch in konkrete Massnahmen umgesetzt werden kann. Die Abb. 18.1.4.1 zeigt eine bekannte Problematik zu diesem Vorhaben auf.

- Gut messbare Grössen können den Nachteil haben, dass nicht deutlich wird, wie es genau zu gewissen Messwerten kommt, und somit auch nicht klar ist, welche Massnahmen nun notwendig sind.
- Legt man umgekehrt Messgrössen ausgehend von möglichen Massnahmen fest, dann kann ihre Messung jedoch mit einem zu grossen oder nicht absehbaren Messaufwand verbunden sein.

Abb. 18.1.4.1   Die Problematik der Messbarkeit von Grössen und der Umsetzung von Messungen in Massnahmen

Relativ einfach messbar sind Merkmale, die physische Eigenschaften von Produkten und Prozessen darstellen. Hier spielt sich auch die traditionelle Qualitätsprüfung oder Qualitätssicherung ab. Gemessen werden können dabei sowohl Nutzen als auch Fehler.

Sind sowohl Messgrössen als auch zu erreichende Messwerte in schriftlichen Pflichtenheften festgelegt, so kann ein Objekt daran gemessen werden. Wesentlich schwieriger ist es zu bestimmen, ob die gemessenen Werte auch den Anspruchshaltern genügen. Es mag sogar sein, dass gewisse Merkmale gar nicht identifiziert werden, welche für die Anspruchshalter hingegen von entscheidender Wichtigkeit sind.

Im Zusammenhang mit Menschen sind Messgrössen oft von sehr summarischer Natur. Zur Veranschaulichung mag das Merkmal *Kundenzufriedenheit* dienen. Das Messen als summarische Grösse genügt nicht. Das Problem besteht darin, mit vernünftigem Aufwand vom Kunden ein Urteil über die Leistungen hinsichtlich der einzelnen Qualitätsmerkmale zu erfahren. Dies sollte im Laufe der Zeitachse möglichst ereignisbezogen (z.B. über verschiedene verkaufte Produkte bzw. Dienstleistungen) erfolgen. Gerade im Bereich der Konsumgüter dürften aber viele Merkmale der Kundenzufriedenheit im individuellen Bereich des Kunden liegen, manchmal sogar in seinem Unterbewusstsein. Eine Messung, die objektiv nachweisbaren und nachvollziehbaren Ursache- / Wirkungsanalysen genügt, ist damit oft Illusion.

Ähnlich schwierig ist es, *Mitarbeiterzufriedenheit* messen zu wollen. Menschen sind nicht ohne weiteres willens oder überhaupt fähig, ihre bewussten oder unbewussten Bedürfnisse offen darzulegen. Diese Einwände sollen einen jedoch nicht daran hindern, das zu messen, was vernünftigerweise messbar ist.

Interessanterweise kennen einzelne Mitarbeiter die Kundenbedürfnisse wie auch die Bedürfnisse der anderen Anspruchshalter oft sehr genau. Deshalb sollten sie zur Entwicklung und zum Betreiben von Messsystemen in diesem Bereich unbedingt beigezogen werden.

18.1.5 Qualitätsmessung und Six Sigma

Six Sigma begann in den 1970'er Jahren in Japan, im Schiffsbau und in der Elektronik- und Konsumgüterindustrie. In der zweiten Hälfte der 1980er Jahre begann Six Sigma – zuerst bei Motorola – als eine Initiative, um Fehler in der Produktion von elektronischen Komponenten zu reduzieren. Die Initiative war begleitet von Methoden und Werkzeugen zur Verbesserung der Qualität. Später wandte man die Denkweise auf andere Geschäftsprozesse zum selben Zweck an, nämlich um zuverlässige Prozesse zu erreichen. Abweichungen und Fehler sollen in allen Bereichen der Leistung eines Unternehmens reduziert werden. Heute hat Six Sigma eine Bedeutung

- als Metrik
- als Problemlösungsmethode bzw. Methode zur Verbesserung der Leistungsfähigkeit
- als Management-System

In diesem Teilkapitel steht die erste Definition im Vordergrund.

> Der Begriff *Sigma* beschreibt oft eine Skala oder einen Grad an „Güte" oder Qualität.

Der Begriff „Sigma", noch mehr der griechische Buchstabe, wurde für viele Jahre durch Statistiker, Mathematiker und Ingenieure, als eine Masseinheit für die statistische Abweichung eingesetzt.

> Unter *Six Sigma als Metrik* versteht man eine spezifische Skala zur Messung der Anzahl erfolgreicher Produkte, Vorgänge, Prozesse, Operationen oder Gelegenheiten.

Die Abb. 18.1.5.1 zeigt die Konversionstabelle von ein Sigma bis sechs Sigma.

Sigma	Rate erfolgreicher Ereignisse in %	Fehlerrate pro Million Ereignisse
1	30.9	691462
2	69.1	308538
3	93.3	66807
4	99.4	6210
5	99.98	233
6	99.99966	3.4

Abb. 18.1.5.1   Die Sigma-Konversionstabelle

Die Konversionstabelle zeigt eine exponentielle Skala. Diese entspricht aber nicht der Standardabweichung der Normalverteilung, obwohl dies oft angenommen wird. Dies kann man durch einen Vergleich mit den Tabellen in Kap. 11.3.3 leicht feststellen. Die 3.4 DPMO als sechs Sigma wurden durch Motorola festgelegt. Die mathematische Erklärung dafür, wie die Konversionstabelle zustande kommt, steht aber in der Praxis nicht im Vordergrund.

> Unter *Six-Sigma-Qualität* versteht man eine Fehlerrate von nicht mehr als 3.4 DPMO (defect parts per millioGn opportunities).

Die Abb. 18.1.5.2 zeigt einen Vergleich der Prozesszuverlässigkeit bei drei Sigma und sechs Sigma. Die Beispiele stammen von Motorola.

Zuverlässigkeit 99% (~ drei Sigma)	Zuverlässigkeit 99,9999% (~ sechs Sigma)
20000 verlorene Postteile pro Stunde	7 verlorene Postteile pro Stunde
15 Min. verunreinigtes Wasser pro Tag	1 Min. verunreinigtes Wasser in 7 Monaten
5000 fehlerhafte Operationen pro Woche	1,7 fehlerhafte Operationen pro Woche
2 kritische Flugzeuglandungen pro Tag	1 kritische Flugzeuglandung in 5 Jahren
200'000 falsch verschriebene Rezepte pro Jahr	68 falsch verschriebene Rezepte pro Jahr
7 Stunden ohne Elektrizität pro Monat	1 Stunde ohne Elektrizität in 34 Jahren

Abb. 18.1.5.2   Prozesszuverlässigkeit bei drei Sigma und sechs Sigma

18.2   Aufgaben des Qualitätsmanagements auf der operationellen Ebene

Unter *Qualitätsmanagement* werden „alle Tätigkeiten der Gesamtführungsaufgabe verstanden, welche die Qualitätspolitik, Ziele und Verantwortungen festlegen sowie diese durch Mittel wie Qualitätsplanung, Qualitätsumsetzung (Qualitätslenkung), Qualitätssicherung und Qualitätsverbesserung im Rahmen des Qualitätsmanagementsystems verwirklichen" [ISO8402].

Siehe dazu auch [GrJu00], [PfSm14] und [PfSm15]. Six Sigma fokussiert mehr auf die *Objekte* des Qualitätsmanagements.

Unter *Six Sigma als Problemlösungsmethode bzw. Methode zur Verbesserung der Leistungsfähigkeit* versteht man eine Methode zur Verbesserung von Produkten, Vorgängen, Prozessen, Operationen oder Gelegenheiten.

In diesem Kontext geht es darum, die Kundenbedürfnisse zu erkennen, sowie die Geschäftsprozesse, die diese Bedürfnisse erfüllen, schnell und dauerhaft zu verbessern. Über die Methoden des Qualitätsmanagements hinaus legt die Six-Sigma-Methode Wert auf die Datenanalyse sowie eine minimale Abweichung in den Geschäftsprozessen. Die Verbesserungsprozesse sind im Six Sigma genauer spezifiziert, was eine standardmässige Umsetzung erlaubt.

18.2.1 Der Deming-Kreis bzw. der „Shewhart cycle"

Schon früh wurden die Aufgabenbereiche des traditionellen Qualitätsmanagements mit dem Deming-Kreis veranschaulicht. Der Kreis entstand bei den Bell Telephone Laboratories durch den Physiker Walter Shewhart während den zwanziger Jahren. W. Edwards Deming modifizierte den Shewhart's Kreis in den Vierzigern um es anschliessend in den fünfziger Jahren in Japan in Geschäftsprozessen zu implementieren. Oft wird der Kreis auch als Shewhart/Deming-Kreis bezeichnet.

Der „Shewhart cycle" ([Shew03], S.45) ist gemäss Abb. 18.2.1.1 definiert.

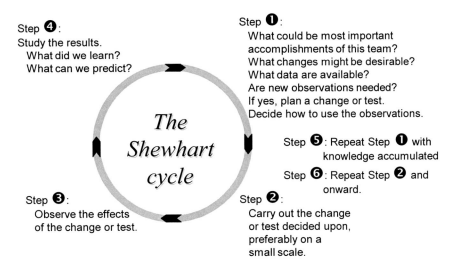

Abb. 18.2.1.1   Der „Shewhart cycle" als Erkenntnis aus der statistischen Qualitätskontrolle

Der *Deming-Kreis* ([Demi00], S.88) ist die Anwendung des „Shewhart cycle" gemäss Abb. 18.2.1.2.

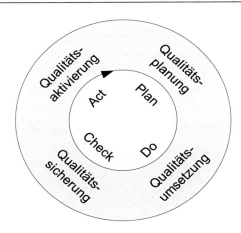

Abb. 18.2.1.2   Aufgaben des Qualitätsmanagements im Deming-Kreis

Der Deming-Kreis wird auch „Plan, Do, Check, Act"-Kreis genannt (PDCA-Kreis). Die Abb. 18.2.1.3 beschreibt die vier sich zyklisch im Sinne der laufenden Verbesserung wiederholenden Aufgaben genauer.

Gerade die letzte Aufgabe im Deming-Kreis lässt erahnen, warum im Umfassenden Qualitätsmanagement (engl. TQM) mit derselben Denkweise nicht nur die Systeme in der Wertschöpfungskette behandelt werden, sondern auch diejenigen, welche die Anspruchshalter gemäss Abb. D.0.0.1 betreffen. Dem Aspekt der Verhaltensbildung kommt in jenen Fällen eine besondere Bedeutung zu. (Siehe dazu das Kap. 18.3).

- „Plan": Das Planen der Qualität. Welche Anforderungen werden durch (externe oder interne) Kunden gestellt? Welche Veränderungen sind nötig?
- „Do": Das Umsetzen der Qualität umfasst alle Arbeitstechniken und Tätigkeiten, die zur Erfüllung von Qualitätsanforderungen angewendet werden.
- „Check": Das Sichern der Qualität. Darunter fallen die Aufgaben des Messens und Prüfens in der klassischen Qualitätssicherung.
- „Act": Das Aktivieren der Qualität. Im Vordergrund steht die Frage, was man aus den Veränderungen gelernt hat. Daher führen die Ergebnisse zu irgendeiner Verbesserung der Qualität. Das Ergebnis mag auch keine Veränderung bedeuten, was jedoch einer Bestätigung der bereits gefundenen Erkenntnisse entspricht und somit einer Qualitätsverbesserung gleichzusetzen ist.

Abb. 18.2.1.3   Beschreibung der Aufgaben des Qualitätsmanagements im Deming-Kreis

18.2.2 Die Six-Sigma-Phasen

Die Six-Sigma-Methode ist eine Sequenz von Phasen, die gewöhnlich durch das Akronym DMAIC ausgedrückt wird.

DMAIC ist ein Akronym, das für einen Verbesserungsprozess steht, der die Phasen „Define", „Measure", „Analyse", „Improve" und „Control" durchläuft.

Diese Phasen werden i. Allg. nicht in Kreisform dargestellt, sondern als ein Prozess mit Anfang und Ende, wie diese durch die Abb. 18.2.2.1 gezeigt wird.

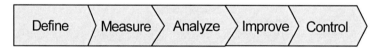

Abb. 18.2.2.1   Die Six-Sigma-Phasen DMAIC

Die einzelnen Phasen stehen dabei für die Aufgaben gemäss Abb. 18.2.2.2

- „Define": Definiere die Projektziele und die Forderungen der internen und externen Kunden.
- „Measure": Miss den Prozess, um die aktuelle Leistung zu bestimmen.
- „Analyze": Analysiere und bestimme die Gründe für die Fehler.
- „Improve": Verbessere den Prozess durch Elimination der Fehler.
- „Control": Behalte die verbesserte Leistung des Prozesses in der Zukunft bei.

Abb. 18.2.2.2   Beschreibung der Aufgaben der Six-Sigma-Phasen

Im Vergleich zum Shewhart- oder Deming-Kreis fällt auf, dass die Six-Sigma-Phasen nicht in Kreisform angeordnet werden. Dies entspricht der Auffassung, dass ein Six-Sigma-Projekt in einem Durchzug zu einem Abschluss führt. Ein weiterer Umlauf im Sinne des Deming-Kreises bildet ein neues, eigenes Six-Sigma-Projekt. So entsteht gesamthaft gesehen ein ähnlicher Effekt eines Managementsystems im Sinne einer kontinuierlichen Verbesserung.

In der Folge wird gezeigt werden, dass die fünf Six-Sigma-Phasen recht gut den vier Aufgaben des Deming-Kreises zugeordnet werden können. Die Six-Sigma-Phasen sind jedoch mit zusätzlichen Handlungskatalogen bzw. Checklisten versehen, die das Operationalisieren i. Allg. einfacher machen. Zu jeder Phase findet man eine Liste von Ergebnissen und Kontrollfragen, die die Vollständigkeit des Ansatzes garantieren sollen.

In der Folge noch einige Varianten des Akronyms DMAIC. *RDMAIC* steht für einen DMAIC-Prozess, dem eine zusätzliche Phase, „Recognize", vorangeht. Während dieser Phase überprüfen die Führungskräfte das Unternehmen auf Möglichkeiten zur potentiellen Verbesserung. In vielen Fällen ist diese Phase Teil der „Define"-Phase. *DMAICT* ist ein Akronym für einen DMAIC-Prozess, dem eine zusätzliche Phase, „Transfer", nachfolgt. Während dieser Phase sollen die besten Praktiken in andere Bereiche des Unternehmens ausgebreitet werden.

Eine weitere Variante des DMAICT-Prozesses betrifft die Produktentwicklung. *DMADV* ist ein Akronym, das für einen Verbesserungsprozess steht, der die Phasen „Define", „Measure", „Analyse", „Design" und „Verify" durchläuft. *DFSS (Design for Six Sigma)* fasst Methoden und Instrumente zusammen, um Six-Sigma-Anforderungen während der Produkt- und Prozessentwicklung zu erfüllen. Durch DFSS und DMADV soll erreicht werden, dass spätere DMAIC-Prozesse weniger oft nötig sind. Wie die gemeinsamen ersten Buchstaben anzeigen, entsprechen weite Teile den Methoden und Werkzeugen des DMAIC.

18.2.3 Qualitätsplanung — „Define"-Phase

> Unter *Qualitätsplanung* werden heutzutage alle planerischen Tätigkeiten verstanden, welche die Ziele festsetzen, sie zu erreichen und Fehlentwicklungen zu vermeiden suchen.

Analog zu dieser Definition geht es in der Six-Sigma-Phase „Define" darum, zu identifizieren, was für den Kunden wichtig ist („voice of the Customer"[1]), und die entsprechenden Projektziele und den Projektumfang festzuhalten. Bei Einbezug von Anspruchshaltern in die Qualitätsplanung bedeutet dies, dass bei all diesen Aufgaben und Aktivitäten eine Beurteilung der zu erwartenden Beschaffenheit in Bezug auf deren Bedürfnisse vorzunehmen ist. Die Abb. 18.2.3.1 zeigt mögliche Differenzen, welche während der Ausführung der Gesamtaufgabe über die Teilaufgaben auftreten können.

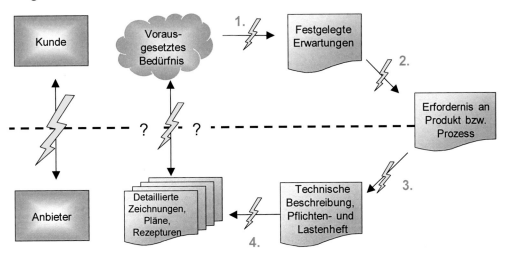

Abb. 18.2.3.1   Ursache der Differenzen zwischen der Vorstellung der Anspruchshalter und der effektiven Beschaffenheit

---

[1]   *Voice of the customer* ist eine konkrete kundenseitige Beschreibung in Worten der Funktionen und Eigenschaften, welche für Güter und Dienstleistungen gewünscht sind. Siehe auch ([APIC16]).

Die auftretenden Differenzen können wie folgt erklärt werden:

1. Vorausgesetzte Bedürfnisse müssen in Worte oder Symbole umgesetzt und damit festgelegt werden, und zwar in der Sprache der Anspruchshalter. Dabei besteht die Gefahr einer ungenauen Übersetzung.

2. Die festgelegten Erwartungen müssen in Vorstellungen oder Erwartungen über die Erfordernisse an das zu entwickelnde Produkt bzw. den zu entwickelnden Prozess umgebrochen werden. Damit ist oft ein Übergang von relativ allgemeinen Qualitätsmerkmalen zu spezifischeren Merkmalen verbunden. Es resultiert eine detaillierte, funktionale Vorstellung oder ein funktionales Modell, immer noch in der Sprache der Anspruchshalter.

3. Die festgehaltenen Vorstellungen oder Modelle über die Erfordernisse an Produkt und Prozess werden in konkrete Qualitätsanforderungen umgesetzt, doch nun in der Sprache des Anbieters. Sie werden schliesslich in Spezifikationen, sog. Pflichten- oder Lastenheften, und damit in eher technischer Beschreibung festgeschrieben.

4. Die technische Beschreibung wird in detaillierte Zeichnungen, Pläne, Rezepturen und Anforderungen umgesetzt. Das ist die eigentliche Entwicklung und Konstruktion von Produkt und Prozess. Die Ergebnisse sind dann mit den ursprünglichen Bedürfnissen der Anspruchshalter zu vergleichen (Validierung).

Eine typische Methode für die Phase der Qualitätsplanung ist QFD, „Quality function deployment".

„*Quality function deployment*" bedeutet etwa *Schrittweise Entwicklung der Qualitätsfunktionen*. Kernpunkt ist dabei das Erstellen von Einflussmatrizen, in welchen die funktionalen Anforderungen der Kunden in technische Parameter oder Merkmale umgesetzt werden.

Hierfür wird das „*House of Quality*" als Korrelationsmatrix zwischen den Qualitätsmerkmalen sowie den Zielgrössen und deren Variationsrichtung eingesetzt. Siehe dazu die Abb. 18.2.3.2.

Die 10 Schritte in der Abb. 18.2.3.2 sind nach [Guin93] die folgenden:

1. Ermittlung der Kundenanforderungen

2. Gewichtung der Kundenanforderungen

3. Leistungsvergleich der Erfüllung der Kundenanforderungen

4. Ableitung der Qualitätsmerkmale

5. Erstellen der Einflussmatrix

6. Abschätzung der Bedeutung der Qualitätsmerkmale

7. Leistungsvergleich der Qualitätsmerkmale

8. Abschätzen des Schwierigkeitsgrades der technischen Realisierbarkeit

9. Festlegen von Zielgrössen

10. Festlegen der Variationsrichtung der Zielgrössen, Prüfen auf Wechselwirkung

---

Der „*First-pass yield*" FPY ist der Prozentsatz an Ergebnissen, die bereits im ersten Prozessdurchlauf korrekt sind und keine Nacharbeit erfordern.

Wird der FPY erhöht, so reduzieren sich die Fehlleistungskosten. Eine Entwicklung ist dann erfolgreich, wenn die Fehlerrate nach der Einführung rasch abnimmt bzw. von Anfang an Null ist (Stichwort *Null-Fehler-Rate*). Da der Entwicklungsprozess an und für sich kreativ ist und fehlerhaft sein kann, muss bei einer Innovation immer mit dem Auftreten von Fehlern gerechnet werden. Gegen eine völlige Fehlerlosigkeit sprechen auch das Bedürfnis nach einer kurzen Entwicklungszeit sowie die Entwicklungskosten. Aus diesen Gründen wird man sich anfänglich mit Fehlern abfinden müssen und Gewicht darauf legen, dass solche nach der Einführung nur während kurzer Zeit auftreten. Dann muss man genügend Kapazität für eine schnelle Revision sowie ein umfassendes Informationssystem bezüglich der Reaktion der ersten Kunden vorsehen.

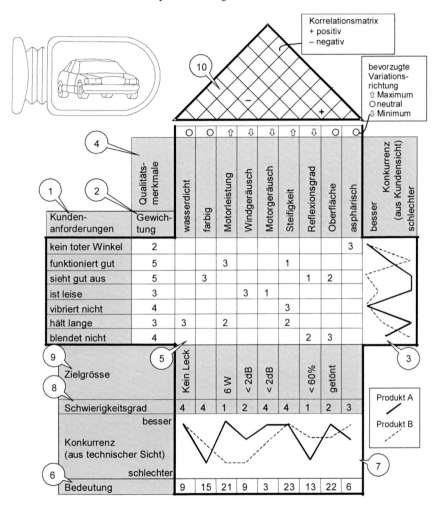

Abb. 18.2.3.2   Quality function deployment: Quality-house-chart und zehn Schritte zur Implementation

Bspw. werden die Qualitätsanforderungen, zusammen mit den ursprünglichen Vorstellungen über die Erfordernisse, in der Qualitätsplanung in ein Kundenangebot umgesetzt, welches die unternehmerische Leistung beschreibt. Diese Beschreibung, oft auch Bestandteil einer vertraglichen Abmachung, kann bereits eine entscheidende Abweichung von den Erwartungen des Kunden bedeuten, so dass allerspätestens hier entschieden werden muss, ob die einzelnen Schritte der Qualitätsplanung erneut zu durchlaufen sind („Non-first-pass yield").

In die „Define"-Phase bzw. die Qualitätsplanung fällt damit die Erfassung der wesentlichen Prozesse. In Six Sigma wird dies mit SIPOC Darstellungen ausgedrückt.

> Unter *SIPOC* versteht man eine Abbildung eines Systems mit Input, Prozess und Output, wobei Lieferanten („Suppliers") und Kunden („Customers") ebenfalls aufgeführt sind.

Siehe Abb. 18.2.3.3. Es handelt sich in dieser Phase um Abbildungen, die den Ist-Zustand aufzeigen. Aus diesen Prozessdarstellungen erarbeitet man im Weiteren die kritischen Elemente.

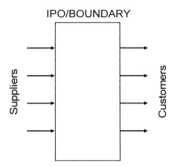

Abb. 18.2.3.3   SIPOC – Diagramm

> Unter *„Critical to Quality" (CTQ)* versteht man ein messbares Merkmal (z.B. in Bezug auf Qualität, Kosten oder Lieferung), ein Prozesselement oder eine Praxis, welches einen grossen und direkten Einfluss auf die vom Kunden wahrgenommene Qualität eines Produkts oder einer Dienstleistung hat. Siehe Abb. 18.2.3.4.

	Product						
	Sub-Product A				Sub-Product B		
	CTQ1	CTQ2	CTQ3	CTQ4	CTQ5	CTQ6	CTQ7
Process 1							
Process 2							
Process 3							
Process 4							
	Important To Our Customer						

ITEMS UNDER OUR CONTROL

Abb. 18.2.3.4   CTQ Matrix

Die CTQ werden i. Allg. in einer Matrix dargestellt, wobei die Produkte, bzw. ihre Teilprodukte mit den zugehörigen kritischen Merkmalen in der Horizontalen aufgetragen werden. In der Vertikale werden diejenigen Prozesse aufgetragen, deren Durchführung diese kritischen Merkmale, Prozesselemente oder Praktiken zur Folge haben können oder eben nicht.

Die Six-Sigma-Methode hinterfragt die abzuliefernden Ergebnisse („Deliverables") laufend:

- Sind voll ausgebildete und motivierte Teams bereit?
- Sind die Kunden identifiziert und die CTQ's definiert?
- Ist das Projektmanagement-Handbuch erstellt?
- Sind die Geschäftsprozesse geeignet abgebildet (z.B. mit SIPOC)?

Jede dieser Fragen wird während der ganzen Phase laufend mit detaillierteren Fragen auf die Vollständigkeit ihrer Behandlung hin geprüft.

18.2.4 Qualitätssteuerung, Teil 1 — „Measure"- und „Analyse"-Phase

> Die *Qualitätssteuerung* umfasst alle „Arbeitstechniken und Tätigkeiten, die zur Erfüllung von Qualitätsanforderungen angewendet werden" [ISO8402].

Damit versucht die Qualitätssteuerung, die Vorgaben aus der Qualitätsplanung in die Realität umzusetzen, d.h. Konformität zu erreichen. Die Arbeitstechniken können sowohl auf die Überwachung eines Prozesses als auch auf die Korrektur oder Beseitigung eines Fehlers ausgerichtet sein. Diese Aufgabe umfasst in der Six-Sigma-Methode mehrere Phasen, nämlich „Measure", „Analyze" und einen Teil der „Improve"-Phase.

In der „Measure"-Phase geht es darum, detailliert festzulegen, wie die Messung der CTQ erfolgen soll. Das entsprechende Messsystem wird daraufhin installiert bzw. ein vorhandenes Messsystem verbessert. Siehe dazu das Kap. 18.1.4. Des Weiteren wird die aktuelle Leistung quantifiziert und das Verbesserungsziel festgelegt (z.B. Erhöhen der Prozessstabilität von 3 Sigma auf 4 Sigma).

Werkzeuge für diese Aufgabe sind die ABC-Klassifikation bzw. das Pareto-Diagramm sowie Stichprobenpläne und die *statistische Prozesskontrolle* zur Feststellung der Prozessfähigkeit und der Prozessleistung.

Die abzuliefernden Ergebnisse („Deliverables") der „Measure"-Phase können demgemäss wie folgt hinterfragt werden:

- Besteht Einigkeit bezüglich der kritischen Merkmale und ist ihre Messbarkeit detailliert beschrieben?
- Ist ein Plan erstellt, welche Daten erfasst werden und welches Messsystem dafür eingesetzt wird? Wurden die Daten erfasst?
- Wurde die aktuelle Variation des Prozesses (der aktuelle Sigma-Wert) berechnet sowie das Verbesserungspotential aufgezeigt?

In der „Analyze"-Phase geht es darum, die Ursachen und Abweichungen und der Fehler zu identifizieren. Hier muss man für einen statistischen Beweis der realen Abweichung sorgen. Daraufhin werden die Verbesserungsziele festgelegt. Man nennt diesen Schritt auch Qualitätsprüfung.

> Unter *Qualitätsprüfung* wird eine Tätigkeit „wie Messen, Untersuchen, Ausmessen bei einem oder mehreren Merkmalen einer Einheit sowie Vergleichen der Ergebnisse mit festgelegten Forderungen, um festzustellen, ob Konformität für jedes Merkmal erzielt ist" [ISO8402] verstanden.

Die Qualitätsprüfung in ihrem ursprünglichen Sinn kommt aus der Produktionstechnik. Als Werkzeuge dienen die Risikoanalyse, z.B. die Fehlermöglichkeits- und Einflussanalyse (FMEA)[2], die statistische Versuchsplanung[3], die Zuverlässigkeitstechnik sowie Hypothesentests, z.B. die Varianzanalyse (ANOVA) und die multiple Varianzanalyse (MANOVA). Weitere Werkzeuge für diese Phase sind Ursachen-Wirkungsdiagramme („Ishikawa"-Diagramme),

---

[2]   Engl. „failure mode and effect analysis"
[3]   Engl. „design of experiment" (DOE)

Histogramme, Qualitätsregelkarten, Korrelationsdiagramme, Checklisten sowie allgemeine graphische Darstellungen wie Zeitreihen, Kuchen-, Balken-, Gantt- oder Netzwerkdiagramme.

Die zu abzuliefernden Ergebnisse („Deliverables") der „Analyze"-Phase können demgemäss wie folgt hinterfragt werden:

- Wurde die Daten- und Prozessanalyse durchgeführt und die Lücke zwischen der aktuellen und der angestrebten Prozessleistung festgelegt?
- Sind die Ursachen der Abweichungen und Fehler gefunden und in gemäss ihrer Wichtigkeit priorisiert worden?
- Wurden die Leistungsdefizite kommuniziert und in finanzielle Grössen umgerechnet (siehe dazu die Opportunitätskosten in Kap. 1.3.1)?

18.2.5 Qualitätssteuerung, Teil 2 — „Improve"-Phase, Teil 1

Den ersten Teil der „Improve"-Phase der Six-Sigma-Methode kann man ebenfalls zur Qualitätssteuerung zählen, und zwar zum kreativsten Teil dieser Aufgabe. Es geht darum, eine Zahl von möglichen Lösungen zu generieren, die den Ursachen der Abweichungen und Fehler entgegen wirken.

Bei der Erstellung von physischen Produkten sind die einzelnen Prozessschritte meistens recht detailliert beschrieben. In den Arbeitsganganweisungen finden sich oft Masse mit Toleranzen, die beim Bearbeiten einzuhalten sind. Ähnliches sollte für Prozesse im Informationsfluss eines Unternehmens gelten, z.B. für die Auftragsbearbeitung. Ebenso sind genaue Beschreibungen der Dienstleistungsprozesse nötig, obwohl es hier wesentlich schwieriger sein mag, Ziele und Abweichungen davon festzulegen.

Für diese kreative Phase gelten die folgenden Prinzipien, die z.B. im Jidoka-Konzept (zur Definition siehe das Kap. 6.1.1) realisiert sind:

- Mögliche Fehler sollen am Ort ihrer Entstehung identifiziert werden, und zwar am frühestmöglichen Punkt. Das kann per menschliches Auge oder mit geeigneten Sensoren erreicht werden.
- Alle beteiligten Komponenten und Einheiten sollen zu 100 % überprüft werden, um eine völlige Fehlerfreiheit sicherzustellen.
- Unmittelbares Eingreifen bei der Entdeckung des Fehlers verhindert weitere Folgefehler. Bei „Jidoka" kann jeder Arbeiter die Linie durch Ziehen einer Leine anhalten, was für alle sichtbar auf „Andon"-Signalsystemen angezeigt wird.
- Prozesse müssen „narrensicher" gemacht werden („Poka-yokero").

„Andon" ist ein visuelles Signal- oder Steuerungssystem. Innerhalb Jidoka meint man damit eine elektronische Anzeigetafel, welche den Zustand der Prozesse in einer Werkstatt anzeigt und Informationen zur Koordination der damit verbundenen Arbeitsplätze gibt. Typische Signale sind grün („ok") / gelb („benötigt Aufmerksamkeit") / rot („Stopp"). Siehe dazu [Toyo98].

Die Abb. 18.2.5.1 zeigt ein Beispiel von nummerierten Andon-Lampen.

Die gelb angezündete Lampe zeigt ein Problem auf Arbeitsplatz 1 an. Dort hat der Arbeiter offenbar die Leine gezogen, um die Linie anzuhalten.

Abb. 18.2.5.1   Andon: Ein visuelles Kontrollsystem in der Werkstatt

> Mit *„Poka-yokero"*, bzw. *störungsfreie Techniken*, möchte man Irrtümer oder Unachtsamkeit (= „poka") vermeiden (= „yokero"). Der Ansatz besteht darin, spezielle Vorrichtungen bereitzustellen, damit die Personen von fehleranfälligen Aufgaben entlastet werden, wie repetitive Überwachung von gleichen Zuständen oder Prüfung von vielen Einzelheiten [Kogy90].

Beispiele von solch einfachen Massnahmen und Vorrichtungen sind:

- Sensoren, die liegen gebliebene oder fehlerhafte Komponenten erkennen und den Prozess stoppen.

- Dornfortsätze an Teilen, die verkehrtes Zusammensetzen vermeiden,

- Konstruktion von Teilen und entsprechenden Aufspannvorrichtungen, die verkehrtes Einspannen vermeiden.

„Poka-yokero" auf Informationsflüsse zu übertragen stellt eine Herausforderung dar. Gerade im Bereich der Auftragsabwicklung sind aber im Falle von IT-Unterstützung durchaus Programme denkbar, welche die Vollständigkeit von Informationen und den richtigen Ablauf von Funktionen überwachen können. In der Tat war es schon immer eine Aufgabe von Computerprogrammen, sämtliche mögliche fehlerhafte Konstellationen von Daten zu erkennen und zu vermeiden. Workflow-Techniken sollen Funktionsabläufe in der richtigen Reihenfolge erzwingen. Wegen der Vielzahl von nicht vorhersehbaren Einflüssen auf informatorische Prozesse dürften solche Techniken jedoch nur bei einfachen und stark repetitiven Abläufen von Hilfe sein.

18.2.6 Qualitätssicherung — „Improve"-Phase, Teil 2

> Die *Qualitätssicherung in ihrem ursprünglichen Sinn* entspricht heute dem Begriff der Qualitätsprüfung (siehe das Kap. 18.2.4).

Die Bedeutung des Begriffs *Qualitätssicherung* hat später – genauso wie diejenige des Begriffs *Qualitätsmanagement* – eine Veränderung durchgemacht, und zwar gemäss Abb. 18.2.6.1.

- Bis 1987 standen die Begriffe *„Quality assurance"* und *Qualitätssicherung* (QS) als Oberbegriff für sämtliche Qualitäts-Aktivitäten.

	Definierter Aspekt	ISO-Bezeichnung	DIN-Bezeichnung
bis 1987	Oberbegriff	quality assurance	Qualitätssicherung
seit 1987	Oberbegriff QMS-Nachweis	quality management quality assurance	Qualitätssicherung Darlegung der Qualitätssicherung
seit 1992	Oberbegriff QMS-Nachweis	quality management quality assurance	Qualitätsmanagement Qualitätssicherung

Abb. 18.2.6.1   Begriffsdefinitionen im Wandel der Zeit (nach [Verb98])

- Seit 1987 (Einführung der Normenreihe ISO 9000) wurde im englischsprachigen Raum der Begriff „Quality management" eingeführt. „Quality assurance" wurde ab dann für den konkreten Nachweis, die „Darlegung der Qualitätssicherung" verwendet.

- 1992 wurde der Oberbegriff „quality management" mit Qualitätsmanagement übersetzt. Der konkrete Nachweis wurde mit „quality assurance" im englischsprachigen und mit „Qualitätssicherung" im deutschsprachigen Raum bezeichnet. Qualitätssicherung versteht sich seither als Nachweis der Vorgehensweise zur Fehlerverhütung, zunächst im Produktionsbereich, später auch in Bereichen wie Produktentwicklung und Verkauf.

> *Qualitätssicherung* kann heute als *aktives* Risikomanagement verstanden werden mit dem Zweck, die Wahrscheinlichkeit von Qualitätsfehlern zu verringern und die Folgen von Fehlern zu vermindern. (Passives Risikomanagement wäre das Versichern bzw. Absichern des Risikos[4].)

Die Qualitätssicherung im heutigen Sinn stellt zunächst im Sinne einer Qualitätsprüfung fest, ob die für die einzelnen Qualitätsmerkmale festgelegten Ziele auch wirklich erreicht werden. Solche prüfenden Massnahmen sind z.B.

- Wareneingangsprüfungen, die sicherstellen, dass die beschaffte Ware fehlerfrei ist,
- Lieferantenbewertungen auf der Basis ihrer Lieferqualität,
- „Design Reviews" im Rahmen des F&E-Prozesses,
- Frühwarnsysteme, die bei neuen Produkten eventuelle Fehler frühzeitig feststellen,
- die Prüfung eines administrativen Ablaufes, insbesondere auf Vollständigkeit der Information und Termintreue.

Analog dazu geht es im zweiten Teil der „Improve"-Phase der Six-Sigma-Methode darum, eine oder mehrere der in der ersten Phase gefundenen Lösungen umzusetzen. In der Folge muss man auch für den statistischen Nachweis sorgen, dass sie die gewünschten Ergebnisse liefern.

In der Phase der Qualitätssicherung bzw. „Improve"-Phase stehen alle Werkzeuge der Qualitätssteuerung (siehe Kap. 18.2.4) zur Verfügung. Geht es um Qualitätsprüfung von Organisationen, oder auch um komplexe Abläufe – insbesondere ganze Geschäftsprozesse – dann stehen Bewertungsverfahren in Form von Assessments im Vordergrund. So werden Assessments nicht zuletzt auch für die Bewertung des Qualitätsführungssystems eingesetzt. Sie werden im Zusammenhang mit den TQM-Modellen im Kap. 18.3 behandelt.

---

[4]   *Risiko* wird dabei als Wagnis, als Gefahr oder als Verlustmöglichkeit bei einer unsicheren Unternehmung definiert, und zwar als Produkt der Eintrittswahrscheinlichkeit eines Ereignisses mal dem wahrscheinlichen Ausmass der Wirkung, d.h. der Abweichung in Bezug auf ein Ziel.

Wie für jede Art von Organisation darf es auch bei der Qualitätssicherung nicht einfach um einen Kontrollmechanismus gehen, sondern vielmehr darum, Menschen geeignet zu befähigen und zu motivieren, fehlerfreie Produkte und Prozesse abzuliefern. Meistens steht heute die Selbstprüfung im Vordergrund. Um die wertschöpfenden Prozesse nicht ungebührlich zu bremsen, sollen Qualitätsaufgaben also möglichst von derselben Person durchgeführt werden, welche auch für die operationelle Wertschöpfung selber zuständig ist. Dazu müssen die betreffenden Personen qualifiziert werden, indem sie mit entsprechenden Qualitätstechniken vertraut gemacht werden.

Die Selbstprüfung wird ergänzt z.B. durch geeignete Prüfungen durch Dritte (durch Vorgesetzte, andere interne Stellen oder sogar externe Stellen). Die Aufgabe einer firmenweiten Stelle für Qualität ist es dann, die an der Leistungserstellung beteiligten Personen hinsichtlich der zu wählenden Qualitätssicherungswerkzeuge zu beraten bzw. in schwierigen Fällen den Prozess der Qualitätssicherung beratend bzw. koordinierend zu begleiten.

Die zu abzuliefernden Ergebnisse („Deliverables") des der „Improve"-Phase können demgemäss wie folgt hinterfragt werden:

- Sind im ersten Teil der Phase genügend Lösungen generiert worden?
- Wurden diese Lösungen geprüft, und wurde die beste Lösung aufgrund von solchen Prüfungen ausgewählt?
- Wurden für die gewählte Lösung die Soll-Prozesse und die Kosten-Nutzen-Analyse erstellt?
- Wurde ein Einführungsplan für die gewählte Lösung erstellt?

18.2.7 Qualitätsaktivierung — „Control"-Phase

> Unter *Qualitätsaktivierung* versteht man die Aktivierung der Qualitätsverbesserung.

Damit ist gemeint, dass die ausgeführten Veränderungen abschliessend bewertet werden. Die während der Qualitätssicherungsphase gewonnenen Erkenntnisse müssen mit den Zielen aus der Planung abgeglichen werden. Anschliessend kann man entscheiden, ob die Veränderung gut war und deswegen so weitergeführt oder sogar auf andere Tätigkeiten, Produkte oder Verfahren ausgeweitet werden sollte, oder welche Verbesserungen noch vorher vorgenommen werden müssen. Allenfalls kann es auch bedeuten, dass man so weiter macht wie bisher, ohne die Veränderung umzusetzen bzw. als neuen Standard einzuführen. Weiterhin gilt es die Erkenntnisse zu verbreiten, um für einen eventuell folgenden Durchlauf des Deming-Kreises ein höheres Niveau zu erreichen und somit eine Verbesserung a priori zu erzielen.

Analog dazu geht es in der „Control"-Phase der Six-Sigma-Methode darum, die Ergebnisse in den täglichen Abläufen zu verhaften und in der Organisation zu verbreiten. Zusätzlich fordert jedoch Six Sigma, Massnahmen festzulegen, um die verbesserte Leistung der Prozesse in der Zukunft beizubehalten. Gefordert ist auch hier ein statistischer Beweis.

Zu den Darstellungswerkzeugen aus den Kap. 18.2.3 bis 18.2.6 kommen Affinitätsdiagramme (Haufenbildung ähnlicher Ideen bei Brainstormings oder Moderation), Abhängigkeitsdiagramme (wie „Mind Mapping"), Matrixdiagramme, Entscheidungsbäume, Entscheidungstabellen, Netzpläne, sowie Flussdiagramme („flow charts") irgendwelcher Art, z.B. „Process Decision Program Charts" (PDPC). Siehe dazu auch [Mizu88]. Solche Werkzeuge und Methoden sind von genereller Natur, d.h. in anderen Führungssystemen ebenfalls verwendbar.

Die zu abzuliefernden Ergebnisse („Deliverables") des der „Control"-Phase können demgemäss wie folgt hinterfragt werden:

- Gibt es einen dokumentierten und umgesetzten Überwachungsplan?

- Wurden die neuen Prozessschritte, Massstäbe und Dokumentationen in die normalen Abläufe integriert?

- Wurde das Wissen um die neuen Abläufe dokumentiert und in der Organisation verbreitet worden?

- Sind die Verantwortlichkeiten festgelegt, verstanden und in der Organisation verbreitet worden?

- Wurde die Eignerschaft und das Wissen an den Prozess-Eigner und sein Team übertragen und das Projekt offiziell abgeschlossen?

18.2.8 Projektmanagement, kontinuierliche Verbesserung und Reengineering

Als verantwortlich für Projekte im Qualitätsmanagement kann man das ganze am Prozess beteiligte „Prozess-Team" erklären. Die Definition eines so genannten „Prozess-Eigners" als Koordinator ist dabei von Vorteil. Gegenüber einzelnen Spezialisten sind gut eingespielte Teams von Personen im Vorteil. Allgemein gilt die Beobachtung, dass Fehler gerade dann entstehen, wenn der Prozess mit Schnittstellen versehen ist, bei welchen der Prozess von einer Person an eine unabhängig von ihr agierende andere Person übergeht. Auch bei genauester Beschreibung dieser Schnittstelle treten erfahrungsgemäss Fehler auf, allein schon aufgrund der subjektiv gewollten Abgrenzung der beiden Personen aus je unabhängigen organisatorischen Einheiten.

Die Six-Sigma-Exponenten erkannten früh, dass für ein erfolgreiches Projektmanagement von Verbesserungen der Qualität die eingesetzten Personen geschult und mit einem besonderen Zertifikat ausgezeichnet werden sollten. Die Begriffe für die verschiedenen Niveaus der Auszeichnung weisen auf den japanischen Ursprung hin: *Green belt*, *Black belt*, *Master black belt*. Die Zertifizierung der ersten Black belts anfangs der 1990er Jahre kennzeichneten den Beginn der Formalisierung hin zu einer akkreditierten Ausbildung in den Methoden des Six Sigma.

Da sich der Deming-Kreis in Europa lange nicht als vorteilhafte Methode durchsetzen konnte, wurde nach einem Begriff gesucht, welcher das Verständnis für den Deming-Kreis als dauerhafte Aufgabe ausdrücken sollte. Hierfür wurde der Begriff des KVP geprägt.

Ein *Kontinuierlicher Verbesserungsprozess* (KVP), oder einfach eine *kontinuierliche Verbesserung*, ist eine nie aufhörende Anstrengung, eine Kultur, in welcher das Verbessern – meistens in kleinen Schritten – zum Leitprinzip wird: Der Weg ist das Ziel!

Mit der Einführung des KVP wurde aus dem mehr statisch verstandenen Deming-Kreis eine dynamische Schraube. Das grösste Potential kann aber letztlich nur durch Beeinflussung des Verhaltens von mitarbeitenden Personen freigesetzt werden. Organisatorische Vorkehrungen können dieses Verhalten fördern: das betriebliche Vorschlagswesen, Qualitätszirkel, periodische Ziel- und Massnahmenplanung, Kampagnen usw. Jedoch ist die Umsetzung des Konzeptes des KVP und der damit verbundenen Kultur sehr schwierig.

Da die Bedürfnisse der Kunden sich früher oder später ändern, müssen Produkte und Prozesse in der Zeitachse verändert werden. Jede Veränderung birgt jedoch das Risiko von Fehlern in sich.

Während also Qualitätssteuerung und Qualitätssicherung die Stabilität im Unternehmen fördern, sind sie a priori veränderungs- und damit auch verbesserungsfeindlich. Der Kompromiss mag dahin gehen, mit kontinuierlichen kleinen Veränderungen die Leistung dauernd zu verbessern, ohne ein zu grosses Risiko eingehen zu müssen. Die Japaner gebrauchen dafür den Begriff *Kaizen* [Imai94]. Kaizen postuliert, dass nicht ein bestimmtes Niveau an Qualität zu erreichen ist, sondern vielmehr ein bestimmter kontinuierlicher Verbesserungsgrad der Qualität.

Kontinuierliche Verbesserung als Gesamtes ist eine laufende Aufgabe und hat keinen Projektcharakter. Die einzelnen Verbesserungsmassnahmen als solche hingegen werden meistens in Form von Projekten abgewickelt. Ein solches Projekt kann z.B. versuchen,

- den Kundennutzen zu erhöhen. Der Mehraufwand muss entweder durch höhere Preise oder durch niedrigere Kosten gedeckt werden können. Höhere Preise lassen sich meistens nur realisieren, wenn die Kundenzufriedenheit auch dauerhaft verbessert werden kann.

- die Fehlerrate zu reduzieren. Der Aufwand des Projektes und die damit verbundenen Investitionen müssen dann durch laufende Kosteneinsparungen aufgrund von weniger Fehlern abgedeckt werden können.

Im Gegensatz zum KVP wird bei der Neuentwicklung Innovation in grossem Stil betrieben.

Reengineering bedeutet, die Möglichkeiten eines Unternehmens zur Gestaltung von Produkten und Prozessen grundsätzlich zu überdenken.

Geschäftsprozess-Reengineering (engl. „business process reengineering") meint eine Verbesserung in grossen Schritten, durch einen fundamentalen Neuentwurf der Geschäftsprozesse.

Die Verbesserung in grossen Schritten ist die Aufgabe der Qualitätsplanung im ersten Durchlauf des entsprechenden Deming-Kreises. Im Laufe des Weiteren Produkt- und Prozesslebenszyklus sorgen kontinuierlich kleinere Massnahmen zur Verbesserung der Leistung der Organisation.

18.3 Qualitätsmanagementsysteme

Während der Begriff *Qualität* in Amerika und Europa lange Zeit als Qualitätssicherung in der Produktion verstanden wurde, konnte sich in Japan in den 1950er Jahren ein managementorientierter Qualitätsbegriff durchsetzen. Er wurde von W. E. Deming und J. M. Juran entwickelt.

Umfassendes Qualitätsmanagement (engl. „*Total Quality Management*", *TQM*) ist eine „auf die Mitwirkung aller Mitglieder beruhende Führungsmethode einer Organisation, die Qualität in den Mittelpunkt stellt und durch Zufriedenstellung der Kunden auf langfristigen Geschäftserfolg sowie auf Nutzen für die Mitglieder der Organisation und für die Gesellschaft zielt" [ISO8402].

Auch für Six Sigma gibt es das entsprechende managementorientierte Verständnis. So lernte Motorola früh, dass die disziplinierte Anwendung der Metrik und der Verbesserungsmethodik alleine nicht genügte, um grosse Durchbrüche und dauerhafte Verbesserungen zu erreichen.

Unter *Six Sigma als Managementsystem* versteht man ein Rahmenwerk, um Ressourcen prioritär den Projekten zuzuweisen, die die Geschäftsergebnisse schnell und dauerhaft verbessern.

Dabei setzt man Metrik und Verbesserungsmethodik ein, um die Probleme in Verbindung mit der Unternehmensstrategie in der richtigen Reihenfolge anzugehen. Die Ergebnisse sollten sich so auf allen Stufen des Unternehmens und schliesslich auch im Ergebnis des Unternehmens zeigen. 1989 gewann Motorola den „Malcolm Baldrige National Quality Award".

18.3.1 Standards und Normen für Qualitätsmanagement: ISO 9000:2015

Die *Normenreihe ISO 9000:2015* präsentiert sich gemäss Abb. 18.3.1.1.

ISO 9000:2015	QM-Systeme – Grundlagen und Begriffe
ISO 9001:2015	QM-Systeme – Anforderungen (= Zertifizierungsgrundlage)
ISO 9004:2009	QM-Systeme – nachhaltiger Erfolg einer Organisation
ISO 19011:2018	Leitfaden zur Auditierung von QM-Systemen
ISO 10005:2018	Leitfaden für Qualitätsmanagementpläne
ISO 10006:2017	Leitfaden für Qualitätsmanagement in Projekten
ISO 10007:2017	Leitfaden für Konfigurationsmanagement
ISO 10012:2003	Messmanagementsysteme: Anforderungen an Messprozesse und Messmittel
ISO 10013:2001	Leitfaden für die Erstellung von QM-Handbüchern
ISO 10014:2006	Leitfaden zur Erzielung finanziellen und wirtschaftlichen Nutzens
ISO 10015:1999	Leitfaden für Schulung
ISO 10017:2003	Leitfaden für die Anwendung von statistischen Verfahren
ISO 10019:2005	Leitfaden für die Auswahl von Beratern zum QM-System

Abb. 18.3.1.1   Die Normen der Normenreihe DIN ISO 9000:2015 (ohne ISO 10001 bis 10004)

Grosse Aufmerksamkeit wird der Fähigkeit zur Erfüllung der Anforderungen verschiedener Anspruchshalter, wie z.B. Kunden und Mitarbeiter und Kapitalgeber, sowie zur kontinuierlichen Verbesserung geschenkt. Auf Ende 2015 ist eine grössere Revision vorgesehen.

Für die Ableitung eines Qualitätsmanagementsystems existieren heutzutage zwei Strategien, die auch als Paradigmen empfunden werden können:

- Das *Erfüllungsparadigma* führt zu Systemen, die eine festgelegte Anzahl an qualitäts- sichernden Standards bzw. Regeln oder Massnahmen enthalten. Mit einer Zertifizierung durch einen unparteiischen Dritten, soll unter Geschäftspartnern das gegenseitige Vertrauen für eine geforderte Qualität der Produkte oder Dienstleistungen sichergestellt werden. Sämtliche Organisationen, die ein bestimmtes Niveau an Qualität erreichen, erhalten das Zertifikat. ISO 9000:2015 ist ein solches Qualitätsmanagementsystem.

- Das *Optimierungsparadigma* führt zu umfassenden Konzepten, durch welche Spitzen- leistungen bei der Qualität erreicht werden sollen. Unabhängige Gesellschaften bewerten, inwieweit Qualität als entscheidender Faktor für alle Tätigkeiten einer Organisation erkannt ist und im Mittelpunkt der Geschäftstätigkeit steht. Ein „Quality Award" (QA), d.h. eine Auszeichnung mit einem Preis, wird nur den besten Organisationen gegeben. Entsprechende Qualitätsmanagementsysteme werden im Kap. 18.3.2. vorgestellt.

Ein Preis hat den Vorteil, dass sich der mit ihm verbundene Anspruch in dem Masse nach oben bewegt, wie die Organisationen sich verbessern. Ein Preis zieht „Best Practices" nach sich und nicht einfach nur ein genügendes Niveau. Er verkörpert einen kontinuierlichen Verbesserungs- gedanken (Optimierung bezüglich Zielen), während ein Zertifikat nach einer Norm „nur" zum Erreichen eines bestimmten Niveaus führt (Erfüllung von Anforderungen).

Die dauerhafte Verbesserung der Unternehmensleistung ist eine Frage der Unternehmenskultur, und somit des Verhaltens des Individuums, der einzelnen organisatorischen Gruppierungen, aber auch der Organisation als Ganzes. Die als wünschbar erachtete Kultur und das entsprechende Verhalten werden i. Allg. in einer Strategie oder Politik niedergelegt. Die strategische Führung baut dann entsprechende Führungssysteme auf („Structure follows strategy"), z.B. ein Qualitätsführungssystem. Solche Führungssysteme sind dazu gedacht, das Individuum zu beeinflussen und so das wünschbare Verhalten zu erreichen („Culture follows structure").

18.3.2 Modelle und Auszeichnungen für Umfassendes Qualitätsmanagement

In den 1950er Jahren wurde zusammen mit der Entwicklung des management-orientierten Qualitätsbegriffs ein Anreiz für die japanischen Unternehmungen geschaffen, ihre Qualitätsanstrengungen weiterzuentwickeln. Ein Zusammenschluss aus japanischen Wissenschaftlern und Ingenieuren gründete einen nationalen Wettbewerb, an welchem jährlich (zum ersten Mal im September 1951 in Osaka) der Deming Preis verliehen wird. Siehe dazu www.deming.org.

Der *Deming-Preis* enthält u.a. die in Abb. 18.3.2.1 beschriebenen Bewertungselemente.

- Understanding and enthusiasm
- Policies
- Organization and operation
- Information
- Standardization
- Human resources development and utilization
- Quality assurance activities
- Maintenance and control activities
- Improvement activities
- Implementation and evaluation
- Social responsibilities
- Effects
- Future plans

Abb. 18.3.2.1   Bewertungselemente des Deming-Preises

Die Reaktion der amerikanischen Politik, Wissenschaft und Wirtschaft auf die immer stärker werdende japanische Konkurrenz erfolgte in Form von verschiedenen Initiativen und Vereinigungen unter massgeblicher Beteiligung des amerikanischen Handelsministers Malcolm Baldrige. Daraus resultierte die Gesetzesvorlage „National Quality Improvement Act of 1987". Hierin wurde eine nationale Qualitätsauszeichnung festgeschrieben, welche durch den *Malcolm Baldrige National Quality Award* (MBNQA) realisiert wurde. Vgl. dazu [Verb98], [Zink94], sowie auch www.nist.gov/baldrige. Das MBNQA-Bewertungsmodell gibt den Unternehmen eine gute Möglichkeit, den eigenen Stand bezüglich Qualitätsmanagement zu bestimmen.

Der *Malcolm Baldrige National Quality Award* (MBNQA) umfasst die in Abb. 18.3.2.2 beschriebenen Bewertungselemente.

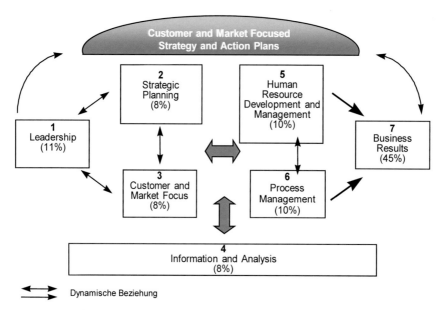

Abb. 18.3.2.2   Der Aufbau des Malcolm Baldrige National Quality Award (in Anlehnung an [NIST06])

Die europäische Reaktion auf diese Herausforderung ist die *„European Foundation for Quality Management"* (*EFQM*). Ihre Gründung erfolgte 1988 in Brüssel. Die Verleihung des *„EFQM Excellence Award"* (früherer „European Quality Award" (EQA)) ist eine der zentralen Aktivitäten der EFQM. Der erstmals 1992 vergebene EFQM Excellence Award ist eine Auszeichnung für die Fähigkeit eines Unternehmens, herausragende Qualität und umfassende Kundenzufriedenheit zu realisieren. Siehe dazu auch www.efqm.org.

Das *EFQM Excellence Modell* bzw. *EFQM Excellence Award* umfasst die in Abb. 18.3.2.3 beschriebenen Bewertungselemente.

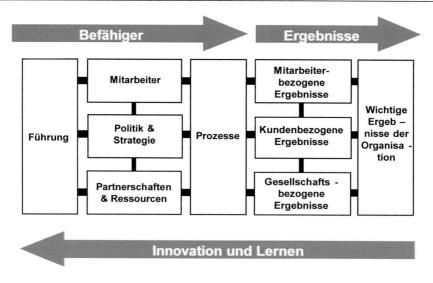

Abb. 18.3.2.3   Das EFQM Excellence Modell (in Anlehnung an www.efqm.org)

Basierend auf diesem Modell werden gute Führungsqualitäten als Voraussetzung für Kundenzufriedenheit, Mitarbeiterzufriedenheit und eine positive Auswirkung auf die Gesellschaft angesehen. Zu diesem Zweck muss die jeweilige Organisation eine qualitätsbewusste Politik und Strategie entwickeln, die Ressourcen effizient ausnutzen und eine mitarbeiterorientierte Vorgehensweise wählen. Nur so sind, unter Berücksichtigung aller Prozesse, dauerhaft gute Geschäftsergebnisse zu erzielen.

18.3.3 Audits und Verfahren zur Beurteilung der Qualität von Organisationen

Der aus dem Englischen stammende Begriff *Assessment* bedeutet Einschätzung oder Beurteilung. Ein *Audit* ist gemäss [DuFr15] eine Überprüfung. I. Allg. wird darunter ein Assessment verstanden, das nach wohldefinierten Kriterien und Regeln von Drittpersonen durchgeführt wird.

Ein *Qualitätsaudit* ist gemäss ISO 8402 [ISO8402] „eine systematische und unabhängige Untersuchung um festzustellen, ob die qualitätsbezogenen Tätigkeiten und damit zusammenhängende Ergebnisse den geplanten Anordnungen entsprechen, und ob diese Anordnungen tatsächlich verwirklicht und geeignet sind, die gestellten Ziele zu erreichen."

Privatpersonen und auch Organisationen sind es gewohnt, in wohl allen Bereichen des Lebens periodisch Standortbestimmungen vorzunehmen, Potentiale und Ziele zur Verbesserung abzuleiten und das Erreichen dieser Vorgaben zu überprüfen.

Für die Durchführung der Beurteilung ist einerseits ein externes Verfahren im Sinne eines Audits und andererseits eine *Selbsteinschätzung* (engl. *„Self-Assessment"*) möglich. Vorteile der Selbstbewertung sind eine hohe Identifikation, ein hoher Lerneffekt und eine erhebliche Selbstmotivation. Der Nachteil kann darin bestehen, dass die Beurteilenden, insbesondere wenn sie wenig Erfahrung mit Assessments haben, zu Fehleinschätzungen neigen und auch bewusst Verdrehungen vornehmen. Auch bei einem externen Audit führt jedoch die Subjektivität der Personen zu grundsätzlichen Nachteilen, sowohl von denen, welche die Messkriterien aufstellen, als auch von denen, welche die Bewertung nach diesen Kriterien vornehmen. So scheint die Kultur der Beurteilenden der wohl grösste Einflussfaktor auf den Assessment-Prozess zu sein.

Als Möglichkeit für formalere Assessments bieten sich drei Arten von Audits an (Details zu Verfahren können [Pira97] entnommen werden):

- Beim *unternehmensinternen Audit* oder *„First-party-Audit"*) analysieren qualifizierte Auditoren die einzelnen Unternehmensbereiche. Die Auditoren sind dabei Personen, die in anderen Bereichen als den zu beurteilenden tätig sind.

- Ein *„Second-party-Audit"* wird von Kunden durchgeführt, die ihre Lieferanten beurteilen. Klassisch interessierten sich die Kunden für Details in der Produkt- und Prozessgestaltung. Ist beim Lieferanten ein Qualitätsführungssystem vorhanden, so kann sich diese Art Audit auf die Beurteilung ebendieses Systems beschränken.

- Ein *„Third-party-Audit"* wird von spezialisierten externen Organisationen durchgeführt. Eine solche Art Audit kann z.B. im Zusammenhang mit der Vergabe eines Preises erfolgen, führt aber i. Allg. nicht zu dauerhaften Verbesserungen. Vielmehr sollten firmeninterne Mitarbeitende für die Assessment-Aufgabe geschult werden. Externe Stellen können dann z.B. als methodische Berater bei firmeninternen Audits dabei sein.

18.3.4 „Benchmarking"

> „*Benchmarking*" meint „die Suche nach besten Praktiken, die zu überlegener Leistung führen".

Vergleichen sich Firmen ganz unterschiedlicher Branchen und Grössen auf der Ebene der Gesamtführung, so werden sie feststellen, dass sie auf unterschiedlichen Gebieten Stärken aufweisen. Ein Unternehmen kann dadurch Aufschluss erhalten, wie anders gelagerte Firmen Verbesserungsstrategien aufgebaut haben. Das kann zu Ideen führen, wie solche Praktiken branchen- und firmenangepasst auf das eigene Geschehen übertragen werden können. Gleichwohl ist die Wirkung eines zu breit angelegten „Benchmarking" begrenzt.

Ebenso wichtig sind deshalb Vergleiche mit Firmen in der eigenen Branche. Sobald vergleichbare Prozesse, Produkte oder Organisationseinheiten vorliegen, kann man Kriterien und Messgrössen aufstellen, die in den Vergleich einbezogen werden sollen. „Benchmarking" erstreckt sich dann auf irgendeinen Aspekt der Firma, der eine „Best Practice" darstellt. Sind die „Benchmarking"-Partner und die zu vergleichenden Objekte festgelegt, so kann man untersuchen, wie die Referenzpartner ihre überlegene Leistung erzielen. Welches sind ihre Schlüsselprozesse? Welches ist die dahinterstehende Unternehmenskultur? Von den Antworten abgeleitet lassen sich Ziele für das eigene Unternehmen formulieren. Zur Umsetzung siehe z.B. [Camp94].

Hier liegt auch die Grenze des „Benchmarking" von Konkurrenten innerhalb derselben Branche. Direkte Konkurrenten werden wohl kaum bereit sein, ihre Geheimnisse nach aussen preis zu geben. Die Informationen über „Best practices" von Konkurrenten sind damit wohl am ehesten über Drittpersonen einzuholen. Eine direkte Zusammenarbeit im „Benchmarking" zwischen Konkurrenten macht nur dann einen Sinn, wenn für beide Partner eine „Win-Win"-Situation besteht. Eine solche mag bestehen, wenn sonst konkurrierende Anbieter eines geografischen Gebietes sich gegenüber solchen eines anderen Gebietes behaupten wollen.

Die Tendenz geht deshalb eher dahin, Gruppen von Firmen zu bilden, die auf dem Markt nicht als Konkurrenten auftreten, aber doch vergleichbare Prozesse, Firmenstrukturen sowie Anspruchshalter aufweisen. Beim „*funktionalen Benchmarking*" werden einzelne Funktionen bzw. Prozesse verglichen. Dabei kann ein ziemlich weites Spektrum von Firmen untersucht werden. Als Beispiel könnten die Firmen Funktionen im Operations oder Supply chain management miteinander vergleichen. Beim „*generischen Benchmarking*" sind nicht nur einzelne Funktionen, sondern ganze Geschäftsprozesse vergleichbar, z.B. der F&E-Prozess. Die Auswahl vergleichbarer Unternehmen wird dabei natürlich kleiner.

18.4   Zusammenfassung

Qualitätsmanagement fasst Denkweisen, Methoden, Werkzeugen, Verfahren und Techniken zusammen, die dazu beitragen sollen, die Leistung eines Unternehmens zu verbessern. Qualität im Unternehmen kann sich auf seine Prozesse oder seine Produkte. Organisationsqualität muss sich nach den verschiedenen Anspruchshaltern (engl. „stakeholder") des Unternehmens ausrichten. Einfach messbare Grössen können den Nachteil haben, dass nicht klar ist, wie es genau zu gewissen Messwerten kommt (z.B. bei menschlichem Empfinden), und somit auch nicht deutlich wird, welche Massnahmen nun notwendig sind. Umgekehrt kann man Messgrössen ausgehend von möglichen Massnahmen festlegen. Ihre Messung kann aber mit einem zu grossen oder nicht absehbaren Messaufwand verbunden sein.

Der Deming-Kreis bzw. der „Shewhart cycle" fasst die Aufgaben des Qualitätsmanagements zusammen, nämlich Qualitätsplanung, -umsetzung, -sicherung und -aktivierung („plan, do, check, act"). Bekannt ist auch die Six-Sigma-Methode, Sie ist in Phasen unterteilt ist, die insgesamt den Aufgaben des Deming-Kreises entsprechen. Für jede Aufgabe gibt es eine Menge von Werkzeugen. Dazu gehören das „house of quality" in der Qualitätsplanung oder „poka-yokero" in der Qualitätssteuerung. Für die Qualitätssicherung stehen neben den statistischen Methoden eine Fülle von Darstellungswerkzeugen zur Verfügung. Solche Werkzeuge können ebenfalls in der Qualitätsaktivierung zum Einsatz kommen. Das wiederholte Durchlaufen des Deming-Kreises bzw. das wiederholte Durchführen von Six-Sigma-Projekten führt zum kontinuierlichen Verbesserungsprozess (KVP). Dieser wird jedoch bei Innovationen in grossem Stil, z.B. bei der Neuentwicklung von Produkten, durchbrochen und muss frisch aufgesetzt werden.

Umfassendes Qualitätsmanagement (engl. „Total Quality Management", TQM) steht für einen führungsorientierten Qualitätsbegriff. Bei Führungssystemen, welche dem Erfüllungsparadigma folgen, erhalten sämtliche Organisationen, die ein bestimmtes Niveau an Qualität erreichen, ein Zertifikat. Die Normenreihe ISO 9000:2015 zählt dazu. Bei Führungssystemen, welche dem Optimierungsparadigma folgen, wird an die besten Organisationen ein Preis vergeben. Die verschiedenen Preise wie der Deming-Preis, der „Malcolm Baldrige National Quality Award" (MBNQA), der „EFQM-Excellence Award" zählen dazu. Im Vergleich hat ein Preis den Vorteil, dass er „Best Practices" fördert, die in wenigen Organisationen vorkommen, während ein Zertifikat auf ein genügendes Niveau hinweist, dafür bei vielen Organisationen. Zum Feststellen des Stands eines Unternehmens im Qualitätsmanagement gibt es verschiedene Assessment-Verfahren. Im Vordergrund steht dabei das Self-Assessment. Mit „Benchmarking" vergleichen sich Firmen untereinander in der Suche nach „Best Practices".

18.5 Schlüsselbegriffe

18.6   Literaturhinweise

Camp94   Camp, R.C., „Benchmarking", Hanser Verlag, München, 1994

Defe16   Defeo, J.A., „Juran's Quality Handbook — The Complete Guide to Performance Excellence", 7th Edition, McGraw Hill, New York, 2016

Demi00   Deming, W.E., „Out of the Crisis", Center for Advanced Engineering Study, MIT, Cambridge Mass., Press edition 2000

DuFr15   Duden 05, „Das Fremdwörterbuch", 11. Auflage, Bibliographisches Institut, Mannheim, 2015

GrJu00   Gryna, F.M., Juran, J.M., „Quality Planning and Analysis: From Product Development through Use", 4th Edition, McGraw Hill, New York, 2000

Guin93   Guinta, L.R., Praizler, N.C., „The QFD Book - The Team Approach to Solving Problems and Satisfying Customers Through Quality Function Deployment", American Management Association, New York, 1993

Imai94   Imai, M., „Kaizen, The Key to Japan's Competitive Success", Random House, New York, 1994

ISO8402   International Organization for Standardization, „ISO 8402:1994: Quality management and quality assurance; Vocabulary", 1994

Kogy90   Kogyo, N., „Poka-Yoke", Productivity Press, Cambridge Mass., 1990

Mizu88   Mizuno, S., „Management for Quality Improvement: the 7 new QC Tools", Quality Press, Milwaukee, 1988

NIST06   National Institute of Standards and Technology, „Malcolm Baldrige National Quality Award: 2006 Criteria for Performance Excellence", ASQC Customer Service Department, Milwaukee, WI., 2006

PfSm14   Pfeifer, T., Schmitt, R. (Hrsg.), „Masing Handbuch Qualitätsmanagement", 6. Auflage, Carl Hanser Verlag, München Wien, 2014

PfSm15   Pfeifer, T. Schmitt, R., „Qualitätsmanagement: Strategien, Methoden, Techniken", 5. Auflage, Carl Hanser Verlag, München Wien, 2015

Pira97   Pira, A., „A Self-Assessment Approach for Implementing Total Quality Management (TQM) in Hospitals", Proceedings of the 9th Quest for Quality & Productivity in Health Services Conference, St. Louis, September 1997.

Shew03   Shewhart, W. A., „Statistical Method from the Viewpoint of Quality Control", Graduate School, Department of Agriculture, Washington, 2003

Toyo98   „The Toyota Production System", Toyota Motor Corporation, Public Affairs Divison, Toyota City, Japan, 1998

Verb98   Verbeck, A., „TQM versus QM - Wie Unternehmen sich richtig entscheiden", vdf Hochschulverlag AG an der ETH Zürich, 1998

Zink94   Zink, K.J., „Business Excellence durch TQM - Erfahrungen europäischer Unternehmen", Carl Hanser Verlag, München, 1994

19 Systems Engineering und Projektmanagement

Ein *System* ist gemäss [DuFr15] eine Menge von Elementen, zwischen denen bestimmte Beziehungen bestehen oder die nach bestimmten Regeln zu verwenden sind.

Der Duden gibt noch weitere Bedeutungen an, die alle um das „Zusammenstellen" kreisen. Im engeren Sinn beschreibt ein System komplexe Phänomene in der Realität, z.B. das Sonnensystem oder das Periodensystem der chemischen Elemente. Aber auch abstrakte Phänomene kann man als Systeme beschreiben, z.B.:

- Zahlensysteme, Gleichungssysteme usw. in der Mathematik
- Theorien und Modelle
- elektrische, pneumatische und hydraulische Systeme
- gesellschaftliche Systeme
- die Organisation eines Unternehmens oder der Volkswirtschaft

Ein *Unternehmen* wird in der Folge *als soziotechnisches System* verstanden: Die Elemente selbst, d.h. die Menschen (im Fokus des *sozialen* Teilsystems), die Produktionsmaschinen, die Materialien usw. (im Fokus des *technischen* Teilsystems), sowie ihre Beziehungen sowohl im System als auch mit den Umsystemen sind komplexer Natur. Teile eines Unternehmens, z.B. die Produktion, können wieder als System verstanden werden.

Die Systemtheorie beschäftigt sich mit allgemeinen Eigenschaften von Systemen. So ist z.B. ein *dynamisches System* ein System mit Interaktionen zwischen den Elementen der Systeme. Ein *offenes dynamisches System* beschreibt ein System, dessen Elemente auch Beziehungen zu anderen Elementen in der Systemaussenwelt haben (im Gegensatz zu einem geschlossenen System). Überlegungen der generellen Systemtheorie kann man auf die spezielle betriebliche Systemtheorie übertragen. So ist z.B. die Produktion in einem industriellen Unternehmen typischerweise ein offenes dynamisches System. Die Interaktionen werden gebildet durch den Güter-, Daten- und Informationsfluss. Siehe dazu auch [Züst04] oder [HaWe18].

In Analogie zum Lebenszyklus eines Produkts spricht man auch beim System „Unternehmen" oder dessen Teilsystemen von einem Lebenszyklus. Wie ist dieser Systemlebenszyklus zusammengesetzt? Welches sind die verwendeten Problemlösungstechniken? Davon handelt das Teilkapitel über das Systems Engineering.

Systems Engineering (SE) ist gemäss [HaWe18] eine Methode, basierend auf einigen Denkmodellen und Vorgehensprinzipien, zur zweckdienlichen und effizienten Realisierung von komplexen Systemen, wozu ausdrücklich auch Systeme in Unternehmen zählen.

Systems Engineering ist damit eine *systemische* Methode zur Realisierung von Systemen.

Ein *Projekt* ist gemäss [DuHe14] ein Entwurf, Plan oder Vorhaben (aus lat. projectum, „das nach vorn Geworfene"). Für den Gebrauch in der Praxis definiert [PMBOKD] ein Projekt als ein zeitlich begrenztes Vorhaben zur Schaffung eines einmaligen Produkts oder einer Dienstleistung. Gemäss [APIC16] ist ein Projekt ein Vorhaben mit einem bestimmten Ziel, welches innerhalb

© Springer-Verlag GmbH Deutschland, ein Teil von Springer Nature 2020
P. Schönsleben, *Integrales Logistikmanagement*,
https://doi.org/10.1007/978-3-662-60673-5_20

einer vorgeschriebenen Zeit und mit beschränkten Mitteln erreicht werden muss, und welches zur detaillierten Definition oder Ausführung in Auftrag gegeben wurde.

Im Unterschied zu Arbeitsabläufen bzw. Prozessen im Unternehmen, die wiederkehrend sind und für den „normalen" Geschäftsbetrieb sorgen, wie z.B. die Abwicklung der Verkaufsaufträge, sind Projekte Vorhaben, die

- einen klaren Beginn und ein eindeutiges Ende aufweisen
- Neues schaffen und in diesem Sinn einmalig sind
- Ressourcen benötigen (z.B. Personen, Ausrüstung, Geld), die meistens beschränkt verfügbar sind, absolut und oft auch in der Zeitachse

Beispiele für Projekte – zuerst aus dem Geschäftsleben, dann aus dem privaten Bereich – sind

- die Einführung eines neuen Geschäftsprozesses
- die Veränderung der Aufbauorganisation
- die Entwicklung eines neuen Produkts
- ein Forschungsprojekt zur Untersuchung eines bestimmten Phänomens
- die Planung einer Weltreise
- die Neueinrichtung eines Zimmers der Wohnung

Natürlich kann ein Projekt auch Teile beinhalten, die bereits in anderen Projekten vorkamen, aber das Ergebnis als Ganzes ist einmalig. Z.B. kann jede Brücke als einmaliger Bau empfunden werden, obwohl einige Elemente bei vielen Brücken identisch sein können.

Projektmanagement ist die Organisation, die inhaltliche Planung, die Terminplanung, die Leitung, die Steuerung, die Überwachung und die Bewertung von vorgeschriebenen Tätigkeiten, um die aufgestellten Ziele eines Projekts zu erreichen. Siehe dazu auch [APIC16].

Projektmanagement ist damit ein systematischer Ansatz, um die Effektivität eines Projekts sowie den effizienten Einsatz der Ressourcen sicher zu stellen.

Aus diesen Definitionen kann man folgende Zusammenhänge ableiten:

- Die Realisierung eines Systems in einem Unternehmen hat praktisch immer einmaligen Charakter, schafft zudem Neues und benötigt beschränkte Ressourcen. Man kann die Realisierung eines Systems damit als eine Menge von Projekten auffassen, und diesen, gerade bei hoher Systemkomplexität, mit Vorteil ein Projektmanagement beistellen.
- Nicht jedes Projekt muss als die Realisierung eines Systems empfunden werden. Die Planung einer Weltreise oder das Forschungsprojekt zur Untersuchung eines bestimmten Phänomens z.B. nutzen wohl Methoden und Techniken des Projektmanagements, aber nicht unbedingt des Systems Engineerings.
- Einfache Projekte müssen nicht unbedingt von einem expliziten Projektmanagement begleitet sein. Insbesondere im privaten Bereich ist oft nur eine einzige Person betroffen. Zur Neueinrichtung eines Zimmers der eigenen Wohnung – dies betrifft sogar die Realisierung eines Systems – wird oft ein wenig systematischer Ansatz gewählt.

Die beiden folgenden Teilkapitel behandeln zuerst die Methoden des Systems Engineerings zur Realisierung von Systemen, sodann die Methoden des Projektmanagements zur effektiven und effizienten Abwicklung von Projekten.

19.1 Systems Engineering

Bei jeder Realisierung von Systemen treten typische Problemstellungen auf. Mit diesen beschäftigt sich das Systems Engineering, und zwar unabhängig von der Art des Systems. Die Abb. 19.1.0.1 zeigt die Charakteristiken des Systems Engineering gemäss [HaWe18], [HaWe05] oder [Züst04]. Nachfolgend wird eine kurze Zusammenfassung der wichtigsten Prinzipien aufgezeigt.

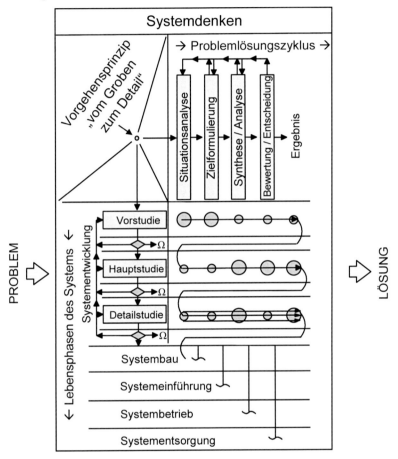

Abb. 19.1.0.1   Systems Engineering: Übersicht in Anlehnung an [HaWe18]. Das Zeichen Ω steht für Ende, d.h. Abbruch der Systementwicklung

Die wesentlichen Kerngedanken des Systems Engineering können im Prinzip ohne weiteres auch auf die Lebensphasen aller Arten von Systemen angewandt werden. In etlichen Fällen gibt es jedoch spezifische Abweichungen. Beispielhaft wird im Kap. 19.1.4 die Entwicklung von IT-unterstützten Informationssystemen, das sog. Software-Engineering, angeführt. Dieses weicht in einigen wesentlichen Punkten vom klassischen Systems Engineering ab.

19.1.1 Systemdenken und das Vorgehensprinzip „vom Groben zum Detail"

Im *Systemdenken* oder *systembezogenen Denken* geht es darum, den zu lösenden Problemkreis als ein System mit seinen Elementen und Interaktionen sowohl innerhalb des Systems als auch mit den *Umsystemen*, d.h. der Aussenwelt des Systems zu verstehen.

Das *Vorgehensprinzip „vom Groben zum Detail"* verlangt, das System auf verschiedenen Ebenen zu beobachten. Sei dies auf dem obersten Niveau, d.h. dem Niveau des ganzen Systems, aber auch in den *Untersystemen*, d.h. den Systemen auf den unteren Niveaus.

Ebenfalls von Interesse sind allenfalls Teilsysteme, z.B. der Güter-, der Daten- oder der Steuerungsfluss. Die Begriffe werden durch die Abb. 19.1.1.1 veranschaulicht.

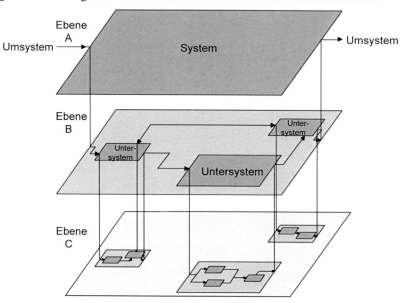

Abb. 19.1.1.1   Vorgehensprinzip „vom Groben zum Detail"

Man versucht, zuerst das ganze System auf dem obersten Niveau in seiner Wechselwirkung mit den Umsystemen zu formulieren, wobei die Untersysteme als sog. *Black Boxes* verstanden werden, d.h. man betrachtet den Input, den Output sowie die Funktion der Black Box, aber nicht die Art und Weise, wie die Funktion realisiert werden soll. In einer darauf folgenden Phase wird man jedes Untersystem, d.h. jede Black Box, in der gleichen Art als System behandeln. Das oberste Niveau oder die oberen Ebenen beschreiben i. Allg. den Standpunkt eines Generalisten zur Lösung des Problems, die unteren Ebenen sind dagegen mehr auf die Struktur des Problems bezogen und gleichen damit dem Standpunkt eines Spezialisten. Je nach zu betrachtendem Aspekt muss man die Diskussion auf der richtigen Systemebene führen.

Meistens gibt es mehrere Wege zum Entwurf des Systems auf jeder Ebene, besonders zur Definition der Untersysteme. Diese Möglichkeiten führen auf jeder Ebene zu einem Spektrum von Varianten, wie dies Abb. 19.1.1.2 zeigt.

Evaluation und Entscheid über das Beibehalten von Varianten sollen idealerweise erfolgen, bevor ein (Teil-)System auf einer unteren Ebene weiter behandelt wird:

- *Vorteil:* Varianten, die das Problem in einer ungenügenden Weise lösen, können innerhalb eines vernünftigen Zeitaufwands bestimmt und eliminiert werden.

- *Nachteil:* Ob die postulierte Funktionsweise einer Black Box auf einer unteren Ebene auch wirklich realisiert werden kann, zeigt sich manchmal erst durch ein detailliertes Studium auf der unteren Systemebene.

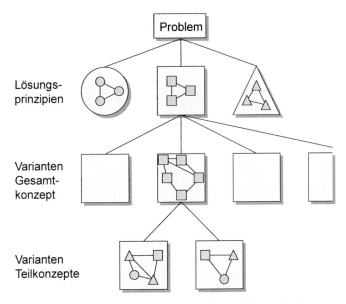

Abb. 19.1.1.2   Kreieren und Evaluieren von Varianten auf jeder Ebene des Systems

Damit steht der Aufwand für die Ausarbeitung einer Variante auf einer tieferen Ebene dem Risiko einer falschen Entscheidung auf einer höheren Ebene gegenüber.

19.1.2 Systemlebensphasen und der Systemlebenszyklus

Die *Systemlebensphasen* umfassen gemäss Abb. 19.1.0.1 drei Konzeptionsphasen und vier Ausführungsphasen. Der *Systemlebenszyklus* umfasst die Gesamtheit der Lebensphasen eines Systems.

Zur *Systementwicklung* zählt als Phase 1 die *Vorstudie*, deren Ziel darin besteht, innerhalb einer vernünftigen Zeit Aufschluss darüber zu erhalten,

- ob wirklich ein Bedürfnis für ein neues System oder eine Systemmodifikation besteht,
- ob der Zugang zum Problem richtig gewählt ist,
- welches die Grenzen des zu betrachtenden Systems sind,
- welches die wichtigsten Funktionen des Systems sind,
- welches die prinzipiellen Lösungsvarianten für das Problem sind.

Die Entscheidung des Kunde in Bezug auf die Machbarkeit, damit die Fortsetzung oder Aufhebung des Projekts, und auf die zu wählende Variante bildet das Ende der Vorstudie.

Phase 2: Die *Hauptstudie*, welche die Studie des ganzen Systems umfasst. Ist ein Untersystem nur sehr schwierig abzuschätzen, kann es notwendig sein, diesbezüglich bereits eine detailliertere Studie zu betreiben. Das Ergebnis der Hauptstudie ist eine umfassende Konzeption des Systems und dies – je nach Art des Systems – in der Form eines Plans von Aufgaben oder Tätigkeiten, von Konstruktionsplänen, einer verbalen Beschreibung, oder anderer geeigneter Mittel.

- Das Resultat der Hauptstudie erlaubt Entscheidungen bezüglich der notwendigen Investitionen zu treffen, die Untersysteme zu definieren sowie Prioritäten in der

Realisierung der Detailstudien zu setzen. Die Prioritätensetzung, ist besonders wichtig, da es darum geht, die (finanziellen und menschlichen) Projektressourcen zu beurteilen und zu planen. Zudem sind zuerst die wichtigen Untersysteme zu entwickeln, nach denen sich die weniger wichtigen orientieren. Dies vermindert wohl den Freiheitsgrad in der Realisierung, beschleunigt aber die Realisierung der anderen Untersysteme, z.B. durch eine eventuelle Kopie der zuerst entwickelten Untersysteme.

- Das Ergebnis der Hauptstudie verlangt ggf. die Rückkehr in die vorherige Konzeptionsphase, z.B. wenn die Vorgaben ungenau oder nicht durchführbar sind.

Phase 3: Die *Detailstudie.* Deren Resultat umfasst einerseits die detaillierte Konzeption der Untersysteme und die endgültige Entscheidung über die zu wählenden Varianten, und andererseits die Konkretisierung der Beschreibung der einzelnen Teilsysteme. Es handelt sich um eine genügend präzise Beschreibung, die den Bau des Systems ohne Interpretationsprobleme erlaubt.

- Da es verschiedene Detailstudien, nämlich für die einzelnen Untersysteme und auf verschiedenen Ebenen gibt, geht es in dieser Phase auch darum, die einzelnen Systeme vom Detail zum Groben („bottom up") zu reintegrieren. Damit lassen sich die gesamte Funktion und das Zusammenspiel der Untersysteme in ihrem jeweiligen Übersystem überprüfen. Es handelt sich hier um einen Prozess, der oft Anlass zur Modifikation der Detailstudien oder auch der Hauptstudie gibt.

Während jeder Phase der Konzeption gilt es, Entscheidungen bezüglich der Variantenwahl, des Abbruchs der Studien oder der Rückgabe des Projektes an die nächstübergeordnete Phase zu treffen. Wichtige Faktoren für solche Entscheidungen sind – nebst den Faktoren, die die funktionellen Ziele des Projekts betreffen – die zu erwartenden Kosten und Nutzen. Die letzteren entscheiden oft bei der Wahl aus verschiedenen Varianten, die funktionell gleichwertig zu sein scheinen. Oder sie geben auch den Anstoss zur Suche von anderen Varianten, zum Abbruch der Systementwicklung (das Symbol Ω in Abb. 19.1.0.1) oder zur Fortsetzung der nächsten Lebensphase des Systems.

Zur *Systemausführung* gehören vier Lebensphasen. Phase 1: Der *Systembau* beschreibt die Ausarbeitung der Systemfunktionen, z.B.

- die Herstellung einer Maschine sowie ihre Dokumentation,

- die Erstellung eines Prozesses oder einer Organisation,

- die Codierung und die Dokumentation der Programme in einem IT-unterstützten Informationssystem,

- das Ausarbeiten der Organisation zum Betrieb des Systems. Im Beispiel eines Informationssystems gehören dazu u.a. die Dokumentation für den Benutzer, die genaue Beschreibung der Abläufe zur Datenakquisition – vor allem von und zu den umliegenden Systemen – und der Abläufe zur Nutzung von Informationen, die Aktionen, welche bei einer Systemkrise zu treffen sind, sowie die Ausbildung der Benutzer.

Phase 2: Die *Systemeinführung* ist der Übergang zur Produktionsphase des Systems. Gerade bei grossen Projekten wird oft ein Untersystem nach dem anderen eingeführt, da es immer verschiedene unvorhersehbare Faktoren zu berücksichtigen gilt. In dieser meistens relativ kurzen Einführungsphase fallen auch oft sehr zeitkritische Korrekturen des Systems an. Es ist ferner möglich, einige Untersysteme bereits in Betrieb zu geben und andere noch in der Detailkonzeption zu halten, vor allem dann, wenn die Konzeption der letzteren durch die Erfahrungen, die während des Betriebs der ersteren gemacht werden, beeinflusst werden kann.

Phase 3: Während des *Systembetriebs* müssen periodisch, nach einer konstruktiven Kritik, folgende Punkte beachtet werden:

- Sind die Systemfunktionen wirklich die geplanten? Die Beantwortung einer solchen Frage kann als Quelle von Erfahrungen für spätere, ähnliche Projekte dienen. Zudem kann man daraus einen Korrekturprozess ableiten.

- Sind die kommerziellen Zielsetzungen, wie vorhergesehen, erreicht worden? Abweichungen helfen, für zukünftige Projekte Kosten und Nutzen besser abzuschätzen.

Phase 4: Ein Entscheid zur Systementsorgung bzw. *Systemausmusterung* ist meistens parallel zur Einführung eines Ersatzsystems zu treffen. Gerade bei stark im täglichen Betrieb verhafteten Systemen, z.B. bei Softwaresystemen auf der operationellen Ebene eines Unternehmens, ist ein Ersatz oft eine heikle Angelegenheit. I. Allg. gibt man vor,

- dass der tägliche Ablauf nur für sehr kurze Zeit unterbrochen werden darf,

- dass die Daten des alten Systems möglichst automatisch ins neue System übernommen werden.

Zur Entsorgungsphase des Systems gehört vor allem bei physischen Gütern (z.B. Computer, Terminals) auch die physische Entsorgung der einzelnen Komponenten. Dies kann sowohl technisch als auch kostenmässig eine grosse Herausforderung darstellen und ist deshalb bereits im Systems Engineering von Anfang an einzuplanen.

Ist der Systembetrieb von bestimmter Dauer, so kann die Gesamtheit der Lebensphasen eines Systems als ein einziges Projekt aufgefasst und durchgeführt werden. Andernfalls können die Konzeptionsphasen zusammen mit dem Systembau und der Systemeinführung als ein Projekt aufgefasst werden, und die Systementsorgung als ein neues Projekt.

19.1.3 Der Problemlösungszyklus

Den drei Konzeptionsphasen während der Systementwicklung steht gemäss Abb. 19.1.0.1 der Problemlösungszyklus gegenüber.

Der *Problemlösungszyklus* ist definiert als die sechs nachfolgend beschriebenen Schritte, die während der drei Konzeptionsphasen der Systementwicklung durchlaufen werden.

Die Wichtigkeit jedes Schrittes ist in der Abb. 19.1.0.1 mit Kreisen unterschiedlichen Durchmessers angegeben. Der Aufwand für die jeweilige Lebensphase wird mit einfachen oder dreifachen Pfeilen illustriert.

Schritt 1: In der *Situationsanalyse* geht es darum, die Situation und das Problem mit seinen Ursachen und Folgen zu erkennen. Man unterscheidet zumindest vier Gesichtspunkte:

- Systembezogen: Bestimmen der Systeme und Untersysteme mit ihren Elementen und Interaktionen.

- Diagnostisch: Feststellen der Symptome der unbefriedigenden Lösung, Ableiten der Ursachen.

- Therapeutisch: Finden der Korrekturmöglichkeiten und ihrer Applikation auf die entsprechenden Elemente.

- Zeitbezogen: Entwickelt sich die Situation in der Zeitachse ohne oder mit Korrektur?

Während der Situationsanalyse müssen auch die Schranken oder Randbedingungen für eine mögliche Lösung definiert werden, z.B.

- durch die Systemumgebung bestimmte (soziale, technische, rechtliche usw.),
- durch früher getroffene Entscheidungen, welche im Moment nicht modifiziert werden können,
- durch „fixe" Teile der Situation, d.h. Teile, welche aus irgendwelchen Gründen so bleiben müssen, wie sie sind.

Die Situationsanalyse kann mit Vorteil in einer *SWOT-Analyse* (engl. „strengths, weaknesses, opportunities, threats") zusammengefasst werden. Die Analyse der Stärken und Schwächen bezieht sich dabei auf das betrachtete System in der Gegenwart. Die Analyse der Chancen und Gefahren bezieht sich dagegen auf die Umsysteme: Wie werden sich Veränderungen in den Umsystemen, die für die Zukunft zu erwarten sind, auf das betrachtete System auswirken, wenn dieses *unverändert* gelassen wird?

Schritt 2: Die *Zielformulierung* umfasst i. Allg. funktionelle, kommerzielle und zeitbezogene Ziele. Solche Ziele müssen lösungsneutral, vollständig, präzise, verständlich und realistisch sein. Sie müssen sich dabei auf Elemente der SWOT-Analyse beziehen, also kohärent zur System-analyse sein. Normalerweise werden zwei Zielklassen unterschieden:

- *Mussziele*, d.h. Ziele, die auf jeden Fall zur Problemlösung erreicht werden müssen („need to have").
- *Wunschziele*, d.h. Ziele, die wenn möglich erreicht werden sollen („nice to have"). Diese Ziele werden schliesslich als Kriterienkatalog zur Entscheidungsfindung bei mehreren genügenden Varianten dienen.
- Die Zielformulierung muss letztlich durch den Kunden sanktioniert werden. Dies deshalb, weil man aufgrund von unvorhergesehenen Faktoren die Zielformulierung allenfalls ändern muss.

Schritt 3: Die *Synthese der Lösungen* ist die Konzeption der möglichen Lösungen. Sie muss genügend genau sein, um den Vergleich der verschiedenen Varianten zu ermöglichen. Alle verlangten Funktionen und zur Verfügung gestellten Mittel müssen dabei berücksichtigt werden. Die Synthese ist der kreative Anteil der Arbeit und damit meistens auch der schwierigste des Problemlösungszyklus.

Schritt 4: Die *Analyse der Lösungen* ist eine Art Test der Synthese. Ist die Konzeption der Lösung vollständig (d.h. sind alle Ziele erreicht)? Ist sie realisierbar (d.h. sind alle Randbedingungen oder Schranken beachtet worden)? Es ist manchmal schwierig, die beiden Schritte der Synthese und der Analyse im Problemlösungszyklus zu unterscheiden. Dies deshalb, weil die Analyse oft bereits bei der Geburt einer Idee im Hinblick auf die Konzeption der Lösung beginnt.

Schritt 5: In der *Bewertung der Lösungen* geht es darum, quantitative Methoden zu bestimmen, um die Effizienz und die Qualität einer möglichen Lösung an sich und im Vergleich mit anderen Varianten zu messen. Es handelt sich meistens um ähnliche Methoden, wie sie auch sonst für eine Kosten-Nutzen-Analyse herangezogen werden, z.B. die Nutzwertanalyse. Die Kriterien stammen aus dem Zielkatalog, allenfalls ergänzt durch detaillierte technische Kriterien.

Schritt 6: Die *Entscheidung im Problemlösungszyklus* betrifft sowohl die Wahl der Variante als auch den Entscheid, diese oder eine vorhergehende Konzeptionsphase zu wiederholen. Sie wird zwischen Spezialisten, Systemverantwortlichen und dem Kunden getroffen. Gründe zur Wiederholung einer Konzeptionsphase sind u.a.:

- Die Situationsanalyse ist zu wenig genau, um daraus eine Lösung abzuleiten.
- Die Resultate der Analyse zeigen, dass die Konzeption nicht in allen Teilen dem Bedürfnis und den Randbedingungen entspricht.
- Neue Ziele werden hinzugefügt.
- Die Ziele werden modifiziert, da keine Lösung möglich ist.
- Neue Varianten sind für eine Evaluation aufzuarbeiten.
- Die Gewichtung der Kriterien zur Evaluation der Varianten wird geändert.

19.1.4 Abweichungen des Software Engineerings vom klassischen Systems Engineering

In der Vergangenheit hat es sich mehrheitlich gezeigt, dass Software Engineering nicht mit der genau gleichen Strenge der *sequentiell* abfolgenden Lebensphasen betrieben werden kann, wie dies die klassische Theorie des Systems Engineerings gerne vorschreibt. Dies aus zwei Gründen:

- Erstens lassen sich die Zielsetzungen des Systems durch die Organisatoren und Betriebsingenieure aus oft unvollständiger Kenntnis der informatikseitigen Möglichkeiten nicht so exakt und verständlich formulieren, als dass der mit den betrieblichen Abläufen nicht genügend vertraute Informatiker die informatikseitige Sicht des Systems richtig konzipieren kann. Als Folge ist die Zielformulierung im Projektverlauf instabil. Autoren haben diese Herausforderung auch als „evolutionären Charakter" des Software Engineering bezeichnet.

- Zweitens ist die Motivation der Projektauftraggeber ein kritischer Faktor: Sie wollen „etwas sehen". Gerade bei komplexen Softwaresystemen dauert die Systementwicklung sehr lang, oft Monate oder sogar ein Jahr und mehr. Der Auftraggeber hat letztlich kaum Möglichkeiten, die Qualität der Arbeit genau zu beurteilen.

In beiden Fällen versucht man deshalb, das Problem z.B. durch eine sog. iterative Systementwicklung zu lösen.

Iterative Systementwicklung bedeutet, dass man das traditionelle Systems Engineering in dem Sinne unterbricht, dass nicht streng jede Lebensphase des Systems abgeschlossen wird, bevor die nächste begonnen wird. Für bestimmte Systemfunktionen in Vor-, Haupt- und Detailstudie führt man ein *Prototyping* durch, d.h. man baut das System mit einem groben Vorgehen provisorisch.

Die iterative Entwicklung des Systems verkürzt jedoch die Systementwicklung gegenüber dem traditionellen sequentiellen Modell nicht. Im Gegenteil, hier geht Zeit verloren. Dieser Verlust kann aber durch die folgenden Vorteile wettgemacht werden:

- Die Benutzernahtstelle und die Ablaufszenarien können früh aufgezeigt werden. Dies hilft, Missverständnisse bereits in einer frühen Phase des Systems – zu vermeiden und damit die Sicherheit zu erhöhen. Oft werden unterschiedliche Auffassungen zwischen Organisatoren und Informatikern erst dann erkannt, wenn „man die Sache sieht".

- Der Prototyp erhöht bei den Benutzern und den Auftraggebern das Vertrauen in das Projekt und dessen Akteure und zieht damit einen Motivationsschub nach sich.

Im Software-Engineering heisst die Systementwicklung nach den sequentiell abfolgenden Phasen auch *Wasserfallmodell*, gemäss Abb. 19.1.4.1.

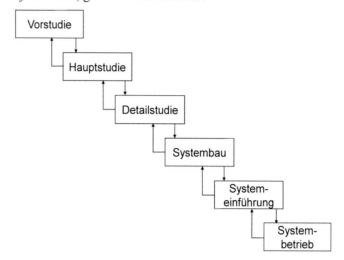

Abb. 19.1.4.1   Das Wasserfallmodell

Im Gegensatz dazu postuliert das *Spiralmodell* ein zyklisches Vorgehen gemäss Abb. 19.1.4.2. Dabei wird das System in jeder Phase durch Prototyping gebaut. In jedem Zyklus werden die Ergebnisse aus früheren Phasen verfeinert und ergänzt.

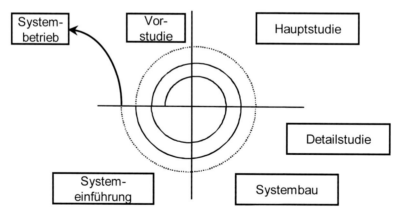

Abb. 19.1.4.2   Das Spiralmodell

Beim Vorgehen nach dem Spiralmodell wird die Software nicht als „vollständiges" Produkt spezifiziert, programmiert und abgenommen, sondern in Funktionsfähigkeitsinkrementen entwickelt. Der Hauptvorteil des Spiralmodells liegt darin, dass die Anwendung aufeinander folgender Inkremente die Berücksichtigung verlässlicher Beurteilungen durch zukünftige Benutzer ermöglicht. Der Trend zum Spiralmodell hat sich nicht zuletzt auch aufgrund gewisser Fortschritte in der Programmiertechnik entwickelt, insbesondere im Zusammenhang mit den *Case* („computer-aided software engineering") *Tools*.

19.2 Projektmanagement

Dieser Überblick zum Projektmanagement beschränkt sich auf die Ziele und Randbedingungen eines Projekts, sein Wesen und seinen Inhalt, seine Organisation und Ablaufplanung, sowie Kosten, Nutzen, Rentabilität und Risiko eines Projekts. Aufgaben wie Projekt- und Kostensteuerung, Personal- und Qualitätsmanagement, Information und Kommunikation, Beschaffung in Projekten sowie auch Details zu den im Überblick behandelten Gebieten werden in spezifischen Werken zum Projektmanagement behandelt, z.B. in [Kerz17] und [KuHu18], sowie in [PMBOKD] und [PMBOK].

19.2.1 Ziele und Randbedingungen eines Projekts

Jedes Projekt hat bestimmte Ziele, die als Leistung des Projekts empfunden werden.

> Die *Leistung eines Projekts* (engl. *„performance"*) umfasst das Erreichen von *Projektzielen* in den Bereichen Qualität, Kosten, Lieferung und Flexibilität[1].

Die Zielbereiche werden generell und am Beispiel „Entwicklung und Vertriebsvorbereitung einer Maschine" vorgestellt:

- Zum Zielbereich „Qualität" gehören funktionelle Ziele, wie z.B. die Anwendung von Produkt- und Prozesstechnologien, oder die Wirkungsweise einer Organisation. Beispiel: Exakte Spezifikation der Funktionen der Maschine, Entscheidungen bezüglich der Prinzipien der Konstruktion und der Produktion.

- Zum Zielbereich „Lieferung" zählen Ziele wie z.B. die Realisierung innerhalb der vorgegebenen Zeit bis zum Datum der Markteinführung („Time to market").

- Zum Zielbereich „Kosten" zählen kommerzielle Ziele wie z.B. das Berücksichtigen eines Kostenbudgets oder die Realisierung erwarteter finanzieller Nutzen. Beispiel: Bestimmung der Kosten pro Einheit und des Verkaufspreises der Maschine, Festlegen des Entwicklungsbudgets.

Die Ziele selbst werden in so genannten Liefergegenständen ausgedrückt.

> Ein *Liefergegenstand* (engl. „deliverable") ist ein fassbares Ergebnis eines Projekts.

Liefergegenstände sind z.B. ein Prototyp eines Produkts, ein eingeführtes Softwarepaket oder eine Neuorganisation eines Unternehmensbereichs, aber auch eine Studie, ein Leitfaden oder eine Dokumentation.

Ein Projekt unterliegt i. Allg. gewissen Randbedingungen.

- *Externe Randbedingungen* sind Bedingungen der Projektumwelt, welche nur wenig oder überhaupt nicht beeinflusst werden können. Im Falle einer Systementwicklung sind das vor allem die Umsysteme. Externe Randbedingungen bei Projekten in Unternehmen können juristischer Art sein, aber auch politischer, soziologischer, ökologischer oder volkswirtschaftlicher Art. Externe Randbedingungen sind auch die Verknappung von Gütern oder die Qualitätsanforderungen von Kunden.

---

[1] Vergleiche dazu die Definition zur Leistung eines Unternehmens im Kap. 1.3.1.

- *Interne Randbedingungen* sind Gegebenheiten in der Projektwelt, die beeinflusst und – ggf. leicht – verändert werden können: Interne Randbedingungen können betriebswirtschaftlicher Art sein, aber auch qualitative Fähigkeiten und quantitative Verfügbarkeit der beteiligten Personen. Interne Randbedingungen sind auch die Komplexität des Projekts und der eingesetzten Technologien oder die Qualität und Termintreue der beschafften Güter.

Wenn die Projektziele und Liefergegenstände einmal definiert und verabschiedet sind, dürfen sie im Prinzip nicht mehr verändert werden, auch wenn die Randbedingungen sich verändern. Das ist eine der Hauptaufgaben des Projektmanagements.

19.2.2 Projektphase, Projektlebenszyklus und Projektstrukturplan

Liefergegenstände entstehen am Ende eines Projekts, aber auch als Ergebnis von einzelnen Phasen im Projekt.

Eine *Projektlebensphase* ist ein Hauptabschnitt eines Projekts. Der *Projektlebenszyklus* umfasst die Gesamtheit der Lebensphasen eines Projekts.

Die Abb. 19.2.2.1 zeigt die allgemeinen Lebensphasen eines Projekts. Siehe dazu auch [PMBOKD oder PBMOK, Kap. 2.1].

Abb. 19.2.2.1   Phasen eines allgemeinen Projektlebenszyklus (Quelle [PBMOK])

Die Zwischenphasen sind je nach Projektart verschieden. Geht es z.B. um die Realisierung eines Systems, dann können die verschiedenen Lebensphasen gemäss Abb. 19.1.0.1 von der Vorstudie bis zum Systembau als Lebensphasen eines Projekts „Systementwicklung" empfunden werden. Abb. 19.1.4.1 zeigt die Lebensphasen eines Projekts „Softwareentwicklung". Mögliche Lebensphasen einer *klassischen Produktentwicklung* sind die Konzeptentwicklung, die Produktplanung, die Prozessplanung, die Prototypen-Erstellung, die Pilotproduktion sowie der Serienanlauf (engl. „ramp up").

Der Produktlebenszyklus gemäss Abb. 1.1.3.1 kann von mehreren Projektlebenszyklen begleitet sein. Ein erstes Projekt behandelt die Produktentwicklung, ein weiteres die Entwicklung von Services, d.h. die zusätzlichen Dienstleistungen rund um das Produkt. Ein weiteres Projekt kann eine Weiterentwicklung betreffen.

Ein *Programm* im Projektmanagement besteht aus mehreren zusammenhängenden Projekten. Der Begriff steht damit synonym zu einem – meistens grösseren – Projekt.

Als Beispiel eines Programms kann das Space-shuttle-Programm der NASA genannt werden. Das Projekt selbst wird in der Folge in kleinere Einheiten unterteilt.

Eine *(Projekt-)Aufgabe* (engl. „task") ist eine Teilmenge eines Projekts, dauert z.B. einige Monate und wird von einer bestimmten Gruppe oder Organisation durchgeführt. Eine Aufgabe kann man auch in mehrere Teilaufgaben unterteilen.

Ein *Arbeitspaket* (engl. „work package") ist eine Menge von Arbeiten, die einem Teilprojektleiter zugeordnet wird, und möglichst auch einer organisatorischen Einheit. Das Arbeitspaket umfasst eine möglichst genaue Beschreibung der einzelnen Liefergegenstände. Es ist mit einem Kostenbudget versehen sowie einem Start- und einem Endtermin und den *Projekt-Meilensteinen*, d.h. den spezifischen Ereignissen im Zeitablauf – meistens verbunden mit der Abgabe von Liefergegenständen.

Ein Projekt soll, wenn immer möglich, mit einer Projektdarlegung beginnen.

Die *Projektdarlegung* (engl. „statement of work") ist das erste Planungsdokument in einem Projekt. Es beschreibt die Absicht, die Geschichte, die umfassenden Liefergegenstände sowie die Leistungskenngrössen des Projekts (z.B. Budget und Zeitplan). Es legt die Unterstützung fest, die vom Kunden gefordert wird, und identifiziert die Ereignisse, die den Projekterfolg gefährden könnten (vgl. [APIC16]).

Diese Projektdarlegung dient damit als Grundlage für die Entscheidfindung des Managements. Der logische Zusammenhang des Projekts, d.h. seine Aufgaben und Arbeitspakete wird Projektstrukturplan genannt.

Der *Projektstrukturplan* (engl. „ *work breakdown structure* ") ist eine hierarchische Beschreibung der Aufgaben und Arbeitspakete eines Projekts, wobei der Detaillierungsgrad mit jeder Stufe zunimmt [PMBOK].

Die Abb. 19.2.2.2 zeigt einen Projektstrukturplan formal[2].

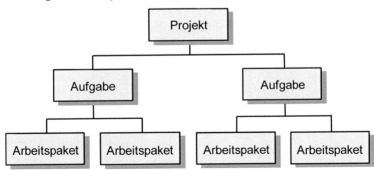

Abb. 19.2.2.2   Zunehmender Detaillierungsgrad im Produktstrukturplan

Diese Darstellung entspricht der Stücklistenstruktur aus Abb. 1.2.2.2, genauer der konvergierenden Produktstruktur bzw. der Baumstruktur. Anstelle von Komponenten treten in der Abb. 19.2.2.2 Aufgaben oder Arbeitspakete, also Prozesse. Die Abb. 19.2.2.3 zeigt einen Projektstrukturplan am Beispiel eines Projekts, hier einer Vorstudie zu einem „Gebäudeumbau".

---

[2]   In anderen Standards (z.B. bei EU-Projekten) findet man die Arbeitspakete den Aufgaben übergeordnet.

```
Projekt Gebäudeumbau
  Aufgabe
    Arbeitspaket                        Identifikation
  Pläne entwickeln                      1
      Ideen generieren                  1.1
      Arbeiten beschreiben              1.2
  Lieferanten festlegen                 2
      Lieferanten suchen                2.1
      Grobofferten einholen             2.2
  Finanzierung sichern                  3
      Finanzbedarf abschätzen           3.1
      Kredit beschaffen                 3.2
          Kreditinstitute evaluieren    3.2.1
          Kredit beantragen             3.2.2
  Baubewilligung erhalten               4
      Relevantes Baurecht bestimmen     4.1
      Baugespann ausstecken             4.2
          Material beschaffen           4.2.1
          Baugespann herstellen         4.2.2
      Baugesuch erarbeiten              4.3

                  ...
```

Abb. 19.2.2.3   Teilausschnitt eines Produktstrukturplans für die Vorstudie zu einem Gebäudeumbau

Diese Darstellung entspricht der mehrstufigen Stückliste bzw. Strukturstückliste aus Abb. 17.2.3.4. Wieder treten anstelle der Komponenten die Aufgaben und Arbeitspakete. Anstelle der Artikel-Id. tritt eine Identifikation der Aufgabe bzw. des Arbeitspakets, im Beispiel der Abb. 19.2.2.3 ist dies eine lexikographische Nummerierung.

Im Hinblick auf die Projektablaufplanung und den schnellen Projektdurchlauf ist es von Vorteil, wenn Aufgaben und Arbeitspakete so gebildet werden, dass möglichst viele parallel ablaufen können. Zudem sollen sie mit den nötigen Ressourcen versehen und auch auf den Erfolg gemessen werden können.

19.2.3 Ablauf- und Aufwandplanung eines Projekts

Die meisten Darstellungen zur Ablaufplanung eines Projekts sind grafischer Natur.

Ein *Gantt-Diagramm* ist eine Plantafel zur Darstellung eines Terminplans von Aufgaben, Arbeitspaketen oder Arbeitsgängen in Form eines Balkendiagramms.

Die Abb. 19.2.3.1 zeigt ein mögliches Gantt-Diagramm für das Projekt „Vorstudie für einem Gebäudeumbau". In diesem Gantt-Diagramm sind auch die Projektmeilensteine MS (Start), M1, M2 und ME (Ende) eingezeichnet. Ist ein Gantt-Diagramm auf die Zeilen reduziert, welche die Meilensteine beschreiben, so spricht man von einem Meilenstein-Terminplan.

Ein *Meilenstein-Terminplan* zeigt die wichtigen Liefergegenstände in der Zeitachse.

Unter gewissen Voraussetzungen, die nicht in jedem Projekt gegeben sein müssen, kann man zur *Terminplanung* und zur Steuerung des Projekts eine Technik zur *Netzplanung* einsetzen:

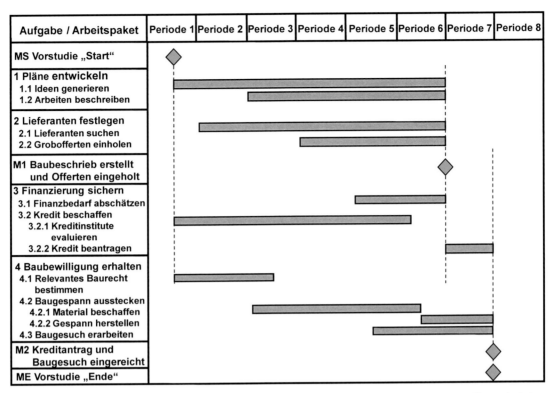

Abb. 19.2.3.1   Gantt-Diagramm für das Projekt „Vorstudie für einen Gebäudeumbau" (Teilausschnitt)

- Für jede Aufgabe oder jedes Arbeitspaket kann man den frühesten Starttermin und den spätesten Endtermin angeben.

- Für jede Tätigkeit innerhalb der Aufgabe oder des Arbeitspakets kann man ihre Durchlaufzeit genügend genau bestimmen.

- Die Tätigkeiten können geordnet werden, d.h. für jede Tätigkeit ist klar, welches die logisch vorhergehenden und die nachfolgenden Tätigkeiten sind. In der Abb. 19.2.3.1 muss man ausgehend vom Start für jede Aufgabe bestimmen, von welcher anderen Aufgabe sie angestossen wird und welche andere Aufgabe sie allenfalls anstösst oder ob sie zum Ende führt (analog für die Arbeitspakete).

Techniken zur Netzplanung bestimmen insbesondere den *Kritischen Pfad*, d.h. dem Pfad mit der längsten Dauer. Der Kritische Pfad muss dabei nicht unbedingt während des ganzen Projekts kritisch bleiben. Dies besonders dann, wenn sich gewisse Aufgaben auf Pfaden, die in der ersten Abschätzung noch nicht kritisch waren, verspäten.

Bekannte Netzplantechniken sind die *„Kritischer-Pfad"-Methode* (engl. *critical path method* *CPM*), die *PERT-Technik* (engl. *program evaluation and review technique*) und die *„Kritische-Kette"-Methode* (engl. *critical chain method*). Diese Techniken werden in Kap. 13.3.4 näher beschrieben.

Die Abb. 19.2.3.2 zeigt ein einfaches Schema zum Abschätzen des *Projektaufwands*, der z.B. in Personenmonaten angegeben werden kann.

Aufgabe / Arbeitspaket	Aufwand Gruppe A	Aufwand Gruppe B	Aufwand Gruppe C	Aufwand Arbeitspaket
1 Pläne entwickeln				
1.1 Ideen generieren	1	2	4	7
1.2 Arbeiten beschreiben	3	1	1	5
L1.2 Baubeschrieb	1	5		6
2 Lieferanten festlegen				
2.1 Lieferanten suchen	1	2	3	6
2.2 Grobofferten einholen	5	1	1	7
L2.2 Lieferanten- und Offert-Zusammenstellung	2	1		3
3 Finanzierung sichern				
3.1 Finanzbedarf abschätzen	1	1	1	3
L3.1 Budget		2		2
3.2 Kredit beschaffen				
3.2.1 Kreditinstitute evaluieren		2		2
3.2.2 Kredit beantragen	1	1	1	3
L3.2.2 Kreditantrag		1		1
4 Baubewilligung erhalten				
4.1 Relevantes Baurecht bestimmen	1		5	6
4.2 Baugespann ausstecken				
4.2.1 Material beschaffen		3	1	4
4.2.2 Gespann herstellen	1		4	5
L4.2.2 Baugespann	2			2
4.3 Baugesuch erarbeiten	1	4	1	6
L4.3 Baugesuch		2		2
Gesamtaufwand	**20**	**28**	**22**	**70**

Abb. 19.2.3.2   Personenaufwand nach organisatorischen Einheiten

In dieser Darstellung sind auch die Liefergegenstände L1.2, L2.2, etc. als Positionen des Projekt-aufwands aufgeführt. Dies entspricht der Tatsache, dass die Fertigstellung eines Liefer-gegenstandes mit einem besonderen Aufwand verbunden sein kann. Im Beispiel der Abb. 19.2.3.2 handelt es sich fast immer um einen Schreibaufwand für ein Dokument, welches das Einverständnis aller Beteiligten erfordert. Es handelt sich z.B. um das Aufstellen des Baugespanns.

Der Aufwand wird z.B. in Personentagen gemessen und kann auch pro Aufgabe bzw. Arbeits-paket zusammengezählt werden. In diesem Beispiel könnte der Aufwand für das Teilprojekt-management für eine Aufgabe z.B. der Gruppe zugeordnet werden, die den grössten Aufwand hat, also die Gruppe A für Aufgabe 2, die Gruppe B für Aufgaben 1 und 3, und die Gruppe C für Aufgabe 4.

Aufgrund einer solchen Darstellung des Aufwands können z.B. Projektressourcen ganz oder teil-weise freigegeben werden, z.B. nach Erreichen von Meilensteinen, allenfalls abhängig von der Qualität der Liefergegenstände. Der Ressourcenverzehr kann entsprechend gemessen werden.

19.2.4 Projektorganisation

Es gibt verschiedene Möglichkeiten zur Organisation eines Projekts. Die folgenden Varianten finden sich in ähnlicher Form auch in [PBMOK bzw. PBMOKD]. Die Abb. 19.2.4.1 zeigt die Projektorganisation innerhalb einer funktionellen oder Linienorganisation.

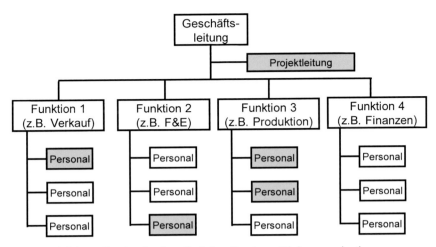

Abb. 19.2.4.1   Projektkoordination in einer funktionellen bzw. Linienorganisation

In dieser für kleinere und mittlere Unternehmen (KMU) typischen Projektorganisation besitzt der Projektleiter (grau unterlegtes Feld) nur wenige Befugnisse. Er wirkt meistens in Teilzeit und hat daneben noch andere Stabsaufgaben. Seine Kompetenzen sind mehr oder weniger beschränkt. Verschiedene Personen aus verschiedenen Bereichen (ebenfalls grau unterlegte Felder) arbeiten im Projekt mit. Die Priorität gilt aber stets den originären Aufgaben in ihrer Linie. Der Zusammenhang ist durch die Definition des Projektes gegeben. Der Projektleiter koordiniert die Projektaktivitäten mit den Linienvorgesetzten.

Als Variante zu dieser Art von Projektorganisation findet man auch die so genannte schwache Matrix-Organisation, bei welcher die Projektorganisation alleine durch die beteiligten Personen durchgeführt wird – die Projektleitung entspricht hier eher nur einer Koordination. Eine weitere Variante ist die sog. ausgewogene Matrix-Organisation, in welcher der Projektleiter einem der Linienvorgesetzten unterstellt ist und von dort aus mit beschränkten Befugnissen quer durch die Organisation wirkt. In der Abb. 19.2.4.1 würde eines der Kästchen „Personal" dann mit „Projektmanagement" angeschrieben sein.

Eine zweite Möglichkeit ist die Organisation der gesamten Firma nach Projekten gemäss Abb. 19.2.4.2.

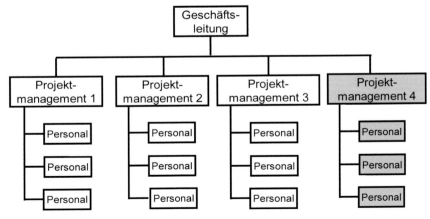

Abb. 19.2.4.2   Projektmanagement in einer projektbasierten Organisation

Dieser Aufbau ist typisch für ein Unternehmen, das im Prinzip Projekte verkauft und umsetzt, z.B. in der Beratung oder im Engineering. Einem – meist in Vollzeit – wirkenden *Projektmanager* unterstehen alle Personen und die übrigen Ressourcen, die zur Abwicklung der Projekte innerhalb des Projektbereiches nötig sind (grau unterlegt).

Eine weitere Möglichkeit ist die starke Matrixorganisation gemäss Abb. 19.2.4.3.

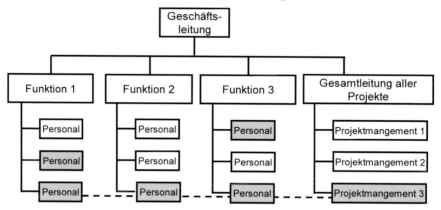

Abb. 19.2.4.3   Projektmanagement in einer starken Matrixorganisation

Diese Organisation findet man in grösseren Unternehmen. Wieder sind die Bereiche im Unternehmen, die in einem bestimmten Projekt mitarbeiten, grau unterlegt. Dem Projektmanager sind wesentliche Ressourcen zugeordnet sowie auch eine gewisse Weisungsbefugnis in der Horizontalen, was durch die gestrichelte Linie ausgedrückt wird. Im Projekt können auch andere Personen mitarbeiten, die sich aber wie in Abb. 19.2.4.1 in erster Priorität um ihre originären Aufgaben in der Linie kümmern. Damit sind auch Mischformen möglich, vor allem dann, wenn mehrere Projekte gleichzeitig abgewickelt werden, wovon u.U. auch einige mit einer schwachen Matrixorganisation.

Je nach Projektorganisation hat der Projektleiter bzw. Projektmanager unterschiedliche Kompetenzen und Mittel zur Umsetzung. In jedem Fall ist er für die Stimmung im Projekt zuständig. Es geht um einmalige Inhalte, wobei meistens Teams aus verschiedenen Fachbereichen zusammenwirken müssen. Damit braucht ein Projektmanager ein hohes Mass an Sozialkompetenz, Ideenreichtum und Kommunikationsfähigkeit. Für ein *Hochleistungs-Projektteam* gilt dies für alle beteiligten Personen. Für eine detaillierte Behandlung dieses Aspektes des Projektmanagements siehe z.B. [Kerz17] oder [KuHu18].

19.2.5 Kosten, Nutzen, Rentabilität und Risiko von Projekten

Für einen Entscheid, dass ein Projekt durchgeführt werden soll, müssen in der Regel die Nutzen grösser als die Kosten sein. Eine Rentabilitätsrechnung ist auch eine Grundlage zur Priorisierung von mehreren möglichen Projekten. Da die hier interessierenden Projekte meistens die Realisierung von Systemen betreffen, werden die allgemeinen Entscheidungstechniken in der Folge am Beispiel der Einführung eines ERP-Software-Systems illustriert.

> Die *Projektkosten*, bzw. die *Gesamtkosten eines Projekts* (engl. „total cost of ownership of a project"), bestehen aus der Gesamtheit der Kosten, sowohl für die Anfangsinvestition als auch für laufende Kosten, die während der Zeit anfallen, in welcher der Projektnutzen erzielt wird.

Projektkosten sind unterschiedlich schwer zu bestimmen. Relativ gut abschätzbar ist die typische *Anfangsinvestition*. Im beispielhaften Software-System gehören zu diesen Kosten im Normalfall

- die benötigte Hardware, Systemsoftware und die Anwendungssoftware,
- die Räumlichkeiten und Installationen für Maschinen und Menschen,
- die internen Einführungskosten für die im Projekt eingesetzten Personen,
- die Ablösung eines bestehenden Altsystems,
- die erstmalige Schulung der Anwender im Beherrschen der gewählten Geschäftsprozesse, also der organisatorischen Lösung,
- die erstmalige Schulung der Anwender im Beherrschen der Informatikstützung der Geschäftsprozesse,
- die externen Einführungskosten, z.B. für Berater.

Nicht unterschätzt werden dürfen zudem die *laufenden Kosten* zur Aufrechterhaltung des Systembetriebs. Im Falle einer Einführung von Software zählen dazu

- die Wartung für Hardware und Software,
- die laufende Schulung von Anwendern.

Nicht einfach abzuschätzen sind sodann die Aufwände zur Vermeidung von Opportunitätskosten. Sie entstehen durch die Beurteilung der Anforderungen der Kunden an das neue System in Bezug auf die Zielbereiche Qualität und Lieferung. Sie betreffen damit *Systemrisiken* und sind u.U. schwierig abzuschätzen. Im Falle einer Informatik-Investition spricht man auch von „*total cost of computing*". Zu den Systemrisiken zählen dann die Kosten für einerseits die Nichtverfügbarkeit und andererseits die Fehlerhaftigkeit von Hard- und Software. Zu den Opportunitätskosten zählen damit die Deckungsbeiträge der Kundengeschäfte, die aus diesen Gründen verloren gehen können. Je nach Anwendung sind sie sehr hoch im Vergleich zu den übrigen Kosten oder fallen aber gar nicht ins Gewicht. Beispiele:

- Eine Bank, die Online-Aktienhandel betreibt, muss das System auf Spitzenbelastungen ausrichten, die z.B. durch Neuemissionen oder Börsencrashes unerwartet schnell auftreten können. Eine Überlastung oder gar ein Ausfall des Systems in diesem Moment führen zum Verlust weiter Teile der Kundschaft. Zur Reduktion der Systemrisiken und damit zur Vermeidung der Opportunitätskosten muss das Informatik-System allenfalls doppelt, d.h. gespiegelt zur Verfügung stehen, was zu vermehrten Investitionskosten führt.
- Das Steueramt hat keine Probleme damit, dass „Kunden" abwandern können. Ein kurzfristiger Ausfall des Systems ist unproblematisch, er hat keine Opportunitätskosten zur Folge. Es entstehen also auch keine zusätzlichen Kosten zur Vermeidung von Opportunitätskosten.

Der *Projektnutzen* besteht aus den finanziellen Erträgen, die durch die Realisierung des Projekts entstehen.

Der Projektnutzen ist – wie schon die Projektkosten – unterschiedlich schwer zu bestimmen. Eine grundsätzliche Schwierigkeit liegt dabei in folgender Problematik: Viele Aspekte des Nutzens – gerade in den Zielbereichen Qualität und Lieferung – sind primär nicht monetär ausgedrückt und müssen damit schliesslich in finanziell messbare Grössen, eben Erträge, umgerechnet werden.

Dies ist auch im Falle eines Projekts zur Einführung eines Software-Systems so. Die folgende Darstellung, die ohne weiteres auch auf andere Arten von Projekten übertragen werden kann, ist [IBM75a] entnommen. Dabei werden drei Arten von Nutzen unterschieden:

1. *Direkter Nutzen durch Einsparungen*: Beispiel: Reduktion des administrativen Personals um eine Stelle, Reduktion der teuren Wartungskosten bisheriger unterhaltsintensiverer Maschinen.

2. *Direkter Nutzen durch zusätzlich erreichbare Deckungsbeiträge:* Z.B. höheres Geschäfts-volumen durch Abwicklung zusätzlicher Aufträge mit einem neuen Kunden über eine EDI-Nahtstelle (Electronic Data Interchange) oder über das World Wide Web, verbesserte Zahlungsmoral der Kunden durch das Mahnwesen um 0.5% der fakturierten Summe.

3. *Indirekter Nutzen:* Z.B. Reduktion der Bestände an Lager um 3% durch genauere, vollständigere und detailliertere Informationen, Erhöhen der Auslastung um 2% aus den gleichen Gründen, schnellere Durchlaufzeiten im Güterfluss.

Die Abb. 19.2.5.1 zeigt diese drei Arten von Nutzen in einer Matrix im Vergleich mit hoher, mittlerer und kleiner Realisierungswahrscheinlichkeit.

	Realisierungswahrscheinlichkeit		
	hoch	mittel	klein
1. Direkter Nutzen durch Einsparungen	1	2	4
2. Direkter Nutzen durch zusätzliche erreichbare Deckungsbeiträge	3	5	7
3. Indirekter Nutzen	6	8	9

Abb. 19.2.5.1   Matrix zur Abschätzung des Nutzens eines Software-Systems

Die Idee ist nun, sämtliche erwartenden Nutzen in die Felder einzutragen, zusammen mit dem Jahr, in welchem ein bestimmter Nutzen eintritt (d.h. realisiert wird), vom Einführungszeitpunkt des Software-Systems an gerechnet. Manchmal müssen zwei oder mehr Felder belegt werden.

- Z.B. schätzt man, dass 1% Reduktion der Bestände an Lager ab dem 2. Jahr mit hoher Wahrscheinlichkeit eintreten, 1% ab dem 3. Jahr mit mittlerer Wahrscheinlichkeit, und 1% ab dem 4. Jahr mit kleiner Wahrscheinlichkeit. In diesem Fall werden die Beträge und die Jahreszahl in die Felder 6, 8 und 9 eingetragen.

Diese Technik trägt der Beobachtung Rechnung, dass die Nutzen – in grösserer Variation als Kosten – pessimistisch, realistisch oder optimistisch eingeschätzt werden können. Die Zahlen 1 bis 9 zeigen an, in welcher Reihenfolge die zu erwartenden Nutzen in den kumulierten Nutzen eingerechnet werden.

Als *kumulativer Nutzen mit Realisierungsgrad d, $1 \leq d \leq 9$*, sei die Addition der Nutzen in den Feldern 1 bis d definiert.

Die verschiedenen Realisierungsgrade erlauben die Abschätzung des Risikos in Form einer Sensitivitätsanalyse.

Die *Projektrentabilität* ist die Gegenüberstellung von Kosten und Nutzen eines Projekts.

Der Berechnungsprozess wird auch Kapitalbudgetierung genannt (engl. „capital budgeting").

Gemäss [IBM75a] trägt man die kumulativen Nutzen mit Realisierungsgrad 1 bis 9 in der Zeitachse ein, wie dies Abb. 19.2.5.2 zeigt. Dies führt zu neun verschiedenen Nutzenkurven. In die gleiche Abbildung trägt man auch die Kostenkurve ein. Zum Zeitpunkt 0 handelt es sich um die Anfangsinvestition, in den späteren Jahren kommen die laufenden Kosten dazu. Als Ergebnis erhält man die *Rückzahlperiode* (engl. „payback period"), also mit anderen Worten den *„Breakeven"-Punkt* der Investition, und zwar – und dies ist das intuitiv Einfache an der Technik – de facto für neun überlagert dargestellte Rentabilitätsrechnungen.

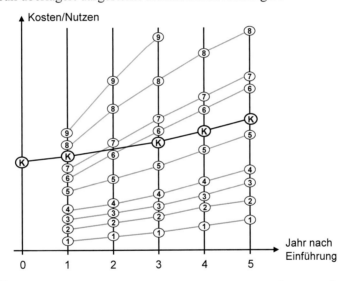

Abb. 19.2.5.2   Überlagerte Darstellung von neun Projektrentabilitätsrechnungen, für kumulative Nutzen mit Realisierungsgrad 1 bis 9

Im Beispiel in Abb. 19.2.5.2 kann man erstmals bei einem kumulativen Nutzen mit Realisierungsgrad 6 eine Rückzahlperiode von gut zwei Jahren angeben. Bei einem kumulativen Nutzen mit Realisierungsgrad 7 beträgt die Rückzahlperiode ca. anderthalb Jahre.

Bisher wurden Kosten und Nutzen ohne Veränderung in den Vergleich übernommen. Man kann aber auch eine *Diskontierung* durchführen, d.h. alle Kosten und Nutzen auf den Einführungszeitpunkt des Systems umrechnen. Dafür kann man die üblichen Investitionsrechenverfahren anwenden. Siehe dazu auch [Kerz17, Kap. 14]. Dazu gehört die *Kapitalwertmethode* (engl. *„net present value", NPV*) gemäss Abb. 19.2.5.3.

$$NPV = \sum_{t=0}^{T} \frac{(N_t - K_t)}{(1+z)^t}$$

NPV: Kapitalwert („net present value")

t: Periode der Realisierung (z.B. Jahr nach Einführung des Systems)

K_t: Kosten in Periode t (K_0 = anfängliche Investition)

N_t: Nutzen in Periode t (i. Allg ist N_0 = 0)

z : Investitionszinssatz bzw. Kapitalkostensatz (z.B. 10% = 0.1)

Abb. 19.2.5.3   Kapitalwertmethode (NPV, „net present value")

Die Kapitalwertmethode beruht auf der Beobachtung, dass ein Euro heute mehr Wert ist als ein Euro in einem Jahr. Dies wegen der Verzinsung des Kapitals. Bei einem Zinssatz von 10% ist ein Euro heute gleich viel Wert wie 1 Euro · (1+0.1) = 1.1 Euro in einem Jahr. Umgekehrt ist ein Euro in einem Jahr nur soviel Wert wie 1 Euro / (1+0.1) = 0.909 Euro heute. Projekte mit einem C grösser als Null sind rentable Projekte. Da die meisten Projekte mit einer grossen Anfangsinvestition verbunden sind, begünstigt die Kapitalwertmethode de facto Projekte mit einer kleinen Rückzahlperiode.

Das *Projektrisiko* bezieht sich auf Ereignisse, welche die Rentabilität eines Projekts beeinflussen.

Gemäss Abb. 19.2.5.3 kann das Projektrisiko nun darin bestehen, dass die Ziele des Projekts bezüglich der Kosten oder der erwarteten Nutzen nicht erreicht werden. Da die Projektkosten i. Allg. bei weitem besser bekannt sind als die Projektnutzen, beschränkt sich die Risikoanalyse meistens auf die Höhe und Jahr des Eintritts (der Realisierung) des Nutzens. Eine Möglichkeit zur Abschätzung der Risiken ist gerade die Sensitivitätsanalyse, die durch mehrere Rentabilitätsrechnungen unter Einbezug von kumulativen Nutzen mit unterschiedlichem Realisierungsgrad möglich wird, wie dies z.B. in Abb. 19.2.5.2 der Fall ist.

In der Praxis zeigt es sich, dass für die meisten Investitionen mit strategischer Bedeutung die grossen Nutzen oftmals erst bei einem kumulativen Nutzen mit Realisierungsgrad 6 und höher zu beobachten sind, also indirekten Nutzen einschliessen. In diesen Fällen ist in der Projektführung Vorsicht geboten. Die Realisierung eines indirekten Nutzens hängt nämlich nicht nur von der Umsetzung der eigentlichen Investition ab, sondern vor allem auch davon, ob die gewählte organisatorische Lösung als solche zur Bewältigung der unternehmerischen Aufgabe geeignet ist und von den Mitarbeitenden beherrscht wird. Bei der Realisierung eines Softwaresystems zur Stützung von Geschäftsprozessen hängt zum Beispiel

- die Höhe der Bestände an Lager auch von der generellen Auftragslage und der Wettbewerbsfähigkeit des Unternehmens ab. Der Bestand, der sich aus diesen Einflussfaktoren ergibt, kann dann eine mögliche Reduktion der Bestände an Lager aufgrund der Software-Investition bei weitem übertreffen.

- die Durchlaufzeit der Güter auch davon ab, ob die durch eine Software zur Verfügung gestellte Information auch rechtzeitig umgesetzt werden kann. Ein schneller Informationsfluss – z.B. über einen verspäteten Auftrag – nützt nichts, wenn am Arbeitsplatz keine Person zur Bearbeitung der Information zur Verfügung steht.

Stehen mehrere Projekte zur Auswahl, dann zeigt sich unterschiedliches Risikoverhalten gerade darin, welchen Realisierungsgrad des kumulativen Nutzens man einbeziehen will.

Die Gründe für das Projektrisiko können vielfältiger Natur sein. Die grundsätzliche Schwierigkeit der Schätzung von Kosten und Nutzen wird u.a. durch ungenau definierte Projektziele, schlechte Projektorganisation, mangelnde personelle und andere Ressourcen sowie ungenügende Projektleitung und Motivation der beteiligten Personen erschwert. Ein geeignetes *Projektrisikomanagement* schliesst Methoden ein, die im Kapitel über TQM und Six Sigma zur Sprache kommen, z.B. Assessments oder Audits.

19.3 Zusammenfassung

Systems Engineering ist eine systemische Methode zur Realisierung von Systemen. Das Vorgehensprinzip „vom Groben zum Detail" verlangt, das System auf verschiedenen Ebenen zu beobachten, d.h. mit seinen Unter- und Umsystemen. Der Systemlebenszyklus umfasst drei Konzeptionsphasen, die Vor-, Haupt- und Detailstudie genannt werden, und vier Ausführungsphasen, nämlich den Systembau, die Systemeinführung, den Systembetrieb und die Systementsorgung. Die drei Konzeptionsphasen durchlaufen den Problemlösungszyklus mit den sechs Schritten Situationsanalyse, Zielsetzung, Synthese, Analyse, Bewertung und Entscheidung. In der Vorstudie überwiegen die Systemanalyse und die Zielsetzung, in der Haupt- und Detailstudie die Synthese, Analyse, Bewertung und Entscheidung.

Einzelne Lebensphasen eines Systems können als Projekt aufgefasst werden. Das Projektmanagement ist dabei ein systematischer Ansatz, um die Effektivität eines Projekts sowie den effizienten Einsatz der Ressourcen sicher zu stellen. Ein Projekt verfolgt gewisse Ziele, deren Erfüllung oft mit Liefergegenständen verbunden ist, und unterliegt externen Randbedingungen aus den Umsystemen, wie z.B. gesetzlichen Auflagen, sowie internen Randbedingungen, wie Terminen und Kosten- und Kapazitätsrestriktionen. Der Projektlebenszyklus umfasst die Initialisierungsphase, mehrere Zwischenphasen und eine Endphase. Ein Projektstrukturplan unterteilt ein Projekt stufenweise in seine Aufgaben und Arbeitspakete, wobei der Detaillierungsgrad mit jeder Stufe zunimmt. Zur Ablaufplanung kann die Durchlaufzeit jeder Aufgaben bzw. jedes Arbeitspakets des Projektstrukturplans in der Zeitachse aufgetragen werden. Das so entstehende Gantt-Diagramm enthält auch die Projektmeilensteine. Unter gewissen Voraussetzungen kann man zur Terminplanung Netzplantechniken hinzuziehen, wie z.B. die „Kritischer-Pfad"-Methode.

Die Rolle des Projektmanagers kann als Koordinationsaufgabe in einer Linienorganisation ausgeübt werden, sowie als direkte Führungsaufgabe in einer projektbasierten Organisation oder mit beschränkter Weisungsbefugnis in einer Matrixorganisation. Die Projektkosten können i. Allg. relativ einfach bestimmt werden. Dies gilt in vielen Fällen nicht für die Abschätzung der Nutzen. Oft ist die Projektrentabilität erst unter Einbezug der indirekten Nutzen gegeben. Die Rentabilität selbst kann mit der Rückzahlperiodenmethode oder mit der Kapitalwertmethode bestimmt werden. Mehrere Rentabilitätsrechnungen unter Einbezug von kumulativen Nutzen mit unterschiedlichem Realisierungsgrad können die nötige Entscheidungsgrundlage liefern. Durch dieses Vorgehen erhält man auch eine Sensitivitätsanalyse, die zur Abschätzung des Projektrisikos herangezogen werden kann.

19.4   Schlüsselbegriffe

19.5   Literaturhinweise

APIC16   Pittman, P. et al., APICS Dictionary, 15. Auflage, APICS, Chicago, IL, 2016

DuFr15   Duden 05, „Das Fremdwörterbuch", 11. Auflage, Bibliographisches Institut, Mannheim, 2015

DuHe14   Duden 07, „Das Herkunftswörterbuch", 5. Auflage, Bibliographisches Institut, Mannheim, 2014

HaWe05   Haberfellner, R., De Weck, O., „Agile Systems Engineering versus Engineering Agile Systems", INCOSE 2005 World Conference, Rochester, NY, 2005

HaWe18   Haberfellner, R., De Weck, O. et al., „Systems Engineering", 14. Auflage, Verlag Industrielle Organisation, Zürich, 2018

IBM75a   IBM (Hrsg.), „Datenverarbeitung - Gewinnquelle des Unternehmens - Nutzenanalyse einer Wirtschaftlichkeitsrechnung für Daten- verarbeitungsanlagen", IBM Form GE 12-1307-01, 1975

Kerz17   Kerzner, H., „Project Management: A Systems Approach to Planning, Scheduling and Controlling", 12th Edition, John Wiley & Sons, Hoboken NJ, USA, 2017

KuHu18   Kuster, J., Huber, E. et al., „Handbuch Projektmanagement — Agil – Klassisch – Hybrid", 4. Auflage, Springer Verlag, Berlin, 2018

PMBOKD   „A Guide to the Project Management Body of Knowledge: PMBOK Guide", Deutsche Übersetzung, 5. Auflage, Project Management Institute, PMI Publications, Newton Square, PA, USA, 2014

PMBOK   „A Guide to the Project Management Body of Knowledge: PMBOK Guide", Project Management Institute, PMI Publications, Newton Square, PA, USA, 5th Edition, 2013

Züst04   Züst, R., „Einstieg ins Systems Engineering", 3. Auflage, Verlag Industrielle Organisation, Zürich, 2004

20 Ausgewählte Teilkapitel des Informationsmanagements

Aus dem Informationsmanagement kann man Eigenschaften und Denkweisen übernehmen, die für die Entwicklung und Ausführung eines Systems zur *Planung & Steuerung in Supply Chains* relevant sind. Wichtigen Definitionen von Begriffen im Informationsmanagement folgen grundsätzliche Überlegungen zur Modellierung von betrieblichen Informationssystemen. Dann geht es um die Modellierung aus Daten- und Objektsicht, woraus Techniken und Methoden zur korrekten Abbildung der logistischen Geschäftsobjekte gewonnen werden. Die Praxis hat gezeigt, dass diese Art der Modellierung einer speziellen methodischen Aufmerksamkeit bedarf, in Ergänzung zur Prozessmodellierung, die für Mitarbeitende in Unternehmen direkter zugänglich ist.

20.1 Wichtige Begriffe des Informationsmanagements

Für den Einsatz im Unternehmen sind Begriffe aus der Umgangssprache nötig, die von den Mitarbeitenden einfach verstanden werden.

Information wird in [DuFr15] zuerst mit Nachricht, Auskunft, Belehrung, Aufklärung definiert. Gemäss derselben Quelle ist eine Information auch eine sich zusammensetzende Mitteilung, die beim Empfänger ein bestimmtes (Denk-)Verhalten bewirkt. Nach [APIC16] handelt es sich um Daten, welche ausgewertet wurden und das Bedürfnis eines oder mehrerer Manager erfüllen.

Diese Definitionen entsprechen der unscharfen Verwendung des Begriffs in der Praxis.

Daten (wörtlich *Gegebenheiten*) sind gemäss [DuBe18] durch Beobachtungen, Messungen, statistische Erhebungen usw. gewonnene (Zahlen-)Werte. Gemäss [DuFr15] handelt es sich um (technische) Grössen, Angaben, Befunde über reale Gegenstände, Ereignisse, Einzelheiten, Fakten oder Tatsachen usw., die zum Zwecke der Auswertung kodiert wurden.

Die Datenverarbeitung (DV) wird heute mit Technologie unterstützt.

Informationstechnologie, bzw. einfach *IT*, umfasst *Hardware*, d.h. Computer sowie Telekommunikations- und andere Geräte, und *Software*, d.h. Programme und Dokumentation zur Nutzung von Computern, um Daten bzw. Informationen zu sammeln, speichern, sichern, schützen, verarbeiten, übermitteln und abzurufen. Siehe dazu auch [APIC16].

Diese Definitionen führen zum Begriff des Informationssystems.

Ein *Informationssystem* ist gemäss [APIC16] zusammengesetzt aus in gegenseitiger Beziehung stehender Computerhardware und -software sowie Personen und Prozessen, welche zur Erfassung, Verarbeitung und Verbreitung von Informationen zur Planung, Entscheidung und Steuerung angeordnet sind.

Diese Definition zielt auf ein *IT-unterstütztes Informationssystem* ab. In der Praxis kann man ein Informationssystem auch ohne IT-Werkzeuge aufbauen. Man hält dann Daten z.B. auf Papier in geeignet organisierten Karteien.

© Springer-Verlag GmbH Deutschland, ein Teil von Springer Nature 2020
P. Schönsleben, *Integrales Logistikmanagement*,
https://doi.org/10.1007/978-3-662-60673-5_21

Gerade IT-unterstützte Informationssysteme haben je nach Organisation ihrer Informationsspeicher einen mehr oder weniger strukturierten Charakter.

Eine *Datenbank* (engl. „Data Base") enthält Daten in definierten Strukturen, unabhängig von den sie auswertenden Programmen.

Ein *Datenbankverwaltungssystem* (engl. *„Database Management System"*, DBMS) organisiert und schützt die Daten und erlaubt, sie nach bestimmten Kriterien auszuwerten. Es regelt den Zugang zu den Daten durch verschiedene zeitlich konkurrierende Benutzer oder Anwendungsprogramme über diverse Zugriffswege und Selektionskriterien.

Eine *Datendefinitionssprache* (engl. *„Data Definition Language"*, DDL) ist eine Menge von Funktionen, um die Daten auf der Datenbank beschreiben zu können (statischer Teil des DBMS, auch als *„Data Dictionary"* bekannt).

Eine *Datenmanipulationssprache* (engl. *„Data Manipulation Language"*, DML) ist eine Menge von Funktionen, um die Daten auf der Datenbank verwalten zu können. Dazu gehört das Speichern und Abfragen der Daten (dynamischer Teil des DBMS).

Ein *Datenwarenhaus* (engl. *„Data Warehouse"*) ist eine Datenbank, die für Abfragen nach noch zu bestimmenden Kriterien zusammengestellt wird. Es dient z.B. der *Datenmustererkennung*, d.h. der Suche nach Zusammenhängen von Fakten oder Ereignissen (engl. *„Data Mining"*).

Als soziotechnisches System verlangt ein Informationssystem nach einer sorgfältigen Integration in das Unternehmen.

Unter dem Begriff *Informationsmanagement* wird alles zusammengefasst, was mit der Führung der *Ressource* Information im Unternehmen zusammenhängt: also das strategische und operationelle Management 1.) der Informationen selbst, 2.) des Lebenszyklus von Informationssystemen und 3.) der Informationstechnologien (das IT-Management)[156].

Zu 1) gehören die Teilaufgaben Identifikation, Akquisition, Speicherung, Verarbeitung, Übermittlung, Präsentation sowie Nutzung der Informationen. Siehe dazu z.B. [Schö01, Kap. 1.4]. Diese Aufgaben zeigen sich als typisches Gestaltungsproblem. Mit geeigneten Beschreibungsverfahren überführt man die einzelnen betrieblichen Bereiche in Modelle. Diese bilden auch eine notwendige Nahtstelle zum technischen Teil eines IT-unterstützten Informationssystems.

Theoretisch sollte das Informationsmanagement eng auf die Gesamtführung des Unternehmens abgestimmt sein. Natürlich möchten die Gesamtführung und das Geschäftsprozess-Reengineering schnell auf veränderte Marktsituationen reagieren. Demgegenüber dauert der Wechsel von einer IT auf eine andere erfahrungsgemäss oft (zu) lange. Dies deshalb, weil i. Allg. eine grosse Investition, vor allem in neue Wissensstände, nötig ist. Diese ist nicht über beliebig kurze Zeit verkraftbar, auch finanziell nicht immer. In der Praxis überleben IT-unterstützte Informationssysteme nicht selten 20 bis 40 Jahre! De facto ist eine IT-Strategie oft langfristiger als eine heute schnell wechselnde Unternehmensstrategie. Dieses Problem wird gerade bei Fusionen von Firmen immer wieder akut. Nicht verträgliche Informationssysteme können zu einem Knockout-Kriterium für Fusionen oder Firmenübernahmen werden. Die Gestaltung eines Informationssystems mit einer möglichst grossen Flexibilität für Änderungen der Unternehmensstrategie ist deshalb wichtig. Dies erfordert eine hohe Qualität der Daten- und Objektmodellierung.

---

[156] Der Begriff *Architektur des Informationssystems* spricht ähnliche Aufgaben an.

20.2 Modellierung von Informationssystemen in Firmen

Gerade bei IT-unterstützten Informationssystemen ist eine genaue Darstellung sowohl der Objekte als auch der Prozesse im Unternehmen eine unabdingbare Voraussetzung für eine zweckmässige Verarbeitung von Informationen. Aufgrund der Komplexität des sozio-technischen Systems *Unternehmen* erstaunt es nicht, dass die Modellierung herangezogen wird. Dieses Teilkapitel präsentiert deshalb als Erstes die grundlegenden Prinzipien der Modellierung.

Da man kein einziges, allgemein gültiges Modell für ein Informationssystem im Unternehmen finden kann, stellen die weiteren Teilkapitel ein Rahmenwerk vor, in das man die verschiedenen Denkmodelle einordnen kann. Dieses Rahmenwerk umfasst drei verschiedene Dimensionen.

20.2.1 Grundlegende Prinzipien für die Modellierung

Das Speichern, Verarbeiten und Präsentieren von Informationen ist mit typischen Gestaltungs-aufgaben verbunden. Um diese effektiv durchführen zu können, benötigt man eine genaue Vorstellung der Gegenstände oder Sachverhalte, auf welche sich die Informationen beziehen.

Ein *Modell* ist gemäss [DuFr15] die vereinfachte Darstellung der Funktion eines Gegenstandes oder des Ablaufs eines Sachverhalts, die eine Untersuchung oder Erforschung erleichtert oder erst möglich macht.

Der Begriff *Modellierung* bezeichnet den Ablauf, der zum Ergebnis, nämlich dem Modell führt. Eine *Modellierungsmethode* ist ein planmässiges und systematisches Vorgehen, das zur Modellierung verwendet wird.

Modelle für Informationssysteme sind nicht materieller Natur, sondern vielmehr Denkmodelle, die jemand von den Gegenständen oder Sachverhalten hat. Die gedankliche Vorstellung entwickelt man aufgrund der persönlichen Erfahrung und des Lernens über das System (z.B. über das Unternehmen) selbst, seine Ziele, den Aufbau und die Abläufe, sowie der sichtbaren Gegenstände und deren Funktionsweisen. Ein Modell wird somit tendenziell die persönliche Note der Person tragen, die das Modell konzipiert hat. Die Abb. 20.2.1.1 zeigt diese Problematik. Sie ist entnommen aus [Norm96]. Siehe dazu auch [Spec98].

Gemäss [Norm96] „erwartet der Designer, dass das Benutzermodell mit dem Design-Modell identisch ist. Doch der Designer spricht nicht direkt mit dem Benutzer, die ganze Kommunikation spielt sich über das Systembild ab. Wenn dieses das Design-Modell nicht klar und konsistent abbildet, so wird der Benutzer zu einem falschen Modell gelangen". Bereits für die Modellierung von physischen Systemen, wie z.B. Güterflüssen in Firmen, ist es schwierig, zu allgemein gleich empfundenen Modellen zu gelangen. Dies ist noch schwieriger bei Informationssystemen. Der Phantasie und Kreativität sind dann wenig Grenzen gesetzt. Dies ist aber von Nachteil für die Kommunikation unter Betriebsangehörigen. Aufgrund dieser Problematik sucht man seit langem nach gleich empfundenen, unmissverständlichen Bildern von Informationssystemen.

Die Realität zeigt, dass das gewünschte, einzige und allgemein gültige Modell für ein Informationssystem eines Unternehmens nicht gefunden werden kann. Die Modellierung von betrieblichen Informationssystemen wird aus verschiedenen Sichten, die den unterschiedlichen Denkmodellen entsprechen, durchgeführt. Das entspricht der Komplexität solcher sozio-technischer Systeme. In der Folge geht es dann darum, ein gemeinsames Rahmenwerk zu finden, in welchem die verschiedenen Denkmodelle eingeordnet werden können.

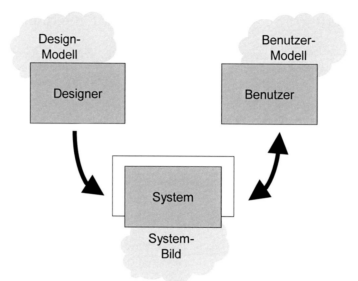

Abb. 20.2.1.1   Eine Grundproblematik in der Modellierung: Die Qualität eines Systembilds ist geprägt
durch die Person, die das Modell entwirft

Die unterschiedlichen Methoden der Modellierung sind dann ihrerseits, je nach Anwendungs-
zweck, verschieden. Jede Methode verfügt über spezifische Vorteile. Erscheint einem deshalb
aufgrund der persönlichen Herkunft oder Erfahrung ein bestimmter Aspekt als besonders
wichtig, so wird man die entsprechende Methode für besonders geeignet halten.

20.2.2 Verschiedene Dimensionen in der Modellierung von Informationssystemen für Geschäftsprozesse

In den vergangenen Jahren wurden verschiedene Versuche unternommen, die Vielschichtigkeit
eines Informationssystems in ein Konzept zur Entwicklung von Informationssystemen umzusetzen. Eine Initiative der EU-Forschungsgemeinschaft entwickelte dazu die Modellvorstellung
mit Namen CIM-OSA (Computer Integrated Manufacturing Open System Architecture). Siehe
dazu [Espr93]. Dieser Ansatz liegt zahlreichen weiteren Modellvorstellungen und sog.
Werkzeugkästen zugrunde. Der wohl bekannteste Werkzeugkasten ist das Aris Tool Set
(Architektur Rechnerintegrierter Systeme) [Sche02] geworden. Siehe dazu auch [Sche98c]. Die
Abb. 20.2.2.1 zeigt die Aris-Modellvorstellung als ein Haus mit drei Dimensionen.

Erstens: Die *Dimension der Hierarchiebildung* bzw. des *Vorgehensprinzips „vom Groben zum
Detail"*, so wie es auch in Kap. 19.1.1 erwähnt ist. Diese Dimension kommt in der Abb. 20.2.2.1
nicht direkt vor. Sie ist im Aris Tool Set aber dadurch realisiert, dass jeder Vorgang in der
Steuerungssicht auf einem neuen Diagramm in seine Teilprozesse unterteilt werden kann. Dies
entspricht der Bildung einer Bestandteilhierarchie gemäss Kap. 20.2.3.

Zweitens: Die Dimension der vier *Sichten auf das Informationssystem*, nämlich die Organisationssicht, die Datensicht (umfassender: Objektsicht), die Funktionssicht und die Steuerungssicht
(oft auch Prozesssicht genannt). Zu jeder der vier Sichten gibt es verschiedene Modellierungs-
methoden. Bestimmte Methoden behandeln nur eine Sicht, andere versuchen, mehrere Sichten
zu vereinen. Gewisse Werkzeuge behandeln zudem weitere Sichten. Der Vorteil der Methoden,
die nur eine Sicht behandeln, ist meistens ihre Einfachheit. Die Verbindung der vier Sichten muss

dann aber durch den Betrachter des Modells vorgenommen werden, wobei er durch das Werkzeug unterstützt wird. Im Aris Tool Set erfolgt die Verbindung z.B. über die Steuerungssicht, also die Prozesssicht.

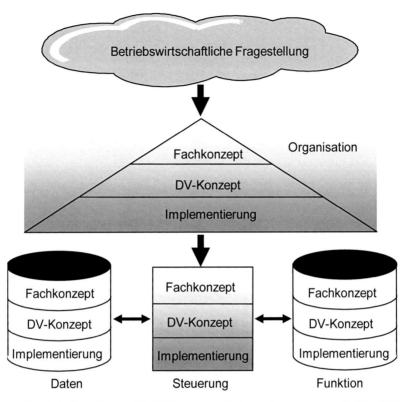

Abb. 20.2.2.1   Das Aris Tool Set zur Modellierung von Informationssystemen für Geschäftsprozesse: Die Dimension der vier Sichten und die Dimension der drei Beschreibungsebenen

Drittens: Die Dimension der *Systemlebensphasen* wird hier mit den drei Beschreibungsebenen *Fachkonzept*, *DV-(Datenverarbeitungs-)Konzept* und *(technische) Implementierung* identifiziert. Mit Bezug auf die im Kap. 19.1.2 erwähnten Phasen entspricht das Fachkonzept der Vorstudie und der Hauptstudie, das DV-Konzept der Haupt- und der Detailstudie und die technische Implementierung dem Systembau.

20.2.3 Dimension der Hierarchiebildung

Durch *Hierarchiebildung* werden in einer Sicht auf das Informationssystem die zu einem „höheren" Gegenstand gehörigen „tieferen" Gegenstände zusammengefasst bzw. klassifiziert.

Die Hierarchiebildung ist in der Modellierung ein sehr wichtiges Konstrukt. Sie durchdringt und charakterisiert die Modellierung, weshalb man von einer Dimension der Modellierung sprechen kann. Durch Hierarchiebildung werden Elemente in zusammengehörige Mengen geordnet, gruppiert oder klassiert. In der Praxis kann man die folgenden drei Arten von Semantik in der Hierarchiebildung immer wieder beobachten:

- die Bestandteilhierarchie (engl. „whole-part hierarchy"),
- die Spezialisierungshierarchie,

- die Assoziations- oder Bestimmungshierarchie.

Durch die *Bestandteilhierarchie* (engl. *„whole-part hierarchy"*) werden Elemente T_1, T_2, T_3, ... zusammengefasst, aus denen ein übergeordnetes Element G besteht oder aus welchen es zusammengesetzt ist.

Umgekehrt ist jedes hierarchisch untergeordnete Element T_1, T_2, T_3, ... Bestandteil oder Komponente eines übergeordneten Elements G. Die Abb. 20.2.3.1 veranschaulicht diese Semantik.

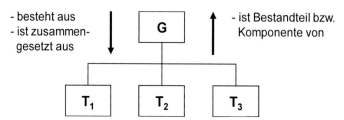

Abb. 20.2.3.1   Die Bestandteilhierarchie (engl. „whole-part hierarchy")

Beispiele von Bestandteilhierarchien in der stofflichen Welt sind

- ein Fahrrad (Ganzes) mit seinen Komponenten: Lenker, Rahmen und Laufräder.
- ein Transport (Ganzes) mit seinen Phasen: beladen, überführen, entladen.

Beispiele von Bestandteilhierarchien in Informationssystemen sind

- ein System mit seinen Teilsystemen,
- ein Objekt mit seinen Komponenten,
- ein Prozess mit seinen Teilprozessen,
- eine Funktion mit ihren Teilfunktionen,
- eine Aufgabe mit ihren Teilaufgaben.

Die Dimension des Vorgehensprinzips „vom Groben zum Detail" im Systems Engineering (Kap. 19.1.1) und in verschiedenen Werkzeugkästen zur Modellierung entspricht einer Bestandteilhierarchie.

Durch die *Spezialisierungshierarchie* werden die Elemente S_1, S_2, S_3, ... zusammengefasst, die verschiedene spezielle Erscheinungsformen des übergeordneten Elementes G darstellen. Anders gesagt, ist jedes der Elemente S_1, S_2, S_3, ... ein (spezielles) G.

Umgekehrt ist ein hierarchisch übergeordnetes Element G eine Generalisierung aller untergeordneten Elemente S_1, S_2, S_3, ... Anders gesagt kann ein Element G ein Element S_1 oder ein Element S_2 oder ein Element S_3 usw. sein. Die Abb. 20.2.3.2 veranschaulicht diese Semantik.

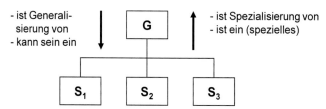

Abb. 20.2.3.2   Die Spezialisierungshierarchie

Beispiele von Spezialisierungshierarchien in der Unternehmenswelt sind

- Mitarbeitender einer Firma (Generalisierung) mit den verschiedenen Erscheinungs- formen Angestellter, Arbeiter und Lehrling.
- Eine Versanddienstleistung (Generalisierung) mit ihren verschiedenen Möglichkeiten: Abwicklung „express", „normal" oder „günstig".

Beispiele von Spezialisierungshierarchien in der Modellierung von Informationssystemen sind

- ein Objekt mit seinen spezialisierten Erscheinungsformen,
- ein Prozess mit verschiedenen Möglichkeiten der Abwicklung.

Durch die *Assoziations-* oder *Bestimmungshierarchie* werden einem untergeordneten Element A alle Elemente G_1, G_2, G_3, ... übergeordnet, die gemeinsam das Element A definieren oder bestimmen bzw. durch deren Gemeinsamkeit (engl. „association") das Element A entsteht.

Anders gesagt braucht A sämtliche Elemente G_1, G_2, G_3, ... gemeinsam zu seiner Existenz. Ebenso kann man sagen, A gehört den Elementen G_1, G_2, G_3, ... gemeinsam, oder A entsteht durch ihre Gemeinsamkeit oder ihr gemeinsames Wirken. Umgekehrt „generieren", „bestimmen" oder „besitzen" die hierarchisch übergeordneten Elemente G_1, G_2, G_3, ... gemeinsam ein untergeordnetes Element A. Die Abb. 20.2.3.3 veranschaulicht diese Semantik.

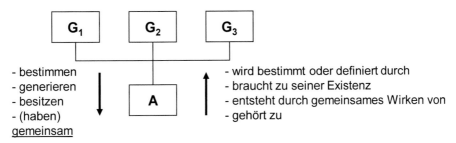

Abb. 20.2.3.3   Die Assoziations- oder Bestimmungshierarchie

Beispiele von Assoziations- oder Bestimmungshierarchien sind folgende:

- Ein Kind braucht zu seiner Existenz einen Vater und eine Mutter, bzw. entsteht durch ihr gemeinsames Wirken.
- Ein Steuerpflichtiger wird definiert durch eine Person und eine politische Gemeinde.
- Ein Kundenauftrag wird bestimmt durch einen Kunden und einen Zeitpunkt.
- Die Versandlogistik wird bestimmt durch das (strategisch übergeordnete) Marketing und die langfristige Unternehmensplanung.

Beispiele von Assoziations- oder Bestimmungshierarchien in der Modellierung von Informationssystemen sind:

- Ein Objekt braucht zu seiner Existenz verschiedene andere Objekt.
- Ein Prozess wird bestimmt durch mehrere andere Prozesse.

Die verschiedenen Verben, welche die Semantik der Assoziationshierarchie beschreiben, zeigen verschiedene mögliche Grade der Intensität der Bestimmung: von der Generierung bis zum Besitz. Gemeinsam ist ihnen jedoch, dass das untergeordnete Element ohne die es bestimmenden Elemente nicht bestehen kann. Die intensivste Form ist eine „Eltern-Kind"-Beziehung.

Die am wenigsten bindende Form der Assoziationshierarchie kann durch das Verb „haben" ausgedrückt werden, bzw. umgekehrt „gehört zu". Dies ist jedoch eine zu allgemeine Semantik, um die Assoziationshierarchie zu charakterisieren, kann man sie doch auch für die Bestandteilhierarchie oder für eine andere hierarchische oder nicht hierarchische Beziehung verwenden.

Die verschiedenen semantischen Konstrukte der Hierarchiebildung sind rekursiv. Dadurch kann man mehrstufige Konstrukte bilden:

- Jede Komponente kann ihrerseits wieder aus untergeordneten Elementen zusammengesetzt sein.
- Jedes spezialisierte Element kann seinerseits, ggf. nach einem anderen Kriterium, in weitere Elemente spezialisiert werden.
- Jedes durch ein übergeordnetes Element bestimmte Element kann seinerseits, ggf. zusammen mit weiteren Elementen, ein untergeordnetes Element bestimmen.

Bekannte Beispiele:

- Unter einer *Stückliste* bzw. *Nomenklatur* versteht man die strukturierte Zusammensetzung des Produkts aus seinen Komponenten. Es handelt sich dabei um eine mehrstufige Bestandteilhierarchie. Siehe dazu auch Kap. 1.2.2.

- Ein *Klassifikationssystem* ist eine mehrstufige Spezialisierungshierarchie. Ein Beispiel dafür ist die standardisierte DIN 4000 für die Arbeit des Konstrukteurs, die ihm hilft, auf systematische Weise Artikel – typischerweise Halbfabrikate und Einzelteile – zu finden. Siehe dazu auch Kap. 17.5.3.

- Die klassische *Befehlskette* in einem Unternehmen oder einer anderen menschlichen oder maschinellen Organisation ist eine mehrstufige Bestimmungshierarchie, in der jeweils nur ein bestimmendes Element auf ein untergeordnetes Element einwirkt.

20.2.4 Dimension der verschiedenen Sichten in der Modellierung

In [Spec05] ist eine neuere Aufarbeitung der verschiedenen *Sichten auf das Informationssystem* zu finden. Die Abb. 20.2.4.1 ist daraus entnommen.

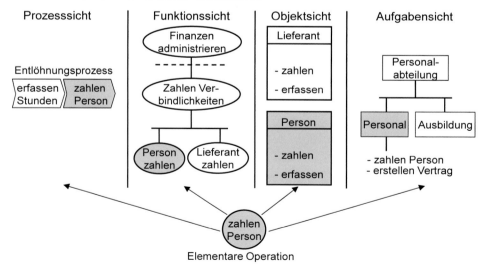

Abb. 20.2.4.1   Vier Sichten auf Informationssysteme für Geschäftsprozesse (Bsp. aus [Spec05])

- Die *Prozesssicht* ist für das Verständnis des betrieblichen Geschehens naheliegend und geeignet. Ein Prozess fasst mehrere Arbeiten, z.B. (Teil-)Aufgaben bzw. Funktionen zusammen und wickelt sie in einer bestimmten Reihenfolge ab. Das Beispiel zeigt eine mögliche Darstellung eines Entlöhnungsprozesses. Diese Sicht wird auch *Ablauf-* oder *Vorgangssicht* genannt. Sie entspricht der *Steuerungssicht* im Aris Tool Set (Abb. 20.2.2.1).

- Die *Funktionssicht*: Funktionen werden nach einem im Prinzip beliebigen Merkmal unter einer dementsprechenden übergeordneten Funktion zusammengefasst. Als Folge entsteht eine u.U. mehrstufige Hierarchie, eine Baumstruktur. Im Beispiel der Abb. 20.2.4.1 sind auf der unteren Ebene alle Funktionen zusammengefasst, die in irgendeiner Weise „Verbindlichkeiten zahlen". Auf der oberen Stufe sind offenbar alle Funktionen zusammengefasst, die in irgendeiner Weise „Finanzen administrieren". Oft findet man als zusammenfassendes Merkmal für die Funktionen die Zugehörigkeit zu einem bestimmten Prozess. Wenn die Funktionen in der Baumstruktur in der Reihenfolge angeordnet sind, wie sie im Prozess vorkommen, dann kann man in der Funktionssicht im Wesentlichen auch den Prozess ablesen. Oder man kann umgekehrt sagen, dass die Funktionssicht nach der Prozesssicht empfunden wird.

- Die *Objektsicht*: Diese Sicht fasst Daten und Funktionen bzw. Prozesse zusammen, die dasselbe Objekt betreffen. Im Beispiel handelt es sich um die Objekte Person und Lieferant. Eine wichtige Teilsicht der Objektsicht ist die *Datensicht*, also die Beschreibung jedes Objekts durch einen Satz von Attributswerten. Objekte bilden die Basis für die Datenverarbeitung, da sie die Daten beinhalten. Dabei ist es egal, ob die Objektbeschreibungen in einer Kartei oder in einem elektromagnetischen Speicher abgelegt sind. Einem Objekt können auch Aufgaben, Funktionen oder Prozesse zugeordnet werden, wenn sie im Wesentlichen nur dieses Objekt betreffen. Da die Prozesse, Aufgaben oder Funktionen irgendwie beschrieben werden müssen, kann man diese Beschreibung als Daten auffassen und dem Objekt zuordnen wie die Beschreibung des Objekts selbst.

- Die *Aufgabensicht*: Sie fasst (Teil-)Aufgaben, Funktionen oder Prozesse zu Aufgaben zusammen. Eine sinnvoll zusammengehörige Menge von Aufgaben kann man in der Folge einer organisatorischen Einheit im Unternehmen zuteilen. Im Beispiel sind die Aufgaben Lohnabrechnung und Ausbildung definiert, die in der organisatorischen Einheit *Personalabteilung* zusammengefasst sind. *Personaladministration* und *Ausbildung* können auch ihrerseits je als organisatorische Einheit empfunden werden. Umgekehrt kann Personalabteilung als umfassendere Aufgabe verstanden werden. Damit ist der Zusammenhang zwischen Ablauforganisation und Aufbauorganisation gegeben. Dieser Übergang ist der eigentliche Grund, wieso man anstelle von Aufgabensicht des Öfteren von *Organisationssicht* spricht, z.B. im Aris Tool Set (Abb. 20.2.2.1).

Es sind diese verschiedenen Sichten, die in der Folge modelliert werden.

Eine *prozessorientierte Modellierung* behandelt als primäre Sicht die Prozesssicht. Sie führt zum *Prozessmodell*.

Eine *funktionsorientierte Modellierung* behandelt als primäre Sicht die Funktionssicht. Sie führt zum *Funktionsmodell*.

Eine *objektorientierte Modellierung* behandelt als primäre Sicht die Objektsicht. Sie führt zum *Objektmodell*. Die eingeschränktere Sicht der *Datenmodellierung* führt zum *Datenmodell*.

Eine *aufgabenorientierte Modellierung* behandelt als primäre Sicht die Aufgaben- bzw. Organisationssicht. Sie führt zum *Aufgabenmodell* bzw. *Organisationsmodell*.

20.3 Die Modellierung von Informationssystemen aus Daten- und Objektsicht

Seit Beginn der IT-Unterstützung hat die Modellierung von Informationssystemen aus Daten- und Objektsicht an Bedeutung entscheidend gewonnen. Das Speichern von Daten über betriebliche Objekte umfasst eine recht komplexe Strukturierung einer Vielzahl von Klassen von Datenbeständen. Anwender müssen Daten- und Objektmodelle verstehen, wenn sie sie effizient nutzen können sollen. Sodann müssen solche Modelle auf dem Computer implementierbar sein; sie müssen also Ansprüchen an Präzision und Eindeutigkeit genügen. Daten- und Objektmodelle gehören zur konzeptionellen Nahtstelle zwischen Anwendern ohne IT-Spezialkenntnisse und Erstellern von Informationssystemen. Die nachfolgenden Begriffe zum Entwurf solcher Modelle stammen darum möglichst aus der Umgangssprache und sollen auch so verstanden werden.

20.3.1 Objekt, Attribut und Objektklasse

Eine *Entität* bezeichnet gemäss [DuFr15] ein Ding, eigentlich „das Dasein eines Dings". Es kann sich dabei um ein reales Ding (z.B. eine Person, eine Sache), aber auch um ein irreales Ding (z.B. ein Konzept, eine Idee) handeln.

Ein *Objekt* ist gemäss [DuHe14] ein Gegenstand oder Inhalt der Vorstellung, ein Ziel, auf das sich eine Tätigkeit oder ein Handeln erstreckt. Verwandte Begriffe sind Ding oder Gegenstand.

Die Entität beschreibt also die Existenz eines Dings, das Objekt beschreibt eher das Ding als Gegenstand der Betrachtung. Bei Informationssystemen für Geschäftsprozesse existiert der eine Aspekt nicht ohne den anderen, so dass beide Begriffe synonym verwendet werden können.

Ein *Attribut* bezeichnet gemäss [DuFr15] eine Eigenschaft, ein Merkmal oder eine nähere Bestimmung einer Substanz.

Ein *Wertebereich* (engl. „*domain*") enthält die möglichen Werte eines Attributs.

Zu jedem Objekt bzw. jeder Entität gehört eine Menge von Attributen, welche die gesamte interessierende Information über die Entität bzw. das Objekt im zu betrachtenden Zusammenhang enthalten. Jedes Attribut beschreibt die Entität bzw. das Objekt in einer bestimmten Weise, es zeigt einen Aspekt davon. Für jedes Attribut gibt es den entsprechenden Wertebereich, wobei verschiedene Attribute durchaus den gleichen Wertebereich haben können.

Ein *Datensatz* (engl. „*record*") ist eine Sammlung von Datenfeldern, angeordnet in einem bestimmten Format, zur Speicherung der Daten eines Objekts.

Ein *Datenfeld* (engl. „*field*") ist ein spezieller Bereich eines Datensatzes zur Speicherung eines mit einem Wert versehenen Attributs eines Objekts.

Daten eines Objekts sind somit die *codierten* Informationen über das Objekt bzw. die Entität, d.h. der Datensatz oder die Menge aller Datenfelder eines Objekts bzw. einer Entität.

> Eine *Objektklasse* bzw. eine *Entitätsklasse*, abgekürzt *Klasse*, ist eine Menge von Entitäten oder Objekten, welche in ihren wesentlichen Eigenschaften durch die gleichen Attribute beschrieben werden.

Der Begriff *Entität* oder *Objekt* beschreibt damit die einzelne Ausprägung, d.h. ein Auftreten oder eine Instanz einer Klasse, z.B. eine Person in der Klasse aller Angestellten einer Firma.

- Im entitätsorientierten Ansatz bezieht sich der Begriff *Entität* in der Praxis jedoch sowohl auf die Datenstruktur (d.h. „Entität = Menge von Attributen") als auch auf die konkrete Ausprägung (d.h. „Entität = Menge von Attributswerten"). So ist mit der Entität *Person* sowohl die Menge der zur Entität gehörenden Attribute als auch eine bestimmte Person, d.h. ein bestimmter Wert für jedes Attribut gemeint.

- Im objektorientierten Ansatz kennzeichnet der Begriff *Objekt* (engl. *„instance"*) nur die konkrete Ausprägung, während die Attribute der Klasse zugeordnet sind. Die Klasse ist damit ein struktureller Begriff, der auch ohne konkrete Objekte definiert sein kann.

> Eine *Datei* (engl. *„file"*) ist gemäss [DuFr15] ein nach zweckmässigen Kriterien geordneter, zur Aufbewahrung geeigneter Bestand an sachlich zusammengehörenden Dokumenten. Eine Datei in der EDV enthält alle Datensätze der zu einer Klasse gehörenden Objekte bzw. Entitäten.
>
> *Tabelle* (engl. *„table"*) ist ein anderer Begriff für *Klasse* im *relationalen (Datenbank-)Modell*, dem bekanntesten Modell des entitätsorientierten Ansatzes.

Die Kolonnen einer Tabelle entsprechen den verschiedenen Attributen, die Zeilen den verschiedenen Entitäten einer Klasse. Die Abb. 20.3.1.1 enthält das Beispiel einer Klasse *Kunde* mit den Attributen *Kunden-Id.* (Kürzel für Identifikation), *Name*, *Vertreter*, *Umsatz*, *Branche* und *Ort*.

Kunden-Id.	Name	Vertreter	Umsatz	Branche	Ort
3001	Novartis	Meier	4.000.000	Chemie	Basel
3002	La Roche	Müller	3.000.000	Chemie	Basel
3003	CS	Hofmann	6.000.000	Bank	Genf
3004	IO	Oldenkott	1.500.000	Verlag	Zürich
3005	Migros	Alberti	3.600.000	Lebensmittel	Bern
3006	Int. Discount	Dossenbach	2.400.000	Elektronik	Aarau
3007	UBS	Sauter	500.000	Bank	Zug
3008	Continental	Zuber	340.000	Versicherung	Zug
3009	Hey	Gübeli	70.000	Textilien	Zürich

Abb. 20.3.1.1   Die Klasse *Kunde* als Tabelle im relationalen Datenbankmodell

Die Wiedergabe einer Klasse als Tabelle entspricht einer angemessenen und verbreiteten Praxis. Übrigens kann man sowohl die Objekte einer Klasse im objektorientierten Ansatz als auch die Datensätze einer Datei im dateiorientierten Ansatz als Tabelle darstellen.

20.3.2 Sicht auf eine Klasse, Primär- und Sekundärschlüssel

Die *Sicht auf eine Klasse* (engl. *„View"*) ist ein Ausschnitt auf die durch Entitäten und Attribute definierte Tabelle, in der nur gewisse Attribute und bestimmte Entitäten berücksichtigt sind und für welche die Entitäten in einer bestimmten Reihenfolge präsentiert werden.

Der Begriff *Sicht* kann sinngemäss auf eine Klasse im objektorientierten Ansatz übertragen werden, wobei an Stelle von Entitäten Objekte stehen. In der Abb. 20.3.1.1 ist die Sicht bezüglich der Attribute sowie der Entitäten vollständig. Die verschiedenen Entitäten sind in aufsteigender Reihenfolge nach dem Wert des Attributs *Kunden-Id.* aufgeführt.

- Eine andere Sicht könnte die Kunden in absteigender Folge nach dem Attribut *Umsatz* präsentieren, nur die Attribute *Name* und *Umsatz* (in dieser Reihenfolge) und nur für die Kunden an bestimmten *Orten*.

- Eine weitere Sicht könnte die Entitäten in aufsteigender Reihenfolge nach dem Attribut *Vertreter* präsentieren, und zwar nur die Attribute *Vertreter*, *Name* und *Kunden-Id.*

Die Sicht auf eine Klasse ist in der praktischen Anwendung zum wohl wichtigsten Konstrukt der elektronischen Datenverarbeitung (EDV) geworden. In der Tat sind die meisten Informations-bedürfnisse als – einfache oder komplexe – Sichten auf gewisse Datenbestände formulierbar. Pointiert gesagt: Die Hauptaufgabe von Informationssystemen für Geschäftsprozesse besteht im Sortieren und Selektieren von Objekten. Ganz besonders gilt dies im Falle einer IT-Unterstützung. Für die Erstellung von Sichten gibt es Werkzeuge:

Structured Query Language (SQL) heisst eine bekannte Datenmanipulationssprache. Die Klauseln eines SQL-Befehls entsprechen im Prinzip der Definition einer Sicht.

Die SQL-Instruktionen für die beiden vorherigen Beispiele lauten:
- SELECT *Name*, *Umsatz* FROM *Kunde* BY *Umsatz* WHERE *Ort* $\in$ {„Zürich", „Basel"}
- SELECT Vertreter, Name, Kunden-Id. FROM Kunde BY Vertreter

Ein weiteres wichtiges Entwurfselement bildet der Primärschlüssel einer Klasse, auch Identifikationsschlüssel genannt und mit Id.-Schlüssel abgekürzt.

Ein *Primärschlüssel* bzw. ein *Identifikationsschlüssel* einer Klasse (auch *Id.-Schlüssel* oder einfach *Id.* genannt) ist eine minimale Menge von Attributen, die zusammen ein Objekt eindeutig identifizieren. Formaler gesagt ist er eine Teilmenge X von Attributen der Klasse, welche die folgenden Bedingungen jederzeit, d.h. für jede vorkommende Kombination von Entitäten erfüllt:

- X bestimmt alle Attribute der Klasse, d.h. für jeden Wert von X existiert ein eindeutiger Wert für die restlichen Attribute, oder – äquivalent – alle Entitäten bzw. Objekte, die für X einen gleichen Wert besitzen, haben auch für die restlichen Attribute denselben Wert (d.h. es handelt sich um die gleiche Entität bzw. das gleiche Objekt);

- Es gibt keine Teilmenge Y von X, Y $\neq$ $\emptyset$, derart, dass Y bereits die restlichen Attribute bestimmt (Minimalitätseigenschaft).

Die Bestimmung eines Identifikationsschlüssels einer Klasse ist für die reine Speicherung der Daten im Prinzip nicht notwendig. Trotzdem hat sich der Identifikationsschlüssel als wichtiges

Entwurfselement durchgesetzt. Der Hauptgrund liegt dabei in der für den Anwender wesentlich einfacher verständlichen Semantik bei der Modellierung der realen Welt.

Ein „guter" Id.-Schlüssel sollte die folgenden vier Eigenschaften aufweisen:

1. <u>Dauerhaft:</u> Ein Id.-Schlüssel darf sich während des Lebens des Objekts nicht verändern.

2. <u>Vergabe umgehend möglich:</u> Ein Id.-Schlüssel soll unmittelbar zugeteilt werden können, sobald das Objekt entsteht.

3. <u>Kurz und einfach:</u> Ein Id.-Schlüssel soll kurz sein, um ihn schnell eintippen zu können.

4. <u>Sprechend:</u> Ein Id.-Schlüssel. soll aus typischen Eigenschaften des Objekts bestehen.

Leider widerspricht die einsichtige vierte Eigenschaft in der Realität oft der ersten Eigenschaft und teilweise auch der zweiten und dritten. Beispiele für teilweise sprechende Schlüssel sind die EAN-Nr. zur Produktidentifikation, die frühere Schweizer AHV-Nr. (Sozialversicherungs-Nr.), in vielen Ländern auch die Studierenden-Nr., usw. In der Praxis hat die erste Eigenschaft faktisch Priorität. Sobald nämlich bei einem sprechenden Schlüssel die Anzahl der Stellen zur sprechenden Beschreibung aufgebraucht ist, muss der Schlüssel um eine bis mehrere Stellen verlängert werden. Das ist wegen der bestehenden Datenbestände derart aufwendig und fehleranfällig, dass bei dieser Gelegenheit der Schlüssel sinnvollerweise neu konzipiert und auf „nicht sprechend" umgeändert wird. Dies war z.B. bei der Einführung der neuen AHV-Nr. in der Schweiz der Fall. Das Problem zeigt sich auch bei der Wahl einer sprechenden Artikel-Id.

> Ein *Sekundärschlüssel* einer Klasse ist eine Teilmenge von Attributen, nach welchen die Objekte für die entsprechende Sicht sortiert werden.

Ein Sekundärschlüssel unterscheidet sich von einem Primärschlüssel dadurch, dass er ein Objekt nicht eindeutig identifizieren muss. Hingegen bestimmt er eine Sicht auf die Klasse so, dass er die Reihenfolge der Objekte festlegt.

In der in Abb. 20.3.2.1 gezeigten objektorientierten Notation gemäss UML (siehe [UML13]) wird das Primärschlüsselattribut unterstrichen. Mehrere Attribute können zusammen einen Primärschlüssel definieren. Mehrere mögliche Primärschlüssel werden dabei durch geeignete Aufzählung unterschieden.

Abb. 20.3.2.1 Darstellung einer Klasse im objektorientierten Ansatz (mit Beispiel) sowie Darstellung eines Objekts

Eine Sicht auf die Klasse wird durch gestricheltes Unterstreichen des Attributs bzw. der Attribute, nach denen die Sicht geordnet ist, gekennzeichnet. In der Abb. 20.3.2.1 ist z.B. eine Sicht nach dem Attribut *Vertreter* definiert.

20.3.3 Assoziation und (Assoziations-)Rolle

Eine *Assoziation* ist gemäss [DuFr15] eine Verknüpfung, eine Vereinigung oder ein Zusammenschluss. In der daten- und objektorientierten Modellierung handelt es sich um eine Verknüpfung von Klassen, genauer der Objekte bzw. Entitäten dieser Klassen.

Eine *binäre Assoziation* bzw. *zweiseitige Assoziation* ist die Verknüpfung von genau zwei Klassen, genauer von je einem Objekt bzw. einer Entität der beiden Klassen.

Eine *reflexive Assoziation* ist die Verknüpfung einer Klasse mit sich selbst, genauer eines Objekts der Klasse mit einem anderen Objekt derselben Klasse.

Es gibt auch Verknüpfungen zwischen drei oder mehr Klassen. Diese treten in der betrieblichen Praxis seltener auf und können zudem immer auf relevante binäre Verknüpfungen zurückgeführt werden. Reflexive Assoziationen treten ebenfalls eher selten, jedoch typischerweise auf. Kap. 20.3.8 wird einige wichtige Fälle behandeln.

Eine Verknüpfung äussert sich über die gegenseitige Zuordnung der Elemente von Klassen. Beim Entwerfen von Daten- und Objektmodellen geht es darum, diese Assoziationen festzustellen und in geeigneter Form grafisch auszudrücken. Formal ist dafür die Abrial'sche Zugriffsfunktion geeignet.

Eine *Abrial'sche Zugriffsfunktion* (siehe [Abri74]) ist eine binäre Relation (im mathematischen Sinne!), die von einer Ausgangs- zu einer Zielklasse führt.

Der Formalismus wird in der Abb. 20.3.3.1 am Fall der binären Assoziation zwischen den Klassen X und Y gezeigt. f und g sind binäre Relationen, wobei g die Umkehrrelation zu f ist. f führt von der Klasse X zur Klasse Y und g umgekehrt von Y nach X.

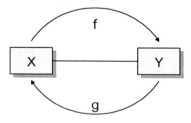

Abb. 20.3.3.1   Die Abrial'sche Zugriffsfunktion

Als Beispiel für den Gebrauch der Abrial'schen Zugriffsfunktion zeigt die Abb. 20.3.3.2 die Assoziation der Klassen *Buch* und *Kunde* im Bibliothekswesen.

Der Sachverhalt, welchen die beiden Abrial'schen Zugriffsfunktionen ausdrücken, ist intuitiv verständlich: Einerseits wird ein Buch an maximal einen Kunden ausgeliehen; es kann aber auch *nicht* ausgeliehen sein. Andererseits kann ein Kunde maximal vier Bücher gleichzeitig ausleihen. Zu einem bestimmten Zeitpunkt kann er aber auch kein Buch ausleihen. Die beiden Abrial'schen Zugriffsfunktionen stehen damit für die zwei Rollen in einer binären Assoziation.

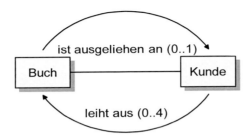

Abb. 20.3.3.2   Die Assoziation der Klassen *Buch* und *Kunde* im Bibliothekswesen

Eine *(Assoziations-)Rolle* ist eine Aussage über die Art bzw. den Grund der Verknüpfung eines Objekts bzw. einer Entität der Ausgangsklasse in einer Assoziation mit einem Objekt bzw. einer Entität der Zielklasse.

Der *Rollenname* bzw. die *Bezeichnung der Zugriffsfunktion* ist der passende Teilsatz der Rollenaussage, um das Subjekt des Satzes (nämlich das Objekt bzw. die Entität der Ausgangsklasse) mit dem Objekt des Satzes (nämlich dem Objekt bzw. der Entität der Zielklasse) zu verbinden.

Der Rollenname bzw. die Bezeichnung der Zugriffsfunktion enthält somit mindestens ein Verb und, falls nötig, die Präposition, welche mit diesem Verb für das bestimmte Objekt gebraucht wird. Im Beispiel der Abb. 20.3.3.2 heisst die Rolle, welche der Zugriffsfunktion f entspricht, „*ist ausgeliehen an*" und die Rolle, welche der Zugriffsfunktion g entspricht, „*leiht aus*".

20.3.4 Einwertige und mehrwertige, totale und partielle Rollen

Die wichtigen Eigenschaften der Assoziation sind mit folgenden Charakteristiken ihrer Zugriffsfunktionen gegeben:

Eine Rolle bzw. eine Zugriffsfunktion ist *einwertig*, wenn jedes Objekt bzw. jede Entität der Ausgangsklasse zu höchstens einem Objekt bzw. einer Entität in der Zielklasse führt. Sie ist *mehrwertig*, wenn es Objekte bzw. Entitäten in der Ausgangsklasse gibt, welche zu mehr als einem Objekt bzw. einer Entität in der Zielklasse führen.

Die *maximale Kardinalität* einer Zugriffsfunktion ist die maximale Anzahl Objekte bzw. Entitäten der Zielklasse, zu denen ein Objekt bzw. eine Entität in der Ausgangsklasse führen kann.

In der Praxis ist der Unterschied zwischen der maximalen Kardinalität 1 einerseits und >1 andererseits sehr wichtig für die Datenmodellierung bzw. die objektorientierte Modellierung. Der Unterschied zwischen grösseren maximalen Kardinalitäten ist jedoch nicht von Bedeutung.

Eine Rolle bzw. eine Zugriffsfunktion ist *total* bzw. *strikt*, wenn jedes Objekt bzw. jede Entität der Ausgangsklasse zu mindestens einem Objekt bzw. einer Entität in der Zielklasse führt. Sie ist *partiell* bzw. *nicht strikt*, wenn es Objekte bzw. Entitäten in der Ausgangsklasse gibt, welche zu keinem Objekt bzw. keiner Entität in der Zielklasse führen.

Die *minimale Kardinalität* einer Zugriffsfunktion ist die minimale Anzahl Objekte bzw. Entitäten der Zielklasse, zu denen jedes Objekt bzw. jede Entität in der Ausgangsklasse führen muss.

In der Praxis ist der Unterschied zwischen der minimalen Kardinalität 0 (partielle Rolle) einerseits und >0 (totale Rolle) andererseits wichtig für die daten- bzw. objektorientierte Modellierung. Der Unterschied zwischen grösseren minimalen Kardinalitäten ist von geringerer Bedeutung[157].

Das Beispiel der Abb. 20.3.3.2 zeigt eine übliche Notation.

- Minimale und maximale Kardinalitäten stehen in Klammern und durch zwei waagrechte Punkte getrennt neben dem Rollennamen:

  „Rollenname (minimale Kardinalität .. maximale Kardinalität)"

- Ein fehlender Rollenname setzt das Verständnis über die Bedeutung der Rolle voraus. Die Kardinalitäten stehen dann ohne Klammern[158].

Zusätzliche Abmachungen erlauben eine sparsame, übersichtliche Notation:

$1 \Leftrightarrow 1..1$: Ist als einzige Kardinalität 1 notiert, dann ist die minimale Kardinalität gleich der maximalen Kardinalität = 1. Dieser sehr wichtige Fall zeigt Hierarchien an.

$n \Leftrightarrow 0..n$: Ist als einzige Kardinalität n oder * notiert, so ist der häufige Fall mit minimaler Kardinalität 0 und einer im Prinzip unbestimmten maximalen Kardinalität >1 gemeint. Übrigens ist in diesem Fall die Rolle praktisch immer partiell.

20.3.5 Assoziationstypen

> Der *Assoziationstyp* ist eine abkürzende Charakterisierung der maximalen Kardinalität der beiden Rollen bzw. Zugriffsfunktionen.

Für eine binäre Assoziation wurden vier Assoziationstypen definiert:

- Die *„1 zu 1"-Assoziation*: Beide Rollen bzw. Zugriffsfunktionen sind einwertig.

- Die *„1 zu n"-Assoziation*: Die Zugriffsfunktion f bzw. die eine Rolle ist mehrwertig, die Umkehrfunktion bzw. Umkehrrolle ist einwertig.

- Die *„n zu 1"-Assoziation*: Die Zugriffsfunktion f bzw. die eine Rolle ist einwertig, die Umkehrfunktion bzw. Umkehrrolle ist mehrwertig.

- Die *„n zu n"-Assoziation*: Beide Rollen bzw. Zugriffsfunktionen sind mehrwertig.

Die Abb. 20.3.5.1 zeigt Beispiele für die verschiedenen binären Assoziationen und führt gleichzeitig die Notation ein.

Die Verbindungslinie der beiden Klassen steht dabei für beide Rollen bzw. Zugriffsfunktionen. Jeder Rollenname steht jedoch zusammen mit seiner minimalen und maximalen Kardinalität neben der Zielklasse der Rolle. Die ersten beiden Beispiele sind „1 zu 1"-Assoziationen, das dritte und vierte „1 zu n"-Assoziationen, das fünfte und sechste „n zu 1"-Assoziationen und die übrigen „n zu n"-Assoziationen.

---

[157] Eine Funktion in der Mathematik ist übrigens eine einwertige und totale Zugriffsfunktion.
[158] Rollennamen fehlen i. Allg. bei Zusammenfassungen von bereits vorher eingeführten detaillierteren Schemata. Sie fehlen auch in hierarchischen Beziehungen, die aus dem Kontext verständlich sind.

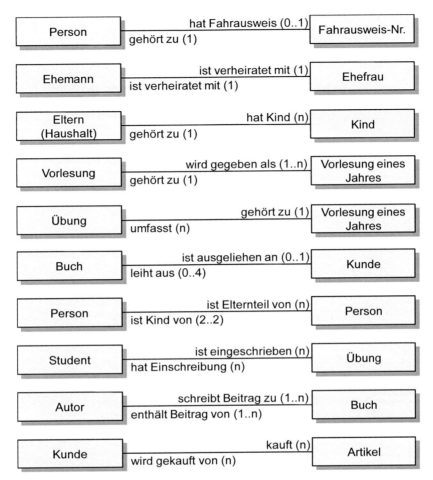

Abb. 20.3.5.1   Beispiele von verschiedenen binären Assoziationstypen

20.3.6 Das Auseinanderbrechen einer „n zu n"-Assoziation und die Assoziationsklasse

Eine *Assoziationsklasse* entsteht durch das Auseinanderbrechen einer „n zu n"-Assoziation in zwei „1 zu n"-Assoziationen.

Die Abb. 20.3.6.1 zeigt die letzten drei Beispiele aus der Abb. 20.3.5.1 mit der mit dem Auseinanderbrechen eingeführten neuen Assoziationsklasse.

Jede „n zu n"-Assoziation kann man mit Hilfe einer Assoziationsklasse auseinanderbrechen. Charakteristisch dabei ist, dass von der Assoziationsklasse immer je eine strikte und einwertige Rolle zu den beiden ursprünglichen Klassen führt. Als Rollenname kann dafür immer auch „gehört zu" gewählt werden. Die beiden ursprünglichen Rollen führen von den beiden ursprünglichen Klassen zur Assoziationsklasse.

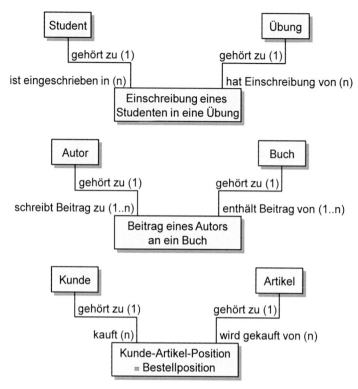

Abb. 20.3.6.1   Auseinanderbrechen einer „n zu n"-Assoziation in eine „1 zu n"-Assoziation und eine
„n zu 1"-Assoziation

Die Assoziationsklasse ist in einigen Fällen auf natürliche Weise gegeben. In anderen Fällen muss man sie zuerst künstlich postulieren. Dabei stellt man oft erst im Nachhinein fest, dass sie, wenn auch versteckt, in der Realität durchaus existiert oder eine Bedeutung hat. Diese Bedeutung wird insbesondere dann klar, wenn Attribute auftauchen, die man keiner der ursprünglichen Klassen zuordnen kann, für welche sich jedoch gerade die Assoziationsklasse anbietet. So kann man bspw. in der Assoziationsklasse *Bestellposition* in der Abb. 20.3.6.1 die Attribute *Bestellmenge* und *Liefertermin* einführen. Beide sind typische Attribute einer Bestellposition. Da jeder Kunde (hoffentlich) mehrere Aufträge platziert, gibt es auch mehrere Bestellmengen und Liefertermine. Keines der beiden Attribute kann somit in der Klasse *Kunde* eingeführt werden. Analoges gilt auch für die Klasse *Artikel*.

Übrigens: die Assoziationsklasse entspricht dem Konzept *„Entity Relationship Model"* des entitätsorientierten Ansatzes von Chen. Siehe dazu [Chen76].

20.3.7 Verschiedene Notationen und der Re-Identifikationsschlüssel

Die Abb. 20.3.7.1 zeigt eine verbreitete Notation für den entitätsorientierten Ansatz.

In der Charakteristik der Assoziation dominiert hier die mehrwertige Rolle, indem nur der mehrwertige Rollenname aufgeführt ist. Voraussetzung ist, dass sich der Name der einwertigen Rolle aus der Eigenschaft der verknüpften Klassen ableiten lässt. Das Symbol des Auffächerns der physischen Verbindung in Richtung der Zielklasse zeigt die mehrwertige Rolle an (die

Angabe der maximalen Kardinalität fehlt). Eine partielle Rolle zeigt man durch einen ausgefüllten Kreis vor dem Auffächerungssymbol an.

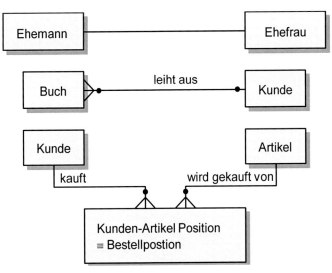

Abb. 20.3.7.1   Eine verbreitete Darstellung der Assoziationen im entitätsorientierten Ansatz: Auffächerungssymbol für die mehrwertige Rolle sowie ausgefüllter Punkt für die partielle Rolle

Die Abb. 20.3.7.2 zeigt eine andere Notation für den entitätsorientierten Ansatz.

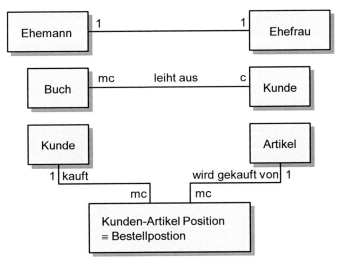

Abb. 20.3.7.2   Eine verbreitete Darstellung der Assoziationen im entitätsorientierten Ansatz: „m" für die mehrwertige Rolle sowie „c" für die partielle Rolle.

Das Auffächerungssymbol wird durch den Buchstaben m (für „many") ersetzt. Eine 1 steht für eine strikte, einwertige Rolle. Ist die Rolle nicht strikt, so wird dies durch den Buchstaben c (für „conditional") angezeigt. Der Buchstabe m ohne c steht – im Unterschied zu obiger Definition des alleinigen Buchstabens n in der „1 zu n"-Assoziation – für die (selten auftretende) totale, mehrwertige Rolle, mc für die (häufig auftretende) partielle, mehrwertige Rolle.

Die Abb. 20.3.7.2 zeigt zudem, wie auch schon die Abb. 20.3.7.1, speziell für Klassen, welche zum Auseinanderbrechen einer „n zu n"-Assoziation eingeführt werden, das Phänomen der Re-Identifikation.

Ein *Re-Identifikationsschlüssel* ist ein Primärschlüssel, der aus einem einzigen Attribut besteht und in der Bedeutung äquivalent zu einem aus mehreren Attributen zusammengesetzten Primärschlüssel ist.

Die Re-Identifikation drückt sich meistens schon im Namen der Klasse aus und wird in der Liste der Attribute mit dem entsprechenden Symbol „≡" angezeigt. Die ursprünglichen Primärschlüsselattribute werden umklammert.

Die Abb. 20.3.7.3 zeigt die aufgebrochene „n zu n"-Assoziation in der objektorientierten Notation gemäss UML (siehe [UML13]), ergänzt durch die Notation für die Primär- und Sekundärschlüssel sowie die Re-Identifikation. Die einwertigen Rollen können, wie oben erwähnt, aufgrund des Auseinanderbrechens „gehört zu" genannt werden.

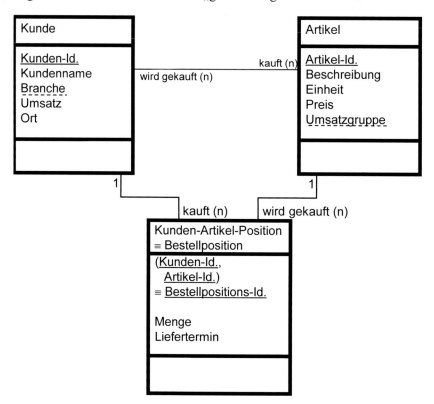

Abb. 20.3.7.3   Darstellung von Assoziationen: objektorientierte Form

Charakteristisch für die Assoziationsklasse, die aus dem Auseinanderbrechen einer „n zu n"-Assoziation entsteht, ist, dass ein *möglicher* Primärschlüssel immer die Vereinigungsmenge der Primärschlüssel der sie generierenden Klassen ist, also hier der *Kunden-Id.* und der *Artikel-Id.* In der Praxis wird man diesen Primärschlüssel oft durch ein einziges Attribut re-identifizieren, in diesem Fall die *Bestellpositions-Id.* Sowohl *Kunden-Id.* als auch *Artikel-Id.*, je für sich alleine genommen, bilden einen Sekundärschlüssel. Über die *Kunden-Id.* kann man alle bestellten

Artikel eines Kunden erhalten. Über die *Artikel-Id.* kann man alle Kunden erhalten, welche diesen Artikel bestellt haben.

In der Abb. 20.3.7.3 sind auch die beiden in Abb. 20.3.6.1 erwähnten Attribute *Bestellmenge* und *Liefertermin* eingeführt.

20.3.8 Auseinanderbrechen einer *reflexiven* „n zu n"-Assoziation

Bei einer *reflexiven „n zu n"-Assoziation* ist eine Klasse mit sich selber verbunden, indem beide Zugriffsfunktionen von einem bestimmten Objekt der Klasse auf mehrere andere Objekte derselben Klasse verweisen.

Reflexive „n zu n"-Assoziationen kommen in betrieblichen Informationssystemen geradezu typisch vor. Die Abb. 20.3.8.1 zeigt ein Beispiel dazu.

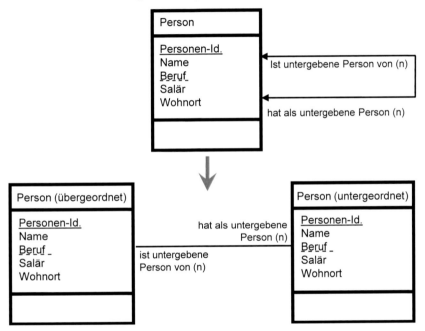

Abb. 20.3.8.1   Auseinanderbrechen einer reflexiven „n zu n"-Assoziation. Schritt 1: „Verdoppelung" der Klasse in ihre zwei Unterklassen

Hier soll die Beziehung „Vorgesetzte Personen zu untergeordneten Personen" in einer Firma abgebildet werden. Beide sind Objekte der Klasse „Person". Die Menge aller Vorgesetzten und die Menge aller Untergebenen sind Teilmengen der gesamten Menge. Diese sind nicht disjunkt, da die meisten Vorgesetzten ihrerseits wieder Untergebene eines hierarchisch nächst höheren Vorgesetzten sind. Es handelt sich um eine „n zu n"-Assoziation, da ein Vorgesetzter mehrere untergebene Personen haben kann, aber eine untergebene auch mehrere Chefs, z.B. wenn eine Sekretärin gleichzeitig zwei 50%-Pensen bei zwei verschiedenen Vorgesetzten absolviert.

Das Auseinanderbrechen geschieht nun auf dem in Abb. 20.3.8.1 beschriebenen Umweg der „Verdoppelung" der ursprünglichen Klasse durch Bildung der beiden Unterklassen, die den erwähnten Teilmengen entsprechen.

Der zweite Schritt läuft dann gemäss Abb. 20.3.8.2 ab. Es ist das Auseinanderbrechen der „n zu n"-Assoziation wie in Abb. 20.3.7.3.

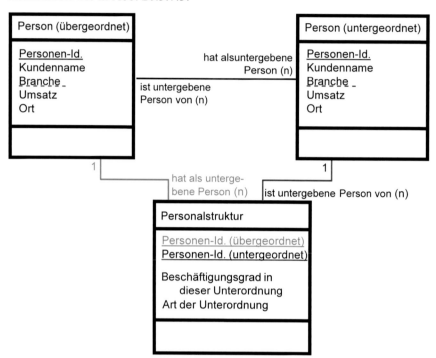

Abb. 20.3.8.2   Auseinanderbrechen einer reflexiven „n zu n"-Assoziation. Schritt 2: Klassisches Auseinanderbrechen

Als Ergebnis entsteht die Assoziationsklasse, hier Personalstruktur genannt. Wie unter der Abb. 20.3.7.3 beschrieben, ist ein möglicher Primärschlüssel immer die Vereinigungsmenge der Primärschlüssel der sie generierenden Klassen, also hier zweimal *Personen-Id.*, je einmal aus der Sicht des Vorgesetzten und einmal aus der Sicht des Untergebenen. Im konkreten Fall ist es wohl nicht sinnvoll, hier eine Re-Identifikation des Primärschlüssels in Betracht zu ziehen.

In die Assoziationsklasse kann man nun Attribute einführen, die in der Klasse *Person* nicht eingeführt werden konnten. Es handelt sich dabei vor allem um den *Beschäftigungsgrad in dieser Unterordnung* (z.B. arbeitet die erwähnte Sekretärin zu je 50% für beide Chefs), aber auch um die *Art der Unterordnung* (Linie, Matrix).

Abb. 20.3.8.3 zeigt den letzten Schritt, nämlich das Zusammenführen der beiden generierenden Klassen zur ursprünglichen. Als Ergebnis entsteht die typische Form, bei welcher die ursprüngliche Klasse über zwei „1 zu n"-Assoziationen mit der Assoziationsklasse verbunden ist.

Geht man über die Assoziation „hat untergebene Person", so findet man in der Assoziationsklasse über den ersten Schlüssel *Personen-Id.* sämtliche Objekte, die im ersten Schlüssel *Personen-Id.* den Eintrag der vorgesetzten Person und im zweiten Schlüssel *Personen-Id.* den Eintrag der untergebenen Person haben sowie den jeweiligen *Beschäftigungsgrad in dieser Unterordnung*, nicht aber die übrigen Daten der untergebenen Person. Über die zweite „1 zu n"-Assoziation, also „ist untergebene Person", gelangt man sodann zum Objekt in der Klasse Person, das der untergebenen Person entspricht und erhält dort ihre übrigen Attribute wie Name, Vorname, etc.

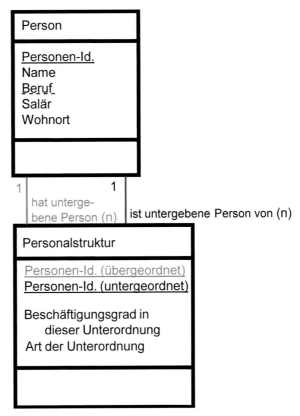

Abb. 20.3.8.3   Auseinanderbrechen einer reflexiven „n zu n"-Assoziation. Schritt 3: Zusammenführen
der generierenden Klassen

Analog kann man vorgehen, um ausgehend von einer untergebenen Person ihre sämtlichen
Vorgesetzten mit dem jeweiligen *Beschäftigungsgrad in dieser Unterordnung* zu erhalten.

Wie erwähnt kommt in betrieblichen Informationssystemen die reflexive „n zu n"-Assoziation
typisch vor. Ein weiteres Beispiel ist die Konzernstruktur, wenn also sowohl eine Holding als
auch die Tochterfirmen als Objekte in derselben Klasse *Kunde* vorkommen. Noch bekannter ist
die Modellierung der Struktur der Stückliste bzw. des Verwendungsnachweises (siehe
Abb. 17.2.8.2).

20.3.9 Nutzung der hierarchischen Konstrukte ausgehend von elementaren Objektklassen: das unternehmensweite generische Objektmodell

Die wichtigsten grundlegenden Daten- bzw. Objektklassen eines industriellen Unternehmens
sind in der Abb. 20.3.9.1 aufgeführt.

«Kleine» Klassen auf der letzten Zeile in Abb. 20.3.9.1 können Klassen sein, für die sich aufgrund ihrer wenigen Attribute eine eigene Klasse nicht lohnen würde (z.B. Lagerort). Oft handelt
es sich aber auch nur um die Definition des Wertebereichs von Attributen (z.B. Zahlungsziel,
Kostenart). Der Id.-Schlüssel der Klasse *Code* besteht aus einer Benennung und einem nach
irgendwelchen Kriterien organisierten Zähler. Die Attributsmenge besteht aus z.B. zwei oder

drei Attributen, deren Wertebereich eine einfache Sequenz von numerischen oder alphanumerischen Zeichen ist.

Grundlegende Klasse	Mögliche Unterklassen (Spezialisierungen)
Geschäftspartner	Kunde, Lieferant
Artikel	Endprodukt, Halbfabrikat, Rohmaterial, Hilfsstoff
Zeit	Datum, Kalender, Uhrzeit
Person	Angestellter, Arbeiter
Kapazität	interne (Montage, Teilefertigung, Lager), externe
Investition	Immobilie, Anlage, Maschine, Vorrichtung, Werkzeug
Ort	Lagerort, Produktionsstandort, Büroarbeitsplatz
Konto	Finanzkonto, Betriebskonto
Zähler	Stücklistenposition, Arbeitsplan-Nr., Arbeitsplanposition, Parameter-Nr., Sequenz-Nr.
Code	(Diese Klasse generalisiert viele „kleine" Klassen)

Abb. 20.3.9.1   Grundlegende Klassen und mögliche Unterklassen eines industriellen Unternehmens

Zusammen mit den anderen Arten von Hierarchiebildung ist die Assoziationsklassenbildung ein mächtiges Werkzeug für die Entwicklung eines betrieblichen Informationssystems. Während der Vor- und Hauptstudie des Systems kann man ausgehend von den wenigen grundlegenden Klassen ein unternehmensweites *Daten-* oder *Objektmodell* generieren. Man spricht dann auch von einem *generischen Modell* oder von *generischen Objekten*. Im Problemlösungszyklus des Systems Engineering ist dieser generische Konstruktionsprozess Teil der Synthese. Näheres dazu in [Sche98a] oder [Schö01, Kap. 6.3 bis 6.5].

20.4 Zusammenfassung

Dieses Kapitel besprach grundlegende Prinzipien für die Modellierung im Informationsmanagement. Ein einziges und allgemein gültiges Modell für ein betriebliches Informationssystem kann nicht gefunden werden. Das entspricht der Komplexität solcher sozio-technischer Systeme. Ziel war deshalb, einen allgemeinen Rahmen zu finden, in welchen die verschiedenen Denkmodelle eingeordnet werden können. Dafür wurden drei Dimensionen in der Modellierung von betrieblichen Informationssystemen definiert.

- Die Hierarchiebildung bzw. das Vorgehensprinzip vom Groben zum Detail: Dazu zählen die Bestandteilhierarchie, die Spezialisierungshierarchie sowie die Assoziations- oder Bestimmungshierarchie.

- Die vier Sichten in der Modellierung: Prozesssicht (manchmal auch als Steuerungssicht gesehen), Funktionssicht, Objektsicht (manchmal auf die Datensicht reduziert) und Aufgaben- bzw. Organisationssicht.

- Die Lebensphasen des Informationssystems: die Konzeptphasen Vor-, Haupt- und Detailstudie, Systembau (auch Implementierung genannt), Einführung, Betrieb und Ablösung.

Zu den grundlegenden Entwurfselementen von Daten- und Objektmodellen gehören neben Objekt, Attribut und Klasse auch die Sicht auf eine Klasse sowie die Bestimmung von Primär- bzw. Identifikationsschlüsseln. Aus Anwendersicht ist die Klasse eine zweidimensionale Tabelle, wobei in der Horizontalen die Attribute und in der Vertikalen die Objekte einer Klasse aufgezeichnet sind. Die verschiedenen Generationen von Entwurfsmethoden führen zu unterschiedlichen Notationen für Objekte, Attribute, Klassen, Sicht und Schlüssel.

Klassen, genauer Objekte von Klassen, können miteinander Assoziationen eingehen. Meistens sind dabei genau zwei Klassen verknüpft. Eine solche binäre Assoziation ist beschreibbar durch zwei Rollen, und zwar in jeweils eine Richtung. Eine Rolle, auch Zugriffsfunktion genannt, ist eine Aussage über die Art bzw. den Grund der Verknüpfung. Eine Zugriffsfunktion kann einwertig oder mehrwertig sein. Die maximale Kardinalität einer Zugriffsfunktion ist die maximale Anzahl Objekte bzw. Entitäten der Zielklasse, zu denen ein Objekt bzw. eine Entität in der Ausgangsklasse führen kann. Eine Zugriffsfunktion kann total bzw. strikt sein oder aber auch partiell bzw. nicht strikt. Die minimale Kardinalität einer Zugriffsfunktion ist die minimale Anzahl Objekte der Zielklasse, zu denen jedes Objekt in der Ausgangsklasse führen muss.

Falls beide Rollen bzw. Zugriffsfunktionen einer Assoziation einwertig sind, spricht man von einer „1 zu 1"-Assoziation. Falls mindestens eine Rolle mehrwertig ist, spricht man von einer „1 zu n"-Assoziation, einer „n zu 1"-Assoziation, oder einer „n zu n"-Assoziation. Jede „n zu n"-Assoziation kann man in zwei „1 zu n"-Assoziationen auseinanderbrechen, und zwar von je einer der ursprünglichen Klassen zu einer neuen Klasse, Assoziationsklasse genannt. Diese ist in einigen Fällen auf natürliche Weise gegeben, in anderen Fällen muss sie künstlich postuliert werden. Ein möglicher Primärschlüssel der neuen Klasse ist dabei immer die Vereinigungsmenge der Primärschlüssel der beiden ursprünglichen Klassen. Ein derart zusammengesetzter Primärschlüssel kann durch einen Re-Identifikationsschlüssel ersetzt werden.

Besondere Aufmerksamkeit gilt zudem dem Auseinanderbrechen einer reflexiven „n zu n"-Assoziation. Das relativ häufige Vorkommen dieses Konstrukts ist charakteristisch für ein betriebliches Informationssystem. Zusammen mit den anderen Arten von Hierarchiebildung ist die Assoziationsklassenbildung ein mächtiges Werkzeug, um ein unternehmensweites generisches Daten- oder Objektmodell zu entwickeln.

20.5 Schlüsselbegriffe

20.6   Literaturhinweise

Abri74   Abrial J.R., „Data Semantics", in Klimbie, J. and Koffeman, K., Eds., North-Holland Pub. Co., Amsterdam, 1974, pp. 1-60

APIC16   Pittman, P. et al., APICS Dictionary, 15. Auflage, APICS, Chicago, IL, 2016

Chen76   Chen, P., „The entity relationship model — toward a unified view of data", ACM Transactions on DB-Systems, 1, 1976

DuFr15   Duden 05, „Das Fremdwörterbuch", 11. Auflage, Bibliographisches Institut, Mannheim, 2015

DuHe14   Duden 07, „Das Herkunftswörterbuch", 5. Auflage, Bibliographisches Institut, Mannheim, 2014

Espr93   Esprit Consortium AMICE (Eds.), „CIMOSA, Open Systems Architecture for CIM", 2nd Edition, Springer, Berlin, 1993

Norm96   Norman, D., „Dinge des Alltags", Campus, Frankfurt, 1996

Sche02   Scheer, A.-W., „Aris - vom Geschäftsprozess zum Anwendungssystem", 4. Auflage, Springer Verlag Berlin, 2002

Sche98a   Scheer, A.-W., „Business Process Engineering: Reference Models for Industrial Enterprises", Springer-Verlag New York, Inc., 1998

Sche98c   Scheer, A.-W., „Benchmarking Business Processes", in Okino, N., Tamura, H., Fujii, S., „Advances in Production Management Systems", Chapman & Hall, London, 1998, pp. 133-136

Schö01   Schönsleben, P., „Integrales Informationsmanagement: Informationssysteme für Geschäftsprozesse — Management, Modellierung, Lebenszyklus und Technologie", 2. Auflage, Springer Verlag Berlin, 2001

Spec98   Specker, A., „Kognitives Software Engineering — ein Schema- und Scriptbasierter Ansatz", BWI-Reihe Forschungsberichte für die Unternehmenspraxis, vdf Hochschulverlag an der ETH Zürich, 1998

Spec05   Specker, A., „Modellierung von Informationssystemen: Ein methodischer Leitfaden zur Projektabwicklung", 2. Auflage, vdf Verlag Zürich, 2005

UML13   OMG Object Management Group, „Unified Modeling Language Specification", Revised Version 2.5, www.omg.org, created 05.09.2013, accessed August 2019

Stichwortverzeichnis

- **Fett gedruckte Seitenzahlen** weisen auf die Definition des Begriffs hin.
- <u>Unterstrichene Seitenzahlen</u> weisen auf eine Stelle hin, die zum Verständnis des Begriffs beiträgt.
- Normal gedruckte Seitenzahlen weisen auf die wichtigen Stellen hin, wo der Begriff verwendet wird.
- „Syn." weist auf ein Synonym hin, das anstelle dieses Begriffs verwendet wird.

© Springer-Verlag GmbH Deutschland, ein Teil von Springer Nature 2020
P. Schönsleben, *Integrales Logistikmanagement*,
https://doi.org/10.1007/978-3-662-60673-5